EINFÜHRUNG IN DIE ENTWICKLUNGSPHYSIOLOGIE DES KINDES

HERAUSGEGEBEN VON

HEINRICH WIESENER

UNTER MITARBEIT VON

L. BALLOWITZ · K. BETKE · J. R. BIERICH · F.-K. FRIEDERISZICK
G.-A. von HARNACK · W. HECK · H. KARTE · G. KUJATH · G. LANDBECK
H. RODECK · M. VEST · H. WEBER · E. WERNER · H. WIESENER · H. WOLF

MIT 140 ABBILDUNGEN

SPRINGER-VERLAG

BERLIN · GÖTTINGEN · HEIDELBERG

1964

ISBN-13: 978-3-642-86507-7   e-ISBN-13: 978-3-642-86506-0
DOI: 10.1007/978-3-642-86506-0

Library of Congress Catalog Card Number 63-22474

Geleitwort

Für den jungen Medizinstudenten bedeutet es eine der größten Überraschungen, daß es auch in der Lehre vom Ablauf der Lebensvorgänge — der Physiologie — Zahlen und Gesetze gibt, die er bisher in ihrer strikten Gültigkeit nur aus der Mathematik, Physik und Chemie kannte. Er gewahrt dies bald mit Erstaunen, bald mit Befremden, um sich nur wenig später in jubelndem Enthusiasmus über die schöne Einheit des Kosmos wiederzufinden. Der angehende Arzt kann ein ähnliches Erlebnis haben, wenn er zum ersten Mal einen Hörsaal der Pädiatrie betritt. Hier sieht und erlebt er, wie sich die eben akzeptierten Maße, Zahlen und Gesetze im werdenden Menschen stetig verändern, miteinander verflechten und schließlich zu dem Bild führen, das er selbst als Erwachsener darstellt. Er sieht weiter bewundernd, wie der körperlichen Entwicklung parallel gehend allmählich aus dem dumpfen Dämmern des Neugeborenen-Wesens die Person erwacht, wie Kämpfe entstehen zwischen ihr und der Umwelt, und wie schließlich diese Person der ähnlich wird, die er selbst ist. Er blickt in eine sinnvolle Entwicklung und erkennt,

„Wie Himmelskräfte auf- und niedersteigen
Und sich die goldenen Eimer reichen".

Für diese jungen Kollegen ist dieses Buch der Entwicklungsphysiologie des Kindes in erster Linie gedacht und geschrieben. Seit ich in meiner Habilitationsschrift über das Verhalten des diastatischen Fermentes des Blutes im Kindesalter das damals noch kaum gebrauchte Wort von der Entwicklungsphysiologie des Menschen vorbrachte, sind 25 Jahre vergangen. Mauern und Dach der Pädiatrie sind schon ziemlich wetterfest gebaut. An den Fundamenten unseres Faches, der Entwicklungsanatomie und Entwicklungsphysiologie, ist aber noch recht wenig getan. Hier harrt unser ein weites Arbeitsfeld, zu dem uns BRUNO SALGE mit der Lehre von der werdenden Funktion den Weg gewiesen hat. Möge dieses Buch, in dem Herr WIESENER und seine Mitarbeiter aus vielen einzelnen Daten ein lebendig gewirktes Bild dieser so notwendigen Wissenschaften gestaltet haben, allen jungen und alten Ärzten ein zuverlässiger, aber auch beschwingender Ratgeber und Helfer sein. Wiederholt ist der medizinischen Wissenschaft der Vorwurf gemacht worden, sie habe allmählich so viel Stoff aufgespeichert, daß er zu einem unverwertbaren Ballast zu werden drohe. Doch wie sind die Tatsachen? Nicht die Wissenschaften und die Medizin komplizierten die Natur, sondern die Natur selbst ist so ungeheuer kompliziert, daß wir leider zu der Überzeugung kommen müssen, erst am allerersten Anfang unserer Erkenntnisse zu stehen. Mit mir werden viele andere Ärzte und Wissenschaftler den Autoren danken, daß sie uns mit diesem Buch in dieser gewiß schwierigen Situation helfen. Denn durch vertieftes Wissen vereinfachen sich auch wiederum viele zunächst kompliziert erscheinende Zusammenhänge.

A. LOESCHKE

Vorwort des Herausgebers

Wer in einem Lehrbuch über die Physiologie des Menschen Angaben über die altersabhängigen Funktionen des Säuglings, des Kindes oder des Jugendlichen sucht, wird wenig oder nichts finden. Auch in pädiatrischen Lehrbüchern sind vorwiegend Säuglings- und Kinderkrankheiten umfassend dargestellt. Funktionelle Störungen haben aber beim Kind eine größere Bedeutung als beim Erwachsenen, so daß die Erforschung der physiologischen Entwicklung des Kindes eine Hauptaufgabe kinderärztlicher Arbeit bleiben wird. Das Schrifttum über die Entwicklungsphysiologie des Kindes ist weit verstreut und unorganisiert. So bot sich die reizvolle Aufgabe, das Wissen vom Kinde in einem Lehrbuch, also in Längsschnitten zu vereinen. Neben der Ausbildung des Studenten in diesen Grundlagen der Pädiatrie soll die Vermittlung von Kenntnissen über normale Funktionen beim Kinde zur Fortbildung der Ärzte bei der Anwendung neuer therapeutischer Methoden führen. Es wurde versucht, die Lehre von den Besonderheiten vegetativer und animalischer Funktionen während der Neugeborenenphase, im Säuglings- und Kindesalter und im Verlauf der Pubertät darzustellen. Grundlegende Tatsachen der Entwicklung und des Wachstums sind vorangestellt. Ohne Zweifel gehört die psychologische Reifung zur Entwicklungsphysiologie des Kindes und wurde daher miteinbezogen.

Der Gedanke zu diesem Buch entstand vor 9 Jahren im Kaiserin Auguste Victoria Haus, als der Herausgeber eben habilitiert beauftragt wurde, ein Semester lang Studenten und Ärzte mit der Klinik der Kinderkrankheiten vertraut zu machen. Auf der Suche nach einer geeigneten Legitimation der Kinderheilkunde fanden sich nur Übersichten und in der Weltliteratur verstreute Arbeiten. So konnte auch kein Paukbuch entstehen, das nur Examenswissen vermittelt. Vielmehr verlangt dieses Buch die Mitarbeit des Lesers, dem ebenso wie allen Autoren häufig genug klar wird, wieviel weiße Flecken sich noch auf der Landkarte der Entwicklungsphysiologie des Kindes befinden. So wurde zum Verständnis einiger wichtiger Lebensvorgänge in der Entwicklung des Kindes der Charakter einer Einführung überschritten. An anderer Stelle mußte demgegenüber ein knapper Überblick für den Medizinstudenten gegeben werden. Dies geschah besonders in den Zusammenfassungen am Ende der meisten Abschnitte. Der Anfänger sollte zunächst die Abschnitte im Kleindruck übergehen. Die Literatur am Ende der einzelnen Abschnitte bringt unseres Erachtens alle wesentlichen Arbeiten, die zu den Grenzen unseres Wissens hinführen. Die Ernährung von Säuglingen und Kindern wird in allen bisherigen Lehrbüchern so ausführlich dargestellt, daß dieser Abschnitt im vorliegenden Buch nicht behandelt wurde.

Mein besonderer Dank gilt allen Mitarbeitern, die mit ihren Beiträgen diese Darstellung ermöglichen. Herr Professor Dr. A. LOESCHKE unterstützte seit 1958 tatkräftig die Verwirklichung des nunmehr vorliegenden Buches. Der Springer-Verlag ging großzügig auf alle vorgetragenen Wünsche ein. Meinem Mitarbeiter, Herrn Oberarzt Dr. E. G. KRIENKE, danke ich herzlich für das Lesen der Korrekturen. Mit allen Mitarbeitern hoffe ich, daß dieses Lehrbuch in gleicher Weise Studenten und Ärzten dienen möge.

Berlin, im August 1963   H. WIESENER

Mitarbeiter-Verzeichnis

Privatdozentin Dr. med. Leonore Ballowitz,
Oberärztin der Kinderklinik der Freien Universität Berlin.

Professor Dr. med. Klaus Betke,
Ordentlicher Professor und Ärztlicher Direktor der Universitätskinderklinik Tübingen.

Professor Dr. med. Jürgen R. Bierich,
Oberarzt der Universitätskinderklinik Hamburg-Eppendorf.

Professor Dr. med. Friedrich-Karl Friederiszick,
Oberarzt der Universitätskinderklinik Mainz.

Professor Dr. med. Gustav-Adolf von Harnack,
Oberarzt der Universitätskinderklinik Hamburg-Eppendorf.

Professor Dr. med. Wilhelm Heck,
Ärztlicher Direktor der Kinderklinik der Städtischen Krankenanstalten Bremen.

Professor Dr. med. Helmut Karte,
Chefarzt des Kinderkrankenhauses St. Annastift, Ludwigshafen.

Wissenschaftlicher Rat Dr. med. Gerhard Kujath,
Leitender Arzt der Abteilung für psychogene Erkrankungen an der Kinderklinik der Freien Universität Berlin.

Privatdozent Dr. med. Günther Landbeck,
Universitätskinderklinik Hamburg-Eppendorf.

Professor Dr. med. Heinz Rodeck,
Chefarzt der Vestischen Kinderklinik Datteln.

Privatdozent Dr. med. Markus Vest,
Oberarzt der Universitätskinderklinik Basel.

Professor Dr. med. Hans Weber,
Oberarzt der Universitätskinderklinik Bonn.

Privatdozent Dr. med. Egon Werner,
Oberarzt der Kinderklinik der Freien Universität Berlin.

Professor Dr. med. Heinrich Wiesener,
Ärztlicher Direktor der Städt. Kinderklinik Charlottenburg, Berlin.

Privatdozent Dr. med. Helmut Wolf,
Oberarzt der Universitätskinderklinik Göttingen.

Inhaltsverzeichnis

Fettstoffwechsel. Von HELMUT WOLF

Kohlenhydratstoffwechsel. Von HEINRICH WIESENER

Die Entwicklungsphysiologie der Leber. Von MARKUS VEST

Die Nierenphysiologie im Kindesalter. Von FRIEDRICH-KARL FRIEDERISZICK

Allgemeine Wachstumsphysiologie

(Quantitative und morphologische Aspekte der Entwicklung)

Von

G.-A. von Harnack

Mit 23 Abbildungen

1. Einleitung

Wachstum ist eine Grundeigenschaft des Lebens: Ein Individuum wächst, wenn die Summe der Assimilationsvorgänge die Summe der Dissimilationsvorgänge übertrifft. Kommen beide ins Gleichgewicht, so ist die Wachstumsperiode abgeschlossen, das Individuum ist „erwachsen". Es besteht nun ein dynamisches Gleichgewicht zwischen Anbau und Abbau. Der Entwicklungsprozeß läuft individuell und schicksalhaft ab, in Gang gesetzt durch die einmal gegebene Genkonstellation. In seiner Gestaltung aber wird er beeinflußt durch eine Vielfalt von Umweltgegebenheiten.

Wachstum und Entwicklung beziehen sich auf alle Aspekte des Fortschreitens des Individuums von der Konzeption bis zur Reife. Zwei Seiten dieses Fortschreitens können begrifflich unterschieden werden: die quantitativen Wachstumsvorgänge und die qualitativen. Die quantitative Massenzunahme ist eine Folge der Zellvermehrung, des Zellwachstums und der Zunahme der Intercellulärsubstanz. Der qualitative Aspekt betrifft die zunehmende Spezialisierung der Zellen und Gewebe in struktureller und funktioneller Hinsicht. Von *Wachstum im engeren Sinne* sprechen wir, wenn wir das Massenwachstum im Auge haben: die Gewichtszunahme des Individuums und die Vergrößerung der äußeren Dimensionen. Unter *Reifung* verstehen wir die zunehmende Differenzierung ursprünglich pluripotenter Zellen und Gewebe, die zu einem Funktionsgewinn führt. Sind die Differenzierungsvorgänge zum Abschluß gekommen, so ist der Zustand der Reife eingetreten. Wachstum *und* Entwicklung haben ihr Ziel erreicht. Allerdings ist auch jetzt kein Stillstand eingetreten. Die Erhaltung der erreichten Form ist nur durch ständige Erneuerung möglich. Die *Aufbau*phase ist abgeschlossen, aber der *Umbau* setzt sich bis zum Tode beständig fort. Laufend werden alte Bausteine ausgeschieden und neue eingebaut. Über die Intensität dieser Umbauvorgänge sind wir durch Isotopenuntersuchungen unterrichtet. Selbst intra- und extracellulär abgelagerte Substanzen nehmen an diesem Umbau teil — wenn auch in geringerer Intensität.

Massenwachstum und zur Reife führende Entwicklung sind unlösbar miteinander verbunden, doch halten sie sich nicht zu jeder Zeit die Waage. Das befruchtete Ei gewinnt in den ersten zehn Tagen nicht an Masse, jedoch durch das Fortschreiten vom einzelligen zum vielzelligen Stadium an Reife. Noch während der Embryonalzeit überwiegen die Differenzierungsprozesse in der Organogenese gegenüber den reinen Wachstumsvorgängen. Von der 9. Woche der intrauterinen Entwicklung an tritt das Massenwachstum in den Vordergrund. Wachstum und Entwicklung verhalten sich auch in den verschiedenen Bereichen des Organismus nicht zu jeder Zeit gleichsinnig. Während sich an einem Ort Zellen

zu Geweben differenzieren und Gewebe zu Organen zusammenschließen, tritt an
einem anderen Ort ein Zustand relativen Entwicklungsstillstandes ein, ohne daß
hierbei die Massenzunahme eingestellt würde. Die Ungleichheit der Wachstums-
und Differenzierungsgeschwindigkeiten bedingt den ständigen Formwandel, dem
der wachsende Organismus unterworfen ist.

Durch die Bestimmung des Gewichtes, der Größe und der Körperproportionen
zahlreicher Kinder sowie die zweckmäßige statistische Auswertung der Meßergebnisse gewinnen wir einen Einblick in den formalen Ablauf des Wachstums-
vorganges. Berücksichtigen wir hierbei auch die äußeren Gegebenheiten des Auf-
wachsens, so können wir die *Bedeutung zahlreicher Umweltfaktoren* abschätzen,
welche das Wachstum auf verschiedene Weise modifizieren. Bereits während der
intrauterinen Entwicklung ist die Realisierung gegebener Wachstumspotenzen
vom Milieu — im weitesten Sinne des Wortes verstanden — abhängig. Eine ausreichende Zufuhr von Sauerstoff und Nährstoffen ist die erste Vorbedingung ungestörten Wachstums. Aber für das Einzelorgan sind auch die übrigen fetalen
Organe in ihrer Gesamtheit milieubestimmend. Hält z. B. das Blutgefäßwachstum
nicht Schritt, kann das Wachstum einzelner Organe Not leiden. In gleicher Weise
kann während der Kindheit eine calorische Unterernährung zu einer Wachstums-
verlangsamung führen, wie die Erfahrung in zwei Weltkriegen lehrte. Umgekehrt
kann eine Überernährung bis zu einem gewissen Grade nicht nur den Ansatz,
sondern auch das Längenwachstum überdurchschnittlich fördern. Es leuchtet ohne
weiteres ein, daß dem Eiweiß als dem entscheidenden Baumaterial des Wachstums
die wichtigste Rolle zufällt neben der Befriedigung der calorischen Bedürfnisse.
Aber grundsätzlich kann sich jede einseitige Kostform wachstumshemmend auswirken, wenn ihr wichtige Bestandteile fehlen wie z. B. einzelne Aminosäuren oder
Vitamine. Zu den genannten Faktoren sind noch zahlreiche andere, aber schwerer
zu bestimmende, zu rechnen, wie soziale, hygienische und kulturelle Gegebenheiten. Sie stellen in ihrer Gesamtheit die äußeren *Bedingungen* dar, unter denen
sich normales Wachstum entfalten kann. Ihre Berücksichtigung erlaubt aber noch
keinen Rückschluß auf die *Ursachen* des Wachstums. Da die Ursachen vielfältig
sind, kann die Beobachtung des ungestört wachsenden Organismus keinen Aufschluß darüber geben, in welcher Weise die einzelnen Faktoren in das Geschehen
eingreifen und welches ihre unterschiedliche Bedeutung ist. Da es eine experimentelle Wachstumsphysiologie des Menschen nicht geben kann, sind wir auf
Rückschlüsse aus dem Tierreich angewiesen oder müssen uns auf die *Experimente
der Natur* beziehen. Die fehlerhafte Anlage von Organen, der krankheitsbedingte
Ausfall von Organen oder Organsystemen oder die durch chronische Leiden bedingten Abweichungen von Organfunktionen sind die Erkenntnisquellen, die ergänzt werden durch die Auswirkungen therapeutischer Eingriffe, welche die Substitution fehlender oder verminderter Organleistungen bezwecken. Allerdings muß
die Bewertung solcher Beobachtungen mit großer Vorsicht erfolgen. Die Ausfälle,
welche beim Fehlen eines bestimmten Organs zu konstatieren sind, lassen noch
keinen Rückschluß zu auf die Bedeutung des Organs für den intakten Organismus.
Sie können als direkte Folge des Organausfalles, aber auch als Folge des gestörten
Zusammenspiels mehrerer Organsysteme gedeutet werden. Hierfür ein Beispiel:
Das Fehlen der Schilddrüse bewirkt eine hochgradige Entwicklungsverzögerung.
Trotzdem sind die Schilddrüsenhormone nicht im eigentlichen Sinne als Wachstumshormone aufzufassen, da ihre Überproduktion keine nennenswerte Wachstumssteigerung verursacht. Ihr Vorhandensein ist jedoch eine entscheidende *Vor-
aussetzung* normalen Wachstums.

Die „endogene Wachstumspotenz" des Organismus kommt während der intrauterinen Entwicklung und in den ersten Monaten des extrauterinen Lebens am

reinsten zur Geltung. Dann greifen unter Führung hypothalamischer Zentren hormonproduzierende Drüsen in die Gestaltung des Wachstums ein. Es wird beschleunigt durch die Eiweiß aufbauenden *anabolen* Hormone, es wird gehemmt durch die den Eiweißabbau fördernden *katabolen* Hormone. Ein normales Wachstum ist nur beim ungestörten Zusammenspiel fördernder und hemmender Impulse möglich.

Zu den *anabolen* Hormonen gehören das Wachstumshormon des Hypophysenvorderlappens und die Androgene. Das Wachstumshormon fördert vor allem das Längen- und Gewichtswachstum, greift aber nicht in die Differenzierungsvorgänge ein: Fehlt es, resultiert Zwergwuchs; ist es im Überschuß vorhanden und sind die Epiphysenfugen noch nicht geschlossen, resultiert ungehemmter Riesenwuchs. Die Androgene werden bei beiden Geschlechtern in nennenswertem Umfang erst von der Pubertät an gebildet. Sie fördern Wachstum und Differenzierung, erkennbar am Wachstumsschub in der Pubertät und an dem nachfolgenden Epiphysenschluß, der die Knochenreifung (und damit auch das Längenwachstum) zum Abschluß bringt. Die Oestrogene fördern ebenfalls — wenn auch schwächer — die Knochenreifung, ohne allerdings das Wachstum direkt zu beeinflussen.

Das wichtigste *katabole* Hormon scheint das Cortisol zu sein, dessen Überproduktion zu einer Wachstumshemmung führt. In gleicher Weise wirken sich übermäßige, aus therapeutischen Gründen zugeführte Cortisondosen aus. Neben dem Gleichgewicht der ana- und katabolen Hormone ist das Vorhandensein noch anderer Hormone Voraussetzung des Wachstums. Die Schilddrüsenhormone als Regulatoren aller Verbrennungsvorgänge wurden bereits genannt; das Insulin ist ebenfalls eine unerläßliche Voraussetzung normalen Wachstums wegen seiner Bedeutung nicht nur für den Kohlenhydratstoffwechsel, sondern auch für den Fett- und besonders den Eiweißstoffwechsel. In welcher Weise die Hormone antagonistisch und synergistisch einwirken, ist im einzelnen heute noch nicht völlig geklärt. In vielfältiger Weise regulieren und modifizieren sie die Wachstumsprozesse des sich entwickelnden Organismus und greifen nach einem durch die Genkonstellation festgelegten Zeitplan in die Entwicklung des Individuums ein.

2. Pränatales Wachstum

Die *spezifische Wachstumsgeschwindigkeit*, d. h. die Selbstvervielfältigung in der Zeiteinheit, ist während der Ontogenese niemals größer als zu Beginn der intrauterinen Entwicklung. Wenn es etwa 10 Tage nach der Befruchtung zur Nidation kommt und der implantierte Embryoblast über den Trophoblast aus dem mütterlichen Blut mit Nährstoffen versorgt werden kann, setzt das Massenwachstum mit unvergleichlicher Geschwindigkeit ein. Das befruchtete Ei hat einen Durchmesser von etwa $^1/_{10}$ mm. 10 Tage nach der Nidation hat sich der Durchmesser verzehnfacht, nach weiteren 10 Tagen verhundertfacht (10 mm). Bis zur Geburt sind $3^1/_2$ Zehnerpotenzen durchlaufen (50 cm). Das Gewicht der Eizelle hat die Größenordnung von $^1/_{1000}$ mg. Nach 8 Wochen wiegt der Embryo 1 g. Sein Gewicht beträgt also bereits das Millionenfache des Ausgangsgewichtes. Bis zur Geburt werden mehr als 9 Zehnerpotenzen durchlaufen: Das Gewicht steigt vom einzelligen Stadium bis zum Beginn der extrauterinen Lebensfähigkeit im 7. Schwangerschaftsmonat auf das Milliardenfache (1000 g).

Dies ist aber nur der quantitative Aspekt des intrauterinen Wachstums. Organe, die der Ernährungs- und Ausscheidungsfunktion dienen, entstehen, werden zeitweise in Gebrauch genommen, bilden sich zurück, die Ausbildung der Körperorgane schreitet voran. Bereits im zweiten Monat sind Kopf, Rumpf und Glieder voneinander abgesetzt, Finger und Zehen erscheinen, die Kiemen bilden sich zurück, die Herztätigkeit beginnt. Im dritten Monat ähnelt der Fetus einem menschlichen Wesen, doch ist der Kopf noch unverhältnismäßig groß. Sämtliche Organe sind gebildet, auf taktile Reize vermag der Fet mit Kopf- und Gliedmaßenbewegungen zu reagieren. Im 4. Monat ist die Bestimmung des Geschlechts ohne Schwierigkeiten möglich, Gliedmaßenbewegungen treten nun schon spontan ohne Reizauslösung auf, einen Monat später können die kräftiger werdenden Bewegungen von der Mutter wahrgenommen werden. Im 6. Fetalmonat hat sich der Saugreflex herausgebildet, die ersten Atembewegungen treten auf. Noch aber läßt die mangelnde Ausdifferenzierung der Lunge und die Unreife der zentralen Steuerungsmechanismen ein extrauterines Leben nicht zu. Im 7. Monat hat der Fetus 70% der durchschnittlichen Geburtslänge, jedoch erst 25% seines späteren Geburtsgewichtes erreicht. Vom 8. Monat an übertrifft der Gewichtsansatz das Längenwachstum; durch die zunehmende Einlagerung des Unterhautfettgewebes erhält er den für das extrauterine Leben notwendigen Wärmeschutz.

Über die *Körpermaße des Fetus* während der zweiten Hälfte der Schwangerschaft orientiert die Tab. 1.

Tabelle 1. *Körpermaße bei durchschnittlicher intrauteriner Entwicklung**
(ohne Mehrlinge und ohne Kinder mit Mißbildungen oder fetaler Dystrophie) nach (*36*)
Gewichtsangaben z. T. korrigiert

| Länge | Gewicht | Kopfumfang | Tragzeit | Durchschnittlicher Durchmesser bei transversalem Strahlengang (Mittel aus größtem und kleinstem Durchmesser des betreffenden Knochenkerns) | | | | |
| | | | (vollendete | Calcaneus | Talus | distale Femurepiphyse | proximale Tibiaepiphyse | Cuboid |
cm	g	cm	Wochen)	mm	mm	mm	mm	mm
26,2	400	17,6	21					
27,9	480	18,9	22					
29,5	560	20,3	23					
31,2	650	21,5	24	0				
32,8	750	22,8	25	1,4				
34,3	850	24,0	26	2,7				
35,9	960	25,3	27	3,8	0			
37,4	1080	26,5	28	4,8	1,3			
38,8	1210	27,6	29	5,6	2,3			
40,2	1350	28,6	30	6,3	3,1			
41,6	1500	29,5	31	6,9	3,9	0		
42,9	1660	30,4	32	7,5	4,6	0,5		
44,1	1840	31,2	33	8,1	5,2	1,5		
45,2	2040	32,0	34	8,6	5,7	2,3		
46,3	2260	32,7	35	9,1	6,2	3,0		
47,4	2500	33,3	36	9,6	6,7	3,6	0	
48,3	2760	33,8	37	10,1	7,2	4,1	0,7	
49,2	3000	34,3	38	10,5	7,6	4,6	1,6	
49,9	3180	34,7	39	10,9	7,9	5,1	2,4	0
50,5	3300	35,0	40	11,2	8,2	5,5	3,0	1—2

* Die Differenzen zwischen Knaben und Mädchen sind nicht berücksichtigt, da sie gegenüber der Gesamtstreubreite keine nennenswerte Rolle spielen.

Sie wurde gewonnen durch Messungen bei 500 Neugeborenen (vorwiegend Frühgeborenen). Bei der Konstruktion der Durchschnittskurve wurden jedoch diejenigen Kinder unberücksichtigt gelassen, bei denen der Reifegrad um mehr als zwei Wochen von der angegebenen Schwangerschaftsdauer abwich. Würde man einfach den Mittelwert *aller* Kinder mit jeweils gleicher Tragzeit bestimmen, so würde man nicht eine Durchschnittskurve erhalten, die den Normalverlauf des intrauterinen Wachstums widerspiegelt. Da der Variationsbreite nach

oben durch die räumlichen Verhältnisse in utero engere Grenzen gesetzt sind als derjenigen
nach unten, wäre die aus den arithmetischen Mittelwerten des Gesamtmaterials gebildete
Verlaufskurve nicht repräsentativ für das durchschnittliche Wachstum des gesunden Feten.

Wir sprechen von *intrauteriner Dystrophie*, wenn die Versorgung des Feten
mit Sauerstoff und Nährstoffen infolge Placentarinsuffizienz Not leidet. Unter
solchen Bedingungen wird das Längen- und Gewichtswachstum in Mitleidenschaft
gezogen, letzteres in erhöhtem Maße. Aber relativ unabhängig davon schreitet die
Differenzierung fort, die an der zunehmenden Kalkeinlagerung in den Ossifikationszentren abzulesen ist (*36*). Aus diesem Grunde wurden der Tabelle auch die
Durchschnittswerte der Knochen- und Epiphysenkerne der unteren Extremitäten
beigegeben. Mit ihrer Hilfe
ist ein Rückschluß möglich
auf den wahren Entwick-
lungsstand eines unterge-
wichtigen Neugeborenen bei
fehlender oder unrichtiger
Angabe der Schwanger-
schaftsdauer. Beobachtun-
gen an Zwillingen besagen,
daß die Standardabwei-
chung des Längen- und
Gewichtswachstums sowie
der Skeletreifung — aus-
gedrückt in Schwanger-
schaftswochen — ±0,98
Wochen beträgt.

In Abb. 1 ist nach den
Daten aus Tab. 1 die Län-
gen- und Gewichtsentwick-
lung des Feten in der zweiten Schwangerschaftshälfte
dargestellt. Die Daten für
die erste Schwangerschaftshälfte sind Mittelwerte der
in der Literatur niedergeleg-

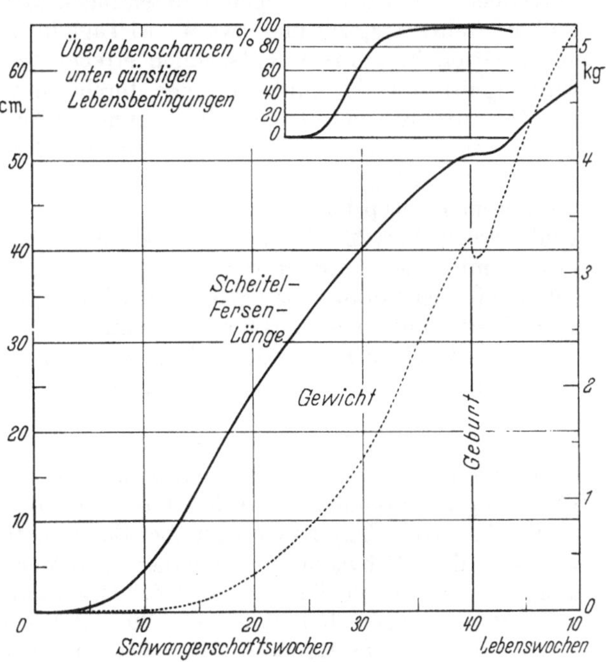

Abb. 1. Längen- und Gewichtsentwicklung in utero und in den
ersten Lebenswochen

ten Meßwerte (*84, 62, 41*). Während der Fetalzeit eilt die Körpergröße dem Gewicht
scheinbar voraus. Der Vorsprung ist durch den Dimensionsunterschied aber nur
vorgetäuscht. Werden die Dimensionen einander angeglichen, d. h. wird statt des
Gewichts die dritte Wurzel des Gewichts eingesetzt, so liegen die Kurvenzüge von
Gewicht und Körperlänge dicht beieinander. — Im oberen Teil der Abbildung sind
die *Überlebenschancen der zu früh Geborenen* graphisch dargestellt bezogen auf die
Schwangerschaftsdauer. Die unreifsten Kinder, welche nach zuverlässigen Berichten der Literatur am Leben erhalten werden konnten, hatten ein Gewicht von
600 g (*14*). Von den Frühgeborenen mit einem Geburtsgewicht von 1300 g (und
einer Länge von 39 cm) überlebt unter günstigen Aufzuchtsbedingungen etwa die
Hälfte der Kinder die Neugeborenenperiode. Der Kurvenzug, welcher die Über-
lebenswahrscheinlichkeit für die Kinder verschiedener Reifegrade anzeigt, folgt
den Angaben, welche zwei großen, unausgelesenen Beobachtungsreihen aus den
USA entnommen sind (*65, 8*). Von der 38. bis zur 41. Schwangerschaftswoche
erstreckt sich der Zeitraum mit der niedrigsten perinatalen Sterblichkeit. Anschließend steigt die Neugeborenensterblichkeit infolge der Übersterblichkeit der
Übertragenen wieder an.

Die *Schwangerschaftsdauer* wird allgemein vom ersten Tag der letzten Menstruation an gerechnet, weil der Zeitpunkt der Befruchtung nur in Ausnahmefällen bekannt ist. So berechnet beträgt die Schwangerschaftsdauer im Mittel 281—282 Tage mit einer mittleren quadratischen Abweichung von ±11 Tagen (*41*). Bei der Bestimmung dieser Werte wurden nur die Schwangerschaften berücksichtigt, welche nach annähernd regelmäßigen Menstruationscyclen zur Geburt eines reifen Kindes führten. (Geburtsgewicht über 2800 g). Da das Konzeptionsoptimum im Durchschnitt am 15. Tag vor Beginn der nächsten Regelblutung liegt, ist bei verkürztem mütterlichen Cyclus im Durchschnitt mit einer etwas kürzeren Tragzeit und umgekehrt bei verlängertem Cyclus mit einer entsprechend längeren Tragzeit zu rechnen. Nach den heutigen Vorstellungen über die Physiologie der Zeugung muß die wahre Tragzeit um etwa 9—15 Tage kürzer sein als die nach der letzten Menstruation berechnete. Tatsächlich errechnete sich in Fällen, bei denen der Empfängnistermin bekannt war, eine durchschnittliche Tragzeit von 269 Tagen (*41*). Die mittlere quadratische Abweichung als Ausdruck der Streubreite ist etwas kleiner, wenn man den Konzeptionstermin zur Berechnung der Schwangerschaftsdauer zugrunde legen kann; sie beträgt ±9,5 Tage (40). Das besagt, daß man bei bekanntem Konzeptionstermin in 99,7% der Fälle (3σ) mit einer Tragzeit reifer Kinder von 240 bis 298 Tagen rechnen kann und bei Beachtung des Menstruationstermins mit einer Tragzeit reifer Kinder von 248 bis 315 Tagen. Diese Daten gelten unter der Voraussetzung, daß die Schwangerschaftsdauer den Gesetzen einer Normalverteilung folgt; dies trifft aber nur annähernd zu.

Die *gesetzliche Empfängniszeit* liegt zwischen dem 181. und 302. Tag vor der Geburt des Kindes. Die längste beglaubigte Tragzeit der Literatur beträgt 326 Tage post menstruationem, die kürzeste Schwangerschaft, die zur Geburt eines reifen Kindes führte, angeblich 229 Tage (?) (41). Bei den unreifsten Frühgeborenen, die man am Leben erhalten konnte, muß man mit einer Tragzeit von 6 Schwangerschaftsmonaten rechnen, d. h. mit $6 \times 28 = 168$ Tagen.

Vergleichende Untersuchungen bei Säugern führten Portmann zu der Annahme, daß die Schwangerschaftsdauer beim Menschen nicht der vollen Tragzeit entspricht, die einem Säugetier von der Organisationshöhe des Menschen gemäß ist. Eine Schwangerschaftsdauer von 20—22 Monaten wäre notwendig, ein weitgehend instinktiv bestimmtes „Menschentier" zu erzeugen. Von dieser Zeit verbringt der werdende Mensch nur die ersten 9 Monate im Uterus geborgen. In dem sich anschließenden „*extrauterinen Frühjahr*" ist er auf den Schutz seiner Pflegeperson angewiesen.

3. Das Neugeborene

Das durchschnittliche *Geburtsgewicht* reifer Knaben beträgt in Deutschland 3480 g, die *Länge* 50,9 cm. Reife Mädchen sind bei der Geburt leichter und kleiner als Knaben. Sie wiegen im Durchschnitt 3350 g und haben eine Körperlänge von 50,2 cm (*49*). Die Variationsbreite dieser Maße in Abhängigkeit von der Schwangerschaftsdauer geht aus den Abbildungen 2 und 3 hervor, welche die Streubreite in Perzentilen angibt.

Da dieses Hilfsmittel der Statistik in den weiteren Ausführungen wiederholt angewandt wird, sollen kurze Erläuterungen gegeben werden. Die *Perzentilzahl* gibt die Position an, welche ein Meßwert innerhalb einer empirisch bestimmten Verteilung einnimmt. Der kleinste vorkommende Wert wird als 0-Perzentilwert bezeichnet, weil 0% aller Meßwerte unter ihm liegen, der größte Wert heißt entsprechend 100-Perzentilwert, weil 100% aller Meßwerte unter ihm liegen. Die dazwischenliegenden Werte ergeben sich in entsprechender Weise, z. B. ist der 50-Perzentilwert derjenige Meßwert, unter dem 50% der Werte liegen; er wird als Medianwert bezeichnet. Die Perzentilwerte geben die Häufigkeitsverteilung als Prozentsummenkurve an („Prozentrangkurve"). Sie sind im klinischen Gebrauch der Standardabweichung gewöhnlich vorzuziehen, weil die Perzentilposition eines Meßwertes sinnfälliger ist als die quadratische

Abweichung vom Mittelwert. Außerdem aber zeigen zahlreiche Verteilungen eine gewisse Schiefe. In diesen Fällen geben die Perzentilkurven die Verhältnisse exakter wieder als die (symmetrische) Standardabweichung. Für praktische Zwecke ist es nicht notwendig, die genaue Perzentilposition eines Wertes anzugeben; es genügt die Angabe, daß er in den Bereich z. B. der 25- und 50-Perzentilen fällt usw.

Aus der Abb. 2 ergibt sich, daß z. B. bei einer Tragzeit von 40 Wochen das Geburtsgewicht im Mittel 3,3 kg beträgt (50. Perzentile). 80% der Geburtsgewichte solcher Kinder (10. bis 90. Perzentile) liegen aber innerhalb des Bereiches 2,75 bis 3,9 kg. Entsprechend ist die Geburtslänge für die Kinder mit einer Tragzeit von 40 Wochen in der Abb. 3 abzulesen: Median 50,5 cm, Variationsbreite

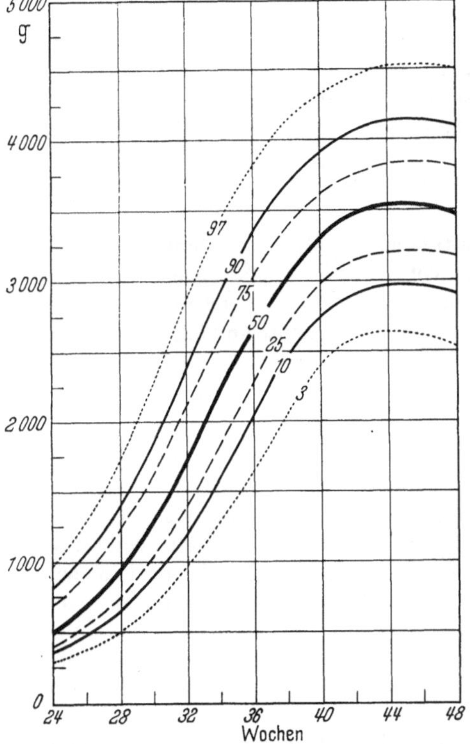

Abb. 2. Variationsbreite der Geburtsgewichte in Abhängigkeit von der Tragzeit (Schwangerschaftsdauer post menstruationem), angegeben in Perzentilwerten [nach (41)]

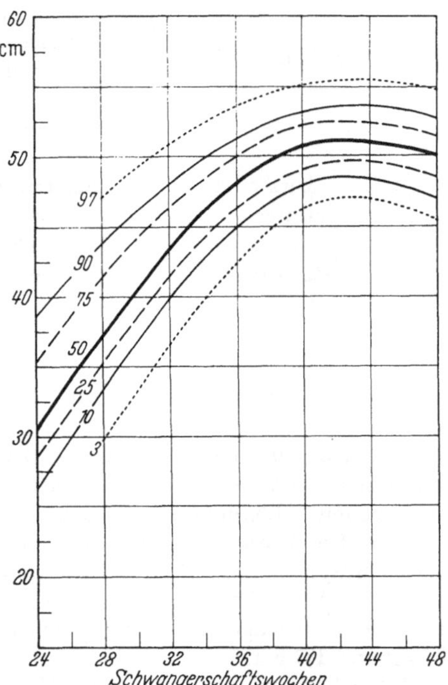

Abb. 3. Variationsbreite der Körperlänge bei der Geburt in Abhängigkeit von der Tragzeit (Schwangerschaftsdauer post menstruationem), angegeben in Perzentilwerten [nach (41), korrigiert nach (36)]

für 80% dieser Neugeborenen 48—53 cm. In gleicher Weise kann die Variationsbreite für Länge und Gewicht bei Kindern mit längerer oder kürzerer Schwangerschaftsdauer aus den Abbildungen abgelesen werden.

Die Geburtsmaße sind aber nicht nur von der Länge der Tragzeit, sondern von einer *Vielzahl sonstiger Faktoren* abhängig. Die wichtigsten sind in Tab. 2 zusammengefaßt.

Die Bedeutung einer unbehinderten *Placentarentwicklung* für ein ungestörtes Wachstum des Feten geht aus Beobachtungen bei Zwillingsschwangerschaften hervor. KNAUS fand, daß bei 34 Zwillingspaaren mit völlig getrennten Placenten immer derjenige Partner ein höheres Geburtsgewicht hatte, dessen Placenta schwerer war. Bei eineiigen Zwillingen ist immer der Partner schwerer, welcher den größeren Anteil aus der placentaren Blutversorgung erhält.

Der Einfluß des *Geschlechts* auf Länge und Gewicht geht aus den obengenannten Zahlen hervor. Knaben sind im Durchschnitt um 130 g schwerer und um 0,7 cm länger als Mädchen. Diese Unterschiede werden aber nur deutlich, wenn man gleichzeitig die *Geburtennummer* berücksichtigt, d. h. die Stellung in der Geschwisterreihe. Nach Lotz sind Zweitgeborene um 176 g schwerer und um 0,8 cm länger als Erstgeborene und Drittgeborene um 97 g schwerer und um 0,9 cm länger als Zweitgeborene. Diese Tatsache macht es verständlich, daß ältere Mütter im Durchschnitt schwerere und größere Kinder zur Welt bringen als jüngere Mütter. Die Maße steigen aber nur scheinbar mit dem Alter der Mutter an, denn unter den älteren Müttern sind mehr Frauen mit höherer Geburtenzahl.

Tabelle 2

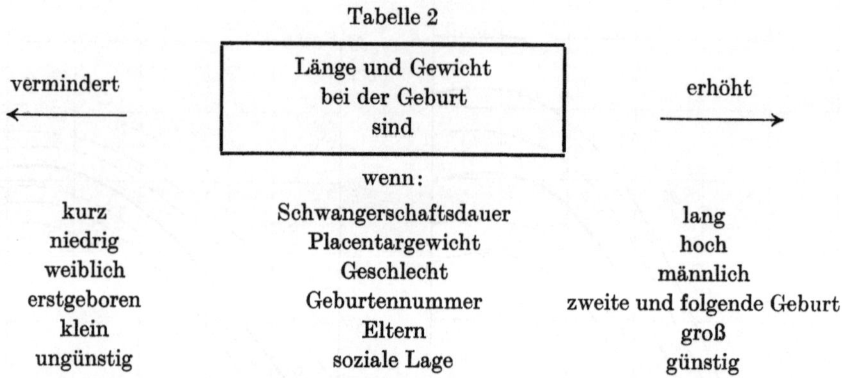

vermindert		erhöht
kurz	Schwangerschaftsdauer	lang
niedrig	Placentargewicht	hoch
weiblich	Geschlecht	männlich
erstgeboren	Geburtennummer	zweite und folgende Geburt
klein	Eltern	groß
ungünstig	soziale Lage	günstig

Die *Korrelation* für Größe und Gewicht *zwischen Mutter und Kind* ist größer als diejenige zwischen Vater und Kind. Der Korrelationskoeffizient für das Gewicht beträgt nach Ritala für die Beziehung Mutter—Neugeborenes + 0,47, für die Beziehung Vater—Neugeborenes nur + 0,06. Das ist verständlich, weil zu der genetischen Abhängigkeit zwischen Mutter und Kind noch die peristatische kommt: Die Mutter ist ja für das Kind während der Fetalzeit auch die unmittelbare Umwelt. — Der Einfluß der Rasse wirkt sich auf die Geburtsmaße weniger aus als auf die Erwachsenengröße bzw. das Erwachsenengewicht. Die größten Differenzen betragen (beim Vergleich von neugeborenen Filipinos und Norwegern) 670 g und 1,7 cm.

Natürlich spielen bei solchen Vergleichen auch Unterschiede in der *sozialen Lage* eine Rolle, insbesondere die allgemeinen hygienischen Verhältnisse und die Ernährungsbedingungen. Die mütterliche Unterernährung aber muß schon ein hohes Maß erreicht haben, ehe sie die Entwicklung der Frucht hemmen kann. Während des zweiten Weltkrieges verminderte sich das durchschnittliche Geburtsgewicht in Deutschland erst von 1943 an. In Rotterdam sank es um 240 g, im belagerten Leningrad um mehr als 500 g (*49*). Hinzu kommen noch zahlreiche weitere Faktoren, die z. T. schwer zu fassen sind und die sich weitgehend überschneiden. Zum Beispiel sind unehelich geborene Kinder im Durchschnitt leichter als ehelich geborene, oder Neugeborene von Müttern, die in der Schwangerschaft schwere körperliche Arbeit verrichten mußten, sind leichter als Kinder von Müttern, bei denen dies nicht der Fall war.

4. Das frühgeborene und das übertragene Kind

Als „frühgeboren" wird definitionsgemäß ein Neugeborenes bezeichnet, dessen Geburtsgewicht 2500 g oder weniger beträgt. Als Kriterium wurde das Gewicht und nicht die Schwangerschaftdauer gewählt, weil die letztere schwerer zu bestimmen ist. Bei dieser Definition werden Kinder, die nach einer normalenTragzeit untergewichtig zur Welt kommen, in der Statistik als „frühgeboren" erfaßt, dagegen solche Kinder nicht, die um mehr als vier Wochen zu früh geboren werden, aber ein relativ hohes Geburtsgewicht haben. Das durch das Geburtsgewicht abgegrenzte Kollektiv der „Frühgeborenen" erscheint dem behandelnden Arzt insofern einheitlich, als alle untergewichtigen Kinder in gleicher Weise gefährdet sind. *Das Kollektiv setzt sich jedoch sehr heterogen zusammen:* In dieser Gruppe sind häufiger als bei ausgetragenen Neugeborenen Kinder mit folgenden Charakteristika vertreten:

Tabelle 3

Unter „Frühgeborenen" sind überrepräsentiert:

Mädchen
Mehrlinge
Erstgeborene
Kinder mit angeborenen Fehlbildungen
Kinder von Müttern mit Schwangerschaftserkrankungen,
mit starker Arbeitsbelastung in der Schwangerschaft
Kinder kleinwüchsiger Eltern

Mädchen sind deshalb häufiger vertreten, weil sie bei der Geburt im Durchschnitt leichter sind als Knaben. Umgekehrt gilt: Bei gleichem Geburtsgewicht sind Mädchen im Durchschnitt reifer als Knaben. Aus diesem Grunde müßte streng genommen die Gewichtsabgrenzung der Frühgeborenen nicht einheitlich 2500 g lauten, sondern bei Mädchen um etwa 100 g niedriger liegen als bei Knaben. Daß *gesundheitliche Störungen* oder eine starke *Arbeitsbelastung* der Mutter zu einem vorzeitigen Abbruch der Schwangerschaft führen können, leuchtet ohne weiteres ein, ebenso, daß Eltern mit individuell oder rassisch bedingtem *Kleinwuchs* Kinder mit einem im Durchschnitt niedrigeren Geburtsgewicht haben.

Morphologisch sind — je nach dem Grad der Unreife — eine Reihe von *Besonderheiten* zu beobachten: Der Kopf des Frühgeborenen ist relativ groß, das subcutane Fettgewebe nur spärlich entwickelt; die Haut ist in weiten Gebieten noch mit Lanugo bedeckt, die Fingernägel überragen nicht die Fingerkuppen. Ein sehr sicheres Zeichen der Unreife ist das Vorhandensein von Pupillarmembranen; auch am Ausmaß der Knorpeleinlagerung in der Ohrmuschel kann der Reifegrad abgelesen werden. Nur bei sehr unreifen Knaben fehlen häufiger die Hoden im Scrotum; erst bei relativ reifen Mädchen verdecken die großen Labien die kleinen (*37*).

Die *initiale Gewichtsabnahme* der Frühgeborenen ist größer als die der Ausgetragenen. Sie beträgt bei einem Geburtsgewicht von 2000 g im Durchschnitt 8—10% und bei einem Geburtsgewicht von < 1000 g 12—15%. Es vergeht auch eine längere Zeit bis zum Wiedererreichen des Geburtsgewichtes. Wird die Nahrungszufuhr vorsichtig begrenzt, so dauert es bei einem Geburtsgewicht von 2000 g 2—3 Wochen, bei einem Geburtsgewicht von 1000 g 4—6 Wochen. Durch rasche Steigerung der Calorienmenge kann dieser Zeitraum allerdings wesentlich verkürzt werden.

Die *spezifische Wachstumsgeschwindigkeit* der Frühgeborenen ist in den ersten Lebenswochen höher als die des normalgewichtigen Säuglings. Von der 30.—36. Schwangerschaftswoche nimmt der Fetus pro Tag 22—33 g zu (Abb. 1). Das bedeutet, seine tägliche Gewichtszunahme beträgt recht konstant 15 g/kg Körpergewicht. In den ersten Wochen nimmt der ausgetragene Säugling täglich

auch um etwa 32 g zu. Bei gleicher absoluter Gewichtszunahme beträgt die
relative Zunahme aber nur 1% und weniger. Nach dem anfänglichen Gewichtsverlust und dem Wiedererreichen des Geburtsgewichtes setzt das biologisch als
Fetus zu bezeichnende Frühgeborene sein Wachstum fort mit einer Geschwindigkeit, die in den höheren Gewichtsklassen ganz derjenigen von Feten gleichen Alters
entspricht (Abb. 4). In den niedrigeren Gewichtsklassen ist das Wachstum stärker
gehemmt infolge der für das Kind unphysiologischen Bedingungen des extrauterinen Lebens. In der Abbildung sind für die verschiedenen Gewichtsklassen die Grenzen der Gewichtszunahme gekennzeichnet bei *reichlichem Nahrungsangebot (24, 64)* und bei *begrenzter Nahrungszufuhr (25,
35)*. Mit Maximalernährung (120 bis 150 Cal./kg Körpergewicht) kann bei
reiferen Kindern eine tägliche Gewichtszunahme erzielt werden, welche
diejenige gleichalter Feten übertrifft. Bei hochgradig unreifen Kindern ist
das nicht möglich.

Obwohl der extrauterine Gewichtszuwachs bei Frühgeborenen im ersten
Lebensjahr im Durchschnitt größer ist als bei Reifgeborenen, wiegen sie
an ihrem ersten Geburtstag durchschnittlich weniger und sind kleiner
als die Reifgeborenen. Der Rückstand ist um so größer, je niedriger das
Geburtsgewicht war. Auch wenn nicht das Geburtsalter, sondern das
Konzeptionsalter zugrunde gelegt wird, gleicht sich der Rückstand
nicht aus. Im Vorschulalter beträgt das Gewichtsdefizit im Durchschnitt
1—1,5 kg und das Längendefizit 2—3 cm *(75)*, im Schulalter beträgt
der Gewichtsrückstand 1,5—2,5 kg und das Längendefizit 2—3,5 cm
(42, 15, 17). Auch im Erwachsenen-alter ist das Kollektiv der Zufrüh-

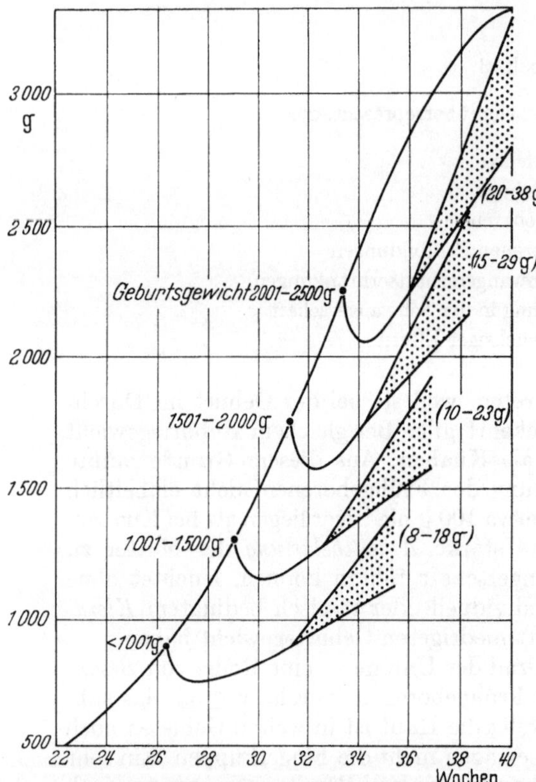

Abb. 4. Durchschnittliche Dauer bis zum Wiedererreichen
des Geburtsgewichts und anschließende Gewichtszunahme
in den darauffolgenden vier Wochen bei reichlicher und bei
begrenzter Nahrungszufuhr (in Klammern: Tägliche Gewichtszunahme bei begrenzter und bei reichlicher
Nahrungszufuhr) nach (24, 64, 25, 35)

geborenen im Durchschnitt kleiner als das der Reifgeborenen *(4)*; oder exakter
formuliert: Das Kollektiv der bei der Geburt unter 2,5 kg schweren Probanden
ist auch im Erwachsenenalter durch ein niedrigeres Gewicht und eine geringere
Körpergröße gekennzeichnet, und zwar deshalb, weil generell eine lineare Beziehung
besteht zwischen Geburtsgewicht und später zu findendem Körperbau *(43, 54)*.
Dies gilt auch für die Geburtsgewichtsklassen von 4 kg und darüber.

Allgemein kann gesagt werden, daß ein Kind eine größere Chance hat, durchschnittliche Erwachsenenmaße zu erreichen, wenn sein Untergewicht bei der Geburt auf *mütterliche Faktoren* zurückzuführen war, als wenn sie ihre Ursache *im
Kinde selbst* hatte. Kinder, deren Untergewicht auf mütterliche Faktoren zu beziehen ist, können schon im ersten Lebensjahr die Durchschnittsmaße erreichen.
Douglas stellte an seinem Beobachtungsgut fest: Die untergewichtig geborenen

Kinder, welche mit 4 Jahren ihre Kontrollen in Größe und Gewicht erreichten, hatten Mütter, die im Durchschnitt so groß waren wie die Mütter der betreffenden Kontrollkinder. Dies ist ein indirekter Beweis dafür, daß das durchschnittlich ungünstigste Abschneiden der sog. Frühgeborenen zum großen Teil auf die konstitutionell Untermaßigen zurückzuführen ist, die eben schon bei ihrer (mehr oder weniger termingerechten) Geburt untermaßig waren.

Als *übertragen* wird ein Neugeborenes bezeichnet, wenn die Schwangerschaftsdauer 42 Wochen überschritt. Bei solchen Kindern findet sich mit steigender Schwangerschaftsdauer immer häufiger das charakteristische Bild der *Überreife* (*6, 70*). Die Haut dieser Kinder ist rissig, pergamentartig, schuppend, die Vernix caseosa fehlt weitgehend oder völlig. Die Extremitäten sind dünn, die Schädelknochen fester als gewöhnlich. Die Kinder wirken munterer und wacher als normale Neugeborene. Bei hochgradig Übertragenen ist der Gesichtsausdruck alt und gequält, die Haut schilfert in großen Lamellen ab, die Kinder haben ein ausgesprochen dystrophes Aussehen. Haut, Nabel und vor allem Fingernägel sind von grünlicher Färbung infolge der Meconiumbeimischung zum Fruchtwasser, das spärlich und schmierig ist.

Aus den Abb. 2 und 3 geht hervor, daß übertragene Kinder im Durchschnitt zwar *schwerer* sind als Neugeborene am Ende der 40. Schwangerschaftswoche, daß ihr Gewicht aber bei hochgradiger Übertragung absinkt. Diese Tatsache ist z. T. durch den Wasserverlust dieser Kinder und die unzureichende placentare Ernährung zu erklären. Zum Teil kann das Absinken des Gewichts aber auch vorgetäuscht sein. Es ist möglich, daß die Kinder, welche gegen Ende der Schwangerschaft untermaßig sind, im Durchschnitt später geboren werden als normalgewichtige. Die Übertragenen stellen somit ein andersartiges Kollektiv dar als die termingemäß Geborenen. Die Durchschnittskurven geben ja nicht die Entwicklung der gleichen Individuen wieder, sondern setzen sich aus Messungen verschiedener Kinder zusammen. Diese Überlegungen gelten vor allem für die *Körperlänge*. Es ist schwer vorstellbar, daß diese bei längerer Schwangerschaftsdauer absinkt, was sie nach den *Durchschnittskurven* tatsächlich tut (Abb. 3). — Nach der Geburt wird bei Übertragenen häufig nur ein geringer Gewichtsverlust beobachtet, auch erreichen sie ihr Geburtsgewicht rascher wieder als die termingerecht geborenen Kinder.

5. Postnatales Wachstum: Meßtechnik

Eine exakte *Gewichtsbestimmung* ist nur mit Balkenwaagen möglich. Die üblichen Badezimmer-Federwaagen sind zu ungenau, da die Federspannung nachläßt und außerdem die Skala zu klein und zu wenig unterteilt ist. Vor Gebrauch müssen die Balkenwaagen (Säuglings- bzw. Stehwaagen) mittels des Tariergewichtes genau auf den 0-Punkt eingestellt werden. Bei größeren Reihenuntersuchungen ist auf die Einhaltung konstanter Meßbedingungen zu achten: Entweder die Kinder werden sämtlich in unbekleidetem Zustand gewogen oder es wird einheitlich das Tragen von Unterbekleidung vorgeschrieben. Diese kann allerdings die Ergebnisse sehr unterschiedlich beeinflussen.

Bei jüngeren Kindern wird die *Körperlänge* im Liegen bestimmt: Der Säugling liegt auf dem Rücken, die Fußsohlen werden fest gegen ein bei Null senkrecht angebrachtes Brett gedrückt. Die Knie sind durchgedrückt. Ein auf dem Meßbrett verschiebliches Brett wird nun fest gegen den Scheitel gedrückt. Nach Herausheben des Kindes wird das Ergebnis abgelesen. Eine exakte Größenbestimmung im Stehen setzt die Mitarbeit des Kindes voraus. Man kann diese Methode daher erst vom dritten Lebensjahr an verwenden. Bei verständigen Kindern kann gelegentlich auch schon im zweiten Lebensjahr die Größe im Stehen bestimmt werden. Es erscheint aber zweckmäßiger, als Grenze einheitlich den zweiten Geburtstag zu wählen, weil die Ergebnisse je nach Methode differieren. Im Durchschnitt ist die im Liegen gemessene Körperlänge eines Kleinkindes um 0,6 cm größer als die im Stehen gemessene; die Differenz kann aber bis zu 2 cm im Einzelfall betragen (79). Zur Größenbestimmung im Stehen wird eine Meßlatte verwandt, deren verschiebliches Handstück fest auf den Scheitel des Kindes gedrückt wird. Es ist unbedingt darauf zu achten, daß die Unterkante des Handstückes in jedem Falle horizontal steht, bei den käuflichen Meßlatten ist das nicht immer der Fall. Das Scharnier des Handstückes und seine verschiebliche Befestigung an der Meßlatte haben z. T. so viel Spielraum, daß die Messung um mehr als ± 1 cm verfälscht werden kann. Die Füße des Kindes sollen sich während des Meßvorganges berühren, und Hacken, Gesäß, oberer Teil des Rückens sowie Hinterkopf sollen die Meßlatte berühren. Der äußere Gehörgang und der untere Orbitarand sollen horizontal in einer Ebene liegen. Das Kind wird aufgefordert einzuatmen und „sich möglichst groß zu machen" (ohne die Hacken zu heben). Hierdurch vermindert sich die Variabilität der Größenmessung. Am Morgen gemessene Kinder sind im Durchschnitt größer als Kinder, die am Nachmittag gemessen werden. *Die Tagesschwankungen* der Körperlänge sind entscheidend abhängig von der Dauer der aufrechten Haltung, die während des Tages eingenommen wurde. Durch Muskelermüdung kommt es zu einer Zunahme der Wirbelsäulenkrümmung und einer Abflachung des Fußgewölbes. Eine weitere Verminderung der Körpergröße tritt infolge Kompression der Zwischenwirbelscheiben und der Gelenkknorpel ein. Die Tagesschwankung beträgt beim Schulkind 0,5—2 cm, sie kann aber bis auf 3 cm ansteigen (55).

Auch das *Körpergewicht* schwankt im Laufe des Tages erheblich. Camerer fand beim Säugling Gewichtsdifferenzen von 200 g, beim Zehnjährigen von 700 g und beim Siebzehnjährigen von 1000 g, also Schwankungen von 2—3%. Die Tagesschwankungen können beim älteren Kinde so viel ausmachen wie ein vierteljähriger Gewichtszuwachs!

6. Säuglingsalter

Während des Säuglingsalters vermindert sich die *Wachstumsintensität* gegenüber der fetalen Wachstumsperiode. Während die Körperlänge des Fetus um mehr als das Tausendfache zunahm (s. S. 3), vergrößert sich die Länge des Säuglings nur um die Hälfte (von 50 auf 75 cm). Während das Fetalgewicht um mehr als das Milliardenfache anwuchs, wird das Geburtsgewicht im ersten Lebensjahr nur verdreifacht. Vom zweiten Lebensjahr an sinkt die spezifische Wachstumsgeschwindigkeit noch schneller ab. Das Säuglingsalter stellt also eine Übergangsperiode dar zwischen dem schnellen intrauterinen Wachstum und dem langsameren der späteren Kindheit (51).

In den ersten Tagen nach der Geburt nimmt das Neugeborene an *Gewicht* ab, weil es durch Atemluft, Urin und Perspiration Wasser und Elektrolyte verliert, die orale Ernährung aber diesen Verlust zunächst noch nicht wettmachen kann. Der durchschnittliche Gewichtsverlust beträgt 7—8% (5—10%). Um den 10. bis 14. Tag wird gewöhnlich das „Startgewicht" wieder erreicht.

Die durchschnittliche *Gewichtszunahme* eines Kindes während des ersten Lebensjahres ist aus Tab. 5 (S. 14) ersichtlich. Sie gilt aber nur für Knaben und Mädchen mit durchschnittlichem Geburtsgewicht. Will man das unter- oder überdurchschnittliche Geburtsgewicht eines Kindes mit in Betracht ziehen, so kann man die durchschnittliche Gewichtszunahme während des ersten Lebensjahres (die unabhängig vom Geburtsgewicht recht konstant ist) zum Geburtsgewicht des betreffenden Kindes addieren. Sie beträgt nach Lenz (51):

Tabelle 4

Am Ende des ... Monats	Durchschnittliche Gewichtszunahme	
	der Knaben kg	der Mädchen kg
3. Monats . .	2,5	2,1
6. Monats . .	4,5	4,0
9. Monats . .	5,8	5,3
12. Monats . .	6,9	6,4

Knaben vergrößern also noch den bei der Geburt bestehenden Gewichtsvorsprung.

Die Säuglingszeit ist aber auch in bezug auf die *Gestalt* des Individuums eine Übergangszeit. LENZ hat den Übergang durch die doppelt-logarithmische Darstellung des Zusammenhangs zwischen Gewichts- und Größenwachstum deutlich gemacht (Abb. 5). Auf der Ordinate ist die Körpergröße, auf der Abszisse das Gewicht dargestellt. Die drei Geraden, welche sich bei 50 cm Körperlänge und 3 kg Körpergewicht treffen (den durchschnittlichen Maßen eines Neugeborenen), stellen drei Typen des Wachstums dar. Gerade I gibt den Wachstumstyp wieder, bei welchem die Verdoppelung der Länge eine Verdoppelung des Gewichts bedeutet; ein solches Verhalten findet sich bei einem cylinderförmigen Körper, der seinen Querschnitt nicht verändert. Gerade III stellt den

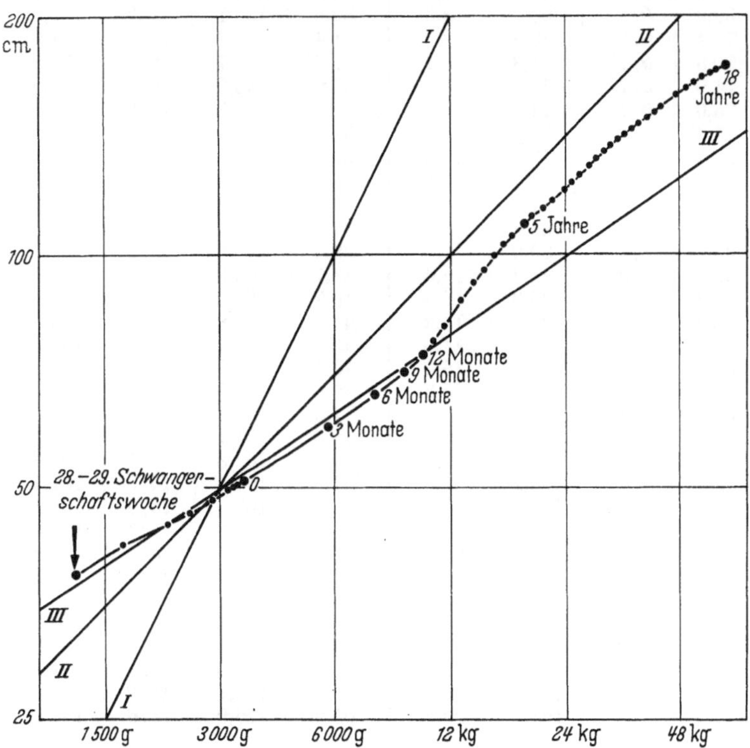

Abb. 5. Der Gestaltwandel während des Wachstums, dargestellt in doppelt logarithmischem Maßstab. Erläuterung im Text [aus LENZ (*51*)]

Wachstumstyp dar, bei welchem bei Verdoppelung der Länge das Gewicht in der dritten Potenz ansteigt (sich verachtfacht). Gerade II entspricht einen mittleren Wachstumstyp, bei welchem das Gewicht proportional dem Quadrat der Länge ansteigt. Die Eintragung der tatsächlichen Maße eines durchschnittlich wachsenden männlichen Individuums ergibt nun in der 28.—31. Fetalwoche ein Wachstum,

das der Geraden III parallel läuft, also dem eines Körpers entspricht, der seine
Gestalt nicht ändert, wenn er wächst (isometrisches Wachstum). Bis zur Geburt
übertrifft infolge der starken Fetteinlagerung das Breitenwachstum das Längenwachstum. Vom 1.—6. Lebensmonat halten sich Gewichts- und Längenwachstum
die Waage: Der Säugling ändert seine Gestalt nicht. Mit 12 Monaten ändert die
Wachstumskurve ihren Neigungswinkel in der Gegenrichtung, ein Gestaltwandel

Tabelle 5. *Durchschnittsgrößen und -gewichte von Knaben und Mädchen*

Knaben		Alter	Mädchen		Knaben		Alter	Mädchen	
kg	cm		cm	kg	kg	cm		cm	kg
3,4	51,0	0;0	50,0	3,3	24,7	125,7	7;9	125,2	24,6
4,1	53,5	0;1	52,6	4,0	25,4	127,0	8;0	126,5	25,3
5,0	57,4	0;2	56,4	4,8	26,2	128,3	8;3	127,8	26,0
5,8	60,4	0;3	59,4	5,5	26,9	129,6	8;6	129,1	26,7
6,5	62,5	0;4	61,5	6,2	27,6	130,9	8;9	130,4	27,4
7,1	64,5	0;5	63,5	6,8	28,4	132,2	9;0	131,6	28,0
7,7	66,4	0;6	65,4	7,3	29,1	133,5	9;3	132,9	28,7
8,2	68,2	0;7	67,2	7,8	29,9	134,8	9;6	134,2	29,4
8,7	69,9	0;8	68,9	8,3	30,6	136,1	9;9	135,6	30,2
9,1	71,4	0;9	70,4	8,7	31,4	137,4	10;0	137,0	31,1
9,5	72,8	0;10	71,8	9,1	32,2	138,7	10;3	138,5	32,1
9,8	74,0	0;11	73,0	9,5	33,0	140,0	10;6	140,0	33,1
10,1	75,0	0;12	74,0	9,8	33,8	141,3	10;9	141,5	34,1
10,9	77,8	1;3	76,8	10,6	34,6	142,6	11;0	143,0	35,1
11,6	80,5	1;6	79,5	11,3	35,4	143,8	11;3	144,5	36,1
12,2	83,1	1;9	82,1	11,9	36,3	145,0	11;6	146,0	37,1
12,6	85,5	2;0	84,5	12,3	37,1	146,2	11;9	147,5	38,2
13,0	87,8	2;3	86,8	12,7	37,9	147,4	12;0	149,1	39,4
13,4	90,0	2;6	89,0	13,0	38,8	148,6	12;3	150,6	40,6
13,7	92,2	2;9	91,2	13,4	39,7	149,9	12;6	152,1	41,8
14,1	94,3	3;0	93,3	13,8	40,7	151,3	12;9	153,5	43,0
14,6	96,3	3;3	95,3	14,3	41,8	152,8	13;0	154,8	44,3
15,1	98,2	3;6	97,2	14,8	43,1	154,4	13;3	156,1	45,6
15,6	100,0	3;9	99,4	15,3	44,4	156,0	13;6	157,3	46,8
16,1	101,8	4;0	101,2	15,8	45,8	157,6	13;9	158,3	48,0
16,6	103,6	4;3	103,0	16,3	47,3	159,3	14;0	159,2	49,1
17,1	105,4	4;6	104,8	16,8	48,8	161,1	14;3	160,0	50,2
17,6	107,1	4;9	106,5	17,3	50,4	162,8	14;6	160,8	51,1
18,1	108,8	5;0	108,2	17,8	52,0	164,4	14;9	161,5	52,0
18,6	110,5	5;3	109,9	18,3	53,5	165,9	15;0	162,1	52,8
19,2	112,2	5;6	111,6	18,8	55,0	167,3	15;3	162,5	53,5
19,8	113,9	5;9	113,3	19,4	56,4	168,6	15;6	162,8	54,1
20,4	115,6	6;0	115,0	20,0	57,7	169,7	15;9	163,1	54,6
21,0	117,3	6;3	116,7	20,7	58,9	170,6	16;0	163,4	55,1
21,6	118,9	6;6	118,3	21,3	60,9	172,3	16;6	163,8	55,8
22,2	120,4	6;9	119,8	22,0	62,5	173,4	17;0	164,0	56,4
22,8	121,8	7;0	121,2	22,6	63,9	174,3	17;6	164,2	56,9
23,4	123,2	7;3	122,6	23,3	65,0	175,1	18;0	164,4	57,3
24,0	124,5	7;6	123,9	23,9	65,9	175,9	18;6	164,5	57,5

bahnt sich an, der sich bis ins 6. Lebensjahr erstreckt. Während dieser Zeit nimmt
das Fettpolster nicht nur relativ, sondern auch absolut an Dicke ab. In dieser
Streckungsperiode gleicht das Wachstum mehr dem eines Cylinders (parallel zur
Geraden I). Im Schulalter nimmt die Intensität des Gestaltwandels ab, das Wachstum nähert sich einem mittleren Typ, das Gewichtswachstum erfolgt proportional
dem Quadrat des Längenwachstums (Gerade II). Mit dem Beginn der Pubertätsacceleration des Wachstums nimmt dann das Gewicht etwa mit der dritten
Potenz des Längenwachstums zu (Gerade III).

Die Abb. 5 macht deutlich, daß es innerhalb des Entwicklungsprozesses *keine scharf abgrenzbaren Perioden des Gestaltwandels* gibt, die mit Waage und Meßband faßbar wären. Die Übergänge sind fließend und erstrecken sich über längere Zeiträume. Aus diesem Grunde finden zur Abgrenzung der verschiedenen Phasen der Kindheit auch kaum anthropometrische Kriterien Verwendung, sondern es sind biologische (Neugeborenenperiode, Pubertätszeit), funktionelle (Säuglingsalter) oder soziale (Schulalter). Alle diese Abgrenzungen jedoch haben etwas künstliches, sie sind aber aus praktischen Gründen erforderlich, um die relativ langdauernde Kindheitsperiode aufzugliedern. Die *Kindheit* ist — wie die vergleichende Zoologie zeigt — eine Lebensphase, die in dieser Form nur dem Menschen eigentümlich ist. Tiere haben zwar auch eine „Kindheit", doch erstreckt sie sich über eine relativ kürzere Lebensspanne, und sexuelle Reife sowie Erwachsenengröße werden früher erreicht. Nur bei den anthropoiden Affen schiebt sich eine der menschlichen Pubertät vergleichbare Phase zwischen Kindheit und Erwachsenenalter (*63*). Nahezu ein Drittel des Lebens eines Menschen vergeht, ehe er voll erwachsen ist, ehe er in unserer Gesellschaftsform das Leben selbständig zu bewältigen vermag. Je höher die Zivilisationsstufe seines Volkes ist, desto länger ist die Vorbereitungszeit. Nur eine so lange Reifezeit ermöglicht die vollständige Entfaltung aller geistigseelischen Eigenschaften, welche das Wesen des Menschen bestimmen; nur eine so lange Vorbereitungszeit ermöglicht es ihm, in die Kulturtradition seines Volkes hineinzuwachsen, sie in sich aufzunehmen und aktiv mitzugestalten.

7. Größen- und Gewichtszunahme

In der Tab. 5 sind die Durchschnittswerte der *Größen- und Gewichtsentwicklung* bei Knaben und Mädchen verzeichnet. Für die Altersstufe 0—7$^1/_2$ Jahre folgt die Tabelle den von LENZ 1954 angegebenen Werten. Die Meßergebnisse der folgenden Altersklassen beruhen auf den Werten, welche 1955 als Durchschnittsgrößen und -gewichte von 250000 Hamburger Schulkindern bestimmt wurden (Medizinalstatistik der Gesundheitsbehörde Hamburg). Bei den Knaben mußten in den Altersklassen 7$^1/_2$—10 Jahre Mittelwerte eingesetzt werden, um den Anschluß an die Meßergebnisse der jüngeren Altersstufen zu gewinnen.

Über die *Variationsbreite der Meßergebnisse* orientieren die Abb. 6 und 7. Die Bestimmung der Streubreite mit Hilfe der 3-, 10-, 25-, 50-, 75-, 90- und 97-Perzentilwerte erfolgte in Anlehnung an H. C. STUART. Mit ihrer Hilfe ist es möglich, für die Körpergröße und das Gewicht jedes Kindes denjenigen Ort zu bestimmen, den es innerhalb einer repräsentativen Serie von 100 Probanden gleichen Alters einnehmen würde. Liegt der Wert *zwischen* zwei Perzentillinien, so kann nach Augenmaß durch Interpolieren abgeschätzt werden, welchem auf 5 abgerundetem Perzentilwert er zugehört. Wo innerhalb dieser Prozentrangkurve die Grenzen des „Normalen" liegen, läßt sich nicht definieren. Es kann lediglich gesagt werden, daß der Verdacht auf „Abnormität" desto größer ist, je weiter ein Wert vom Median entfernt ist. Im allgemeinen herrscht Übereinstimmung, daß die fließenden Grenzen zwischen „normal" und „abnorm" am ehesten durch die 3- und 97-Perzentile zu kennzeichnen sind. Hiernach wäre die Einordnung der gefundenen Perzentilwerte folgendermaßen zu beschreiben:

Tabelle 6. *Bewertung der Größen- und Gewichts-Perzentilbereiche*

Größe	Perzentile	Gewicht
abnorm klein	0—3	abnorm schlank
sehr klein	3—10	sehr schlank
klein	10—25	schlank
mittel	25—75	mittel
groß	75—90	füllig
sehr groß	90—97	sehr füllig
abnorm groß	97—100	abnorm füllig

Die Bewertung der *Körpergröße* kann aus der Übersicht direkt abgelesen werden; die Entscheidung, ob ein Individuum als *schlank oder füllig* zu bezeichnen ist,

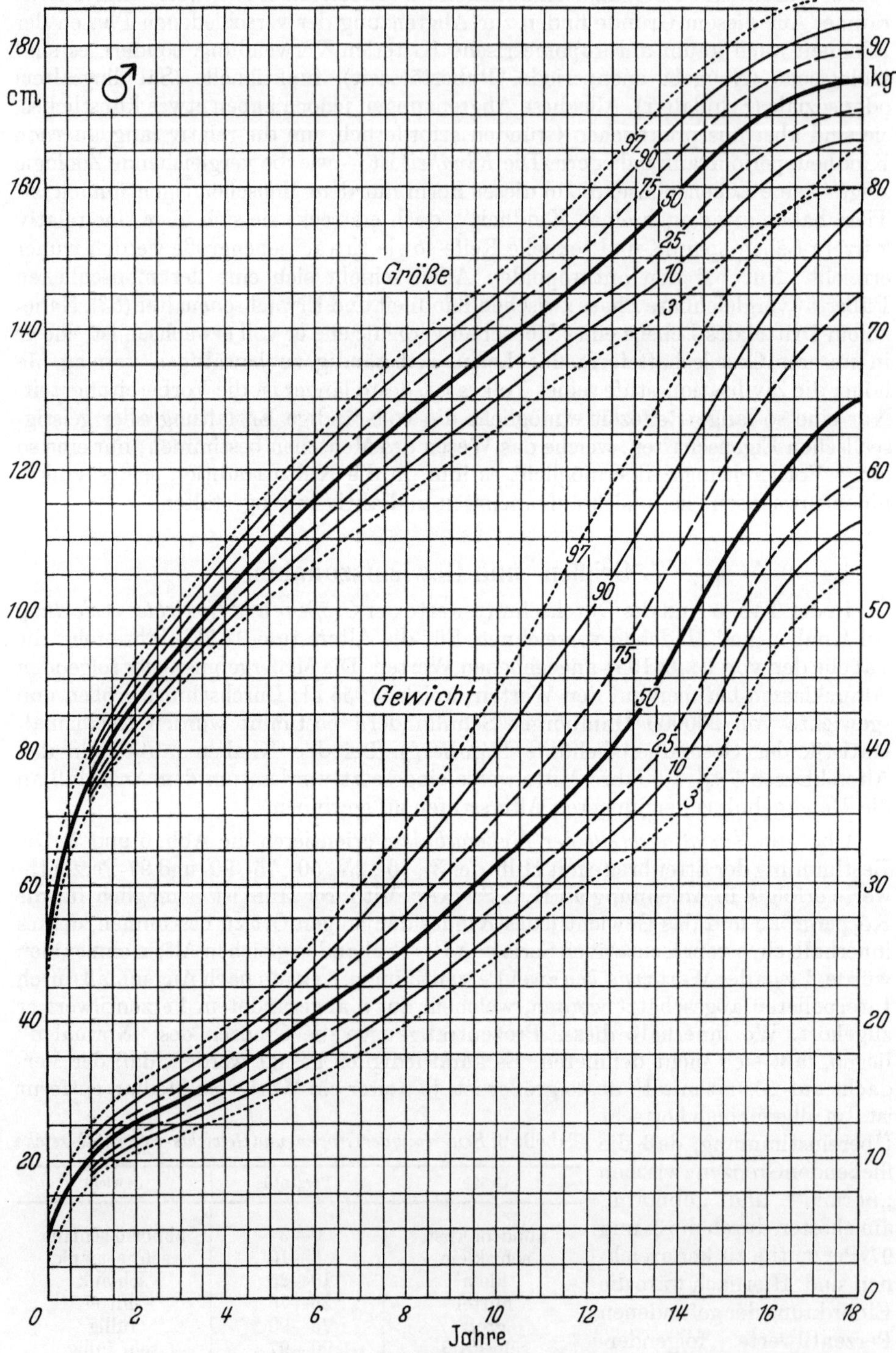

Abb. 6. Variationsbreite der Größen- und Gewichtsentwicklung beim Knaben. Angabe der Perzentilwerte

kann jedoch erst gefällt werden, wenn der Perzentilwert des Gewichtes mit dem der Körpergröße verglichen wurde: Gleichen sie einander, so ist die Körperform als harmonisch anzusehen; streben sie auseinander, so ist das Individuum als absolut oder relativ schlank bzw. absolut oder relativ füllig anzusehen.

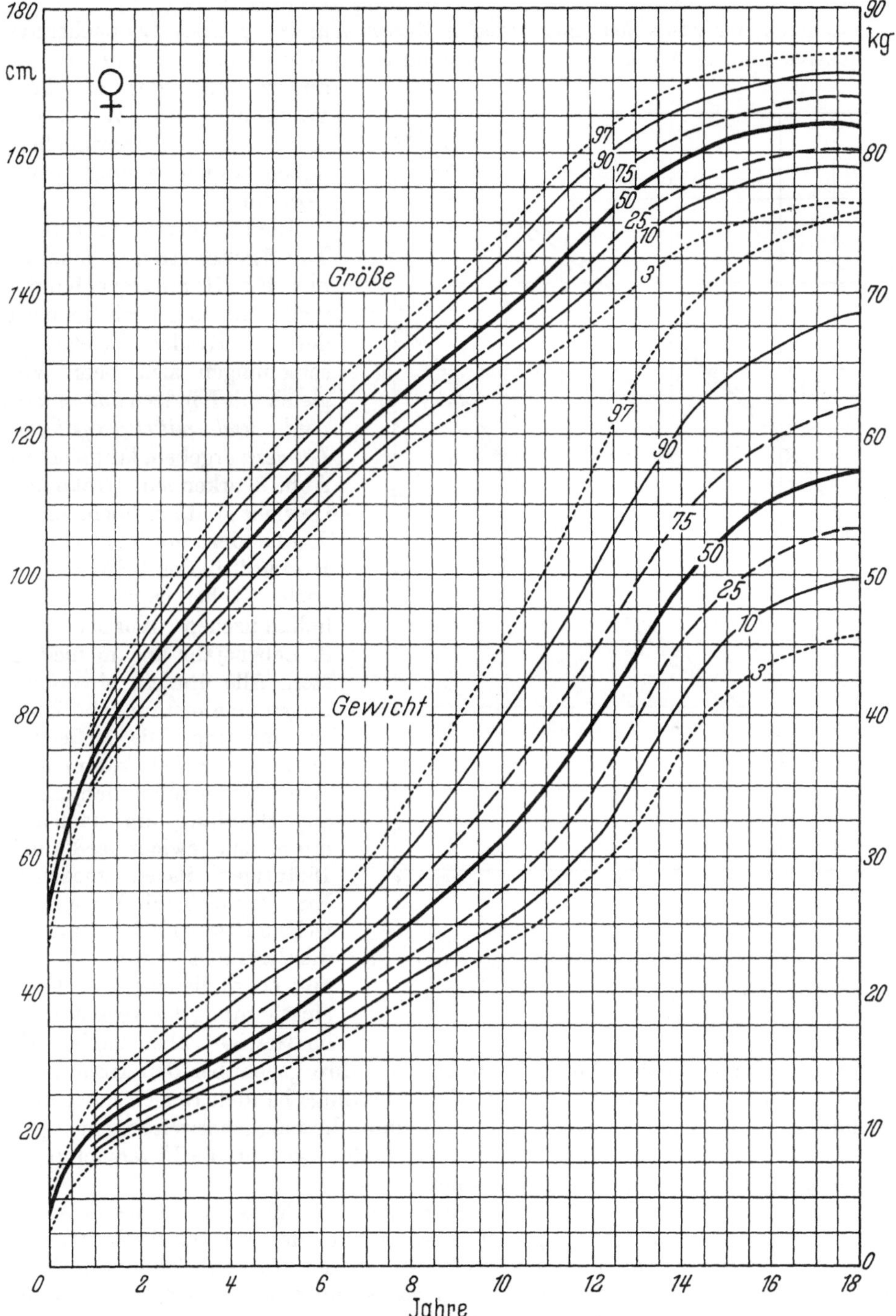

Abb. 7. Variationsbreite der Größen- und Gewichtsentwicklung beim Mädchen. Angabe der Perzentilwerte

In die Abb. 6 und 7 können auch *Entwicklungsverläufe* eingetragen werden. Es ist dann zu erkennen, ob ein Kind während seines Wachstums mit seinem Gewicht oder seiner Größe in einen anderen Perzentilbereich hinüberwechselt, d. h. ob seine Größen- oder Gewichtsentwicklung den Altersgenossen gegenüber voraneilt oder zurückbleibt.

Je nach der *rassischen und sozialen Zusammensetzung* eines Beobachtungskollektivs muß sich der Wachstumsstandard wandeln. Außerdem muß er sich ändern mit der säkularen Wandlung des Wachstums (s. S. 22). „Normtabellen" haben daher immer etwas Vorläufiges.

Die Durchschnittswerte der Tab. 6 gelten streng genommen nur für Hamburger Kinder, vielleicht auch noch für norddeutsche Kinder. Welche Verschiebungen sich beim Vergleich mit Kindern aus *anderen nord- und mitteleuropäischen Ländern* ergeben, läßt sich aus Abb. 8 erkennen. Größe und Gewicht sind am höchsten bei den Kindern nordeuropäischer Herkunft in den USA. Das Gewicht ist bei englischen und holländischen Knaben vom 8. Lebensjahr an am niedrigsten. Alle übrigen Messungen zeigen eine erstaunliche Übereinstimmung. Die Meßergebnisse aus Basel kommen in allen Altersstufen denjenigen aus Hamburg am nächsten, nur ist das Gewicht der 17- und 18jährigen Basler niedriger. Ein Vergleich mit Messungen, welche 1948—1956 in München durchgeführt wurden (*83*), ergibt ebenfalls eine gute Übereinstimmung der Körpergröße; im Gewicht aber bleiben die

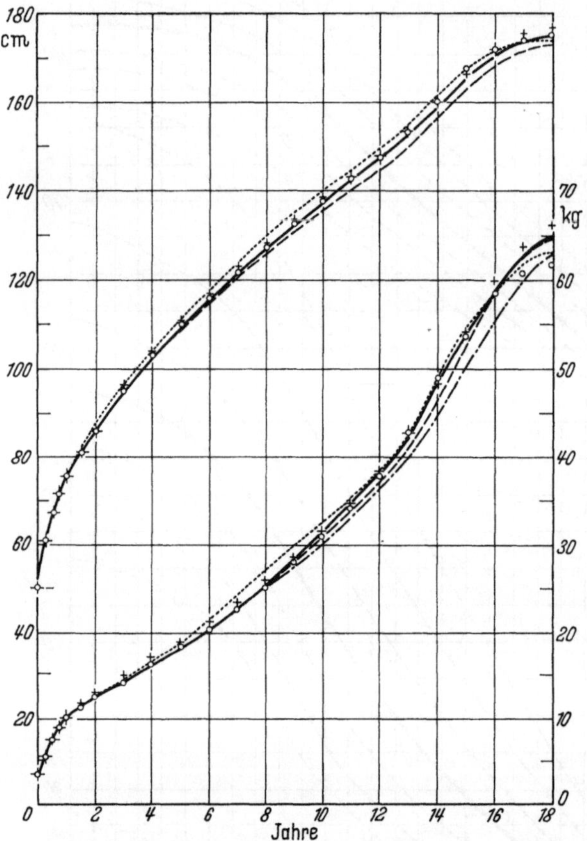

Abb. 8. Durchschnittsgrößen und Gewichte von Knaben. —— Hamburg 1955; — — — Tschechoslowakei 1951 (*44*); - - - - Boston und Jowa City/USA. Kinder nordeuropäischer Herkunft 1954 (*77*); —·—·— Holland 1958 (*86*); ○○○○ Basel/Schweiz 1958 (*39*); + + + Schweden 1942 und 1959 (*18, 45*). Die Jahreszahl gibt das Jahr der Veröffentlichung an

Münchner Kinder in den Altersstufen 11—17 Jahre gegenüber den Hamburger Kindern noch weiter zurück als die Basler. Allerdings handelt es sich um Untersuchungen an Kindern der Klinik und Poliklinik, die möglicherweise nicht repräsentativ für die Gesamtbevölkerung sind. Außerdem wurden die Untersuchungen gleich nach der Währungsreform begonnen.

Trotz der angeführten relativ geringfügigen Unterschiede ist anzunehmen, daß die Hamburger Mittelwerte *in ganz Deutschland* als Maßstab durchschnittlichen Wachstums Verwendung finden können. Durch die starken Bevölkerungsumschichtungen als Folge des zweiten Weltkrieges haben sich ohnehin landsmannschaftliche Unterschiede zum Teil verwischt.

Zahlreiche Indices sind ersonnen worden, um der *Beziehung zwischen Körpergewicht und Körpergröße* einen rechnerischen Ausdruck zu geben. Arithmetisch befriedigend sind nur solche Indices, die Größen gleicher Dimension zueinander in Beziehung setzen (55). Das geschieht z. B. beim Rohrer-Index, welcher den Quotienten aus Gewicht und Körperlänge^3 darstellt $\frac{G}{L^3}$. Diese Verhältniszahl bleibt konstant, solange die Gestalt während des Wachstums konstant bleibt (isometrisches Wachstum, s. S. 13). Je fülliger ein Individuum ist, desto größer ist der Indexwert; je schlanker es ist, desto kleiner wird der Index. In der dritten Spalte von Tab. 7 sind die Werte niedergelegt, welche sich bei durchschnittlichem Wachstum errechnen lassen. Die verwendeten Körpergrößen und Gewichte sind der Tab. 5 entnommen.

Es erweist sich, daß der *Rohrer-Index* von 10—18 Jahren relativ konstant bleibt. In dieser Zeit können wir also am ehesten von einem isometrischen Wachstum sprechen. Setzt man das Körpergewicht in Beziehung zum Quadrat der Körperlänge $\frac{G}{L^2}$, so erhält man den *Kaup-Index*. Er ändert sich von 4—8 Jahren am wenigsten, d. h. in dieser Zeit erfolgt das Gewichtswachstum annähernd proportional dem Quadrat des Längenwachstums: Das Kind wächst rascher in die Länge als in die Breite, es wird schlanker.

Tabelle 7. *Indices der Körperfülle*

Knaben:

Alter in Jahren	Kaup-Index $\frac{G}{L^2}$	Rohrer-Index $\frac{G}{L^3}$
0	1,31	2,58
1	1,79	2,38
2	1,72	2,04
4	1,55*	1,56
6	1,52*	1,30
8	1,58*	1,24
10	1,66	1,22*
12	1,73	1,18*
14	1,86	1,17*
16	2,02	1,18*
18	2,11	1,21*

* Zeiten relativer Konstanz des betreffenden Index.

Ein Nachteil der Verwendung von Körperfülle-Indices bei Kindern liegt darin, daß sich die Indices im Laufe der Entwicklung wandeln, man hat also *keine konstante Vergleichsgröße* bei der Beurteilung von Kindern verschiedenen Alters zur Verfügung. Vor allem der Rohrer-Index ist häufig als Maßstab des Ernährungszustandes verwandt worden. Dieser ist aber eine so komplexe Größe, daß er niemals aus nur zwei Maßen erschlossen werden kann.

Unterschiede im Gewichts- und Größenwachstum bedingen einen *ständigen Formwandel* des Individuums. Man hat versucht, einzelne Phasen des Gestaltwandels, der Streckung oder der Fülle, besonders herauszustellen (87). Da die Übergänge fließend und die individuellen Unterschiede stark sind, lassen sich allgemeingültige zeitliche Grenzen kaum ziehen. *Zwei Perioden raschen Wachstums* heben sich aber deutlich ab: Die erste Periode erreicht ihr Maximum während der Fetalzeit; ihre Ausläufer ziehen sich bis ins zweite Lebensjahr hinein. Die zweite Periode umfaßt einen großen Teil des zweiten Lebensjahrzehnts: die Zeit der sexuellen Reifung. Verbunden sind die beiden Perioden durch einen Zeitraum relativ uniformen, langsamen Wachstums.

Aus Abb. 9 sind die jährlichen Wachstumsraten bei Knaben und Mädchen ersichtlich. Deutlicher als aus den Wachstumskurven (Abb. 6 und 7) wird aus dieser Abbildung die unterschiedliche Wachstums*geschwindigkeit* erkennbar. Die 2. Periode raschen Wachstums setzt bei Mädchen mit durchschnittlich 9 Jahren ein, bei Knaben mit 11 Jahren. Zunächst nimmt die Wachstumsrate der Körpergröße, dann die des Gewichtes zu. Mit $11^1/_2$ Jahren hat bei Mädchen die Geschwin-

digkeit des Größenwachstums, mit $12^1/_2$ Jahren des Gewichtswachstums ihren
Höhepunkt erreicht. Dieses Stadium tritt bei Knaben zwei Jahre später ein: Ge-
schwindigkeitsmaximum des Größenwachstums mit $13^1/_2$, des Gewichtswachstums
mit $14^1/_2$ Jahren. Anschließend fällt die Wachstumsrate des Längenwachstums
rasch ab, während das Gewichtswachstum sich noch über einen längeren Zeitraum
hinzieht. Bei Frauen ist das Längenwachstum mit durchschnittlich $15—17^1/_2$ Jahren
abgeschlossen, bei Männern mit 17—19 Jahren (80). Der danach unter Umständen
noch zu verzeichnende Längenzuwachs überschreitet 2—3 cm nicht.

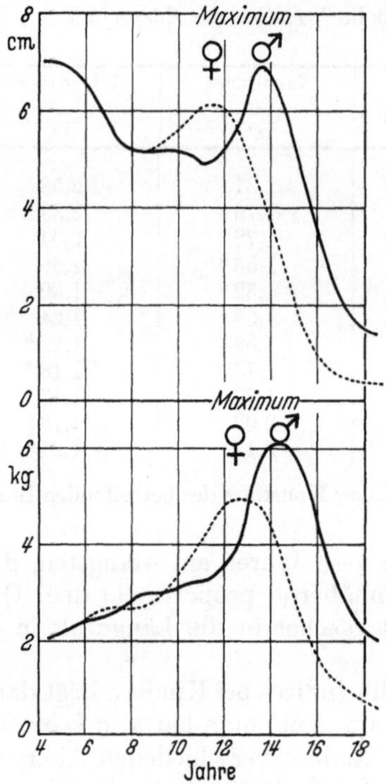

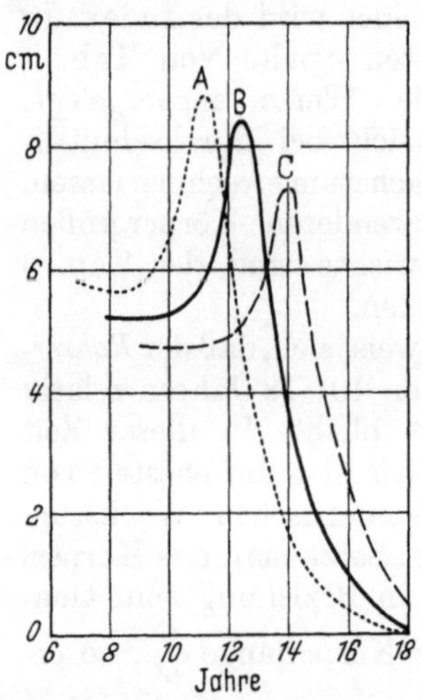

Abb. 10. Pubertätswachstumsschub bei Mädchen mit
früh, mittel und spät einsetzender Menarche. Geschwindigkeit des Größenwachstums: A: Menarche vor einem
Lebensalter von 11;6 Jahren; B: Menarche mit 12;6
bis 13;5 Jahren; C: Menarche nach einem Lebensalter
von 14;5 Jahren [nach (74)]

Abb. 9. Pubertätswachstumsschub bei Knaben und
Mädchen. Obere Kurven: Größenzuwachs, untere Kurven: Gewichtszuwachs. Konstruiert unter Benutzung
der aus Tab. 5 ersichtlichen jährlichen Zuwachsraten

In der Abb. 9 handelt es sich um
Durchschnittskurven der Wachstumsgeschwindigkeit. Erfaßt man durch Longitudinaluntersuchungen *Einzelabläufe
des Wachstumsverlaufes*, so kann man
feststellen, daß sich der Pubertätswachs-
tumsschub über einen kürzeren Zeitraum erstreckt und zu steileren Gipfeln führt.
Bei Knaben z. B. beträgt im Durchschnitt der jährliche Größengewinn auf dem
Höhepunkt 7 cm pro Jahr, das beim einzelnen Knaben festgestellte Maximum beträgt aber 8—11 cm. Man muß sich vor Augen halten, daß Durchschnittskurven eine
Summation von Einzelvorgängen darstellen. Dadurch verbreitern und verflachen
sich die Pubertätsmaxima, da sie nicht bei allen Kindern zur gleichen Zeit auftreten, sondern sich über einen längeren Zeitraum verteilen. Die gleiche Einschränkung muß für die Wachstumskurven (Abb. 6 und 7) gemacht werden. Auch dort
tritt der Pubertätswachstumsschub nicht so deutlich in Erscheinung wie in einer
individuellen Wachstumskurve. Es folgt daraus, daß bei jedem Kinde in der Pubertät ein zeitweiliges Abweichen von der bisher eingenommenen Position innerhalb
des Vergleichskollektivs eintreten kann, nämlich dann, wenn es sein individuelles
Maximum des Größen- bzw. Gewichtswachstums erreicht. Man wird also abrupten
Tempoabweichungen des Wachstums in der Pubertät eine geringere Bedeutung bei-
messen als in anderen gleichmäßiger verlaufenden Entwicklungsphasen. In der

Abb. 10 sind solche individuellen Längsschnittverläufe bei Mädchen einander gegenübergestellt. Während die Kollektivkurve der Mädchen einen maximalen Jahreszuwachs der Körpergröße von nur 6,1 cm zeigt, werden von einzelnen Mädchen Maxima von 7,4, 8,4 bzw. 8,9 cm erreicht. Es handelt sich hierbei um frühreifende, mittel- und spätreifende Mädchen, wobei als Reifekriterium das Menarchealter gewählt wurde (*74*).

Der enge *Zusammenhang zwischen Geschlechtsreifung und Pubertätswachstumsschub* ist deutlich; beide haben offensichtlich die gleiche Ursache: die hormonelle Umstellung in der Pubertät. Mit Einsetzen des Wachstumsschubes beginnt die Umwandlung der bis dahin ruhenden Brust zur Brustknospe. Während der Zeit der Wachstumsbeschleunigung (ansteigende Kurve) erscheint die Scham- und Axillarbehaarung und in dem auf das Wachstumsmaximum folgenden Jahr tritt die Menarche ein. Bei Knaben beginnt mit Einsetzen des Wachstumsschubs die Größenzunahme von Penis, Scrotum und Testes. Während der Wachstumsbeschleunigung erscheint die Scham- und Axillarbehaarung und in dem auf das Wachstumsmaximum folgenden Jahr tritt der Stimmbruch ein, die ersten reifen Spermatozoen sind nachweisbar.

Das *Menarchealter* ist weitgehend genetisch bestimmt; die durchschnittliche zeitliche Differenz bei eineiigen Zwillingen beträgt nur 2,2 Monate gegenüber 8,2 Monaten bei zweieiigen Zwillingen (*82*). Trotzdem kam es in den letzten 50 bis 100 Jahren zu einer beträchtlichen Vorverlegung des durchschnittlichen Menarchealters. Während man 1906 in Deutschland mit einem Menarchealter von $15^1/_2$ Jahren rechnen konnte, muß man heute etwa $13^1/_2$ Jahre zugrunde legen. Das mittlere Menarchealter schwankt zwischen 13 und 14 Jahren, je nachdem, ob es sich um Mädchen aus Stadt- oder Landbezirken, aus sozial gutgestellten oder schlechtgestellten Bevölkerungskreisen handelt. Abb. 10 zeigt, daß bei frühem Menstruationsbeginn nicht nur das Maximum der Wachstumsgeschwindigkeit früher erreicht wird, sondern daß hierbei auch größere Körperlängen gewonnen werden als bei spätem Einsetzen der Menarche. Bei den früh reifenden Mädchen ist schon vor Einsetzen des Pubertätswachstumsschubes eine größere Wachstumsgeschwindigkeit festzustellen als bei den spätreifenden. Allerdings kommt das Wachstum im Durchschnitt auch früher zum Abschluß als bei den spätreifenden Mädchen. Gleiches gilt für die Beziehung zwischen Geschlechtsreife und Wachstum bei Knaben.

8. Faktoren, welche das Längen- und Gewichtswachstum beeinflussen

Die *Erwachsenen* sind heute *größer und schwerer* als die Menschen früherer Zeiten. Die Musterung der 20jährigen in der Bundesrepublik ergab 1957 eine durchschnittliche Körpergröße von 173 cm. Bei den Musterungen für das Kaiserliche Heer in den Jahren 1894—1898 betrug die durchschnittliche Körpergröße 166,5 cm. Nur 1,6% der Rekruten war damals über 180 cm groß, 1957 waren es 13,3% (*28*). Seit wann datiert diese Größenzunahme? Grabfunde in Schweden ließen erkennen, daß die Männer in der Steinzeit durchschnittlich 164,5 cm groß waren, im Mittelalter 167,5 cm. Die gleiche Größe hatten schwedische Männer 1855, aber 1939 wurden 174,5 cm gemessen (*52*). Während demnach die Körpergröße in mehreren Jahrtausenden kaum zunahm, steigerte sie sich in den letzten 100 Jahren um 7 cm. Gleichartige Befunde werden aus vielen Ländern berichtet. Im Durchschnitt betrug die Zunahme 8 cm (7—10 cm) in 100 Jahren. Zum Teil setzte die Größenzunahme bereits zu Beginn des 19., teils zu Beginn des 20. Jahrhunderts ein, in den meisten Ländern um die Mitte des vorigen Jahrhunderts.

Die relative *Größenzunahme der Kinder* innerhalb dieses Zeitraumes übertrifft aber noch diejenige der Erwachsenen, in den Jahren der Pubertät liegt sogar die

absolute Größenzunahme über derjenigen der Erwachsenen. Dieses Phänomen
wurde als Acceleration bezeichnet (E. W. KOCH, BENNHOLDT-THOMSEN). Wollen
wir uns von der Größenordnung der Zunahme ein Bild machen, so müssen wir
Kollektive vergleichen, die möglichst gleichartig zusammengesetzt sind. In den
Abb. 11 und 12 sind Messungen an *Hamburger Oberschülern* aus den vergangenen
80 Jahren einander gegenübergestellt. Es ergibt sich, daß in den Altersklassen der
10—17jährigen die durchschnittliche Körpergröße in 80 Jahren um 12—16 cm und
das Gewicht um 8—15 kg zugenommen hat; das heißt, daß z. B. die heute 14jähri-
gen so groß und so schwer sind wie die $16^1/_2$jährigen von 1877. Von 1936—1947

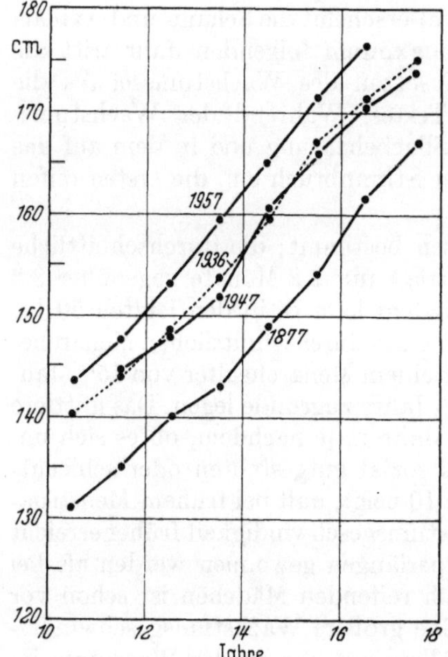

Abb. 11. Längenwachstum Hamburger Oberschüler
1877—1957 [nach (59)]

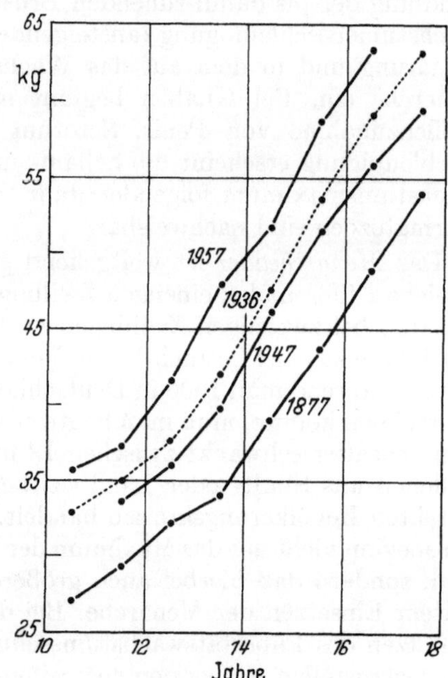

Abb. 12. Gewichtswachstum Hamburger Oberschüler
1877—1957 [nach (59)]

machte die Acceleration keine weiteren Fortschritte bezüglich der Körpergröße,
die Werte für das Körpergewicht lagen infolge der schlechten Ernährungsbedingungen in der Nachkriegszeit sogar deutlich unter denen von 1936. Seit der Währungsreform steigerten sich Körpergewicht und Größe aber erneut, und zwar mit
einer Intensität, welche diejenige der ersten 6 Jahrzehnte des genannten Zeitraumes deutlich übertraf.

Aus den beiden Abbildungen ist zu ersehen, daß sich der Längen- und Gewichtszuwachs in *gleicher* Weise steigerte. Die heutigen Schüler sind also aufs Ganze gesehen nicht einseitig „in die Höhe geschossen", sondern entsprechen in ihrer Gestalt den um $2^1/_2$ Jahre älteren Oberschülern von 1877. Dieser gewaltige Umbruch
erfaßt den ganzen Menschen, somatisch wie psychisch, und es ist verständlich, daß
im Einzelfall seelische und körperliche Entwicklung auseinanderklaffen können,
daß Teilaccelerationen auf der einen Seite partiellen Retardierungen auf der
anderen gegenüberstehen können; vorübergehende Entwicklungsdisharmonien
sind die Folge.

Aus den Abb. 11 und 12 ist ersichtlich, daß der Entwicklungsvorsprung bereits
bei den 10jährigen in vollem Ausmaß besteht. Die *Ursachen*, welche zu diesem
tiefgreifenden Wandel geführt haben, müssen daher *im ersten Lebensjahrzehnt*

wirksam geworden sein. In der Tat sind schon die heute 1jährigen um etwa 5 cm größer und um 1—2 kg schwerer als ihre Altersgenossen vor 50 Jahren, während die Geburtsmaße keine nennenswerten Unterschiede zeigen. Bei den 6jährigen beträgt der Vorsprung im Durchschnitt 7—9 cm und bei den 10jährigen mit 8 bis 10 cm nur noch 1 cm mehr (52). Die Verschiebungen im Wachstumstempo betreffen also in erster Linie das kindliche und in geringerem Ausmaße das puberale Wachstum. Obwohl die Pubertät in den letzten 50—100 Jahren um 1—2 Jahre vorrückte, tritt der Pubertätswachstumsschub heute bei Kindern ein, die um etwa 10 cm größer sind als vor 80 Jahren. Das geht sehr deutlich aus der folgenden Tabelle hervor:

Tabelle 8. *Pubertätswachstum bei Hamburger Schülern* [nach (52)]

Jahr	Alter bei maximalem Längenwachstum	Zunahme in 3 Jahren in cm	Körperhöhe bei Beginn und Ende in cm
1877 Gymnasiasten	13,5—16,5	18,6	143—162
1933 Schüler	12,5—15,5	18,8	148—165
1955 Oberschüler	12,5—15,5	18,4	152—171
1957 Gymnasiasten	12,5—15,5	18,9	153—172

Der Pubertätswachstumsschub führte in allen Generationen zu einem gleichgroßen Längenzuwachs (18,4—18,9 cm). Dadurch waren beim Abschluß des Pubertätswachstums die Gymnasiasten von 1957 mit $15\frac{1}{2}$ Jahren noch immer um 10 cm größer als diejenigen von 1877, deren Wachstumsschub mit $16\frac{1}{2}$ Jahren beendet war. Anschließend verkleinert sich die Längendifferenz noch um einen geringen Betrag, weil das Wachstum heute wegen der Vorverlegung der Pubertät im Durchschnitt etwas früher zum Abschluß kommt als vor 80 Jahren.

Zur Erklärung der zeitlichen Wandlung des Wachstums — der Tempoverschiebungen sowohl als auch der Steigerung im Endergebnis — wurden zahlreiche Gründe genannt. Kein Anhalt findet sich für Hypothesen, welche *Veränderungen des Erbgutes* verantwortlich machen. Das ungeheure Tempo des Wachstumswandels in nur 3—4 Generationen zwingt uns, die Ursachen in *Umweltgegebenheiten* zu suchen. Unter diesen haben die Wandlungen der Ernährungsbedingungen, insbesondere der steigende Eiweißkonsum (52), sicher eine besondere Bedeutung. Daneben können noch zahlreiche andere Faktoren eine Rolle spielen, deren Einfluß im einzelnen aber schwer zu fassen ist.

Auch innerhalb des gleichen Zeitraumes sind die Bevölkerungsteile, welche einen *höheren Eiweißverzehr* haben, in Größe und Gewicht den Bevölkerungsschichten mit geringem Eiweißkonsum überlegen (49). Allerdings kommen in diesen Unterschieden auch andere Faktoren gleichzeitig zur Auswirkung. In den *sozial besser gestellten Schichten* sind im allgemeinen die hygienischen Bedingungen günstiger. Dadurch vermindert sich die Zahl der Kinder, welche infolge schlechter Pflegebedingungen oder chronischer Erkrankungen im Wachstum gehemmt sind. Da die Intelligenteren im Durchschnitt eine höhere Sozialstufe erreichen, ist im allgemeinen eine positive Korrelation zwischen Körpergröße und Intelligenz zu verzeichnen. Diese Tatsache erklärt es auch, warum Kinder aus kinderreichen Familien im Durchschnitt eine geringere Körpergröße und ein niedrigeres Gewicht haben als Kinder aus Familien mit nur ein oder zwei Kindern, denn die Kinderzahl in den oberen Sozialschichten ist meist geringer als in den schlechter gestellten Bevölkerungskreisen. Diese Unterschiede verwischen sich aber zur Zeit immer mehr.

Auch die Unterschiede zwischen *Stadt und Land* gleichen sich zunehmend aus. In der Vergangenheit wurde häufiger eine größere Körperlänge und ein höheres Gewicht bei den Stadtkindern als bei den Landkindern gefunden (allerdings lagen auch gegenteilige Mitteilungen vor). Je mehr sich die Lebensbedingungen einander angleichen, desto geringer wurden die Unterschiede in den Körpermaßen. Sehr gering sind auch die *jahreszeitlichen Schwankungen* des Längen- und Gewichtswachstums. In den Monaten März bis Juli ist in Deutschland, England und den nordischen Ländern die Längenzunahme am größten, dagegen liegt das Maximum der Gewichtszunahme in den Monaten August bis Dezember. Diese Beobachtung stammt schon aus dem vorigen Jahrhundert. Sie wurde in der Folgezeit mehrfach bestätigt, allerdings sind die Differenzen so gering, daß sie nur an sehr umfangreichen Beobachtungsreihen gesichert werden können (*60*).

9. Oberflächen- und Organwachstum, Proportionsverschiebungen

Die direkte Messung der *Körperoberfläche* ist ein zeitraubendes Verfahren, das in der Praxis nicht angewandt wird. Ältere Autoren hatten mit Hilfe von ausgeschnittenen Zinnfolien, deren Gewicht pro Quadratmeter bekannt war, die Körperoberfläche von Kindern bestimmt (*62*). Auf Grund solcher Messungen entwickelten DuBois und DuBois die Formel:

$$O = G^{0,425} \cdot H^{0,725} \cdot 71,84$$
$(O = $ Oberfläche in cm², $G = $ Gewicht in kg,
$H = $ Körperhöhe in cm).

Um das Rechnen mit Exponenten zu vermeiden, wurden Nomogramme angegeben, aus denen die Körperoberfläche direkt abgelesen werden kann, wenn Größe und Gewicht bekannt sind. Es handelt sich hierbei aber immer nur um eine Schätzung, daher ist mit einer recht großen Fehlerbreite der Methode zu rechnen: Standardabweichung $\pm 7,5\%$ (*57*). Für eine grobe Orientierung genügt die Faustregel:

Tabelle 9

Alter (in Jahren)	Anteil der Körperoberfläche eines Erwachsenen (1,73 m²)
$^1/_2$	$^1/_5$
1	$^1/_4$
3	$^1/_3$
$7^1/_2$	$^1/_2$
12	$^2/_3$

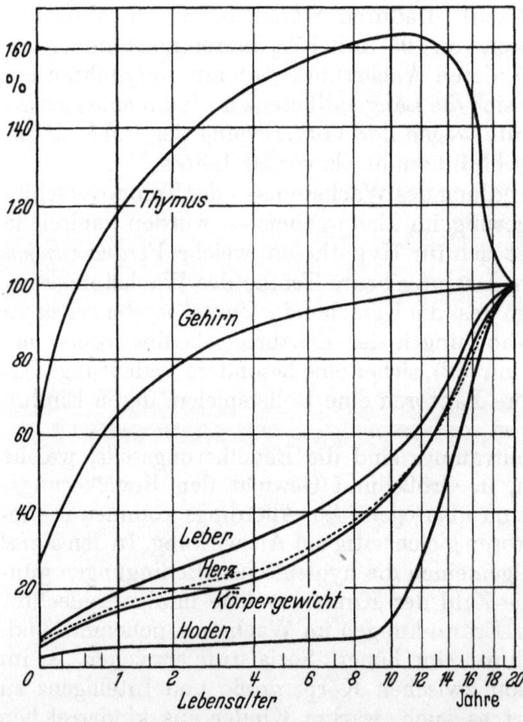

Abb. 13. Durchschnittliches Gewichtswachstum verschiedener Körperorgane: Prozentuale Gewichtsverhältnisse im Kindesalter, bezogen auf das Organgewicht Erwachsener (= 100%) [nach (*69, 22* u. *16*)]. Organgewicht beim Erwachsenen: Thymus 18 g, Gehirn 1330 g, Herz 295 g, Hoden 40 g (Körpergewicht 68 kg)

Die Körperoberfläche kann jenseits des ersten Lebenshalbjahres als Maß zur Bestimmung einer altersadäquaten Arzneimitteldosis benutzt werden. Der relativ großen Oberfläche des jungen Kindes entspricht sein hoher Grundumsatz, der (pro kg Körpergewicht berechnet) etwa doppelt so hoch wie der des Erwachsenen ist. Dies ist *einer* der Gründe dafür, daß der Dosisbedarf des Kindes relativ höher ist als derjenige des Erwachsenen (*34*).

Am Gesamtwachstum des Organismus nehmen *die einzelnen Gewebe und Organe* in unterschiedlicher Weise teil. Das Körpergewicht ist in den verschiedenen Altersstufen der zusammengefaßte Ausdruck aller Auf- und Umbauprozesse. Die großen Unterschiede im Wachstumsverlauf der einzelnen Organe sind in Abb. 13 an einigen Beispielen dargestellt. Um einen gemeinsamen Maßstab zu gewinnen, wurde das Erwachsenen-Gewicht der einzelnen Organe jeweils = 100% gesetzt.

Als Repräsentant der *lymphatischcn Gewebe* wurde der Thymus gewählt. Bei der Geburt hat dieser bereits 60% des durchschnittlichen Gewichtes der Thymusdrüse eines Erwachsenen erreicht, mit 10—12 Jahren übertrifft er deren Gewicht um über 60%. Anschließend verkleinert sich das Organ. Auch das Gehirngewicht ist beim Neugeborenen relativ groß und die Wachstumsrate gegenüber anderen Organen gesteigert. Das Gehirn eines 1jährigen Kindes hat bereits $^2/_3$ des Gehirngewichtes eines Erwachsenen. Dieser Entwicklungsstand entspricht ebenso dem raschen Erwerb der Kontrolle über die motorischen und statischen Funktionen wie der raschen Entfaltung der geistigen Fähigkeiten, deren spezifischer Zuwachs in den ersten beiden Lebensjahren ungleich größer ist als in den folgenden Jahren.— Die Gewichtsentwicklung der *Leber* eilt ebenfalls — wenn auch in mäßigerem Tempo — der des Gesamtorganismus voraus. Dieses ist darauf zurückzuführen, daß die Stoffwechselaktivität des jüngeren Organismus größer ist und die Leber als zentrales Stoffwechselorgan hierbei eine wesentliche Rolle spielt. Der Anteil des *Herzgewichtes* am Gesamtgewicht bleibt in allen Altersstufen bemerkenswert konstant. Das Wachstum des Genitalsystems stellt einen dem Gehirnwachstum entgegengesetzten Wachstumstyp dar. Die Genitalorgane — in der Abbildung repräsentiert durch das Hodengewicht — wachsen sehr langsam während der ersten 10 Jahre, während der Pubertät steigt ihr Gewicht steil an; von allen Organen erreichen sie ihr Erwachsenengewicht als letzte.

Charakteristische Phasen durchläuft auch die Entwicklung des *subcutanen Fettgewebes*. Es nimmt an Dicke während der ersten Lebensmonate beträchtlich zu. Danach nimmt es nicht nur relativ, sondern auch absolut an Dicke ab (s. S. 14). Bei Knaben von 6 Jahren ist das subcutane Fettgewebe nur halb so dick (1 cm im Durchschnitt) wie bei 9 Monate alten Säuglingen (2 cm). Bei 6jährigen Mädchen mißt die subcutane Fettschicht 1,3 cm (*77*). Bereits in diesem Alter kommen geschlechtsspezifische Unterschiede in der Tendenz zur Fettablagerung zum Ausdruck. In den folgenden Jahren nimmt das Unterhautfettgewebe bei beiden Geschlechtern wieder an Dicke zu. So wird deutlich, daß der Ernährungszustand eines Kindes nicht nach einem starren Maßstab, sondern immer nur unter Berücksichtigung von Alter und Geschlecht beurteilt werden kann.

Die *Muskulatur* bleibt in ihrem Wachstum während der Kindheit etwas hinter dem Gesamtwachstum zurück. Dieser Rückstand wird während und vor allem nach der Pubertät durch schnelleres Muskelwachstum aufgeholt. Der Wachstumstyp entspricht somit bis zu einem gewissen Grade demjenigen der Genitalorgane. Das ist verständlich, wenn man sich vergegenwärtigt, daß das Wachstum beider Systeme in hohem Maße von der Androgenproduktion des Organismus abhängig ist (s. Abschnitt BIERICH: ,,Androgene"). Natürlich wird das Muskelwachstum weit mehr von äußeren Faktoren beeinflußt als das Wachstum der meisten anderen Organe. Das Ausmaß der körperlichen Aktivität ist ein entscheidender Faktor für die Ausbildung der Muskulatur. Bettlägerige Kinder können an Größe und Gewicht weitgehend normal zunehmen, jedoch entwickelt sich ihre Muskulatur nicht in alterstypischer Weise. Das Maximum der körperlichen Leistungsfähigkeit (bei kurzdauernder Anforderung) wird bei Mädchen im 16./17. Lebensjahr und beim männlichen Geschlecht im 22.—23. Lebensjahr erreicht, wie Untersuchungen des Leistungspulsindex ergaben (*71*). Diese Beobachtung wird bestätigt durch die Ergebnisse von

Sportwettkämpfen. Das Höchstleistungsalter der weltbesten Athleten beträgt beim 100 m-Lauf 22,1, beim Hochsprung 22,8 Jahre (*19*). Bei Leistungen, die ein höheres Maß an Übung verlangen (Stabhochsprung, Kugelstoßen, Diskuswerfen), liegt das Höchstleistungsalter später. Beim Lauf nimmt es mit der Länge der zu durchlaufenden Strecke zu (Marathonlauf 32,7 Jahre), denn bei längeren Strecken ist immer mehr die Leistungsfähigkeit des gesamten Herz-Kreislauf-Apparats ausschlaggebend. Bei den Frauen liegt das Höchstleistungsalter um einige Jahre früher (*5*); Rekordschwimmerinnen z. B. stehen nicht selten im 15. und 16. Lebensjahr.

Die unterschiedliche Wachstumsrate der einzelnen Organsysteme bedingt einen ständigen Formwandel des Individuums; die unterschiedliche Wachstumsgeschwindigkeit der Teile des Körpers führt zu Änderungen der *Körperproportionen*. Das wird am deutlichsten, wenn man Individuen verschiedenen Alters mit

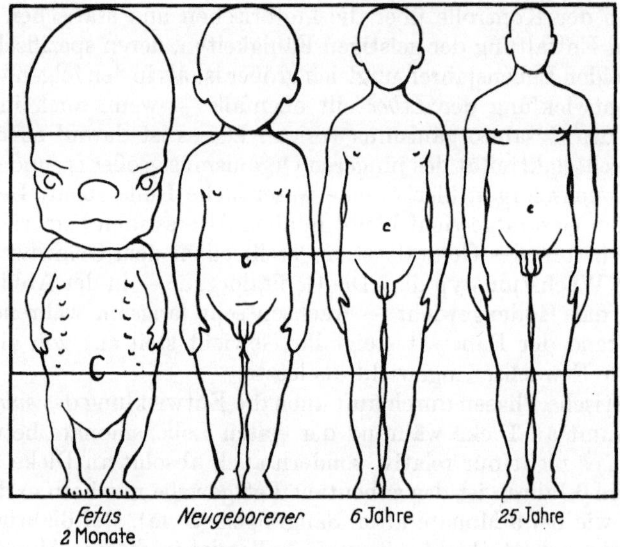

Abb. 14. Die Verschiebungen der Proportionen von der Fetalzeit bis zum Erwachsenenalter
[nach (*76*), ergänzt nach (*67*)]

gleicher absoluter Körperhöhe nebeneinander darstellt (Abb. 14). Während beim zwei Monate alten Feten die Kopfhöhe die Hälfte der Körpergröße ausmacht, beträgt sie beim Neugeborenen $^1/_4$ und beim Erwachsenen nur noch $^1/_8$ der Körperhöhe. Der anfangs sehr kurze Hals streckt sich im Laufe der weiteren Entwicklung, die Rumpflänge bleibt bis zur Pubertät gegenüber den Extremitäten im Wachstum zurück. Dem entspricht die Lageverschiebung des Nabels. Die Extremitäten sind beim Neugeborenen sehr kurz, bis zur Pubertät nehmen sie an Länge stark zu. Beim Neugeborenen sind die Arme länger als die Beine, später übertrifft die Beinlänge die Armlänge.

Zur Erfassung der Proportionsverschiebungen wurden zahlreiche *Indices* angegeben, von denen die praktisch wichtigsten genannt seien. Es ist am zweckmäßigsten, die gemessenen Teilgrößen in Prozent der Körpergröße auszudrücken; damit wird ein einheitliches und klinisch brauchbares Bezugssystem geschaffen. Vier Indices dieser Art erweisen sich als recht konstant. Unabhängig vom Lebensalter beträgt in Prozent der Körpergröße die

relative Schulterbreite	22%
relative Beckenbreite	16$^1/_2$%
relative Fußlänge	15%
relative Handlänge	11%

Die relative Schulterbreite schwankt in engen Grenzen (21—23%), und auch die relative Beckenbreite zeigt nur geringe Schwankungen ($15^1/_2$—$17^1/_2$%). Die Differenz zwischen der relativen Beckenbreite erwachsener Frauen und Männer beträgt im Durchschnitt nur 1%! Die Geschlechtsunterschiede werden erst deutlicher, wenn man die Beckenbreite in Prozent der Schulterbreite ausdrückt. Der so errechnete „Rumpfbreitenindex" errechnet

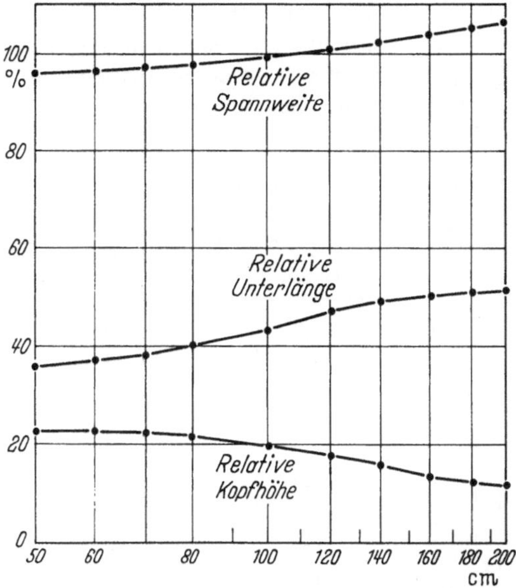

Abb. 15. Verschiebungen von drei Körperbau-Indices [nach (33)]

sich beim Manne mit 71, bei der Frau mit 79% (49). Die Beckenbreite wird hierbei mit dem Tasterzirkel als die Entfernung beider Cristae ilicae gemessen, die Schulterbreite als Entfernung beider Akromien.

Diesen recht konstanten Indices stehen die *variableren Verhältniszahlen der Spannweite, der Unterlänge und der Kopfhöhe* gegenüber.

Als Kopfhöhe wird die auf die Senkrechte projizierte Entfernung des Scheitels von der Kinnunterkante verstanden, wobei Unterrand der Orbita und äußerer Gehörgang in einer Ebene liegen müssen. Als Unterlänge wird die Symphysenhöhe bezeichnet, d. h. der senkrechte Abstand des zu tastenden oberen Symphysenrandes vom Boden.

In die Tab. 10 sind die Werte der genannten Indices eingetragen, in Abb. 15 sind sie graphisch dargestellt. In der ärztlichen Praxis wird die Messung des Kopf*umfanges* bevorzugt, da sie genauer und technisch weniger

Tabelle 10. *Verschiebungen von drei Körperbau-Indices* (nach H. Günther)

Körpergröße (in cm)	50	60	80	100	120	140	160	180	200	(σ)[1]
Relative Spannweite $= \dfrac{\text{Spannweite}}{\text{Körpergröße}}$	96	96,6	98	99,3	100,6	102	103,3	104,6	106	(2,6)
Relative Unterlänge $= \dfrac{\text{Symphysenhöhe}}{\text{Körpergröße}}$	36	37	40	43	47	48,8	49,7	50,3	51[2]	(1,4)
Relative Kopfhöhe $= \dfrac{\text{Kopfhöhe}}{\text{Körpergröße}}$	22,6	22,4	21,4	19,5	17,4	15,3	13,6	12,5	11,8	(0,6)

[1] Da sich die Variationsbreite der Indices mit steigender Körpergröße wenig ändert, kann der σ-Wert als konstante Größe Verwendung finden.

[2] Die Verminderung der relativen Unterlänge bei erwachsenen Frauen ist so gering, daß sie in der Tabelle vernachlässigt werden kann.

umständlich auszuführen ist. Aus diesem Grunde sind in Tab. 11 die Durchschnittswerte für die einzelnen Altersstufen zusammengestellt. Die Benutzung des Alters als Bezugsgröße ist nur bei durchschnittlichem Größenwachstum statthaft. Weicht ein Kind in seiner Längenentwicklung in erheblichem Maße vom Durchschnitt ab, so ist dasjenige Alter aufzusuchen, dem seine Größe entspricht (mit Hilfe von Tab. 5). Allerdings ist die Standardabweichung groß im Verhältnis zum langsamen Wachstum des Kopfes vom 2. Lebensjahr an. Sie beträgt bis zu 4 Jahren ± 1,2 cm, danach bis zu ± 1,8 cm. Der Kopfumfang der Mädchen ist in allen Altersstufen um rund 1 cm kleiner als derjenige der Knaben, er wurde daher nicht in die Tabelle mit aufgenommen.

Bei der Geburt ist der Kopfumfang etwas größer als der Brustumfang (Abb. 16). Im zweiten Lebensjahr gleichen sie einander, dann übertrifft der Brustumfang zunehmend den Umfang des Kopfes, vor allem beim männlichen Geschlecht.

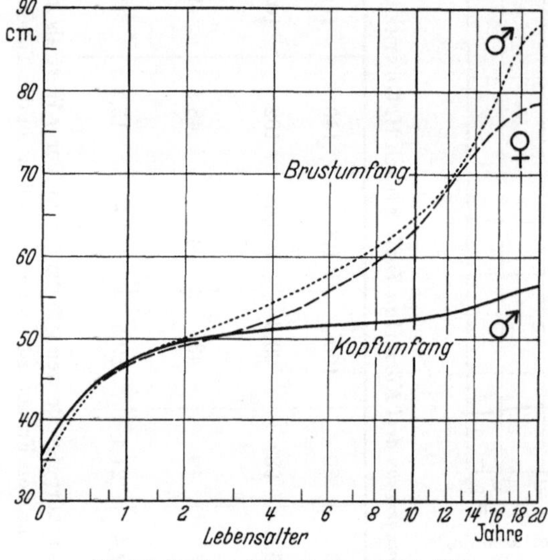

Abb. 16. Kopf- und Brustumfang [nach (30)]

Tabelle 11. *Wachstum des Kopfumfangs bei Knaben*

Alter in Jahren	Kopfumfang in cm (abgerundet)
0	35
0;3	41
0;6	44
0;9	46
1	47
1;6	48,5
2;6	50
4	51
8	52
12	53
14	54
16	55
18	56

Auch die *Körperhaltung* wandelt sich mit dem Alter. Sie ist abhängig von der Alterskonstitution und dem Gesundheitszustand des Individuums. Eine für alle Lebensstufen einheitliche „korrekte" Haltung gibt es nicht. Der *Wirbelsäule* kommt eine zentrale Bedeutung für die körperliche Haltung zu. Bei der Geburt ist sie noch extrem biegsam und hat noch keine konstanten Krümmungen; ihre Lage hängt von der jeweiligen Körperlage des Neugeborenen ab. Wenn der Säugling mit 3—4 Monaten anfängt den Kopf zu heben, beginnt sich die ventrale Konvexität der Halswirbelsäule auszubilden. Mit Beginn der aufrechten Haltung entwickelt sich allmählich die Lordose der Lendenwirbelsäule: der Beckenwinkel neigt sich caudalwärts. Gleichzeitig bildet sich die dorsale Konvexität der Brustwirbelsäule heraus. Die Lordose der Lendenwirbelsäule ist beim Kleinkind relativ stark ausgeprägt. Aus diesem Grunde und wegen der noch wenig entwickelten Bauchmuskulatur tritt der Bauch in dieser Altersstufe deutlich hervor. Mit Zunahme des Muskeltonus und der Festigkeit des Bandapparates strafft sich allmählich die Haltung. In der Adoleszenz treten die Schultern zurück, Brust und Abdomen bilden eine Gerade. Es besteht zu diesem Zeitpunkt eine befriedigende Haltung, wenn das vom Tragus gefällte Lot durch die Schulter und den Trochanter major geht und am vorderen Anteil des Fuß-Längsgewölbes endet.

10. Skeletentwicklung

Alle *primären Ossifikationszentren* der Röhrenknochen bilden sich in der Fetalzeit. Die Diaphysenknochenkerne der großen Röhrenknochen werden um die
Wende des 2. und 3. Schwangerschaftsmonats angelegt, die der Hand- und Fuß-
phalangen im 3. und 4. Schwangerschaftsmonat. Von den *sekundären Ossifikationszentren* entsteht regelmäßig nur die distale Femurepiphyse vor der Geburt. Die
meisten Knochen bilden sich aus mehreren Kernen, die im weiteren Entwicklungs-
verlauf miteinander verschmelzen. Da die Ossifikationszentren in einer bestimmten
zeitlichen Reihenfolge auftreten und verschmelzen, ist es möglich, mit Hilfe von

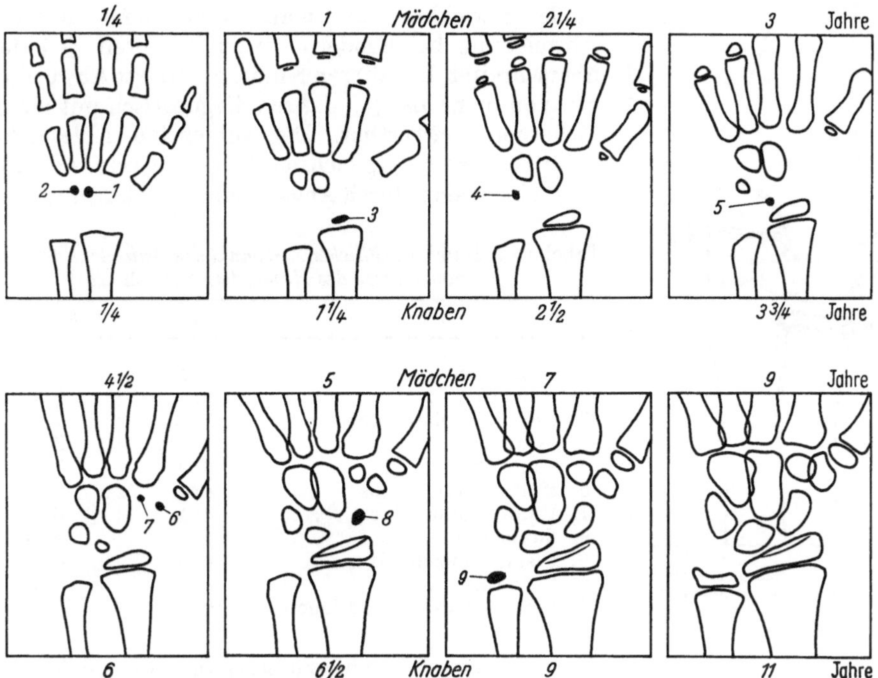

Abb. 17. Die Skeletentwicklung des Handgelenkes [nach (*32*), modifiziert nach (*31*)]. Altersangabe bei Knaben
und Mädchen in Jahren. Die Ziffern der Knochenkerne entsprechen denen der Tab. 12

Röntgenaufnahmen das „Skeletalter" zu bestimmen. Dieses erlaubt eine genauere
Beurteilung des „Entwicklungsalters" als das Längen- und Gewichtswachstum.

Die *Bestimmung des Skeletalters* durch Röntgenuntersuchung aller Ossifikationszentren wäre zu aufwendig und wegen der hohen Strahlenbelastung nicht
statthaft. Aus diesem Grunde werden die Knochenkerne nur eines Körperbereiches
geröntgt. Einem solchen Vorgehen haften Nachteile an, weil der gewählte Teil-
bereich nicht immer ein präziser Index der allgemeinen Skeletentwicklung ist.
Regionale Abweichungen vom durchschnittlichen Entwicklungsgang kommen vor;
so werden z. B. deutliche Differenzen zwischen der rechten und linken Körper-
hälfte beobachtet.

Im Säuglings- und Kleinkindesalter sind bereits recht genaue Aufschlüsse möglich, wenn man die *Zahl* der Handwurzelkerne bestimmt. Im Schulalter muß auch
ihre *Form* beachtet werden und nach der Pubertät die zunehmende *Verschmelzung*
der Epiphysenfugen, wenn man die Skeletreifung beurteilen will. Zu diesem Zweck
ist die Verwendung von Vergleichsaufnahmen durchschnittlich entwickelter Knaben und Mädchen zweckmäßig, wie sie z. B. im Atlas von GREULICH und PYLE zusammengestellt sind. Mit Hilfe der dort abgebildeten Röntgenaufnahmen der Hand

können nicht nur die Handwurzelknochen, sondern auch die Epiphysenkerne der Finger- und Mittelhandknochen beurteilt werden. Die Abb. 17 erlaubt eine Orientierung bei Kindern bis zu 10 Jahren. In der Tab. 12 ist der durchschnittliche Zeitpunkt des Auftretens der einzelnen Knochenkerne verzeichnet. Die Variationsbreite des Auftretens ist beim Capitatum und Hamatum gering; innerhalb des ersten Lebenshalbjahres erscheinen diese Kerne bei 90% aller gesunden Säuglinge. Bei den übrigen Kernen muß aber mit einer Variationsbreite von 2—3 Jahren gerechnet werden. Die Streuung ist natürlich kleiner, wenn die Skeletreifung aller Ossifikationskerne der Hand insgesamt beurteilt wird. Eine krankhafte Verzögerung oder Beschleunigung der Skeletentwicklung kann man erst annehmen, wenn die Abweichung bei Kindern bis zu 3 Jahren $\pm$ 1 Jahr überschreitet. Bei älteren Kindern sind erst Abweichungen von mehr als $\pm$ 2 Jahren diagnostisch mit einiger Sicherheit verwertbar. Der subjektive Ablesefehler kann bei dieser Vergleichsmethode groß sein. ACHESON versuchte daher durch Angabe eines Punktsystems die

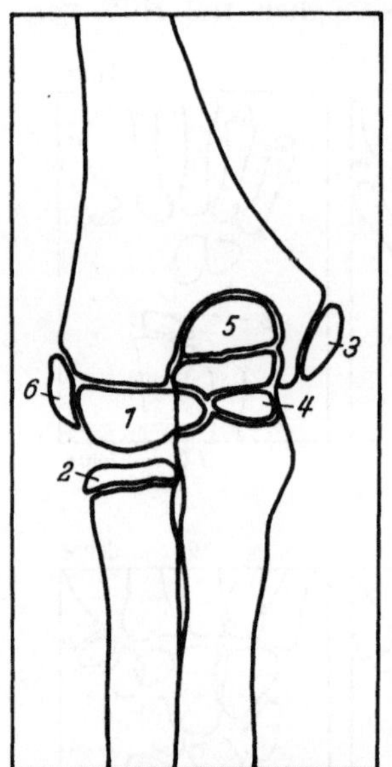

Abb. 18. Die Knochenkerne des Ellbogens. Die Ziffern entsprechen denen der Tab. 13

Tabelle 12. *Durchschnittlicher Zeitpunkt des Auftretens der Ossifikationszentren des Handgelenks* [nach (78)]

	Mädchen	Knaben
1. Capitatum	$0;2^1/_2$	$0;3$
2. Hamatum	$0;3$	$0;4$
3. Distale Radiusepiphyse	$0;10$	$1;0$
4. Triquetum	$2;2^1/_2$	$2;5^1/_2$
5. Lunatum	$3;0$	$3;7^1/_2$
6. Multangulum majus	$4;4$	$6;0$
7. Multangulum minus	$4;4$	$6;1$
8. Naviculare	$4;6$	$5;10$
9. Distale Ulnaepiphyse	$6;0$	$6;8$
10. Pisiforme	$9;0$	$11;7$
11. Sesamoid d. Daumenadductor	$10;8$	$12;7$

Methode objektiver zu gestalten. Er verwendete hierzu bestimmte morphologische Kriterien der Ossifikationszentren an Hand und Handgelenk. Diese Methode konnte sich bisher aber nicht durchsetzen, da sie zu umständlich ist.

Tabelle 13. *Durchschnittlicher Zeitpunkt des Auftretens der Ossifikationszentren im Bereich des Ellbogengelenks* [Mittelwerte nach (48, 77, 38)]

	Mädchen (Jahre)	Knaben (Jahre)
1. Capitulum humeri (Condylus)	$^1/_2$	$^1/_2$
2. Capitulum radii	5	6
3. Epicondylus ulnaris humeri	6	$7^1/_2$
4. Trochlea	9	10
5. Olecranon	9	10
6. Epicondylus radialis humeri	$9^1/_2$	11

Bei Schulkindern eignet sich außer der Hand und dem Handgelenk das *Ellbogengelenk* gut zur Bestimmung des Skeletalters (Abb. 18 und Tab. 13). Während im Handgelenk mit 6 Jahren die meisten Knochenkerne schon erschienen sind, setzt die Ossifikation der Kerne des Ellbogengelenkes (mit Ausnahme des früh verknöcherten Capitulum humeri) jetzt erst ein. Auch der Zeitpunkt der

Verschmelzung dieser Kerne erlaubt Rückschlüsse auf das Skeletalter: Sie vollzieht sich bei Mädchen mit $12^1/_2$—$13^1/_2$, bei Knaben mit $14^1/_2$—$15^1/_2$ Jahren.

Bei der Geburt sind *Mädchen* trotz ihres geringeren Gewichtes in ihrer Knochenentwicklung den Knaben um durchschnittlich 2 Wochen voraus. Die Differenz erhöht sich in den folgenden Jahren (s. Abb. 17) und beträgt zur Zeit der Pubertät etwa zwei Jahre. Zwischen dem Pubertätsbeginn und der Knochenentwicklung bestehen engere Beziehungen als zwischen dem Pubertätsbeginn und dem Größen- oder Gewichtswachstum. Bei verzögerter Skeletentwicklung kann mit einer verspäteten Pubertät gerechnet werden und umgekehrt. 2—3 Jahre nach Erscheinen des Sesambeines in der Sehne des Musculus adductor pollicis am distalen Ende des Metacarpale I ist mit der Menarche zu rechnen.

Die Kenntnis des Skeletalters erlaubt nach den Untersuchungen BAYLEYs auch eine recht genaue *Voraussage der endgültigen Körpergröße.* Der Autor geht von der Beobachtung aus, daß durchschnittlich entwickelte Kinder in den einzelnen Alters-

Tabelle 14. *Voraussage der Erwachsenengröße nach* BAYLEY *(ergänzt). Die Zahlen zeigen an, wieviel Prozent der zu erwartenden Erwachsenengröße bei einem gegebenen Skeletalter erreicht sind*

Skeletalter	Skeletalter		
(Jahre)	acceleriert[1] %	durchschnittlich[2] %	retardiert[3] %
Knaben			
7	67,0	69,5	71,8
9	72,0	75,2	78,6
11	76,7	80,4	82,3
13	85,0	87,6	88,0
15	95,8	96,8	97,0
17	99,0	99,1	99,2
Mädchen			
7	71,2	75,7	77,0
9	79,0	82,7	84,1
11	88,3	90,6	91,8
13	94,5	95,8	96,4
15	98,6	99,0	99,4
17	99,8	99,9	100,0

[1] Skeletalter überschreitet chronologisches Alter um ein Jahr und mehr.
[2] Skeletalter weicht um weniger als $\pm$ 1 Jahr vom chronologischen Alter ab.
[3] Skeletalter unterschreitet chronologisches Alter um ein Jahr und mehr.
Standardabweichung der Voraussage bei 10jährigen $\pm$ 3 cm, bei 15jährigen $\pm$ 1—2 cm.

stufen einen bestimmten Prozentsatz ihrer endgültigen Erwachsenengröße erreicht haben; z. B. beträgt die Körperhöhe bei siebenjährigen Knaben etwa 70%, bei elfjährigen 80% und bei $13^1/_2$jährigen 90% der Erwachsenengröße. Diese Beziehung gilt aber nur für Kinder, deren Ossifikationsstand ihrem Lebensalter entspricht. Überschreitet das Skeletalter das chronologische Alter (bei altersgemäßer Größe), so ist der zu erwartende prozentuale Längenzuwachs kleiner, unterschreitet das Skeletalter das chronologische Alter, so ist der Zuwachs größer als bei Kindern mit altersgemäßer Skeletentwicklung. Näheres kann der Tab. 14 entnommen werden, die einen Ausschnitt aus den Bayleyschen Tafeln darstellt.

11. Zahnentwicklung

Schon bei jungen Feten sind die *Zahnkeime* von Milchgebiß und bleibendem Gebiß angelegt. Die *Kalkeinlagerung* beginnt beim ersten Milchzahn bereits in der

12. Schwangerschaftswoche, bei der Geburt ist seine Krone vollständig, die der übrigen Milchzähne zum größten Teil mineralisiert, aber erst mit 1—3 Jahren sind auch ihre Wurzeln vollständig mineralisiert. Die Verkalkung der bleibenden Zähne beginnt bei der Geburt. Mit 3 Jahren sind die Kronen der Schneidezähne und der ersten Prämolaren des bleibenden Gebisses vollständig, die der übrigen Zähne teilweise mineralisiert. Eine Ausnahme machen nur die dritten Molaren („Weisheitszähne"), die erst mit 17—25 Jahren vollständig verkalkt sind. Die Wurzeln der übrigen Zähne sind bereits mit 7—14 Jahren fertiggestellt (13).

Die Zähne werden durch den Wachstumsdruck des Pulpagewebes und der Weichteile, die den Grund der Alveole ausfüllen, vorgeschoben. Hierbei wird die Knochensubstanz über dem Eingang der Alveole resorbiert, und das bedeckende Zahnfleisch schwindet, so daß der Zahn hindurchtreten kann, ohne das Zahnfleisch zu verletzen. Zwischen dem 6. und 8. Monat erscheinen als erste Milchzähne die unteren mittleren Schneidezähne. Die *Reihenfolge* der weiteren Zahndurchbrüche ist der Abb. 19 zu entnehmen. In ihr ist der durchschnittliche Zeitpunkt verzeich-

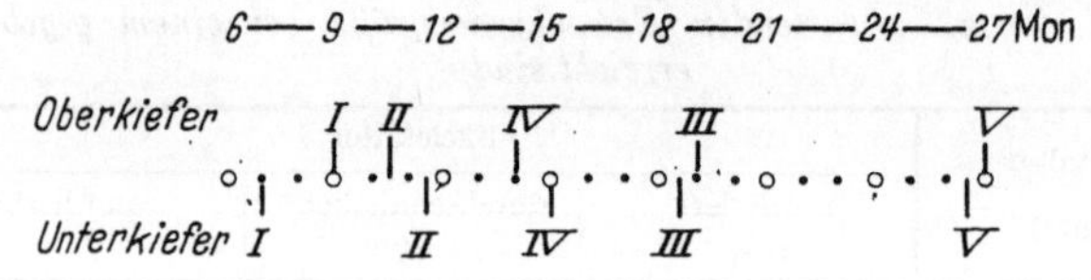

Abb. 19. Durchbruch der Milchzähne. *I* u. *II* Schneidezähne, *III* Eckzahn, *IV* u. *V* Prämolaren. Bestimmung des „Zahnalters" siehe Text [Mittelwerte nach (*56*, *61*, *73*)]

net, zu dem die einzelnen Milchzähne in Ober- und Unterkiefer erscheinen. Da die Unterschiede zwischen Knaben und Mädchen geringfügig sind (*29*), wurden die Durchschnittswerte für beide Geschlechter gemeinsam angegeben.

Als erster *bleibender Zahn* bricht Anfang des 7. Lebensjahres der erste Molar durch. Gleichzeitig lockern sich die unteren mittleren Schneidezähne, weil ihre Wurzeln resorbiert werden unter dem Einfluß der an die Oberfläche strebenden

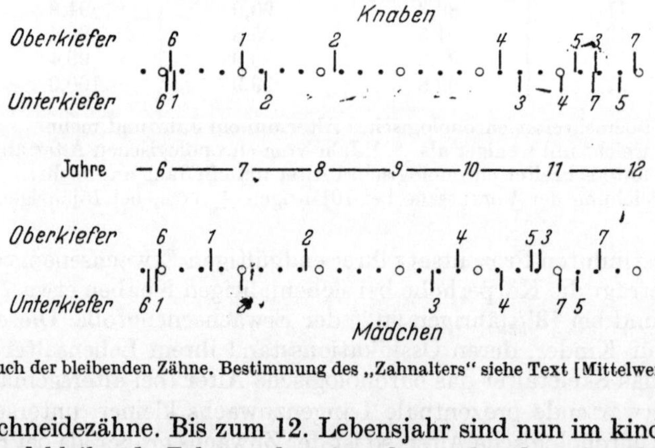

Abb. 20. Durchbruch der bleibenden Zähne. Bestimmung des „Zahnalters" siehe Text [Mittelwerte nach (*21* u. *23*)]

bleibenden Schneidezähne. Bis zum 12. Lebensjahr sind nun im kindlichen Gebiß Milchzähne und bleibende Zähne nebeneinander vorhanden. Aus der Abb. 20 ist die Reihenfolge ersichtlich, in der die bleibenden Zähne durchbrechen. Knaben und Mädchen sind getrennt aufgeführt, weil Mädchen in diesem Alter einen geringen Vorsprung vor den Knaben haben.

Mit Hilfe der Abb. 19 und 20 kann das „*Zahnalter*" eines Kindes bestimmt werden, indem man in der Abbildung denjenigen Zahn aufsucht, der als letzter durchbrach. Der durchschnittliche Zeitpunkt seines Auftretens (welcher der Abbildung zu entnehmen ist), gibt die untere Grenze des Zahnalters an. Die obere Grenze wird bestimmt durch die Durchbruchszeit des Zahnes, der als nächster zu erwarten ist. Ein Beispiel möge das erläutern: Bei einem Kleinkind sind alle Schneidezähne durchgebrochen: Letzterschienener Zahn: II unten = $11^1/_2$ Monate. Nächsterwarteter Zahn: IV oben = 14 Monate. Zahnalter also etwa 13 Monate ($11^1/_2$ bis 14). Die Zeitangabe kann noch präzisiert werden, wenn man nicht nur die Zahl der überhaupt durchgebrochenen Zähne registriert, sondern feststellt, ob die letzterschienenen Zähne eben erst durchs Zahnfleisch traten oder ob bereits die ganze Krone sichtbar wurde. Von $2^1/_2$ bis zu 6 Jahren ist das Zahnalter im allgemeinen nicht zu bestimmen, weil alle Milchzähne vollständig vorhanden sind, die bleibenden Zähne aber noch fehlen. Ebenso ist vom 13. Lebensjahr ab eine genaue Bestimmung nicht mehr möglich. Zwar erscheint nach diesem Zeitpunkt noch der 3. Molar, doch variiert seine Durchbruchszeit in so starkem Maße, daß Schlüsse aus seinem Vorhandenoder Nichtvorhandensein nicht gezogen werden können. Auch die übrigen Zähne zeigen natürlich Schwankungen des Durchbruchstermins. Die Standardabweichung des Auftretens beträgt bei den Milchzähnen $\pm 2 - 4$ Monate, bei den bleibenden Zähnen $\pm 0,7 - 1,7$ Jahre (50). Aus diesem Grunde kann man beim Kleinkinde eine Verzögerung des Zahndurchbruchs erst als abnorm bewerten, wenn das Zahnalter um mehr

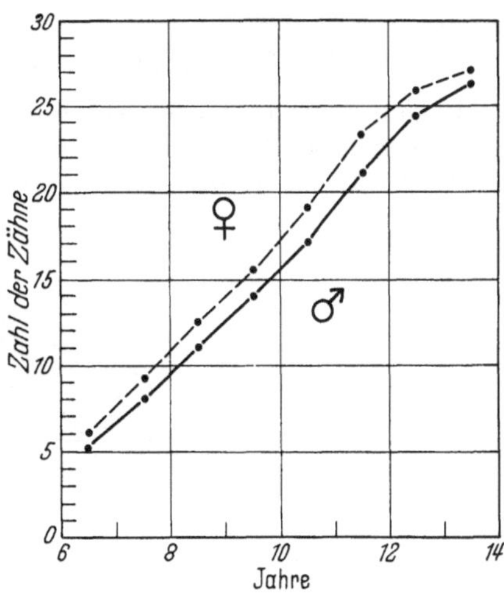

Abb. 21. Zahl der durchgebrochenen bleibenden Zähne in den einzelnen Altersstufen [nach (3)]

als ein halbes Jahr das chronologische Alter unterschreitet. Beim Schulkinde sind erst Verzögerungen um mehr als zwei Jahre pathologisch (3).

Die Abb. 19 und 20 sind zur Bestimmung des Zahnalters verwertbar, wenn die *typische Reihenfolge des Zahndurchbruchs* eingehalten wurde. Ist das nicht der Fall, so kann man auch anders vorgehen: Man vergleicht die Zahl der durchgebrochenen bleibenden Zähne eines Kindes mit der aus Abb. 21 ablesbaren Durchschnittszahl der betreffenden Altersstufe. Natürlich kann das nur ein gröberer Anhalt sein. Andererseits kann das Abweichen von der typischen Reihenfolge den Verdacht erwecken, daß ein Zahn nicht oder fehlerhaft angelegt ist. In solchen Fällen kann nur die Röntgenuntersuchung Klarheit verschaffen, die auch bei forensischen Fragestellungen genauere Aufschlüsse erlaubt als die klinische Beurteilung des Zahndurchbruchs.

Für Rückschlüsse auf das chronologische Alter eines Kindes eignet sich die Beurteilung der Zahnentwicklung weit mehr als die Beurteilung des Skeletalters, des Größen- oder Gewichtswachstums. In der Zahnentwicklung entsprechen sich *biologische Zeit* und *chronologischer Ablauf* am ehesten; das gilt sowohl für gesunde als auch für kranke Kinder. Endokrine Störungen haben auf die Größen-, Gewichts- und Skeletentwicklung einen sehr viel größeren Einfluß als auf die Zahnentwicklung. Unterschiede zwischen gesunden Knaben und Mädchen bestehen zwar auch im Zahnalter, doch beträgt die Differenz maximal $^1/_2$ Jahr, während in der Skeletentwicklung die Mädchen den Knaben in der Pubertät um 2 Jahre voraus sind (s. S. 31). Auch an der *Acceleration* aller Wachstumsvorgänge in den letzten 100 Jahren nimmt die Zahnentwicklung in geringerem Maße teil als die sexuelle Reifung oder die Skeletentwicklung. Der Durchbruch der bleibenden

Zähne erfolgt heute (*21, 23*) nur durchschnittlich ein halbes Jahr früher als vor
50 Jahren (*68*). Ebenso begrenzt ist der Einfluß unterschiedlicher Ernährungsbedingungen auf die Zahnentwicklung. Kinder aus höheren Sozialschichten und
Kinder aus Städten haben im allgemeinen einen etwas früheren Zahndurchbruch,
allerdings sind daneben weitere Faktoren wirksam. Zum Beispiel wird der Durchbruch der bleibenden Zähne beschleunigt, wenn die entsprechenden Milchzahn-
vorgänger in den letzten zwei Jahren vor ihrer natürlichen Ausstoßung extrahiert
wurden (*2*). Auf diese Weise kann der unterschiedliche Cariesbefall mit Total-
verlust von Milchzähnen die Durchbruchstermine der bleibenden Zähne beeinflussen.

12. Darstellung von Entwicklungslängsschnitten

In den vorangehenden Abschnitten wurden die Durchschnittswerte der Län-
gen-, Gewichts-, Skelet- und Zahnentwicklung gesunder Kinder angegeben, die
als Maßstab zur Beurteilung individueller Wachstumsverläufe benutzt werden
können. Will man *Längsschnittunter-
suchungen* einzelner Kinder *graphisch
darstellen*, so muß man für alle Entwicklungsdaten einen gemeinsamen
Maßstab wählen. Hierfür eignet sich
am besten die von OLSON vorgeschla-
gene Darstellungsweise. In dem von
ihm angegebenen Diagramm wird
jeder Wert in einen *Alterswert* ver-
wandelt. Der einheitliche Maßstab
ist also das *Entwicklungsalter*. Das
Diagramm unterscheidet sich von den
Wachstumsdiagrammen dadurch,
daß nicht der absolute Wert Verwendung findet (z. B. Körpergröße
in cm), sondern das Alter, welches
der Durchschnitt der Kinder hat,
wenn der betreffende Wert erreicht
ist (Größenalter in Jahren). Auf der
Abszisse wird das chronologische
Alter des Kindes aufgesucht, auf der
Ordinate das Größenalter. Haben
beide den gleichen Wert (ist die
Entwicklung des Kindes also durchschnittlich), so liegt der Schnittpunkt
auf der 45°-Geraden. Liegt der ein-
getragene Punkt oberhalb der 45°-
Diagonalen, handelt es sich um eine
überdurchschnittliche Körperhöhe,
liegt er unterhalb, um eine unter-

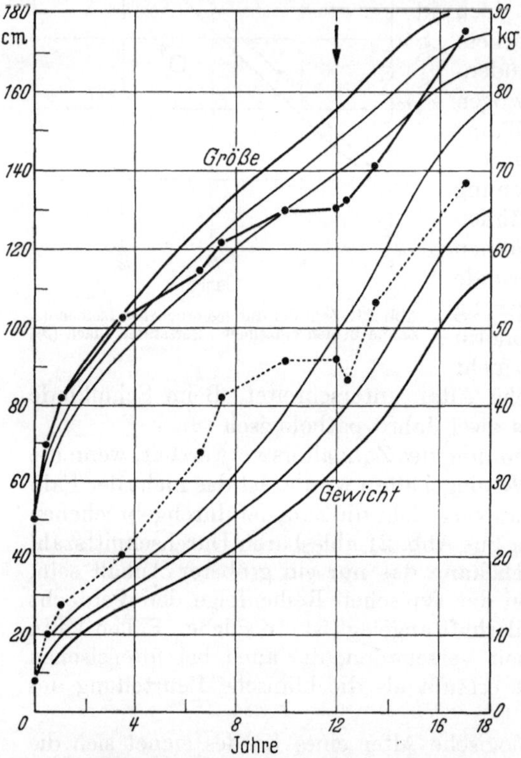

Abb. 22. Größen- und Gewichtsentwicklung eines Jungen
mit erworbener Hypothyreose (10, 50 und 90 Perzentilwerte
der Größen- und Gewichtsentwicklung aus Abb. 6).
↓ Therapiebeginn

durchschnittliche. In gleicher Weise lassen sich auch das Gewichts-, Skelet- und
Zahnalter bestimmen und in das gleiche Diagramm eintragen. Auch das Intelli-
genzalter und andere Entwicklungsdaten können im Diagramm Platz finden. Auf
diese Weise wird sofort deutlich, in welcher Hinsicht das Kind den Durchschnitt
übertrifft oder unterschreitet und in welchem Verhältnis die Entwicklungslei-
stungen zueinander stehen.

Ein Beispiel möge das Gesagte verdeutlichen: In der Abb. 22 ist die Größen- und Gewichtsentwicklung eines Jungen mit einer erworbenen Hypothyreose dargestellt. In den ersten

4 Lebensjahren liegt die Körpergröße im oberen Durchschnittsbereich, dann läßt das Längenwachstum nach, um mit 10—12 Jahren fast völlig zum Stillstand zu kommen. Nach Therapiebeginn holt der Junge rasch auf und überschreitet mit 17 Jahren wieder die 50er Perzentile. Das Körpergewicht lag mit 4—10 Jahren weit außerhalb des Durchschnittsbereiches, dann kommt auch das Gewicht zum Stillstand. Nach Einsetzen der Substitutionsbehandlung bleibt es im oberen Durchschnittsbereich. Leichter als aus diesem Wachstumsdiagramm ist die Beziehung zwischen Gewichts- und Längenwachstum aus dem Entwicklungsdiagramm nach OLSON ersichtlich (Abb. 23). Die Zeit der größten Disharmonie zwischen Gewichts- und Längenwachstum liegt in der Zeit vom 8. bis zum 12. Lebensjahr. Unter der Behandlung nähern sich die Kurven der Gewichts- und Längenentwicklung: Die Gestalt des Jungen wird zunehmend harmonischer. Die Skeletentwicklung des 12jährigen entsprach der eines 5jährigen Jungen. Durch die Substitutionsbehandlung kam es zu einer zunehmenden Annäherung an den altersgemäßen Durchschnitt.

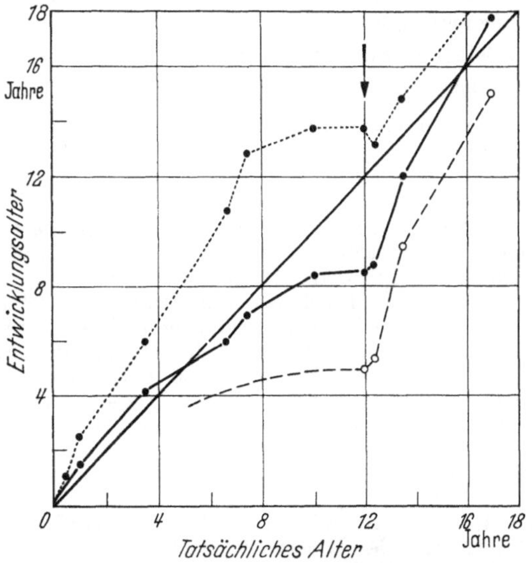

Ein gewisser Nachteil des Olsonschen Entwicklungsdiagramms ist, daß die Standardabweichung bzw. die Position innerhalb des Perzentilmaßstabes keine Berücksichtigung findet. Als Faustregel kann gelten, daß 80% der Werte beim 2jährigen innerhalb der Grenzen $\pm^1/_2$ Jahr, beim 5jährigen ± 1 Jahr und beim 10jährigen innerhalb der Grenzen $\pm 1^1/_2$ Jahre liegen. Beim älteren Kinde sind die individuellen Abweichungen noch größer.

13. Zusammenfassung

Die endogene Wachstumspotenz des Organismus kommt während der pränatalen Entwicklung am reinsten zur Geltung. In der Folge greifen zahlreiche Faktoren (u. a. die anabolen und die katabolen Hormone) in die Wachstums- und Entwicklungsvorgänge ein. Länge und Gewicht des Neugeborenen sind von der Schwangerschaftsdauer, dem Placentargewicht, der Geburtennummer, der Konstitution und der sozialen Lage der Eltern abhängig. Während der Säuglingszeit sinkt die Wachstumsintensität. Knaben vergrößern im Durchschnitt noch den bei der Geburt bestehenden Gewichtsvorsprung. Die zu früh und die zu spät geborenen Kinder sind in erhöhtem Maße gefährdet. Zur Beurteilung des Größen- und Gewichtswachstums im Kindesalter werden Durchschnittswerte und ihre Variationsbreite (ausgedrückt in Perzentilen) angegeben. Die an Hamburger Kindern ermittelten Werte können anscheinend in der ganzen Bundesrepublik als Maßstab durchschnittlichen Wachstums verwendet werden, da eine zunehmende Übereinstimmung bei mitteleuropäischen (und auch nordeuropäischen) Kindern festzustellen ist. In Durchschnittskurven verwischen sich die bei Longitudinaluntersuchungen zu findenden Schwankungen der Wachstumsgeschwindigkeit. Beispielsweise führt der Pubertätswachstumsschub beim einzelnen Kinde zu steileren Gipfeln und erstreckt sich über eine kürzere Zeit, als es die Durchschnittskurven erkennen lassen. Die Beziehungen zur sexualen Entwicklung sind eng; in dem auf das Wachstumsmaximum folgenden Jahr tritt bei Mädchen die Menarche ein. — Seit Mitte des vorigen Jahrhunderts nahm die Erwachsenengröße in Europa im Mittel um 8 cm zu. Außerdem trat aber eine Vorverlegung des Wachstums ein.

Abb. 23. Größen-, Gewichts- und Skeletentwicklung desselben Jungen wie in Abb. 22. Diagramm nach OLSON.
↓ Therapiebeginn

Die Verschiebungen im Wachstumstempo betreffen in erster Linie das kindliche und in geringerem Ausmaße das puberale Wachstum. Am Gesamtwachstum des Organismus nehmen die einzelnen Organe in unterschiedlicher Wcise teil. Die Ossifikationszentren treten in einer bestimmten Reihenfolge auf. Daher ist es möglich, mit Hilfe von Röntgenaufnahmen das „Skeletalter" zu bestimmen. Es erlaubt eine genauere Beurteilung des „Entwicklungsalters" als das Längen- und Gewichtswachstum. Bei Beginn der Pubertät übertreffen die Mädchen die Knaben um durchschnittlich 2 Jahre. Der Vorsprung im „Zahnalter" beträgt demgegenüber nur $^1/_4$—$^1/_2$ Jahr. Zur graphischen Darstellung von Entwicklungsverläufen eignet sich am besten das von Olson angegebene Diagramm, in welchem die Entwicklungswerte in Alterswerte transformiert werden, so daß ein einheitlicher Maßstab gewonnen wird. Diese Methode erlaubt eine Gesamtbeurteilung der Wachstums- und Entwicklungsvorgänge bei Kindern.

Für zahlreiche Anregungen und Hinweise bin ich Herrn Prof. Dr. W. Lenz zu Dank verpflichtet.

Literatur

1. Acheson, R. M.: J. Anat. (Cambridge) 88, 498 (1954). — 2. Adler, P.: Arch. Kinderheilk. 157, 23 (1958). — 3. Adler-Hradecky, C.: Z. Kinderheilk. 82, 16 (1959). — 4. Alm, I.: Acta paediat. (Uppsala) 42, Suppl. 94 (1953).

5. Bach, F.: Ergebnisse von Massenuntersuchungen über die sportliche Leistungsfähigkeit und das Wachstum Jugendlicher in Bayern. Frankfurt 1955. — 6. Ballantyne, J. W. J.: J. Obstet. Gynaec. Brit. Emp. 2, 521 (1902); zit. n. S. Sjöstedt, G. Engleson and G. Rooth: Dysmaturity. Arch. Dis. Childh. 33, 123 (1958). — 7. Bauer, G.: Zahnärztl. Rdsch. 37, 376 (1928). — 8. Baumgartner, L., H. Jacobziner and J. Pakter: J. Pediat. 54, 725 (1959). — 9. Bayley, N., and S. R. Pinneau: J. Pediat. 40, 423 (1952). — 10. Bennholdt-Thomsen, C.: Ergebn. inn. Med. Kinderheilk. 62, 1153 (1942). — 11. Bennholdt-Thomsen, C.: Mschr. Kinderheilk. 97, 101 (1948). — 12. Bennholdt-Thomsen, C.: Z. menschl. Vererb.- u. Konstit.-Lehre 30, 619 (1952). — 13. Bennholdt-Thomsen, C.: Das gesunde Kind und sein Wachstum. In: H. Opitz u. B. de Rudder: Paediatrie, ein Lehrb. f. Studierende und Ärzte. Berlin 1957. — 14. Bernardi, M.: Minerva pediat. 3, 22 (1951). — 15. Blegen, S. D.: Acta paediat. (Uppsala) 42, Suppl. 88 (1953). — 16. Boyd, E.: Amer. J. Dis. Child. 43, 1162 (1932). — 17. Brander, T.: Acta paediat. (Uppsala) 28, Suppl. 1 , 39 (1940). — 18. Broman, B., G. Dahlberg and A. Lichtenstein: Acta paediat. (Uppsala) 30, 1 (1942). — 19. Bürger, M.: Wissen u. Praxis 1959, Mai-Heft.

20. Camerer, W.: Jb. Kinderheilk. N. F. 36, 249 (1893). — 21. Clements, E. M. B., E. Davies-Thomas and K. G. Pickett: Brit. med. J. 1953 I, 1425. — 22. Coppoletta, J. M., and S. B. Wolbach: Amer. J. Path. 9, 55 (1933).

23. Dahlberg, G., and A. B. Maunsbach: Acta genet. (Basel) 1, 77 (1948). — 24. Dancis, J., J. R. O'Connell and L. E. Holt: J. Pediat. 33, 570 (1948). — 25. Degen, E., u. R. Degen: Mschr. Kinderheilk. 106, 320 (1958). — 26. Douglas, J. W. B., and C. Mogford: Arch. Dis. Childh. 28, 142 (1953). — 27. Dubois, D., and E. F. Dubois: Arch. intern. Med. 15, 868 (1915).

28. Empter, Ch.: Ärztl. Mitt. 44, 518 (1959).

29. Falkner, F.: Physical growth. In: D. Gairdner: Recent Advances in Pediatrics. 2. Aufl., 145. London 1958. — 30. Fanconi, G., u. A. Wallgren: Lehrbuch der Paediatrie. 5. Aufl. Basel 1958. — 31. Francis, C. C., and P. P. Werle: Amer. J. phys. Anthrop. 24, 273 (1938/39).

32. Greulich, W. W., and S. I. Pyle: Radiographic atlas of skeletal development of the hand and wrist. Stanford 1950. — 33. Günther, H.: Endokrinologie 20, 93 (1938).

34. Harnack, G.-A. v.: Med. Klin. 108, 55, 1094 (1960). — 35. Harnack, G.-A. v.: Das Schicksal der Frühgeborenen. In: Linneweh, F.: Die Prognose chronischer Erkrankungen. Berlin 1960. — 36. Harnack, G.-A. v.: Mschr. Kinderheilk. 108, 412 (1960). — 37. Harnack, G.-A. v., u. H. Oster: Mschr. Kinderheilk. 106, 324 (1958). — 38. Hasselwander, A.: Bewegungssystem. In: K. Peter, G. Wetzel u. F. Heiderich. Handb. der Anatomie des Kindes. 2. Bd., 403. München 1931. — 39. Heimendinger, J.: Schweiz. med. Wschr. 88, 785 und 807 (1958). — 40. Hollenweger-Mayr, B.: Z. Gynäk. Geburtsh. 132, 297 (1950). — 41. Hosemann, H.: Normale und abnorme Schwangerschaftsdauer. In: L. Seitz u. A. I. Amreich: Biologie und Pathologie des Weibes, 2. Aufl., VII, 1. Teil, 828. Berlin 1952.

42. Illingworth, R. S., C. C. Harvey and S.-Y. Gin: Lancet 1949 II, 598. — 43. Illingworth, R. S., C. C. Harvey and G. H. Jowett: Arch. Dis. Childh. 25, 380 (1950).

44. KAPALIN, PROKOPEC: Ustav hygieny, Praha XII, 1951. — 45. KARLBERG, P., and A. PERMAN: Acta paediat. (Uppsala) 48, Suppl. 117, 128 (1959). — 46. KNAUS, H.: J. Obstet. Gynaec. Brit. Emp. 54, 856 (1949). — 47. KOCH, E. W.: Über die Veränderung menschlichen Wachstums im 1. Drittel des 20. Jahrhunderts. Leipzig 1935.
48. LELONG, M., R. JOSEPH, P. CANLORBE, P. BORNICHE, R. SCHOLLER et O. JEANNERET: Cadran du Dr. O. JEANNERET, méthode d'évaluation de la maturation osseuse. Paris 1959. — 49. LENZ, W.: Wachstum: Körpergewicht und Körperlänge. Proportionen. Habitus. In: J. BROCK: Biologische Daten für den Kinderarzt. 2. Aufl. Bd. I, 1. Berlin 1954. — 50. LENZ, W.: Das Skeletsystem. In: J. BROCK: Biologische Daten für den Kinderarzt. 2. Aufl., Bd. I, 133. Berlin 1954. — 51. LENZ, W.: Homo (Stuttgart) 8, 65 (1957). — 52. LENZ, W.: Ursachen des gesteigerten Wachstums der heutigen Jugend. Akzeleration und Ernährung. Wissensch. Veröff. Dtsch. Ges. Ernährg. Bd. 4. Darmstadt 1959. — 53. LOTZ, H.: Arch. Gynäk. 174, 432 (1942). — 54. LOWE, C. R., and J. R. GIBSON: Brit. J. prev. soc. Med. 7, 78 (1953).
55. MARTIN, R.: Anthropometrie. Berlin 1925. — 56. MEREDITH, H. V.: J. dent. Res. 25, 43 (1946).
57. OLIVER, W. J., B. D. GRAHAM and J. L. WILSON: J. Amer. med. Ass. 167, 1211 (1958).— 58. OLSON, W. C.: Child Development. Boston 1949. — 59. ORT, B. W.: Wandlungen des Wachstums in den vergangenen 80 Jahren. Inaug.-Diss. Hamburg 1958. — 60. OTTO, W.: Kinderärztl. Prax. 27, 93 (1959). — 61. OTTOLENGHI, R.: Ann. Odont. (Roma) 8, (1931); zit. n. G. WETZEL.
62. PFUHL, W.: Wachstum und Proportionen. In: K. PETERS, G. WETZEL u. F. HEIDERICH: Handb. der Anatomie des Kindes I, 191. München 1938. — 63. PORTMANN, A.: Zoologie und das neue Bild vom Menschen. Hamburg 1956. — 64. POTACS, W.: Wien. klin. Wschr. 71, 651 (1959).
65. RIDER, R. V., P. A. HARPER, H. KNOBLOCH and S. E. FETTER: J. Amer. med. Ass. 165, 1233 (1957). — 66. RITALA, A. M.: zit. n. HOSEMANN. — 67. ROBBINS, W. J. et al.: Growth. New Haven, Conn. 1928. — 68. RÖSE, C.: Dtsch. Mschr. 1909. — 69. ROESSLE, R., u. F. ROULET: Maß und Zahl in der Pathologie. Berlin 1932. — 70. RUNGE, H., u. H. G. BACH: Dtsch. med. Wschr. 83, 1770 u. 1811 (1958). — 71. RUTENFRANZ, J., u. TH. HETTINGER: Z. Kinderheilk. 83, 65 (1959).
72. SALLER, K.: Ärzt. Prax. 10, 524 (1958). — 73. SCHUH, B.: Über die Durchbruchszeiten der Milchzähne bei westfälischen Kindern. Inaug. Diss. Würzburg 1934; zit. n. G. WETZEL. — 74. SHUTTLEWORTH, F. K.: Monogr. Soc. Res. Child. Devel. 2, 253 (1937). — 75. SPEIRS, A. L.: Arch. Dis. Childh. 31, 395 (1956). — 76. STRATZ, C. H.: Arch. Anthrop. (Braunschweig) N. F. 8, 1 (1909). — 77. STUART, H. C., and ST. S. STEVENSON: Physical growth and development. In: W. E. NELSON: Textbook of Pediatrics. S. 10, 6. Aufl. Philadelphia 1954. — 78. STUART, H. C., S. I. PYLE, J. CORNONI and R. B. REED: Pediatrics 29, 237 (1962).
79. TANNER, J. M.: The evaluation of physical growth and development. In: Modern Trends in Pediatrics, 325. London 1958. — 80. TANNER, J. M.: Wachstum und Reifung des Menschen. Stuttgart: Thieme 1962. — 81. TANNER, J. M., and R. H. WHITEHOUSE: Lancet 1959 II, 1086. — 82. TISSERAND-PERIER, M.: J. Génét. hum. 2, 87 (1953).
83. VOGT, D.: Arch. Kinderheilk. 159, 141 (1959).
84. WATSON, E. H., and G. H. LOWREY: Growth and development of Children. 3. Aufl. Chicago 1958. — 85. WETZEL, G.: Die Mundhöhle des Kindes. In: K. PETERS, G. WETZEL u. F. HEIDERICH: Handb. d. Anatomie des Kindes I, 716. München 1938. — 86. DE WIJN, J. F., u. J. H. DE HAAS: Groei en Ontwikkeling. Verhandelingen von het Ned. Inst. v. Praev. Geneesk. (1958) (N. V. Organon-Oss.).
87. ZELLER, W.: Wachstum und Reifung. In: G. JUST: Handb. Erbbiol. d. Menschen, 360. Berlin: Springer 1940.

Der Kreislauf

Von

WILHELM HECK

Mit 14 Abbildungen

I. Der fetale Kreislauf

Einleitung

Die Entwicklung des fetalen Kreislaufsystems beginnt in der zweiten Fetalwoche und hat das Ziel, 1. für die Dauer des intrauterinen Lebens die Versorgung des wachsenden Organismus über die Placenta sicherzustellen und 2. im Augenblick der Geburt die plötzliche Umstellung auf das selbständige extrauterine Leben zu ermöglichen. Bereits in der 6. Fetalwoche wird — noch bevor die Septierung der Herzkammern und des Ausflußtraktes abgeschlossen ist — durch die morphologische Formgebung das vollständige fetale Strombild erreicht, das bis zur Geburt unverändert bleibt. Seine Hauptmerkmale sind:

1. der Placentarkreislauf, der der Arterialisierung des fetalen Blutes, der Nahrungszufuhr und der Ausscheidung der fetalen Abbauprodukte dient,

2. der Ductus venosus als Verbindung zwischen Nabelvene und unterer Hohlvene unter Ausschaltung der Leber,

3. das Foramen ovale, durch das ein Teil des Blutes, das dem rechten Vorhof zuströmt, unter Umgehung des Lungenkreislaufs direkt in den linken Vorhof geleitet wird,

4. der Ductus arteriosus, der die Hauptmenge des vom rechten Ventrikel in die Arteria pulmonalis ausgeworfenen Blutes in die Aorta descendens umleitet, so daß die fetale Lunge, die noch keine Funktion hat, nur zu ihrem eigenen Bedarf mit Blut versorgt wird.

1. Placentarkreislauf

Physiologische Daten über den fetalen Kreislauf des Menschen liegen wegen der Unmöglichkeit, derartige Bestimmungen durchzuführen, nicht vor. Unser Wissen stützt sich deshalb auf tierexperimentelle Untersuchungsergebnisse, die bei der Analogie der anatomischen Verhältnisse der höheren Säugetiere und des menschlichen Kreislaufs zwar gewisse Schlüsse zulassen, aber wegen der Artspezifizität, der verschieden langen Tragdauer u. a. nicht ohne weiteres auf den Menschen übertragen werden können (*5, 6, 23, 24, 148*).

Die Nabelschnur stellt die Verbindung zwischen der mütterlichen Placenta und dem Feten her; sie enthält 2 Nabelarterien und 1 Nabelvene, die in eine gallertige Masse eingebettet sind. Sie erlaubt dem Feten durch ihre Beschaffenheit und Länge (bis zu 1,50 m), intrauterin seine Lage zu verändern, ohne die Gefahr, durch eine Drehung oder Abknickung seine Versorgung zu gefährden.

Durch die beiden Nabelarterien ist die Placenta in die arterielle Strombahn des Feten eingeschaltet. Untersuchungen beim fetalen Schaf haben ergeben, daß der Durchfluß durch die Aorta und gleichermaßen durch die Nabelarterien mit dem Gewicht des Feten zunimmt (*148*). Die Placentardurchblutung ist also abhängig von dem fetalen Herzschlagvolumen und wird somit von dem Bedarf des Feten bestimmt. Die mittlere Kreislaufzeit durch die Placenta beträgt etwa 5 sec.

Druckmessungen beim fetalen Schaf haben ergeben, daß gegen Ende der Schwangerschaft der Druck in der Aorta descendens etwa 60—70/40—45 mm Hg und in der Nabelvene zwischen 30—40 mm Hg beträgt (*5, 148*). Die Drucke in den Placentargefäßen müssen dazwischenliegen. Da in den Aufzweigungen der Nabelarterien und vor allem in den Arteriolen bereits eine Druckreduzierung erfolgt, dürften die Drucke in den fetalen villösen Räumen wenig über denen der Nabelvene liegen; sie würden damit aber immer noch ein Mehrfaches der Druckwerte der intervillösen Räume (etwa 10 mm Hg) betragen. Diese Druckverhältnisse machen u. a. den Übertritt von Serumbestandteilen aus dem mütterlichen auf das fetale Blut schwer verständlich; neben einer Diffusion infolge der Konzentrationsverhältnisse wird daher auch noch eine Sekretion (aktiver Transport) angenommen (*148*).

2. Ductus venosus

Das Nabelvenenblut fließt mit einem Druck von 30—40 mm Hg zu einem Teil, zusammen mit dem Pfortaderblut, durch die Leber und zum anderen Teil durch den Ductus venosus direkt in die Vena cava inferior. Die Verteilung wird durch einen Sphincter am Ductus venosus geregelt. Er ist ausreichend, um das unter niedrigem Druck stehende Blut der Vena porta in die Leber zu leiten, aber nicht stark genug, alles Blut der Nabelvene durch die Leber zu schicken (*4*). Dadurch wird ein Teil dieses Blutes durch die Leber geleitet und gleichzeitig ein konstanter Druck in der Nabelvene aufrechterhalten. Durch angiokinematographische Untersuchungen konnte beobachtet werden, daß der Sphincter, der von Ästen des Vagus innerviert wird, sich sehr schnell schließen, aber auch öffnen kann, wenn der Zufluß aus der Placenta geringer wird. Er ist also in der Lage, einen ungleichmäßigen Placentarkreislauf auszugleichen und kann darüber hinaus bei verstärktem Blutangebot, z. B. infolge starker Uteruskontraktionen, die Leber wahrscheinlich kurzdauernd zum Blutdepot machen, um so eine Überfüllung des fetalen Herzens zu verhüten (*148*). Mit diesem Mechanismus werden — im Gegensatz zum postnatalen Kreislauf — rund $^2/_3$ des venösen Blutrückflusses zum fetalen Herzen kontrolliert.

3. Das Foramen ovale

Der rechte Vorhof erhält Mischblut aus der Vena cava inferior (Nabelvenenblut + venöses Blut aus den unteren Körperpartien und der Pfortader) und rein venöses Blut, das ihm aus den oberen Körperpartien durch die Vena cava superior zufließt. Seit den Untersuchungen von SABATIER (1774) hat man angenommen, daß im fetalen Herzen das ganze Blut der Vena cava inferior, ohne sich mit dem Blut der oberen Hohlvene zu mischen, durch das Foramen ovale in den linken Vorhof strömt. Diese Meinung hat sich teilweise bis zum heutigen Tage erhalten, obwohl schon PATTEN (1930) (*141*) nachweisen konnte, daß die Öffnung des Foramen ovale im Durchschnitt nur 40% des Kalibers der Vena cava inferior beträgt und es so bei den kleinen Druckdifferenzen unmöglich ist, das ganze Blut der Vena cava inferior durch das Foramen ovale in den linken Vorhof zu leiten. BARCROFT u. Mitarb. (*4*) konnten dann an fetalen Schafen durch Injektion von Kontrastmittel in die Vena porta zeigen, daß zwar der größte Teil des unteren Hohlvenenblutes durch das Foramen ovale in das linke Herz und in die Aorta ascendens, der Rest aber über den rechten Ventrikel in die Arteria pulmonalis geht. Bei Injektion des Kontrastmittels in die Vena cava superior dagegen ließ sich das Kontrastmittel, nachdem es das Herz passiert hatte, in der Arteria pulmonalis und etwas später via Ductus arteriosus in der Aorta descendens nachweisen, während die Aorta ascendens hierbei von Kontrastmittel frei blieb. Damit war der Beweis erbracht, daß das Blut der oberen Hohlvene ausschließlich dem rechten Ventrikel zugeleitet wird, während der Blutstrom der unteren Hohlvene im rechten Vorhof durch eine Leiste, die Crista dividens, geteilt wird; der größere Teil fließt in den linken Vorhof, während der andere Teil sich im rechten Vorhof mit dem Blut der Vena cava superior mischt und dem rechten Ventrikel zufließt.

4. Der Ductus arteriosus

Durch die Kontraktion der Herzkammern wird das Blut aus dem rechten Ventrikel in die Arteria pulmonalis und aus dem linken Ventrikel in die Aorta ascendens gepumpt. Da die Lungen im fetalen Leben noch nicht entfaltet sind und dem Blutstrom einen hohen Widerstand entgegensetzen, fließt die Hauptmenge des Blutes aus dem rechten Ventrikel durch den weiten Ductus arteriosus, also unter Umgehung des Lungenkreislaufs, in die Aorta descendens, wo es sich mit dem etwas O_2-reicheren Blut aus dem linken Ventrikel via Aorta ascendens mischt; ein Teil davon versorgt die unteren Körperpartien und fließt durch die Vena cava inferior zum Herzen zurück, während — wie wir bereits gesehen haben — die Nabelarterien etwa $^2/_3$ dieses fetalen Blutes zur Placenta leiten, wo der Gasaustausch, die Exkretion und die Aufnahme der für das fetale Leben notwendigen Stoffe erfolgt.

5. Zusammenfassung

Zusammenfassend läßt sich der fetale Kreislauf auf Grund tierexperimenteller Untersuchungsergebnisse folgendermaßen darstellen (Abb. 1A). Während postnatal Lungen- und Körperkreislauf völlig getrennt und hintereinander geschaltet sind (Abb. 1C) und somit das gesamte Venenblut die Lunge durchfließen muß, bevor es zu etwa 97% mit Sauerstoff aufgesättigt in den Körper gelangt, sind beim Feten die beiden Herzkammern parallel geschaltet: 1. durch das Foramen ovale,

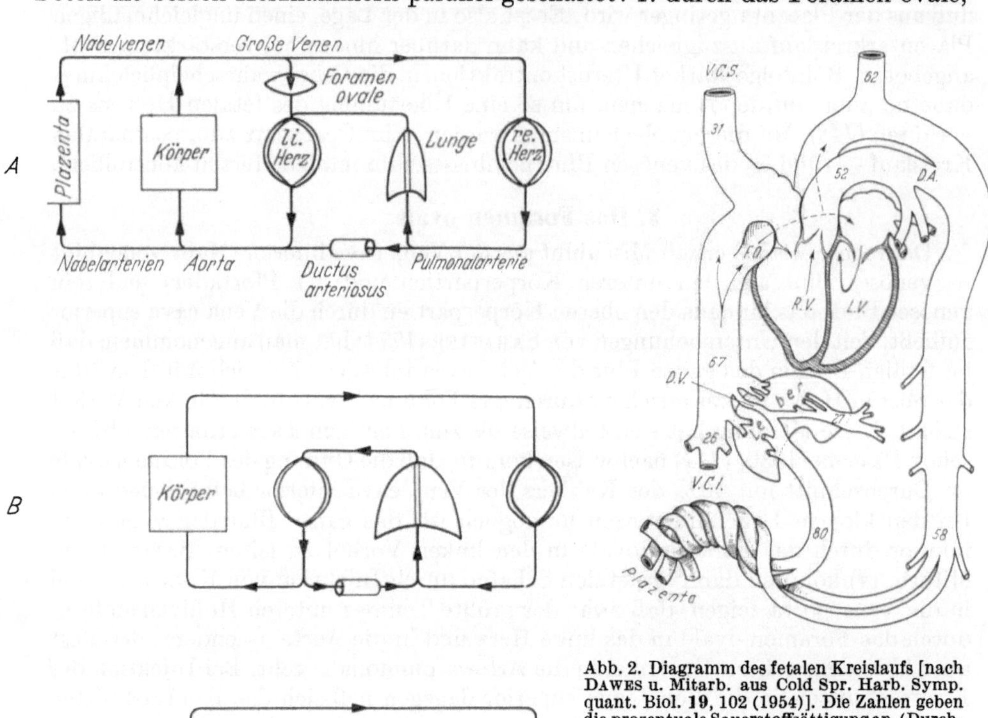

Abb. 2. Diagramm des fetalen Kreislaufs [nach Dawes u. Mitarb. aus Cold Spr. Harb. Symp. quant. Biol. **19**, 102 (1954)]. Die Zahlen geben die prozentuale Sauerstoffsättigung an. (Durchschnittswerte bei 6 Schaf-Feten.)
D. A. = Ductus Arteriosus, *D. V.* = Ductus Venosus, *F. O.* = Foramen Ovale

Abb. 1. Schema des Kreislaufs [nach Born u. Mitarb. (*14*)]. *A* = beim Feten, *B* = beim Neugeborenen, *C* = beim Erwachsenen

das den größten Teil des Blutes aus der unteren Hohlvene direkt in den linken Vorhof überleitet, und 2. durch den Ductus arteriosus, der die Hauptmenge des Blutes, das aus dem rechten Ventrikel kommt, in die Aorta descendens bringt. Beide Herzkammern erhalten somit Mischblut, das sie in die großen Gefäße pumpen. Dawes u. Mitarb. (Abb. 2) haben an 6 fetalen Schafen durch gleichzeitige Blutentnahme aus verschiedenen Gefäßen die O_2-Sättigung der verschiedenen Stromgebiete festgestellt. Aus der Verminderung des O_2-Gehaltes konnten sie das prozentuale Mischungsverhältnis berechnen und Rückschlüsse auf die fetale Blutverteilung ziehen. Beim fetalen Schaf ist das Nabelvenenblut zu 80% gesättigt, gegenüber einer O_2-Sättigung von 58% in der Aorta descendens und damit auch in den Nabelarterien. Durch Zumischung von venösem Blut aus der Vena portae (O_2-Sättigung 27%) und aus den unteren Körperpartien (O_2-Gehalt 26%) sinkt die O_2-Sättigung in der Vena cava inferior vor ihrer Einmündung in den rechten Vorhof bereits auf 67% ab; eine geringe Verminderung des O_2-Gehaltes dieses durch das Foramen ovale in den linken Vorhof gelangten Blutes erfolgt dann noch durch das Lungenvenenblut, so daß die O_2-Sättigung in der Aorta ascendens noch 62% beträgt. Die O_2-Sättigung des venösen oberen Hohlvenenblutes beträgt 31%, sie steigt nach Zumischung von Blut der Vena cava inferior und Coronarvenenblut auf 52% in der Arteria pulmonalis.

Das Herz und das Gehirn des Feten werden demnach bevorzugt mit Sauerstoff versorgt. Die Sauerstoff-Utilisation des Feten beträgt über 30%, was neben den besonderen Eigenschaften des fetalen Hämoglobins auch auf die geringere fetale Blutgeschwindigkeit, die für das Kopfgebiet etwa $1/3$ und für die Lungenstrombahn die Hälfte der postnatalen Kreislaufzeit betragen soll (148), zurückgeführt werden dürfte.

Analoge Daten liegen für den menschlichen Fetus nicht vor. Die von LIND und WEGELIUS (111) bei Aborten und Kaiserschnittentbindungen an menschlichen Feten gemachten Kontrastmittelinjektionen zeigten jedoch im Prinzip dieselben Ergebnisse, wie sie BARCROFT u. Mitarb. am fetalen Schaf gefunden hatten. Man darf somit annehmen, daß die Kreislaufverhältnisse beim menschlichen Feten denen des fetalen Schafes ähnlich sind.

II. Die Veränderungen durch die Geburt

1. Der erste Atemzug

Mit dem ersten Atemzug beginnt die Lunge sich zu entfalten, wodurch der Widerstand in den Lungengefäßen absinkt. Durch den gleichzeitigen Abfall des intrathorakalen Druckes nimmt die Lungendurchblutung um das Drei- bis Zehnfache zu (DAWES); damit strömt jetzt reichlich Blut dem linken Vorhof zu, in dem dadurch ein Druckanstieg erfolgt.

2. Die Abnabelung

Nach der Geburt werden die Pulsationen der Nabelarterien bald geringer und hören nach einigen Minuten ganz auf. Nach Untersuchungen von HASELHORST (53) führt der Beginn der Lungenatmung nicht unmittelbar zu einem Druckabfall in den Nabelarterien. Bereits eine Minute nach Beginn der Lungenatmung hatte er einen O_2-Anstieg im Nabelarterienblut von 3,1 auf 10,3 Vol.-% und im Nabelvenenblut von 8 auf 12 Vol.-% gefunden. Er konnte zeigen, daß die Nabelschnurgefäße empfindlich sind auf Temperaturabfall und Manipulationen. Von anderen Untersuchern hingegen wurde beobachtet, daß der O_2-Anstieg im Blut zu einer Kontraktion der Nabelarterien führt und daß bei Durchströmungsversuchen die Kontraktion der Placentargefäße bereits bei einem O_2-Gehalt von 56% beginnt (171).

Durchtrennt man die Nabelschnur bei der Geburt mit einem scharfen Messer, so kommt die Blutung nach einiger Zeit zum Stillstand [bei 10000 Geburten (146) in 90% keine und bei 1500 Geburten (208) überhaupt keine Unterbindung der Nabelschnur]. Wenn man die Nabelschnur aber in warmes Wasser bringt, geht die Blutung weiter, während sie in kühlem Wasser ebenfalls nach 6—10 Pulsationen aufhört (52). Der Kontakt mit der Luft, die Abkühlung nach der Entbindung, der O_2-Anstieg im arteriellen Blut mit Beginn der Atmung bewirken also auch ohne Unterbindung — analog den Verhältnissen bei anderen Säugetieren — den Verschluß der Nabelgefäße.

Der Zeitpunkt der Unterbindung der Nabelschnur ist nicht ohne Einfluß auf das Blutvolumen des Neugeborenen (20, 28, 54, 173). GUNTHER (47) konnte zeigen, daß Kinder, bei denen die Nabelschnur erst mit Ausstoßung der Placenta unterbunden wurde, eine zusätzliche Blutmenge von 0,8—4,7% ihres Körpergewichtes erhielten; dabei konnte bei einigen Kindern durch kontinuierliche Registrierung des Gewichts mittels halbautomatischer Wägevorrichtung ein Gewichtsanstieg bzw. -verlust durch venöse Saugwirkung festgestellt werden, je nachdem ob das Kind bis 15 cm unter oder über Vulvahöhe gehalten wurde.

Druckmessungen während der Abnabelung zeigten im Tierversuch bei Unterbindung der Nabelschnur vor Einsetzen der Atmung einen kurzdauernden Druckanstieg in der Aorta (2). Der Druck in der Arteria pulmonalis ist vor dem ersten Atemzug wenige mm höher als in der Aorta descendens. Mit Beginn der Atmung erfolgt ein beträchtlicher Abfall des Pulmonalarterien- und Aortendruckes (etwa 40 mm Hg). Nach dem Abbinden der Nabelschnur steigt der Druck im Systemkreislauf an (Abb. 3). Kommt es in dieser Zeit zum funktionellen Verschluß des Ductus arteriosus, dann erfolgt ein weiterer Druckabfall in der Arteria pulmonalis, bis nach $^1/_4$—2 Std der endgültige Druck erreicht ist. Beim Versuchstier (Lamm) hat die Lungendurchblutung nach etwa 7 Std meist 100% des Normalwertes erreicht.

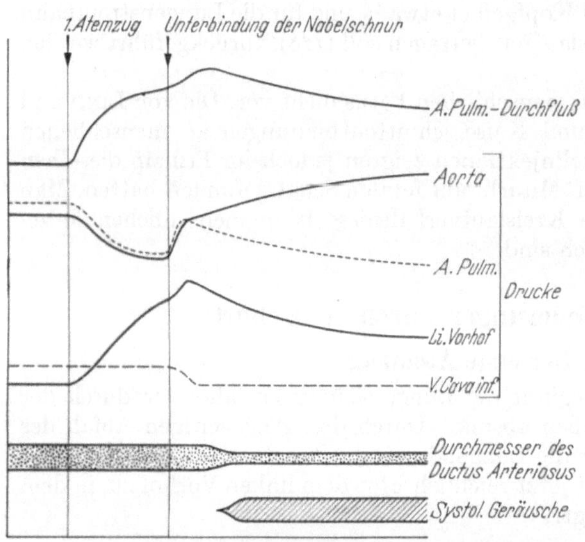

Abb. 3. Hämodynamische Kreislaufveränderungen bei der Geburt. [Nach einer Darstellung aus Cold Spr. Harb. Symp. quant. Biol. 19 (1954)]

3. Verschluß des Ductus venosus

Die Unterbindung der Nabelschnur bewirkt einen raschen Druckabfall in der Nabelvene. Da der geringe Druck in der Pfortader jetzt nicht mehr ausreicht, den Sphincter des Ductus venosus offenzuhalten, wird der Ductus venosus gesperrt und damit das ganze Blut aus der Pfortader durch die Leber geleitet. Während im Tierversuch bei intaktem Placentarkreislauf nie ein vorzeitiger Verschluß des Ductus venosus festgestellt werden konnte (4), wurde von Lind (109a) bei einem Neugeborenen der Verschluß des Ductus venosus vor Unterbindung der Nabelschnur beobachtet.

4. Verschluß des Foramen ovale

Der funktionelle Verschluß des Foramen ovale erfolgt wenige Minuten nach Einsetzen der Atmung. Durch die mit der Entfaltung der Lungen rasch zunehmende Lungendurchblutung strömt jetzt viel Blut durch die Lungenvenen in den linken Vorhof; der dadurch bedingte Druckanstieg im linken Vorhof führt, sobald dieser den Druck im rechten Vorhof überschreitet, zum Verschluß der in den linken Vorhof sich öffnenden Klappe des Foramen ovale. Der Verschluß wird begünstigt durch die Unterbindung der Nabelschnur und die Stromumkehr im Ductus arteriosus, weil dadurch der venöse Rückfluß zum rechten Vorhof herabgesetzt wird.

Wie Lind und Wegelius (111) zeigen konnten, ist dieser Verschluß noch nicht endgültig; sie konnten durch angiokardiographische Untersuchungen bei Neugeborenen demonstrieren, daß bei Störungen der Atmung sowie bei forcierter

Injektion des Kontrastmittels durch die Vena cava inferior das Foramen ovale wieder durchgängig werden kann.

5. Verschluß des Ductus arteriosus

Der mit der Entfaltung der Lungen einhergehende Druckabfall in der Lungenstrombahn führt dazu, daß das Blut, das vom rechten Ventrikel ausgeworfen wird, jetzt in die Lungen strömt und so dem Systemkreislauf entzogen wird. So kommt es, zumal durch den Ductus eine offene Verbindung zwischen den beiden Kreisläufen besteht, zum fast gleichzeitigen Druckabfall auch in der Aorta, so daß die Drucke in den beiden Kreisläufen vorübergehend gleich niedrig sind (s. Abb. 3). Nachdem der Lungenkreislauf aufgefüllt ist, wird der Aorta über den linken Vorhof und Ventrikel wieder mehr Blut zugeführt. Die Unterbindung der Nabelschnur führt gleichzeitig zu einer plötzlichen Einengung des Systemkreislaufs und damit zur Zunahme des peripheren Widerstandes. So kommt es wieder zu einem Druckanstieg in der Aorta. Wenn sich der Ductus noch nicht geschlossen hat, fließt jetzt Aortenblut durch den Ductus in die Lungen, so daß auch der Druck in den Lungenarterien etwas ansteigt. Während der periphere Druck weiter zunimmt, fällt aber der Druck in den Lungenarterien nach dem Verschluß des Ductus langsam wieder ab.

Der Mechanismus, der zum Verschluß des Ductus arteriosus führt, und der Zeitpunkt, zu dem sich dieser vollzieht, sind noch nicht eindeutig geklärt. Zahlreiche Muskel- und elastische Fasern in der Wand des Ductus arteriosus ermöglichen eine kräftige Kontraktion, die nach älteren Auffassungen (*37, 93*) auf mechanische Reize (durch die Atmung bedingten Zug oder Drehung) ausgelöst wird. In neuerer Zeit vertritt REYNOLDS (*148*) eine ähnliche Auffassung; er glaubt, daß der Ductus nur durch den hohen intravasalen Druck, gegen die Tendenz seiner elastischen und Muskelfasern, die ihn schließen wollen, offengehalten wird, bis der mit dem Beginn der Atmung erfolgende erhebliche Druckabfall einsetzt, wodurch das bei Kalbfeten beobachtete Geräusch zustande kommt, das neuerlich von BURNARD für den Menschen bei 37 von 100 Neugeborenen bestätigt werden konnte (*21*). Am Lamm konnte eine Kontraktion des Ductus durch vermehrten O_2-Gehalt des Blutes auch nach Durchtrennung sämtlicher nervöser Verbindungen ausgelöst werden, die rückgängig gemacht werden konnte durch Verminderung des O_2 (*15*); andererseits konnte aber durch Asphyxie und stärkere Hypoxie ebenfalls eine kräftige Kontraktion des Ductus beobachtet werden (*15, 146*), die wahrscheinlich durch Noradrenalin ausgelöst wird.

Es hat nicht an Versuchen gefehlt, die Zeit zu bestimmen, die der Ductus funktionell noch offen ist (O_2-Bestimmungen an Fingern und Zehen, Kontrastmittelinjektionen, Farblösungskurven, Herzkatheteruntersuchungen). Während lange Zeit ein funktioneller Verschluß schon wenige Minuten nach Einsetzen der Atmung angenommen wurde, was durch röntgenkinematographische Studien gestützt wird (*4, 5, 7*), konnten ADAMS u. LIND (*1*) sowie JAMES u. ROWE (*77*) die Tierversuche von DAWES u. Mitarb. (*24a*) auch am Menschen bestätigen. Sie sahen bei anscheinend normalen Neugeborenen, obgleich kein Geräusch zu hören war, durch Herzkatheteruntersuchungen einen O_2-Anstieg im Blut der Arteria pulmonalis, entsprechend einem Shunt von mehreren 100 cm^3/min Blut durch einen offenen Ductus, der für Stunden oder Tage offen gefunden wurde. Dieser Shunt hätte den Vorteil, daß das anfänglich noch nicht vollständig arterialisierte Blut über den Ductus in die Lunge zurückströmen und weiter Sauerstoff aufnehmen könnte (*14*). Bei unvollständiger Entfaltung der Lungen oder sonstigen Atemstörungen, die zu einem Druckanstieg in der Pulmonalarterie führen, könnte es so aber auch wieder zur Stromumkehr in fetaler Richtung (Arteria pulmonalis → Aorta) oder im ungünstigen Fall infolge Mehrarbeit des linken Herzens zur Linksinsuffizienz kommen. Nach DAWES (*23*) befindet sich der Kreislauf des Neugeborenen durch das Offenbleiben des Ductus arteriosus für mehrere Tage in einem *Zwischenstadium*, das zur normalen Entwicklung gehört (s. Abb. 1B, S. 40). Nach der Geburt kommt es mit Beginn der Atmung durch den Anstieg der O_2-Spannung des arteriellen Blutes zu einer Verengung des Ductus, die unabhängig vom intravasalen Druck und irgendeiner nervösen Verbindung ist und die durch ein deutliches Geräusch, besonders aber durch O_2-Anstieg im Pulmonalarterienblut nachweisbar ist. Ungeklärt bleibt hierbei, weshalb sich der Ductus nach einigen Tagen erst vollständig schließt.

Der anatomische Verschluß der fetalen Blutwege erfolgt erst nach Wochen. Die Klappe des Foramen ovale wird durch fibröse Verwachsungen, der Ductus arteriosus und Ductus venosus durch Intimaproliferation endgültig verschlossen. Die Zeit, die dazu nötig ist, variiert stark, sie beträgt für den Ductus venosus 2—4 Wochen, für den Ductus arteriosus 2—3 Monate und für das Foramen ovale bis zu 1 Jahr.

III. Der endgültige Kreislauf

Physiologische Vorbemerkung

Nach einem wenige Stunden bis zu einigen Tagen bestehenden postnatalen „Zwischenstadium" (*23*), das mit dem funktionellen Verschluß der fetalen Blutwege endet, hat der Kreislauf seine endgültige Form gefunden (s. Abb. 1 A—C); er ist gekennzeichnet durch die vollständige Trennung von Lungen- und Körperkreislauf. Die von der Neugeborenenzeit über das Säuglings- und Kindesalter bis zur Pubertät und ins Erwachsenenalter sich vollziehende Entwicklungsperiode des Kreislaufsystems wird von nun an im wesentlichen bestimmt durch das altersmäßige Wachstum und durch funktionelle Anforderungen. Hierdurch ergeben sich neben Veränderungen der Größe, Form und Lage des Herzens auch entsprechende Verschiebungen der verschiedenen Kreislaufgrößen sowie Änderungen der akustischen und elektrischen Phänomene, auf die im einzelnen in den betreffenden Abschnitten einzugehen sein wird.

1. Klinische Untersuchungsmethoden und Befunde

Die klinische Untersuchung beginnt mit einer Gesamtbetrachtung, der die spezielle Inspektion des Thorax folgt. Der Brustkorb des Neugeborenen und jungen Säuglings ist relativ niedrig und dabei ziemlich tief. Die Zwischenrippenräume sind eng. Pulsationen sind normalerweise nicht zu sehen.

Mit zunehmendem Alter wächst der Thorax, und zwar mehr in die Höhe als in die Breite. Bei mageren Kindern ist gelegentlich der Herzspitzenstoß sichtbar, und leichte Pulsationen auch der Halsgefäße sind bei Erregung und nach körperlicher Anstrengung nicht ungewöhnlich. Dagegen sind stärkere Pulsationen oder tastbares Schwirren über der Herzgegend immer pathologisch. Der *Herzspitzenstoß* wird beim Säugling im 3.—4. Intercostalraum (= ICR), etwas außerhalb der Medioclavicularlinie (= MCL), vom 2. Lebensjahr im 4. ICR, und etwa vom 5.—7. Lebensjahr an im 5. ICR innerhalb der MCL getastet.

Die *Herzgröße* läßt sich beim Säugling und Kleinkind, insbesondere auch wegen der stärkeren Thoraxwölbung, perkussorisch meist nicht genau feststellen. Beim Säugling liegt die linke Herzgrenze etwa 1—2 cm außerhalb der MCL, sie rückt mit zunehmendem Alter nach medial, erreicht mit 5 Jahren die MCL und ist im Schulalter deutlich innerhalb der MCL; die rechte Herzgrenze überragt nur im Säuglingsalter den rechten Sternalrand.

Die *Auskultation* kann beim Säugling recht schwierig und zeitraubend sein. Bei der schnelleren Herzfrequenz ist die Beurteilung der Herztöne, die in den ersten Wochen nahezu gleich laut und meist vom Atemgeräusch überlagert sind, nicht immer sogleich möglich. Infolge der dünneren Thoraxwand und der Lage des Herzens, das nur wenig von der Lunge überlagert ist, hört man die Töne relativ laut. Vom 2. Lebensmonat an wird der erste Ton über der Herzspitze lauter als der zweite, dagegen wird über der Herzbasis der 2. Ton links parasternal (2. Pulmonalton) meist etwas lauter als rechts parasternal (2. Aortenton) gehört. Im Kleinkind- und Schulalter besteht im Inspirium, besonders bei leicht erregbaren Kindern, öfter ein gespaltener 2. Pulmonalton (bis max. 0,03—0,04 sec), um jenseits der Entwicklungsjahre wieder seltener zu werden. Ein akzentuierter oder paukender 2. Pulmonalton ist auf eine Drucksteigerung im kleinen Kreislauf verdächtig. Gelegentlich besteht in den ersten Lebenstagen ein leises systolisches Geräusch, wobei zunächst an einen verspäteten Verschluß des Ductus arteriosus zu denken wäre (*21, 23*). Von Geburt an bestehende laute Geräusche sind immer auf eine Fehlbildung verdächtig, aber auch ein anfänglich lautes Geräusch kann in kurzer Zeit symptomlos verschwinden (*76, 147*). TAYLOR (*189*) konnte unter 1133 Neugeborenen bei 54 (= 4,8%) ein systolisches Geräusch nachweisen; von 20 dieser Kinder mit Geräusch, die über mehrere Jahre verfolgt werden konnten, war bei 14 das Geräusch mit 1 Jahr verschwunden, 3 hatten ein lautes Geräusch, und von 3 gestorbenen hatten 2 einen angeborenen Herzfehler. „Akzidentelle Geräusche" sind im Säuglingsalter bis zum 2. Lebensjahr mit Skepsis aufzunehmen. Im späteren Kleinkind- und Schulalter werden sie dagegen immer häufiger, und ihre Abgrenzung von organisch bedingten Geräuschen ist oft schwierig. Akzidentelle Geräusche sind meist weicher; ihre Hauptlokalisation ist der 2.—3. ICR links parasternal. Sie werden nicht fortgeleitet und verschwinden häufig bei tiefer Inspiration oder werden leiser beim Übergang von liegender in sitzende Stellung. Bei der Schallschreibung stellen sie sich als frühsystolische Decrescendogeräusche, aber auch als mesosystolische Geräusche dar. Eine sichere Abgrenzung von organisch bedingten und funktionellen Geräuschen (Anämie, Fieber) ist phonokardiographisch leider bis jetzt noch nicht möglich.

Gerade bei höheren Herzfrequenzen ist die *Phonokardiographie*, wenn sie simultan mit dem EKG aufgezeichnet wird, eine wertvolle Hilfe zur zeitlichen Zuordnung und Differenzierung von Schallphänomenen, die das menschliche Ohr infolge seiner Trägheit nicht mehr trennen kann. Außer dem ersten und zweiten Herzton zeigt das Phonokardiogramm im Kindesalter öfter einen 3. Herzton zu Beginn der Diastole, der wegen seiner niedrigen Frequenz nicht gehört werden kann, und relativ selten einen 4. Ton oder Vorhofton, der bei der Vorhofkontraktion entsteht und unmittelbar vor der Ventrikelsystole einfällt. Ein stärkerer Vorhofton deutet auf eine Vorhofvergrößerung hin und ist dann als pathologisch zu werten. Insbesondere bei der Funktionsdiagnostik leistet die Phonokardiographie wertvolle Hilfe (*70, 169, 178, 179, 207*).

2. Die Röntgenuntersuchung

Sie ist zur Beurteilung der Herzgröße und -form sowie der Lage des Herzens unbedingt erforderlich. Sie gibt Auskunft über die großen Gefäße und die Lungengefäßfüllung und erlaubt durch Drehung in die schrägen Durchmesser eine gewisse Differenzierung der Herzabschnitte und zusammen mit der Beobachtung der Herzaktion eine gute Beurteilung auch der Herzfunktion. Die Röntgenaufnahme des Herzens (Abstand 2 m) liefert ein Dokument, das gestattet, die Herzgröße auszumessen. Oesophagogramm, Kymogramm und schließlich die Angiokardiographie vervollständigen die röntgenologische Untersuchung.

Die Herzform ist in weitestem Maße abhängig von Alter und Wuchs des Kindes (Abb. 4). Beim Säugling ist der Herzgefäßschatten relativ breiter, rundlich-plump und wenig differenziert. Das Herz ist mittelständiger und liegt durch den physiologischen Zwerchfellhochstand mehr horizontal (*108*). Bereits im 2. Lebenshalbjahr wird der Herzschatten länger und tritt tiefer bei gleichzeitiger Drehung der Längsachse in Richtung zur Senkrechten; dadurch wird das Herz mehr längsoval, und die Herzspitze wird deutlicher; vielfach läßt sich jetzt schon der Aortenbogen abgrenzen, wenn er nicht durch den Thymusschatten überlagert ist. Dieser kann, wenn er groß ist, eine Gefäßanomalie vortäuschen, bei Durchleuchtung im 2. schrägen Durchmesser läßt er sich aber meist als ein dem Gefäßband nach vorn aufgelagerter und von diesem bogig abgesetzter Schatten abtrennen. Auch röntgenologisch ist beim Säugling und Kleinkind die sichere Beurteilung der Herzform und -größe oft recht schwierig, da die Herzsilhouette bei unruhigen und schreienden oder pressenden Kindern durch Zwerchfellhochstand und Anschwellung der oberen Hohlvene in ihrer Größe und Form starken Schwankungen unterliegt.

Im Laufe des Kleinkind- und Schulalters streckt sich das Herz mehr und mehr. Durch das etwas schnellere Wachstum der Ostien gegenüber den Ventrikeln wird jetzt die Herzbasis breiter. Ab 5.—7. Lebensjahr bilden sich die Herzbuchten deutlicher aus, und die großen Arterien, die beim Säugling horizontaler und nach hinten verlaufen, richten sich mehr auf, so daß die Herzachse steiler wird. Die Herzform wird individueller und gleicht im Pubertätsalter schon weitgehend der Erwachsenenform (*31*).

Die Bestimmung der Herzgröße aus dem Röntgenbild ist mit zahlreichen Fehlerquellen behaftet (Atemphase, Zwerchfellstand, Thymusschatten), zumal die Ausmessung infolge der Verschiedenartigkeit der Herzform allein schon schwierig ist. MARESH u. WASHBURN (*120*) haben bei 67 Kindern, die sie 1—6 Jahre verfolgten, 1026 Röntgenaufnahmen ausgemessen, wobei sich bei wiederholten Untersuchungen desselben Kindes deutliche Differenzen ergaben. Am genauesten ist die planimetrische Berechnung der Herzsilhouette, die aber ohne Spezialgerät zu zeitraubend ist. Einfacher ist die Berechnung des Herzrechtecks (*86*), deren Werte nur wenig von der planimetrischen Bestimmung ab-

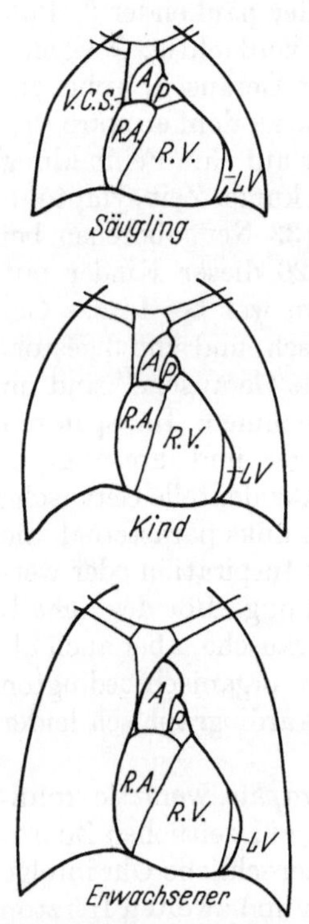

Abb. 4. Normale Herzformen in ihrer Abhängigkeit vom Alter (nach H. TAUSSIG). *A:* Aorta, *P:* Pulmonalarterie, *V. c. s.:* Vena cava sup., *RA:* Rechter Vorhof, *RV:* Rechter Ventrikel, *LV:* Linker Ventrikel

weichen. SCHARMENTKE (*167*) bestimmte den Quotienten $\dfrac{\text{Thoraxrechteck}}{\text{Herzrechteck,}}$ der beim Neugeborenen 3,0 beträgt und beim 14 Jahre alten Kind bis 5,5 ansteigt. Am gebräuchlichsten sind heute Herz-Thorax-Indexangaben bzw. absolute Herzmaße.

MARTIN u. FRIEDELL (*122*) haben bei 33 vollreifen Neugeborenen am 1., 3. und 5. Tag Röntgenthoraxaufnahmen gemacht und gefunden, daß sich der Transversaldurchmesser des Herzens und der Herz-Thorax-Index vom 1.—3. Tag signifikant vermindern, dagegen nicht vom 3.—5. Tag, was anzeigt, daß das Herz des normalen Kindes zu dieser Zeit einen „Status relativer Stabilität" erreicht hat.

Da in der Folgezeit der Thorax schneller wächst, und zwar ebenfalls mehr in die Höhe als in die Breite, verschiebt sich der Quotient $\dfrac{\text{max. Herzdurchmesser}}{\text{max. Lungendurchmesser}}$ von 0,55 in den ersten Lebenswochen auf etwa 0,52 im Alter von 1 Jahr. Er soll bei älteren Kindern und Erwachsenen nicht mehr als 0,50 betragen (*3*).

SCHMID u. WILKING (*170*) nehmen den umgekehrten Quotienten

$$\frac{\text{Thoraxquerdurchmesser}}{\text{größter Herzquerdurchmesser}}$$

und geben auf Grund ihrer Untersuchungen bei 765 Kindern folgende Werte an: (Tab. 1).

Tabelle 1. *Der Quotient* $\dfrac{Thoraxquerdurchmesser}{größter\ Herzquerdurchmesser}$ *in verschiedenen Altersstufen* (nach SCHMID u. WILKING)

Neugeborene	1—12 Monate	2 Jahre	14 Jahre
1,8	2,0	2,1	2,3

HEWITT (*64*) hat im Rahmen genetischer Studien bei Kindern bis zu 5 Jahren alle 6 Monate Röntgenaufnahmen gemacht und die Herzbreite gemessen (Tab. 2).

Tabelle 2. *Röntgenologisch gemessene Herzbreite bei Knaben und Mädchen im Alter von* $^1/_2$ *bis 5 Jahren* (nach HEWITT)

Knaben	Alter in Monaten									
	6	12	18	24	30	36	42	48	54	60
Zahl der Messungen	98	106	101	94	74	73	69	67	56	47
Mittelwerte (mm)	73	80	83	85	87	88	91	92	94	96
Standardabweichungen	6	5	5	5	5	6	6	6	6	6
Mädchen										
Zahl der Messungen	104	113	102	97	85	83	74	67	60	60
Mittelwerte (mm)	69	77	80	82	83	85	87	89	90	91
Standardabweichungen	5	5	5	5	5	6	5	5	5	5

Diese Zusammenstellung einiger Meßverfahren zeigt übereinstimmend eine gesetzmäßige Verschiebung zwischen Thorax- und Herzgröße während des Wachstums. Die Größenzunahme des Herzens ist während des ersten Lebensjahres am stärksten.

Wegen vieler Unzulänglichkeiten der objektiven Herzmessungen (*120*) sollte aber gerade in Zweifelsfällen bei der Beurteilung der Herzgröße der visuelle Eindruck nicht unberücksichtigt bleiben (*170*). (Über röntgenologische Herzvolumenbestimmung s. S. 52.)

3. Das Elektrokardiogramm

Die Besonderheiten der dynamischen und topographischen Verhältnisse des Herzens in seiner Entwicklung vom Feten bis zum Erwachsenenalter finden im EKG ihren Niederschlag.

Die frühesten elektrokardiographischen Potentialschwankungen sind bei einem 6 mm langen, etwa 2 Wochen alten Feten durch Ableitung mit 2 Nadeln, die in unmittelbarer Nähe des Herzens in beide Brustseiten eingeführt waren, aufgezeichnet worden; ein differenziertes EKG konnte aber erst bei einem 1 Monat alten Feten abgeleitet werden (*119*). Mit den Extremitäten-Ableitungen gelang es dagegen erst bei $9^1/_2$ Wochen und älteren Feten ein EKG aufzunehmen (*58*). Die EKG-Kurven, die extrauterin unmittelbar nach der Geburt gewonnen waren, entsprachen in der Amplitudengröße denen des Erwachsenen, die P-Zacken waren unauffällig, die Überleitungszeit betrug 0,10—0,12 sec. Die Kammerschwankung zeigte etwa zur Hälfte einen Rechts-, bzw. einen Mitteltyp; Q-Zacken fehlten, und die T-Zacken waren flach positiv bis verstrichen und bei einer Ableitung vom linken

Sternalrand stets negativ. Bei vier 11—19 Wochen alten Feten in utero und sofort nach der Geburt fand sich eine verkürzte Überleitungszeit von 0,05—0,07 sec und eine QRS-Zeit von 0,02—0,03 sec (*191*).

Das Feten-EKG hat eine gewisse Bedeutung in der Frühdiagnose der Schwangerschaft (bereits im 3. Monat der Gravidität) zur Erkennung der Mehrlingsschwangerschaft (*192*) und als Beweismittel für das Leben des Feten erlangt. Praktisch bedeutungsvoller ist die Erkennung einer fetalen Hypoxie (*180, 181*). Bei verminderter O_2-Versorgung des Feten kommt es zu Veränderungen der P-Zacke, der PQ-Zeit, der Ausschlagshöhe von QRS und schon bei leichter Hypoxämie zu ST- und T-Abweichungen mit Senkung und Verlängerung von ST sowie negativem T bei hochgradigerem Sauerstoffmangel.

Wie wir bereits gesehen haben (S. 41), erfolgt mit der Geburt eine plötzliche hämodynamische Umstellung, die über ein wenige Tage dauerndes Zwischenstadium zu den endgültigen Kreislaufverhältnissen führt. Im Verlauf dieser Entwicklung ändern sich, entsprechend ihrer funktionellen Belastung, auch die anatomischen Relationen; der rechte Ventrikel verliert an Gewicht, während die linke Herzkammer ein beschleunigtes Wachstum aufweist. So kommt es in wenigen Wochen zum Verschwinden der physiologischen relativen Rechtshypertrophie und

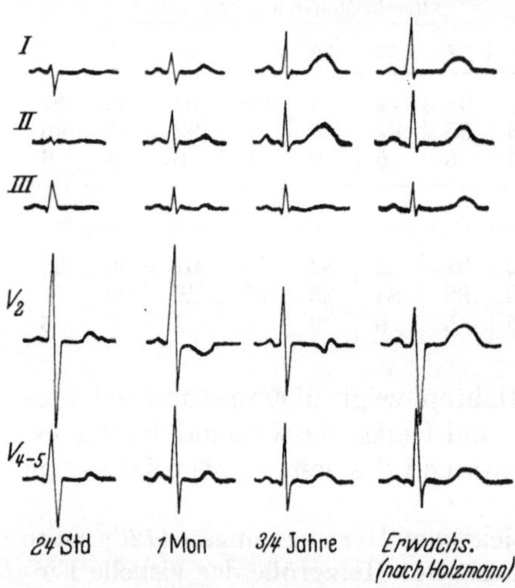

Abb. 5. Altersbedingte physiologische Veränderungen des Extremitäten-(I, II, III) und Brustwand-Elektrokardiogramms (V2, V4-5)

vom 2.—6. Lebensmonat an zum Überwiegen des linken Herzens. Parallel mit dieser Massenverschiebung wird das für das Neugeborene charakteristische rechtstypische EKG bereits im 2. Lebensquartal seltener. Wir sehen bereits im Säuglings- und Kleinkindesalter einen fließenden Übergang zum steil- und mitteltypischen EKG. Während der hämodynamische Faktor im EKG in erster Linie typenbestimmend wirkt, haben das Wachstum des Herzens und des Thorax sowie das Tiefertreten des Zwerchfells durch Änderung der topographischen Verhältnisse vorwiegend Einfluß auf die Herzlage. Hierbei kommt es zu einer zunehmenden Steilstellung mit gleichzeitiger Drehung des Herzens um seine Längsachse im Uhrzeigersinn; dadurch verschiebt sich die elektrische QRS-Achse nach rechts, und es entstehen im Extremitäten-EKG tiefe S_I- und Q_{III}-Zacken, die im Säuglings- und Kleinkinder-EKG relativ häufig sind und als physiologische Übergangsform aufgefaßt werden können.

Schließlich ist noch die Dicke der Thoraxwand und das zwischen ihr und dem Herzen liegende Lungengewebe von Einfluß auf die Ausschlagshöhe der Brustwandableitungen, bei denen sich im Gegensatz zu den Extremitäten-Ableitungen auf Grund der anatomischen Verhältnisse beim Säugling größere Amplituden ergeben als beim älteren Kind und beim Erwachsenen.

Die obige Abb. 5 soll diese altersbedingten physiologischen Veränderungen der Extremitäten- und Brustwandableitungen veranschaulichen. (Eine Zusammenstellung von Original-EKG-Kurven nach 12 Altersgruppen findet sich in Heck/Stoermer: Pädiatrischer EKG-Atlas, S. 32—34.) Die Zeitwerte für das normale EKG sind in Tab. 3 zusammengestellt (*60*).

Das EKG des *Frühgeborenen* zeigt nach neueren Untersuchungen (*182, 183*) auf Grund der altersphysiologischen Rechtshypertrophie in den ersten Lebenstagen und -wochen regelmäßig einen Rechtstyp (Summationsvektor Winkel α von QRS zwischen 90—132°). Die Vorhofzacken sind häufig, besonders deutlich in Ableitung II, verhältnismäßig hoch und spitz, gelegentlich auch biphasisch. Bemerkenswert sind die sehr kurzen Zeitwerte. Vereinzelt werden Knotungen und Splitterungen von QRS und ST-Hebungen beobachtet. Die T-Zacken sind im allgemeinen sehr flach, in einzelnen Fällen nur angedeutet; in den Brustwandableitungen ergibt sich meist eine Verschiebung der negativen T-Zacken nach links bis V_4 und V_5 und vereinzelt bis V_6.

Tabelle 3. *Minimal-, Mittel- und Maximalwerte in den verschiedenen Altersgruppen für die Breite von P, QRS und für die PQ-Zeit in den bipolaren Extr.-Ableitungen* (aus HECK/STOERMER: Pädiatrischer EKG-Atlas)

Gruppe:		Frühgeborene			1. + 2. Lebensmon.			3.—5. Lebensmon.			6.—12. Lebensmon.		
Abl.	Breite	min.	Mittel-wert	max.	min.	Mittel-wert	max.	min.	Mittel-wert	max.	min.	Mittel-wert	max.
I–III	P	0,038	0,048	0,060	0,050	0,062	0,070	0,055	0,061	0,070	0,060	0,064	0,070
	PQ	0,070	0,092	0,112	0,080	0,106	0,120	0,090	0,107	0,120	0,090	0,115	0,150
	QRS	0,040	0,054	0,060	0,045	0,055	0,065	0,045	0,056	0,068	0,050	0,059	0,070

Gruppe:		2.—3. Lebensjahr			4.—6. Lebensjahr			7.—10. Lebensjahr			11—15. Lebensjahr		
Abl.	Breite	min.	Mittel-wert	max.	min.	Mittel-wert	max.	min.	Mittel-wert	max.	min.	Mittel-wert	max.
I–III	P	0,051	0,064	0,070	0,058	0,066	0,080	0,056	0,074	0,080	0,060	0,071	0,080
	PQ	0,088	0,118	0,152	0,092	0,130	0,170	0,096	0,132	0,175	0,122	0,126	0,190
	QRS	0,053	0,066	0,080	0,059	0,071	0,080	0,056	0,075	0,090	0,062	0,075	0,100

Auch beim *Neugeborenen* findet sich in einem hohen Prozentsatz ein Rechtstyp (*136*). Vorübergehend werden hohe und breite P-Zacken, gelegentlich auch ein positives T in V_1 beobachtet; da sich diese Veränderungen in wenigen Tagen normalisieren, dürften sie Ausdruck gewisser Anpassungsschwierigkeiten des Kreislaufs beim Übergang vom intra- zum extrauterinen Leben sein.

Das EKG des *Säuglings* ist den größten Veränderungen unterworfen. Die P-Zacken zeigen individuell stark unterschiedliche Amplitudengröße, sie sind im allgemeinen aber niedriger und die P-Dauer ist etwas kürzer als in späterem Alter. Die Überleitungszeit, die wohl in Ausnahmefällen in den ersten Lebenstagen verlängert sein kann, zeigt normalerweise im Säuglingsalter eine geringe Zunahme. Aus dem rechtstypischen QRS-Komplex entwickeln sich Steil- und Mitteltypen; die R-Zacke in Ableitung I wird zunehmend höher, und gleichzeitig kann es zur Ausbildung von kräftigen S_I- und Q_{III}-Zacken kommen. In den Brustwandableitungen werden die R-Zacken über dem rechten Herzen zugunsten der S-Zacken kleiner; gleichzeitig zeigt der obere Umschlagspunkt (oUP) der R-Zacke über dem linken Herzen eine deutliche Zunahme (*26*). Der Vektorschleifenverlauf in der Horizontalebene, der beim Neugeborenen eine ausgesprochene Rechtsdrehung im Uhrzeigersinn und in der Frontalprojektion einen mehr kreisförmigen Grundtypus aufweist, zeigt bereits im Alter von 3 Monaten eine Umkehr im Gegenuhrzeigersinn, wobei die Vektorschleife zunächst nach rechts vorne, dann nach links und von da wieder zurück verläuft, und läßt vom Ende des 1. Lebensjahres an eine allmähliche Annäherung an den Vektorverlauf des Erwachsenen erkennen. Die Ausschläge von T_I und T_{II} werden nach wenigen Wochen größer, während T_{III} ein sehr wechselndes Verhalten zeigt und in etwa 50% isoelektrisch bzw. negativ sein kann; in den Brustwandableitungen finden sich negative T-Zacken im Säuglingsalter bis V_3 in $^3/_4$, bis V_4 noch in $^1/_3$ der Fälle (vgl. Tab. 4).

Im Kleinkindes- und Schulalter nähert sich das EKG immer mehr dem des Erwachsenen. Der $S_I Q_{III}$-Typ verschwindet, zu dem Steil- und Mitteltyp kommt schon vom 2. Lebensjahr an das linkstypische EKG, das allerdings, wahrscheinlich infolge der langsamen Rückbildung der Querstellung der anatomischen Herzachse, vom 7. Lebensjahr an wieder seltener wird (60, 190). Die Zeitwerte für P, PQ und QRS erreichen im Schulalter etwa die Erwachsenenwerte. Die T-Zacken werden in diesem Alter in V_1 und V_2 noch überwiegend negativ gefunden.

Tabelle 4. *Häufigkeit von negativen T-Zacken (in %) in den Brustwand-Ableitungen von 300 Kindern* (nach KUSKIN und BROCKMAN)

Alter in Jahren	V_1	V_2	V_3	V_4	V_5
0—1	100	94	76	37	6
2—3	100	91	62	19	0
4—5	98	65	35	2,5	0
6—7	95	67	30	5	0
8—9	71	37	10	1,8	0
10—11	72	18	6	1,5	0
12—14	78	14	2	0	0

Die QT-Zeit hat sich, abgesehen von einigen Ausnahmen bei Früh- und Neugeborenen, in auffallender Weise von der Herzfrequenz abhängig gezeigt (Tab. 5).

Mit Beginn der Pubertät und insbesondere bei beschleunigter körperlicher Entwicklung zeigt das EKG neben einer oft auffälligen Bradykardie mit stärkerer respiratorischer Arrhythmie häufig typische Veränderungen, die als „Wesenszüge im EKG des accelerierten Jugendlichen" (168) herausgestellt wurden. Als führendes Merkmal findet sich meist in Ableitung I und II eine Überhöhung und Zuspitzung der T-Zacke und damit zusammenhängend eine leichte Hebung der ST-Strecke (von 0,1—0,2 mV), die bei fehlendem S bereits über der Nullinie aus der R-Zacke hervorgeht und einen nach unten bogenförmig konvexen Verlauf zeigt; in der überwiegenden Mehrzahl besteht aber eine ungewöhnliche Vertiefung und Verbreiterung der S-Zacke in mehreren Ableitungen.

Tabelle 5. *Obere Grenzwerte für die QT-Dauer* (nach CAMMANN). Die errechneten oberen Grenzwerte ergeben sich aus den Maximalwerten von HEGGLIN und HOLZMANN plus der Streuwerte nach OHR und PORSCHA

Herzschläge je Minute	Errechnete obere Grenzwerte	Eigene obere Grenzwerte
200	0,224	—
190	0,229	—
180	0,237	0,248
170	0,247	0,250
160	0,253	0,255
150	0,266	0,262
140	0,275	0,275
130	0,284	0,285
120	0,300	0,298
110	0,316	0,313
100	0,332	0,330
90	0,354	0,350
80	0,378	0,373
70	0,402	0,398
60	0,429	0,425

Diese Abweichungen lassen sich zwanglos als Ausdruck einer Erregungssteigerung im vegetativen Nervensystem und eines Überwiegens des Vagustonus erklären. Da die Erregungsleitung in den Vorhöfen ganz besonders für neurovegetative Störungen anfällig ist (71), sind auch Veränderungen der P-Zacken, vor allem Reizbildungs- und Reizleitungsstörungen möglich. So werden relativ häufig ventrikuläre Extrasystolen, ferner Vorhofextrasystolen, Vorhofheterotopien, AV-Rhythmus, AV-Dissoziation, unvollständiger sinusaurikulärer Block und paroxysmale Tachykardien beobachtet (184), die als vegetative Störungen angesprochen werden dürfen, wenn sie sich nach Belastung zurückbilden.

Schließlich dürfen die orthostatisch bedingten EKG-Abweichungen nicht unerwähnt bleiben. Veränderungen der P-Zacke, Achsendrehung von QRS, ST-Senkung, Abflachung und Negativwerden von T, Ansteigen des Achsendifferenzwinkels zwischen R- und T-Vektor über 60° und als Frühzeichen ein negatives T in Ableitung aVF sind aber nur dann für eine orthostatisch bedingte

Kreislaufdysregulation beweisend, wenn sie sofort nach dem Stehversuch in Horizontallage wieder verschwinden.

Außer diesen bereits genannten extrakardialen und vegetativen Faktoren können noch Stoffwechseländerungen, Elektrolytverschiebungen (u. a. Spasmophilie) bestimmend auf den Verlauf der EKG-Kurven einwirken.

IV. Kreislaufgrößen

1. Herzgröße

Herzgröße und Gewicht sind im Laufe der Entwicklung von verschiedenen Faktoren abhängig

    a) vom hämodynamischen Faktor

    b) vom Wachstumsfaktor

    c) von extrakardialen Faktoren.

Am imponierendsten ist die Veränderung der Herzgröße unmittelbar nach der Geburt und in den ersten Lebenstagen (*122*). Sie ist bedingt durch die veränderten hämodynamischen Verhältnisse infolge der Entfaltung der bis dahin kollabierten Lungen, den Wegfall des Placentarkreislaufs und möglicherweise auch durch die bessere O_2-Versorgung des Herzmuskels. Wahrscheinlich sind an der Verkleinerung die Vorhöfe maßgeblich beteiligt.

In den ersten Lebenswochen ist das Herz noch relativ groß; durch seinen großen Vorhofanteil ist der rechte Herzteil größer, auch die Herzohren beider Vorhöfe sind noch groß, und die Herzspitze, die vorwiegend durch den rechten Ventrikel gebildet wird, ist stärker gerundet. Die Aorta und Pulmonalarterie, die relativ weit sind — die Pulmonalarterie weiter als die Aorta — verlaufen mehr horizontal, so daß eine plumpe, nahezu symmetrische Herzform resultiert.

Nach der anfänglichen Verminderung zeigen die Herzmaße im weiteren Säuglings- und Kindesalter eine stetige Zunahme, die im Säuglingsalter am größten ist, wobei das Herz sich mehr und mehr streckt, so daß die Relation Länge: Breite, die beim Neugeborenen 1: 1,3, am Ende der Kindheit 1: 1,1 beträgt (Tab. 6).

Tabelle 6. *Lineare Maße von Kinderherzen (cm)* (nach FALK)

Alter	♂			♀		
	Breite	Länge	Dicke	Breite	Länge	Dicke
Neugeborener	4,0	3,1	1,9	3,9	2,9	1,7
5—6 Monate	4,9	3,9	2,6	4,7	3,8	2,6
1—2 Jahre	6,2	5,0	3,0	5,9	4,9	2,9
3—4 Jahre	6,6	5,5	3,3	6,2	5,4	3,1
5—6 Jahre	7,3	6,5	3,5	6,4	5,9	3,4
7—8 Jahre	7,6	7,0	3,5	7,3	6,2	3,2
9—10 Jahre	8,2	7,3	3,4	7,2	6,2	3,6
13—14 Jahre	8,2	7,8	3,7	8,3	7,8	3,8
Erwachsener	10,7	9,7	—	9,9	9,3	—

2. Herzgewicht und Herzvolumen

Infolge eines strukturell-funktionellen Gleichgewichts hängt die Muskelmasse der beiden Herzkammern von der geforderten Leistung ab (*112*). Da bis zur Geburt die funktionelle Belastung der rechten Herzkammer der der linken gleichkommt oder sie sogar übertrifft, sind die Gewichte der beiden Herzkammern bei der Geburt zugunsten der rechten Kammer verschoben (*73, 123, 142, 199*) oder nahezu gleich. Nach der Geburt sinkt bei gleichem Schlagvolumen der Druck in der Lungenstrombahn stark ab, so daß das Gewichtsverhältnis der beiden Herzkammerwände bis zum 4. Lebensmonat (*73*) nur noch 1:2 beträgt und sich dann nicht mehr wesentlich ändert. Diese Gewichtsverminderung der rechten Herzkammer gegenüber der linken beginnt in den ersten Lebenswochen, in denen eine absolute Gewichtsminderung der rechten Kammer von 20% nachgewiesen wurde (*73, 83, 135*), bei entsprechender Verschmälerung der Herzmuskelzellen (*73*). Infolge des gleichzeitig einsetzenden beschleunigten Wachstums der linken Herzkammer muß das Gesamtgewicht des Herzens die Gewichtsminderung offenbar nicht regelmäßig aufweisen (*33, 40*). Das absolute Herzgewicht bei der Geburt beträgt zwischen 19

Tabelle 7. *Durchschnittliches Herzvolumen bei 24 Neugeborenen*
(nach LIND und WEGELIUS)

Lebensstunden . .	0	$^1/_4$	$^1/_2$	1	2	3
Herzvolumen in ml	38	45	44	41	38	37

und 24 g; es ist weitgehend abhängig vom Körpergewicht. Vergleicht man das relative Herzgewicht in bezug auf das Körpergewicht, so fällt auf, daß es bei der Geburt mit 0,78% gegenüber 0,56% im Alter von 2—5 Jahren relativ hoch liegt (*32*); man ist geneigt, dies mit der Mehrarbeit während des Fetallebens in Zusammenhang zu bringen; rechnet man zu dem Körpergewicht des Neugeborenen das Gewicht der Placenta (etwa 15—20% des Gesamtgewichtes) hinzu, so entspricht das relative Herzgewicht des Neugeborenen etwa dem des älteren Kindes. Bis dahin erfolgt

Tabelle 8. *Durchschnittliches Herzvolumen bei 20 Neugeborenen* (nach LIND und WEGELIUS)

Lebenstage	1	2	4	6
Herzvolumen in ml .	42	35	32	30

Geburtsgewicht 3000—3500 g
Fehlergrenze 2,7%

ein langsames Absinken des relativen Herzgewichtes, und ab 9. bis 11. Lebensjahr steigt das relative Herzgewicht wieder gering an. Ein Unterschied zwischen männlich und weiblich, wie er beim absoluten Herzgewicht in Erscheinung tritt, wird beim relativen Herzgewicht weniger deutlich.

Tabelle 9. *Fassungsvermögen der verschiedenen Herzabschnitte bei Neugeborenen und Erwachsenen* (nach HIFFELSHEIM und ROBIN)

	Neugeborene	Erwachsene
rechter Vorhof	7—10 cm³	100—185 cm³
linker Vorhof	4— 5 cm³	100—130 cm³
rechter Ventrikel . . .	8—10 cm³	160—230 cm³
linker Ventrikel	6—10 cm³	143—212 cm³
Gesamtkapazität . . .	25—35 cm³	500—750 cm³
bei einem Herzgewicht .	20—25 g	250—350 g

Bestimmungen des Herzvolumens durch Wasserverdrängung (*8*) oder röntgenologische Studien (*108*) zeigen in bezug auf das absolute und relative Herzvolumen etwa gleiche Entwicklungstendenzen. Unmittelbar nach der Geburt erfolgt nach röntgenkinematographischen Studien zunächst eine deutliche Zunahme (*111*), und dann kommt es in den folgenden Tagen zu einer Verminderung des Herzvolumens, die am 4. Tag etwa 25% erreicht (*94, 110*), (Tab. 7 und Tab. 8).

Das Fassungsvermögen der verschiedenen Herzabschnitte und die Gesamtkapazität des Herzens sind — nach nur in geringem Umfang durchgeführten Untersuchungen (*65, 86, 199*) — in Tab. 9 zusammengestellt. Es ergibt sich daraus, daß das Herz des Neugeborenen wesentlich muskeldicker ist als das des Erwachsenen.

3. Gefäßbahn

Physiologische Angaben über die Kapazität des *Capillarnetzes* sind äußerst schwierig zu bekommen, da Zahl und Durchmesser der durchströmten Capillaren

unter den verschiedensten Einflüssen einem dauernd wechselnden Funktionszustand unterliegen.

Anatomisch ist nachgewiesen, daß bei Frühgeborenen die Capillarisierung zahlreicher Organe noch ungenügend ist. Capillarmikroskopische Untersuchungen (*175*)
zeigen eine progrediente Entwicklung des Capillarbildes, die bei Früh- und Neugeborenen in den ersten Lebenstagen durchlaufen wird und bereits im Alter von
10 Tagen der Entwicklungsstufe des Erwachsenen ähnelt. Beim jungen Kind soll
das Capillarsystem relativ groß sein, an einzelnen Organen (Lungen, Nieren, Darm)
sogar absolut größer als beim Erwachsenen, was für die Zeit des größten Wachstums die erforderliche größere Sauerstoff- und Nährstoffversorgung garantieren
würde. YLPPÖ konnte eine mit dem Alter zunehmende Gefäßresistenz feststellen,
die von anderen Autoren voll (*131*) oder teilweise bestätigt wurde (*10, 193, 194*).

Etwas besser sind unsere Kenntnisse über das *arterielle Gefäßsystem*. Die absolute Weite der Arterien nimmt mit dem Wachstum ständig zu. Sie bleibt allerdings im Vergleich zur Körperlängenzunahme (relative Weite) deutlich zurück.
Die Entwicklung betrifft nicht alle Arterien gleichermaßen.

Wie die nachfolgende Tab. 10 zeigt, hat schon BENEKE (*8*) 1878 nachgewiesen,
daß die relative Weite der Arteria pulmonalis, der Aorta ascendens und der
Arteria carotis in den ersten 2 Lebensjahren im Gegensatz zu den anderen Arterien
noch zunimmt, um erst ab 3. Lebensjahr der allgemeinen Entwicklung zu folgen;

Tabelle 10. *Relative Arterienweite in Promillen der Körperlänge* (nach F. W. BENEKE)

Alter	Pulmonalis	Aorta		Iliaca	Carotis
		ascend.	thoracic.	commun. sin.	
Totgeboren	47,6	37,5	32,4	—	—
14 Tage bis 3 Monate	48,8	44,2	33,5	13,3	15,7
4—12 Monate	49,0	45,2	31,0	13,4	16,6
2 Jahre	50,9	46,9	31,7	12,9	17,5
3 Jahre	47,7	43,9	30,7	11,5	16,7
4 Jahre	42,4	41,8	28,1	11,7	14,5
6 Jahre	40,9	38,9	26,2	11,0	12,9
7 Jahre	40,6	37,0	26,6	12,1	13,0
11—13 Jahre	37,9	36,9	23,6	11,3	11,6
15 Jahre	36,0	33,0	23,8	11,2	11,3
16 Jahre	33,8	33,2	23,1	11,1	11,0
18 Jahre	34,9	33,1	23,9	11,3	10,5
20 Jahre	36,6	34,3	24,6	11,7	10,7
21—25 Jahre	36,7	35,1	25,3	11,7	10,4
25—30 Jahre	37,9	36,4	26,2	12,1	10,7

diese Bevorzugung der Lungenschlagader und der aufsteigenden Aorta ist auf den
Verschluß der fetalen Blutwege zurückzuführen, worauf bereits HELMREICH (*63*)
hingewiesen hat. Die Abnabelung hingegen führt durch den Ausfall der Nabelarterien vorübergehend zu einer Verminderung der absoluten Weite der Bauch-
aorta, die erst im 2. Lebensjahr ihr ursprüngliches Kaliber wieder erreicht. Während der Querschnitt der Aorta ascendens nach der Geburt beträchtlich kleiner ist
als der Querschnitt ihrer Äste, ist die Aorta abdominalis über das ganze Kindesalter weiter als die Summe der von ihr versorgten Gefäße, so daß eine dem stärkeren Wachstum der unteren Körperpartien entsprechende Blutversorgung gewährleistet ist.

Die absolute Dicke der Arterienwand nimmt im Laufe der Entwicklung ebenfalls beträchtlich zu, verringert sich jedoch im Verhältnis zur Zunahme des Gefäß-
lumens beständig. Während der Fetalzeit geht das Dickenwachstum der Arterien-

wände fast ausschließlich in der Tunica media und externa vor sich. Bis zur Geburt ist die Wandentwicklung der Arterienhauptstämme weit vorgeschritten, während die kleineren Arterien einen ihrer funktionellen Bedeutung entsprechenden Entwicklungsstand aufweisen. An den elastischen Arterien weicht der Wandbau der Media und Adventitia kaum von dem des Erwachsenen ab; die Zunahme der Wanddicke nach der Geburt kommt vorwiegend durch Intimawachstum zustande, während bei den Arterien vom muskulären Typ vorwiegend das Wachstum der Media durch Vermehrung der Muskelzellen zur Wandverdickung führt (27).

Die Zugfestigkeit der Aorta beträgt nach Untersuchungen von Rollhäuser (151) im Neugeborenenalter etwa das Zwei- bis Dreifache des Erwachsenenwertes, die von ihm als sinnvolle Materialreserve aufgefaßt wird. Die höchste Volumendehnbarkeit findet sich in der Aorta ascendens und im Arcus aortae, was für die Windkesselfunktion von Bedeutung ist. Sie nimmt mit dem Alter infolge verminderter Dehnungsverlängerung ab.

Angaben über das *Venensystem* sind für die kindliche Entwicklungszeit spärlich. Es soll im ganzen weniger entwickelt sein, die kleineren Venen sollen gestreckter verlaufen und die Venenwände widerstandsfähiger sein als beim Erwachsenen; ferner soll um die Pubertät ein bemerkenswertes Wachstum der Venen stattfinden (27). In der Tat nimmt das Fassungsvermögen der großen Venen, insbesondere der V. cava inferior, beträchtlich zu. Das Verhältnis von Aortenweite zur Weite beider Hohlvenen beträgt nach Brock im:

1. Lebensjahr 1 : 1,53
3. Lebensjahr 1 : 1,56
4.— 5. Lebensjahr 1 : 1,70
6.—10. Lebensjahr 1 : 1,80
11.—15. Lebensjahr 1 : 2,00
16.—20. Lebensjahr 1 : 2,25.

4. Das Blutvolumen[1]

Aus Tierversuchen (Schaf, Ziege) ist bekannt, daß 1 Monat vor der Geburt das totale Blutvolumen des Feten und der Placenta zusammen etwa 15% des Gesamtgewichtes (Fetus + Placenta) ausmacht, wovon etwa die Hälfte in der Placenta, die andere Hälfte im Feten ist. Bis zur Geburt (145 Tage) ist das Gesamtvolumen auf 7—10% des kombinierten Gewichtes zurückgegangen (wobei sich aber jetzt 75—85% davon im Feten befinden). Während also der Fetus wächst, vermehrt sich gleichermaßen das Blutvolumen in seinen eigenen Gefäßen, während das Blutvolumen in der Placenta sich nur wenig ändert [Barcroft (5, 6)].

Analoge Bestimmungen bei menschlichen Feten liegen naturgemäß nicht vor. Aus den Untersuchungen von Haselhorst wissen wir aber, daß beim Menschen z. Z. der Geburt die Placenta etwa 125—150 ml Blut enthält, bei einem Blutvolumen von etwa 300 ml im Körper des ausgetragenen Kindes wenige Stunden nach der Geburt.

Bei 38 Frühgeborenen mit einem Geburtsgewicht zwischen 1070 und 2300 g wurde im Alter von 1—94 Tagen mit der Evansblue-Methode das Blutvolumen bestimmt (174). Es ergab sich, daß Frühgeborene in den ersten Lebenstagen mit 108 ml/kg ein relativ hohes Blutvolumen haben (bei einem Erythrocytenvolumen von 46 ml/kg), das im Laufe von etwa 7 Wochen auf ungefähr 73 ml/kg zurückgeht (Erythrocytenvolumen etwa 16 ml/kg).

Bei 28 normal geborenen Kindern wurde am 1. Lebenstag ein Blutvolumen von 84,7 ml/kg bei einem Plasmavolumen von 41,3 ml/kg gefunden (130).

---

[1] Da neuere Vorstellungen gegen eine Differenzierung in zirkulierende und Gesamt-Blutmenge sprechen, werden diese Begriffe hier vermieden.

Bestimmungen des Blutvolumens im Säuglings- und Kindesalter (*81, 100, 162, 201*) lassen mit zunehmendem Alter trotz erheblicher methodisch bedingter Unterschiede ein langsames Absinken der Blutmenge erkennen (Tab. 11). Dabei zeigt sich, daß adipöse Kinder, bezogen auf ihr Körpergewicht, eine relativ geringere Blutmenge und dystrophe Säuglinge entsprechend ein relativ erhöhtes Blutvolumen besitzen (*160*).

Tabelle 11. *Blutvolumen in verschiedenen Altersstufen*

Alter	SCHULMANN 1954	MOLLISON 1950	SECKEL 1930	WODENEGG 1951	KONRAD 1952	KARLBERG 1955		Zusammenstellung b. HORST u. TINSCHERT
	Evans blue ml/kg	ml/kg	Trypan rot ml/kg	Geigy blau ml/kg	Periston ml/kg	CO ml/kg		ml/kg
						♂	♀	
Frühgeborene 1. Tag	108							
7 Wochen	73							
Neugeborene 24 Std		84,7						
Säuglinge 1 Monat			96,3		96,3	72		
2— 6 Monate			78,2		83,5	73		
7—12 Monate			84,0		90,0	70		
Kinder 2— 3 Jahre			82,8	76,0	87,5	68	—	
4— 6 Jahre			99,7	72,6	—	65	65	
7— 9 Jahre			87,4	79,5	—	73,6	68,3	
10—14 Jahre			92,4	85,7	79,0	80,5	74,2	
Erwachsene								75—80

5. Druckwerte

a) Nabelgefäß-Drucke

Am Menschen wurden die ersten Druckmessungen in den Nabelgefäßen bereits 1879 von RIBEMONT (*149*) durchgeführt; er hatte unmittelbar nach der Geburt und vor den ersten Atembewegungen in Nabelarterien Druckwerte im Mittel von 63,7 mm Hg und in Nabelvenen im Mittel von 33,5 mm Hg gefunden.

1929 hat dann HASELHORST (*53, 54*) bei einer Kaiserschnittentbindung, solange das Kind noch im Uterus lag, einen Nabelarteriendruck von 68 mm Hg gemessen und bei Spontangeburten Druckwerte in den Nabelarterien um 75 mm Hg (niedrigster gemessener Druck 46 mm Hg, höchster Druck 110 mm Hg) festgestellt. Bei den z. T. bis zu 2 min durchgeführten Messungen blieb sowohl der Beginn der Atmung als auch das Abklemmen der Nabelschnur ohne wesentlichen Einfluß auf die Druckwerte, dagegen war Schreien des Kindes immer von einem Druckanstieg (bis 30 mm Hg) begleitet, was durch analoge Beobachtungen von WOODBURY u. Mitarb. (*203*) bestätigt wurde. Diese Arbeitsgruppe konnte 1938 mitteilen, daß die durch Punktion der Nabelarterie bei Frühgeborenen gewonnenen Drucke um so höher sind, je reifer das Frühgeborene ist (Tab. 12).

Tabelle 12. *Blutig gemessene Druckwerte in der Nabelarterie von Frühgeborenen*
(nach WOODBURY u. Mitarb.)

Alter des Frühgeb. (Monate)	5	5	$6^1/_2$	7	8	9
Systol.-diastol. Druck in der Nabelarterie (mm Hg)	33/—	39/21	55/25	70/35	85/45	80/46

NYBERG u. WESTIN (*138*) haben 1958 bei 20 vollreifen, normalen Neugeborenen mit Hilfe eines Elektromanometers den Blutdruck in der Nabelarterie bestimmt und erhielten dabei einen durchschnittlichen Druck von

$$\text{systolisch}\quad 87,8 \pm 3,0 \text{ mm Hg}$$
$$\text{diastolisch}\quad 54,5 \pm 2,7 \text{ mm Hg.}$$

Druckmessungen in der Nabelvene bei nicht abgebundener Nabelschnur (seitenständige Messung mit Einstich der Kanüle in Richtung Placenta) unmittelbar nach der Geburt des Kindes ergaben Werte um 25 mm Hg, bei Wehen bis 52 mm Hg (*52*). — Messungen des Venendruckes in der bereits abgebundenen Nabelvene des Neugeborenen zeigten einen mittleren Druck von 85 mm H_2O (*140*) und bei Messungen über 18 Std mit einer 5% Dextroselösung von $+ 2$ bis $+ 50$ mm, wobei das Alter und Geburtsgewicht ohne Einfluß waren. Erhöhte Venendrucke wurden bei Atemschwierigkeiten und cerebralen Reizerscheinungen gefunden (*21a*).

b) Zentrale Drucke

Da beim fetalen Kreislauf die funktionelle Belastung der rechten und linken Herzkammer nahezu gleich groß ist, sind — wie wir bereits gesehen haben — auch die Gewichte der rechten und linken Herzkammerwand etwa gleich. Wie erwartet, sind beim fetalen Kaninchen die Druckverhältnisse im linken und rechten Herzen ausgeglichen [rechter Ventrikel 21/0, linker Ventrikel 20/1 mm Hg (*50*)]. Intrakardiale Druckmessungen bei menschlichen Feten liegen nicht vor.

ADAMS u. LIND (*1*) haben 1957 physiologische Studien einschießlich Herzkatheterisierung an 8 Neugeborenen mit normalem Herzbefund, im Alter von 7 Std bis 14 Tagen, gemacht und fanden als interessantestes Ergebnis, daß der Druckabfall im rechten Ventrikel nicht unmittelbar der Belüftung der Lungen folgt, sondern eine Periode von mehreren Tagen (nicht mehrere Minuten!) benötigt. So wurde bei einem 76 Std alten Neugeborenen im rechten Ventrikel noch ein Druck von 40/—10 und in der Pulmonalarterie von 42/34 mm Hg gemessen, bei einem 75 Std alten Neugeborenen waren dagegen zu dieser Zeit die Drucke bereits auf 20/8 mm Hg zurückgegangen (Tab. 13). Gleichzeitig ließ sich bis zum 3. Lebenstag auch ein signifikanter großer Links-Rechts-Shunt durch den Ductus arteriosus nachweisen.

ROWE u. JAMES (*157*) haben bei 15 mongoloiden, herzgesunden Säuglingen im Alter von 2 Tagen bis zu 9 Monaten durch Herzkatheterisierung und Punktion der Arteria femoralis folgende Drucke festgestellt (Tab. 14).

Tabelle 13. *Herzkatheter-Untersuchungen an 8 gesunden Neugeborenen* (nach ADAMS u. LIND)

Patient	Drucke in mm Hg								Sauerstoffgehalt in Vol-%						Sauerstoff-Kapazität Vol.-%
	re. Vorh.	re. Ventr.	A. pulm.	li. Vorh.	V. pulm.	Femoralis	V. cava sup.	V. cava inf.	re. Vorh.	re. Ventr.	A. pulm.	li. Vorh.	V. pulm.	Femoralis	
B. O. 7 Std	–5/–3	38/0	36/32	–2/–4	38/30 [1]	48 [2]	19,0	22,4	20,7	21,3	25,5	26,0 25,8	27,8	—	28,0
B. J. 9 Std	2/0	36/0	36/10	0/–2	—	55 [2]	16,7	18,4	14,7 (14,7)	18,0	21,8 [3] (20,6)	21,8	—	—	22,0
B. E. 14 Std	–6/–4	48/–2	36/18	–2/–3	—	47 [2]	15,4	18,5 (18,5)	13,9	16,7	20,0	22,0	—	—	22,0
G. M. 18 Std	0/–1	50/0	50/10	—	—	—	—	—	19,7	20,3	21,3	—	—	—	—
G. S. 75 Std	2/2	20/8	16/0	10/9	14/12	—	16,5	—	18,6	19,6	20,4	—	24,2 (24,3)	—	24,3
A. J. 76 Std	0/–8	40/–10	42/34	—	—	—	16,4	—	19,7	17,2 (17,9)	27,1 (26,3)	—	—	27,6	28,2
B. L. 77 Std	2/0	24/4	—	—	14/12	—	16,5	19,7	20,4	21,2	—	—	23,8	—	24,4
G. J. 14 Tage	4/0	24/0	22/10	2/–2	—	—	15,8	20,1 (18,4)	19,2	17,8	17,8	21,7	—	—	22,9

[1] Pulmonalcapillararteriendruck (PC).
[2] Druckmessung mit Rötungsmethode.
[3] Katheterspitze möglicherweise im Ductus arteriosus.

An dem Abfall des Pulmonalarteriendruckes in den ersten 14 Tagen nach der
Geburt sind die Entfaltung der Lungen und der Verschluß des Ductus arteriosus
maßgeblich beteiligt. Hypoxämie führt, wie Abb. 6 zeigt, zu einem Anstieg des
Pulmonalarteriendruckes bei meist leichtem Abfall des Systemdruckes (*77*).

Tabelle 14. *Pulmonal- und Femoral-Arteriendrucke bei Neugeborenen und Säuglingen* (nach Rowe und James)

	Alter	Pulmonal-arteriendruck in mm Hg	System-arteriendruck in mm Hg
B. S.	2 Tage	55/30	55/40
G. M.	5 Tage	40/15	85/65
D. M.	6 Tage	60/30	65/45
G. B.	10 Tage	30/10	58/20
D. K.	11 Tage	80/50	90/60
J. P.	11 Tage	32/9	80/45
P. D.	21 Tage	30/18	70/35
M. D.	31 Tage	22/9	70/35
C. B.	3 Monate	17/6	65/40
A. L.	3 Monate	21/12	85/60
J. L.	5 Monate	19/9	95/55
V. M.	6 Monate	28/19	100/55
M. V.	7 Monate	24/15	72/43
M. R.	7 Monate	18/8	68/32
C. F.	9 Monate	18/8	90/45

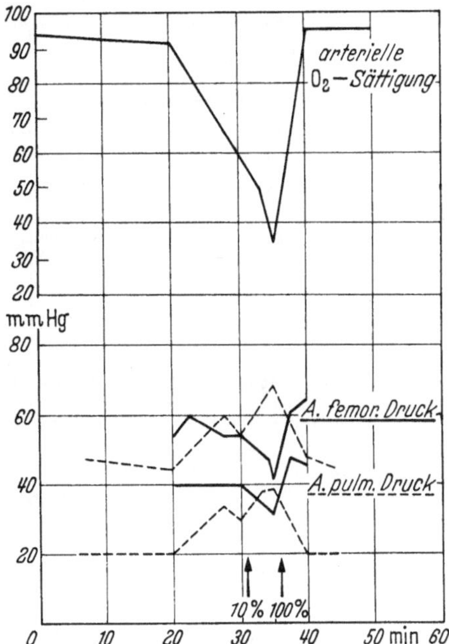

Abb. 6. Verhalten des Pulmonalarterien- und
Femoralarterien-Druckes unter Änderung der
arteriellen Sauerstoffsättigung bei 2 Tage
altem Säugling

Nach einer Zusammenstellung von 6 Veröffentlichungen (*35*) über Untersuchungen an
herzgesunden Jugendlichen und Erwachsenen
bewegen sich die Normaldrucke in folgenden
Grenzen (Tab. 15). Auf Grund weniger Mes-
sungen kann angenommen werden, daß die Normaldrucke des herzgesunden älteren
Kindes davon nicht wesentlich differieren. Der systolische Druck des rechten

Tabelle 15. *Normaldrucke bei herzgesunden Jugendlichen und Erwachsenen*

rechter Vorhof	(systol./diastol.)	$+5/-2$	mm Hg
rechter Ventrikel	(systol./diastol.)	$+17$ bis $+31,5/-6,5$ bis $+7$	mm Hg
Pulmonalarterie	(systol./diastol.)	$+11$ bis $+29$ /$+4$ bis $+13$	mm Hg
Pulmonalcapillaren . . .	(systol./diastol.)	$+13/+5$	mm Hg

Ventrikels entspricht dem systolischen Pulmonalarterien-, der systolische Druck
des linken Ventrikels dem systolischen Aortendruck. Der mittlere Druck in den
großen Arterien zeigt gegenüber dem Druck in der Aorta keinen wesentlichen
Unterschied (vgl. dagegen das Verhalten der Pulsamplitude S. 58 Fußnote). Erst
in den kleinen Arterien und Arteriolen erfolgt ein rascher Druckabfall; in den
Capillaren ist der Druckabfall wieder geringer, trotzdem ihr Durchmesser kleiner
ist, weil sie kürzer sind und die Strömungsgeschwindigkeit geringer ist. Die verhältnismäßig langsame Strömung und die grobe Oberfläche des Capillarstrombettes
ermöglichen dem Blut den erforderlichen Stoffaustausch. Im venösen System ist
der Druckabfall gering, da der Gesamtquerschnitt gegenüber dem arteriellen
System größer und so die Strömungsgeschwindigkeit geringer ist (Abb. 7).
Der Druck in den Capillaren beträgt nach Untersuchungen von Rominger (*153*)
mittels indirekter Methode bei Neugeborenen um 116 mm H_2O (etwa 7—9 mm Hg).

Entsprechende Messungen beim Erwachsenen ergaben zwei- bis dreifach (12 bis 32 mm Hg) höhere Werte (*102*). Nach diesen Autoren soll der Capillardruck sehr variabel sein und seine Höhe vom Arterientonus, vom venösen Rückfluß, von der Körperhaltung und der Außen- und Haut-Temperatur abhängen.

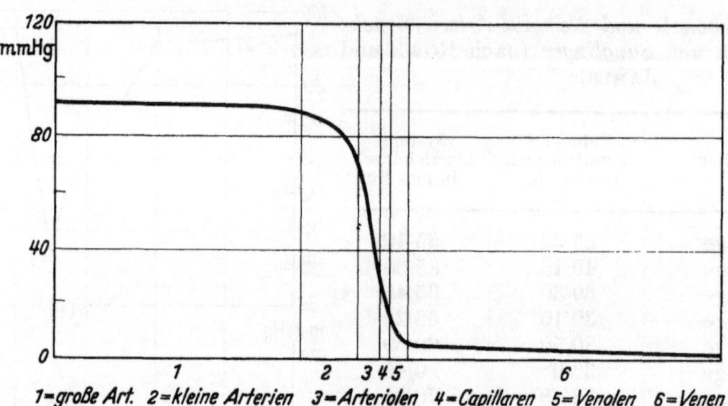

Abb. 7. Schematische Darstellung des Druckgefälles im großen Kreislauf (nach REIN)

c) Periphere Drucke

Bei Neugeborenen und jungen Säuglingen sind Blutdruckmessungen relativ selten und mit recht unterschiedlichen Ergebnissen durchgeführt worden. Das hat seinen Grund einmal in den erheblichen technischen Schwierigkeiten, zum anderen in der Verschiedenartigkeit der angewandten Methode. Auch für den Geübten sind Blutdruckmessungen beim Säugling immer ein zeitraubendes Unternehmen. Vor allem ist es wichtig, das Kind bei guter Stimmung und völlig ruhig zu halten (Sauger, Flasche) und älteren Kindern die Scheu vor der Untersuchung zu nehmen; um emotionelle Faktoren so weit wie möglich auszuschalten, wird es oft erforderlich sein, wiederholte Messungen vorzunehmen. Für die verschiedenen Altersstufen ist es außerdem erforderlich, mehrere Manschettenbreiten zur Verfügung zu haben. KIRSCHSIEPER (*91, 92*) konnte experimentell nachweisen, daß der gemessene Druck abhängig ist von der Breite der Manschette und vom Armumfang. Annähernd reale Werte sind nur dann zu erreichen, wenn das Verhältnis der Manschettenbreite zum Oberarmumfang etwa 1 : 2,5 beträgt.

Auch soll die Manschette eine gewisse Festigkeit aufweisen, da zu weiche Manschetten mit zunehmender Höhe des Blutdruckes erhebliche Fehler verursachen können (*25, 101*).

Schließlich ist es wichtig zu wissen, daß beim Gesunden die gemessenen Druckwerte an den Beinen bei Kindern um 30—40 mm Hg, bei Erwachsenen um 15 bis 20 mm Hg höher liegen[1] als an den Armen, was mit dem größeren Umfang des Oberschenkels (Eigentonus der Muskelmasse) zusammenhängt (*95*). Aus demselben Grund werden auch bei Adipösen relativ zu hohe Werte gemessen (*125*). Gelegentliche Blutdruckseitendifferenzen, die an den Armen häufiger beobachtet werden, sind im allgemeinen durch eine verschiedene Tonuslage bedingt, können aber bei größerem Ausmaß auch Ausdruck einer organischen Störung sein.

---

[1] Die direkte Registrierung des arteriellen Druckes mit Hilfe eines Miniaturmanometers, das beim Hund vom linken Ventrikel aus mit konstanter Geschwindigkeit bis zur Art. iliaca gezogen wurde, ergab ein Ansteigen des systolischen Druckes um 12 mm Hg und einen leichten Abfall des diastolischen Druckes, so daß bis zur A. iliaca eine Vergrößerung der Druckamplitude um 19 mm Hg erfolgte (*38a*).

Reelle Meßwerte sind allein mit der blutigen intraarteriellen Messung möglich, die aber nur in seltenen Fällen angewendet wird; jede indirekte, unblutige Methode liefert relative Druckwerte.

Da bei der Manschettenmethode nach RIVA-ROCCI/v. RECKLINGHAUSEN die Auskultation der Korotkowschen Töne beim Säugling schwierig und zeitraubend, mitunter unmöglich ist, wurde die Palpation des Radialispulses zu Hilfe genommen (*69*) und 1952 von amerikanischen Autoren (*39*) die Anwendung der Flush-Methode (Rötung der vorher blutleer gemachten Haut, wenn der Manschettendruck unter den systolischen Druck sinkt) zur Bestimmung des Blutdrucks bei Neugeborenen empfohlen. HOLLAND u. YOUNG (*69*) hatten durch Palpation der Brachialarterie bei einer nur 2,5 cm breiten Manschette bei 16 Frühgeborenen einen durchschnittlichen Wert von 54 mm Hg gemessen und bei 54 gesunden Neugeborenen Durchschnittswerte

von 69 mm Hg bei der Geburt
70 mm Hg am 1. Lebenstag
72 mm Hg am 3. Lebenstag
73 mm Hg am 9. Lebenstag
77 mm Hg mit 3 Wochen
86 mm Hg mit 3 Monaten.

Die bei Frühgeborenen analog dem Geburtsgewicht niedrigeren Werte erreichten um den 3. Monat die altersentsprechenden Werte. FORFAR u. KIBEL (*34*) haben mit

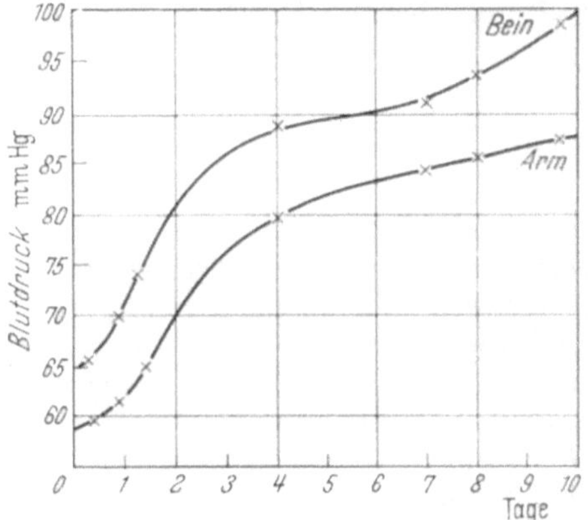

Abb. 8. Blutdruckmittelwerte an Armen und Beinen mit der Flush-Methode (nach FORFAR und KIBEL)

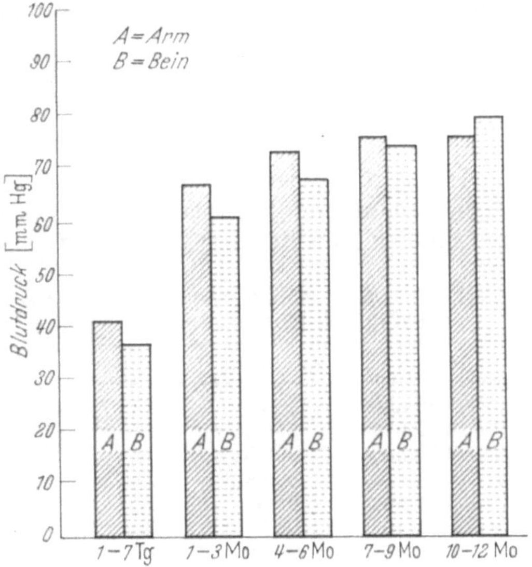

Abb. 9. Graphische Darstellung der Beziehung zwischen arithmetischem mittleren Blutdruck und Alter aus einer Querschnittsstudie von 551 Kindern. [Nach A. J. MOSS: Pediatrics 21, 950 (1958)]

der etwas modifizierten Flush-Methode bei 143 reifen Neugeborenen von der Geburt bis zum Alter von 11 Tagen Messungen gemacht. Abb. 8 zeigt die Durchschnittswerte von insgesamt 513 Bestimmungen an Armen und Beinen mit 5 cm breiter Manschette, gewonnen an 143 Neugeborenen im Alter von 0—11 Tagen. Danach steigt der Blutdruck besonders am 1. und 2. Lebenstag steiler an und ab 3. Tag weniger steil und kontinuierlich bis zum 11. Tag. Mit derselben Methode vorgenommene Blutdruckmessungen im Verlauf des ersten Lebensjahres an 551 Kindern mit insgesamt 1712 Bestimmungen (*132—134*) ließen ebenfalls einen signifikanten Anstieg in der ersten Lebenswoche, aber keine Abhängigkeit vom Geschlecht und Körpergewicht erkennen (Abb. 9).

Dieselben Autoren haben an 294 Kindern im Alter von 1 Tag bis zu 1 Jahr vergleichende Studien mit Auskultation, direkter Messung (bei HK-Untersuchung) und der Flush-Methode gemacht und gefunden, daß diese einen Mitteldruck ergibt; beim Säugling waren die Drucke am Handgelenk etwas höher als die über dem Knöchel gemessenen Werte; die Breite der Manschette war dabei ohne Einfluß auf das Meßergebnis.

HOEN (*68*) hat die für die unblutige Messung des Druckes an der Arterie des Rattenohres angegebene Methode (*128*) modifiziert und bei Säuglingen angewandt. Die Messung ist relativ einfach, rasch und schonend und beim Säugling unter den verschiedensten Bedingungen auszuführen. Sie liefert Mitteldrucke, die aber alle sehr niedrig liegen; im Durchschnitt betrug der an der Ohrarterie gemessene Druck nur noch 46% des Druckes an der Arteria brachialis. Sphygmographische Blutdruckmessungen bei Säuglingen während der Fütterung lagen indessen mit Werten zwischen 88/46 und 148/94 zu hoch (*84*).

Alle Schwierigkeiten und Ungenauigkeiten der Blutdruckmessung beim Neugeborenen sollen weitgehend vermieden werden können durch Verwendung eines Oscillographen bei 2,5 cm breiter Luftmanschette (*126*). Die Autoren fanden bei 95 Neugeborenen als Mittelwerte

bei Geburt 78/40 mm Hg

am 4. Tag 82/43 mm Hg

am 10. Tag 87/47 mm Hg.

Mit dem Pachon-Oscillometer und einer 5 cm breiten Manschette am Bein bei 100 Neugeborenen vorgenommene Messungen (*16*) ergaben im Durchschnitt für den

1. Lebenstag mit 55/38 mm Hg

2. Lebenstag mit 60/41 mm Hg

3. Lebenstag mit 60/42 mm Hg

4. Lebenstag mit 62/44 mm Hg.

Trotz erheblicher, wahrscheinlich methodisch bedingter Differenzen in den Meßwerten geben alle Autoren eine positive Beziehung zwischen Geburtsgewicht und Blutdruck an, die aber offenbar für den etwas älteren Säugling nicht mehr gilt.

Tabelle 16. *Blutdruckwerte beim Kind in mm Hg* (nach KIRSCHSIEPER)

Alter	Syst./Diast.	Amplitude
0— 3 Monate	74/51	23
3— 6 Monate	85/64	21
6— 9 Monate	86/63	23
9—12 Monate	89/68	21
1— 3 Jahre	91/63	28
3— 5 Jahre	95/59	36
5— 7 Jahre	95/58	37
7— 9 Jahre	97/58	39
9—11 Jahre	100/61	39
11—13 Jahre	104/66	38
13—14 Jahre	109/70	39
Jugendliche u. Erwachsene	116/76	40

Unter Berücksichtigung aller bekannten Störfaktoren (Manschettenbreite, auslesefreies Krankengut, psychische und somatische Fehlerquellen) hat KIRSCHSIEPER (*92*) eine Alterskurve der Blutdruckwerte kreislaufgesunder Kinder erarbeitet (Tab. 16). Für die systolischen Werte wird eine Schwankungsbreite von ± 15 bis maximal 20 angegeben. Dadurch, daß der diastolische Druck, abgesehen vom 1. Trimenon, nur einen unbedeutenden Anstieg aufweist, während der systolische Druck mit dem Alter deutlich ansteigt, wird die Blutdruckamplitude im Kleinkindesalter schnell größer und erreicht mit dem Schulalter etwa die Werte des Pubertätsalters.

Bei 12- bis 14jährigen Mädchen ist der Blutdruck höher als bei gleichaltrigen Knaben (*124*). Diese Feststellung hatte SUNDAL (*186*) bereits 1929 bei Messungen an 1932 Kindern und Jugendlichen gemacht. Den bei Gleichaltrigen in höheren Schulen gegenüber in Volksschulen gefundenen etwas höheren Blutdruck konnte er mit der unterschiedlichen physischen Entwicklung erklären. Unter gleichaltrigen Kindern zeigten die größeren und auch die dickeren einen höheren Blutdruck als die kleineren und leichteren Kinder (*118, 186*).

Blutdruckmessungen im Pubertätsalter bei 1313 Mädchen, von denen 77,9%
bereits die Menstruation hatten, ergaben durch die sexuelle Reifung höhere Blutdruckwerte (*143*). In dieser Entwicklungsphase kann es leicht zu vegetativen Fehlleistungen und pathologisch erhöhten Blutdruckwerten kommen (*80, 176*).

6. O_2-Sättigung

Über die O_2-Verhältnisse beim menschlichen Fetus liegen einwandfreie Bestimmungen nicht vor. Unsere Kenntnisse über den placentaren Gasaustausch stammen von Tierexperimenten (vgl. S. 40).

1957 hat WESTIN (*196*) mit der Hystero-Photographie ein Verfahren zur Schätzung der intrauterinen O_2-Zufuhr beim menschlichen Fetus angegeben, mit dem er
bei therapeutischen Aborten zwischen der 14. und 18. Schwangerschaftswoche Untersuchungen an menschlichen Feten gemacht und Einzelheiten des Fetus, der Nabelschnur und Placenta durch Farbfotos dargestellt hat. Die durch Vergleich mit entsprechenden Aufnahmen bekannter O_2-Sättigung ermöglichte Schätzung ergab
hohe Werte für den O_2-Gehalt in der Nabelvene. Cyanose wurde bei intrauterinen
Feten nicht beobachtet.

Während noch bis zur 7. Schwangerschaftswoche sowohl der Schaf-Fetus als auch
der menschliche Fetus kleiner sind als die Placenta, beträgt das Gewicht des Fetus
gegen Ende der Schwangerschaft ein Mehrfaches des Placenta-Gewichtes (*6*). Aus
Tierexperimenten wissen wir, daß die durch das schnellere Wachstum bedingte Zunahme des O_2-Verbrauchs durch einen größeren Placentardurchfluß bei gleichzeitigem Anstieg des fetalen System-Blutdruckes teilweise ausgeglichen werden
kann (*24*). Gegen Ende der Gestationszeit kommt es aber zu einer Verminderung
der O_2-Sättigung des fetalen Blutes, die durch die Geburt weiter absinkt (*6*).
Untersuchungen bei 8 Kaiserschnittentbindungen durch HASELHORST und STROM-
BERGER (*56, 57*) ergaben beim noch intrauterin gelegenen Kind Mittelwerte von
0,94 Vol.-% in den Nabelarterien und 3,53 Vol.-% in der Nabelvene gegenüber
9,91 Vol.-% einer Uterusvene und 14,45 Vol.-% der Arteria epigastrica bei der
Mutter. Dieselben Autoren fanden bei 23 Neugeborenen vor dem ersten Atemzug
im Durchschnitt einen O_2-Gehalt im Nabelarterienblut von 3,40 Vol.-% und in der
Nabelvene von 10,14 Vol.-% und nach Einsetzen der Lungenatmung eineErhöhung
des O_2-Gehaltes im Nabelarterienblut innerhalb 1 min von 3 Vol.-% auf etwa
10 Vol.-%.

Analoge Untersuchungen bei Früh-, Reifgeborenen und übertragenen Kindern
ergaben eine recht erhebliche Schwankungsbreite der O_2-Sättigung (in der Nabelarterie von 0—50%; in der Nabelvene von 8—85%) (*29, 78, 204*). Nach Untersuchungen von MACKINNEY u. Mitarb. beträgt im Durchschnitt die O_2-Sättigung
in der Nabelvene

	Zahl	vor Beginn der Atmung %	nach Einsetzen der Atmung %
bei Frühgeborenen	29	40,2	53,0
bei reifen Neugeborenen . . .	211	48,4	54,9
bei übertrag. Neugeborenen .	35	50,5	52,2

Die Kinder, die bei der Geburt in schlechtem Zustand waren, hatten eine deutlich
niedrigere O_2-Sättigung (im Durchschnitt 38,1%); bei 55 durch Sectio geborenen
Kindern betrug die O_2-Sättigung im Mittel nur 32,1%.

Trotz sorgfältigster Untersuchungsmethode und Entnahme des Blutes mittels
besonderer Technik ergaben von uns (*22*) durchgeführte Untersuchungen bei 56

Neugeborenen vor dem ersten Atemzug ebenfalls eine beachtliche Differenz der O_2-Sättigung im Nabelvenenblut zwischen 13 und 61,5% (im Durchschnitt 32%); nach dem ersten tiefen Atemzug betrug die Sauerstoffsättigung — aber ebenfalls in der Nabelvene gemessen — im Durchschnitt 47% und nach kräftigem Schreien im Durchschnitt 54% (minimal 24%, maximal 76%); bei 9 Frühgeborenen waren die Werte nur wenig niedriger. 10 Neugeborene und 2 Frühgeborene, die zur Zeit der Geburt eine sichtbare Cyanose zeigten, hatten O_2-Sättigungswerte zwischen 13 und 31%. Eine regelmäßige Beziehung zwischen O_2-Sättigung und Beginn der Atmung konnte nicht festgestellt werden (78). Bereits 10—15 min nach Einsetzen der Atmung beträgt die arterielle O_2-Sättigung zwischen 75 und 95% und steigt innerhalb 24 Std bei ungestörter Atmung auf Werte zwischen 90 und 97% an (41).

Beim gesunden Kind und Erwachsenen beträgt die arterielle O_2-Sättigung zwischen 95 und 97%, während im venösen Blut bei körperlicher Ruhe Sauerstoffwerte zwischen 70 und 75% gefunden werden; die arterio-venöse O_2-Differenz beträgt somit zwischen 20 und 25%, wobei die O_2-Ausnutzung im Herzmuskel sehr hoch, in der Niere dagegen gering ist.

7. Herzfrequenz

Die Möglichkeit, die fetale Herzfrequenz zuverlässig aus dem EKG zu bestimmen, wurde zumindest in größerem Stil bislang nicht wahrgenommen. Einzelbeobachtungen zeigen erhebliche individuelle Unterschiede und Tagesschwankungen und zum Teil auch im Laufe der fetalen Entwicklung eine „Inkonstanz" der fetalen Herzfrequenz (5), so daß eine Beurteilung sehr schwierig ist. In der Mehrzahl der Fälle ist — abgesehen von gewissen Schwankungen — aber doch gegen Ende der Schwangerschaft eine Frequenzabnahme festzustellen. Die Frequenz beträgt zu dieser Zeit zwischen 130 und 170/min.

Unter dem Einfluß der Geburtsarbeit werden mitunter erhebliche Frequenzänderungen beobachtet, wobei eine Abnahme der Herzschlagfolge bei kräftiger Wehentätigkeit die Regel ist. In den ersten Stunden nach der Geburt ist die Frequenz außerordentlich labil, und schon geringste Reize können zu einer hochgradigen Reaktion in der Herzfrequenz und im Herzrhythmus führen (172). Während im Schlaf die Pulsrate bis auf 80/min absinken kann, kann sie bei Schreien bis auf 190/min ansteigen; die mittlere Herzfrequenz beim Neugeborenen beträgt nach BENEDICT u. TALBOT (7): (Tab. 17).

Tabelle 17. *Mittelwerte der Herzfrequenz von 100 Neugeborenen* (nach BENEDICT u. TALBOT)

Lebenstage	Ruhewerte		
	untere Grenze	Mittelwert	obere Grenze
1. Lebenstag	96	112	129
2. Lebenstag	88	114	138
3. Lebenstag	82	116	144
4. Lebenstag	98	116	132
5. Lebenstag	96	116	134
6. Lebenstag	108	122	138

Während die Herzfrequenz vor Beginn der Geburt im Durchschnitt mit 140/min angegeben werden kann, beträgt diese nach der Geburt im Mittel 110/min und steigt in den folgenden Tagen auf etwa 130—140/min an. Man hat versucht, diese vorübergehende Frequenzminderung mit dem verminderten Stoffwechsel des Neugeborenen zu erklären, nach neueren Auffassungen ist sie aber eher die Folge der Kreislaufumstellung (177). Andererseits wurde mit Recht auf die in den ersten Lebenstagen infolge der relativ hohen Erythrocytenwerte besonders günstige O_2-Versorgung hingewiesen, da umgekehrt bei Anämien Frequenzsteigerungen durchaus geläufig sind (185).

Bereits 1913 hat HECHT (59) an wenigen Frühgeborenen, Säuglingen und Kindern die Pulsfrequenz aus dem EKG bestimmt. NADRAI (136) hat durch 950 EKG-

Aufnahmen bei 450 Frühgeborenen, Säuglingen und Kleinkindern unter völligen Ruhebedingungen die Pulsfrequenz bestimmt und fand in den ersten 3 Lebenstagen Mittelwerte von 125/min und in den folgenden Lebenstagen einen Anstieg auf Werte von 136/min, die vom 5.—6. Monat an wieder langsam abnehmen, um im 2. Lebensjahr etwa 125/min zu betragen bei einer Streuung von 50—90 Schlägen pro min (Tab. 18).

Tabelle 18. *Pulsfrequenz und Mittelwerte* (nach NADRAI)

		1—3 Tage	4—8 Tage	9—21 Tage	22—42 Tage	I. Trim.	II. Trim.
Frühgeb.	max	162	171	181	187	171	171
	min	100	107	113	105	111	89
	Durchschnitt	136	142	142	142	142	133
Neugeb.	max	162	162	181	193		
	min	92	105	101	96		
	Durchschnitt	125	136	139	136		

		I. Trim.		II. Trim.		III. Trim.		IV. Trim.		1—2 Jahre	
		♂	♀	♂	♀	♂	♀	♂	♀	♂	♀
Säuglinge	max	187	176	171	176	171	176	171	171	166	171
	min	100	113	89	86	109	100	74	100	95	103
	Durchschnitt	136	139	136	139	130	130	125	127	122	127

Respiratorische Arrhythmie im Neugeborenenalter 25%
Säuglingsalter 35%
1—2 Jahre Knaben 58%
Mädchen 48%

KATZENBERGER (*82*) hat 1913 seine an 112 Jungen und 100 Mädchen im Alter von unter 6 Monaten bis 14 Jahren gewonnenen Ergebnisse mit den bis dahin in der Literatur bekannt gewordenen Zahlen verglichen und kommt zu dem folgenden, leicht einprägsamen Ergebnis:

Die Pulsfrequenz sinkt von 131/min im Neugeborenenalter
auf 120/min am Ende des 1. Lebensjahres
auf 100/min am Ende des 5. Lebensjahres
auf 90/min am Ende des 9. Lebensjahres
auf 85/min am Ende des 12. Lebensjahres.

Allerdings sind die von ihm angegebenen Streuwerte gegenüber Angaben anderer Autoren, die eine Abweichung von den Mittelwerten nach unten und oben im Säuglingsalter von 40% bis zu etwa 20% im späteren Kindesalter angeben (*115*), zu gering: (Tab. 19).

KIRCHHOFF kam auf Grund von 1400 Einzelbestimmungen der Herzfrequenz nach EKG-Aufnahmen zu etwas

Tabelle 19. *Durchschnittliche Werte der Pulsfrequenz in den verschiedenen Altersstufen* (nach LYON, aus BROCK: Biologische Daten)

Alter	untere Grenze der Norm	Mittelwert	obere Grenze der Norm
Neugeborener	70	120	170
1—11 Monate	80	120	160
2 Jahre . .	80	110	130
4 Jahre . .	80	100	120
6 Jahre . .	75	100	115
8 Jahre . .	70	90	110
10 Jahre . .	70	90	110

	♀	♂	♀	♂	♀	♂
12 Jahre . .	70	65	90	85	110	105
14 Jahre . .	65	60	85	80	105	100
16 Jahre . .	60	50	80	75	100	95
18 Jahre . .	55	50	75	70	95	90

höheren Werten beim Neugeborenen mit einem etwas rascheren Abfall in den ersten Wochen und Monaten. Der Streubereich ist, wahrscheinlich methodisch bedingt, recht eng. Es findet sich eine größere Schwankungsbreite im Säuglingsalter, ferner im Alter von 3—5 Jahren und dann wieder mit dem Beginn der Pubertät.

Wichtig für die Beurteilung dieser Zusammenstellungen ist es daher zu wissen, unter welchen Bedingungen das Zahlenmaterial gewonnen wurde. Die Streuung um die Mittelwerte kann verschiedenerlei Ursachen haben. Schon KATZENBERGER (82) hat den Einfluß von Körpergröße, -gewicht, Geschlecht, Tageszeit, Körperlage, Schlaf, psychischer Erregung, Nahrungsaufnahme, Atmung u. a. auf die Pulsfrequenz diskutiert. Bei gleichaltrigen Kindern haben die größeren eine etwas niedrigere Pulsfrequenz als die kleineren, während im allgemeinen im Laufe des Wachstums eine negative Korrelation zwischen Körpergewicht und Pulszahl besteht (87, 88). PIRQUET (144) hat auf die Sitzhöhe aufmerksam gemacht und gefunden, daß man im ganzen Kindesalter normalerweise auf die Zahl 100 kommt, wenn man den Puls soviele Sekunden zählt, wie die Sitzhöhe in cm beträgt. Geschlechtsunterschiede wurden von verschiedenen Autoren schon im Säuglings- und Kleinkindesalter beobachtet; Mädchen zeigen durchschnittlich etwas höhere Pulsfrequenz, die während der ganzen Kindheit bis zur Pubertät nachweisbar ist.

Von größerer praktischer Bedeutung sind Tageszeit, Körperlage, psychische Faktoren und Nahrungsaufnahme auf die Pulszahl; die Schwankungen können bis zu 30—40 Pulse/min betragen.

Die von SUTHERLAND und MICHAEL (187) festgestellten tageszeitlichen Schwankungen wurden durch spätere Untersuchungen (74, 89) erweitert und neuerdings auch auf das Säuglingsalter ausgedehnt (62). Dabei ergaben sich bestimmte tagesrhythmische Veränderungen, die im Laufe der Entwicklung ausgeprägter werden. Vom 2. Lebensmonat beginnend kommt es zu einer tiefen Nachtsenke, die beim Säugling zwischen 21 und 1 Uhr, beim älteren Kind zwischen 1 und 3 Uhr ihre tiefste Frequenz hat. Vom Kleinkindesalter beginnend kommt es in den Mittagsstunden zu einer Frequenzabnahme, so daß die höchsten Pulsfrequenzen in den Vormittagsstunden zwischen 7 und 10 Uhr und in den Nachmittagsstunden gegen 17 Uhr beobachtet werden.

Die im Kindesalter besonders starke Abhängigkeit der Herzfrequenz vom vegetativen Nervensystem zeigt sich besonders eindrucksvoll an der sog. respiratorischen Arrhythmie (89). Bei der Atmung kommt es infolge der rhythmischen Änderungen des intrathorakalen Druckes zu einem wechselnden Blutangebot an das Herz. Inspiratorisch wird Blut angesogen und die Herzfrequenz sowie das Herzminutenvolumen steigen an, während exspiratorisch das Gegenteil erfolgt. Die Schwankungen der Herzfrequenz sollen dabei zentral ausgelöst sein, da bei Atemmuskelparalyse mittels Curare die Arrhythmie bestehen bleibt. — Die respiratorische Arrhythmie ist im Säuglingsalter noch gering; sie wird erst im Kleinkindesalter deutlich und erreicht im Alter von 5—6 Jahren und in der Pubertät, besonders bei stärkerer Bradykardie, ihre größten Schwankungen (137).

8. Die dynamischen Kreislaufgrößen

Die Bestimmung der dynamischen Kreislaufgrößen setzt die Kenntnis von den Gesetzmäßigkeiten der Blutströmung im Herzkreislaufsystem voraus. Durch Synchronregistrierung von EKG, Herzschall, intrakardialen Druck- und peripheren Pulskurven ist es möglich, die zeitlichen Beziehungen der verschiedenen Kreislaufgrößen während einer Herzevolution exakt zu erfassen (Abb. 10). Die Dauer vom Beginn einer elektrischen Systole (Q) bis zur nächsten bezeichnen wir als Herzperiode; sie besteht aus der Systole und Diastole. Die Systole beginnt mit der Anspannungszeit, das ist die Zeit vom Beginn der QRS-Schwankung (elektrische

Systole) bis zur Öffnung der Semilunarklappen (isometrische Kontraktionsphase), an die sich die Austreibungszeit bis zum Beginn des 2. Herztones (Schluß der Semilunarklappen) anschließt. In der systolischen Austreibung erfolgt die Entleerung der Ventrikel und gleichzeitig die Füllung der Vorhöfe. In der Diastole unterscheiden wir die diastolische Entspannung bis zur Öffnung der Atrioventrikularklappen, an die sich die diastolische Füllung der Ventrikel (Füllungszeit) anschließt. Die *Anspannungs- und Austreibungszeit* werden mit steigendem Alter und Abnahme der Frequenz größer: (Tab. 20). Während die Umformungszeit sich in den verschiedenen Altersklassen nur wenig ändert, verhält sich die Druckanstiegszeit umgekehrt proportional zur Frequenz. Abweichungen dieser Zeitwerte sprechen für einen pathologischen Funktionszustand des Herzmuskels (*11, 67, 75*).

Die Blutmenge, die eine Herzkammer während der Austreibungszeit in die großen Arterien auswirft, nennt man *Schlagvolumen*, und die in der Zeiteinheit entleerte Blutmenge das *Minutenvolumen*.

Herzminutenvolumen =

Schlagvolumen × Herzfrequenz

Das durch die Systole ausgeworfene Blut führt zu einer Druckerhöhung in der Aorta, die sich entsprechend ihrer Elastizität erweitert (Pulswelle) und als Energiespeicher während der Diastole das Blut weitertreibt. Durch diese sog. Windkesselfunktion der Aorta wird das Herz als Motor wesentlich entlastet und ein gleichmäßig rhythmischer Blutstrom erzeugt, über den hinweg — nur ungleich viel schneller — die Pulswelle läuft. Ihre Geschwindigkeit ist abhängig von der Wandelastizität, die ihrerseits abhängig vom arteriellen Mitteldruck ist. Auf Grund ihres anatomischen

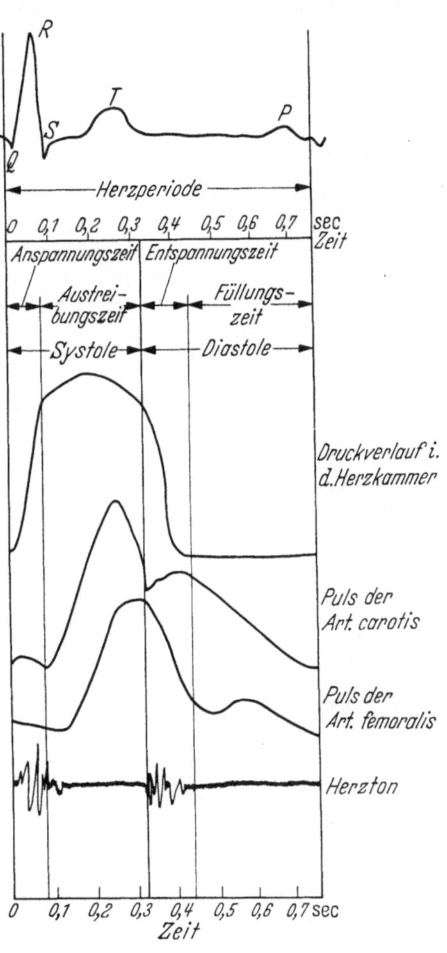

Abb. 10. Zeitliche Beziehung aller ermittelten Kurven zum Druckverlauf in der Herzkammer (aus NEUMANN-BOEDER: Funktionsprüfungen in der Herz-Kreislaufdiagnostik)

Baues nimmt die Elastizität der Arterien zur Peripherie hin ab und damit die Pulswellengeschwindigkeit zu. So ist die Pulswellengeschwindigkeit in der Arteria radialis deutlich höher als in der stärker dehnbaren Aorta.

Tabelle 20. *Die Dauer der isometrischen Kontraktionsphase in Abhängigkeit vom Alter. Mittelwerte (nach HOCKERTS)*

Alter	Anzahl der Fälle	Frequenz pro min	Umformungszeit in sec	Druckanstiegszeit in sec	Anspannungszeit in sec	Austreibungszeit in sec
0— 3 Jahre	20	127	0,035	0,018	0,053	0,215
3— 6 Jahre	20	102	0,043	0,019	0,062	0,249
6—10 Jahre	30	93	0,045	0,025	0,070	0,256
10—15 Jahre	30	84	0,048	0,031	0,079	0,263

Im Laufe der Entwicklung kommt es zu erheblichen Veränderungen der anatomischen Kreislaufverhältnisse. Daraus ergeben sich sehr interessante Verschiebungen innerhalb der einzelnen dynamischen Kreislaufgrößen, über die noch vor wenigen Jahren recht wenig bekannt war, deren Studium aber durch Verbesserung und Vereinfachung der Untersuchungsmethoden in den letzten Jahren ermöglicht wurde.

Die zentrale dynamische Kreislaufgröße ist das Schlagvolumen bzw. Herzminutenvolumen (= HMV). Da es beim Menschen nur durch indirekte Methoden ermittelt werden kann, sind die Angaben je nach Art der verwendeten Methode recht unterschiedlich:

a) Die funktionelle Koppelung von Atmung und Kreislauf ermöglicht die Bestimmung aus dem respiratorischen O_2-Verbrauch nach dem Fickschen Prinzip

$$\left[\text{Minutenvolumen} = \frac{O_2\text{-Verbrauch (min)}}{\text{arterio-venöse } O_2\text{-Differenz}} \right].$$

Danach ist das HMV diejenige Blutmenge, die nötig ist, um sich mit dem in der Zeiteinheit aufgenommenen O_2 zu beladen. Die Schwierigkeit der Methode liegt aber in der Gewinnung 1. des venösen Mischblutes, das wegen des Coronarsinusblutes durch Katheterisierung des rechten Ventrikels oder besser der Arteria pulmonalis, und 2. des arteriellen Blutes, das durch Arterienpunktion gewonnen werden muß. Infolge emotioneller Faktoren liegen daher die Ergebnisse meist zu hoch.

b) Diese Gewinnung von venösem Herzblut kann umgangen werden durch die Fremdgasmethode mittels Acetylen (46) bzw. Stickstoff, die aber den Coronarkreislauf vernachlässigt.

c) Durch i.v. Injektion besonderer Farbstoffe und Bestimmung der mittleren arteriellen Farbstoffkonzentration über die Zeit der Farbstoffpassage läßt sich nach STEWART-HAMILTON das Minutenvolumen errechnen (49, 113, 160, 202).

Tabelle 21. *Die Abhängigkeit des Kreislaufs vom Kraft-Stoffwechsel* (nach HELMREICH)

Alter in Jahren	Körpergewicht in kg	Sauerstoffverbrauch pro Minute cm³	Minutenvolumen des Herzens cm³	Pulsfrequenz	Schlagvolumen cm³
0	3	24	335	135	2,5
¹/₂	6	53	740	130	5,7
1	10	87	1220	120	10,2
2	12,7	104	1460	111	13,2
3	14,7	114	1600	107	15,0
4	16,5	123	1730	103	16,8
5	18	129	1810	99	18,2
6	20,5	140	1960	95	20,6
7	23	151	2120	92	23,0
8	25	159	2240	90	25,0
9	27,5	169	2370	88	27,0
10	30	179	2510	86	29,2
11	32,5	188	2650	84	31,6
12	35	195	2740	82	33,4
13	37,5	203	2850	80	35,7
14	41	214	3000	78	38,5
15	45	225	3150	76	41,4

An Stelle von Farblösungen hat man auch radioaktive Isotope (^{32}P, Thorium-B) verwandt (139).

d) α) Physikalische Methode: Sie beruht auf der Pulswellenlehre (36) und der Windkesseltheorie (195).

β) Sphygmographische Methode (19, 197), die den Patienten wenig belästigt, aber eine Fehlerbreite von 20—30% besitzt.

γ) Ballistokardiographie (96).

HELMREICH (63) bringt in seiner Monographie „Die Physiologie des Kindesalters" die folgende Tab. 21 über das Schlag- und Herzminutenvolumen bei Kindern im Alter von 0—15 Jahren, das er auf Grund einer einfachen Überlegung aus dem mit dem Alter steigenden O_2-Verbrauch errechnet hat.

Untersuchungen an 29 Neugeborenen im Alter von 2—26 Std mittels Farblösungskurven (*145*) ergaben ein Herzminutenvolumen von 180—854 cm³/min (im Durchschnitt 540 cm³/min). ADAMS u. LIND (*1*) haben bei Herzkatheteruntersuchungen an 7 Neugeborenen im Alter von 7 Std bis 14 Tagen bei errechnetem O_2-Verbrauch ein HMV von 298—846 cm³/min und an 3 Neugeborenen bei gemessenem O_2-Verbrauch (der niedriger lag als der errechnete) ein HMV von 277 bis 547 cm³/min gefunden.

Schon 1931 hatte SECKEL (*163*) mit Trypanrotinjektion bei Säuglingen ein HMV von 160—170 cm³/kg und im 2. Lebensjahr von 130 cm³/kg errechnet, das ist ein Schlagvolumen von 5—18 cm³ absolut und etwa 1,3 cm³/kg Körpergewicht.

GRASER hat 1953 bei der sphygmographischen Kreislaufanalyse an über 40 Kindern im Alter von 4 Wochen bis 24 Monate unter Ruhebedingungen die Auswurfmenge des Herzens berechnet. Seine Ergebnisse sind zusammen mit denen von BOLT bei Kindern im Alter von 2—14 Jahren, die unter Grundumsatzbedingungen ermittelt wurden, in Tab. 22 zusammengestellt.

KEUTH u. PEUSQUENS (*85*) haben bei Kindern im Alter von 2 Monaten bis 4 Jahren analoge Untersuchungen unter Grundumsatzbedingungen gemacht; sie bedienten sich der sphygmographischen Blutdruckmessung mit gestaffelten Oberarmmanschetten und des Infrarotsystems und errechneten nach WEZLER-BÖGER — bezogen auf das nach dem

Tabelle 22. *Die hämodynamischen Kreislaufgrößen im Kindesalter (♂ und ♀). a) Im Säuglingsalter nach F.* GRASER *(1953). b) Vom 2. bis 14. Lebensjahr nach W.* BOLT *(1948);* (aus BROCK: Biologische Daten)

Alter Grundumsatz in Cal.	1 Mon.	3 Mon.	6 Mon. 440	1 520	2 630	3 720	4 800	5 855	6 900	7 940	8 1020	9 1090	10 1160	11 1245	12 1295	13 1370	14 1410
HSV in cm³	2,7	3,8	4,7	6,3	8,4	12,3	15,9	18,5	21,0	23,1	25,3	28,0	32,5	35,2	37,4	39,2	40,5
HMV in Litern	0,375	0,48	0,59	0,78	1,0	1,29	1,61	1,85	2,01	2,20	2,4	2,6	2,93	3,1	3,23	3,34	3,41
F	134	126	126	124	119	105	101	100	96	95	94	93	90	88	86	85,5	84
Ps in mm Hg	78	80	80	82	97	102	103	103	105	105,5	107	108	110	112	114	116	118
Pd in mm Hg	60	62	62	60	71	75	76	77	77	76,5	76	76	76	78	80	83	84
Pm in mm Hg	69	71	71	71	82	87	88	89	89	89	89	90	91	93	95	97	99
a in cm/sec	550	530	520	510	460	450	439	432	428	425	424	424	428	433	438	443	448
E' dyn/cm⁵	16800	11600	10200	9300	8400	5800	4500	3920	3500	3380	3220	3020	2800	2600	2420	2230	2200
W dyn · sec/cm⁵	14500	11700	9500	7300	6550	5403	4376	3856	3549	3242	2975	2775	2482	2402	2362	2323	2325
$As \cdot 10^6$ erg	0,25	0,37	0,45	0,59	0,92	1,43	1,87	2,19	2,49	2,75	3,02	3,36	3,96	4,37	4,74	5,07	5,35
$L \cdot 10^6$ erg/sec	0,55	0,74	0,91	1,23	1,83	2,50	3,15	3,64	3,97	4,37	4,77	5,20	5,94	6,42	6,82	7,21	7,50

Normalwerte des Grundumsatzes und der hämodynamischen Größen. In der Altersklasse von 3 Wochen bis 1 Jahr Einzelbestimmungen, in der Altersklasse von 2—14 Jahren interpolierte Mittelwerte.

Die Abkürzungen bedeuten: HSV = Herzschlagvolumen, HMV = Herzminutenvolumen, F = Pulsfrequenz, Ps und Pd = systol. und diastol. Blutdruck. Pm = mittlerer Blutdruck, a = Pulswellengeschwindigkeit, E' = wirksamer Elastizitätskoeffizient des Gesamtwindkessels, W = peripherer Gesamtwiderstand, $As \cdot 10^6$ erg = Druckarbeit pro Herzschlag, $L \cdot 10^6$ erg/sec = Herzleistung.

5*

Sollumsatz korrigierte Alter — Normalwerte der hämodynamischen Kreislaufgrößen, die somit dem individuellen Entwicklungsalter entsprechend durchschnittlich
etwas höher liegen als die dem standesamtlichen Alter zugehörigen Werte (Abb. 11).

Nach Geschlechtern getrennte Untersuchungen mit der sphygmographischen
(*13, 88*) und mit der ballistischen Methode (*96*) ergaben übereinstimmend in der
Präpubertät eine vorübergehende Verzögerung und in der Pubertät (bei Mädchen
mit 11 Jahren, bei Knaben mit 14 Jahren) einen rascheren Anstieg für das Schlag-
und Minutenvolumen mit einem Maximalwert (Pubertätsgipfel) zwischen 14 bis 16 Jahren, von dem sie erst mit Erreichen des 20.—22. Lebensjahres zu den Erwachsenenwerten zurückkehren.

Wird das Minutenvolumen auf das Körpergewicht bezogen, so liegen die Werte beim Kind deutlich höher als beim Erwachsenen; die Schwankungsbreite des Schlagvolumens ist dabei recht groß; beim Minutenvolumen ist sie ausgeglichener, da sich Schlagvolumen und Frequenz teilweise kompensieren.

Das relativ hohe HMV versetzt den anatomischen Windkesselfassungsraum (WEZLER), der beim jungen Kind relativ klein ist und sich erst mit zunehmendem Alter erweitert, in einen hohen Grad der Dehnung, so daß im frühen Kindesalter sehr hohe Werte für den *Elastizitätskoeffizienten*, als Maß des elastischen Widerstandes der Windkesselwand, resultieren. Er beträgt im 1. Lebensmonat rund 16800 dyn/cm⁵, mit 1 Jahr etwa

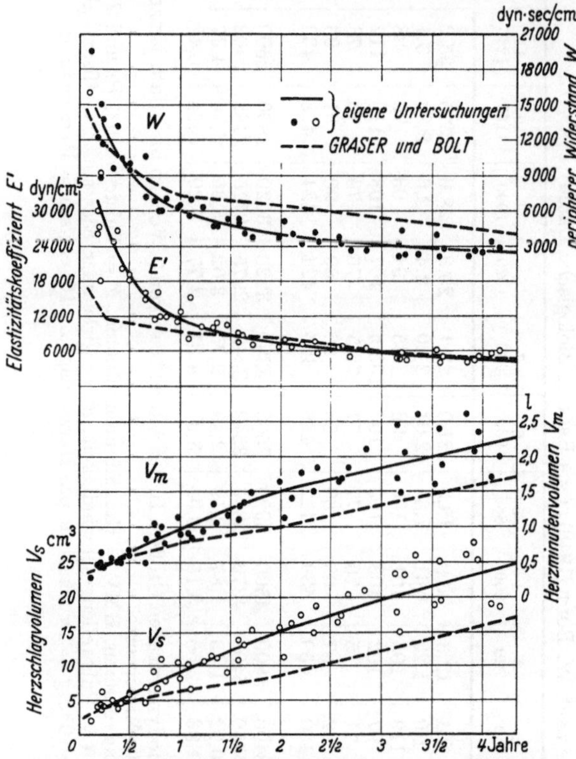

Abb. 11. Abgeleitete Werte der physikalischen Kreislaufanalyse,
Schlagvolumen*(Vs)*, Minutenvolumen *(Vm)*, Elastizitätskoeffizient *(E')* und peripherer Widerstand *(W)* für das Alter von
0—4 Jahren. Einzelwerte und die daraus berechneten Mittelwertkurven im Vergleich mit den Mittelwertkurven nach GRASER und
BOLT. [Nach KEUTH u. PEUSQUENS: Z. Kinderheilk. 78,379 (1956)]

9300 dyn/cm⁵ und fällt dann bis zum 14. Lebensjahr auf 2200 dyn/cm⁵, um im
Erwachsenenalter einen Wert von 1800 dyn/cm⁵ zu erreichen (vgl. Tab. 22). Diese
sehr hohen Werte des Elastizitätskoeffizienten erklären durch die geringe Dehn-
barkeit des arteriellen Systems trotz des im Vergleich zum Erwachsenen kleineren
Schlagvolumens die relativ große Blutdruckamplitude in diesem Alter.

Ein analoges Verhalten dazu zeigt der *periphere Strömungswiderstand*
$\left(\text{Widerstand} = \dfrac{\text{arterieller Mitteldruck}}{\text{Herzsekundenvolumen}}\right)$ *des arteriellen Systems* des Kindes. Seine
Höhe wird vorwiegend von den kleinen Arterien und Arteriolen bestimmt. Im
frühen Säuglingsalter wird von GRASER und BOLT ein Wert um 14500 dyn·sec/cm⁵
angegeben. Er fällt im Laufe der Kindheit langsam ab auf Werte um 2300 dyn·sec
pro cm⁵ und beträgt im Erwachsenenalter etwa 1800 dyn·sec/cm⁵. Dieser Abfall
wird von WEZLER (*197, 198*) durch die Kaliberzunahme der einzelnen Gefäße und
auch durch eine Vermehrung parallel liegender Gefäßbezirke mit einer wachstums-

bedingten Querschnittserweiterung der gesamten peripheren Strombahn gedeutet. Das Verhalten dieser Kreislaufgrößen im Laufe der Kindheit zeigt Abb. 12.

Die *Pulswellengeschwindigkeit* kann als Maß der Volumendehnbarkeit des arteriellen Windkessels angesehen werden; sie nimmt — wie aus der Tab. 22 hervorgeht — unter den Kreislaufwerten eine Sonderstellung ein. Schon ROMINGER hatte auf die niedrige Pulswellengeschwindigkeit des Kleinkindes hingewiesen, eine Feststellung, die später von anderen Autoren bestätigt wurde (*48, 90, 198*). Es zeigte sich, daß mit zunehmendem Alter die Pulswellengeschwindigkeit laufend ansteigt. Um so überraschender waren die Resultate von GRASER (*42*), der bei ganz jungen Säuglingen in vollkommener Ruhe ebenso hohe Werte fand wie beim Erwachsenen; die Alterskurve der Pulswellengeschwindigkeit zeigt dann im Säuglings- und Kleinkindesalter einen stetigen Abfall, erreicht im Alter von 4—8 Jahren ihre niedrigsten Werte, um dann zum Erwachsenenalter hin wieder langsam anzusteigen.

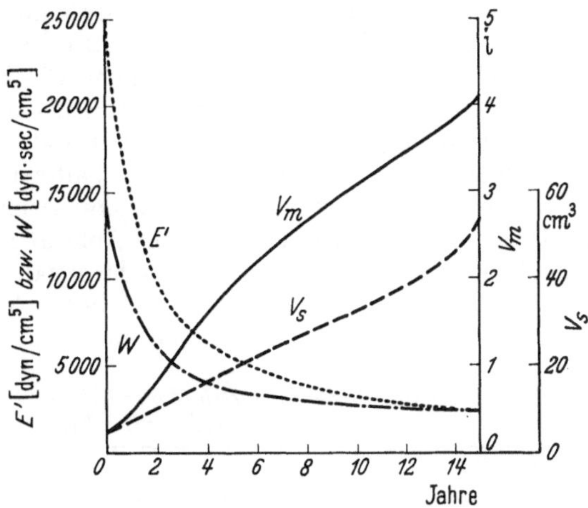

Abb. 12. Altersgang der Kreislaufgrößen während der Kindheit (nach GRASER)

Schließlich läßt sich aus den gewonnenen Kreislaufgrößen leicht die Herzleistung der linken Herzkammer bestimmen; sie stellt das Produkt dar aus Herzsekundenvolumen und mittlerem arteriellen Druck und beträgt

im frühen Säuglingsalter etwa $0{,}55 \cdot 10^6$ erg/sec
mit 1 Jahr etwa $1{,}23 \cdot 10^6$ erg/sec
mit 14 Jahren etwa $7{,}50 \cdot 10^6$ erg/sec
im Erwachsenenalter etwa $9{,}85 \cdot 10^6$ erg/sec.

9. Die Kreislaufzeit

Sie gibt die kürzeste Zeit an, die vergeht von der intravenösen Injektion einer Substanz bis zu deren nachweisbarer Ankunft an einer entfernten Körperstelle. Sie entspricht der linearen Strömungsgeschwindigkeit des Blutes zwischen Injektions- und Meßstelle, deren Angabe daher für die Beurteilung wichtig ist, einmal wegen der zurückgelegten Wegstrecke, zum anderen aber auch wegen der unterschiedlichen Strömungsgeschwindigkeit in den einzelnen Organsystemen (vgl.S.71). Verkürzungen der Kreislaufzeit sind möglich durch intrakardiale und extrakardiale Kurzschlüsse, Verlängerungen der Kreislaufzeit durch Stenosen und Kreislaufdekompensation. Sie kann damit neben dem physiologischen ein großes pathophysiologisches Interesse beanspruchen, da sie für die Diagnostik der angeborenen Herzfehler (Rechts-Links-Shunt), intra- und extrakardialen Stenosen, arteriovenösen Anastomosen und zur Beurteilung der Herzfunktion von Bedeutung ist. Ihr Wert wird beeinträchtigt durch die schon bei Kreislaufgesunden vorhandene recht erhebliche Schwankungsbreite und ferner durch gewisse technische Schwierigkeiten, die bei Verwendung von Geschmacks- und ähnlichen Stoffen (Calcium, Saccharin, Decholin) von der Latenz und Mitarbeit des Probanden und bei Farbstoffen u. ä. (Methylenblau, Histamin, Fluorescin) von der Subjektivität des Untersuchers abhängig sind. Andere Testsubstanzen (Acetylcholin, CO_2, Lobelin), bei denen der Untersucher nicht auf die Angaben des Probanden angewiesen ist, sind mit einer zu großen Versagerquote oder Nebenerscheinungen belastet. Hierher sind auch die in letzter Zeit verwandten radioaktiven Substanzen zu rechnen.

Im Säuglings- und Kindesalter können nur Methoden zur Anwendung kommen, die ohne Mithilfe des Kindes möglich sind. SECKEL (*163, 164*) benutzte Histamin und fand bei intravenöser bzw. intrasinuöser Injektion bis zum Auftreten eines Rash's im Gesicht bei Kindern bis zu 2 Jahren eine „minimale" Blutumlaufsdauer von 14—17 sec, bei älteren Kindern von 17—22 sec. Am gebräuchlichsten ist heute die Fluorescin-Methode: man injiziert 0,15 cm³ pro kg Körpergewicht einer 5%igen Fluorescinlösung mit 5% Bicarbonat (oder 1—3 cm³ einer 15%igen Natriumfluorescinlösung) und beobachtet im halbverdunkelten Raum unter Ultraviolettbestrahlung das Auftreten einer Fluorescenz an einer kleinen Histaminquaddel oder an der Zungenspitze (*114*). Die Ablesung erfordert einige Übung und ist, auch nach eigenen Erfahrungen, nicht sehr genau.

Die folgende Tab. 23 gibt einen Überblick über die von mehreren Autoren mit der Fluorescin-Methode in den verschiedenen Altersstufen gewonnenen Ergebnisse:

Tabelle 23. *Kreislaufzeit in verschiedenen Altersstufen, gewonnen mit der Fluorescin-Methode.* (Zusammenstellung der Ergebnisse mehrerer Autoren)

Autor	Entfernung	Zahl d. Pat.	Alter	Durchschnittl. Kreislaufzeit und (Streuung) in sec
SLOBODY	Nabelvene — Lippe		Neugeborene	4,8 (3,3—5,8)
WITZBERGER u. Mitarb.	Arm — Lippe	25	1—24 Monate	7,0 (5—9,0)
GASUL u. Mitarb. . . .	Arm — Lippe	14	4—24 Monate	6,5 (5—8,5)
GASUL u. Mitarb. . . .	Arm — Lippe	36	3—13 Monate	8,5 (5—12,5)
WITZBERGER u. Mitarb.	Arm — Lippe	51	3—13 Monate	11,5 (8—16)
MÖLLER	Arm — Lippe	26	5—15 Monate	10,7 (7—15)
LANGE u. Mitarb. . . .	Arm — Lippe		Erwachsene	15,0—20,0
LUBIC u. Mitarb. . . .	Arm — Zunge	50	Erwachsene	15,6 (10,4—20,8)

Bei älteren Kindern kann man auch mit der kombinierten Injektion von Äther-Decholin brauchbare Ergebnisse erzielen. Man injiziert gleichzeitig oder auch nacheinander Äther (0,2 cm³ + 1,5 cm³ physiologischer NaCl-Lösung) und Decholin (2,0—3,0 cm³ der 20%igen Lösung); der Äther wird in der Atemluft des Probanden, das Decholin durch einen bitteren Geschmack auf der Zunge wahrgenommen. Nach eigenen Ergebnissen beträgt bei 8—15jährigen Kindern die Ätherzeit (Injektionsstelle bis Ausatmungsluft) 5—8 sec und die Decholinzeit (Injektionsstelle bis Zunge) zwischen 10—15 sec.

LIND (*107*) hat an einer größeren Zahl von normalen Kindern die Kreislaufzeit mit der Decholin-Methode bestimmt; seine Ergebnisse sind in der nebenstehenden Tab. 24 wiedergegeben.

Tabelle 24. *Kreislaufzeit in verschiedenen Altersstufen, gewonnen mit der Decholin-Methode* (nach LIND)

Zahl der Pat.	Alter	Durchschnittliche Kreislaufzeit (und Streuung) in sec
24	3— 6 Jahre	10,5 (8—12)
65	6— 9 Jahre	10,4 (7,5—15)
67	9—12 Jahre	11,0 (7,5—14)
26	12—15 Jahre	11,9 (10—16)

Neuerdings ist es möglich, bei Herzkatheterisierungen — unter allerdings nicht ganz physiologischen Bedingungen — durch Injektion von Farbstoffen (Evansblue, Fox-Green) mittels Cuvettenfotometer oder Ohroxymeter fortlaufend registrierter Farbkonzentrationskurven die Kreislaufzeit exakt zu bestimmen, wobei der Beginn des Ausschlages der „minimalen" und das Ende des Ausschlages der „maximalen" Kreislaufzeit entspricht. Durch Variieren der Injektions- (intravasal, verschiedene Herzhöhlen) und der Entnahmestelle von Blut für die Registrierung der Farbstoffkurven ist es möglich, die Blutumlaufsdauer in bestimmten Kreislaufabschnitten zu erfassen (104, 202, 206).

Zusammenfassend läßt sich sagen, daß die Kreislaufzeit mit zunehmendem Alter ansteigt. Sie beträgt beim Neugeborenen, gemessen mit der Fluorescinmethode, von der Nabelvene zur Lippe 4,8 sec (3,3—5,8 sec) und beim 1—24 Monate alten Kind, gemessen von Arm zu Lippe, etwa 7,0 sec (5—9 sec). Die Differenz könnte auf die verschiedene Methodik, vielleicht aber auch auf das noch offene Foramen ovale beim Neugeborenen zurückzuführen sein. Mit zunehmender Größe wird auch die Kreislaufzeit länger, jedoch bleibt diese hinter dem Längenwachstum, entsprechend der großen Wegstrecke, deutlich zurück, was durch die mit dem Alter zunehmende Strömungsgeschwindigkeit, z. T. aber auch mit der Öffnung arterio-venöser Anastomosen erklärt werden kann.

V. Schlußbetrachtung

Mit dem Beginn des extrauterinen Lebens sind die Funktionen der Placenta von den körpereigenen Organen übernommen worden. Hinzu kommt als weitere wichtige Aufgabe des Kreislaufs die Regulierung der Körpertemperatur und schließlich die chemisch-hormonelle bzw. biologische Steuerung des Gesamtorganismus. Die „Transportfunktion" kann das Blut aber nur erfüllen, wenn es im ständigen Kreislauf die verbrauchenden und die regenerierenden Organsysteme durchströmt.

Das Herz ist dabei der wesentliche Motor für die Blutbewegung. Von nicht geringerer Bedeutung für den Kreislauf ist die Funktion des Gefäßsystems, und

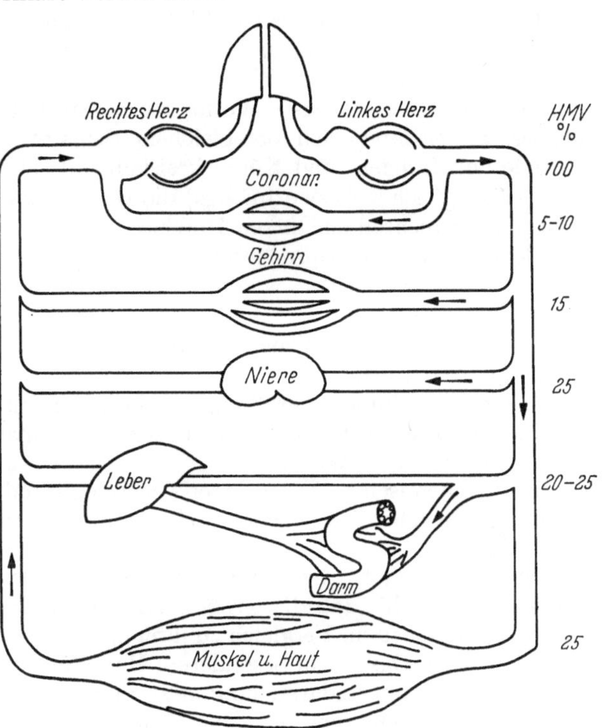

Abb. 13. Schematische Darstellung der Blutverteilung (HMV:Herzminutenvolumen)

nur die Funktionseinheit von Herz und Gefäßen ermöglicht trotz unterschiedlicher und je nach Aufgaben wechselnder Blutverteilung auf die einzelnen Organe einen ausgeglichenen Kreislauf (Abb. 13).

Das Grundprinzip, die völlige Trennung von Lungen- und Körperkreislauf, ist dadurch erreicht, daß die beiden Kreisläufe hintereinander geschaltet sind, so daß das gesamte Blut, das dem rechten Herzen zufließt, von der rechten Herzkammer durch die Lunge als Hauptregenerationsorgan gepumpt werden muß, bevor es in das linke Herz gelangt und vom linken Ventrikel in den großen Kreislauf geschickt wird.

Nach neueren Untersuchungen über die Blutverteilung (165) befinden sich beim liegenden erwachsenen Menschen etwa 30% der Gesamtblutmenge im Thorax, wovon knapp $^3/_4$ auf die Lungengefäße entfallen, so daß etwa 20% der Gesamtblutmenge sich in der Lunge befinden, während 80% der Gesamtblutmenge im Herz und dem Körperkreislauf vorhanden sind. — Die Verteilung auf die verschiedenen Organsysteme des Körperkreislaufs ist schon in Ruhe recht unterschiedlich. Coronarkreislauf (5%), Gehirn (15%), Nieren (25%) und zu einem gewissen Teil auch die Leber und der Darm (30%) sind als unbedingt lebenswichtige Kreislaufgebiete bevorzugt, während die Gesamtmuskel- und Hautmasse mit einem Gesamtcapillargebiet von etwa 6000—7000 m² nur mit 25% des im Körperkreislauf zirkulierenden Blutes durchströmt sind.

Analoge Berechnungen über die Blutverteilung beim Säugling und Kleinkind sind nicht möglich, da über das Gefäßsystem in diesen Altersgruppen keine entsprechenden Untersuchungen vorliegen. Es ist aber bekannt, daß das Blutvolumen des Neugeborenen mit etwa 10% des Körpergewichts höher liegt als das des Erwachsenen (7—8%).

Da das linke Herz nur soviel Blut auswerfen kann, wie ihm von der Lunge zufließt, muß die Auswurfmenge von rechtem und linkem Herzen gleich sein. Während aber dieselbe Menge Blut in der Lunge einen relativ kurzen Weg zurückzulegen hat, ist die Wegstrecke im Körperkreislauf teilweise um ein Mehrfaches größer. So erklären sich bei gleichem Schlagvolumen die verschieden großen Anteile von Lungen- und Körperkreislauf (20—80%). Entsprechendes Verhalten zeigen (bei gleicher Auswurfmenge) die Drucke (25:100 mm Hg) und die Arbeitsleistung der rechten zur linken Herzkammer.

Bei stärkerer Beanspruchung eines Kreislaufgebietes kann dessen Blutversorgung erheblich vergrößert werden. Die Regulierung geschieht durch

1. das Herz,
2. die Arterien und Venen durch Änderung des Lumens,
3. die Arteriolen,
4. die sog. Blutspeicher (Lunge, Leber, Venenplexus der Haut).

Die Impulse für die erforderliche Kreislaufanpassung erfolgen hierzu

a) auf nervösem Wege,
b) auf chemischem Wege [Stoffwechselendprodukte, spezifische körpereigene Stoffe aus Geweben (Acetylcholin, Histamin) oder innersekretorische Organe (z. B. Nebenniere)].

DRAGENDORFF hat bereits im Handbuch der Anatomie des Kindes darauf aufmerksam gemacht, daß die Größenverhältnisse des Herzens und der Gefäße bei den Neugeborenen im Vergleich zu ihrer späteren Entwicklung wesentliche Unterschiede zeigen. Das gilt in besonderem Maße für Frühgeborene, wie ECKSTEIN dies durch Kontrastmitteldarstellung post mortem zeigen konnte; es besteht beim Frühgeborenen eine schlechte Durchblutung der Extremitäten bei starker Durchblutung der inneren Organe, die wohl als Ausdruck des vermehrten Wachstums und ihrer Leistung aufzufassen ist.

Auch dem sorgfältig beobachtenden Kliniker (*153*) ist schon lange bekannt, daß im Säuglingsalter auch unter physiologischen Verhältnissen die Blutverteilung eine viel ungleichartigere ist als beim Erwachsenen und daß gerade im Säuglings- und Kindesalter der extrakardiale Kreislauf besonders beachtet werden muß (*97*).

Im Säuglingsalter wird — wie die Untersuchungen der dynamischen Kreislaufgrößen gezeigt haben — ein kleines Schlagvolumen mit hoher Frequenz in ein Gefäßsystem mit großem elastischem und peripherem Widerstand gepumpt (*43, 44, 45*). Zusätzliche Belastungen des Kreislaufs werden in erster Linie durch eine Frequenzzunahme und nur zu einem geringen Teil durch eine Vergrößerung des Schlagvolumens reguliert. Diese frequenzbetonte Arbeitsweise des Säuglingsherzens, die als physiologischer Anpassungsvorgang an die relativ kleine Volumenleistung anzusehen ist, gestattet nur eine begrenzte Kreislaufregulation.

Die mit der altersmäßigen körperlichen Entwicklung einhergehende Vergrößerung des Herz-Gefäßsystems führt zu einer stetigen Zunahme des Schlagvolumens unter gleichzeitiger Abnahme des elastischen und peripheren Widerstandes, so daß bis zur Pubertät bereits eine umgekehrte Relation dieser Kreislaufgrößen zu verzeichnen ist (Abb. 14). Bereits zu dieser Zeit nähern sich das Schlag- und Minutenvolumen den Erwachsenenwerten, so daß jetzt eine mehr volumenbestimmte Arbeitsweise resultiert. Die Verminderung des elastischen und peripheren Widerstandes ermöglicht bei zunehmendem Schlagvolumen eine Erhöhung des systolischen Blutdrucks bei nur geringer Zunahme des diastolischen Druckes. Bei der zunehmenden vagotonen Regulationslage mit starkem Rückgang der Herzfrequenz ergibt sich so eine ausgesprochen ökonomische Kreislauffunktion mit weitreichender Anpassungsfähigkeit, die dann im Jugendlichenalter höchste körperliche Leistungen ermöglicht.

Dagegen stellt die Präpubertät, die noch von einer mehr sympathikotonen Regulationslage beherrscht wird, als Übergangsphase eine Zeit erheblicher Labilität mit individuell verschieden starken Anpassungsschwierigkeiten dar. Sie ist gekennzeichnet durch eine schon in Ruhe relativ hohe Herzfrequenz, die bei Belastung stark ansteigt; dabei finden sich häufige, auch unkoordinierte Blutdruckanstiege mit höheren systolischen Blutdruckwerten bei unterschiedlicher Blutdruck

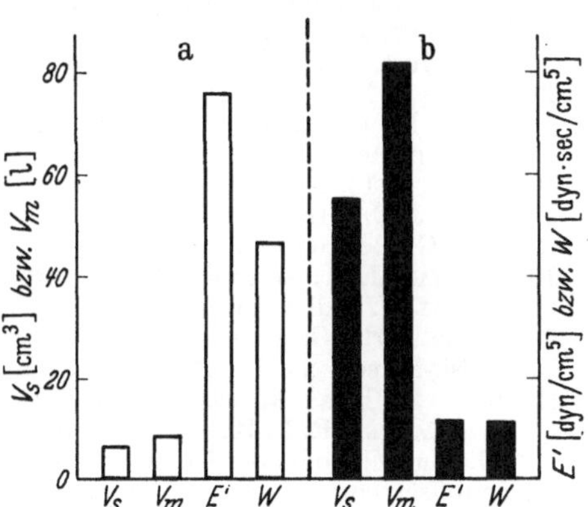

Abb. 14. Kreislaufgrößen, a) beim Säugling, b) beim Jugendlichen (nach GRASER)

amplitude. Die Erholungszeit ist oft wesentlich verlängert. Das Sauerstoffäquivalent steigt im Belastungsversuch oft nur gering an, was als objektives Kriterium für die eingeschränkte Leistungsbreite in diesem Lebensabschnitt gelten kann (88, 89). Als einfache Funktionsprobe erlaubt die Bestimmung der Herzfrequenz und das Verhalten des Blutdruckes nach körperlicher Belastung (79) bereits einen guten Einblick in die Regulationslage des Kreislaufs.

Das Reifungsalter mit seiner hormonell-vegetativen Umstellung, das sich kreislaufmäßig in einem Regulationswandel von der physiologischen Zentralisation des Kleinkindesalters zur physiologischen Entspannung des Jugendlichen abzeichnet, ist besonders störanfällig (9, 80, 176). Die erhöhte vegetative Labilität führt leicht zu Fehlleistungen des kardiovasculären Systems, zur orthostatischen Dysregulation bis zum orthostatischen Kollaps. Rasche Ermüdbarkeit, Leistungsschwäche und verlängerte Erholungszeit kennzeichnen die verminderte Leistungsbreite dieser Entwicklungsstufe.

Ein analoges Verhalten der Kreislauffunktion ergibt sich bei den Reifungsdysharmonien der Accelerierten; nach körperlicher Belastung kommt es zu einer unökonomischen Zunahme der Herzfrequenz, die eine Dauerleistung unmöglich macht.

In dieser Wachstums- und Reifungsperiode, die unter dem Einfluß endogener und exogener Faktoren eine erhebliche Schwankungsbreite der Leistungsfähigkeit des Kreislaufsystems aufweist, können übergroße kurzzeitige, vor allem aber Dauerbeanspruchungen zu einem Versagen der Kreislaufregulation und zu irreparablen Schäden führen. Erst nach Abschluß der Reifungsperiode, wenn Herz und Kreislauf unter dem Einfluß einer vornehmlich parasympathischen Regulation im „physiologischen Schongang" (WEZLER) bei großem Schlagvolumen und niedriger Frequenz mit voller Regulationsbreite arbeiten, können dem Kreislaufsystem Spitzen- und auch Dauerleistungen ohne die Gefahr einer Schädigung zugemutet werden.

Literatur

1. ADAMS, F. H., and J. LIND: Pediatrics 19, 431 (1957). — 2. ARDRAN, G. M., G. S. DAWES, M. M. L. PRICHARD, S. R. M. REYNOLDS and D. G. WYATT: J. Physiol. (Lond.) 118, 12 (1952).

3. BAKWIN, H. M., and R. M. BAKWIN: Amer. J. Dis. Child. 49, 860 (1935). — 4. BARCLAY, A. E., K. J. FRANKLIN and M. M. L. PRICHARD: The foetal circulation. Springfield/Ill.: Ch. C. Thomas 1945. — 5. BARCROFT, J.: Research on prenatal life. Springfield/Ill.: Ch. C. Thomas 1946. — 6. BARCROFT, J.: Researches on prenatal life. Springfield/Ill.: Ch. C. Thomas 1947. — 7. BENEDICT, F. G., and F. B. TALBOT: The physiology of the newborn infant. Washington, Carnegie Inst. Nr. 233 (1915); zit. nach SMITH. — 8. BENECKE, F. W.: Marburger Ges. z. Förderung d. Naturwiss. 1878. — 9. BENNHOLDT-THOMSEN, C.: Mschr. Kinderheilk. 97, 101 (1949). — 10. BERNFELD, W.: Mschr. Kinderheilk. 51, 1 (1932). — 11. BLUMBERGER, K. J.: Ergebn. inn. Med. Kinderheilk. 62, 424 (1942). — 12. BOELLAARD, J. W.: Z. Kreisl.-Forsch. 41, 101 (1952). — 13. BOLT, W.: Klin. Wschr. 1948, 590. — 14. BORN, C. V. R., G. S. DAWES, J. C. MOTT and J. C. WIDDICOMB: Cold Spr. Harb. Symp. quant. Biol. 19, 102 (1954). — 15. BORN, G. V. R., G. S. DAWES, J. C. MOTT and B. R. RENNICK: J. Physiol. (Lond.) 132, 304 (1956). — 16. BOWMAN, J. E.: Amer. J. Dis. Child. 46, 949 (1933). — 17. BRINES, J. K., J. G. GIBSON and P. KUNKEL: J. Pediat. 18, 447 (1941). — 18. BROCK, J.: Biologische Daten für den Kinderarzt. 2. Auflage. Berlin-Göttingen-Heidelberg: Springer 1954. — 19. BROEMSER, PH., u. O. F. RANKE: Z. Kreisl.-Forsch. 25, 11 (1933). — 20. BUDIN, P.: Progr. méd. (Paris) 3, 750 (1875); 4, 2 (1876). — 21. BURNARD, E. D.: Brit. med. J. 507, 4, 806 (1958).

21a. CARTER, R. E. B., J. P. BOUND and J. M. SMELLIE: Lancet 1956 II, 1320. — 22. CLASSEN, J.: Zur Methodik der Untersuchung von fetalem Hämoglobin und über Hämoglobin und Sauerstoffsättigung im Nabelschnurvenenblut. Inaug. Diss. Göttingen 1958.

23. DAWES, G. S.: Triangel 3, 271 (1958). — 24. DAWES, G. S.: Arch. Dis. Childh. 34, 281 (1959). — 24a. DAWES, G. S., J. C. MOTT, J. G. WIDDICOMBE and D. G. WYATT: J. Physiol. 121, 141 (1953). — 25. DÖRING, D.: Z. ges. inn. Med. 13, 918 (1958). — 26. DOLL, E., H. KLEPZIG, H. REINDELL u. G. MEHNERT: Z. Kreisl.-Forsch. 42, 641 (1953). — 27. DRAGENDORFF, O.: Handbuch der Anatomie des Kindes. Bd. II. München: J. F. Bergmann 1938. — 28. DUCKMAN, S., H. MERK, W. LEHMANN and E. REGAN: Amer. J. Obstet. Gynec. 66, 1214 (1953).

29. EASTMAN, N. J.: Bull. Johns Hopk. Hosp. 47, 221 (1930). — 30. ECKSTEIN, A.: Z. Kinderheilk. 54, 317 (1933). — 31. ENGEL, ST., u. L. SCHALL: Handbuch der Röntgendiagnostik und -therapie im Kindesalter. Leipzig: G. Thieme 1933.

32. FAHR, TH.: Verhalten des Herzens und der Herzkrankheiten. Handb. d. ärztl. Forschg. im Weltkrieg. Leipzig: J. A. Barth 1921; zit. nach BROCK: Biologische Daten. — 33. FALK, A.: Growth of the heart in children according to age. Thesis. St. Petersburg 1901; zit. nach KÖTTGEN in BROCK: Biologische Daten. — 34. FORFAR, J. O., and M. A. KIBEL: Arch. Dis. Childh. 31, 126 (1956). — 35. FOWLER, N. O., R. N. WESTCOTT and R. C. SCOTT: Amer. Heart J. 46, 264 (1953). — 36. FRANK, O.: S.-B. Ges. Morph. und Physiol. München 1926, 38; — Z. Biol. 90, 405 (1930). — 37. FROMBERG, G.: Z. Herz- u. Gefäßkrankh. 7, 69 (1915).

38. GASUL, B. M., J. J. MARINO and J. R. CHRISTIAN: J. Pediat. 34, 460 (1949). — 38a. GAUER, O. H.: Kreislauf des Blutes, in LANDOIS-ROSEMANN: Lehrbuch der Physiologie des Menschen. 28. Aufl. S. 120. München u. Berlin: Urban & Schwarzenberg. — 39. GOLDRING, D., and H. WOHLTMANN: J. Pediat. 40, 285 (1952). — 40. GOODMAN, G.: Arch. Pediat. 33, 909 (1916). — 41. GRAHAM, B. D., and J. L. WILSON: Amer. J. Dis. Childh. 87, 287 (1954). — 42. GRASER, F.: Klin. Wschr. 1953, 135. — 43. GRASER, F.: Klin. Wschr. 1953, 818. — 44. GRASER, F.: Ann. paediat. (Basel) 84, 65 (1955). — 45. GRASER, F.: Der Kreislauf vom Säuglings- bis zum Pubertätsalter, aus LINNEWEH: Physiologische Entwicklung des Kindes. Berlin-Göttingen-Heidelberg: Springer 1959. — 46. GROLLMAN, A., u. H. BAUMANN: Schlagvolumen und Zeitvolumen des gesunden und kranken Menschen. Dresden: Th. Steinkopff 1935. — 47. GUNTHER, M.: Lancet 1957 I, 1277.

48. HALLOCK: Arch. intern. med. 54, 770 (1934); zit. nach GRASER. — 49. HAMILTON, W. F., J. W. MOORE, J. M. KINSMAN and R. G. SPURLING: Amer. J. Physiol. 84, 338 (1928). — 50. HAMILTON, W. F., R. A. WOODBURY and E. B. WOODS: Amer. J. Physiol. 119, 206 (1937). — 51. HASELHORST, G.: Z. Geburtsh. Gynäk. 95, 32 (1929). — 52. HASELHORST, G.: Z. Geburtsh. Gynäk. 95, 224 (1929). — 53. HASELHORST, G.: Z. Geburtsh. Gynäk. 95, 400 (1929). — 54. HASELHORST, G.: Z. Geburtsh. Gynäk. 96, 487 (1929). — 55. HASELHORST, G., u. A. ALLMELING: Z. Geburtsh. Gynäk. 98, 103 (1930). — 56. HASELHORST, G., u. K. STROMBERGER: Z. Geburtsh. Gynäk. 98, 49 (1930). — 57. HASELHORST, G., u. K. STROMBERGER: Z. Geburtsh.

Gynäk. **100**, 48 (1931). — 58. HEARD, J. D., G. G. BURKLEY and C. R. SCHAEFFER: Amer. Heart J. **11**, 41 (1936). — 59. HECHT, A.: Ergebn. inn. Med. Kinderheilk. **11**, 324 (1913). — 60. HECK, W., u. J. STOERMER: Pädiatrischer EKG-Atlas. Stuttgart: G. Thieme 1959. — 61. HELLBRÜGGE, TH.: siehe v. SCHÖNBECK, P. — 62. HELLBRÜGGE, TH., J. LANGE u. J. RUTENFRANZ: Z. Kinderheilk. **78**, 703 (1956). — 63. HELMREICH, E.: Physiologie des Kindesalters. Berlin: J. Springer 1931. — 64. HEWITT, D.: Arch. Dis. Childh. **33**, 134 (1958). — 65. HIFFELSHEIM, e. CH. ROBIN: J. Anat. (Paris) **1**, 413 (1864). — 66. HOCKERTS, TH.: Z. Kinderheilk. **69**, 431 (1951). —
67. HOCKERTS, TH.: Z. Kinderheilk. **71**, 216 (1952). — 68. HOEN, E.: Z. Kinderheilk. **70**, 441 (1952). — 69. HOLLAND, W. W., and J. M. YOUNG: Brit. med. J. **11**, 1331 (1956). — 70. HOLLDACK, K., u. D. WOLFF: Atlas und kurzgefaßtes Lehrbuch der Phonokardiographie. Stuttgart: Georg Thieme 1956. — 71. HOLZMANN, M.: Klinische Elektrokardiographie. 3. Aufl. Stuttgart: G. Thieme 1955. — 72. HORST, W., u. J. TINSCHERT: Ärztl. Forsch. **6 I**, 539 (1952). — 73. HORT, W.: Virchows Arch. path. Anat. **326**, 458 (1955). — 74. HUNGERLAND, H., u. M. ZENS: Z. Kinderheilk. **71**, 369 (1952).

75. JACOBI, G. W., u. H. KIRCHHOFF: Z. Kinderheilk. **70**, 561 (1952). — 76. JAKOBSOHN, E.: Z. Kinderheilk. **38**, 412 (1924). — 77. JAMES, L. S., and R. D. ROWE: J. Pediat. **51**, 5 (1957). — 78. JAMES, L. S., J. M. WEISBROT, C. E. PRINCE, D. A. HOLADAY and V. APGAR: J. Pediat. **52**, 379 (1958). — 79. JOPPICH, G., u. H. QUEDNAU: Mschr. Kinderheilk. **94**, 363 (1944).

80. KAPPERT, A.: Schweiz. med. Wschr. **1952**, 821. — 81. KARLBERG, P., and J. LIND: Acta paediat. (Uppsala) **44**, 17 (1955). — 82. KATZENBERGER, A.: Z. Kinderheilk. **9**, 167 (1913). — 83. KEEN, E. N.: J. Anat. **89**, 484 (1955); zit. nach LINZBACH. — 84. KEUTH, U.: Z. Kinderheilk. **76**, 107 (1955). — 85. KEUTH, U., u. M. PEUSQUENS: Z. Kinderheilk. **78**, 379 (1956). — 86. KIRCH, E.: Z. angew. Anat. **7**, 235 (1920). — 87. KIRCHHOFF, H. W.: Über den kindlichen Kreislauf. Ergebn. inn. Med. Kinderheilk. **5**, 156 (1954). — 88. KIRCHHOFF, H. W.: Mschr. Kinderheilk. **107**, 51 (1959). — 89. KIRCHHOFF, H. W., u. R. EICHLER: Kinderärztl. Prax. **23**, 97 (1955). — 90. KIRCHHOFF, H. W., u. G. W. JACOBI: Z. Kinderheilk. **70**, 578 (1952). — 91. KIRSCHSIEPER, H. M.: Z. Kinderheilk. **71**, 422 (1952). — 92. KIRSCHSIEPER, H. M.: Z. Kinderheilk. **74**, 158 (1954). — 93. KIRSTEIN, F.: Arch. Gynäk. **90**, 303 (1910). — 94. KJELLBERG, S. R., U. RUDHE and R. ZETTERSTRÖM: Acta radiol. (Stockh.) **42**, 173 (1954). — 95. KLAUS, D.: Z. ges. inn. Med. **8**, 570 (1953). — 96. KLENSCH, H., u. H. C. KALLFELZ: Verh. dtsch. Ges. Kreisl.-Forsch. **24**, 214 (1958). — 97. KÖTTGEN, U.: Dtsch. med. J. **6**, 401 (1955). — 98. KÖTTGEN, U.: zit. nach BROCK, Biologische Daten für den Kinderarzt. — 99. KÖTTGEN, U., u. W. BOLT: zit. nach BROCK, Biologische Daten für den Kinderarzt. — 100. KONRAD, H.: Z. Kinderheilk. **71**, 379 (1952).

101. LACHMANN, H.: Dtsch. Gesundh.-Wes. **2**, 59 (1958). — 102. LANDIS, E. M.: Physiol. Rev. **14**, 404 (1934). — 103. LANGE, K., and L. J. BOYD: Amer. J. med. Sci. **206**, 438 (1943). — 104. LASSER, R. P., H. J. GORDON, R. BORUN and F. H. KING: Circulation **6**, 106 (1952). — 105. LESSER, R. E., R. MEYER and A. T. HENDERSON: Amer. J. Dis. Child. **83**, 645 (1952). — 106. LEVINE, S. Z., and H. H. GORDON: Amer. J. Dis. Child. **64**, 274 (1942). — 107. LIND, J.: Acta paediat. (Uppsala) **38**, 423 (1949). — 108. LIND, J.: Acta radiol. (Stockh.) Supp. **82** (1950). — 109. LIND, J.: In LINNEWEH: Die physiologische Entwicklung des Kindes. Berlin-Göttingen-Heidelberg: Springer 1959. — 109a: 14. M & R Pediatric Research Conf. 1954, 33 (zit.). — 110. LIND, J., and C. WEGELIUS: Cold Spr. Harb. Symp. quant. Biol. **19**, 109 (1954). — 111. LIND, J., and C. WEGELIUS: Pediatrics. **9**, 391 (1949). — 112. LINZBACH, A. J.: Aus LINNEWEH: Die physiologische Entwicklung des Kindes. Berlin-Göttingen-Heidelberg: Springer 1959. — 113. LOCHNER, W., G. RODEWOLD, H. J. HOFHEINZ, H. HARMS u. K. DONAT: Klin. Wschr. **36**, 902 (1958). — 114. LUBIC, L. G., and N. J. SISSMAN: Amer. Heart J. **44**, 443 (1952). — 115. LYON, R. A.: In MITCHELL-NELSON: Textbook of Pediatr. 5. Aufl. Philadelphia: Saunders 1950.

116. MACKINNEY, L. G., J. D. GOLDBERG, F. E. EHRLICH and K. C. FREYMANN: Pediatrics **21**, 555 (1958). — 117. MALI, A. M., u. C. E. RÄIHÄ: Acta paediat. (Uppsala) **18**, 118 (1936). — 118. MANSFELD, GISELA: Z. Kreisl.-Forsch. **47**, 215 (1958). — 119. MARCEL, et EXCHAQUET: Arch. Mal. Cœur **31**, 504 (1938); zit. nach HOLZMANN. — 120. MARESH, M. M., and A. H. WASHBURN: Amer. J. Dis. Child. **56**, 33 (1938). — 121. DE MARSCH, Q. B., W. F. WINDLE and H. L. ALT: Amer. J. Dis. Child. **63**, 1123 (1942). — 122. MARTIN, J. F., and H. L. FRIEDELL: Amer. J. Ronentgenol. **67**, 905 (1952). — 123. MERKEL, H., u. H. WITT: Beitr. path. Anat. **115**, 178 (1955). — 124. MEYER, E.: Z. Kinderheilk. **47**, 560 (1929). — 125. MICHEL, D., u. O. HARTLEB: Ärztl. Wschr. **9**, 745 (1954). — 126. MITOLO, G. R., e G. GRASSI: Patologica (Genova) **48**, 289 (1956); ref.: Zbl. Kinderheilk. **62**, 135 (1957). — 127. MITCHELL, SH. C.: J. Pediat. **51**, 12 (1957). — 128. MOBERG, E.: zit. nach HOEN. Skand. Arch. Physiol. **69**, 218 (1934). — 129. MÖLLER, T.: In MANNHEIMER: Morbus Ceruleus. Basel, New York: Karger 1949. — 130. MOLLISON, P. L., N. VEAL and M. CUTBUSH: Arch. Dis. Childh. **25**, 242 (1950). — 131. MOLONEY, W. C.: Amer. J. med. Sci. **205**, 229 (1943). — 132. MOSS, A. J., W. LIEBLING, W. O. AUSTIN and F. H. ADAMS: Calif. Med. **87**, 166 (1957); ref. Zbl. Kinderheilk. **64**, 14 (1958). — 133. MOSS, A. J., W. LIEBLING, W. O. AUSTIN and F. H. ADAMS: Pediatrics **20**, 53 (1957). — 134. MOSS, A. J., W. LIEBLING, W. O.

AUSTIN and F. H. ADAMS: Pediatrics **21**, 950 (1958). — 135. MÜLLER, W.: Die Massenverhältnisse des menschlichen Herzens. Hamburg: Voss 1883; zit. nach LINZBACH.

136. NADRAI, A.: Z. Kinderheilk. **60**, 285 (1939). — 137. NORDENFELD, O.: Arch. Kreisl.-Forsch. **13**, 97 (1944). — 138. NYBERG, R., and B. WESTIN: Acta paediat. (Uppsala) **47**, 357 (1958). — 139. NYLIN, G.: Münch. med. Wschr. **1955**, 4.

140. PARKINSON, R. P.: J. Pediat. **50**, 174 (1957). — 141. PATTEN, B. M.: Amer. J. Anat. **48**, 19 (1931). — 142. PATTEN, B. M.: The development of the heart. Springfield: Ch. C. Thomas 1953. — 143. PLENCZNER, S., u. G. SZIRMAY: Orv. Hetil. **1958**, 383; ref.: Zbl. Kinderheilk. **66**, 10 (1958). — 144. PIRQUET, C.: Z. Kinderheilk. **38**, 310 (1928). — 145. PREC, K. J., and D. E. CASSELS: Circulation **11**, 789 (1955).

146. RACHMANOW: zit. nach HASELHORST. Z. Geburtsh. Gynäk. **95**, 400 (1929). — 147. REUSS, A.: Z. Kinderheilk. **44**, 225 (1927). — 148. REYNOLDS, S. R. M.: Amer. J. Obstet. Gynec. **68**, 69 (1954). — 149. RIBEMONT: zit. nach HASELHORST. Z. Geburtsh. Gynäk. **95**, 400 (1929). — 150. ROBINOW, M., and W. F. HAMILTON: Amer. J. Dis. Child. **60**, 827 (1940). — 151. ROLLHÄUSER: zit. nach BROCK. Verh. anat. Ges. **49**, 181 (1951). — 152. ROMINGER, E.: Mschr. Kinderheilk. **22**, 269 (1922). — 153. ROMINGER, E.: Arch. Kinderheilk. **73**, 81 (1923). — 154. ROMINGER, E., u. H. MEYER: Mschr. Kinderheilk. **52**, 421 (1932). — 155. ROMINGER, E., u. H. MEYER: Z. Kinderheilk. **52**, 577 (1932). — 156. ROSSIER, P. H., u. H. HOLZ: Schweiz. med. Wschr. **1953**, 897. — 157. ROWE, R. D., and L. S. JAMES: J. Pediat. **51**, 1 (1957). — 158. RUSSEL, S. J. M.: Arch. Dis. Childh. **24**, 88 (1949).

159. SABATIER, R. B.: zit. nach DAWES. Mém. Acad. roy. Sci. (Paris) **1778**, 198. — 160. SECKEL, H.: Jb. Kinderheilk. **126**, 83 (1930). — 161. SECKEL, H.: Jb. Kinderheilk. **127**, 136 (1930). — 162. SECKEL, H.: Jb. Kinderheilk. **127**, 149 (1930). — 163. SECKEL, H.: Jb. Kinderheilk. **131**, 87 (1931). — 164. SECKEL, H.: Jb. Kinderheilk. **138**, 56 (1933). — 165. SJÖSTRAND, T.: Physiol. Rev. **33**, 202 (1953). — 166. SLOBODY, L. D., G. D. ROOK, M. LEVBERG and M. MORCY: Pediatrics **6**, 254 (1950). — 167. SCHARMENTKE, U.: Arch. Kinderheilk. **140**, 29 (1950). — 168. SCHMIDT-VOIGT, J.: Z. Kinderheilk. **65**, 394 (1948). — 169. SCHMIDT-VOIGT, J.: Herzschalldiagnostik in Klinik und Praxis. Stuttgart 1951. — 170. SCHMID, F., u. E. WILKING: Mschr. Kinderheilk. **100**, 48 (1952). — 171. SCHMITT, W.: Z. Geburtsh. Gynäk. **90**, 559 (1926). — 172. SCHÖNBECK P. v.: Diss. Würzburg 1894; zit. nach HELLBRÜGGE. — 173. SCHUCKING, A.: Klin. Wschr. **1877**, 18. — 174. SCHULMAN, J., C. H. SMITH and G. S. STERN: Amer. J. Dis. Child. **88**, 567 (1954). — 175. SCHWALM, H.: Arch. Kinderheilk. **103**, 129 (1934). — 176. SCHWENK, A., G. EGGERS-LOHMANN u. F. GENSCH: Arch. Kinderheilk. **150**, 235 (1955). — 177. SMITH, CL. A.: The physiology of the newborn infant. 3rd edition. Springfield/Ill.: Ch. C. Thomas 1958. — 178. SPITZBARTH, A.: Arch. Kreisl.-Forsch. **22**, 1 (1954). — 179. SPRAGUE, H. B., and P. H. ONGLEY: Circulation **9**, 127 (1954). — 180. SOUTHERN, E. M.: J. Obstet. Gynaec. Brit. Emp. **61**, 231 (1954). — 181. SOUTHERN, E. M.: Amer. J. Obstet. Gynec. **73**, 233 (1957). — 182. STOERMER, J.: Mschr. Kinderheilk. **105**, 386 (1957). — 183. STOERMER, J.: Mschr. Kinderheilk. **105**, 414 (1957). — 184. STOERMER, J.: Arch. Kinderheilk. **159**, 246 (1959). — 185. STOLTE, K., u. A. OHR: Die Elektrokardiographie in der Kinderheilkunde. Handbuch der Kinderheilkunde, Ergänzung Bd. I, 4. Aufl. Berlin: Springer 1942. — 186. SUNDAL, A.: Z. Kinderheilk. **47**, 742 (1929). — 187. SUTHERLAND, G. A., and J. M. MICHAEL: Quart. J. Med. **22**, 519 (1928). — 188. SWAN, H. J. C., and E. H. WOOD: Proc. Mayo Clin. **28**, 95 (1953).

189. TAYLOR, W. C.: Arch. Dis. Childh. **28**, 52 (1953).

190. UNGHVARY L., v. u. A. SZENDEY: Z. Kreisl.-Forsch. **34**, 158 (1942).

191. VARA, P., and K. NIEMINEVA: Gynaecologia (Basel) **132**, 241 (1951). — 192. VARA, P., u. K. NIEMINEVA: Medizinische **1953**, 12.

193. WALTER, C. H. M., and C. L. BALF: J. Obstet. Gynaec. Brit. Emp. **61**, 1 (1954). — 194. WALTER, C. H. M., and C. L. BALF: J. Obstet. Gynaec. Brit. Emp. **61**, 17 (1954). — 195. WEBER, E. H.: Hildebrandts Handbuch der Anatomie **3**, 70 (1831). — 196. WESTIN, B.: Acta paediat. (Uppsala) **46**, 117 (1957). — 197. WEZLER, K., u. A. BÖGER: Ergebn. Physiol. **41**, 292 (1939). — 198. WEZLER, K., u. STANDL: Z. Biol. **97**, 265 (1936); zit. nach GRASER. — 199. WIDEROE, S.: zit. nach LIND: Acta radiol. (Stockh.) Supp. **82** (1950). — 200. WITZBERGER, C. M., and H. G. COHEN: J. Pediat. **22**, 726 (1943). — 201. WODENEGG, M.: Plasma- und Blutvolumen bei gesunden Kindern. Diss. Zürich 1951. — 202. WOOD, E. H., J. W. NICHOLSON and H. B. BURCHELL: J. Lab. clin. Med. **37**, 353 (1951). — 203. WOODBURY, R. A., M. ROBINOW and W. F. HAMILTON: Amer. J. Physiol. **122**, 472 (1938). — 204. WULF, H.: Klin. Wschr. **1958**, 234.

205. YLPPÖ, A.: Z. Kinderheilk. **38**, 32 (1924).

206. ZIEGLER, R. F.: Circulation **4**, 905 (1951). — 207. ZIEHME, E.: Einige Besonderheiten der Herzschallschreibung im Kindesalter. Arch. Kinderheilk. **154**, 14 (1956). — 208. ZIERMANN u. WOLFART: zit. nach HASELHORST.

Die Physiologie der Atmung

Von

HEINRICH WIESENER

Mit 4 Abbildungen

1. Zentrale Atemregulation

Zahlreiche Tierversuche machen es wahrscheinlich, daß beim Warmblüter das Atemzentrum zwar eine physiologische, aber keine anatomische Einheit darstellt. Vielen Untersuchern gelang es darüber hinaus, verschiedene entwicklungs- und stammesgeschichtliche Atmungszentren nachzuweisen. Das wesentliche Atemzentrum des Menschen befindet sich offenbar im verlängerten Mark. Die tiefste Atemform, die bei unreifen menschlichen Feten schon vom 4. Schwangerschaftsmonat angetroffen wird, ist die *Schnappatmung.* Zuweilen bleibt diese Schnappatmung bestehen, und besonders die stark untergewichtigen Frühgeborenen (1500 g und weniger) sterben an der Unreife ihres Atemzentrums. Nahrungsaufnahme, infektiöse und metabolische Störungen können vorwiegend bei Frühgeborenen, aber auch bei Neugeborenen und Säuglingen ein Wiederauftreten dieser Atmungsform begünstigen. Der Mund wird dabei häufig ruckartig geöffnet, die Zunge wird zurückgezogen und der Kopf zurückgebeugt. Die Pausen zwischen den einzelnen Atemzügen können 2—10 min betragen. Für diese Anfälle hat sich der Name „asphyktische Anfälle" eingebürgert. „Pulslosigkeit" besteht aber nicht. Ganz im Gegenteil ist die Herztätigkeit zunächst keineswegs eingeschränkt. Der Anfall muß schon Stunden dauern, ehe es zu einer Verschlechterung der Herzaktion kommt. Ohne Zweifel trifft daher der Name „apnoischer Anfall" besser die physiologischen Gegebenheiten des vorübergehenden Atemstillstandes und lenkt darüber hinaus die Behandlung in die richtigen Bahnen. Große Dosen Lobelin und Coramin beeinträchtigen die Chemo-Receptoren im Glomus caroticum und Aortenbogen. Sie bleiben auch auf den in- und exspiratorischen Anteil des Atemzentrums am Boden des 4. Ventrikels (Gegend des Calamus scriptorius) ohne Einfluß. Geht die Schnappatmung in die nächst höhere Atmungsform über, so treten häufig Bewegungen an Gesicht, Rumpf und Gliedmaßen auf. Wenn auch die Schnappatmung zumeist rasch den Tod herbeiführt, so kann doch noch nach 10—15 min die nächst höhere Atmung (periodische Atmung) oder gar die reguläre rhythmische Atmung wieder auftreten. Bleibt die Schnappatmung allerdings mehrere Stunden bestehen, so ist schließlich jede Behandlung erfolglos. Der Atembeginn nach der Geburt ist durch die Schnappatmung gekennzeichnet. Erst nach 5—7 sec folgt der erste Schrei.

Zuweilen kann die Schnappatmung durch eine Mundbodenatmung eingeleitet werden. Ebenso wird zu Beginn der Schnappatmung nicht selten ein Singultusanfall beobachtet. Eine Schluckatmung kann sich der Schnappatmung kurz vor dem Tode anschließen. Sie stellt die letzte und tiefste Atemform dar. Immerhin gelingt es, manche an Poliomyelitis erkrankte Kinder und Erwachsene nach einer spinalen Kinderlähmung mit Hilfe dieser Schluckatmung aus der Eisernen Lunge auszuschleusen.

Das Auftreten der *periodischen Atmung* bei Frühgeborenen und Reifgeborenen ist lange bekannt. Ohne Frage ist sie nicht immer krankhaft. Ebenso wird diese Atmungsform bei besonders unreifen Frühgeborenen nachweisbar. In gleicher Weise kommt sie bei schlafenden Säuglingen, Jugendlichen und Erwachsenen vor. Allerdings finden wir beim Frühgeborenen weniger den Biotschen Typ, vielmehr bestehen die Perioden aus an- und abschwellenden Atemzügen mit einer dazwischenliegenden Pause (CHEYNE-STOKES).

Schließlich tritt die höchste Form der Atmung als *regelmäßige oder rhythmische Atmung* schon in der ersten Lebenszeit ebenso wie beim Erwachsenen auf. Jeder Atemzug gleicht dem vorherigen. Besonders deutlich wird diese Atmung bei Säuglingen, die in ruhiger Umgebung schlafen. Unter physiologischen Bedingungen steht die *reflektorische Steuerung* im Vordergrund. Erst unter pathologischen Bedingungen gewinnt die *humorale Steuerung* an Bedeutung, wie dies aus der nachstehenden Abbildung hervorgeht.

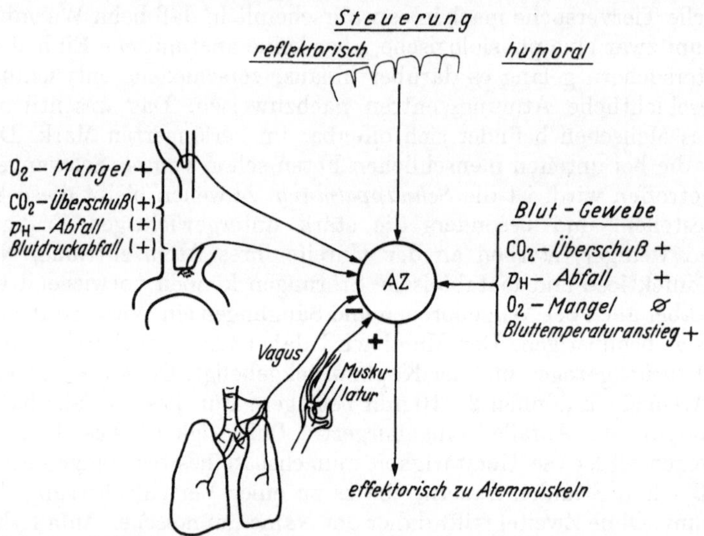

Abb. 1. Übersicht über die Afferenzen des Atemzentrums [nach H. BARTELS (*3*)]

2. Atembewegungen vor der Geburt

Das menschliche Atemzentrum erreicht seine Reife erst nach der Geburt, doch sind beim Fetus lange vor der Geburt Atembewegungen in utero beobachtet worden. Schon VESALIUS beschrieb im 16. Jahrhundert solche Bewegungen, wenn der Blutstrom vom Fetus über die Nabelschnur unterbrochen wurde. WINSLOW (*40*) machte bereits nach Untersuchungen an Katzen und Hunden im 18. Jahrhundert genaue Beobachtungen, da er die Bauchhöhle öffnete. Er beschrieb eine periodische Atmung, bei der die Nasenlöcher und der Brustkorb sich erweitern bzw. zusammenziehen. Ähnliche Beobachtungen stammen von PREYER und GEYL (Autoren bei PEIPER) (*28, 13*). AHLFELD (*1*) beschrieb diese Atembewegungen 1905 mit kymographischen Befunden bei Menschen. Diese grundlegenden Beobachtungen wurden von REIFFERSCHEID (*30*) 1911 endgültig bestätigt. Unabhängig von Puls und Atmung der Mutter fanden diese Autoren 48—61 fetale Atemzüge/min. Eine ganze Reihe von Untersuchern haben danach mit oder ohne Injektion von Testsubstanzen oder Kontrastmitteln in das Fruchtwasser die intrauterinen Atembewegungen bestätigt (*35*). Schnappatmung, periodische Atmung, aber auch bereits regelmäßige Atmung ließen sich nachweisen. Manchen Nachuntersuchern entgingen allerdings die intrauterinen Atembewegungen, da bei entsprechenden Tierversuchen die Muttertiere narkotisiert waren. Äther, Chloralhydrat oder gar Morphium unterdrücken jedoch die intrauterinen Atembewegungen. Bei Sauerstoffmangel wird ebenfalls die Regelmäßigkeit der Atembewegungen unterbrochen.

Offenbar reagiert das Zentralnervensystem, besonders aber das noch unreife Atemzentrum, intrauterin anders als nach der Geburt. Wie später noch zu beschreiben sein wird, kommen Veränderungen im Gasgehalt der Nabelschnur nur geringe Bedeutung zu. Man darf annehmen, daß die intrauterin bereits vorhandenen Atembewegungen durch die Geburt unterbrochen werden und sich nach der Geburt sofort wieder einstellen.

3. Gasgehalt der Nabelschnurgefäße

Nach den grundlegenden Untersuchungen von BARCROFT (2) und seiner Schule ist ebenso wie beim Tier auch beim menschlichen Fetus vom 60. bis zum 100. Tage der Schwangerschaft mit einer Sauerstoffsättigung von etwa 90% in der Nabelvene zu rechnen. In der 2. Hälfte der Schwangerschaft wurde ein Abfall der O_2-Sättigung auf 70—80% beobachtet. Kurz vor der Geburt schwankt die Sauerstoffsättigung zwischen 60 und 70% (35). Die Schwierigkeit in der Bewertung von Analysen des Nabelschnurblutes nach der Geburt sind durch die häufig nicht physiologischen Umstände bei der Abnahme zu erklären.

In seiner Publikation ,,über die Ursache der Atembewegungen sowie der Dyspnoe und Apnoe" aus dem Jahre 1868 hob PFLÜGER (27) hervor, daß bei Betrachten des Nabelstranges eines Fetus im Fruchtwasser, der noch in vollkommenster Placentarverbindung mit dem lebendigen mütterlichen Organismus steht, das Blut der Nabelarterien dieselbe Farbe besitzt wie das der Nabelvene. Das deutete einerseits auf einen verhältnismäßig geringen Sättigungsgrad des dem Kinde zufließenden Blutes und andererseits auf eine geringe Utilisation hin. Der rasche Anstieg der Konsumption nach dem Verlassen des Mutterleibes führe demgemäß zu einem akuten Sauerstoffmangel der die Ursache des ersten Atemzuges sei.

1884 hatten dann COHNSTEIN und ZUNTZ (7) ,,Untersuchungen über das Blut, den Kreislauf und die Atmung beim Säugetier-Fetus" veröffentlicht, in denen die theoretischen Erwägungen PFLÜGERs ihrer Meinung nach experimentell bestätigt wurden. Sie errechneten für den reifen Fetus einen Sauerstoffverbrauch von etwa $^1/_{12}$ des für das erwachsene Tier geltenden Wertes. Die Autoren hatten am eröffneten Uterus des Schafes Punktionen der Nabelgefäße vorgenommen und die Proben mit Hilfe der Pflügerschen Blutgaspumpe sofort untersucht. Es wurde in diesem Zusammenhang die außerordentlich rasche ,,Sauerstoffzehrung" fetalen Blutes beschrieben, deren Ursache im Reichtum an kernhaltigen Zellen vermutet wurde. Der Sauerstoffgehalt der Nabelvene wurde mit 6,3 Vol.-% angegeben, entsprechend einer relativen Sättigung von 43%. In der Nabelarterie wurden 2,3 Vol.-% O_2 bei einer Kapazität von 14,9 Vol.-% gefunden, d. h. die Sättigung betrug hier 16%.

Im Jahre 1930 hatte KELLOG (20) in der Nabelvene des Hundes einen O_2-Gehalt von 2,9—10 Vol.-% gemessen, entsprechend einer Sättigung von 11—60%. Vorher schon hatte HUGGET (17) 1927 mit der manometrischen Methode nach VAN SLYKE an trächtigen Ziegen in Urethannarkose vergleichende Untersuchungen über die Gasspannungen im mütterlichen und kindlichen Blut vorgenommen. Er hatte eine durchschnittliche Sauerstoffkapazität von 17,4 Vol.-% gefunden, wobei die mittlere Sättigung im arteriellen Blut (Nabelvene) 45% betrug. Derselbe Autor hatte 1934 zusammen mit ELLIOT und HALL (10) in Cambridge als O_2-Kapazität des Fetalblutes der Ziege von der 11. Woche an 13 Vol.-% ermittelt.

Es folgten nun eine ganze Reihe von Arbeiten derselben Schule unter Führung von BARCROFT (2), die sich mit dem Problem der fetalen Atmung befaßten. Soweit sie unsere Frage des normalen Gasgehaltes und der respiratorischen Eigenschaften des Fetalblutes betreffen, sollen sie hier kurz zusammenfassend dargestellt werden.

Bei Ziegen verschob sich von der 10. Schwangerschaftswoche an (Tragezeit 21—22 Wochen) die mütterliche O_2-Dissoziationskurve nach rechts. Mit fortschreitender Gravidität wurde die Differenz zur kindlichen Kurve größer, doch näherten sich beide gegen Ende wieder. Das bedeutete, daß das mütterliche Hämoglobin seinen Sauerstoff verhältnismäßig leicht abgab und das kindliche Blut ihn bei vergleichsweise niedrigeren Drucken aufnahm. Allerdings war der Übergang in die fetalen Gewebe relativ erschwert, doch sollte der Sauerstoffbedarf dort sehr gering sein. Er wurde — auf das Körpergewicht bezogen — mit nur etwa $^1/_4$ bis $^1/_5$ der Menge veranschlagt, die der erwachsene Organismus benötigt. Die Rechtsverschiebung der Dissoziationskurve im Schwangerenblut wurde durch eine Zunahme der Wasserstoffionenkonzentration erklärt (Schwangerschaftsacidose), während die Abweichung der fetalen von einer Normalkurve durch die spezifischen Eigenschaften eines fetalen Hämoglobins bedingt sein sollte. Die Differenz im Sauerstoffgehalt der Umbilikalvene und -arterie blieb während der Schwangerschaft ziemlich konstant und betrug etwa 5 Vol.-%.

Bei Schaffeten war die Sauerstoffsättigung des Nabelvenenblutes zwischen dem 75. und 100. Tage der Schwangerschaft (Tragezeit 150 Tage) am höchsten und erreichte Werte bis zu 98%. Kurz vor der Geburt betrug sie indessen nur 20%, um dann aber wieder etwas größer zu werden. Die Sauerstoffkapazität hielt sich nach dem 80. Tage etwa auf gleicher Höhe, verzeichnete aber in den letzten Tagen einen weiteren Anstieg. Unmittelbar vor der Geburt betrug sie 18 Vol.-%. Das entsprach einer Hämoglobinkonzentration, wie sie später im Leben des Tieres nie wieder vorkommt.

Zum Schluß seien von den Tierversuchen noch die Arbeiten von Roos und Romijn (*31*) erwähnt. Sie hatten an Rindern experimentiert und u. a. einen Sauerstoffgehalt des Nabelvenenblutes von 9,8 und des Nabelarterienblutes von 4,9 Vol.-% gefunden. Das Nabelvenenblut war in diesem Fall zu 90% gesättigt, doch wurden bei späteren methodisch einwandfreieren Versuchen in der Regel Sättigungen von etwa 65% für das arterielle und 28% für das venöse Blut der Nabelschnur ermittelt. Die Sauerstoffkapazität des 3 Monate alten Rinderfeten betrug etwa die Hälfte des mütterlichen Wertes, erreichte diesen ungefähr im 8. Monat, um ihn dann später zu übersteigen. Noch 3—4 Tage lang post partum nahm die O_2-Affinität des kindlichen Blutes zu, wahrscheinlich infolge der parallel damit beginnenden Steigerung der Alkalireserve, die ja im fetalen Plasma wesentlich geringer ist als im mütterlichen.

Nach diesem Überblick über die Verhältnisse bei einigen Tieren, den wir aus Gründen des Vergleiches gegeben haben, sollen nun die *Untersuchungen des Gasgehaltes im menschlichen Nabelschnurblut* betrachtet werden.

Die ersten Zahlen stammen von Eastman (*9*) aus dem Jahre 1930. Er klemmte bei normalen Geburten unmittelbar nach dem Austritt des Kindes die Nabelschnur nahe der Vulva und dem Kinde ab und punktierte. Die Gasanalyse ergab für die Vena umbilicalis einen O_2-Gehalt von 10,5 Vol.-% und für die Arteria umbilicalis 3,3 Vol.-%. Die O_2-Kapazität des Nabelvenenblutes betrug 20,8 Vol.-%, so daß es zu 50% gesättigt war. Die entsprechenden Werte bei einer Schnittentbindung waren 13,3, 6,3 und 20,9 Vol.-% (Sättigung des arteriellen Blutes 64%).

Goldbloom und Gottlieb (*14*), die insbesondere das Problem des Icterus neonatorum im Auge hatten, stellten ebenfalls fest, daß die O_2-Kapazität des Nabelvenenblutes im Vergleich zu Erwachsenenblut höher, die relative Sättigung aber geringer war. Der mittlere O_2-Gehalt betrug bei 9 Normalgeburten 17,2 Vol.-% bei einer durchschnittlichen Kapazität von 21,5 Vol.-% (Sättigung 80%). Die Autoren arbeiteten mit der van Slyke-Methode.

Ebenfalls im Jahre 1930 erschien die erste Mitteilung der gründlichen Arbeiten von Haselhorst und Stromberger (*15*) über den Gasgehalt des Nabelschnurblutes vor und nach der Geburt des Kindes und über den Gasaustausch in der Placenta. Zur Analyse wurde die manometrische van Slyke-Apparatur benutzt. In 22 Fällen komplikationsloser Spontangeburten in Schädellage betrug der mittlere Gehalt des Umbilicalvenenblutes an Sauerstoff post partum vor Beginn der Atmung 10,14 Vol.-% (Extrema: 4,93 und 13,48 Vol.-%). An Kohlensäure wurden durchschnittlich 40,71 Vol.-% (33,44 bis 45,01 Vol.-%) gefunden. Der O_2- und CO_2-Gehalt des Nabelarterienblutes betrug 3,40 bzw. 46,21 Vol.-% (23 Fälle). Eine Serie von 11 Proben nach dem ersten Atemzug ergab im Mittel 10,82 Vol.-% O_2 und 39,11 Vol.-% CO_2 für das Nabelvenenblut. Die Sauerstoffkapazität des kindlichen Blutes zur Zeit der Geburt wurde mit 21,92 Vol.-% festgestellt (Mittel aus 30 Untersuchungen).

1931 veröffentlichte Bidone (*5*) Versuche, in denen der Atemgasgehalt der V. und A. umbilicalis nach Barcroft bestimmt wurde. Als Mittel aus 9 Bestimmungen erhielt er in der Nabelvene 14,94 Vol.-% O_2 und 41,21 Vol.-% CO_2. Für die Nabelarterie galten 12,59 Vol.-% O_2 und 50,06 Vol.-% CO_2.

Noguchi (*25*) fand 1936 bei 30 Fällen einen durchschnittlichen O_2-Gehalt im Blute der Nabelvene von 10,2 Vol.-%, in der Nabelarterie 3,4 Vol.-%. Die O_2-Kapazität betrug 21,4 Vol.-%, die arterielle Sättigung also 48%. 1937 gab derselbe Autor anläßlich der Untersuchung des Umbilicalblutes bei normalen und asphyktischen Neugeborenen weitere Zahlen an: O_2-Gehalt in der V. umb. 11,0 Vol.-%, CO_2-Gehalt 38,0 Vol.-%, O_2-Kapazität 21,6 Vol.-%. Die Sättigung betrug demnach 51%. In der A. umbilicalis wurden durchschnittlich 4,4 Vol.-% O_2 und 44,2 Vol.-% CO_2 gefunden, bei einer Kapazität von 21,2 Vol.-%. Es wird ausdrücklich festgestellt, daß einige Atemzüge bei der Geburt keine Veränderungen im Gasgehalt weder des arteriellen noch des venösen Umbilicalblutes bewirken.

In einer anderen Studie über die Wasserstoffionenkonzentration gab Noguchi (*25*) noch einmal Blutgaswerte an, die mit einer Mikromodifikation der van Slyke-Neill-Technik gewonnen wurden. Sie entsprachen den oben zitierten und lauteten im einzelnen: 11,4 Vol.-% O_2 neben 42,1 Vol.-% CO_2 in der V. umbilicalis und 5,2 Vol.-% O_2 neben 46,5 Vol.-% CO_2 in der A. umbilicalis. Dieser Mitteilung zufolge war der CO_2-Gehalt des Umbilicalblutes wie auch der p_H-Wert bei normalen Neugeborenen mit umwickelter Nabelschnur niedriger als bei normalen ohne Komplikationen. Im O_2-Gehalt hingegen war kein Unterschied zu entdecken.

Smith (*35*) fand 1939 bei seinen Untersuchungen über Narkoseeinflüsse auf die Sauerstoffbindung im mütterlichen und im fetalen Blut bei Ätheranwendung in der V. umbilicalis 12,0 Vol.-%, in der A. umbilicalis 3,3 Vol.-% O_2. Die Kapazität betrug 21,3 Vol.-%, die Sättigung 57%. Bei Verwendung von Stickstoffoxydul waren die entsprechenden Zahlen 7,0, 2,1 und 21,5 Vol.-% (Sättigung 33%). Dazu wäre zu sagen, daß von Shaw (*33*) und Mitarbeitern in Versuchen an Hunden festgestellt wurde, daß Äthernarkose die O_2-Sättigung des arteriellen Blutes herabsetzt. Als Gründe sind vor allem die Veränderung der Atmung, die Erniedrigung des Blut-p_H, die ja eine Dissoziationskurve geringerer Steilheit erzeugt, und die Wirkung des Äthers auf die Permeabilität der Zellmembran anzuführen. Andererseits ist daran zu denken, daß bei der Entgasung Äther austritt, der die Manometerwerte verfälscht, d. h. zu hoch ausfallen läßt. Alle diese Effekte werden im übrigen von der Tiefe der Narkose abhängen und sich in günstigen Fällen zum Teil kompensieren. Auf diese Weise ist zu verstehen, daß die Nabelblutwerte von Smith, die unter Ätheranaesthesie erhalten wurden, sich kaum vom normalen unterscheiden.

1953 haben Walker und Turnbull (*39*) Untersuchungen über die Sauerstoffmenge im Blut der Nabelgefäße in verschiedenen Stadien normaler Schwangerschaften vorgelegt. Die Angaben umfassen die 21. bis 43. Woche, also die 2. Hälfte der Gravidität. Die Probeentnahme geschah in der üblichen Weise durch Punktion eines beiderseits abgeklemmten Stückes Nabelschnur gelegentlich abdominaler Hysterotomie oder Sectio caesarea vor Beginn der Wehentätigkeit. Die Eingriffe wurden in Lumbalanaesthesie ohne Prämedikation vorgenommen, die Blutgasanalyse erfolgte nach Roughton-Scholander. Dabei wurde festgestellt, daß Sauerstoffgehalt und -sättigung normaler menschlicher Feten zum Geburtstermin hin allmählich absinken, während gleichzeitig die Erythrocyten- und Hämoglobinwerte zunehmen. Über 41 Wochen hinaus sind diese Veränderungen besonders deutlich. Für die 40. Schwangerschaftswoche, also das „normale" Ende der Gravidität, wurden für den Sauerstoffgehalt der Umbilicalvene 4 Werte erhalten: 12,7, 12,5, 10,8 und 10,6 Vol.-%. Die entsprechenden Kapazitäten waren 22,2, 20,4, 19,8 und 20,0 Vol.-%.

Weitere gasanalytische Daten des fetalen Blutes aus neuester Zeit (1955) sind der Arbeit von Beer, Bartels und Raczkowski (*4*) über „die Sauerstoffdissoziationskurve des fetalen Blutes und den Gasaustausch in der menschlichen Placenta" zu entnehmen. Nach den Vorschriften von PETERS und VAN SLYKE im manometrischen Apparat ausgeführte Analysen ergaben für das Blut der A. umb. einen Sauerstoffgehalt von $2,9 \pm 2,0$ Vol.-% (Mittelwert und mittlere Abweichung des Einzelwertes, 19 Versuche). Die Kapazität betrug durchschnittlich $22,2 \pm 2,1$ Vol.-%, die relative Sättigung $13,7 \pm 9,2$ Vol.-%. An Kohlensäure wurden in der Nabelarterie $47,7 \pm 4,8$ Vol.-% erhalten. In der V. umb. wurden $10,6 \pm 3,2$ Vol.-% Sauerstoff (24 Versuche) und $40,9 \pm 4,9$ Vol.-% Kohlensäure gefunden. Die relative Sättigung betrug $47,7 \pm 14,1$ Vol.-%.

Neuere Untersuchungen von WITTKE (*41*) sind mit den vorher aufgeführten Ergebnissen in der nachstehenden Tabelle zusammengefaßt.

Tabelle 1. *Zusammenstellung von Gasanalysen des Nabelschnurblutes*
(Mittelwerte in Vol.-%)

Autoren	Anzahl der Unters.	V. umbilicalis			A. umbilicalis			O_2 Kapazität
		O_2	CO_2	S^4	O_2	CO_2	S^4	
EASTMAN		10,5		50	3,3			20,8
GOLDBLOOM u. GOTTLIEB	9	17,2		80				21,5
HASELHORST u. STROM- BERGER	22	10,14	40,71	46,3	3,4	46,2		21,9
	11	10,8	39,1	49,4				
BIDONE[1]	9	14,9	41,2		12,6	50,06		
	30	10,2		48	3,4			21,4
NOGUCHI		11,0	38,0	51	4,4	44,2		21,6
		11,4	42,1		5,2	46,5		
SMITH[2]	21	12,0		57	3,3			21,3
WALKER u. TURNBULL[3]	4	11,7						21,2
BARTELS et al.	19	10,6 $\pm 3,2$	40,9 $\pm 4,9$	47,7 $\pm 14,1$	2,9 $\pm 2,0$	47,7 $\pm 4,8$	13,7 $\pm 9,2$	22,2 $\pm 2,1$
WITTKE	19	10,8 $\pm 3,2$	39,0 $\pm 4,8$	47,1 $\pm 14,7$	5,4 $\pm 2,0$	44,6 $\pm 4,2$		22,7 $\pm 2,3$

[1] Barcroft-Methode.
[2] Bei Ätheranwendung.
[3] Methode nach ROUGHTEN-SCHOLANDER.
[4] Sättigung.

Alle anderen Arbeiten wurden nach der van Slyke-Methode ausgeführt.

Das Blut der Nabelvene ist also zu etwa $40-70\%$ seiner Sauerstoffkapazität gesättigt. Die Sauerstoffsättigung in der Nabelarterie beträgt noch $10-30\%$. Wenn während der Geburt Sauerstoff zugeführt wird, so läßt sich nach Untersuchungen von KINCH (*21*) ein höherer Sauerstoffgehalt im Nabelschnurblut finden. Allerdings fehlt es nicht an Gegenstimmen, die vor einer Überwertung dieser Befunde warnen (*35*).

4. Der erste Atemzug und die Entwicklung der Lungenfunktion

Die im vorigen Kapitel mitgeteilten Werte über den Gasgehalt in den Nabelschnurgefäßen legen es nahe, daß die Apnoe des Neugeborenen physiologisch durch eine Verminderung der Sauerstoffsättigung und eine begleitende Erhöhung der Kohlensäurespannung gekennzeichnet ist. Ohne Zweifel führen aber neben biochemischen Besonderheiten auch physiko-chemische Reize dann regelmäßig zum ersten Atemzug, wenn die Empfindlichkeit des Zentralnervensystems genügend ausgebildet ist. Zunächst kommt es im allgemeinen zu einigen schnappenden Atemzügen und nach 6—8 sec zum ersten Schrei. Der negative intraoesophageale Druck beträgt nach KARLBERG (19) 20—60 ml H_2O. Das Atemvolumen der ersten 3 Atemzüge liegt zwischen 40 und 80 ml. Dann allerdings reduziert sich sehr schnell das Atemvolumen auf einen Durchschnittswert von 15 ml, und ein Druck von 12—15 ml H_2O reicht zur Beatmung der entfalteten Neugeborenenlunge aus. Mit den ersten Atemzügen füllen sich alle Teile der Lunge ausreichend. Nur paravertebrale Abschnitte können sich erst nach einigen Tagen entfalten, so daß Entfaltungsgeräusche an diesen Stellen keinen Grund zur Besorgnis bilden. Mit röntgenologischer Kontrolle findet man bei etwa 18% aller Neugeborenen atelektatische Bezirke, ohne daß die O_2-Sättigung des Blutes darunter leidet. Mit der Ausdehnung der Lunge steigert sich der Blutdurchfluß in der Lungenschlagader. Vor dem ersten Atemzug läßt sich angiokardiographisch nachweisen, daß der Kurzschluß rechter Vorhof — linker Vorhof nur Spuren von Kontrastmittel in die rechte Kammer kommen läßt. Unmittelbar nach dem ersten Atemzug gehen nur noch Spuren des Kontrastmittels vom rechten Vorhof in den linken Vorhof, hingegen sind die rechte Kammer und die Lungenschlagader gut gefüllt (22).

Wenn nun die Lungenfunktion im Verlauf der Kindheit besprochen werden soll, so werden folgende Kriterien herangezogen:

1. Die Lungenvolumina
2. Die Mechanik der Atmung
3. Der Gasaustausch mit der Alveolarbelüftung und der Diffusion

Das Schema der nächsten Abbildung(Abb.2)gibt zunächst die Lungenvolumina wieder, die seit 1950 international standardisiert sind.

Bei der Atemtechnik spielen 2 elastische Systeme eine Rolle, die einerseits durch den Thorax mit Zwerchfell, andererseits durch die Lunge dargestellt werden. Während der Einatmung wird zunächst nur durch das Zwerchfell, später dann auch durch die Rippenatmung der Thoraxraum und damit das Lungenvolumen

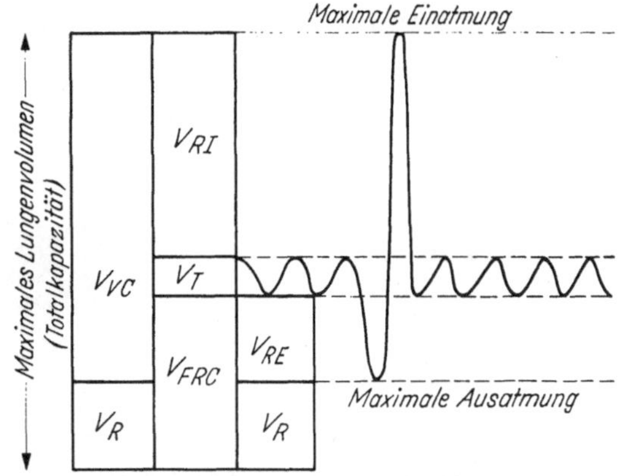

Abb. 2. V_{VC} = Vitalkapazität; V_R = Residualvolumen; V_{RI} = Inspiratorisches Reservevolumen (früher Komplementärluft); V_T = Atemvolumen oder Atemzugvolumen; V_{RE} = Exspiratorisches Reservevolumen (früher Reserveluft); V_{FRC} = Funktionelle Residualkapazität

vergrößert. Die elastische Spannung der Lunge steigt mit der Lungenausdehnung. Diese elastische Komponente des Lungen-Thoraxsystems wird als statisches Druck-Volumen-Verhältnis

$$\frac{V = \text{Lungenvolumen (ml)}}{P = \text{intrapulmonaler Druck (cm } H_2O)}$$

gemessen und als "Compliance" bezeichnet. Dieser Wert verändert sich mit der Größe der Totalkapazität. Gleichzeitig ist dieser Wert ein Maß für die Elastizität der Lunge. Ebenfalls muß der Strömungswiderstand — ausgedrückt durch cm H_2O/1/sec — berücksichtigt werden. Am Ende der Einatmungsphase ist ein Gleichgewicht zwischen Lungenspannung einerseits und Atemmuskelspannung andererseits erreicht. Erschlaffen die Atemmuskeln, so erhält die Lungenspannung die Oberhand und die Ausatmungsphase beginnt. Das Lungenvolumen erscheint

verkleinert, wenn der Strömungswiderstand — nun in entgegengesetzter
Richtung — überwunden ist. Die Ausatmung ist beendet, wenn ein Gleichgewicht
zwischen der verringerten elastischen Lungenspannung und der ansteigenden
Atemmuskelspannung hergestellt ist. Dann hat sich die funktionelle Residual-
kapazität wiedereingestellt. Verminderte Lungenvolumina und der wechselnde
Druck im intrapleuralen Raum beeinflussen diese Atemtechnik.

Die Hauptaufgabe der Atmung ist im Gasaustausch zwischen den Alveolen
und dem Capillargebiet der Lunge zu sehen. Von der *Ventilation* über die *Verteilung*
kommt es schließlich zur *Diffusion* und zum *alveolär-capillären Austausch*. Die

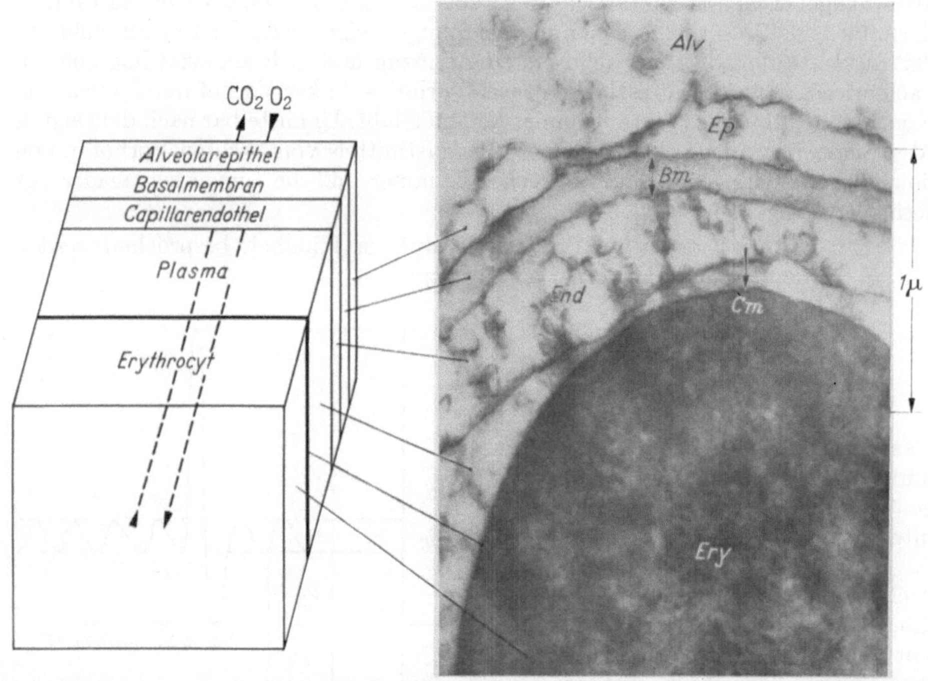

Abb. 3. Diffusionsweg des Sauerstoffs und des Kohlendioxyds in der Lunge. Rechts: Elektronenmikroskopische
Aufnahme von H. Schulz. Schematische Darstellung der Diffusionsschichten (modifiziert nach Comroe u. Mit-
arb.). *Alv* Alveole, *Ep* Alveolarepithel, *Bm* Basalmembran, *End* Capillarendothel, *Cm* Erythrocytenmembran,
Ery Erythrocyt. Nach G. Thews (37)

Ventilation wird durch das Minutenvolumen $= \dot{V}$ ml/min gekennzeichnet. Das
mittlere Atemvolumen V_T ist frequenzabhängig (f/min). Nun erreicht aber die
zuletzt eingeatmete Luft nicht den Alveolarraum, kann also auch nicht am Gasaustausch teilnehmen. Dieser Teil der Luftsäule wird der funktionelle Totraum
(V_D) genannt. Ziehen wir also diesen Totraum vom Atemvolumen ab, so erhalten
wir das alveoläre Atemvolumen ($V_T - V_D$). Berücksichtigen wir weiterhin die
Atemfrequenz, so erhalten wir die Alveolarventilation/min $= \dot{V}_A = (V_T - V_D) \cdot f$.
Das Verhältnis vom alveolären Atemvolumen zur funktionellen Residualkapazität
ist ein Maß für die Wirksamkeit jedes Atemzuges hinsichtlich der Alveolarventilation $\dfrac{(V_T - V_D)}{V_{FRC}}$

Die Wirksamkeit der Alveolarventilation wird schließlich durch das Verhältnis
von Alveolarventilation ($\dot{V}_A$) zu dem Gaswechsel (O_2-Verbrauch $= \dot{V}_{O_2}$ ml/min
und CO_2-Abgabe $= \dot{V}_{CO_2}$ ml/min) gekennzeichnet. Die Einatmungsluft enthält

üblicherweise neben Stickstoff 20 Vol.-% O_2 und 0,03 Vol.-% CO_2. Ohne Verminderung des Stickstoffgehaltes sind in der Ausatmungsluft 16 Vol.-% O_2 und 4 Vol.-% CO_2 festzustellen. Der Sauerstoff hat auf seinem Wege von der Alveole bis in das Innere des Erythrocyten folgende Grenzflächen zu passieren:

1. Die Alveolar- und Capillarwand
2. Das Blutplasma
3. Die Erythrocytenmembran
4. Einen Teil des Erythrocyteninneren

Der gesamte Luft-Blutweg hat eine Länge von 0,3 bis 0,6 μ und ist auf der Abbildung 3 dargestellt.

Die Diffusion ist abhängig von den Konzentrationsunterschieden zwischen Alveole und Lungencapillarblut, also ihrem Unterschied im Partialdruck, durch die Blutmenge im Capillargebiet der Lunge und durch die zum Gasaustausch zur Verfügung stehende Zeit. Als Diffusionskapazität (D_F) wird die Gasmenge bezeichnet, die pro Minute, pro mm Hg Partialdruck durch die alveolär-capilläre Grenzfläche geht. Die Diffusionskapazität für Sauerstoff ist 20mal kleiner als für Kohlensäure. Die CO_2-Diffusion wird darüber hinaus begünstigt, da die CO_2-Löslichkeit in der Alveolarmembran und in der interstitiellen Flüssigkeit größer ist als diejenige für Sauerstoff. Sie wird mit Gasen bestimmt, die im Blut vermutlich besser als in der Alveolarmembran löslich sind (CO, O_2). Die Diffusionskapazität wird vornehmlich durch die Diffusionsoberfläche, durch die Länge und Art des Diffusionsweges und durch die Gewebseigenschaften von Alveolarmembran bzw. Capillarmembran beeinflußt.

a) Die Atmung des Frühgeborenen

In der reifen Lunge findet man histologisch enge, mit kubischem Epithel ausgekleidete Alveolen. Im dicken interstitiellen Gewebe befinden sich wenig Capillaren. Das Epithelnetz bildet sich intrauterin besonders zwischen der 26. und 36. Woche des intrauterinen Lebens aus. Je unreifer das Kind ist, desto weniger Blut fließt durch die Lunge und um so geringer ist der alveoläre Gasaustausch. Gewöhnlich sind wegen schlechter Ausdehnung der Lunge Atelektasen vorhanden. Der nachgiebige Thorax, die wenig entwickelte Atemmuskulatur und das noch wenig funktionstüchtige Atemzentrum müssen dafür verantwortlich gemacht werden. So sieht man je nach Ausbildung der Atelektasen, synchron mit der Atmung, mehr oder weniger deutliche Einziehungen am Rippenbogen und Sternum. Die Atmung ist weitgehend eine Zwerchfellatmung. Die periodische Atmung (CHEYNE-STOKES) herrscht bei unreifen Frühgeborenen vor. Je nach Reifung des Atemzentrums geht sie in eine regelmäßige Atmung über. Dies kann Tage und Wochen dauern. Rhythmus und Tiefe der Atmung sind während dieser Zeit sehr wechselhaft. Soll eine Bestimmung der Atemfrequenz vorgenommen werden, so erhält man exakte Werte nur dann beim schlafenden Kind, wenn man die Frequenz für mindestens eine Minute bestimmt. Die engen oberen Luftwege können sich leicht mit Schleim verstopfen. Die Schleimhaut ist darüber hinaus so leicht verletzlich, daß nur in ausgesprochenen Notfällen zusätzlich zur Magenverweilsonde eine Sauerstoffnasensonde gelegt werden sollte. Eine große Gefahr besteht hinsichtlich der Aspirationspneumonie, da bei unreifen Kindern der Hustenreflex fehlt. Bei unreifen Frühgeborenen kommt es besonders in den ersten Tagen aus diesen genannten Gründen zu bedrohlichen apnoischen Anfällen mit Schnappatmung, Cyanose und anschließendem Kreislaufkollaps. Daher ist eine dauernde Beobachtung in den ersten Tagen — möglichst im Inkubator — erforderlich, da ohne sofortiges Eingreifen die Atmung nicht mehr in Gang kommt. Infolge der Übererregbarkeit aller Muskeln reicht häufig ein seitliches Bestreichen des Thorax, Beklopfen oder leichtes

Anstoßen des Kindes aus („es vergißt zu atmen"). Schlimmstenfalls kann die künstliche Beatmung (Babypulmotor oder andere Geräte) eingeleitet werden.

Da es außerordentlich schwer ist, von „normalen" Frühgeborenen zu sprechen, werden die Werte der nächsten Tabelle unter diesem Vorbehalt mitgeteilt. Sie stammen von Kindern, die die ersten Lebenswochen ohne Schwierigkeiten überlebten. Die Umgebungstemperatur betrug 31,1° C und die Luftfeuchtigkeit 80 bis 90%.

Tabelle 2. *Atemfrequenz bei „normalen" Frühgeborenen 12 Std nach der Geburt* [nach SILVERMAN (*34*)]

	Geburtsgewicht (g)		
	1000 u. weniger	1001—1500	1501—2000
Anzahl der Kinder. . . .	16	67	119
Mittlere Frequenz/min . .	*57*	*56*	*55*
Streuung $\pm\, 2\sigma$	33—81	24—88	23—87

Infolge schlechter Belüftung läßt sich im Blut von Frühgeborenen fast regelmäßig eine respiratorische und metabolische Acidose nachweisen. Erst mit Besserung der Atmung ist die metabolische Acidose vorherrschend (*42*). So wird beim Frühgeborenen eine Sauerstoffsättigung im arteriellen Blut bis zu 77% erniedrigt gefunden, ohne daß im Gegensatz zu Neugeborenen dabei Dyspnoe und Cyanose auftreten. Umgekehrt reicht eine O_2-Konzentration von 18 Vol.-% in der Atemluft aus, um im Blut dieser Kinder eine Sauerstoffsättigung von 80—90% zu erzielen. Bis zu 40 Tagen wurde unter diesen Bedingungen ein gutes Gedeihen beobachtet.

b) Die Atmung des Neugeborenen

Innerhalb kurzer Zeit muß das Neugeborene über eine Lungenfunktion verfügen, die eine ausreichende Sauerstoffversorgung und Kohlensäureabgabe gewährleistet. Die engen Wege im Nasopharynx behindern ebenso wie die horizontale Stellung der Rippen mit ihrer geringen Exkursion die Lungenventilation. Erschwerend für die Ventilation wirken weiterhin die Nachgiebigkeit der Rippen und der Widerstand der Baucheingeweide. Ebenso wie beim Frühgeborenen wird der ausreichende Gaswechsel im wesentlichen durch die Zwerchfellatmung gesichert. Im Gegensatz zum Frühgeborenen finden wir beim Neugeborenen eine regelmäßige Atmung, wenn man von der Schnappatmung der ersten Atemzüge absieht. Das Inspirium und das Exspirium sind gleich groß. Wenn überhaupt, dann zeigt das Neugeborene eine periodische Atmung vor dem Einschlafen. Die Atemfrequenz schwankt, je nach Autor, zwischen Mittelwerten von 34 (*19, 23*) und 48 (*42*) pro Minute. Im Schlaf ist die Frequenz geringer, die Atemtiefe größer und das Minutenvolumen kleiner. Eine Übersicht für die Lungenvolumina bei Neugeborenen gibt die Tabelle 3. Zum Vergleich sind die Werte eines 70 kg schweren Erwachsenen beigefügt.

Es fällt zunächst das geringe Volumen der funktionellen Residualkapazität auf. Trotz des ebenfalls geringen Atemvolumens wird durch die hohe Frequenz das Minutenvolumen von 500 ml erreicht, da auch der funktionelle Totraum nicht mehr als 5 ml, also etwa $^1/_3$ des Atemvolumens beträgt. Immerhin gestattet es diese Atemtechnik, daß der überwiegende Teil aller Neugeborenen bereits 60 min nach der Geburt eine Sauerstoffsättigung von 90% und mehr erreicht (*35*), während bei der Geburt der Durchschnitt etwa 50% beträgt. Trotzdem besteht bei Sauerstoffmangel nur wenig Möglichkeit, durch Steigerung der Atemfrequenz die

Sauerstoffversorgung zu verbessern. Bezogen auf die Körperoberfläche sind die Atemminutenvolumina gleich denen des Erwachsenen. Ohne Zweifel wird aber Sauerstoffmangel vom Neugeborenen weitgehend besser vertragen als vom Erwachsenen. Noch nach einer apnoischen Pause von 10 min und mehr kann sich das Neugeborene später normal entwickeln. Mit zunehmendem Geburtsgewicht läuft auch eine Volumenzunahme mehrerer Größen der Lungenfunktion parallel.

Tabelle 3. *Die Lungenfunktion* [nach KARLBERG (*19*)]

Lungenfunktion		Neugeborenes 1—2 Tage alt 2,5 kg	Erwachsener 70,0 kg
Funktionelle Residualkapazität	V_{FRC} ml	70	2700
Atemvolumen	V_T ml	15	500
	$\dfrac{V_T}{V_{FRC}}$	0,21	0,18
Statisches Druckvolumenverhältnis (Compliance)	$\dfrac{\Delta V}{\Delta P}$ ml/cm H_2O	5	165
Funktioneller Totraum	V_D ml	5	155
	$\dfrac{V_D}{V_T}$	0,32	0,31
	$\dfrac{V_T - V_D}{V_{FRC}}$	0,13	0,13
Atemfrequenz	f per min	34	12
Minutenvolumen	$\dot{V}$ ml/min	500	6000
Alveolarventilation	$\dot{V}_A$ ml/min	355	4140
Diffusionskapazität	D_{Fco} ml/min/mm Hg	1,2	16
O_2-Verbrauch	$\dot{V}_{O_2}$ ml/min	17	232
	$\dfrac{\dot{V}_{O_2}}{\dot{V}_A}$	0,062	0,067
CO_2-Ausscheidung	$\dot{V}\,CO_2$ ml/min	12	200

Dies gilt für die funktionelle Residualkapazität, das Minutenvolumen, das Atemvolumen, die Alveolarventilation, den funktionellen Totraum und für das statische Druck-Volumenverhältnis (Compliance). Unabhängig vom Geburtsgewicht bleibt die Atemfrequenz. Vergleicht man die Verhältniszahlen

$$\frac{V_T}{V_{FRC}}\,,\quad \frac{V_D}{V_T}\,,\quad \frac{V_T - V_D}{V_{FRC}}\quad \text{und}\quad \frac{\dot{V}_{O_2}}{\dot{V}_A}$$

mit denen des Erwachsenen, so bestehen kaum Unterschiede. Da die Lungenvolumina mehr ausgenutzt werden müssen, ist die besonders hohe Atemfrequenz des Neugeborenen erklärbar. Nur so können die Anforderungen an die Lungenfunktion des Neugeborenen erfüllt werden.

c) Die Atmung des Säuglings

Auch hinsichtlich des Gasaustausches in der Lunge darf während der ersten Lebensmonate von einer „werdenden Funktion" gesprochen werden. Durch Vermehrung und Vergrößerung der Acini durch knospenähnliches Wachstum der Bronchioli differenziert sich das Lungengewebe im 1. Trimenon. Innerhalb von 12 Monaten verdreifachen sich Gewicht und Volumen. Das absolute Lungenvolumen der rechten Lunge nimmt beispielsweise von 80 ml bei der Geburt auf

200—300 ml am Ende des 1. Lebensjahres zu. Die rechte und linke Lunge verhalten sich bei diesem Wachstum wie 4:3. Die Atemfrequenz am Ende des ersten Lebensjahres beträgt zwischen 22 und 25/min. War im wesentlichen eine Zwerchfellatmung beim Neugeborenen vorhanden, so beginnt im 2. Lebenshalbjahr nach Senkung der Rippen aus ihrer horizontalen Stellung eine größere Atemexkursion. Damit ist eine Kompensation von Sauerstoffmangelzuständen nicht nur durch Steigerung der Frequenz, sondern auch durch eine Zunahme der Atemtiefe möglich. Das Atemvolumen steigt von 15 ml auf 70—100 ml beim einjährigen Kind. Dementsprechend vergrößert sich auch das Atemminutenvolumen von 500 ml auf 1800—2500 ml. Zugleich mit der Rippenatmung im 2. Lebenshalbjahr besteht auch bei extremer Exspiration im Pleuraraum ein negativer Druck. In den ersten Lebenswochen sinkt dagegen der intrapleurale Druck nur bei der Inspiration ab und wird negativ.

Im Verlauf von schweren Erkrankungen, wie Keuchhusten, Toxikose und Sepsis, kann eine Schnappatmung auftreten. Zumindest im 1. Trimenon kommt es nach der Nahrungsaufnahme zum Singultus, der von PEIPER (26) als Unterform der Schnappatmung angesehen wird. Nach 10—15 min stellt sich gewöhnlich wieder die regelmäßige Atmung ein.

d) Die Atmung des Kindes

Die Atemfrequenz geht in der Kindheit weiter zurück. Dies kann damit erklärt werden, daß im Verhältnis zur Lungenausdehnung immer weniger Anforderungen an die Lungenfunktion gestellt werden. Die für Störungen anfällige Periode der Neugeborenen- und Säuglingsatmung ist vorüber. Bei kleinen Kindern von 3—4 Jahren beträgt die Atemfrequenz 20—22/min, bei Schulkindern 18—20/min. Jugendliche im Alter von 14—18 Jahren besitzen eine Atemfrequenz von 16 bis 18/min. Erst beim Erwachsenen im Alter von 20—30 Jahren stellt sich eine Frequenz von 12—15/min ein. Die Werte der Vitalkapazität schwanken zwischen mehreren Untersuchern erheblich. Nachstehend sind die Werte von DRESSLER (8) in Tab. 4 wiedergegeben.

Neben der mittleren quadratischen Abweichung σy wurde der Variationskoeffizient v_y berücksichtigt, der die Streuungsbreite vom Mittelwert in Prozent ergibt. Die Vitalkapazität wurde stehend gemessen. Bei der Vitalkapazität zeigt sich also eine deutliche Abhängigkeit von der Körperlänge, weniger vom Gewicht und Alter. Zu ähnlichen Ergebnissen kamen andere Autoren (11, 19, 24, 18, 38). Die in der Literatur bisher veröffentlichten absoluten Werte der Vitalkapazität schwanken für die einzelnen Alters-, Größen- und Gewichtsklassen erheblich. Eine Zusammenstellung älterer Untersuchungsergebnisse findet man bei BROCK u. PÜSCHEL (6, 29), die — nach Altersgruppen geordnet — regelmäßig niedrigere Werte der Vitalkapazität bei Mädchen als bei Knaben fand. Die von STEWART (36) 1922 veröffentlichten Werte liegen bei Knaben um 150—400 ml niedriger als die von DRESSLER (8) bestimmte Vitalkapazität. Bei Mädchen beträgt die Differenz durchschnittlich 200 ml. Betrachtet man dagegen seine Ergebnisse in Beziehung zur Körperlänge, so liegen die von STUART (36) ermittelten Werte über denen von DRESSLER (8). Unterschiede weisen auf die Tatsache hin, daß heute durch die Acceleration bereits in den jüngeren Altersgruppen Kinder von größerer Körperlänge und damit größerer Vitalkapazität in Erscheinung treten.

Von HERMANNSEN (16) wurde 1933 der Begriff des Atemgrenzwertes in die spirographische Untersuchungstechnik eingeführt. Er kennzeichnet das Luftvolumen, das von einem Kind durch maximale, willkürlich forcierte Atmung in einer Minute ventiliert werden kann. Zweckmäßigerweise beschränkt man sich bei der Bestimmung des Atemgrenzwertes auf wenige Atemzüge und rechnet den innerhalb von 10—15 sec ermittelten Ventilationswert auf eine Minute um.

Tabelle 4. *Vitalkapazität bei Schulkindern* [nach DRESSLER (*8*)]

		Knaben				Mädchen			
		n	My	$\pm\sigma_y$	$\pm v_y$ %	n	My	$\pm\sigma_y$	$\pm v_y$ %
Altersgruppen	7	3	1533	522,3	34,7	1	1515		
(Jahre)	8	13	1695	286,5	16,90	2	1460		
	9	22	1758	205,1	11,66	21	1580	338,2	21,40
	10	19	1845	317,1	17,19	26	1575	300,1	19,05
	11	28	2246	317,7	14,15	16	1914	246,5	12,88
	12	14	2384	255,5	10,72	4	2303	429,9	21,40
	13	18	2560	392,7	15,34				
	14	9	2837	562,8	19,84				
	15	2	2885						
Größengruppen	121—125	3	1345	102,1	7,59	2	1465		
(cm)	126—130	6	1621	99,5	6,14	6	1483	581,8	39,24
	131—135	22	1702	210,2	12,35	10	1414	150,0	10,61
	136—140	18	1847	184,9	10,01	21	1643	233,6	14,22
	141—145	17	2070	215,7	10,42	16	1659	248,2	15,01
	146—150	26	2248	254,1	11,30	9	1941	183,8	9,47
	151—155	19	2529	270,3	10,68	4	2159	342,2	15,85
	156—160	8	2635	225,7	8,27	1	2585		
	161—165	5	3340	585,9	17,54	1	2835		
	166—170	2	3150						
Gewichtsgruppe	20,1—25,0	4	1321	294,2	21,27	2	1450		
	25,1—30,0	29	1677	197,3	11,77	17	1476	365,9	24,79
(kg)	30,1—35,0	30	1942	211,0	10,87	27	1638	249,5	15,24
	35,1—40,0	24	2231	250,8	11,24	13	1736	243,5	14,03
	40,1—45,0	20	2445	299,0	12,23	6	1990	356,0	17,88
	45,1—50,0	15	2775	400,7	14,44	3	2085		
	50,1—55,0	5	2985	773,2	25,61	2	2710		
	55,1—60,0	1	2935						

Wie aus der folgenden Tabelle 5 zu erkennen ist, findet man bei Knaben wiederum eine annähernd lineare Korrelation des Atemgrenzwertes zu Körperlänge und Körpergewicht. Die für Mädchen ermittelten Korrelationskoeffizienten liegen wesentlich niedriger. Die Korrelation ist damit geringer als die der Vitalkapazität. Der Atemgrenzwert steht in einem bestimmten Verhältnis zur Vitalkapazität. Dieses Verhältnis wird durch die Formel Atemgrenzwert = 40 · Vitalkapazität gekennzeichnet (*32*). Um die Gültigkeit dieser Bezugsgröße für das Kindesalter nachzuprüfen, hat DRESSLER (*8*) entsprechende Berechnungen des Faktors für 130 Knaben und 70 Mädchen getrennt ausgeführt. Dabei fand er für beide Geschlechter wesentlich niedrigere Werte. Das arithmetische Mittel lag für Knaben bei 31,10 mit einer Streuung von $\sigma = \pm 7{,}730$ ($v = 24{,}85\%$), für Mädchen bei 28,24 mit einer Streuung von $\sigma = \pm 7{,}293$ ($v = \pm 25{,}82\%$). Ein Atemgrenzwert kann deshalb nur dann als pathologisch angesehen werden, wenn er mehr als 30% vom Soll-Atemgrenzwert differiert.

Im Laufe der letzten 25 Jahre ist die Bestimmung des Grundumsatzes zu einem wesentlichen Bestandteil der klinischen Diagnostik geworden. Die übliche Bestimmungsmethode besteht in der Messung des Sauerstoffverbrauches während einer Dauer von 10 min. Die Bestimmung soll morgens nüchtern erfolgen, solange sich das Kind noch im Bett befindet. Der Umsatzwert wird dann auf Calorien pro

Tabelle 5. *Atemgrenzwert bei Schulkindern* [nach DRESSLER (8)]

	Knaben				Mädchen			
	n	M_y	$\pm\sigma_y$	$\pm v_y$ %	n	m_y	$\pm\sigma_y$	$\pm v_y$ %
7	4	54,1	10,06	18,6	1	55,2		
8	14	52,1	9,41	18,1	2	47,3		
9	22	52,4	13,93	26,6	21	41,5	10,77	29,5
10	19	54,3	17,79	32,8	26	47,2	16,25	34,4
11	27	67,5	17,13	25,4	16	52,3	12,91	24,7
12	14	76,3	19,20	25,2	4	53,7	15,53	28,9
13	18	78,3	24,53	31,3	—			
14	9	93,8	28,90	30,8				
15	2	92,6						
16	1	174,6						
121—125	4	50,1	11,86	23,7	2	46,6		
126—130	6	43,9	8,27	18,8	6	36,8	9,40	25,6
131—135	22	50,5	11,60	23,0	10	43,7	7,96	18,2
136—140	18	54,4	13,10	24,1	21	45,3	12,29	27,1
141—145	17	67,7	15,50	23,0	16	46,7	13,28	28,8
146—150	26	67,7	20,28	29,9	9	56,0	21,23	37,9
151—155	19	76,3	21,23	27,8	4	54,1	22,00	40,7
156—160	8	83,6	20,38	24,4	1	55,3		
161—165	5	108,1	31,64	29,3	1	74,2		
166—170	2	91,7						
20,1—25,0	4	43,9	10,95	24,9	2	41,5		
25,1—30,0	31	51,1	10,87	21,3	17	42,3	11,69	27,6
30,1—35,0	29	60,9	16,58	27,2	27	48,8	15,30	31,3
35,1—40,0	24	65,4	19,39	29,7	13	46,9	15,61	33,3
40,1—45,0	20	79,2	20,88	26,4	6	55,4	11,89	21,5
45,1—50,0	15	78,3	21,2	27,1	3	35,8	15,39	43,0
50,1—55,0	5	101,6	39,39	38,8	2	64,8		

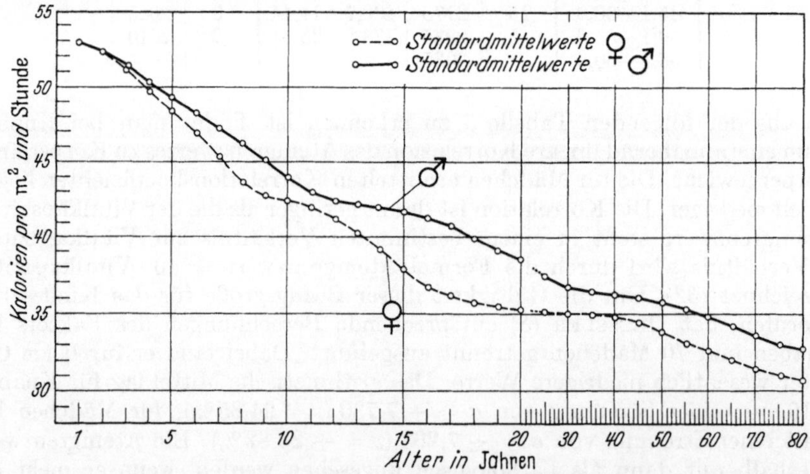

Abb. 4. Standardmittelwerte für den Grundumsatz nach FLEISCH (12)

24 Std umgerechnet. Die Abweichung zwischen dem theoretischen Soll-Grundumsatz und dem experimentellen Ergebnis interessiert dabei mehr als der absolute Wert des Grundumsatzes. Schwankungen um ± 10% vom Soll-Wert gelten beim Erwachsenen; beim Kind, besonders in der Pubertät, muß mit einer Streuung

von $\pm\,15\%$ um den Sollwert gerechnet werden. Standardgrundumsatzwerte sind von FLEISCH (*12*) nach den Ergebnissen von 24 Autoren zusammengestellt und ausgewertet worden.

Zusammenfassung

Nach der Geburt lösen physiko-mechanische und biochemische Reize während eines apnoischen Zustandes zunächst eine Schnappatmung aus. Diese geht nach dem ersten Schrei in eine rhythmische Atmung über, sofern es sich nicht um Frühgeborene handelt. Bei den unreifen Frühgeborenen kommt häufig die periodische Atmung in den ersten Tagen und Wochen vor. Die Ventilation wird im wesentlichen durch eine Zwerchfellatmung in Gang gehalten. Die hohe Atemfrequenz von 35—48/min beim Neugeborenen ist nach energetischen Prinzipien zu erklären. Sie ist beim Neugeborenen wie auch später so eingestellt, daß mit einem Minimum an Arbeit die erwünschte Sauerstoffversorgung und Kohlensäureabgabe erzielt wird. Allerdings gelingt beim Neugeborenen eine Kompensation von Sauerstoffmangel durch Frequenzsteigerung nur beschränkt. Eine Atemfrequenzabnahme führt schnell zur Hypoxydose und Hyperkapnie. Immerhin erträgt das Neugeborene einen vorübergehenden Sauerstoffmangel bis zu etwa 15 min bedeutend besser als der Erwachsene. Ein enger Zusammenhang und eine gegenseitige Beeinflussung bestehen zwischen Atmung und Kreislauf.

Infolge schnellen Wachstums im 1. Lebensjahr steigt das Atemvolumen auf das 4—5fache an, das Minutenvolumen nimmt zu, die Atemfrequenz ab. Der nach der Nahrungsaufnahme im 1. Trimenon auftretende Singultus kann als besondere Form der Schnappatmung aufgefaßt werden. Beim Kind nehmen alle Lungenvolumina an Größe zu, die Atemfrequenz sinkt weiter ab, so daß eine größere Atemreserve besonders bei Belastung zur Verfügung steht. Entsprechend dem unterschiedlichen Wachstumstempo und infolge der Acceleration werden die Soll-Werte bei Lungenfunktionsprüfungen besser auf Körperlänge und Gewicht als auf das Alter bezogen. Berücksichtigt man die intrauterinen Atembewegungen, so ist der erste Atemzug keine erste Atembewegung, sondern nur eine Fortsetzung einer schon vorher begonnenen Tätigkeit. Der extrauterine Start nach einer apnoischen Pause setzt einen Anpassungsprozeß in Gang, der innerhalb weniger Stunden vollzogen ist. Schon nach wenigen Tagen verläuft die Entwicklung der Atmung nach den Regeln des allgemeinen Wachstums und der weiteren Differenzierung.

Literatur

1. AHLFELD, F.: Mschr. Geburtsh. Gynäk. **21**, 143 (1905).
2. BARCROFT, J., R. H. E. ELLIOT, L. B. FLEXNER, F. G. HALL, W. HERKEL, E. F. McCAR-THY, T. McCLURKIN and M. TALAAT: J. Physiol. (Lond.) **83**, 192 (1934). — 2a. BARCROFT, J.: Rev. Soc. argent. Biol. **10**, 164 (1934); — Proc. roy. Soc. London B. **118**, 242 (1935). — 2b. BARCROFT, J., KENNEDY and MASON: J. Physiol. (Lond.) **95**, 269 (1939); **97**, 347 (1940). — 2c. BARCROFT, J.: Schweiz. med. Wschr. **1941** I, 246. — 3. BARTELS, H., E. BÜCHERL, C. W. HERTZ, G. RODEWALD u. M. SCHWAB: Lungenfunktionsprüfungen. Berlin-Göttingen-Heidelberg: Springer 1959. — 4. BEER, R., H. BARTELS u. H. A. RACZKOWSKI: Pflügers Arch. ges. Physiol. **260**, 306 (1955). — 5. BIDONE, M.: Ann. obstet. ginecopat. pediat. (Madrid) **53**, 197 (1931). — 6. BROCK, J.: Biologische Daten für den Kinderarzt. Berlin-Göttingen-Heidelberg: Springer 1954. — 6a. BROCK, J., u. E. PÜSCHEL: Atmungsapparat. In: Biologische Daten für den Kinderarzt. Hrsg. J. BROCK. Berlin-Göttingen-Heidelberg: Springer 1954.
7. COHNSTEIN, J., u. N. ZUNTZ: Pflügers Arch. ges. Physiol. **34**, 173 (1884).
8. DRESSLER, F.: Mschr. Kinderheilk. **108**, 12 (1960).
9. EASTMAN, N. J.: Bull. Johns Hopk. Hosp. **47**, 221 (1930). — 10. ELLIOT, R. H. E., F. G. HALL and A. HUGGET: J. Physiol. (Lond.) **82**, 160 (1934). — 11. ENGSTRÖM, I., P. KARLBERG u. S. KRAEPELIN: Acta paediat. (Uppsala) **45**, 227 (1956).
12. FLEISCH, A.: Neue Methoden zum Studium des Gasaustausches und der Lungenfunktion. Leipzig: VEB Georg Thieme 1961.

13. GEYL, G.: Arch. Gynäk. **15**, 388 (1880). — 14. GOLDBLOOM, A., and R. GOTTLIEB: J. clin. Invest. **9**, 139 (1930).

15. HASELHORST, G., u. K. STROMBERGER: Z. Geburtsh. Gynäk. **98**, 49 (1930); **100**, 48 (1931); **102**, 16 (1932). — 16. HERMANNSEN, J.: Z. ges. exp. Med. **90**, 130 (1933). — 17. HUGGET, A.: J. Physiol. (Lond.) **62**, 373 (1927).

18. JONES, H. E.: Arch. Dis. Childh. **30**, 445 (1955).

19. KARLBERG, P.: In: Die physiologische Entwicklung des Kindes. Hrsg.: F. LINNEWEH. Berlin-Göttingen-Heidelberg: Springer 1959. — 19a. KARLBERG, P., R. B. CHERRY, F. ESCARDO, J. LIND and C. WEGELIUS: VIII International Congress of Paediatrics, Cogenpagen 1956, Exhibition 22. — 20. KELLOG, H. B.: Amer. J. Physiol. **91**, 637 (1930). — 21. KINCH, A.: Acta obstet. gynec. scand. Suppl. **2**, 32 (1952).

22. LIND, J., and C. WEGELIUS: Cold Spr. Harb. Symp. quant. Biol. **19**, 109 (1954). — 23. LINNEWEH, F.: Die physiologische Entwicklung des Kindes. Berlin-Göttingen-Heidelberg: Springer 1959.

24. MORSE, M., F. W. SCHULTZ and D. E. CASSELS: J. clin. Invest. **31**, 380 (1952).

25. NOGUCHI, M.: Jap. J. Obstet. Gynäk. **19**, 328 (1936); **20**, 218 (1937); **20**, 248 (1937).

26. PEIPER, A.: Die Eigenart der kindlichen Hirntätigkeit. Leipzig: Georg Thieme 1949. — 27. PFLÜGER, E.: Pflügers Arch. ges. Physiol. **1**, 61 (1868). — 28. PREYER, W.: Z. Geburtsh. Gynäk. **7**, 241 (1882); Spezielle Physiologie des Embryo. Leipzig 1885. — 29. PÜSCHEL, E.: Mschr. Kinderheilk. **57**, 349 (1933).

30. REIFFERSCHEID, K.: Pflügers Arch. ges. Physiol. **140**, 1 (1911); — Dtsch. med. Wschr. 1911, Nr. 19. — 31. ROOS, J., and C. ROMIJN: J. Physiol. (Lond.) **92**, 249 (1938); — Acta brev. néerl. Physiol. **10**, 215 (1940); **10**, 222 (1940); **10**, 223 (1940); — Proc. kon. ned. Akad. **43**, 1212 (1940); — Arch. néerl. Physiol. **25**, 219 (1941); **25**, 259 (1941). — 32. ROSSIER, P. H., A. BÜHLMANN u. K. WIESINGER: Physiologie und Pathophysiologie der Atmung. Berlin-Göttingen-Heidelberg: Springer 1956.

33. SHAW, J. L., B. F. STEELE and CH. A. LAMB: Arch. Surg. **35**, 1 (1937). — 34. SILVERMAN, A.: Dunham's Premature Infants. Paul B. Hoeber, Inc. Medical Division of Harper & Brothers 1961 — 35. SMITH, C. A.: Surg. Gynec. Obstet. **69**, 584 (1939). — 35a. SMITH, C. A.: The Physiology of the Newborn Infant. Charles C. Thomas. Publisher. Springfield, Ill. USA. 1959. — 36. STEWART, CH. A., and O. B. SHEETS: Amer. J. Dis. Child. **24**, 83 (1922).

37. THEWS, G.: In: Physiologie und Pathologie des Gasaustausches in der Lunge. Bad Oeynhausener Gespräche IV. Berlin-Göttingen-Heidelberg: Springer 1961.

38. VOJTEK, V.: Ann. paediat. (Basel) **187**, 470 (1956).

39. WALKER, J., and E. P. N. TURNBULL: Lancet **1953 II**, 312. — 40. WINSLOW bei D. PAUL SCHEEL: Über Beschaffenheit und Nutzen des Fruchtwassers in der Luftröhre der menschlichen Früchte (lat.) . Hafniae 1799. — 41. WITTKE, I.: Untersuchungen zum Gasgehalt im Nabelschnurblut von Neugeborenen mit Erythroblastose. Inaug. Diss., Berlin 1956. — 42. WULF, H.: Arch. Kinderheilk. **161**, 122 (1960).

Hämoglobin und Erythrocyten

Von

KLAUS BETKE

Mit 7 Abbildungen

I. Blutzellen und Blutfarbstoff

Die roten Blutzellen eines Kleinkindes sind denen eines 50jährigen Erwachsenen sehr ähnlich, sie unterscheiden sich deutlich von denen eines Neugeborenen, noch mehr aber von denen, die in frühen intrauterinen Entwicklungsstadien vorhanden sind. In der Embryonalperiode besitzt der Keim fast nur kernhaltige, etwa 400 μ^3 große Zellen, die *primitiven Erythroblasten* oder *Megaloblasten* (*32, 64a*). Sie werden außerhalb des Embryo im Dottersack und im Bauchstiel gebildet. Im 3. Entwicklungsmonat übernimmt die Leber die Blutbildung, in geringem Maß vorübergehend auch die Milz. Jetzt ist die Hauptmenge der ins Blut abgegebenen Zellen nicht mehr kernhaltig, sondern entspricht morphologisch durchaus den Erythrocyten des späteren Lebens, abgesehen davon, daß die Zellen größer sind (150 bis 200 μ^3). Bis zur Geburt verringert sich das Zellvolumen auf rund 115 μ^3. Die Zahl der kernhaltigen roten Zellen, die am Ende des 3. Entwicklungsmonats noch knapp 5% betragen hatte (46), sinkt bis zur Geburt auf 0,01%, d. h. also auf ganz minimale Werte. Daß man überhaupt Notiz davon nimmt, liegt an der Tatsache, daß im späteren Leben Erythroblasten im peripheren Blut nur unter pathologischen Umständen vorkommen. Ziffernmäßig treten sie dadurch besser hervor, daß man sie auf die Zahl der weißen Zellen berechnet. Ein normales Neugeborenes hat 0—5 Erythroblasten/100 Leukocyten im Blut (8), ein Frühgeborenes je nach Reifezustand 2—5mal soviel.

Bereits im 5. Entwicklungsmonat beginnt sich das Knochenmark an der Hämatopoese zu beteiligen. Die dort gebildeten roten Zellen unterscheiden sich morphologisch nicht von den in der Leber entstandenen, weshalb man *hepatische und myeloische* Blutbildung auch als *normoblastische Blutbildung* zusammenfaßt und der megaloblastischen (mesenchymalen, mesoblastischen) Blutbildung des Embryo gegenüberstellt. Bis zur Geburt nimmt die Hämatopoese im Knochenmark langsam zu, die in der Leber langsam ab. Bald nach der Geburt erlischt sie in der Leber völlig (16, 35, 57a).

Wenn man den Blutausstrich eines Neugeborenen mit dem eines Erwachsenen vergleicht, fällt sofort ein *Größenunterschied* der Erythrocyten auf (Abb. 1). Der Zelldurchmesser beträgt beim Neugeborenen im Mittel etwa 8 μ, bei Erwachsenen 7,5 μ. Im Ablauf des ersten Lebensjahres vermindert sich der Durchmesser zunächst rasch, dann langsamer, um schließlich am Ende des Jahres die niedrigsten Werte des ganzen Lebens zu durchlaufen (rund 7 μ, vgl. Abb. 2 nach WEICKER u. Mitarb.). Die Durchmesser des Erwachsenen werden in langsamem Anstieg erst in der Pubertät erreicht.

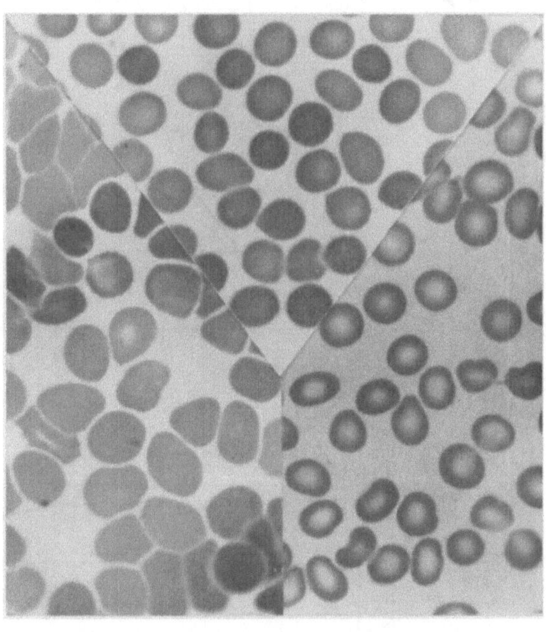

Abb. 1. Erythrocyten eines Neugeborenen (links), eines 11 Monate alten Säuglings (rechts) und eines Erwachsenen (oben Mitte). Die Aufnahmen wurden mit gleichem Vergrößerungsmaßstab gemacht

In der Neugeborenenperiode findet man die stärkste Streuung der Zelldurchmesser, d. h. die stärkste *Anisocytose*. Eine deutliche Anisocytose pflegt sich wieder gegen Ende des ersten Lebensjahres herauszustellen. AMBS konnte durch Mikroabsorptionsmessungen nachweisen, daß beim Neugeborenen auch der Hb-Gehalt von Zelle zu Zelle auffallend stark variiert. Nach Messungen von HANSSLER und RIEGEL besteht ein deutlicher Unterschied im Zelldurchmesser von sofort entnommenem Nabelschnurblut und einige Stunden später entnommenem Blut; in letzterem sind die Durchmesser größer, nicht aber die Zellvolumina. Die Autoren nehmen an, daß sich die Zellen unter dem vermehrten O_2-Angebot abplatten.

Ganz ähnlich wie der Durchmesser verhalten sich auch das Zellvolumen und die Hb-Beladung der Zellen. Tab. 1 läßt aber erkennen, daß von allen Größen der Hb-Gehalt der Zelle (Hb_E, MCH) relativ am stärksten sinkt, so daß sich vorübergehend sogar die im übrigen Leben außerordentlich konstant gehaltene Hb-Konzentration in der Zelle (Hb K_E, MCHC) vermindert. Ursache der Verminderung des Blutfarbstoffgehalts in der Zelle ist eine am Ende des ersten Lebensjahres eintretende Eisenverarmung des Organismus (s. unten).

Tabelle 1. *Die roten Blutzellen in der Kindheit.* Zusammengestellt nach Literaturunterlagen bei Betke (*6a*) und Wintrobe

	1 Tag	1 Woche	3 Mon.	6 Mon.	12 Mon.	4 J.	12 J.	Erwachsene
Mittl. Erythrocyten-Durchmesser μ	8,0	8,1	7,4	7,3	7,1	7,4	7,4	7,5
Mittl. Volumen der Einzelzelle μ^3	106	103	88	77	73	79	82	87
Hb-Gehalt der Zelle $\gamma\gamma$ . .	35,5	35,5	30	26	23,5	27	28	29
Hb-Konzentration in der Zelle %	33,5	34,5	34	33,5	32,5	34	34	34

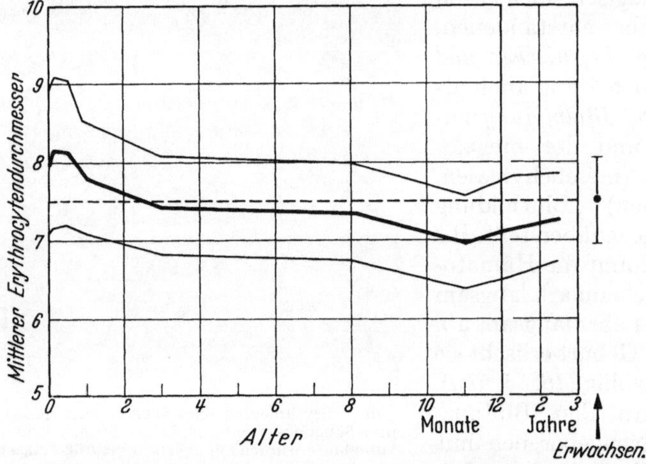

Abb. 2. Mittlere Erythrocytendurchmesser im Ablauf des ersten Lebensjahres. Die dünnen Linien geben den Bereich der doppelten Standardabweichung an. Nach Unterlagen von Weicker u. Mitarb.

Tiefergreifender als die Veränderung der Größenverhältnisse sind Veränderungen mancher *biochemischer Eigenschaften*. Seit rund 100 Jahren ist bekannt, daß der *rote Blutfarbstoff* des Neugeborenen von dem des Erwachsenen verschieden ist (*33*). Da das besondere Hämoglobin des Neugeborenen aus der Fetalzeit stammt, nennt man es fetales Hämoglobin (Hb F) im Gegensatz zum bleibenden Hämoglobin des normalen Erwachsenen (Hb A). Hb F unterscheidet sich in zahlreichen Eigenschaften von Hb A (*6*). Wie bei Hb A ist das Molekül aus 4 Polypeptidketten aufgebaut, von denen immer 2 identisch sind. Die eine Kettenart (α-Kette) ist in Hb A und Hb F gleich, die andere (β-Kette von Hb A) differiert jedoch; man nennt sie bei Hb F γ-Kette (*28*). Dieser Unterschied macht sich auch in der Gesamtanalyse der Aminosäuren bemerkbar. Auffallend ist ein hoher Isoleucingehalt bei Hb F (*14, 27*). Von den sonstigen Differenzen zwischen beiden Hämoglobinen hat besonders die verschiedene Stabilität gegenüber Laugeneinwirkung — das zuerst entdeckte Phänomen — praktische Bedeutung erlangt. Da Hb F durch Alkali rund 100mal langsamer zersetzt wird als Hb A, hat man darauf eine recht genaue quantitative Bestimmung von Hb F aufbauen können (*52, 6h*). Für Nachweiszwecke praktisch wichtig ist ferner, daß man aus fixierten Blutausstrichen Hb A mit Hilfe eines sauren Puffergemischs eluieren kann, während Hb F in den Zellen verbleibt (*6f*) (vgl. Abb. 4). Es sei noch erwähnt, daß Hb F auch serologisch von Hb A differenzierbar ist (*11*), daß es spektrophotometrisch im Ultraviolett (bei 289 mμ) eine kleine, aber sehr charakteristische Abweichung aufweist (*30*) und daß es durch Wärme leichter zu zerstören ist als Hb A. Über die biologischen Eigenschaften von Hb F und ihre mögliche Bedeutung wird weiter unten noch gesprochen.

Sehr junge Feten haben praktisch nur Hb F in ihrem Blut. Man hat Befunde erheben können (*13*), nach denen möglicherweise in der Embryonalzeit, d. h. in

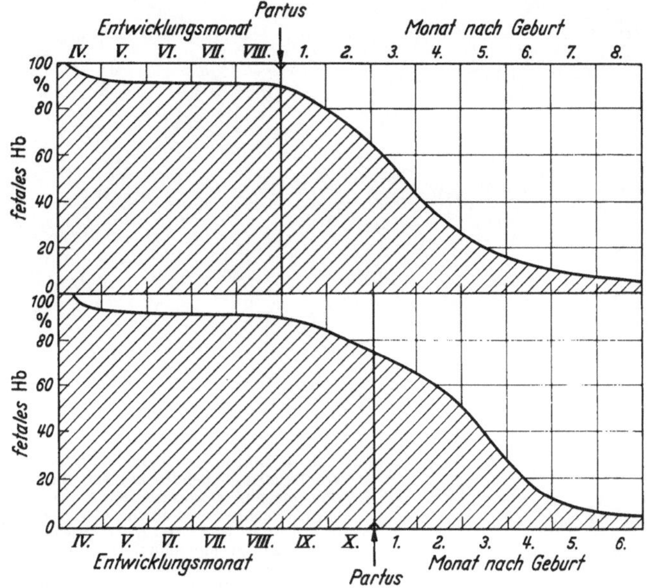

Abb. 3. Ablösung von Hb F durch Hb A im Ablauf der Entwicklung. Aus Betke (*6a*)

den ersten drei Entwicklungsmonaten, noch ein weiterer Hb-Typ vorliegt, doch sind diese Ergebnisse nicht völlig gesichert. Im 4. Entwicklungsmonat tritt bereits ein Hb A auf. Der Betrag vergrößert sich bald auf rund 10%, bleibt aber dann bis zur 33. Woche annähernd konstant. Von da an nimmt die Menge Hb A laufend zu, und der prozentuale Anteil an Hb F dementsprechend ab, so daß bei Geburt nur noch 60—80% Hb F vorhanden sind. Wie Abb. 3 zeigt, setzt sich diese Ablösung der Blutfarbstoffe nach der Geburt ziemlich gleichmäßig fort. Nach Erreichen von 10% Hb F im 5. Monat klingt der Vorgang langsam aus. Im 2. Lebensjahr beträgt der Mittelwert noch 1,8% und es vergehen mehrere Jahre, bis endgültig der Erwachsenenwert (0,5%) erreicht wird.

Es ist wichtig, daß die Ablösung von Hb F durch Hb A durch den Termin der Geburt praktisch nicht beeinflußt wird. Der Gehalt an Hb F kann daher in gewissem Umfang zur Beurteilung der Reife eines Neugeborenen herangezogen werden (*9, 10*). Der geschilderte Vorgang hat die Interpretation nahegelegt, daß die in der Fetalzeit gebildeten, Hb F enthaltenden Zellen durch Zellen abgelöst werden, die denen des Erwachsenen entsprechen, also Hb A enthalten (*50*). Eine Stütze hierfür fand man in der Tatsache, daß sich gleichlaufend mit der Abnahme von Hb F in den ersten drei Monaten auch der mittlere Zelldurchmesser vermindert. Die bei der

Geburt noch vorhandene Mitgift an „fetalen Makrocyten" sollte nach dieser Ansicht im Zuge der Blutmauserung durch eine neue Generation postfetaler Normo-
cyten ersetzt werden. Diese Vorstellung trifft jedoch nicht zu. Aus der Darstellung
von Hb F in Erythrocyten von Blutausstrichen Neugeborener und junger Säuglinge geht hervor, daß *erstens* keine klare Trennung zwischen zwei Generationen
Hb F- und Hb A-haltiger Zellen existiert, sondern daß zahlreiche Zellen beide

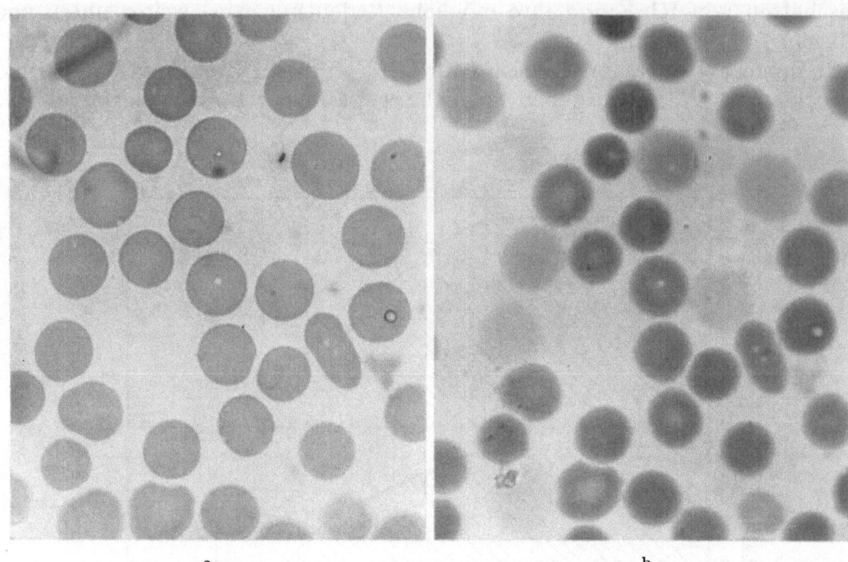

a   b

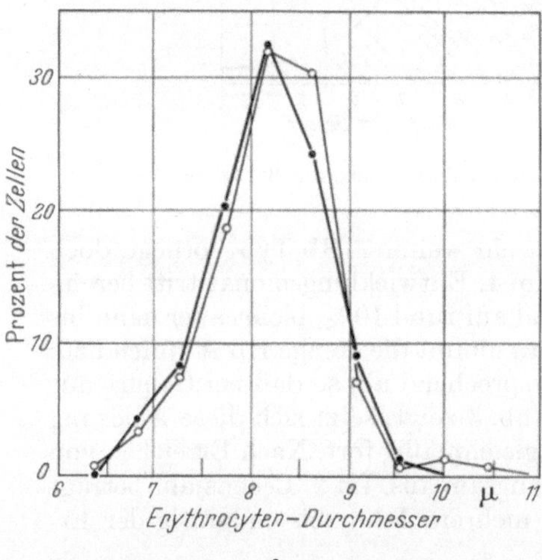

c

Abb. 4. Blutausstrich eines 17 Tage alten Neugeborenen
vor (links) und nach (rechts) Eluierung mit Citronensäure-
phosphatpuffer, wodurch Hb A aus den Zellen extrahiert
wird. Beachte die vielfache Abstufung des Hb F-Gehalts
im rechten Bild. Darunter Prices-Jones-Kurven nach
Messungen an unbehandelten Blutausstrichen und nach-
träglicher Differenzierung in vorwiegend Hb A (●)- und
Hb F (○)-haltigen Zellen. — Eigene Untersuchungen
mit BRAKEBUSCH

Hämoglobine in wechselnder Menge enthalten *(6f)*, und daß *zweitens* bei einem
Neugeborenen die großen Zellen nicht
etwa bevorzugt mit Hb F, die kleineren
bevorzugt mit Hb A gefüllt sind, sondern
daß die Erythrocyten eines Neugeborenen
insgesamt größer sind, gleichgültig, ob sie
Hb F oder Hb A enthalten (Abb. 4). Die
Ablösung von Hb F durch Hb A ist also
dadurch bedingt, daß in den Erythroblasten von einem gewissen Zeitpunkt
an die Synthese von Hb A gesteigert, die von Hb F vermindert wird. Der Zeitpunkt ist im Entwicklungsalter determiniert. Es versteht sich im übrigen von
selbst, daß die gelegentlich geäußerte Ansicht, Hb F werde in der Leber, Hb A
im Knochenmark produziert, nicht zu halten ist.

Man hat viele Vermutungen darüber angestellt, ob dem Hb F eine besondere
funktionelle Bedeutung zukommt. Vorläufig weiß man darüber nichts. Bei vielen
Tieren hat das fetale Hb eine steilere, gegenüber der des Muttertiers nach links

gerückte Sauerstoffbindungskurve. Das erscheint zweckmäßig für den O_2-Übergang in der Placenta. Obwohl nun menschliches fetales Blut die gleiche Linkslage der Bindungskurve aufweist, kann man dies schwerlich dem Hb F zuschreiben, da bei Prüfung des reinen Blutfarbstoffs die Bindungskurve von Hb F etwas rechts von der des Hb A liegt oder auch mit ihr zusammenfällt (25, 1). Bemerkenswert ist ferner, daß die oben geschilderte mit der 33. Entwicklungswoche beginnende Ablösung von Hb F durch Hb A weder vom Termin der Geburt noch von besonderen Umständen, wie z. B. langdauernde Asphyxie, merkbar beeinflußt wird. Kinder, die infolge eines cyanotischen angeborenen Herzfehlers mit dauernder O_2-Untersättigung ihres Blutes leben, verlieren Hb F weder langsamer noch schneller als normale Kinder (6a). Man hat also bisher keinen Anhalt dafür, daß in irgendeiner Situation Hb F für den Organismus funktionell nützlicher sei als Hb A.

Im Lauf der ersten Lebenswochen wandert die Dissoziationskurve des kindlichen Blutes von der beschriebenen Linkslage nach rechts (45, 4, Abb. 5). Sie fällt nach 6—8 Wochen mit der von Erwachsenenblut zusammen, wandert dann aber noch weiter nach rechts. Im 4.—5. Monat kommt dieser Vorgang mit einer Position zum Abschluß, die bedingt, daß der Blutfarbstoff bei mittleren Sauerstoffdrucken fast 10% weniger gesättigt ist als im Erwachsenenblut. In der Folgezeit verlagert sich die Kurve wieder in die andere Richtung, doch geschieht das langsam und es vergehen mehrere Jahre, bis die Lage der Dissoziationskurve des Erwachsenen erreicht ist.

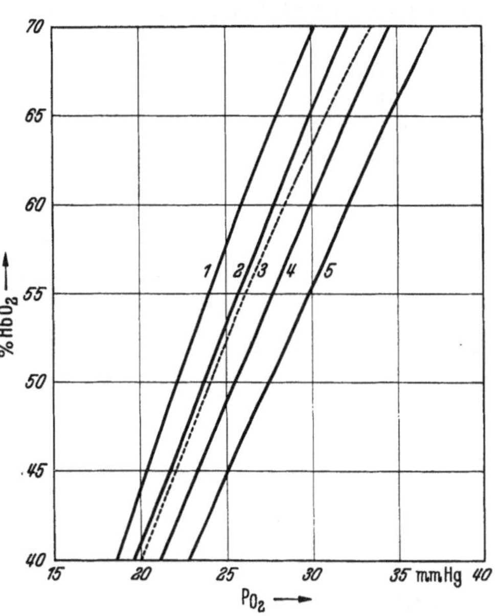

Abb. 5. Lage der Sauerstoffdissoziationskurve beim Neugeborenen (1) und bei Säuglingen mit 50% (2), 30% (4) und 10% Hb F (5) im Blut. Die punktierte Linie (3) gibt die Sauerstoffdissoziationskurve des Erwachsenen an. Nach BEER u. Mitarb.

Die merkwürdige Wanderung der Dissoziationskurve ist zeitlich recht gut mit dem Verschwinden von Hb F korreliert. Dennoch kann man sie kaum damit erklären, da sonst unverständlich wäre, warum das praktisch nur noch Hb A enthaltende Blut des 5 Monate alten Säuglings gegenüber dem nur Hb A enthaltenden Blut des Erwachsenen eine so weit nach rechts verschobene Bindungskurve hat. Neuere Untersuchungen legen nahe, daß die auf Tab. 1 niedergelegten Veränderungen der Zellgrößen in Richtung auf eine Mikrocytose bei diesen Vorgängen eine wichtige Rolle spielen (47b). — Zur Frage nach der funktionellen Bedeutung der Verlagerung der Dissoziationskurve läßt sich sagen, daß mit einer rechtsliegenden Dissoziationskurve eine bessere Sauerstoffabgabe im Gewebe verknüpft ist. Man kann berechnen, daß hierdurch die Verminderung der O_2-Kapazität des Säuglingsbluts kompensiert wird, die durch das gesetzmäßige Absinken der Hb-Konzentration im Blut in dieser Lebensperiode (s. unten) gegeben ist (47).

Neben Hämoglobin enthalten Erythrocyten eine Anzahl von *Fermenten*, die für den Zellstoffwechsel erforderlich sind. Auch in dieser Beziehung weisen Neugeborenenerythrocyten eine Reihe von Besonderheiten auf. Einige Fermente sind bei ihnen in mehr oder weniger starkem Maß vermindert, so z. B. Katalase, Cholinesterase, Glyoxalase (29, 34 a). Besonders auffällig ist die Verminderung der

Carboanhydrase (STEVENSON, BERFENSTAM): Sie hat bei ausgetragenen Neugeborenen nur ein Drittel, bei Frühgeborenen sogar nur $^1/_{10}$ der Aktivität von Erwachsenenerythrocyten. Nach der Geburt steigt sie an, doch geht das recht langsam vor sich, so daß am Ende des ersten Lebensjahres erst $^3/_4$ der Aktivität von Erwachsenenerythrocyten erreicht ist. Frühgeborene holen den Rückstand gegenüber normalen Neugeborenen nach der Geburt nicht auf, sondern sie bleiben während des ersten Lebensjahres etwa um den Betrag hinter normalen Neugeborenen zurück, der dem zeitlichen Abstand des Geburtstermins entspricht (Abb. 6).

Andere Fermente findet man vermehrt aktiv, so z. B. die Aldolase und die Glutamat-Oxalacetat-Transaminase (*54*); sicher nicht vermindert aktiv ist die Glucose-6-Phosphatdehydrogenase (*54, 66*). Interessant ist ferner, daß Neugeborenen-Erythrocyten Galaktose wesentlich besser verwerten als Erwachsenen-Erythrocyten [*6d*], was bedeutet, daß bei ihnen die dazu notwendige Umwandlung in Glucose rascher vor sich gehen muß. Der mit dem Kohlenhydratstoffwechsel eng verknüpfte Phosphatstoffwechsel zeigt dagegen bei Neugeborenen wieder gewisse Minderleistungen. So konnte ZIPURSKY (*67*) zeigen, daß bei Inkubation von Vollblut bei 37° die Phosphatester in Neugeborenenerythrocyten fast 10mal so schnell absinken wie in Erwachsenenerythrocyten und daß radioaktives Phosphat langsamer in Neugeborenenerythrocyten eingebaut wird. Die Angleichung an die Verhältnisse beim Erwachsenen zieht sich über die beiden ersten Lebensjahre hin.

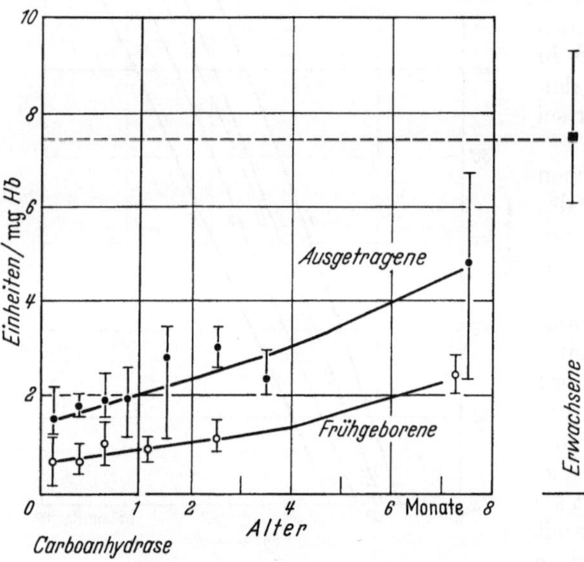

Abb. 6. Verhalten der Carboanhydrase der Erythrocyten bei ausgetragenen und frühgeborenen Säuglingen. — Eigene Untersuchungen mit BRUNNER

Eine pathologische Erscheinung, die in gewissen Besonderheiten der Physiologie der Neugeborenenerythrocyten verankert sein muß, ist die *Neigung zur Heinzkörperbildung* (*63, 18, 34*). Sie ist besonders deutlich bei Frühgeborenen. Heinzkörper bildende Gifte, wie Naphthalin, Resorcin, Sulfonamide, aber auch überdosierte Vitamin-K-Analoge können in relativ geringer Dosierung schwere Innenkörperanämien bei Neugeborenen hervorrufen. Man weiß bis heute noch nicht, woran das liegt. Eine ähnliche Empfindlichkeit kennt man als Erbleiden bei Erwachsenen (Primaquine-Sensibilität, Favismus). Die Erythrocyten dieser Menschen haben einen Mangel an Glucose-6-Phosphatdehydrogenase, der einen verminderten und instabilen Gehalt an reduziertem Glutathion zur Folge hat (*7*). Reduziertes Glutathion scheint für die Intaktheit der Zelle eine wichtige Bedeutung zu haben. Im Gegensatz zu den erwähnten Erwachsenen ist bei Neugeborenen jedoch die Glucose-6-Phosphat-Dehydrogenase wie oben gesagt nicht vermindert aktiv, und es hat sich auch zeigen lassen, daß die Heinzkörperempfindlichkeit bei ihnen unabhängig von der Aufrechterhaltung eines hohen Gehalts an reduziertem Glutathion ist (*58*). Die Empfindlichkeit verliert sich nach einigen Wochen.

Neugeborene und junge Säuglinge weisen weiterhin eine auffallende Neigung zur Methämoglobinämie bei Einwirkung methämoglobinbildender Gifte auf. Zum Teil mag das daran liegen, daß Hb F durch Oxydationsmittel etwa doppelt so rasch zu Methämoglobin oxydiert wird wie Hb A (6). Wichtiger scheint noch die Tatsache zu sein, daß Erythrocyten Neugeborener intracellulär gebildetes Methämoglobin nicht so schnell reduzieren können wie Erwachsenen-Erythrocyten (34b, 6g). Hierzu ist ein Fermentsystem erforderlich, das von der Glykolyse abhängig ist. Die Minderleistung der Neugeborenenerythrocyten beträgt etwa 30% gegenüber Erwachsenenerythrocyten; sie ist verursacht durch eine verminderte Aktivität der Diaphorase, die die Wasserstoffübertragung von DPNH auf das Methämoglobin vermittelt (6c). Im Ablauf der ersten Lebenswochen gleicht sich das Defizit aus.

Bei einer abschließenden Betrachtung der Fülle an morphologischen, biochemischen und funktionellen Eigenarten, die die roten Blutzellen bei Neugeborenen aufweisen, muß man eine qualitative Sonderstellung dieser Zellen anerkennen. Wenn auch naheliegt, anzunehmen, daß diese besonderen Eigenschaften den besonderen Erfordernissen der Fetalzeit angepaßt sind, so muß man doch gestehen, daß man nicht weiß, inwiefern das der Fall ist. Bei vergleichender Untersuchung von Frühgeborenen und ausgetragenen Neugeborenen läßt sich keine merkliche Stimulation der postpartalen Umstellung durch die plötzlich veränderten Lebensbedingungen erkennen, im Gegensatz etwa zu der funktionellen Reifung der Bilirubinausscheidung (s. S. 221). Die Vorstellung, nach der Geburt werde eine Generation fetaler Zellen durch eine Generation Zellen abgelöst, die den Erwachsenen-Erythrocyten entsprechen, wird den tatsächlichen Verhältnissen nicht gerecht. Die verschiedenen Besonderheiten der Erythrocyten bei der Geburt gleichen sich in ganz verschiedener Geschwindigkeit den Verhältnissen beim Erwachsenen an. Die Wandlung der Erythrocyteneigenschaften ist fließend, sie beginnt bereits vor der Geburt und findet jenseits des Säuglingsalters ihren Abschluß.

II. Quantitative Daten

Die vom Erwachsenen her bekannten Daten für die *Hb-Konzentration* und die *Erythrocytenzahl* im Blut gelten nicht als Normwerte für das Kindesalter. Im Ablauf der Kindheit findet man gesetzmäßig einige, zum Teil beträchtliche Abweichungen (Tab. 2). Das Neugeborene hat die höchsten Werte, die je im Leben

Tabelle 2. *Hb-Konzentration und Erythrocytenzahl in der Kindheit.* Zusammengestellt nach gesammelten Daten bei BETKE (6a)

Alter	Erste 4 Tage	$2^1/_2$ Monate	1 Jahr	2 Jahre	4 Jahre	8 Jahre	12 Jahre
Hb-Konzentration in g-% .	19,5	11,5	12,0	12,1	12,5	13,0	13,4
Erythrocytenzahl Mill. . .	5,5	3,8	5,0	4,8	4,6	4,7	4,8

erreicht werden. 10 Wochen später werden die tiefsten durchlaufen. Von dort findet ein kontinuierlicher Anstieg statt, bis zur Zeit der Pubertät die Normwerte des Erwachsenen erreicht werden. Erst mit der Pubertät stellt sich der bekannte charakteristische Unterschied zwischen den Geschlechtern heraus, indem zu diesem Zeitpunkt beim männlichen Geschlecht ein zusätzlicher Anstieg um rund 2 g-% (auf 15,5 g-%) über den beim weiblichen Geschlecht andauernden Wert der Präpubertät eintritt.

Im einzelnen sei zu den verschiedenen Entwicklungsperioden noch folgendes gesagt:

Bei *jungen Feten* ist die Hb-Konzentration im strömenden Blut ziemlich niedrig. Mit Beginn des 4. Entwicklungsmonats findet man etwa 9 g-% (*64a*). Die Erythrocytenzahl ist vergleichsweise noch geringer (1,5 Mill./mm³), weil der Hb-Gehalt der Zellen in dieser Entwicklungsphase sehr hoch ist. Die Hb-Konzentration im Blut steigt bis zum Ende des 6. Monats rasch auf 14,5 g-%, verändert sich aber von da an nur noch langsam, so daß in der Nabelschnur des Feten am Ende der Zeit oder des Neugeborenen 16—16,5 g-% Hb und 4,5—5 Mill. Erythrocyten gefunden werden (*60, 40, 38*).

Trotz der bekannten Sauerstoffuntersättigung des fetalen Bluts ist also keine Polyglobulie vorhanden. Die viel zitierte *Neugeborenen-Polyglobulie* entsteht erst nach der Geburt. Schon nach wenigen Stunden findet man 19—20 g-% Hb und 5,5—6 Mill. Erythrocyten (*41, 61*). Dieser abrupte Anstieg ist nur durch Einengung eines überhöhten Blutvolumens zu erklären. Man kann aus Tieruntersuchungen von BARCROFT annehmen, daß das Neugeborene vom Fetalleben her in seinem Körper ein relativ großes Blutvolumen beherbergt, außerdem tritt aber im Augenblick der Geburt noch Blut aus der Placenta in das Kind hinüber (*23, 21*). Das Neugeborene hat also zunächst eine Plethora. Durch Austritt von Plasma aus der Blutbahn wird das Blutvolumen wieder reduziert, dabei steigt das relative Volumen der Erythrocyten (Hämatokrit) und damit die Hb-Konzentration an. Weiter fällt ins Gewicht, daß die Hb-Produktion nach der Geburt nicht plötzlich erlischt,— wie es angesichts der Polyglobulie als zweckmäßig erscheinen möchte —, sondern auf Grund der eigenen Gesetzlichkeit der Blutbildung (vgl. *62*) in dem Maß noch 3—4 Tage weiterläuft, wie sie im Zeitpunkt der Geburt induziert war (30—50⁰/₀₀ Reticulocyten).

Die hohen Hb- und Erythrocytenwerte des Neugeborenen bleiben auf diese Weise eine Woche lang unverändert. Dann sinken sie langsam ab (*15, 20, 34*). Ganz sicher findet keine überstürzte Hämolyse zur Beseitigung der Neugeborenenpolyglobulie statt, wie zur Erklärung des Neugeborenenikterus gelegentlich postuliert wurde. Der Ikterus ist Zeichen einer vorübergehenden Insuffizienz der Leber, Bilirubin zu eliminieren (vgl. S. 223 Beitrag VEST). Die Blutwerte gehen allein dadurch kontinuierlich zurück, daß die Neubildung von Erythrocyten fast völlig gedrosselt wird, während der physiologische Blutabbau weiterläuft (*17, 49*), und sich außerdem infolge des Wachstums das gesamte Blutvolumen langsam vergrößert (s. unten).

Die Geschwindigkeit des *physiologischen Blutabbaus* in den ersten Lebenswochen ist viel untersucht worden und bildete den Gegenstand von heftigen Diskussionen. Man darf zusammenfassend annehmen, daß die Lebensdauer der zunächst vorhandenen Erythrocyten etwas kürzer ist als später. Hierfür sprechen Untersuchungen der Blutabbauprodukte (*34*), Berechnungen aus der Reticulocytenreifungszeit (*42*), Verfolgung des gesamten zirkulierenden Hb-Bestands (*49*) und Messung der Überlebenszeit Cr⁵¹-markierter Erythrocyten (*26, 19*). Allerdings konnten DANCIS u. Mitarb. neuerdings durch in vivo-Markierung von neugebildetem Hb mit N¹⁵ nachweisen, daß die in den ersten Lebenstagen gebildeten Erythrocyten bei Frühgeborenen eine normale Lebensdauer von 100—130 Tagen haben[1].

Etwa 10 Wochen lang sinken die Blutwerte ab, bis ein Minimum von im Mittel 11,5 g-% erreicht ist. Bei Frühgeborenen ist dieser Vorgang noch ausgesprochener. Man findet bei ihnen im 3. Monat 8—10 g-% Hb, wobei im allgemeinen Kinder mit niedrigerem Geburtsgewicht auch niedrigere Hb-Werte erreichen (*39, 22, 65*). Bei

---

[1] Auf Grund von ferrokinetischen Studien haben neuerdings GARBY u. Mitarb. eine mäßig verkürzte Lebensdauer der in den ersten Lebenstagen gebildeten Erythrocyten belegen können.

Erwachsenen müßte man derartige Blutwerte als Anämie bezeichnen, und so hat man auch von Trimenonanämisierung (*34*) und Frühgeburtenanämie gesprochen. Manche Autoren vertreten die Ansicht, daß das Absinken der Hb-Werte Ausdruck einer relativen Insuffizienz des Knochenmarks sei. Dagegen lassen sich jedoch gewichtige Einwände geltend machen. Man weiß z. B., daß bei Kindern mit cyanotischen angeborenen Herzfehlern der Hb-Wert nicht absinkt, — warum sollten gerade sie die postulierte Insuffizienz nicht aufweisen? Weiter ist bemerkenswert, daß die individuelle Streuung der Hb-Werte während des ersten Lebensjahres nie so gering ist wie im 3. Lebensmonat. Kinder, die als Neugeborene ungewöhnlich hohe und ungewöhnlich tiefe Hb-Werte hatten, treffen sich nach 10 Wochen einheitlich bei rund 11,5 g-% (*40*); das gleiche gilt für eineiige Zwillinge, bei denen infolge einer Blutverschiebung von einem zum anderen Zwilling unter der Geburt sehr unterschiedliche Hb-Werte entstanden waren (*6e*). Man darf aus solchen Fakten annehmen, daß die Reduktion der Hb-Werte eine vom Organismus aktiv gesteuerte Regulation auf ein tiefes Hb-Niveau darstellt. Der junge Säugling benötigt nicht mehr Hb. Dafür spricht auch, daß die Kinder in ihrem Wohlbefinden nicht gestört sind. Frühgeborene im 3. Monat pflegen bei manchmal erschreckend niedrigen Hb-Werten ausgezeichnet zu gedeihen. Man vermeidet daher besser das Wort Anämie, sondern spricht statt dessen in Anlehnung an LEHNDORFF von *physiologischer Erythrocytopenie* des Trimenonsäuglings. Es versteht sich von selbst, daß keine Notwendigkeit besteht, diesen Zustand zu behandeln. Nach dem 3. Monat steigt die Hb-Konzentration wieder an, allerdings nur langsam, und erreicht gegen Ende des ersten Jahres rund 12,0 g-%. Die Erythrocytenzahl steigt in der gleichen Zeit relativ stärker, von 3,6 Mill. auf 4,5—5,0 Mill. Das bedeutet aber eine Verminderung der Hb-Beladung der Einzelzelle, eine Hypochromie (s. Tab. 1). Wie in Abb. 1 gezeigt wurde, ist dies mit der Ausbildung einer Mikrocytose verknüpft. Man findet ferner ein vermindertes Serumeisen (*59, 48*) und eine vermehrte Eisenbindungskapazität (*53, 56*), — kurz, es bestehen alle Kriterien eines *Eisenmangels.* Er entwickelt sich gesetzmäßig bei allen Kindern, wenn auch individuell im Ausmaß recht verschieden. Bei Frühgeborenen ist er stärker ausgeprägt als bei ausgetragenen Kindern. Es ist interessant, daß man bei jungen Tieren am Ende der Saugperiode ebenfalls eine Eisenverarmung gefunden hat (*37*).

Die zugrundeliegenden Verhältnisse des Eisenstoffwechsels sind kurz skizziert folgende: In den ersten 3—4 Monaten steht für den Blutfarbstoffaufbau reichlich Eisen zur Verfügung; es stammt aus der beim Neugeborenen im Übermaß vorhandenen Menge an Hämoglobin. Da in den ersten Wochen nicht nur die Hb-Konzentration im Blut absinkt, sondern sich auch das zirkulierende Blutvolumen vermindert (s. unten), wird trotz des Wachstums die Gesamtmenge an zirkulierendem Hb kleiner, und es wird Eisen in die Depots abgelagert (*37, 51*). Mit der Stimulation der Hämatopoese nach der physiologischen Erythrocytopenie im 3. Monat steigt aber der Bedarf stark an. Die Eisenbestände des Depots sind dann bald aufgebraucht und es kommt nun auf die exogene Eisenzufuhr an. Die Anforderungen scheinen die Möglichkeiten der Resorption von Eisen aus der Nahrung vorübergehend zu übersteigen, und zwar auch bei optimaler Ernährung. Erst nach dem zweiten Lebensjahr, mit dem Nachlassen der Wachstumsintensität gleichen sich die Verhältnisse wieder aus.

Brustkinder schneiden im Durchschnitt besser ab als künstlich ernährte Kinder. Besonders ungünstig sind naturgemäß Frühgeborene gestellt, da sie infolge der rascheren Vervielfachung des Körpergewichts auch ihr Blutvolumen relativ schneller vermehren müssen. Verabreicht man prophylaktisch medikamentöses Eisen, erreichen die Kinder am Ende des ersten Jahres höhere Hb-Werte (12,5—13,0 g-%); dennoch wird die Hyposiderämie nicht völlig beseitigt (*43, 56a*).

Während exakte Angaben über die Hb-Konzentration und die Erythrocytenzahl im Blut leicht zu erhalten sind, macht es Schwierigkeiten, sicheren Aufschluß über die Gesamtmenge an *zirkulierendem Blutfarbstoff* zu gewinnen. Die von verschiedenen Autoren mitgeteilten Ergebnisse sind aus methodischen Gründen nicht ohne weiteres miteinander vergleichbar. Aber auch wenn man diese Einschränkung gelten läßt, kann man doch gewisse Gesetzmäßigkeiten erkennen, die in Tab. 3 dargestellt sind.

Tabelle 3. *Gesamt-Hämoglobin im Kindesalter* nach gesammelten Daten bei BETKE (*6b*)

Alter	Neugeb.	$2^1/_2$ Monate	1 Jahr	2 Jahre	4 Jahre	8 Jahre	12 Jahre
Gesamt-Hb g .	55	40	85	100	140	230	370
Gesamt-Hb in g/kg Körpergewicht . . .	16,0	8,5	8,5	8,3	8,5	9,5	10,0

Sicher ist beispielsweise, daß das Neugeborene nicht nur eine überhöhte Hb-Konzentration im Blut hat, sondern auch ein höheres Blutvolumen, und damit eine enorme Menge an Gesamt-Hb (*44*). Das wird deutlich, wenn man die Relation zum Körpergewicht herstellt. Mit dem erhöhten Blutvolumen ist hier nicht die initiale Plethora sofort nach Abnabelung gemeint, sondern der Zustand einige Stunden später, in dem schon ein Ausgleich stattgefunden hat. Es leuchtet ein, daß man aus der Hb-Konzentration nicht ohne weiteres auf den Bestand an zirkulierendem Hb schließen kann, da das Ausmaß der durch die Plethora ausgelösten Gegenregulation zu unübersichtlich ist.

Nach der Geburt vermindert sich das Blutvolumen/kg, außerdem sinkt die Hb-Konzentration, wie oben geschildert. Dadurch vermindert sich die kreisende Hb-Menge ganz erheblich, und zwar nicht nur relativ zum Körpergewicht (fast auf die Hälfte), sondern auch absolut, obwohl das Kind in der Zwischenzeit beträchtlich wächst. Im 3. Monat durchläuft die absolute Menge an zirkulierendem Hb die niedrigste Ziffer des ganzen Lebens. Das gilt nicht für das zirkulierende Hb/kg Körpergewicht: Es vermindert sich wahrscheinlich langsam noch etwas weiter und steigt erst mit Beginn des Schulalters wieder an (vgl. Abb. 7).

Die funktionelle Aufgabe des Blutfarbstoffs ist der *Sauerstofftransport*. Um die Transportleistung beurteilen zu können, muß man feststellen, wieviel Hämoglobin in der Zeiteinheit die Gefäßgebiete durchströmt; das ist durch Multiplikation der Hb-Konzentration mit dem Herzminutenvolumen (*37a*) zu ermitteln.

In Abb. 7 ist als „Minuten-Hämoglobin" das Produkt aus Hb-Konzentration und Minutenvolumen unter Grundumsatzbedingungen graphisch dargestellt, absolut wie auf die Körpergewichtseinheit bezogen. Wie man sieht, nimmt das absolute Minuten-Hämoglobin erwartungsgemäß zu, im 1. Lebenjahr jedoch nur sehr langsam, steil hingegen in der Präpubertät. Anders verhält es sich mit dem relativen Minuten-Hämoglobin: im ersten Jahr resultiert eine Reduktion um etwa 40%; die nachfolgende Verringerung ist kleiner über die ganzen Kindheitsjahre verteilt, noch einmal stärker ausgeprägt während der Pubertät. Bezogen auf die Gewichtseinheit hat demnach der Säugling wesentlich mehr Hämoglobin zur Verfügung als der Erwachsene. Die an eine Anämie erinnernde Trimenonreduktion der Hb-Konzentration macht sich bei dieser Betrachtung nicht bemerkbar.

Der Vergleich dieser Größen mit dem Grundumsatz bzw. mit dem O_2-Verbrauch ist naheliegend, da die in der Zeiteinheit von den Geweben verbrauchte O_2-Menge der in der Zeiteinheit transportierten bzw. in der Lunge aufgenommenen O_2-Menge proportional sein muß. Die Abbildung vermittelt auch eine gewisse Übereinstimmung der Bezugsgrößen Minuten-Hämoglobin/kg und Grundumsatz/ kg · min. Man kann berechnen, daß das Neugeborene etwa 25%, der $2^1/_2$ Monate alte und der einjährige Säugling etwa ein Drittel, das Schulkind und der Erwachsene etwa 27% der angelieferten O_2-Menge für den Basalstoffwechsel benötigen. Diese Werte stimmen recht gut mit der realen arteriovenösen O_2-Differenz zwischen arteriellem und gemischtvenösem Blut in der A. pulmonalis überein. Sie beträgt nach den Untersuchungen von Lucas u. Mitarb. beim Säugling zwischen 23. Lebenstag und 12. Monat im Mittel 4,8 Vol.-%, zwischen 2. und 16. Jahr durchschnittlich 3,6 Vol.-%; beim Erwachsenen findet man 4,2 Vol.-%. Die O_2-Beladung des Hämoglobins kann nun im Organismus nicht gänzlich

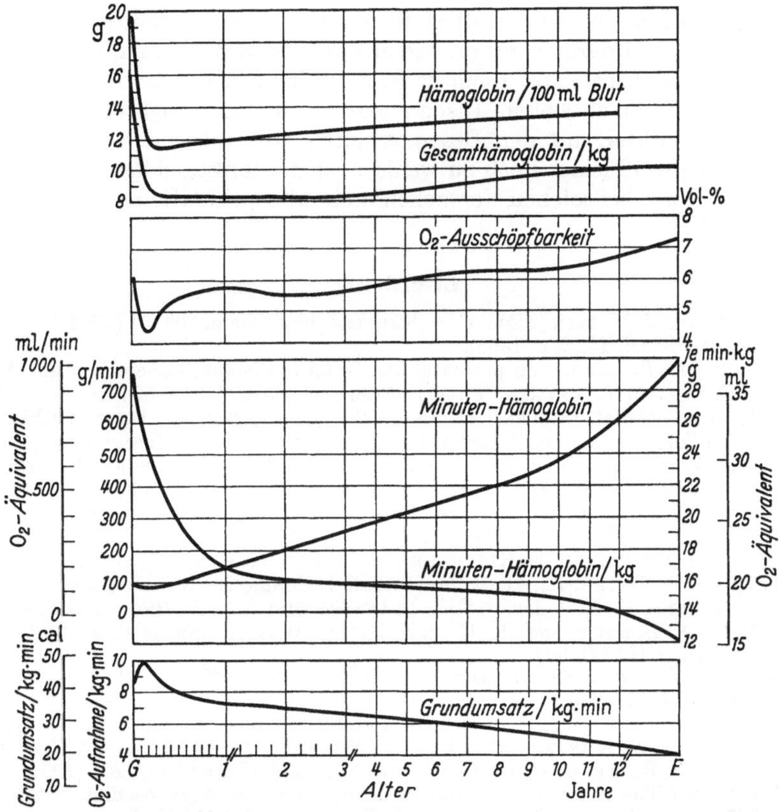

Abb. 7. Verhalten von Hb-Konzentration im Blut, Gesamt-Hb/kg, O_2-Ausschöpfbarkeit des Blutes, Gesamt-Minuten-Hämoglobin, Minuten-Hämoglobin/kg und Basalstoffwechsel/kg · min im Kindesalter

utilisiert werden, da der O_2-Austausch zwischen Capillare und Gewebe nach den Diffusionsgesetzen ein Druckgefälle voraussetzt. Limitierend ist der O_2-Grenzdruck der Gewebe, der bei den einzelnen Gewebearten unterschiedlich ist. Er beträgt z. B. für Herz- und Skeletmuskel nur etwa 5—8 Torr, für das Gehirn des Erwachsenen 34 Torr (57), für das Gehirn des Säuglings hingegen nur 27 Torr (62a). Als mittlerer Gewebegrenzdruck wird, für Vergleichszwecke, ein Wert von 30 Torr angenommen. Die unter Berücksichtigung der Hb-Menge, der O_2-Affinität des Blutes und der mittleren O_2-Gewebespannung berechnete O_2-Ausschöpfbarkeit nimmt, wie die Abb. 7 zeigt, nach der Geburt auf ein Minimum von 4,5 Vol.-% bis zum 2. Monat ab und danach kontinuierlich zu bis zum Erwachsenenwert von 7,2 Vol.-% (47). Wenn man die reale arteriovenöse O_2-Differenz mit der O_2-Ausschöpfbarkeit des Blutes vergleicht, findet man einen Angleich der Werte nur Ende des 1. Trimenons, d. h. eine weitere Hb-Reduktion ist dann nicht mehr möglich. Zu diesem Zeitpunkt nimmt dann auch die Markaktivität wieder zu.

Aus diesen Überlegungen läßt sich übrigens auch eine enge Korrelation zwischen der Erythropoese und dem O_2-Druck des Blutes ableiten. Leider ist es bisher nicht möglich zu unterscheiden, ob hierbei der venöse oder der arterielle O_2-Druck ausschlaggebend ist. Der berechneten Reduktion des venösen O_2-Grenzdruckes geht nämlich eine neuerdings gemessene, ursächlich jedoch ungeklärte Reduktion des arteriellen O_2-Druckes im 1. Trimenon um etwa 20 Torr parallel (*47a*).

Die Ausführungen lassen eines erkennen: Je nachdem, was man betrachtet — die periphere Hb-Konzentration, die Menge des zirkulierenden Hb, die Transportgröße des Blutfarbstoffs (Minuten-Hb) — bekommt man andere Auskünfte über Maximal- und Minimalwerte und über die Wandlung der Verhältnisse im Ablauf der Kindheit. Es geht daraus hervor, wie unsinnig es wäre, etwa allein anhand der peripheren Hb-Konzentration irgendwelche Schlüsse über die Bedeutung ihrer Veränderungen ziehen zu wollen. Insbesondere muß man es sich versagen, die zur Zeit bekannten Fakten mit den Besonderheiten im wachsenden Organismus zu korrelieren. Man weiß leider noch zu wenig über die funktionellen Gegebenheiten des Wachstums, um bei solchen Versuchen mehr als Spekulationen zu erzielen.

Literatur

1. Allen, D. W., J. Wyman jr. and C. A. Smith: J. biol. Chem. **203**, 81 (1953). — 2. Ambs, E.: Acta haemat. (Basel) **15**, 302 (1956).

3. Barcroft, J.: Researches on pre-natal life. Oxford: Blackwell scientific Publ. 1946. — 4. Beer, R., E. Doll u. J. Wenner: Pflügers Arch. ges. Physiol. **265**, 526 (1958). — 5. Berfenstam, R.: Acta paediat. (Stockh.) **41**, 32 (1952). — 6. Betke, K.: Der menschliche rote Blutfarbstoff bei Fetus und reifem Organismus. Berlin-Göttingen-Heidelberg: Springer 1954.— 6a. Betke, K.: Ergebn. inn. Med. Kinderheilk. **9**, 437 (1958). — 6b. Betke, K.: Arch. Kinderheilk. **159**, 51 (1959). — 6c. Betke, K.: Dtsch. med. Wschr. **1962**, 909. — 6d. Betke, K., A. Baltz u. U. Maas: Z. Kinderheilk. **84**, 226 (1960). — 6e. Betke, K., R. Deibel u. I. Schlicht: Mschr. Kinderheilk. **106**, 468 (1958). — 6f. Betke, K., u. E. Kleihauer: Blut 4, 241 (1958). — 6g. Betke, K., E. Kleihauer, D. Oster u. I. Schlicht: Z. Kinderheilk. **80**, 54 (1957). — 6h. Betke, K., H. R. Marti and I. Schlicht: Nature (Lond.) **184**, 1877 (1959). — 7. Beutler, E., R. J. Dern, C. L. Flanagan and A. S. Alving: J. Lab. clin. Med. **45**, 286 (1955). — 8. Boroviczeny, K. G., u. T. Ballo: Wien. Z. inn. Med. **5**, 196 (1957). — 9. Brody, S.: Lancet 1957 II, 897.

10. Castren, O., and A. Salmi: Ann. Chir. Gynaec. Fenn. **48**, 542 (1959). — 11. Chernoff, A. J.: Blood 8, 413 (1953).

12. Dancis, J., St. Danoff, J. Zabriskie and M. E. Balis: J. Pediat. **54**, 748 (1959). — 13. Drescher, H., u. W. Künzer: Klin. Wschr. 1954, 92. — 14. Dustin, J. P., G. Schapira, J. C. Dreyfus et O. Hestermans-Medard: C. R. Soc. Biol. (Paris) **148**, 1207 (1954).

15. Faxen, N.: The red blood picture in healthy infants. Acta paediat. (Stockh.) **19**, Suppl. 1 (1937). — 16. Fowler, R. S.: Amer. J. Dis. Child. **91**, 245 (1956).

17. Gairdner, D., J. Marks and J. D. Roscoe: Arch. Dis. Childh. **30**, 203 (1955). — 18. Gasser, C.: Die hämolytischen Syndrome im Kindesalter. Stuttgart: Georg Thieme 1951.— 19. Gilardi, A., u. P. Miescher: Schweiz. med. Wschr. 1957, 1456. — 20. Guest, G. M., and E. W. Brown: Amer. J. Dis. Child. **93**, 486 (1957). — 21. Gunther, M.: Lancet 1957 I, 1277.

22. Hadley, G. G., and R. F. Chinnock: J. Pediat. **45**, 413 (1954). — 23. Haselhorst, G., u. A. Allmeling: Z. Geburtsh. Gynäk. **98**, 103 (1930). — 24. Hanssler, H., u. K. Riegel: Z. Kinderheilk. **75**, 140 (1954). — 25. Haurowitz, F.: Z. physiol. Chem. **232**, 125 (1935). — 26. Hollingsworth, J. W.: J. Lab. clin. Med. **45**, 469 (1955). — 27. Huisman, T. H. J., J. H. P. Jonxis and P. C. van der Schaaf: Nature (Lond.) **175**, 902 (1955). — 28. Hunt, J. A.: Nature (Lond.) **183**, 1373 (1959).

29. Jones, P. E. H., and R. A. McCance: Biochem. J. **45**, 464 (1949). — 30. Jope, E. M.: The ultraviolet spectral absorption of haemoglobins inside and outside the red blood cell. Haemoglobin-Symposium. Butterworth's sc. p. Lond. 1949.

31. Keuth, U., u. M. Peusquens: Z. Kinderheilk. **78**, 379 (1956). — 32. Knoll, W.: Ber. St. Gallische naturw. Ges. **73** (1950). — 33. Körber, E.: Über Differenzen des Blutfarbstoffes. Diss. Dorpat 1866. — 34. Künzer, W.: Über den Blutfarbstoffwechsel gesunder Säuglinge und Kinder. Mit besonderer Berücksichtigung der Anämisierungsvorgänge im Verlauf des 1. Trimenons. Basel-New York: S. Karger 1951. — 34a. Künzer, W.: Fol. haemat. (Lpz.) **73**, 405 (1956). — 34b. Künzer, W., u. D. Schneider: Acta haemat. (Basel) **9**, 346 (1953).

35. LANGLEY, F. A.: Arch. Dis. Childh. **26**, 64 (1951). — 36. LEHNDORFF, H.: N. Öst. Z. Kinderheilk. **1**, 465 (1956). — 37. LINTZEL, W., J. RECHENBERGER u. E. SCHAIRER: Z. ges. exp. Med. **113**, 591 (1944). — 37a. LUCAS, R. L., J. W. S. GEME, R. C. ANDERSON, P. ADAMS u. D. J. FERGUSON: Amer. J. Dis. Child. **101**, 467 (1961).

38. MACKINNEY, L. G., I. D. GOLDBERG, F. E. EHRLICH and K. C. FREYMANN: Pediatrics **21**, 555 (1958). — 39. MAGNUSSON, J. H.: Acta paediat. **18**, Suppl. 1, 1 (1935). — 40. MARKS, J., D. GAIRDNER and J. D. ROSCOE: Arch. Dis. Childh. **30**, 117 (1955). — 41. MARSH, R. B. DE, W. F. WINDLE and A. L. ALT: Amer. J. Dis. Child. **63**, 1123 (1942). — 42. METZROTH, M.: Retikulocytenreifung und Lebensdauer der Erythrocyten bei Frühgeburten. Inaugural-Diss. Freiburg 1956. — 43. MÖLLER, K. L., u. B. VAHLQUIST: Nord. Med. **30**, 1101 (1946). — 44. MOLLISON, P. L., N. VEALL and M. CUTBUSH: Arch. Dis. Childh. **25**, 242 (1950). — 45. MORSE, M., D. E. CASSELS, M. HILDER, E. O'CONNELL and A. SWANSON: J. clin. Invest. **29**, 1091 (1950). — 46. MUNDORFF, H.: Z. mikr.-anat. Forsch. **9**, 468 (1927).

47. RIEGEL, K.: Über die Gastransportfunktion des Blutes im Kindesalter. Habil.-Schrift Tübingen 1962. — 47a. RIEGEL, K.: Klin. Wschr. **1963**, 245. — 47b. RIEGEL, K., H. BARTELS u. J. SCHNEIDER: Z. Kinderheilk. **83**, 209 (1959).

48. SCHÄFER, K. H.: Ergebn. inn. Med., N. F. **4**, 706 (1953). — 49. SCHULMAN, I., C. H. SMITH and G. S. STERN: Amer. J. Dis. Child. **88**, 567 (1954). — 50. SEELEMANN, K.: Z. Kinderheilk. **75**, 189 (1954). — 51. SEIP, M., and S. HALVORSEN: Acta paediat. (Uppsala) **45**, 600 (1956). — 52. SINGER, K., A. I. CHERNOFF and L. SINGER: Blood **6**, 413, 429 (1951). — 53. SMITH, C. H., I. SCHULMAN and J. E. MORGENTHAU: Advanc. Pediat. **5**, 195 (1952). — 54. STAVE, U., u. J. POHL: Z. Kinderheilk. **83**, 618 (1960). — 55. STEVENSON, S. S.: J. clin. Invest. **22**, 403 (1943). — 56. STURGEON, P.: Pediatrics **13**, 107 (1954). — 56a. STURGEON, P.: Pediatrics **17**, 341 (1956).

57. THEWS, G.: Pflügers Arch. ges. Physiol. **271**, 197 (1960). — 57a. THOENES, W.: Virchows Arch. path. Anat. **328**, 220 (1956). — 58. TJOA, G. T.: Z. Kinderheilk. **84**, 484 (1961).

59. VAHLQUIST, B. C.: Acta paediat. (Stockh.) **28**, Suppl. 5 (1941).

60. WALKER, J., and E. P. N. TURNBULL: Lancet **1953** II, 312. — 61. WEGELIUS, R.: Acta paediat. (Stockh.) **35**, Suppl. 4 (1948). — 62. WEICKER, H.: Schweiz. med. Wschr. **1957**, 1210. — 62a. WEICKER, H., I. WAGNER, A. B. GUTTMANN, F. KRIEGER, H. F. LOREY u. H. v. ZIMMERMANN: Acta haemat. (Basel) **10**, 50 (1953). — 62b. WENNER, J.: Acta paediatr. **49**, 734 (1960). — 63. WILLI, H.: Schweiz. med. Wschr. **1947**, 243. — 64. WINTROBE, M. W.: Clinical Hematology. Philadelphia: Lea and Febiger 1961. — 64a. WINTROBE, M. W., and H. B. SHUMAKER: Amer. J. Anat. **58**, 313 (1936). — 65. WOLFF, J. A., and A. M. GOODFELLOW: Pediatrics **16**, 753 (1955).

66. ZINKHAM, W. H.: Pediatrics **23**, 18 (1959). — 67. ZIPURSKY, A.: Amer. J. Dis. Child. **96**, 598 (1958).

Funktionen der Leukocyten

Von

L. BALLOWITZ

Weiße Blutzellen sind beim Menschen vom 2. Embryonalmonat an nachweisbar, und zwar zunächst einzelne Granulocyten und etwa 3—4 Wochen später auch Lymphocyten. Letztere übertreffen die Granulocyten bald an Zahl — eine Relation, die mit Ausnahme einer kurzfristigen erheblichen Vermehrung der Neutrophilen bei der Geburt (erste Leukocytenkreuzung) bis ins Kleinkindesalter bestehen bleibt. Die absoluten Lymphocytenzahlen vermindern sich dann allmählich, und etwa vom Ende des 4. Lebensjahres an überwiegen prozentual die Neutrophilen (zweite Leukocytenkreuzung).

Leukocyten sind aktiv an der *Abwehr bakterieller Infektionen* beteiligt. Das Ausmaß kann am besten durch die bekannten Komplikationen bei akuten Agranulocytosen und chronischen Neutropenien beurteilt werden. Um einen Mikroorganismus, der in den Organismus eingedrungen ist, unschädlich zu machen, vollbringen die Leukocyten mehrere voneinander abgrenzbare Leistungen. Granulocyten und Monocyten legen sich zunächst an die Capillarwand an, durchwandern sie und bewegen sich in den Gewebsspalten zu den Keimen hin. Die Keime werden phagocytiert und in den Blutzellen abgebaut. Hierbei entstehen chemisch aktive Moleküle von Antigencharakter, die entweder aktiv ausgeschieden oder beim Zerfall der kurzlebigen Zellen frei werden. Durch diese teilweise abgebauten Substanzen wird die Antikörper-produktion in den Plasmazellen möglicherweise unter Beteiligung der Lymphocyten angeregt. Nach Speicherung der antigenen Stoffe im reticuloendothelialen System oder wieder in Mono-cyten kann sie über längere Zeit in Gang gehalten werden (43, 44, 67).

Modellversuche können den einzelnen Funktionen entsprechend in vitro angestellt werden. Die *Klebefähigkeit* an Glas ist der Anlagerung an die Capillarwand vergleichbar. Werden frische Bluttropfen auf Objektträger gegeben, so wandern die Leukocyten an die Glasober-fläche und bleiben hier auch nach vorsichtigem Entfernen des geronnenen Bluttropfens haften. Hankin (66) und Wright (145) haben bereits 1894 und 1917 auf derartige Phänomene hin-gewiesen. Segmentkernige, auch Eosinophile, Stabkernige, Jugendliche und Monocyten haften an Glasoberflächen, Lymphocyten dagegen nicht. Von Philipsborn (106) definierte 1930 einen sog. relativen Klebewert. Das Haften von Leukocyten aneinander, das in vitro und wahr-scheinlich auch unter gewissen Bedingungen in vivo zur Bildung von Zellhäufchen führt, wird als Agglomeration (53) bezeichnet.

Bei den Leukocyten von Feten ergab sich eine verminderte Haftfähigkeit (76), bei denen von Neugeborenen fand sich am ersten Lebenstag eine nied-rige, am 3. Tag eine stark erhöhte und vom 4.—6. Tag eine etwa den Erwach-senenwerten entsprechende Klebefähigkeit (7, 76, 116). Bei einer größeren Ver-gleichsuntersuchung (7) an Erwachsenen, Schulkindern, Kleinkindern, Säuglingen, Neugeborenen und Frühgeborenen wichen die Versuchsbedingungen insofern etwas ab, als dem Blut 40—60000/mm³ Keime des Staph. SG 511 zugesetzt waren. Erwachsene und Schulkinder zeigten hierbei übereinstimmende Ergebnisse mit verhältnismäßig breiter Streuung. Auch bei Kleinkindern und Säuglingen wichen die Befunde nicht deutlich ab, allerdings lagen in dieser Gruppe die Werte dichter beieinander. Einzelbeobachtungen mit besonders hoher Klebefähigkeit fehlten. Bei Frühgeborenen und Neugeborenen fanden sich, mit Ausnahme der Erhöhung am 2. Tag, deutlich herabgesetzte Klebewerte. In der Schwangerschaft sind die Klebewerte erhöht (46, 70).

In den letzten Jahren veröffentlichte Messungen über die *Geschwindigkeit der Leukocytenbewegungen* bei verschieden alten, gesunden Menschen brachten keine ganz übereinstimmenden Ergebnisse. In gemeinsam mit H. Schäfer (8) durch-geführten eigenen Untersuchungen konnten zwar erhebliche individuelle, aber keine sicheren auf das Alter zu beziehenden Differenzen bei Säuglingen, Klein-kindern und Erwachsenen ermittelt werden. Dagegen glauben Polak und Pola-kova (110) eine deutliche Altersabhängigkeit nachweisen zu können. Die Ge-schwindigkeit der Bewegungen der Leukocyten soll nach der Geburt bis in die zweite Lebenswoche hinein ansteigen (88) und dann allmählich abfallen bis auf einen Tiefpunkt zwischen der 6. und 12. Woche. Später soll sie allmählich wieder ansteigen. Mit $1^1/_2$ Jahren entsprechen die Werte denen der zweiten Lebenswoche, die von Erwachsenen liegen noch deutlich darüber. Auf eine leicht verminderte Wanderungsgeschwindigkeit der Leukocyten von Säuglingen und Neugeborenen im 1. Lebensmonat weisen Tolentino und Rossi (136), auf eine solche bei Neugeborenen Matoth (91) hin. Tolentino und Rossi konnten bei einem Neugeborenen in der ersten Stunde eine zurückgelegte Strecke von 0,28 mm, in der zweiten Stunde von 0,57, in der dritten Stunde von 0,81 und in der 17. Std von 1,55 mm sehen. Seitz (125) vermutet, daß mit zunehmendem Alter bei Erwachsenen eine geringe Verlangsamung eintritt. Butter und Thomas (23) fanden keine derartigen Abweichungen im Greisenalter.

Da die Geschwindigkeit der Leukocytenbewegungen von verschiedenen äußeren Bedingungen, u. a. von Nahrungs- und konstitutionellen Faktoren oder Infek-tionen, beeinflußt wird, erklären sich die Differenzen vielleicht durch eine unter-schiedliche Ausgangslage der untersuchten gesunden Säuglinge und der erwach-senen Vergleichspersonen. Martucci u. Mitarb. (89) konnten z. B. an den Leukocyten von gestillten jungen Säuglingen eine lebhaftere Motilität erkennen als an den weißen Blutzellen von künstlich ernährten. Die Geschwindigkeit der Bewegungen war bei dystrophen Säuglingen vermindert (*89*). Die Leukocyten übergewichtiger Erwachsener bewegten sich deutlich rascher als die untergewichtiger (*8*). Für die Bestimmung der Normwerte haben wir vorwiegend Säuglinge getestet, die wegen Tuberkuloseerkrankungen der Eltern in der Kinderklinik vor und nach der BCG-Impfung isoliert und teils mit Frauenmilch, teils mit Kuhmilch ernährt wurden, und als Vergleichspersonen Schwestern und Ärzte der Klinik. POLAK u. Mitarb. (*110*) konnten wahrscheinlich Säuglinge, die in häuslichem Milieu oder in Kinderheimen lebten, heranziehen. Sie erhielten die Vergleichskontrollen von über 18 Jahre alten Blutspendern. MATOTH (*91*) verglich die Leukocyten aus Nabelschnurblutproben mit denen der Mutter. Bei TOLENTINO und ROSSI (*136*) fehlen nähere Angaben. Die von TOLENTINO und ROSSI (*136*) sowie von BALLOWITZ und SCHÄFER (*8*) angegebenen Werte bei Säuglingen gleichen sich bei übereinstimmender Versuchsanordnung weitgehend, auch die von POLAK und POLAKOVA (*110*) gefundenen liegen, wenn man alle Säuglinge der verschiedenen Altersstufen gemeinsam betrachtet, in der gleichen Größenordnung. Dagegen erscheinen die von den italienischen und noch ausgeprägter die von den tschechischen Untersuchern ermittelten Werte der gesunden Erwachsenen deutlich höher als die in Berlin bestimmten.

Die verschiedenen Untersucher stimmen darin überein, daß die Geschwindigkeit der Bewegungen von cellulären Faktoren, aber in noch stärkerem Maße von Plasmastoffen abhängig ist (*79*). Letzteres läßt sich durch Auswechseln von Zellen und Plasma verschiedener Spender bei in vitro-Versuchen leicht demonstrieren. Auch Plasma- und Bluttransfusionen veranlassen entsprechende Verschiebungen. γ-Globuline (*4*), aber auch verschiedene andere Plasmabestandteile beschleunigen die Zellbewegung.

Reife Granulocyten besitzen in geeignetem Milieu eine lebhafte amöboide Beweglichkeit. BUTTER und THOMAS (*23*) bestimmten eine Durchschnittsgeschwindigkeit von 21,4 μ/min. Jugendliche (7,1 μ/min) und stabkernige Leukocyten (14,4 μ/min) sollen etwas weniger intensiv, unreife Myelocyten (1,5 μ/min) und Myeloblasten nicht oder nur gering beweglich sein. Lymphocyten können sich aktiv im Gewebe fortbewegen (*85, 117*). Ihre Bewegungsform unterscheidet sich von der der Neutrophilen (*51, 114, 115*). Die Geschwindigkeit kann die der Granulocyten erreichen (*1, 2, 34*). Auch die Bewegungsform der Monocyten weicht von den vorher genannten Zellen morphologisch ab. Die Monocyten bewegen sich mit Hilfe von Pseudopodien an Oberflächen fort (*15, 111*). Sie bewegen sich etwas langsamer als die Granulocyten (*86*). Nach mechanischen und entzündlichen Reizen wandern im allgemeinen zunächst die Granulocyten, später die Monocyten und schließlich die Lymphocyten ins Entzündungsgebiet (*144*). Die Bewegungsrichtung kann durch verschiedenartige Stoffe, u. a. durch Bakterienprodukte oder durch Stoffe, die beim Gewebszerfall freiwerden, beeinflußt werden. Eine derartige Chemotaxis ist an reifen neutrophilen und eosinophilen Granulocyten gezeigt worden. Unreife Granulocyten zeigen das Phänomen nicht (*35*).

Bei Phagocytosestudien konnten deutliche altersbedingte Differenzen gefunden werden. Die *phagocytotische Kraft* ist im Vollblut von Neugeborenen nur wenig geringer als von Erwachsenen (*7, 18, 41, 91, 138*). Nach MATOTH (*91*) soll die Verminderung durch Verdünnen des Serums mit Salzlösungen stärker hervortreten. Verhältnismäßig deutlich läßt sich die Einschränkung der Phagocytosefähigkeit während der Leukocytose in den allerersten Tagen erkennen (*7, 59, 60*). Der Phagocytoseeffekt ist von cellulären und humoralen Faktoren (Opsoninen) abhängig. Erhitzen von Nabelschnurseren auf 56° vermindert ihre die Phagocytose fördernden Wirkungen stärker als gleiches Erhitzen bei den Seren von Wöchnerinnen und gesunden Erwachsenen (*41*). SATO (*120*) fand bei Frühgeborenen eine deutlich geringere Phagocytose von Tuschepartikeln als bei Reifgeborenen. GLUCK und SILVERMAN (*59, 60*) haben systematische Untersuchungen an Frühgeborenen durchgeführt. Sie fanden in Parallele zu dem verminderten Geburtsgewicht eine

mangelhafte Phagocytose von Kohleteilchen. Diese war in der ersten Lebenswoche deutlicher als in der zweiten und ließ sich durch den Zusatz von Erwachsenenserum weitgehend aufheben. Die stimulierenden Substanzen waren in der
α_1-, α_2- und β-Globulinfraktion lokalisiert (*112*).

Am Ende des ersten Monats tritt ein deutlicher Abfall des Phagocytosevermögens von Vollblut bis zu einem Tiefpunkt etwa im 6. Monat ein (*7, 138*). Die
Kurve läuft parallel zum Opsoningehalt des Serums (*26, 143*). Diese zunächst
passiv von der Mutter übernommenen Immunstoffe werden allmählich abgebaut
und erst im zweiten Lebenshalbjahr selbst vom Säugling gebildet. Um diese Zeit
steigt auch das Phagocytosevermögen langsam wieder an. Vergleichende Untersuchungen bei Brustkindern und bei gesunden künstlich ernährten Säuglingen
ergaben widersprechende Resultate (*88, 135*). Bei Kleinkindern sind die Werte
noch niedriger, bei Schulkindern jedoch deutlich höher als bei Erwachsenen (*7*).

Von den verschiedenen Entwicklungsphasen der Neutrophilen differieren Jugendliche,
Stabkernige und Segmentkernige nicht klar in Phagocytoseversuchen (*147*). Ältere stark segmentierte Zellen sollen allerdings weniger gut phagocytieren als gerade ausgereifte Segmentkernige (*119*). Myeloblasten phagocytieren nur unregelmäßig, Promyelocyten schon regelmäßig, aber deutlich weniger intensiv als reifere Formen. Weniger gut als neutrophile Zellen
phagocytieren auch eosinophile und basophile Granulocyten. Monocyten nehmen Bakterien
langsamer, Collodium und Kohlepartikel jedoch schneller auf als Neutrophile (*13*). Lymphocyten sind in beschränktem Umfang ebenfalls fähig zu phagocytieren.

Phagocytosevorgänge können bei verschiedenen Species verglichen werden. Die
Phagocytose verschiedener corpusculärer Teilchen wird schon an einzelligen Lebewesen beobachtet und kann als primitive Lebensäußerung angesehen werden. In
höheren tierischen Organismen erscheinen einzelne Zellen für derartige Aufgaben
besonders spezialisiert. Pflanzen besitzen keine speziellen Phagocytosezellen (*33*).
Bei einer Reihe von wirbellosen Tieren — Nematoden, Anneliden, Crustaceen,
Myriapoden, Insekten und Molluscen — findet man regelrechte Phagocytoseorgane, an denen das Blut vorbeiströmt. Eingedrungene Fremdstoffe werden festgehalten. Fehlt eine Blutzirkulation, so befördern bei einzelnen Arten bewimperte
Zellen Fremdkörper zu den fixen Phagocyten. Schon bei Schmetterlingen können
im Blut lymphocyten- und leukocytenähnliche Zellen unterschieden werden. Beide
Zellarten phagocytieren Bakterien, erstere deutlich weniger zahlreich als letztere
(*74*).Im Blut von Fröschen erscheinen die weißen Blutzellen morphologisch mannigfaltiger als bei Säugetieren und Menschen. Amöboide Bewegungen und eine
mäßig aktive Bakterienphagocytose sind beobachtet worden (*28*). Bei Karpfen
sind sowohl im Blut als im Eiter Bakterienphagocytosen gesehen worden (*109*).
Phagocytosestudien wurden an verschieden entwickelten Hühnerembryonen angestellt. In den frühesten Stadien nahmen Zellen aller 3 Keimblätter Fremdkörper
auf. Später phagocytierten nur noch mesenchymale und endotheliale sowie Leukocyten (*68*). CANAT und OPIE (*24*) fanden bei 3 Tage alten Hühnerembryonen vorwiegend mononucleäre Zellen mit Histiocytencharakter beteiligt. Erst vom 17. bis
19. Tag an überwogen wie bei postembryonalen Entzündungsvorgängen die
Granulocyten. Bei Säugetieren ähneln die Verhältnisse denen des Menschen.

Von den weißen Blutzellen phagocytierte Mikroorganismen werden je nach der
Keimart unterschiedlich leicht *in den Zellen abgetötet*. Vergleiche an den Zellen verschieden alter Menschen wurden nur mit Staphylokokken angestellt (*7*). Die
Abtötungsrate ist bei diesen Keimen weitgehend cellulär, nicht sicher durch die
Zusammensetzung des umgebenden Plasmas bedingt. Es bestehen deutliche Abhängigkeiten zur Menge der phagocytierten Bakterien. Von dem Testkeim SG 511
werden im allgemeinen von einem Leukocyten nicht mehr als 20 aufgenommene
Kokken „verdaut". Blutkörperchen von Säuglingen und Kleinkindern, auch von
Neugeborenen und Frühgeborenen unterscheiden sich hierin nicht sicher von
denen Erwachsener.

Innerhalb des *Stoffwechsels* der Leukocyten sind zahlreiche *enzymatische Abläufe* bekannt (*43, 44, 54, 137*). Sie führen u. a. zu der eben angeführten Abtötung und Verdauung von Mikroorganismen. Granulocyten, Monocyten und Lymphocyten besitzen z. T. unterschiedliche Fermente. Nur einzelne Vorgänge sind auf ihre ontogenetische Entwicklung hin untersucht worden. Klare Zusammenhänge lassen sich nicht umreißen. Es können hier nur Einzelbeobachtungen aufgezählt werden. Die Fermentaktivität der alkalischen Phosphatase erwies sich in den Leukocyten der Neugeborenen in den ersten 3 Tagen als hoch (*108*) und fiel dann bis zum 8. Lebenstag ab auf Werte, wie sie gleichartig in einer Kontrollgruppe von 3—3¹/₂ Monate alten Säuglingen und 18—25 Jahre alten Erwachsenen nachweisbar waren. Das Ferment findet sich vorwiegend in reifen Granulocyten. Die alkalische Leukocytenphosphatase soll bei „Stress"-Situationen, u. a. auch in der Gravidität, erhöht sein (*141*). Nach der Injektion von Endotoxinen gramnegativer Keime ergeben sich biphasische Schwankungen mit einer primären Verminderung und einer sekundären Erhöhung der Fermentaktivität. Beide Änderungen laufen bei Frühgeborenen und drei Monate alten Säuglingen etwas weniger markant ab als bei Schulkindern (*108a*).

Bei vergleichenden Untersuchungen über die glykolytische Aktivität in den Leukocyten von Säuglingen und älteren Kindern fanden SCHULER u. Mitarb. (*124*) eine erhöhte Aktivität in den Zellen der Säuglinge, während STAVE (*125a*) bei recht differenzierten entsprechenden Enzymtests keine signifikanten Unterschiede ermitteln konnte.

Peptidasen wurden in den Leukocyten von jüngeren Erwachsenen (19—32 Jahre alt) und Greisen (67—90 Jahre alt) verglichen (*126*). Die Zellen der Greise wiesen einen höheren Gehalt auf als die der jüngeren Erwachsenen. Leukocyten von alten Menschen sollen in vivo eine längere Lebensdauer haben als die Jugendlicher (*104*).

Der Peroxydasegehalt der Granulocyten erschien bei Frühgeborenen besonders in den ersten 2 Lebenstagen erhöht. Im Laufe von 8 Wochen sank er auf Werte, die unter den Normalwerten Reifgeborener zur Zeit der Geburt und älterer Kinder lagen (*55*). Bei gesunden Greisen fanden sich hohe und bei älteren Kindern im Vergleich zu Erwachsenen niedrige Peroxydasewerte (*38*).

Der Glykogengehalt der Leukocyten ist in den ersten zwei Lebensstunden niedrig, steigt dann stark an, erreicht maximale Werte nach 6 Std (*98*) und fällt nach dem 6. Tag zu Normalwerten ab (*48*). BERTOLOTTI und DE LUCA (*14*) fanden bei Frühgeborenen erniedrigte Werte. Bei Säuglingen, die nicht mit Colostrum ernährt werden, soll es zu einem rascheren Abfall kommen. Die verminderte Aufnahme von glucoplastischen Aminosäuren wird hierfür verantwortlich gemacht (*48*). Der anfangs beobachtete Anstieg könnte durch den Einfluß von Nebennierenrindenhormonen erklärt werden. Auch in der Leber und in Muskeln steigt nach ACTH- oder Cortisongabe der Glykogengehalt an.

Histochemische Untersuchungen an verschieden alten Leukocyten Erwachsener haben ergeben, daß in jungen Granulocyten Ribonucleinsäuren reichlich vorhanden sind, während der Gehalt bei ausgereiften geringer ist (*134*). Im Vergleich zu Erwachsenen wird radioaktiv markiertes Glycin vermehrt vor allem in die Nucleinsäuren der Leukocyten von Säuglingen, aber auch in die von Kleinkindern und Schulkindern, eingebaut (*122*). Ein erhöhter Ribonucleinsäure- bzw. Ribonucleinproteingehalt weist auf vermehrte Proteinbildung hin, wie sie bei rasch wachsenden Zellen z. B. aus embryonalen Geweben oder an Tumorzellen gefunden wird. Glykogen und verschiedene Enzyme, z. B. die alkalischen Phosphate, Oxydasen, Dehydrogenasen, Esterasen, finden sich dagegen in höheren Konzentrationen in reifen Leukocyten. Durch Infektionsreize wird der Gehalt dieser Stoffe in den reifen Zellen maximal gesteigert. Auch die mit Sudanfarbstoffen anfärbbaren Fettstoffe nehmen mit der Reifung der myeloischen Zellen zu (*142*).

Eine gewisse Sonderstellung unter den weißen Blutzellen nehmen die *Plasmazellen* ein. Mit großer Wahrscheinlichkeit werden γ-Globuline und Antikörper mit der Sedimentationskonstanten 7 S von ihnen gebildet (*19, 42, 47*). Ihr Cytoplasma weist bei elektronen-optischer Betrachtung abhängig vom Funktionszustand der Zellen ein feines Kanälchensystem auf, ähnlich dem in anderen proteinsezernierenden Zellen. Im Phasenkontrastbild sind parallel zum Prozeß der Antikörperbildung im Cytoplasma dunkle Tropfen erkennbar. Nach subcutaner oder intramuskulärer Antigenapplikation steigt die Zahl der Plasmazellen in den Lymphknoten der benachbarten Körperregion an. Nach intravenösen Injektionen vermehren sie sich hauptsächlich in der Milz und im Knochenmark. Werden Bakterien oder Eiweißantigene injiziert, so bilden sich in dem regionalen lymphatischen Gewebe Plasmazellen, an deren Oberfläche in vitro direkt die entsprechenden Bakterien agglutinieren (*43, 44*) oder fluorescierende Eiweißantigene niedergeschlagen werden (*30*). Es bestehen Anhaltspunkte dafür, daß die einzelne Plasmazelle nur einen spezifischen Antikörper bildet (*42, 43, 102*) und daß nach der Einwirkung eines antigenen Reizes die jeweils antikörperbildenden Plasmazellen aus dem undifferenzierten Mesenchym neu gebildet werden, wobei charakteristische Übergangsformen, die Beziehungen zu Reticulumzellen haben, auftreten (*12, 47, 127*). Unreife plasmocytoide Zellen enthalten mehr Antikörper als die reifen Plasmazellen. Es ist noch umstritten, ob auch die zu den Makroglobulinen gehörenden β_2M-Globuline mit der Sedimentationskonstanten 19 S in den eigentlichen Plasmazellen oder in anderen lymphoiden Zellen gebildet werden.

Plasmazellen sollen phylogenetisch sehr frühzeitig (*139*) auftreten, und zwar bei allen Arten, die im Blutplasma γ-Globuline besitzen (*19*). Besonders überzeugend ist das an verschiedenen Seefischen nachgewiesen worden (*45*). Der Nachweis von γ-Globulinen in der Stärkeelektrophorese ging parallel mit der Nachweisbarkeit von Plasmazellen in der Milz. Bei Teleosten wurden beide vermißt. Nicht alle Arten, die γ-Globuline besitzen, können Antikörper bilden. Kaltblüter sollen keine Präcipitine gegen Proteine, wohl aber Agglutinine gegen Zellen bilden können (*33*). Die Bildung der Agglutinine ist erheblich von der Körpertemperatur abhängig (*16*). Während der Embryonal- und Fetalentwicklung fehlen reife Plasmazellen sowohl bei Tieren (*21, 25, 133*) als bei Menschen (*49, 73, 80, 94, 123*). Sie treten bei Meerschweinchen und Kaninchen kurze Zeit nach der Geburt (*25, 133*) und bei gesunden menschlichen Säuglingen im zweiten Lebensmonat auf (*21, 37, 61*). Sie entwickeln sich wahrscheinlich aus bereits vorhandenen unreifen Vorstufen. Neugeborene Menschen oder Feten sind nicht in der Lage, γ-Globuline und humorale Antikörper zu bilden. Die in ihrem Serum nachweisbaren γ-Globuline sind diaplacentar von der Mutter übertragen. Nach der Geburt wird die Bildung von Plasmazellen und γ-Globulinen durch exogene Antigenreize stimuliert (s. S. 354). In den ersten Lebenswochen ist die Geschwindigkeit und die Menge der produzierten Antikörper verringert im Vergleich mit älteren Individuen (s. S. 355).

Die Funktion der *Lymphocyten* ist noch umstritten. Ältere Untersucher glaubten auf Grund pathologisch-anatomischer Befunde, daß sie bei bestimmten Entzündungsreizen ins Gewebe einwanderten und sich hier zu Epitheloid-Zellen umwandelten, während die Hämatologen sie lange als bereits stark differenzierte, nicht mehr entwicklungsfähige Endstufen betrachteten. Diese Ansicht wird neuerdings wieder in Zweifel gezogen und die Möglichkeit einer Umwandlung von Lymphocyten in andere Zellformen diskutiert (*32, 146*).

In den letzten Jahren wurde die Beteiligung der Lymphocyten an der Vermittlung verzögerter allergischer Reaktionen vom Tuberkulintyp erkannt. Die hierbei reagierenden Stoffe sind nicht mit dem Blutplasma, sondern mit Lymphocyten von einem Individuum auf ein anderes zu vermitteln (*82—84, 144*). Ihre Wirkung läßt sich in Hauttests nach einer Lymphocytenübertragung unmittelbar ohne Latenzzeit (*95*) von sensibilisierten auf nicht sensibilisierte Personen nachweisen und hält beim Menschen mehrere Wochen lang an. Das wirksame Agens steht nicht in Beziehung zu anderen Serum-Antikörpern. Es bindet kein Komplement und kann in vitro nicht an das spezifische Antigen absorbiert werden. Der Faktor ist beim Menschen wahrscheinlich nicht an die lebende Zelle gebunden. Er läßt sich aus weißen Blutzellen extrahieren — transfer factor nach Lawrence. Bei Meerschweinchen läßt sich allerdings ein entsprechender Stoff nicht aus abgestorbenen Zellen gewinnen. Hier müssen lebende Lymphocyten übertragen werden, um die Tuberkulinempfindlichkeit von einem Tier auf ein anderes zu vermitteln (*83, 95*). Möglicherweise ist der Faktor kurze Zeit nach der Antigeninjektion im Serum sensibilisierter Tiere in einer Subfraktion der α-Globuline faßbar und wird im nativen Plasma durch einen Inhibitor aus der γ-Globulinfraktion unwirksam gemacht (*27*). Die Einzelheiten der eben geschilderten Befunde sind teilweise noch umstritten. Das eigentliche Wirkungsprinzip der Spättypreaktionen muß bisher als unklar angesehen werden. Die Frage, ob ihm eine echte zellgebundene Antigenantikörperreaktion zugrunde liegt, kann nicht verläßlich beantwortet werden. Es wäre z. B. denkbar, daß die in den Lymphocyten nachweisbaren Reaktionsstoffe nicht von diesen gebildet, sondern vielleicht nur in ihnen gespeichert werden (52).

Wie bereits erwähnt, sind Lymphocyten schon beim jungen Embryo nachweisbar (100), und ihre Zahl übertrifft im Säuglings- und Kleinkindesalter diejenige der Granulocyten. Es bestehen keine Anhaltspunkte dafür, daß junge Säuglinge oder Kleinkinder häufiger Spättypreaktionen aufweisen als Erwachsene. Ob sich die Lymphocyten junger sensibilisierter Kinder hinsichtlich der Vermittlung derartiger Reaktionen auf nicht sensibilisierte Empfänger von denen Erwachsener unterscheiden, ist nicht bekannt. Die Tuberkulinallergie soll aber beispielsweise mit Lymphocyten von tuberkulinpositiven Blutspendern bereits auf Neugeborene übertragbar sein (121), während eine derartige Übertragung von Spättyphypersensibilität gegen Histoplasmin und gereinigte Proteinderivate auf Neugeborene im Gegensatz zu Erwachsenen nicht gelungen ist (50).

Es bestehen Anhaltspunkte dafür, daß 2 Lymphocytensysteme unterschieden werden müssen (58, 64, 65), die an verschiedenen Stellen des lymphatischen Gewebes gebildet werden. Das hat ASCHOFF (6) bereits 1926 vermutet. Die 2 Zelltypen lassen sich während ihrer Bildung und auch als reife Formen besonders gut bei phasenoptischer Betrachtung differenzieren. GRUNDMANN (64, 65) bezeichnet eine Form als Follikellymphocyten und erkennt sie an einem Hauptnucleolus in dem sonst strukturlosen runden Kern. Das Plasma soll verhältnismäßig wenige Granula enthalten. Die Kerne der 2. Form, der Sinuslymphocyten, haben zahlreiche kleine körnige Verdichtungen und mehrere weniger hervortretende Nucleolen. Die Kerne sind oft eingekerbt. Das Plasma ist stärker granuliert. Die Zellen können an monocytoide Elemente erinnern. Möglicherweise sind letztere mit den schon häufiger studierten azurgranulierten Lymphocyten identisch (57). Sie sind weniger reichlich als die Follikellymphocyten im peripheren Blut vorhanden. Es wird vermutet, daß die Sinuslymphocyten bzw. die azurgranulierten Lymphocyten Reaktionsverwandtschaften mit den Plasmazellen aufweisen und an der Serumeiweißsynthese beteiligt sind (5, 11, 12, 57, 64, 65), während die Follikellymphocyten einen „eigenständigen Zelltyp" (64, 65) mit weitgehend ungeklärter Funktion darstellen sollen.

Schon vor der Diskussion über die eben erwähnten Unterscheidungen zweier Lymphocytensysteme wurde den Lymphocyten eine gewisse im einzelnen noch unbekannte Mittlerrolle für die Antikörperproduktion in den Plasmazellen zugesprochen. Vielleicht handelt es sich um die Wirkung der Follikellymphocyten. Werden Lymphocyten vor der Einverleibung eines Antigens z. B. durch Röntgenstrahlen zerstört, so wird nach der Antigenapplikation die Antikörperproduktion deutlich gehemmt. Erfolgt die Zerstörung erst kurze Zeit nach der Antigenzufuhr, so ist kein Einfluß mehr nachweisbar (69, 101).

Übertragung von Bakterienantigenen und Lymphocyten aus der Cisterna chyli ausgewachsener Kaninchen auf neugeborene Tiere, die noch nicht zur Antikörperproduktion fähig waren, rief bei letzteren schon nach 2—4 Tagen die Bildung von spezifischen Serumantikörpern hervor (72). Antikörper werden ungehindert nur beim Vorhandensein eines funktionstüchtigen lymphatischen Gewebes gebildet.

Die Struktur der Lymphknoten entspricht bei der Geburt noch nicht den späteren Verhältnissen. Zwar beginnt die Bildung der Lymphfollikel in den Lymphknoten schon in der zweiten Hälfte des Fetallebens. Keimzentren mit lymphoiden Reticulumzellen werden jedoch erst etwa 6—8 Wochen nach der Geburt regelmäßig gefunden (100). Von einer Reihe von Autoren werden diese Zellen, wie schon erwähnt, als unreife Formen der Plasmazellen angesehen. Der Aufbau der Lymphknoten von jungen Säuglingen mit den mangelhaft entwickelten Keimzentren ähnelt dem von Erwachsenen, die an Agammaglobulinämie erkrankt sind (31). Bei Greisen atrophiert das lymphoreticuläre Gewebe in den Lymphknoten, und das Bindegewebe vermehrt sich (9).

Histamin findet sich im Blut an *Basophile* und *Eosinophile* gebunden. Der Spiegel sinkt bei Agranulocytosen ab (132) und steigt bei Vermehrung der Basophilen oder Eosinophilen an (63). Im Laufe der beobachteten postnatalen Entwicklung besteht von der neugeborenen Periode an eine enge Korrelation zwischen der Höhe des Histaminspiegels und der absoluten Zahl der basophilen Zellen. Nicht ganz so eng ist die Beziehung zur Zahl der Eosinophilen. Wahrscheinlich enthält jeder Basophile regelmäßig eine bestimmte Menge Histamin, während der Gehalt des einzelnen eosinophilen Leukocyten schwanken kann, ohne daß altersbedingte Abweichungen zu ermitteln waren (97). Es wird daran gedacht, daß Eosinophile das Histamin nur transportieren, während Basophile zur Synthese dieses Stoffes fähig sind (20). Die Mitteilung von Pettay (105) über reichlich freies, nicht an Leukocyten gebundenes Histamin im Plasma von Nabelschnurblutproben konnten Mitchell und Cass (97) nicht bestätigen.

Basophile Leukocyten und *Gewebsmastzellen* enthalten neben Histamin auch Heparin (s. *113*). Die Freisetzung des Histamins erfolgt bei einzelnen Tierarten wahrscheinlich mit Hilfe unterschiedlicher Mechanismen. Bei Menschen wird wie bei Ratten und Hamstern eine enzymatische Aufsprengung der Granula angenommen, während bei Meerschweinchen lytische, nicht fermentative Vorgänge zur Abgabe des Histamins führen sollen (78). Die Gewebsmastzellen entwickeln sich unmittelbar aus dem Mesenchym und haben eine eigene Entwicklungslinie. Bei einer Reihe von Tieren (3, 29, 71, 93) ist ihre ontogenetische Bildung studiert worden. Die ersten typischen Zellen finden sich im allgemeinen bereits bei Feten. Sie lassen sich bei den einzelnen Arten unterschiedlich gut anfärben. Bei Hamstern sollen sie erst einige Tage nach der Geburt differenzierbar sein (29). Holmgren (71) hat Mastzellen bei menschlichen Feten erstmals bei einer Länge von 9 mm nachgewiesen. Zwischen 9 und 13 mm Länge treten sie allerdings nur unregelmäßig auf, und zwar zunächst in der Haut und in der Submucosa des Darmes. Später nimmt ihre Zahl zu. In der Lunge, der Niere und der Nebenniere werden sie erst gegen Ende des Fetallebens gefunden. Über die Fähigkeit zur Heparinbildung in den verschiedenen Entwicklungsstadien fehlen nähere Angaben. Bei vielen Tieren treten Basophile und Mastzellen wechselseitig auf. Einige haben viele Mastzellen und kaum Blutbasophile (Ratten, Mäuse und Katzen), andere (Kaninchen, Hühner) wenig Gewebsmastzellen aber viele Basophile im peripheren Blut. Der Mensch nimmt eine Mittelstellung ein (20).

In Anlehnung an für Erythrocyten gebräuchliche Untersuchungsmethoden sind für klinische Fragestellungen Leukocytenfunktionsproben entwickelt worden. Italienische Autoren haben sich in den letzten Jahren mit der *osmotischen Resistenz der Leukocyten* befaßt und zu diesen Untersuchungen eine von Storti und Pederzini (130) angegebene Methode verwendet. Hierbei werden Leukocytenzählungen nach unterschiedlich langer Einwirkung (30, 60, 120 und 180 min) von hypotonischer — 0,2%iger NaCl-Lösung vorgenommen. Mit fortschreitender Zeit wird die Zahl nicht lysierter intakter Zellen immer geringer. Das Verhalten polynucleärer und mononucleärer Zellen wird getrennt beurteilt. Bei schwangeren Frauen ist die Resistenz der Leukocyten wahrscheinlich durch den hohen Gehalt des Blutes an Oestrogenen erhöht. Die Verabreichung von Oestrogenen führt bei Tieren und bei Menschen zu einer Erhöhung der osmotischen Resistenz (131). Die Resistenz beider Zellgruppen ist bei Frühgeborenen und Neugeborenen am 1. Lebenstag erhöht (56, 87). Einige Autoren haben bei Frühgeborenen noch stärker veränderte und erst später (erst nach dem 7. Tag) absinkende Werte gefunden als bei Reifgeborenen (36, 56, 99). Typische Säuglingswerte sollen bei Frühgeborenen um den 20., bei Reifgeborenen um den 12. Tag erreicht werden. Andere Untersucher sahen nach der anfänglichen Resistenzsteigerung schon wenige Stunden später eine Verminderung und erst im Alter von 72 Std (92) bzw. 8 Tagen (87) ein Angleichen an die Norm. Bassi (10) findet die Erhöhung der Resistenz der polynucleären Zellen nur bei reifen Neugeborenen, nicht bei Frühgeborenen. Bei letzteren soll vor allem die der Mononucleären herabgesetzt sein. Ocklitz und Jürss (103) berichten ebenfalls über eine herabgesetzte Resistenz, und zwar sowohl an poly- als an mononucleären weißen Blutzellen Frühgeborener, vorwiegend in den ersten Lebenstagen. Beziehungen zwischen der osmotischen Resistenz der Leukocyten und dem Albumin-Globulin-Quotienten des Serums (56), oder die größere Zahl unreifer und junger weißer Blutkörperchen bei den Früh- und Neugeborenen (99, 103), oder eine Stress-Wirkung (87, 92) werden als Ursachen erwogen. Bei gesunden Säuglingen, Kleinkindern, Schulkindern und Erwachsenen ergeben sich annähernd gleiche Werte. Nur KINTZEL (81) findet auch noch im Kleinkindes- und Schulalter geringe Abweichungen. Für Greise wird eine vermehrte osmotische Resistenz der Leukocyten beschrieben (17, 22, 77).

DIETZ (39, 40) untersuchte bei Neugeborenen, Säuglingen und Kindern die *Ultraschallresistenz* der Leukocyten. In der ersten Lebensstunde ist sie parallel zu den absoluten Leukocytenzahlen erhöht und fällt am Ende des ersten Tages etwas ab. In den folgenden Tagen vermindert sie sich nur noch geringgradig, während die Gesamtleukocytenzahlen weiter erheblich abfallen. Im späteren Alter unterscheiden sich die Werte nicht mehr wesentlich von denen Erwachsener. Die Ultraschallresistenz wird durch verschiedenartige äußere Einwirkungen rasch verändert. Sie soll z. B. während des Schreiens deutlich absinken. DIETZ (39, 40) vermutet, daß vor allem „relativ jugendliche Leukocyten" besonders leicht zerstört werden. Untersuchungen der mechanischen Resistenz der Leukocyten (128, 129) von jungen Säuglingen sind nicht bekannt.

Schlußbetrachtungen

Die Leukocyten des Menschen stellen verhältnismäßig kurzlebige, rasch neugebildete, aber trotzdem stark differenzierte Zellformen dar. Ihre Funktionen decken sich teilweise mit denen wenig geprägter, primitiver Zellen, umfassen daneben aber einzelne recht diffizile und äußerst spezielle, zum Teil noch nicht klar definierbare biochemische Abläufe. Der eigentliche Zellstoffwechsel ist in der Regel bei den noch unreifen Formen der einzelnen Entwicklungsreihen (Granulocyten, Plasmazellen usw.) besonders lebhaft, während die differenzierten Fermentaktivitäten bei den ausgereiften Zellen besonders unter Reizeinflüssen ihr Maximum erreichen.

Die mit der Abwehr bakterieller Infekte in Zusammenhang stehenden Funktionen lassen sich außer durch biochemische Untersuchungen rein morphologisch in ihrem Ablauf beobachten, wobei sich die Klebefähigkeit, die Motilität, die Phagocytose von Bakterien und anderen Fremdkörpern und der intracelluläre Abbau der phagocytierten Partikel getrennt beurteilen lassen.

Phylogenetische Vergleiche waren nur gelegentlich möglich, so konnte beispielsweise die Phagocytose als primitiver Grundvorgang herausgestellt werden. Hinsichtlich der ontogenetischen Entwicklung beim Menschen zeigten sich bei den meisten Tests bei Frühgeborenen und bei Neugeborenen geringfügige, zum Teil interessante Abweichungen zu den Werten Erwachsener. Sie ließen aber keine Schlüsse auf eine echte „Unreife" der weißen Blutzellen dieser jungen Säuglinge zu, sondern waren oft durch Schwankungen in der Zusammensetzung der umgebenden Serumeiweißstoffe und durch den Geburtsstress bedingt.

Literatur

1. ABRAMSON, H. A.: J. exp. Med. 41, 445 (1925). — 2. ABRAMSON, H. A.: J. exp. Med. 46, 987 (1927). — 3. ALFEJEW, S.: Folia haemat. Leipzig 30, 11 (1924/25). — 4. ALLGÖWER, M., u. H. SÜLLMANN: Experientia (Basel) 6, 107 (1950). — 5. ALTUNIC, A.: Klin. Wschr. 33, 848 (1955). — 6. ASCHOFF, H. W.: Handbuch der ges. Hämatologie 2. Aufl. München, Berlin, Wien: Urban & Schwarzenberg 1957.

7. Ballowitz, L.: Zbl. Bakt. I. Abt. Orig. **167**, 529 (1957); **167**, 548 (1957); **168**, 95 (1957). — 8. Ballowitz, L., u. H. Schäfer: Z. Kinderheilk. **76**, 551 (1955). — 9. Bartel u. Stein: zit. Reiffenstuhl, G. Das Lymphsystem des weiblichen Genitale. München,, Berlin, Wien: Urban & Schwarzenberg 1957. — 10. Bassi, L.: Boll. Soc. med.-chir. Pavia **69**, 1793 (1955); ref. Zbl. Kinderheilk. **59**, 315 (1957). — 11. Becker, I., u. J. Gleiss: Z. Kinderheilk. **85**, 66 (1961). — 12. Begemann, H.: Dtsch. med. Wschr. **30**, 436 (1952). — 13. Berry, L. G., and T. D. Spies: Medicine (Baltimore) **28**, 239 (1949). — 14. Bertolotti, E., and G. De Luca: Lattante **31**, 432 (1960). — 15. Bessis, M., et M. Bricka: Rev. Hémat. **7**, 407 (1952); zit. H. Brucker. In: Braunsteiner. — 16. Bisset, K. A.: J. Hyg. (Lond.) **45**, 128 (1947). — 17. Bonessa, C., e A. Chiodaroli: G. Geront. **4**, 161 (1956); zit. Brüschke et al. — 18. Bracco, G.: G. Batt. Immun. **38**, 449 (1948). — 19. Braunsteiner, H.: Physiologie und Physiopathologie der weißen Blutzellen. Stuttgart: Georg Thieme 1959. — 20. Braunsteiner, H.: Internist **3**, 89 (1962). — 21. Bridges, R. A., R. M. Condie, S. J. Zak and R. A. Good: J. Lab. clin. Med. **53**, 331 (1959). — 22. Brüschke, G., H. Hermann u. F. H. Schulz: Med. Welt 2460, 1960. — 23. Butter, U., u. G. Thomas: Z. Alternsforsch. **13**, 288 (1959).

24. Canat, E. H., and E. L. Opie: Amer. J. Path. **29**, 371 (1943). — 25. Carlson, B., and L. Gyllensten: Acta path. microbiol. scand. **43**, 365 (1958). — 26. Cathala, u. Lequeux: zit. Tunnicliff 1910. — 27. Cole, L. R., and C. B. Favour: J. exp. Med. **101**, 391 (1955). — 28. Comolli, E. P., y A. S. Santow: Rev. Soc. argent. Biol. **15**, 259 (1939); zit. Berry u. Spies. — 29. Compton, A. S.: Amer. J. Anat. **91**, 301 (1952). — 30. Coons, A. H., E. H. Leduc and J. M. Conolly: J. exp. Med. **102**, 49 (1955). — 31. Cottier, H.: Schweiz. med. Wschr. **1958**, 82. — 32. Cottier, H., u. S. Barandun: In: S. Barandun, H. Cottier, A. Hässig, G. Riva. Das Antikörpermangelsyndrom. Basel/Stuttgart: Benno Schwabe 1959. — 33. Cushing, J. E., and D. H. Campbell: Principles of immunology. New York, Toronto, London: Mc Graw-Hill Book Company 1957. — 34. McCutcheon, M.: Amer. J. Physiol. **69**, 279 (1924). — 35. McCutcheon, M.: Ann. N. Y. Acad. Sci. **59**, 941 (1955). — 36. Cutroneo, A., e G. Bellomo: Lattante **27**, 329 (1956); ref. Z. Kinderheilk. **58**, 119 (1957).

37. Davis, D. J.: J. infect. Dis. **10**, 142 (1912). — 38. Dénes, S.: Z. Alternsforsch. **12**, 224 (1958). — 39. Dietz, W.: Arch. Kinderheilk. **157**, 33 (1958). — 40. Dietz, W.: Arch. Kinderheilk. **152**, 213 (1956).

41. Edwards, M. S., L. L. Griffiths and P. N. Swift: Arch. Dis. Childh. **33**, 512 (1958). — 42. Ehrich, W. E.: Klin. Wschr. **33**, 315 (1955). — 43. Ehrich, W. E.: In: Handbuch der allgemeinen Pathologie Bd. VII, 1. Büchner, Letterer, Roulet. Berlin-Göttingen-Heidelberg: Springer 1956. — 44. Ehrich, W. E.: 62. Tagung Dtsch. Ges. Inn. Med. Wiesbaden 1956. — 45. Engle, R. L. jr., K. R. Woods, E. C. Paulsen and J. H. Pert: Proc. Soc. exp. Biol. (N. Y.) **98**, 905 (1958). — 46. Eufinger, H.: Arch. Gynäk. **149**, 630 (1932).

47. Fagraeus, A.: Klin. Wschr. **1957**, 315. — 48. Ferola, R., e N. Pontorieri: Pediatria (Napoli) **67**, 100 (1959); ref. Z. Kinderheilk. **71**, 5 (1959). — 49. Ferrata, A., et N. Michels: C. R. Soc. Biol. (Paris) **89**, 437 (1923); zit. Braunsteiner. — 50. Fowler, R., W. K. Schubert and C. D. West: Amer. J. Dis. Child. **98**, 585 (1959). — 51. Franke, H.: In: L. Heilmeyer u. A. Hittmair. Handbuch der gesamten Hämatologie Bd. I. München, Berlin, Wien: Urban & Schwarzenberg 1957. — 52. Freerksen, E.: Dtsch. med. Wschr. **85**, 1926 (1960). — 53. Fritze, E.: Dtsch. med. Wschr. **81**, 601 (1956). — 54. Fritze, E.: Ergebn. inn. Med. Kinderheilk. **9**, 282 (1958).

55. Gamalero, P. C., e N. Nigro: Minerva pediat. **11**, 7 (1959). — 56. Gandolfo-Caramello, M. T., e R. Morbidelli: Minerva pediat. **9**, 447 (1957); ref. Z. Kinderheilk. **62**, 23 (1958). — 57. Gleiss, J.: Mschr. Kinderheilk. **108**, 427 (1960). — 58. Gleiss, J., u. H. Sparrer: Z. Kinderheilk. **72**, 214 (1952). — 59. Gluck, L., and A. W. Silverman: Pediatrics **20**, 951 (1957). — 60. Gluck, L., and A. W. Silverman: Amer. J. Dis. Child. **94**, 485 (1957). — 61. Gormsen, H.: Sang **21**, 483 (1950); zit. Braunsteiner. — 63. Graham, H. T., O. H. Lowry, F. Wheelwright, M. A. Lenz and H. H. Parish jr.: Blood **10**, 467 (1955). — 64. Grundmann, E.: Klin. Wschr. **37**, 941 (1959). — 65. Grundmann, E.: Dtsch. med. Wschr. **85**, 741 (1960).

66. Hankin, E. H.: Zbl. Bakt. I. Orig. **12**, 777 (1892). — 67. Harris, T. N., and W. E. Ehrich: J. exp. Med. **84**, 157 (1946). — 68. Heine, F.: Roux Arch. Entwicklungsmech. organ. **134**, 283 (1936); zit. Berry u. Spies. — 69. Hektoen: zit. Ehrich. — 70. Heling-Kwiatkowski: zit. H. Dittrich. In: Braunsteiner. — 71. Holmgren, H. J.: Acta anat. (Basel) **2**, 40 (1946). — 72. Holub, M.: Nature (Lond.) **181**, 122 (1958). — 73. Huebschmann, P.: Verh. Dtsch. Path. Ges. **16**, 110 (1913). — 74. Huff, C. G.: Physiol. Rev. **20**, 68 (1940).

76. Junghans, N.: Mschr. Kinderheilk. **68**, 242 (1937).

77. Kautschischwili, G. M.: Gerontologia (Basel) **6**, 976 (1958); ref. Kongr.-Zbl. ges. inn. Med. **202**, 176 (1959). — 78. Keller, R., and G. C. Oppliger: Klin. Wschr. **39**, 1028 (1961). — 79. Ketchel, M. M., and C. B. Favour: Science **118**, 79 (1953). — 80. Kingsbury, B. F.: Amer. J. Anat. **51**, 269 (1932); zit. Braunsteiner. — 81. Kintzel, H. W.: Z. Kinderheilk. **87**, 26 (1962).

82. LAWRENCE, H. S.: J. clin. Invest. **34**, 219 (1955). — 83. LAWRENCE, H. S.: Amer. J. Med. **20**, 428 (1956). — 84. LAWRENCE, H. S.: Ciba Found. Symp. Cellular Aspects of Immunity. London: Churchil 1960; zit. P. MIESCHER. — 85. LEWIS, W. H.: Bull. Johns Hopk. Hosp. **49**, 29 (1931); zit. BRAUNSTEINER. — 86. LEWIS u. WEBSTER: zit. W. E. EHRICH. — 87. DE LUCA, R., e G. LOMBARDO: Lattante **25**, 13 (1953).

88. MARTUCCI, E., V. MORMONE e N. RIGILLO: Pediatria (Napoli) **67**, 268 (1959); **67**, 289 (1959). — 89. MARTUCCI, E., F. JAFUSCO e N. RIGILLO: Minerva nipiol. **10**, 3 (1960). — 91. MATOTH, Y.: Pediatrics **9**, 748 (1952). — 92. MATTEUCCI, G. B., e S. LIONETTI: Pediat.int. (Roma) **7**, 199 (1957); ref. Zbl. Kinderheilk. **64**, 7 (1958). — 93. MAXIMOW, A.: Arch. mikr. Anat. **73**, 444 (1909); **76** (1910); zit. HOLMGREN. — 94. MAXIMOW A. and W. BLOOM: Special Cytology New York 1932; zit. BRAUNSTEINER. — 95. METAXAS, M. N., u. M. METAXAS-BÜHLER: In: GRABAR/MIESCHER, Immunopathologie. Basel/Stuttgart: Benno Schwabe 1959 — 96. MIESCHER, P.: Helv. med. Acta **5**, 620 (1959). — 97. MITCHEL, R. G., and R. CASS: J. clin. Invest. **38**, 595 (1959). — 98. LI MOLI, S.: Boll. Soc. ital. Biol. sper. **32**, 528 (1956). — 99. MORESCHI, E., A. PERESSINI e G. SABBIONI: Acta paediat. lat. (Reggio Emilia) **10**, 231 (1957); ref. Zbl. Kinderheilk. **62**, 141 (1958). — 100. MURALT, G., H. COTTIER, E. GUGLER u. A. HÄSSIG: In: F. LINNEWEH, Die physiologische Entwicklung des Kindes. Berlin-Göttingen-Heidelberg: Springer 1959. — 101. MURPHY u. STURM: zit. EHRICH.

102. NOSSAL, G. J. V., and J. LEDERBERG: Nature (Lond.) **181**, 1419 (1958).

103. OCKLITZ, H. W., u. E. JÜRSS: Folia haemat. (Leipzig) **76**, 106 (1959). — 104. OLBRICH, O.: Edinb. med. J. **54**, 306 (1947); zit. STERN, BIRMINGHAM, CULLM u. RICHER.

105. PETTAY, O.: Acta paediat. (Uppsala) **39**, 283 (1950). — 106. V. PHILIPSBORN, E.: Dtsch. Arch. klin. Med. **168**, 239 (1930). — 107. V. PHILIPSBORN, E.: Med. Mschr. **4**, 122 (1956). — 108. PLENERT, W.: Folia haemat. (Leipzig) **75**, 378 (1958). — 108a. PLENERT, W.: Z. Kinderheilk. **87**, 218 (1962). — 109. PLISZKA, F.: Zbl. Bakt. I. Orig. **143**, 451 (1939). — 110. POLAK, H., u. K. POLAKOVA: Acta haemat. (Basel) **16**, 385 (1956). — 111. POLICARD, A., et M. BESSIS: Rev. Hémat. **8**, 57 (1952); zit. BRÜCHER. In: BRAUNSTEINER. — 112. PROBATOVA, L. E., i E. K. MISSEROVA: Pediatriya **38**, 55 (1960); ref. Zbl. Kinderheilk. **75**, 209 (1960).

113. REMY, D.: Klin. Wschr. **38**, 900 (1960). — 114. RICH, A. R.: Arch. Path. **22**, 228 (1936); zit. BRAUNSTEINER. — 115. RICH, A. R., M. M. WINTROBE and M. R. LEWIS: Bull. Johns Hopk. Hosp. **65**, 291 (1939); zit. BRAUNSTEINER. — 116. RIVIER et ROSSIER: zit. E. V. PHILIPSBORN 1956. — 117. ROHR, K.: Das menschliche Knochenmark. Stuttgart: Thieme 1949.

119. SASLAW, S., u. C. A. DOAN: J. Lab. clin. Med. **32**, 878 (1947); zit. DITTRICH, H. In: BRAUNSTEINER. — 120. SATO, T.: Niigata Med. J. **73**, 24 (1959); ref. Exp. Med. Pediat. **16**, 155 (1962). — 121. SCHLANGE, H.: Arch. Kinderheilk. **148**, 12 (1954). — 122. SCHREIER, K., E. ZÖLLER, K. THOMAS, W. HART, V. STÖCKLE u. E. BERGMANN: Klin. Wschr. **39**, 568 (1961). — 123. SCHRIDDE, G.: Handbuch Pathol. Anatomie. Jena 1913. — 124. SCHULER, D., S. KISS u. J. SIEGLER: Ann. paediat. (Basel) **198**, 279 (1962). — 125. SEITZ, W.: Folia haemat. (Leipzig) **72**, 273 (1954). — 125a. STAVE, U.: Enzymol. biol. clin. **1**, 34 (1961). — 126. STERN, K., M. K. BIRMINGHAM, A. CULLM and R. RICHER: J. clin. Invest. **30**, 84 (1951). — 127. STOECKENIUS, W., u. P. NAUMANN: Proc. 6. Congr. Europ. Soc. Haemat. Copenhagen 1957, S. 4. Basel-New York: Karger — 128. STORTI, E., L. BELLESIA u. E. LUSVARGHI: Acta haemat. (Basel) **17**, 333 (1957). — 129. STORTI, E., L. BELLESIA u. E. LUSVARGHI: Acta haemat. (Basel) **19**, 347 (1958). — 130. STORTI, E., u. A. PEDERZINI: Schweiz. med. Wschr. **85**, 949 (1955). — 131. STORTI, E., u. A. PEDERZINI: 5. Kongr. Europ. Ges. Hämatol. Freiburg 1955.

132. TANZI, B.: Sperimentale **95**, 625 (1941); zit. L. HEILMEYER u. H. BEGEMANN, Blut und Blutkrankheiten, im Handbuch der Inn. Med. Bd. II. Berlin-Göttingen-Heidelberg: Springer 1951. — 133. THORBECKE, H. G., and F. J. KEUNING: J. infect. Dis. **98**, 157 (1956). — 134. THORELL, B.: Studies on the formation of cellular substances during blood cell production. London: Kimpton 1947. — 135. TOBLER, W.: Z. ges. exp. Med. **41**, 558 (1924). — 136. TOLENTINO, P., e M. ROSSI: G. Mal. infett. **10**, 600 (1958); ref. Zbl. Kinderheilk. **70**, 7 (1959). — 137. TULLIS, J. L.: Blood Cells and Plasma Proteins. New York: Acad. Press. Inc. 1953. — 138. TUNNICLIFF, R.: J. infect. Dis. **7**, 698 (1910).

139. UNDRITZ: zit. BRAUNSTEINER.

140. VALENTINE, W. N.: Ann. N. Y. Acad. Sci. **59**, 1003 (1955). — 141. VALENTINE, W. N., J. H. FOLETTE, E. B. HARDIN, W. S. BECK and J. S. LAWRENCE: J. Lab. clin. Med. **44**, 219 (1954).

142. WACHSTEIN, M.: Ann. N. Y. Acad. Sci. **59**, 1050 (1955). — 143. WELLS: Practitioner **80**, 635 (1908); zit. TUNNICLIFF 1910. — 144. WIEDERMANN, G., N. THUMB, J. PÄRTAN and H. BRAUNSTEINER: Proc. 6. Cong. Europ. Soc. Haematol. Copenhagen 1957, S. 1026. Basel-New York: Karger. — 145. WRIGHT, A. E.: Lancet **1917** I, 939.

146. YOFFEY, J. M.: Nature (Lond.) **183**, 76 (1959).

147. ZINSSER, H., J. F. ANDERS and L. D. FOTHERGILL: Immunity Principles and Application in Medicine and Public Health. New York: Mc Millan 1942.

Die Blutstillung

Von

G. Landbeck

Mit 1 Abbildung

1. Allgemeine Vorbemerkungen

Die Forschungen über die relativ häufigen Blutungsereignisse in den ersten
Lebenstagen haben seit langem erkennen lassen, daß beim gesunden Neugeborenen und jungen Säugling besondere Blutstillungsverhältnisse vorliegen,
die nicht einfach auf die bekannten Normalwerte des späteren Kindes- und Erwachsenenalters bezogen werden dürfen und sich diesen im ganzen erst gegen Ende
des ersten Lebensjahres angleichen. Unser Wissen über das physiologische Maß
dieser altersgebundenen Normabweichungen ist bis heute jedoch noch recht
lückenhaft, so daß wir bislang, mit Ausnahme weniger Einzelheiten, nicht in der
Lage sind, verbindliche Aussagen machen zu können. Die folgenden Angaben
können nur über den derzeitigen Stand der Forschung berichten und sind so
mit entsprechendem Vorbehalt zu betrachten.

Zum besseren Verständnis der Zusammenhänge soll eine kurze Darstellung des
Blutstillungsvorganges und der Blutgerinnung vorangestellt werden.

Unter der *Blutstillung* verstehen wir die Leistung des Organismus, bei einer Verletzung
die Blutung zum Stehen zu bringen und so die Voraussetzung für eine normale Wundheilung
zu schaffen. Der Begriff beinhaltet somit das sinnvolle Zusammenspiel von Blutgefäßen,
Thrombocyten und der Blutgerinnung. Im Mittel 2 bis 4 min nach einer Verletzung kommt es
zu einem Versiegen des ausgetretenen Blutstromes, zur *primären Blutstillung*. Diese ist nach
den Untersuchungen von Roskam u. Mitarb. (*88a*) zur Hauptsache eine Funktion der Thrombocyten. Unmittelbar nach einer Gefäßverletzung beginnen die Blutplättchen am Endothel des
Gefäßstumpfes anzuhaften (Adhäsion). Weitere Plättchen treten hinzu, verkleben mit ersteren
(Aggregation bzw. Agglomeration) und bilden so eine schnell an Volumen gewinnende, größtenteils extravasculär gelegene Masse (Thrombocytenpfropf), die zum Verschluß der Gefäßwunde
führt und so die Blutung zum Stehen bringt. Dieser „Gestaltwandel" der Plättchen, der in
einer Desintegration bzw. Fusion der aggregierten Thrombocyten gipfelt und so zu einer Freisetzung von gerinnungsfördernden Plättchenfaktoren sowie weiterer hämostatisch wirksamer
Substanzen führt, wird als „viscöse Metamorphose" bezeichnet. Er wird durch Thrombinspuren in Gegenwart von Glucose und Calcium-Ionen ausgelöst [Lüscher (*67*)]. Die Adhäsion
der Thrombocyten an der Gefäßwunde wird wahrscheinlich durch Strukturveränderungen des
verletzten Endothels mitbewirkt [Hugues (*38a*)]. Der primäre Gefäßverschluß ist jedoch nur
ein provisorischer. Die Fibrinbildung und Gerinnselretraktion läuft jetzt an und führt zur
endgültigen Blutstillung. Der Blutstillungsvorgang wird dabei unterstützt durch eine Gefäß-
kontraktion im Blutungsbezirk, die entweder durch das Serotonin der Plättchen oder durch
einen bislang noch unbekannten humoralen vasoconstrictorischen Faktor (Witte) bewirkt
wird. Es ist somit verständlich, daß eine thrombocytär oder vasculär bedingte Blutungsneigung
in erster Linie zu einer Störung der primären Blutstillung führen muß, während eine verminderte Aktivität der Blutgerinnungsfaktoren, also eine Coagulopathie, wie auch eine verminderte Retraktionsaktivität der Thrombocyten ein Versagen der endgültigen Blutstillung
bedingt. Diese kurze Übersicht zeigt, daß die Blutgerinnung nur ein, wenn auch sehr wichtiger,
Teilvorgang der Hämostase ist und weist zum anderen auf die eminente Bedeutung der
Thrombocyten hin. Sie haben den Hauptanteil an der primären Blutstillung, spielen während
des Gerinnungsablaufes eine bedeutsame Rolle und bewirken die Retraktion des Gerinnsels.

Die Blutgerinnung (s. Abb. 1). Die zwei Hauptphasen des Blutgerinnungsablaufes, die
Thrombinbildung und die durch sie induzierte Fibrinbildung werden entsprechend der heutigen Vorstellung auf zwei Wegen ausgelöst, nämlich über eine vorwiegend extravasale ("extrin-
sic") und eine vorwiegend intravasale ("intrinsic") Thrombokinasebildung (Vorphase). Erstere
wird als „Gewebsthrombokinase", letztere als „Blut- oder Plasmathrombokinase" bezeichnet.
Der Begriff Thrombokinase (oder Thromboplastin) beinhaltet dabei gegenüber älteren Ansichten keinen präformierten Gerinnungsfaktor mehr, sondern jeweils ein Reaktionsprodukt
aus mehreren Plasmafaktoren und einem zellständigen Faktor, der bei Zerstörung der Zellen

freigesetzt wird. Dieser entstammt für die Gewebsthrombokinase den Gewebezellen („Gewebefaktor") und für die Blutthrombokinase den Thrombocyten („Thrombocytenfaktor 3"). Weiterhin unterscheiden sich beide Thrombokinasen in ihrer Plasmafaktoren-Zusammensetzung und in ihrer Bildungsgeschwindigkeit. Die Plasmafaktoren V (Proaccelerin), X (Stuart-Prower-Faktor) und Calcium (Faktor IV)sind beiden gemeinsam. Der Faktor VII (Proconvertin) ist hingegen nur für die Gewebsthrombokinase — und die Faktoren VIII (Antihämophiles Globulin A) und IX (Antihämophiles Globulin B) nur für die Blutthrombokinase-Bildung erforderlich. Die Bildungszeit der Gewebsthrombokinase beträgt nur wenige Sekunden, während die Blutthrombokinase-Bildung im Mittel 2—4 min beansprucht und sich zeitlich mit der Gerinnungszeit des Blutes deckt. Es ergeben sich somit zwei zunächst zeitlich nacheinander

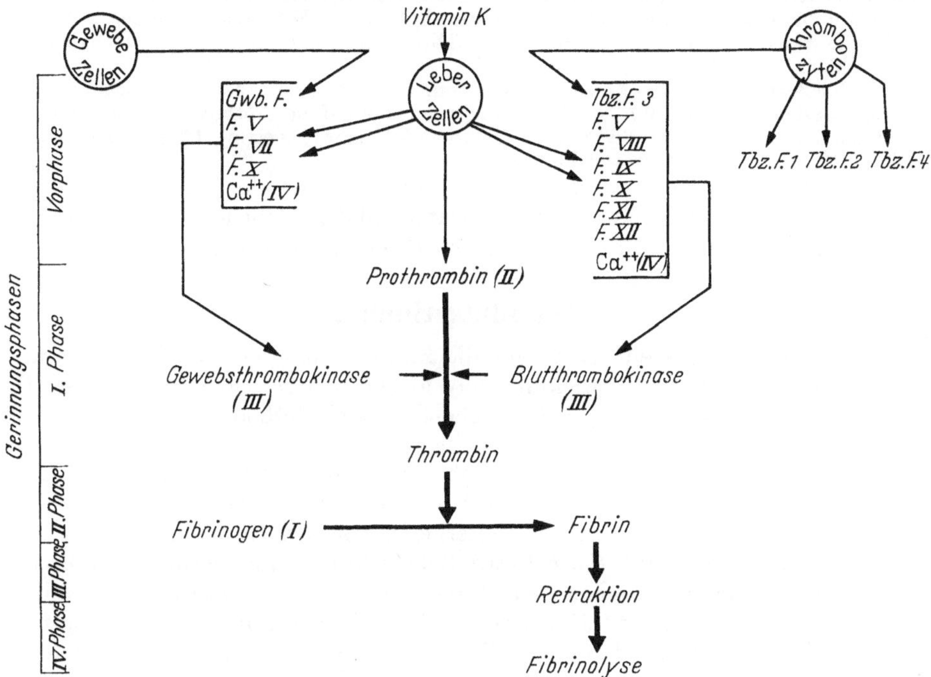

Abb. 1. Schema der Blutgerinnung (*Tbz.* = Thrombocyten, *Gwb.F.* = Gewebefaktor)

ablaufende Systeme der Fibrinbildung. Erfahrungsgemäß kommt dabei dem Gerinnungsablauf über die Blutthrombokinase die größere Bedeutung zu. Die Auslösung der Gewebsthrombokinase-Bildung erfolgt durch Freisetzung des Gewebefaktors aus zerstörten Gewebszellen. Die Vorgänge, die zur Blutthrombokinase-Bildung führen, sind demgegenüber noch in einigen Punkten umstritten. Als weitgehend gesichert kann gelten, daß die viscöse Metamorphose der Thrombocyten und damit die Freigabe des Plättchenfaktors 3 durch erste Thrombinspuren, die wahrscheinlich über die Gewebsthrombokinase entstehen, ausgelöst wird. Dieses allein bewirkt aber noch nicht die Blutthrombokinase-Bildung. Dazu bedarf es noch einer Kontaktaktivierung weiterer Gerinnungsfaktoren durch sog. Fremdoberflächen (verletztes Endothel). Es handelt sich um die Faktoren XI (Plasma Thromboplastin Antecedent) und XII (Hageman-Faktor). Die Bildung der Blutthrombokinase verläuft dann über mehrere Zwischenprodukte.

Die Thrombocyten beteiligen sich neben ihrem Faktor 3 mit noch weiteren drei Faktoren am Gerinnungsvorgang. Der Thrombocytenfaktor 1, womöglich identisch mit dem Plasmafaktor V, wirkt als Accelerator der Thrombokinasebildung, der Thrombocytenfaktor 2 unterstützt die Fibrinogenumwandlung, und der Thrombocytenfaktor 4 beteiligt sich als Gegenspieler des körpereigenen Hemmstoffes Heparin.

Den gerinnungsfördernden Faktoren stehen in jeder Phase *gerinnungshemmende Faktoren* gegenüber. Ihre Aufgabe ist es, das intravasale Blut ungeronnen zu halten und notwendige Gerinnungsvorgänge örtlich zu begrenzen. Von den vielen bekannten Hemmfaktoren sollen hier nur das Antithrombin und der Thrombininhibitor genannt werden. Während das Antithrombin seine Aktivität erst nach der Fibrinbildung, d. h. also relativ spät, durch Überführung des Thrombins in Metathrombin entfaltet, wirkt der Thrombininhibitor frühzeitiger durch Hemmung der Thrombin-Fibrinogenreaktion und kann so eine bereits in Gang gebrachte Gerinnung noch unterbrechen.

Die III. Phase, die *Retraktion des Gerinnsels*, ist besonders in den letzten Jahren Gegenstand zahlreicher Untersuchungen gewesen. Danach darf als weitgehend gesichert gelten, daß die Plättchen sowohl die Energie (Adenosintriphosphat) als auch das Substrat dieses Vorganges in Form eines actomyosinähnlichen kontraktilen Proteins (Thrombosthenin) liefern. Die Auslösung erfolgt durch die viscöse Metamorphose der Thrombocyten [GROSS u. Mitarb. (*113*), BETTEX-GALLAND u. LÜSCHER (*112*)].

Als IV. Phase der Blutgerinnung ist die *Fibrinolyse* zu nennen. Sie bewirkt eine Auflösung des Fibringerinnsels durch ein fibrinolytisches Ferment (Fibrinolysin oder Plasmin), das im Blut in inaktiver Form (Profibrinolysin oder Plasminogen) vorhanden ist. Zur Aktivierung wie zur Inhibierung dieses Ferments ist ein ganzes System von Faktoren vorhanden — ähnlich wie für die Aktivierung des Prothrombins zum Thrombin — auf die wir hier nicht näher eingehen wollen.

Abschließend ist noch ein kurzer Hinweis zum *Vitamin K* zu geben. Die Wirkung dieses Vitamins bezieht sich nicht nur, wie früher angenommen, auf die Prothrombinsynthese in der Leber, sondern auch auf die Bildung der Faktoren VII (Proconvertin), IX (Antihämophiles Globulin B) und X (Stuart-Prower-Faktor).

Nach diesen Vorbemerkungen sollen nun nacheinander unsere derzeitigen Kenntnisse entwicklungsphysiologischer Daten auf dem Gebiet der Blutgerinnung, der Thrombocyten und Blutgefäßfunktion abgehandelt werden.

2. Die Blutgerinnung

Wie eingangs dargestellt, ist gerade die Blutgerinnung des Neugeborenen und jungen Säuglings für die Entwicklungsphysiologie von besonderem Interesse. Da für wissenschaftliche Zwecke nur hinreichend exakte Methoden, die bislang noch relativ große Blutmengen erfordern, an einer großen Probandenzahl verbindliche Werte ergeben können, sind in diesem Lebensalter unseren Forschungsbestrebungen natürliche Schranken gesetzt. Auch die aus diesem Grunde entwickelten Mikromethoden konnten hier nicht weiterhelfen. Sie liefern, zumindest bei Verwendung von Capillarblut (Gewebssaft-Beimischung!) nur wenig zuverlässige Werte, die bestenfalls klinischen Bedürfnissen entsprechen. So ist es verständlich, daß bis heute nur wenige verläßliche Befunde vorliegen. Für die Bewertung tritt weiter erschwerend hinzu, daß durch die Vielzahl der verwendeten Methoden, die Werte nicht immer miteinander vergleichbar sind. Es erscheint uns daher ratsam mehr die allgemeinen Regelmäßigkeiten der Entwicklung herauszustellen als eine Fülle von Einzelwerten.

Eines besonderen Hinweises bedürfen die Werte des *Nabelvenenblutes*. Wie vor allem BELLER (*8*) in vergleichenden Untersuchungsreihen zeigen konnte, sind die Unterschiede zum Venenblut des Neugeborenen so grundsätzlicher Art, daß man sie für die Beurteilung der tatsächlichen Blutgerinnungsverhältnisse des Neugeborenen nicht verwerten kann. Nur der Vollständigkeit halber sind sie bei den einzelnen Gerinnungsfaktoren mit angegeben.

Bei den *gerinnungsanalytischen Methoden* unterscheidet man allgemein 3 Gruppen.

1. *Gesamtgerinnungsbestimmungen* (sog. „Globalteste"). Sie geben Aufschluß über eine normale oder verminderte Gerinnungsfähigkeit des Blutes. Hierher gehören die Venenblutgerinnungszeit, die Recalcifizierungszeit, der Heparintoleranztest und die Thrombelastographie. Bei der Venenblutgerinnungszeit und der Recalcifizierungszeit ist zu beachten, daß nur Aktivitätsminderungen einzelner Faktoren unter 5—10% der Norm zu pathologischen Werten führen. Leichtere Aktivitätsminderungen entgehen bei diesen Untersuchungen. Ähnliches gilt auch für die Thrombelastographie.

2. *Gruppenteste.* Sie erfassen, wie der Name sagt, die Aktivität von Faktorengruppen. Dazu zählen der Quick-Wert, der Prothrombinverbrauchstest und die Bestimmung der Fibrinolyseaktivität. Der *Quick-Wert* gibt Auskunft über die Aktivität der Bildungsfaktoren der Gewebsthrombokinase (Faktoren V, VII, X) und des Prothrombins. Fibrinogenwerte beeinflussen das Resultat erst bei einer Fibrinogenmenge unter etwa 10% der Norm. Der *Prothrombinverbrauchs*-*test* erfaßt die Aktivität der Bildungsfaktoren der Blutthrombokinase (Faktoren V, VIII, IX-

X, XI, XII, und Plättchenfaktor 3), zeigt jedoch auch dann erst pathologische Werte an, wenn die Aktivität einzelner Faktoren unter 10% der Norm liegt. Die Bestimmung der *Fibrinolyseaktivität* umfaßt den Gesamtvorgang der Fibrinolyse und läßt keine Schlüsse auf die Aktivität ihrer einzelnen hemmenden oder fördernden Faktoren zu.

3. Tests zur *Aktivitätsbestimmung einzelner Faktoren*. Mit Ausnahme des Fibrinogens wird im allgemeinen nur die *Aktivität* der einzelnen Faktoren geprüft und in Prozenten der Erwachsenennorm angegeben. Die gefundenen Werte sind dabei streng an die Methode gebunden. Zur Bestimmung des *Fibrinogens* sind zahlreiche quantitative Methoden bekannt. Als einfache, groborientierende und somit ungenauere Methoden werden häufig Schnelltests durchgeführt, die nur begrenzten wissenschaftlichen Aussagewert haben. Die Faktoren *Prothrombin, Faktor V und VII* werden hauptsächlich mit sog. Einphasenmethoden bestimmt. Es handelt sich dabei um modifizierte Quick-Tests, bei denen alle zur Reaktion nötigen Faktoren bis auf den zu bestimmenden in konstantem Überschuß hinzugesetzt werden. Besonders für die Prothrombinbestimmung bringt dieses Verfahren jedoch weniger verläßliche Werte, so daß hier Zweiphasenverfahren vorzuziehen sind. Wichtig erscheint noch die Tatsache, daß bei den Faktor VII-Bestimmungen in der Regel der Faktor X miterfaßt wird. Es ist also richtiger, von einem Faktor VII/X-Komplex zu sprechen. — Die Bildungsfaktoren der Blutthrombokinase werden meistens mit dem *Thrombokinase-Bildungstest* („Thromboplastin Generation Test") nach Biggs und MacFarlane, von dem zahlreiche Modifikationen bekannt sind, geprüft. Der Test liefert spezifische qualitative Ergebnisse. Exakte quantitative Bestimmungen sind mit ihm nicht vorbehaltlos möglich. Dazu werden besser spezielle Einphasenmethoden verwendet, wie sie für die Faktoren VIII, IX und X bekannt sind. Für die Aktivitätsbestimmung des Thrombocytenfaktors 3 ist eine vergleichende Testung der Faktor 3-Aktivität sowohl schonend isolierter intakter wie auch lysierter Thrombocyten nötig, da nur so ein Anhalt für die während des Gerinnungsvorganges tatsächlich freigesetzte Faktor 3-Menge zu erhalten ist. Für die *Hemmfaktoren* Antithrombin und Thrombininhibitor sind ebenso wie für die Fibrinolyseaktivitäts-Bestimmung viele in ihrer Leistungsfähigkeit recht unterschiedliche Methoden bekannt, so daß auch hier im strengen Sinne nur die Werte miteinander vergleichbar sind, die mit der gleichen Methode gewonnen wurden.

a) Faktor I, Fibrinogen

Als Bildungsstätte des Fibrinogens ist die Leber anzunehmen. Die Fibrinogenkonzentration weist vom 1. Lebenstag an keine erheblicheren Abweichungen von der Norm auf. In den ersten Tagen der Neugeborenenperiode ist sie geringfügig vermindert und erreicht dann normale Erwachsenenwerte (*93, 90, 91, 104, 105, 71, 101*), die dann während des ganzen ersten Lebensjahres dem Erwachsenendurchschnitt entsprechen (*101*).

Auch bei Frühgeborenen finden sich nach der Geburt Werte an der unteren Grenze der Erwachsenennorm, die bis zum Ende der 3. Lebenswoche auf mittlere Normwerte ansteigen (*37, 89, 88b*).

Im Nabelvenenblut ergibt sich hingegen nach der Mehrzahl der Untersucher eine ausgeprägte Hypofibrinogenämie (*8, 100, 83, 28, 88, 41*).

b) Prothrombin, Faktor V, Faktor VII und Quick-Werte

In dieser Gruppe sind neben dem Prothrombin die Bildungsfaktoren der Gewebsthrombokinase zusammengefaßt mit Ausnahme des Faktors X, der aus didaktischen Gründen besser bei den Blutthrombokinase-Bildungsfaktoren abgehandelt wird. Der Hauptbildungsort dieser Faktoren ist die Leber, die mit Ausnahme des Faktors V zu ihrer Synthese Vitamin K benötigt. Ihre Aktivität wird durch den Quick-Wert als Gruppentest erfaßt. Vor Kenntnis der Faktoren V, VII und X wurde der pathologische Ausfall des Quick-Tests in den ersten Lebenstagen als Ausdruck der sog. „Hypoprothrombinämie des Neugeborenen" gewertet.

α) Faktor II, Prothrombin

Das Prothrombin wird als Plasmavorstufe des Thrombins bei der Gerinnung in vitro normalerweise vollständig in Thrombin umgewandelt, so daß es im Serum nicht mehr nachweisbar ist.

Seine Lebensdauer in vivo ist wie bei allen Gerinnungsfaktoren sehr kurz, woraus auf einen raschen physiologischen Verbrauch zu schließen ist. Die Halbwertszeit des Prothrombins im Blut wird mit etwa 24 Std angegeben (*48*).

Beim Neugeborenen werden am 1. Lebenstag verminderte Prothrombinwerte gefunden, die je nach Autor und Methode zwischen etwa 10—65% der Norm liegen (*8, 17, 91, 105* u. a.). In den nächsten Tagen erfolgt ein weiteres Absinken der Aktivität, mit einem Tiefpunkt am 2. bis 4. Lebenstag. Ende der Neugeborenenperiode werden dann allgemein wieder die Ausgangswerte des 1. Lebenstages erreicht (*80, 54, 107, 97, 17, 105, 29*). In diesem Sinne sprechen auch unsere eigenen Befunde (Tab. 1, *58*). Von Beller (*8*) wird ein Absinken in den ersten Lebenstagen bezweifelt. Er fand bei Untersuchungen im Vollblut (!) am 1. Tag bereits tiefe Werte zwischen 10—30% der Norm, die dann am 9.—10. Tag auf durchschnittlich 60% angestiegen waren.

Normalwerte des Erwachsenen werden im Durchschnitt gegen Ende des ersten Lebensjahres erreicht (*85, 10, 105*). Eigene Prothrombinbestimmungen bei 126 Säuglingen im Alter von 4 Wochen bis zu einem Jahr zeigten Erwachsenenwerte regelmäßig erst ab 10. Lebensmonat (*58*).

Bei Frühgeborenen fanden van Creveld u. Mitarb. (*16*) stärkere und länger anhaltende Prothrombinverminderungen als beim Neugeborenen. Im gleichen Sinne sprechen die Untersuchungen von Künzer (*53*) und Rogner (*88b*). Im Nabelvenenblut wird eine ausgeprägte Verminderung der Prothrombinwerte gefunden (*10, 16, 23, 41, 62, 64, 80, 105*).

β) Faktor VII, Proconvertin

Synonyma: Stable factor, Serum prothrombin conversion accelerator (SPCA).

Faktor VII wird bei der Gerinnung nicht verbraucht und ist daher auch im Serum zu finden, z. T. sogar in einer höheren Konzentration als im Plasma. Seine Halbwertszeit in vivo beträgt etwa 2 Std (*48*). Wie bereits gesagt, wird mit den meisten Methoden nicht nur der Faktor VII bestimmt, sondern auch der Faktor X erfaßt, so daß man richtiger von einem Faktor VII/X-Komplex sprechen sollte. Entsprechend den bisherigen Gepflogenheiten soll hier noch der alte Begriff „Faktor VII-Wert" beibehalten werden.

Tabelle 1. *Quick-Werte, Prothrombin-, Faktor V- und Faktor VII-Werte bei 86 Neugeborenen.* (Methode: Einphasenmethoden nach Schultze u. Schwick. Verwendet wurde Plasma des Venenblutes, n = Anzahl der Fälle, m = Mittelwert)

Lebenstag	n	Quick-Werte %	Prothrombin %	Faktor V %	Faktor VII %
1.	20	28—69 ($m = 42$)	21—54 ($m = 38$)	58—100 ($m = 76$)	14—46 ($m = 29$)
3. bis 4.	32	12—53 ($m = 28$)	10—41 ($m = 25$)	72—100 ($m = 83$)	8—29 ($m = 16$)
9. bis 10.	34	34—76 ($m = 63$)	29—68 ($m = 52$)	78—100 ($m = 92$)	17—50 ($m = 38$)

Wie beim Prothrombin wird auch beim Faktor VII allgemein ein Absinken der Werte in den ersten Lebenstagen beobachtet, das fast regelmäßig stärker als beim Prothrombin in Erscheinung tritt. Der Ausgangswert des 1. Lebenstages ist häufig am Ende der Neugeborenenzeit noch nicht wieder erreicht (*17, 23, 29, 54, 80, 91, 97, 105, 107*). Die Werte des 1. Lebenstages schwanken bei den einzelnen Untersuchern zwischen 10 und 50% der Norm. Die Mehrzahl findet den Aktivitäts-

Tiefpunkt am 2.—4. Tag, womit sich unsere eigenen Befunde decken (s. Tab. 1). VEST und MEYER (*105*) beobachten den tiefsten Abfall bereits am 1. und 2. Tag. BELLER (*8*) sah hingegen ebenso wie bei seinen Prothrombin-Bestimmungen im Vollblut kein Absinken der Faktor VII-Aktivität. Die Werte lagen bereits am 1. Tag sehr niedrig und stiegen vom 5. Tag langsam an. Normalwerte des Erwachsenen werden nach VEST und MEYER (*105*) ab 5. Lebensmonat erreicht.

Wir fanden bei 126 Säuglingen im Alter von 4 Wochen bis zu einem Jahr mit der Einphasenmethode nach SCHULTZE und SCHWICK (Normalwerte über 80%) die in Tab. 2 wiedergegebenen Werte.

Die Faktor VII-Werte lagen also im 3. Trimenon bei der Mehrzahl und im 4. Trimenon bei fast allen Säuglingen im Normalbereich.

Bei Frühgeborenen sahen VAN CREVELD u. Mitarb. (*16*) ebenso wie beim Prothrombin allgemein stärkere und längerandauernde Aktivitätsminderungen des Faktors VII.

Tabelle 2. *Faktor VII-Werte im 1. Lebensjahr*
(n = Anzahl der Säuglinge)

Alter	n	Normalwerte	davon wiesen auf	
			verminderte Werte	
			n	Faktor VII dieser Fälle
4 Wo.— 3 Mo.	34	9	25	53—78% ($m = 62\%$)
4 Mo.— 6 Mo.	23	10	13	58—79% ($m = 68\%$)
7 Mo.— 8 Mo.	37	26	11	64—78% ($m = 72\%$)
9 Mo.—12 Mo.	32	29	3	68—78% ($m = 74\%$)

Im Nabelvenenblut wird die Faktor VII-Aktivität fast regelmäßig erniedrigt gefunden (*8, 23, 41, 64, 97, 105* u. a.).

γ) Faktor V, Proaccelerin

Synonyma: Labile factor, Accelerator Globulin (AcG).

Der Faktor wird bei der Gerinnung verbraucht und ist im Serum nicht mehr nachzuweisen. Seine Halbwertszeit in vivo beläuft sich auf etwa 24 Std (*48*). Die aktive Form, das Accelerin, wurde ursprünglich als Faktor VI bezeichnet. Diese Benennung wurde jedoch wieder fallen gelassen, da sie nicht dem Prinzip der internationalen Nomenklatur entspricht.

Die Faktor V-Aktivität wurde von der Mehrzahl der Untersucher während der Neugeborenenzeit im Normbereich gefunden (*63, 80, 17, 23, 87, 91, 29*). Doch sind in den letzten Jahren, z. T. an einer größeren Probandenzahl, Aktivitätsminderungen in den ersten 2—4 Lebenstagen festgestellt worden. So konnten ISRAELS u. Mitarb. (*40*) am 1. und 2. Tag Werte zwischen 30—105% (Mittelwert 73%) bzw. zwischen 52—100% (Mittelwert 74%) beobachten, die sich erst am 5. Tag voll normalisiert hatten. Im ganzen lagen 33% der Neugeborenen in dieser Zeit unter dem niedrigsten Normalwert von 80%. VEST und MEYER (*105*) fanden ein Absinken unter 60% am 1.—2. Tag und Normalwerte am 8. Lebenstag. BELLER (*8*) sah bei Vollblutuntersuchungen in etwa 50% der Fälle niedrige Werte am 1. Tag, die sich dann 3 Tage später normalisiert hatten. Auch wir konnten bei einem Teil unserer Neugeborenen in den ersten 4 Tagen leichte Faktor V-Verminderungen (s. Tab. 1) feststellen. Normalwerte des Erwachsenen sind also vom 4. bis 8. Lebenstag an zu erwarten.

Bei Frühgeborenen wurden von VAN CREVELD u. Mitarb. (*16*) normale Aktivitätswerte gefunden. KÜNZER (*53*) ermittelte Werte zwischen 50 und 60% in den ersten 10 Lebenstagen, HAUPT (*37*) am 1. Tag zwischen 40 und 50% und am 42. Tag zwischen 60—70% und ROGNER (*88*b) in den ersten Lebenstagen Werte zwischen 15 und 100%, die sich in der 4. Lebenswoche den normalen Erwachsenenwerten angeglichen hatten.

Im Nabelvenenblut wurden von den meisten Autoren Normalwerte gefunden (*62, 16, 80, 87, 41, 105*). Vest und Meyer (*105*) stellten z. T. sogar erhöhte Werte fest, Israels u. Mitarb. (*40*) sowie Künzer (*53*) hingegen eine Aktivitätsminderung.

δ) Quick-Werte

Sie verhalten sich im ersten Lebensjahr ähnlich wie die der besprochenen Einzelfaktoren. So wird fast regelmäßig von einem Absinken in den ersten 2 bis 5 Tagen und einem Wiederanstieg gegen Ende der Neugeborenenzeit berichtet (*80, 81, 86, 93, 21, 107, 91, 36*). Unsere Befunde decken sich mit diesen Angaben (s. Tab. 1). Im Vollblut fand Beller (*8*) wiederum keinen Abfall in den ersten Tagen, dafür aber bereits am 1. Tag die niedrigsten Werte. Normale Erwachsenenwerte beobachteten wir bei 164 gesunden Säuglingen regelmäßig erst im letzten Trimenon des ersten Jahres. Auch von Dam u. Mitarb. (*21*) wurden Normalwerte erst gegen Ende der Säuglingszeit gesehen.

Auffallend ist das Verhalten der Quick-Werte im Nabelvenenblut. Sie liegen im Durchschnitt deutlich höher, als nach der Aktivität der Einzelfaktoren zu erwarten ist (*8, 81, 93*). Bislang ist eine sichere Ursache dafür nicht anzugeben [ausführliche Diskussion s. bei Beller (*8*)].

c) Die Bildungsfaktoren der Blutthrombokinase

(Faktor VIII, IX, X, XI, XII und Thrombocytenfaktor 3).

Während über die Verminderung des Quick-Wertes bzw. seiner Einzelfaktoren in den ersten Lebenstagen bereits sehr zahlreiche Untersuchungen vorliegen, ist das Interesse an der Blutthrombokinasebildung im wesentlichen erst mit Einführung des *Thrombokinase-Bildungstests* durch Biggs und MacFarlane erweckt worden.

Wegen der Wichtigkeit dieser Methode sei zum besseren Verständnis kurz auf das Prinzip des Tests eingegangen: In einem Ansatz I werden die Bildungsfaktoren der Blutthrombokinase zusammenpipettiert. Dabei dient

1. Als Faktor V- und VIII-Quelle Bariumsulfat- oder Aluminiumhydroxyd-adsorbiertes Natriumcitratplasma. Durch die Adsorption sind die Faktoren II, VII, IX und X entfernt worden.

2. Als Faktor IX- und X-Quelle Serum, in dem die Faktoren I, II, V, und VIII nicht mehr enthalten sind, da sie bei der Gerinnung verbraucht wurden. Die Anwesenheit von Faktor VII im Serum ist ohne Belang, da dieser Faktor für die Blutthrombokinase-Bildung nicht erforderlich ist. Die Faktoren IX und X werden häufig auch als sog. „Serumfaktoren" der Blutthrombokinase bezeichnet.

3. Als Thrombocytenfaktor 3-Quelle eine Thrombocytensuspension in bestimmter Konzentration.

Zu diesen drei Präparationen wird dann Calcium hinzugegeben, wonach sich in der Regel nach 3—5 min eine vollaktive Blutthrombokinase gebildet hat. Ihre Aktivität wird an einem Fibrinogen und Prothrombin enthaltenden Substrat (Ansatz II) getestet.

Van Creveld u. Mitarb. (*19*) gebührt das Verdienst, als erste auf eine Blutthrombokinase-Bildungsstörung beim Neugeborenen und Frühgeborenen hingewiesen zu haben. Sie fanden eine Aktivitätsminderung der sog. Serumfaktoren und schrieben sie zunächst einem Faktor IX-Mangel zu (*19, 18*). Dieser Befund wurde in den nächsten Jahren von mehreren Autoren bestätigt (*1, 33, 69, 28, 52, 4*). Bald jedoch äußerten einige Untersucher Zweifel an einem ausschließlichen Faktor IX-Defekt, da sich dieser z. B. teilweise durch Faktor IX-Mangelserum ausgleichen ließ (*68, 52, 8, 27, 69, 1, 36*). So war man zunächst versucht, neben der Faktor IX-Verminderung einen PTA-Mangel anzunehmen oder auch diesen Mangel dem sog. „Faktor X-Phänomen (Koller)" (nicht zu verwechseln mit dem heutigen Faktor X = Stuart-Prower-Faktor!) zuzuschreiben. Erst jüngste Untersuchungen [Aballi u. Mitarb. (*3*), Schultz und van Creveld

(98)] waren imstande, hier Klarheit zu schaffen, nach dem sich herausstellte, daß das sog. „Faktor X-Phänomen" kein physikochemisch determinierter Einzelfaktor ist, sondern durch den Stuart-Prower-Faktor und womöglich einem weiteren Faktor der Blutthrombokinase [Präphasenaccelerator, FISCH *(26)*] bewirkt wird. *Nach dem derzeitigen Stand der Forschung ist eine Verminderung sowohl des Faktors IX als auch des Faktors X in der Neugeborenenzeit anzunehmen.—*

α) Faktor VIII, antihämophiles Globulin A

Synonyma: Antihemophilic factor, Antihemophilic globulin, Thromboplastinogen, Platelet cofactor I, Plasma thromboplastic factor A.

Die Halbwertzeit des Faktors VIII beläuft sich in vivo auf etwa 4—12 Std *(59, 60* u. a.). Bei Neugeborenen wurden von VAN CREVELD u. Mitarb. *(19)*, und ABALLI u. Mitarb. *(1)* in der Regel normale Faktor VIII-Werte gefunden. Die gleiche Auskunft geben unsere eigenen Untersuchungen im 1. Lebensjahr (Tab. 3), die mit dem Thrombokinase-Bildungstest in der Modifikation nach PITNEY *(84)* unter Verwendung von Venenplasma durchgeführt wurden. Sämtliche Untersuchungen zeigten Normalwerte.

Bei Frühgeborenen fand KÜNZER *(53)* in den ersten 6—10 Lebenstagen und ROGNER *(88b)* in den ersten 4 Lebenswochen leicht verminderte Werte. Auch ABALLI u. Mitarb. *(1)* konnten bei 4 von 20 Frühgeborenen eine leichte Faktor VIII-Erniedrigung feststellen.

Tabelle 3. *Faktor VIII-Aktivität im 1. Lebensjahr* (Normalwerte: 52—150%)

Lebensalter	n	Faktor VIII-Aktivität
2—10 Tage	36	64—135% der Norm
2— 6 Monate	48	62—148% der Norm
7—12 Monate	39	69—132% der Norm

Im Nabelvenenblut wurden von mehreren Autoren normale Faktor VIII-Aktivitäten gefunden *(8, 41, 18, 19)*. Verminderungen wurden von STRÖDER u. KÜNZER *(101b)* in 22 von 30 Fällen beschrieben.

β) Faktor IX, antihämophiles Globulin B

Synonyma: Plasma thromboplastin component (PTC), Christmas factor, Platelet cofactor II, Plasma thromboplastic factor B.

Der Faktor IX wird während der Vorphase des Gerinnungsablaufes aktiviert und bei der anschließend erfolgenden Fibrinbildung nicht verbraucht. In aktiver Form ist er also nur im Serum vorhanden. Mit den Faktoren Prothrombin, VII und X hat er mehrere Eigenschaften gemeinsam. Alle diese Faktoren werden in der Leber mit Hilfe des Vitamins K gebildet.

Der hereditäre, recessiv-geschlechtsgebunden vererbte Faktor IX-Mangel, die Hämophilie B, hat jedoch selbstverständlich nichts mit einem Vitamin K-Mangel zu tun und spricht auch nicht auf eine Vitamin K-Therapie an.

Eine Aktivitätsverminderung des Faktors IX im Neugeborenenblut wurde von VAN CREVELD u. Mitarb. *(19)*, ABALLI u. Mitarb. *(1)*, HARTMAN u. Mitarb. *(33)* und FRESH u. Mitarb. *(28)* festgestellt. Das Ausmaß des Faktor IX-Mangels soll dabei in der Neugeborenenzeit in Relation zum Quick-Wert stehen, am 3. Tag einen Tiefpunkt erreichen und nachher wieder ansteigen *(1)*. Größere Reihen quantitativer Untersuchungen in diesem Alter liegen bislang noch nicht vor.

HARTMAN u. Mitarb. fanden beim Neugeborenen Faktor IX-Werte zwischen 10--15% der Norm. ABALLI u. Mitarb. konnten nur bei 5 von 21 Neugeborenen normale Werte nachweisen. Auch nach eigenen Untersuchungen scheint das Ausmaß der Faktor IX-Erniedrigung individuell recht unterschiedlich zu sein.

Wir fanden mit einer Einphasenmethode bei Benutzung von Serum aus Venenblut (Normalwerte über 70% der Norm) die in Tab. 4 wiedergegebenen Werte.

Normalwerte sahen van Creveld u. Mitarb. (*18*) bei Frühgeborenen am 21. bis 25. Lebenstag. Nach Hartman u. Mitarb. (*33*), McElfresh u. Mitarb. (*69*), Künzer u. Schmidt (*56*) und eigenen Untersuchungen sind diese jedoch selbst beim Neugeborenen nicht vor dem 8. bis 10. Lebensmonat zu erwarten. Wir konnten bei 26 Kindern im Alter von 7 Wochen bis 6 Monaten einen Durchschnittswert von 62% bei einer Streubreite der Werte von 35—84% der Norm nachweisen. Bei 33 Kindern im Alter von 8—12 Monaten betrug der Durchschnittswert 81%, wobei im 8. und 9. Monat alle Werte über 60% und im letzten Trimenon über 70% der Norm lagen.

Tabelle 4. *Faktor IX-Werte in der Neugeborenenzeit*

Lebens-tag	Zahl der Neugeborenen	Schwankungsbreite der F. IX-Aktivität in % der Norm	Mittelwert %
2. Tag	8	19—64	36
3. Tag	17	12—52	31
5. Tag	10	19—68	35
6. Tag	8	25—69	47
9. Tag	8	24—71	54

Bei Frühgeborenen sollen nach van Creveld u. Mitarb. (*19*) die Aktivitätswerte in den ersten Lebenstagen noch niedriger als bei Neugeborenen liegen. Das entspricht den Angaben von Hartman u. Mitarb. (*33*), die im Durchschnitt einen Faktor IX-Wert von 8—12% der Norm fanden.

Im Nabelvenenblut ist der Faktor IX erniedrigt (*4, 52, 28, 41*).

γ) Faktor X, Stuart-Prower-Faktor

Der Faktor X ist für die Gewebsthrombokinase ebenso wie für die Blutthrombokinase-Bildung nötig. Seine Halbwertzeit im Blut in vivo beträgt je nach Untersucher etwa 24—50 Std (*76*). Eine deutliche Aktivitätsminderung dieses Faktors bei Neugeborenen und Frühgeborenen wurde in letzter Zeit von van Creveld u. Mitarb. (*98*), Aballi u. Mitarb. (*3*) sowie von Künzer u. Ströder (*115*) festgestellt, und zwar zusätzlich zum Faktor IX-Mangel. Genauere Einzelheiten, wie %-Aktivitätsbestimmungen müssen erst noch mit weiteren Untersuchungen erbracht werden. Da mit den üblichen Faktor VII-Bestimmungen auch der Faktor X erfaßt wird, ist ein Teil der sog. Faktor VII-Verminderung beim Neugeborenen womöglich dem Faktor X zuzuschreiben. Gemessen an den Faktor VII-Werten im Säuglingsalter ist anzunehmen, daß normale Erwachsenenwerte des Faktors X spätestens im 4. Trimenon erreicht werden.

Im Nabelvenenblut fand Jung (*41*) erniedrigte Faktor X-Werte mit einem Mittelwert von 28% der Norm.

δ) Thrombocytenfaktor 3

Der Thrombocytenfaktor 3 wird nach Ablauf der viscösen Metamorphose aus den Plättchen freigesetzt. Dabei erscheint uns sehr wesentlich, worauf wir anderenorts schon mehrfach hingewiesen haben (*57, 61, 95*), daß zur Prüfung der Faktor 3-Aktivität nicht nur der tatsächliche Gehalt der Thrombocyten an diesem Gerinnungsfaktor, sondern vor allem auch die während des Gerinnungsablaufes freigesetzte Faktor 3-Menge geprüft wird. Nicht nur, weil man so einen Anhalt für die Fähigkeit der Plättchen zur viscösen Metamorphose gewinnt, sondern vornehmlich aus der Vorstellung heraus, daß für die Verhältnisse in vivo nur die freigesetzte Faktor 3-Menge von Bedeutung sein kann. Die Berechtigung zu dieser Annahme konnten wir in der Thrombocytenpathologie mehrfach belegen (*57, 61, 95*). Die Faktor 3-Aktivität sollte daher sowohl mit intakten als auch mit homogenisierten Thrombocyten vergleichend geprüft werden. Derartige Untersuchungen anderer Autoren zu unserem Thema liegen zur Zeit noch nicht vor, und auch wir können nur mit einer kleinen Zahl aufwarten. Die Untersuchungen erfolgten mit dem Thrombokinase-Bildungstest in eigener Modifikation (25). Die Thrombocyten wurden aus Venenblut gewonnen. Im Vergleich zu Faktor 3-Aktivitätswerten intakter und homogenisierter Thrombocyten von über 100 Kindern jenseits des Säuglingsalters erhielten wir bei 40 Neugeborenen folgende Ergebnisse:

Am 1. bzw. 2. Lebenstag fanden wir bei 7 von 12 Neugeborenen eine leichte, wenn auch eindeutig außerhalb der Normbreite liegende Faktor 3-Aktivitätsminderung sowohl mit intakten als auch mit homogenisierten Thrombocyten. Am 3. bzw. 4. Lebenstag konnten wir dieses Verhalten bei 6 von 15 Neugeborenen und am 6.—10. Lebenstag noch bei 2 von 13 Neugeborenen feststellen. Damit ergibt sich also in einem Teil der Fälle eine echte Faktor 3-Aktivitätsminderung der Thrombocyten, die besonders in den ersten Lebenstagen zu finden war und sich gegen Ende der Neugeborenenzeit kaum mehr nachweisen ließ. Als weiterer Befund ist noch interessant, daß bei diesen Neugeborenen die Bildung der vollaktiven Thrombokinase bei Verwendung intakter Thrombocyten auffallend stark verzögert erfolgte, im Gegensatz zu den Untersuchungen mit homogenisierten Thrombocyten. So erscheint uns naheliegend, neben einem echten Faktor 3-Mangel hier auch noch eine Freisetzungsstörung des Faktors 3 aus den Plättchen anzunehmen. In der folgenden Säuglingszeit konnten wir bei weiteren 81 Kindern, wobei sich die Untersuchungen ziemlich gleichmäßig über das erste Lebensjahr erstreckten, keine nennenswerten Abweichungen von der Norm feststellen. Weitere Angaben liegen von ABALLI u. Mitarb. (1), die bei 13 von 19 Neu- und Frühgeborenen eine leichte Faktor 3-Verminderung feststellen konnten, und von VAN CREVELD u. Mitarb. (18) vor. Letztere fanden im Capillarblut von Neugeborenen und Frühgeborenen eine normale Faktor 3-Aktivität. Im Nabelvenenblut wurden von BELLER (8) normale und von KÜNZER u. STRÖDER (50) herabgesetzte Werte gefunden. KOCH u. SCHWICK (114) sahen in 3 von 11 Fällen eine leicht verminderte Faktor 3-Aktivität.

ε) Faktor XI (Plasma Thromboplastin Antecedent, PTA) und Faktor XII (Hageman-Faktor)

Hier liegen bis heute keine genaueren Angaben vor. Nach den Untersuchungen von ABALLI u. Mitarb. (3) ist eine Aktivitätsminderung dieser Faktoren in der Neugeborenenperiode unwahrscheinlich.

ζ) Prothrombinverbrauchstest (Consumption Test)

Mit ihm wird als Gruppentest der Blutthrombokinase-Bildungsfaktoren die Rest-Prothrombinmenge im Serum bestimmt. Diese ist in der Neugeborenenzeit mehr oder weniger stark vermehrt (28, 103 u. a.). Rückschlüsse auf die Aktivität einzelner Bildungsfaktoren läßt der Test jedoch nicht zu.

Im Nabelvenenblut konnten BELLER (8) und KÜNZER u. STRÖDER (52) stets einen verminderten Prothrombinverbrauch nachweisen.

d) Hemmfaktoren der Blutgerinnung

Über die Hemmfaktoren der I. und II. Phase liegen bislang nur wenige Untersuchungen vor, die zudem wegen der Unsicherheit der Methoden und den sich widersprechenden Ergebnissen mit Vorbehalt zu werten sind (50).

α) Antithrombin

Synonyma: Antithrombin III, Serumantithrombin, Progressivantithrombin.
KOCH u. Mitarb. (51) fanden beim Neugeborenen verminderte Werte, die sich erst im 4. Trimenon der Erwachsenennorm anglichen. BELLER (8) sah hingegen

bereits in der ganzen Neugeborenenzeit Normalwerte. Die Differenz erklärt sich wahrscheinlich durch die unterschiedliche Methodik.

Bei Frühgeborenen stellte Rogner (*88b*) verminderte Werte fest, die bis zum Ende der 4. Lebenswoche eine gewisse Normalisierungstendenz erkennen ließen.

Im Nabelvenenblut konnten Koch u. Mitarb. (*51*) sowie Larrieu u. Mitarb. (*62*) erniedrigte, Niesert (*79*) normale und Beller (*8*) noch normale Antithrombinwerte nachweisen.

β) Thrombininhibitor

Synonyma: Antithrombin II, Plasmaantithrombin, Heparinantithrombin.

Nach Koch (*44*) und Niesert (*78*) liegen beim Neugeborenen leicht bzw. stark erhöhte Werte vor, die sich in den ersten Lebenstagen normalisieren. Grossman u. Mitarb. (*32*) teilen ähnliche Ergebnisse mit. Beller (*8*) kommt auch hier wiederum zu entgegengesetzten Befunden. Er fand den Thrombininhibitor in den ersten Lebenstagen vermindert und eine Normalisierung mit Ende der Neugeborenenzeit.

Gleiche Unterschiede ergeben sich für das Nabelvenenblut. Niesert beobachtete fast regelmäßig einen erhöhten, Beller einen mehr oder minder stark herabgesetzten Thrombininhibitorwert. Frühgeborene zeigen nach Rogner (*88b*) in den ersten Lebenstagen und Wochen eine erhebliche Aktivitätsvermehrung des Thrombininhibitors, der Ende des 1. Lebensmonats normale Erwachsenenwerte erreicht.

e) Fibrinolyse

Auch hier sind unsere Kenntnisse bis jetzt noch recht gering. Die meisten Untersuchungen beschäftigen sich mit der Gesamtbestimmung der Fibrinolyse. Über die Aktivität ihrer Einzelfaktoren ist noch wenig bekannt.

Beller (*8*) und Grossman (*32*) u. Mitarb. fanden in 10 bzw. 50% der Fälle am 1. und 2. Tag eine gesteigerte Fibrinolyse. Am Ende der Neugeborenenzeit konnte dieses Verhalten nur noch in Ausnahmefällen beobachtet werden. Künzer u. Ströder (*101a*) sahen in der anschließenden Säuglingszeit eine normale, d. h. der Erwachsenennorm entsprechende Fibrinolyseaktivität.

Über die Profibrinolysin-Aktivität im Kindesalter berichtete kürzlich Oehme (*82*). Sie wurde bei Säuglingen erniedrigt gefunden und zeigte dann eine langsam ansteigende Tendenz ohne im Schulkindesalter den Erwachsenenwert zu erreichen. Wir konnten im Venenblut von 30 Neugeborenen keine Fibrinolyse nachweisen. Die Plasminogen-Aktivität war stets stark herabgesetzt (12—18% der Norm) und blieb bis zur 6. Lebenswoche auf einem niederen Niveau. In der Folgezeit stiegen die Werte langsam an, um im 4. Lebensmonat Normwerte des Erwachsenen zu erreichen. Die Ergebnisse stimmen weitgehend mit denen von Quie u. Wannamaker (*116*) überein. Sie sahen im Neugeborenenalter gleichfalls eine deutlich verminderte Plasminogen-Aktivität. Die niedrigsten Werte wiesen unreife Neugeborene auf. Ein Plasminogen-Mangel war im Alter von 6 Wochen noch vorhanden, nicht mehr jedoch im 6. Lebensmonat.

Über die Fibrinolyse-Aktivität im Nabelvenenblut liegen zum anderen sehr zahlreiche Untersuchungen vor. Sie wird hier im allgemeinen erhöht gefunden (*100, 91, 88, 8, 83, 28* u. a.). Möglicherweise erklärt sich die gesteigerte Fibrinolyse durch Aktivator-Einstrom aus der Placenta in die Nabelvene (*8, 83*).

f) Gesamtgerinnungsbestimmungen

Abschließend soll noch auf die Werte der *Gesamtgerinnungsbestimmungen* eingegangen werden.

Die *Gerinnungszeit des Vollblutes* (Venenblut, Capillarblut) bewegt sich nach älteren und neueren Angaben im Durchschnitt noch im Normalbereich (*71, 24, 92,*

107, 32 u. a.). Die *Recalcifizierungszeit* verhält sich nicht anders. Wir konnten bei 187 gesunden Neugeborenen und Säuglingen (Plasmauntersuchungen des Venenblutes nach Howell) keine von der Erwachsenennorm abweichenden Werte feststellen. Auch bei Frühgeborenen wurden in den ersten 10 Lebenstagen normale Werte erhoben *(53)*. Bei Untersuchungen mit dem *Heparin-Toleranztest* fanden Vest u. Meyer *(105)* am 2. und 3. Lebenstag herabgesetzte Werte, die sich nach einer Woche normalisierten und auch in der Folgezeit normal blieben. Ähnliche Werte liegen von Beller *(8)* vor. Damit erweist sich der Heparin-Toleranztest unter den Gesamtgerinnungsbestimmungen als sensiblere Nachweismethode für die obengenannten Aktivitätsminderungen der Gerinnungsfaktoren. Zu den Gesamtgerinnungsbestimmungen ist ferner die *Thrombelastographie* zu rechnen. Die Einzeldaten des Thrombelastogramms können nicht einfach zu der Aktivität einzelner plasmatischer oder thrombocytärer Gerinnungsfaktoren oder Hemmfaktoren in Beziehung gesetzt werden. Es wird ein komplexer Vorgang gemessen, dessen Aufschlüsselung in der einen oder anderen Richtung, wenn man von den klassischen hämorrhagischen Diathesen (z. B. Hämophilie, Thrombocytopenie) und der Fibrinolyse einmal absieht, Schwierigkeiten bereitet. Über die ersten 4 Neugeborenentage liegen Untersuchungsreihen von Hrodek u. Hermansky *(38)* vor. Sie fanden am ersten Tag eine noch normale Reaktionszeit (r), eine verlängerte Thrombusbildungszeit (k) und eine verminderte Thrombuselastizität (ma). Bis zum 4. Lebenstag stiegen dann die Reaktionszeitwerte an und waren jetzt eindeutig gegenüber der Norm verlängert, während sich die Thrombusbildungszeiten und die Thrombuselastizität normalisierten. Als Ursache dieser Befunde wird eine funktionelle Minderwertigkeit der Thrombocyten — was sich mit unserenBefunden (s. o.) decken würde — oder auch eine mindere Fibrinogenqualität (s. weiter unten) diskutiert. Diese Beobachtungen stehen im Gegensatz zu den Untersuchungen von Beller *(8)*, der beim Neugeborenen eine Hypercoagulabilität fand.

Auffallend und von den Verhältnissen beim Neugeborenen abweichend sind die Werte der Gesamtgerinnungsbestimmungen im Nabelvenenblut. Hier wurden übereinstimmend bei den meisten Untersuchungen mit der Recalcifizierungszeit *(8)*, dem Heparin-Toleranztest *(8, 105, 62)* und der Thrombelastographie *(8, 88)* Befunde im Sinne einer Hypercoagulabilität gefunden.

3. Die Thrombocyten

Auf die umfassende Bedeutung der Thrombocyten für die Blutstillung haben wir bereits hingewiesen. Wenngleich die letzten Jahre eine Fülle neuer Tatsachen und Vorstellung über die Thrombocytenfunktion erbracht haben *(67, 95)*, so liegen doch bis heute nur spärliche entwicklungs-physiologische Daten vor. Selbst über die *Thrombocytenzahlen* in den verschiedenen Altersgruppen sind wir nicht in der Lage, sichere Durchschnittswerte anzugeben, obgleich zahlreiche Untersuchungen vorliegen. Die Ursache ist auch hier wieder in der Vielzahl der Methoden zu sehen, wodurch unterschiedlichste Ergebnisse hinsichtlich der Zahl wie auch des Anstieges oder Abfalles der Werte entstanden sind. Eine Übersicht findet sich bei Lorenz u. Quaiser *(66)*. Sie zeigt, daß die Plättchenzahlen beim Neugeborenen und jungen Säugling im allgemeinen nur mäßig von den späteren Durchschnittswerten abweichen und dabei eine nicht unerhebliche individuelle Schwankungsbreite aufweisen. Zur Demonstration der relativen Änderungen der Thrombocytenzahlen in der ersten Lebenszeit sollen hier die häufig zitierten Befunde von Merrit u. Davidson *(71)* genannt werden, die an einer größeren

Probandenzahl gewonnen wurden und sich mit denen von McLean u. Caffey (*70*)
bei Verwendung derselben Methode decken:

Tabelle 5. *Thrombocytenzahlen im 1. Lebensjahr (pro mm³ Blut) (71)*

Nabelvenenblut:	140000—190000	Mittel: 227000
1. Woche:	160000—320000	Mittel: 233000
2. Woche:	170000—370000	Mittel: 242000
3. Woche:	160000—380000	Mittel: 269000
1. Monat:	200000—370000	Mittel: 227000
2. Monat:	200000—470C00	Mittel: 320000
3. Monat:	200000—480000	Mittel: 348000
4.—12. Monat:	Mittelwerte: 324000—361000	

Aus Tab. 5 ergeben sich normale Erwachsenenwerte mit Beginn des 2. Trimenons. Sanford u. Shmigelsky (*94*) fanden diese schon Ende der Neugeborenenzeit.

Außer Merrit u. Davidson (s. Tab. 5) fanden auch Runge u. Mitarb. (*88*) im
Nabelvenenblut leicht erniedrigte Plättchenzahlen. In 9 von 15 Fällen lagen die
Zahlen zwischen 100000 und 170000 bei einem durchschnittlichen Normalwert von
170000/mm³ Blut.

Über den Thrombocytenfaktor 3 haben wir schon berichtet. Die Aktivität der
Thrombocytenfaktoren 1 und 2 wurde von Künzer (*54*) im Nabelvenenblut normal
gefunden. Koch u. Schwick (*114*) kamen zu gleichen Ergebnissen. Sie fanden
zudem auch eine normale *Plättchenfaktor 4*-Aktivität.

Die *Retraktionsaktivität* der Thrombocyten entspricht beim Neugeborenen (*8*)
und im Nabelvenenblut (*54*) der Erwachsenennorm. Auch im Säuglings-, Klein-
kindes- und Schulalter wurden normale Werte gefunden (*82*).

Die *osmotische Resistenz und den Durchmesser* der Nabelvenenthrombocyten
fanden Künzer u. Förg (*55*) im Normbereich.

Über den *Serotonin-Gehalt* der Thrombocyten liegen nur wenige Angaben vor.
Das gesamte Serotonin oder 5-Hydroxytryptamin des Blutes findet sich gespeichert
in den Thrombocyten. Die Plättchen des Neugeborenen enthalten jedoch nach
Mitchell u. Cass (*73*) nur sehr wenig oder gar kein Serotonin. Die Werte steigen
auch in den nächsten 4 Monaten nur ganz geringfügig an, um dann ziemlich plötzlich einen Wert zu erreichen, der dann während der ganzen Kindheit gefunden
wird. Die Autoren folgern aus ihren Befunden, daß die Thrombocyten des Neugeborenen und jungen Säuglings nicht imstande sind, Serotonin zu speichern.

4. Die Funktion der Blutgefäße im Rahmen der Blutstillung

Mit der Prüfung der *Capillarresistenz*, der Durchlässigkeit der Capillarwand
für Erythrocyten, versuchen wir ein Maß für die Gefäßfunktion zu gewinnen,
wobei diese häufig mit dem nicht näher charakterisierten Begriff „Gefäßfaktor"
symbolisiert wird. Neuere Studien zeigen jedoch, daß dieser „Gefäßfaktor" womöglich weder eine aktive Leistung noch eine enger definierbare Eigenschaft der
Gefäße darstellt. So spricht vieles dafür, daß die herabgesetzte Capillarresistenz,
wie wir sie bei thrombocytären und angeborenen vasculären Blutungsübeln
beobachten können, durch das Fehlen oder die verminderte Aktivität eines *humoralen Faktors* mitbedingt ist, der eine *enge Beziehung zu den Thrombocyten und
der Gefäßwand* aufweist und nicht mit einem der bekannten plasmatischen oder

thrombocytären Gerinnungsfaktoren identisch ist (*110, 109, 117*). Diese Vorstellung basiert im wesentlichen auf der überraschend guten Wirkung der Cohnschen Plasmaeiweißfraktion I (*110, 117*) auf die Capillarresistenzminderung und verlängerte Blutungszeit bei den genannten Krankheitsbildern. Andererseits lassen sich bei Thrombocytopenien jedoch auch beide durch Plättchensuspensionen passager normalisieren (*31, 43*)

Auch die *Capillar- oder Gefäßpermeabilität*, die Durchlässigkeit der Gefäßwand für plasmatische Blutbestandteile, wird nach der derzeitigen Auffassung durch latent bzw. unterschwellig ablaufende Gerinnungsvorgänge, d. h. also auch „von außen" gesteuert, wobei im Augenblick noch nicht sicher zu entscheiden ist wie dieses im einzelnen geschieht (*110 14 67*).

Auf die Constriction der Gefäße im Blutungsbezirk ausgelöst durch das Serotonin der Plättchen oder einen humoralen Faktor, sei der Vollständigkeit halber nochmals hingewiesen.

Als eine echte und für die Blutstillung wichtige Eigenschaft der Gefäße ist ihr Reichtum an Gewebefaktor (bzw. Gewebsthrombokinase) aufzufassen (*108*), da dieser bei Verletzungen lokal eine rasche Thrombinentstehung ermöglicht (vgl. Abb. 1 links oben), die für die viscöse Metamorphose der Thrombocyten und damit für die Blutstillung von Bedeutung ist.

Diese Ausführungen zeigen deutlich, daß auch hier die herkömmlichen Ansichten sehr ins Schwanken geraten sind. Wenngleich eine eindeutige Stellungnahme zur Zeit noch nicht möglich erscheint, so deutet doch vieles darauf hin, daß die vasculäre Komponente des Blutstillungsvorganges zur Hauptsache von der Funktion des Gerinnungssystems, der Thrombocyten und etwaiger weiterer plasmatischer Faktoren abhängig ist.

a) Die Capillarresistenz

Zu ihrer Prüfung werden Stauungs- und Saugglockenverfahren benutzt.

Das Rumpel-Leede-Phänomen wird von BAYER (*5—7*) und BROCK u. MALCUS (*11*) im ersten Trimenon in 12—25% der Fälle positiv gefunden. Anschließend nimmt der Anteil der Kinder mit positiven Reaktionen ständig zu und erreicht im Schulkindesalter mehr als 60%. Dieser Abfall der Capillarresistenz wird auch bei Saugglockenversuchen gesehen, bei denen Erwachsenenwerte Ende des Schulkindesalters erreicht werden (*11*). Die Neugeborenenzeit weist jedoch Besonderheiten auf, worauf bereits BAYER hinwies. Er fand bei Saugglockenversuchen an 166 Neugeborenen in den ersten 24 Lebensstunden in 106 Fällen eine verminderte Capillarresistenz. Von diesen erreichte die Mehrzahl bereits am 4./5. Tag und der Rest bis zum 10. Tag negative Werte. Dieses des Neugeborenen wurde von mehreren Autoren bestätigt (*111, 74, 106, 75, 72*) und besonders häufig bei Frühgeborenen gefunden (*111, 75*). Eine verminderte Capillarresistenz in den ersten Lebenstagen weicht also einer Erhöhung während des 1. Trimenons und fällt dann bis zur Pubertät langsam zur Erwachsenennorm ab. In letzter Zeit kamen BRÜSCHKE (*12*) und Löw u. OEHME (*65*) zu anderen Ergebnissen. Sie sahen einen stetigen Anstieg der Capillarresistenz vom Säuglingsalter bis zur Pubertät. Die Diskrepanz zu den vorher genannten Befunden hat wahrscheinlich methodische Ursache und bedarf noch der Abklärung.

b) Capillar- bzw. Gefäßpermeabilität

Untersuchungen mit zuverlässigen Methoden liegen unseres Wissens nur von KOCH u. SCHNEIDER (*45*) vor. Diese Autoren fanden bei Prüfung der Natriumfluorescein-Ausscheidung in die vordere Augenkammer in den ersten Lebenstagen weit von der Norm gesunder Säuglinge abweichende Werte, die sich Ende der Neugeborenenperiode annähernd normalisiert hatten. Es handelt sich jedoch um Untersuchungen an nur 2 Kindern.

Anhang zu 3 und 4. Die Blutungszeit

Die Werte der Blutungszeit liegen nach der Mehrzahl der Untersucher beim Neugeborenen und jungen Säugling im Normbereich (*58, 71, 92, 107*). Nach den vorangehenden Ausführungen ist die Blutungszeit ein Maß für die primäre Blutstillung und somit abhängig von dem Zusammenspiel von Endothel und Thrombocyten, das wiederum durch die Zahl und Funktion der Thrombocyten und womöglich einem plasmatischen Faktor entscheidend bestimmt wird. Nach dem Ausfall der Blutungszeit-Bestimmungen muß man also annehmen, daß diese Bedingungen auch in der ersten Lebenszeit erfüllt sind und die obengenannten Normabweichungen der Thrombocyten- und Blutgefäßfunktionen im Rahmen der Blutstillung nicht allzu bedeutungsvoll sind, so daß sie wenigstens unter *physiologischen* Bedingungen nicht zum Tragen kommen.

5. Zusammenfassung

Die Fülle der Einzeldaten erfordert eine Zusammenfassung und eine Stellungnahme zu den physiologischen Besonderheiten der Blutstillung im Kindesalter.

Im Vergleich zu normalen Erwachsenenwerten finden wir beim gesunden Neugeborenen eine ausgeprägte Aktivitätsminderung der Faktoren II (Prothrombin), VII (Proconvertin), IX (Antihämophiles Globulin B) und X (Stuart-Prower-Faktor), die besonders am 3. und 4. Lebenstag recht tiefe Werte erreichen. Zudem sind in den ersten Tagen die Faktoren I (Fibrinogen) und V (Proaccelerin) sowie die Thrombocytenzahl und zum Teil auch die Plättchenfaktor 3-Aktivität leicht erniedrigt. In der Regel liegen letztere jedoch nur wenig unterhalb der Erwachsenennorm. Weiterhin findet sich eine verminderte Fibrinolyseaktivität, eine herabgesetzte Capillarresistenz und eine gesteigerte Capillarpermeabilität. Auch ist eine vermehrte Thrombininhibitor-Aktivität sehr wahrscheinlich. Somit sind also nicht nur fast alle gerinnungsfördernden Faktoren vermindert, sondern auch die der Gerinnung entgegenwirkenden Kräfte in ihrer Aktivität zum Teil gesteigert. Auf die individuell starke Schwankungsbreite sei nochmals hingewiesen.

Diese von den Erwachsenenverhältnissen abweichenden Normalwerte des Neugeborenen werden unter anderem durch eine noch unreife oder erst werdende Organfunktion, durch Vitamin K-Mangel, Geburtsstress und weitere Ursachen erklärt, sind zum anderen aber auch als ein physiologisches Erfordernis zu betrachten, womit wir uns der Ansicht von Marx anschließen, der darin einen Schutz vor Thrombenbildungen durch die häufigen Gewebsverletzungen unter der Geburt wie durch die Polyglobulie und Hypoxie des Neugeborenen vermutet.

Die Gesamtgerinnungsbestimmungen, die Venenblutgerinnungszeit und die Recalcifizierungszeit liegen beim Neugeborenen fast stets im Normalbereich, wobei ergänzend anzufügen ist, daß auch ein nicht geringer Teil der Neugeborenen mit den typischen Zeichen des "Morbus haemorrhagicus neonatorum" (womit die Grenze zum Pathologischen überschritten ist!) gleichfalls noch normale Werte aufweist. Dieses Verhalten, das oft als eine Diskrepanz zu den z. T. nicht unerheblichen Verminderungen der Einzelfaktoren empfunden wird, ist uns aus der Klinik der hämorrhagischen Diathesen hinlänglich bekannt. Diese Tests können nur einen groben Anhalt für das tatsächliche Gerinnungsvermögen geben und führen erst bei extremer Verminderung der Faktoren zu pathologischen Werten. So ist auch nur durch die Bestimmung der Einzelfaktoren möglich, Hinweise für eine drohende Blutungsgefahr zu bekommen.

Es ergibt sich damit die wichtige Frage, welche Faktorenaktivität ausreicht, um Blutungen zu verhindern. Für den Faktor VIII können wir eine recht verbindliche Angabe geben. Hier genügen bereits etwa 10—15% der Norm-Aktivität, um vor Blutungen durch alltägliche Traumen zu schützen. Bei größeren operativen Eingriffen ist hingegen ein Blutspiegel von 30—40% der Norm nötig (*59* u. a.). Doch sind für den Neugeborenen diese Kenntnisse über den Faktor VIII von geringer Bedeutung. Es interessieren vielmehr die Faktoren Prothrombin, VII, IX und X. Für den Faktor IX möchten wir auf Grund unserer Erfahrungen mit der Hämophilie B ähnliche Verhältnisse wie für den Faktor VIII annehmen. Vom Prothrombin sollen nach BRINKHOUS u. Mitarb. noch 5% der Norm vor Blutungen schützen, und über den Faktor X berichtet DE NICOLA (*76*), daß Verminderungen auf 10—12% der Norm noch nicht zu Blutungen führen. ABALLI u. Mitarb. (*2*) fanden bei der Mehrzahl von 26 Neugeborenen mit hämorrhagischen Erscheinungen alle 4 Faktoren in einer Aktivität unter 5% der Norm, den Faktor VII sogar im Mittel auf 0,5% erniedrigt.

Diese geringen Aktivitätswerte zeigen deutlich, daß die kritische Grenze außerordentlich niedrig liegt. Ein Befund, der sich auch schon aus den oft geringen Aktivitätswerten beim gesunden Neugeborenen ergibt. Sie weisen ferner darauf hin, daß es wenig sinnvoll erscheint, die Normalwerte des Neugeborenen lediglich auf die relativ hohen Normalwerte des Erwachsenen zu beziehen.

An dieser Stelle ist noch darauf einzugehen, daß von mehreren Untersuchern beim Neugeborenen auch *Qualitätsunterschiede* der Faktoren gegenüber dem Erwachsenen gefunden wurden. So berichten BURSTEIN u. Mitarb. (*13*), DE SOUSA u. Mitarb. (*90*) und KÜNZER u. SRTÖDER (*102*) über eine mindere Fibrinogen-Qualität. Wieweit dagegen die rascheren Lagerungsaktivitätsverluste der Faktoren II, V, VII und VIII aus Nabelvenenblut bei Vergleichsuntersuchungen mit Erwachsenenblut für eine Qualitätsminderung der Faktoren sprechen (*49, 51*), möchten wir noch dahingestellt sein lassen. Wenn die Annahme einer Thrombokinase-Einschwemmung aus der Placenta in die Nabelvene berechtigt ist (*8, 44*), können diese Beobachtungen auch durch einen rascheren Verbrauch der Faktoren im Nabelvenenblut erklärt werden. Im übrigen kann man aber unterstellen, daß mit der Aktivitätsbestimmung der Einzelfaktoren sowohl ihre quantitative als auch qualitative Verminderung erfaßt wird.

So bleibt noch zu besprechen, ob bei gleichzeitiger Verminderung mehrerer Faktoren die für Einzelfaktoren gültige kritische Grenze höher liegt. Genauere Angaben liegen nicht vor. Aus unseren Erfahrungen bei der Behandlung angeborener kombinierter Gerinnungsstörungen glauben wir dieses verneinen zu können. Beim Zusammentreffen mit ausgeprägten Thrombocytopenien, hochgradigen Plättchenfunktionsstörungen oder mit einer verlängerten Blutungszeit bei normalen Thrombocytenwerten ändert sich dieses Verhalten jedoch im genannten Sinne.

So finden sich beim Morbus haemorrhagicus neonatorum auch keineswegs ausschließlich extrem verminderte Gerinnungsfaktoren, wie wohl mehr zufällig aus der genannten Arbeit von ABALLI u. Mitarb. hervorgeht, sondern häufig auch vasculäre und thrombocytäre Störungen, die das übliche Maß überschreiten und so zum führenden Symptom werden können. Auf die Ursachen dieser Erscheinungen können wir im Rahmen dieser Arbeit nicht eingehen und verweisen auf die entsprechende Literatur (*34—37* u. a.).

Zusammenfassend möchten wir feststellen, daß beim gesunden Neugeborenen die gegenüber der Erwachsenennorm herabgesetzten Einzelfunktionen der Blutstillung ausreichen, um ihn vor Blutungen zu bewahren und andererseits ein sinnvolles Maß darstellen, um ihn vor gefährlichen Gerinnungsabläufen im Sinne einer Thrombose zu schützen. Im Laufe der Neugeborenenperiode und der anschließenden Säuglingszeit gleichen sich die Einzelwerte dann mehr oder weniger schnell den Erwachsenenwerten an, um schließlich im 4. Trimenon durchschnittlich im Bereich der Erwachsenennorm zu liegen. Bei Frühgeborenen sind im Verhältnis zu Neugeborenen die Abweichungen von den Erwachsenenwerten im allgemeinen noch stärker ausgeprägt und abhängig vom Geburtsgewicht. Auch erfolgt eine Anpassung an die Werte des Erwachsenen im Durchschnitt langsamer.

Der Übersicht halber ist das Verhalten der in diesem Kapitel genannten Einzelwerte in einer Schlußtabelle nochmals zusammengefaßt dargestellt (Tab. 6).

Tabelle 6. *Entwicklungsphysiologische Daten der Blutstillung im ersten Lebensjahr*

Test bzw. Faktor	Nabelvenenblut	erste Lebenstage	Erwachsenennorm erreicht
Gerinnungszeit	↗	n	
Recalcifizierungszeit	↗	n	
Heparintoleranztest	↗	↘	Ende der Neugeb.-Zeit
Fibrinogen	↘	(↘)	Ende der Neugeb.-Zeit
Quick-Wert	(↘)	↘	4. Trimenon
Prothrombin	↘	↘	4. Trimenon
Faktor V	n	(↘)	Ende der Neugeb.-Zeit
Faktor VII/X	↘	↘	3. bis 4. Trimenon
Prothrombinverbrauch	↘	↘	Ende der Neugeb.-Zeit
Faktor VIII	n	n	
Faktor IX	↘	↘	4. Trimenon
Faktor X	↘	↘	3. bis 4. Trimenon (?)
Thrombininhibitor	↗ ?	↗	Ende der Neugeb.-Zeit
Antithrombin	?	?	?
Fibrinolyse	↗	↘	4. Trimenon
Blutungszeit	n	n	
Thrombocytenzahl	(↘)	(↘)	2. Trimenon
Retraktion	n	n	
Thrombocytenfaktor 3	n bis (↘)	n bis (↘)	Ende der Neugeb.-Zeit
Capillarresistenz		↘	(s. Text)
Capillarpermeabilität		↘	Ende der Neugeb.-Zeit

Erläuterungen: „n" = normale, (↘) = leicht verminderte,
↘ = stärker verminderte und ↗ = erhöhte
Werte der Faktorenaktivität bzw. Tests.

Literatur

1. Aballi, A. J., V. L. Banus, S. de Lamerens and S. Rozengvaig: Amer. J. Dis. Child. 94, 589 (1957). — 2. Aballi, A. J., V. L. Banus, S. de Lamerens and S. Rozengvaig: Amer. J. Dis. Dhild. 97, 524 (1959). — 3. Aballi, A. J., V. L. Banus, S. de Lamerens and S. Rozengvaig: Amer. J. Dis. Child. 97, 549 (1959).

4. Barkhan, P.: Brit. J. Haemat. 3, 215 (1957). — 5. Bayer, W.: Jber. Kinderheilk. 129, 55 (1930). — 6. Bayer, W.: Jber. Kinderheilk. 128, 311 (1930). — 7. Bayer, W.: Jber. Kinderheilk. 133, 222 (1931). — 8. Beller, F. K.: Die Gerinnungsverhältnisse bei der Schwangeren und beim Neugeborenen. Leipzig: Joh. Abrosius Barth-Verlag 1957. — 9. Bernardi, M., u. Mitarb.; zit. nach Haupt (35). — 10. Brinkhous, K. M., H. P. Smith and E. D. Warner: Amer. J. med. Sci. 193, 475 (1937). — 11. Brock, J., u. A. Malcus: Z. Kinderheilk. 56, 237 (1934). — 12. Brüschke, C.: Z. ges. inn. Med. 10, 6 (1955). — 13. Burstein, M., S. Levi et P. Walter: Sang 25, 102 (1954).

14. Copley, A. L.: Ärztl. Forsch. 11, 114 (1957). — 15. Crane, M. M., and H. N. Sanford: Amer. J. Dis. Child. 51, 99 (1936). — 16. Creveld, S. van, M. M. P. Paulssen and S. Teng:

Et. Neo-Natales 1, 87 (1952). — 17. CREVELD, S. VAN, M. M. P. PAULSSEN, J. C. ENS, C. A. M. VAN DER MEIJ, P. VERSTEEG and E. T. B. VERSTEEGH: Et. Neo-Natales 3, 53 (1954). — 18. CREVELD, S. VAN, H. BAKER, I. NIESSING, J. J. SYPKEMA and C. SMITS: Et. Neo-Natales 3, 217 (1954). — 19. CREVELD, S. VAN, L. G. M. NAGEL, J. H. NIJENHUIS, S. I. MIRANDA and A. P. TJON SIEN KIE: Et. Neo-Natales 3, 135 (1954). — 20. CREVELD, S. VAN: J. Pediat. 54, 633 (1959).
21. DAM, H., H. DYGGVE, H. LARSEN and P. PLUM: Advanc. Pediat. 5, 129 (1952). — 22. DEUTSCH, E.: Blutgerinnungsfaktoren. Wien: Franz Deuticke 1955. — 23. DOUGLAS, A. S., and P. DAVIES: Arch. Dis. Childh. 30, 509 (1955).
24. EMMANUELE, A.: Pediatria (Napoli) 31, 422 (1923).
25. FISCHER, K., u. G. LANDBECK: Klin. Wschr. 37, 562 (1959). — 26. FISCH, U., u. F. DUCKERT: Thrombos. Diathes. haemorrh. (Stuttg.) 3, 98 (1959). — 27. FLÜCKIGER, P., F. DUCKERT et F. KOLLER: Schweiz. med. Wschr. 39, 1127 (1954). — 28. FRESH, J. W., J. H. FERGUSON and J. H. LEWIS: Obstet. and Gynec. 7, 117 (1956). — 29. FRESH, J. W., J. H. FERGUSON, C. STAMEY, F. M. MORGAN and J. H. LEWIS: Pediatrics 19, 241 (1957).
30. GEIGER, M., F. DUCKERT u. F. KOLLER: Quantitative Untersuchungen des Antihämophilen Globulins bei Blutersippen. V. Kongr. Europ. Ges. Hämat. Freiburg 1955. — 31. GROSS, R., u. G. SCHWICK: Klin. Wschr. 35, 814 (1957). — 32. GROSSMAN, B. J., R. M. HEYN and I. H. ROZENFELD: Pediatrics 9, 182 (1952).
33. HARTMAN, J. R., D. A. HOWELL and L. K. DIAMOND: Pediatrics 17, 870 (1956). — 34. HAUPT, H., u. H. KREBS: Z. Kinderheilk. 78, 667 (1956). — 35. HAUPT, H.: Mschr. Kinderheilk. 104, 1 (1956). — 36. HAUPT, H., M. BESEKE u. H. v. ZIMMERMANN: Klin. Wschr. 37, 220 (1959). — 37. HAUPT, H.: Dtsch. med. Wschr. 85, 474 (1960). — 38. HRODEK, O., u. F. HERMANSKY: Ann. paediat. (Basel) 194, 246 (1960). — 38a. HUGUES, J.: Thrombos. Diathes. haemorrh. 3, 177 (1959). — 39. HUTCHINSON, H. E., J. M. STARK and J. A. CHAPMAN: J. clin. Path. 12, 265 (1959).
40. ISRAELS, L. G., A. ZIPURSKY and C. SINCLAIR: Pediatrics 15, 180 (1955).
41. JUNG, E. G.: Thrombos. Diathes. haemorrh. 4, 323 (1960). — 42. JÜRGENS, J., u. F. K. BELLER: Klinische Methoden der Blutgerinnungsanalyse. Stuttgart: Georg Thieme Verlag 1959.
43. KLEIN, E., R. TOCH, S. FARBER, G. GREEMAN et R. FIORENTINO: Blood 11, 693 (1956). — 44. KOCH, F.: Klin. Wschr. 34, 174 (1956). — 45. KOCH, F., u. W. S. SCHNEIDER: zit. nach F. KOCH (44). — 46. KOCH, F., H. E. SCHULTZE u. G. SCHWICK: Mschr. Kinderheilk. 102, 87 (1954). — 47. KOLLER, P.: Le facteur X. Rev. hemat. 10, 362 (1955). — 48. KOLLER, F., R. MARX u. M. HÖRDER: Thrombos. Diathes. haemorrh. 3, 675 (1959). — 49. KÜNZER, W., u. J. STRÖDER: Ann. paediat. (Basel) 189, 346 (1957). — 50. KÜNZER, W., u. J. STRÖDER: Ann. paediat. (Basel) 189, 193 (1957). — 51. KÜNZER, W., u. J. STRÖDER: Ann. paediat. (Basel) 188, 215 (1957). — 52. KÜNZER, W., u. J. STRÖDER: Ann. paediat. (Basel) 138, 152 (1957). — 53. KÜNZER, W.: Klin. Wschr. 107, 110 (1959). — 54. KÜNZER, W.: Blutgerinnung, Thrombocyten und Blutgefäße. In LINNEWEH: Die Physiologische Entwicklung des Kindes. Berlin-Göttingen-Heidelberg: Springer 1959. — 55. KÜNZER, W., u. F. FÖRG: zit. nach W. KÜNZER (54). — 56. KÜNZER, W., u. E. SCHMIDT: zit. nach W. KÜNZER (54).
57. LANDBECK, G., u. P. UATHAVIKUL: Klin. Wschr. 37, 227 (1959). — 58. LANDBECK, G.: noch unveröffentlicht. — 59. LANDBECK, G.: Med. Welt 1960, 295. — 60. LANDBECK, G., u. K. FISCHER: Über die Behandlung einer lebensbedrohlichen Mundbodenblutung bei Hämophilie A. Erg. Bluttransfusionsforschung III, 133. Basel-New York: S. Karger 1957. — 61. LANDBECK, G., u. K. FISCHER: Experimentelle Studien über die Beeinflußbarkeit der Faktor 3-Aktivität normaler Humanthrombocyten durch Antikörper. Verh. dtsch. Ges. inn. Med. 66, 985 (1960). — 62. LARRIEU, M. J., J. P. SOULIER and A. MINKOWSKI: Et. Neo-Natales 1, 39 (1952). — 63. LELONG, M., A. ROSSIER, E. T. ALAGILLE et E. MARCHAND: Rev. int. Hépat. 5, 1130 (1955). — 64. LOELIGER, A., u. F. KOLLER: Acta haemat. (Basel) 7, 157 (1952). — 65. LÖW, S., u. J. OEHME: Mschr. Kinderheilk. 106, 8 (1958). — 66. LORENZ, E., u. K. QUAISER: Öst. Z. Kinderheilk. 9, 259 (1954). — 67. LÜSCHER, E. F.: Schweiz. med. Wschr. 89, 1021 (1959).
68. MARX, R.: Klin. Wschr. 33, 139 (1955). — 69. McELFRESH, A. E., J. R. SHARPSTEEN and T. AKABANE: Pediatrics 17, 870 (1956). — 70. McLEAN, S., and J. P. CAFFEY: Amer. J. Dis. Child. 30, 810 (1925). — 71. MERRIT, K. K., and L. T. DAVIDSON: Amer. J. Dis. Child. 46, 990 (1933). — 72. MINKOWSKI, A., et M. L. VENES: Arch. franc. Pédiat. 3, 135 (1948). — 73. MITCHELL, R. G., and R. CASS: J. clin. Invest. 38, 595 (1959). — 74. MOLONEY, W. C.: Amer. J. med. Sci. 205, 229 (1943).
75. NEPLOTNIK, J. F.: zit. nach Zbl. ges. Kinderheilk. 50, 126 (1954). — 76. DE NICOLA, P.: In: "New Blood Clooting Factors", Thrombos. Diathes. haemorrh. Suppl. IV. (1960). — 77. NIELSSON, I. M., M. BLOMBAECK, E. JORPES, B. BLOMBAECK and S. A. JOHANSSON: Acta med. scand. 159, 179 (1957). — 78. NIESERT, H. W.: Klin. Wschr. 32, 1098 (1954). — 79. NIESERT, H. W.: Z. Geburtsh. Gynäk. 143, 54 (1955).

80. OWEN, C. A., and M. M. HURN: J. Pediat. **42**, 424 (1953). — 81. OWEN, C. A., G. B. HOFFMAN, S. E. ZIFREN et P. SMITH: Proc. Soc. exp. Biol. (N. Y.) **41**, 181 (1939). — 82. OEHME, J.: Kinderärztl. Prax. **27**, 476 (1959).

83. PHILLIPS, L. L., and V. SKRODELIS: Pediatrics **22**, 715 (1958). — 84. PITNEY, W. R.: Brit. J. Haemat. **2**, 250 (1956). — 85. PLUM, P.: Acta paediat. (Uppsala) **38**, 526 (1949).

86. QUICK, A. J., and A. M. GROSSMAN: Proc. Soc. exp. Biol. (N. Y.) **40**, 647 (1939). — 87. QUICK, A. J., L. G. MURAT, C. V. HUSSEY and G. F. BURGESS: Surg. Gynec. Obstet. **95**, 671 (1952).

88. RUNGE, H., I. HARTERT u. W. EICHER: Gynaecologia (Basel) **2**, 337 (1954). — 88a. ROSKAM, J., J. LEWALLE and Y. BOUNAMEAUX: Thrombos. Diathes. haemorrh. **3**, 165 (1959). — 88b. ROGNER, G.: Z. Kinderheilk. **84**, 197 (1960).

89. SAITO, M., I. F. GITTLEMAN, J. B. PINCUS and A. E. SOBEL: Pediatrics **17**, 657 (1956). — 90. SALAZAR DE SOUSA, C., J. M. C. FERREIRA, A. F. GOMES et A. ESTRELA: Arch. franc. pediat. **10**, 474 (1953). — 91. SALAZAR DE SOUSA, C.: Clotting factors in the newborn. VIII. Intern. Kongr. Paediat. Kopenhagen 1956. — 92. SANFORD, H. N.: Anesth. et Analg. **5**, 216 (1926). — 93. SANFORD, H. N., E. I. LESLIE and M. M. CRANE: Amer. J. Dis. Child. **50**, 547 (1935). — 94. SANFORD, H. N., and J. SHMIGELSKI: Amer. J. Dis. Child. **63**, 729 (1942). — 95. SCHÄFER, K. H., G. LANDBECK u. K. FISCHER: Dtsch. med. Wschr. **85**, 781 (1960). — 96. SCHMID, E., S. WITTE, J. STERN u. K. H. SCHRICKER: Verh. dtsch. Ges. inn. Med. **65**, 181 (1959). — 97. SMITH, C. A.: The physiology of the newborn infant, 3. Aufl. 1959. — 98. SCHULZ, J., and S. VAN CREVELD: zit. nach VAN CREVELD (20). — 99. STEFANINI, M., and W. DAMESHEK: The hamorrhagic disorders. New York-London: Grune et Stratton 1955. — 100. STRÖDER, J., u. W. KÜNZER: Ann. paediat. (Basel) **188**, 207 (1957). — 101. STRÖDER, J., u. W. KÜNZER: Ann. paediat. (Basel) **192**, 87 (1959). — 102. STRÖDER, J., u. W. KÜNZER: zit. nach W. KÜNZER (54). — 103. SUSSMAN, L. N., and J. B. COHEN: Pediatrics **17**, 652 (1956).

104. TAYLOR, P. M.: Pediatrics **19**, 233 (1957).

105. VEST, M., u. W. MEYER: Ann. paediat. (Basel) **189**, 282 (1957).

106. WALKER, C. H. M., and C. L. BALF: J. Obstet. Gynaec. Brit. Emp. **61**, 1 (1954). — 107. WILLI, H.: Ergebn. inn. Med. Kinderheilk. N. F. **2**, 467 (1951). — 108. WITTE, S., u. D. BRESSEL: Folia haemat. (Frankfurt) N. F. **2**, 236 (1958). — 109. WITTE, S.: Blutgerinnung und Blutgefäße. Ingelheim: Boehringer Sohn 1960. — 110. WITTE, S.: Med. Welt **1960**, 918.

111. YLPPÖ, A.: Z. Kinderheilk. **38**, 32 (1934).

112. BETTEX-GALLAND, M., and E. F. LÜSCHER: Biochem. biophys. Acta **49**, 536 (1961).

113. GROSS, R.. W. GEROK, G. W. LÖHR, W. VOGEL, H. D. WALLER u. W. THEOPOLD: Klin. Wschr. **38**, 193 (1960).

114. KOCH, G., u. G. SCHWICK: Biol. Hemat. **3**, 302 (1960).

115. KÜNZER, W., u. J. STRÖDER: Ann. paediat. (Basel) **195**, 137 (1960).

116. QUIE, P. G., and L. W. WANNAMAKER: Am. J. Dis. Childh. **100**, 836 (1960).

117. NILSSON, J. M., M. BLOMBÄCK, E. JORPES, B. BLOMBÄCK and S. A. JOHANSSON: Acta med. scand. **159**, 179 (1957).

Die Physiologie der Verdauung

Von

H. WIESENER

Mit 3 Abbildungen

1. Funktionelle Anatomie

Der Magen-Darm-Kanal wird intrauterin kaum benötigt, wenn man von der Fruchtwasserresorption absieht. Nichtsdestoweniger soll er nach der Geburt innerhalb 2 Wochen in der Lage sein, 500—600 ml Frauen- oder Kuhmilch zu verdauen. Dies würde beim Erwachsenen bedeuten, 4—5 l Milch täglich zu verarbeiten, wenn man auf die Körperoberfläche Bezug nimmt.

Wie die Erfahrungen an Frühgeborenen lehren, ist der Magen-Darm-Kanal schon in den letzten 3 Monaten der Schwangerschaft in einem relativen Reifezustand, so daß dem Frühgeborenen erstaunliche Mengen von Frauenmilch oder Kuhmilch zugemutet werden können. Zwar findet man bei der Geburt schon die gleichen Drüsenzellen, wie wir sie später beim Jugendlichen histologisch feststellen, jedoch ist die Mucosa des Neugeborenen fast ebenso dick wie die Muskulatur (*37*); beim Kind und Jugendlichen verschiebt sich das Verhältnis zu Gunsten der Muskulatur. Peristaltik und Schluckbewegungen lassen sich schon in der 15. Schwangerschaftswoche nachweisen (*19, 102*). Während die Magenkapazität nach der Geburt nur 30—60 ml beträgt, messen wir am Ende des 1. Trimenon bereits 170 ml und am Ende des ersten Lebensjahres 460 ml. Der Oesophagus ist beim Säugling relativ länger als beim Erwachsenen, so beträgt die Entfernung von der Zahnreihe bis zur Kardia am Ende des ersten Lebensjahres 23—24 cm. Der Dünndarm ist im Verhältnis zum Dickdarm besonders lang. Im Neugeborenenstadium besteht das Verhältnis 6 : 1, wird im Säuglingsalter auf 5 : 1 vermindert und beträgt beim Jugendlichen ebenso wie beim Erwachsenen etwa 4 : 1. Die Gesamtlänge des Darmes nimmt im Säuglingsalter von 4 m auf etwas über 5 m zu. Im 6. Lebensjahr sind 6 m, beim Erwachsenen etwa 9 m erreicht. Die Magen-Darm-Passagezeit für Nahrung beträgt beim Neugeborenen etwa 24—30 Std. Im Alter von 8 Tagen verkürzt sie sich auf 7 Std. Im Säuglingsalter rechnen wir mit Durchlaufzeiten von etwa 4—28 Std (Durchschnitt 13 Std) beim Brustkind und 5—48 Std (Durchschnitt 16 Std) beim künstlich ernährten Kind. Der Jugendlichen- und Erwachsenenwert liegt bei durchschnittlich 18—20 Std.

Das Saugen wird rhythmisch durch das Saugzentrum gesteuert. Dieses entwicklungs- und stammesgeschichtlich junge Zentrum zwingt dem Atemzentrum seinen Rhythmus auf (*83*). Für das Saugen ist die Mundhöhle des Säuglings besonders gut geeignet, da praktisch ein toter Raum fehlt und die Lippensaugpolster mit der Membrana gingivalis einen guten Abschluß bilden. Der Saugraum ist nach vorn nicht durch die Alveolarwülste, sondern durch die Lippen begrenzt, da die Zunge sich bis an die Lippen vorschiebt. Die wichtigen Funktionen, wie Saugen, Schlucken und Atmen, sind bereits beim Neugeborenen aufeinander abgestimmt. Wenn auch der hochstehende Kehlkopfeingang es erlaubt, daß die Nahrung rechts und links vom Kehlkopf vorbeifließt, so unterbrechen doch Neugeborene und Säuglinge die Atmung für Bruchteile von Sekunden (*48, 98, 66*). Beim vollkommenen Saugen arbeiten Saug-, Schluck- und Atemzentrum im gleichen Takt. Die Zahlen der Saug-, Schluck- und Atembewegungen verhalten sich zueinander wie 1 : 1 : 1 oder wie 2 : 2 : 1. Ist das Saugzentrum erregt, so unterdrückt es das Atemzentrum. Beim Trinken an der Brust wird zunächst der Unterkiefer gesenkt, während die Lippen die Brustwarze und den Teil des Warzenhofes abdichten, der beim Anlegen des Kindes gefaßt wird. Das Gaumensegel legt sich dem gewölbten Zungengrund an. Durch den entstehenden Unterdruck wird die Warze tief in die Mundhöhle gesaugt, und die Milch gelangt in die Milchgänge. Andererseits wird die Milch auch durch bedingte und unbedingte Reflexe der Milchbildung und durch den Sekretionsdruck weitergetrieben. Man sieht den Milchaustritt zuweilen anhalten, wenn das Kind plötzlich von der mütterlichen Brust entfernt wurde.

Beim zweiten Abschnitt der Saugbewegung wird der Unterkiefer wieder gehoben, und die Zungenspitze macht an der Brustwarze von unten her eine Melk- und Ausstreichbewegung. Jetzt erst tritt die Milch aus der Brust in die Mundhöhle. Saugen und Melken sind also aneinander gekoppelt und werden gegen den elastischen Widerstand der Brustwarze mit einem Durchmesser von etwa 5—7 mm durchgeführt.

Das Saugen an der Flasche erfolgt grundsätzlich anders. Zwar wird zunächst auch durch Senken des Unterkiefers ein Unterdruck in der Mundhöhle erzeugt, jedoch wird dann der Saugeranteil, den Kiefer und Lippe umschließen, unter Mithilfe der Zunge zusammengepreßt und entleert. Dann erst streicht der Zungenrücken das abgeklemmte Stück aus. Die Milchmenge, die durch Kauen nicht entfernt wurde, kann so noch entleert werden. Weiche Sauger bieten kaum Widerstand und lassen sich mühelos auf etwa 2 mm zusammendrücken, so daß Zunge, Unterkiefer und Wangenmuskulatur weniger als beim Trinken an der Brust beansprucht werden. Keiner der „Natur" nachgebildeten Sauger kann also den Unterschied zwischen natürlicher und künstlicher Nahrungszufuhr verwischen. Jenseits des Säuglingsalters vermeiden es die Kinder und Erwachsenen, beim Trinken den Unterkiefer zu benutzen. Sie ziehen das inspiratorische Saugen vor und ziehen dabei die Zunge zurück. Zu Beginn des Saugens schließt sich an jede Saugbewegung eine Schluckbewegung an. Später kann sich ein Rhythmus von 2 oder gar 3 : 1 einstellen. Bei dem komplizierten Schluckakt sind Bewegungen der Zunge mit Zungenrücken, des Zungengrundes, des Gaumensegels, des Zungenbandes, der Epiglottis, des Kehlkopfes und auch des Oesophagusmundes zu berücksichtigen. In den ersten Lebensmonaten laufen die Bewegungen zum Teil noch unkoordiniert ab und sind leicht zu stören. Erst jenseits des 1. Trimenon ist eine große Regelmäßigkeit und Zuverlässigkeit zu beobachten. Die langen Öffnungszeiten des Oesophagusmundes und die noch nicht ausreichende Sperrfunktion der Kardia führen bei Neugeborenen und jungen Säuglingen u. a. dazu, daß Reflux, Erbrechen und sogar Schluckpneumonien in diesem Alter auftreten.

Bei der Geburt sind im Darm keine Keime nachweisbar. Innerhalb 24 Std treten aber bereits Enterokokken, Coli und Anaerobier auf (1, 43). Etwa 100—200 g von klebrigem und bräunlich-schwarzem Meconium erscheinen bei 50 % der Neugeborenen innerhalb 12 Std. Weitere 25 % entleeren diesen Darminhalt aus abgestoßenen Darmepithelien, Schleim, Kalkseifenkristallen und Lanugohaaren bis zum Ende des 1. Lebenstages. Mehr als 10 % entleeren das Meconium am 2. Lebenstag und nur etwa 0,6 % nach 48 Std (99). Das Meconium reagiert schwach sauer, enthält alle Verdauungsfermente, wenig eingedickte Galle und Blutgruppensubstanz (62).

Die Anzahl der Stuhlentleerungen ist von der Art der zugeführten Nahrung, nicht aber von der Häufigkeit der Nahrungszufuhr abhängig (80). Während der ersten 5 Tage ist die Zahl der Stühle bei Flaschenmilchkindern größer als bei Brustkindern und beträgt im Durchschnitt 4—5 täglich. Dieser Unterschied läßt sich zwangslos durch das langsame Ingangkommen der Brustmilchproduktion erklären. Immerhin kann man im Einzelfall auch bei völlig gesunden Neugeborenen bis zu vierzehnmal täglich Stuhl beobachten, der dünn bis wäßrig, grün gefärbt und mit reichlich Schleim versetzt ist. Dieser Übergangskatarrh hat nichts mit einer Dyspepsie zu tun, vielmehr muß er auf die Keimascension und die beginnende enterale Belastung mit bakterieller Gärung zurückgeführt werden. Nach der Neugeborenenperiode werden vom gesunden, künstlich ernährten Säugling im 1. Trimenon täglich 2—3 voluminöse Stühle von schwach alkalischer Reaktion produziert, während gesunde Brustmilchkinder substanzarme, schwachsaure Stühle durchschnittlich viermal täglich entleeren. Ohne Zweifel gibt es gesunde Brustkinder, die vorzüglich gedeihen, obwohl sie bis zu sechsmal täglich auch grün gefärbten Stuhl entleeren. Bei gleicher Anzahl von Stuhlentleerungen mit grüner Farbe muß beim künstlich ernährten Säugling an eine Ernährungsstörung gedacht werden. Nach dem Abstillen stellen im späten Säuglingsalter und beim Kleinkind 1—2 Stuhlentleerungen täglich die Norm dar. Beim Schulkind und Erwachsenen schließlich ist im Durchschnitt ein Stuhl täglich zu rechnen. Beim Brustkind messen wir Stuhlmengen von 15—25 g täglich, beim künstlich ernährten Säugling 30—40 g; Kleinkinder und ältere Kinder produzieren täglich Stuhlmengen von 70—200 g.

2. Die Entwicklung von Sekretion und Resorption im Verdauungstrakt

Mit Ausnahme der Amylase (58, 60) werden schon beim Fetus im 5.—6. Schwangerschaftsmonat neben Salzsäure alle Fermente gefunden, die postnatal in Magen,

Darm und Pankreas vorkommen (*22, 56, 55, 58, 64, 108*). Der saure, nur spärlich sezernierte viscöse und mucinreiche Speichel des Neugeborenen enthält zwar geringe Mengen Ptyalin, aber seine diastatische Aktivität erreicht etwa $^1/_5$ des Erwachsenenspeichels. Schon im Laufe des ersten Lebensjahres steigen die täglichen Speichelmengen von 50—150 ml an, ohne daß die diastatische Kraft des Erwachsenenspeichels erreicht wird. Erst im Schulkindalter werden Mengen von etwa 500 ml produziert, bis schließlich beim Heranwachsenden 1—1,5 l zur Verfügung stehen. Rhodankalium und Rhodannatrium, die Aktivatoren der bactericiden oder zumindest bakteriostatischen Wirkung des Magensaftes, fehlen in der Säuglingszeit ganz.

In der ersten Viertelstunde nach der Geburt finden sich etwa 0,5—4,0 ml Magensaft mit einem durchschnittlichen p_H von 6,5—8,0 (*54*). Schon wenige Stunden später (4—5 Std) ist der p_H-Wert auf 1—3 abgesunken und bleibt für 24 Std bei einem durchschnittlichen Wert von 1,45 stehen. Bis zum 8. Lebenstag sinken Gesamtacidität und freie Salzsäure kontinuierlich ab (*75*). An diesem Tag wird praktisch keine freie Salzsäure im Magen gefunden. Erst in der zweiten Woche steigen diese Werte wieder an, ohne allerdings im Säuglingsalter die hohen Werte kurz nach der Geburt zu erreichen. Im nüchternen Zustand werden p_H-Werte von 1,9 bis 2,4 gemessen. Die Gründe für die Besonderheiten der postnatalen Salzsäureproduktion müssen in der noch vorhandenen hormonellen Stimulation von seiten der Mutter und im Zusammenhang mit dem Geburtsstress gesehen werden. Eine gewisse Parallelität zwischen Acidität und Eiweißgehalt des Colostrum mag bestehen, aber auch ohne Colostrumfütterung laufen diese Veränderungen der Salzsäureproduktion ab.

Die abgesonderte tägliche Magensaftmenge ist bei Fütterung von Frauenmilch geringer als bei Kuhmilchverdünnungen. Dabei spielt das dreimal größere Pufferungsvermögen der Kuhmilch gegenüber der Frauenmilch eine wesentliche Rolle. So berechnet FREUDENBERG (*14*) für das 1. Trimenon bei der Zufuhr von $^3/_4$ l Frauenmilch/die 75 cm³ Magensaft, bei $^2/_3$-Kuhmilch etwa 325 cm³ (berechnet als n/10 HCl). Dabei ist noch nicht berücksichtigt, daß der größte Teil des Frauenmilchmagensaftes durch Lipolyse seine Acidität erhält. In erster Linie bestimmt offenbar der Caseingehalt der Nahrung den Grad der Magensaftsekretion. Die Acidität selbst scheint allerdings auch insofern regulierend zu wirken, als bei zunehmender Acidität die Sekretion sinkt. Wird Kuhmilch gefüttert, so steigt der Wert für die Gesamtacidität und die freie Salzsäure bis zum 3. Trimenon deutlich an und unterscheidet sich beim älteren Säugling nur wenig vom Kleinkind und Schulkind (*113, 28, 89*). Beim Säugling ist die Magensaftsekretion nach Gemüsefütterung geringer als bei Milchfütterung.

Tabelle 1

Alter	Magensaft cm³/min	freie Acidität	Gesamt-Acidität	p_H nach Histamin
Frühgeborene	0,12—0,15	0	0— 8	4,7
Neugeborene.	0,20—0,45	0—20	15— 40	2,3—3,6
Säuglinge 2 Wochen bis 6 Monate .	0,25—1,10	0— 59	5— 71	1,5—3,4
Säuglinge 7.—12. Monat	0,40—1,50	12— 80	25—105	1,5—2,2
Kinder 1.—2. Lebensjahr	0,70—1,80	15— 95	26—106	1,2—2,0
Kinder 2.—5. Lebensjahr	0,50—2,20	29— 90	38—102	1,4—2,0
Kinder 5.—10. Lebensjahr. . . .	0,10—3,30	53—113	61—145	1,4—2,0
Kinder 10.—15. Lebensjahr . . .	2,70—3,60	49—115	61—128	1,4—2,0
Erwachsene			30—159	
(BLOOMFIELD u. POLLAND)				

nach I. J. WOLMAN: Amer. J. med. Sci. 206, 770 (1943)

Bezüglich der Eiweißverdauung herrschte lange Zeit nach der Entdeckung von Salzsäure (Prout, 1824) und Pepsin (Schwann, 1836) im Magen die für die Erwachsenen gültige Lehre, daß die in der Nahrung vorhandenen Proteine zunächst im Magen durch Pepsin gespalten werden und danach im Dünndarm der vollständige Abbau zu den Aminosäuren durch Trypsin und Erepsin erfolge. Beim Erwachsenen ließ sich auch zeigen, daß nach Probetrunk und Aushebung im Magensaft Aciditätsverhältnisse vorlagen, die eine Fermentwirksamkeit des Pepsins bei der von Sörensen (105) als optimal gefundenen H-Ionenkonzentration wahrscheinlich machten. Die Bedingungen zum Eiweißabbau schienen zunächst im Säuglingsmagen nicht günstig zu sein, so daß ältere Untersucher zu dem berechtigten Schluß kamen, eine wesentliche Pepsinverdauung finde im Säuglingsmagen nicht statt (17, 20). Andererseits fanden Rosenbaum u. Spiegel (94) sowie Hess (47) eine Eiweißspaltung verschiedenen Grades bei Frauenmilch und Kuh-

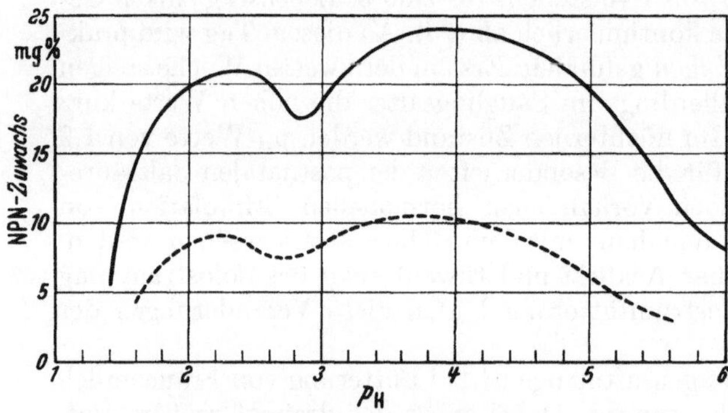

milch, die außerhalb des Wirkungsbereiches von Pepsin lag, ohne daß eine entsprechende Erklärung dafür gegeben werden konnte. Freudenberg u. Buchs (14) gelang 1940 schließlich der Nachweis eines zweiten eiweißspaltenden Fermentes im Magensaft, das sie mit dem bereits 1929 in der Magenschleimhaut gefundenen, als Leukocyten-Enzym definierten Kathepsin identifizieren konnten (112).

Abb. 1. Aktivitätskurve eines Säuglings-Magensaftes
(Substrat: Humanamilch. 2 Std Verdauung bei 37° C)

Sein p_H-Optimum lag bei der Kuhmilchverdauung zwischen p_H-Werten von 4 und 5, sein Wirkungsbereich zwischen p_H 2 und 6. Das Temperaturoptimum fand Buchs (14) zwischen 60 und 70°.

Während nun Pepsin und Lab von Northrop (79) bzw. Berridge (7) in kristalliner Form isoliert werden konnten, gelang es bisher nicht, Kathepsin rein darzustellen. Eine präparative Trennung des Pepsins vom Kathepsin gelang ebenfalls nicht, so daß Buchs (14) nur von einer katheptischen Wirkung der Magenproteinase sprach. Nach einer bei ungefähr p_H 6 eingetretenen Labung soll die Kathepsinverdauung in Gang kommen und so lange fortgesetzt werden, bis der Wirkungsbereich von Pepsin erreicht ist.

Jede Milchverdauung wird durch die Gerinnung des Caseins eingeleitet. Nachdem von Simon (100) gefunden war, daß eine chemische Differenz zwischen Frauenmilch- und Kuhmilch-Casein bestand, teilte Biedert (8) bereits 1874 mit, daß 2 Tropfen eines künstlich hergestellten Magensaftes 0,5 cm³ Frauenmilch coagulierten. Gab er Magensaft im Überschuß zu, so war prompte Lösung der Coagula zu beobachten. Kuhmilch zeigte jedoch unter beiden Bedingungen energische Gerinnung. Frauenmilch- und Kuhmilch-Casein verhielten sich entsprechend. Lemke (67) hat diese Angaben durch ähnliche Untersuchungen neuerdings bestätigt und dafür den Namen „Gerinnungsumkehr" verwendet. Pfeiffer (88) stellte als erster eine Säuregerinnung der Frauenmilch fest, die um so leichter eintrat, je reifer die Milch war.

Die Säurefällung wurde bereits um die Jahrhundertwende auch mit anderen anorganischen und organischen Säuren einwandfrei nachgewiesen (3, 9, 20, 23, 114). Das Optimum für eine Säurefällung fand Schemann (97) schließlich, ent-

sprechend dem isoelektrischen Punkt von Casein, bei einem p_H von 4,6. Die Labgerinnung der Frauenmilch zeigte dagegen bei etwa p_H 5 ihr Optimum, während
die charakteristische H-Ionenkonzentration der Labung für Kuhmilch bei p_H 6
bis 6,6 angegeben wurde. Die Labgerinnung geht also bei steigender H-Ionenkonzentration in eine Säurefällung über. Auch die Labfähigkeit der Frauenmilch
ist bereits durch Versuche von FULD u. WOHLGEMUTH (*32*), KREIDL u. NEUMANN
(*61*) sowie ENGEL (*23*) nachgewiesen worden.

Wir sind gewohnt, bei der fermentativen Milchgerinnung mit kristallisiertem Lab oder
Pepsin 2 Reaktionen streng voneinander zu trennen. In der ersten Phase, der „Primärreaktion",
wird das Casein fermentativ in Paracasein umgewandelt, während der „Sekundärreaktion"
wird Paracasein als Calciumsalz gefällt. Säurecasein flockt durch Säuerung der Milch im isoelektrischen Punkt aus, kann jedoch nach Alkalisieren unverändert wieder in Lösung gebracht
werden.

HAMMARSTEN (*44*) war der erste, der feststellte, daß nach der Labgerinnung der Milch eine
stickstoffhaltige Verbindung in Lösung blieb, die er „Molkenalbumose" nannte. LINDER-
STRÖM-LANG (*69*) und ANDERSEN u. HOLTER (*53*) stellten später die Hypothese auf, daß die
Schutzkolloidwirkung einer Caseinfraktion dafür verantwortlich sei, wenn das ganze Casein-
molekül trotz Gegenwart von Calcium-Ionen in Lösung blieb. NITSCHMANN (*78*) gelang es nun
in jüngster Zeit, mit kristallisiertem Lab (*7*) Veränderungen an einer der 3 Caseinfraktionen
nächzuweisen, die er elektrophoretisch darstellte. Da das Casein durch Labwirkung verändert
wurde, so glaubte er, die Schutzkolloidfunktion auf diese Caseinfraktion beziehen zu müssen.
Der letztgenannte Autor konnte mit seinen Mitarbeitern auch zeigen, daß während der Labung
von Milch und reinen Caseinlösungen der Nichtproteinstickstoff im Trichloressigsäurefiltrat
rasch (innerhalb 10 min bei p_H 6,8, Temperatur 30°) bis zur Gerinnung zunimmt. Ist die
Gerinnung einmal eingetreten, so wird eine wesentliche Zunahme dieses Nichtproteinstick-
stoffes vermißt. Weiterhin ließ sich nachweisen, daß die abgespaltene Stickstoffmenge etwa 3%
des gesamten Caseinstickstoffes ausmacht. Wird das Calcium gebunden, so bleibt trotz ein-
tretender Veränderung des α-Caseins die Gerinnung zunächst aus, tritt aber sofort ein, wenn
Calcium zugeführt wird. Umwandlung von Casein in Paracasein bedeutet also die Abspaltung
von einer bestimmten Stickstoffmenge aus dem α-Casein. Diese so veränderte Caseinfraktion
hat damit ihre Schutzkolloidwirkung verloren. Wenn FREUDENBERG und MELLANDER nun
noch fanden, daß Frauenmilchcasein durch reine Fermente und Magensaft von Säuglingen
bedeutend weniger angreifbar war als Kuhmilchcasein, so darf angenommen werden, daß bei
der Gerinnung nicht nur der verschiedene Calcium- und Molkeneiweißgehalt von Kuhmilch-
und Frauenmilchcasein gegenüber gerinnungsaktiven Fermenten des Magensaftes eine Rolle
spielt. Das gerinnungsaktive Ferment im Säuglingsmagen scheint Pepsin zu sein. Der Nachweis von Lab gelang bisher nicht.

Durch die fermentative Gerinnung wird der engbegrenzte Säuregerinnungs-
bereich der Frauenmilch soweit verbreitet, daß auch bei einer niedrigen Magen-
acidität die Verdauung des Frauenmilcheiweißes durch die Gerinnung eingeleitet
werden kann.

Bei Berücksichtigung aller gesicherten Tatsachen über fermentative Leistungen
des Neugeborenen, Säuglings und Kleinkindes hinsichtlich Verdauung, Resorption
und Ausnutzung von Nahrungsstoffen muß man bezweifeln, daß der von SALGE
(*95*) geprägte Begriff „werdende Funktion" mit einer ungenügenden Funktion
gleichzusetzen ist. Vielmehr sind im Säuglingsalter besonders die sekretorischen
Leistungen den Anforderungen durchaus angeglichen, wenn man von Brustkindern
ausgeht. Darüber hinaus stellt der Kinderarzt immer wieder fest, daß gerade der
Säugling über große Reserven verfügen muß, wenn er bei einer unphysiologischen
Ernährung mit Kuhmilch nicht nur mit der angebotenen Nahrung fertig wird,
sondern darüber hinaus gedeiht.

Die Pankreasfermente Trypsin, Lipase und Diastase werden zwar schon im
Fetalleben produziert, besitzen aber bei Frühgeborenen und Neugeborenen nur
geringe Aktivität (*26, 46, 60, 71, 96*). Die Fermente der Darmschleimhaut sind in
gleicher Weise bereits beim Fetus vorhanden. Genaue Angaben über das Ausmaß
der Produktion und die fermentative Kraft können noch nicht gemacht werden.
Übersieht man die Eiweißverdauung, so ist die katheptische Verdauung wesentlich

für das Flaschenkind, da im Magen und oberen Dünndarm nur p_H-Werte zwischen 4 und 5 trotz zwei- bis dreifacher Salzsäuresekretion gegenüber dem Brustkind erreicht werden.

Ähnlich wie bei der Eiweißverdauung werden auch bei der Fettverdauung die Vorteile des Brustkindes erkennbar. Ein großer Teil des in der Muttermilch angebotenen Fettes wird bereits im Magen durch die in der Frauenmilch vorhandene Frauenmilchlipase abgebaut (28, 30). Frauenmilch und Magenlipase unterstützen sich insofern, als die Frauenmilchlipase Monoglyceride, die schwache Magenlipase aber Di- bis Triglyceride spaltet. Unterhalb eines p_H-Wertes von 5,0 ist kein nennenswerter Effekt der Frauenmilchlipase mehr zu erwarten. Sie wird erst wieder im Darm durch die Gallensäuren aktiviert. Dann tritt die Pankreaslipase hinzu, die durch Eiweißspaltprodukte aktivierbar ist. Die funktionelle Entwicklung der Magen- und Darmlipase wurde von den meisten Autoren in Abhängigkeit vom Alter festgestellt, wenn auch gegenüber der Salzsäureproduktion ihre Entwicklung schon eher, nämlich zum Ende des ersten Lebensjahres abgeschlossen ist. Ähnliche Verhältnisse liegen bei der Produktion von Gallensäuren vor.

Tabelle 2. *Mittelwerte der Pankreasfermente**
im Duodenalsaft

Lebensalter	Diastase	Lipase	Trypsin
bis 2 Monate . . .	4	21	137
3—6 Monate . . .	25	26	139
7—12 Monate . .	114	34	250
2. Lebensjahr . .	117	19	262
3.—5. Lebensjahr	244	13	195

* Nach ANDERSEN, Einheiten pro cm³.

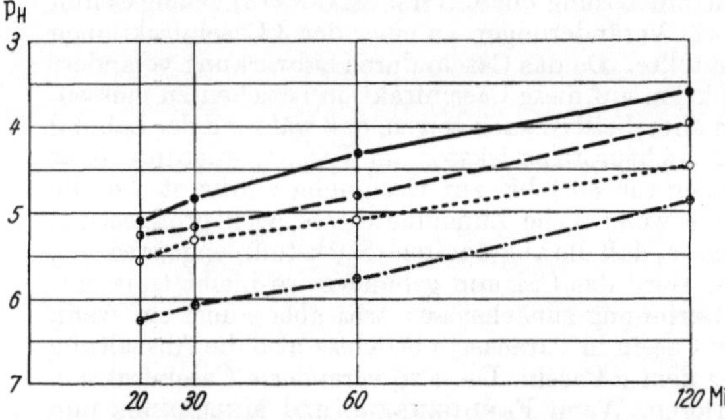

Abb. 2. Acidität im Magen: ——— Frauenmilch (10); ········ Libby's Milch (10) (1 T. Milch, 2 T. Wasser + 5% S. Z.); ·—·—·— Humana-Milch (20): · · · · · Milchsäure ½ Milch (10) (0,3% Milchsäure)

Die wesentliche Kohlenhydratverdauung beim Brustkind ist durch die im Darm gebildete β-Galaktosidase gewährleistet, die auch Lactase genannt wird (28). Die Lactasebildung ist von dem Angebot an Milchzucker abhängig, so daß wir auch hier besser von einer Adaption als von einer werdenden Funktion sprechen können. Hingegen ist für das Ptyalin ebenso wie für die Amylase des Pankreas eine altersbedingte Entwicklung nachgewiesen. Diese spiegelt sich in der zunächst großen Anzahl positiver Jodreaktionen im Stuhl, die erst bis zum 2. Lebensjahr nachlassen und schließlich erst im 9. Lebensjahr ein Optimum der Verdauung erkennen lassen. Neben diesem Ferment findet sich bereits bei der Geburt eine α-Glucosidase oder Maltase in der Dünndarmschleimhaut (56). Dieses Ferment ist bereits in den oberen Abschnitten des Dünndarms wirksam, während die Lactase in den unteren Dünndarmabschnitten wirksam wird. Der fermentative Kohlenhydratabbau ist also bis zum Dickdarm weitgehend abgeschlossen. Die bakteriellen Gärungsprozesse an den noch vorhandenen makromolekularen Polysacchariden im Colon beeinflussen die Darmflora und die Peristaltik. Bei der Ernährung mit Frauenmilch gelangt praktisch nur Kohlenhydrat in das Colon, während Eiweiß und Fett bereits in den oberen Darmabschnitten abgebaut und resorbiert sind. Beim künstlich ernährten Säugling gelangen hingegen wechselnde Mengen von Eiweiß, Fett und Kohlenhydraten in den Dickdarm. Die altersentsprechende fermentative Leistungsfähigkeit muß daher im Einzelfall bedacht werden und ist, besonders bei banalen Infektionen der oberen Luftwege, vermindert. Damit wird die Überlegenheit der Frauenmilch über jede künstliche Ernährung hinreichend erklärt.

Wir sind gewöhnt, durch langfristige Bilanzuntersuchungen die Resorption eines Nahrungsstoffes festzustellen. Dabei wird die Differenz zwischen Zufuhr und Ausscheidung durch Stuhl und Urin bestimmt. Diese relative Größe (% der Aufnahme) gilt als Maß für die Resorption. Mit Ausnahme der ersten Lebenstage schwankt die Stickstoffresorption bei Frühgeborenen, Säuglingen und Kindern zwischen 85 und 90%. Ob Colostrum und Frauenmilch oder $^1/_2$-Milch und $^2/_3$-Milch gefüttert wird, spielt dabei keine Rolle (27). Anders verhält es sich mit der Stickstoffretention. Sie beträgt bei natürlich oder künstlich ernährten Neugeborenen etwa 50%, sinkt dann aber bis zum Ende des 1. Trimenon bis auf 20% ab (4, 6, 27, 33, 34, 35, 36, 68, 107). Dabei scheinen die Brustkinder wenig mehr Stickstoff zu retinieren als die künstlich ernährten Säuglinge. Wenn auch die Stickstoffretention um so größer ist, je mehr Eiweiß angeboten wird, so sind doch keine Längen- oder Massenunterschiede zwischen Brustkindern und künstlich ernährten Säuglingen festzustellen. Die schon früher vermutete Eiweißspeicherung ist heute bewiesen (63). Erst nach dem 1. Trimenon läßt sich durch reichliches Eiweißangebot die Wachstumsrate steigern. Beim Kleinkind sinkt die Stickstoffretention bereits auf etwa 6% ab. Eine ausgeglichene Stickstoffbilanz besteht erst nach Beendigung des Wachstums.

Die Fettausnutzung bei Brustkindern steigt in wenigen Wochen von 80 auf 90% und liegt bereits im 2. Lebensmonat über 95% (16, 45, 49, 50, 51, 52, 104, 103, 109). Künstlich ernährte Säuglinge erreichen eine Ausnutzung von 90% erst im 5. Lebensmonat (110, 111, 32). Darüber hinaus tritt die unterschiedliche Fettausnutzung bei natürlich ernährten und künstlich ernährten Frühgeborenen hervor. Innerhalb weniger Wochen wird das Frauenmilchfett bis zu 90% und mehr ausgenutzt. Hingegen schwankt die Fettausnutzung bei künstlich ernährten Frühgeborenen in den ersten 10 Lebenswochen zwischen 60 und 80%. Am Ende des ersten Lebensjahres ist praktisch die Ausnutzungsquote des Erwachsenen von 96—98% erreicht. Immerhin wird bei überreichlichem Fettangebot von Frauenmilchfett wie von Kuhmilchfett die Fettausnutzung schlechter. Unterschiede in der Fettausnutzung nach Zufuhr von roher und gekochter Frauenmilch werden bei alternierender Ernährung von Frühgeborenen nicht gefunden. Nachdem die ernährungsphysiologische Bedeutung der Linolsäure für den wachsenden Organismus nachgewiesen ist, können wir vermuten, daß bei der Kuhmilchernährung die Zufuhr von höher gesättigten Fettsäuren nur eben ausreicht.

Angaben über die Kohlenhydratresorption sind spärlich, da erst in jüngster Zeit Bilanzen aufgestellt wurden (5). Im Stuhl lassen sich selbst bei künstlicher Ernährung kaum mehr als 0,5% Mono- und Disaccharide und wenig mehr als 3% Gesamtkohlenhydrate nachweisen. Eine Steigerung der Resorption ist in Abhängigkeit von der Fermentsekretion während des 1. Lebensjahres zu verzeichnen.

Die Calciumausnutzung liegt bei Säuglingen ebenso hoch wie bei Erwachsenen und beträgt durchschnittlich 20—50% (11, 16, 18, 21, 57, 59, 91, 92, 93, 90). Da der Ausnutzungskoeffizient bei natürlicher und künstlicher Ernährung gleich hoch ist, könnte eine größere Retention und Ablagerung im Körper von Säuglingen und Kindern vermutet werden. Dies ist jedoch nicht der Fall, weil die höhere Ausscheidung von Calcium bei künstlicher Ernährung zu berücksichtigen ist. Bei Vitamin D-Zufuhr kann die Calciumanlagerung verstärkt werden. Die Abbildung zeigt, daß Frühgeborene mit einer geringen Calciumausstattung besonders leicht in einen Calciummangelzustand kommen können, der sich in der Rachitishäufigkeit der Frühgeborenen äußert (107).

Erhöht man den Calciumgehalt der Nahrung, so sind die Frühgeborenen allerdings genau so befähigt, das angebotene Calcium auszunutzen und anzulagern wie Reifgeborene. Schon vom 2. Lebensjahr ab wird Calcium zu 15—30% retiniert.

Angebotener Phosphor wird zu durchschnittlich 70% ausgenutzt (*10, 11, 15, 18, 21, 57*). Die Phosphorretention liegt bei etwa 40%. Das Kleinkind retiniert den mit der Nahrung angebotenen Phosphor nur noch zu 8—20% (*72*). Kalium und Natrium werden bereits beim Säugling zu etwa 90% ausgenutzt (*18, 21, 73, 91, 92, 93, 90*). Allerdings beträgt die Retention für Kalium nur 10—30 %, die für Natrium 20—50%. Bei Kleinkindern finden wir für Kalium Werte von 4—10%, für Natrium Werte von 7—17%.

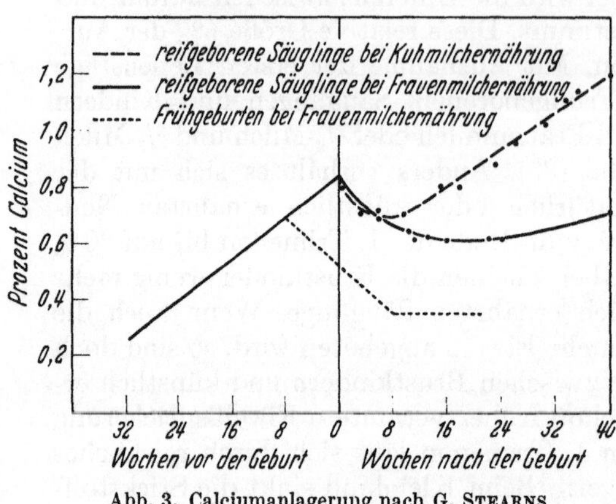

Abb. 3. Calciumanlagerung nach G. Stearns

3. Die Entwicklung der Darmflora

Schon wenige Stunden nach der Geburt wird der Magen-Darm-Kanal mit Keimen seiner Umgebung infiziert, die er entweder per os oder per anum aufnimmt. Im Dünndarm verhindert das bakterienfeindliche p_H beim gesunden Säugling zusammen mit der Schleimhautresistenz und dem Lysozym der rohen Frauenmilch eine Keimbesiedlung. Erst im Dickdarm bildet sich eine Bakterienflora aus, die für Brustkinder, künstlich ernährte Säuglinge, Kinder und Erwachsene kennzeichnend ist. Die Gesamtzahl der Keime wird auf etwa 1 Billion pro 1 g Darminhalt geschätzt (*39*). Nach umfangreichen Vorarbeiten können heute verbindliche Angaben über die Darmbesiedlung bei Brustkindern, künstlich ernährten Kindern und größeren Kindern sowie Erwachsenen gemacht werden (*31, 40, 41, 42, 81*). In den ersten Lebenswochen herrschen noch Coli-Bakterien vor. Innerhalb 2—3 Wochen kommt es dann zur Ausbildung einer Bifidumflora mit biochemisch wie serologisch definierbaren Typen. Auch lassen sich Bifidumbakterien von Brustkindern, Flaschenkindern und Erwachsenen unterscheiden. Daneben sind in verschwindend geringer Menge Coli-Bakterien, Enterokokken, gelegentlich auch Staphylokokken nachzuweisen. Der aromatische Geruch des salbigen und meistens goldgelben Frauenmilchstuhles von schwach saurer Reaktion läßt sich auch als typischer Geruch der Bifidumflora auf Nährböden nachweisen. Sinkt das p_H unter 5,4 ab, so kann beim Brustkind durch ein Darmferment das Bilirubin zu Biliverdin oxydiert werden. Dies erklärt das gelegentliche Auftreten von grünen Stühlen bei Brustkindern, ohne daß die Verdauung gestört ist. Bei größeren Kindern und beim Erwachsenen sind auch die Bifidum-Bakterien überwiegend vorhanden, nur liegen die Gesamtkeimzahlen 1—2 Zehnerpotenzen niedriger als beim Brustkind (*40, 42*). Bei Flaschenkindern fällt hingegen der hohe Coli-Anteil auf, der bis zu 90% betragen kann. Auch der Anteil der Enterokokken und Proteolyten kann bedeutend sein.

Auf der Suche nach einem besonderen Wachstumsfaktor für die Bifidumflora nach Frauenmilchfütterung wurden 2 bifidogene Wirkstoffe gefunden. 1948 hat Petuely über einen thermostabilen Wirkstoff von Oligosaccharidcharakter (β-Galaktosido-Fructose) berichtet, der in frischer Frauenmilch nachzuweisen war (*86, 87, 85*). P. György fand 1953 ebenfalls einen Bifidumfaktor, der von Kuhn als N-Acetyl-Glucosamin charakterisiert wurde (*38*). Dieser Wirkstoff findet sich reichlich im Colostrum und in geringerer Menge in der reifen Frauenmilch. Während der Wirkstoff von PETUELY in vitro unwirksam ist, scheint der von GYÖRGY nur das Wachstum der Penn-Mutante des Bacterium bifidum zu fördern. Ohne Zweifel läßt sich aber die Darmflora durch das zur Verdauung angebotene Substrat beeinflussen. Die Lactose darf als physiologischer Zucker für die Bifidumflora angesehen werden. Auch das Cystin besitzt einen wachstumsfördernden Einfluß. Ebenso spielt die Relation zwischen Milchzucker und Fett eine Rolle. Wachstumshemmend wirken offenbar Casein, Calciumsalze und Kalkseifen. Durch eine Milieuveränderung im Darmchymus mit einer Verschiebung des p_H-Wertes zur alkalischen Seite weicht die acidophile Flora den Bakterien der Coli-Gruppe und Enterokokken. Während also das Brustkind mit seiner Bifidumflora eine gegenüber dem Makroorganismus weitgehend indifferente Flora besitzt, kann beim künstlich ernährten Säugling auch die Masse der Normalcoli nicht als indifferent bezeichnet werden. Die Frage nach der Bedeutung der Bifidumflora für den Säugling wurde in letzter Zeit durch die Frage abgelöst, ob die Keime, die wir beim künstlich ernährten Säugling finden, für den Makroorganismus schädlich sind. Offenbar gelingt es dem künstlich ernährten Säugling nur mühsam, das Gleichgewicht zwischen Makroorganismus und Mikroorganismus aufrecht zu erhalten. Schon ein geringfügiger Ernährungsfehler oder eine parenterale Infektion genügen, um eine enterale Störung zu bewirken. Dies betrifft auch die Nahrungskompositionen aus Kuhmilch, die für sich in Anspruch nehmen, eine Bifidumflora zu erzeugen (*73, 41*). Ohne Zweifel gibt es eine ganze Reihe von Untergruppen, die sich von denjenigen unterscheiden, die bei der Ernährung mit Frauenmilch gefunden werden. Andererseits gelingt es trotz der Entfernung von der Frauenmilch und der begleitenden Bifidumflora durchaus, Heilnahrungen zu entwickeln, die durch Säuerung und erhöhten Caseingehalt mit der Reduktion der Molke (Buttermilch, Eiweißmilch) eine überschießende und gefährliche Coli-Flora in Schranken halten. Mit steigendem Lebensalter findet man eine zunehmende Immunisierung gegenüber Dyspepsie-Coli-Gruppen (*76, 77*). In den ersten Lebensmonaten ist die celluläre Empfindlichkeit gegenüber Coli-Endotoxinen größer als im späteren Säuglingsalter. In der ersten Lebenszeit brauchen also das Frühgeborene, das Neugeborene und der junge Säugling den Schutz durch die natürliche Ernährung. In der Unterdrückung der unphysiologischen Flora von E. coli und Proteolyten, in der Erzeugung eines sauren p_H im Stuhl und in der Lieferung eines möglichen Stabilisators der Darmflora (Lysozym) liegen hinsichtlich der Bakterienflora die Vorteile der natürlichen Ernährung. Ohne Zweifel ist das Vitaminbildungsvermögen noch nicht genügend geklärt. Immerhin bildet das Bact. bifidum reichlich Vitamin B_1. Vitamin K wird allerdings vom Bact. coli mehr produziert als vom Bact. bifidum. Erst wenn beim Kleinkind, Schulkind und Erwachsenen die übliche gemischte Kost vorherrscht, kommt es zum ausgewogenen und konstanten Verhältnis zwischen Mikroorganismen der Darmflora und dem Makroorganismus.

4. Zusammenfassung

Hinsichtlich Verdauung, Resorption und Verwertung der angebotenen Nahrung sind im Säuglingsalter die sekretorischen Leistungen den Anforderungen angeglichen, wenn man vom Brustkind ausgeht. Die Zeit der Anpassung bringt, besonders bei künstlicher Ernährung, während der ersten Lebensmonate Gefahren mit sich, da der junge Säugling bis an die Grenze seiner Leistungsfähigkeit belastet wird. In dieser Zeit ist die Neigung zu Ernährungsstörungen besonders vorhanden, wenn parenterale und enterale Infektionen das mühsam aufrecht erhaltene Gleichgewicht stören oder die angebotene Nahrung fehlerhaft zusammengesetzt ist. Dieser

Anpassungsprozeß verliert zwar jenseits des 1. Lebenshalbjahres an Bedeutung, ist aber erst im Kleinkindesalter abgeschlossen. Bei Berücksichtigung der Gerinnung, Pufferkapazität, der Eiweiß-, Fett- und Kohlenhydratverdauung ist die Frauenmilch jeder künstlichen Nahrung überlegen. Andererseits kann bei der künstlichen Ernährung die Entfernung von dem Vorbild der Frauenmilch einen Gewinn bedeuten. Die Bifidumflora des Brustkindes ist charakteristisch für die Frauenmilchverdauung, ohne daß daraus unbedingt ein Vorteil für den Säugling abgeleitet werden könnte.

Größte Beachtung verdient die unphysiologische Darmflora beim künstlich ernährten Säugling. Dadurch, daß vermehrt Eiweiß, Fett und Kohlenhydrate in den unteren Dünndarm und Dickdarm gelangen, ist die besondere Gefährdung des künstlich ernährten Säuglings durch übermäßigen bakteriellen Eiweiß- und Kohlenhydratabbau gegeben. Die physiologische Entwicklung von Sekretion und Resorption sollte daher, besonders im Säuglingsalter, berücksichtigt werden, wenn eine künstliche Ernährung vorgenommen werden muß. Im Kleinkind- und Schulalter geht die im Säuglingsalter begonnene Entwicklung der Verdauungsfunktionen zwar weiter, hat aber nicht mehr die Bedeutung wie bei der künstlichen Ernährung des Säuglings.

Literatur

1. ADAM, A.: Verdauung und Darm-Bakterien. In: J. BROCK, Biologische Daten für den Kinderarzt, Bd. I, S. 553, 1954. — 2. ADAM, A.: Säuglings-Enteritis. Stuttgart: Georg Thieme 1956. — 3. ASAL-FALK, B.: Jb. Kinderheilk. 100, 61 (1923).

4. BARNESS, L. A., D. BAKER, P. GUILBERT, F. E. TORRES and P. GYÖRGY: J. Pediat. 51, 29 (1957). — 5. BECKMANN, R.: Habilitationsschrift. Freiburg 1957. — 6. BENJAMIN, H. R., H. H. GORDON and E. MARPLES: Amer. J. Dis. Child. 65, 412 (1943). — 7. BERRIDGE, N. J.: Biochemic. J. 39, 179 (1945). — 8. BIEDERT, PH.: Virchows Arch. path. Anat. 60, 352 (1874). — 9. BIENENFELD, B.: Biochem. Z. 7, 263 (1908). — 10. BLUME-WESTERBERG, E.: Arch. Kinderheilk. 124, 76 (1941). — 11. BOLDT, F., C. BRAHM u. C. ANDRESEN: Arch. Kinderheilk. 87, 277 (1929). — 12. BRAUN, O. H.: In: Die physiologische Entwicklung des Kindes. Hrsg. LINNEWEH. Berlin-Göttingen-Heidelberg: Springer 1959. — 13. BROCK, H.: Biologische Daten für den Kinderarzt, 2. Aufl. Berlin-Göttingen-Heidelberg: Springer 1954. — 14. BUCHS, S., u. E. FREUDENBERG: Ergebn. inn. Med. Kinderheilk. 2, 544 (1951).

15. CATEL, E.: Mschr. Kinderheilk. 35, 97 (1927). — 16. CZERNY, A., u. A. KELLER: Des Kindes Ernährung, Ernährungsstörungen und Ernährungstherapie. Bd. I u. II, 2. Aufl. Leipzig: F. Deuticke 1925—1928.

17. DAVIDSOHN, H.: Z. Kinderheilk. 9, 470 (1913). — 18. DARROW, D. C., R. E. COOKE and W. E. SEGAL: Pediatrics 14, 602 (1954). — 19. DAVIS, M. E., and E. POTTER: J. Amer. med. Ass. 131, 1194 (1946). — 20. DEMUTH, F.: Biochem. Z. 150, 144 (1924). — 21. DROESE, W., u. H. STOLLEY: In: Die physiologische Entwicklung des Kindes. Hrsg. LINNEWEH. Berlin-Göttingen-Heidelberg: Springer 1959. — 22. DUDIN, H.: Inaug.-Diss. Leningrad 1904.

23. ENGEL, S.: Biochem. Z. 13, 89 (1908). — 24. Engel, ST., u. L. SCHALL: Handbuch der Röntgendiagnostik und Therapie im Kindesalter. Leipzig: Georg Thieme 1933. — 25. EWERBECK, H.: Der Säugling. Berlin-Göttingen-Heidelberg: Springer 1962.

26. FARBER, S., H. SCHWACHMAN and CH. L. MADDOCK: J. clin. Invest. 22, 827 (1943). — 27. FOMON, S. J., and CH. D. MAY: Pediatrics 22, 101 (1958). — 28. FREUDENBERG, E.: Physiologie und Pathologie der Verdauung im Säuglingsalter. Berlin: Springer 1929. — 29. FREUDENBERG, E.: Die Frauenmilch-Lipase. Basel u. New York: S. Karger 1953. — 30. FREUDENBERG, E.: Ann. paediat. (Basel) Suppl. 54 (1953). — 31. FRISELL, E.: Acta paediat. (Uppsala) Suppl. 80 (1951). — 32. FULD, E., u. J. WOHLGEMUTH: Biochem. Z. 5, 118 (1907).

33. GORDON, H. H., S. Z. LEVINE, M. A. WHEATHLEY and E. MARPLES: Amer. J. Dis. Child. 54, 1030 (1937). — 34. GORDON, H. H., S. Z. LEVINE, W. C. DEAMER and H. McNAMARA: Amer. J. Dis. Child. 59, 1185 (1940). — 35. GORDON, H. H., and H. McNAMARA: Amer. J. Dis. Child. 62, 328 (1941). — 36. GORDON, H. H., S. Z. LEVINE and H. McNAMARA: Amer. J. Dis. Child. 73, 442 (1947). — 37. GUNDOBIN, N.: Jb. Kinderheilk. 33, 439 (1892). — 38. GYÖRGY, P.: Jb. Kinderheilk. 112, 283 (1926).

39. HAENEL, H.: Pharmazie 11, 781 (1956). — 40. HAENEL, H.: Z. Kinderheilk. 78, 592 (1956). — 41. HAENEL, H., u. G. FELDHEIM: Arch. Kinderheilk. 157, 226 (1958). — 42. HAENEL, H., W. MÜLLER-BEUTHOW u. A. SCHEUNERT: Klin. Wschr. 34, 1137 (1956); — Zbl.

Bakt. I. Abt. Orig. 168, 37 (1957); 169, 45 (1957). — 43. HALL, J. C., and E. O'TOLLE: Amer. J. Dis. Child. 47, 1779 (1934). — 44. HAMMARSTEN, O.: R. Malys Jahresber. über d. Fortschr. der Tierchemie II, 1872. — 45. HAUSER, F.: Störungen der Fettresorption im frühen Säuglingsalter. Basel, New York: S. Karger 1953. — 46. HESS, A. F.: Amer. J. Dis. Child. 4, 205 (1912).— 47. HESS, R.: Mschr. Kinderheilk. 36, 208 (1928). — 48. HILBER, H.: Klin. Wschr. 1947, 244; — Z. Anat. Entwickl.-Gesch. 112, 488 (1943). — 49. HOLT, L. E., A. M. COURTNEY and H. L. FALES: Amer. J. Dis. Child. 17, 241 (1919); 18, 107 (1919). — 50. HOLT, L. E. jr., H. C. TIDWELL, CL. M. KIRK, D. M. CROSS and S. NEALE: J. Pediat. 6, 481 (1935). — 51. HOLT, L. E. jr.: Int. Kongreß Kinderheilk. Zürich 1950. — 52. HOLT, L. E. jr.: Mod. Probl. Pädiat. 2, 85 (1957). — 53. HOLTER, H., u. B. ANDERSEN: Biochem. Z. 269, 285 (1934). — 54. HUHTI-KANGAS, H.: Acta Soc. Med. „Duodecim" 24, 1 (1936).

55. IBRAHIM, I., u. T. KOPEC: Z. Biol. 53, 201 (1909). — 56. IBRAHIM, I., u. L. KAUM-HEIMER: Z. physiol. Chem. 66, 37 (1909); 66, 19 (1910).

57. JEANS, PH. C., and G. STEARNS: Amer. J. Dis. Child. 46, 69 (1933).

58. KEENE, M. F. L., and E. E. HEWER: Lancet 1929 I, 767. — 59. KIRK-NELSON, M. VAN: Amer. J. Dis. Child. 39, 701 (1930). — 60. KLUMPP, T. G., and A. V. NEALE: Amer. J. Dis. Child. 40, 1215 (1930). — 61. KREIDL, A., u. A. NEUMANN: Zbl. Physiol. 22, 133 (1908). — 62. KÜNZER, W., u. D. SCHNEIDER: Acta haemat. (Basel) 9, 346 (1953).

63. LANG, K.: Biochemie der Ernährung. Darmstadt: Dr. D. Steinkopff 1957. — 64. LANG-STEIN, L., u. M. SOLDIN: Jb. Kinderheilk. 67, 9 (1908). — 65. LASSRICH, M. A.: In: Die physiologische Entwicklung des Kindes. Hrsg. LINNEWEH. Berlin-Göttingen-Heidelberg: Springer 1959. — 66. LAURELL, C. B.: Acta physiol. scand. 14, Suppl. 46 (1947). — 67. LEMKE, H.: Mschr. Kinderheilk. 99, 409 (1951). — 68. LEVINE, S. Z., and H. H. GORDON: Amer. J. Dis. Child. 64, 274 (1942). — 69. LINDERSTRÖM-LANG, K. U.: Chem. Engin. News 29, 3942 (1951). — 70. LINNEWEH, F.: Die physiologische Entwicklung des Kindes. Vorlesungen über funktionelle Pädologie. Berlin-Göttingen-Heidelberg: Springer 1959.

71. MACCIOTTA, G.: Rev. franc. Pédiat. 6, 72 (1930). — 72. MACY, I. G.: Nutrition and chemical growth in childhood. Vol. I. Springfield, Ill.: Charles C. Thomas 1942. — 73. MAYER, J. B.: Ergebn. inn. Med. Kinderheilk. N. F. 7, 429 (1956). — 74. MEYER, L. F., u. E. NASSAU: Physiologie und Pathologie der Säuglingsernährung. Basel u. New York: S. Karger 1953. — 75. MILLER, R. A.: Arch. Dis. Child. 16, 22 (1941); 17, 198 (1942).

76. NETER, E., O. WESTPHAL, O. LÜDERITZ and E. A. GORZYNSKI: Pediatrics 16, 801 (1955). — 77. NETER, E.: Bact. Rev. 20, 166 (1956). — 78. NITSCHMANN, Hs. u. R. VARIN: Helv. chim. Acta 34, 1421 (1951). — 79. NORTHROP, J. H.: J. gen. Physiol. 13, 739 (1930). — 80. NYHAN, W. L.: Pediatrics 10, 414 (1952).

81. OLSEN, E.: Studies on the intestinal flora of infants. Kopenhagen: E. Munksgaard 1949.

82. PEIPER, A.: Die Eigenart der kindlichen Hirntätigkeit. Leipzig: Georg Thieme 1949. — 83. PEIPER, A.: Biologische Daten für den Kinderarzt. Bd. II, S. 679 (1954). — 84. PEIPER, A.: Krankheiten des Neugeborenen. Leipzig: Georg Thieme 1958. — 85. PETUELY, F., u. G. KRISTEN: Öst. Z. Kinderheilk. 4, 9, 121 (1950). — 86. PETUELY, F.: Z. Kinderheilk. 78, 28 (1956). — 87. PETUELY, F., u. G. KRISTEN: Biochemische Untersuchungen zur Regulation der Dickdarmflora des Säuglings über den Bifidusfaktor. Wien: Notring der wissenschaftlichen Verbände Österreichs 1957. — 88. PFEIFFER, E.: Berl. Klin. Wschr. 1882, 666. — 89. POLLAND, W. S., and A. L. BLOOMFIELD: J. clin. Invest. 9, 651 (1931).

90. ROMINGER, E., u. H. MEYER: Arch. Kinderheilk. 80, 195 (1927). — 91. ROMINGER, E., H. FASOLD u. H. MEYER: Arch. Kinderheilk. 88, 179 (1929). — 92. ROMINGER, E., H. MEYER u. C. BOMSKOV: Z. exp. Med. 73, 343 (1930). — 93. ROMINGER, E., u. H. MEYER: Z. Kinderheilk. 50, 509 (1931). — 94. ROSENBAUM, S., u. M. SPIEGEL: Jb. Kinderheilk. 108, 87 (1925).

95. SALGE, B.: Z. Kinderheilk. 4, 171 (1912); 5, 11 (1913). — 96. SAUERBREI, H. U., u. K. B. STARKE: Mschr. Kinderheilk. 97, 29 (1949). — 97. SCHEMANN, E.: Z. Kinderheilk. 46, 210 (1928). — 98. SCHNEIDER, O.: Z. Anat. 109, 230 (1939). — 99. SHERRY, S. N., and I. KRAMER: J. Pediat. 46, 158 (1955). — 100. SIMON, J. F.: Diss. Die Frauenmilch nach ihrem chem. u. physiol. Verhalten dargestellt. Berlin 1838. — 101. SMITH, CL. A.: The physiologie of the newborn infant, 3. Aufl. Springfield, Ill.: Ch. C. Thomas 1959. — 102. SNOO, K. DE: Mschr. Geburtsh. Gynäk. 105, 88 (1937). — 103. SNYDERMAN, S. E., S. MORALES, A. W. CHUNG, J. M. LEWIS, A. MESSINA and E. HOLT jr.: Pediatrics 12, 158 (1953). — 104. SNYDER-MAN, S. W., S. MORALES and L. E. HOLT jr.: Arch. Dis. Childh. 30, 83 (1955). — 105. SÖREN-SEN, S. P. L.: Biochem. Z. 21, 131 (1909). — 106. STEARNS, G.: Nitrogen Metabolism in infancy, infant metabolism, I. H. Scheinberg, ed. New York: McMillan Co. 1956. — 107. STEARNS, G.: Physiol. Rev. 19, 415 (1939).

108. TACHIBANA, T.: Jap. Obstet. Gynec. 10, 27 (1927); 11, 92 (1928). — 109. TIDWELL, H. C., L. E. HOLT jr., H. L. FARROW and S. NEALE: J. Pediat. 6, 481 (1935).

110. Weijers, H. A., en J. H. van de Kamer: De Vetresorptie van gezonde en zieke Zuigelingen en Kinderen 1950. Utrecht/Nijmegen: Dekeker u. van de Vegt N. V. — 111. Weijers, H. A.: Acta pediat. (Uppsala) 42, 24 (1953). — 112. Willstätter, R., u. E. Bamann: Z. physiol. Chemie 180, 127 (1929).
113. Ylppö, A.: Z. Kinderheilk. 8, 224 (1913).

Energiestoffwechsel

Von

E. Werner

Mit 3 Abbildungen

Das Fundament der energetischen Betrachtung des Stoffwechsels bildet das 1842 von Robert Mayer aufgestellte Gesetz von der Erhaltung der Energie. Seine Gültigkeit für den tierischen Organismus wurde durch die klassischen Untersuchungen Rubners (*61*) am Hund und Atwaters (*3*) am Menschen bestätigt, die bei Berechnung der aufgenommenen und Bestimmung der abgegegenen Energiemenge eine fast völlige Übereinstimmung zwischen Ein- und Ausfuhr fanden. Von der chlorophyllhaltigen Pflanze wird die Energie des Sonnenlichts benutzt, um Strahlungsenergie in chemische Energie und damit in organische Stoffe überzuführen. Dem tierischen Organismus dienen diese organischen Stoffe als Energiequelle, indem sie durch Umsetzung im Stoffwechsel die für die Lebensvorgänge erforderliche Energie liefern. Jede stoffliche Veränderung geht mit energetischen Veränderungen einher.

Grundsätzlich unterscheidet sich der Energiestoffwechsel des Kindes nicht von dem des Erwachsenen. Er wird aber stark beeinflußt durch die Besonderheiten des kindlichen Organismus, die sich durch die Umstellung vom intra- zum extrauterinen Leben, durch das Wachstum und die Entwicklung und schließlich auch durch den sehr viel lebhafteren Bewegungsdrang, insbesondere des Klein- und jüngeren Schulkindes, ergeben.

1. Bestimmung des Energiestoffwechsels

Die Bestimmung des Energiestoffwechsels erfolgt fast ausschließlich auf indirektem Wege durch quantitative Untersuchung des respiratorischen Gaswechsels. Man mißt die Sauerstoffaufnahme und die Kohlensäurebildung und erhält durch Berechnung des Verhältnisses der Kohlensäureproduktion zur Sauerstoffaufnahme (CO_2/O_2) den individuellen respiratorischen Quotienten (R.Q.) Die Höhe des R.Q., durch die das Wärmeäquivalent des Sauerstoffs bestimmt wird, ist von der Art der im Organismus oxydierten Nährstoffe abhängig. Die alleinige Messung der Sauerstoffaufnahme ohne Berücksichtigung der CO_2-Ausscheidung ermöglicht daher nur ungenaue Rückschlüsse auf den Energiestoffwechsel.

Die im Organismus freigesetzte Energie wird in Wärmemengen angegeben. Als Wärmeeinheit gilt die große oder Kilo-Calorie (kcal). Von den mit der Nahrung zugeführten Nährstoffen liefern bei der Verbrennung im Organismus 1 g Kohlenhydrat 4,1 kcal, 1 g Fett 9,3 kcal und 1 g Eiweiß 4,1 kcal.

Zur spirometrischen Untersuchung stehen verschiedene Apparate zur Verfügung, die entweder nach dem Prinzip des offenen (Douglas-Sack, Diaferometer nach Noyons u. a.) oder geschlossenen Systems konstruiert sind. Eine ausführliche Zusammenstellung über die Spirographen findet sich bei Bartels, Bücherl, Hertz, Rodewald und Schwab (*4*). Für die Gaswechseluntersuchung beim Säugling und jungen Kleinkind sind spezielle Apparaturen erforderlich, bei denen die für Erwachsene üblichen Masken oder Mundstückansätze durch Kammern oder Hauben ersetzt sind (*15, 38*). Zur Beurteilung des Gaswechsels bei Feten werden zusätzlich blutgasanalytische Methoden angewandt.

Gaswechsel im befruchteten Ei

Zur Untersuchung des Stoffwechsels der sich entwickelnden Frucht wurden wegen der Schwierigkeiten der Untersuchungstechnik beim Säugetierembryo schon frühzeitig Tierarten herangezogen, bei denen die fetale Entwicklung sich im Ei außerhalb des mütterlichen Organismus abspielt. Gaswechseluntersuchungen bei befruchteten Hühnereiern ergaben nach dem 5. Tag einen annähernd konstanten R. Q. von 0,67 (*33a*). Die Konstanz des R. Q. stellte sich erst ein, als die Differenzierung der Gewebe abgeschlossen war (*9b*). Bei befruchteten Kobraeiern ermittelte Tomita (*70a*) einen R. Q. von 0,69 , Untersuchungen nach dem Ausschlüpfen ergaben, daß Sauerstoffaufnahme und Kohlensäurebildung im Ei und bei den jungen Tieren annähernd gleich groß sind.

Beim Seeigelkeim vollzieht sich der Stoffwechsel ausgesprochen aerob, so daß die Atmungsintensität als ein Maßstab für die Beurteilung des allgemeinen Stoffwechselniveaus angesehen werden kann (*42a*). Sofort nach der Befruchtung nimmt bei Seeigeleiern die Oxydationsgeschwindigkeit auf das 6fache zu und verläuft dann linear ansteigend bis auf das 20—26fache (*71a*). Lindahl (*46a*) kam zu dem Ergebnis, daß die Stoffwechselprozesse beim Seeigelkeim je nach dem Entwicklungszustand einem periodischen Wechsel unterliegen.

Einen Anstieg des R. Q. von 0,65 während der Furchung auf annähernd 1 bei beginnender Gastrulation als Zeichen eines Substratwechsels der Atmung wies Brachet (*11a*) bei Rana fusca nach. Bei Amblystomaembryonen ergibt sich um den 6.—7. Tag ein Sprung des Sauerstoffverbrauchs (*9a*). Das entspricht dem Zeitpunkt, an dem Herzschlag und Kreislauf in Funktion treten (*23a*).

2. Embryonaler Gewebsstoffwechsel

Nach Untersuchungen an Schaffeten (*3a*) ergibt sich, daß der Sauerstoffverbrauch des Fetus nicht geringer ist als der des erwachsenen Organismus, sondern für beide etwa 4 ml O_2 kg/min beträgt. Während der ersten zwei Drittel der fetalen Entwicklung ist er sogar beträchtlich höher. Zur Frage, inwieweit der Fetus seinen Sauerstoffbedarf decken kann oder aber ob er unter normalen Bedingungen schon unter einem Sauerstoffmangel leidet, können Untersuchungen über den embryonalen Gewebsstoffwechsel herangezogen werden.

Schon vor mehr als 30 Jahren ist tierexperimentell an Ratten nachgewiesen worden, daß embryonales Gewebe in vivo nicht aerob glykolysiert (*76, 78*). Durch Bestimmung des Milchsäuregehaltes in zu- und abführendem Uterusgefäß konnte bei einem Wert von 17 mg-% in der Arterie und 13 mg-% in der Vene gezeigt werden, daß embryonales Gewebe nicht nur keine Milchsäure produziert, sondern Milchsäure noch aus dem Blutstrom aufnimmt. Da embryonale Zellen eine hohe anaerobe Glykolyse besitzen, ist das Fehlen der Milchsäureproduktion in vivo ein Beweis dafür, daß die Atmungskapazität dieser Zellen im Leben voll ausgenutzt ist. Demnach ist es unwahrscheinlich, daß Embryonen tatsächlich unter Sauerstoffmangel leben. Warburg u. Mitarb. (*74*) haben die Stoffwechselquotienten embryonaler Zellen unter physiologischen Bedingungen ermittelt und fanden $Q_{O_2} = -16$, $Q_M^{O_2} = 0$ und $Q_M^{Argon} + 36$. Danach muß jede Erniedrigung der Zellatmung, wie sie z. B. beim Sauerstoffmangel zustande kommen müßte, einen Anstieg der aeroben Glykolyse ($Q_M^{O_2}$) zur Folge haben. Wird die Atmung von Embryonen durch kleine Mengen Blausäure oder durch Sauerstoffentzug partiell geschädigt, so führt dies zum Auftreten von aerober Glykolyse. Denn Sauerstoffentzug und Blausäure schädigen nur die Atmung und nicht die anaerobe Glykolyse, so daß sich ein Mißverhältnis von Atmung zu Glykolyse ausbildet, dessen Ergebnis die Bildung von Milchsäure unter aeroben Bedingungen ist (75). Daß der Embryo quantitativ auf seine Atmung angewiesen ist, zeigen auch die Versuche von Tiedemann (70), der die Atmung früher embryonaler Entwicklungsstufen des Alpenmolches durch Blausäure teilweise gehemmt hat und dadurch in der weiteren Entwicklung Mißbildungen erzeugen konnte.

Eine Besonderheit der embryonalen Zelle ist ihre Tendenz zu schnellem Wachstum, das nur mit dem der malignen Tumorzellen vergleichbar ist. Beiden Formen dieser schnell wachsenden Zellen ist die hohe anaerobe Glykolyse gemeinsam. Das embryonale Wachstum unterscheidet sich aber vom malignen Wachstum durch das Fehlen der aeroben Glykolyse (51, 75). Vergleicht man den Stoffwechsel embryonaler Zellen mit dem normaler Körperzellen, so ist es die anaerobe Glykolyse, die den augenscheinlichsten Unterschied macht. Schon während der Embryonalentwicklung sinkt mit steigendem Embryonalgewicht die anaerobe Glykolyse. So fand Negelein (56) bei Untersuchungen an Rattenembryonen, daß der Anstieg des Embryonalgewichts von 0,47 auf 10,6 mg Trockengewicht mit einem Abfall der anaeroben Glykolyse von $Q_M^{N_2}$ von 32 auf 7,5 verbunden war. Dieser Wert von 7,5 entspricht durchaus der anaeroben Glykolyse normaler Körperzellen. So beträgt die anaerobe Glykolyse von Rattenleber $Q_M^{N_2}$ 3,3, Rattenniere 3,2, Rattenhoden 8,5 und Gehirn 19,1 (75).

Da man weiß, daß der Mittler chemischer Energie im Zellstoffwechsel Adenosintriphosphat ist, ist ein Vergleich der Energieproduktion normaler Zellen und embryonaler Zellen, wie ihn Warburg (72) durchgeführt hat, von besonderem Interesse (Tab. 1).

Tabelle 1. *Energieproduktion normaler und embryonaler Zellen*

	Q_{O_2}	$Q_M^{N_2}$	$Q_{ATP}^{O_2}$	$Q_{ATP}^{N_2}$	$Q_{ATP}^{O_2} + Q_{ATP}^{N_2}$
Leber	—15	+ 1	105	1	106
Niere	—15	+ 1	105	1	106
Embryo (sehr jung)	—15	+25	105	25	130

$$Q_{O_2} = \frac{\text{mm}^3\ O_2}{\text{mg/Trockengewicht} \cdot \text{Stunde}} ; \quad Q_M^{N_2} = \frac{\text{mm}^3\ \text{Milchsäure}}{\text{mg/Trockengewicht} \cdot \text{Stunde}} ;$$

$$Q_{ATP}^{O_2} = Q_{O_2} \cdot 7 ; \quad Q_{ATP}^{N_2} = Q_M^{N_2} \cdot 1 .$$

Die Multiplikation mit den Faktoren 7 und 1 ist die Berücksichtigung der Adenosintriphosphat-Bildung bei der Veratmung von 1 mol Sauerstoff durch die oxydative Phosphorylierung bzw. die Adenosintriphosphatbildung bei der Erzeugung von 1 mol Milchsäure über den Weg der Glykolyse.

Man sieht aus dieser Gegenüberstellung, daß sich normales Gewebe und embryonale Zellen weder in der Atmungsgröße noch in der Energiebildung durch die Atmung unterscheiden. Daneben aber besitzt der Embryo gegenüber den normalen Körperzellen die Fähigkeit, zusätzlich Adenosintriphosphat und damit mehr verwertbare Energie über den Weg der Glykolyse bilden zu können. Ob die Erhöhung der Adenosintriphosphat-Konzentration im Blut bei Neugeborenen Ausdruck einer allgemein vermehrten Adenosintriphosphat-Bildung oder aber lediglich auf den noch veränderten Erythrocytenstoffwechsel im Neugeborenenalter zurückgeführt werden muß, ist bisher nicht geklärt (77).

Die Größe der Zellatmung ist eine Funktion der Aktivität des Sauerstoff übertragenden Ferments. Die Reaktionsgeschwindigkeit des Sauerstoffs an diesem Ferment bestimmt die Geschwindigkeit der Zellatmung (73). Da das Sauerstoff übertragende Ferment der Atmung schon bei sehr niedrigen Sauerstoff-Partialdrucken (20—30 mm Brodie, 10000 mm Brodie = 760 mm Quecksilber) gesättigt ist (73), d. h. seine Katalyse mit maximaler Geschwindigkeit abläuft, ist die Beziehung zwischen Zellatmung und Sauerstoff-Kapazität des Blutes nur außerordentlich locker. Wenn die Sauerstoffsättigung gegen den Geburtstermin nur 50—60% gegenüber 96—97% beim Erwachsenen beträgt, so heißt das für den Partialdruck des Sauerstoffs, daß er zwar beträchtlich erniedrigt ist, aber noch bei weitem, nämlich mehr als das 10fache, über dem Sättigungsdruck des Sauerstoff übertragenden Ferments der Atmung liegt. Somit kommt der Embryo trotz der erheblichen Erniedrigung des embryonalen Blutes an Sauerstoff unter physiologischen Bedingungen niemals in einen Sauerstoffmangel, denn die Zellatmung eines Embryos kann trotzdem mit unverminderter Geschwindigkeit ablaufen.

3. Respiratorischer Quotient

Die Bestimmung des respiratorischen Quotienten (R.Q.) vermittelt einen Rückschluß auf die Art der im Organismus verbrennenden Nährstoffe. Er stellt das Verhältnis der Kohlensäureabgabe zum Sauerstoffverbrauch dar. Bei einer Verbrennung von Kohlenhydraten beträgt der R.Q. 1,0, werden nur Fette verbrannt, ergibt sich ein Wert von 0,71 und alleinige Verbrennung von Eiweiß hätte einen R.Q. von 0,80 zur Folge. Bei einer normalen gemischten Kost beträgt der R.Q. etwa 0,85; er ist abhängig von den mit der Nahrung zugeführten Nährstoffen, den ablaufenden Stoffwechselprozessen und auch vom Ernährungszustand. Die Nahrungsabhängigkeit kommt bei einem Vergleich zwischen natürlich und künstlich ernährten Säuglingen zum Ausdruck. Auf Grund des höheren Kohlenhydrat- und niedrigeren Fettanteils der üblichen künstlichen Nahrungsgemische gegenüber der Frauenmilch ist der R.Q. bei künstlicher Ernährung etwas höher als bei Frauenmilchernährung.

Einen Hinweis auf die Oxydationsvorgänge und auf die Energiequellen am Ende der Fetalzeit geben Bestimmungen des R. Q. während der ersten Lebensstunden, da beim Menschen der R. Q. intrauterin nicht bestimmt werden kann. Diese Untersuchungen müssen so frühzeitig nach der Geburt durchgeführt werden, daß das Neugeborene noch nicht auf seine Reserven zurückgreift. Von HASSELBACH (34a, 34b) ist in der ersten Lebensstunde ein R. Q. von annähernd 1 ermittelt worden, nach 2 Std sinkt er bereits auf 0,85 und 0,8 und erreicht um den 3.—4. Lebenstag den tiefsten Wert von 0,74.

In einer übereinstimmenden Untersuchungsserie bei Neugeborenen während der ersten Lebenstage kamen BENEDICT und TALBOT (8) sowie MURLIN u. Mitarb.

Tabelle 2. *Verhalten des R.Q. während der ersten Lebenstage*

Lebenstag	BENEDICT u. TALBOT	MURLIN u. Mitarbeiter
1	0,80	0,79
2	0,74	0,76
3	0,73	0,75
4	0,75	0,75
5	0,79	0,81
6	0,82	0,80
7	0,81	0,82
8	0,80	0,81

(54) zu dem Ergebnis, daß der R. Q. während der ersten Lebenstage abfällt und erst um den 5.—6. Tag wieder Werte um 0,80 erreicht (Tab. 2). Auch KARLBERG (38) beobachtete das Absinken des respiratorischen Quotienten während der ersten Lebenstage mit einem nachfolgenden Anstieg auf einen mittleren Wert um 0,86.

Aus diesen Ergebnissen, insbesondere dem hohen R.Q. während der ersten Lebensstunden, ergibt sich, daß der menschliche Fet gegen Ende der Schwangerschaft seinen Energiebedarf überwiegend aus Kohlenhydraten deckt. Dies stimmt überein mit Bestimmungen bei Säugetierfeten, bei denen der respiratorische Quotient ebenfalls um 1 liegt (*55, 79*). Während der ersten Lebenstage verbraucht das Neugeborene zunächst seinen Glykogenvorrat und greift schließlich auf das Fettreservoir zurück. Die Erniedrigung des R.Q. geht parallel mit der physiologischen Gewichtsabnahme und erst mit steigender Nahrungszufuhr nimmt auch der R. Q. wieder zu. Bei Umrechnung der Werte auf den prozentualen Anteil der verbrannten Nährstoffe kommt die zunächst einseitige Deckung des Energiebedarfs durch Kohlenhydrate und dann durch Fett noch deutlicher zum Ausdruck. Es entspricht ein R.Q. von 1,0 einer 100%igen Verbrennung von Kohlenhydraten, einer von 0,74 etwa der von 88% Fett und einer von 0,80 einem Verhältnis von $^1/_3$ Kohlenhydraten und $^2/_3$ Fett der im Stoffwechsel umgesetzten Nährstoffe.

Mit Ausnahme der Erniedrigung des respiratorischen Quotienten während der ersten Lebenstage entsprechen die Werte für das spätere Säuglings- und Kindesalter denen des Erwachsenen, vorausgesetzt, daß die Kinder normal ernährt und die Bestimmungen in Ruhe durchgeführt werden (*46*). Körperliche Belastung führt zu einem Anstieg des respiratorischen Quotienten (*40*).

4. Grundumsatz

Als Grundumsatz wird der Energieverbrauch des Organismus bei völliger körperlicher und psychischer Ruhe in nüchternem Zustand bezeichnet. Er stellt die Summe des Energiestoffwechsels aller Körperzellen im Ruhezustand bei Aufrechterhaltung der lebensnotwendigen Funktionen dar. Bestimmt wird der Grundumsatz mit der Methode der indirekten Calorimetrie durch Messung der Sauerstoffaufnahme und der Kohlensäureabgabe in einer bestimmten Zeit (z. B. 10 min) und Berechnung des Ruhe-Energieumsatzes in kcal/24 Std aus den Gaswechselwerten.

Die so ermittelten Werte sind Absolutwerte für das betreffende Individuum, deren Beurteilung aber nur bei einer Kenntnis der Soll- oder Standardwerte möglich ist. Dies trifft für Erwachsene zu, mehr noch aber für das Kindesalter, in dem durch die Wachstumsprozesse die Körpermaße und -proportionen einem dauernden Wechsel unterliegen.

Aus den zahlreichen Untersuchungen gesunder Personen zur Aufstellung von Standardwerten ergibt sich, daß der Grundumsatz von verschiedenen Faktoren, von denen die wichtigsten Körpergewicht, Körperlänge, Alter und Geschlecht sind, abhängig ist. Die Vermutung, daß der Energieumsatz proportional dem Körpergewicht sei, konnte durch RUBNERS Versuche an Hunden (*60*) mit verschiedenem Körpergewicht widerlegt werden (Tab. 3).

Tabelle 3. *Calorienverbrauch, bezogen auf das Körpergewicht und die Körperoberfläche bei Hunden verschiedener Größe* [nach RUBNER (*60*)]

Gewicht der Tiere in kg	kcal/kg Körpergewicht pro Tag	kcal/m² Körperoberfläche proTa g (15° C)
31,2	35,68	1036
24,0	40,91	1112
19,8	45,87	1207
18,2	46,20	1097
9,61	65,16	1183
6,50	66,07	1153
3,19	88,07	1212

Bei Berechnung der kcal/kg konnte er zeigen, daß der Calorienbedarf um so größer ist, je niedriger das Gewicht und kleiner der Organismus ist. Weiterhin ist bei Bezugnahme auf das Körpergewicht zu berücksichtigen, daß z. B. Fettgewebe im Vergleich zur Muskulatur einen geringeren Stoffwechsel besitzt und dementsprechend bei gleichem Gewicht, aber verschiedener Körperlänge unterschiedliche Werte resultieren, so daß sich das Körpergewicht als alleinige Bezugsgröße für die Standardwerte nicht eignet. Für Säuglinge allerdings und auch für kleine Kinder halten BENEDICT und TALBOT (9) das Körpergewicht zur Ermittlung der Standardwerte für den besten Korrelationsfaktor. Die Körperlänge ist als alleinige Bezugsgröße ungeeignet, für die Korrelation mit anderen Faktoren und insbesondere für die Berechnung der Körperoberfläche ist sie aber von wesentlicher Bedeutung.

Von RUBNER (60) wurde die Körperoberfläche als Bezugsgröße zum Ruheumsatz eingeführt und ausgehend von der Annahme, daß die Wärmebildung von dem Wärmeverlust durch die Körperoberfläche abhängig ist, die Hypothese aufgestellt, daß die Calorienzahl eines Tieres seiner Körperoberfläche proportional ist. Er berechnete für 1 m² Körperoberfläche einen Wert von etwa 1000 kcal/24 Std, wie er auch aus der Tab. 3 zu ersehen ist. Wenn auch der kausale Zusammenhang zwischen Grundumsatz und Wärmeverlust durch die Körperoberfläche, wie ihn RUBNER (60) annahm, nicht besteht, so wurde die von ihm beobachtete direkte Beziehung des Grundumsatzes zur Körperoberfläche vielfach bestätigt und die Körperoberfläche als Bezugsgröße zum Grundumsatz auch bei Kindern und Säuglingen anerkannt.

Für die Berechnung der Körperoberfläche wurde ursprünglich meist die von MEEH (48) angegebene Formel $S = 12{,}3 \cdot \sqrt[3]{W^2}$ (S = Oberfläche in dm², W = Gewicht in kg angewandt).

Wesentlich genauer ist die Berechnung der Körperoberfläche, wenn außer dem Gewicht auch die Körperlänge berücksichtigt wird, wie es in der von DU BOIS und DU BOIS (11) auf Grund experimenteller Messungen der Körperoberfläche aufgestellten Formel zum Ausdruck kommt:

$$S = W^{0,425} \cdot H^{0,725} \cdot 71{,}84 \quad (S = \text{Oberfläche in cm}^2,\ W = \text{Gewicht in kg},\ H = \text{Größe in cm}).$$

Diese Formel hat sich bisher für die Berechnung der Körperoberfläche als brauchbar erwiesen.

In der von DU BOIS (10) angegebenen Formel zur Aufstellung von Standardwerten für den Grundumsatz sind in der Berechnung der Körperoberfläche die Faktoren Gewicht und Körperlänge, in dem Faktor kcal/m²· h Alter und Geschlecht berücksichtigt. Die Formel lautet: kcal/24 Std = $W^{0,425} \cdot H^{0,725} \cdot 71{,}84 \cdot \dfrac{24}{10000} \cdot$ kcal/m²· h (W = Gewicht in kg, H = Körperlänge in cm). Der in der Formel enthaltene Faktor kcal/m²· h ist variabel, es sind zahlreiche Werte für diesen Faktor angegeben worden. Das Verdienst von FLEISCH (26) ist es, die in der Weltliteratur niedergelegten Werte für kcal/m²· h gesammelt und die Mittelwerte in Abhängigkeit von Alter und Geschlecht zusammengestellt zu haben (Tab. 4).

Tabelle 4. *Mittelwerte für den Faktor kcal/m²· h* (nach FLEISCH)

Alter in Jahren	Knaben	Mädchen	Alter in Jahren	Knaben	Mädchen
1	53,0	53,0	11	43,0	42,0
2	52,4	52,4	12	42,5	41,3
3	51,3	51,2	13	42,3	40,3
4	50,3	49,8	14	42,1	39,2
5	49,3	48,4	15	41,8	37,9
6	48,3	47,0	16	41,4	36,9
7	47,3	45,4	17	40,8	36,3
8	46,3	43,8	18	40,0	35,9
9	45,2	42,8	19	39,2	35,5
10	44,0	42,5	20	38,6	35,3

Ergänzt wurden diese Werte für das Säuglingsalter durch DE HALLER-VULLIET (32), die für einen Monat alte Säuglinge 43 und für 6 Monate alte 47 kcal/m²· h fand. Durch Interpolation kommt man auf den von FLEISCH (26) angegebenen Faktor für

1 Jahr alte Kinder. Um die komplizierten Berechnungen zu vereinfachen, wurde von FLEISCH ein Rechenschieber konstruiert, mit dessen Hilfe der Grundumsatz in Calorien pro 24 Std nach der Formel von Du Bois und Du Bois (*10*) und den Mittelwerten von FLEISCH (*26*) abgelesen werden kann.

Die von HARRIS und BENEDICT (*34*) bei Berücksichtigung der Faktoren Gewicht, Körperlänge, Alter und Geschlecht aus den Untersuchungen von 136 Männern und 103 Frauen berechneten Formeln

$$\text{kcal/24 Std (Männer): } 66{,}473 + 13{,}752 \cdot W + 5{,}003 \cdot H - 6{,}755 \cdot A$$
$$\text{kcal/24 Std (Frauen): } 655{,}096 + 9{,}563 \cdot W + 1{,}850 \cdot H - 4{,}676 \cdot A$$
$$(W = \text{Gewicht/kg}; \quad H = \text{Körperlänge/cm}; \quad A = \text{Alter in Jahren})$$

und die aus diesen Formeln zum schnelleren Auffinden der Standardwerte für den Grundumsatz bei Erwachsenen aufgestellten Tabellen wurden von KESTNER und KNIPPING (*39*) für das Kindesalter erweitert. Durch Addition von 2 aus den Tabellen für das Körpergewicht und für Alter und Größe abgelesenen Grundzahlen erhält man den Grundumsatz/24 Std. Bei abnormen Körperproportionen sind die Standardwerte von KESTNER und KNIPPING (*39*) aber nur bedingt anwendbar. Durch seine Untersuchungen, einen exakten Exponenten für die Beziehung von Körpergewicht und Grundumsatz zu ermitteln, konnte KLEIBER (*41*) zeigen, daß der Grundumsatz nicht einer $^2/_3$-, sondern eher einer $^3/_4$-Potenz des Körpergewichts entsprach. Dementsprechend stellte er die Formel: $\text{kcal} = W^b \cdot K \; (b = {}^3/_4)$ auf. Eine deutliche Altersabhängigkeit der Konstanten wies KARLBERG (*38*) bei Anwendung dieser Formel im Kindesalter nach. Von einem Wert von annähernd 1 bei Neugeborenen fällt sie allmählich ab bis auf den Erwachsenenwert von 0,75. Um das Körpergewicht als alleinige Bezugsgröße zum Grundumsatz durch die Körpermasse zu ersetzen, führte KARLBERG die Körperlänge mit in die Formel ein. Sie lautet dann: $\text{kcal/h} = W^b \cdot H^a \cdot K$. Bei Anwendung dieser Formel erreichte er eine größere Genauigkeit der Voraussagen. Als Werte für die Konstanten bei Säuglingen werden von KARLBERG auf Grund eigener Untersuchungen (60 Fälle) angegeben: $b = 0{,}611$; $a = 0{,}951$; $K = 0{,}0829$. Die aus den Werten der Formel erhaltene Kurve verläuft bei jungen Säuglingen linear, weist aber bei älteren Säuglingen eine Abflachung auf. Im Bestreben, eine Gleichung mit linearer Funktion für alle Altersstufen aufzustellen, bestimmte KARLBERG elektrometrisch die "capacitance surface" als Ausdruck für die vom Gewicht und der Körperlänge abhängige Körpermasse. Für beide Methoden zur Ermittlung der Standardwerte hat er Nomogramme aufgestellt.

Neuerdings wurde von DAHLSTRÖM (*22*) bei Erwachsenen auf eine enge Korrelation zwischen extracellulärer Flüssigkeit und Grundumsatz hingewiesen. Er führt dies auf eine direkte Beziehung zwischen extracellulärer Flüssigkeit und Oberfläche der Zellen, an deren Grenzflächen der Energieumsatz gebunden sei, zurück. Gleichzeitig konnte DAHLSTRÖM einen Zusammenhang zwischen extracellulärer Flüssigkeit und Körperoberfläche nachweisen und sieht hierin die Ursache der Korrelation von Körperoberfläche und Grundumsatz beim Erwachsenen. Die Brauchbarkeit der extracellulären Flüssigkeit als Bezugsgröße zur Ermittlung des Grundumsatzes im Kindesalter wurde von BURMEISTER (*18*) geprüft. Während beim Erwachsenen der Anteil an extracellulärer Flüssigkeit 18% des Körpergewichts ausmacht, liegt er beim Neugeborenen bei etwa 50%. Unter der Annahme, daß der prozentual über den Erwachsenenwert hinausgehende Anteil der extracellulären Flüssigkeit am Körpergewicht des Neugeborenen und auch des Säuglings keine Stoffwechselaktivität besitzt, hat BURMEISTER (*19*) Körpergewicht und extracelluläre Flüssigkeit des Neugeborenen durch Elimination dieses überschüssigen Anteils rechnerisch korrigiert und vergleichbare Werte erhalten. Bei Berücksichtigung der reduzierten extracellulären Flüssigkeit als

Bezugsgröße ergab sich darüber hinaus, entgegen den Ergebnissen bei Einsetzen anderer Bezugsgrößen, das Maximum des Grundumsatzes unmittelbar nach der Geburt und ein exponentielles Absinken der Werte mit zunehmendem Alter entsprechend dem Abklingen der relativen Wachstumsgeschwindigkeit. Bezogen auf den Liter reduzierte extracelluläre Flüssigkeit beträgt der Grundumsatz beim Neugeborenen 375, mit 6 Monaten 336, im 2. Lebensjahr 300 und mit 7 Jahren 240 kcal/24 Std. Für den Erwachsenen wurde ein Wert von 120 kcal pro Liter extracellulärer Flüssigkeit in 24 Std errechnet.

Grundumsatz bei Neugeborenen

Die Höhe des *Grundumsatzes bei Neugeborenen* ist abhängig von deren Körpergewicht und beträgt nach den Untersuchungen von BENEDICT und TALBOT (*8*) etwa 42 kcal/kg in 24 Std. Bei dem unterschiedlichen Gewicht der Neugeborenen ergibt sich eine weite Streuung der Wärmebildung in 24 Std. BENEDICT und TALBOT (*8*) fanden bei ihren 94 untersuchten Neugeborenen entsprechend dem Körpergewicht Werte zwischen 95 und 193 kcal/24 Std. Bezogen auf das Körpergewicht beträgt die Variationsbreite jedoch nur etwa ±10%. Bei 38 Neugeborenen, die von MURLIN u. Mitarb. (*69*) untersucht wurden, wurden pro kg/Körpergewicht in 24 Std 44,6 kcal gefunden, der Mittelwert bei 10 Neugeborenen SCHADOWS (*63*) betrug 50 kcal/kg 24 Std. Berechnet man diese Werte auf den Energieumsatz pro kg/Std, so kommt man auf eine Wärmebildung zwischen 1,75 und 2,0 kcal/kg/Std. Etwas niedriger liegen die von BRÜCK u. Mitarb. (*13*) während der ersten Lebenstage gemessenen Minimalstoffwechselwerte von 11 Kindern. Neben dem Minimalstoffwechsel, der bei einer Umgebungstemperatur von 32—35° in der Stoffwechselkammer bei unbekleideten Neugeborenen festgestellt wurde, untersuchten sie den Energieumsatz bei Senkung der Kammertemperatur auf 28—30° bzw. bis auf 23°. Die Umgebungstemperatur von 23° entspricht etwa einer Temperatur, der Neugeborene normalerweise beim Windeln und Waschen ausgesetzt sind. Die Mittelwerte der von BRÜCK (*13*) gefundenen kcal/kg/Std sind in Tab. 5 wiedergegeben.

Der Minimalumsatz von etwa 1,5 kcal/kg/Std liegt zwar etwas niedriger als die Mittelwerte von BENEDICT und TALBOT (*8*) sowie von MURLIN u. Mitarb. (*54*) und SCHADOW (*63*), aber im Vergleich zu Erwachsenen, für die etwa 1 kcal/kg/Std angegeben werden, doch deutlich höher, so daß sich bezogen auf das Körpergewicht auch schon für das Neugeborene eine höhere Stoffwechselaktivität ergibt.

Tabelle 5. *Stoffwechselwerte im Verlauf der ersten Lebenstage (kcal/kg/Std). Mittelwerte von 11 reifen Neugeborenen.* (Nach K. BRÜCK, M. BRÜCK u. H. LEMTIS)

Alter	Temperatur in der Stoffwechselkammer		
	32—35° (Minimalstoffwechsel)	28—30°	23° (Maximalstoffwechsel)
0—6 Std. . .	1,41	1,73	2,99
2—3 Tage . .	1,51	1,61	3,56
4—6 Tage . .	1,58	1,81	3,80
7—9 Tage . .	1,49	1,87	4,06

Weiterhin ist aus der Tabelle zu ersehen, daß schon während der ersten Lebenstage der Energiestoffwechsel ansteigt, wie das auch BENEDICT und TALBOT (*8*) zeigen konnten. Ein Absinken der Umgebungstemperatur bei reifen Neugeborenen um nur wenige Grade bewirkt eine deutliche Stoffwechselsteigerung und bei einer Umgebungstemperatur von 23° wird bereits der Maximalumsatz mit einer Erhöhung um mehr als 100% erreicht. Beim Erwachsenen beträgt die Stoffwechselsteigerung bei Umgebungstemperaturen von 18—22° nur 25%, also von 1,0 auf 1,25 kcal/kg/Std (*29*), und bei extremer Kältebelastung (Wasserbad von 6°) ist der Erwachsene in der Lage, seinen Stoffwechsel auf 6 kcal/kg zu steigern (*5*).

Bezieht man die Wärmeproduktion bei Neugeborenen anstelle des Körpergewichts auf die Körperoberfläche, so ergibt sich im Vergleich zum älteren Kind und Erwachsenen ein Tiefstand des Energieumsatzes bei Neugeborenen. Bei einer Streubreite von 19,1 bis 30,5 geben BENEDICT und TALBOT (8) einen Mittelwert von 25,5, MURLIN u. Mitarb. (54) von 29 kcal/m² Körperoberfläche pro Stunde an.

Noch niedriger als bei den reifen Neugeborenen ist der *Grundumsatz bei den Frühgeborenen*. Dies zeigt sich nicht nur bei Berechnung des Umsatzes auf das Körpergewicht, sondern in noch viel stärkerem Maße, wenn man als Bezugsgröße die Körperoberfläche wählt. SCHADOW (64) fand bei 4 Frühgeborenen, die er innerhalb der ersten Lebenswoche untersuchte, eine mittlere Calorienproduktion von 34,3 kcal/kg/Std im Vergleich zu etwa 50 kcal bei reifen Neugeborenen. Bei den Untersuchungen von TALBOT u. Mitarb. (68) sowie bei BRÜCK u. Mitarb. (14) ergaben sich für Frühgeborene ebenfalls niedrigere Grundumsatzwerte als bei den ausgetragenen Neugeborenen. Etwas höhere Werte geben MARSH und MURLIN (47) an, die für Frühgeborene eine Calorienbildung von 2,04 kg/Std gegenüber 2,00 kg/Std bei reifen Neugeborenen ermittelten. Auch für Frühgeborene trifft es zu, daß die Höhe des Grundumsatzes dem Körpergewicht parallel geht; je kleiner das Kind ist, um so niedriger ist der Grundumsatz.

Besonders deutlich wird die geringe Wärmebildung des Frühgeborenen, wenn die gemessenen Gaswechselwerte auf die Körperoberfläche berechnet werden. Hier erweist sich die Gesetzmäßigkeit des Oberflächengesetzes, wie RUBNER (60) es annahm, daß große und kleine Organismen bei Bezug auf die Körperoberfläche den gleichen Energieumsatz haben, als nicht zutreffend. Sowohl bei Frühgeborenen als auch bei Neugeborenen und Säuglingen ist die Wärmebildung pro m² Körperoberfläche um so niedriger, je kleiner das Kind ist. Für Frühgeborene innerhalb der ersten Lebenswoche beträgt der Grundumsatz pro m² Körperoberfläche weniger als die Hälfte dessen, was RUBNER (60) als Standardwert für alle Warmblüter annahm. Die von SCHADOW (64) gemessenen Werte lagen etwas unter 400 kcal/m² Körperoberfläche in 24 Std, die von TALBOT (67) angegebenen um 400. Grundumsatzwerte von 550 kcal/m² Körperoberfläche gibt GHETTI (27) an, etwa 600 kcal/m² Körperoberfläche fanden MARSH und MURLIN (47). Bei 600 kcal/m² Körperoberfläche liegt auch der Mittelwert der von TALBOT (67) untersuchten Frühgeborenen im Alter von 3 Tagen bis zu 3 Monaten. Die Zunahme der Wärmebildung von Frühgeborenen im 1. Trimenon verfolgte SCHADOW (64) und verglich sie mit der zum normalen Termin geborener Säuglinge (Tab. 6).

Tabelle 6. *Wärmebildung pro m² Körperoberfläche in 24 Std während des 1. Trimenons* [nach SCHADOW (64)]

	Frühgeborene	normale Säuglinge
1. Monat	552,1	732,5
2. Monat	629,5	826,5
3. Monat	742,6	874,6

Beträgt die Differenz des Grundumsatzes pro m² Körperoberfläche im 1. Lebensmonat noch durchschnittlich 26,6%, so verringert sich diese Differenz im 2. Monat auf 23,8% und im 3. auf 15,1%. Bezogen auf die kcal/kg Körpergewicht ist das Defizit der Frühgeborenen im 3. Lebensmonat bereits wieder aufgeholt.

Untersuchungen des *Energieumsatzes nach Senkung der Umgebungs- und Körpertemperatur* bei Frühgeborenen und Neugeborenen, die in einer klimatisierbaren Respirationskammer untergebracht waren, wurden von BRÜCK u. Mitarb. (12, 13, 14) durchgeführt. Sie prüften die Beeinflussung der Wärmebildung zum Ausgleich der Körpertemperatur bei äußerer Abkühlung. Da der Wärmeabstrom bei 28° Umgebungstemperatur beim unbekleideten Erwachsenen 1 kcal/kg/Std, die Wärmebildung ebenfalls etwa 1 kcal/kg/Std beträgt, ist der Erwachsene in der Lage, bei dieser Umgebungstemperatur ohne regulative Steuerung der Wärme-

bildung seine Körpertemperatur konstant zu halten. Das unbekleideteNeugeborene
hat bei einer Wärmebildung von 1,5 kcal/kg/Std hingegen bei einer Umgebungstemperatur von 28° einen Wärmeabstrom von fast 4 kcal/kg/Std (*14*), so daß zum
Ausgleich des Wärmeabstroms eine Steigerung der Wärmebildung erforderlich
und bis zu einem gewissen Grade auch erreicht wird. So steigt der Energieumsatz
bei einer Umgebungstemperatur von 23° bei reifen Neugeborenen bereits am 1.
Lebenstag auf 112% und am Ende der 1. Lebenswoche auf 173% (*13*). Die Umsatz-
steigerung bei Frühgeborenen ist zwar nicht so ausgeprägt, die Werte bei 23°
Umgebungstemperatur übertreffen den Grundumsatz am 1. Lebenstag um 42%,
nach einer Woche um 90% (*14*). Nach schwerer Geburt (Forceps, Sectio) ist die
regulative Wärmebildung am 1. Lebenstage geringer als nach Spontangeburten
(Tab. 7), vom 2. Lebenstage an sind die Werte bei beiden Gruppen etwa gleich.
Es ist deshalb anzunehmen, daß sich die Belastung durch die Geburt auf die
Energiebildung auswirkt. Unterkühlung von Neugeborenen und Frühgeborenen
bedeutet demnach eine Steigerung des Energieumsatzes und damit des Sauerstoffbedarfs. Um eine Abnahme des O_2-Bedarfs zu erreichen, sind noch niedrigere
Umgebungstemperaturen erforderlich.

Berücksichtigt man nicht die Um-
gebungs- sondern die Körpertemperatur
von Frühgeborenen (*12*), ergibt sich
eine Steigerung des Energieumsatzes
etwa bis zu einer Rectaltemperatur von
32°, erst bei niedrigeren Temperaturen
ist mit einer Senkung des Energieumsatzes zu rechnen. Von MORDHORST (*52*)
waren schon 1932 ähnliche Untersuchungen mit dem gleichen Ergebnis
durchgeführt worden. Durch Abkühlung der Umgebung erniedrigte er bei
Frühgeborenen die Körpertemperatur
um etwa 1° und stellte eine Stoffwechselsteigerung um etwa 43% fest, ohne daß
es zu einer gesteigerten Muskelaktivität gekommen war.

Tabelle 7. *Wärmebildung (kcal/kg/Std) von Neugeborenen innerhalb der ersten Lebensstunden bei verschiedener Umgebungstemperatur* (nach BRÜCK u. Mitarb.)

	Kammertemperatur	
	32—34°	23°
Spontangeburten[1] . .	1,41	2,99
Neugeborene nach schwerer Geburt[2] .	1,52	2,24

[1] Mittelwerte von 11 reifen spontan geborenen Kindern [BRÜCK (*13*)].
[2] Mittelwerte von 10 Neugeborenen nach
schwerer Geburt [BRÜCK (*14*)].

Grundumsatz bei Säuglingen und Kindern

Ganz gleich, ob man die Wärmebildung auf das Lebensalter, das Körpergewicht
oder die Körperoberfläche bezieht, ist die schnelle Zunahme des Grundumsatzes
im 1. und auch noch zu Beginn des 2. Lebensjahres ein charakteristisches Merkmal
des Energiestoffwechsels beim jungen Kind.

Der steile Anstieg der Wärmeproduktion geht parallel mit dem raschen Wachstum und dem ansteigenden Gewicht. Aber nicht nur die Massenzunahme, sondern
auch die sich während des ersten Lebensjahres entwickelnden spezifischen Funktionen der einzelnen Zellen dürften für den erhöhten Grundumsatz im 1. Lebensjahr verantwortlich sein. Der Fetus wird noch zum großen Teil durch den
Placentarkreislauf mit mütterlichen Metaboliten versorgt, bis nach der Geburt die
Umstellung von diesen Metaboliten auf die Bildung im eigenen Organismus
erfolgt. Dies hat zwangsläufig neue synthetische Leistungen zur Folge, und da
jede synthetische Leistung der Zelle ein energieverbrauchender Prozeß ist, müssen
energie- und metabolitenliefernde Reaktionen in verstärktem Maße ablaufen.

Da normalerweise mit zunehmendem Lebensalter auch das Körpergewicht
ansteigt, verlaufen die Kurven der Wärmeproduktion bei Anordnung nach dem
Körpergewicht oder dem Lebensalter gleichsinnig und weisen nach dem steilen

Anstieg im 1. Lebensjahr ein langsameres, aber regelmäßiges Ansteigen während der gesamten Kindheit auf. Bezieht man jedoch den Grundumsatz auf die Körpergewichtseinheit oder die Körperoberfläche, so ergibt sich zwar ebenfalls ein steiler Anstieg bis zu Beginn des 2. Lebensjahres, dann aber sinkt der Grundumsatz, bis schließlich die Erwachsenenwerte erreicht werden. Seinen höchsten Wert pro kg Körpergewicht erreicht der Grundumsatz im Alter von 14—16 Monaten mit 56 bis 60 kcal/24 Std, sinkt im Alter von 7 Jahren auf 40 kcal und beträgt mit 12 Jahren etwa 32 kcal/kg in 24 Std (Abb. 1). Ähnlich verhält es sich, wenn man die Körperoberfläche als Bezugsgröße wählt. Auch hier wird mit etwa $1^{1}/_{2}$ Jahren der höchste Wert mit annähernd 1200 kcal/m² Körperoberfläche in 24 Std erreicht, um dann langsam bis auf den Erwachsenenwert abzusinken (Abb. 2).

Der *Einfluß des Geschlechts* auf den Grundumsatz macht sich erst jenseits des Säuglingsalters bemerkbar. Etwa vom 2. Lebensjahr ab übertrifft der Stoffwechsel der Knaben den der Mädchen, und zwar um 5—10%. Von BENEDICT u. TALBOT (9) wird der niedrigere Grundumsatz der Mädchen auf deren im Vergleich zu Knaben größeren Anteil an stoffwechselinaktiverem Fettgewebe zurückgeführt. Zur Zeit der Pubertät tritt wiederum ein Wechsel zwischen Knaben und Mädchen ein, indem der Anstieg des Grundumsatzes bei Mädchen früher einsetzt als bei Knaben und die Grundumsatzwerte der Mädchen bis gegen Ende der Pubertätsentwicklung über denen der Knaben liegen (Abb. 3). Erst dann stellt sich das für Erwachsene typische Überwiegen des Stoffwechsels beim männlichen Geschlecht ein. Dieses

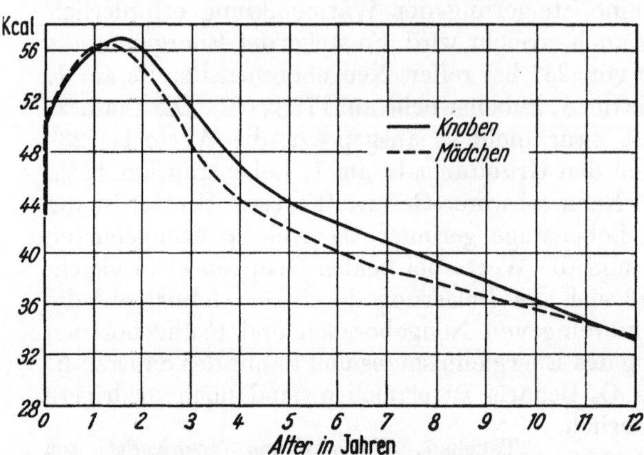

Abb. 1. Mittelwerte des Grundumsatzes pro kg Körpergewicht in 24 Std bei Kindern in Abhängigkeit vom Alter.
[Nach BENEDICT und TALBOT (8)]

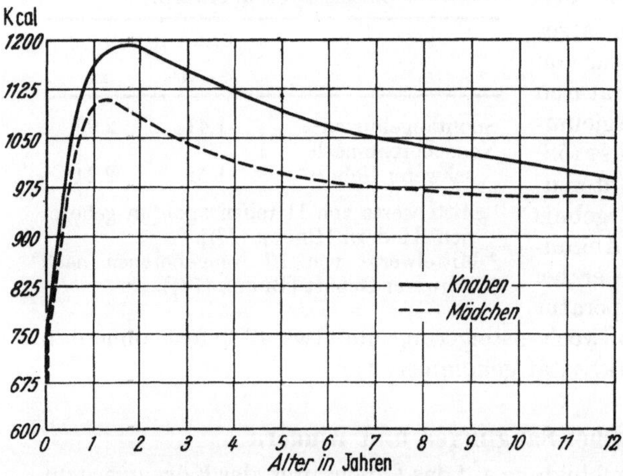

Abb. 2. Mittelwerte des Grundumsatzes pro m² Körperfläche in 24 Std bei Kindern in Abhängigkeit vom Alter
[Nach BENEDICT und TALBOT (8)]

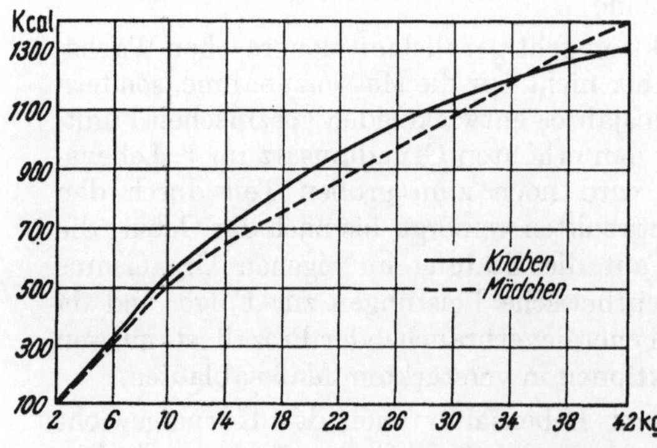

Abb. 3. Grundumsatz in 24 Std von Knaben und Mädchen bezogen auf das Körpergewicht. [F. G. BENEDICT (7)]

Verhalten wurde zunächst auf direkte endokrine Einflüsse, so neben den die Pubertätsentwicklung bestimmenden Hormonen auch auf die erhöhte Aktivität der Schilddrüse während der Pubertät, zurückgeführt [TALBOT (67)]. Wahrscheinlicher jedoch ist, daß der Stoffwechselanstieg während der Pubertät durch das in dieser Entwicklungsphase beschleunigte Längenwachstum, also indirekt endokrin bedingt ist (69). Dies entspricht den Beobachtungen, daß allgemein eine Beschleunigung des Längenwachstums eine Erhöhung des Energiewechsels zur Folge hat (57, 43).

5. Spezifisch-dynamische Wirkung

Die im Anschluß an die Nahrungsaufnahme zu beobachtende Steigerung der Verbrennungsvorgänge im Organismus wird nach RUBNER als spezifisch-dynamische Wirkung der Nahrungsstoffe bezeichnet. Sie ist abhängig von der Zusammensetzung der Nahrung und für die einzelnen Nährstoffe spezifisch. Am ausgeprägtesten ist sie bei Eiweißzufuhr. Nach einer normalen gemischten Mahlzeit erreicht die Stoffwechselsteigerung ihr Maximum nach etwa 1—2 Std und klingt innerhalb von 4—6 Std nach der Nahrungsaufnahme wieder ab (38, 45, 63). Bei jungen Kindern ist die spezifisch-dynamische Wirkung weniger ausgeprägt als bei älteren (38, 45). Für Säuglinge, die verschieden ernährt wurden, ermittelte SCHADOW (63) eine spezifisch-dynamische Wirkung zwischen 8,5% (Frauenmilch) und 15,66% (künstliche Ernährung). Von KÜNZER (43) werden für das 1. und 2. Lebensquartal 12%, im 3. und 4. Quartal 14% des Grundumsatzes angenommen. LEVINE u. Mitarb. (45) fanden eine Stoffwechselsteigerung um 10—15% als Ausdruck der spezifisch-dynamischen Wirkung. SMITH (66) nimmt an, daß sie bei Neugeborenen 12% des Grundumsatzes ausmacht, also etwa 5 kcal/kg in 24 Std.

Die Variationsbreite der spezifisch-dynamischen Wirkung bei verschiedenen Kindern, aber auch bei demselben Individuum an verschiedenen Tagen ist sehr groß (16). Ihr Anteil am Gesamtstoffwechsel im Neugeborenen- und Säuglingsalter ist im Vergleich zur Stoffwechselsteigerung durch Muskeltätigkeit gering. Deshalb wird auch bei der Grundumsatzbestimmung von Säuglingen von den meisten amerikanischen Autoren auf das Gebot der Nüchternheit verzichtet und die Gabe einer kleinen Mahlzeit zur Beruhigung bevorzugt. Der durch die spezifisch-dynamische Wirkung hervorgerufene Fehler wird in Kauf genommen. Die Stoffwechselsteigerung nach einer gleichen Probemahlzeit ist bei Erwachsenen wesentlich ausgeprägter als im Kindesalter. Sie beträgt nach SCHADOW (63) 20—40% für Erwachsene, bei Kindern vor der Pubertät dagegen nur 10—20%. Bezogen auf den Tagesumsatz bei einer normalen Ernährung fand HELMREICH (36), daß 0—5% des Energieumsatzes beim Kind gegenüber 10% beim Erwachsenen auf die spezifisch-dynamische Wirkung entfallen. Die geringe spezifisch-dynamische Wirkung auf den Stoffwechsel, besonders der jungen Kinder, führt zu einer besseren Ausnutzung der zugeführten Calorien. Während beim Erwachsenen eine über den durch Grundumsatz und Muskelarbeit erforderlichen Bedarf hinausgehende Zufuhr von Calorien teilweise durch die spezifisch-dynamische Wirkung wieder ausgeglichen wird und nicht zum Ansatz führt, kann man ihre geringere Wirkung beim jugendlichen Organismus als eine die Vermehrung der Körpersubstanz fördernde Maßnahme ansehen.

6. Muskeltätigkeit

Jede körperliche Leistung geht mit einer Steigerung des Stoffwechsels und dementsprechend mit einem erhöhten Sauerstoffbedarf und einer vermehrten Abgabe von Kohlensäure einher. Durch Bestimmung der Sauerstoffaufnahme während der körperlichen Arbeit läßt sich nach Abzug des Ruhewertes der Leistungszuwachs berechnen und bei Steigerung der Arbeit schließlich auch die körperliche Leistungsfähigkeit bestimmen. Im Mittelpunkt der Untersuchungen zur Beurteilung von Veränderungen der körperlichen Leistungsfähigkeit während der kindlichen Entwicklung stehen Messungen des Gasstoffwechsels. Zusätzlich können Bestimmungen der Atmungs-, Herz- und Kreislaufgrößen herangezogen werden, da diese beim An- und Abtransport der Gase eine Rolle spielen. Bei der energetischen Betrachtung des Arbeitsstoffwechsels dient der aufgenommene Sauerstoff als Maßstab für die Intensität des Stoffwechsels.

Die Zunahme der Muskeltätigkeit beim Neugeborenen führt in den ersten Lebenstagen zu einem deutlichen Anstieg des Energieverbrauchs. Von Holt u. McIntosh (37) wird für die Neugeborenenperiode eine 30%ige Steigerung des Grundumsatzes für die Muskeltätigkeit angegeben. Die von Talbot (67) bei älteren Säuglingen gefundenen Werte schwanken zwischen 30 und 40%. Durch angestrengtes Schreien kann der Energiestoffwechsel nach Benedict und Talbot (8) um 65%, in einem Falle sogar bis 211% des Ruhestoffwechsels gesteigert werden. Murlin u. Mitarb. (54) fanden eine Zunahme des Stoffwechsels beim Schreien um 100%. Die durch Muskeltätigkeit bei älteren Kindern verursachte Stoffwechselsteigerung wird im Zusammenhang mit dem Gesamtumsatz und der Nahrungsaufnahme besprochen.

Die Bestimmung des Sauerstoffbedarfs bei einer physikalisch genau definierten Leistung setzt die Bedienung von Ergometern mit Fuß- oder Handbetrieb voraus und ist erst jenseits des 4. bis 6. Lebensjahres möglich, da jüngere Kinder nicht in dem hierfür erforderlichen Maße mitarbeiten können.

Wie jede andere Atmungs- und Kreislaufgröße erreicht auch die Sauerstoffaufnahme nach Arbeitsbeginn nicht sofort ihren der Belastung entsprechenden Wert. Erst nach einer Anlaufzeit von mehreren Minuten werden gleichbleibende Werte, der sogenannte steady state, erreicht. Die Anlaufzeit beträgt für die Sauerstoffaufnahme bei submaximaler Belastung etwa 3—5 min, bei höherer Belastung ist sie verlängert. Bei Kindern können schon nach 3 min 95—98% des endgültigen Sauerstoff-Aufnahmewertes erreicht werden (58) oder eine Konstanz der Sauerstoffaufnahme einsetzen (23). Auch bei Kindern verschiedener Reifungsstufen wurden keine wesentlichen Unterschiede in der Anlaufzeit beobachtet (40). Sofern nicht die Leistungsgrenze überschritten wird, entspricht die Sauerstoffaufnahme im steady state dem Sauerstoffbedarf. Erst bei maximaler Leistung steigt der Sauerstoffbedarf stärker an als die Sauerstoffaufnahme, die Energiegewinnung erfolgt dann teilweise anaerob.

Da die Bestimmung der maximalen Leistungsfähigkeit eine intensive Mitarbeit der Probanden erfordert, die durch ein subjektives Gefühl der Erschöpfung unter Umständen beeinträchtigt werden kann, hat es sich bei Untersuchungen im Kindesalter als vorteilhaft erwiesen, neben der maximalen die submaximale Leistungsfähigkeit zu bestimmen (49, 35). Es gelten hierbei für die Atmungs- und Kreislaufreaktionen dieselben Gesetzmäßigkeiten wie bei maximaler Belastung (2). Um vergleichbare Werte bei Kindern verschiedener Alters- und Entwicklungsstufen zur Beurteilung der relativen Leistungsfähigkeit zu erhalten, ist es besser, nicht eine absolut gleiche Leistung zu verlangen, sondern die zu fordernde Leistung auf das Körpergewicht zu beziehen, so daß die relative Leistung immer gleich bleibt. Das Körpergewicht als Bezugsgröße ergibt sich aus der hohen Korrelation der maximalen Sauerstoffaufnahme und auch der Leistungsherzschlagfrequenz zum Körpergewicht (2, 6, 50).

Da die Sauerstoffaufnahme ein Maß für den Energieumsatz darstellt, kann man bei Zugrundelegen eines mittleren respiratorischen Quotienten von 0,85 den Verbrauch von 1 l Sauerstoff einer Energiefreisetzung von 4,85 kcal gleichsetzen. Bei körperlicher Arbeit steigt der respiratorische Quotient im steady state infolge

einer vermehrten Kohlenhydratverbrennung an, so daß man als Sauerstoffäquivalent besser 5 kcal pro Liter Sauerstoff annimmt. Unter dieser Annahme
ergeben sich für die von Åstrand (2) angegebenen Werte für die Sauerstoffaufnahme bei Umrechnung in Calorien und bezogen auf das Körpergewicht die in
Tab. 8 angeführten Calorien/kg/Std. Da die Sauerstoffaufnahme pro kg/Körpergewicht relativ konstant ist, mußten auch die hieraus errechneten Calorienwerte
für alle Altersstufen konstant sein. Das bedeutet, daß die Energiefreisetzung bei
einer maximalen Dauerleistung größer wird. Diese Feststellung unterstreicht die
Tatsache, daß die absolute Leistungsfähigkeit mit dem Alter zunimmt, während
die relative gleich bleibt.

Tabelle 8. *Energieverbrauch bei maximaler Dauerleistung (kcal/kg/Std)* (nach Åstrand)

	4—6	7—9	10—11	12—13	14—15	♂ 16—18 ♀ 16—17	♂ 20—23 ♀ 20—25
			Alter in Jahren				
Knaben	14,73	17,07	10,83	16,95	17,85	17,28	17,58
Mädchen	14,37	16,53	15,72	14,94	13,80	14,16	14,52

Vergleicht man die Untersuchungsergebnisse der O_2-Aufnahme bei submaximaler (23) und maximaler Leistung (2), so ergibt sich, daß bei einer submaximalen
Leistung von 1 Watt/kg Körpergewicht etwa die Hälfte des maximalen Sauerstoffaufnahmevermögens in Anspruch genommen wird. Dementsprechend beträgt
auch der Energieverbrauch bei dieser submaximalen Leistung etwa die Hälfte
des Maximalwertes.

Bei Knaben verschiedener Reifestadien untersuchten Kirchhoff u. Mitarb.
(40) die Sauerstoffaufnahme und fanden mit zunehmender Reife einen Anstieg des
Sauerstoffaufnahmevermögens und der absoluten Leistungsfähigkeit. Die höchsten
steady state-Werte wurden bei Knaben vor der Pubertät bei 100 W Leistung mit
1,35 l, zu Beginn der Pubertät bei 125 W mit 1,72 l, auf der Höhe der Pubertät
bei 200 W mit 2,67 l und am Ende der Pubertät bei 200 W mit 2,59 l O_2 ermittelt.

Nach Untersuchungen von Åstrand (2)
haben Männer und Frauen unter Grundumsatzbedingungen eine 24—30% niedrigere Sauerstoffaufnahme, bezogen auf den m² Körperoberfläche,
als die jüngsten von ihnen untersuchten Jungen
und Mädchen im Alter von 4—6 Jahren. Die
maximale Sauerstoffaufnahme/m² Körperoberfläche ist jedoch bei Erwachsenen 50—75%
höher als bei Kindern. Das Verhältnis der maximalen Sauerstoffaufnahme zur Sauerstoffaufnahme unter Grundumsatzbedingungen beträgt
6,7 für die 4—6jährigen Kinder, 15,7 für Männer
und 14,0 für Frauen. Für die einzelnen Altersstufen zeigt sich ein allmählicher Anstieg dieses
Quotienten (Tab. 9).

Tabelle 9. *Verhältnis der maximalen Sauerstoffaufnahme zu Sauerstoffaufnahme unter Grundumsatzbedingungen* [nach Åstrand (2)]

Lebensalter in Jahren	Knaben	Mädchen
4— 6	6,8	6,6
7— 9	9,4	9,1
10—11	10,2	9,6
12—13	10,9	10,8
14—15	13,1	11,6
♂ 16—18 ♀ 16—17	13,5	12,6
♂ 20—33 ♀ 20—25	15,7	14,0

Diese Ergebnisse von Åstrand (2) zeigen wiederum die Zunahme des Sauerstoffaufnahmevermögens und damit der absoluten körperlichen Leistungsfähigkeit
mit zunehmendem Alter.

Bei Kindern gleicher Alters- und Gewichtsgruppen nimmt die Sauerstoffaufnahme und damit der Calorienverbrauch mit ansteigender Leistung linear zu
bis zu einem Maximalwert, der die Grenze der Leistungsfähigkeit kennzeichnet.

Bei einer darüber hinausgehenden Leistung muß die hierfür erforderliche Energie anaerob gewonnen werden. Die anaerob entstandenen Substanzen üben nach ASSMUSSEN und NIELSEN (*1*) eine stimulierende Wirkung auf die Ventilation aus, so daß es zu einer Vergrößerung des Atemminutenvolumens bei gleichbleibender Sauerstoffaufnahme kommt. Bei 30 Kindern im Alter von 7—13 Jahren untersuchte GHIRINGHELLI (*28*) den Calorienverbrauch bei ansteigender Belastung von 0—70 W (Tab. 10). Aus der Arbeit geht weiter hervor, daß bei diesen Kindern eine über 40 W hinausgehende Belastung eine Zunahme des Atemminutenvolumens und eine teilweise anaerobe Energiegewinnung verursacht.

Tabelle 10. *Mittelwerte des Calorienverbrauchs pro kg und Stunde bei ansteigender* Belastung (nach GHIRINGHELLI)

Belastung Watt	Knaben	Mädchen
0	2,05	2,03
10	4,97	5,34
30	5,90	7,00
50	8,19	8,29
70	10,30	10,60

7. Gesamtstoffwechsel und Nahrungsbedarf

Die tägliche Nahrungsaufnahme entspricht bei normaler Entwicklung in jedem Lebensalter dem gesamten Energieverbrauch des Organismus. Ausgedrückt in kcal stellt die Nahrungszufuhr bei normal verlaufender Gewichtskurve ein Maß für den Gesamtstoffwechsel dar. Er setzt sich zusammen aus Grundumsatz, spezifisch-dynamischer Wirkung der Nahrung und dem Energieverbrauch bei Muskeltätigkeit. Die mit den Exkreten zu Verlust gehende Energiemenge muß bei der Berechnung des Gesamtumsatzes ebenfalls berücksichtigt werden.

Im Kindes- und besonders im Säuglingsalter kommt als ein weiterer wesentlicher Faktor der durch die Wachstumsvorgänge bedingte Energieverbrauch hinzu. Nach HOLT und MCINTOSH (*37*) beträgt er in der Neugeborenenperiode 18 kcal/kg pro Tag (etwa 43% des Grundumsatzes), während für die Muskeltätigkeit nur 12 kcal/kg pro Tag (etwa 30% des Grundumsatzes) erforderlich sind. Von HANSEN (*33*) wird der Energiebedarf für das Wachstum im 1. Lebensjahr mit durchschnittlich 14—16% des Gesamtumsatzes (etwa 15—18 kcal/kg) angegeben. Mit zunehmendem Alter wird der Anteil der für das Wachstum erforderlichen Energie am Gesamtstoffwechsel geringer. Nach TALBOT (*67*), der für die Wachstumsrate allgemein höhere Werte angibt, beträgt er mit 3 Monaten 36%, mit 6 Monaten 26% und mit 9 Monaten 21% des Gesamtumsatzes. Die entsprechenden absoluten Werte sind 28, 23 und 20 kcal/kg Körpergewicht.

Frühgeborene verhalten sich im allgemeinen bewegungsarm und benötigen deshalb trotz des größeren Bedarfs für das Wachstum weniger Calorien/kg Körpergewicht. Aus Untersuchungen von LANGER (*44*) geht hervor, daß Frühgeborene besser gedeihen, wenn sie knapp ernährt werden. Er gibt für Frühgeborene mit einem Geburtsgewicht bis 2000 g als optimalen Energiequotienten, d. h. tägliche Nahrungszufuhr in kcal pro kg Körpergewicht, 93 an, vorausgesetzt, daß die Frauenmilch mit 2% Plasmon angereichert ist. KNAUER (*42*) sah das beste Gedeihen seiner Frühgeborenen bei noch niedrigeren Energiequotienten. Wesentlich höhere Energiequotienten geben GORDON u. Mitarb. (*31*) an. Sie erreichten bei Frühgeborenen nach der 2. Lebenswoche eine ausreichende Gewichtszunahme bei einem EQ von 120, wobei allerdings im Vergleich zu reifen Säuglingen wesentlich mehr Calorien infolge der unzureichenden Fettresorption mit den Faeces wieder verloren gingen. Der Verlust betrug bis 32 kcal/kg gegenüber 5—10 kcal/kg beim reifen Säugling (*30*).

In der Neugeborenenperiode, in der eine starke Zunahme der Muskeltätigkeit zu beobachten ist, steigt dementsprechend der Nahrungsbedarf stark an. FABER

(*25*) fand bei Untersuchungen mit natürlicher und künstlicher Nahrung an Neugeborenen, die er bis zur Sättigung trinken ließ, eine durchschnittliche Nahrungsaufnahme von 90 kcal/kg am 4. Lebenstag und von 117 kcal/kg am 11. Lebenstag. KÜNZER (*43*) gibt bei gleicher ansteigender Tendenz des Energiequotienten während der ersten 10 Lebenstage wesentlich niedrigere kcal/kg an. Jenseits der Neugeborenenperiode beträgt der EQ im 1. Lebensquartal 100—110 und sinkt bis zum Ende des 1. Lebensjahres auf 70. Erwachsene benötigen einen EQ von etwa 40.

Sorgfältige von BURKE u. Mitarb. (*17*) gemachte Beobachtungen der Nahrungsaufnahme über das gesamte Kindesalter bis zur Pubertät ergeben einen allmählichen Anstieg der Calorienzufuhr pro Tag von 1287 kcal im 2. Lebensjahr bis auf 3532 im 18. Lebensjahr bei Knaben. Bei Mädchen liegen die Werte in allen Altersstufen etwas niedriger (Tab. 11).

Verfolgt man die Nahrungszufuhr einzelner Kinder über mehrere Jahre, so lassen sich in den einzelnen Altersstufen in bezug auf die Nahrungsaufnahme bestimmte Gruppen von Kindern unterscheiden. Ein Teil der Kinder bleibt in allen Altersstufen an der unteren Grenze, ein anderer Teil an der oberen Grenze der dem Altersdurchschnitt entsprechenden Nahrungszufuhr, während eine dritte Gruppe etwa der mittleren Nahrungsaufnahme entspricht. Einzelne Kinder

Tabelle 11. *Tägliche Calorienzufuhr bei Knaben und Mädchen in verschiedenen Altersstufen* (nach BURKE u. Mitarb.)

Alter	Knaben	Mädchen
1— 2	1287	1273
2— 3	1403	1377
3— 4	1544	1483
4— 5	1629	1605
5— 6	1792	1704
6— 7	1971	1845
7— 8	2013	1930
8— 9	2159	2026
9—10	2235	2125
10—11	2403	2264
11—12	2619	2450
12—13	2878	2529
13—14	3117	2575
14—15	3338	2592
15—16	3467	2575
16—17	3443	2437
17—18	3532	2390

Tabelle 12. *Mittlerer Tagescalorienbedarf des Wachstumsalters* (nach FOOD and Agriculture Organization of the UN, zit. bei ZÖLLNER). Die Bedarfszahlen der letzten Altersgruppe gelten für ein Körpergewicht von 65 kg

Unter 12 Monaten . . .		110 kcal/kg
1— 3 Jahre		1200 kcal
4— 6 Jahre		1600 „
7— 9 Jahre		2000 „
10—12 Jahre		2500 „
13—15 Jahre	Mädchen .	2600 „
	Knaben . .	3200 „
16—19 Jahre	Mädchen .	2400 „
	Knaben . .	3800 „

wechseln aber auch in den verschiedenen Altersklassen von einer in die andere Gruppe (*17*). Der Gesamtstoffwechsel und damit die Nahrungsaufnahme ist je uach körperlicher Betätigung großen individuellen Schwankungen unterworfen und nimmt insbesondere im Spielalter erheblich zu. ERICH MÜLLER (*53*) bestimmte die Calorienaufnahme bei Kindern im Alter von 3—6 Jahren und errechnete einen Arbeitszuschlag von 73—121%. Der mittlere Arbeitszuschlag bei den Kindern CAMERERS (*20*) betrug 65%. Je nach körperlicher Betätigung wird von E. MÜLLER (*53*) ein Zuschlag von 30—100% zum Grundumsatz für die Berechnung der Calorienzufuhr im Kindesalter angegeben. Die optimate Calorienzufuhr muß so bemessen sein, daß sie normales, altersentsprechendes Körpergewicht und Wachstum bei bestem Wohlbefinden aufrechterhält. Zur Orientierung über den täglichen Calorienbedarf in den einzelnen Altersstufen kann die von der Food and Agriculture Organization of the UN 1950 (*80*) für die gemäßigten Zonen empfohlene Calorienzufuhr bei Kindern dienen (Tab. 12).

Vergleicht man die Ergebnisse oder die Empfehlungen für den täglichen Calorienbedarf im Kindesalter, wie er in den Tabellen wiedergegeben ist, so ist die mit Zunahme des Lebensalters ansteigende Tendenz der Werte übereinstimmend, die Einzelwerte für das gleiche Lebensalter weisen jedoch Schwankungen auf. Eine Erklärung hierfür ergibt sich durch die starke Beeinflussung des Gesamtumsatzes durch die körperliche Betätigung und die unterschiedlichen Lebensgewohnheiten. Aus allen Tabellen ist zu ersehen, daß das Maximum des Calorienbedarfs bei Knaben erst jenseits des Kindesalters erreicht wird, während der Calorienbedarf bei Mädchen nach dem 15. Lebensjahr bereits wieder absinkt, eine Beobachtung, die auch bereits Camerer (*20*) gemacht hat.

8. Zusammenfassung

Der Sauerstoffverbrauch und die Energiegewinnung während der Embryonalentwicklung sind vom Alter der Frucht und dem Grad der Organdifferenzierung abhängig. Derartige Untersuchungen während der ersten Entwicklungsstadien sind beim Säugetierembryo nicht möglich. Sie sind aber bei Tierarten durchgeführt worden, bei denen sich die Ei-Entwicklung außerhalb des mütterlichen Organismus vollzieht. Bei Hühnerembryonen und Seeigelkeimen steigt der Sauerstoffverbrauch je nach dem Reifungsgrad unterschiedlich stark an. Der R. Q. liegt bei befruchteten Hühner-, Frosch- und Kobraeiern in den frühesten Entwicklungsstadien sehr niedrig. Änderungen des R. Q. während der Entwicklung sind durch einen Substratwechsel der Atmung zu erklären.

Der Sauerstoffverbrauch des Säugetier-Fetus beträgt ebenso wie der des erwachsenen Organismus etwa 4 ml/kg pro min. In den ersten $^2/_3$ der Fetalzeit liegt er noch höher. Das Verhalten des R.Q. innerhalb der ersten Lebenstage zeigt, daß der menschliche Fetus seinen Energiebedarf gegen Ende der Schwangerschaft und unmittelbar nach der Geburt überwiegend aus Kohlenhydraten und in den ersten Lebenstagen in zunehmendem Maße aus Fett deckt. Mit steigender Nahrungszufuhr nimmt der R.Q. wieder zu und entspricht etwa vom Ende der ersten Lebenswoche die gesamte Kindheit über den Erwachsenenwerten.

Der Grundumsatz beträgt bei Neugeborenen etwa 42 kcal/kg in 24 Std. Bezieht man ihn auf die Körperoberfläche, ergibt sich, daß die Wärmebildung um so niedriger ist, je kleiner das Kind ist. Dies gilt insbesondere für Frühgeborene. Bei Neugeborenen und Frühgeborenen ist die Wärmebildung sehr von der Umgebungstemperatur abhängig. Bereits eine Temperatursenkung um wenige Grade bewirkt eine deutliche Stoffwechselsteigerung. Im ersten Lebensjahr steigt der Grundumsatz stark an, mit zunehmendem Alter kommt es zu einem weiteren langsameren Anstieg. Bezogen auf das Körpergewicht oder die Körperoberfläche erreichen die Werte ihr Maximum im 2. Lebensjahr und sinken dann kontinuierlich auf die Erwachsenenwerte ab. Eine Geschlechtsabhängigkeit macht sich erst jenseits des Säuglingsalters bemerkbar, die Werte der Knaben liegen bis zur Pubertät um etwa 5—10% über denen der Mädchen.

Da die Beurteilung des Grundumsatzes die Kenntnis der Normalwerte voraussetzt, werden verschiedene Formeln angegeben, in denen neben Alter und Geschlecht vor allem die Körperoberfläche, das Körpergewicht und die Körperlänge berücksichtigt sind.

Die spezifisch-dynamische Wirkung der Nahrung ist für den Gesamtstoffwechsel im Neugeborenen- und Säuglingsalter im Vergleich zu der durch Muskeltätigkeit und Wachstum hervorgerufenen Stoffwechselsteigerung unbedeutend. Im Kindesalter beträgt die Stoffwechselsteigerung durch die spezifisch-dynamische Wirkung nur etwa die Hälfte der Erwachsenenwerte.

Durch die Muskeltätigkeit wird der Energieumsatz erheblich gesteigert. Schon beim Säugling kann sie zu einer Grundumsatzsteigerung um 100% führen und mit zunehmendem Alter ist bei maximaler Leistung ein Anstieg auf das 15fache möglich. Stärkere Geschlechtsunterschiede machen sich erst jenseits des 14. Lebensjahres bemerkbar. Bei einer maximalen Dauerleistung bleibt die Sauerstoffaufnahme pro kg Körpergewicht und damit die Wärmebildung in allen Altersstufen konstant.

Der Gesamtumsatz, der sich aus Grundumsatz, spezifisch-dynamischer Wirkung der Nahrung und dem Energieverbrauch bei Muskeltätigkeit zusammensetzt und zu dem die mit den Exkreten verlorengehende Energiemenge hinzugefügt werden muß, wird im Kindes- und besonders im Säuglingsalter noch durch den wachstumsbedingten Energieverbrauch erhöht. Der Energiequotient sinkt von 110—120 im frühen Säuglingsalter über 70 am Ende des 1. Lebensjahres auf etwa 40 beim Erwachsenen.

Literatur

1. ASSMUSSEN, E., u. M. NIELSEN: Acta physiol. scand. **20**, 79 (1950). — 2. ÅSTRAND, P. O.: Experimental studies of physical working capacity in relation to sex and age. Kopenhagen: Ejnar Munksgaard 1952. — 3. ATWATER, M. O.: Ergebn. Physiol. **3**, 497 (1904).

3a. BARCROFT, J.: Researches on Pre-natal Life (Vol. I), Springfield, C. C. Thomas 1947. — 4. BARTELS, H., E. BÜCHERL, C. W. HERTZ, G. RODEWALD u. M. SCHWAB: Lungenfunktionsprüfungen. Methoden und Beispiele klinischer Anwendung. Berlin-Göttingen-Heidelberg: Springer 1959. — 5. BEHNKE, A. R., u. C. P. YAGLOU: (zit. bei BRÜCK). — 6. BENGTSSON, E.: Acta med. scand. **154**, 91 (1956). — 7. BENEDICT, F. G.: Boston med. surg. J. **1919**, 181. — 8. BENEDICT, F. G., and F. B. TALBOT: Carnegie Inst. Washington 1915, Publ. 233. — 9. BENEDICT, F. G., and F. B. TALBOT: Carnegie Inst. Washington 1921, Publ. 302. — 9a. BOELL, E. J.: J. exper. Zool. **100**, 331 (1945). — 9b. BOHR, CHR., u. K. HASSELBACH: Scand. Arch. Physiol. **14**, 398 (1903). — 10. DU BOIS, E. F.: Basal metabolism in health and disease. (3d ed.) Philadelphia: Lea and Febiger 1936. — 11. DU BOIS, D., et E. F. DU BOIS: Arch. int. Méd. exp. **17**, 863 (1916). — 11a. BRACHET, J.: Arch. biol. **45**, 611 (1934). — 12. BRÜCK, K., u. M. B. BRÜCK: Klin. Wschr. **38**, 1125 (1960). — 13. BRÜCK, K., M. BRÜCK u. H. LEMTIS: Pflügers Arch. ges. Physiol. **267**, 382 (1958). — 14. BRÜCK, K., M. BRÜCK u. H. LEMTIS: Geburtsh. u. Frauenheilk. **20**, 461 (1960). — 15. BRÜCK, K., u. H. HENSEL: Pflügers Arch. ges. Physiol. **266**, 556 (1958). — 16. DE BRUIN, M.: Jb. Kinderheilk. **132**, 257 (1931). — 17. BURKE, S. B., R. B. REED, A. S. VAN DEN BERG and H. S. STUART: Pediatrics **24**, Suppl. 5, II, 922 (1959). — 18. BURMEISTER, W.: Ann. paediat. (Basel) **191**, 236 (1958). — 19. BURMEISTER, W.: Mschr. Kinderheilk. **108**, 388 (1960).

20. CAMERER, W.: Der Stoffwechsel des Kindes von der Geburt bis zur Beendigung des Wachstums. Tübingen: H. Lauppsche Buchhandlung 1896. — 21. CLEMETSON, C. A. B., and J. CHURCHMAN: J. Obstet. Gynaec. Brit. Emp. **60**, 335 (1953).

22. DAHLSTRÖM, H.: Acta physiol. scand. **21**, Suppl. 89 (1950). — 23. DRESSLER, F., u. H. MELLEROWICZ: Z. Kinderheilk. **85**, 31 (1961). — 23a. DUSPIVA, F.: Handb. d. allgem. Pathologie, Bd. VI, 1, S. 307. Berlin-Göttingen-Heidelberg: Springer 1955.

24. EASTMAN, N. J.: Bull. Johns Hopk. Hosp. **47**, 221 (1930).

25. FABER, H. K.: Amer. J. Dis. Child. **24**, 56 (1922). — 26. FLEISCH, A.: Helv. med. Acta **18**, 23 (1951).

27. GHETTI, E.: Fisiol. e Med. **13**, 83 (1942). — 28. GHIRINGHELLI, G., e L. SERAFINI: Minerva pediat. **10**, 68 (1958). — 29. GÖPFERT, H., u. R. STÜFLER: Pflügers Arch. ges. Physiol. **256**, 161 (1952). — 30. GORDON, H.: zit. bei SMITH. — 31. GORDON, H., S. Z. LEVINE, W. C. DEAMER and H. MC NAMARA: Amer. J. Dis. Child. **59**, 1185 (1940).

32. HALLER-VULLIET, J. DE: Ann. paediat. (Basel) **193**, 321 (1959). — 33. HANSEN, A. E.: In: MITCHELL-NELSON, Textbook of Pediatrics. 5th edition. Philadelphia-London: W. B. Saunders Company 1950. — 34. HARRIS, J. A., and F. G. BENEDICT: Carnegie Inst. Washington, Publ. 279, 1919. — 34a. HASSELBACH, K.: Scand. Arch. Physiol. **10**, 413 (1900). — 34b. HASSELBACH, K.: Bibliotek f. Laeger (8th Ser.) **5**, 219 (1904). — 35. HELLBRÜGGE, TH., J. RUTENFRANZ u. O. GRAF: Gesundheit und Leistungsfähigkeit im Kindes- und Jugendalter. Stuttgart: Georg Thieme 1960. — 36. HELMREICH, E.: Physiologie des Kindesalters. Berlin-Göttingen-Heidelberg: Springer 1931. — 37. HOLT, L. E., and R. MC INTOSH: Holt's diseases of infancy and childhood, 11th edition. New York: Appleton-Century 1940.

38. Karlberg, P.: Acta paediat. (Uppsala) 41, Suppl. 89 (1952). — 39. Kestner, O., u. H. W. Knipping: Die Ernährung des Menschen. Berlin-Göttingen-Heidelberg: Springer 1924. — 40. Kirchhoff, H. W., H. Reindell u. Ch. Hauswalt: Z. Kinderheilk. 81, 211 (1958). — 41. Kleiber, M.: Physiol. Rev. 27, 511 (1947). — 42. Knauer, H.: Mschr. Kinderheilk. 81, 372 (1939). — 42a. Kühn, A.: Vorlesungen über Entwicklungsphysiologie. Berlin-Göttingen-Heidelberg: Springer 1955. — 43. Künzer, W.: In: J. Brock, Biologische Daten für den Kinderarzt. 2. Aufl. Berlin-Göttingen-Heidelberg: Springer 1954.

44. Langer, H.: Z. Kinderheilk. 41, 598 (1926). — 45. Levine, S. Z., J. R. Wilson, F. Berliner and H. Rivkin: Amer. J. Dis. Child. 33, 722 (1927). — 46. Lewis, R. C., G. M. Kinsman and A. Iliff: Amer. J. Dis. Child. 53, 348 (1937). — 46a. Lindahl, P. E.: Acta Zool. (Stockh.) 17, 179 (1936).

47. Marsh, M. E., and J. R. Murlin: Amer. J. Dis. Child. 30, 310 (1925). — 48. Meeh, K.: Z. Biol. 15, 425 (1879). — 49. Mellerowicz, H.: Physikalische und biologische Grundlagen der Ergometrie. In: Mellerowicz, Training, Leistung, Gesundheit. Sportmedizinische Schriften 1956—1958. — 50. Mellerowicz, H., u. D. Lerche: Z. Kinderheilk. 81, 36 (1958). — 51. Minami, S.: Biochem. Z. 142, 334 (1923). — 52. Mordhorst, H.: Mschr. Kinderheilk. 55, 174 (1932). — 53. Müller, E.: Stoffwechsel und Ernährung älterer Kinder. In: Pfaundler und Schlossmann, Handb. Kinderheilk. 4. Aufl. Bd. 1. Berlin: F. C. W. Vogel 1931. — 54. Murlin, J. R., R. E. Conklin and M. E. Marsh: Amer. J. Dis. Child. 29, 1 (1925).

55. Needham, J.: Chemical Embryology. Vol. 2. New York: The Macmillan Company 1931. 56. Negelein, E.: Biochem. Z. 165, 122 (1925). — 57. Nylin, G.: Acta med. scand. Suppl. 69, 1 (1935).

58. Robinson, S.: Arbeitsphysiologie 10, 251 (1939). — 59. Rooth, G., u. S. Sjöstedt: Acta obstet. gynec. scand. 34, 442 (1955). — 60. Rubner, M.: Z. Biol. 19, 535 (1883). — 61. Rubner, M.: Z. Biol. 30, 73 (1894). — 62. Rubner, M.: Die Gesetze des Energieverbrauchs bei der Ernährung. Leipzig-Wien: Deuticke 1902.

63. Schadow, H.: Jb. Kinderheilk. 126, 50 (1930). — 64. Schadow, H.: Jb. Kinderheilk. 136, 1 (1932). — 65. Smith, C. A.: Surg. Gynec. Obstet. 69, 584 (1939). — 66. Smith, C. A.: The physiology of the newborn infant. Springfield: C. C. Thomas 1951.

67. Talbot, F. B.: Mschr. Kinderheilk. 27, 465 (1924). — 68. Talbot, F. B., W. R. Sisson, M. E. Moriarty and A. J. Dalrymple: Amer. J. Dis. Child. 26, 29 (1923). — 69. Talbot, F. B., E. B. Wilson and J. Worcester: Amer. J. Dis. Child. 53, 273 (1937). — 70. Tiedemann, H.: Z. Naturforsch. 9b, 371 (1954). — 70a. Tomita, M.: In: B. Flaschenträger u. E. Lehnartz: Physiologische Chemie, Der Stoffwechsel II, c. Berlin-Göttingen-Heidelberg: Springer 1959.

71. Walker, J.: J. Obstet. Gynaec. Brit. Emp. 61, 163 (1954). — 71a. Warburg, O.: Arch. ges. Physiol. 160, 324 (1915). — 72. Warburg, O.: Naturwissenschaften 42, 401 (1955). — 73. Warburg, O., u. F. Kubowitz: Biochem. Z. 214, 5 (1929). — 74. Warburg, O., K. Gawehn u. A. W. Geissler: Z. Naturforsch. 11b, 657(1956). — 75. Warburg, O., K. Posener u. E. Negelein: Biochem. Z. 152, 309 (1924). — 76. Warburg, O., F. Wind u. E. Negelein: Klin. Wschr. 5, 829 (1926). — 77. Werner, E.: Mschr. Kinderheilk. 108, 5 (1960). — 78. Wind, F., u. K. v. Oettingen: Biochem. Z. 197, 170 (1928). — 79. Windle, W. F.: Physiology of the fetus; origin and extent of function in prenatal life. Philadelphia-London: W. B. Saunders Company 1940.

80. Zöllner, N.: Thannhausers Lehrbuch des Stoffwechsels und der Stoffwechselkrankheiten. Stuttgart: Thieme Verlag 1957.

Eiweißstoffwechsel

Von

H. Karte

Mit 8 Abbildungen

1. Einleitung

Eiweiß ist der wichtigste und zugleich strukturell schwierigste Baustein aller Lebewesen. Leben und Entwicklung sind daher aufs engste mit der Aufnahme, Assimilation und dem Umsatz von Eiweiß verbunden. Während Fette und Kohlenhydrate vollständiger strukturchemischer Analyse zugänglich sind, kann dies vorerst für das Eiweiß nicht behauptet werden. Quantitative Untersuchungen haben uns eine ziemlich gute Kenntnis summarischer Größen vermittelt. Wir besitzen Vorstellungen über den Bedarf an Eiweiß in den verschiedenen Lebensaltern, kennen die Resorptionsquote, die Retentionsrate, die Ausscheidung der Eiweißschlacken und ihre Abhängigkeit von Alter, Funktion, Nahrungsaufnahme und regulativen Einflüssen. Auch der Aminosäurenstoffwechsel ist z. T. erarbeitet. Wir stehen aber nahezu am Anfang, wenn nach den einzelnen Proteinen, ihrer Struktur, ihrem Umsatz, ihrem Bildungsort und der Art und Weise ihrer Synthese und ihres Abbaues gefragt ist. Einzelne Ergebnisse dazu liegen vor. Sie erregen Staunen über eine ungeheure Vielfalt von chemischen Reaktionsabläufen und Proteinindividuen.

Unsere Kenntnisse sind abhängig von den bislang erarbeiteten Methoden. Jede einzelne Methode hat zur Ausweitung unseres Wissens beigetragen: Die Stickstoffbestimmung nach KJELDAHL, die chemische Analyse der Produkte des intermediären Stoffwechsels und der Reststickstoffsubstanzen in Plasma und Harn, die physiko-chemischen Methoden wie Elektrophorese, Ultrazentrifuge, Chromatographie, die immunologischen und mikrobiologischen Verfahren, die radioaktive Markierung von Aminosäuren und Proteinen.

2. Stickstoff-Stoffwechsel

Der Eiweißstoffwechsel läßt sich am leichtesten anhand des Stickstoff (N)-Stoffwechsels studieren. Der Stickstoffgehalt der Eiweiße schwankt nur in engen Grenzen (15—17%). In der Nahrung ist sehr wenig Nichteiweißstickstoff enthalten. So kann aus dem Stickstoffgehalt der Nahrung ihr ungefährer Eiweißgehalt errechnet werden. Die stickstoffhaltigen Bestandteile des Harns sind hauptsächlich Endprodukte des Eiweißstoffwechsels. Sie entstehen bei der energetischen Verwertung der Nahrungsproteine und beim Umsatz des Körpereiweißes. Unter „Umsatz“ wird die ständig stattfindende Erneuerung von Proteinbausteinen verstanden. Die Differenz von aufgenommenem Stickstoff (Nahrungs-N) und ausgeschiedenem Stickstoff (Urin-N + Kot-N) ergibt die Stickstoffbilanz. Der mit dem Schweiß ausgeschiedene Stickstoff fällt nicht ins Gewicht und bleibt daher meist unberücksichtigt. Beim gesunden Erwachsenen beträgt diese Differenz 0. Wir sprechen von einer ausgeglichenen Stickstoffbilanz, d. h. Stickstoffeinfuhr und Stickstoffausfuhr halten sich die Waage. Vermehrte Stickstoffzufuhr hat eine entsprechende Zunahme der Stickstoffausfuhr zur Folge, verminderte Stickstoffzufuhr führt zu verminderter Ausscheidung. *Eine positive Stickstoffbilanz ist das Kennzeichen des wachsenden Organismus*, die Stickstoffausscheidung ist geringer als die Stickstoffaufnahme; es liegt ein anaboler Stoffwechsel vor. Stickstoff wird retiniert. Aus der Stickstoffretention darf auf einen Zuwachs an Körpereiweiß geschlossen werden. Krankhafte Vorgänge (sog. konsumierende Krankheiten wie Tumoren, schwere Infektionskrankheiten) können zu einer negativen Stickstoffbilanz führen, die Stickstoffausscheidung überwiegt die Stickstoffaufnahme; man spricht von katabolem Stoffwechsel. Körpergewebe wird abgebaut.

Es stellt sich die Frage nach den Faktoren, die die Stickstoffbilanz beim Gesunden beeinflussen, und nach der Bedeutung des Alters für die Stickstoffretention. Zahlreiche Bilanzuntersuchungen haben ergeben, daß die Stickstoffbilanz hauptsächlich abhängig ist von der Stickstoffresorption, von der biologischen Wertigkeit des angebotenen Eiweißes, von der Höhe der Eiweißzufuhr, vom calorischen Anteil des Eiweißes an der Gesamtcalorienzufuhr, von individuellen Faktoren, vom Alter des Kindes und innersekretorischen Einflüssen (siehe Endokrinologie).

Stickstoff wird mit dem Eiweiß der Nahrung aufgenommen. Das Eiweiß wird im Magen-Darm-Kanal mit Hilfe von Fermenten zu Aminosäuren aufgespalten.

Diese werden von der Darmwand resorbiert. Reicht die Fermentproduktion der Verdauungsdrüsen nicht aus, um das Nahrungseiweiß vollständig aufzuschließen oder besteht eine abnorm beschleunigte Peristaltik, so geht aufgenommenes Eiweiß mit dem Stuhl verloren. Verminderte *Resorption* von Aminosäuren hat verminderte Stickstoffretention zur Folge. Von krankhaften Zuständen abgesehen, kommt es eigentlich nur in der ersten Lebenswoche Reifgeborener und in den ersten Lebenswochen Frühgeborener zu ungenügender Stickstoffresorption auf Grund unzureichender Verdauungsleistungen.

Es ist schwierig, die *Resorptionsquote* des Stickstoffs der Nahrung

$$\frac{(\text{Nahrungs-N} - \text{Kot-N}) \cdot 100}{\text{N-Zufuhr}}\%$$

exakt zu bestimmen. Die Differenz Nahrungsstickstoff minus Kotstickstoff würde nur dann den resorbierten Stickstoff angeben, wenn der Kotstickstoff ausschließlich aus der Nahrung herrührte. Das trifft jedoch nicht zu. Nur ein Bruchteil des Kotstickstoffs stammt aus der Nahrung. Der größere Anteil wird von Darmepithelien, Darmsekreten und Darmbakterien geliefert. Die wirkliche Stickstoffresorption liegt demnach höher, als die Differenz von Nahrungsstickstoff und Kotstickstoff besagt. Die Resorptionsquote ist für Frühgeborene mit 78—88% (*22*), für Säuglinge mit 84—93% (*3, 15, 34*), für Klein- und Schulkinder mit 89% (*74*) angegeben worden. Auch bei extrem hoher Eiweißzufuhr wurden ähnliche Werte gefunden (*19*). Das bedeutet eine fast vollständige Aufschließung und Resorption zugeführten Eiweißes bei gesunden Kindern.

Die Stickstoffbilanz ist abhängig von der *biologischen Wertigkeit* des zugeführten Eiweißes. Biologisch hochwertiges Eiweiß (z. B. das Eiweiß der Frauenmilch) enthält alle essentiellen Aminosäuren in der Relation, in der sie im Körpereiweiß vorkommen. Der Organismus kann aus den resorbierten Aminosäuren nur dann körpereigenes Eiweiß synthetisieren, wenn ihm alle essentiellen Aminosäuren gleichzeitig zur Verfügung stehen. Eine Speicherung von Aminosäuren ist nicht möglich. Im Tierversuch treten Störungen der Resorption und Retention auf, wenn einige essentielle Aminosäuren eine Stunde später als die übrigen gefüttert werden (*12*). Fehlt in dem Eiweiß einer Mahlzeit eine einzige essentielle Aminosäure, so können die übrigen Aminosäuren nicht zur Proteinsynthese verwandt werden. Sie werden in der Leber desaminiert und verbrannt oder in Traubenzucker bzw. Fettsäuren umgebaut. Erhöhte Stickstoffausscheidung im Urin durch Zunahme der Harnstoff- bzw. Aminosäurenausscheidung hat zwangsläufig verminderte Stickstoffretention zur Folge. Säuglinge benötigen infolge ihres schnellen Wachstums besonders hochwertiges Eiweiß. Diesen Ansprüchen genügt das Eiweiß der Milch (Frauenmilch, Kuhmilch), der Leber und der Sojabohne. Das Eiweiß der Frauenmilch ist dem der Kuhmilch in bezug auf biologische Wertigkeit nur wenig überlegen (*3, 22*).

Die Stickstoffbilanz ist abhängig von der *Höhe der Eiweißzufuhr*. Je mehr Eiweiß pro Kilogramm Körpergewicht zugeführt wird, um so mehr wird Stickstoff pro Kilogramm Körpergewicht retiniert (Abb. 1). Diese Beziehung gilt für alle Altersklassen einschließlich der Frühgeborenen. Bei extrem hoher Eiweißzufuhr läßt sich eine extrem hohe Stickstoffretention erzielen (*19*). Die Bedeutung dieser schon länger bekannten Tatsache wird weiter unten besprochen.

Die Stickstoffbilanz ist abhängig vom *calorischen Anteil des Eiweißes an der Gesamtcalorienzufuhr*. Je mehr Brennstoffe (Kohlenhydrat, Fett) zusammen mit dem Eiweiß zugeführt werden, um so ausschließlicher dient das Eiweiß der Proteinsynthese. Ist die Nahrung knapp an Kohlenhydraten und Fetten, so besteht für den Organismus der Zwang, Aminosäuren zur Deckung des Energiebedarfs mit zu verwenden. Dieses Verhalten wird besonders deutlich, wenn man zwei in ihrer Zusammensetzung verschiedene, im Caloriengehalt gleiche Säuglingsnahrungen in ihrem Effekt auf die Stickstoffretention vergleicht. Bei Ernährung mit evaporierter Milch, die mit Zucker angereichert ist, resultiert eine höhere Stickstoffretention als bei Ernährung mit einer entsprechend größeren Menge evaporierter Milch ohne Zucker. Trotz erhöhter Eiweißzufuhr wird weniger Stickstoff retiniert, da der calorische Anteil des Eiweißes an der Gesamtcalorienzufuhr höher ist als in der Vergleichszeit.

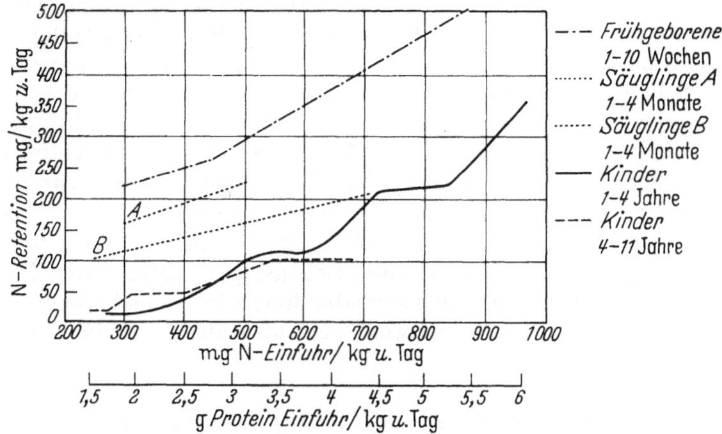

Abb. 1. Die Stickstoffretention als Funktion der Eiweißaufnahme in 4 verschiedenen Altersklassen. Die den Kurven zugrunde liegenden Werte wurden folgenden Arbeiten entnommen: Frühgeborene (*22, 32, 35*), Säuglinge A (*3, 34*), Säuglinge B (*10, 56*), Kinder von 1—4 Jahren (*74*), Kinder von 4—11 Jahren (*74*)

Tabelle 1. *4 Monate alter, gesunder Säugling, Gewicht 6750 g, Ergebnis zwei dreitägiger, im Abstand von 10 Tagen durchgeführter Bilanzversuche*

Nahrung	Nahrungs-menge in g	N-Zufuhr in g	Calorien	Anteil des Eiweißes an der Gesamtcalorien-zufuhr	N-Retention in g
evap. Milch + 4% Zucker	825	4,744	660	102 = 15,5%	1,429
evap. Milch	1025	5,892	656	127 = 19,2%	0,866

Die Stickstoffbilanz ist abhängig von *individuellen Einflüssen*, worunter vor allem genbedingte Faktoren zu verstehen sind. Wenn zwei gesunde, gleichaltrige und gleichgewichtige Säuglinge bei gleicher Ernährung unterschiedlich Stickstoff retinieren, so sind dafür wohl in erster Linie endogene Ursachen verantwortlich zu machen. Jenseits des Säuglingsalters wirken endogene Einflüsse (Bewegungsbedürfnis, Appetit u. a.) und exogene Einflüsse (Eßgewohnheiten, Erziehung u. a.) gleichzeitig und führen zu unterschiedlicher Nahrungsaufnahme, von der wiederum die Stickstoffretention abhängt.

Schließlich ist die Höhe der Stickstoffretention vom *Alter* abhängig. Dies zeigt Abb. 1. Für vier verschiedene Altersklassen ist die Stickstoffretention als Funktion der Eiweißzufuhr dargestellt. Die fünf Kurven (die im Säuglingsalter gefundenen, stark divergierenden Werte, die hauptsächlich auf den unterschiedlichen Anteil des Eiweißes an der Gesamtcalorienzufuhr zurückzuführen sind, lassen sich am besten in zwei Kurven anordnen) verlaufen übereinander, die Kurven der Frühgeborenen am höchsten, die Kurve der Schulkinder am tiefsten. Bei Zufuhr gleicher Eiweißmengen pro Kilogramm Körpergewicht nimmt die Stickstoffretention mit zunehmendem Alter ab. Je jünger das Kind ist, um so mehr retiniert es Stickstoff pro Kilogramm Körpergewicht. Bei einer Zufuhr von 3 g Eiweiß pro Kilogramm Körpergewicht retiniert das Frühgeborene etwa 280 mg, der junge Säugling etwa 150—220 mg, das Kleinkind etwa 90 mg, das Schulkind etwa 80 mg Stickstoff pro Kilogramm Körpergewicht. Das entspricht einer Retention in Prozent der Einfuhr von 58% für Frühgeborene, 31—46% für Säuglinge, 19% für Kleinkinder und 17% für Schulkinder.

a) Die Stickstoffbilanz des Neugeborenen

Am ersten Lebenstag erhält das Reifgeborene keine Nahrung. Da ständig Stickstoffverluste durch Urin und Stuhl entstehen, ist die Stickstoffbilanz zwangsläufig negativ. Nach Untersuchungen von Birk u. a. (7) wird die Bilanz innerhalb der ersten 3—4 Lebenstage positiv. Da die Stickstoffresorption in dieser Zeit als Ausdruck der werdenden Verdauungsfunktion außerordentlich schwankt — die Resorptionsquote beträgt im Durchschnitt 70% —, ist auch die Stickstoffretention entsprechenden Schwankungen unterworfen. Ferner wird die Stickstoffretention durch die Höhe der Eiweißzufuhr beeinflußt. So ist es verständlich, daß das eiweißreiche Colostrum schneller eine positive Bilanz herbeiführt als die eiweißärmere reife Frauenmilch (7, 45). Die in den ersten Lebenstagen eintretenden N-Verluste sind gering (Tab. 2). Die initiale Gewichtsabnahme der Neugeborenen ist daher weniger auf Verbrauch von Körpereiweiß als auf Abbau von Fettgewebe und Wasserabgabe zurückzuführen.

Tabelle 2. *Durchschnittliche N-Retention reifer Neugeborener in mg*

Ernährung	1.	2.	3.	4.	5.	6.	7.	8.	Anzahl der Kinder	Autor
				Lebenstag						
Colostrum	—70	—14	+147	+206	+275	+173	+189	+381	2	7
reife Frauenmilch	—354	—271	+10	—16	+18	+4	+24	+120	3	45

b) Der minimale endogene Stickstoffumsatz

Bei Ernährung mit einer calorienreichen, alle Vitamine und Mineralien enthaltenden eiweißfreien Nahrung sinkt die Stickstoffausscheidung im Urin auf einen minimalen Wert ab, der dann annähernd konstant beibehalten wird, solange das eiweißfreie Ernährungsregime andauert. Diese minimale Stickstoffausscheidung bei eiweißfreier Ernährung ist der Ausdruck für den ständigen Umsatz an Körperproteinen. Sie wurde als absolutes Stickstoff-Minimum (44), Abnutzungsquote (58), spezifisches endogenes Stickstoffminimum (77) oder minimaler endogener Stickstoffumsatz (10) bezeichnet. Errechnet man den minimalen endogenen Stickstoffumsatz pro Kilogramm Körpergewicht, so ergeben sich im 1. Trimenon höhere Werte als im Erwachsenenalter (Tab. 3). Man hat den höheren endogenen Stickstoffumsatz des Kindes mit seinem größeren Grundumsatz zu erklären versucht (10). Die bei jungen Tieren und bei Säuglingen gefundene kürzere Halblebenszeit der Proteine bietet die einleuchtendere Erklärung für den höheren endogenen Stickstoffumsatz, zumal erhöhte Werte nur im 1. Trimenon, normale Erwachsenenwerte schon im 5. Monat nachweisbar sind (36), während der Grundumsatz sich erst im Schulalter der Erwachsenen-Norm nähert. Die Stickstoffausscheidung bei eiweißfreier Diät ist abhängig von dem Calorienangebot; je calorienreicher die Diät um so geringer ist die Stickstoffausscheidung (9, 20).

Bei Zufuhr einer Eiweißmenge, die dem minimalen endogenen Stickstoffumsatz entspricht, steigt die Stickstoffausscheidung an. Ein Gleichgewicht zwischen

Stickstoffzufuhr und Stickstoffausscheidung stellt sich erst bei weiterer Steigerung der Eiweißzufuhr um 20% oder mehr ein. Die dieses Gleichgewicht erzielende Eiweißzufuhr wurde von RUBNER als physiologisches Eiweißminimum bezeichnet. Bislang ist ein Studium des physiologischen Eiweißminimums in den verschiedenen Altersklassen unseres Wissens nicht erfolgt. Bei einem 14 jährigen Mädchen stellte sich eine positive N-Bilanz bereits bei Zufuhr von 0,31 g Protein/kg KG und 40 Calorien/kg KG ein (*9*).

Tabelle 3. *Minimaler endogener Stickstoffumsatz pro Kilogramm Körpergewicht (KG) bei Kindern und Erwachsenen*

Zahl der Untersuchungen	Alter	Urin	Kot	insgesamt	Autor
		mg N/kg KG			
3	Säuglinge 1—2 Mon.	74	29	103	16
2	Säuglinge 3 Monate	51	34	85	36
2	Säuglinge 5 Monate	46	24	70	75
3	Säuglinge 5—7 Mon.	37	15	52	36
9	Schulkinder 10—12 J.	60	18	78	81
Literaturzusammenstellung	Erwachsene	40	15	55	8

Beim Säugling zeigt die Analyse der Stickstoffraktionen im Harn bei eiweißfreier Ernährung parallel zum Abfall des Gesamtstickstoffs einen entsprechenden Abfall des Harnstoff-N auf etwa ein Zehntel, während die Werte für Harnsäure-N, Kreatinin-N und Aminosäuren-N nur wenig niedriger sind (*75*). Dagegen bleibt die Ammoniak-N-Ausscheidung nahezu konstant. Das ist eine Besonderheit des Säuglings, die als Störung der Harnstoffsynthese gedeutet wurde (*75*). Beim Erwachsenen nimmt bei eiweißfreier Ernährung auch die Ammoniak-N-Ausscheidung ab, wenn auch nicht in dem Ausmaß wie die Harnstoffausscheidung.

3. Die Endprodukte des Eiweißstoffwechsels in Blut und Harn

Ammoniak wird bei der oxydativen Desaminierung der Aminosäuren frei. Es wird bei der Synthese nichtessentieller Aminosäuren zur Bildung der α-Aminogruppe benötigt. Der Blut- und Gewebsspiegel an freiem Ammoniak wird durch sofortige Bindung an Asparagin- und Glutaminsäure bzw. durch Verwendung zum Aufbau des Harnstoffs in der Leber niedrig gehalten, da Ammoniak ein starkes Zellgift darstellt. Mit der Nahrung aufgenommene Ammoniumsalze werden ebenfalls zur Harnstoffsynthese benutzt oder in Form von Ammoniak im Urin ausgeschieden. Ob das aus der Nahrung oder dem intermediären Stoffwechsel stammende Ammoniak zur Harnstoffsynthese benutzt oder nach vorübergehender Bindung an Asparagin- bzw. Glutaminsäure in der Niere ausgeschieden wird, hängt vom Säure-Basen-Gleichgewicht ab. Bei Acidose wird in der Niere vermehrt Ammoniak aus Glutamin freigesetzt. Bei Alkalose wird Ammoniak weitgehend zur Harnstoffsynthese benutzt. Der Anteil des Ammoniak-N am Gesamt-N des Harns beträgt 3—10—20%.

Der *Harnstoff* ist das Endprodukt des intermediären Eiweißabbaues. Die Ausscheidung des neutral reagierenden und kaum toxischen Harnstoffs erfolgt in den Nieren. 85—88% des Stickstoffs im Harn liegt in Form des Harnstoffs vor. Die Harnstoffausscheidung steigt und fällt parallel zur Eiweißaufnahme. Bei eiweißfreier, calorisch ausreichender Kost fällt die Harnstoffausscheidung nicht nur absolut ab, auch der Anteil des Harnstoff-N an der Gesamt-N-Ausscheidung sinkt von etwa 88% auf etwa 48% ab (*75*). Bei Frühgeborenen, seltener bei Reifgeborenen sind in den ersten Lebenstagen (Maximum am 2.—3. Tag) im Blut erhöhte Reststickstoffwerte nachgewiesen worden (*33*), die auf erhöhte Plasmaspiegel an Harnstoff, Harnsäure und freien Aminosäuren zurückzuführen sind. Dies spricht für ausreichende Harnstoffsynthese und verminderte Glomerulusfiltration.

Die *Harnsäure* ist das Endprodukt der stickstoffhaltigen Purinkörper. Sie wird überwiegend im Harn ausgeschieden, in geringen Mengen ist sie im Speichel, im Magensaft, in der Galle und im Pankreassaft zu finden. Bei purinfreier oder purinarmer Ernährung (Milch), ist die Menge der ausgeschiedenen Harnsäure der endogenen Quote der Purinkörpermauserung gleichzusetzen. Exogene Zufuhr von Purinen erhöht die Harnsäureausscheidung. Überwiegende Kohlenhydraternährung erhöht, überwiegende Fetternährung vermindert die Harnsäureausscheidung. Angestrengte Muskelarbeit führt zu erhöhter Harnsäureausscheidung. Der Harnsäurespiegel im Plasma ist bei Frühgeborenen (16,8 mg-%) und Neugeborenen (7,1 mg-%) im Vergleich zu älteren Säuglingen (4,8 mg-%) und Erwachsenen (3,2 mg-%) erhöht (*71*). Nach älteren Untersuchungen (*10*) soll die Harnsäureausscheidung in den ersten Lebenstagen erhöht sein. Neuere Untersuchungen (*2*) haben dagegen eine verminderte Harnsäureausscheidung ergeben. Bei der Sektion von Neugeborenen werden häufig in den Nieren sog. „Harnsäureinfarkte" gefunden. Die verminderte Harnsäureausscheidung beim Neugeborenen ist durch die verminderte Glomerulusfiltrationsrate in diesem Lebensabschnitt verständlich. Ferner ist eine verminderte tubuläre Harnsäurerückresorption bei Neugeborenen nachgewiesen (*71*). Dies führt zu einem Anstieg der Harnsäurekonzentration im Tubulusharn, vor allem beim Vorliegen erhöhter Plasmaspiegel. Im Harn Neugeborener findet sich daher eine hohe Harnsäurekonzentration. Da in den ersten Lebenstagen nur wenig Urin gebildet wird, ist die Gesamttagesausscheidung an Harnsäure gering.

Die Aminosäuren Methionin und Cystin sind schwefelhaltig. Bei ihrem Abbau wird der *Schwefel* oxydiert und überwiegend als anorganisches Sulfat, zum kleinen Teil als Ester- oder Ätherschwefelsäure im Harn ausgeschieden. Da der Sulfatschwefel des Urins ausschließlich aus den schwefelhaltigen Aminosäuren herrührt, kann aus seiner Menge auf den Umsatz der schwefelhaltigen Aminosäuren geschlossen werden. Bei sehr eiweißreicher Kost steigt der Sulfatschwefel im Harn parallel zum Harnstoff an, während bei calorisch reicher, jedoch eiweißarmer Kost Sulfatschwefel und Harnstoffausscheidung eingeschränkt werden. Bei Ernährung mit Frauenmilch wird daher pro Kilogramm Körpergewicht sehr viel weniger Sulfatschwefel ausgeschieden als bei Ernährung mit eiweißreicheren Kuhmilchmischungen (*10*).

Kreatin (Methyl-Guanidin-Essigsäure) findet sich vor allem im quergestreiften Muskel und Herzmuskel, ferner im Hoden, in Leber und Niere. Die Kreatinsynthese findet in der Leber statt. Im Blut ist es nur in geringer Konzentration, im Harn gesunder Erwachsener nicht nachweisbar. Erwachsene mit erloschener Genitalfunktion scheiden ebenso wie Kindern bis zur Pubertät spontan Kreatin im Urin aus. Die Höhe der Kreatinausscheidung ist abhängig von der Eiweißzufuhr, je höher die Eiweißzufuhr um so größer auch die Kreatinausscheidung. Bei künstlich ernährten Säuglingen ist daher die Kreatinausscheidung höher als bei gestillten Säuglingen. Die Spontankreatinurie bei Erwachsenen mit erloschener Genitalfunktion kann durch Geschlechtshormone zum Verschwinden gebracht werden, nicht jedoch bei Kindern. Bei mittlerem Eiweißgehalt der Kost beträgt die Kreatinurie etwa 4—6, bei eiweißreicher Kost etwa 6—11 mg pro Kilogramm Körpergewicht (*10*). Bei ausschließlicher Ernährung mit pflanzlichem Eiweiß kann die kindliche Spontankreatinurie ganz verschwinden (*41*).

Kreatinin (Anhydrid des Kreatins) ist das Ausscheidungsprodukt des Kreatinstoffwechsels. Es kommt im Blut, in der Gewebsflüssigkeit und in einigen Sekreten vor. Die Harnausscheidung an Kreatinin (pro Kilogramm Körpergewicht und Tag) stellt beim Erwachsenen eine relativ konstante individuelle Größe dar, die sich als Funktion der Muskelmasse erwiesen hat. Die Kreatininausscheidung ist weitgehend unabhängig von der Eiweißaufnahme, sie ist bei eiweißreicher Kost nicht größer als im Eiweißminimum. Sie ist auch unabhängig von der Muskeltätigkeit. Erst nach stark erhöhter Kreatinzufuhr (400—600 g Fleisch) steigt die Kreatininausscheidung an und fällt erst einige Tage nach Absetzen der kreatinreichen Nahrung zum Ausgangswert ab. Bei übermäßiger Kreatinzufuhr muß daher eine vorübergehende Speicherung von Kreatin angenommen werden. Das Studium der 24stündigen Kreatininausscheidung in den verschiedenen Altersklassen erlaubt wertvolle Hinweise auf das Wachstum der Muskulatur und die Synthese des Kreatins. Bei Frühgeborenen wird kein oder nur wenig Kreatinin ausgeschieden (*47*), was auf eine noch geringe Synthese des Kreatins in der Leber schließen läßt. Im Säuglingsalter und in der ersten Hälfte des zweiten Lebensjahres beträgt die Kreatininausscheidung gleichbleibend etwa 13,5 mg pro Kilogramm Körpergewicht und Tag. In der zweiten Hälfte des zweiten Lebensjahres ist ein sprunghafter Anstieg festzustellen, dem sich ein weiterer kontinuierlicher Anstieg bis zur Erwachsenennorm im zehnten Lebensjahr anschließt (Abb. 2) (*74*). Diese Zunahme der Kreatininausscheidung zeigt das relativ stärkere Wachstum der Skeletmuskulatur im Vergleich zum gesamten Körperwachstum in diesem Lebensabschnitt. Dies stimmt mit anatomischen Studien (*60*) überein, wonach die Muskulatur im Säuglingsalter nur 25%, mit 12 Jahren dagegen 45% des Körpergewichts ausmacht.

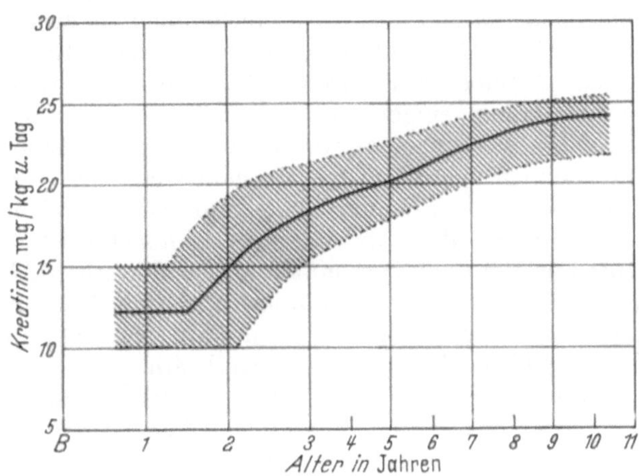

Abb. 2. Tägliche Kreatininausscheidung pro Kilogramm Körpergewicht in den ersten 11 Lebensjahren. Aus STEARNS et al.: Ann. N. Y. Acad. Sci. **69**, 857 (1958)

Die Ausscheidung der *Aminosäuren* im Harn wird im folgenden Abschnitt besprochen.

4. Aminosäuren-Stoffwechsel

Die Proteine des menschlichen Körpers enthalten mindestens 22 verschiedene Aminosäuren. Der Erwachsene vermag davon 15 aus stickstoffreien Vorstufen und Ammoniumsalzen selbst zu bilden. Die übrigen 7 müssen in den Proteinen der Nahrung enthalten sein, andernfalls stellt sich eine negative Stickstoffbilanz ein, dies schon beim

Tabelle 4
Notwendig für

Wachstumsstoffwechsel	Erhaltungsstoffwechsel
Valin	Valin
Leucin	
Isoleucin	Isoleucin
Threonin	Threonin
Methionin	Methionin
Phenylalanin	Phenylalanin oder Tyrosin
Tryptophan	Tryptophan
Histidin	
Lysin	Lysin oder Norleucin

Fehlen einer einzigen dieser sieben Aminosäuren. Letztere wurden daher als unentbehrliche oder essentielle Aminosäuren bezeichnet. Der junge Säugling benötigt infolge seines Wachstumsstoffwechsels die Zufuhr von 9 unentbehrlichen Aminosäuren.

Leucin und Histidin haben sich beim jungen Säugling als unentbehrlich, beim Erwachsenen als entbehrlich erwiesen. Die Unterscheidung von entbehrlichen und unentbehrlichen Aminosäuren geht auf Tierversuche (Ratte) von ROSE (57) zurück. Daß Ergebnisse von Tierversuchen nicht ohne weiteres auf den Menschen übertragen werden können, zeigt sich am Arginin. Diese Aminosäure ist für gefiederte Lebewesen unentbehrlich. Junge Ratten gedeihen bei Arginin-freier Diät nicht optimal. Der menschliche Säugling zeigt dagegen unter Arginin-freier Diät normale Gewichtszunahme und normale Stickstoffretention (30).

Der Aminosäurenstoffwechsel konnte aus methodischen Gründen erst in den letzten Jahren eingehender erforscht werden. Es liegen eine Reihe wichtiger Ergebnisse vor, ohne daß wir vorerst in der Lage sind, den Sachverhalt zu erklären und die zugrunde liegenden Mechanismen zu verstehen. Der Abschnitt über die Aminosäuren im Blut und Harn kann daher zunächst nur deskriptiv sein.

Im fetalen Blut und im Nabelschnurblut ist der Gehalt an freien Aminosäuren im Vergleich zum mütterlichen Blut erhöht. Je unreifer das Frühgeborene, um so höher ist der Aminosäurenspiegel im Nabelschnurblut. Man hat der Placenta die Funktion einer Aminosäurenpumpe zugeschrieben. Nicht alle Aminosäuren sind in gleicher Weise erhöht. Stark erhöhte Spiegel wurden für Taurin, Serin, Lysin und Threonin, erhöhte Spiegel für Histidin, Isoleucin, Leucin, Methionin, Phenylalanin, Tryptophan, Valin und Tyrosin gefunden (13, 66). Höchstes Konzentrationsgefälle Fet/Mutter wurde für Lysin bestimmt (66). Im α-Aminostickstoffgehalt und den Spiegeln der einzelnen Aminosäuren besteht zwischen Säuglingen außerhalb der Neugeborenenzeit und Erwachsenen kein eindeutiger Unterschied. Der Aminosäurengehalt im Blut wird ziemlich konstant gehalten. Selbst nach großen Mahlzeiten tritt nur eine unwesentliche Steigerung, maximal um 40% des Nüchternwertes ein (73).

Während sich der Aminosäurenspiegel im Blut jenseits der Neugeborenenzeit kaum noch ändert, ist die Aminosäurenausscheidung im Harn während der ersten 6 Lebensmonate alters- und reifebedingten Schwankungen unterworfen. Junge Säuglinge scheiden pro Kilogramm Körpergewicht und Tag mehr Aminosäuren aus als Kleinkinder und Erwachsene. Die α-Aminostickstoffausscheidung nimmt in den ersten 6—8 Wochen zu, um danach wieder abzufallen. BICKEL gibt nebenstehende Werte an (Tab. 5).

Tabelle 5. *α-Aminostickstoffausscheidung im Harn pro Kilogramm Körpergewicht und Tag in mg*

	M	± M
Reifgeborene		
3.—7. Tag	2,66	± 0,19
10.—21. Tag	3,47	± 0,25
6.—12. Woche	4,96	± 0,36
6.—12. Monat	3,38	± 0,26
Frühgeborene		
3.—7. Tag	3,21	± 0,53
10.—21. Tag	4,91	± 0,62
6.—8. Woche	7,38	± 1,52

Der Anteil des α-Aminostickstoffs am Gesamtstickstoff im Urin (Aminostickstoffkoeffizient) ist anfangs größer als später. Frühgeborene scheiden jenseits der Neugeborenenzeit mehr Aminosäuren aus als Reifgeborene. Das Aminosäurenmuster ist ebenfalls ganz charakteristischen Änderungen unterworfen (Abb. 3). Am ersten Lebenstag überwiegt bei Reifgeborenen die Taurinausscheidung, um schon am 5. Tag auf niedrige Werte abzufallen. Auch die Cystinausscheidung nimmt vom ersten Lebenstag an kontinuierlich ab. Dagegen steigt die Ausscheidung an Glycin, Serin, Alanin- und Glutaminsäure (einschließlich Glutamin), Prolin und Oxyprolin zunächst an, um erst jenseits der 6. Woche wieder abzunehmen. Bei

Frühgeborenen ist das Aminosäurenmuster im Urin ganz ähnlich, die beim Reifgeborenen beschriebenen Veränderungen bestehen lediglich längere Zeit. Im Alter von 6—12 Monaten entspricht die Aminosäurenausscheidung in bezug auf Menge und Muster der von Klein- und Schulkindern (6).

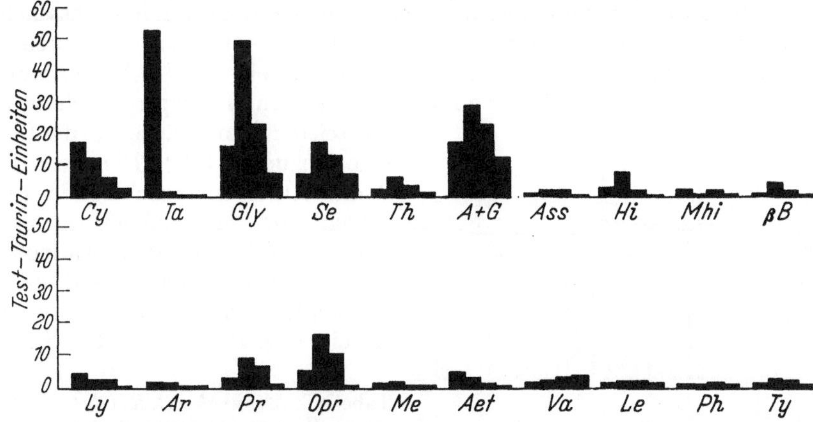

Abb. 3. Durchschnittliches Aminosäurenmuster im Urin Reifgeborener des 1. Lebenstages (1. Säule), des 5. Lebenstages (2. Säule), der 8. Lebenswoche (3. Säule) und des 6. Lebensmonats (4. Säule). Zur Untersuchung gelangten ein 500 γ N enthaltendes Urinvolumen. Aus H. BICKEL: In: F. LINNEWEH, Die physiologische Entwicklung des Kindes. Berlin-Göttingen-Heidelberg: Springer-Verlag 1959. Zeichenerklärung: Cy Cystin als Cysteinsäure, Ta Taurin, Gly Glycin, Se Serin, Th Threonin, A + G Alanin, Glutamin + Glutaminsäure, Ass Asparaginsäure, Hi Histidin, Mhi Methylhistidin, βB β-Aminoisobuttersäure, Ly Lysin, Ar Arginin, Pr Prolin, Opr Oxyprolin, Me Methionin als Sulfon, Aet Äthanolamin, Va Valin, Le Leucine, Ph Phenylalanin, Ty Tyrosin. Definition der Test-Taurineinheiten und chromatographische Technik. BICKEL, H., u. F. SOUCHON: Die Papierchromatographie in der Kinderheilkunde. 31. Beih. Arch. Kinderheilk. 1955

Ein Vergleich zwischen den Plasmaspiegeln und der Ausscheidung der betreffenden Aminosäuren im Urin lehrt, daß die unterschiedliche Ausscheidung nicht auf die Höhe der Plasmaspiegel zurückgeführt werden kann (Abb. 4). Die altersbedingte Wandlung der Aminoacidurie dürfte in erster Linie durch die Reifung der glomerulären und tubulären Nierenfunktion und die unterschiedliche Rückresorption bedingt sein. Bei Frühgeborenen sind die Clearancewerte für die meisten Aminosäuren stark erhöht (69). Lediglich in den ersten 14 Lebenstagen kommen zu den renalen Faktoren extrarenale Ursachen in Form erhöhter Plasmaspiegel freier Aminosäuren hinzu (over-flow-mechanism).

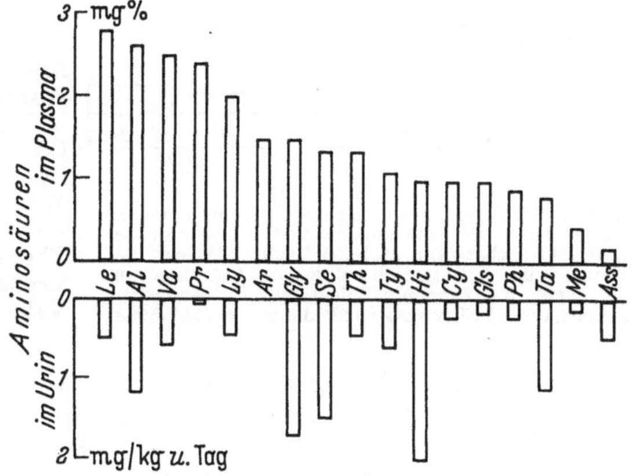

Abb. 4. Unterschiedlichkeit des Aminosäurenmusters in Plasma und Urin Gesunder. Die Werte sind Mittelwerte aus säulenchromatographischen Untersuchungen verschiedener Autoren. Abkürzungen siehe Abb. 3. Aus H. BICKEL: In: F. LINNEWEH, Die physiologische Entwicklung des Kindes. Berlin-Göttingen-Heidelberg: Springer-Verlag 1959

Im Liquor sind weniger freie Aminosäuren als im Blut. Im Gewebe und in den Zellen ist dagegen eine 5—10mal höhere Konzentration an Aminosäuren anzutreffen (10). In wachsenden Zellen finden sich wiederum mehr Aminosäuren als in erwachsenen Zellen (12a). Wachstum ist demnach mit der Fähigkeit verbunden, freie Aminosäuren gegen ein Konzentrationsgefälle anzureichern.

Bislang beruhten unsere Kenntnisse über den Bedarf des Menschen an den einzelnen Aminosäuren auf Berechnungen, die sich auf Kenntnis des Proteinbedarfs und des Gehaltes der verschiedenen Proteine an Aminosäuren gründete. Solche Berechnungen sind naturgemäß mit erheblichen Fehlern belastet. Eine amerikanische Forschergruppe des University College of Medicine (New York) hat inzwischen den Bedarf des Säuglings an essentiellen Aminosäuren in mühsamen Versuchen direkt ermittelt. Gesunde Säuglinge erhielten eine calorisch ausreichende, eiweißfreie Diät. Statt Protein wurde der Nahrung ein aus 18 Aminosäuren bestehendes Gemisch in der Menge von 3 g pro Kilogramm Körpergewicht zugefügt (Anteil der Aminosäuren an der Gesamtcalorienzufuhr 8%). Die Relation der Aminosäuren entsprach der der Frauenmilch. Die zu prüfende Aminosäure wurde jeweils aus dem Aminosäurengemisch weggelassen bzw. in ihrer Konzentration verändert und durch Glycin ersetzt, so daß das Stickstoff-

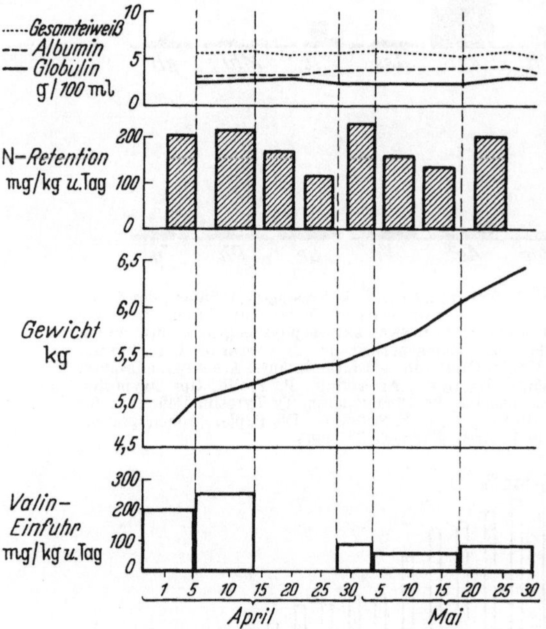

Abb. 5. Der Bedarf eines gesunden Säuglings (1 Monat alt) an Valin. Gewichtszunahme und N-Retention bei unterschiedlicher Valinzufuhr. Befriedigende Gewichtszunahme und N-Retention wurden bei Aufnahme von 83 und 85 mg Valin pro Kilogramm Körpergewicht erzielt. Aus S. E. Snyderman: Pediatrics 21, 117 (1958)

Tabelle 6. *Minimaler Bedarf der Säuglinge an essentiellen Aminosäuren.* Zusammenstellung nach L. Emmett Holt, jr. (*30*) und S. E. Snyderman (*73*). Die mit * bezeichneten Zahlen sind aus Arbeiten von Albanese u. Mitarb. (*1*) entnommen

Aminosäure	Versuche mit einem Gemisch von 18 Aminosäuren	Errechnet nach Ernährung mit einem Milchminimum
	mg/kg KG u. Tag	
Arginin . . .	0	42
Histidin . . .	35	24
Isoleucin. . .	90*	75
Leucin . . .	150—229	135
Lysin	90	83
Methionin . .	65*	32
Phenylalanin .	90	61
Threonin . .	60	51
Tryptophan .	16—22	16
Valin	85	80

angebot in der Nahrung stets gleich war. Als Kriterium für das optimale Angebot der entsprechenden Aminosäure galt die Stickstoffretention und das Gedeihen des Kindes (Abb. 5). Der mit diesem Vorgehen ermittelte durchschnittliche Bedarf der verschiedenen essentiellen Aminosäuren ist in Tab. 6 zusammengestellt und den Werten gegenübergestellt, die durch Ernährung mit einem Milchminimum ermittelt wurden.

Da sich der Proteinbedarf im Laufe der Entwicklung verringert, kann daraus auch auf einen verminderten Bedarf essentieller Aminosäuren geschlossen werden. Ob aber der prozentuale Anteil der einzelnen Aminosäuren am Gesamtaminosäurenbedarf im Laufe des Wachstums gleich bleibt, ist eine Frage, die sich heute noch nicht beantworten läßt. Es ist durchaus vorstellbar, daß sich der prozentuale Anteil verschiedener Aminosäuren im Laufe der Entwicklung ändert. Dies würde bedeuten, daß sich die biologische Wertigkeit eines bestimmten Nahrungsproteins in verschiedenen Wachstumsphasen ändert; denn die biologische Wertigkeit eines Proteins ist nicht nur von seinem Gehalt an essentiellen Aminosäuren, sondern in gleicher Weise vom Bedarf des Organismus an diesen abhängig. Vergleichende Analysen fettfreien Körpergewebes von Neugeborenen und Erwachsenen haben bislang keine wesentlichen Unterschiede in der Aminosäurenzusammensetzung ergeben (52).

5. Der Umsatz der Proteine

Die Zufuhr markierter Aminosäuren (C^{14}, S^{35}, N^{15}) und die Verfolgung dieser Aminosäuren im Organismus stellt eine neue Möglichkeit zur Erforschung des Proteinstoffwechsels dar. Mit Hilfe dieser Methode sind bereits wesentliche Erkenntnisse gewonnen worden, die auch für die Entwicklungsphysiologie Bedeutung besitzen. Zunächst wurde festgestellt, daß die Erneuerung einzelner Zellbausteine, die fortlaufend stattfindet, in den verschiedenen Zellen mit unterschiedlicher Geschwindigkeit erfolgt. Ausdruck dieses Vorganges ist die Umsatzrate, d. h. die Menge einer Aminosäure, die pro Zeiteinheit in eine Eiweißfraktion eingebaut (inkorporiert) wird. Über die absolute Größe dieser Inkorporations- bzw. Umsatzraten wissen wir vorerst sehr wenig. Dagegen hat uns die Autoradiographie recht gute Kenntnisse der relativen Umsatzrate einzelner Gewebe und Zellen vermittelt. Versuchstieren (Maus, Ratte, Kaninchen) wird eine bestimmte Menge einer markierten Aminosäure eingespritzt. Nach 40 min bis 8 Std erfolgt Tötung der Tiere und Anfertigung von Autoradiogrammen der verschiedenen Organe und Gewebe. Die Zellen, bzw. die Zellareale mit dem größten Eiweißumsatz haben viel markierte Aminosäuren eingebaut und zeigen daher intensive Schwärzung der unter dem Gewebsschnitt befindlichen photographischen Platte; je geringer der Eiweißumsatz, um so geringer ist die Schwärzung. Setzt man die stärkste Schwärzung gleich 100, so ergibt sich die in der Tab. 7 wiedergegebene Reihenfolge der Zellen nach ihrem Eiweißumsatz. So zeichnet sich z. B. das exokrine Pankreasepithelgewebe gegenüber den Zellen der Langerhansschen Inseln durch einen 10fach höheren Eiweißumsatz aus. Die Differenzierung einer ruhenden Bindegewebszelle zur Epitheloidzelle ist mit einer Zunahme des Eiweißumsatzes um 2—3 Zehnerpotenzen verbunden. Dem Eiweißumsatz geht der Sauerstoffverbrauch und die Autolyseneigung parallel. Die Zellen mit großem Eiweißumsatz besitzen auch einen hohen Ribonucleinsäurengehalt.

Durch Messung der zeitlichen Abfallkurve einer Eiweißmarkierung gewann man eine Vorstellung über die ungefähren biologischen Halbwertzeiten von Plasmaproteinen: Albumin 17—27 Tage, γ-Globulin 20—35 Tage, Fibrinogen 3,4—4,2 Tage (51).

Die Frage, in welcher Weise sich die Umsatzrate der Proteine im Verlaufe der Entwicklung ändert, kann wiederum nur anhand von Tierversuchen beantwortet werden. Der Proteinumsatz der Leber ist bei Neugeborenen ähnlich dem erwachsener Tiere (68), während in Muskulatur, Gehirn, Niere und Knorpel bei Neugeborenen ein bis zu 600% höherer Proteinumsatz wie bei den Muttertieren gemessen wurde. Um den 20. Lebenstag erfolgt ein vorübergehender Anstieg der Syntheserate der Leberproteine, dem ein Anstieg der Gesamtnucleinsäuren am 12. Lebenstag vorausgeht (69a). Vieles deutet darauf hin, daß jedes Organ seine eigenen kritischen Wachstums- und Entwicklungsphasen besitzt (68). Bei Säuglingen wurde eine deutlich kürzere Halblebenszeit von Albumin beobachtet (31). 10 Tage alten Kaninchen injizierte man markiertes Albumin bzw. γ-Globulin und fand im Vergleich zu erwachsenen Tieren eine 50% kürzere Halblebenszeit (55). Mit zunehmendem Alter nimmt die Halblebenszeit der Proteine zu, die Abbaugeschwindigkeit ab. Tierversuche legen die Annahme nahe, daß proteinreiche Ernährung einen schnelleren Plasmaproteinumsatz bewirkt als proteinarme Ernährung (79). Kleine Tiere setzen Proteine rascher um als große (54a).

Aus diesen zunächst sehr spärlichen Ergebnissen ist immerhin die Folgerung erlaubt, daß Wachstum nicht mit einer Drosselung des Proteinabbaues einhergeht, was theoretisch vorstellbar wäre, sondern im Gegenteil mit beschleunigtem Proteinumsatz verbunden ist.

Tabelle 7. *Relative Größe der Eiweißumsatzrate einzelner Gewebe und Zellen der Ratte nach Gabe von S 35-Thio-Aminosäuren.* Mittlere Lebensdauer (ML) nach Niklas u. Mitarb: Biochem. Z. **330**, 1 (1958). Tab. nach W. Maurer: Dynamik des Eiweißes. Springer 1960 (*51*)

	Gewebe	Relat. EW-Umsatz	ML
1	Exokrine Pankreasepithelien	100	
	Hauptzellen des Drüsenmagens	150—100	6 Std
	Epithelien seröser Speicheldrüsen	~100	
	Zellen der Adenohypophyse	150—100	
	Zellen der Epiphyse	150—100	
	Zellen der Nebennierenrinde	150—100	
	Ganglienz. d. ZNS (mot., veg. bzw. sens.)	150 bzw. 40	9 Std
	Ganglienz. veg. Plexus (Magen-Darm)	~150	
	Plexus chorioideus im Gehirn	150—100	
	RES in Leber, Milz, Lymphknoten	~100	~9 Std
2	Lieberkühnsche Krypten	30—50	14 Std
	Stratum germinat. (Haut, Oesophagus.)	30	
	Zellen der Haarwurzeln	30—50	
	Knochenmarkszellen	30—50	
	Zellen des Säulenknorpels	30	
	Spermatogonien	30	
	Follikelepithelien im Ovar	30—60	
	Leberepithelien	30	
	Tubulusepithelien der Niere	30	14 Std
3	Oberflächenepithelien des Magen-Darm- und Respirationstraktes	15—30	
	Zellen des Nebennierenmarkes	~10	
	Zellen der Langerhansschen Inseln	10	
	Neurohypophyse	5	
	Nierenmark und Glomeruli	12	
4	Skeletmuskulatur	1,6	32 Tage
	Herzmuskulatur	4,8	12 Tage
	Glatte Muskeln des Magen-Darm-Traktes	1,6	~20 Tage
	Glatte Muskeln des Uterus	4,8	
	Alveolargewebe der Lunge	6,0	
	Knorpel	1,6	
	Koll. und ret. Bindegewebe	0,5	
	Marksubstanz ZNS	1,0 }	25 Tage
	Gliagewebe ZNS	1,0 }	

6. Die Entwicklung der Plasmaproteine

Die Zahl der individuellen Proteine des menschlichen Körpers wird auf etwa 2000 geschätzt (*67*). Am besten erforscht sind die Plasmaproteine, deren Zahl mit 200 angegeben wird. Die Entwicklung und Differenzierung dieser Vielfalt läßt sich aus methodischen Gründen am ehesten am Beispiel der Plasmaproteine zeigen. Es gibt keine Methode, mit der alle bislang bekannten Plasmaproteine gleichzeitig dargestellt werden könnten. Daher empfiehlt es sich, jeweils die Proteine zu besprechen, deren qualitativer und quantitativer Nachweis mit der gleichen Methode gelingt.

Auf physiko-chemischem Wege lassen sich nur solche Proteine unterscheiden, die unterschiedliche physiko-chemische Eigenschaften besitzen und die in einer Konzentration von wenigstens 100 mg/100 ml im Plasma bzw. Serum vorkommen.

Die gebräuchlichste physiko-chemische Proteinfraktionierungsmethode ist heute die Elektrophorese. Sie teilt die Serumproteine in 5 Gruppen: Albumin, α_1-Globulin, α_2-Globulin, β-Globulin und γ-Globulin. Die Albumin- und γ-Globulinfraktion enthalten überwiegend homogenes Eiweiß, während die α- und β-Globuline verschiedenste Proteine vereinen, die lediglich in ihrer elektrischen Ladung übereinstimmen.

Beim Feten steigt der Eiweißspiegel im Serum von sehr niedrigen Werten (1—2 g/100 ml) auf durchschnittlich 6 g/100 ml bei der Geburt an. Der Anteil der elektrophoretischen Serumproteinfraktionen ändert sich während der Fetalzeit insofern, als das Albumin von zunächst 80 auf 60% abfällt und dafür das γ-Globulin von wenigen Prozent auf durchschnittlich 20% bei der Geburt ansteigt (18, 23, 53).

Im Serum von 9—19 Wochen alten Feten wurde eine Serumproteinkomponente gefunden, die weder im Serum Frühgeborener noch im mütterlichen Serum nachweisbar war (5). Ihre durchschnittliche Konzentration betrug 0,28 g/100 ml, ihr höchster relativer und absoluter Wert fand sich bei der jüngsten Frucht. Die elektrophoretische Beweglichkeit lag zwischen Albumin und α_1-Globulin. Bei Rinderfeten ist ein fetaler Eiweißkörper unter der Bezeichnung Fetuin schon längere Zeit bekannt (54).

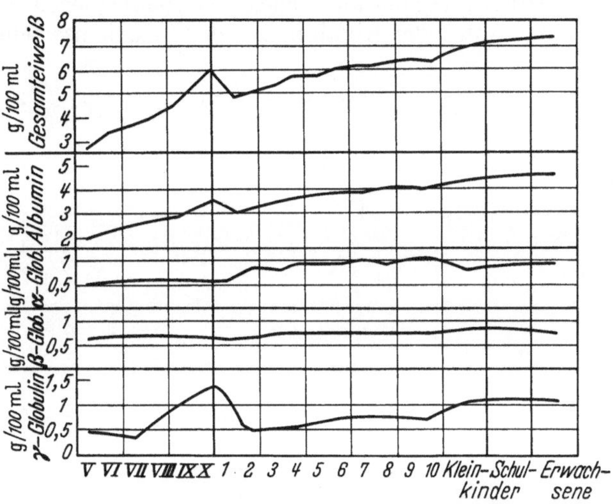

Abb. 6. Das Gesamteiweiß im Serum und die elektrophoretischen Serumproteinfraktionen in der Fetalzeit und im Säuglingsalter. Die den Kurven zugrundeliegenden Werte sind Mittelwerte von Untersuchungen verschiedener Autoren

Nach der Geburt sinkt der Gesamteiweißspiegel während des ersten Lebensmonats auf etwa 5 g/100 ml ab, um anschließend kontinuierlich anzusteigen und im 6. Monat den Wert bei der Geburt und im 5. Lebensjahr die Erwachsenennorm zu erreichen (65). Der Abfall des Gesamteiweißspiegels ist z. T. durch einen Abfall des γ-Globulinspiegels bedingt, der im 2. Monat mit 0,3—0,5 g/100 ml seinen Tiefpunkt erreicht, um danach bis zur Erwachsenennorm im 6. Lebensjahr anzusteigen (Abb 6, 7). α- und β-Globuline zeigen bis auf einen Anstieg in den ersten 2 Lebenswochen keine wesentlichen Änderungen. Ob die Colostralernährung im Neugeborenenalter einen schnelleren Anstieg der α- und β-Globuline bewirkt als die Ernährung mit reifer Frauenmilch, ist noch zweifelhaft (48, 61). Im Alter von 6 Monaten ist das Serumproteinspektrum bei natürlicher und künstlicher Ernährung gleich (26). Selbst Nahrungen, die in ihrem Fett- und Eiweißgehalt in qualitativer und quantitativer Hinsicht sehr unterschiedlich zusammengesetzt sind, haben keinen Einfluß auf das Gesamteiweiß und die elektrophoretischen Proteinfraktionen (77). MELLANDER u. Mitarb. (52a) fanden lediglich im Alter von $7^1/_2$ Monaten bei nur kurz gestillten Kindern einen etwas höheren γ-Globulinspiegel als bei lange gestillten Kindern. Die sich kontinuierlich ändernde Altersnorm Reifgeborener ist in Abb. 6 dargestellt. Frühgeborene haben bei der Geburt entsprechend der vorzeitig unterbrochenen Fetalentwicklung einen niedrigeren Gesamteiweiß- und γ-Globulinspiegel als Reifgeborene, die postnatale Hypoproteinämie und Hypo-γ-Globulinämie sind ausgeprägter.

Neugeborene haben im Vergleich zu Kindern und Erwachsenen niedrigere α- und β-Globulinspiegel und einen höheren γ-Globulinspiegel. Dies erklärt den positiven Ausfall der sog. γ-Globulinreaktionen (verlängertes Weltmannband, positive Zinksulfatprobe) bei Neugeborenen (27). Gesunde Säuglinge haben dagegen einen höheren α- und niedrigeren γ-Globulinspiegel als Kinder und Erwachsene (37). Unter entzündlichen Erkrankungen zeigen sie meist stärkere α-Globulinzunahmen und geringere γ-Globulinzunahmen als Klein- und Schulkinder (37). Dementsprechend sind die positiven Incoagulabilitätsproben (verkürztes Weltmannband, positive Salpetersäureprobe) häufiger als die positiven γ-Globulinreaktionen (Zinksulfatreaktion, verlängertes Weltmannband) (27).

Der Anstieg des kindlichen γ-Globulinspiegels in den letzten Schwangerschaftsmonaten und der Abfall in den ersten Lebenswochen ist durch zahlreiche Unter-

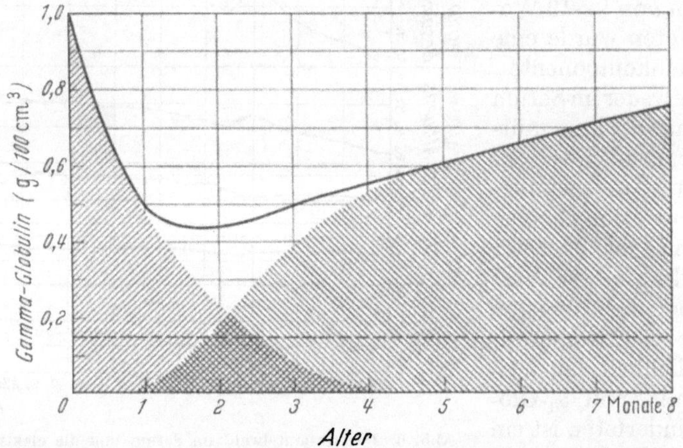

Abb. 7. Der γ-Globulinspiegel während der ersten 8 Lebensmonate. Das schraffierte Gebiet links stellt das von der Mutter auf das Kind übertragene γ-Globulin dar, das bis zum 4. Lebensmonat ausgeschieden wird. Das schraffierte Feld rechts bezeichnet das vom 2. Lebensmonat an vom Kind zunehmend selbst gebildete γ-Globulin. Dicke Linie: γ-Globulinkonzentration. Gestrichelte Linie: Obere Grenze des γ-Globulinspiegels bei Agammaglobulinämie. Aus H. E. Schultze: In: „Dynamik des Eiweißes". Berlin-Göttingen-Heidelberg: Springer-Verlag 1960

suchungen verständlich geworden. Die Entwicklung des fetalen Serumproteinspektrums wird mit Ausnahme der γ-Fraktion nicht durch pathologische Veränderungen der mütterlichen Serumproteine beeinflußt (18, 76). Lediglich der kindliche γ-Globulinspiegel stellt sich am Ende der Schwangerschaft nach dem mütterlichen γ-Globulinspiegel ein, eine Hyper-γ-Globulinämie der Mutter teilt sich dem Kind ebenso mit wie eine Agammaglobulinämie (21). Da nach neueren Untersuchungen mit C¹⁴-Glykokoll die Placenta als Ort der Plasmaproteinbildung praktisch ausscheidet (14), darf angenommen werden, daß der Fet seine Plasmaproteine mit Ausnahme der γ-Globuline selbst bildet. Die Leber synthetisiert neben dem Albumin eine Reihe von α- und β-Globulinen. Die Abhängigkeit des fetalen vom mütterlichen γ-Globulinspiegel deutet darauf hin, daß in den letzten Schwangerschaftsmonaten zunehmend γ-Globuline aus dem mütterlichen in das kindliche Blut wohl auf Grund einer selektiven Permeabilität der Placenta übertreten. Dafür sprechen auch Studien mit J¹³¹-markierten Serumproteinen beim Rhesusaffen (4) und bei Schwangeren (50). Mit dem γ-Globulin erhält das Kind die Mehrzahl der mütterlichen Antikörper, die, da sie passiv erworben sind (Leihimmunität), in den nächsten Wochen abgebaut werden. Der Abfall des γ-Globulinspiegels in den ersten Lebenswochen ergibt eine Kurve, die man sich aus 2 Komponenten entstanden denkt: Abnahme des von der Mutter stammenden γ-Globulins

und Zunahme des vom Kind gebildeten γ-Globulins (Abb. 7). Plasmazellen sind
in Darmwand und Milz erst jenseits der ersten beiden Lebenswochen etwa gleichzeitig mit dem Auftreten von Keimzentren in den Lymphfollikeln nachweisbar (78). Da die Plasmazellen die γ-Globuline bilden (70), ist in dem späten Erscheinen der Plasmazellen ein weiterer Hinweis für die mütterliche Herkunft der
γ-Globuline des Neugeborenen zu sehen.

Für die Annahme einer selektiven Permeabilität der Placenta für γ-Globuline
bereitet der oft erwähnte Hinweis Schwierigkeiten, wonach die absolute γ-Globulinkonzentration (der relative γ-Wert ist für diese Frage ohne Bedeutung) im Nabel-

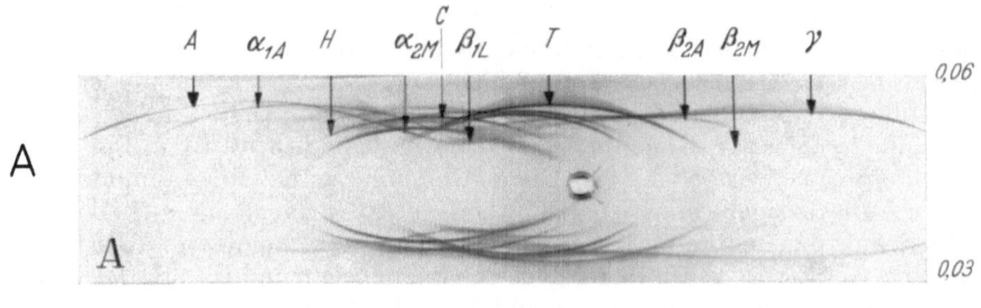
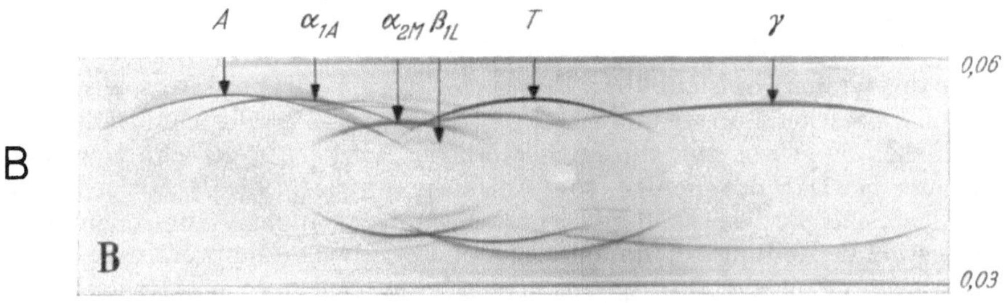

Abb. 8. Immunelektrophoretische Darstellung von Serum eines gesunden Erwachsenen (A) und eines reifen Neugeborenen (B, Nabelschnurserum). Mikromethode nach SCHEIDEGGER [Int. Arch. Allergy 7, 103 (1955)]. Antimenschenserum vom Pferd. Photographiert nach 24 Std. In die oberen Seitenkanäle wurden 0,06 ml, in die unteren
Seitenkanäle 0,03 ml Immunserum eingefüllt. Im Nabelschnurserum fehlen beim Vergleich mit dem Erwachsenenserum 3 α_2-Globuline (darunter Haptoglobin und Cäruloplasmin), 3 β_1-Globuline und 2 β_2-Globuline. Zeichenerklärung: A Albumin, α_{1A} α_1-Glykoproteid, H Haptoglobin, α_{2M} α_2-Makroglobulin, C Cäruloplasmin, β_{1L} β_1-
Lipoproteid, T Transferrin, β_{2A} (Immunglobulin), β_{2M} β_2-Makroglobulin (Immunglobulin), γ γ-Globulin
(Immunglobulin)

schnurblut höher sein soll als im mütterlichen Blut. Unseres Erachtens liegen diesem Hinweis methodische Fehler zugrunde. Eine Differenz kann nur dann als
erwiesen angesehen werden, wenn vom gleichen Autor mit der gleichen Methode
mütterliches und Nabelschnurserum untersucht wurde. Dieser Forderung genügen
die Arbeiten von EKLUND (17), MELLANDER u. Mitarb. (52a) u. a. EKLUND (17)
untersuchte 25 Mütter und ihre Kinder und fand im mütterlichen Serum 1,35 g/
100 ml, im Nabelschnurserum 1,31 g/100 ml γ-Globulin. MELLANDER u. Mitarb.
(52a) stellten bei 200 Müttern einen durchschnittlichen γ-Globulinspiegel von
1,18 g/100 ml, bei den Kindern einen durchschnittlichen γ-Globulinspiegel von
1,16 g/100 ml fest.

Die Fibrinogenkonzentration des Plasmas ist in den ersten Fetalmonaten
relativ hoch (0,8 g/100 ml), sinkt bis zur Geburt auf 0,24 g/100 ml ab (59), um anschließend mit zunehmendem Lebensalter geringfügig anzusteigen (Mittelwert im
3. Lebensjahrzehnt 0,37 g/100 ml, im 7. Lebensjahrzehnt 0,48 g/100 ml).

Tiefere Einblicke in die Vielfalt der Serumproteine erlaubt die Immunelektrophorese nach GRABAR und WILLIAMS, die vorerst eine qualitative Methode darstellt. Mit hochwertigem Antimenschenserum vom Pferd lassen sich oft mehr als 20 Serumproteide nachweisen. Zu diesen immunelektrophoretisch darstellbaren Serumproteiden gehören das tryptophanreiche Präalbumin, Albumin, α_1-Seromukoid, α_1-Lipoproteid, α_2-Makroglobulin, Haptoglobin, α-Cäruloplasmin, α_2-Lipoproteid, β_1-Lipoproteid, Transferrin, β_{2A}-Globulin, β_{2M}-Globulin, γ-Globulin. Die letzten 3 Globuline bilden die Gruppe der Immunglobuline. Mit Hilfe der Immunelektrophorese läßt sich der Zeitpunkt bestimmen, zu dem die einzelnen Proteide im Serum erscheinen. Bei einem 8 Wochen alten Embryo waren 5 Serumproteide nachweisbar, beim Neugeborenen mit dem gleichen Immunserum 12. Unter diesen 5 befand sich das Albumin und ein Präalbumin. In der 14. Woche war bereits γ-Globulin vorhanden (*64*). Beim immunelektrophoretischen Vergleich von Nabelschnurserum mit Erwachsenenserum fehlen oder sind stark vermindert drei α_2-Globuline, drei β_1-Globuline und zwei β_2-Globuline (Abb. 8). In 5:1 eingeengtem Nabelschnurserum ist β_2-Globulin meist nachweisbar, d. h. es ist in Spuren im Nabelschnurserum vorhanden (*80*). Die β_2-Globuline enthalten bestimmte Antikörper wie die Isoagglutinine, *ein* Diphtherieantitoxin (auch im γ-Globulin ist Diphtherieantitoxin enthalten), Pertussishämagglutinin, komplette Rhesusantikörper und Antikörper gegen O-Antigene von Salmonellen und E. coli. Das Fehlen oder die starke Verminderung der β_2-Globuline beim Neugeborenen deutet darauf hin, daß sie im Gegensatz zu den γ-Globulinen die Placenta nicht oder nur in Spuren passieren. Diese immunelektrophoretischen Befunde finden ihre Bestätigung durch serologische Untersuchungen. Die mütterlichen Isoantikörper (komplette und inkomplette) und kompletten Rh-Antikörper treten nicht oder nur in Spuren in den fetalen Kreislauf über. Dies erscheint sinnvoll. Bei unterschiedlichen Blutgruppen zwischen Mutter und Kind müßte sonst viel häufiger mit Hämolyse der kindlichen Erythrocyten durch mütterliche Antikörper gerechnet werden. Andererseits bewirkt das Fehlen von Antikörpern gegen die O-Antigene von Salmonellen vielleicht die besondere Disposition junger Säuglinge zur Colienteritis.

Die postnatale Reifung des immunelektrophoretischen Serumproteinspektrums konnte in letzter Zeit auch mit quantitativen immunochemischen Methoden studiert werden (*29*). Das α_1-Lipoproteid ist im Nabelschnurblut nur in geringer Konzentration (0,03 g/100 ml) enthalten und steigt in den ersten Lebenstagen rasch an (0,07 g/100 ml). Das α_2-Makroglobulin ist bei Mutter und Kind fast in gleicher Konzentration (0,45 g/100 ml) vorhanden und zeigt auch während der Säuglingszeit keine nennenswerten Schwankungen. Das Haptoglobin ist im mütterlichen Blut vermehrt (0,14 g/100 ml), im Nabelschnurblut stark vermindert (0,03 g/100 ml). Die stetige Zunahme führt schon in der 2. Lebenswoche zu Erwachsenenwerten (0,10 g/100 ml) (*82*). Der Cäruloplasminspiegel beträgt bei der schwangeren Frau das Dreifache der Norm (0,09 g/100 ml), beim Neugeborenen $1/10$ bis $1/5$ des mütterlichen Spiegels (0,01 g/100 ml). Der Erwachsenenspiegel (0,03 g/100 ml) wird im Laufe des 1. Lebensjahres erreicht. Auch beim Transferrin besteht ein Konzentrationsgefälle zwischen Mutter (0,48 g/100 ml) und Kind (0,33 g/100 ml). Bei Frühgeborenen ist der Transferrinspiegel um so niedriger, je unreifer das Kind ist (*83*). Jenseits der Neugeborenenzeit sinkt der Transferrinspiegel vorübergehend ab, um im 3. und 4. Trimenon den Erwachsenenwert (0,4 g/100 ml) zu erreichen. Die bei der Geburt fehlenden β_1-Globuline sind in der Regel ein bis zwei Wochen später nachweisbar. Das β_1-Lipoproteid ist in der Schwangerschaft vermehrt (0,49 g/100 ml), beim Neugeborenen vermindert (0,12 g/100 ml), jenseits des 2. Lebensmonats werden die Erwachsenenwerte (0,22 g/100 ml) erreicht. Das β_{1B}-Protein ist im ersten Trimenon stark vermindert. Das β_{2A}-Globulin kommt im

Nabelschnurserum nur in Spuren vor, ist bei $^2/_3$ der Reifgeborenen am Ende der Neugeborenenzeit in unkonzentriertem Serum nachweisbar und erfährt während des ganzen ersten Lebensjahres eine stetige Zunahme. Zu Beginn des zweiten Lebensjahres sind die Erwachsenenwerte noch nicht erreicht. Das β_{2M}-Globulin ist im Nabelschnurserum in Spuren enthalten, nimmt in der Neugeborenenzeit deutlich zu und erreicht im Mittel im zweiten Lebenshalbjahr die Erwachsenenwerte. Bei Frühgeborenen ist das Erscheinen der β_2-Globuline, besonders des β_{2A}-Globulins in der Regel verzögert ($28, 29, 38, 40, 63$).

Aus den Studien über die Spiegel der einzelnen Serumproteide während der Fetalzeit und nach der Geburt ergeben sich 3 verschiedene Verlaufskurven. Steigt die Proteidkonzentration vor der Geburt stark an, erreicht den Spiegel im mütterlichen Serum und fällt nach der Geburt wieder ab, so ist transplacentare Übertragung des betreffenden Proteids ohne wesentliche Eigensynthese in der Fetalzeit anzunehmen (z. B. γ-Globulin). Findet sich vor und nach der Geburt die gleiche Proteidkonzentration, so ist genügende Eigensynthese des entsprechenden Proteids schon beim Fet wahrscheinlich (z. B. α_2-Makroglobulin). Fehlen Eigensynthese vor der Geburt und transplacentare Übertragung, so wird das Proteid erst nach der Geburt allmählich nachweisbar (z. B. β_2-Immunglobulin) (29).

Obwohl im Colostrum β_{2A}-, β_{2M} und γ-Globulin, in reifer Frauenmilch β_{2A}-Globulin enthalten ist ($24, 25, 39, 72$), ist weder bei Reifgeborenen noch bei Frühgeborenen der Nachweis einer Resorption dieser Immunglobuline auf immunelektrophoretischem Wege zu erbringen, d. h. das immunelektrophoretische Serumbild zeigt bei Ernährung mit roher Frauenmilch oder künstlicher Nahrung bzw. gekochter Frauenmilch keinen Unterschied ($24, 38, 40$). Lediglich bei Verfütterung markierter γ-Globuline an Neugeborene konnte die Resorption eines geringen Teiles nachgewiesen werden (49).

Im Fruchtwasser wurde immunelektrophoretisch Albumin, Transferrin, γ-Globulin, ein α_1-Globulin und ein α_2-Globulin nachgewiesen. Es ist noch nicht geklärt, ob diese Proteine aus dem mütterlichen Blut durch die Eihäute in die Amnionflüssigkeit oder mit dem von der fetalen Niere produzierten Harn in das Fruchtwasser gelangen (44).

Die Serumuntersuchung in der Ultrazentrifuge ermöglicht die Abtrennung der Makroglobuline (Proteine mit einem Molekulargewicht über eine Million). Die Makroglobulinfraktion setzt sich aus dem α_2-Makroglobulin (3,6% Kohlenhydrat) und dem β_{2M}-Globulin (5,2% Kohlenhydrat) zusammen. Beim Säugling ist der Anteil der Makroglobulinfraktion mit durchschnittlich 3,5% im Vergleich zum Erwachsenen mit durchschnittlich 2% erhöht. Dies ist auf einen höheren Gehalt an α_2-Makroglobulin zurückzuführen ($42, 43$).

Die mit physiko-chemischer und immunologischer Methodik nicht zu erfassenden Serumproteine lassen sich nur durch Funktionsproben ermitteln: Gerinnungsfördernde und gerinnungshemmende Proteine, Fermente, Komplementfaktoren, Properdin (s. die entsprechenden Kapitel).

7. Der Eiweißbedarf des Kindes

Der kindliche Eiweißbedarf setzt sich zusammen aus dem Bedarf für den Wachstumsstoffwechsel und dem Bedarf für den Erhaltungsstoffwechsel. Letzterer dürfte nur im ersten Lebensvierteljahr wegen des größeren endogenen Stickstoffumsatzes etwas höher als im Erwachsenenalter sein. Schon ab 5. und 6. Lebensmonat können die Erwachsenenwerte in Rechnung gestellt werden. Vielfältige experimentelle und praktische Erfahrungen haben dazu geführt, den durchschnittlichen Bedarf für den Erhaltungsstoffwechsel mit 1 g Eiweiß pro Kilogramm Körpergewicht anzusetzen, worin 40% tierisches und 60% pflanzliches Eiweiß

182 H. KARTE:

enthalten ist (*10*). Der tägliche Eiweißbedarf für den Wachstumsstoffwechsel kann aus der täglichen Gewichtszunahme pro Kilogramm Körpergewicht errechnet werden. Diese relative Gewichtszunahme, die zugleich Ausdruck der Wachstumsintensität ist, fällt von 6,5 g im 1. Vierteljahr auf 0,07 g im 18. Lebensjahr ab. Aus der Gewichtszunahme läßt sich auf den täglichen Eiweißansatz pro Kilogramm Körpergewicht schließen, wenn der Eiweißgehalt des Ansatzes bekannt ist. Der Körper des Neugeborenen enthält 55—60 g Stickstoff = 344—375 g Eiweiß, das sind etwa 10% des Gesamtgewichtes. Bei Brustkindern ergibt sich aus der Stickstoffbilanz ein Eiweißanteil des Ansatzes von 13,5% (*10*), unter künstlicher Ernährung ein Eiweißanteil von 20—30% je nach Stickstoffretention und Gewichtszunahme[1]. Der Proteinanteil am fettfreien Gewebe steigt von 14% beim Neugeborenen auf 19% beim Erwachsenen (*52*). In Tab. 8 ist der tägliche Eiweißansatz unter Zugrundelegung eines durchschnittlichen Eiweißanteiles von 20% errechnet. Dieser Eiweißansatz erfordert eine Eiweißzufuhr, die sich nach der biologischen Wertigkeit des Nahrungseiweißes richtet. Die Rechnung in Tab. 8

Tabelle 8. *Der kindliche Eiweißbedarf*

Lebensalter	Tägliche Gewichtszunahme pro kg KG	Täglicher Eiweißansatz pro kg KG	Tgl. Eiweißbedarf für Wachstumsstoffwechsel pro kg KG (g) FM	KM	Tgl. Eiweißbedarf für Erhaltungsstoffwechsel pro kg KG (g) FM	KM	pE	Gesamtbedarf
Frühgeborene 1. Trim.	9—12	1,8—2,4	2–2,67	2,3—3	0,7	0,8		2,7–3,37 FM-Eiweiß *od.* 3,1–3,8 KM-Eiweiß
Reifgeborene 1. Trim.	6,5	1,3	1,44	1,63	0,7	0,8		2,14 FM-Eiweiß *oder* 2,43 KM-Eiweiß
Reifgeborene 2. Trim.	3	0,6	0,67	0,75	0,7	0,8		1,37 FM-Eiweiß *oder* 1,55 KM-Eiweiß
Reifgeborene 3. Trim.	2	0,4		0,5		0,8		1,3 KM-Eiweiß
Reifgeborene 4. Trim.	1	0,2		0,25		0,8		1,05 KM-Eiweiß
2. Lebensjahr	0,6	0,12		0,15		0,4	0,6	0,55 tier. Eiweiß *und* 0,6 pflanz. Eiweiß
3. Lebensjahr	0,4	0,08		0,1		0,4	0,6	0,5 tier. Eiweiß *und* 0,6 pflanz. Eiweiß
4.—10. Lebensj.	0,26	0,052		0,07		0,4	0,6	0,47 tier. Eiweiß *und* 0,6 pflanz. Eiweiß
Präpubertät	0,5	0,1		0,13		0,4	0,6	0,53 tier. Eiweiß *und* 0,6 pflanz. Eiweiß
Pubertät	0,5	0,1		0,13		0,4	0,6	0,53 tier. Eiweiß *und* 0,6 pflanz. Eiweiß
16. Lebensjahr	0,13	0,026		0,03		0,4	0,6	0,43 tier. Eiweiß *und* 0,6 pflanz. Eiweiß
18. Lebensjahr	0,07	0,014		0,02		0,4	0,6	0,42 tier. Eiweiß *und* 0,6 pflanz. Eiweiß

[1] Die N-Retention ist eine summarische Größe ebenso wie der aus N-Retention und Gewichtszunahme errechnete Eiweißgehalt des Ansatzes. Aus dem höheren Eiweißgehalt des Ansatzes bei eiweißreicher Ernährung darf keinesfalls geschlossen werden, daß die Zellstruktur sich ändert und ein dichteres Proteingewebe entsteht. Viel wahrscheinlicher ist die Annahme, daß überschüssiges Eiweiß innerhalb der Zellen als Depoteiweiß in Form von Einschlüssen eingelagert wird und ohne Änderung der Zellstruktur wieder abgegeben werden kann, ebenso wie Glykogen und Fett in bestimmten Zellen gespeichert wird. Vor allem die Leberzelle ist in der Lage, Eiweiß zu speichern, nimmt doch der Proteingehalt der Leber im Hungerzustand sehr schnell ab. In der Entwicklung eines jeden Kindes sind Perioden schlechteren Appetits zu beobachten, in denen die Kinder oft mit erstaunlich geringen Nahrungsmengen auskommen. Vielleicht werden in solchen Phasen die Eiweißspeicher des Organismus entleert.

ist durchgeführt unter Annahme einer biologischen Wertigkeit von 90 für Frauenmilch und 80 für Kuhmilch (die biologische Wertigkeit eines Eiweißes gibt an, wieviel g Körpereiweiß durch 100 g des zur Rede stehenden Nahrungseiweißes ersetzt wird.). Der größere endogene Stickstoffumsatz im ersten Lebensvierteljahr ist nicht berücksichtigt. Er dürfte durch den geringeren Eiweißgehalt des Ansatzes in diesem Alter ausgeglichen werden. Der sich für die einzelnen Lebensalter ergebende Gesamtbedarf an Eiweiß ist auffallend niedrig. BROCK (*10*) kommt zu ähnlich niedrigen Zahlen, die den minimalen Eiweißbedarf angeben dürften. Eine Ernährung mit dem errechneten Minimum setzt eine Nahrung mit hohem Fett-Kohlenhydrat-Gehalt vom Typus der Frauenmilch voraus. In der Frauenmilch beträgt der Anteil der Proteine am Gesamtcaloriengehalt nur etwa 8%. Diese Zusammensetzung der Nahrung ist zumindest für das erste Lebenshalbjahr anzustreben, da jede Zunahme der Eiweißzufuhr eine vermehrte Ausscheidung von Harnstoff und anorganischem Sulfat und damit eine Belastung der funktionell noch unreifen Niere zur Folge hat. Jenseits des ersten Lebenshalbjahres ist eine höhere als die minimale Eiweißzufuhr insofern wünschenswert, als bei knapper Eiweißzufuhr eine vorübergehend geringere Aufnahme von Fett und Kohlenhydraten oder kritische Stoffwechselsituationen wie Infekte und Erbrechen oder die Aufnahme minderwertigen Eiweißes sofort einen Eiweißmangel zur Folge haben würden. Die Eiweißzufuhr sollte so bemessen werden, daß der Bedarf des Organismus an Eiweiß gedeckt wird und zusätzlich noch Eiweiß für den Energiehaushalt zur Verfügung steht. Die zweckmäßige Eiweißzufuhr wird daher ab 2. Lebensjahr das Doppelte des minimalen Bedarfs betragen. Eine übermäßige Eiweißzufuhr wird man als unphysiologisch bezeichnen müssen. Wie Abb. 1 lehrt, führt vermehrte Eiweißzufuhr in jedem Wachstumsabschnitt zu vermehrter Stickstoffretention. Für das Säuglingsalter ist durch langfristige Stoffwechseluntersuchungen (*56*) schon längere Zeit bekannt, daß das künstlich ernährte Kind *dauernd* mehr Stickstoff retiniert als das natürlich ernährte Kind. Das Flaschenkind ist letztlich in seiner Körpersubstanz stickstoffreicher als das Brustkind, auch reicher an Mineralien. Das beweist die Fähigkeit wachsenden Gewebes, Baustoffe über den augenblicklichen Bedarf hinaus zu speichern. Es zeigt ferner eindrucksvoll, wie ein Umweltfaktor Einfluß auf die chemische Zusammensetzung der Körpersubstanz gewinnt.

Der über den Bedarf retinierte Stickstoff kann nach den vorliegenden experimentellen Erfahrungen weder in Form von Aminosäuren noch in Form von Peptiden, sondern nur als Eiweiß gespeichert werden. Allerdings scheint dieses Depoteiweiß in funktioneller und osmotischer Hinsicht inaktiv zu sein, da es keine entsprechende Gewichtszunahme verursacht, daher wohl kein Wasser zu binden vermag.

Welche Bedeutung dieser übermäßigen Stickstoffretention bei hoher Eiweißzufuhr zukommt, ist noch unklar. Es liegt nahe, die ursächlich ungeklärte Acceleration mit der Zunahme der künstlichen Ernährung im Säuglingsalter und der allgemeinen Zunahme des Eiweißverzehrs (*46*) in Verbindung zu bringen.

8. Proteinsynthese in der Zelle

Jede Zelle ist zur Proteinsynthese fähig. Wir wissen heute, daß dabei Nucleinsäuren eine ausschlaggebende Rolle spielen. Desoxyribonucleinsäuren sind Bestandteile der Gene. Im Plasma werden daraus Ribonucleinsäuren frei, die als Matrizen für die Eiweißsynthese dienen. In den Vertiefungen der Ribonucleinsäuremoleküle sammeln sich die Aminosäuren und nehmen die richtige räumliche Stellung zueinander ein. Vorher findet eine Aktivierung der Aminosäuren an der Carboxylgruppe statt. Die organspezifischen Ribonucleinsäuren sorgen für die Synthese organ- bzw. zellspezifischer Proteine. Ribonucleinsäuren synthetisieren selbst in artfremden Zellen ihre spezifischen Proteine. Die Vielfalt der Proteine setzt eine Vielfalt von Ribonucleinsäuren voraus, welche letztlich aus dem genetischen Material des Zellkerns hervorgehen. Das Problem der Differenzierung der Proteine verschiebt sich daher zur Frage der Differenzierung der Ribonucleinsäuren. Das Ausgangsmaterial für die zelleigene Proteinsynthese bilden nicht Rohproteine vom Typ des Albumins — was vorübergehend angenommen wurde —, sondern Aminosäuren, die in jugendlichen Zellen in höherer Konzentration anzutreffen sind als in älteren Zellen (*12a, 68*). Diese Erkenntnis hat insofern eine praktische Konsequenz, als bei parenteraler Ernährung die Zufuhr von Aminosäuren an Stelle von Eiweiß wirkungsvoller sein dürfte. Eiweiß wird entsprechend seiner Halbwertszeit nur allmählich zu Aminosäuren abgebaut. Die Versorgung des Organismus mit Aminosäuren wird dadurch verzögert. Bei Zufuhr eines kompletten Aminosäurengemisches ist die Synthese von Zellproteinen sofort möglich.

9. Die Leber im Eiweißstoffwechsel

Die Leberzelle wird als *Bildungsort des Albumins und der Mehrzahl der α- und β-Proteine* angesehen. Bei einer Analyse der Leberzellproteine im elektrischen Feld haben 30—35% die Beweglichkeit der α-Globuline, 30% die der β- und γ-Globuline und nur 10—15% die Beweglichkeit des Albumins (*54a*). Auch Beobachtungen bei Kindern mit akuter gelber Leberdystrophie sprechen für die große Bedeutung der Leber bei der Plasmaproteinsynthese. Immunelektrophoretische Serumanalysen zeigten neben Albuminverminderung das Fehlen oder die erhebliche Verminderung zahlreicher α- und β-Globuline (*40*). Die Plasmaproteinsynthese des Feten beginnt offenbar sehr früh. Leberschnitte von Feten im 3. und 4. Schwangerschaftsmonat wurden mit Glycin-2-C_{14} inkubiert. Die nachfolgende elektrophoretische und immunologische Trennung der Proteine und die Messung ihrer Radioaktivität erlaubte den Schluß, daß die Leber bereits im 3.—4. Schwangerschaftsmonat Albumin, α- und β-Globuline zu bilden vermag (*14*).

Die Leber ist am *Abbau der Proteine und Aminosäuren* beteiligt. Über die Entwicklung dieser Funktion wissen wir nur wenig. Hinweise für einen unvollständigen Eiweißabbau bis zu Peptiden oder Oxyproteinsäuren liegen nicht vor. Frühgeborene scheiden häufig Zwischenprodukte vom Tyrosin- und Phenylalaninabbau aus. Man führt dies hauptsächlich auf einen Mangel an Transaminase zurück. Auch die Phenylalaninhydroxylase ist beim Fet vermindert und steigt erst nach der Geburt an (*68*).

Die *Harnstoffsynthese* erfordert mindestens 7 Fermente, die alle in der Leber vorkommen. In der fetalen Leber scheinen diese Fermente zunächst entweder nicht vorhanden oder noch nicht funktionsfähig zu sein. Der bei Frühgeborenen mit zunehmender Reife ansteigende Harnstoffspiegel im Nabelschnurblut weist auf die anlaufende Harnstoffsynthese hin [bei einem Geburtsgewicht von 1000 g und weniger durchschnittlich 11,1 mg-% Harnstoff-N, bei Reifgeborenen durchschnittlich 14,9 mg-% (*72a*)]. In der Nabelarterie finden sich etwas höhere Rest-N-Werte als in der Nabelvene [bei Reifgeborenen 28,35 und 27,39 mg-% (*72a*)]. Dies kann als Hinweis auf die fetale Stickstoffausscheidung durch die Placenta angesehen werden. Nach Wegfall der Placenta kommt es bei Frühgeborenen infolge unreifer Nierenfunktion zu vorübergehender Rest-N-Erhöhung.

Die *Purinkörpersynthese und -oxydation* scheinen beim Frühgeborenen und Neugeborenen bereits ausreichend ausgebildet zu sein. Die in den ersten Lebenstagen erhöhten Harnsäurewerte im Blut legen diese Annahme nahe. Im Nabelschnurblut steigt der Harnsäurespiegel mit zunehmender Reife an. Er wurde bei Frühgeborenen mit einem Geburtsgewicht von 1000 g und darunter bei durchschnittlich 2,4 mg-%, bei Reifgeborenen bei 3,7 mg-% gefunden (*72a*). Bei den jüngsten Frühgeborenen erreicht der Harnsäurespiegel postnatal die höchsten Werte als Ausdruck für die Ausscheidungsschwäche der Nieren. Die pränatal von der Placenta besorgte Ausscheidung der Harnsäure vermag postnatal bei fortlaufender Oxydation von den Nieren nicht sogleich in vollem Umfang bewältigt zu werden.

Die *Kreatinsynthese* findet ebenfalls in der Leber statt. Von welchem Entwicklungsstadium ab die Leber zu dieser Synthese fähig ist, ist unbekannt. Die geringe Kreatininausscheidung bei Frühgeborenen kann im Sinne einer verminderten Kreatinsynthese in dieser Entwicklungsphase gewertet werden. Im Nabelschnurblut sinkt der Kreatininspiegel mit zunehmender Reife ab [bei einem Geburtsgewicht von 1000 g und darunter 5,05 mg-%, bei Reifgeborenen 4,71 mg-% (*72a*)].

10. Zusammenfassung

Unsere Kenntnis des Eiweißstoffwechsels ist abhängig von den methodischen Möglichkeiten. Die positive Stickstoffbilanz ist das hervorragende Kennzeichen des wachsenden Organismus. Das Ausmaß der Stickstoffretention ist als Ausdruck der Wachstumsintensität altersabhängig. Bei gleicher Eiweißzufuhr pro kg Körpergewicht ist die Stickstoffretention bei den jüngsten Kindern, den Frühgeborenen, am größten. In allen Altersklassen steigt die Stickstoffretention mit zunehmender Eiweißzufuhr. Bei Colostralernährung wird die Stickstoffbilanz am 3.—4. Lebenstag positiv. Der minimale endogene Stickstoffumsatz ist im ersten Lebensvierteljahr höher als jenseits des zweiten Lebensvierteljahres. Dies erklärt sich aus der kürzeren Halblebenszeit der Proteine in den ersten Lebenswochen. Harnstoff und Harnsäure steigen im fetalen Blut mit zunehmender Reife an. Ihre Ausscheidung geht über die Placenta vor sich. Nach der Geburt kommt es bei Frühgeborenen zu einem vorübergehenden Anstieg des Reststickstoffs im Blut. Die unreife Niere ist infolge verminderter Glomerulusfiltration nicht in der Lage, diese bis zur Geburt von der Placenta ausgeübte Funktion sogleich in vollem Umfang zu übernehmen. Während Harnstoff- und Harnsäureausscheidung sowohl von der Eiweißzufuhr als auch vom endogenen Umsatz an Proteinen bzw. Purinen abhängen, bleibt die Kreatininausscheidung von exogenen Einflüssen weitgehend unberührt. Sie ist eine Funktion der Muskelmasse und steigt pro Gewichtseinheit vom Säuglingsalter bis zum Reifealter auf das Doppelte an. Entsprechend wächst der Anteil der Muskulatur an der Gesamtkörpermasse. Der Erhaltungsstoffwechsel erfordert 7 essentielle Aminosäuren, der Wachstumsstoffwechsel zusätzlich Histidin und Leucin. In jugendlichen Zellen und in fetalen Körperflüssigkeiten sind höhere Aminosäurekonzentrationen anzutreffen als in Zellen und Körperflüssigkeiten von Erwachsenen. Die Aminosäurenausscheidung im Harn ist in den ersten 6 Lebensmonaten im Vergleich zu später erhöht. Das postnatal wechselnde Aminosäurenmuster zeigt die allmählich ausreifende Tubulusfunktion an. Ein wesentliches Ergebnis von Untersuchungen mit radioaktiv markierten Proteinen und Aminosäuren ist die Erkenntnis, daß Wachstum mit erhöhtem Proteinumsatz einhergeht. Die Entwicklung der Plasmaproteine erfolgt kontinuierlich. Sie werden mit Ausnahme vom γ-Globulin vom Fet selbst gebildet. Die fetale Leber ist dazu schon ab 3.—4. Schwangerschaftsmonat in der Lage. Die kindliche γ-Globulinsynthese beginnt erst nach der Geburt. Das bei der Geburt vorhandene γ-Globulin stammt von der Mutter. Auf Grund einer selektiven Permeabilität der Placenta stellt sich am Ende der Schwangerschaft der kindliche γ-Globulinspiegel nach dem mütterlichen ein. Dadurch erhält das Kind alle mütterlichen Antikörper, die der γ-Globulinfraktion zugehören. Nicht oder nur in Spuren übertragen werden die Antikörper der β_2-Globulinfraktion. Der kindliche Eiweißbedarf ist bei kohlenhydratreicher Kost jenseits des Säuglingsalters nur wenig höher als der der Erwachsenen. Jede Zellproteinsynthese geht letztlich vom Zellkern aus, der in den Desoxyribonucleinsäuren, die im Plasma zu Ribonucleinsäuren werden, die Matrizen zur Zellproteinsynthese liefert. Dadurch bleibt von Anfang an die Spezifität aller Körperproteine gewahrt. Das γ-Globulin ist nach heutigem Wissen das einzige Protein, das von der Mutter übernommen wird. Diese Ausnahmestellung dürfte auf die gleichzeitige Antikörpereigenschaft der γ-Globuline zurückzuführen sein.

Literatur

1. ALBANESE, A. A., L. E. HOLT jr., V. I. DAVIS, S. E. SNYDERMAN, M. LEIN and E. M. SMETAK: J. Nutr. 35, 177 (1948); 37, 511 (1949).

2. BARLOW, A., and R. A. McCANCE: Arch. Dis. Child. 23, 225 (1948). — 3. BARNESS, L. A., D. BAKER, P. GUILBERT, F. E. TORRES and P. GYÖRGY: J. Pediat. 51, 29 (1957). — 4. BAUGHAM, D. R., K. R. HOBBS and R. J. TERRY: Lancet 1958 II, 351. — 5. BERGSTRAND, C. G., and B. CZ AR: Scand. J. clin. Lab. Invest. 9, 277 (1957). — 6. BICKEL, H.: Die Aminosäuren- und Zuckerrückresorption im Tubulus reifer und frühgeborener Kinder. In: LINNEWEH, F., Die physiologische Entwicklung des Kindes. Berlin-Göttingen-Heidelberg: Springer 1959. — 7. BIRK, W.: Mschr. Kinderheilk. 9, 595 (1910). — 8. BERTRAM, F., u. A. BORNSTEIN: Das Eiweißminimum. Handbuch der norm. u. path. Physiol. Bd. V, S. 84. Berlin 1928. — 9. BÖRJESON, M., and A. WRETLIND: Arch. gen. Psychiat. 1, 283 (1959). — 10. BROCK, J.: Biologische Daten für den Kinderarzt. Berlin-Göttingen-Heidelberg: Springer-Verlag 1954 (L. LUDWIG u. J. BROCK: Der Stoffwechsel des Eiweißes und sonstiger Stickstoffverbindungen).

11. CAMERER u. SÖLDNER: Z. Biol. 39, 178 (1900); 43, 1 (1902). — 12. CANNON, P. R., C. H. STEFFEE, L. J. FRAZIER, D. A. ROWLEY and R. C. STEPTO: Fed. Proc. 6, 390 (1947). — 12a. CHRISTENSTEIN, H. N., J. A. STREICHER and R. L. ELBINGER: J. biol. Chem. 172, 515 (1948). — 13. CRUMPLER, H. R., C. E. DENT and O. LINDAN: J. Biochem. 47, 223 (1950).

14. DANCIS, J., N. BRAVERMAN and J. LIND: J. clin. Invest. 36, 398 (1957). — 15. DROESE, W., u. H. STOLLEY: Münch. med. Wschr. 102, 45 (1960).

16. EDELSTEIN, F., u. L. LANGSTEIN: Z. Kinderheilk. 20, 112 (1919). — 17. EKLUND, J.: Ann. Paediat. Fenn. 4, 99 (1958). — 18. EWERBECK, H., u. H. E. LEVENS: Mschr. Kinderheilk. 98, 436 (1950).

19. FINKELSTEIN, H., u. W. JONAS: Z. Kinderheilk. 49, 55 (1930). — 20. FRIEDERISZICK, F. K., u. E. HOFFECKER: Mschr. Kinderheilk. 107, 497 (1959).

21. GOOD, R. A.: Amer. J. Dis. Child. 90, 577 (1955). — 22. GORDON, H. H., S. Z. LEVINE, M. A. WHEATLEY and E. MARPLES: Amer. J. Dis. Child. 54, 1030 (1937). — 23. GRELL, A., u. K. STÜRMER: Arch. Gynäk. 182, 497 (1953). — 24. GUGLER, E., u. G. VON MURALT: Schweiz. med. Wschr. 89, 925 (1959). — 25. GUGLER, E., G. BOKELMANN, A. DÄTWYLER u. G. VON MURALT: Schweiz. med. Wschr. 88, 1264 (1958).

26. HASSAN, F., and M. GUNTHER: Arch. Dis. Child. 33, 30 (1958). — 27. HEEPE, F.: Z. Kinderheilk. 72, 129 (1952). — 28. HITZIG, W. H.: Helv. paediat. Acta 12, 596 (1957). — 29. HITZIG, W. H.: Helv. paediat. Acta 16, 46 (1961). — 30. HOLT, L. E. jr.: Amino acid requirements in infancy. Report of the thirtieth Ross Conference on Pediatric Research. Published by Ross Laboratories, Columbus 16, Ohio, 1959.

31. IMPERATO, C., et al.: Lattante 29, 465 (1958).

32. JOHN, F.: Z. Kinderheilk. 51, 794 (1931). — 33. JOPPICH, G., u. H. WOLF: Klin. Wschr. 36, 616 (1958).

34. KARTE, H.: Z. Kinderheilk. 80, 560 (1958). — 35. KARTE, H.: Mschr. Kinderheilk. 105, 451 (1957). — 36. KARTE, H.: Unveröffentlichte Untersuchungen. — 37. KARTE, H.: Z. Kinderheilk. 73, 467 (1953). — 38. KARTE, H.: Mschr. Kinderheilk. 107, 108 (1959). — 39. KARTE, H.: Mschr. Kinderheilk. 107, 265 (1959). — 40. KARTE, H.: In: Protides of the Biological Fluids, Proceedings of the 8th Colloquium Bruges 1960, 189. — 41. KLEINSCHMIDT, H.: Mschr. Kinderheilk. 64, 1 (1936). — 42. KINTZEL, H.-W.: Arch. Kinderheilk. 166, 158 (1962). — 43. KOCH, FR., H. E. SCHULTZE u. G. SCHWICK: Arch. Kinderheilk. 159, 3 (1959). — 44. KOCH, FR., u. G. SCHWICK: Bibl. microbiol. 1, 75 (1960).

45. LANGSTEIN, L., u. A. NIEMANN: Jb. Kinderheilk. 71, 604 (1910). — 46. LENZ, W.: Ernährung und Konstitution. Berlin und München 1949.

47. MARPLES, E.: Amer. J. Dis. Child. 64, 996 (1942). — 48. MARTIN DU PAN, R., J. J. SCHEIDEGGER, E. PONGRATZ et H. ROULET: Arch. franç. Pédiat. 12, 243 (1955). — 49. MARTIN DU PAN, R., J. J. SCHEIDEGGER, P. WENGER, B. KOECHLI u. J. ROUX: Blut 5, 104 (1959). — 50. MARTIN DU PAN, R., J. J. SCHEIDEGGER, P. WENGER, B. KOECHLI, J. ROUX et J. RABINOWITZ: Étud. néo-natal. 7, 71 (1958). — 51. MAURER, W.: Die Größe des Umsatzes von Organ- und Plasmaeiweiß. 10. Colloquium der Gesellschaft für physiologische Chemie 1959. Dynamik des Eiweißes. Berlin-Göttingen-Heidelberg: Springer-Verlag 1960. — 52. McCANCE, R. A., and

E. M. Widdowson: Brit. med. Bull. **7**, 297 (1950/51). — 52a. Mellander, O., B. Vahl-quist, T. Mellbin: Acta Paediatrica **48**, Suppl. 116. — 53. Moore, D. H., R. Martin du Pan and C. L. Buxton: Amer. J. Obstet. **57**, 312 (1949).

54. Pedersen, K. O.: Svedberg-Festschrift 1944, 490; J. phys. coll. Chemistry **51**, 164 (1947). — 54a. Pendl, I., u. K. Felix: Eiweiß, deskriptiver Teil. In: Hoppe-Seyler/Thier-felder, Handbuch der physiologisch- und pathologisch-chemischen Analyse, 10. Auflage, Bd. IV, S. 562 (1960). — 55. Plückthun, H., u. K. Schreier: Clin. Chim. Acta **5**, 59 (1960). — 55a. Plückthun, H.: Die Plasmaproteine. In: F. Linneweh, Die physiologische Entwicklung des Kindes. Berlin-Göttingen-Heidelberg: Springer-Verlag 1959.

56. Rominger, E., u. H. Meyer: Z. Kinderheilk. **50**, 509 (1931). — 57. Rose, W. C., M. J. Oesterling and M. Womack: J. biol. Chem. **176**, 753 (1948). — 57a. Rose, W. C., L. C. Smith, M. Womack and M. Shane: J. biol. Chem. **181**, 307 (1949). — 58. Rubner, M.: Arch. Hyg. (Berl.) **66**, 1 (1908).

59. Saito, M., I. F. Gittleman, J. B. Pincus and A. E. Sobel: Pediatrics **17**, 657 (1956). — 60. Scammon, R. E.: A summary of the anatomy of the infant and child. Chap. III. In Abt's Pediatrics. Philadelphia, Pa., and London: Saunders. — 61. Schäfer, K. H.: Mschr. Kinder-heilk. **99**, 69 (1951). — 62. Scheidegger, J. J.: Int. Arch. Allergy **7**, 103 (1955). — 63. Schei-degger,J. J., et R. Martin du Pan: Étud. néo-natal. **6**, 135 (1957). — 64. Scheidegger, J.J., E. Martin et G. Riotton: Schweiz. med. Wschr. **86**, 224 (1956). — 65. Schmidt, G.-W.: Z. Kinderheilk. **71**, 476 (1952). — 66. Schreier, K., u. H. Stieg: Z. Kinderheilk. **68**, 563 (1950). — 67. Schreier, K.: Eiweiß- und Kohlenhydratstoffwechsel bei Enteritis. In: A. Adam, Säug-lings-Enteritis. Stuttgart 1956. — 68. Schreier, K.: Der Eiweißstoffwechsel. In: Linneweh, F., Die physiologische Entwicklung des Kindes. Berlin-Göttingen-Heidelberg: Springer-Verlag 1959. — 69. Schreier, K., R. Ittensohn, U. Hans u. W. Sievers: Z. Kinderheilk. **79**, 165 (1957). — 69a. Schreier, K.: Mschr. Kinderheilk. **110**, 290 (1962). — 70. Schultze, H. E.: Bildung der Antikörper. 10. Colloquium der Gesellschaft für physiologische Chemie, 1959. Dynamik des Eiweißes. Berlin-Göttingen-Heidelberg: Springer-Verlag 1960. — 71. Schwarz-Tiene, E., and F. Sereni: Uric acid clearance in newborns and infants. In: Linneweh, F., Die physiologische Entwicklung des Kindes. Berlin-Göttingen-Heidelberg: Springer-Verlag 1959. — 72. Schwick, G., H. O. Esser u. Fr. Koch: Behringwerk-Mitteilungen **37**, 11 (1959). — 72a. Smith, C. A.: The physiology of the newborn infant. 2nd ed. Thomas, Springfield. 1951. — 73. Snyderman, S. E.: Pediatrics **21**, 117 (1958). — 74. Stearns, G., K. J. Newman, J. B. McKinley and P. C. Jeans: Ann. N. Y. Acad. Sci. **69**, 857 (1958). — 75. Stelgens, P., u. R. Bothe: Z. Kinderheilk. **80**, 26 (1957). — 76. Stürmer, K.: Die Elektrophorese in der Geburtshilfe und der Gynäkologie. In: H. J. Antweiler, Die quantitative Elektrophorese in der Medizin. Berlin-Göttingen-Heidelberg: Springer-Verlag 1957. — 77. Sweeney, M. J., J. N. Etteldorf, P. M. Orban and R. Fischer: Pediatrics **29**, 82 (1962).

78. Thorbecke, H. J., and F. J. Kenning: J. infect. Dis. **98**, 157 (1956).

79. Vaughan, O. W., L. J. Filer and H. Churella: Pediatrics **29**, 90 (1962). — 80. Vivell, O., T. Sick u. G. Lips: Klin. Wschr. **38**, 721 (1960).

81. Wagner, R.: Z. ges. exp. Med. **33**, 250 (1923). — 82. Weippl, G.: Helv. paediat. Acta **16**, 40 (1961). — 83. Weippl, G.: Z. Kinderheilk. **86**, 579 (1962).

Fettstoffwechsel

Von

H. Wolf

Mit 6 Abbildungen

1. Einleitung

Einer entwicklungsphysiologischen Betrachtung des Fett(Lipid)-Stoffwechsels stellen sich erhebliche Schwierigkeiten entgegen. Synthese und Verwertung von Neutralfett und Lipoiden beim Fetus und beim neugeborenen Kind sind wesentlich weniger gut untersucht als Eiweiß- und Kohlenhydratstoffwechsel in diesen Ent-wicklungsstufen. Unsere Kenntnisse über den Stoffwechsel des Feten stützen sich weitgehend auf Analogieschlüsse aus Tierversuchen (*47*).

Hinzu kommt, daß man bei den Lipiden eine sehr uneinheitlich zusammengesetzte Stoffklasse vor sich hat, die nur physikalisch auf Grund der Löslichkeit in organischen Lösungsmitteln Gemeinsames hat. Fette sind bekanntlich Ester des 3wertigen Alkohols Glycerin mit verschiedenen oder gleichen Fettsäuren. Unter Lipoiden versteht man fettähnliche Substanzen, die in der Art ihrer Löslichkeit, in ihrem Aufbau und in ihrem physiologischen Verhalten in nähere Beziehung zu diesen stehen. Schließlich werden noch die Steroide (Gallensäuren, Cholesterin, Steroidhormone) den Lipiden zugerechnet (28).

Eine Beschränkung bei der Besprechung des Fettstoffwechsels im Verlauf verschiedener Lebensperioden auf wenige Stoffklassen, die Neutralfette, einige Lipoide und das Cholesterin ergibt sich schon dadurch, daß wir über die Besonderheiten des Stoffwechsels der übrigen Stoffklassen während der prä- und frühen postnatalen Entwicklung kaum etwas wissen. Steroidhormone siehe Kapitel Bierich, Endokrinologie.

2. Fettansatz beim Feten

Der Fettansatz des Feten erfolgt im wesentlichen erst gegen Ende der Gravidität, ziemlich rasch vom 7.—8. Schwangerschaftsmonat an (9). In den frühen Fetal-

Tabelle 1. *Lipidgehalt von menschlichen Feten und Frühgeborenen*

	Feten (9)						Frühgeborene (17)				
Alter in Monaten	4	5	5	6	7	8	7	7	7	9	9
Gewicht in g	36,6	104,7	299	575	832,9	928	960	1420	1169	1496	1875
Wasser in % des Gewichts	91,8	93,2	89,3	86,4	83,5	82,9	79,5	81,1	80,7	73,9	75,3
Fett in % des Feuchtgewichts	0,57	0,51	0,6	1,02	2,7	2,44	5,0	5,4	3,9	5,1	8,4
Fett in % des Trockengewichts	6,9	7,5	5,6	7,5	16,4	14,1	24,4	28,6	20,2	19,5	34,0

monaten ist der Lipidanteil am Körpergewicht nur gering (Tab. 1). Es handelt sich dabei vorwiegend um Organfett. Die Ausbildung eines Fettgewebes hat zu diesem Zeitpunkt noch nicht begonnen. Imrie und Graham (24) haben die Zunahme des Leberlipidgehalts bei Meerschweinchenfeten verfolgt. Während der frühen Fetalzeit ändert sich am Fettgehalt wenig. Erst wenn die Feten ein Gewicht von 40—50 g erreicht haben, nimmt der Lipidgehalt der Leber rasch bis auf das 6,5fache des Fettgehalts beim Muttertier zu. Gleichzeitig ließ sich zeigen, daß die Jodzahl der Leberlipide von 118 in den frühen Stadien der Embryonalentwicklung auf 102 absinkt. Nach der Geburt nimmt der Leberfettgehalt

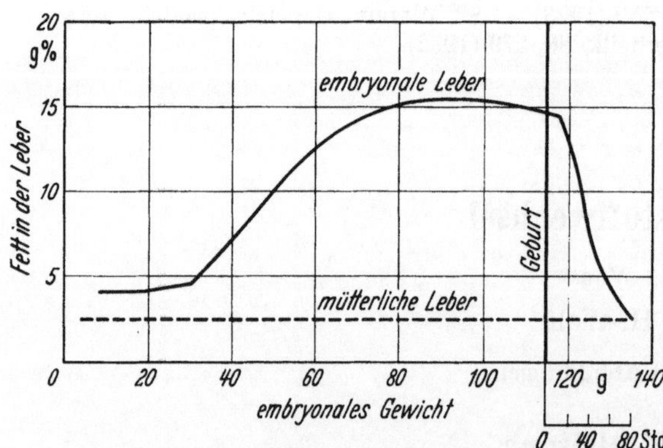

Abb. 1. Zunahme des Lipidgehaltes in der fetalen Meerschweinchenleber und Mobilisierung des Fettes nach der Geburt [nach Imrie und Graham (24, 36)]

innerhalb von 3 Tagen ab und erreicht die Werte beim Muttertier (Abb. 1).

Beim menschlichen Neugeborenen ist relativ wenig Fett in der Leber abgelagert. Das Fett der Leber und beim neugeborenen menschlichen Säugling wahrscheinlich auch das Unterhautfettgewebe stellen eine schnell verfügbare Energiereserve für die ersten Tage nach der Geburt dar. Bei Grundumsatzmessungen läßt sich beim Neugeborenen ein Absinken des respiratorischen Quotienten am 3. Lebenstag bis auf 0,7 als Ausdruck einer vermehrten Fettverbrennung feststellen (3). Die Zunahme der Lipide bei menschlichen Feten ist in Abb. 2 im Vergleich zur Eiweißanbaurate dargestellt. Die außerordentlich starke Fettablagerung im letzten Fetalmonat kann man aus dem Durchschnittsgewicht und dem Fettgehalt eines ausgetragenen Säuglings bei der Geburt im Vergleich zu einem 4 Wochen zu früh geborenen Kind berechnen. Bei einem 36 Wochen alten Fetus mit einem Durchschnittsgewicht von 2500 g bestehen 8% des Körpergewichtes = 200 g aus Fett. Ein ausgetragenes Kind wiegt durchschnittlich 3500 g mit einem Gehalt von etwa 16% = 560 g Fett. Demnach werden 360 g Fett in einem Monat gespeichert (48).

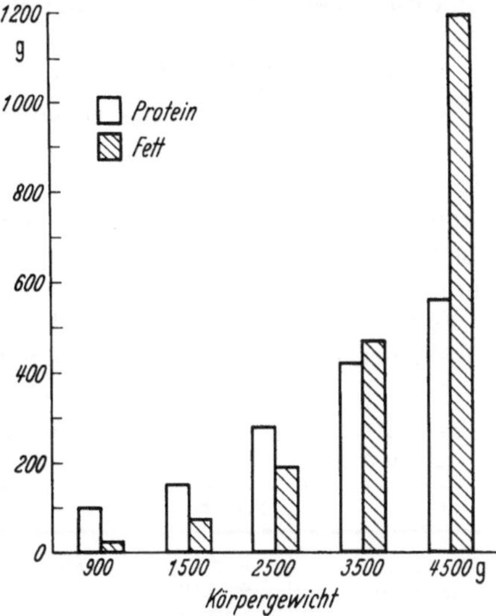

Abb. 2. Fett- und Proteinzuwachsrate beim menschlichen Fetus und beim Neugeborenen [nach McCance und Widdowson (34)]

3. Fettbestand und Fettverteilung bei Neugeborenen und Erwachsenen

Das ausgetragene neugeborene Kind bringt ein reichliches Fettpolster mit zur Welt, über dessen Beschaffenheit und Bildung nicht sehr viel bekannt ist. Der Anteil des Fettes am Gesamtkörpergewicht liegt beim Neugeborenen bereits in etwa der gleichen Größenordnung wie beim Erwachsenen.

Der junge menschliche Säugling unterscheidet sich damit beträchtlich von den meisten neugeborenen Säugetieren, wie Schwein, Katze, Kaninchen, Ratte und Maus, die nur wenig Fett aufweisen (53). Das Meerschweinchen hat dagegen bereits bei der Geburt ein gut entwickeltes Fettpolster und auch ein Lipoiddepot in der Leber.

Der Gesamtfettgehalt eines ausgetragenen Neugeborenen schwankt zwischen 10,2 und 16,1% des Feuchtgewichts, auf Trockensubstanz bezogen zwischen 35,1 und 48,1%. [Bei 6 Neugeborenen nach Camerer jr. (6)]. Beim Erwachsenen sind die Angaben ebenfalls schwankend. Genaue Analysen an drei plötzlich gestorbenen Erwachsenen ergaben einen Fettgehalt zwischen 12,5 und 23,6%, bezogen auf das Feuchtgewicht und 39—53,5%, bezogen auf die Trockensubstanz (10, 35, 54). Bei diesen Analysen sind die gesamten ätherlöslichen Anteile erfaßt (Tab. 2).

Tabelle 2. *Lipidgehalt von Neugeborenen und Erwachsenen*

	Neugeborene (6, 17, 53)				Erwachsene (10, 35, 54)		
Gewicht in kg	3,335	2,821 (6 Kinder)	3,210	3,564 (6 Kinder)	45,1	53,8	70,6
Wasser in % des Gewichts	69,2	71,8	66,1	69,1	56,0	55,1	67,9
Fett in % des Feuchtgewichts	11,7	12,3	17,6	16,1	23,6	19,4	12,5
Fett in % des Trockengewichts	38,0	43,5	52,0	52,0	53,5	43,4	39,0

Die Verteilung der Fettdepots ist bei Säuglingen und Erwachsenen verschieden. Beim Säugling und Kleinkind ist das Depotfett in erster Linie subcutan lokalisiert.

Erst mit Abschluß des Wachstums kommt es zu vermehrter intraabdomineller Fettablagerung, hauptsächlich ins Mesenterium. Außerdem machen sich dann auch Geschlechtsunterschiede in der Verteilung des subcutanen Fettes bemerkbar.

4. Postnatale Änderungen in der Fettzusammensetzung

Die Zusammensetzung des vorwiegend untersuchten Depotfetts unterliegt im postnatalen Leben ständigen Veränderungen. Das Unterhautzellgewebe ist bei Feten und Neugeborenen noch reicher an höhermolekularen gesättigten Fettsäuren, sein Schmelzpunkt ist daher mit ungefähr 44° höher als im späteren Säuglingsalter oder gar bei Erwachsenen (16—26°), bei denen der Gehalt an Ölsäure zunimmt. Die Jodzahl nimmt zu, das Fett wird weicher. Dies betrifft jedoch nicht alle Fettgewebe gleichmäßig. Für den Panniculus adiposus werden Jodzahlen von 34,7—37 bei Neugeborenen angegeben, bei $7^1/_2$ Monate alten Säuglingen beträgt die Jodzahl für das Bauchfett 42,8, bei Erwachsenen liegt sie bei 65. Der Bichatsche Wangenfettpropf behält längere Zeit seine festere Konsistenz bei. Die Tatsache, daß der Härtegrad des Fettes innerhalb des 1. Jahres abnimmt, wird damit erklärt, daß der Fetus in einer Temperatur von 38° lebt und daß sich das Kind nach der Geburt der niedrigeren Umgebungstemperatur in seinem Stoffwechsel anpaßt. Die unterschiedliche Zusammensetzung des Depotfetts bei Neugeborenen und Erwachsenen zeigt Tab. 3. Das Neugeborenenfett enthält darüber hinaus auch flüchtige niedermolekulare Fettsäuren, im Gegensatz zum Fett des Erwachsenen (13).

Tabelle 3. *Zusammensetzung des Depotfettes bei Neugeborenen und Erwachsenen (26)*

	Neugeborene	Erwachsene
Ölsäure	65,04%	86,21%
Palmitinsäure . .	27,81%	7,83%
Stearinsäure . .	3,15%	1,93%

5. Lipoidzusammensetzung des Gehirns während der Entwicklung

Die Lipoidzusammensetzung des Gehirns wurde mehrfach sehr eingehend von der Fetalzeit bis ins Greisenalter hin untersucht (5, 44). Man erkennt aus Tab. 4

Tabelle 4. *Lipidzusammensetzung des Gehirns in verschiedenen Lebensperioden (5)*

	Fetus $4^1/_2$ Mon.		Neugeborene		5 Jahre		19 Jahre	
	Rinde	Mark	Rinde	Mark	Rinde	Mark	Rinde	Mark
Trockengew. in % des Feuchtgew.	9,6	9,3	10,4	10,4	13,6	26,5	15,1	29,8
Gesamtlipide in % des Trockengewichts	22,5	26,9	28,4	33,8	34,6	52,1	37,9	60,4
Phospholipide	12,4	16,7	16,8	19,1	20,1	22,6	21,1	24,8
Cholesterin	2,4	7,9	4,5	11,7	5,1	11,2	5,9	15,1
Cerebroside	2,4	—	4,4	3,8	3,2	12,2	6,9	15,0
nicht identifiziert	5,3	—	2,7	4,6	6,2	6,1	4,0	5,5
Lecithin	4,4	7,2	6,3	8,9	7,6	5,2	6,1	4,7
Kephalin	7,1	9,2	9,8	9,5	11,1	15,4	12,6	16,5
Sphingomyelin	0,9	0,3	0,7	0,7	1,4	2,0	2,2	3,6
Cholinphosphatide	5,3	7,5	7,7	7,8	9,0	7,2	8,3	8,3
durch KOH abbaufähige Phosphatide	9,4 ?	13,5	16,1	18,4	16,9	16,0	18,7	18,4
Glycerin als Phospholipide . . .	—	14,9	15,7	18,5	18,6	17,5	18,3	19,6

eine Zunahme der Gesamtlipide in % der Trockensubstanz sowohl in der Rinde wie im Mark. Dabei ist besonders bemerkenswert, daß vor allen Dingen im Markanteil die Gesamtlipide nach der Geburt beträchtlich mehr als in der Rinde zunehmen.

Dies ist Folge des Myelinisierungsprozesses, der in der frühen Kindheit stattfindet. Die Zunahme betrifft in der Rinde vorwiegend die Phospholipide. Im Mark vermehren sich neben den Phospholipiden Cholesterin und Cerebroside. Auf die übrigen untersuchten Lipidfraktionen entfällt eine geringere Zunahme.

6. Herkunft der Lipide beim Fetus

Nach den vorwiegend statischen Analysen des Fettbestandes während der prä- und postnatalen Entwicklung erhebt sich nun die Frage nach der Herkunft der Lipide im Fetus bzw. im Neugeborenenorganismus. Folgende Möglichkeiten kommen in Betracht:

1. Der Übergang von Lipiden vom mütterlichen Kreislauf unverändert in den fetalen Organismus.

2. Die Synthese von Lipiden durch den Feten selbst.

3. Einfluß der Placenta auf den Lipidstoffwechsel.

Während der Gravidität besteht eine Hyperlipämie bei der Mutter. Da die Lipidwerte im Nabelvenenblut beträchtlich niedriger für alle Fraktionen als bei der Mutter liegen, könnte das Gefälle des Lipidspiegels vom mütterlichen zum fetalen Blut die frühere Annahme für einen Übergang von Lipiden durch die Placenta unterstreichen (4).

Aber schon der Vergleich der Jodbindungsfähigkeit im mütterlichen und kindlichen Blut zeigt deutlich, daß offensichtlich eine andere Fettzusammensetzung im

Tabelle 5. *Jodbindungsfähigkeit und Gesamtlipide in mütterlichem und kindlichem Blut (14)*

	Jodbindung (mg/100 ml)	Gesamtlipide (mg/100 ml)
Mütterliches Blut . .	351,9	687,1
Arteria umbilicalis .	98,6	372,4
Vena umbilicalis . .	82,2	365,2

Blut von Mutter und Neugeborenen bestehen muß (Tab. 5). Bereits 1923 haben SLEMONS und STANDER (46) ihre Untersuchungen mit der Feststellung abgeschlossen, daß die Placenta für Lipide undurchlässig sei.

Eingehendere Bearbeitung dieser Frage erlaubt die Isotopentechnik zwar nicht beim Menschen, aber bei einer Reihe von Tierspecies. Vorwiegend werden Ratten, Meerschweinchen und Kaninchen für diese Experimente verwandt. Der Placentatyp ist bei diesen Tieren ähnlich wie beim Menschen (hämochorial).

a) Herkunft von Fettsäuren

Versuche bei trächtigen Ratten wurden einerseits mit markierten Fettsäuren, andererseits mit schwerem Wasser vorgenommen. Erhielten die Muttertiere deuterium-markierte Fettsäuren, so wurden in der fetalen Leber nach 2 Tagen nur 1,5% der Fettsäuren markiert gefunden, während nach der gleichen Zeit 12% des mütterlichen Leberfetts markiert waren. Bei Anreicherung des mütterlichen Organismus mit schwerem Wasser war bereits nach $1^1/_2$ Tagen die Hälfte des fetalen Leberfetts markiert, beim mütterlichen Tier nur etwa $^1/_3$. Daraus folgt, daß 1. das Fett größtenteils im fetalen Organismus selbst gebildet wird, und daß 2. dort die Synthese lebhafter als in der mütterlichen Leber abläuft. Immerhin findet ein kleiner Teil der Fettsäuren den Weg vom mütterlichen Blut unverändert zum fetalen Organismus (16).

Im Gegensatz zum Leberfett ist die Isotopenkonzentration in den Fettsäuren der extrahepatitischen Gewebe höher, was auf die dort stattfindende lebhafte Synthese hindeutet (38).

Stellt die Leber beim Erwachsenen in der Hauptsache den Ort der Fettsynthese dar, so findet man zumindest beim fetalen Kaninchenorganismus eine sehr viel intensivere Fettsynthese im Körpergewebe. Das extrahepatitische Gewebe ist also nicht auf einen Fetttransport von der Leber her angewiesen. Dabei übersteigt die Synthese der gesättigten Fettsäuren diejenige der ungesättigten, was auch für den Erwachsenenorganismus zutrifft (38).

b) Herkunft der Phospholipide

Die frühesten Isotopenversuche mit markiertem Phosphor von Nielson (37) haben darlegen können, daß auch die Phospholipide vorwiegend vom Fetus selbst synthetisiert werden. Popják (38) hat weitere Beweise für die Phospholipidsynthese beim Fetus angeführt. Injektion P³²-markierter Serumlipide bei trächtigen Kaninchen führt zu einer Akkumulation von Lipoidphosphor in mütterlicher Leber und in der Placenta, jedoch nicht zu einer merklichen Anreicherung des fetalen Körpers mit markierten Lipiden. Die Placenta übertrifft in der Absorption noch die mütterliche Leber. In der Placenta findet ein schneller Abbau der Phospholipide statt und damit ein Übergang von niedermolekularen Phosphorverbindungen in den fetalen Kreislauf. In frühen Stadien der Gestation geht der Phospholipidabbau in der Placenta rascher vor sich als in späten Entwicklungsstufen (39). Der Abbau der Phospholipide Kephalin und Lecithin in der Placenta verläuft über die Zwischenstufe Glycerophosphat, das wahrscheinlich selbst nicht die Placenta zum

Tabelle 6. *Spezifische Aktivität von Phosphorverbindungen in der fetalen Placenta und der fetalen Leber (39)*. Die Bestimmungen wurden 2 Std nach intravenöser Applikation von Serum, das P³²-markierte Lipide enthielt, vorgenommen. Die i.v.-Injektion erfolgte bei trächtigen Kaninchen

	Phospholipid-P (Imp./min/mg P)	Glykerophosphat (Imp./min/mg P)	anorg. Phosphat (Imp./min/mg P)
Fetale Placenta .	3025	2200	1470
Fetale Leber . .	62	409	870

Fetus hin passiert, andernfalls müßte seine spezifische Aktivität in der fetalen Leber höher sein (Tab. 6). Die Phospholipide werden also in ihrer Gesamtheit im fetalen Gewebe de novo synthetisiert. Die Placenta macht insofern davon eine Ausnahme, als sie auch in der Lage ist, neben der Neusynthese Phospholipide aus dem mütterlichen Blut zu absorbieren.

c) Herkunft des Cholesterins

Fetales Cholesterin wird nach Popják ausschließlich im Fetus gebildet. Die Placenta dient als Speicher für Cholesterin aus dem mütterlichen Organismus (38).

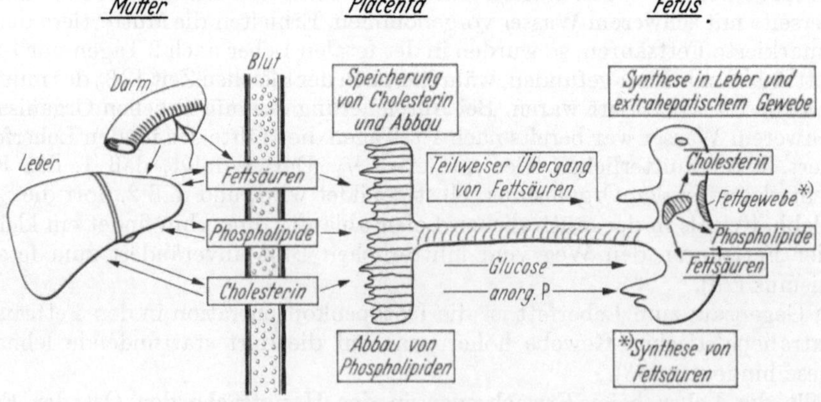

Abb. 3. Schematische Darstellung von Lipidtransport und -synthese im mütterlichen Organismus, in der Placenta und im fetalen Organismus

Aus Isotopenversuchen an der Ratte geht jedoch hervor, daß innerhalb von 7 Tagen etwa 10,7 % des Lebercholesterins beim Fetus durch markiertes Cholesterin ersetzt ist, das dem mütterlichen Tier einverleibt worden war. Im gleichen Zeitraum nimmt die mütterliche Leber 40 % der zugeführten markierten Substanz auf (*16*). Bei diesen Versuchen ließ sich nicht entscheiden, ob das Cholesterin unverändert die Placenta passiert hat, oder ob das in der Leber nachzuweisende markierte Cholesterin von einem vorhergegangenen Cholesterinabbau in der Placenta herrührte. Die schematische Abb. 3 veranschaulicht in vereinfachter Form das, was über die Beziehung zwischen Lipidsynthese im mütterlichen und fetalen Organismus gesagt worden ist.

7. Syntheseleistung des fetalen Organismus

Für die Synthese von Fettsäuren, Phospholipiden und Cholesterin in der Leber muß man sich die Tatsache vor Augen führen, daß die Acetatutilisation in der fetalen Leber 8—9mal größer ist als im Lebergewebe eines graviden Tieres und etwa 4mal größer als im Lebergewebe eines nicht graviden Tieres. Lediglich die Cholesterinsynthese ist bei nicht graviden Tieren deutlich höher als beim Fetus. Die sehr lebhafte Lipidsynthese wird noch dadurch unterstrichen, daß auch das extrahepatische Gewebe Fett synthetisiert. Aus Versuchen mit C^{14}-Acetat läßt sich ableiten, daß besonders das primäre Fettgewebe des Fetus eine extrem hohe Syntheserate vorwiegend für Glyceridfettsäuren aufweist (*38*).

Der Fetus nimmt sein Substrat zum Aufbau von Lipiden aus dem Kohlenhydratstoffwechsel. Ein Abbau der synthetisierten Fettsäuren zur Energiegewinnung läßt sich im fetalen Organismus nicht mit Sicherheit nachweisen. Ein geringer Cholesterinumsatz scheint in der fetalen Leber vor sich zu gehen (*38*).

Weiterhin wurde festgestellt, daß die anaerobe Synthese von Lipiden beim Fetus die aerobe übertrifft (*49*). Damit ist also der Fetus in der Lage, ein Energiereservoir ohne einen wesentlichen Mehrverbrauch an Sauerstoff aufzubauen. Der Fetus gewinnt im Gegenteil aus dem anaeroben Abbau von Glucose zu Brenztraubensäure und dem nachfolgenden Aufbau von Fettsäuren über die Zwischenstufe Acetyl-Coenzym A ohne Zwischenschaltung eines energieverbrauchenden Prozesses noch einen geringen Energieüberschuß durch Bildung von energiereichen Phosphatverbindungen im Zuge der anaeroben Glykolyse. Würde die Fettsynthese auch nur in mäßigem Umfang energieliefernde Prozesse benötigen, so hätte der fetale Organismus keinen Gewinn davon (*48*).

8. Änderungen der Serumlipide während der Entwicklung

In den vorangehenden Abschnitten wurde schon erwähnt, daß die verschiedenen Fraktionen der Lipide im Nabelschnurblut sehr viel niedriger als im Blut des Erwachsenen sind. Diese Erniedrigung betrifft alle Fraktionen annähernd gleichmäßig. Bald nach der Geburt tritt eine deutliche Vermehrung aller Lipidfraktionen auf. Nach wenigen Tagen sind die Serumspiegel der einzelnen Lipidfraktionen nur wenig niedriger als beim älteren Kind (*40*). Der Gehalt an Serumlipiden und Lipoproteiden nimmt im Laufe des 1. Lebensjahres noch etwas zu. Kinder im Alter von 2—14 Jahren haben Serumspiegel innerhalb des Streubereichs, der auch für den Erwachsenen gilt (Tab. 7).

Der Anstieg der Serumlipide gleich nach der Geburt hängt einerseits offensichtlich mit dem Einsetzen einer fetthaltigen Ernährung zusammen. Andererseits erhöht sich der Serumlipidspiegel auch bei einer fettarmen Milchdiät und selbst bei einer Ernährung, bestehend aus Aminosäuren und Kohlenhydraten. Der Anstieg ist jedoch nicht so ausgesprochen wie nach Normalnahrung (*40*). Dies deutet auf eine Mobilisierung der Fettreserven hin, die dann einsetzt, wenn das schnell verfügbare

Leberglykogen in kürzester Zeit erschöpft ist. Die Abnahme des respiratorischen Quotienten auf etwa 0,7 am 3. Lebenstag ist — wie schon erwähnt — Ausdruck für diesen Abbau der Fettdepots. Bei der Zunahme der Serumlipide zeigt sich auch eine Änderung im Verhältnis von α- und β-Lipoproteiden im Serum in dem Sinne, daß die β-Lipoproteide relativ stärker zunehmen. Bei Neugeborenen, die noch einige Zeit ausschließlich auf einer calorisch ausreichenden Kohlenhydratnahrung erhalten werden, nehmen die Serumlipide nicht zu. Auch tritt keine Änderung in

Tabelle 7. *Serumlipide und Lipoproteide während der kindlichen Entwicklung (40)*

mg/100 ml	Nabelschnurblut	3—10 Tage nach Geburt	1. Lebensjahr	2—14 Jahre
Gesamtlipide . . .	313 (170—440)	608 (430—760)	606 (240—800)	838 (490—1090)
Gesamtcholesterin .	74 (48—98)	134 (110—167)	130 (69—173)	188 (138—241)
Verestertes Cholesterin . .	48 (36—67)	86 (58—119)	90 (51—132)	134 (99—173)
Freies Cholesterin	26 (19—38)	49 (37—59)	40 (27—66)	54 (39—69)
Phospholipide . . .	124 (76—170)	207 (160—260)	188 (122—276)	235 (188—292)
α-Lipoproteid . . .	134 (71—176)	194 (116—266)	169 (67—281)	251 (147—327)
β-Lipoproteid . . .	103 (51—158)	277 (215—320)	290 (122—450)	412 (225—541)
„Start"-Fraktion .	77 (48—106)	138 (84—190)	124 (51—247)	176 (98—268)

der Lipoproteidverteilung ein. Aber sofort nach Fütterung der üblichen Nahrung erreichen die Serumlipide und Lipoproteide schnell die für Neugeborene normalen Werte. Bei fastenden Neugeborenen setzt der Anstieg des Lipidspiegels zum normalen Zeitpunkt ein (40).

Die Serumlipide schwanken in einem sehr weiten Streubereich während des ganzen Kindesalters. Vielleicht ist darin eine Instabilität der Regulationsmechanismen zu sehen. Die Serumlipidfraktionen unterliegen offenbar Ernährungseinflüssen, jedenfalls im frühen Säuglingsalter, wo entsprechende Untersuchungen durchgeführt wurden (31).

9. Fettverdauung

Im Neugeborenenalter findet die Anpassung an das extrauterine Leben statt. Fettverdauung und Fettresorption gehören zu den „werdenden Funktionen" und sind beim Säugling noch nicht von Anfang an voll ausgebildet. Bilanzuntersuchungen sagen nichts über die Resorption aus, da nicht sicher zu entscheiden ist, ob das im Stuhl nachgewiesene Fett einer Fettabsonderung aus dem Darm, den Dickdarmbakterien oder der Nahrung entstammt. Mit Hilfe von Bilanzen wird nur die Fettretention erfaßt. Diese ist nach dem 1. Lebensjahr nahezu vollständig, werden doch 96—98% des zugeführten Fettes retiniert. Beim jungen Säugling ist für eine Ernährung mit Frauenmilch eine fast vollständige Fettretention von 90—95% von der 3. Lebenswoche an festzustellen (8). Vorher liegt sie geringfügig unter diesem Wert. Es ist bemerkenswert, daß der Fettgehalt des Colostrums niedriger ist als bei reifer Frauenmilch. Bei frühgeborenen Kindern ist die Fettretention unvollständiger, auch bei ausschließlicher Frauenmilchernährung. Nach einigen Wochen werden jedoch ebenfalls dieselben Retentionswerte wie bei ausgetragenen Kindern erreicht.

Ungünstiger ist die Fettretention bei Ernährung mit künstlichen Nahrungsgemischen, also bei Kuhmilchernährung. In Abb. 4 ist die durchschnittliche Fettretention mit ihren Abweichungen bei gesunden künstlich ernährten Säuglingen von der 1. Lebenswoche bis zum 10. Lebensmonat dargestellt. In der 1. Lebenswoche werden rund 80% des aufgenommenen Milchfetts retiniert. In den folgenden Wochen bleibt die Fettretention etwa auf dieser Höhe. Erst mit Beginn des

3. Lebensmonats bessert sie sich stetig und beträgt im 5. Monat rund 90%. Danach tritt keine weitere Verbesserung der Fettretention ein (8). Besonders ungünstig erscheint die Fettretention bei frühgeborenen Kindern, die mit Kuhmilchmischungen ernährt werden. Sie beträgt hierbei in der 1. Lebenswoche im Durchschnitt 75% und verschlechtert sich in den folgenden Wochen bis auf 60% in der 5. Lebenswoche (8). Erst dann tritt eine langsame Besserung ein, bis in der 11. Lebenswoche eine Fettretention von 85% erreicht wird. Der geschilderte Verlauf der prozentualen Fettretention gilt jedoch nur für Ernährung mit einem normalen Fettangebot, wie wir es bei einer ausschließlichen Frauenmilchernährung oder aber bei einer Ernährung mit Milchverdünnungen ($^1/_2$-Milch oder $^2/_3$-Milch) antreffen. Bei überreichlichem Fettangebot ist bei Frauenmilch wie bei künstlicher Ernährung die prozentuale Fettretention etwas schlechter, absolut wird jedoch dann mehr Fett resorbiert.

Für die Fettverdauung sind Lipasen erforderlich. Weiterhin sind die Gallensäuren bei der Fettresorption von Bedeutung (11). Die Lipasen werden durch Gallensäuren aktiviert (28), die freien Fettsäuren werden jedoch nicht nach dem Choleinsäure-

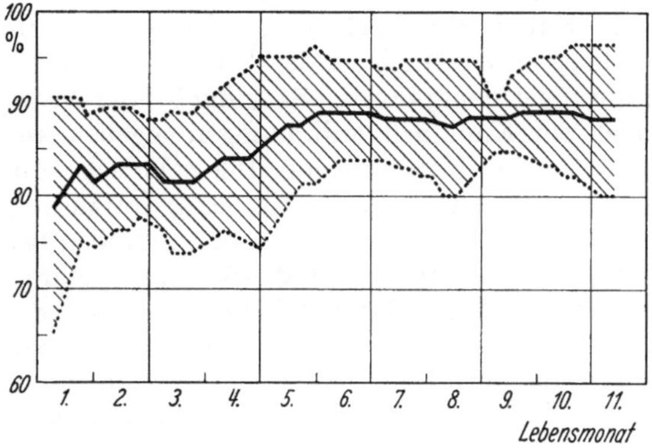

Abb. 4. Fettretention bei Säuglingen von der Geburt bis zum 10. Lebensmonat bei künstlicher Ernährung [nach DROESE und STOLLEY (8)]

prinzip resorbiert, wie man früher angenommen hat. Allerdings sind die Ansichten über die Fettresorption noch im Fluß. Neben den Gallensäuren spielen für die Emulgierung des Fettes im Darm und damit für deren enzymatische Angreifbarkeit Fettsäuren und Monoglyceride eine nicht unwesentliche Rolle (12).

Die Gallensäuren- und Lipaseproduktion stellt beim Säugling eine werdende Funktion dar, wie aus Untersuchungen von DROESE (7) hervorgeht. Die allmähliche Zunahme der Lipasen- und Gallensäureproduktion betrifft vor allem die letztere. Gallensäuren entstehen wahrscheinlich aus Cholesterin. Die Cholesterinsynthese in der Leber des jungen Tieres ist gegenüber der Synthese bei älteren Tieren relativ geringer. Die noch nicht voll ausgebildete Cholesterinsynthese hat auch eine entsprechend geringere Gallensäurebildung zur Folge. Nach der Geschlechtsreife nimmt die Cholesterinsynthese bei Ratten wieder deutlich ab (42).

Bei dem allgemein anzutreffenden Überangebot von Verdauungssäften erscheint die Bildung von Lipasen im frühen Säuglingsalter ausreichend. Außerdem ist bereits beim Säugling eine adaptive Enzymbildung möglich, vielleicht jedoch in engeren Grenzen als im späteren Leben.

Erwähnt sei noch, daß Frauenmilch-Colostrum und reife Frauenmilch Lipasen enthalten. Dadurch erfolgt beim Brustkind bereits im Magen eine Lipolyse. Magenlipase, die bei schwach saurem p_H ihr Wirkungsoptimum hat, ist ebenfalls vorhanden und geeignet, fein emulgiertes Fett zu hydrolysieren. Durch Zerstörung der Frauenmilch-Lipase beim Kochen soll die Fettverdauung verschlechtert werden, was jedoch nicht eindeutig erwiesen ist.

Versuche, die Fettresorption aus Kuhmilchmischungen durch Zusatz von Lipase, Gallensäuren oder Emulgatoren zu verbessern, sind in den meisten Fällen ohne Erfolg gewesen (23).

13*

10. Unterschiede in der Fettaufnahme bei natürlich und künstlich ernährten Säuglingen

Die Unterschiede in der Resorbierbarkeit des Fettes von Frauenmilch und Kuhmilch, die sich vorwiegend bei Frühgeborenen, aber auch bei ausgetragenen Säuglingen in den ersten Lebenswochen und mitunter bis zu 5 Monaten bemerkbar machen, müssen in erster Linie auf die verschiedene Zusammensetzung der arteigenen und der fremden Milch zurückgeführt werden. In quantitativer Hinsicht sind die Unterschiede beim Fett von Frauenmilch und unverdünnter Kuhmilch nicht erheblich. Der Fettgehalt der Frauenmilch schwankt zwischen 0,8 und 8 g pro 100 cm³, man kann mit einem mittleren Fettgehalt von 3,5—4% rechnen. Bei der im Handel befindlichen sog. „Trinkmilch" findet man 3% Fett. Bei besseren Güteklassen der Milch ist der Fettgehalt höher. Da auf Grund jahrzehntelanger Erfahrungen dem jüngeren Säugling bei der Notwendigkeit künstlicher Ernährung jedoch nur Kuhmilchverdünnungen gegeben werden, liegt das Fettangebot weit unter dem bei Brustnahrung. Der calorische Ausgleich erfolgt bei der Flaschennahrung durch vermehrten Kohlenhydratzusatz, so daß sich das Verhältnis des Fettes zu den übrigen Nahrungsbestandteilen beträchtlich verschiebt. Das Brustkind erhält ein Fettangebot, das 50% und mehr der benötigten Calorien ausmacht. Beim künstlich ernährten Kind dagegen liefert das Fett nur ungefähr 25% der Calorien. Der Fettverzehr eines vollgestillten Säuglings ist also wesentlich größer als der eines nicht gestillten Kindes. Lindberg (29) hat eine tägliche Fettaufnahme von 27—32 g beim jungen vollgestillten Säugling festgestellt, pro kg etwa 7—8 g. Das Flaschenkind erhält etwa 2—3 g/kg Körpergewicht an Fett.

Neuere Untersuchungen bei jungen Kindern haben ergeben, daß der Einbau von markierter Glucose und markiertem Pyruvat in die Fettsäuren außerordentlich träge erfolgt (57). Kinder in den ersten 2 Lebensjahren sind kaum in der Lage, aus Kohlenhydrat Fett zu bilden, ein bemerkenswerter Unterschied zum Erwachsenen. Aus älteren Tierversuchen geht hervor, daß fettreiche Nahrung den Gehalt des Tierkörpers an fettfreier Trockensubstanz steigert, kohlenhydratreiche Nahrung dagegen verringert. Gleichzeitig wurde eine bessere Resistenz der fettreich ernährten Tiere als der kohlenhydratreich aufgezogenen Tiere gegenüber künstlich gesetzten Infektionen (Tuberkulose) gefunden (50, 51).

Die Fettresorption scheint nicht unabhängig von dem Verhältnis der einzelnen Nahrungsbestandteile zu sein. Außerdem gibt der höhere Gehalt der Kuhmilch an Erdalkalien, vor allem an Kalksalzen, Anlaß zu einer Fettseifenbildung. Dadurch wird Fett der Resorption entzogen. Durch Anpassung der Kuhmilchzusammensetzung an die Frauenmilch einschließlich der Calciumreduktion kann selbst bei Frühgeborenen eine beinahe ebensogute Fettresorption wie bei Frauenmilchfütterung beobachtet werden. Auch die physikalische Beschaffenheit des Nahrungsfettes ist von Bedeutung für die Fettverdauung (56).

11. Qualitative Unterschiede zwischen Frauenmilch- und Kuhmilchfett

Zwischen dem Fett von Frauenmilch und Kuhmilch bestehen qualitative Unterschiede (Tab. 8).

Folgende Besonderheiten sind dabei hervorzuheben:

1. Etwa 8fach höherer Gehalt an niedermolekularen Fettsäuren (C_4— C_8) in Kuhmilch als in Frauenmilch.

2. Etwas höherer Anteil von Palmitin- und Stearinsäure zusammen in Kuhmilch gegenüber Frauenmilch. Die C_{18}-Verbindung Stearinsäure liegt in etwa doppelt so hoher Konzentration im Butterfett vor.

3. Wesentlich niedrigerer Gehalt von ungesättigten essentiellen Fettsäuren in der Kuhmilch, der in der Frauenmilch mehr als doppelt so hoch ist.

Die sog. flüchtigen Fettsäuren C_4—C_8 haben in früheren Jahrzehnten die Pädiatrie eingehend beschäftigt. Sie wurden als dyspepsie- und anämieauslösend angesehen. Allerdings hat sich diese Vermutung experimentell nicht bestätigen

Tabelle 8. *Zusammensetzung des Fettes in Gew.-%*

	Frauenmilch (2)	Kuhmilch (21)
Gesättigte Fettsäuren		
C_4—C_8	0,8	6,1
C_{16} + C_{18}	30,1 } 47,4	38,5 } 52,9
sonstige	17,3	14,4
Ungesättigte Fettsäuren		
Ölsäure	36,5	34,0
sonstige	3,8	3,3
Mehrfach ungesättigte Fettsäuren		
Linolsäure	7,8	
Arachidonsäure	0,9	} 2,8—3,7
sonstige	2,8	

lassen. HOLT (*23*) hat darüber hinaus nachgewiesen, daß die Triglyceride niedrigmolekularer Fettsäuren sehr gut resorbiert wurden. Die kurzkettigen und mittellangen Fettsäuren werden über die Pfortader direkt der Leber zugeführt. Der geringere Energiewert mindert jedoch ihre ernährungsphysiologische Bedeutung.

Mit der Länge der Fettsäurenkette wird die Resorption des Fettes schlechter. Doppelbindungen begünstigen die Resorption. 80% der Triglyceride in der Kuhmilch enthalten zumindest ein Ölsäuremolekül. Dadurch wird der Verdaulichkeitskoeffizient, der bei Tristearin schlecht ist, verbessert. Die physiologische Halbwertzeit der gesättigten Fettsäuren ist kürzer als die der ungesättigten, sie werden also im Stoffwechsel lebhafter umgesetzt (*56*).

Die nächste Tabelle (Tab. 9) zeigt die Unterschiede bei den essentiellen Fettsäuren in Frauenmilch und in $^2/_3$ Kuhmilch. In der Frauenmilch machen die ungesättigten Fettsäuren 3—4% der Trockensubstanz und etwa 6% der Calorien aus. In der Kuhmilchverdünnung stellen sie jedoch mit 0,5% der Trockensubstanz nur etwa 1% der Calorien. Für den Erwachsenen wird der Bedarf an essentiellen Fettsäuren mit 1% der zugeführten Calorien angegeben. (Food and Nutrition Board des National Research Councils der U.S.A.) Die ernährungsphysiologische Bedeutung der essentiellen Fettsäuren ist besonders für den wachsenden Organismus nachgewiesen worden. Vermutlich wird bei Kuhmilchernährung der Bedarf an essentiellen Fettsäuren nur knapp gedeckt.

Tabelle 9. *Essentielle Fettsäuren*

In 100 g Frauenmilch	In 100 g $^2/_3$-Kuhmilch
0,35—0,45 g	0,065—0,075 g
5—6% der Cal	< 1% der Cal
3—4% der Trockensubstanz	~ 0,5% der Trockensubstanz

Nach länger dauernder fettarmer und damit gleichzeitig linolsäurearmer Ernährung nimmt der Gehalt an Polyensäuren im Serum ab. HANSEN hat nachweisen können, daß dystrophe Kinder einen niedrigeren Serumspiegel an Dien- und Tetraensäure als gut gediehene Kinder aufweisen (*20*). Außerdem ließen sich Beziehungen zum kindlichen Ekzem feststellen (*19*). Bei fettfreier Ernährung treten

Hautveränderungen auf, die nach Gabe von Linolsäure in kurzer Zeit verschwinden (*18*). Ekzemkinder haben einen niedrigeren Serumspiegel an Polyensäuren. Interessant ist der in der folgenden Abbildung (Abb. 5) gezeigte Versuch: Um einen Säugling bei fettfreier Ernährung zu gutem Gewichtsansatz zu bringen, mußte die Calorienzufuhr ständig gesteigert werden. Zusatz von 0,5 g Linolsäure, der calorisch kaum ins Gewicht fiel, ermöglichte bei gleichbleibender Gewichtszunahme eine Reduktion der Calorienzahl (*1*). Die Stickstoffretention steigt bei

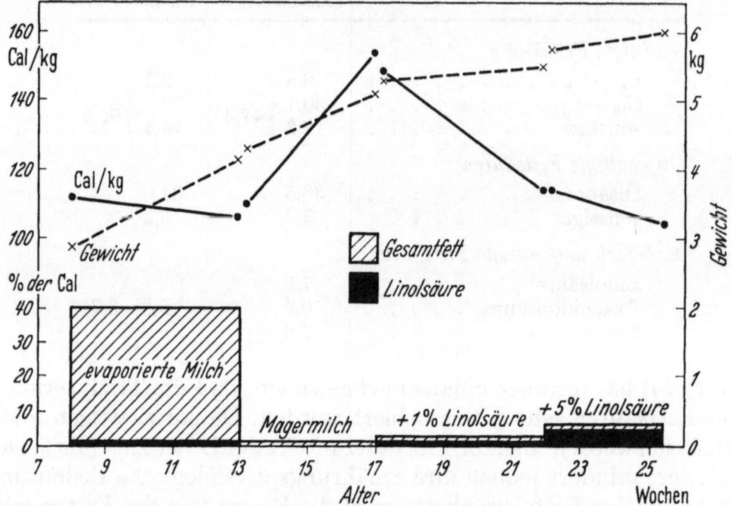

Abb. 5. Einfluß der Linolsäure auf den Energiebedarf eines Säuglings bei gleichbleibender Gewichtszunahme [nach Adam, Hansen und Wiese (*1*)]

Ernährung mit polyensäurereicher Milchmischung geringfügig an, vorwiegend bedingt durch verminderte Stickstoffausscheidung im Urin (*33*). Dies ließ sich besonders bei frühgeborenen Kindern nachweisen (*30*). Der Bedarf an essentiellen Fettsäuren nimmt überdies bei reichlicher Verfütterung von gesättigten Fettsäuren zu. Bei ungenügender Zufuhr essentieller Fettsäuren ist die Phosphatidsynthese gehemmt und die Aktivität der Leberlipase herabgesetzt (*43*).

12. Fettverzehr im Kindesalter

Für die Fettaufnahme jenseits des Säuglingsalters sind beträchtliche Unterschiede je nach Bevölkerungsgruppe, Eßgewohnheiten und Nationalität festzustellen. Als sicher kann gelten, daß die Fettaufnahme pro kg Körpergewicht ebenso wie die Aufnahme von Eiweiß und Kohlenhydrat während der Kindheit ständig abnimmt. Dabei bleibt die Relation der von Kohlenhydrat und von Fett stammenden Calorien konstant. Aus eingehenden Studien in England ist zu ersehen, daß während der Kindheit 35—39% der aufgenommenen Calorien (bei Knaben) auf Fett entfallen, 48—53% auf Kohlenhydrate. Mit 1—2 Jahren nimmt das Kind 4 bis 5 g Fett pro kg Körpergewicht auf, der Jugendliche mit 18 Jahren etwa 2 g pro kg Körpergewicht (*52*).

13. Hormonale Regulation des Fettstoffwechsels (*15,21,42*)

Über die hormonale Regulation des Fettstoffwechsels ist wenig bekannt. Hypophysenvorderlappenextrakte mobilisieren Fettdepots, was in einer vermehrten Ketosebereitschaft zum Ausdruck kommt. Der Abbau des Fettes erfolgt dabei offenbar sehr rasch. Gleichzeitig mit der Ketonkörperbildung kann eine Hyperlipämie auftreten. Fettmobilisierung erzielt man mit ACTH und mit Wachstumshormon (STH). Die ACTH-Wirkung verläuft über die Nebennierenrinde. Durch Glucocorticoide ist daher ein ähnlicher Effekt zu erzielen. Ob das Wachstumshormon an der Ketoseneigung des kindlichen Stoffwechsels beteiligt ist, bleibt bisher unentschieden. Glucagon senkt den Cholesterinspiegel bei einmaliger Injektion, langdauernde Gaben erhöhen ihn jedoch. Andererseits spricht die Möglichkeit einer Beeinflussung des Serumlipidspiegels durch unspezifische Reize gegen eine direkte hormonale Regulation derselben. Bei Änderungen der Serumlipide durch unspezifische Reize können sich dennoch hormonelle, vegetative oder zentralnervöse Impulse geltend machen, die allerdings nur als indirekte Wirkung zu betrachten sind (27).

Den wahrscheinlich größten Einfluß auf den Fettstoffwechsel hat das Insulin. Die Fettsynthese aus Kohlenhydraten wird durch Insulin ermöglicht. Die Fettsäurensynthese ist im Fettgewebe direkt aus Glucose möglich. Daß das Fettgewebe durchaus kein stoffwechselträges Gewebe ist, geht schon aus seinem reichhaltigen Enzymbestand hervor. Bei alloxandiabetischen Ratten ist nach Zufuhr von Insulin die Lipogenese im Fettgewebe noch möglich, nicht jedoch in der Leber. Die Abspaltung unveresterter Fettsäuren aus Neutralfett wird durch Insulin behindert. Den gegenteiligen Effekt hat Adrenalin. Durch dieses Hormon wird der Fettabbau beschleunigt. Die aus dem Fettgewebe über eine Albuminbindung abtransportierten Fettsäuren können im Muskelgewebe direkt verwertet werden.

Eine Thyroxinwirkung auf den Fettstoffwechsel ist lediglich aus pathologischen Bedingungen zu schließen. Durch vermehrte Bildung von Thyroxin erfolgt eine Steigerung des oxydativen Umsatzes nicht nur der Glucose, sondern auch der Fette. Bekanntlich wird durch Thyroxin die Atmungskettenphosphorylierung entkoppelt, so daß die oxydativen Prozesse rascher erfolgen. Cholesterinerhöhung im Serum findet man bei Hypothyreosen, der umgekehrte Effekt wird bei Überproduktion von Schilddrüsenhormon beobachtet.

Auch die Keimdrüsen haben Einfluß auf den Fettstoffwechsel. Unter der Wirkung der Geschlechtshormone erfolgt die charakteristische Verteilung von Körperfett beim Mädchen in der Pubertät und die stärkere Entwicklung der Muskulatur beim Jungen.

14. Ketoseneigung des Kindes

Im vorangehenden Abschnitt wurden mehrfach die engen Beziehungen zwischen Fett- und Kohlenhydratstoffwechsel deutlich, die schematisch in Abb. 6 zusammengefaßt sind. Der Abbau der Fettsäuren mündet über Acetyl-Coenzym A (die aktivierte Essigsäure) in den Citronensäurecyclus ein, wobei der limitierende Faktor die Oxalessigsäure ist, die zur Kondensation mit Acetyl-Coenzym A zur Verfügung stehen muß. Bei Mangel an Oxalessigsäure oder bei übermäßiger Lipolyse steigt das Verhältnis von Acetyl-CoA zur Oxalessigsäure. So kommt es alternativ durch Kondensation zweier Moleküle Acetyl-CoA zur Bildung von Acetacetyl-CoA. Aus diesem entsteht nach weiteren Reaktionsschritten freie Acetessigsäure. Der relative Mangel an Oxalacetat, welches ausschließlich aus dem Kohlenhydratabbau stammt, ist die Voraussetzung für die Entstehung der Ketonkörper. Die Ketonkörperbildung findet in der Leber statt (55). Schon im Säuglingsalter ist die Leber in der Lage, Ketonkörper zu bilden. Beim jungen Säugling im ersten Vierteljahr ist die Ketogenese in der Leber wahrscheinlich etwas vermindert.

Die Ketose spielt in der Stoffwechselpathologie der Kinder eine wesentlich größere Rolle als in der des Erwachsenen. Der Altersgipfel einer Hungerketonurie liegt zwischen 3 und 4 Jahren. Die Ketoseneigung besteht bereits beim Säugling, ist dort jedoch nur durch Blutspiegelbestimmungen der Ketonkörper zu erfassen. Die renale Ketonkörperclearence ist bei Säuglingen mit etwa $^1/_5$ bis $^1/_{10}$ geringer als im späteren Kindesalter. Außerdem scheint der Säugling Ketonkörper gut weiter verarbeiten zu können (*25*). Für die Ketoseneigung werden gewöhnlich die mangelhaften Glykogenreserven des Kindes bzw. die Unmöglichkeit, Glykogen zu mobilisieren, angeschuldigt (*43*). Offenbar wird infolge von Kohlenhydratmangel oder bei einer Kohlenhydratverwertungsstörung (z. B. Anstauung von Brenztraubensäure bei Durchfällen) vermehrt Fett zur Deckung des im Fieber bei Infekten noch erhöhten Verbrennungsstoffwechsels mobilisiert, wodurch eine Verschiebung der Relation Oxalacetat zu aktivierter Essigsäure zugunsten letzterer entsteht. Gegen

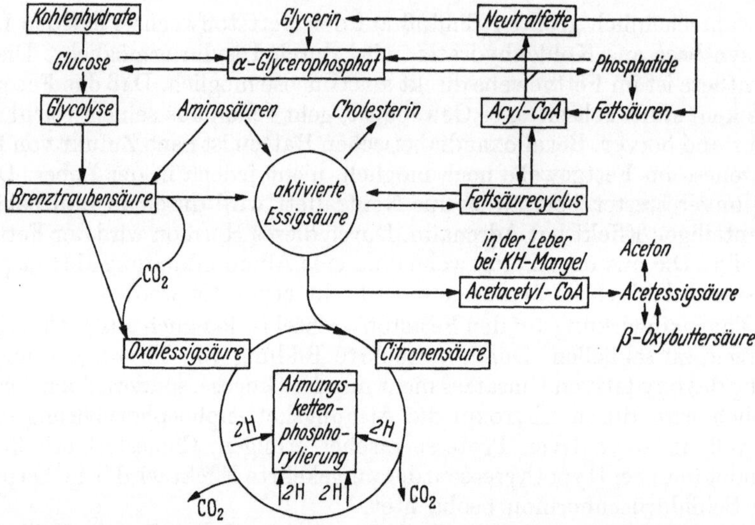

Abb. 6. Schema von Kohlenhydrat- u. Fettabbau [nach Leuthardt (*28*), Lynen (*32*) und Wieland (*55*)]

die Annahme eines primären Kohlenhydratmangels in der Pathogenese der Ketose spricht der oft nur wenig verminderte Blutzucker (*25*). Durch Glucagon läßt sich die Ketonkörperbildung zurückdrängen. Von Holt (*22*) deutet diesen Befund folgendermaßen: Die verringerte Ketonkörperbildung im Hungerzustand nach Glucagon ist Folge einer Umschaltung des Stoffwechsels vom Fettsäurenabbau auf vorwiegende Eiweißverbrennung. Bei der Verbrennung der aus dem Eiweißabbau freiwerdenden Aminosäuren entstehen aus den ketoplastischen Aminosäuren weit geringere Mengen von Acetessigsäure als durch den Abbau einer äquivalenten Menge von Fettsäuren.

Zu ketonämischen Krisen kann es bei neuropathischen Kindern auch ohne Erbrechen nach fettreichen Mahlzeiten und psychischen Insulten kommen. Die Hyperketogenese mag auf Dysregulation hypothalamischer Zentren mit Beeinflussung der Neurohypophyse, die offenbar auch zur Abgabe eines fettmobilisierenden Hormons in der Lage ist, zurückzuführen sein (*25*). Einstimmige Meinungen über die Ursachen der Ketoseneigung im Säuglings- und Kleinkindesalter bestehen nicht. Die Ketosebereitschaft zeigt jedoch deutlich, daß die Fermente des Fettumsatzes bereits bei jungen Säuglingen funktionstüchtig sind.

15. Fettstoffwechsel in der Zelle

Bisher besteht keine Veranlassung, die heute bekannten Mechanismen von Fettsäurenabbau und Fettsynthesen nicht auch auf den kindlichen Zellstoffwechsel zu übertragen. Der Abbau der Fettsäure vollzieht sich in einer Reaktionsfolge, die als Fettsäurecyclus (*32*) bezeichnet wird. Seine Aufgabe ist es, die Kohlenstoffkette der Fettsäuren in C_2-Bruchstücke zu spalten, die dann in den allgemeinen Oxydationsweg, den Citronensäurecyclus einmünden. Damit eine Fettsäure abgebaut werden kann, muß sie zunächst mit Coenzym A zum energiereichen Acylderivat gekoppelt werden. Zu diesem Vorgang ist Adenosintriphosphat erforderlich, d. h. es wird für die Startreaktion des Fettsäurenabbaus Energie benötigt. Nach der Aktivierung erfolgt eine Dehydrierung. Die aus dieser Reaktion entstehende ungesättigte Verbindung lagert Wasser an. Die nächste Abbaustufe besteht in einer Dehydrierung der β-ständigen CHOH-Gruppierung unter Bildung einer Ketogruppe. Nun tritt ein zweites Coenzym A-SH-Molekül in die Reaktion ein. Nach thiolytischer Spaltung resultiert Acetyl-CoA (aktivierte Essigsäure) und ein gegenüber der ursprünglichen Fettsäure um 2 C-Atome kürzeres Acyl-CoA. Diese Reaktionsfolge, die sich in den Mitochondrien abwickelt, wiederholt sich bis zum völligen Abbau der Fettsäurenkette. Mit einigen Abänderungen erfolgt die Fettsäuresynthese in umgekehrter Reihenfolge. Für die Synthese scheinen jedoch noch einige andere Fermente notwendig zu sein, die bei einer Ketoseneigung offenbar gehemmt sind. Solche Fermente, die Biotin enthalten, sind von SEUBERT, GREULL und LYNEN (*45*) nachgewiesen worden. Der Weg, der von den Fettsäuren zum Fett führt, ist ebenfalls bekannt. In der Leber können die Fettsäurereste auf α-Glycerophosphat unter Bildung von Phosphatidsäuren übertragen werden.

Aus dem Zusammenwirken von Fettsäuresynthese und -abbau, Kohlenhydratabbau und hormonellen Faktoren (STH, Glucagon, Insulin) ergeben sich mannigfaltige Störungsmöglichkeiten. Im Kindesalter ist die Acetonämie ein Ausdruck des gestörten intermediären Fettstoffwechsels.

16. Zusammenfassung

Fettansatz erfolgt bei menschlichen Feten erst gegen Ende der Schwangerschaft. Der Säugling bringt bereits ein gut entwickeltes Fettpolster mit zur Welt. Zusammensetzung und Verteilung des Fettes sind anders als beim Erwachsenen. Sämtliche Lipide (Neutralfette, Cholesterin und Phospholipide) werden zum größten Teil im fetalen Organismus selbst synthetisiert. Die Fettsynthese findet nicht nur in der Leber, sondern auch im extrahepatischen Gewebe statt.

Die Serumlipidfraktionen sind bei Neugeborenen niedrig, sie nehmen rasch im Laufe der ersten Lebenstage zu.

Fettverdauung und Fettresorption sind als werdende Funktionen anzusprechen. Fast vollständige Fettresorption ist jedoch schon nach wenigen Wochen zu beobachten. Bei künstlicher Ernährung bleibt die Fettretention längere Zeit noch geringer, vorwiegend bei frühgeborenen Kindern. 50% der Nahrungscalorien werden beim Brustkind durch Fett gedeckt, beim Flaschenkind ungefähr 25%.

Die Unterschiede beim Fett von Frauenmilch und Kuhmilch betreffen vor allen Dingen die essentiellen Fettsäuren, deren Gehalt in der Frauenmilch um das Mehrfache höher als in der Kuhmilch ist. Die essentiellen Fettsäuren ermöglichen eine rationellere Energieverwertung.

Eine hormonale Regulation des Fettstoffwechsels ist anzunehmen, ein spezifisches Fettstoffwechselhormon ist jedoch nicht bekannt. Insulin ist von großer Bedeutung für die Fettsäurensynthese.

Für die Eigenart des kindlichen Stoffwechsels zur Ketonkörperbildung ist neben schnell erschöpfbaren Glykogenreserven und vermehrtem Fettabbau eine Kohlenhydratverwertungsstörung anzunehmen. Bisher besteht keine Veranlassung, die heute bekannten Vorgänge im Fettabbau und der Fettsynthese nicht auch auf den kindlichen Zellstoffwechsel zu übertragen.

Literatur

1. Adam, D. J. D., A. E. Hansen and H. F. Wiese: J. Nutr. **66**, 555 (1958).

2. Baldwin, A. R., and H. E. Longenecker: J. biol. Chem. **154**, 255 (1944). — 3. Boekelman, M. Th.: Diaferometrische Gasstofwisselingsbepalingen bij verschillende groepen Zuiglingen. Diss. Groningen 1957. — 4. Boyd, E. M., and K. M. Wilson: J. clin. Invest. **14**, 7 (1935). — 5. Brante, G.: Act. physiol. scand. **18**, Suppl. 63 (1949).

6. Camerer, W., jr.: Z. Biol. **43**, 1 (1902).

7. Droese, W.: Ann. paediat. (Basel) **178**, 238 (1952). — 8. Droese, W., u. H. Stolley: Secretion und Resorption. In: F. Linneweh, Die physiologische Entwicklung des Kindes, S. 272. Berlin-Göttingen-Heidelberg: Springer-Verlag 1959.

9. Fehling, H.: Arch. Gynäk. **11**, 523 (1877). — 10. Forbes, R. M., A. R. Cooper and H. H. Mitchell: J. biol. Chem. **203**, 359 (1953). — 11a. Frazer, A. C.: Fat metabolism. Lectures on the scientific basis of medicine. Bd. 4, S. 311. Bristol: Western printing services Ltd., 1954/55. — 11b. Frazer, A. C., W. F. R. Pover, H. G. Sammons and R. Schneider: Further observations on the absorption of fat. In: G. Popják and E. le Breton: Biochemical problems of lipids, S. 331. London: Butterworth scientific publ. 1956. — 12. Frazer, A. C., R. Schneider and H. G. Sammons: Gastroenterologia **85**, 146 (1956). — 13. Freund, W.: Ergebn. inn. Med. Kinderheilk. **3**, 139 (1909). — 14. Furuhjelm, U.: In Beitrag C. E. Räthä, Tissue metabolism in the human fetus. Cold Spr. Harb. Symp. quant. Biol. **19**, 143 (1954).

15. Gaede, K.: Der Fettstoffwechsel, in J. Brock: Biol. Daten für den Kinderarzt, 2. Aufl., Bd. 2, S. 158. Berlin-Göttingen-Heidelberg: Springer-Verlag 1954. — 16. Goldwater, W. H., and D. W. Stetten: J. biol. Chem. **169**, 723 (1947). — 17. György, P.: Wachstum, Aufbau, Stoffwechsel und Ernährung des gesunden Säuglings, in M. von Pfaundler u. A. Schlossmann: Handbuch der Kinderheilkunde, 4. Aufl., Bd. 1, S. 341. Berlin: F. C. W. Vogel-Verlag 1931.

18. Hansen, A. E., M. E. Haggard, A. N. Boelsche, D. J. D. Adam and H. F. Wiese: J. Nutr. **66**, 565 (1958). — 19. Hansen, A. E., E. M. Knott, H. F. Wiese, E. Shaperman and J. McQuarrie: Amer. J. Dis. Child. **73**, 1 (1947). — 20. Hansen, A. E., and H. F. Wiese: J. Nutr. **52**, 367 (1954). — 21. Hilditch, T. P., and H. Jasperson: J. soc. chem. Industr. **60**, 305 (1941). — 22. Holt, C. von: Z. Vitamin-, Hormon- u. Fermentforsch. **7**, 138 (1955). — 23. Holt, L. E.: Observations on fat absorption in infants. Symp. über Physiologie u. Pathologie der Verdauung des Säuglings. Basel, 1.—3. 8. 1956. Mod. Probl. Paed. Bd. 2, S. 85, Basel-New York: S. Karger-Verlag 1957.

24. Imrie, C. G., and S. G. Graham: J. biol. Chem. **44**, 243 (1920). — 25. Krainick, H. G., u. W. Russell: Klinische und experimentelle Beobachtungen zur Acetonämie im Kindesalter. Geigy-Coll.: Kohlenhydratstoffwechsel im Kindesalter. Bern 2.—7. 6. 1958. Mod. Probl. Paediatr. Bd. 4, S. 318. Basel-New York: S. Karger-Verlag 1959.

26. Langer, L.: Hoppe-Seylers Z. physiol. Chem. **36**, 53 (1902). — 27. Leupold, F., H. Büttner u. F. Portwich: Klin. Wschr. **34**, 1020 (1956). — 28. Leuthardt, F.: Lehrbuch der Physiologischen Chemie. 13. Aufl. Berlin: Walter de Gruyter 1957. — 29. Lindberg, G.: Z. Kinderheilk. **16**, 90 (1917). — 30. Löhr, H., u. H. Wolf: Pediat. int. (Roma) **9**, 183 (1959).— 31. Löhr, H., u. H. Wolf: Mschr. Kinderheilk. **109**, 213 (1961). — 32. Lynen, F.: Klin. Wschr. **35**, 213 (1957).

33. Markova, M. N.: Vop. Pitan. **4**, 15 (1957); ref. Nutr. Abstr. Rev. **28**, 173 (1958). — 34. McCance, R. A., and E. M. Widdowson: Brit. med. Bull. **7**, 297 (1950/51). — 35. Mitchell, H. H., T. S. Hamilton, F. R. Steggerda and H. W. Bean: J. biol. Chem. **158**, 625 (1945).

36. Needham, J.: Chemical Embryology, Bd. 2, S. 1194. Cambridge: Univ. Press 1931. — 37. Nielson, P. E.: Amer. J. Physiol. **135**, 670 (1941/42).

38. Popják, G.: The origin of fetal lipids. Cold Spr. Harb. Symp. quant. Biol. **19**, 200 (1954). — 39. Popják, G., and M. L. Beeckmans: Biochem. J. **46**, 99 (1950).

40. Rafstedt, S.: Studies on serum lipids and lipoproteins in infancy and childhood. Acta paediat. (Upps.) **44**, Suppl. 102 (1955). — 41. Renold, A. E., B. Jeanrenaud, A. I. Winegrad and D. B. Martin: Adipose tissue: a major site of metabolic interrelations between carbohydrates and fats. Geigy-Coll.: Kohlenhydratstoffwechsel im Kindesalter. Bern 2.—7. 6. 1958. Mod. Probl. Paediatr. Bd. 4, S. 119. Basel-New York: S. Karger-Verlag 1959. — 42. Rosenman, R. H., and E. Shibita: Proc. Soc. exp. Biol. (N. Y.) **81**, 296 (1952).

43. Schreier, K.: Der Fettstoffwechsel, in F. Linneweh: Die physiologische Entwicklung des Kindes, S. 167. Berlin-Göttingen-Heidelberg: Springer-Verlag 1959. — 44. Schuwirth, K.: Hoppe-Seylers Z. physiol. Chem. **263**, 25 (1940). — 45. Seubert, W., G. Greull u. F. Lynen: Angew. Chem. **69**, 359 (1957). — 46. Slemons, J. M., and H. J. Stander: Bull. Johns Hopk. Hosp. **34**, 7 (1923). — 47. Smith, C. A.: Physiology of the newborn infant. 3. Aufl. S. 279. Springfield, Ill.: Charles C. Thomas publ. 1959.

48. VILLEE, C. A.: Discussionsbeitrag zu C. E. RÄIHÄ, Tissue metabolism in the human fetus. Cold Spr. Harb. Symp. quant. Biol. **19**, 143 (1954). — 49. VILLEE, C. A., D. D. HAGERMAN, R. KIMMELSTIEL, J. M. LORING and F. M. WELLINGTON: Fed. Proc. **15**, 375 (1956). 50. WEIGERT, R.: Jahrb. Kinderheilk. **61**, 178 (1905). — 51. WEIGERT, R.: Berl. klin. Wschr. **1907**, Nr. 38. — 52. WIDDOWSON, E. M.: A study of individual children's diets. H. Maj. stat. off., London 1947. — 53. WIDDOWSON, E. M.: Nature (Lond.) **166**, 626 (1950). — 54. WIDDOWSON, E. M., R. A. McCANCE and C. M. SPRAY: Clin. Sci. **10**, 113 (1951). — 55. WIELAND, O.: Wechselbeziehungen zwischen Kohlenhydrat- und Fettstoffwechsel und ihre Störungen. 8. Coll. Gesellsch. physiol. Chem. 2.—4. 5. 1957, Mosbach/Baden. Berlin-Göttingen-Heidelberg: Springer-Verlag 1958. — 56. WOLF, H.: Fettversorgung der Säuglinge. Vortrag auf der DGF-Vortragsveranstaltung, Baden-Baden 1.—6. 11. 1959. Fette, Seifen, Anstrichmittel **62**, 297 (1960). — 57. GILLMAN, J., T. GILLMAN, J. SCRAGG, N. SAVAGE, C. GILBERT, G. TROUT and P. LEVY: S. Afr. J. med. Sci. **26**, 31 (1961).

Kohlenhydratstoffwechsel

Von

H. WIESENER

Mit 6 Abbildungen

Zucker sind beim Kind ebenso wie beim Erwachsenen die wichtigsten Energieträger unter den Nahrungsmitteln. In qualitativer Hinsicht bestehen — soweit es den intermediären Stoffwechsel angeht — keine Unterschiede zwischen Säuglingen, Kindern und Erwachsenen. Außer der Glykolyse sind heute zwei weitere Möglichkeiten für den Glucoseabbau im Säugetierstoffwechsel bekannt: Der Pentose-Phosphat-Cyclus (C_1-Oxydation) und der Glucuronsäure-Xylulose-Cyclus (C_6-Oxydation) (*12*). Der schnellere Umsatz der Nahrungsstoffe im Kindesalter führt besonders bei Säuglingen und Kleinkindern zu einem Kohlenhydrathunger der Gewebe. In den ersten Monaten der Schwangerschaft ist die Placenta relativ reich an Glykogen. So werden in den ersten 10—15 Wochen in einem Gramm trockenen Placentargewebes durchschnittlich 20 mg, zur Zeit der Geburt aber nur 10 mg nachgewiesen. Es stehen also dem Fetus als Kohlenhydratquellen der Zucker des mütterlichen Blutes und das Placentarglykogen zur Verfügung. In der zweiten Hälfte der Schwangerschaft wird offenbar die fetale Leber glykogenreicher, das Placentarglykogen nimmt dagegen ab (*16, 32, 35*). Nach der 12. bis 16. Fetalwoche kann die Leber bereits Glucose produzieren. Diese Fähigkeit nimmt bis zur Geburt soweit zu, daß eine selbständige Regulation schon Wochen vor der Geburt möglich ist. Die Glucose-Assimilation und die Verwendung der Energie für das Wachstum stehen nach der Geburt so sehr im Vordergrund, daß die Kohlenhydratzufuhr und Gluconeogenese nicht nachkommen. Andererseits werden viel besser als beim Erwachsenen neben Glucose andere Zucker, wie Galaktose und Fructose, verwertet.

1. Kohlenhydrate bei natürlicher und künstlicher Ernährung

Wenn auch der *Milchzucker* in der Frauenmilch etwa 7% beträgt, so wird der Calorienbedarf zu über 50% durch Fett gedeckt. Der niedrige Lactosegehalt des Colostrums ist bemerkenswert und beträgt nur 2,0—2,4 g-%. Die Übergangsmilch hat eine Milchzuckerkonzentration von etwa 6,5 g-%, und erst in der reifen Frauenmilch stellt sich der durchschnittliche Lactosegehalt von 7,1 g-% ein. Etwa 60—63% der Lactose werden als β-Lactose gefunden und 36,9% als α-Lactose. In den Jahren 1930—1933 erkannten POLONOVSKI und LESPAGNOL, daß die Frauenmilch neben der Lactose noch andere Kohlenhydrate enthält, und beschrieben eine kristallisierte Aldolactose und eine N-haltige Gynolactose. Allerdings ist anzuführen, daß die Aldolactose kein normaler Bestandteil der Frauenmilch ist und wahrscheinlich als Folge einer Infektion auftritt, da gezeigt werden konnte, daß gewisse Coli-Stämme und andere Bakterien imstande sind, die Lactose in das 1,6-Disaccharid Aldolactose überzuführen. Das Trisaccharid Fucosidolactose enthält eine α-glykosidische Bindung zwischen L-Fucose und Lactose. Das Tetrasaccharid Difucolactose, das nicht in der Milch jeder Frau vorhanden ist, wirkt als Blutgruppensubstanz (18). Immerhin macht die Gynolactose als Normalbestandteil der Frauenmilch nur 0,4% aus. Bisher konnte man keine biologischen Wirkungen der Gynolactose nachweisen. Anders dagegen verhält es sich mit einigen Oligosacchariden, denen eine bifidogene Wirkung zugeschrieben wird (s. Kapitel Verdauung). Mit dem steigenden Lactoseangebot in Colostrum, Übergangsmilch und reifer Frauenmilch vollzieht sich die Anpassung der vorwiegend im Dünndarm wirksamen Lactase. Im Milieu der Frauenmilchmolke geht diese Spaltung besonders gut vonstatten. Da die Lactose wegen ihrer langsamen Spaltung noch in geringen Mengen zum Dickdarm gelangt, beeinflußt sie dort die Darmflora des Brust- und Frauenmilchkindes.

Tabelle 1. *Süßkraft des Milchzuckers im Vergleich zu anderen Zuckern* (Rohrzucker = 100) nach Lintzel (20)

Fruchtzucker	105
Rohrzucker	100
Invertzucker	79
Traubenzucker	52
Malzzucker	35
Galaktose	33
Milchzucker	28

1—2% Lactose scheinen neben anderen Substanzen im Darm auszureichen, um eine Bidifumflora von etwa 50% zu erzeugen. Setzen wir die Resorptionsgeschwindigkeit der Glucose = 100, so beträgt sie bei Galaktose 110, Fructose 44—63. Die Süßkraft des Milchzuckers ist im Vergleich zu anderen Zuckern gering.

Eine Verdünnung der Kuhmilch und die nachfolgende Anreicherung mit Kohlenhydraten darf als einfache und weitverbreitete Methode der künstlichen Ernährung angesehen werden. Doch läßt sich nicht nur durch Kohlenhydratanreicherung die Betriebsstoffverminderung ausgleichen. Neuerdings haben sich Milchmischungen mit gleichzeitiger Kohlenhydrat- und Fettanreicherung bewährt. Neben Kochen und Verdünnen der Kuhmilch trägt der Zusatz von Polysacchariden dazu bei, daß feine und weiche Caseingerinnsel entstehen, die leichter durch entsprechende Fermente angreifbar werden. Außer der praktisch mit der Frauenmilchlactose identischen Kuhmilchlactose werden Mono-, Di- und Polysaccharide verwendet, die eine unterschiedliche Wirkung zeigen.

Das weitverbreitete Monosaccharid D-*Glucose*, *Dextrose* oder auch *Traubenzucker* genannt, eignet sich zwar wegen guter Resorption und wegen seines indifferenten Geschmacks als Zusatz zur Heilnahrung im Säuglingsalter, doch findet bei gesunden Kindern besser der gewöhnliche Kochzucker (Saccharose) Verwendung.

Die *Fructose* kann beim gesunden Säugling als guter Glykogenbildner angesehen werden. Eine Verabreichung per os bringt im Säuglingsalter keine besonderen Vorteile. Parenteral, verabreicht hat sich dieser Zucker dagegen bei schweren Stoffwechselstörungen bewährt. Die Fructose wird durch die Ketokinase der Leber in das 1-Phosphat übergeführt. Diese Verbindung wird durch die 1-Phosphofructaldolase in Darmschleimhaut, Leber und Niere in Phosphodioxyaceton und D-Glycerinaldehyd gespalten. Eine direkte Umwandlung des Fructose-1-phosphates in Fructose-6-phosphat findet also nicht statt, vielmehr führt der Fructose-Stoffwechsel unmittelbar zu den Dreikohlenstoffverbindungen. Erst sekundär kann die Rekondensation zu Hexosephosphat und damit zur Glykogenbildung stattfinden (19). Fructose wurde im fetalen Blut nachgewiesen, in dem sie mehr als die Hälfte des reduzierten Zuckers ausmachen kann. Der Bildungsort ist die Placenta.

Galaktose ist ein wichtiger Bestandteil des Milchzuckers. Von der Glucose unterscheidet sich der Zucker durch seine sterische Anordnung an C_4. Im Darm wird die D-Galaktose unter dem Einfluß der Lactase (β-Galaktosidase) aus dem Milchzucker freigesetzt. Die Resorption geht rasch vonstatten. Die Konzentration der Galaktoselösung soll die Resorptionsgeschwindigkeit beeinflussen. Bis zu einer $^3/_4$-molaren Lösung (13,5%ig) nimmt sie zu, darüber verlangsamt sie sich wieder. Wie bei den anderen Hexosen Glucose und Fructose beruht die Resorption der Galaktose nicht auf reiner Diffusion, sondern mit Phosphorylierung und Dephosphorylierung stellt sich eine aktive Leistung der Darmzellen dar. Der obere Dünndarm des Menschen, die physiologische Stätte der Zuckerresorption, ist in der Lage, aus einer 10%igen Lösung innerhalb 30 min 11,2 g Galaktose pro m² aufzusaugen. Bei diesen guten Resorptionsverhältnissen muß angenommen werden, daß die aus dem Milchzucker freigesetzte Galaktose auch quantitativ resorbiert wird. Aber bei unphysiologischer Nahrungszusammensetzung oder stark beschleunigter Darmpassage kann Galaktose mit dem Darmchymus in tiefere Darmabschnitte gelangen und dort von den Darmbakterien angegriffen werden. Sowohl Bact. Coli als auch Bact. Bifidum vermögen Galaktose abzubauen und in ihrem Stoffwechsel zu verwerten.

Im intermediären Stoffwechsel der Galaktose hat die Leber eine zentrale Stellung, denn dort wird der überwiegende Teil der resorbierten Galaktose in Glucose übergeführt und weiter verwendet. Wie Versuche am eviscerierten nephrektomierten Hund gezeigt haben, bleibt nach intravenöser Zufuhr von Galaktose die Blutgalaktosekonzentration über lange Zeit praktisch konstant. Gewebe wie die Muskulatur oder das Zentralnervensystem können die Galaktose also nicht verwerten. Eine Hypoglykämie beim leberlosen Hund wird durch intravenöse Galaktosezufuhr nicht behoben oder beeinflußt, wie das etwa nach intravenöser Gabe von Glucose der Fall ist. Weitere Versuche, besonders von CAPUTTO u. Mitarb. (*7*), machen es wahrscheinlich, daß die auf dem Wege der Pfortader in die Leber gelangte Galaktose dort unter Mitwirkung einer spezifischen Galaktokinase und Adenosintriphosphorsäure zu Galaktose-1-phosphat phosphoryliert wird. Es folgt dann die Umwandlung in Glucose-1-phosphat unter Mitwirkung der Glucosephosphat-Uridyl-Transferase und der 4-Epimerase (früher Galaktowaldenase).

Mit Bildung von Glucose-1-phosphat mündet der Galaktosestoffwechsel in den Glucosestoffwechsel ein. Zwei Wege können nun beschritten werden: 1. Aufbau des Glucose-1-phosphats zu Glykogen oder 2. Umwandlung des Glucose-1-phosphats in Abwesenheit von Glucose-1,6-diphosphat zu Glucose-6-phosphat. Dieses tritt entweder nach Dephosphorylierung als Blutzucker in Erscheinung oder durchläuft die einzelnen Abbaustufen der Glykolyse. Aus dem Tierexperiment ist schon länger bekannt, daß der Glykogengehalt der Leber mehrere Stunden nach enteraler Zufuhr von Galaktose geringer ist als nach der gleichen Menge Glucose. Auch für den Menschen ist inzwischen erwiesen, daß nach Galaktosegabe ein stärkerer Anstieg der Blutmilchsäure und Brenztraubensäure, den Endprodukten der Glykolyse, erfolgt als nach Glucose in gleicher Dosierung. Danach wäre also Galaktose ein schlechterer Glykogenbildner als Glucose und Fructose (*5*). Der Galaktoseanteil dient zum Aufbau von Phospholipiden und Galaktosamin.

Die vorzügliche Galaktoseassimilation im Säuglings- und Kindesalter wurde von mehreren Autoren bestätigt (*10, 11, 25*). Sie geht aus den beiden nachstehenden Tabellen hervor.

Tabelle 2. *Galaktosebelastung (2 g/kg) bei Frühgeborenen, Neugeborenen und Säuglingen* [nach Rohde (*25*)]

Alter	Anzahl der Kinder	davon Galaktosurie	Konzentration der Galaktose im Urin %	ausgeschiedene Galaktosemenge g	Galaktoseausscheidung in % der zugeführten Menge
Frühgeborene	12 (24)*	6	bis 0,2	bis 0,05	bis 1,7
Neugeborene	16 (26)	14	bis 0,3	bis 0,23	bis 4,0
Säuglinge	12 (20)	14	bis 0,4	bis 0,46	bis 6,4

* Eingeklammert: Anzahl der Untersuchungen.

Tabelle 3. (Nach Rohde)

Alter	Körpergewicht und Länge	Körperoberfläche m²	Galaktosezufuhr			Galaktoseausscheidung g
			pro kg g	absolut g	pro m² g	
Frühgebor.	1450 g/42 cm	0,127	2	3	23,6	0—0,05 (—0,09)
Neugeborene	3000 g/50 cm	0,200	2	6	30,0	0—0,23
2 Monate	4600 g/56 cm	0,250	2	9,2	36,8	0—0,46
7 Monate	7600 g/68 cm	0,360	2	15,2	42,2	0—1,06
Erwachsener	50—80 kg	1,5—2	0,8—0,5	40	26,7—20,0	0—2 (3)

Diese Befunde bei Galaktosebelastungen mit 2 g/kg Körpergewicht bilden eine gute Ergänzung zu den von Hartmann (*10*) ermittelten Ergebnissen.

Nachstehende Tabelle gibt eine Übersicht über die in unserem Zusammenhang interessierenden Ergebnisse von Hartmann (*10*).

Tabelle 4. *Blutgalaktose-(Ga) und -glucose-(Gl)konzentration in mg-% nach Fütterung von 1,75 g Galaktose/kg* (nach Hartmann)

Alter	Gewicht (kg)	vor Galaktosegabe		½ Std		1 Std		2 Std		3 Std	
						nach Galaktosegabe					
		Ga.	Gl.	Ga.	Gl.	Ga.	Gl.	Ga.	Gl.	Ga.	Gl.
Frühgeb.											
4 Tage	2,1	0	19	0	42	0	68	0	56	—	—
5 Tage	2,0	0	42	8	72	8	67	0	52	0	52
26 Tage	1,5	0	14	8	50	10	61	0	53	0	52
40 Tage	1,9	0	34	17	74	8	41	0	50	0	35
Neugeb.											
2 Tage	3,7	0	52	15	74	8	47	8	49	8	49
3 Tage	3,3	0	41	8	52	12	62	12	62	12	62
3 Tage	4,0	0	48	16	68	16	34	15	58	0	54
3 Tage	3,4	0	25	17	73	27	57	20	3	9	5
5 Tage	4,0	0	66	28	65	28	38	23	48	0	57
10 Tage	3,2	0	89	14	81	14	75	7	66	7	66
15 Tage	3,4	0	57	15	68	7	62	7	53	7	53
21 Tage	3,2	0	68	12	41	13	61	13	51	7	—
Ältere											
10 Wo.	5,4	12	62	32	61	41	61	3	61	3	64
10 Wo.	5,4	0	46	23	52	23	55	8	46	0	53
3 Mon.	5,0	0	50	8	50	8	49	0	53	0	52
6 Mon.	8,0	0	62	5	59	8	64	8	64	8	52

Auch hier fällt die ausgezeichnete Assimilationsfähigkeit des Frühgeborenen für Galaktose auf. Schon 2 Std nach oraler Applikation von 1,75 g Galaktose/kg ist im Capillarblut keine Galaktose mehr nachweisbar. Dieses Verhalten könnte auch durch eine schlechte Galaktoseresorption des Frühgeborenen erklärt werden. Jedoch zeigt die gleichzeitig mit der Galaktosekonzentration bestimmte Blutglucosekonzentration, daß nach der Galaktosemahlzeit niedrige Blutglucosekonzentrationen (14—42 mg-%) regelmäßig ansteigen. Es muß also die Galaktose resorbiert und zur Glucose umgeformt worden sein.

Bei den Neugeborenen und älteren Säuglingen ist nach den Ergebnissen von HARTMANN (*11*) die Galaktosämie im Gegensatz zu den Frühgeborenen frühestens nach 3 Std beendet. Nach dieser geringen Anzahl von Versuchen scheinen die Neugeborenen eher länger als die älteren Säuglinge zur Assimilation der gleichen Galaktosedosis (pro kg Körpergewicht) zu brauchen. Die Werte der Galaktosekonzentration im Blut passen im übrigen, wie schon eingangs erwähnt, zu unserem Befund einer etwa 4 Std währenden Galaktosurie bei Neugeborenen und älteren Säuglingen.

Der *Kochzucker*, auch *Rüben-* oder *Rohrzucker* genannt, ist das weitverbreitete *Disaccharid* in der Säuglingsernährung. Wird eine Konzentration von 5—6% in der Nahrung nicht überschritten, so ist die Toleranz beim gesunden Säugling gut. Die Nährzucker stellen ein Gemisch aus Dextrin und Maltose dar (etwa zu gleichen Teilen). Sie sind zwar weniger süß, wirken aber auch weniger gärungsanregend durch ihren Dextrinanteil und führen zu einem gleichmäßigen Gewichtsansatz bei einer Stabilisierung des Wasserhaushaltes. Bei ihrer Herstellung verwendet man pflanzliche Amylasen. Dabei entstehen β-Dextrine und β-Maltose. Da im Körper durch die Pankreasamylase α-Dextrine und α-Maltose entstehen, wurde versucht, eine pflanzliche Amylase zu finden, die in gleicher Weise wirksam war. MALYOTH (*21*) fand diese Amylase im Schimmelpilz Aspergillus oryzae. Klinische Unterschiede sind bei den verschiedenen Sorten Nährzucker allerdings kaum festzustellen (*21, 22*). In dem Bestreben, Bifidumwuchsstoffe mit Dextrinen zu verbinden, entwickelte ADAM (*1*) ein Präparat mit 95% Dextrinen und 5% Maltose. Umgekehrt kann *Malzsuppenextrakt* hergestellt werden, der etwa 57% Maltose und nur 15% Dextrine enthält und bei obstipierten Säuglingen verwendet wird. Die nachfolgende Tabelle gibt eine Zusammenstellung der eben erwähnten Zuckersorten.

Tabelle 5. Zuckerarten

Bezeichnung	Chem. Zusammensetzung	Darmwirkung	Klin. Anwendung
Glucose	Dextrose (Monosaccharid)	indifferent	für gesunde und kranke Säuglinge
Fructose	Laevulose (Monosaccharid)	indifferent	für gesunde und kranke Säuglinge, guter Glykogenbildner, parenterel bei Stoffwechselstörung
Galaktose	Galaktose (Monosaccharid)	indifferent, in höheren Konzentrationen abführend	nur in Verbindung mit Glucose im Milchzucker. Galaktose-Belastung
Milchzucker	Glucose und Galaktose (Disaccharid)	fördert in Kuhmilch die Darmgärung	bei Obstipation
Kochzucker	Glucose und Fructose (Disaccharid)	in höherer Konzentration gärungsfördernd	gesunde Säuglinge
Honig	Glucose und Fructose (Disaccharid) Invertzucker	gärungsfördernd	bei Obstipation, leicht abführende Wirkung
Nährzucker	Dextrine und Maltose etwa 50:50 (Polysaccharid)	gärungshemmend	bei darmempfindlichen Säuglingen, bei Dyspepsie
Malzsuppenextrakt	viel Maltose, wenig Dextrine (Polysaccharid)	gärungsfördernd	bei Obstipation

Das „zweite" Kohlenhydrat wird in Form von Schleim (Abkochen von ganzen Getreidekörnern) oder Mehl eingesetzt. Im Kapitel „Verdauung" ist bereits erwähnt, daß die Verdauung von Polysacchariden durch Amylase eine „werdende Funktion" darstellt, die sich erst im Laufe des 1. Lebensjahres voll entwickelt. So ziehen wir für den jungen Säugling einen Amylose-reichen Schleim vor, während die Mehlabkochungen mit höherem Gehalt an schwer angreifbarem Amylopektin besser für ältere Säuglinge geeignet sind. Daneben besitzen für den jungen Säugling im 1. Trimenon die hochpolymeren, wenig ausnutzbaren Schleimstoffe, wie Pentosane und Hexosane, für die Peristaltikregulation und die Darmflorabeeinflussung Bedeutung. Der kolloidale Zustand der Stärke ist schließlich wesentlich für die zarte und feinflockige Gerinnung des Caseins. Für entsprechende Trockenpräparate des Handels ist also ein möglichst hoher Gehalt an Amylose und löslicher Stärke neben den hochpolymeren Schleimstoffen des Kornes zu fordern (*13*, *2*, *23*).

2. Der Blutzucker

Zu Beginn dieses Kapitels war festgestellt worden, daß schon von der 12. bis 16. Fetalwoche ab die fetale Leber Glucose produzieren kann. So interessiert zunächst, in welchem Verhältnis der mütterliche Blutzucker und der Blutzuckergehalt der Nabelvene stehen. Aus zahlreichen Untersuchungen (*26*, *30*) geht hervor, daß im Nabelvenenblut ein niedrigerer Blutzucker gefunden wird als im mütterlichen Blut. Die Differenz beträgt etwa 10—20 mg-%. Wenn im Nabelvenenblut Reifgeborener noch Werte von 80—100 mg-% gefunden wurden, so betragen sie beim Frühgeborenen nur 50—60 mg-%. Eine Korrelation zwischen Gewicht oder Gewichtsveränderungen und Blutzuckerkonzentration wurde sowohl bei Neugeborenen als auch bei Frühgeborenen vermißt. Innerhalb weniger Stunden sinkt der Blutzucker bei Frühgeborenen auf hypoglykämische Werte von 20 bis 30 mg-%, ohne daß allerdings klinische Symptome der Hypoglykämie zu bemerken sind. Bei Neugeborenen wird innerhalb 3 Std nach der Geburt ein mittlerer Blutzuckerwert von 60—70 mg-% gefunden. Noch schneller als beim Reifgeborenen sind beim Frühgeborenen die Glykogenvorräte der Leber erschöpft, so daß bei der Pflege dieser besonders große Kohlenhydrathunger berücksichtigt werden sollte. O_2-Mangelsituationen werden im Kohlenhydratstoffwechsel damit beantwortet, daß noch mehr als beim Reifgeborenen die Neigung zur anaeroben Glykolyse vorliegt. Damit kommt es zu einer Anhäufung von Milchsäure und Brenztraubensäure. Andererseits ist die Toleranz für Zucker durchaus nicht an das Vorbild Frauenmilch gebunden. Bleibt die Nahrung entsprechend den Verdauungsleistungen des Frühgeborenen zusammengesetzt, so kann bei geringer Trinkmenge zusätzlich Zucker angeboten werden. Bemerkenswert ist weiterhin, daß offenbar selbst bei ausgeprägter Hypoglykämie des Frühgeborenen Aceton im Urin nicht auftritt. Wird zu wenig Zucker angeboten, so kann eine Hypoglykämie bei Frühgeborenen nicht nur in den ersten zwei Lebenswochen, sondern bis zum 4. Lebensmonat bestehen. Das Zentralnervensystem scheint nicht nur unempfindlich gegen Sauerstoffmangel, sondern auch gegen Zuckermangel zu sein. Immerhin zeigen Glucosebelastungen per os, daß noch nach 1—2 Std hohe Blutzuckerwerte festzustellen sind. So darf durchaus mit Einschränkung eine mangelhafte Insulingegenregulation abgeleitet werden. Auch die Fermentinsuffizienz der Frühgeborenenleber mag einen weiteren Grund für die Hypoglykämie darstellen (*31*).

Bei Neugeborenen pflegt zwischen dem 4. und 6. Lebenstag der Blutzucker auf Werte zwischen 70 und 80 mg-% anzusteigen. Der respiratorische Quotient sinkt bis zum 3. Lebenstag ab, steigt dann aber wieder an und zeigt damit, daß in den ersten Lebenstagen vorwiegend körpereigenes Glykogen zur Energieerzeugung verbraucht wird. Danach beginnt die Verwendung der eigenen Fettvorräte. Daraus können wir die Abhängigkeit des Neugeborenen von einer genügenden Zuckerzufuhr ableiten. Es ist nicht verwunderlich, daß Lactose in den ersten Lebenstagen im Urin erscheint, da die Lactasebildung im Darm erst mit dem Angebot an Milchzucker in Gang kommt (4). Adrenalin- und Glucagonbelastungen zeigen ein geringeres Reagieren des Blutzuckers in den ersten Lebenstagen als später. Dies darf zwanglos mit den geringen Glykogen-Depots und mit den in der Entwicklung befindlichen Fermentfunktionen in Zusammenhang gebracht werden. Ebenfalls besteht wohl aus dem gleichen Grunde eine verminderte Insulintoleranz.

Die geringe Kohlenhydratzufuhr in den ersten Lebenstagen, der hohe Glucosebedarf mit der Glucoseverwertung und die für das Wachstum notwendige Energie führen wahrscheinlich mehr als die schnell funktionierende Regulation zu dem Blutzuckerabfall nach der Geburt. Ohne Zweifel spielen dabei die Unreife der Hormonsekretion (Nebennereninsuffizienz, vermehrte Insulinempfindlichkeit), des Zentralnervensystems und der Leber eine maßgebliche Rolle. Der erhöhte Kohlenhydratbedarf besteht auch im Säuglingsalter, so daß die Blutzuckerwerte

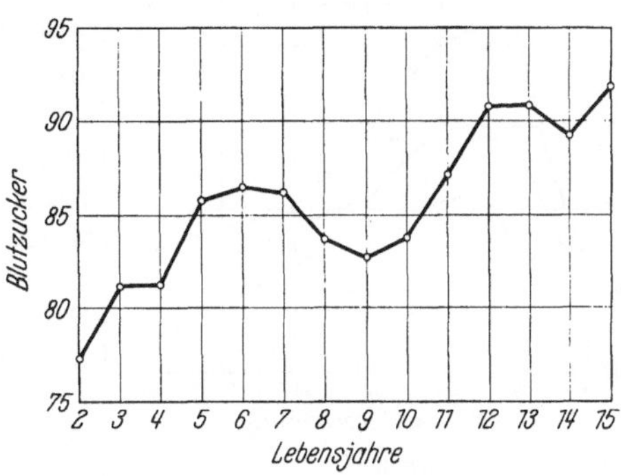

Abb. 1. Blutzucker im Kindesalter [nach MAYER (22)]

mit 80—90 mg-% immer noch niedriger liegen als in der späteren Kindheit. Den weiteren Verlauf zeigt die nachstehende Kurve, die schubweise bis zum 15. Lebensjahr ansteigt.

3. Die Zuckerausscheidung im Urin

Aus den bisher mitgeteilten Tatsachen geht der erhöhte Glucosebedarf des Säuglings und Kleinkindes hervor, der im 1. Trimenon 10—14 g/kg/Tag beträgt und erst nach dem 10. Lebensjahr unter 10 g/kg/Tag sinkt. Bis zum 18. Lebensjahr werden noch 6—8 g/kg/Tag benötigt. Schließlich sind dann erst die Erwachsenenwerte mit 5 g/kg/Tag erreicht. Dies entspricht bereits dem Minimalbedarf des gesunden Säuglings von 4,5 g/kg/Tag. Das Reifgeborene, mehr noch das Frühgeborene, scheiden in den ersten 10 Tagen mäßige, aber gegenüber gesunden Kleinkindern vermehrte Mengen von Lactose, Fructose, Glucose und Galaktose aus. Maximalwerte wurden von BICKEL (4) folgendermaßen angegeben:

Lactose 120 mg, Fructose 70 mg, Glucose und Galaktose je 25 mg/100 ml. Bei gesunden Schulkindern fand der gleiche Untersucher papierchromatographisch nur gelegentlich Zuckermengen, die 10—20 mg Glucose oder Galaktose pro 100 ml nicht überstiegen. Xylose und Arabinose werden häufig nach reichlichem Obstgenuß, sonst nur in Spuren im Nüchternurin gefunden.

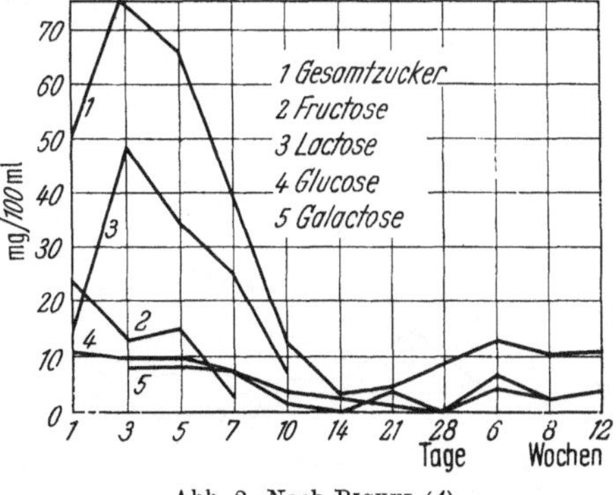

Abb. 2. Nach BICKEL (4)

Bei Glucose ist eine fehlende renale Rückresorption anzunehmen. Bei Fructose und Galaktose muß dagegen mehr eine hepatische Steuerung angenommen werden. Die vermehrte Lactoseausscheidung läßt sich zwanglos mit einer erhöhten Darmpermeabilität für Lactose und mit der langsamen Entwicklung der Lactaseaktivität im Dünndarm erklären. Die Zuckerausscheidung in den ersten Lebenswochen ist aus der Abbildung 2 zu erkennen.

4. Belastungsproben

Um Einblick in den Ablauf von Stoffwechselvorgängen zu gewinnen, benutzen wir Belastungen, die mit Zucker oder Hormonen durchgeführt werden. Daneben ist die Leber mit ihrem Glykogengehalt und Wandlungen im Fermentgehalt zu betrachten. Die einfache *Glucose-Belastung per os* zeigt bei Neugeborenen flache Kurven, bei Säuglingen eine bereits stärkere hyperglykämische Reaktion, die aber immer noch unter der kräftigen Hyperglykämie von älteren Kindern zurückbleibt. Da die vorherige Ernährung des Kindes und die wechselhafte Resorption großen Einfluß auf die Ergebnisse dieser Belastungen haben, müssen wir mit einer großen Streuung rechnen. Immerhin kommt die Altersabhängigkeit in der nächsten Abbildung (3) deutlich zur Darstellung (*6, 9*).

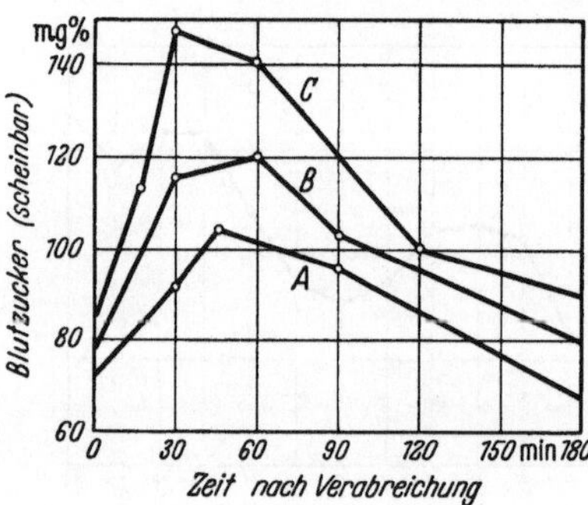

Abb. 3. Änderungen des Blutzuckergehaltes im Capillarblut bei gesunden Kindern verschiedenen Alters nach peroraler Glucosebelastung (1,75 g/kg). *A* Neugeborene; *B* 1 Monat bis 5 Jahre alt; *C* älter als 5 Jahre. Nach BEHRENDT (*3*)

$3^{1}/_{2}$ oder 4 Std nach der Mahlzeit werden 1,75g/kg Glucose verabreicht und der Blutzucker nach $^{1}/_{2}$, 1, 2 und 3 Std bestimmt (*15*). Die Belastungen mit *Saccharose* oder *Lactose* lassen geringere Blutzuckersteigerungen erkennen. Wenig geeignet ist die *Maltose* oder gar *Stärke* für derartige Belastungen, da nur eine geringgradige Blutzuckererhöhung zu erwarten ist.

Besonders vorsichtig sind die Ergebnisse der *Doppelbelastung* mit Dextrose nach STAUB-TRAUGOTT zu beurteilen (*27*). Die nächste Tabelle faßt die Ergebnisse von STEGMANN und BECK zusammen.

Tabelle 6. *Staub-Traugott-Effekt bei zwanzig reifen Neugeborenen* (nach H. STEGMANN u. H. BECK)

Am 1. Lebenstag	immer pathologisch
In der 2. Lebenswoche	bei 14 Säuglingen wieder normal
In der 3. Lebenswoche	4 mal wie in der 2. Lebenswoche normal
(bei 12 Kontrollen)	3 mal normal, in der 2. Lebenswoche pathologisch
	2 mal pathologisch, in der 2. Lebenswoche normal
	3 mal immer noch pathologisch

Offenbar spielen die „werdenden Funktionen" der Leber eine maßgebliche Rolle beim Zustandekommen der „pathologischen" Kurven des Neugeborenen. Aber auch bei Säuglingen und Kindern sind die Ergebnisse wechselhaft. Die Grenzwerte bei stoffwechselgesunden Kindern zwischen dem 6. und 14. Lebensjahr sind aus der nächsten Abbildung zu ersehen.

Auf die Galaktosebelastung wurde bereits bei der Besprechung der Monosaccharide eingegangen (s. S. 206).

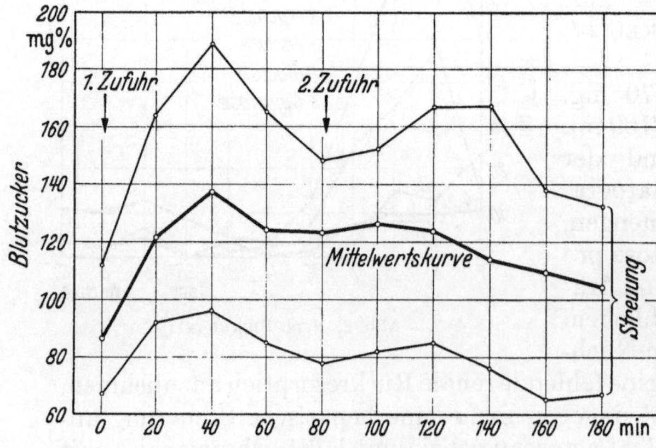

Abb. 4. Grenzwerte und Mittelwertskurve von 30 Traubenzuckerdoppelbelastungen bei stoffwechselgesunden Kindern. Nach SCHREIER (*29*)

Die *Fructosebelastung* zeigt für den Säugling eine größere Toleranz als für das Reifgeborene. Die *Insulin-Belastungen* decken eine besondere Empfindlichkeit des Neugeborenen auf. Säuglinge und Kleinkinder zeigen bereits nach Insulin Blutzuckerkurven, wie sie beim Erwachsenen gefunden werden. Flache *Adrenalin*-Kurven beim Neugeborenen stehen kräftigen Blutzuckerreaktionen der Säuglinge und Kleinkinder gegenüber. Schon in diesem Alter ist kaum ein Unterschied zum Erwachsenen zu finden.

Glucagonbelastungen wurden mit 0,7 mg/m² intravenös von verschiedenen Autoren (*8, 26, 28, 34*) bei Frühgeborenen und Neugeborenen sowie Säuglingen und Kindern vorgenommen. Nur bei Frühgeborenen und Neugeborenen erhält man sehr flache Blutzuckerkurven mit geringem oder gar fehlendem Blutzuckeranstieg. Schon im ersten Trimenon sind die Blutzuckerreaktionen mit denen von älteren Säuglingen und Kindern vergleichbar.

Offenbar wird bei Frühgeborenen und Neugeborenen auch der Ausgangswert später erreicht. Mangelhaft ausgebildete Glykogen-Depots und wenig aktive Leberenzyme zum Abbau des Glucagons könnten zur Erklärung dieser Besonderheiten bei Neugeborenen und Frühgeborenen dienen. Die Mittelwerte für derartige Glucagonbelastungen sind in der nachstehenden Abbildung zu erkennen.

Die doppelte mittlere Abweichung ist eingezeichnet. Hinsichtlich des Leberglykogens ist zu bemerken, daß der *Glykogengehalt* in der Neugeborenenleber im Mittel 3,2% beträgt. Erst bei älteren Kindern werden Erwachsenenwerte von 5—6,5% angegeben (*31*). Eine kohlenhydratreiche Kost führt zur Anreicherung der Leber mit Glykogen. Im Hunger nimmt nicht nur der Glykogengehalt ab, sondern auch die Speicherfähigkeit für Glykogen ist vermindert.

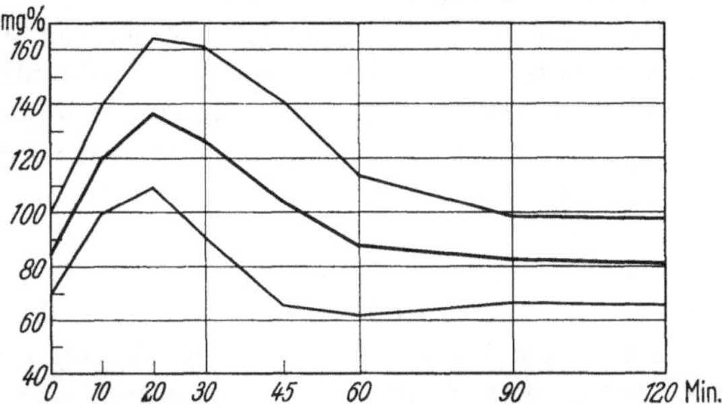

Abb. 5. Glucagonbelastung bei 30 Säuglingen im Alter von 2 Wochen bis zu 10 Monaten 0,7 mg/m² [nachSCHMIDT (*28*)]

Eine fettreiche Ernährung erniedrigt den Glykogengehalt. Der physiologische Glykogenabbau vollzieht sich im Cytoplasma der Leberzellen. Einzelne Fermentsysteme, wie Cytochrome, sind ebenso wie die Adenosintriphosphorsäure an die Struktur der Mitochondrien gebunden. Veränderungen im Glykogen- und Fermentgehalt der Leber sind aus der nachstehenden Tabelle zu ersehen.

Tabelle 7. *Veränderungen im Glykogen- und Fermentgehalt der Leber* (nach SEIFERT)

	Fetale Leber	Neugeborenen-Leber	Säuglings-Leber	kindliche Leber
Glykogengehalt	— bis (±)	+	+ +	+ + +
Innere Kettenglieder des Glykogenmoleküls	sehr kurz	kurz	normal	normal
Glykogenolyse	kaum	verlangsamt	normal	normal
Glucose-6-phosphatase	—	+	+ +	+ + +
Amylo-1,4—1,6-transglucosidase .	— bis (±)	+	+ +	+ + +

5. Der respiratorische Quotient, die Ketosebereitschaft und die hormonale Regulation des Kohlenhydratstoffwechsels

Der Respiratorische Quotient (R. Q.), also das Verhältnis von ausgeatmeter Kohlensäure zu verbrauchtem Sauerstoff (CO_2/O_2), liegt bei Neugeborenen wenig unter 1, sinkt dann aber bis zum 3. Lebenstag auf 0,73 ab. Bei reiner Kohlenhydratverbrennung müßte der R. Q. 1, bei der Verbrennung der Fette 0,71 und bei der Verbrennung der Proteine 0,80 betragen. So dürfen wir folgern, daß während der ersten Lebensstunden die Energie zu etwa $^2/_3$ aus der Kohlenhydratverbrennung und zu $^1/_3$ aus der Fettverbrennung stammt. Schon am Ende des 1. Lebenstages besteht das umgekehrte Verhältnis. Die Verbrennung des körpereigenen Fettes nimmt bis zum 2. und 3. Tag zu, so daß die gewonnene Energie nur zu 5 bis 10% aus der Kohlenhydratverbrennung und zu 90—95% aus der Fettverbrennung stammt. (Siehe Kapitel „Energiestoffwechsel".) Der unökonomische Weg des glykolytischen Abbaues wird vom Neugeborenen und Säugling im Gegensatz zur ökonomischen Energiegewinnung durch oxydativen Abbau der Glucose besonders dann beschritten, wenn Sauerstoffmangelzustände oder Belastungen beim älteren Säugling (Dyspepsie, Intoxikation) vorliegen. Extremer Hunger kann im Säuglingsalter zu einem Absinken des R. Q. auf den Wert der reinen Fettverbrennung führen. Die im ersten Trimenon erhöhte Milchsäurekonzentration im Blut von 18—19 mg-% ist ein Zeichen dafür. Sie beträgt auch beim älteren Säugling noch 13—14 mg-%, im Gegensatz zum Erwachsenen mit einer Konzentration von etwa 10 mg-%. Erst im Schulalter wird der mittlere R.Q. des Erwachsenen mit 0,85 erreicht.

Die *Ketonkörperbildung* tritt wegen der Neigung des Säuglings zum glykolytischen Abbau besonders schnell im Kohlenhydrathunger auf. Allerdings entgeht die vermehrte Ketonkörperbildung häufig dadurch, daß die Urinschwelle im Säuglingsalter höher als später liegt. So wird beim Säugling nach Kohlenhydrathunger innerhalb 24 Std ein Anstieg der Blutketone von 2 mg-% auf 8—20 mg-% beobachtet, ohne daß im Urin Aceton auftritt. Während der Erwachsene bereits bei einer Kohlenhydratzufuhr von 1,0—1,5 g/kg täglich ketonfrei bleibt, verhindert beim Säugling erst eine tägliche Kohlenhydratzufuhr von mindestens 4,5 g/kg den Anstieg der Blutketonwerte. Der Altersgipfel der Hungerketose liegt aber erst zwischen dem 3. und 4. Lebensjahr. Diese bekannte Ketosebereitschaft findet ihren klinischen Ausdruck in der Neigung zum *acetonämischen Erbrechen* bei Kleinkindern. Die Ketosebereitschaft kann durch die Adrenalinhyperketonämie bei latenten Ketosen nachgewiesen werden. Die Überproduktion von Ketonkörpern ist nach neuester Auffassung in erster Linie durch eine überstürzte Fettmobilisation und erst in 2. Linie durch einen Glucosemangel bedingt. Zentral ausgelöste Hyperketonämien können zum Teil auf die Wirkung von somatotropem Hormon und ACTH bezogen werden (*17*). Die schlechte Verwendung von Zucker beim Frühgeborenen, Neugeborenen und Säugling mit einer Neigung zum unökonomischen anaeroben Abbau wurde neben den geringen Glykogenreserven bereits erwähnt. In der hormonalen Regulation ist die *Insulinempfindlichkeit der ersten Lebenszeit* bemerkenswert. Eine dem Erwachsenen gleiche Adrenalinreaktion wird schon in der Neugeborenenperiode erreicht. Die Glucagonwirkung ist bereits nach der Neugeborenenperiode in gleicher Weise wie beim älteren Kind nachweisbar. Von den Nebennierenrindenhormonen muß besonders das Cortisol als Gegenspieler des Insulins angesehen werden. In den ersten Lebensstunden kommt es zu einer Überschwemmung des Neugeborenen mit Cortisol, das vorwiegend von der Mutter stammt. Eine krisenhafte Nebenniereninsuffizienz mit einem Tiefpunkt zwischen dem 3. und 5. Lebenstag ist nach der ersten Lebenswoche überwunden. Entgegengesetzte Wirkungen des Wachstumshormons mit einer Förderung der Proteinsynthese bei gleichzeitiger Hemmung der Gluconeogenese und Steigerung des Fettstoffwechsels scheinen bei der Ketoseneigung des Säuglings und Kleinkindes eine Rolle zu spielen. Das Thyroxin kann ebenso wie die Nebennierenrindenhormone mit einer adrenalinartigen Wirkung eingreifen. Somit erreicht nach einer kurzen

Anpassungsphase die Regulation des Kohlenhydratstoffwechsels früh ihre Reife. Als Beispiel für die dann vorhandene Hormonwirkung im Kohlenhydratstoffwechsel zeigt die nächste Abbildung die Regulation des Blutzuckers bei Schulkindern und Erwachsenen.

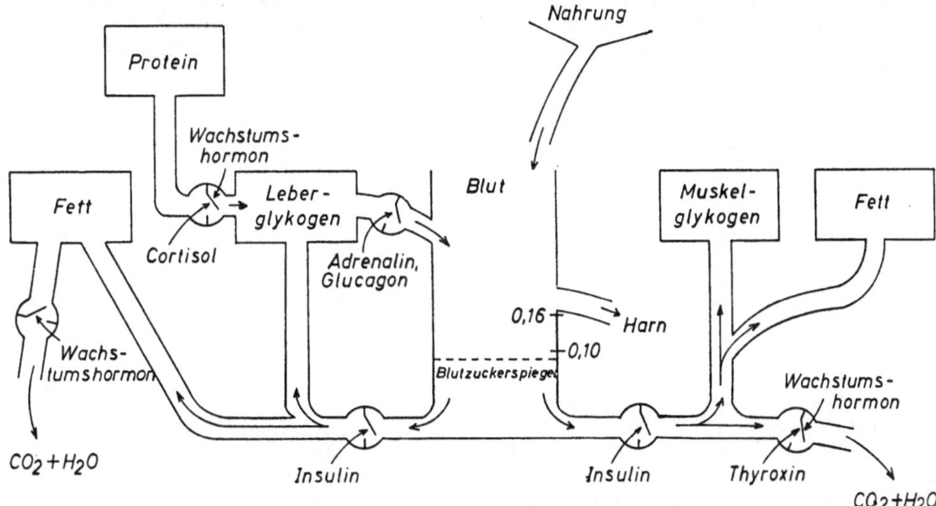

Abb. 6. Nach KARLSON (14). Rechts sind die Vorgänge an der Peripherie dargestellt, links der Stoffwechsel in der Leber. In die verschiedenen Wege sind Drosselklappen eingezeichnet, die geöffnet oder geschlossen werden können. Die Hormonwirkungen sind als Betätigung der Drosselklappen symbolisiert

6. Zusammenfassung

Frühgeborene, Neugeborene und Säuglinge tolerieren nicht nur Glucose, sondern auch Fructose und Galaktose vorzüglich. Der physiologische Kohlenhydrathunger entspricht nicht nur den Anforderungen dieses Lebensabschnittes, sondern dient auch zum Auffüllen der ohnehin geringen Glykogendepots. Besonders beim Frühgeborenen macht sich die Leberunreife bemerkbar. Der schon bei Geburt niedrige Blutzucker sinkt beim Frühgeborenen stärker ab als beim Neugeborenen. Hypoglykämische Werte werden allerdings ohne klinische Symptome der Hypoglykämie gefunden. Zuckerbelastungen fallen in der Blutzuckerkurve um so flacher aus, je jünger das Frühgeborene ist. Die unvollständige Kohlenhydratverbrennung im Sinne der anaeroben Glykolyse ist durch vermehrte Pyruvat- und Milchsäurebildung gekennzeichnet.

Beim Neugeborenen reichen die Glykogenvorräte nur für wenige Stunden aus. Dann setzt, falls eine Zuckerzufuhr ausbleibt, die Verbrennung körpereigener Fette ein. Sehr guter Zuckerresorption steht in diesem Lebensalter eine mäßige Verwendung gegenüber. Dementsprechend besteht eine Neigung zur Hypoglykämie. Vorübergehend kommt es zur vermehrten Melliturie. Die Labilität des Kohlenhydratstoffwechsels ist durch eine ausgesprochene Insulinempfindlichkeit gekennzeichnet.

Der erhöhte Glucoseumsatz und der große Kohlenhydratbedarf sind charakteristisch für das Säuglingsalter. Aus der Ketoseneigung ist der erhöhte Bedarf gut zu erkennen. Die Nierenschwelle für Zucker liegt höher als im späteren Lebensalter. Der unökonomische glykolytische Abbau wird vornehmlich bei Belastungen eingeschlagen.

Beim Kleinkind schließlich ist die größte Ketoseneigung zu erkennen. Wesentliche Anpassungsschwierigkeiten bestehen also in der Neugeborenenzeit. Im Säuglings- und Kleinkindesalter gleicht sich der Kohlenhydratstoffwechsel schnell dem Stoffwechsel des Erwachsenen an.

Literatur

1. Adam, A.: Mschr. Kinderheilk. **97**, 500 (1950).
2. Beckmann, R.: Arch. Kinderheilk. **159**, 1 (1959). — 3. Behrendt, H.: Diagnostic Tests for Infants and Children. New York 1949. — 4. Bickel, H.: In: Moderne Probleme der Pädiatrie. Hrsg.: E. Rossi, E. Gautier u. J. W. Weber. Basel-New York: S. Karger 1959. — 5. Breusch, F. L.: Physiologische Chemie II. Der Stoffwechsel, I. Teil/Bandteil a. Hrsg.: B. Flaschenträger u. E. Lehnartz. Berlin-Göttingen-Heidelberg: Springer 1957. — 6. Brock, J.: Biologische Daten für den Kinderarzt. Berlin-Göttingen-Heidelberg: Springer 1954.
7. Caputto, R.: J. biol. Chem. **189**, 801 (1951). — 8. Cornblath, M., E. Y. Levin and H. H. Gordon: Pediatrics 18, 167 (1956). — 8a. Cornblath, M., E. Y. Levin and E. Marquetti: Amer. J. Dis. Child. **93**, 17 (1957); — Pediatrics **21**, 885 (1958).
9. Gaede, K.: Der Kohlenhydratstoffwechsel. In: Biologische Daten für den Kinderarzt. Berlin-Göttingen-Heidelberg: Springer 1954. — 10. Harnack, G. A. v.: Mschr. Kinderheilk. **99**, 447 (1951). — 11. Hartmann, A. F., E. Grunwaldt and H. J. David: J. Pediat. **43**, 1 (1953). — 12. Hollmann, S.: Nicht-glykolytische Stoffwechselwege der Glucose. Stuttgart: Georg Thieme 1961. — 13. Huth, E.: Z. Kinderheilk. **77**, 662 (1955).
14. Karlson, P.: Kurzes Lehrbuch der Biochemie. Stuttgart: Georg Thieme 1961. — 15. Ketteringham, R. C.: Amer. J. Dis. Child. **59**, 542 (1940). — 16. Kettler, L. H.: Ergebn. allg. Path. **37**, 1 (1954). — 17. Krainick, H. G., u. W. Russel: In: Moderne Probleme der Pädiatrie. Hrsg.: E. Rossi, E. Gautier u. J. W. Weber. Basel-New York: S. Karger 1959. — 18. Kuhn, R.: In: Moderne Probleme der Pädiatrie. Hrsg.: E. Rossi, E. Gautier u. J. W. Weber. Basel-New York: S. Karger 1959.
19. Leuthardt, F.: In: Moderne Probleme der Pädiatrie. Hrsg.: E. Rossi, E. Gautier u. J. W. Weber. Basel-New York: S. Karger 1959. — 20. Lintzel, W.: Physiologische Chemie II. Der Stoffwechsel. II. Teil/Bandteil b. Hrsg.: B. Flaschenträger u. E. Lehnartz. Berlin-Göttingen-Heidelberg: Springer 1957.
21. Malyoth, G.: Klin. Wschr. **1930 II**, 1933; **1934 I**, 51; — Mschr. Kinderheilk. **62**, 24 (1934); — Z. Kinderheilk. **56**, 590 (1934); — Ärztl. Wschr. **5**, 1 (1950). — 21a. Malyoth, G., u. E. Sommerfeld: Biochem. Z. **281**, 49 (1935). — 22. Mayer, J. B.: Z. Kinderheilk. **59**, 57 (1937); **69**, 232 (1951). — 23. Müller, E.: Jb. Kinderheilk. **146**, 197 (1936) — Z. Kinderheilk. **71**, 120 u. 624 (1952).
24. Polonovski, M., et A. Lespagnol: C. R. Soc. Biol. (Paris) **104**, 553 (1930); **195**, 465 (1932).
25. Rohde, S.: Untersuchungen zur Galaktosebelastung im frühen Säuglingsalter. Inaug. Diss. Berlin 1958. — 26. Rossi, E., F. Vassella, H. A. Schwamm, G. Hug u. R. Gitzelmann: Schweiz. med. Wschr. 87, 1009 (1957). — 26a. Rossi, E.: In: Moderne Probleme der Pädiatrie. Hrsg.: E. Rossi, E. Gautier u. J. W. Weber. Basel-New York: S. Karger 1959.
27. Schäfer, H., u. E. Werner: Z. Kinderheilk. **67**, 469 (1950). — 28. Schmidt, J.: Inaug. Diss. Berlin 1961. — 29. Schreier, K.: Der Kohlenhydratstoffwechsel. In: Pädiatrie. Hrsg.: H. Opitz u. B. de Rudder; Berlin-Göttingen-Heidelberg: Springer 1957. — 29a. Schreier, K.: In: Moderne Probleme der Pädiatrie. Hrsg.: E. Rossi, E. Gautier u. J. W. Weber. Basel-New York: S. Karger 1959. — 29b. Schreier, K., H. Opitz u. T. Hein: Z. Kinderheilk. **72**, 181 (1952). — 30. Smith, C. A.: The Physiology of the Newborn Infant. Charles C. Thomas, Publisher. Springfield, Ill. 1959. — 31. Seifert, G.: Das Leberglykogen. In: Die physiologische Entwicklung des Kindes. Hrsg.: F. Linneweh. Berlin-Göttingen-Heidelberg: Springer 1959. — 32. Stary, Z.: Leber und Galle. In: Physiologische Chemie. Der Stoffwechsel, Bd. II/2a. Hrsg.: B. Flaschenträger u. E. Lehnartz. Berlin-Göttingen-Heidelberg: Springer 1956. — 33. Stegmann, H., u. H. Beck: Ärztl. Forsch. **9**, 406 (1955).
34. Vassella, F.: Helv. paediat. Acta **12**, 331 (1957). — 35. Villee, C. A.: J. appl. Physiol. **45**, 437 (1953).

Die Entwicklungsphysiologie der Leber

Von

M. Vest

Mit 10 Abbildungen

Einleitung

Die Entwicklung der verschiedenen Aufgaben, die von der Leber im Stoffwechsel zu erfüllen sind, erfolgt zur Hauptsache während der Fetalzeit, d. h. vor der Geburt. Sie ist bei der Geburt aber noch keineswegs abgeschlossen, und viele Funktionen erreichen erst längere Zeit nachher ihre volle Ausprägung, wie wir sie beim erwachsenen Organismus antreffen. Nicht in allen Fällen nimmt dabei die Leistungsfähigkeit der verschiedenen Systeme kontinuierlich zu. Einzelne Funktionen sind lediglich der fetalen Leber eigen und verschwinden wieder, wenn ihre Aufgabe erfüllt ist. Denken wir z. B. an die Erythropoese in der Leber, die später nur für den Notfall als potentielle Eigenschaft erhalten bleibt. Andere erreichen zu einem bestimmten Zeitpunkt in der Fetalperiode einen besonders hohen Stand, und ihre Aktivität nimmt später wieder ab. So ist z. B. die Lipidsynthese von Lebergewebe beim Fetus größer als nach der Geburt (102). In manchen Fällen läßt sich auch innerhalb eines kurzen Zeitraumes eine rasche, starke Zunahme einer bestimmten Funktion, z. B. einer Enzymaktivität, beobachten. Oft gewinnt man dabei den Eindruck, daß das entsprechende Enzym schon früher vorhanden, aber aus irgendwelchen Gründen, z. B. Mangel eines Cofaktors oder Fehlen eines Substrates, nicht voll aktiv war. Ein Zeitpunkt, bei dem solche sprunghaften Entwicklungsvorgänge besonders deutlich sind, ist die Geburt. Die kindliche Leber wird dann, wie auch andere Organe, von einem Moment zum andern gezwungen, Funktionen zu übernehmen, die ihm die Mutter bisher ganz oder teilweise abgenommen hatte. Dabei kann es zu Anpassungsstörungen kommen, da es oft eine gewisse Zeit braucht, bis eine genügende Leistungsfähigkeit der betreffenden Funktion eingetreten ist. Ein besonders bekanntes Anpassungssyndrom ist der „physiologische" Neugeborenenikterus (49). Aber nicht nur bei der Geburt kommt es zu solchen adaptiven Stoffwechselveränderungen. Auch während der Ontogenese lassen sich solche beobachten; oft in dem Sinne, daß eine bestimmte Funktion von einem Organ auf das andere übergeht. So liegen die Hauptglykogenreserven des wachsenden Organismus zuerst im Dottersack, dann in der Placenta und den Lungen, bevor die embryonale Leber schlußendlich diese Aufgabe übernimmt (62, 91). Für die morphologische Entwicklung der Leber sei auf die Übersichten von AREY (2), STREETER (89) und LANMAN (56) verwiesen.

Es finden sich auch Reaktionen, die von der Leberzelle des Embryo schon sehr früh in der Gestation ebensogut ausgeführt werden können, wie zum Zeitpunkt der Geburt. Hier sei lediglich erwähnt, daß der Abbau von Brenztraubensäure zu Kohlendioxyd und Wasser schon in der 8. Schwangerschaftswoche bemerkenswert funktionstüchtig ist (101).

Auch nachdem alle Lebensfunktionen ihre volle Ausbildung erfahren haben, kann es, z. B. bei Erkrankung der Leber, wieder zu einem teilweisen oder vollständigen Ausfall einer oder mehrerer dieser Funktionen kommen, so bei Hepatitis.

1. Gallenfarbstoffwechsel und Exkretion

a) Gallenpigmentbildung und Stoffwechsel

Der Gallenfarbstoff entsteht zur Hauptsache aus dem Abbau des Hämoglobins. Im Tag wird rund 1% des Hämoglobinbestandes abgebaut und wieder ersetzt. Wie VIRCHOW (103) gezeigt hat, entsteht am Ort alter Blutergüsse ein orangefarbenes Pigment. Es handelt sich um Bilirubin (33). Daß auch im Organismus aus intravenös injiziertem Hämoglobin Bilirubin entsteht, ergibt sich aus den Versuchen von TARCHANOFF (93), der unter diesen Umständen bei Gallenfistelhunden eine vermehrte Gallenpigmentausscheidung fand. WHIPPLE (108) und seine Mitarbeiter stellten diese Versuche auf eine quantitative Basis. Sie entwickelten eine spezielle Methode mit Ableitung der Galle in den Ureter (renale Gallenfistel), die es erlaubt, die Gallenfarbstoffausscheidung über lange Zeit quantitativ zu verfolgen. Injektion von Hämoglobin bei diesen Tieren ergab, daß 80 bis 100% der Protoporphyringruppe des Hämoglobins als Gallenpigment ausgeschieden wird (22, 47).

Demgegenüber wird der Globinanteil nach Zerlegung in die einzelnen Aminosäuren zum Aufbau neuer Proteine benützt (*108*). Der Globinanteil des Hämoglobins wird in der Leber synthetisiert. Das Eisen des Hämmoleküls wird ebenfalls wieder verwendet (*43, 65*). Es wird nach Oxydation zur Ferriform zur Hauptsache in der Leber, gebunden an ein Protein, Apoferritin, als Ferritin bzw. in granulärer Form, als Hämosiderin gespeichert, sofern es nicht sofort wieder im Stoffwechsel gebraucht wird. Versuche mit Verabreichung von ^{15}N signiertem Glycin und Isolierung des markierten Stercobilins aus dem Stuhl haben bestätigt, daß etwa 80% des Stercobilins, d. h. des Gallenfarbstoffs aus dem Abbau von Erythrocyten, am Ende ihrer durchschnittlichen Lebensdauer von 120 Tagen stammt. Daneben tragen aber offenbar auch andere Pyrrolkörper enthaltende Verbindungen, wie Katalase, Cytochrome, Myoglobin usw. dazu bei. Ein Anstieg von markiertem Stercobilin in den ersten Tagen nach der Gabe ^{15}N signierten Glycins weist auf die Möglichkeit hin, daß ein Teil der gebildeten Tetrapyrrole nicht in Erythrocyten, bzw. Hämoglobin eingebaut wird, sondern direkt zur Ausscheidung gelangt. Eine andere Möglichkeit ist, daß Hämoglobin im Überschuß gebildet, bzw. ein Teil der Erythrocyten während der Bildung im Knochenmark schon wieder zerstört wird (*38, 59*).

Die Umwandlung des Hämoglobinmoleküls zu Bilirubin erfolgt innerhalb des Reticuloendothels, zum Teil extrahepatisch, wie Versuche an hepatektomierten Hunden gezeigt haben (*61*). Der genaue Mechanismus ist unbekannt [vgl. With (*111*)]. Es erfolgt jedenfalls, vermutlich unter Oxydation, eine Öffnung des Porphyrinringes an einer der Methenbrücken, denn die Struktur der Gallenpigmente besteht in einer geradlinigen Kette von 4 Pyrrolkernen. Es ist noch nicht klar, ob zuerst das Globin abgespalten wird (Verdohämin), oder ob es zuerst zur Ringöffnung kommt (Verdoglobin). Jedenfalls wird schließlich auch das Eisen abgespalten, und es kommt zur Bildung von Biliverdin. Beim Zerfall eines Hämoglobinmoleküls werden 4 Häme frei, die vorher an 1 Globinmolekül gebunden waren. Da der Porphyrinring (ohne Eisen) etwa 3,5% des Hämoglobinmoleküls ausmacht, entstehen bei Abbau von 1 g Hämoglobin 35 mg Bilirubin (*20, 47*).

Biliverdin wird noch in der Zelle rasch zu Bilirubin reduziert. Das entstehende wasserunlösliche Bilirubin wird von den Zellen des Reticuloendothels in die Zirkulation abgegeben; angelagert an Serumalbumin wird es im Blut zur Leber transportiert (*52*). Diese scheidet das Pigment dann in der Galle aus. Wir werden später sehen, auf welche Weise dies geschieht. Im Darm macht das Bilirubin unter bakterieller Einwirkung weitere Umwandlungen durch. Reduktion führt z. T. über Mesobilirubin zu Mesobilirubinogen (Urobilinogen I), bzw. direkt zu Stercobilinogen (Urobilinogen L). Die Oxydationsprodukte dieser zwei Leukoverbindungen Urobilin IX a und Stercobilin (Urobilin L) sind braun gefärbt. Daneben finden sich Urobilinogen D und Urobilin D. Beim Erwachsenen machen Stercobilin und Stercobilinogen die Hauptmenge des sog. „Urobilins" im Stuhl aus (*58*). Ein weiterer Abbau führt vielleicht zu Dipyrrolverbindungen, wie Mesobilileukan und Mesobilifuscin (*82*) oder anderer Abbauprodukten. Obwohl die Entdekkung der Dipyrrolkörper schon geraume Zeit zurückliegt, sind die Ansichten über ihre Bedeutung noch recht geteilt, z. T. da bisher gute Bestimmungsmethoden fehlten. Wahrscheinlich fallen sie gar nicht beim Abbau, sondern beim Aufbau des Blutfarbstoffes bzw. der Pyrrolsynthese an (*37*). Ein Teil der Urobilinkörper im Darm wird rückresorbiert und gelangt in die Zirkulation. Der Hauptteil wird wiederum der Leber zugeführt und mit der Galle ausgeschieden, während ein anderer Teil die Nieren passiert und im Urin erscheint (*37a*).

Die Tagesausscheidung von Gallenfarbstoff, gemessen an erwachsenen Individuen mit Gallenfistel, beträgt etwa 300 bis 400 mg (*30*). With (*111*) fand Mengen von 50—400 mg/Tag. Wegen Verlusten bei der Bestimmung und weiteren nicht bekannten Umständen ergibt die Bestimmung der Urobilinkörperausscheidung im Stuhl sehr variable Resultate, so daß sie bei demselben Menschen an verschiedenen Tagen zwischen etwa 40 und 280 mg schwanken kann (105). Im Urin wird normalerweise nur etwa $^{1}/_{100}$ dieser Menge (bis etwa 4 mg) ausgeschieden. Abb. 1 zeigt schematisch diese Vorgänge der Gallenpigmentbildung.

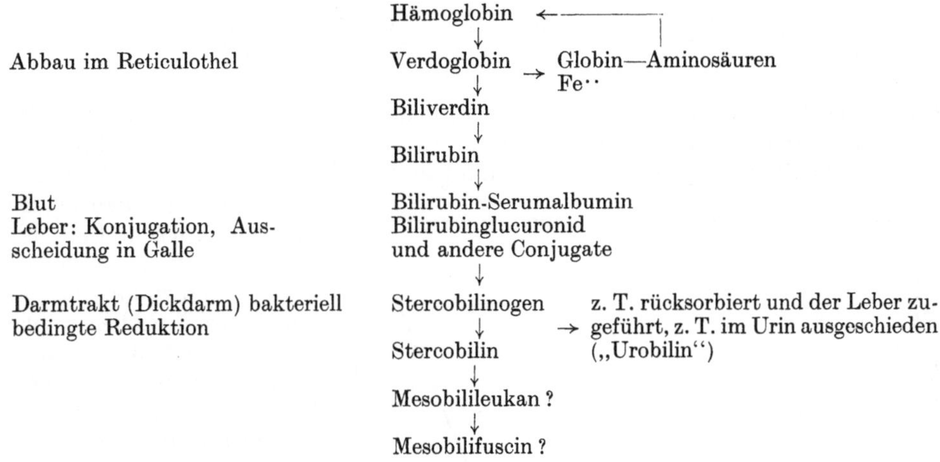

Abb. 1. Vereinfachtes Schema des Abbaues von Hämoglobin zu Gallenfarbstoff

Im Kindesalter verläuft die Bildung von Bilirubin aus Hämoglobin, soweit bekannt, auf dieselbe Weise wie beim Erwachsenen. Beim Neugeborenen und im frühen Säuglingsalter wird aber das Bilirubin im Darm zum größten Teil nicht weiter zu den Urobilinkörpern reduziert, sondern als solches im Stuhl ausgeschieden. Im Meconium machen die Urobilinkörper (zur Hauptsache Stercobilin und Stercobilinogen) nur maximal 4 bis 5% der Gesamtgallenfarbstoffausscheidung aus, der Rest ist Bilirubin und Biliverdin. Ein Überwiegen des Bilirubinanteils am Gallenfarbstoff im Stuhl läßt sich im Säuglingsalter noch während Monaten beobachten, aber danach machen dann die Urobilinkörper den Hauptbestandteil des Gallenfarbstoffs im Stuhl aus (54, 99).

Was nun die Größe der Gallenfarbstoffmenge im Stuhl beim Neugeborenen anbelangt, so schwankt sie bei den einzelnen Kindern beträchtlich. Jedenfalls ist die im Meconium bei Geburt gefundene Menge aber viel geringer, als es der während der Fetalzeit abgebauten Menge Hämoglobin entsprechen würde (5). Dies legt es nahe, daß während der Fetalzeit ein anderer Ausscheidungsweg, via Placenta, bestehen muß. Die individuellen Unterschiede in der Gallenfarbstoffausscheidung zeigen eine enge Beziehung zur Serumbilirubinkonzentration. Je geringer die Gallenfarbstoffausscheidung im Meconium, bzw. in den Faeces in den ersten Tagen nach der Geburt ist, desto höher steigt das Serumbilirubin im weiteren Verlauf an (66). Tab. 1 zeigt die Gallenfarbstoffmenge im Meconium in Abhängigkeit vom später beobachteten maximalen Serumbilirubin, sowie den Anteil von Bilirubin und „Urobilin" (99). Das weitere Verhalten der Gallenfarbstoffausscheidung ist dadurch gekennzeichnet, daß bei Reifgeborenen die höchsten Gallenfarbstoffmengen in den ersten Tagen nach der Geburt gefunden werden. In den folgenden Wochen sinkt die Ausscheidung dann langsam ab, parallel mit der Abnahme des Totalhämoglobinbestandes des Körpers. Dieses Absinken des Gesamthämoglobins läßt sich auf die geringe Regeneration in dieser Periode zurückführen (35, 81, 99). Bei Frühgeborenen kommt die Bilirubinausscheidung später in Gang. Die größten

Tabelle 1. *Ausscheidung von Gallenfarbstoff im Meconium in Beziehung zum maximalen postnatal beobachteten Serumbilirubingehalt* (nach Vest, 1959a)

Serumbilirubin Maximalwert postnatal mg-%	Gallenfarbstoffausscheidung im Meconium			Standard-abweichung	Zahl der Fälle
	Bilirubin mg total	„Urobilin" mg total	Bilirubin und Urobilin mg/kg Körpergewicht		
0—5	29,4	1,24	8,62	6,26	11
5—10	17,4	0,86	6,23	5,37	16
10—15	13,8	0,70	5,69	3,44	14
15—25	7,66	0,33	3,29	2,06	4

Gallenfarbstoffmengen im Stuhl finden sich deshalb meist erst im Verlauf der 2. Woche, nämlich dann, wenn das sich im Blut und Gewebe angehäufte Bilirubin zur Ausscheidung gelangen kann. In den folgenden Wochen geht die durchschnitt-liche Gallenpigmentmenge im Stuhl zurück. Erst mit dem Anstieg des Gesamt-körperhämoglobins, der in der 4. bis 6. Lebenswoche beginnt, und dem damit zusammenhängenden grö-ßeren Hämoglobinumsatz steigen auch die Gallenfarb-stoffmengen im Stuhl wie-der an und nehmen danach parallel dem Körperwachs-tum und der Erythrocyten-menge kontinuierlich zu, bis das Erwachsenenalter erreicht ist (Abb. 2).

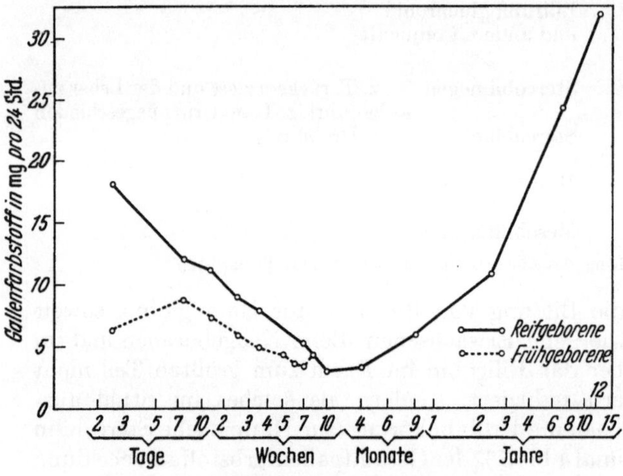

Abb. 2. Durchschnittliche Gallenfarbstoffausscheidung in Abhängigkeit vom Lebensalter

Im Urin lassen sich beim Neugeborenen und Säug-ling nur geringe Mengen Gallenfarbstoff nachweisen, die selten einige Prozent der Ausscheidung mit dem Stuhl überschreiten. Beim Neugeborenen findet sich in gewissen Fällen neben Urobilinkörpern Bilirubin, und zwar u. U. in freier Form, d. h. unkonjugiert (*53*), während bei Erwachsenen bisher nur konjugiertes Bilirubin im Urin gefunden wurde.

b) Bilirubinexkretion
α) Das Wesen des direkten und indirekten Bilirubins

Bis vor kurzem war es weitgehend unbekannt, auf welche Weise die Leber das anfallende Bilirubin ausscheidet. Seit den Untersuchungen von van den Bergh und seinen Mitarbeitern (*95*) war es zwar bekannt, daß der Gallenfarbstoff in der Galle ohne Zusatz von Alkohol zum Diazoreagens die typische Farbreaktion zeigt, während im Blutserum Bilirubin normalerweise einen solchen Zusatz erfordert, besonders bei hämolytisch bedingtem Ikterus. Nur bei Verschlußikterus und Hepatitis ist auch im Serum ein großer Anteil „direkt" reagierenden Bilirubins vorhanden. Trotz vieler Bemühungen gelang es lange nicht, die Gründe für diese Unterschiede aufzuklären. Unterschiedliche Bindung an Serumproteine, Gallen-säuren usw. wurden verantwortlich gemacht. Erst in jüngster Zeit gelang ver-schiedenen Untersuchern fast gleichzeitig eine chromatographische Trennung der direkt und indirekt reagierenden Komponenten (*16, 39, 63*). Cole und Lathe fanden außer eigentlichem Bilirubin zwei wasserlöslichere Pigmente, die dem „direkten" Bilirubin entsprachen und als Pigment I und II bezeichnet wurden. Eine direkte Untersuchung dieser Pigmente erwies sich wegen ihrer Labilität als schwierig. Untersuchung der stabileren Azoverbindungen dieser Stoffe, die durch Behandlung mit p-Diazobenzolsulfosäure erhalten werden mittels Verteilungschromatographie, (6) ergab, daß im Serum bei Obstruktionsikterus zwei Azopigmente, genannt A und B, vorliegen. Und zwar entsteht aus Pigment II Azopigment B, während freies Bilirubin Azopigment A, Pigment I eine Mischung von Azopigment A und B ergibt. Weitere Untersuchungen ergaben, daß Azopigment B das Monoglucuronid von Pigment A ist und wasserlöslicher ist als Pigment A. Hydrolyse von Pigment B ergibt Pigment A und Glucuronsäure im ungefähren Verhältnis 1 : 1. Da bei Diazotierung von Bilirubin das Tetrapyrrol in zwei Dipyrrole gespalten wird, entstehen aus einem Molekül Bilirubin zwei Moleküle Azohydroxypyrromethen, die dem Pigment A entsprechen (71). Aus Analogie läßt sich schließen, daß es sich beim Pigment II um das Diglucuronid des Bilirubins handeln muß, da es in 2 Pigment B-Moleküle zerfällt (8) (vgl. Abb. 3). Unabhängig von diesen Untersuchern kamen SCHMID (77) und TALAFANT (92) mit ähnlichen Methoden zu demselben Ergebnis.

Bilirubindiglucuronid macht normalerweise etwa 75% des Bilirubins in der Galle aus, der Rest ist Bilirubinmonoglucuronid (9). Dieses entspricht dem Pigment I, das bei Diazotierung eine Mischung von Azopigment A und B ergibt, wie es zu erwarten ist, wenn nur die eine Hälfte des Bilirubinmoleküls mit Glucuronsäure verestert ist[1]. Das Bilirubinmonoglucuronid kann auch von hepatektomierten Hunden, also extrahepatisch gebildet werden, während Diglucuronid nur von der Leber gebildet wird. Die Konjugierung von Bilirubin mit Glucuronsäure erfolgt sehr wahrscheinlich an den Carboxylgruppen der Propionsäurereste, d. h. es liegt eine Esterverbindung vor. Dafür sprechen u. a. die Leichtigkeit, mit der Pigment B bei Alkalihydrolyse in Pigment A übergeht und andere Hinweise wie Hydroxamatbildung (76). Ein indirekter Hinweis auf die Kopplung von Bilirubin mit Glucuronsäure ist der beobachtete Anstieg alkalilabiler Glucuronide im Serum bei Verschlußikterus und Hepatitis (8).

Neben der Kopplung an Glucuronsäure bestehen noch andere Conjugate von Bilirubin. So ist nach den Untersuchungen von ISSELBACHER und McCARTHY (50) etwa 10% des Bilirubins in der Galle an Sulfat gebunden. Die Bindung des Sulfats erfolgt vermutlich an den Hydroxylgruppen des Bilirubins. Es ist allerdings noch fraglich, ob auch beim Menschen ein solches Sulfatkonjugat vorkommt (38a).

Heute herrscht die Meinung vor, daß Conjugation in jedem Falle für die Ausscheidung von Bilirubin in Galle und Urin nötig sei. Kürzlich ist aber mittels Papierchromatographie gezeigt worden (53), daß das jedem Pädiater vertraute Bilirubinsediment im Harn ikterischer Neugeborener freies Bilirubin ist. Dies im Gegensatz zu den Verhältnissen beim Erwachsenen, wo bei Verschlußikterus konjugiertes Bilirubin, beim hämolytischen Ikterus aber kein Bilirubin im Urin gefunden wird. Es bleibt abzuwarten, ob es sich dabei um eine Eigentümlichkeit der Niere des Neugeborenen handelt.

β) Mechanismus der Konjugation von Bilirubin mit Glucuronsäure

Die Tatsache, daß gewisse Stoffe wie Phenole, Salicylsäure, Steroide u. a., zur Ausscheidung mit Glucuronsäure gekoppelt werden, ist seit Jahrzehnten

---

[1] Möglicherweise handelt es sich beim Bilirubinmonoglucuronid um einen labilen äquimolaren Komplex von Bilirubin und Bilirubindiglucuronid. WEBER, A. R. et al.: Acta med. Scand. **173**, 19 (1963).

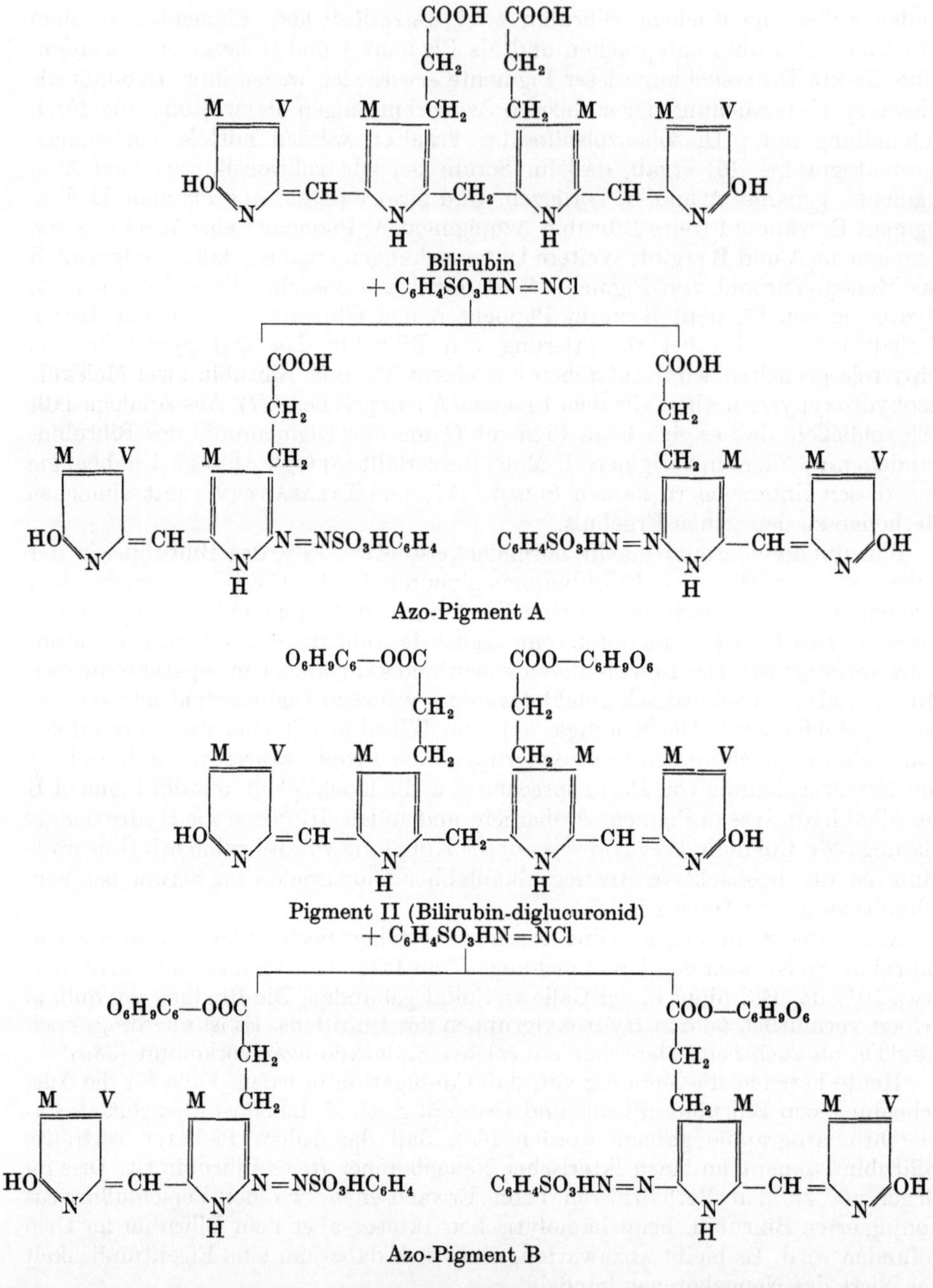

Bilirubin
$+ C_6H_4SO_3HN=NCl$

Azo-Pigment A

Pigment II (Bilirubin-diglucuronid)
$+ C_6H_4SO_3HN=NCl$

Azo-Pigment B

Abb. 3. Formeln von freiem Bilirubin und Bilirubindiglucuronid. Bei Diazotierung mit Sulfanilsäure im Überschuß bildet Bilirubin 2 Moleküle Azopigment A, Bilirubindiglucuronid (Pigment II) 2 Moleküle Azopigment B. (M: Methyl-; V: Vinylgruppen)

bekannt (*94, 110*). Der genauere Mechanismus dieser Reaktion wurde aber erst in den letzten Jahren aufgeklärt. DUTTON und STOREY (*26*) haben gezeigt, daß zwei Faktoren für die Kupplung erforderlich sind: 1. ein Enzym, die Glucuronyltransferase, die Glucuronsäure auf das entsprechende Substrat überträgt und 2. ein Glucuronsäuredonator, bzw. eine aktivierte Form der Glucuronsäure, da freie

Glucuronsäure durch die Transferase nicht übertragen werden kann. Storey und Dutton (*88*) haben diesen Cofaktor aus Leber isoliert und gezeigt, daß es sich um Uridin-diphosphat-glucuronsäure (UDPGA) handelt. Das Überträgerferment, die Glucuronyltransferase, ist in den Mikrosomen der Leberzelle lokalisiert, während die UDPGA löslich ist. Die Übertragung der Glucuronsäure via Transferase auf das Substrat verläuft anaerob und erfordert wenig Energie. Da bisher das Enzym nicht kristallisiert wurde, ist z. Z. die Frage offen, ob für alle Acceptorsubstanzen, Bilirubin, Phenole, Steroide usw., eine Transferase vorhanden ist oder ob mehrere Überträgerfermente vorhanden sind. Bisher vorhandene Resultate sprechen eher für erstere Möglichkeit (*4*).

Uridin-diphosphat-glucuronsäure entsteht aus Uridin-diphosphat-glucose (UDPG) durch Wirkung des Enzyms Uridin-diphosphat-glucose-dehydrogenase (*90*). UDPG wird aus Uridin-triphosphat und α-Glucose-1-phosphat mit Hilfe von Uridyltransferase gebildet. Der Gesamtvorgang der Glucuronidsynthese erfordert somit beträchtliche Energie, Sauerstoff und Glucose. Das folgende Schema gibt eine Übersicht über die einzelnen Vorgänge (s. Abb. 4).

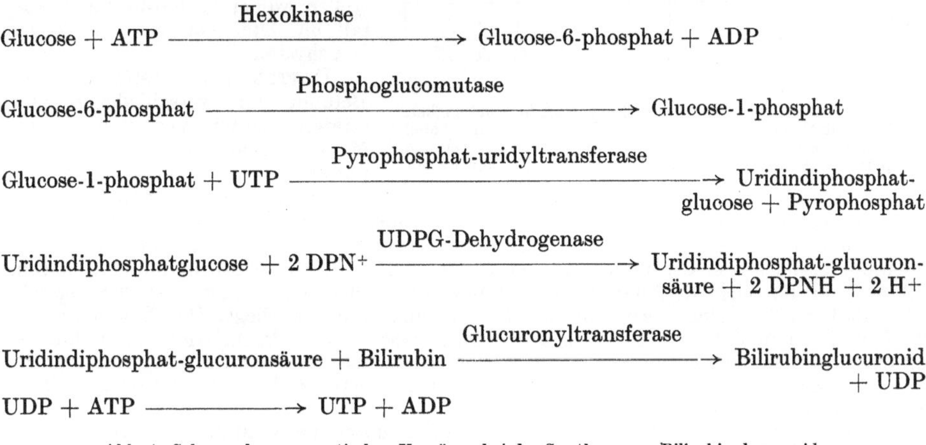

Abb. 4. Schema der enzymatischen Vorgänge bei der Synthese von Bilirubinglucuronid.
(ATP: Adenosintriphosphat; UTP: Uridintriphosphat; UDP: Uridindiphosphat; DPN: Diphosphonucleotid)

Möglicherweise besteht noch ein zweiter direkter Weg zur Synthese von Uridin-diphospho-glucuronsäure (*25*).

Neben der Leber vermag auch die Niere Glucuronide zu bilden (*87*). Die Aktivität von Nierengewebe in vitro beträgt aber nur etwa $\frac{1}{3}$ oder weniger der der Leber. Von anderen Geweben ist die Mucosa des Gastrointestinaltrakts ebenfalls aktiv (*24, 45*), während Milz, Lunge, Gehirn und Placenta offenbar keine Glucuronyltransferase enthalten.

γ) Entwicklung des Glucuronidbildungs- und Bilirubinausscheidungsvermögens der Leber

Die Glucuronidbildung zeigt beim Fetus und jungen Organismus gewisse Eigentümlichkeiten. Mit relativ wenigen Ausnahmen wurden die in vitro Untersuchungen darüber bei Tieren ausgeführt, doch bestehen genügend Anhaltspunkte, um die Verhältnisse beim Menschen beurteilen zu können.

Karunairatnam, Kerr und Levvy (*51*) waren die ersten, die bei Untersuchungen über die o-Aminophenol-Glucuronidbildung von Mausleberschnitten Anzeichen dafür fanden, daß diese Leberfunktion bei neugeborenen Tieren vermindert ausgebildet ist. Hartiala und

Pulkkinen (*46*) bestätigen eine solche Insuffizienz bei Kaninchenfeten. Das Interesse an diesen Befunden nahm zu, nachdem entdeckt worden war, daß auch Bilirubin als Glucuronid ausgeschieden wird. Eigene Untersuchungen (*27*) ergaben eine stark verminderte Glucuronidbildung durch Leberschnitte junger Ratten und von Leberhomogenat mit Zusatz von Leberextrakt als UDPGA-quelle bei neugeborenen Mäusen mit o-Aminophenol als Substrat. Nach raschem Anstieg wurden im Verlauf von 4 Wochen nach der Geburt Erwachsenenwerte erreicht (Abb. 5).

Brown, Zuelzer und Burnett (*12*) untersuchten getrennt die Aktivität der Glucuronyltransferase und die Bildung von Uridin-diphosphoglucuronsäure, d. h. die Aktivität der Uridindiphosphoglucose-dehydrogenase bei fetalen und neugeborenen Meerschweinchen. Als Substrate wurden Bilirubin, o-Aminophenol und Phenolphthalein verwendet. Mit allen 3 Verbindungen ergab sich, daß bei 4 und 8 Wochen alten Feten die Transferase fehlt, in den ersten Tagen nach der Geburt nachweisbar wird und mit etwa 20 Tagen dieselbe Aktivität zeigt wie bei erwachsenen Tieren. Daneben konnten die Untersucher aber auch eine Verminderung der UDPG-dehydrogenase bei jungen Tieren feststellen, wobei wiederum dieser Ausfall im Alter von etwa 20 Tagen verschwand.

Dutton (*24*) bestätigte diese Befunde mit verschiedenen Substraten. Unter Verwendung von Mausleberschnitten ergab sich eine normale Glucuronidsynthese bei Tieren im Alter von etwa 4 Wochen.

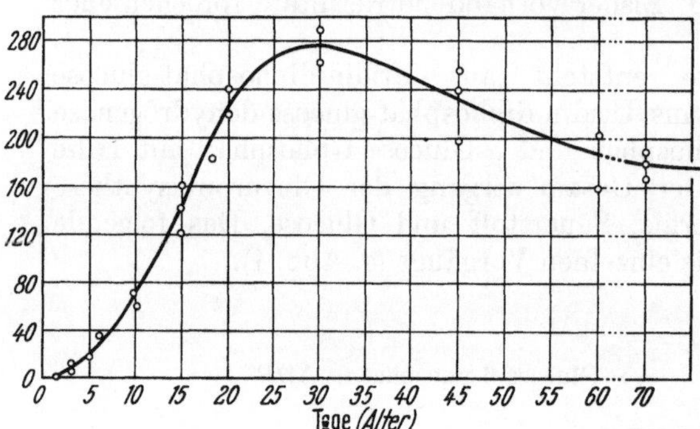

Abb. 5. Aktivität der Glucuronsäure-Transferase in Abhängigkeit vom Lebensalter. Leberhomogenat von Mäusen, o-Aminophenol als Substrat (nach Ebnöter und Vest, 1959). Ordinate: Gamma conjugiertes o-Aminophenol pro Gramm Lebertrockengewicht

Auch die Verminderung von UDPGA bei jungen Meerschweinchen wurde bestätigt. Die Anwesenheit eines Inhibitors dieser Reaktion, sowie eine erhöhte Spaltung gebildeter Glucuronide, die wegen der hohen Konzentration von β-Glucuronidase in fetalem Gewebe (*51*) an und für sich denkbar wäre, konnten ausgeschlossen werden. All dies spricht dafür, daß wirklich eine Verminderung der Enzymaktivität vorliegt. Die Nieren können offenbar diesen Ausfall in der Fetalzeit ebenfalls nicht decken, da ihr Glucuronidbildungsvermögen während dieser Periode nicht größer ist als das der Leber. Hingegen zeigte die Magenmukose schon in der 6 Fetalwoche in dieser Hinsicht beträchtliche Aktivität, höhere sogar als beim erwachsenen Tier.

Grodsky, Carbone und Fanska (40) erhielten unter Verwendung von Bilirubin als Acceptor gleiche Befunde.

In vitro Untersuchungen mit Lebergewebe *menschlicher* Frühgeborener sind noch sehr spärlich. Sie zeigen aber im wesentlichen Übereinstimmung mit den Befunden im Tierversuch. Lathe und Walker (*57*) berichten über Resultate an insgesamt 3 Frühgeburten mit Geburtsgewichten von 878, 1342 und 766 g. Bei zweien konnte weder mit Leberschnitten noch mit Suspension eine Konjugation von Bilirubin mit Glucuronsäure nachgewiesen werden, während die 3. Frühgeburt in 1 Std pro Gramm Leber (Feuchtgewicht) 27 μg Bilirubin konjugierte (gegenüber 400 μg mit Leber erwachsener Ratten). Ein Überschuß von Uridindiphosphoglucuronsäure erhöhte die Ausbeute nicht, so daß eine Insuffizienz der Glucuronyltransferase anzunehmen ist. 0-Aminophenol als Substrat wurde ebenfalls nur in stark vermindertem Ausmaß mit Glucuronsäure gekoppelt. Dutton (*24*) bringt Daten von 2 menschlichen Feten mit einem Schwangerschaftsalter von 3—4 Monaten. Auch hier zeigten sowohl Leberschnitte, Homogenat wie auch Nierenschnitte nur eine minime Aktivität der Transferase, verglichen mit Leberschnitten Erwachsener. Außerdem war auch die UDPGA vermindert und betrug nur etwa 10% der Werte bei Erwachsenen. Wenn auch diese Untersuchungen mit einer gewissen Reserve betrachtet werden müssen, da die Aktivität der Transferase sehr rasch nach dem Tode abnimmt, so machen es die Untersuchungen an menschlichem

Material doch sehr wahrscheinlich, daß, wie beim Tier, im Fetal- und frühen Neugeborenenalter die Aktivität der Glucuronyltransferase sowie der Gehalt an UDPGA vermindert sind. Damit ist die Glucuronidbildung nur in beschränktem Ausmaß möglich. Es ist interessant, daß dieser beim Neugeborenen, wie wir sehen werden, relativ rasch verschwindende Ausfall auch als bleibender genetisch bedingter Defekt vorkommt, nämlich beim sog. *familiären nicht hämolytischen Ikterus* (Crigler-Najjar-Syndrom) *(19)* sowie bei einem Rattenstamm *(42)*. In vitro- und in vivo-Untersuchungen haben ergeben, daß hier ebenfalls ein Defekt der Bilirubinkonjugation vorliegt, so daß es zu einer Hyperbilirubinämie kommt *(13, 78)*. Das unkonjugierte Bilirubin wird dabei z. T. zu noch unbekannten, diazonegativen Verbindungen abgebaut und so in der Galle

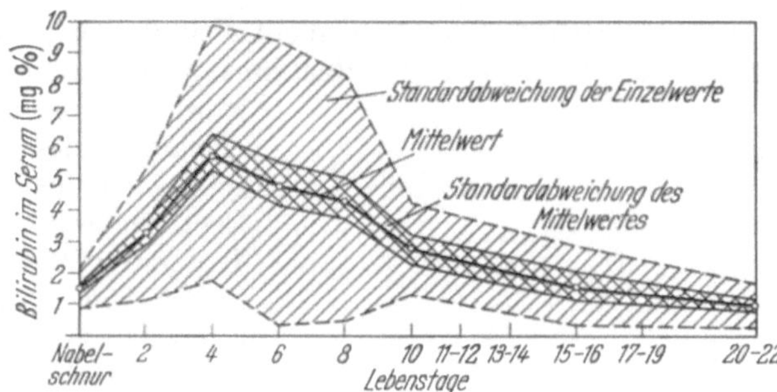

Abb. 6a. Verlauf der Serumbilirubinkonzentration nach der Geburt bei Reifgeborenen

ausgeschieden, z. T. direkt durch die Darmwand ausgeschieden *(80a)*. Bilirubinglucuronid demgegenüber, wenn i.v. injiziert, wird prompt ausgeschieden *(79)*.

Über das Verhalten der Glucuronidbildungskapazität der Leber nach der Geburt liegen beim Menschen noch keine in vitro-Untersuchungen vor. Daß die

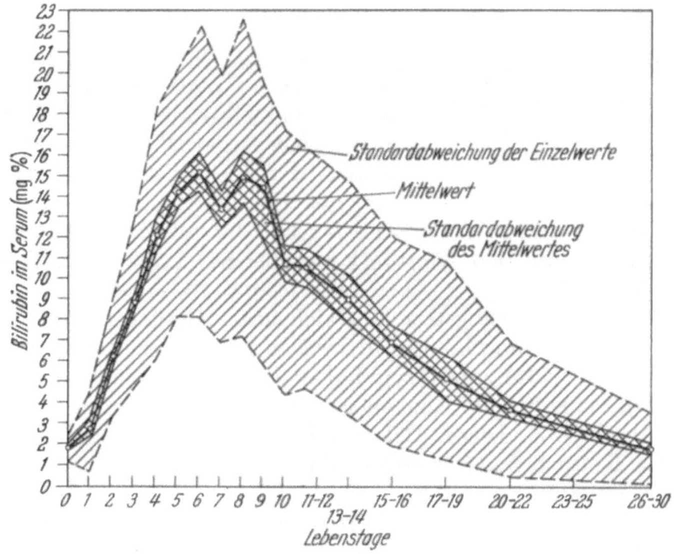

Abb. 6b. Verlauf der Serumbilirubinkonzentration nach der Geburt bei Frühgeborenen (nach VEST 1959a)

Bilirubinausscheidung nicht normal verläuft, ergibt sich aber aus dem Auftreten des *Neugeborenenikterus*. Er ist bei Frühgeborenen meist stärker ausgeprägt als bei Reifgeborenen. So betrug in einer Serie gesunder Reifgeborener die maximale durchschnittliche Serumbilirubinkonzentration etwa 6 mg-%, und dieser Maximalwert wurde am 4. Lebenstag erreicht (Abb. 6a). Bei Frühgeborenen wurde der

Maximalwert erst am 6. Tag erreicht und betrug im Durchschnitt 15 mg-% (Abb. 6 b) (99). Ähnliche Zahlen wurden von verschiedenen anderen Autoren angegeben (vgl. Smith 85). Selbstverständlich bestehen aber große individuelle Unterschiede in bezug auf das Ausmaß dieser postnatalen Hyperbilirubinämie.

Während längerer Zeit wurde angenommen, daß nach der Geburt ein vermehrter Abbau der durch die Besserung der Sauerstoffversorgung im postnatalen Leben überschüssig gewordenen Erythrocyten erfolge und daß diese Hämolyse den vermehrten Anfall von Gallenfarbstoff und somit den Neugeborenenikterus verursache (1). Diese sog. „Reaklimatisationstheorie" des Neugeborenenikterus wurde aber in der Folge nicht bestätigt. Die Abnahme des Totalhämoglobins bei Neugeborenen ließ sich auf eine verminderte Erythrocytenbildung im Knochenmark in den ersten Wochen nach der Geburt zurückführen (35, 99). Die direkte Messung der Erythrocytenlebensdauer bei Neugeborenen und Frühgeburten mittels Ashbytechnik (99) und ^{51}Cr-Markierung (34) ergab fernerhin nur eine geringgradige Verkürzung der Überlebenszeit, die zur Erklärung der Bilirubinvermehrung nach der Geburt nicht genügt. Außerdem besteht keine Korrelation zwischen ^{51}Cr-Halbwertszeit als Maß der Erythrocytenlebensdauer und der Serumbilirubinkonzentration (100a). Dies alles legt somit eine verminderte Ausscheidungskapazität der Leber des Neugeborenen für Bilirubin nahe. Billing, Cole und Lathe (7) kommen auf Grund theoretischer Überlegung und Vergleich mit der Bilirubinclearance bei der Ratte (61 μg/ 100 g Körpergewicht/min) (107) zu dem Schluß, daß die Ausscheidungsfähigkeit der Neugeborenenleber nur etwa 1—2% der des Erwachsenen beträgt. Dies stimmt mit den in vitro-Resultaten von Dutton (24), der mit Erwachsenenleber eine Bilirubinkonjugation von 500—600 μg/1 g Leber/Std fand, gegenüber 5 μg bei fetaler Leber, überein.

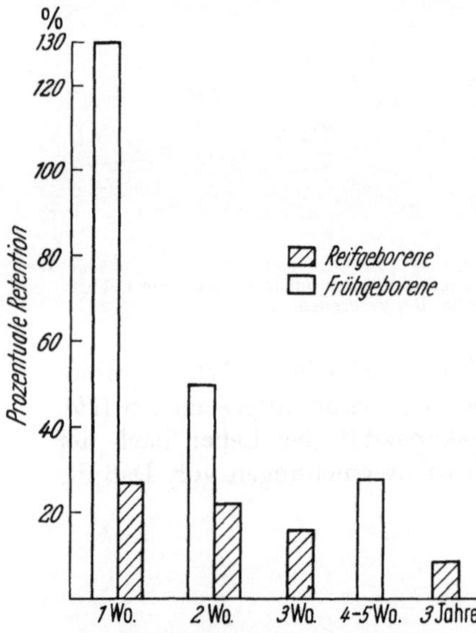

Abb. 7. Bilirubinretention im Serum 6 Std nach i.v.-Injektion von 5 mg Bilirubin pro kg Körpergewicht (nach Vest 1959a)

Auch im Bilirubinbelastungstest läßt sich unter Berücksichtigung der schon vorhandenen Serumbilirubinerhöhung in der Neugeborenenzeit eine deutliche Verminderung der Ausscheidungsgeschwindigkeit des exogen zugeführten Bilirubins nachweisen (106). Sie hält beim Neugeborenen einige Tage, bei Frühgeborenen oft Wochen an (99) (Abb. 7). Dieser Belastungstest gibt allerdings keinen direkten Einblick in das Konjugationsvermögen, da das ausgeschiedene Bilirubin nicht untersucht werden kann.

Es wurden deshalb andere Substanzen gewählt, um die Entwicklung der Konjugationsfähigkeit in vivo zu prüfen, wie Acetanilid bzw. N-acetyl-p-aminophenol, die nach peroraler Gabe bei Erwachsenen innerhalb 24 Std zu 70—80% an der Hydroxylgruppe konjugiert mit Glucuronsäure und Sulfat im Urin ausgeschieden werden (11). Beim reifgeborenen Säugling erscheinen im Alter von 1—3 Tagen nur etwa 20%, beim Frühgeborenen sogar nur 15% der verabreichten Menge; im Alter von 4—6 Tagen steigt die prozentuale Ausscheidung bei ausgetragenen Neugeborenen auf durchschnittlich 30%, während sie bei Frühgeburten kaum ansteigt. In der 2. Lebenswoche zeigen dann auch die letzteren ein verbessertes Ausscheidungsvermögen, und nach 6—12 Wochen werden schon nahezu dieselben Mengen eliminiert wie beim Erwachsenen. Die Abb. 8 zeigt diese Verhältnisse (96). Ein Vergleich der Ausscheidung in einer ersten und zweiten 24 Std-Periode ergibt außerdem auch eine deutliche Verzögerung in der Glucuronidbildung bei Neugeborenen. Diese langsame Verwandlung von N-acetyl-p-aminophenol in das entsprechende Glucuronid ist auch bei Verfolgung der Konjugation im Blut zu beobachten (100). Außerdem zeigte sich dabei, daß im Blut die Hauptmenge dieser Substanz mit Glucuronsäure konjugiert ist, während ein größerer Teil im Urin außerdem an Sulfat gekoppelt erscheint.

Ein weiterer indirekter Hinweis auf die ungenügende Ausbildung des Glucuronidbildungsvermögens ist die geringe Ausscheidung von Hexuronsäuren im Urin bei Neugeborenen und Frühgeborenen, die in den der Geburt folgenden Wochen steigende Tendenz zeigt (55, 99).

Nach dem Gesagten kann kein Zweifel bestehen, daß im Fetalleben und bei der Geburt eine Insuffizienz der Glucuronidbildung vorhanden ist und daß diese nachher relativ rasch verschwindet, so daß mit 3 Monaten praktisch dieselbe Kapazität wie beim Erwachsenen erreicht wird.

Eine Frage aber bleibt offen, warum es erst postnatal zu einem Ansteigen des Bilirubins im Plasma kommt, obwohl die Insuffizienz beim Fet sogar stärker ausgeprägt ist als nach der Geburt. Wie der Gallenfarbstoffgehalt des

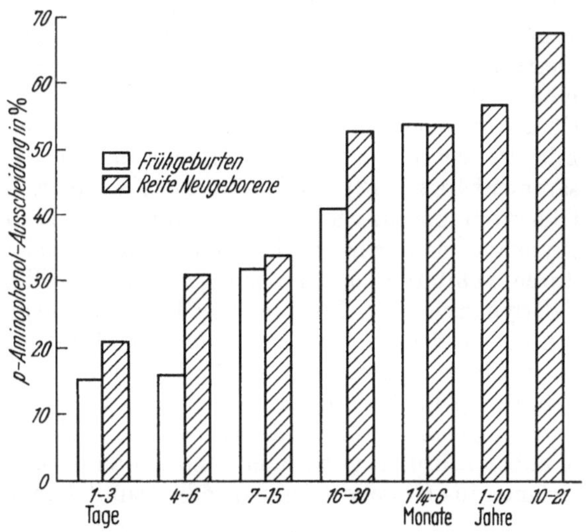

Abb. 8. Durchschnittliche Ausscheidung von konjugiertem p-Aminophenol in Prozent der verabreichten Dosis in Abhängigkeit vom Lebensalter, als Maß der Konjugationsfähigkeit der Leber (nach VEST 1959 a)

Meconiums zeigt, besteht allerdings kein totaler Ausfall der Gallenfarbstoffexkretion. Aber dies genügt nicht, um den geringen Bilirubin-Gehalt des Nabelschnurblutes (etwa 1,5 mg-%) zu erklären, und man muß einen zusätzlichen, nur beim Fet vorhandenen Ausscheidungsweg für Bilirubin postulieren. Es ist naheliegend, hierbei an die Placenta zu denken, die auch sonst häufig Funktionen ausübt, die später der kindliche Organismus übernehmen muß. Die von verschiedener Seite vermutete Konjugation von Bilirubin mit Glucuronsäure durch Placentargewebe konnte allerdings nicht nachgewiesen werden. Man muß somit annehmen, daß Placentargewebe keine Glucuronyltransferase enthält. SCHMID u. Mitarb. (80) haben aber durch Infusion von freiem Bilirubin in die Nabelarterie bei Meerschweinchen und Untersuchung des Bilirubingehaltes in der Vena uterina des Muttertieres in vivo nachgewiesen, daß unkonjugiertes Bilirubin die Placentarschranke passiert (nicht aber Bilirubinglucuronid). Diese Untersuchungen lassen schließen, daß der Fet während der Schwangerschaft sein Gallenpigment in freier Form via Placenta zum mütterlichen Organismus abschiebt und daß dieser dann die Konjugation und Ausscheidung vornimmt. Die relativ geringen so anfallenden Bilirubinmengen erklären, warum ein Anstieg der Bilirubinkonzentration im Serum der Mutter dabei ausbleibt. Offenbar wird bei einmaliger Passage durch die Placenta nicht sehr viel Bilirubin aus dem Plasma entfernt, da man im Blut der Nabelvene nicht konstant einen niedrigeren Bilirubingehalt findet als in der Nabelarterie, wie es eigentlich zu erwarten wäre (*32, 99*).

c) Die Wirkung exogener Substanzen auf den Gallenfarbstoffwechsel

Während der Neugeborenenperiode ist der Ausscheidungsmechanismus für Bilirubin sehr empfindlich auf exogene Einflüsse. Zahlreiche Stoffe, die bei älteren Kindern nicht toxisch wirken, führen beim jungen Säugling zu einer Erhöhung des Serumbilirubins. Besonders deutlich ist dieser Effekt bei Naphthohydrochinonderivaten, die als wasserlösliche Vitamin K-Präparate bei Hypoprothrombinämie verabreicht werden. Besonders bei Frühgeburten wird die Hyperbilirubinämie bei etwas größeren Dosen (über 5 mg) deutlich verstärkt (*10, 67, 97*). Hohe Dosen führen auch zu einer Vermehrung der Zahl der Kernikterusfälle (*21*). Ein Grund für die Bilirubinvermehrung im Serum dieser Frühgeburten ist sicher eine vermehrte Destruktion von Erythrocyten (*98*). Die Innenkörper sind bei diesen Fällen vermehrt (*109*). Der Abbau kann bei hoher Überdosierung dieser Medikamente den Charakter einer eigentlichen Hämolyse annehmen (*36*). Es ist möglich, daß dies mit der verminderten Glutathionsstabilität der Neugeborenenerythrocyten zusammenhängt (*112*). Außerdem ist aber auch eine direkte Beeinträchtigung des Glucuronidkonjugationsmechanismus denkbar, sei es im Sinne einer Kompetition (Synkavit usw. wird z. T. ebenfalls als Glucuronid ausgeschieden (*23*)); sei es durch Inhibition der Transferase. In vitro-Versuche (*98, 104*) haben ergeben, daß Synkavit tatsächlich in einer Dosis von 30 μg/cm³ die Konjugation von Bilirubin oder o-Aminophenol mit Glucuronsäure um etwa 40% vermindert. Ähnlich wirkt Chloramphenicol. Eine direkte toxische Schädigung der Leber ist ebenfalls denkbar (*75*). Andere Medikamente wie Sulfonamide usw. beeinflussen Serumbilirubingehalt und Kernikterushäufigkeit ebenfalls (*83*). Sulfonamide verdrängen offenbar Bilirubin von seiner Bindung an Serumalbumin und fördern so sein Einströmen ins Gewebe (Gehirn) (*69*). Damit kommt es eher zu einem Kernikterus.

2. Detoxifikation

Eng verknüpft mit der Glucuronsäurekonjugation des Bilirubins und seiner Ausscheidung sind die Stoffwechselvorgänge, die in der Leber zur Entgiftung bzw. zur Förderung der Ausscheidung gewisser Stoffe vor sich gehen. Die Kopplung und Ausscheidung des Bilirubins ist lediglich ein Sonderfall dieses allgemein verwendeten Stoffwechselweges, auf dem überflüssig gewordene Substanzen aus dem Körper entfernt werden. Die Leber verfügt über mehrere Wege, um dies zu bewirken, so Degradation, Oxydation oder Konjugation mit anderen Stoffen. Oft sind diese Vorgänge kombiniert, es erfolgt z. B. zuerst eine Oxydation, worauf das Oxydationsprodukt dann konjugiert wird. Die Konjugation erfolgt fast immer im Sinn einer Kombination mit organischen oder anorganischen Säuren, vor allem Sulfat, Acetat, Glucuronsäure oder Aminosäuren wie Glycin, Cystein usw. Diese Säuren werden in Ester, Äther bzw. Aminbindung an das Ausscheidungsprodukt gehängt, wodurch dieses wasserlöslicher wird. Nicht immer ist das entstehende Produkt auch weniger toxisch. Die Ausscheidung erfolgt z. T. in der Galle, häufiger im Urin. Gewisse Substanzen werden auch auf beiden Wegen eliminiert. Sofern die Funktion eines Organs gestört ist, z. B. der Leber, so nimmt der Ausscheidungsweg über die Nieren an Bedeutung zu. Neben der Leber, wo diese Transformierungsvorgänge zur Hauptsache erfolgen, können auch andere Organe dazu beitragen. So können z. B., wie wir gesehen haben, auch die Nieren und evtl. die Mucosa des Gastrointestinaltrakts Glucuronide bilden. Eine Kopplung mit Glycin (Hippursäurebildung) erfolgt auch in der Niere.

Beispiele für eine *Oxydation* umfassen u. a. die Oxydation von Acetanilid zu N-acetyl-p-aminophenol, Cinchophen zu Oxycinchophen und von Zimtsäure zu Benzoesäure (*86*). Es ist interessant, daß im Falle der Oxydation von Oestradiol zu Oestriol die fetale Leber offenbar besonders aktiv ist (*29*).

a) Konjugationsmechanismen

Als Beispiel für die Kupplung mit einer Aminosäure sei die bekannte Bildung von Hippursäure aus Benzoesäure und Glycin genannt. Sie erfolgt beim Menschen zur Hauptsache in der Leber. Ähnlich verhalten sich Salicylsäure (die z. T. auch Glucuronide bildet), p-Aminosalicylsäure, Cholsäure usw. Neuerdings ist dargelegt worden, daß auch Bromsulphalein zu einem großen Teil konjugiert mit Aminosäuren, vor allem Glycin, Cystein und Glutaminsäure evtl. in Form von Glutathion in der Galle ausgeschieden wird (*17, 18*). Die meisten übrigen Glycinconjugate erscheinen aber im Urin. In vitro sind zu ihrer Bildung ATP und Coenzym A erforderlich (*14*).

Cystein ist eine weitere Aminosäure, die in den Konjugationsprozessen eine Rolle spielt. Sie verbindet sich hauptsächlich mit aromatischen Halogenen, wie Brombenzol usw. und Naphthalinen unter Bildung von Mercaptursäure (*64*).

Der Hauptteil der Phenol- und Benzolkörper wird im Urin konjugiert mit Sulfat ausgeschieden. Manchmal findet sich eine Kompetition zwischen Sulfat- und Glucuronsäurekonjugation, die sich in vitro in der einen oder anderen Richtung beeinflussen läßt (*87*).

Den Mechanismus der Glucuronsäurekopplung haben wir bei Besprechung des Gallenfarbstoffwechsels ausführlich dargelegt. Stoffe, die Glucuronide bilden, sind vor allem Phenole, Benzole, Kampher, Menthol usw., Alkaloide wie Morphin und Steroide. Andere wie Benzoesäure werden nur dann mit Glucuronsäure konjugiert, wenn der normale Weg zu Hippursäure wegen Leberschadens beeinträchtigt ist (*73*).

Acetyliert werden vor allem die Sulfonamide, beim Neugeborenen auch p-Aminobenzoesäure, ausgeschieden. Auch diese Reaktion geht über einen Acetyl-Coenzym A-Komplex (*15*).

Alle diese verschiedenen Konjugationsreaktionen hängen einmal vom transferierenden Enzym ab, wie wir am Beispiel der Glucuronyltransferase gesehen haben, und andererseits kann ein Mangel an der Substanz, mit der die Kopplung vollzogen wird, z. B. Glycin, den beschränkenden Faktor darstellen (*74*). In der Ratte stehen z. B. pro 100 g Körpergewicht 10 mg Glycin für Hippursäurebildung zur unmittelbaren Verfügung (*3*). Für den Menschen sind keine entsprechenden Zahlen vorhanden.

b) Die Entwicklung der Detoxifikationsvorgänge

In der Fetalzeit hat bisher die Glucuronidbildung wegen ihrer besonderen Wichtigkeit für die Bilirubinausscheidung eine eingehendere Untersuchung erfahren. Die weiter oben gemachten Ausführungen gelten nicht nur in Hinsicht auf Bilirubin, sondern eine verminderte Transferaseaktivität und Uridindiphosphoglucuronsäure beeinträchtigt auch die Ausscheidung anderer als Glucuronide ausgeschiedener Stoffe beim Neugeborenen. Wie wir weiter gesehen haben, übernimmt während der Fetalperiode der mütterliche Organismus weitgehend deren Elimination. Daß nicht etwa die niedere Substratkonzentration während der Fetalperiode für die verminderte Enzymaktivität verantwortlich ist, zeigen die erfolglosen Versuche, durch Gabe von Anthranilsäure bzw. p-Aminophenol den Fet vor der Geburt zur Entwicklung dieses Systems anzuregen (*60, 80*).

Von anderen Detoxifikationsvorgängen ist besonders die Bromsulphaleinausscheidung bei Neugeborenen und Frühgeborenen untersucht worden. Die meisten Untersuchungen stammen allerdings aus der Zeit, in der es noch nicht bekannt war, daß auch Bromsulphalein (BSP) z. T. gekoppelt ausgeschieden wird. Gemessen wurde deshalb meist nur die Geschwindigkeit der Abnahme der BSP-Konzentration im Blut. HERLITZ (*48*) war der erste, der eine Verlangsamung dieser Exkretion feststellte, und zwar um so mehr, je jünger die untersuchten Säuglinge waren. Dies wurde in der Folge mehrfach bestätigt.

Besonders ausgeprägt ist die verzögerte Ausscheidung von BSP bei Frühgeborenen (*68, 70, 99*). OPPÉ und GIBBS (*70*) zeigten auch, daß Hypoxie die BSP-Retention von 1 Tage alten Säuglingen erhöht. Abb. 9 zeigt auf Grund eigener Untersuchungen die durchschnittliche BSP-Retention bei Frühgeborenen und Reifgeborenen in verschiedenen Altersklassen und die Entwicklung dieser Funktion. Erst im Alter von etwa 1 Jahr ist die BSP-Ausscheidung normal. Die durchschnittliche Retention von BSP beträgt in den ersten Tagen etwa 15% des Ausgangswertes im Blut und fällt danach langsam ab. Das Ausscheidungsvermögen entwickelt sich bei Frühgeborenen langsamer als bei Reifgeborenen. Erst mit etwa 3 Monaten verschwinden die Unterschiede zwischen diesen zwei Gruppen. Die verzögerte BSP-Elimination aus dem Blut scheint nicht auf einer verlangsamten Aufnahme in die Leberzellen zu beruhen (dies stellt den ersten Schritt in der Exkretion dar), sondern in einer verlangsamten Konjugation und Ausscheidung in die Galle. OPPÉ und GIBBS (70) glauben auf Grund des ersten Teils des Konzentrationsabfalles im Blut darauf schließen zu können, daß die Aufnahme in die Leberzellen nicht wesentlich beeinträchtigt ist, während die Abflachung der Kurve nach etwa 15 min auf verzögerte Ausscheidung schließen lasse. Es besteht wohl kein Zweifel, daß eine Konjugation mit gewissen Aminosäuren bzw. Glutathion für die Ausscheidung von BSP von Bedeutung ist (41). In der Ratte machen die Konjugate 75% der Totalmenge an BSP aus. Eine Verzögerung bzw. Insuffizienz dieser Konjugation bei Säuglingen als Grund für die verlangsamte Ausscheidung ist denkbar. Eine

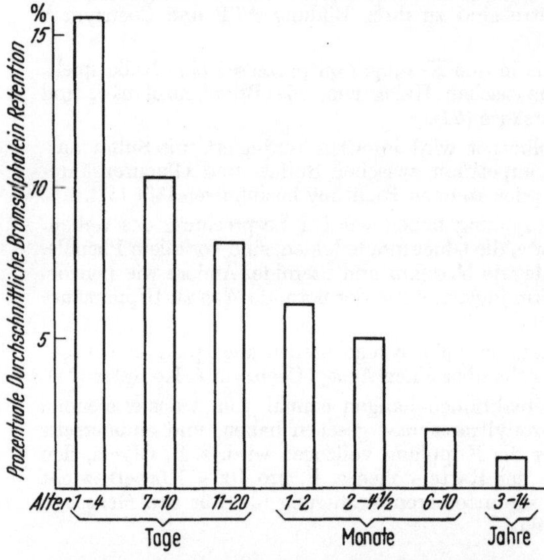

Abb. 9. Prozentuale durchschnittliche Bromsulphaleinretention im Serum 30 min nach i.v. Gabe von 5 mg Bromsulphalein pro kg Körpergewicht in Abhängigkeit vom Lebensalter (nach VEST 1959a)

chromatographische Untersuchung der BSP-Konjugate im Blut und in der Galle hat aber ergeben, daß schon das Neugeborene BSP zu einem großen Teil konjugiert ausscheidet (100b). Auch diese Untersuchungen deuten auf eine Insuffizienz der Ausscheidung hin.

Ein anderer Konjugationsmechanismus, der bei Erwachsenen häufig zur Prüfung der Leberfunktion angewendet wird, ist der Hippursäuretest. Bei Belastung mit Natrium-Benzoat peroral oder intravenös scheiden Frühgeborene prozentual und absolut viel weniger Hippursäure aus als ältere Kinder. Die absolute Menge Hippursäure, die gebildet wird, hängt dabei offenbar weniger von der verabreichten Menge Na-Benzoat ab, als von der Größe bzw. dem Alter des Kindes. Die absolute Menge Hippursäure, die ein bestimmtes Kind pro Zeiteinheit bilden kann, scheint ziemlich konstant und bis zu einem gewissen Grad unabhängig von der verabreichten Dosis Benzoesäure zu sein. Die Abb. 10 zeigt diese Verhältnisse. Frühgeborene haben ein weniger entwickeltes Hippursäurebildungsvermögen als Reifgeborene. Ungefähr im 4. Lebensmonat werden Werte wie beim älteren Kind erreicht (99). Untersuchungen mittels i.v. Gabe von p-Aminobenzoesäure haben ergeben, daß beim Neugeborenen anstelle der Konjugation der Carboxylgruppe mit Glycin eine Koppelung der Aminogruppe mit einem Acetylrest tritt. Dementsprechend stellt Acetyl-p-Aminobenzoat und nicht p-Aminohippursäure in diesem Alter das Hauptkonjugat im Blut und Urin dar. p-Aminohippursäure wird nur in geringem Ausmaß gebildet. Acetylierung, wie auch Bildung von p-Aminohippurat, verläuft viel langsamer als die Glycinkonjugation beim älteren Kind (*100c*).

Auch die Acetylierungsvorgänge scheinen gegenüber älteren Kindern in vermindertem Ausmaß zu erfolgen.

Studien von FIECHTER und CURTIS (*31*) über die Ausscheidung von Sulfonamiden bei Früh- und Reifgeborenen haben ergeben, daß bei Gabe am ersten Lebenstag über 48 Std ein hoher Blutspiegel bestehen bleibt, während bei über

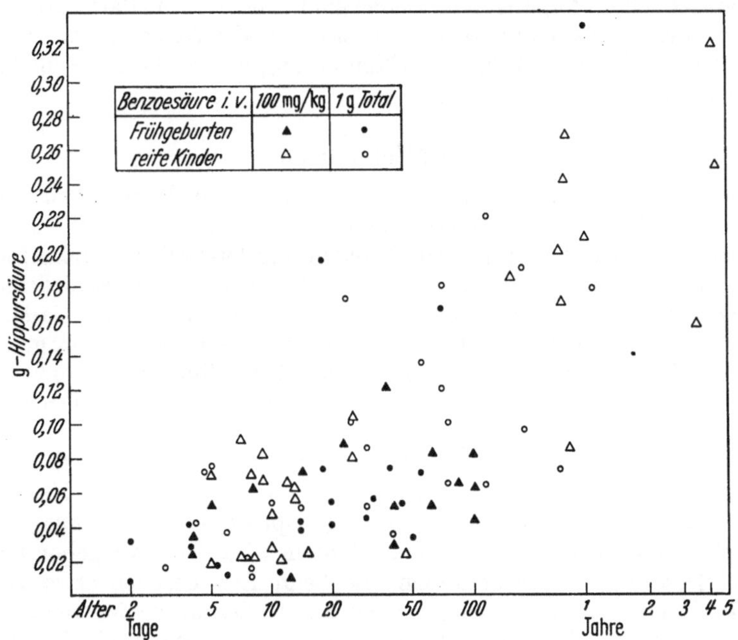

Abb. 10. Hippursäureausscheidung nach i.v. Gabe von Benzolsäure bei Frühgeburten, Reifgeborenen und älteren Kindern (nach VEST 1963)

1 Woche alten Neugeborenen dieselbe Dosis pro kg Körpergewicht nur für 12 Std einen erhöhten Wert gab. Überdies war nur ein kleiner Prozentsatz der Sulfonamide im Blut acetyliert. All dies spricht für eine verminderte Acetylierung. HANON, COQUOIN-CARNOT und PIGNARD (*44*) andererseits berichten, daß schon im fetalen Harn acetylierte Paraaminohippursäure gefunden wird, wenn der Mutter vor Geburt PAH verabreicht wurde.

Über das Vermögen der Neugeborenenleber, Sulfatkonjugate zu bilden, ist noch wenig bekannt. Bei unseren Versuchen mit Acetanilidbelastung haben wir gefunden, daß der Anteil der Glucuronide an der gesamten im Urin konjugiert ausgeschiedenen Menge p-Aminophenol bei Neugeborenen meist geringer ist als beim älteren Kind. Somit wird in dieser Altersstufe ein prozentual größerer Teil als Sulfatkonjugat ausgeschieden. Dies macht es wahrscheinlich, daß beim Neugeborenen die Funktion der Sulfatkopplung weiter entwickelt ist als die der Glucuronidbildung.

Die Entwicklung der Detoxifikationswege beim einzelnen Individuum zeigt damit gewisse Parallelen mit der Phylogenese der Säugetiere, wo in der primitivsten Stufe auch zuerst die Konjugation mit Sulfat als Ausscheidungsmechanismus gefunden wird. Erst auf höherer Stufe folgt die Glucuronidbildung, während eine

Kopplung mit Aminosäuren nur bei hochentwickelten Species zu beobachten ist
(*72*). Daß bei Erkrankung der Leber oft eine Regression zu primitiveren Mechanismen zu beobachten ist und daß diese im geschädigten Organ am längsten funktionstüchtig bleiben, haben wir schon erwähnt.

Trotz dieser Anzeichen für eine Verminderung vieler Transformationsmechanis-
men wäre es sicher verfehlt, dies allein für das Unvermögen der Neugeborenen,
zahlreiche Stoffe zu eliminieren, verantwortlich zu machen. Sicher ist in vielen
Fällen auch der Sekretionsmechanismus der Leberzelle insuffizient, wie man das
beim Bromsulphalein annehmen muß, auch wenn noch keine genauen Kenntnisse
über die tatsächlichen Vorgänge vorhanden sind. Andererseits darf natürlich nicht
vergessen werden, daß auch die renalen Funktionen des Neugeborenen noch nicht
voll entwickelt sind, was sich bei der Eliminierung von Stoffen, die im Urin ausgeschieden werden, auswirken kann.

3. Gallensäuren

Gallensäuren, die chemisch eine dem Cholesterin ähnliche Struktur aufweisen,
werden von den Leberzellen ausgeschieden. Ihre Funktion besteht vor allem in
der Unterstützung der Resorption von Lipiden und fettlöslichen Vitaminen, aber
auch von Eisen, Kupfer und Calcium usw. Dies wird durch Erniedrigung der
Oberflächenspannung und Bildung von wassermischbaren Fett-Gallensäuren-
Komplexen bewirkt. Beim Erwachsenen werden die Gallensäuren zum größtenTeil
konjugiert mit Taurin oder Glycin als Taurochol- bzw. Glykocholsäure in der Galle
ausgeschieden. Auch diese Konjugation wird durch ein in den Mikrosomen der
Leberzellen lokalisiertes Enzym mit Hilfe von ATP und Coenzym A vollzogen
(*28*). Das Verhältnis Taurochol- zu Glykocholsäure beträgt etwa 1:2.

Beim Neugeborenen finden sich etwas andere Verhältnisse. Der Hauptteil der
Gallensäure wird als Taurocholsäure, d. h. gekoppelt an Taurin ausgeschieden.
Glykocholsäure findet sich erst später. Außerdem wird beim Neugeborenen praktisch keine Desoxycholsäure gefunden, die beim Erwachsenen etwa 15% ausmacht (*84*). Wir finden also auch hier bei den Gallensäuren in einem früheren
Entwicklungsstadium, daß der Glycinkopplungsmechanismus offenbar noch unvollständig spielt und deshalb die Taurinkonjugate überwiegen.

Wir haben die Gallensekretion und Detoxifikation ausführlich behandelt, da
sie Hauptfunktionen der Leber darstellen. Wie einleitend hervorgehoben, hat die
Leber daneben nicht minder wichtige Aufgaben im Intermediärstoffwechsel. Für
eine eingehende Diskussion dieser Funktionen verweisen wir auf die Kapitel
Kohlenhydrat-, Eiweiß- und Fettstoffwechsel.

4. Zusammenfassung

Die Entwicklung der physiologischen Aufgaben der Leber im Stoffwechsel geht
zur Hauptsache während der Embryogenese vonstatten. Bei einem 8 Wochen
alten Embryo vermag die Leber z. B. schon Brenztraubensäure zu CO_2 und
Wasser abzubauen, d. h. der Tricarbonsäurecyclus mit seinen vielen Enzym-
reaktionen ist funktionstüchtig. Nicht in allen Fällen ist die Entwicklung so frühzeitig abgeschlossen. Mehrheitlich geht sie allmählich im Laufe der Embryogenese
und nach der Geburt vor sich, bis schließlich ein Ausbildungsgrad erreicht ist, wie
er beim erwachsenen Organismus vorliegt.

Manchmal kommt es zu einem vorübergehenden Unvermögen mit klinisch
erkennbaren Ausfallsymptomen. Die Geburt ist ein Zeitpunkt, bei dem dies
besonders augenfällig ist, da dann die Hilfe des mütterlichen Organismus wegfällt.
Die Grundlage für die physiologische Funktion bildet die Entwicklung der anato-

mischen Struktur. Die hauptsächlichen Aufgaben der Leber im Stoffwechsel sind erstens Aufbau, Abbau, Speicherung und Transformierung zahlreicher Stoffe und Produktion der nötigen Energie. Zweitens die Ausscheidung verschiedener Verbindungen, vor allem der Gallenpigmente.

Gallenpigment entsteht im Reticuloendothel aus Hämoglobin. Als Bilirubin gelangt es, gebunden an Serumalbumin, in der Zirkulation zur Leber und wird von der Leberzelle aufgenommen. In der Zelle wird es durch ein Enzym in den Mikrosomen, der Glucuronyltransferase, an den Carboxylgruppen (Esterbindung) an Glucuronsäure gekoppelt. Die Glucuronsäure muß aktiviert als Uridin-diphosphat-glucuronsäure vorliegen. Das vorher fettlösliche Bilirubin, das die indirekte van den Bergh-Reaktion gibt, wird dadurch zum wasserlöslichen „direkt" reagierenden Bilirubin-glucuronid. Als solches wird es in der Galle ausgeschieden. Neben Bilirubinglucuronid finden sich in kleineren Mengen auch Bilirubin-sulfat und andere Konjugate.

Im Darm wird Bilirubin bakteriell weiter zu den „Urobilinkörpern" abgebaut. Ein kleiner Teil davon wird rücksorbiert und z. T. wieder von der Leber, z. T. von der Niere, ausgeschieden.

Beim Neugeborenen erfolgt die Bildung von Bilirubin auf dieselbe Weise wie beim Erwachsenen. Die Ausscheidungsfähigkeit der Leber für Bilirubin ist aber vermindert. Dies führt zur Ansammlung von Gallenfarbstoff in Serum nach der Geburt und zum Symptom des Neugeborenenikterus. Der Grund für die mangelhafte Ausscheidung liegt in der geringen Aktivität der Glucuronyltransferase. Zusätzlich ist möglicherweise auch die Uridin-diphosphoglucuronsäure vermindert. Diese Ausfälle sind im Fetalalter noch stärker ausgeprägt. Im 3. Schwangerschaftsmonat fehlt eine Glucuronidbildung fast vollständig. In utero kommt es aber deshalb nicht zu einer Hyperbilirubinämie, weil freies Bilirubin die Placenta passiert und von der mütterlichen Leber ausgeschieden wird. Beim Reifgeborenen vermag die Leber innerhalb weniger Tage das angehäufte Bilirubin auszuscheiden. Damit blaßt der Neugeborenenikterus ab. Beim Frühgeborenen bleibt aber das Glucuronidbildungssystem längere Zeit insuffizient. Die Hyperbilirubinämie hält damit über Wochen an. In beiden Gruppen erreicht die Glucuronidbildungsfähigkeit der Leber erst etwa 3—4 Monate nach Geburt ihre volle Leistungsfähigkeit.

Die geringen Gallenfarbstoffmengen im Meconium (durchschnittlich etwa 30 mg bei Reif-, wenige Milligramm bei Frühgeborenen) sind ein weiterer Hinweis auf die geringe Bilirubinexkretion der fetalen Leber. Je weniger Gallenfarbstoff in den Faeces gefunden wird, desto höher steigt postnatal das Bilirubin an.

Eine weitere Eigentümlichkeit des frühen Säuglingsalters besteht darin, daß Bilirubin im Darm nicht weiter zu Stercobilinogen usw. abgebaut wird, sondern unverändert zur Ausscheidung kommt. Geringe Bilirubinmengen finden sich nicht selten auch im Urin und können hier sogar in freier Form, d. h. unkonjugiert vorliegen. Beim älteren Kind und Erwachsenen findet sich normalerweise kein Bilirubin im Urin. Lediglich bei Hepatitis oder Verschlußikterus wird es ausgeschieden, immer aber nur als Glucuronid.

Verschiedene Stoffe, wie Medikamente (Sulfonamide, Synkavit usw.), beeinträchtigen den Bilirubinstoffwechsel beim Neugeborenen. Entweder indem sie einen vermehrten Abbau von Erythrocyten und damit einen erhöhten Anfall von Gallenpigment bewirken oder durch Kompetition im Glucuronidbildungssystem bzw. durch toxische Leberschädigung.

Neben Bilirubin gelangen auch viele andere Stoffe über eine Kopplung mit Glucuronsäure zur Ausscheidung. Auch diese werden vom Neugeborenen mit Mühe eliminiert, so Phenolkörper, wie Acetanilid, gewisse Alkaloide (Morphin) und Steroide usw. Die lange Verweildauer in der Zirkulation und den Geweben sowie die bei wiederholten Gaben hohen Konzentrationen dieser Stoffe führen deshalb im Neugeborenenalter nicht selten zu toxischen Schäden, so Methämoglobinbildung bei Anilinderivaten und Depression des Atemzentrums bei Morphin.

Nicht nur das Glucuronyltransferasesystem der Leber, sondern auch andere „Detoxifikationsreaktionen" sind vermutlich bei Geburt mangelhaft entwickelt. So erfolgt die Konjugation mit Glycin, z. B. die Bildung von Hippursäure aus Benzoesäure unvollständig. Bromsulphalein, eine zur Leberfunktionsprobe viel gebrauchte Testsubstanz, wird ebenfalls verzögert ausgeschieden. Dabei ist aber die Konjugation von BSP mit Glutathion wenig beeinträchtigt. Erst im Alter von 6—12 Monaten erfolgt die BSP-Ausscheidung so schnell wie beim Erwachsenen. Wahrscheinlich sind diese Ausfälle auf eine Insuffizienz der Sekretion zurückzuführen.

Die Acetylierung, z. B. von Sulfonamiden, erfolgt in der Neugeborenenzeit unvollständig und verzögert. Dies führt zu prolongierten und hohen Sulfonamidkonzentrationen im Serum nach einmaliger Verabreichung. Die Fähigkeit zur Kopplung mit Acetat scheint sich aber rasch zu entwickeln und wird nach 2—3 Wochen offenbar voll leistungsfähig.

Noch deutlicher als beim Reifgeborenen sind die genannten Ausfälle bei Frühgeborenen.

Die Gallensekretion schließlich zeigt im frühen Säuglingsalter ein Überwiegen der Taurocholsäure, d. h. der Taurinkonjugate. Glykocholsäure findet sich erst später. Dies ist wiederum ein Hinweis auf die geringe Glycinkonjugationsfähigkeit der Leber in diesem Alter.

Literatur

1. Anselmino, K. J., u. F. Hoffmann: Arch. Gynäk. **143**, 477 (1930). — 2. Arey, L. B.: Developmental anatomy. S. 226. Philadelphia: W. B. Saunders 1947. — 3. Arnstein, H. R. V., and A. Neuberger: Biochem. J. **50**, 154 (1951). — 4. Axelrod, J., J. K. Inscoe and G. M. Tomkins: J. biol. Chem. **232**, 835 (1958).

5. Betke, K.: Bilirubin und Bilirubinausscheidung. In: Linneweh, Die physiologische Entwicklung des Kindes. Berlin-Göttingen-Heidelberg: Springer 1959. — 6. Billing, B. H.: Biochem. J. **56**, XXX (1954). — 7. Billing, B. H., P. G. Cole and G. H. Lathe: Brit. med. J. **1954 II**, 1263. — 8. Billing, B. H., P. G. Cole and G. H. Lathe: Biochem. J. **65**, 774 (1957). — 9. Bollman, J. L.: Panel. Gastroenterology **36**, 1313 (1959). — 10. Bound, J. P., and T. P. Telfer: Lancet **1956 I**, 720. — 11. Brodie, B. B., and J. Axelrod: J. Pharmacol. exp. Ther. **94**, 29 (1948). — 12. Brown, A. K., W. W. Zuelzer and H. H. Burnett: J. clin. Invest. **37**, 332 (1958).

13. Carbone, J. V., and G. M. Grodsky: Proc. Soc. exp. Biol. (N. Y.) **94**, 461 (1957). — 14. Chantrenne, H.: J. biol. Chem. **189**, 227 (1951). — 15. Chantrenne, H., and F. Lipman: J. biol. Chem. **187**, 757 (1950). — 16. Cole, P. G., and G. H. Lathe: J. clin. Path. **6**, 99 (1953). — 17. Combes, B.: Science **129**, 388 (1959). — 18. Combes, B., and G. S. Stakelum: J. clin. Invest. **39**, 1214 (1960). — 19. Crigler, J. F., and V. A. Najjar: Pediatrics **10**, 169 (1952). — 20. Crosby, W. H.: Amer. J. Med. **18**, 112 (1955). — 21. Crosse, M. V.: Arch. Dis. Child. **30**, 501 (1955). — 22. Cruz, W. D., W. B. Hawkins and G. H. Whipple: Amer. J. med. Sci. **203**, 848 (1942).

23. Dam, H., H. Dygve, H. Larsen and P. Plum: Advanc. Pediat. **5**, 129 (1952). — 24. Dutton, G. J.: Biochem. J. **71**, 141 (1959a). — 25. Dutton, G. J.: in A. Sass-Kortsák, Kernicterus, S. 115. University of Toronto Press 1961. — 26. Dutton, G. J., and I. D. E. Storey: Biochem. J. **57**, 275 (1954).

27. Ebnöter, P., u. M. Vest: Ann. paediat. (Basel) **193**, 279 (1959). — 28. Elliott, W. H.: Biochem. J. **62**, 427 (1956). — 29. Engel, L. L., B. Bagett and M. Halla: Biochem. biophys. Acta (Amst.) **30**, 435 (1958). — 30. Eppinger, H.: Die Leberkrankheiten. Wien: Springer 1937.

31. Fichter, E. G., and J. A. Curtis: Amer. J. Dis. Child. **90**, 596 (1955). — 32. Findlay, L., G. Higgins and M. W. Stanier: Arch. Dis. Child. **22**, 65 (1947). — 33. Fischer, H., u. F. Reindel: Hoppe Seylers Z. physiol. Chem. **127**, 299 (1923). — 34. Foconi, S., and S. Sjölin: Acta paediat. (Uppsala) **48**, Suppl. 117, 18 (1959).

35. GAIRDNER, D., J. MARKS and J. D. ROSKOE: Arch. Dis. Child. **30**, 203 (1955). — 36. GASSER, C., u. J. KARRER: Helv. paed. Acta. **3**, 387 (1948). — 37. GILBERTSEN, A. S., P. T. LOWRY, V. HAWKINSON and C. J. WATSON: J. clin. Invest. **38**, 1166 (1959). — 37a. GILBERTSEN, A. S., J. BASSENMAIER and R. CARDINAL: Nature **196**, 141 (1962). — 38. GRAY, C. H., A. NEUBERGER and P. H. A. SNEATH: Biochem. J. **47**, 87 (1950). — 38a. GREGORY, C. H., and C. J. WATSON: J. Lab. clin. Med. **60**, 17 (1962). — 39. GRIES, G., P. GEDIK u. J. GEORGI: Hoppe-Seylers Z. physiol. Chem. **298**, 132 (1954). — 40. GRODSKY, G. M., J. V. CARBONE and R. FANSKA: Proc. Soc. exp. Biol. (N. Y.) **97**, 291 (1958). — 41. GRODSKY, G. M., J. V. CARBONE and R. FANSKA: J. clin. Invest. **38**, 1981 (1959). — 42. GUNN, C. K.: Canad. med. Ass. J. **50**, 230 (1944).

43. HAHN, P. F.: Fed. Proc. **7**, 493 (1948). — 44. HANON, F., M. COQUOIN-CARNOT et P. PIGNARD: Étud. néo-natal. **6**, 97 (1957). — 45. HARTIALA, K. J. V.: Ann. Med. exp. Fenn. **33**, 239 (1955). — 46. HARTIALA, K. J. V., and M. PULKKINEN: Ann. Med. exp. Fenn. **33**, 246 (1955). — 47. HAWKINS, W. B., and A. G. JOHNSON: J. biol. Chem. **126**, 326 (1939). — 48. HERLITZ, C. W.: Acta paediat. (Uppsala) **6**, 214 (1927). — 49. HOTTINGER, A.: Méd. et Hyg. (Genève) **15**, 81 (1957).

50. ISSELBACHER, K. J., and E. A. McCARTHY: J. clin. Invest. **38**, 645 (1959).

51. KARUNAIRATNAM, M. C., L. M. H. KERR and G. A. LEVVY: Biochem. J. **45**, 496 (1949). — 52. KLATSKIN, G., and L. BUNGARDS: J. clin. Invest. **35**, 537 (1956). — 53. KÜBLER, W.: Klin. Wschr. **37**, 43 (1959). — 54. KÜNZER, W.: Über den Blutfarbstoffwechsel gesunder Säuglinge und Kinder. Suppl. Ann. paediat. Bibl. paediat. Fasc. 51. Basel/New York: S. Karger 1951.

55. LACSON, P. S., and W. J. WATERS: Amer. J. Dis. Child. **94**, 510 (1957). — 56. LANMAN, J. T.: In Physiology of Prematurity, Transact. 3. Conf., JOSIAH MACY JR. Foundation. S. 111. New York 1959. — 57. LATHE, G. H., and M. WALKER: Biochem. J. **70**, 705 (1958). — 58. LEMBERG, R., and J. W. LEGGE: Hematin compounds and bile pigments. Interscience. New York 1949. — 59. LONDON, J. M., R. WEST, D. SHEMIN and D. RITTENBERG: J. biol. Chem. **184**, 351 (1950). — 60. LUCEY, J. F., and T. J. DRISCOLL: Amer. J. Dis. Child. **98**, 678 (1959).

61. MANN, F. C., J. L. BOLLMAN and T. B. MAGATH: Amer. J. Physiol. **69**, 393 (1924). — 62. McKAY, D. G., E. C. ADAMS, A. T. HERTIG and S. DANZIGER: Anat. Rec. **126**, 433 (1956). — 63. MENDIOROZ, B., A. CHARBONNIER et R. BERNARD: C. R. Soc. Biol. (Paris) **145**, 1483 (1951). — 64. MILLS, G. C., and J. L. WOOD: J. biol. Chem. **207**, 695 (1954). — 65. MOORE, C. V., and R. DUBACH: J. Amer. med. Ass. **162**, 197 (1956).

66. NAPP, J. H., u. J. PLOTZ: Arch. Gynäk. **176**, 781 (1949). — 67. NITSCH, K.: Klin. Wschr. **35**, 363 (1957).

68. OBRINSKY, W., M. L. DENLEY and R. W. BRAUER: Pediatrics **9**, 421 (1952). — 69. ODELL, G. B.: J. clin. Invest. **38**, 823 (1959). — 70. OPPÉ, T. E., and I. E. GIBBS: Arch. Dis. Child. **34**, 125 (1959). — 71. OVERBEEK, J. TH. G., C. L. J. VINK and H. DEENSTRA: Rec. Trav. chim. Pays-Bas **74**, 85 (1955).

72. POPPER, H., and F. SCHAFFNER: Liver, structure and function. S. 67. New York: McGraw-Hill 1957.

73. QUICK, A. J.: J. biol. Chem. **92**, 65 (1931). — 74. QUICK, A. J.: Amer. J. med. Sci. **185**, 630 (1933).

75. RICHENDO, R. K., and S. SHAPIRO: J. Pharmacol. exp. Ther. **84**, 93 (1945).

76. SCHACHTER, D.: Science **126**, 507 (1958). — 77. SCHMID, R.: J. biol. Chem. **229**, 281 (1957). — 78. SCHMID, R.: J. clin. Invest. **36**, 927 (1957). — 79. SCHMID, R.: Gastroenterology **36**, 1313 (1959). — 80. SCHMID, R., S. BUCKINGHAM, R. HAMMAKER and G. MEDENILLA: Amer. J. Dis. Child. **98**, 632 (1959); Nature **183**, 1823 (1959). — 80a. SCHMID, R., and L. HAMMAKER: Transact. Ass. Amer. Physicians. **75**, 220 (1962). — 81. SCHULMAN, I., C. A. SMITH and G. S. STERN: Amer. J. Dis. Child. **88**, 567 (1954). — 82. SIEDEL, W., W. STICH u. F. EISENREICH: Naturwissenschaften **35**, 316 (1948). — 83. SILVERMAN, W. A., D. H. ANDERSON, W. A. BLANC and D. N. CROZIER: Pediatrics **18**, 614 (1956). — 84. SJÖVALL, J. zit. in BERGSTRÖM, S.: Bile acid formation and secretion. In BRAUER, R. W.: Liver function. Amer. Instit. biol. Sci. Washington D.C. 1958, S. 320; ENCRANTZ, J., and J. SJÖVALL: Clin. Chim. Acta **4**, 793 (1959) — 85. SMITH, C. A.: Physiology of the newborn. 3. Aufl. Springfield: Charles C. Thomas 1959. — 86. SNAPPER, J., and A. SALZMAN: Arch. Biochem. **24**, 1 (1949). — 87. STOREY, I. D. E.: Biochem. J. **47**, 212 (1950). — 88. STOREY, I. D. E., and G. J. DUTTON: Biochem. J. **59**, 279 (1955). — 89. STREETER, G. L.: Developmental horizon's in human embryos. Carnegie Inst. Publ. No. 575, Washington 1948. — 90. STROMINGER, J. L., H. M. KALCKAR, J. AXELROD and E. S. MAXWELL: J. Amer. chem. Soc. **76**, 6411 (1954). — 91. SZENDI, B.: Arch. Gynäk. **162**, 27 (1936).

92. TALAFANT, E.: Nature (Lond.) **178**, 312 (1956). — 93. TARCHANOFF, J. E.: Arch. ges. Physiol. **9**, 53 (1874). — 94. TEAGUE, R. S.: Advanc. Carbohyd. Chem. **9**, 185 (1954).

95. VAN DEN BERGH, A. A., u. P. MÜLLER: Biochem. Z. **77**, 90 (1916). — 96. VEST, M.: Arch. Dis. Child. **33**, 473 (1958a). — 97. VEST, M.: Schweiz. med. Wschr. **88**, 59 (1958b). —

98. Vest, M.: Schweiz. med. Wschr. 88, 969 (1958c). — 99. Vest, M.: Physiologie und Pathologie des Neugeborenenicterus. Suppl. Ann. Paediat.; Bibl. paediatr. Fasc. 69. Basel/New York: S. Karger 1959a. — 100. Vest, M.: Schweiz. med. Wschr. 89, 102 (1959b); Vest, M., and R. R. Streiff: Amer. J. Dis. Child. 98, 688 (1959c). — 100a. Vest, M., and H. R. Grieder: J. Pediat. 59, 194 (1961). — 100b. Vest, M.: J. clin. Invest. 41, 1013 (1962). — 100c. Vest, M.: Ann. N. Y. Acad. Sci. 1963 (im Druck). — 101. Villee, C. A.: Cold Spr. Harb. Symp. quant. Biol. 19, 186 (1954). — 102. Villee, C. A., D. D. Hagerman, N. Holmberg, J. Lind and D. B. Villee: Pediatrics 22, 953 (1958). — 103. Virchow, R.: Virchows Arch. path. Anat. 1, 379 (1849).

104. Waters, W. J., R. Dunham and W. R. Bowen: Proc. Soc. exp. Biol. (N. Y.) 99, 175 (1958). — 105. Watson, C. J.: Arch. intern. Med. 59, 196 (1937). — 106. Weech, A. A., D. Vann and R. A. Grillo: J. clin. Invest. 20, 323 (1941). — 107. Weinbren, K., and B. H. Billing: Brit. J. exp. Path. 37, 199 (1956). — 108. Whipple, G. H.: Amer. J. med. Sci. 203, 477 (1942). — 109. Willi, H.: Helv. paed. Acta 11, 325 (1956). — 110. Williams, R. T.: Detoxication mechanisms. New York: Wiley 1947. — 111. With, T. K.: Biologie der Gallenfarbstoffe. Stuttgart: Thieme 1960.

112. Zinkham, W. H.: Pediatrics 23, 18 (1959).

Die Nierenphysiologie im Kindesalter

Von

F. K. Friederiszick

Mit 16 Abbildungen

1. Allgemeine Aufgaben der Niere und ihre Partialfunktionen

Die Aufgaben, die der Niere im Rahmen des Gesamtorganismus zufallen, sind außerordentlich groß und mannigfaltig.

Ihre eigentliche Hauptaufgabe besteht in der

Wahrung der Konstanz des „inneren Milieus",

also in der Erhaltung des Gleichgewichts im gesamten Extracellularraum (Plasma und Interstitium). Bei einer ernstlichen Störung dieses Gleichgewichts werden Entwicklung und Existenz des Gesamtorganismus in Frage gestellt.

Die Wahrung dieser „Homöostase" umfaßt als Teilaufgaben die Regelung des Wasser- und Mineralhaushaltes sowie die Aufrechterhaltung des Säure-Basen-Gleichgewichts.

Dementsprechend und darüber hinaus ist die Niere das *wichtigste Ausscheidungsorgan* des Körpers für die meisten nicht flüchtigen überschüssigen oder schädlichen Fremdstoffe oder Stoffwechselschlacken. Die Eliminierung der stickstoffhaltigen Endprodukte des Eiweißstoffwechsels spielt dabei eine besondere Rolle.

Über die Art und Weise, in der die Nieren ihre vielfältigen Aufgaben erfüllen, bestanden lange Zeit hindurch sehr unterschiedliche Auffassungen weitgehend spekulativer Art. Auf Grund morphologischer Studien, exakter Experimente und moderner Funktionsprüfungen kann heute gesagt werden, daß die Niere diese Aufgaben im wesentlichen durch glomeruläre Filtration, tubuläre Rückresorption und tubuläre Sekretion meistert.

Das *Nephron* stellt die funktionelle Einheit des Nierenparenchyms dar. Dabei ist die Gesamtleistung der Niere abhängig von der Zahl der vorhandenen und funktionierenden Nephrone und der Leistung ihrer einzelnen Abschnitte. Da rund

zwei Millionen Glomerula in beiden Nieren gezählt werden, kann man annehmen,
daß diese Zahl auch der Gesamtzahl der Nephrone bei einem gesunden menschlichen Individuum entspricht.

Im einzelnen stellt sich der Ablauf der Funktionen im Nephron folgendermaßen dar:

In den Glomerula kommt es durch Ultrafiltration des sie durchströmenden
arteriellen Bluts zur Bildung des „Primärharns". Er stellt eine nahezu eiweißfreie Lösung aller im Plasma gelösten Stoffe dar, wobei sich ein gewisser Unterschied gegenüber den Plasmakonzentrationen lediglich aus dem Donnan-Effekt
ergibt.

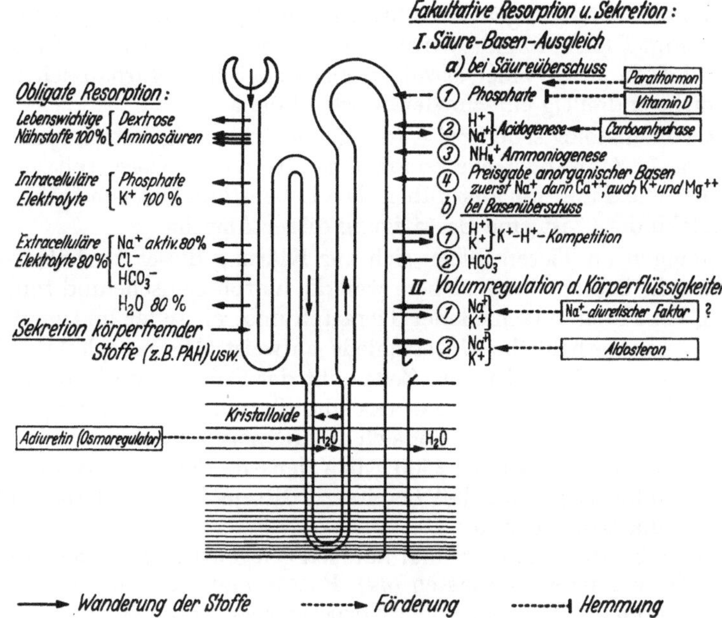

Abb. 1. Schematische Darstellung des Nephrons und seiner Funktionen nach FANCONI (*18*)

Im proximalen Konvolut des Tubulus werden wichtige Nährstoffe, wie die
Glucose, die Aminosäuren sowie die wenigen filtrierten Eiweißanteile des Plasmas
praktisch vollständig rückresorbiert. Weiterhin erfolgt im proximalen Tubulusabschnitt die Rückresorption der meisten Elektrolyte, und zwar von Kalium, von
Phosphaten, von Natrium, von Bicarbonat und Chlor. Andererseits vollzieht sich
in diesem Tubulusabschnitt die aktive Sekretion von körperfremden Stoffen, wie
z. B. von Diodrast, Paraaminohippursäure, Phenolrot und Penicillin.

Der im Nierenmark gelegene Tubulusanteil, also die Henleschen Schleifen mit
ihren ab- und aufsteigenden Schenkeln, und die dazugehörigen Capillaren dienen
im wesentlichen der osmotischen Wasserregulation.

Im distalen Tubulusabschnitt findet die Regulation des Säure-Basen-Gleichgewichts statt, soweit diese von der Niere bewerkstelligt wird. Hierfür kommen
vor allem drei Mechanismen in Frage: Einmal die sog. Acidogenese, bei der unter
Mitwirkung der Carboanhydrase Wasserstoffionen gegen Natriumionen ausgetauscht werden; zum anderen durch die sog. Ammoniogenese, d. h. durch die
Synthese von Ammoniak aus Aminosäuren und bestimmten Aminen und schließlich durch die Preisgabe anorganischer Basen. Ein Basenüberschuß kann im gleichen Tubulusbereich durch die Abgabe von Bicarbonat-Ionen ausgeglichen werden.

2. Die fetale Nierenfunktion

Es ist lange Zeit darüber diskutiert worden, ob die Niere normalerweise während der Fetalzeit bereits eine Funktion ausübt oder nicht.

Bereits 1903 hatten Zangemeister und Meissel (64) einen langsamen Anstieg des spezifischen Gewichts der Amnionflüssigkeit in der zweiten Schwangerschaftshälfte beobachtet und andere Untersucher (28, 62) hatten auf den allmählichen Anstieg des Harnstoffgehalts im Fruchtwasser hingewiesen. Beide Befunde ließen eine fetale Urinabsonderung in das Fruchtwasser vermuten.

G. A. Wagner (61) (1913) lehnte hingegen eine regelmäßige antenatale Urinproduktion rundweg ab, und hielt diese allenfalls unter pathologischen Umständen, z. B. bei schweren Schädigungen des mütterlichen Organismus, für möglich. Noch neuerdings kommt Bickenbach (9) trotz zahlreicher gegenteiliger Befunde zu der Feststellung, daß die Frage einer etwaigen physiologischen Harnausscheidung des Feten noch nicht endgültig entschieden werden könne.

Dabei ist von histologischer Seite (50) schon frühzeitig betont worden, daß spätestens vom 7. Schwangerschaftsmonat ab die fetale Niere weit genug entwickelt sei, um eine Funktion auszuüben. Die Lebensfähigkeit von frühgeborenen „Siebenmonatskindern" ist eine Bestätigung dieser Ansicht.

Untersuchungen an Tieren lassen sich zur Klärung dieser Verhältnisse beim Menschen nur sehr bedingt heranziehen, weil die morphologische und funktionelle Nierenreifung bei Feten verschiedener Tierarten untereinander und im Vergleich zum Menschen ganz erhebliche Unterschiede aufweist. Die morphologische Reifung der menschlichen Niere ist zum Zeitpunkt der Geburt zweifellos noch nicht abgeschlossen. Andererseits haben Potter und Thierstein (48) zeigen können, daß die sog. „nephrogene Zone", in der sich die Glomerulumentwicklung vollzieht, bei allen menschlichen Feten über 2500 g bzw. jenseits der 35. Schwangerschaftswoche verschwunden ist; d. h., daß bereits zu diesem Zeitpunkt die endgültige Zahl der Glomerula erreicht wird.

Schon im 4. Schwangerschaftsmonat hat sich gelegentlich selbstbereiteter Urin in der fetalen Blase nachweisen lassen (34). Friedberg (20) fand bei Feten vom 5. Schwangerschaftsmonat an bei einem Körpergewicht von 500—1000 g meßbare Urinmengen zwischen 1 und 6 cm³, bei älteren Feten bis zu 25 cm³ Urin in der Harnblase. In der Harnblase eines gesunden Neugeborenen kann nach der Geburt eine Harnmenge bis zu 50 cm³ enthalten sein (56).

Die Untersuchungen von Friedberg (20) über den Gehalt des fetalen Urins an Harnstoff, Harnsäure und Kreatinin zeigen starke Schwankungen der Konzentration im Einzelfall. Bei Fehlgeburten bis zu 1000 g schwankt der Harnstoffgehalt zwischen 32,5 und 140 mg%, der Harnsäurewert zwischen 52 und 210 mg%, ohne daß dabei eine sichere Beziehung zur Wehentätigkeit festzustellen war. Im ganzen aber ergab sich entsprechend der Steigerung des Gewichts der Frucht auch eine laufende Zunahme der Konzentration des fetalen Urins. Der Harnstoff- und Kreatiningehalt des fetalen Urins blieb jedoch bis zur Geburt immer deutlich unter dem durchschnittlichen Erwachsenenwert, während die Harnsäurekonzentrationen im fetalen Urin zwischen 100 und 200 mg% den durchschnittlichen Erwachsenenwerten sehr ähnlich waren. Früheren Untersuchungsergebnissen von Guthmann und May entsprechend stimmten die Harnstoff-, Harnsäure- und Kreatinin-Werte des Fruchtwassers bis zum 5. Schwangerschaftsmonat weitgehend mit den entsprechenden Werten im mütterlichen Blut überein. Nach dem 5. Monat traten aber deutliche und steigende Differenzen auf, wobei die Unterschiede der Harnsäure- und Kreatininkonzentrationen besonders deutlich waren. Der Unterschied der Harnstoffkonzentrationen war hingegen geringer.

Auch die aktive Sekretion von Fremdstoffen durch die fetale Niere ist prinzipiell möglich. Bei in vitro-Versuchen mit fetalem Nierengewebe (Mens IV) läßt sich bereits eine aktive Phenolrot-Sekretion nachweisen. FRIZEN und MEUREN (25) fanden nach Vorbehandlung der Mutter unverhältnismäßig hohe Penicillin-

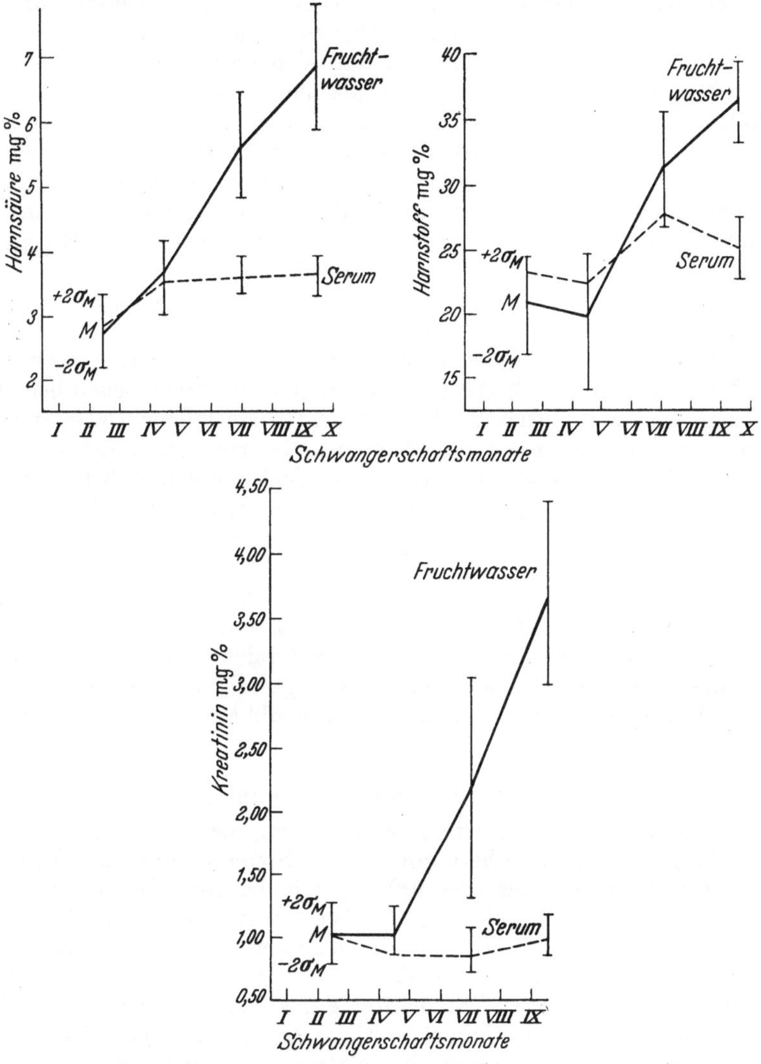

Abb. 2. Konzentrationsdifferenz von Harnsäure, Harnstoff und Kreatinin zwischen Fruchtwasser und mütterlichem Serum im Schwangerschaftsverlauf (20)

konzentrationen im Fruchtwasser, die sich nur durch eine antenatale Penicillin-Sekretion des Feten erklären lassen.

Daß die fetale Urinentleerung nicht nur über längere Zeit, sondern auch unter einem gewissen Druck erfolgt, ergibt sich daraus, daß gelegentlich schon bei Neugeborenen mit angeborenen Urethralstenosen eine Balkenblase mit Hydroureter und Hydronephrose beobachtet wird, wie sie nur nach längerer mechanischer Harnstauung zustande kommen kann.

Nach allem kann heute kein Zweifel mehr bestehen, daß wahrscheinlich vom 4., spätestens aber vom 5. Schwangerschaftsmonat ab eine physiologische Urinbildung des Feten vorhanden ist, wobei der Urin in das Fruchtwasser abgegeben wird.

Welche Bedeutung der pränatalen Nierentätigkeit zukommt, ist eine noch offene Frage. Klarheit besteht lediglich darüber, daß die Nieren während der Embryonal- bzw. Fetalperiode keine lebenswichtigen Organe darstellen. Als beweisend dafür gilt die Beobachtung, daß sich gelegentlich Feten mit einer bilateralen Nierenagenesie ohne sonstige Mißbildungen während der Schwangerschaft völlig störungsfrei entwickeln und als scheinbar gesunde Neugeborene zur Welt kommen können (*19, 47*). Die Placenta kann offensichtlich bis zum Augenblick der Geburt für den Feten alle Ausscheidungs- und Regulationsfunktionen übernehmen. Andererseits spricht die Kompensation durch den mütterlichen Organismus bei Ausfall einer fetalen Drüsenfunktion nicht unbedingt gegen deren physiologische Bedeutung unter normalen Verhältnissen.

Bei der Geburt von Kindern mit kongenitaler Nierenaplasie wird oft auffallend wenig Fruchtwasser entleert. Man hat daraus geschlossen, daß die fetale Urinsekretion für die Gewährleistung einer ausreichenden Fruchtwassermenge von Bedeutung sei. Nach C. A. Smith (*53*) ist das jedoch unwahrscheinlich, weil der geringe Zustrom fetalen Urins für die Entstehung einer Fruchtwassermenge von $500-1000$ cm³, die sich zudem täglich mehrmals erneuert, kaum von größerer Bedeutung sein kann. Es ist unseres Erachtens jedoch denkbar, daß die zunehmende Entleerung fetalen Urins von steigender Konzentration eine der auslösenden Ursachen für das Ingangkommen des Geburtsmechanismus darstellt.

Bezüglich ihrer Funktionsaufnahme nimmt die Niere somit unter den fetalen Organen eine Zwischenstellung ein: Während das fetale Herz schon lange vor der Geburt lebenswichtige Funktionen ausübt, übernimmt die Lunge diese erst mit dem ersten Atemzug nach der Geburt. Bei der fetalen Niere sehen wir hingegen ein langsames „Einspielen" später lebenswichtiger Funktionen, wobei sich eine allmähliche Leistungssteigerung anscheinend unabhängig von antenatalen Erfordernissen vollzieht.

3. Die Nierenfunktion des Neugeborenen

Wenn auch die Niere, wie wir gesehen haben, schon längere Zeit vor der Geburt in Tätigkeit tritt, so übernimmt sie doch erst zu diesem Zeitpunkt ihre lebenswichtigen Aufgaben. Die Nierenphysiologie der Neugeborenenzeit muß gesondert betrachtet werden, weil auch der Wandel der Nierenfunktion in dieser Periode eingreifender ist als in jedem anderen späteren Lebensabschnitt.

Linneweh (*38*) hat die drei maßgeblichen Faktoren hervorgehoben, die für den Funktionswandel *aller* Organsysteme des Neugeborenen von Bedeutung sind. Zu der bereits vor der Geburt in Gang befindlichen genetisch bedingten Reifung tritt eine durch exogene Stimulation hervorgerufene Entwicklungsbeschleunigung, die von Linneweh als „Adaptation" bezeichnet wird. Hinzu kommt, daß die Geburt als Stress wirkt, der — wenn auch kurzfristig — alle Organfunktionen in Mitleidenschaft ziehen kann (*51*).

Bezüglich des Glomerulumfiltrates stimmen alle Untersucher dahingehend überein, daß dieses, gemessen durch die Inulinclearance und bezogen auf einen Oberflächenstandard von 1,73 m², wesentlich kleiner ist als beim Erwachsenen. Im ganzen ergeben sich danach für die Neugeborenenperiode bei verschiedenen Untersuchern Filtratgrößen zwischen 20 und 50 cm³/min/1,73 m². Die niedrigsten Filtratgrößen reifer Neugeborener fanden sich bei den wenigen Kindern, die bereits in den ersten Lebenstagen untersucht wurden (*3, 48*). Friedberg und

Jung (*21*), die 20 Neugeborene unmittelbar post partum untersuchten, fanden einen Mittelwert von nur 24 cm³ pro min.

Die niedrigsten Inulinclearance-Werte in der Neugeborenenperiode wurden bei Frühgeborenen gefunden. Frühgeborene mit einem Geburtsgewicht über 2000 g vergrößern dabei ihr Glomerulumfiltrat ebenso schnell wie reife Neugeborene. Bei noch unreiferen Frühgeborenen, insbesondere solchen mit einem Geburtsgewicht unter 1500 g, geht die Entwicklung dagegen langsamer vonstatten. Das läßt sich gut mit den erwähnten histologischen Befunden über den Zeitpunkt der Glomerulumentwicklung in Einklang bringen. Bemerkenswerterweise haben 3—4 Wochen alte Frühgeborene ein beträchtlich höheres Glomerulumfiltrat als reife

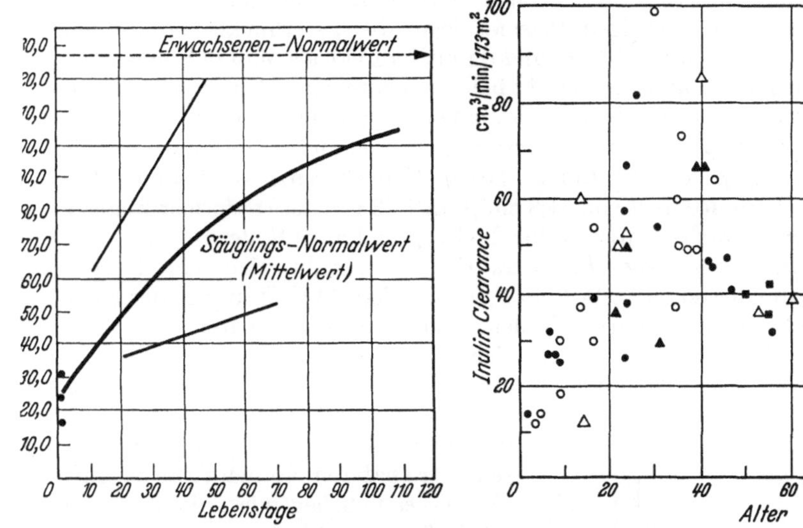

Abb. 3. Mittelwerte und Grenzwerte des Glomerulumfiltrates (C Inulin) bei jungen Säuglingen (*23*)

Abb. 4. Inulinclearance bei frühgeborenen und reifgeborenen Säuglingen (*49*)

Neugeborene mit gleichem Körpergewicht nach der Geburt. Das weist darauf hin, daß sich auch die Glomerulumfunktion unter den Bedingungen des extrauterinen Lebens beschleunigt entwickelt (*4*).

Es liegt nahe, das auffallend niedrige Filtrat des Neugeborenen in einen ursächlichen Zusammenhang mit den morphologischen Besonderheiten des Glomerulumapparates in dieser Altersstufe zu stellen. Zwar ist die potentielle Zahl der Glomerula bereits spätestens einen Monat vor der Geburt in den Nieren vorhanden; aber die Glomerula auch des reifen Neugeborenen zeigen einige Besonderheiten, die bereits 1873 im Prinzip von Klein erkannt und später von Peter (*46*) genauer beschrieben wurden:

Die Capillarschlingen der Glomerula sind zu diesem Zeitpunkt noch weniger zahlreich als später und eng miteinander verflochten. Sie sind von einem hohen cylindrischen bzw. kubischen Epithel überzogen. Ein plötzliches Ingangkommen der Filtration durch Einreißen dieser dicken Epithelschicht unter der Geburt ist weder bewiesen noch wahrscheinlich (*27*). Die Umbildung in das sehr dünne endgültige Plattenepithel beginnt zunächst in den juxtamedullären Glomerula und schreitet rindenwärts fort. Diese Umwandlung vollzieht sich in den ersten Lebensmonaten relativ schnell, ist aber bemerkenswerterweise erst im 2. Lebensjahr vollständig abgeschlossen.

Vieles spricht dafür, daß die Filtratgröße des Neugeborenen im Gegensatz zu ihrem Verhalten beim Erwachsenen zum mindesten diureseabhängig ist. Barnett (2) bestreitet das zwar, aber aus seinen Untersuchungsergebnissen bei Säuglingen im Zustand der Hydropenie scheint doch eine Einschränkung des Glomerulumfiltrats um 20% hervorzugehen. Andere (44, 60) haben nach größerer Flüssigkeitszufuhr Filtratanstiege um 50—100% gesehen. Friedberg (20) konnte bei seinen kurz nach der Geburt untersuchten Neugeborenen eine Zunahme der Inulinclearance um das Doppelte erreichen, wenn die zugeführte Flüssigkeitsmenge um das Zwei- bis Dreifache gesteigert oder als Infusionslösung eine hypertonische Kochsalzlösung benutzt wurde. Filtratveränderungen dieses Ausmaßes lassen sich nicht allein methodisch erklären und sind angesichts der „physiologischen" Hydropenie der ersten Lebenstage sicherlich nicht ohne Bedeutung.

Die PAH-Clearance bei niedrigem Plasmaspiegel, die späterhin als Maß für den effektiven renalen Plasmafluß (ERPF) und damit indirekt als Maß der effektiven Nierendurchblutung betrachtet wird, ergibt bei Neugeborenen in den ersten Lebenstagen erstaunlich niedrige Werte. So fanden Vesterdal und Tudvad (60) bei Untersuchungen in der ersten Lebenswoche Werte zwischen 50 und 60 cm³/min/1,73 m². Bei den Untersuchungen von Friedberg (20) an Neugeborenen am 1. Lebenstag ergab sich ein Durchschnittswert von 54,8 cm³/min/1,73 m²; das entspricht weniger als $^1/_{10}$ der späteren Erwachsenenwerte für die C_{PAH} und etwa $^1/_5$ der C_{Inulin}.

Errechnet man daraus die Filtratfraktion, so ergibt sich ein Durchschnittswert von annähernd 50%. Will man die niedrige PAH-Clearance des Neugeborenen auf die Nierendurchblutung beziehen, so würde das bedeuten, daß in der Neugeborenenperiode ein nicht unbeträchtlicher Teil des postglomerulären Blutes durch venöse Kurzschlüsse der tubulären Aktivität entgeht. Da sich aber auch die maximale tubuläre Rückresorption in der Neugeborenenperiode nur auf Bruchteile der späteren Normalwerte beläuft (57), ist es naheliegender, die niedrigen PAH-Clearance-Werte des Neugeborenen auf seine noch ungenügenden tubulären Funktionen zu beziehen.

Untersuchungen von Stave (54) mit dem Phenolrot-Test zeigen, daß die anfangs sehr ungenügende tubuläre Sekretionsleistung des Neugeborenen in den ersten Lebenswochen wesentlich steiler ansteigt als nach dem 6. Lebensmonat. Frühgeborene mit zunächst geringerer Phenolrot-Ausscheidung zeigen später, gegenüber Reifgeborenen gleichen Gestationsalters und gleichen Gewichts, einen deutlichen Leistungsvorsprung.

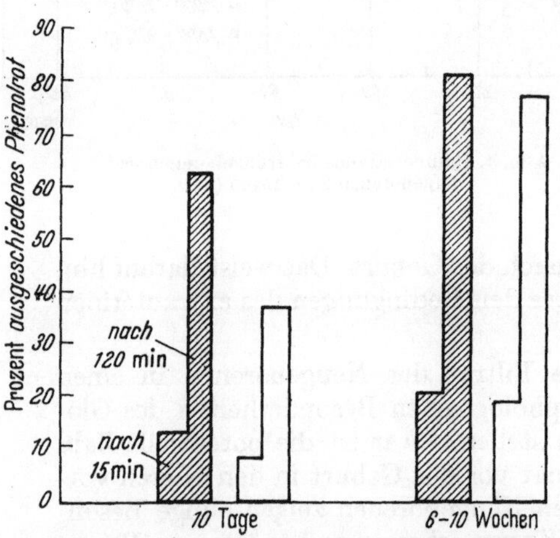

Abb. 5. Phenolrotausscheidung bei reifen Neugeborenen (schwarz) und Frühgeborenen (weiß) (39)

Über die Ausscheidung von Zucker und Aminosäuren brachte die Anwendung moderner Untersuchungsmethoden, vor allem der Papierchromatographie, wesentliche neue Aufschlüsse. Nach den Angaben verschiedener Autoren (6, 8, 17) haben diese Substanzen, die später unter normalen Bedingungen vollständig oder nahezu vollständig rückresorbiert werden, in der Neugeborenenperiode eine stark erhöhte Ausscheidungsquote. Lediglich in den allerersten Lebenstagen treten Melliturie und Aminoacidurie, vermutlich wegen der sehr geringen Filtration, noch nicht voll in Erscheinung, steigen dann aber steil an. Während die Zuckerausscheidung schon nach Wochen bis auf Spuren absinkt, dauert die „physiologische Aminoacidurie" bis weit in die Säuglingszeit hin an. Extrarenale Faktoren sind für die Neugeborenen-Aminoacidurie sicherlich mitverantwortlich. Aber diese wäre ohne die funktionelle Unreife des tubulären Rückresorptionsmechanismus auch bei erhöhtem Angebot nicht in gleichem Ausmaß möglich.

Die frühere Annahme einer „physiologischen Albuminurie des Neugeborenen" hat sich hingegen als Irrtum erwiesen. Die scheinbar positiven Eiweißproben im Harn werden durch Urate verursacht, für deren stark vermehrte Ausscheidung und verminderte Rückresorption auch die „Harnsäureinfarkte" sprechen, die bei Neugeborenensektionen in den Nieren oft zu beobachten sind (*15*).

Einer metabolisch bedingten Acidoseneigung des Neugeborenen und ganz besonders des Frühgeborenen in der ersten Lebenszeit steht eine oft noch ungenügende Lungenfunktion gegenüber. Ein insuffizienter Gasaustausch in den Lungen muß die Acidoseneigung des Neugeborenen noch weiter verstärken (*53, 63*). Die Niere des Neugeborenen steht damit hinsichtlich der ihr obliegenden Regulation des Säure-Basen-Gleichgewichts oft vor erhöhten Aufgaben. Zwar sind alle bereits genannten und hierfür in Frage kommenden Regulationsmechanismen zum Zeitpunkt der Geburt prinzipiell schon funktionstüchtig, haben aber ihren späteren vollen Leistungsstand noch nicht erreicht. DEAN und MCCANCE (*12*) haben in diesem Zusammenhang auf die sehr niedrige Phosphatclearance junger Säuglinge hingewiesen. Trotz seines hohen Plasmaphosphatgehalts scheidet das Neugeborene daher nur geringe Phosphatmengen aus. Die titrierbaren Säuren seines Urins bestehen weitgehend aus organischen Säuren. Im Gegensatz zu den Erwachsenenverhältnissen werden wesentlich mehr freie Säuren als Ammonium-Salze ausgeschieden. Der Acidoseneigung des Neugeborenen steht also eine relative Insuffizienz der diesbezüglichen pulmorenalen Regulationsmechanismen gegenüber, die bei den selteneren p_H-Verschiebungen nach der Gegenseite (z. B. kongenitale Alkalose) gleichermaßen in Erscheinung tritt.

4. Die renale Regulation des Wasserhaushaltes beim Neugeborenen

Die renale Regulation des Wasserhaushalts beim Neugeborenen bietet Probleme besonderer Art. Sein Organismus ist wasserreicher als der des Erwachsenen. Wesentlich bedeutsamer aber ist die durchaus andersartige Verteilung des Wassers in den Flüssigkeitsräumen des Körpers. Mit rund 50% der Gesamtmenge ist der Anteil der extracellulären Flüssigkeit beim Neugeborenen 2—3 mal so groß wie beim Erwachsenen (*18%*) (*24*). Die Osmo- und Volumenregulation dieses großen Flüssigkeitsvolumens muß die Neugeborenenniere übernehmen.

Auch das Neugeborene besitzt bereits die Fähigkeit zur Diurese und Antidiurese, bzw. zur Produktion eines konzentrierten oder verdünnten Urins. Aber diese Fähigkeiten sind noch begrenzt. Während der Erwachsene seinen Urin auf 1200—1400 mosmol/l, d. h. auf das Vier- bis Fünffache seiner Serumosmolarität steigern kann, können Neugeborene auch unter extremen Bedingungen ihre Urinkonzentration nicht über 600 mosmol/l, d. h. etwa das Doppelte der Plasmakonzentration steigern.

Die Mindestmenge an Urin, die ein Neugeborenes benötigt, um 1 mosmol/l an gelöster Substanz auszuscheiden, beträgt 1,4 cm³ gegenüber 0,7 cm³ beim Erwachsenen. Dabei steigt bei den meisten Neugeborenen die Urinkonzentration auch nach dreitägigem Wasserentzug nicht über 500 mosmol/l an (*30*). Zudem werden die maximalen Harnkonzentrationen erst dann erreicht, wenn es vorher zu abnorm hohen Plasmakonzentrationen gekommen ist. Während der „physiologischen Hydropenie der ersten Lebenstage" steigen u. a. die Konzentrationen von Harnstoff, Harnsäure und der Rest-Stickstoff im Serum deutlich an.

Ausmaß und Zeitdauer dieser „Konzentrationsschwäche" wurden früher allerdings überbewertet. Schon nach wenigen Wochen wurden Urinkonzentrationen gemessen, die denen von Erwachsenen nahekamen, und Frühgeborene verhielten sich in dieser Hinsicht nicht viel anders als Reifgeborene (*2, 59*).

Entgegen früheren Annahmen (*1, 37*) können Neugeborene und auch Frühgeborene ihren Urin wie Erwachsene bis auf 50 mOsmol/l verdünnen (*3, 11*). Aber die zugeführte Flüssigkeit wird wesentlich langsamer ausgeschieden. Das Harnminutenvolumen ist nur etwa halb so groß wie beim Erwachsenen.

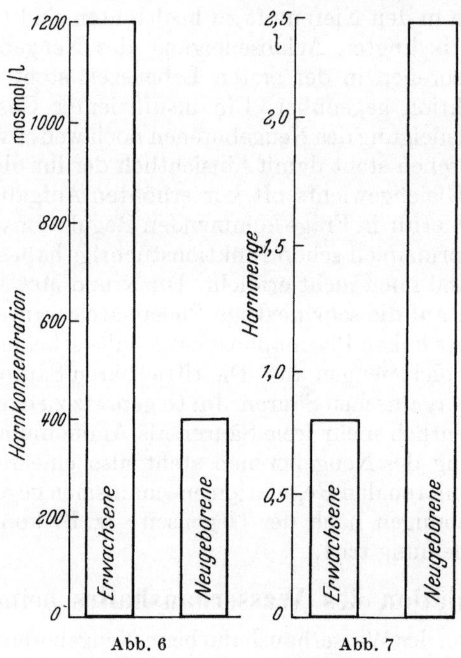

Abb. 6. Harnkonzentration nach 24 stündigem Dursten

Abb. 7. Erforderliche Wassermenge für die renale Ausscheidung von 1000 mOsmol löslicher Substanzen (*42*)

Die durchschnittliche Tagesurinmenge in den ersten zwei Lebenstagen beträgt 18—45 cm³. Bezogen auf eine Körperoberfläche von einem Quadratmeter entspräche das einer Menge von 80—200 cm³ pro Quadratmeter gegenüber einer Menge von etwa 350 cm³ pro Quadratmeter, die ein Erwachsener unter den gleichen Umständen ausscheiden würde. Da das Neugeborene weder einen maximal konzentrierten Urin produzieren, noch eine eigentliche Polyurie entwickeln kann, hat man daher von einer „physiologischen Isosthenurie der ersten Lebenstage" bzw. einem „physiologischen Diabetes insipidus des Neugeborenen" gesprochen.

Weil die Niere bezüglich ihrer fakultativen Wasserausscheidung einer zentralen Steuerung unterliegt, könnten diese Besonderheiten auch auf ein noch ungenügendes Ansprechen der Osmoreceptoren bzw. auf eine zu geringe ADH-Ausschüttung bezogen werden. Vermutlich ist beides der Fall, wie anderenorts dargestellt wird. Sicherlich liegt aber auch ein vermindertes Ansprechen des Endorgans, also der Niere, auf den hormonalen Reiz vor (*29*).

Histologische Befunde sprechen dafür, daß auch die morphologische Differenzierung des Nierenmarks, in der das Gegenstromprinzip bei der Harnkonzentrierung wirksam wird, noch nicht abgeschlossen ist: Im Gegensatz zu den aus den

juxtamedullären Glomerula entspringenden Kanälchen, deren Henlesche Schleifen
mit ihren langen dünnen Schenkeln bis zu den Markpapillen herabreichen, sind die
aus den corticalen Glomerula stammenden Nephrone, deren Henlesche Schleifen
einen kurzen dünnen Schenkel und ihren Scheitel innerhalb der Rinde oder in der
subcorticalen Markzone haben, beim Neugeborenen noch unvollkommen ausgebildet.

Eine ausgesprochene Neigung zur Hydropenie auf der einen, und zur Ödembildung auf der anderen Seite, kennzeichnen das Neugeborenenalter und weisen
auf eine funktionelle Unreife der renalen Wasserregulation hin.

Wenn diese funktionelle Niereninsuffizienz im allgemeinen mit dem Gedeihen
des Neugeborenen vereinbar ist, so liegt das einmal an der relativ schnellen funktionellen Differenzierung, zum anderen aber an einem Schutzmechanismus, der
keiner anderen Altersstufe in gleichem Ausmaß zur Verfügung steht:

Während im späteren Leben die Konzentrationen und Volumina im Plasma
und Interstitium durch übergeordnete Kontrollmechanismen in engen Grenzen
konstant gehalten werden, zeigt das Neugeborene in dieser Hinsicht noch eine
außerordentliche Instabilität. So werden beim Neugeborenen Schwankungen der
Plasmaosmolaritäten und des Plasmavolumens sowie Verschiebungen des Blut-p_H
und anderer Konstanten in einem Ausmaß beobachtet, wie sie später sicher nicht
mehr ohne Gefährdung des Organismus denkbar wären. Das Neugeborene aber
zeigt eine ungewöhnliche Toleranz gegenüber derartigen Abweichungen von der
Norm. Diese erstaunliche *Toleranzbreite* im Ertragen von Veränderungen des
„inneren Milieus" kompensiert weitgehend die „temporäre Niereninsuffizienz" des
Neugeborenen (*53*).

Mit altersentsprechend zunehmender Einschränkung gilt diese Feststellung
auch für die weitere Säuglingszeit.

5. Nierenfunktionen im Säuglingsalter jenseits der Neugeborenenzeit

Den auffallend niedrigen Nierenfunktionswerten der ersten Lebenstage, für die
der „Geburtsstress" vermutlich mitverantwortlich ist, folgt eine schneller Anstieg

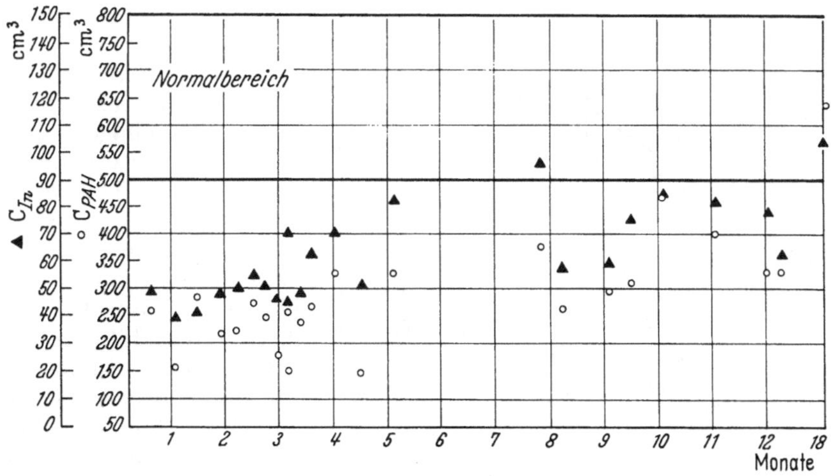

Abb. 8. Inulin-Clearance und PAH-Clearance-Werte bei gesunden Säuglingen (*22*)

in den ersten Lebenswochen, der, wie sich an einigen Beispielen zeigen ließ, durch
die Umstellung auf die Erfordernisse des extrauterinen Lebens deutlich beschleunigt wird. Eine strenge Begrenzung der Neugeborenenperiode läßt sich auf Grund

des Verhaltens der Nierenfunktion nicht festlegen. Eine brüske Umstellung findet sich niemals; die weitere funktionelle Differenzierung vollzieht sich vielmehr allmählich — wenn auch mit unterschiedlichem Tempo — in der ganzen nachfolgenden Säuglingszeit.

Das Glomerulumfiltrat (GFR) — wiederum gemessen durch die C_{Inulin} und bezogen auf eine Körperoberfläche von 1,73 m² — steigt nach den ersten Lebenswochen stetig an und erreicht um den 3. Lebensmonat etwa den halben Erwachsenenwert. Im 3. Trimenon zeigt sich ein weiterer Anstieg bis auf etwa 90 cm³/min, aber bei keinem der von uns untersuchten Kinder wurde vor Beendigung des 1. Lebensjahres eine GFR gemessen, die bereits dem Mittelwert des Erwachsenenalters entsprach. Bei stärkeren Schwankungen der Werte einzelner Säuglinge untereinander findet sich jedoch im ganzen ein allmählicher Anstieg, der über das ganze Säuglingsalter andauert und erst im Verlauf des 2. Lebensjahres seinen Abschluß findet.

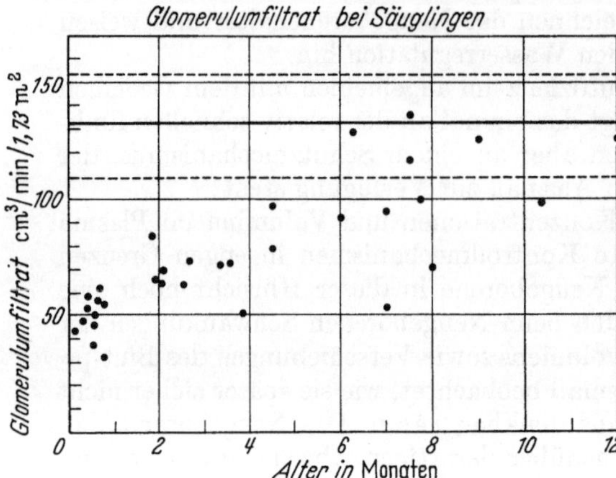

Abb. 9. Glomerulumfiltrat bei gesunden Säuglingen (*49*)

Rubin, Bruck und Rapoport (*49*) kamen bezüglich der GFR bei Säuglingen zu prinzipiell gleichen Ergebnissen. In den ersten Lebensmonaten fanden sie Filtratgrößen um 50 cm³/min/1,73 m². Der überwiegende Teil der von ihnen untersuchten Kinder blieb bis zum Ende des Säuglingsalters ebenfalls unter den Normalwerten der Erwachsenen. Vereinzelte — im Gegensatz zu unseren Befunden — bereits im Normalbereich liegende Filtrationswerte bei älteren Säuglingen lassen sich mit der Verwendung von Mannitol als Testsubstanz erklären.

Die Ergebnisse der technisch einfacheren und darum sehr viel häufiger bei Säuglingen durchgeführten Harnstoff-Clearance stimmen damit unter Beachtung ihrer stärkeren Diureseabhängigkeit gut überein. Sie zeigen in

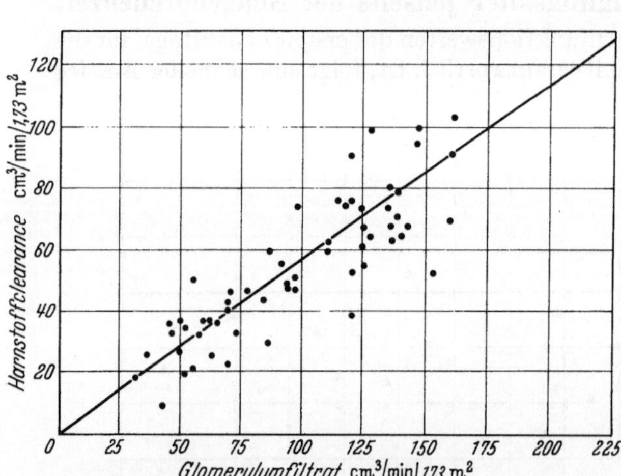

Abb. 10. Gegenüberstellung der Harnstoff-Clearance und des Glomerulumfiltrates. (Die Diagonale stellt das Verhältnis der Harnstoff-Clearance zum Glomerulumfiltrat dar) (*49*)

ähnlicher Weise einen stetigen Anstieg bis zum Ende der Säuglingszeit. Die Harnstoffclearance ist zwar kleiner, aber in einem Untersuchungsgang zeigt sich doch jeweils eine feste Korrelation zum gleichzeitig bestimmten Glomerulumfiltrat (*49*).

Die PAH-Clearance-Werte bei Säuglingen liegen nach unseren Untersuchungen im ersten Lebenshalbjahr noch unter der Hälfte des Erwachsenenmittelwerts und erreichen ohne Ausnahme erst jenseits des ersten Lebensjahres, und zwar zumeist erst gegen Ende des 2. Lebensjahres, eine Höhe, die im Erwachsenenbereich liegt.

Die Filtrationsfraktion (FF), d. h. der Anteil des Glomerulumfiltrats am renalen Plasmafluß, beläuft sich beim Erwachsenen auf ziemlich genau 20% bei Abweichungen von nicht mehr als 1%. Setzen wir die im gleichen Untersuchungsgang gefundenen C_{Inulin}- und C_{PAH}-Werte miteinander in Beziehung, so liegen bei den von uns untersuchten Säuglingen die Filtrationsfraktionen nur selten unter diesem Normalwert, meistens aber erheblich darüber; im ganzen läßt sich ein Durchschnittswert von 23,5% errechnen. Andere Autoren fanden z. T. noch wesentlich höhere Filtrationsfraktionen im ganzen Säuglingsalter, wenn auch die extrem hohen Quotienten der Neugeborenenperiode später nicht mehr erreicht werden.

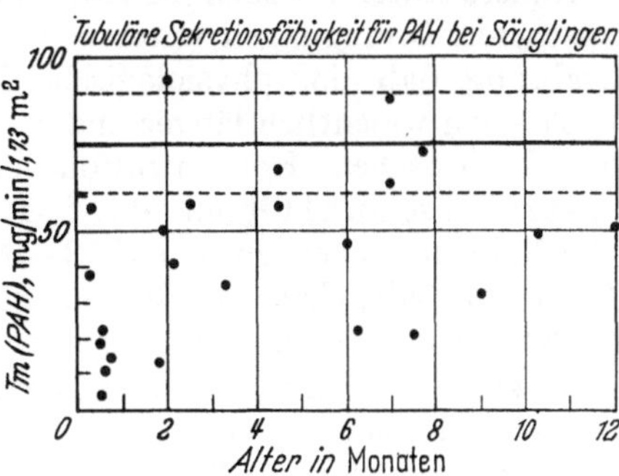

Abb. 11. Maximale tubuläre Sekretionsfähigkeit für PAH im Säuglingsalter (49)

Für die „maximale tubuläre Sekretion" (Tm_{PAH}) fanden RUBIN, BRUCK und RAPOPORT (49)

    bei Neugeborenen . . . . Werte von 15—38 mg/1,73 m²
und bei älteren Säuglingen . . . . Werte von 15—60 mg/1,73 m².

Nur wenige Kinder erreichten bereits im 1. Lebensjahr den mittleren Erwachsenenwert von 75 mg/1,73 m². Die vergleichende Prüfung der aktiven tubulären Sekretion mit dem Phenolrot-Test führt zu ganz ähnlichen Ergebnissen hinsichtlich ihres Reifungstempos (54).

Eine langsame, stetige Reifung der meisten clearance-mäßig meßbaren Nierenfunktionen kennzeichnet danach das ganze Säuglingsalter. Aber während sich die Filtrationsgröße bereits am Ende des 1. Lebensjahres der späteren Norm angleicht, erreichen maßgebliche tubuläre Funktionen den Anschluß an die Mittelwerte des Erwachsenenalters erst gegen Ende des 2. Lebensjahres. Die hohen Filtratfraktionen und niedrige C_{PAH} und Tm_{PAH} im ganzen Säuglingsalter sprechen dafür, daß die funktionelle Unreife des Tubulussystems diejenige des Glomerulumsystems übertrifft. Je weiter wir im Säuglingsalter zurückgehen, um so mehr arbeitet die Niere betont glomerulär. Die starken Schwankungen der Filtratfraktionen lassen den Schluß zu, daß die Harmonie im Zusammenspiel glomerulärer und tubulärer Funktionen im Säuglingsalter noch nicht in gleicher Weise gewährleistet ist wie später (52).

Diese Interpretation der Clearance-Ergebnisse wird durch die anatomische Betrachtung der Säuglingsniere gestützt; denn auch die morphologische Differenzierung des glomerulären Apparats geht derjenigen des tubulären Systems in entsprechender Weise voraus, und die vollständige morphologische Differenzierung des Nephrons ist erst gegen Ende des 2. Lebensjahres abgeschlossen. Trotzdem wurde der hier vertretenen Auffassung aus verschiedenen Gründen widersprochen, so daß eine kritische Würdigung maßgeblicher Gegenargumente gegenüber der Berechtigung von Clearance-Vergleichen im Säuglingsalter notwendig erscheint (10, 13, 43, 53).

6. Die Konzentrationsleistung der Säuglingsniere

Wenn auch, wie BARNETT (3) und seine Schüler gezeigt haben, einige Wochen alte Säuglinge und sogar Frühgeborene bereits erstaunliche Konzentrationsleistungen vollbringen können, so muß doch betont werden, daß sich ein solcher Effekt nur unter den extremen Bedingungen der Hydropenie erreichen läßt, die einen deutlichen Anstieg der Serumosmolarität zur Folge hat. Unter ähnlichen Bedingungen kann bekanntlich auch ein Diabetes insipidus-Kranker einen konzentrierteren Urin ausscheiden.

Andere Autoren haben die Konzentrationsleistung des Säuglings unter physiologischeren Bedingungen untersucht, und ihre Befunde bestätigen die klinische Erfahrung, daß die „physiologische Konzentrationsschwäche" des Säuglings im allgemeinen wesentlich länger andauert. Marquardsen und Jochims (40) haben den Volhardschen Konzentrationsversuch, der sich bei Säuglingen nicht in exakter Weise durchführen läßt, folgendermaßen modifiziert: Die übliche nächtliche Nahrungspause wurde auf 13—15 Std verlängert. Während der letzten 4 bis 6 Std wurde jeder Urin aufgefangen und sein spezifisches Gewicht nach der Methode von Krutzsch bestimmt, zu der nur sehr kleine Urinmengen benötigt werden.

Es zeigte sich an 58 nierengesunden Säuglingen und Kleinkindern, daß die Konzentrationsleistungen in den ersten 3 Lebensmonaten noch ganz ungenügend waren und erst im 2. und 3. Trimenon langsam anstiegen. Aber auch noch zwischen dem 4. und 6. Trimenon lag die Mindestgrenze der Konzentrationsleistung zwischen 1016 und 1023 (entsprechend etwa 600—700 mosmol/l), und erst im 6. Trimenon, also mit $1^1/_2$ Jahren, erreichten die meisten Kinder den im späteren Kindesalter unter entsprechenden Bedingungen beobachteten Wert des spezifischen Gewichts von 1026—1030 (entsprechend etwa 1300 mosmol/l).

Vest und Stalder (58) verglichen den Konzentrationsversuch mit dem Pitressintest (1,2—10,0 E.i.m.) bei Kindern verschiedener Altersstufen. Erwartungsgemäß stimmten die Ergebnisse beider Proben bei älteren Kindern gut überein, da ja beim Pitressintest lediglich das beim Durstversuch endogen freiwerdende antidiuretische Hormon von außen zugeführt wird. Bei allen Säuglingen unter 3 Monaten blieb dagegen der Anstieg des spezifischen Gewichts des Urins nach einer Pitressingabe deutlich hinter dem nach einem Durstversuch zurück.

Offensichtlich liegt also beim jungen Säugling noch ein vermindertes Ansprechen der Tubuli auf das in ausreichender Menge angebotene ADH vor. Die höhere Konzentrationsleistung im Durstversuch erklärt sich hingegen aus der Durstexsiccose, die einen Anstieg der Plasmaosmolarität zur Folge hat. Hohe Urinkonzentrationen beim Säugling im Zustand der Dehydration sind damit keineswegs ein unbedingter Beweis für eine bereits abgeschlossene Reifung diesbezüglicher tubulärer Funktionen. Der Säuglingsniere gelingt es vielmehr im Notfall erst nach beträchtlicher Erhöhung der Plasmaosmolarität, ein „Mehr" an gelöster Substanz in einer kleineren Urinmenge auszuscheiden.

Es erscheint uns andererseits nicht abwegig, in dem übergroßen extracellulären Flüssigkeitsraum des Säuglings eine Schutzvorrichtung für seine Niere zu sehen, die außergewöhnlichen Situationen noch nicht voll gewachsen sein kann. Dieser große Flüssigkeitsraum stellt gewissermaßen ein physiologisches Vorflutbecken dar, das bei einem plötzlichen und starken Anfall harnpflichtiger Substanzen durch Verdünnung einen zu steilen Konzentrationsanstieg im Serum verhindert und damit der Säuglingsniere Zeit gibt, die Elimination in Ruhe zu bewerkstelligen.

7. Säuglingsernährung und Nierenfunktion

Unter den Umweltfaktoren, die die Entwicklung des Säuglings in positiver oder negativer Weise beeinflussen können, fällt der Ernährung eine entscheidende Rolle zu. Die Beziehungen zwischen Ernährungsform und Nierenfunktion verdienen daher besondere Beachtung.

Die Frauenmilch muß gerade vom Gesichtspunkt der Nierenfunktion aus als das ideale Nahrungsmittel für den jungen Säugling bezeichnet werden, das hinsichtlich seiner Quantität und Zusammensetzung auf die noch beschränkte Leistungsfähigkeit der Säuglingsniere in besonderem Maße Rücksicht nimmt.

Der Elektrolytgehalt der Frauenmilch ist gering. Wird Frauenmilch aufgenommen, so wird damit eine Lösung zugeführt, die bei vollständiger Dissoziation aller gelösten Salze etwa eine Elektrolyt-Osmolarität von 57 mosmol/l hat. Nimmt

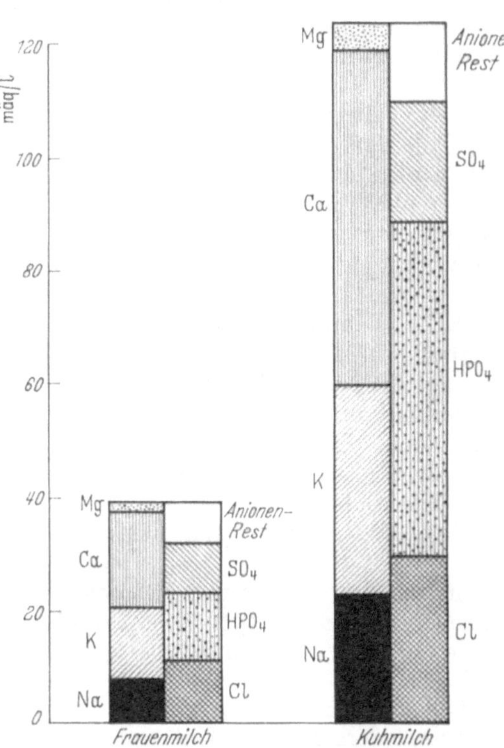

Abb. 12. Ionogramm der Frauenmilch und der Kuhmilch (*32*)

Abb. 13. Wasserbedarf und Wasserzufuhr beim Säugling in Abhängigkeit von Nahrung und Außentemperatur (*5*)

Wasserbedarf für die Nierensekretion gelöster Substanzen

Sonstiger Wasserbedarf des Organismus

Frei verfügbares Wasser nach Deckung des Bedarfs

ein 10 Tage altes Neugeborenes 500 g Frauenmilch auf, so werden etwa 30 mosmol Elektrolyte zugeführt; scheidet es 200 cm³ Harn aus, und würde es alle zugeführten Elektrolyte ausscheiden, so müßte die Elektrolyt-Osmolarität seines Harns etwa 150 mosmol/l betragen. Diese Konzentration ist ohne weiteres möglich, wie McCance (*32*) gezeigt hat, der nach 24stündigem Dursten bei Neugeborenen eine Harnkonzentration von etwa 400 mosmol/l beobachtete (Hungerland).

Die hierzulande im allgemeinen üblichen Methoden der künstlichen Säuglingsernährung auf Kuhmilchbasis streben dementsprechend auch durch Verdünnung und Kohlenhydratzusatz eine gewisse „Frauenmilch-Ähnlichkeit" an. Dabei ist nicht zu verkennen, daß auch bei einer ²/₃ Milch-Ernährung noch ein unphysiologisches Überangebot an Eiweiß und Mineralien vorliegt. Aber der daraus resultierenden Mehrbelastung der Niere ist diese — theoretisch betrachtet — voll gewachsen. Es ist daher nicht verwunderlich, daß im allgemeinen auch schon Neugeborene unter einer ²/₃ Milch-Ernährung komplikationslos gedeihen.

Bei einem Ernährungsvergleich junger Säuglinge mit Frauenmilch und ⁴/₅ Kuhmilch stellten Stolley und Droese (*55*) dagegen fest, daß so konzentrierte künstliche Nahrungsgemische eine deutliche Chloracidose mit Erhöhung des Reststickstoffs und eine Erniedrigung der Alkalireserve herbeiführen. Darrow, Cooke und Segar kamen bereits früher auch bei älteren Säuglingen zu ähnlichen Ergebnissen, insbesondere dann, wenn bei hohen Außentemperaturen durch Steigerung der Perspiratio insensibilis der Flüssigkeitsbedarf des Säuglings noch weiter erhöht wurde.

Es liegt auf der Hand, daß bei Verfütterung eiweiß- und salzreicher Nahrungsgemische auf eine ausreichende Flüssigkeitszufuhr geachtet werden muß, weil die renale Elimination der hohen „osmolaren Last" mangels ausreichender Konzentrationsfähigkeit nur durch Steigerung des Urin-Minutenvolumens bewerkstelligt werden kann. Bleibt die Wasserzufuhr unzureichend, und wird die Leistungsgrenze der Niere damit überschritten, so kommt es zu Dehydration, Acidose und evtl. noch weitergehenden Störungen.

In den USA, wo — im Gegensatz zu den deutschen Gepflogenheiten — die Zusammensetzung der Säuglingsnahrung auf isocalorischer Basis erfolgt und die jeweils notwendige Verdünnung mehr oder weniger freizügig gehandhabt wird, hat das Studium dieser Zusammenhänge verständlicherweise besondere Beachtung gefunden.

Aber auch die umgekehrte Gefahr droht, wenn salzreiche Nahrung mit übergroßen Flüssigkeitsmengen verabreicht wird, ohne daß die langsamere Eliminationsgeschwindigkeit der Säuglingsniere beachtet wird. Ödembildung und Flüssigkeitsretention sind die Folge. Die scheinbar erfreuliche, steile Gewichtszunahme entspricht dann nicht etwa einem echten Körperansatz, sie ist vielmehr der Ausdruck einer erheblichen und bedenklichen Ausweitung des extracellulären Flüssigkeitsraums (42).

Vom Blickwinkel der Nierenentlastung aus ist das Bemühen um die Herstellung einer noch weiter der Frauenmilch adaptierten künstlichen Säuglingsnahrung unbedingt zu begrüßen. Die Rücksichtnahme auf die Nierenleistung bei der Zusammensetzung der Säuglingsnahrung kann allerdings mit anderen, nicht weniger wichtigen Gesichtspunkten in Konkurrenz treten: Im infektionsgefährdeten Klinikmilieu ergibt sich z. B. die Forderung nach einer „antidyspeptischen" Säuglingsnahrung, und diese wird im allgemeinen gerade kohlenhydratarm und eiweißreich sein müssen und führt damit andererseits zu einer gewissen Belastung exkretorischer Nierenfunktionen.

Aber eine schwere akute Ernährungsstörung mit Durchfällen und Erbrechen und mit den daraus resultierenden Flüssigkeits- und Elektrolytverlusten und p_H-Verschiebungen würde sich gegebenenfalls bezüglich der renalen Belastung viel verhängnisvoller auswirken.

Die Grenzen der funktionellen Belastungsfähigkeit der Säuglingsniere werden so gerade aus ernährungsphysiologischer Sicht besonders deutlich. Unter physiologischen Bedingungen, d. h. bei Verabreichung von Frauenmilch oder ihr angepaßten künstlichen Nahrungsgemischen ist die Säuglingsniere den an sie gestellten Anforderungen zwar voll gewachsen, aber ihre Leistungsbreite ist noch begrenzt und ihre Reservekraft nur gering. Bei ungewöhnlichen Belastungen, die im Säuglingsalter besonders häufig sind, droht ihr daher häufiger und eher die Gefahr der Dekompensation als später.

Ob man dieses funktionelle Übergangsstadium als „kompensierte Insuffizienz" oder lieber als „Suffizienz bei eingeschränkter Leistungsbreite" bezeichnen will, ist eine Frage der Interpretation. Zweifellos bestehen bezüglich des funktionellen Nierenverhaltens ganz erstaunliche Parallelen zwischen einem gesunden Säugling und einem Erwachsenen im Zustand der — kompensierten — Niereninsuffizienz; ja selbst die natürliche Säuglingsnahrung, die Frauenmilch, erinnert in ihrer Zusammensetzung an die „Nierenschonkost", die man einem Erwachsenen bei drohender Niereninsuffizienz verordnen würde.

Dem Physiologen mag es ungerechtfertigt erscheinen, eine durchaus normale Entwicklungsstufe mit dem der Pathophysiologie entnommenen Begriff der „Insuffizienz" zu belasten. Für den Arzt ist aber vielleicht gerade diese Formulierung ein wertvoller Hinweis auf die besondere funktionelle Situation der Säuglingsniere, die er bei allen seinen therapeutischen Maßnahmen in Rechnung stellen muß.

8. Die Entwicklung der Nierenfunktionen jenseits des Säuglingsalters

Der Begrenzung des „Säuglingsalters" mit dem Ende des ersten Lebensjahres haftet — bei aller Zweckmäßigkeit — etwas Willkürliches an. Wählen wir statt dessen die Zweijahresgrenze, die nach angelsächsischem Sprachgebrauch die "time of infancy" beendet, so fällt diese ungefähr mit dem Abschluß der morphologischen und funktionellen Nierenreifung zusammen.

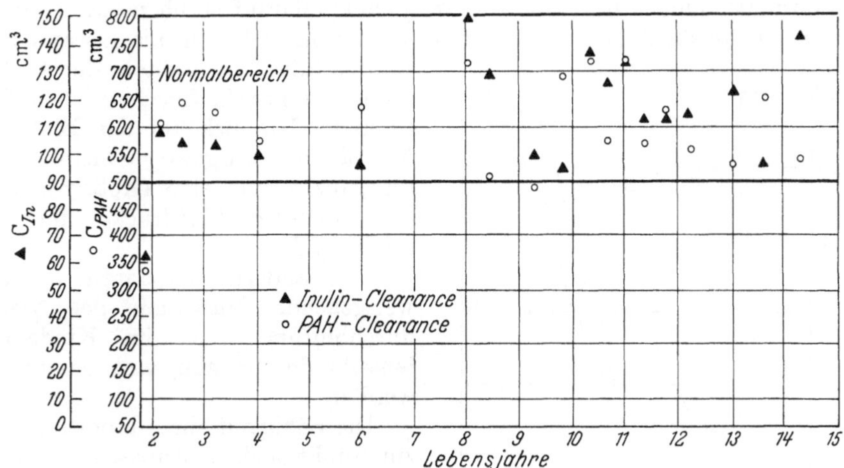

Abb. 14. Inulin-Clearance und PAH-Clearance-Werte bei gesunden Kindern jenseits des Säuglingsalters (22)

Von diesem Zeitpunkt an verringern sich überdies nicht nur die methodischen Schwierigkeiten bei der Durchführung von Clearance-Untersuchungen erheblich, auch die Problematik hinsichtlich der Interpretation der Clearance-Ergebnisse bzw. der zu wählenden Bezugsgröße verliert von nun an zunehmend an Gewicht.

Aus den dargestellten Einzelwerten für die C_{Inulin} und C_{PAH} ergaben sich Mittelwerte von 112,5 cm³/min/1,73m² bzw. von 585 cm³/min/1,73 m².

Dabei ist zu beachten, daß der algebraische Mittelwert nicht unbedingt dem Mittel der Streuwerte entspricht. Abgesehen von der etwas breiteren Streuung liegen alle Ergebnisse jenseits des 2. Lebensjahres im Erwachsenenbereich. Die Ergebnisse aller anderen Untersucher stimmen damit prinzipiell überein.

Auch die maximale tubuläre

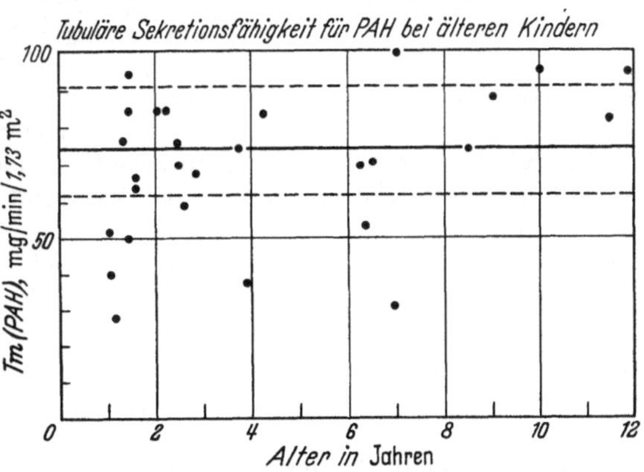

Abb. 15. Maximale tubuläre Sekretionsfähigkeit für PAH bei gesunden Kindern jenseits des Säuglingsalters (49)

Sekretion (Tm_{PAH}) erreicht nach RUBIN und Mitarb. (49) jenseits des 2. Lebensjahres im allgemeinen das Erwachsenenniveau. Bei einigen Kindern findet sich jedoch noch bis zum 7. Lebensjahr eine erniedrigte Tm_{PAH}, ohne daß daraus u. E. auf einen so großen zeitlichen Unterschied in der Entwicklung sekretorischer tubulärer Funktion geschlossen werden darf. PAH-Blutspiegel von 60 mg% wie sie für Tm-Untersuchungen erforderlich sind, führen bei Kindern gelegentlich zu erheblichen nervösen Reaktionen, die die Untersuchungsergebnisse negativ beeinflussen können.

Während das Herz-Kreislauf-System in den einzelnen Abschnitten des Kindesalters einem tiefgreifenden Funktionswandel unterliegt, wobei sich die Entwicklung von einer physiologischen Zentralisation im Säuglingsalter bis zu einer physiologischen Entspannung in der Pubertät vollzieht, sind bezüglich der Niere, die mit dem Kreislauf so eng verbunden ist, keine parallellaufenden physiologischen Funktionsumstellungen bekannt. Dies mag einmal darauf beruhen, daß trotz der großen wachstumsbedingten Gestaltungsveränderungen des Zirkulationsapparates während des Kindesalters die Abstimmung der kreislaufmechanischen Faktoren im Hinblick auf den Blutdruck überraschend ausgewogen bleibt, so daß im ganzen nur eine Größenzunahme des mittleren Blutdrucks um 20% erfolgt (26).

Zum andern darf daraus auf eine weitgehende Autonomie der Nierendurchblutung auch im Kindesalter jenseits der Säuglingszeit geschlossen werden.

Die Fähigkeit zur Adaptation, d. h. zur funktionellen Anpassung an die äußeren Erfordernisse, die der Säuglingsniere in so hohem Maße gegeben ist, geht allerdings auch später nicht völlig verloren. Nach einer Nephrektomie kann die verbleibende gesunde Niere auch noch im frühen Erwachsenenalter den einseitigen Funktionsausfall so weitgehend kompensieren, daß nach Ablauf einiger Monate GFR und ERPF wieder 80% ihrer Normalwerte erreichen (35).

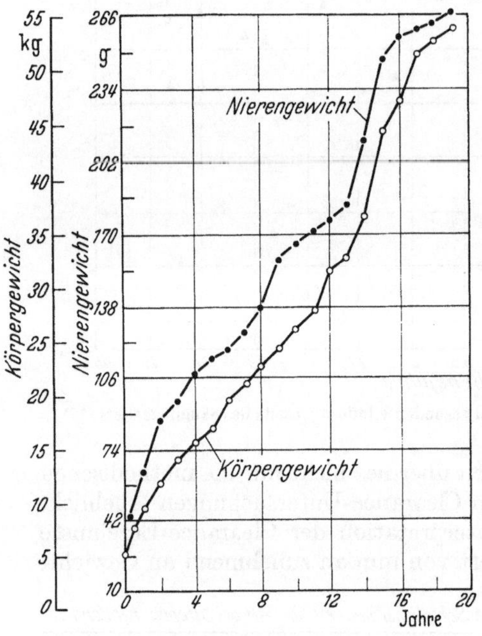

Abb. 16. Gegenüberstellung von Körpergewicht (kg) und Nierengewicht (g) in den verschiedenen Altersstufen (46)

Im Kindesalter ist diese Kompensation noch größer. Eine angeborene einseitige Nierenaplasie bzw. -hypoplasie kann mit völlig normalen Funktionsgrößen einhergehen.

Diese Funktionssteigerung ist sicher nicht blutdruckbedingt, weil sie auch dann beobachtet wird, wenn nach der Nephrektomie eine Normalisierung des vorher erhöhten Blutdrucks eintritt. Da in der verbleibenden Niere eine Vermehrung der Nephrone nicht möglich ist, müssen die vorhandenen — entsprechend ihrer morphologischen Größenzunahme — eine erhebliche funktionelle Leistungssteigerung erfahren.

Eine hormonelle Beeinflussung der Nierenfunktion im Verlauf der Pubertätszeit ist durchaus denkbar, da sowohl für das Testosteron (36), wie für das Oestradiol (45) eine „renotrope" Wirkung experimentell nachgewiesen wurde. Auch die weitere Zunahme des Nierengewichts in der Pubertätszeit könnte in diesem Sinne sprechen. Exakte Untersuchungen darüber liegen jedoch bis heute nicht vor.

Im ganzen gesehen sind die jenseits des 2. Lebensjahres zu beachtenden Veränderungen oder Störungen der Nierenfunktionen entweder extrarenal bedingt oder aber pathophysiologischer Natur und überschreiten damit den Rahmen dieser Betrachtungen.

9. Zusammenfassung

Bereits vom 4. Schwangerschaftsmonat an ist eine regelmäßige fetale Nierentätigkeit nachzuweisen. Der fetale Urin wird in das Fruchtwasser entleert. Es ist noch ungeklärt, ob der fetalen Urinabsonderung irgendeine physiologische Bedeutung zukommt. Lebensnotwendig ist sie nicht, weil die Placenta bis zur Geburt alle späteren Aufgaben der Niere übernimmt bzw. übernehmen kann.

Da sich die Harnbereitung bereits in der Fetalzeit langsam einspielt, erfolgt keine brüske Funktionsumstellung der Niere nach der Geburt. Der Geburtsstress bewirkt eine kurzfristige Depression, die Umstellung auf das extrauterine Leben hingegen eine beschleunigte Differenzierung der noch „unreifen" Nierenfunktionen, so daß Frühgeborene gegenüber Reifgeborenen gleichen Gestationsalters einen Leistungsvorsprung aufweisen.

In der Neugeborenenperiode sind alle meßbaren Partialfunktionen der Niere, ungeachtet der gewählten Bezugsgröße, gegenüber dem Erwachsenenalter noch mehr oder weniger stark eingeschränkt. Auch die Möglichkeiten zur Harnkonzentrierung und zur Auslösung einer Polyurie sind noch begrenzt, so daß von einer „physiologischen Isosthenurie" bzw. einem „temporären Diabetes insipidus" des Neugeborenen gesprochen wird.

Jenseits der nicht streng abgrenzbaren Neugeborenenperiode erfolgt eine langsamere, aber stetige funktionelle Differenzierung mit deutlichen zeitlichen Differenzen im Entwicklungstempo einzelner Partialfunktionen. Die glomeruläre Reifung geht derjenigen vieler tubulärer Funktionen voraus.

Wählt man die Körperoberfläche als Bezugsgröße beim Vergleich von Clearance-Ergebnissen, so wäre die Reifung glomerulärer Funktionen etwa gegen Ende des ersten, diejenige tubulärer Funktionen erst gegen Ende des zweiten Lebensjahres abgeschlossen. Die morphologische Entwicklung ist etwa zum gleichen Zeitpunkt beendet. Wählt man dagegen andere Bezugsgrößen (Gesamtkörperwasser, Körpergewicht, Nierengewicht), so wäre der Abschluß der funktionellen Entwicklung bereits zu einem merklich früheren Zeitpunkt erreicht.

Auch die klinische Erfahrung lehrt, daß die Säuglingsniere Normalanforderungen bereits gewachsen ist, aber ihre Leistungsbreite ist begrenzt und ihre Reservekraft noch gering.

Bei der Auswahl einer zweckmäßigen künstlichen Ernährungsformel und bei der Beurteilung und Behandlung der vielfältigen gesundheitlichen Störungen des Säuglings sind diese Tatsachen unbedingt in Rechnung zu stellen.

Jenseits der zweiten Jahresgrenze sind gegenüber dem Erwachsenenalter keine großen oder grundsätzlichen Unterschiede des funktionellen Nierenverhaltens mehr festzustellen, wenn man wiederum die Körperoberfläche als Vergleichsgröße wählt.

Dem mehrfachen Funktionswandel des Kreislaufs in den verschiedenen kindlichen Altersstufen und der hormonalen Umstellung in der Pubertätszeit sind nach dem heutigen Stande unseres Wissens keine gleichgroßen renalen Funktionsumstellungen zugeordnet. Späterhin im Kindesalter zu beobachtende Besonderheiten der Nierenfunktion sind daher vorwiegend pathophysiologischer Natur.

Die Niere als End- und Erfolgsorgan untersteht hinsichtlich ihrer Funktion weitgehend einer zentral-nervösen und einer endokrin-humoralen Steuerung. Diese sind für die Entwicklung der Nierenfunktion mitentscheidend und werden in einem besonderen Buchabschnitt ausführlich besprochen.

Im übrigen ist die Niere mit dem allgemeinen Kreislauf und mit dem gesamten Wasser- und Mineralhaushalt des Organismus so eng verknüpft, daß eine getrennte Besprechung vielfach nicht möglich ist. Bezüglich der hier nicht erörterten Zusammenhänge wird auf die einschlägigen Kapitel verwiesen.

Literatur

1. Aschenheim, E.: Z. Kinderheilk. **24**, 281 (1919).

2. Barnett, H. L.: Pediatrics **5**, 191 (1950). — 3. Barnett, H. L., K. Hare, H. McNamara and R. Hare: J. clin. Invest. **27**, 691 (1948). — 4. Barnett, H. L., and J. Vesterdal: J. Pediat. **42**, 99 (1953). — 5. Beckmann, R., R. Hastreiter u. W. Leuterer: Ärztl. Wschr. **14**, 897 (1959). — 5a. Berger, H.: Ann. paediat. (Basel) **186**, 338 (1956). — 6. Berger, H.: Bibl. paediat. (Basel) Fasc. 71 (1959). — 7. Bickel, H.: In: F. Linneweh: Die physiologische Entwicklung des Kindes. S. 240. — 8. Bickel, H., u. F. Souchon: 31. Beih. Arch. Kinderheilk. (1955). — 9. Bickenbach, W.: Biol. u. Pathol. des Weibes. Bd. VII, 206. München: Urban u. Schwarzenberg. — 10. Burmeister, W.: Ann. paediat. (Basel) **191**, 236 (1958).

10a. Calcagno, P. L., and M. J. Rubin: Pediatrics **7**, 321 (1951). — 11. Calcagno, P. L., M. J. Rubin and D. H. Weintraub: J. clin. Invest. **33**, 91 (1954). — 11a. Cameron, G., and R. Chambers: Amer. J. Physiol. **123**, 482 (1938).

12. Dean, R. F., and R. A. McCance: J. Physiol. (Lond.) **106**, 431 (1947). — 12a. DeToni, G., u. P. Durand: Ann. paediat. (Basel) **193**, 257 (1959). — 12b. Dietel, V., u. H. Polster: Mschr. Kinderheilk. **106**, 197 (1958). — 13. Dost, F. H.: Der Blutspiegel. Leipzig: Georg Thieme-Verlag 1953. — 13a. Dost, F. H.: Kinderärztl. Prax. Sonderheft 227 (1953). — 13b. Dost, F. H.: Z. ges. inn. Med. **9**, 546 (1954). — 14. Dost, F. H.: Mschr. Kinderheilk. **106**, 147 (1958). — 14a. Dost, F. H., u. T. Goetze: Mschr. Kinderheilk. **102**, 119 (1954). — 15. Doxiadis, S. A., M. K. Goldfinch and N. Cole: Lancet 1952 II, 1242. — 16. Droese, W.: Mschr. Kinderheilk. **106**, 172 (1958). — 17. Dustin: J. P.: In: F. Linneweh, Die physiologische Entwicklung des Kindes.

18. Fanconi G.: Lehrbuch für Kinderheilkunde 5. Aufl. Basel: Benno Schwabe. — 18a. Fanconi, G.: Mschr. Kinderheilk. **106**, 145 (1958). — 19. Fitschen. I.: Inaug. Diss. Göttingen 1941. — 20. Friedberg, V.: Gynaecologica (Basel) **140**, 34 (1955). — 21. Friedberg, V., u. E. Jung: Ärztl. Forsch. **11**, 306 (1957). — 22. Friederiszick, F. K.: Bibliotheca paediat. Fasc. 57. Basel-New York: Verlag Karger 1954. — 22a. Friederiszick, F. K.: Mschr. Kinderheilk. **101**, 209 (1953). — 23. Friederiszick, F. K.: Mschr. Kinderheilk. **107**, 497 (1959). — 24. Friis-Hansen, B.: Acta paediat. (Uppsala) Suppl. 110 (1956). — 24a. Friis-Hansen, B.: In: F. Linneweh, Die physiologische Entwicklung des Kindes. S. 196. — 25. Frizen, H., u. E. Meuren: Geburtsh. u. Frauenheilk. **13**, 130 (1953).

26. Graser, F.: In: Linneweh, Die physiologische Entwicklung des Kindes. S. 129. — 27. Gruenwald, P., and H. Popper: J. Urol. (Baltimore) **43**, 452 (1940). — 28. Gusserow, A.: Arch. Gynäk. **13**, 56 (1878).

29. Heller, H.: Arch. Dis. Child. **26**, 195 (1951). — 30. Hungerland, H.: Harnorgane, S. 336, Wasserhaushalt, S. 480 und Der Säurebasenstoffwechsel, S. 543. In J. Brock: Biologische Daten für den Kinderarzt 2. Aufl. Berlin-Göttingen-Heidelberg: Springer-Verlag 1954. — 31. Hungerland, H.: In F. Linneweh, Die physiologische Entwicklung des Kindes. S. 212. — 32. Hungerland, H.: Mschr. Kinderheilk. **106**, 171 (1958). — 32a. Hungerland, H.: Mschr. Kinderheilk. **106**, 90 (1958).

32b. Jarausch, K. H., u. K. J. Ullrich: Mschr. Kinderheilk. **106**, 180 (1958). — 32c. Jung, E.: Inaug. Diss. Mainz (1956).

32d. Kaloud, H., u. R. Hinrichs: Ann. paediat. (Basel) **179**, 278 (1952). — 32e. Keuth, U., u. A. Neumann: Z. Kinderheilk. **81**, 80 (1958). — 33. Kirchmair, H.: Geburtsh. u. Frauenheilk. **13**, 104 (1953). — 34. Kjellberg, S. R., u. V. Rudhe: Acta paediat. (Uppsala) **31**, 243 (1949). — 35. Kleinschmidt, A.: Z. klin. Med. **152**, 288 (1954). — 36. Kochakian, Ch. D.: Schweiz. med. Wschr. **81**, 985 (1951). — 36. Kuhn, W.: Klin. Wschr. **37**, 997 (1959).

37. Lasch, W.: Z. Kinderheilk. **36**, 42 (1923). — 38. Linneweh, F.: Die physiologische Entwicklung des Kindes. Berlin-Göttingen-Heidelberg: Springer-Verlag 1959. — 38a. Linneweh, F.: Mschr. Kinderheilk. **106**, 169 (1958). — 39. Linneweh, F., u. U. Stave: Klin. Wschr. **38**, 1 (1960).

40. Marquardsen, G., u. J. Jochims: Arch. Kinderheilk. **156**, 34 (1957). — 41. McCance, R. A.: Physiol. Rev. **28**, 331 (1948). — 42. McCance, R. A.: Amer. J. Med. **9**, 229 (1950). — 42a. McCance, R. A., and E. M. Widdowson: Lancet 1947 I, 787. — 42b. McCance, A. R., and E. M. Widdowson: Lancet 1952 II, 860. — 43. McCance, R .A., and E. M. Widdowson: Acta paediat. (Uppsala) **46**, 337 (1957). — 43a. McCance, R. A., N. J. Naylor and E. M. Widdowson: Arch. Dis. Childh. **29**, 104 (1954). — 44. McCance, R. A., and E. F. Young: J. Physiol. (Lond.) **99**, 265 (1941). — 45. Moench, A., u. H. Sartorius: Klin. Wschr. **32**, 329 (1954).

46. Peter, K.: Handbuch der Anatomie des Kindes. Bd. 2. München: J. F. Bergmann 1938. — 46a. Pitts, R. F.: Klin. Wschr. **33**, 365 (1955). — 47. Potter, E. L.: Pathology of the Fetus and the Newborn. Chikago: Yearbok Publ., Inc. 1952. — 48. Potter, E. L., and S. T. Thierstein: J. Pediat. **22**, 695 (1943).

48a. Rodeck, H.: 36. Beih. Arch. Kinderheilk. (1958). — 48b. Rodeck, H.: In: F. Linneweh: Die physiologische Entwicklung des Kindes. S. 389. — 48c. Rohwedder, H. J.: Mschr.

Kinderheilk. **105**, 249 (1957). — 48d. ROHWEDDER, H. J.: Mschr. Kinderheilk. **106**, 399 (1958).
— 48e. ROHWEDDER, H. J.: Mschr. Kinderheilk. **107**, 362 (1959). — 48f. ROYER, P.: In:
F. LINNEWEH: Die physiologische Entwicklung des Kindes. S. 220. — 48g. ROSENKRANZ, A.:
Mschr. Kinderheilk. **106**, 199 (1958). — 49. RUBIN, M., E. BRUCK and M. RAPOPORT: J. clin.
Invest. **28**, 1144 (1952).

50. SALTYKOW, S., u. R. NAGEL: Verh. dtsch. Ges. Path., Jena 1909. — 50a. SARRE, H.:
Nierenkrankheiten. 2. Aufl. Stuttgart: Georg Thieme Verlag 1959. — 51. SCHÄFER, K. H.:
In: F. LINNEWEH, die physiologische Entwicklung des Kindes. S. 11. — 52. SMITH, H. W.: The
Kidney. New York: Oxford University Press 1951. — 53. SMITH, C. A.: The Physiology of the
Newborn Infant. 3. Aufl. Springfield, Ill.: Charles C. Thomas Publ. 1959. — 53a. STAPLETON,
TH.: In: F. LINNEWEH: Die physiologische Entwicklung des Kindes. S. 227. — 54. STAVE,
U.: F. LINNEWEH, Die physiologische Entwicklung des Kindes. S. 251. — 55. STOLLEY, H., u.
W. DROESE: Mschr. Kinderheilk. **106**, 104 (1958).

56. TAUSCH, M.: Arch. Gynäk. **102**, 217 (1936). — 57. TUDVAD, F., and J. VESTERDAL:
Acta paediat. (Uppsala) **42**, 337 (1953).

57a. ULLRICH, K. J.: Verh. dtsch. Ges. inn. Med. **65**, 242 (1959). — 57b. ULLRICH, K. J.:
Dtsch. med. Wschr. **1959**, 1197.

58. VEST, M., u. G. STALDER: Ann. paediat. (Basel) **186**, 36 (1956). — 59. VESTERDAL, J.:
In: F. LINNEWEH, Die Physiologische Entwicklung des Kindes. S. 204. — 60. VESTERDAL, J.,
and F. TUDVAD: Acta paediat. (Uppsala) **37**, 429 (1950). — 60a. VIERORDT, K.: Anatomische,
physiologische und physikalische Daten und Tabellen. Jena: Fischer Verlag 1906.

61. WAGNER, G. A.: Beiträge zur Herkunft des Fruchtwassers. Leipzig, Wien: Deuticke
1913. — 61a. WEST, J. R., H. W. SMITH and H. CHASIS: J. Pediat. **32**, 10 (1948). — 61b.
WIDDOWSON, E. M., and R. A. McCANCE: Acta paediat. (Uppsala) **48**, 369 (1959). — 61c.
WINBERG, J.: Acta paediat. (Uppsala) **48**,149, 318, 443, 577 (1959). — 62. WINCKEL, F. VON,
u. A. PROCHOWNIK: zit. nach HINSELMANN, H. in Biol. u. Pathol. des Weibes. Bd. VI, 271 München: Urban & Schwarzenberg 1925. — 62a. WIRZ, H.: Vortrag Bad Nauheim, 4. 12. 1959,
Kerckhoff-Institut.

63. YLLPÖ, A.: Z. Kinderheilk. **14**, 268 (1916).

64. ZANGEMEISTER, W., u. T. H. MEISSEL: Münch. med. Wschr. **50**, 673 (1903).

Die hypothalamo-neurohypophysäre Regulation des Wasserhaushaltes

Von

H. RODECK

Mit 18 Abbildungen

I. Allgemeines über Zusammenhänge zwischen antidiuretischem Hormon, Neurosekret und der Regulation des Wasserhaushaltes

Wasser ist für den Organismus ein kostbares Gut. Die Aufrechterhaltung seines
Bestandes stellt eine wichtige ökonomische Maßnahme dar. Desgleichen wird die
Konstanz des osmotischen Druckes (Osmolarität) in der intra- und extracellulären
Flüssigkeit als lebensnotwendig mit allen Mitteln gesichert. Volumschwankungen
der einzelnen Flüssigkeitsräume erträgt der Körper in weiten Grenzen; ebenso
können die absoluten Mengen gelöster Stoffe erheblich schwanken. Konstant bleiben muß dagegen unter allen Umständen das Verhältnis von Wasser zur Menge der
gelösten Stoffe. Es beträgt 3,6 ml Wasser je Milliosmol (mosM). Größere Schwankungen als zwischen 3,5—3,7 ml je mosM erträgt der Organismus nicht. Die Konstanz des «milieu intérieur» (CLAUDE BERNARD) wird durch das sinnvolle Zusammenspiel des hypothalamo-neurohypophysären neurosekretorischen Systems und
der Niere gewährleistet. Lunge, Magen-Darmtrakt und Haut scheiden zwar ebenfalls Flüssigkeit aus. Sie sind jedoch nicht direkt in dieses Zusammenspiel mitein-

bezogen und arbeiten — normale Verhältnisse vorausgesetzt — ohne Rücksicht auf den Wasserhaushalt, mit Hinblick auf diesen sogar gewissermaßen „verantwortungslos". Die „Verantwortung" liegt allein bei dem obenangegebenen Regulationssystem und dem Erfolgsorgan Niere. Das hypothalamo-neurohypophysäre neuro-

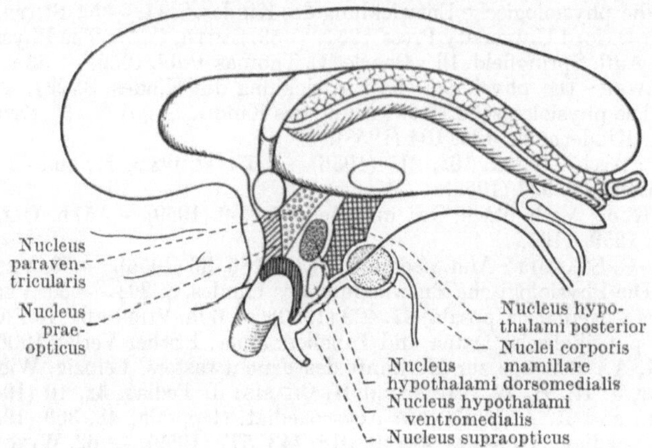

Abb. 1a. Schematische Darstellung von Lage und Ausdehnung der wichtigsten vegetativen Kerngebiete des *menschlichen* Hypothalamus. Paramedianschnitt (nach LE GROS-CLARK gezeichnet, aus GAGEL, Handb. inn. Med., 5. Bd., 1. Teil, 1953)

sekretorische System bestimmt durch wohldosierte Produktion und Freisetzung von Vasopressin [= antidiuretisches Hormon (ADH)] das Ausmaß der Wasserrückresorption im distalen Schenkel des Nierentubulus bzw. in den oberen Abschnitten der Sammelröhren.

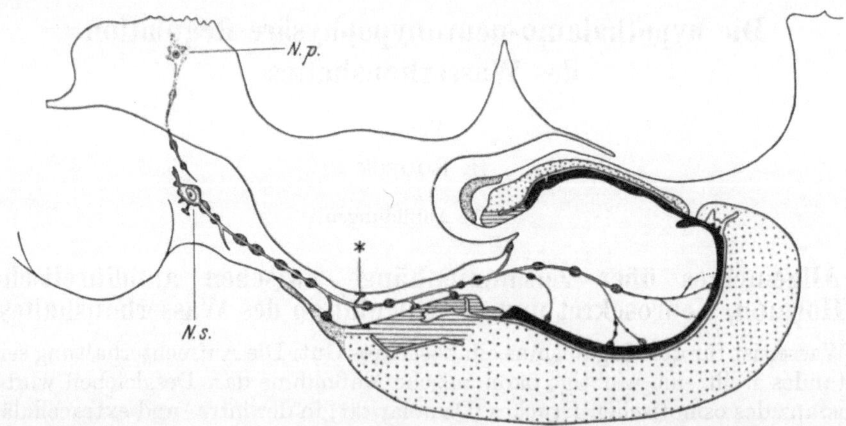

Abb. 1b. Schematische Darstellung des neurosekretorischen hypothalamo-neurohypophysären Systems beim *Hund* [paramedianer Sagittalschnitt, in Anlehnung an eine Abbildung von ROMEIS, aus BARGMANN (1949)]. *N. p.* = Nucleus paraventricularis; *N. s.* = Nucleus supraopticus mit dem Tractus supraoptico-hypophyseus, der sich in der Neurohypophyse aufzweigt; * = Sekret unmittelbar unter dem Ependym; punktiert: Adenohypophyse; schwarz: Pars intermedia

Die anatomischen Kenntnisse über das hypothalamo-neurohypophysäre System wurden in den 20er und 30er Jahren erarbeitet. So gelang 1926 GREVING und PINES der einwandfreie Nachweis des Tractus supraoptico-hypophyseus. RASMUSSEN (1937/38) gibt die Zahl der Nervenfasern mit etwa 100000 an. Wichtige Befunde wurden vom Arbeitskreis um RANSON (1937/38) mitgeteilt. Die Ganglien-

zellen des Systems finden sich in 2 Kerngebieten — im Nucleus paraventricularis
(in der Wand des III. Ventrikels gelegen) und im Nucleus supraopticus (unmittelbar
über dem Tractus opticus gelegen bzw. diesen teilweise umgreifend) (Abb. 1a). Der
Tractus paraventriculo-supraoptico-hypophyseus faßt die Axone dieser Kerngebiete
zusammen. Die Fasern enden in der Neurohypophyse mit zahlreichen insbesondere
perivasculär gelegenen Aufsplitterungen. Einen Einblick in die anatomischen Verhältnisse vermittelt Abb. 1b. Während früher allgemein die Pituicyten als die primären Sekretionsstätten der sog. Hypophysenhinterlappenhormone (HHLH) angesehen wurden, die unter Kontrolle der hypothalamischen Kerngebiete die jeweils

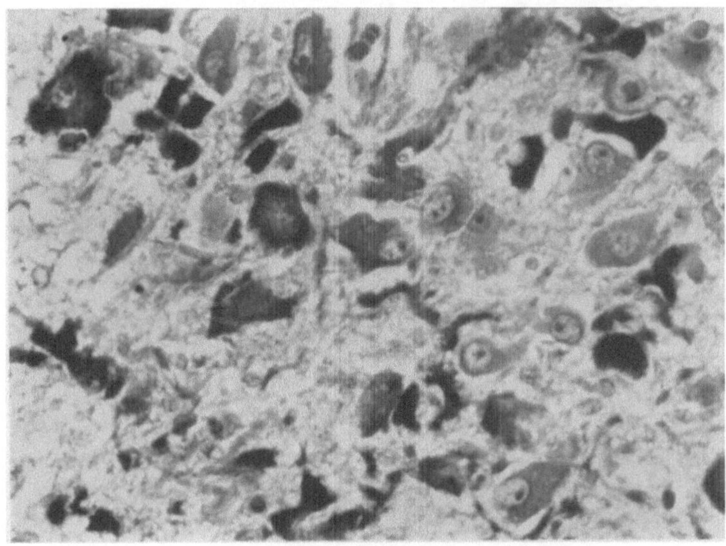

Abb. 2a. Nucleus supraopticus des *Hundes*. Beachte die unterschiedliche Neurosekretbeladung der Ganglienzellen.
Chromalaunhämatoxylin-Phloxinfärbung nach GOMORI, Vergr. 450fach, aus RODECK 1958

erforderlichen Mengen von HHLH produzieren und abgeben sollten, weiß man
heute, daß diese dem HHL eigenen Gliazellen zu einer Hormonproduktion nicht
in der Lage sind. Vielmehr ist erwiesen, daß dem hypothalamo-neurohypophysären
System nicht nur die Abgabe der Hormone zukommt, sondern daß es außerdem als
eigentlicher Sekretionsort der HHLH angesprochen werden muß.

Von großer Bedeutung für unsere heutigen Vorstellungen über Produktion und
Abgabe der HHLH wurden die Arbeiten von SCHARRER und seinen Mitarbeitern.
Von ihnen wurden die Kerngebiete des hypothalamo-neurohypophysären Systems
bereits vor etwa 30 Jahren als primäre Sekretionsstätten der HHLH erkannt.
SCHARRER entwickelte in der Folgezeit den Begriff der Neurosekretion. Seine
Arbeiten fanden wegen der unzureichenden Methodik zunächst nicht die verdiente
Beachtung. Das Bild änderte sich, als es 1949 BARGMANN durch Anwendung der
oxydativen Chromalaunhämatoxylin-Phloxin-Methode GOMORIS (1941) gelang, das
gesamte neurosekretführende hypothalamo-neurohypophysäre System elektiv
färberisch zu erfassen.

Bei Anwendung dieser Färbung stellt sich das Neurosekret in Form tiefdunkel-
blau-schwarzer Granula dar. Es ist sowohl in den Kernarealen als auch in den
Axonen des Tractus und in der Neurohypophyse nachzuweisen. Im Bereich der
Kerngebiete finden sich in der Regel Ganglienzellen in allen Stadien der Sekret-

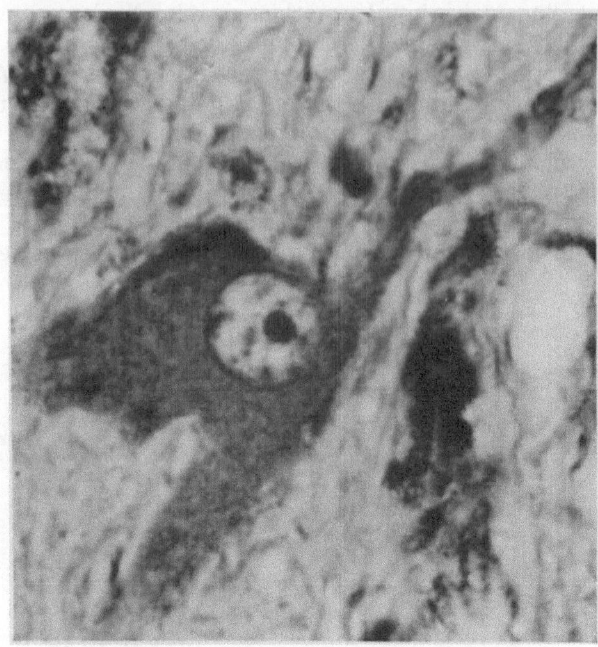

2 b

Abb. 2b—d. Einzelne Ganglienzellen des Nucleus supraopticus vom *Hund* bei stärkerer Vergrößerung. Die verschiedenen Stadien der Sekretbeladung sowie die granuläre Struktur des Neurosekrets sind gut auszumachen Chromalaunhämatoxylin-Phloxinfärbung nach Gomori, Vergr. 1600fach, aus Bargmann 1953

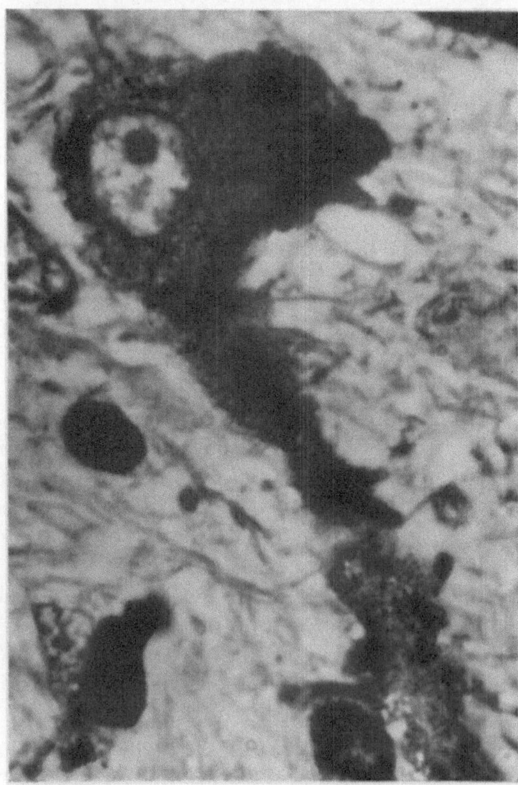

2 c

beladung (Abb. 2). Die Axone des Tractus zeichnen sich durch perlschnurartig angeordnete Verdickungen aus, deren stärkste als sog. Herring-Körper imponieren (Abb. 3). In der Neurohypophyse findet sich das Sekret in besonderer Anreicherung perivasculär gelagert (Abb. 4).

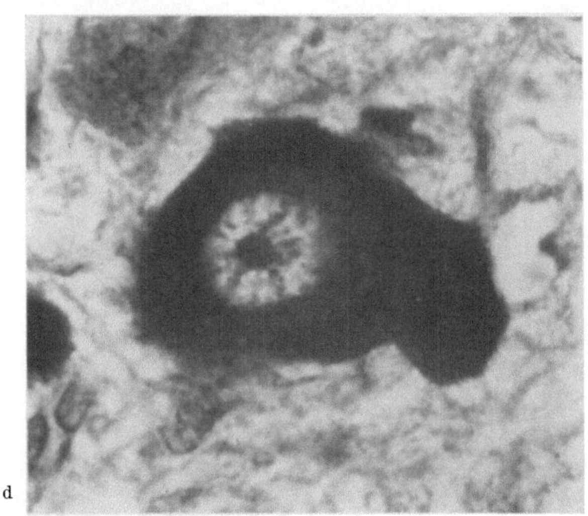

SCHARRER und BARGMANN sehen im Neurosekret die Trägersubstanz der HHLH. Sie bezeichnen die Kerngebiete als die eigentlichen Sekretionsstätten der Hormone („Hypothalamushormone") und des Neurosekrets. Der Tractus wird

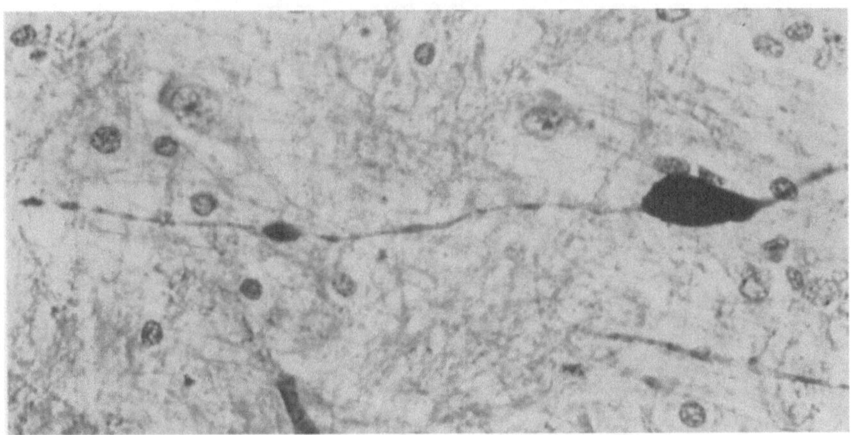

Abb. 3. Neurosekretführender Neurit im Verlauf des Tractus paraventriculo-supraoptico-hypophyseus mit perlschnurartigen Auftreibungen, deren größte als Herringkörper imponieren (*Hund*). Chromalaunhämatoxylin-Phloxinfärbung nach GOMORI, Vergr. 750fach, aus RODECK 1958

von ihnen als der Transportweg, die Neurohypophyse als das Depotorgan angesehen. Demgegenüber vertreten SPATZ u. Mitarb. die Auffassung, daß der Hauptteil des Sekretes in den perivasculären Nervenfaseraufsplitterungen des Tractus, d. h. also in der Neurohypophyse, gebildet wird.

Seit der Entdeckung der hypothalamo-neurohypophysären Neurosekretion wurde in zahlreichen Veröffentlichungen immer wieder auf die Parallelität von Neurosekretbestand und Gehalt an HHLH hingewiesen. Diese wurde nicht nur

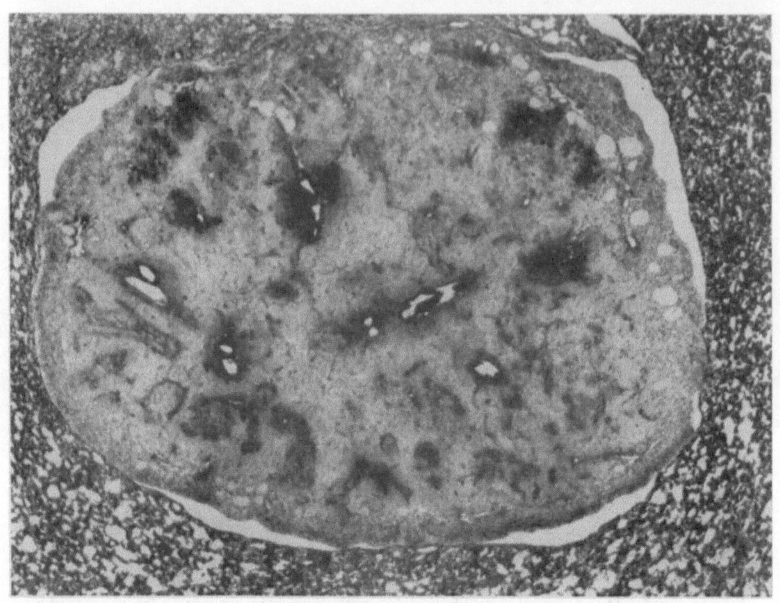

Abb. 4. Neurohypophyse des *Hundes*. Perivasculäre Lagerung des Neurosekrets. Chromalaunhämatoxylin-Phloxinfärbung nach Gomori, Vergr. 40fach, aus Rodeck 1958

Strukturformel von *Oxytocin*

unter Normalbedingungen, sondern stets auch bei Stress-Situationen gefunden, die das neurosekretorische System besonders in Mitleidenschaft ziehen (z. B. Durst,

Salzbelastung, Gravidität, Geburt, Lactation usw.). Damit ergibt sich die Frage nach den Beziehungen zwischen Neurosekret und HHLH.

Oben wurde bereits auf die Trägersubstanztheorie hingewiesen. Andererseits wird die weitgehende Parallelität von Neurosekret- und Hormonbestand als wesentliche Stütze einer Hypothese betrachtet, nach der Neurosekret und HHLH miteinander chemisch verwandt evtl. sogar identisch sein sollen. Vor wenigen Jahren konnten DU VIGNEAUD u. Mitarb. nicht nur die chemische Struktur aufdecken, sondern auch die HHLH Vasopressin (= ADH) und Oxytocin synthetisieren. Es handelt sich um Oktapeptide mit einem durch Cystin geschlossenen intramolekularen Pentapeptidring. Kürzlich gelang es, nicht nur Extrakte aus Hypophysenhinterlappen, sondern auch synthetisch dargestelltes HHLH (Oxytocin) bei Anwendung der Gomori-Methode färberisch zu erfassen,

$$
\begin{array}{l}
\qquad\qquad\qquad\qquad\quad Tyr \\
\qquad\qquad\qquad\quad C_6H_4OH \qquad\quad C_2H_5 \\
\qquad\quad NH_2 \quad O \qquad CH_2 \quad O \qquad CH_2 \\
Cys \quad CH_2-CH-C-NH-CH-C-NH-CH \qquad Phe \\
\qquad\qquad S \qquad\qquad\qquad\qquad\qquad\quad C{=}O \\
\qquad\qquad S \qquad\qquad O \qquad\qquad O \;\; NH \\
Cys \quad CH_2-CH-NH-C-CH-NH-C-CH-(CH_2)_2-CONH_2 \\
\qquad\qquad\quad\; Asp \quad CH_2 \qquad\qquad Glu \\
\qquad\qquad\; C{=}O \qquad\; CONH_2 \\
\qquad CH_2-N \qquad O \qquad\qquad O \qquad Gly \\
\qquad\qquad\qquad CH-C-NH-CH-C-NH-CH_2-CONH_2 \\
\qquad CH_2-CH_2 \qquad\qquad\quad CH_2 \\
\qquad\qquad Pro \qquad\qquad\quad CH_2CH_2NH-C-NH_2 \\
\qquad\qquad\qquad\qquad\qquad\; Arg \;\; NH
\end{array}
$$

Strukturformel von *Vasopressin*

nachdem das Hormon in einer gelierenden Agar-Agar-Aufschwemmung aufgenommen und dann in üblicher Weise wie ein Gewebsblock behandelt worden war (Abb. 5a u. b). Damit wird die Frage nach dem Ansatzpunkt der Färbemethode aktuell. Allem Anschein nach setzt die der Methode eigene $KMnO_4$-Oxydation am Cystin der HHLH an, das dabei zur Cysteinsäure oxydiert wird. Die reaktionsfreudige Sulfogruppe dieser Säure bietet für die anschließenden Färbeprozesse recht gute Voraussetzungen. Eine Bestätigung dieser Auffassung sehen wir in der Tatsache, daß es gelingt, Cysteinsäure sowie Taurin (dekarboxylierte Cysteinsäure) auch ohne vorherige Oxydation in gleicher Weise anzufärben wie Neurosekret bzw. HHLH (Abb. 6). Trotz dieser Befunde glauben wir, daß an der Existenz einer Trägersubstanz nicht gezweifelt werden darf. Anscheinend ist eine solche mit dem „Muttermolekül" (VAN DYKE) bzw. dem „Neurophysin" (ACHER) identisch. Keineswegs scheint das Neurosekret für alle Species von gleicher Beschaffenheit zu sein. So ist möglicherweise die verschiedene morphologische Struktur des gomoriphilen

Materials auf ein unterschiedliches physikalisch-chemisches Verhalten des Neurosekrets zurückzuführen. Da sich das Neurophysin bei Anwendung der oxydativen Methode Gomoris anfärbt, ist anzunehmen, daß es — wie die HHLH auch — über einen reichen Bestand an oxydierbarem Cystein bzw. Cystin verfügt.

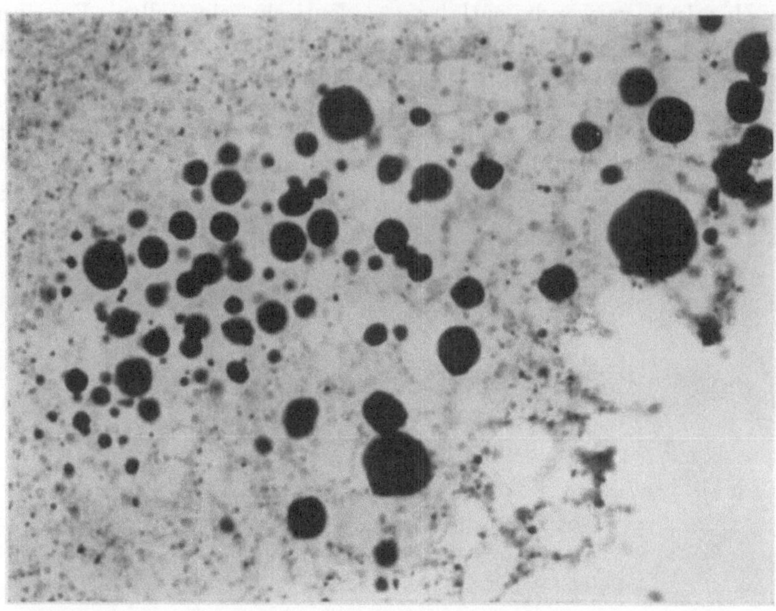

Abb. 5a. *Hypophysenextrakt* (Hypophysin HOECHST). Nach Vakuumtrocknung Aufnahme in gelierendem Agar-Agar, Bouinfixierung, Paraffineinbettung nach Peterfi, Chromalaunhämatoxylin-Phloxinfärbung nach Gomori. Tiefschwarzangefärbte, gut abgegrenzte gomoriphile Tropfen. Vergr. 810fach, aus Rodeck 1959

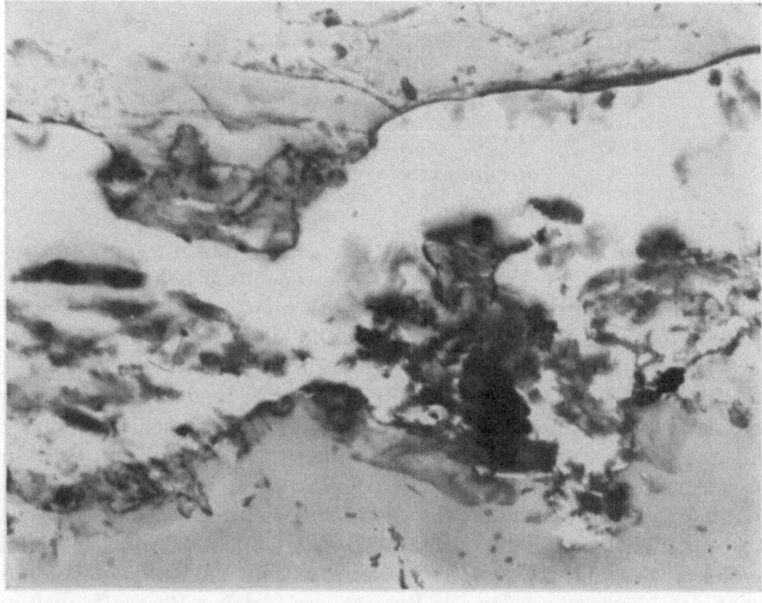

Abb. 5b. Trockenpulver von *synthetischem Oxytocin* (Syntocinon Sandoz). Methodische Angaben s. Abb. 5a

Von den HHLH interessiert hier vorzugsweise das ADH (= Vasopressin). Die Abgabe dieses Hormons wird durch Osmo- und Volumreceptoren gesteuert. VERNEY (1946) konnte in eleganter Weise die Existenz von Osmoreceptoren im Bereich des vorderen Hypothalamus nachweisen: Injektion hypertonischer Kochsalzlösung in die Arteria carotis interna führt bei Hunden prompt infolge ADH-Mobilisierung zu einer verstärkten tubulären Rückresorption und damit zu einer Einschränkung der Diurese. Eine Steigerung des Plasmachloridgehaltes in der A. carotis interna um 8 mg% (= Anstieg des osmotischen Druckes um 2%) reicht aus, um eine Mikroeinheit ADH/sec (= 3,6 mE/Std) zu mobilisieren. Die Harnausscheidung wird dabei auf weniger als 1 ml/qm/min eingeschränkt. Nach Entfernung des Hinterlappens zeigen die Versuchstiere eine wesentlich schwächere

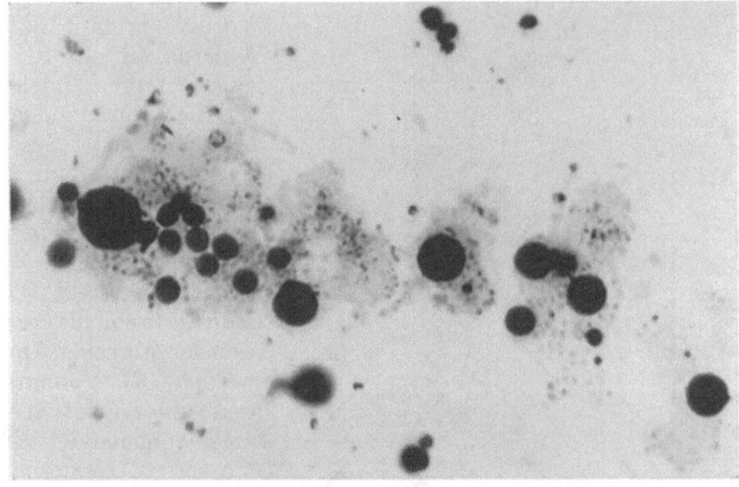

Abb. 6. Gomoriphile *Cysteinsäurekugeln*, daneben feine Granula. Methodische Angaben s. Abb. 5a. Vergr. 740fach, aus RODECK 1959

Reaktion auf die Kochsalzinjektion. Die ADH-Wirkung auf die Niere erfolgt humoral und nicht auf nervösem Weg — die Reaktion normaler und denervierter Niere unterscheidet sich nicht. Demnach stellen Änderungen des im wesentlichen durch die NaCl-Konzentration des Blutplasmas bestimmten osmotischen Druckes den adäquaten Reiz für die Osmoreceptoren dar. Die membrangängigen organischen Stoffe Glucose und Harnstoff lassen diesen Effekt weitgehend vermissen. Andererseits führt ein Absinken der Plasmaosmolarität zu einer Verringerung der ADH-Abgabe. Die tubuläre Rückresorption von Wasser wird eingeschränkt — eine Zunahme der Harnmenge und ein Absinken des spezifischen Harngewichtes sind die Folge. Die maximale Diurese setzt bei einer derartigen plötzlichen Wasserbelastung des Organismus („Wasserstoß") nach etwa 30 min ein. Anscheinend wirkt sich erst nach dieser Latenzzeit die Drosselung der ADH-Abgabe an das Blut bzw. der Abbau der im Organismus zirkulierenden ADH-Menge aus. Die Versuche VERNEYS wurden in der Folgezeit wiederholt nachgeprüft und bestätigt. Insbesondere wurde auch mehrfach auf die Parallelität von Neurosekret- und ADH-Gehalt des neurosekretorischen Systems bei Durchführung osmotischer Belastungen hingewiesen.

Durch eindrucksvolle Beobachtungen der letzten Jahre konnte gesichert werden, daß die Regulation der Wasserausscheidung außerdem durch sog. Volumreceptoren erfolgt, die EPSTEIN u. Mitarb. (1951) im Hypothalamus lokalisieren.

GAUER u. Mitarb. (1954/56) nehmen dagegen periphere Volumreceptoren an, die sie im linken Vorhof des Herzens vermuten. Versuche, durch Änderung der Blutverteilung im Organismus eine Verschiebung der Diurese zu erzwingen, stützen ihre Hypothese. Der Einfluß verschiedener Maßnahmen auf die Gefäßfüllung im Thorax und außerhalb des Thorax, auf den Nierenvenendruck und die Diurese ist in Abb. 7 schematisch aufgezeichnet. Nach Auffassung von GAUER u. Mitarb. sprechen die Volumreceptoren des linken Vorhofs prompt auf Volumänderungen an und leiten einen entsprechenden Reiz dem ADH-produzierenden neurosekretorischen System zu. Durch Verstärkung bzw. Abschwächung der ADH-Freisetzung wird die Diurese exakt auf die gegebenen Voraussetzungen eingestellt. Die Volumregulation soll die Osmoregulation durchbrechen. In der Regel werden sich Volumregulation und Osmoregulation aber wohl nicht voneinander differenzieren lassen, sondern vielmehr in sinnvoller Weise gemeinsam die ADH-Freigabe regeln.

Wo setzt das ADH an, und wie wirkt es? In den Nierenglomerula findet die im wesentlichen durch den Blutdruck bestimmte Filtration des „Pri-

Maßnahme	Urinausscheidung	Gefäßfüllung i. Thorax	Gefäßfüllung außerhalb Thorax	Nierenvenendruck
Blutverlust	↘	↘	↘	↘
Überdruckatmung *Mensch*	↘	↘	↗	↗
Überdruckatmung *narkot. Hund*	↘	↘	↗	↗
Ballonsonde in unterer Hohlvene proximal der Nierenvenen	↘	↘	↗	↗
Ballonsonde in unterer Hohlvene distal der Nierenvenen	↘	↘	↗	↘
Orthostase	↘	↘	↗	↗
Blutstauung in Extr. *Manschette*	↘	↘	↗	↘
Blutstauung in Extr. *Manschette* gleichzeitig Bluttransf. 1500 cm³	normal	> normal ?	↗	> normal ?
Transfusion Vollblut Plasma oder Erythrocyten	↗	↗	↗	↗
Unterdruckatmung *Mensch*	↗	↗	↘	↘
Unterdruckatmung *narkot. Hund*	↗	↗	↘	↘
Kopftieflagerung	↗	↗	↘	↘
Warmes Vollbad	↗	↗	↘	↗
Kälteeinwirkung	↗	↗	↘	↗

Abb. 7. Verhalten der Harnausscheidung bei Änderungen der Blutverteilung. Steigen oder Sinken der Gefäßfüllung im Thorax durch die verschiedensten Maßnahmen hat Zunahme oder Einschränkung der Harnproduktion zur Folge (GAUER u. HENRY 1956)

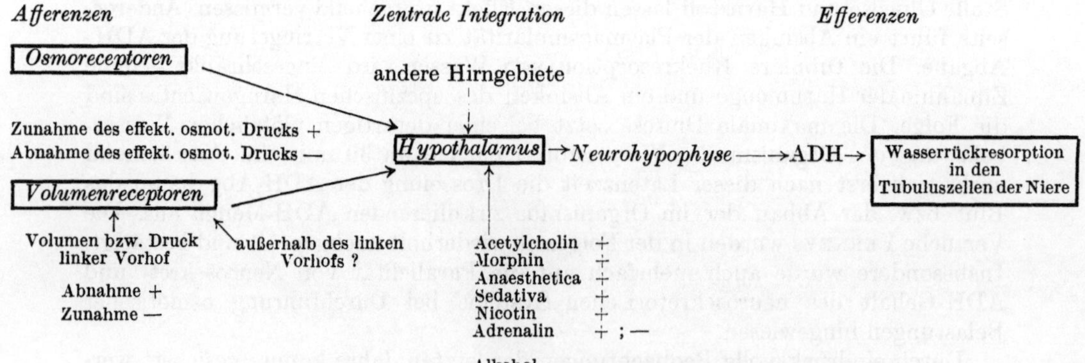

Abb. 8. Schematische Darstellung der für die Regulation des Wasserhaushaltes wichtigen Faktoren. + = Antidiurese; — = Diurese (aus SCHWAB u. KÜHNS 1959)

märharns" statt. Dabei bleiben die geformten Blutelemente und Eiweiß in der Blutbahn, während Wasser und die gelösten Stoffe filtriert werden. Man nimmt beim Menschen für den Quadratmeter Körperoberfläche 100 l Primärharn in 24 Std an. Ein Erwachsener produziert demnach etwa 180 l/Tag. Die Menge der im Primärharn gelösten Stoffe beträgt 31 Osmol/m² Körperoberfläche, von denen 30 Osmol im proximalen Tubulus rückresorbiert werden. Diese Rückresorption vollzieht sich nach physikalisch-chemischen Gesetzen und erfordert keinen energetischen Aufwand („obligatorische" Rückresorption). Der dem distalen Tubulussystem zufließende Harn ist isotonisch. Die Menge beträgt pro Tag etwa 15 l Wasser und 1 Osmol, d. h.

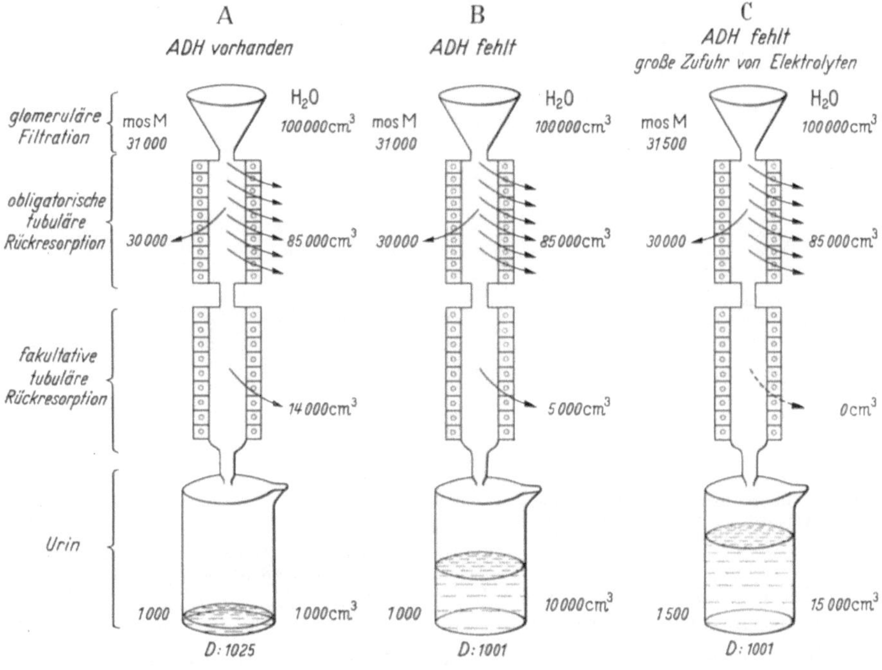

Abb. 9. Die Rückresorption von Wasser und gelösten Stoffen in der Niere (nach TALBOT)

3% der gesamten im Glomerulumfiltrat gelösten Stoffe. Im distalen Tubulusschenkel erfolgt der Ionenaustausch ohne Änderungen der Osmolarität. Für die Diurese ist er ein unwesentlicher Faktor. Im Gegensatz dazu ist die in diesem Tubulusabschnitt stattfindende „fakultative" Rückresorption von Wasser für das Ausmaß der Harnausscheidung von großer Bedeutung. Nur sie unterliegt der Steuerung durch das ADH. Die Zellen des distalen Tubulus entziehen dem ihnen aus den proximalen Tubulusabschnitten zufließenden isotonen Harn entgegen dem osmotischen Druck Wasser. Die ausgeschiedene Harnmenge des Erwachsenen beträgt etwa 1 l mit 1000 mosM gelösten Stoffen. Im distalen Tubulusabschnitt werden demnach etwa 14 l rückresorbiert (Abb. 9). Bei Fehlen von ADH, d. h. beim Diabetes insipidus, können nur etwa 5 l im distalen Tubulus rückresorbiert werden, dabei ist lediglich eine Harnkonzentrierung bis auf je 10 ml Wasser 1 mosM möglich. Für die Ausschwemmung der 1000 mosM gelöster Stoffe sind demnach 10 l Wasser erforderlich. Da das tägliche Harnvolumen beim Diabetes insipidus-Kranken von der Menge der gelösten Stoffe abhängt, wird mit zunehmendem Salzangebot die distale Wasserrückresorption mehr und mehr eingeschränkt. Die Folge ist schließlich bei einem unveränderten spezifischen Harngewicht von etwa 1001 die Ausscheidung von 15 l

Harn. Bei maximaler ADH-Abgabe kann das Wasser im distalen Tubulusschenkel bis auf 0,66 ml/mosM reduziert werden. Das entspricht bei einer mittleren Menge gelöster Stoffe einem Harnvolumen von 670 ml. Bleibt das Angebot gelöster Stoffe konstant, so ist die Harnmenge umgekehrt proportional der ADH-Abgabe. Bei Ausfall von ADH ist das Harnvolumen proportional der Menge der gelösten Stoffe. Das Angebot gelöster Stoffe hängt von der Diät sowie von der Menge der abgebauten Körpersubstanz ab. Durch entsprechende Diät ist eine Herabsetzung der Menge endogener gelöster Stoffe auf 200 mosM/Tag möglich. Die Ausscheidung dieser Menge erfordert ein Harnvolumen von nur 135 ml = minimal mögliche Harnmenge pro Tag. Durch die Menge der gelösten Stoffe werden somit die minimal

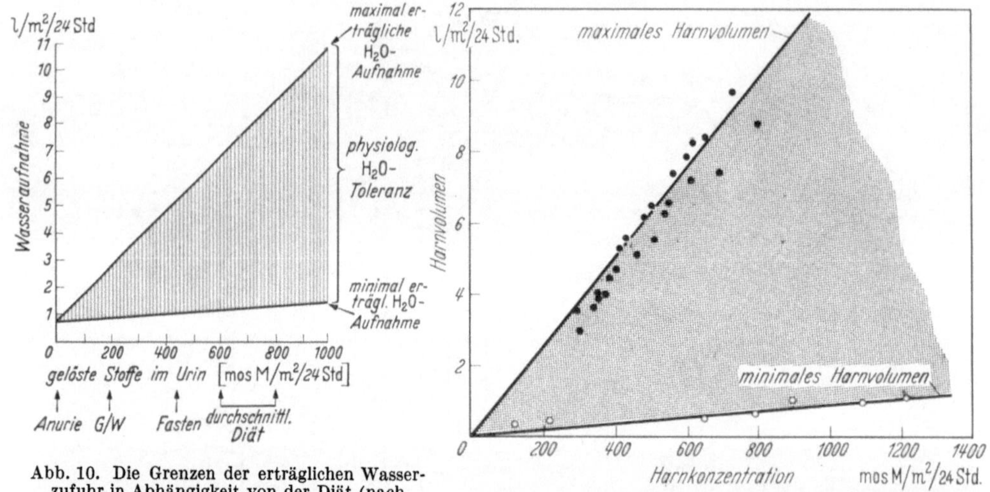

Abb. 10. Die Grenzen der erträglichen Wasserzufuhr in Abhängigkeit von der Diät (nach KERRIGAN). *G/W* Glucose-Wasser-Zufuhr

Abb. 11. Die Grenzen des Harnvolumens in Abhängigkeit von der osmotischen Harnkonzentration. Obere Linie: Beobachtungen an stark mit Wasser belasteten Versuchspersonen. Untere Linie: hydropenische Versuchspersonen. Das von beiden Linien eingeschlossene Areal umfaßt die Variationsbreite des Harnvolumens, die dem gesunden Menschen durch das ADH-produzierende System gesetzt ist (aus CRAWFORD, SCHOEN u. NICOSIA 1951)

und maximal erträgliche Wasseraufnahme bestimmt. Die Grenzen dieser Wasserzufuhr lassen sich unter Berücksichtigung der Wasserverluste (Perspiratio insensibilis) sowie des Oxydationswassers aus den osmotisch bestimmten Grenzen des Harnvolumens berechnen (KERRIGAN u. Mitarb. 1955) (Abb. 10). Die Grenzen des Harnvolumens in Abhängigkeit von der osmotischen Harnkonzentration sind in Abb. 11 dargestellt.

Beim Menschen scheinen 0,2 mE ADH je kg Körpergewicht für das Aufrechterhalten einer ausreichenden fakultativen Wasserrückresorption zu genügen. Eine Steigerung dieser ADH-Menge führt lediglich zu einer Verlängerung der Wirkungsdauer, nicht dagegen zu einer verstärkten Diureseeinschränkung. Die Wirkungsdauer einer bestimmten ADH-Dosis wird durch gleichzeitige Elektrolytbelastung verkürzt.

ADH hat bei physiologischer Abgabe anscheinend keinen direkten Einfluß auf die glomeruläre Filtration oder auf den Ausfall der Clearance-Methoden. Die ohnehin immer schon umstrittene Meinung einer Beeinflussung des Chloridhaushaltes dürfte inzwischen gegenstandslos geworden sein. Eine ADH-Wirkung auf die Chlorausscheidung konnte bei physiologischer Dosierung nicht mit Sicherheit nachgewiesen werden. Ebenso wenig besteht ein exakter Anhalt für eine extrarenale Wirkung des Hormons auf den Elektrolythaushalt.

II. Entwicklung der hypothalamo-neurohypophysären Regulation des Wasserhaushaltes

Schon seit langem weiß man, daß neugeborene Menschen und Tiere nicht in der Lage sind, ihren Harn in gleicher Weise zu konzentrieren wie erwachsene Individuen. Folgende Hypothesen bieten sich zur Erklärung dieses Phänomens an: 1. es wird zu wenig ADH produziert, 2. die Osmoreceptoren bzw. die Volumreceptoren sprechen noch nicht oder nur ungenügend auf den aktuellen osmotischen Plasmadruck oder dessen Änderungen bzw. auf die jeweiligen Volumänderungen im linken Herzen an, 3. das distale Tubulussystem der Niere reagiert aus Gründen morphologischer bzw. funktioneller Unreife noch nicht in ausreichender Weise auf das vom hypothalamo-neurohypophysären System ausgeschüttete ADH.

Gegenüber Wasserverlusten ist der Säugling wesentlich empfindlicher als das ältere Kind bzw. der Erwachsene. Dabei spielen nicht nur gewisse Unterschiede des Stoffwechsels, der Wasserbindungsfähigkeit der Eiweißkörper, sondern auch eine „Unreife" der Niere (insbesondere des Tubulussystems) sowie des hypothalamo-neurohypophysären Regulationssystems eine Rolle. Diese Unterschiede zwischen Neugeborenen und Erwachsenen sind von Species zu Species sehr verschieden und hängen im wesentlichen vom Reifegrad zum Zeitpunkt der Geburt ab. In diesem Zusammenhang mag eine kurze Betrachtung zur Frage des Reifegrades und seiner generellen Bedeutung für die postnatale Entwicklung erlaubt sein, zumal eine derartige Erörterung für das Verständnis der unterschiedlichen Reifung des neurosekretorischen Systems recht wichtig erscheint.

Neugeborene gewisser Säugerarten erweisen sich als besonders hilflos und unreif, andere Species hingegen bringen auf das extrauterine Leben sehr gut eingestellte und bereits recht selbständige Jungtiere zur Welt. Im ersten Fall handelt es sich um Tiere, deren Nachkommenschaft in Würfen von großer Zahl geboren wird (z. B. Mäuse, Ratten). Aber auch größere Tiere, deren Würfe viele Jungen haben, können bei der Geburt relativ unreif sein (z. B. Hunde, Katzen). Die Erklärung für dieses Phänomen liegt darin, daß angesichts der Vielzahl der Feten in utero die Placenta verhältnismäßig klein ist. Die vielen Feten können daher nur bis zu einem ziemlich unreifen Zustand heranwachsen und haben in ihrer Neugeborenenperiode einen Großteil der von anderen Species in utero vollzogenen Entwicklung nachzuholen. Während die erste Gruppe die typischen „Nesthocker" umfaßt (kurze Tragzeit, hilfloser Geburtszustand, nahezu „fetale" Sinnesorgane, fehlendes Haar- bzw. Federkleid usw.), finden wir in der 2. Gruppe die „Nestflüchter" (Würfe mit 1 Jungtier, lange Tragzeit, weitentwickelter Reifezustand bei der Geburt, leistungsfähige Sinnesorgane, ausgeprägtes Haar- bzw. Federkleid). Neugeborene der letzten Gruppe können in der Regel bereits unmittelbar oder doch kurz nach der Geburt laufen und sich infolge der gut ausgebildeten Sinnesorgane relativ rasch in der Umwelt zurechtfinden. Neugeborene der ersten Gruppe sind dagegen zunächst noch recht hilflos. Sie können keinen sinnvollen Gebrauch von ihren Bewegungsorganen machen, ihre Augen und Ohren sind durch Epithel verschlossen und öffnen sich erst nach Wochen, das fehlende Haarkleid macht ein warmes Nest erforderlich. Interessant ist, daß auch die Nestflüchterjungen — auch menschliche Feten — in utero ein Stadium durchlaufen, während dessen Augen und Ohren vorübergehend verschlossen sind. Der Verschluß der Sinnesorgane während der Fetalzeit ist bei diesen Species wohl lediglich als Ausdruck einer Wiederholung von niedrigeren Aszendenzstufen aufzufassen. Demgegenüber muß er bei den recht „unreifen" Nesthockern anscheinend als Schutz vor dem Vertrocknen der Sinnesorgane angesehen werden.

12a

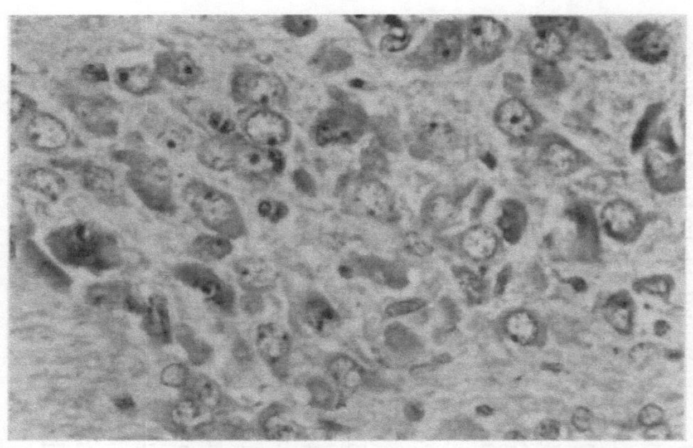

12b

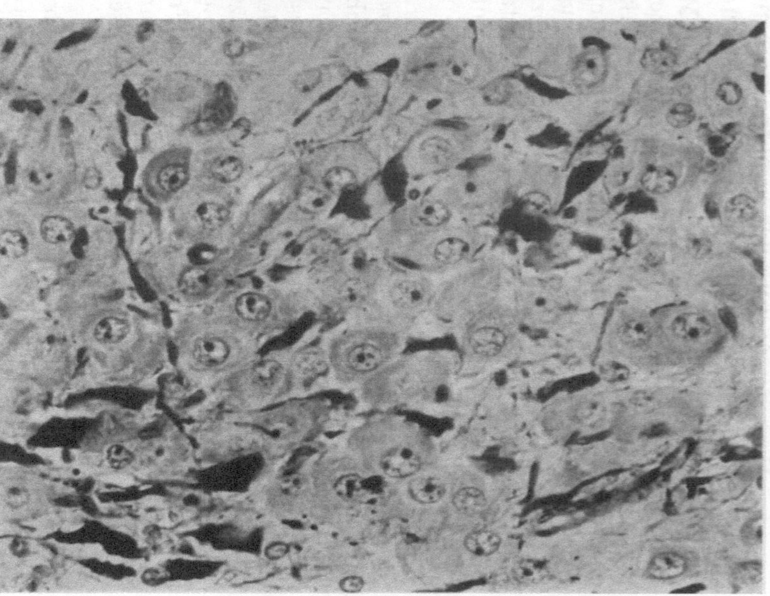

12c

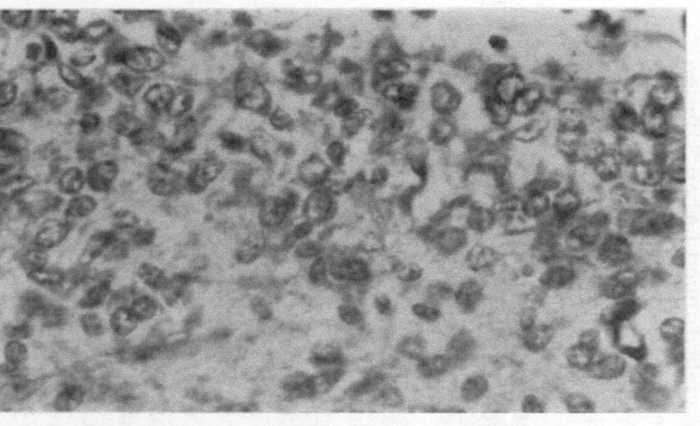

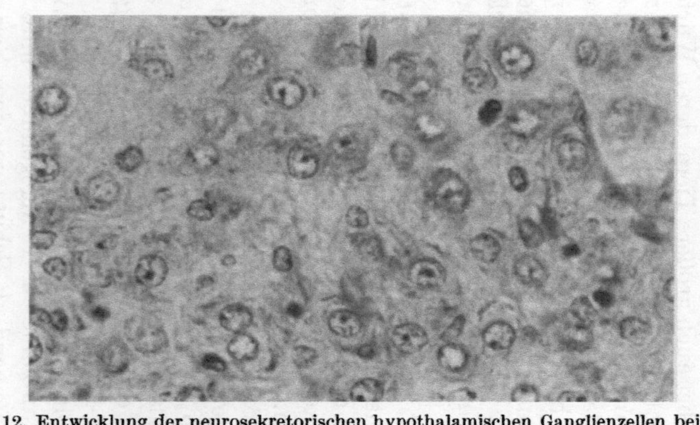

Abb. 12. Entwicklung der neurosekretorischen hypothalamischen Ganglienzellen bei der *Ratte* („primärer Nesthocker"). Chromalaunhämatoxylin-Phloxinfärbung nach Gomori, Vergr. 450fach

Abb. 12a. Nucleus supraopticus eines Feten, kurz vor Partus. Die meist nur mit einem dünnen Cytoplasmasaum umgebenen Zellkerne liegen noch kompakt beieinander. Keine Anzeichen für Neurosekretion. Aus Rodeck 1958

Abb. 12b. Ganglienzellen im Nucleus supraopticus einer 12 Tage alten Ratte. Erhebliche Cytoplasmazunahme, Nissl-Substanz, erste spärliche Anzeichen von Neurosekret, li. unten ist der Tractus opticus angeschnitten. Aus Rodeck 1958

Abb. 12c. Ganglienzellen im Nucleus supraopticus einer 18 Tage alten Ratte. Ganz feine, aber deutlich erkennbare Neurosekretgranula im Cytoplasma. Aus Rodeck 1958

Abb. 12d. Ganglienzellen aus dem Nucleus paraventricularis einer 60 Tage alten Ratte. Reicher Neurosekretbestand. Aus Rodeck 1958

Der Mensch sowie die Affen kommen als „sekundäre" Nesthocker (PORTMANN) zur Welt. Sie sind zwar in ihren Lebensäußerungen noch relativ unreif, zeigen jedoch im übrigen im Verhältnis zu den „primären" Nesthockern eine weit fortgeschrittene Entwicklung. Sekundäre Nesthocker und Nestflüchter repräsentieren gemeinsam die höhere Stufe der Säugerontogenese.

Oben wurde bereits darauf hingewiesen, daß auch in der Entwicklung des Regulationssystems des Wasserhaushaltes Unterschiede zwischen den verschiedenen Species bestehen, die auf den unterschiedlichen allgemeinen Reifegrad bezogen werden müssen. Die Untersuchung der Entwicklung des neurosekretorischen Systems beim Menschen ist nicht einfach, weil man in der Regel kein physiologisches Material vor sich hat. Es ist bekannt, daß jede Art von Stress (also auch die zum Tode führende Krankheit, die Agone, jede Form von Hypoxie usw.) zu einer Ausschwemmung von ADH und Neurosekret führt. Gleiches gilt für viele vor Eintritt des Todes gegebene Medikamente. Zudem ist bekannt, daß Neurosekret sehr empfindlich gegenüber der Autolyse ist. Befunde über den Neurosekretbestand des Menschen sind daher nur mit Vorbehalt zu bewerten. Da für die Interpretation der Entwicklung des Systems beim Menschen eine kurze Schilderung der Evolution der Neurosekretion bei einem primären Nesthocker sinnvoll erscheint, sei zunächst in Kürze die Entwicklung des neurosekretorischen Systems bei der Ratte, einem typischen primären Nesthocker, beschrieben (Abb. 12 u. 13).

Gegen Ende der Tragzeit untersuchte Rattenfeten zeigen ganz allgemein recht zellreiche neurosekretorische Kerngebiete. Das Cytoplasma umkleidet den Zellkern nur in Form eines sehr dünnen, oft kaum sichtbaren Saumes (Abb. 12a). Der Zellkern ist in seiner Struktur gut differenziert. Ein Neuritenabgang läßt sich nur selten einwandfrei ausmachen. Nissl-Substanz bzw. Neurosekret sind in der schmalen Cytoplasmahülle nicht vorhanden. Die Hypophyse erweist sich bei kurz vor der Geburt stehenden Feten als recht gut in ihre drei Teile differenziert (Adenohypophyse, Zwischenlappen, Neurohypophyse). Die Neurohypophyse ist neurosekretleer. Die Gliazellen der Neurohypophyse, die Pituicyten, sind als voll ausgereift zu erkennen. Ihr Reifegrad entspricht somit dem der Gehirngliazellen. Zum Zeitpunkt der Geburt sind weder an den Kerngebieten noch an der Neurohypophyse wesentliche Veränderungen eingetreten (Abb. 13a). In den ersten Lebenstagen kommt die Ausbildung der Ganglienzellen zunächst recht langsam in Gang, nach etwa 4—6 Tagen verläuft sie immer rascher. Durch stetige Cytoplasmaausweitung wächst der Zelleib (Abb. 12b). Nissl-Substanz bildet sich aus und wird dichter. Neuriten- und Dendritenabgänge sind deutlich auszumachen. In der Neurohypophyse sind erstmalig gegen Ende der ersten Lebenswoche feinstaubige Granula in feindisperser Form nachzuweisen (Abb. 13b). Ein für die Entwicklung der Ratte — wie für alle primären Nesthocker — äußerst wichtiger Zeitpunkt ist das Öffnen der Augen, das etwa am 12.—15. Lebenstag erfolgt. Sehr rasch beginnen die Tiere sich in der Umwelt zurechtzufinden. Sie fangen an herumzukriechen. Schon bald nehmen sie selbständig feste Nahrung auf und beginnen an den üblichen Trinkgefäßen zu saugen. Dieser Zeitpunkt ist auch für die Entwicklung des neurosekretorischen Systems bedeutsam. Die Ganglienzellen der neurosekretorisch tätigen Kerngebiete bilden sich in wenigen Tagen zur vollen Reife aus, die Neurosekreteinlagerung vollzieht sich rasch (Abb. 12c). Einzelne Tiere haben bereits im Alter von etwa 50 Tagen so viel Neurosekret wie ausgewachsene Ratten (Abb. 12d). Um diese Zeit ist auch der Tractus mit seinen neurosekrethaltigen perlschnurartig aufgereihten Verdickungen und Herring-Körpern gut auszumachen. In der Neurohypophyse sind Neurosekretgranula immer einige Tage eher nachzuweisen als in den Kerngebieten. Etwa um den 12.—15. Lebenstag ist bereits so viel Neurosekret im Hinterlappen vorhanden, daß es auch photographisch gut zu erfassen ist (Abb. 13c). Das zunächst feinstaubige Neurosekret kondensiert bald zu den für diese Species typischen gröberen Tropfen, die sich vorzugsweise an der besonders gut vascularisierten Grenze zum Zwischenlappen finden (Abb. 13d).

Wie verläuft demgegenüber die Entwicklung des hypothalamo-neurohypophysären neurosekretorischen Systems beim Menschen, einem sekundären Nesthocker? Das menschliche Neugeborene absolviert als „Einling" einen großen Teil seiner „Nesthockerzeit" in utero und ist somit in seiner morphologischen Ausprägung und in allen seinen Funktionen wesentlich weiter als das Rattenneugeborene. Das gilt auch für die Ausbildung des neurosekretorischen Systems (Abb. 14). Nucleus

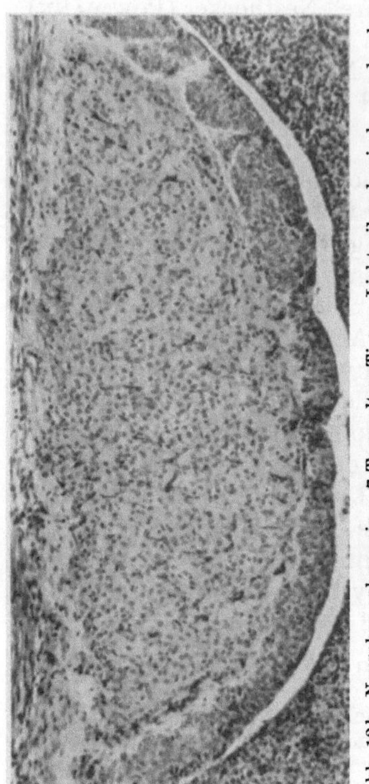

Abb. 13b. Neurohypophyse eines 7 Tage alten Tieres. Lichtmikroskopisch gerade eben wahrnehmbare feinstaubige diffuse Neurosekretverteilung in der gut ausgebildeten Neurohypophyse. Aus RODECK 1958

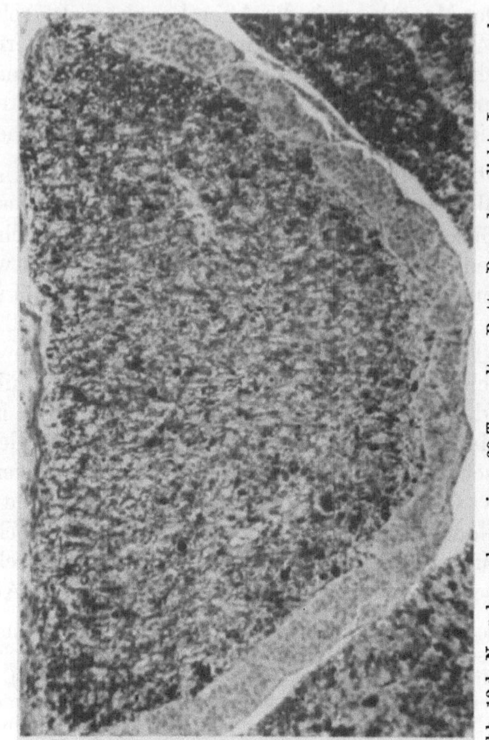

Abb. 13d. Neurohypophyse einer 60 Tage alten Ratte. Besonders dichte Lagerung des grobtropfigen Neurosekrets an der gut vascularisierten Grenze zum Zwischenlappen. Aus RODECK 1958

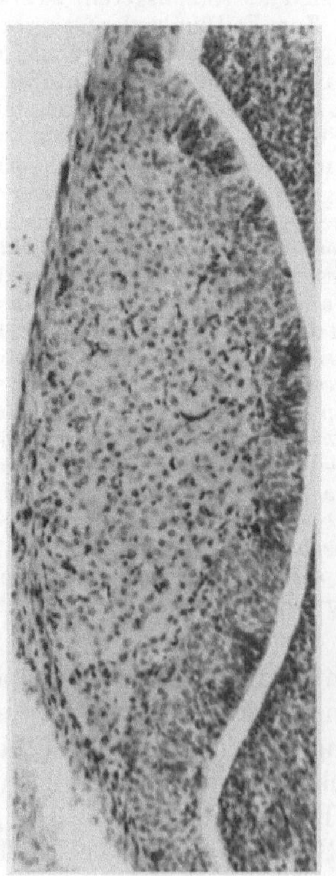

Abb. 13. Entwicklung der Neurohypophyse bei der *Ratte*. Chromalaunhämatoxylin-Phloxin-Färbung nach GOMORI, Vergr. 95fach

Abb. 13a. Neurohypophyse einer neugeborenen Ratte unmittelbar post partum. Neurosekretleere, aber sonst bereits gut differenzierte Neurohypophyse. Reife Pituicyten. Aus RODECK 1958

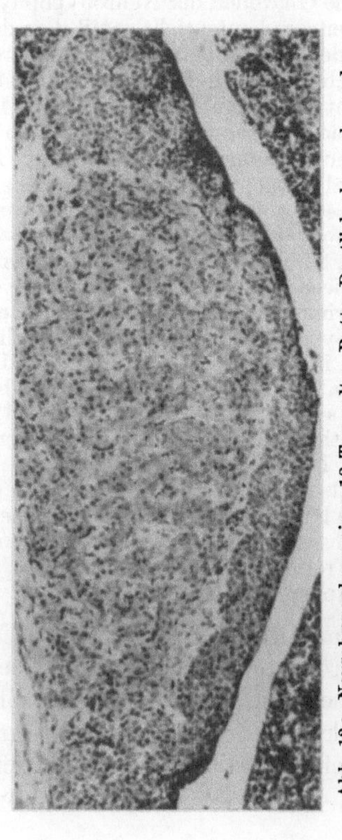

Abb. 13c. Neurohypophyse einer 13 Tage alten Ratte. Deutlich abgrenzbare, den Gefäßprovinzen entsprechende „Neurosekretwolken". Aus RODECK 1958

supraopticus und Nucleus paraventricularis sind in der 14.—16. Schwangerschaftswoche bereits gut ausgebildet. Allerdings ist der Plasmasaum der neurosekretorischen Ganglienzellen im allgemeinen recht schmal. Die endgültige Differenzierung
des Cytoplasmas erfolgt z. T. in der letzten Zeit der Schwangerschaft, z. T. aber
auch erst nach der Geburt. Während bei einem 15 Wochen alten Feten bei Anwendung der Gomori-Methode noch kein Neurosekret in den Ganglienzellen nachzuweisen war, zeigte ein 16 Wochen alter Fet bereits eine deutliche, dunkelblaue,
ganz feindisperse Anfärbung im Cytoplasma der neurosekretorischen Ganglienzellen (BENIRSCHKE und MC KAY 1953). Jenseits der 20. Schwangerschaftswoche
lassen Feten fast immer einen deutlichen Neurosekretbesatz in ihren Kernarealen
erkennen. In der Neurohypophyse finden sich Neurosekretgranula diffus feinstaubig verteilt regelmäßig von der 23. Woche an. Bis zur Geburt nehmen sie kontinuierlich an Menge zu. Ältere Feten (etwa von der 26. Schwangerschaftswoche an)
zeigen bereits die typische perivasculäre Anreicherung des Neurosekrets. Nach der
Geburt wächst der Zelleib der neurosekretorisch tätigen Ganglienzellen weiter und
reift in der Regel während des ersten Lebensjahres völlig aus. Bei neugeborenen
Kindern fällt immer wieder der unterschiedliche Reifegrad der neurosekretorischen
Zellen auf. Neben Ganglienzellen mit nur schmalem Cytoplasmasaum sieht man
andere, die in ihrer Ausbildung und ihrem Neurosekretbestand denen erwachsener
Menschen nicht viel nachstehen. Nach der Geburt setzt ein rasches Wachstum des
Perikaryon ein. Neuriten- und Dendritenabgänge werden deutlicher. Die Nissl-
Substanz wird dichter. Säuglinge im Alter von 3—6 Monaten können bereits Ganglienzellen haben, die sich hinsichtlich Form, Größe und Differenzierung nicht
wesentlich von den Nervenzellen Erwachsener unterscheiden. Die Neurosekretbeladung der Neurohypophyse ist bei der Geburt bereits ausgeprägt und wandelt
sich in der Folgezeit nicht sehr. Allerdings sahen wir in unserem Material immer
wieder Neurohypophysen, die kaum oder nur sehr wenig Neurosekret aufwiesen.
Gleiches gilt auch für die Kerngebiete dieser Kinder. Inwieweit man dafür die
voraufgegangene Krankheit verantwortlich machen kann, steht dahin. Auch das
neurosekretorische System Erwachsener kann mitunter als fast neurosekretleer
imponieren. In der Regel sieht man aber doch — wenn auch häufig nur vereinzelt —
die typischen blauschwarzen Neurosekretgranula im Perikaryon und in den
Axonen. In den letzteren findet man gelegentlich auch die typischen perlschnurartig aufgereihten neurosekrethaltigen Auftreibungen, deren dickste jeweils als
Herring-Körper imponieren. Auch die perivasculäre Lagerung des Neurosekrets in
der Neurohypophyse ist meist auszumachen — wenn mitunter auch nur recht
schütter.

Die morphologischen Befunde finden eine gute Bestätigung durch gleichlaufende Untersuchungen über den ADH-Gehalt des neurosekretorischen Systems
[HELLER u. Mitarb. 1944—1959 (9)]. Oben wurden bereits die Gründe für die auffallende Parallelität zwischen Neurosekretbestand und Gehalt an HHLH diskutiert. Die gute Übereinstimmung zwischen den morphologischen Befunden und den
Hormonanalysen überrascht daher nicht. So konnte gezeigt werden, daß die Neurohypophyse von Neugeborenen nur über etwa $^1/_5$ der antidiuretischen und oxytocischen Aktivität von Hinterlappengewebe Erwachsener verfügt (Bezugsgröße:
Gewicht Trockensubstanz). Ähnliche Beobachtungen werden von neugeborenen
Ratten, Meerschweinchen, Katzen und Hunden mitgeteilt. Die Neurohypophysen
neugeborener Tiere verfügen nur über Bruchteile der vasopressorischen Wirksamkeit von ausgewachsenen Tieren. Recht gut zu der fast überstürzt raschen morphologischen Entwicklung des neurosekretorischen Systems nach dem Öffnen der
Augen (etwa 12—15 Tage nach der Geburt) paßt die auffallende Zunahme des
Hormongehaltes von diesem Zeitpunkt an. Bezogen auf die Einheit 100 g Körper-

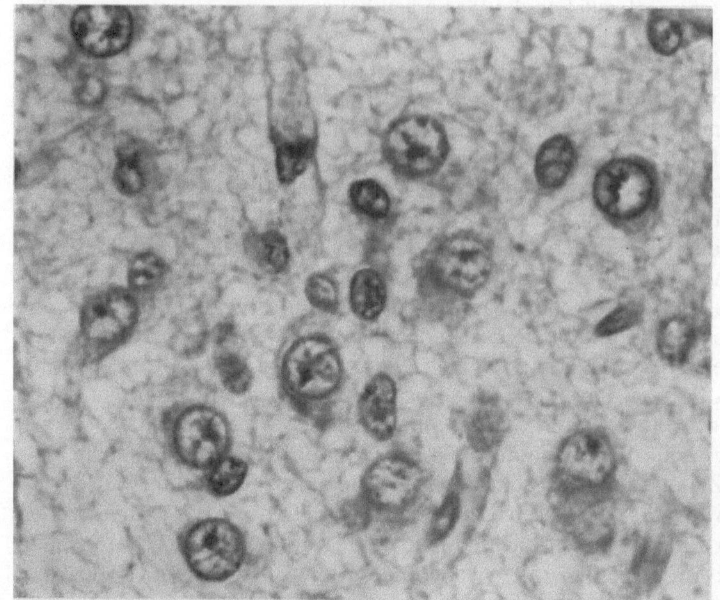

Abb. 14a. Ganglienzellen im Nucleus supraopticus eines *menschlichen Feten* (26. Schwangerschaftswoche). Unterschiedliche Ausbildung des Cytoplasmaleibes. Vereinzelt Nissl-Substanz und feine Neurosekretgranula. Chromalaunhämatoxylin-Phloxin-Färbung nach GOMORI, Vergr. 850-fach, aus RODECK 1958

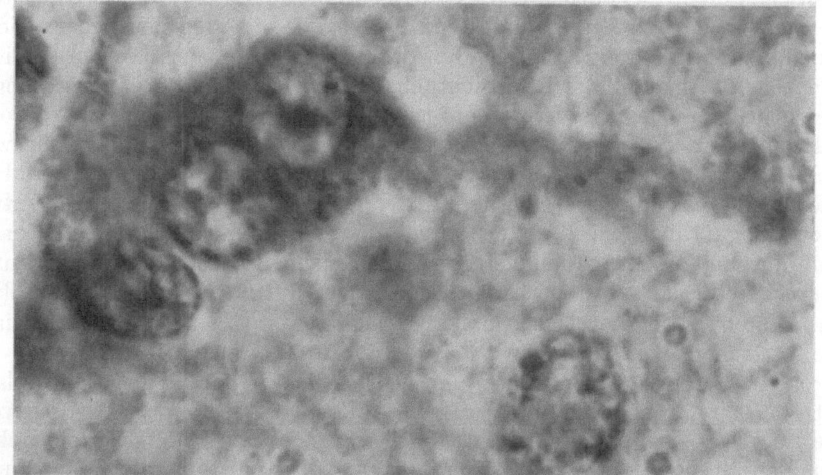

Abb. 14b. Zweikernige Ganglienzelle im Nucleus supraopticus des gleichen *Feten*. Zahlreiche Neurosekretgranula, deutlicher Neuritenabgang. Chromalaunhämatoxyiln-Phloxin-Färbung nach GOMORI, Vergr. 1800fach, aus RODECK 1958

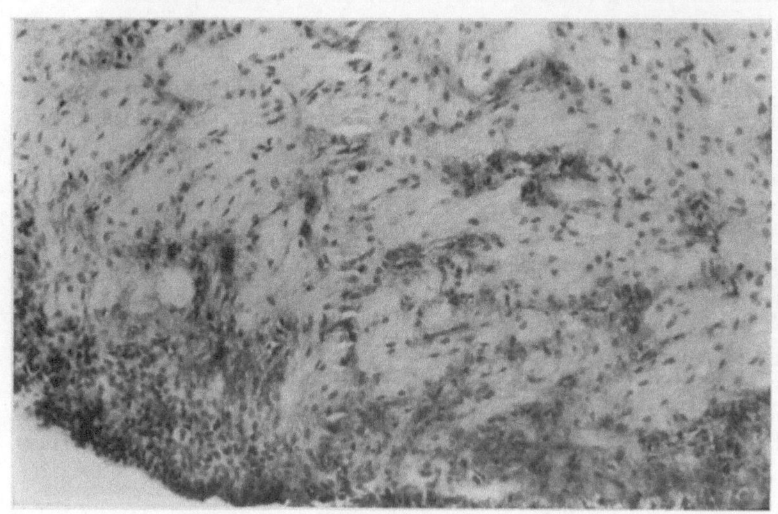

Abb. 14c. Ausschnitt aus der Neurohypophyse des gleichen *Feten*. Perivasculäre Neurosekretanreicherung, besonders an der gut vascularisierten Grenze zur Pars intermedia. Chromalaunhämatoxylin-Phloxin-Färbung nach GOMORI, Vergr. 150fach, aus RODECK 1958

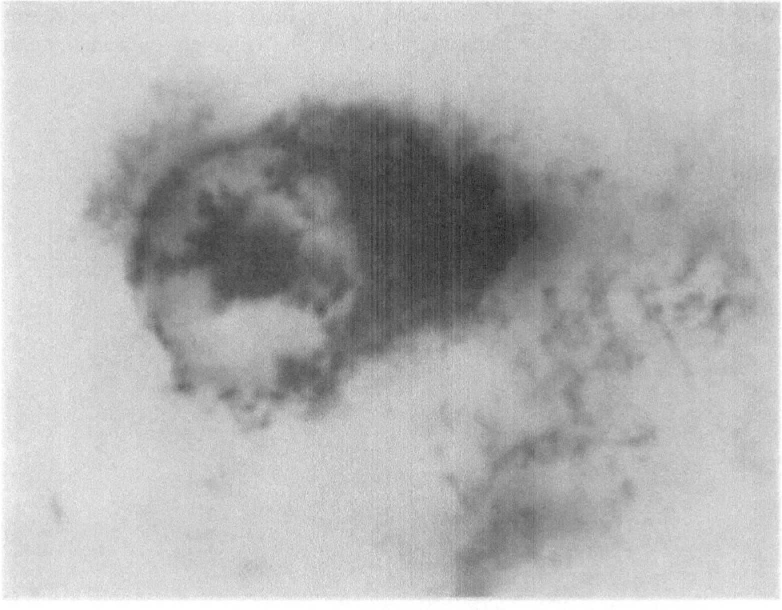

Abb. 14 d. Ganglienzelle aus dem Nucleus supraopticus eines *menschlichen Feten* in der 38. Schwangerschaftswoche. Exzentrische Lagerung des Zellkerns, zahlreiche Neurosekretgranula im Cytoplasma. Chromalaunhämatoxylin-Phloxin-Färbung nach GOMORI, Vergr. 1100fach, aus BENIRSCHKE und McKAY 1953

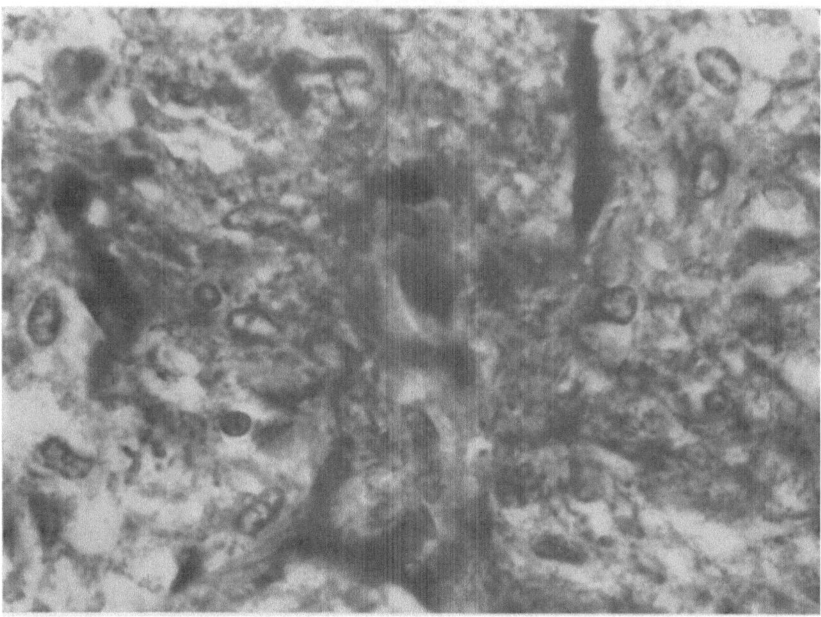

Abb. 14 e. Neurohypophyse eines *menschlichen Feten* in der 40. Schwangerschaftswoche. Perivasculäre Lagerung der Neurosekretgranula und der kleinen Herringkörper. Chromalaunhämatoxylin-Phloxin-Färbung nach GOMORI, Vergr. 340fach, aus BENIRSCHKE und McKAY 1953

gewicht, 1 g Niere und 100 cm² Körperoberfläche liegt der Vasopressingehalt der Neurohypophyse neugeborener Ratten erheblich niedriger als bei ausgewachsenen

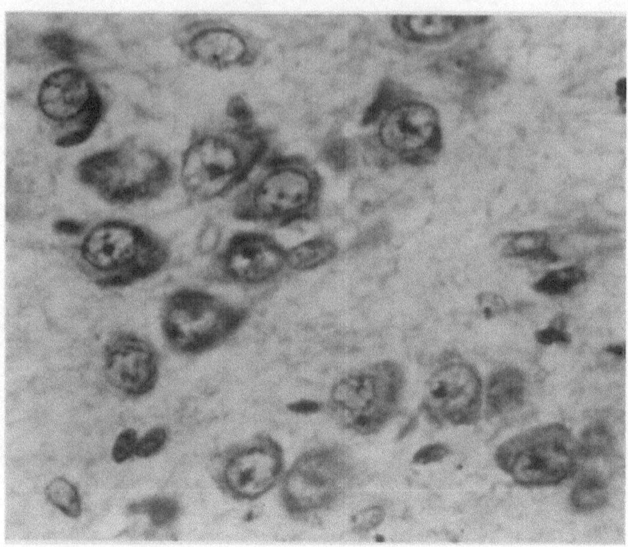

Abb. 14f. Ganglienzellen im Nucleus supraopticus eines 7 Tage alten *Säuglings*. Weitgehende Differenzierung des Perikaryon, Nissl-Substanz, vereinzelte, besonders an der Zellperipherie gelegene Neurosekretgranula. Chromalaunhämatoxylin-Phloxin-Färbung nach GOMORI, Vergr. 750fach, aus RODECK 1958

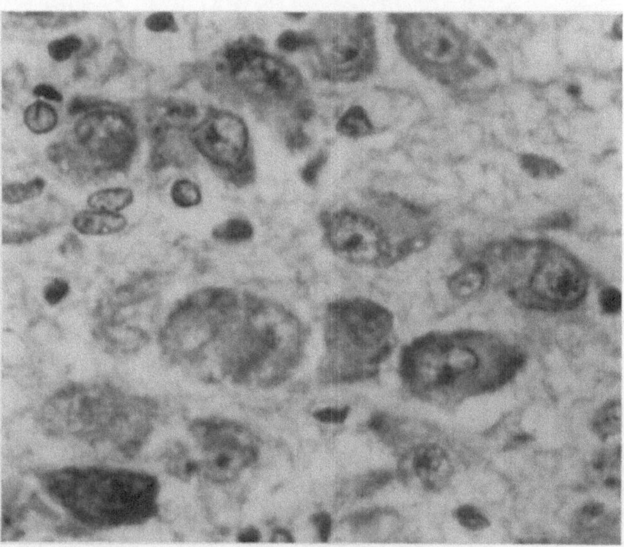

Abb. 14g. Ganglienzellen im Nucleus supraopticus eines 14 Wochen alten *Säuglings*. Fast reife Ganglienzellen mit unterschiedlicher Neurosekretbeladung. Chromalaunhämatoxylin-Phloxin-Färbung nach GOMORI, Vergr. 750fach, aus RODECK 1958

Tieren. — Die morphologischen Unterschiede verschiedener Species im Reifegrad finden eine gute Bestätigung bei Anwendung pharmakologischer Auswertungsmethoden des Hormongehaltes. So ist das menschliche Neugeborene offensichtlich

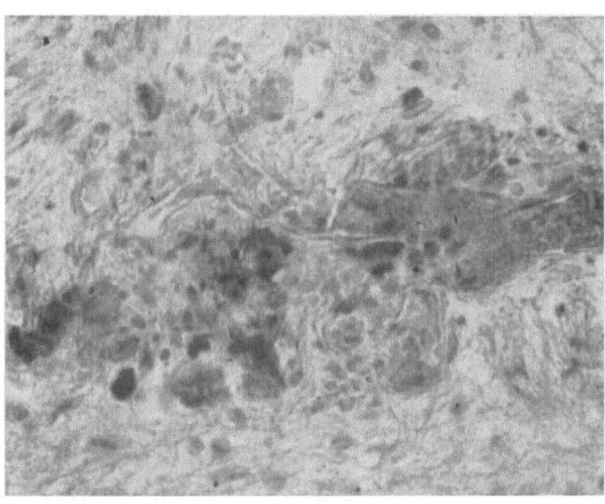

Abb. 14h. Perivasculäre Neurosekreteinlagerung in der Neurohypophyse eines 1 Jahr und 7 Monate alten *Kindes*. Chromalaunhämatoxylin-Phloxin-Färbung nach GOMORI, Vergr. 260fach, aus RÄIHÄ und HJELT 1957

Abb. 14 i—k. Neurosekretführende Fasern aus dem Hypophysenstiel des *erwachsenen Menschen*. Schnittdicke 7 µ, Chromalaunhämatoxylin-Phloxin-Färbung nach GOMORI. Vergr. etwa 840mal; aus HILD 1952

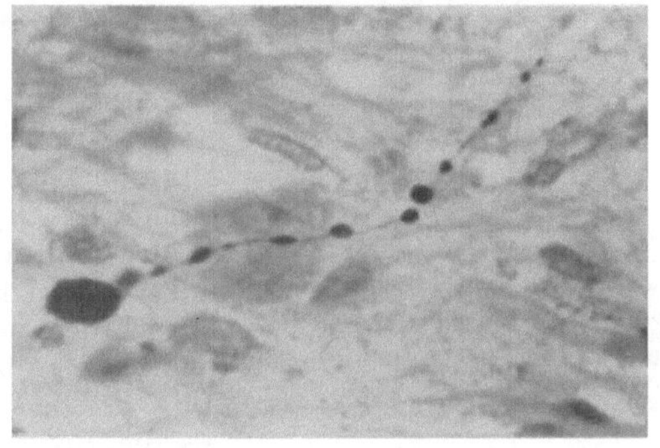

Abb. 14i. Ausgesprochene Perlschnurbildung, feine Axoplasmabrücken zwischen den kugeligen Faseranschwellungen

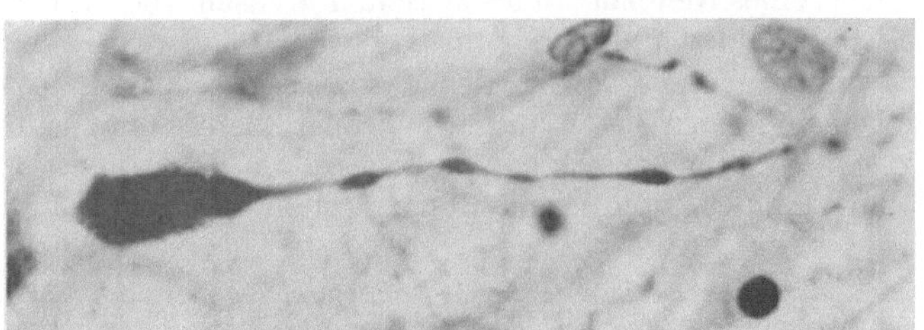

Abb. 14k. Varicöse Anschwellungen, von denen die größte bereits als Herringkörper imponiert

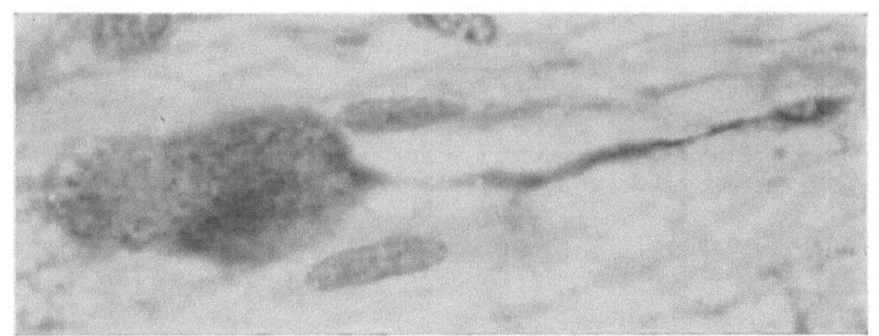

Abb. 14l. Locker strukturierter Herringkörper im Zusammenhang mit sekretorischer Nervenfaser. Varicöse Anschwellung und Herringkörper stellen nur graduell unterschiedliche Faserverdickungen an umschriebener Stelle dar

bezüglich der Ausbildung seines neurosekretorischen ADH-produzierenden Systems wesentlich reifer als das Rattenneugeborene. Zwar ist auch bei menschlichen Neugeborenen der Vasopressingehalt des Hinterlappens pro mg Drüsensubstanz erheblich geringer als beim Erwachsenen; berechnet auf kg Körpergewicht ist dagegen kein so großer Unterschied wie bei Ratten festzustellen (Abb. 15). DICKER und TYLER (1953) fanden in der Hypophyse von Feten, die jünger als 70 Tage alt waren, weder Vasopressin noch Oxytocin. Spuren von HHLH fanden sich erst bei Feten zwischen 70—100 Tagen. Geringe Mengen wurden erst bei älteren Feten nachgewiesen. Bemerkenswerterweise blieb die oxytocische Aktivität bei allen Bestimmungen erheblich hinter der vasopressorischen zurück. Vasopressorische und oxytocische Aktivität gleichen sich erst etwa zum Zeitpunkt der Geburt einander an. Tab. 1 zeigt den unterschiedlichen Vasopressingehalt der Neurohypophyse von neugeborenen und ausgewachsenen Individuen verschiedener Species. Der Hormongehalt entspricht dem verschiedenen Reifegrad zum Zeitpunkt der Geburt. Die Unterschiede des Vasopressingehaltes zwischen „primären Nesthockern" (Ratten), „sekundären Nesthockern" (Mensch) und „Nestflüchtern" (Meerschweinchen) sind beträchtlich.

Zur Beurteilung des Reifezustandes des neurosekretorischen Systems gehören neben Hormonanalysen der Neurohypophyse auch solche der hypothalamischen Kerngebiete. Leider sind derartige Bestimmungen bisher nur vom Hund bekannt (VOGT 1953), der hinsichtlich seines Reifegrades zum Zeitpunkt der Geburt zwar auch als Nesthocker anzusprechen ist, jedoch wesentlich reifer als die Ratte geboren wird. Er nimmt bezüglich seines Reifezustandes zwischen Mensch und Ratte eine Mittelstellung ein. Bei Hormonbestimmungen von Hypothalami etwa 10 Wochen alter Hunde fanden sich nur Bruchteile sowohl der Vasopressin- als auch der Oxytocinaktivität, verglichen mit den Werten ausgewachsener Tiere. Somit ist das gesamte neurosekretorische System sowohl morphologisch als auch funktionell zum Zeitpunkt der Geburt als nicht voll ausgereift anzusehen.

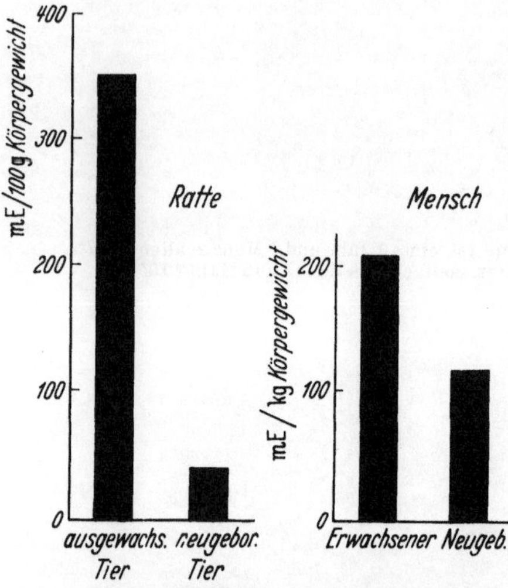

Abb. 15. Vergleich der ADH-Aktivität in der Neurohypophyse ausgewachsener und neugeborener *Ratten* und *Menschen*. Bei der Ratte ist die Aktivität in Milli-Einheiten auf 100 g, beim Menschen auf kg Körpergewicht bezogen (nach HELLER, aus McCANCE 1950)

Tabelle 1. *Vasopressorische Aktivität der Neurohypophyse von sehr jungen und ausgewachsenen Individuen verschiedener Species. Mittelwerte $\pm$ s.e.*, aus HELLER u. LEDERIS 1959

Species	Lebensalter in Tagen	sehr junge Individuen				ausgewachsene Individuen			
		Zahl der untersuchten Neurohypophysen	mE/Neurohypophyse	mE/mg Drüsengewebe	mE/100 g Körpergewicht	Zahl der untersuchten Neurohypophysen	mE/Neurohypophyse	mE/mg Drüsengewebe	mE/100 g Körpergewicht
Meerschw.	1	5	398 $\pm$120	412 $\pm$65	496 $\pm$181	4	2325$\pm$ 546	639$\pm$123	513$\pm$114
Mensch	bis 3	6	460 $\pm$107	32 $\pm$ 5,7	24 $\pm$ 4,4	5	15230$\pm$2610	125$\pm$ 42	23$\pm$ 10,0
Ratte	7	35	13,5[1]$\pm$ 1,7	59[1]$\pm$ 7,5	117 $\pm$ 49,5	16	850$\pm$ 57	564$\pm$ 86	400$\pm$ 30

[1] Gewichtsmittelwerte.

Wie verhält sich dieses unreife System bei osmotischen Belastungen ? Auf die Unfähigkeit des jungen Säuglings, seinen Harn bei fehlender Flüssigkeitszufuhr entsprechend zu konzentrieren wie der Erwachsene, wurde oben bereits hingewiesen. Der Säugling hat einen „physiologischen Diabetes insipidus" bzw. eine „physiologische Isosthenurie", die eine relativ große Flüssigkeitsaufnahme erforderlich macht. Bei ungenügender Wasseraufnahme kommt es infolge des fortlaufenden Wasserverlustes rasch zur Ausbildung einer lebensbedrohlichenExsiccose mit ihren verhängnisvollen Begleiterscheinungen (Turgorverlust, Bluteindickung, Kreislaufzentralisation, Acidose, Durstfieber, Kollaps). Bei älteren Kindern bzw.

Erwachsenen werden bei einem Durstversuch regelmäßig große Mengen von ADH infolge der Reizung der Osmoreceptoren freigesetzt. Ein Teil des ADH wird dabei in der Leber inaktiviert, — ein anderer wird durch die Niere ausgeschieden. 3 Tage alte Säuglinge zeigen demgegenüber nach 6—8 stündigem Dursten eine nur sehr geringfügige ADH-Ausscheidung mit dem Harn (AMES 1953). Immerhin läßt dieser Befund vermuten, daß der neurohormonale Reflexbogen Osmoreceptorenneurosekretorisches System zum Zeitpunkt der Geburt bereits funktioniert. Diese Vermutung erfährt eine wesentliche Stütze durch Versuche von HELLER und LEDERIS (1958): 4—8 Tage alte Ratten zeigen im Durstversuch eine deutliche Abnahme des ohnehin sehr geringen ADH-Gehaltes der Neurohypophyse. Auch können sie ihren Harn bereits geringgradig konzentrieren (Abb.

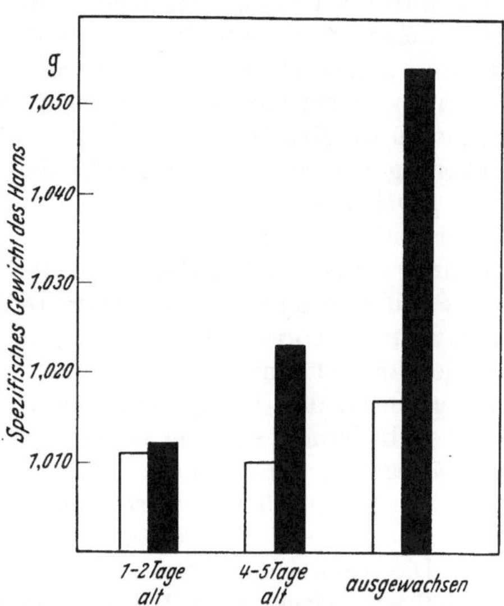

Abb. 16. Wirkung und Flüssigkeitsentziehung auf das spezifische Gewicht des Harns von Ratten verschiedener Lebensalter (HELLER 1949; HELLER u. LEDERIS 1957), aus HELLER 1958. Offene Säulen: normale Tiere, schwarze Säulen: nach 24 stündigem Dursten

16). Während bei ausgewachsenen Ratten durch eine Injektion von Nicotin eine ADH-Abgabe in die Blutbahn mit entsprechender Einschränkung der Diurese und Ausscheidung eines konzentrierten Harns erzwungen werden kann, zeigen neugeborene Tiere vor dem 3. Lebenstag keinerlei Reaktion. Erst nach diesem Zeitpunkt wird ein geringer Effekt deutlich, der mit zunehmendem Alter rasch ausgeprägter wird. Allerdings wird die Nicotinwirkung auf die Diurese erst bei 17 bis 20 Tage alten Ratten der ausgewachsener Tiere quantitativ vergleichbar. Dieses Datum erscheint besonders bemerkenswert, da um diese Zeit auch morphologisch ein auffallend rasches Reifen des neurosekretorischen Systems auffällt (Augenöffnen der Jungtiere etwa um den 12.—15. Lebenstag).

Die Ergebnisse von Messungen der ADH-Aktivität unter osmotischen Belastungen finden eine eindrucksvolle Bestätigung durch morphologische Untersuchungen des neurosekretorischen Systems unter Veränderung der normalen osmotischen Verhältnisse. Schon seit längerem weiß man, daß das neurosekretorische System ausgewachsener Tiere im Durstversuch bzw. bei Salzbelastung nach kurzer Zeit infolge der erforderlichen verstärkten ADH-Ausschwemmung kaum noch Neurosekret aufweist. Entsprechende Untersuchungen an jungen Ratten unterschiedlichen Alters ergaben, daß dieses System unter derartigen Belastungen sofort die weitere cytologische Entwicklung abstoppt (RODECK 1962). Der – wenn überhaupt – vorhandene Neurosekretbestand ist rasch erschöpft. Schon nach wenigen Tagen sieht man schwere degenerative Zellveränderungen. Je jünger die Tiere sind, um so schwerer sind die degenerativen Veränderungen der neurosekretorischen Ganglienzellen. Nach Normalisierung des Wasserhaushaltes tritt nur langsam eine Erholung ein. Die Entwicklung der neurosekretorischen Kernareale bleibt in der Folgezeit immer um etwa 2 Wochen hinter der normaler Kontrolltiere zurück. Diese Befunde beweisen, daß nicht nur die Nebennierenrinde, deren Veränderungen man schon seit langem kennt, durch Exsiccose und Säuglingsintoxikation schwer geschädigt wird, sondern daß auch die hypothalamo-neurohypophysären Regulationszentren des Wasserhaushaltes in Mitleidenschaft gezogen werden. Anscheinend muß auch bei menschlichen Säuglingen die nach einer Exsiccose oft noch über längere Zeit beobachtete Labilität des Wasser-Salzhaushaltes auf die nur langsame „Reparation" dieser Zentren und der Nebennierenrinde bezogen werden.

Man begegnet immer wieder der Auffassung, daß der Reifezustand der Sinnesorgane für die Beurteilung des Reifegrades zum Zeitpunkt der Geburt wichtig sei. Im vorangehenden wurde dargelegt, daß auch der Reifezustand des neurosekretorischen ADH-produzierenden Systems bei primärem Nesthocker, sekundärem Nesthocker und Nestflüchter recht unterschiedlich ist. Zudem wurde auf Beobachtungen hingewiesen, nach denen junge Ratten nach Öffnen der Augen eine auffallend rasche Differenzierung des neurosekretorischen Systems zeigen. So mögen Versuche an neugeborenen Ratten erwähnenswert sein, bei denen beide Augen durch Enucleation entfernt wurden. Derartige Versuche gewinnen an Interesse, wenn man bedenkt, daß blindgeborene und sehr früh blindgewordene Kinder in der Regel nicht lernen, sich auf einen 24 Std-Diureserhythmus einzustellen. Wesentlich häufiger als unter normal sehenden Kindern findet man unter ihnen Bettnässer. Entgegen allen Erwartungen erwies sich, daß bei geblendeten Tieren die Entwicklung des neurosekretorischen Systems nicht beeinträchtigt ist (Rodeck 1959). Die Neurosekretbeladung erfolgt zum gleichen Zeitpunkt und im gleichen Ausmaß wie bei gesunden Kontrolltieren. Nach diesen Untersuchungen und den klinischen Beobachtungen scheint der Gesichtssinn weniger für die termingerechte Ausbildung der Regulationszentren des Wasserhaushaltes als vielmehr für die Feineinstellung des jeweiligen Tonuszustandes dieser Zentren (24 Std-Diureserhythmus u. a.) bedeutsam zu sein.

Die Beobachtungen über die morphologische und funktionelle Unreife des neurosekretorischen Systems werfen die Frage nach dem Reifegrad des Erfolgsorgans des ADH, des distalen Tubulusschenkels der Niere, auf. Bei Neugeborenen und Säuglingen ist die Ansprechbarkeit des distalen Tubulusschenkels auf ADH bei Anwendung verschiedener Versuchsanordnungen eindeutig gegenüber der Reaktion dieses Nierenabschnittes von Erwachsenen herabgesetzt. Das gilt für alle bisher untersuchten Species. Neugeborene Ratten zeigen auf exogen zugeführtes Vasopressin nur eine minimale Einschränkung der Wasserrückresorption (Abb. 17). Erst bei 3 Wochen alten Tieren läßt sich ein ADH-Effekt nachweisen, der in etwa dem ausgewachsener Ratten nahekommt.

Die Nierenfunktion des menschlichen Feten erwies sich bei den bisherigen Untersuchungen naturgemäß als noch unreifer als die des normalen Säuglings. McCance und Widdowson (1952) sind daher der Ansicht, daß die Niere vor der Geburt nahezu außerhalb der Kontrolle von ADH und des Hormons der Parathyreoidea und wahrscheinlich auch der Nebennierenrinde steht. Barnett und Vesterdal (1953) verglichen den ADH-Effekt von frühgeborenen Säuglingen und Erwachsenen. Die Versuchspersonen wurden zu Beginn des Versuches so stark mit Wasser belastet, daß die Diurese als maximal angesehen werden konnte. Dieser Zustand wurde durch laufende, dem Flüssigkeitsverlust durch Harn und Perspiratio insensibilis entsprechende i. v. Dauertropfinfusion von Wasser beibehalten.

Nach Beigabe von ADH in die Infusionsflüssigkeit nahm die Diurese bei Erwachsenen und Säuglingen im gleichen Ausmaß ab — bezogen auf die Körperoberfläche.

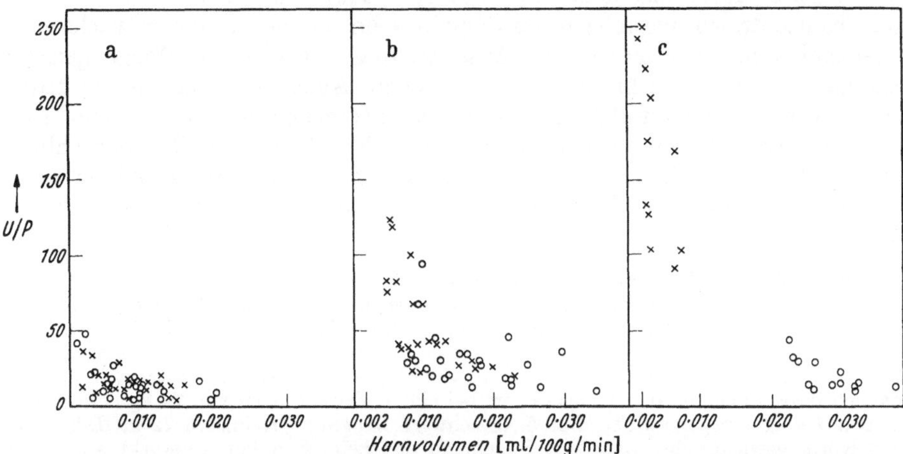

Abb. 17. Wirkung von Vasopressin auf die Harnkonzentration von 1—31 Tage alten *Ratten*. Der Quotient Inulin-Konzentration im Urin/Inulin-Konzentration im Plasma (*U/P*) diente als Maß der renalen Wasserresorption. Alle Tiere erhielten 4,5 ml Wasser peroral und 10 Milli-Einheiten Pitressin subcutan pro 100 g Körpergewicht a) 1—8 Tage alte Ratten, b) 20—31 Tage alte Ratten; c) ausgewachsene Tiere. × mit Pitressin injizierte Tiere; ○ Kontrollen. Während sich in der ersten Gruppe die Quotienten der Pitressin-Tiere von den Werten der Kontrollen nicht unterscheiden, fallen einige der Quotienten der älteren Ratten bereits in den Bereich der ausgewachsenen Tiere. Die Versuchsanordnung war ungeeignet, den Beginn der Ansprechbarkeit auf ADH zu ermitteln. Die Ergebnisse dieser Versuche zeigen aber, daß der quantitative renale Effekt des Hormons erst ungefähr drei Wochen nach der Geburt mit der Wirkung auf ausgewachsene Tiere vergleichbar wird (HELLER 1952); aus HELLER 1958

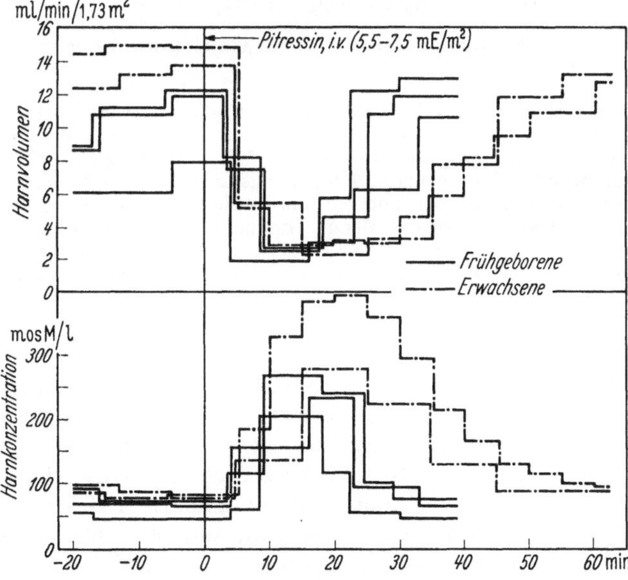

Abb. 18. Vergleich der Pitressinwirkung während einer Wasserdiurese bei drei *frühgeborenen Säuglingen* und zwei *Erwachsenen* (aus BARNETT und VESTERDAL 1953)

Der Pitressineffekt hielt bei den Erwachsenen jedoch länger an als bei den Frühgeborenen. Die osmotische Konzentration des Harns stieg an. Die Zunahme der molaren Konzentration war bei den frühgeborenen Säuglingen geringer und von kürzerer Dauer als bei Erwachsenen (Abb. 18). Bei 4—8 Tage alten menschlichen Säuglingen führt eine Injektion von HHL-Extrakt zu einer wesentlich geringeren Steigerung der Harnkonzentration. Im *Durstversuch* zeigt sich ebenfalls das geringere Konzentrationsvermögen des Säuglings im Vergleich zum Erwachsenen. Der Neugeborene benötigt für die Ausscheidung der gleichen Menge gelöster Substanzen ein erheblich größeres Harnvolumen. Auch der neugeborene Hund erweist sich bei Wasser- und ADH-Belastungen als recht unreif. Das neugeborene Meerschweinchen ist dagegen wesentlich reifer („Nestflüchter"). Der menschliche Säugling nimmt eine Mittelstellung ein. Zur Frage des Ausreifens anderer nicht vom ADH abhängiger Nierenfunktionen s. Kapitel „Nierenphysiologie im Kindesalter".

Der große *Wasserbedarf des Neugeborenen* und *des Säuglings* ist aber nicht allein eine Folge der „Unreife" des neurosekretorischen Regulationssystems bzw. der noch nicht vollausgeprägten Nierenfunktion, sondern auch des großen Stoffumsatzes. Auf Grund der relativ größeren Oberfläche benötigt der Säugling relativ mehr Calorien als der Erwachsene. Die Folge ist ein verhältnismäßig stärkerer Anfall von *Oxydationswasser.* So beträgt die Menge des täglich freiwerdenden Oxydationswassers bei einem Erwachsenen von 70 kg etwa 500 g, d. h. etwa 7 g/kg Körpergewicht. Der 5 kg schwere Säugling produziert 72 g, d. h. etwa 14 g/kg Körpergewicht. Man mag sich fragen, ob das beim Säugling verstärkt anfallende Oxydationswasser zu einer Wassereinsparung führt. Das ist sicher nicht der Fall. Der zur Bildung der größeren Menge Oxydationswasser erforderliche Sauerstoff bedingt eine verstärkte Lungenventilation, die wiederum durch Wasserabdunstung zu Wasserverlusten führt (Perspiratio insensibilis). Zudem fällt bei dem gerade für den Säugling bedeutsamen Abbau von Eiweiß als Endprodukt Harnstoff an, für dessen Ausscheidung durch die Nieren gleichfalls Wasser erforderlich ist. Die mangelnde Konzentrationsfähigkeit der Niere bedingt einen stärkeren Wasserbedarf zur Ausschwemmung der Schlackenstoffe. Jede Bildung von Oxydationswasser führt somit zu einem gewissen Wasserverlust. Aus der Gleichung

$$C_6H_{12}O_6 + 6\,H_2O + 6\,O_2 \rightarrow 6\,CO_2 + 12\,H_2O$$

$$\text{„Ergänzungswasser"} \qquad \text{„Oxydationswasser"}$$

ergibt sich, daß zur Oxydation der Nahrungsstoffe sog. *Ergänzungswasser* erforderlich ist. Die notwendige Menge Ergänzungswasser ist für die einzelnen Nahrungsstoffe verschieden. Sie beträgt für 100 g Kohlenhydrate 60 g, für 100 g Eiweiß 130 g, für 100 g Fett 217 g. Bei steigendem Stoffumsatz nimmt auch der Bedarf an Ergänzungswasser zu. Da die Nahrung des Säuglings zudem prozentual wesentlich mehr Fett enthält als die des Erwachsenen, und gerade Fett bei der Oxydation eine besonders große Menge Ergänzungswasser benötigt, erfährt so der große Wasserbedarf des Säuglings eine weitere Erklärung. Zu dem Ergänzungswasser kommt noch das sog. *Retentionswasser.* Mit 1 g Eiweiß bzw. 1 g Glykogen, die in die Körpersubstanz eingebaut werden, werden 3 g Wasser retiniert. Der Säugling hält insgesamt etwa 1—3% der aufgenommenen Flüssigkeitsmenge für den täglichen mit dem Wachstum verbundenen Substanzgewinn fest.

Der relativ große Wasserbedarf des Säuglings ergibt sich somit aus einer großen Reihe von Faktoren. Neben die für Erwachsenen und Säugling sehr unterschiedlichen Voraussetzungen des Stoffwechsels tritt die morphologische und funktionelle Unreife der Niere und der Regulationszentren des Wasserhaushaltes. Daß darüber hinaus auch eine gewisse Unreife weiterer endokriner Drüsen, insbesondere der Nebennierenrinde, eine Rolle spielt, wird an anderer Stelle ausgeführt. Alle Faktoren, die mit dem Wasserhaushalt oder dessen Regulation in Zusammenhang stehen, sind in jeder Phase der Entwicklung in einem einander entsprechenden Reifezustand. Sie sind — verglichen mit den Leistungen des erwachsenen Organismus — als „unreif", dem Lebensalter entsprechend jedoch als durchaus reif für die anfallenden Aufgaben zu bezeichnen.

Literatur

(lediglich Zusammenfassungen und Monographien, Hinweise auf Einzelarbeiten s. dort)

BARGMANN, W.: Das Zwischenhirn-Hypophysensystem. Berlin-Göttingen-Heidelberg: Springer-Verlag 1954. — BLAND, J. H.: Clinical recognition and management of disturbances of body fluids. Philadelphia-London: W. B. Saunders Comp. 1956.

DIEPEN, R.: Hypothalamus. Handbuch der mikroskopischen Anatomie des Menschen. 4. Bd. 7. Teil. Berlin-Göttingen-Heidelberg: Springer-Verlag 1962.

ELKINTON, J. R., and T. S. DANOWSKI: The body fluids. Baltimore: Williams and Wilkins Comp. 1955.

FISHER, C., W. R. INGRAM and S. W. RANSON: Diabetes insipidus and the neurohormonal control of water balance. A contribution to the structure and funktion of the hypothalamico-hypophyseal system. Ann Arbor (Michigan): Edwards Broths., Inc. 1938.

GAMBLE, J. L.: Chemical anatomy, physiology and pathology of extracellular fluid. Cambridge (Mass.): Harvard University Press 1954. — GAUER, O. H., u. J. P. HENRY: Klin. Wschr. 1956, 356.

HELLER, H.: The neurohypophysis. Proceedings of the Eighth Symposium of the Colston Research Society, held in the University of Bristol, April 9th — April 12th, 1956. London: Butterworths Scientific Publications 1957. — HELLER, H., and R. B. CLARK: Neurosecretion. Proceedings of the Third International Symposium on Neurosecretion, held in the University of Bristol, September 1961. Academic Press: London and New York 1962. — HUNGERLAND, H.: Wasserhaushalt: In J. BROCK: Biologische Daten für den Kinderarzt, II. Band. Berlin-Göttingen-Heidelberg: Springer-Verlag 1954.

LINNEWEH, F.: Die physiologische Entwicklung des Kindes. Vorlesungen über funktionelle Pädologie. Berlin-Göttingen-Heidelberg: Springer-Verlag 1959.

MARX, H.: Der Wasserhaushalt des gesunden und kranken Menschen. Berlin: Springer-Verlag 1935. — MARX, H.: Innere Sekretion. In Handbuch der inneren Medizin. 6. Bd., 1. Teil, 3. Aufl. Berlin: Springer-Verlag 1941. — MOLL, H. C., u. G. W. DAUGHERTY: Stoffwechsel des Wassers und der Elektrolyte. In N. ZÖLLNER: Thannhausers Lehrbuch des Stoffwechsels und der Stoffwechselkrankheiten. Stuttgart: Georg Thieme 1957.

ORTHNER, H.: Pathologische Anatomie und Physiologie der hypophysär-hypothalamischen Krankheiten. In Handbuch der speziellen pathologischen Anatomie und Histologie. 13. Bd., 5. Teil. Berlin-Göttingen-Heidelberg: Springer-Verlag 1955.

PETERS, J. P.: Water balance in health and disease. In: G. G. DUNCAN: Diseases of metabolism. Philadelphia: W. B. Saunders Comp. 1947.

RODECK, H.: Neurosekretion und Wasserhaushalt bei Neugeborenen und Säuglingen. 36. Beiheft z. Arch. Kinderheilk. Stuttgart: Enke-Verlag 1958. — RODECK, H.: Untersuchungen über den Einfluß der Dehydration auf die postnatale Entwicklung der Regulationszentren des Wasserhaushaltes. Sonderheft Annales NESTLE 1962.

SARRE, H.: Nierenkrankheiten. Stuttgart: Georg Thieme 1958. — SCHARRER, E., u. B. SCHARRER: Neurosekretion. In: W. MÖLLENDORF u. W. BARGMANN: Handbuch der mikroskopischen Anatomie des Menschen. IV. Bd., 5. Teil. Berlin-Göttingen-Heidelberg: Springer-Verlag 1954. — SCHWAB, M., u. K. KÜHNS: Die Störungen des Wasser- und Elektrolytstoffwechsels. Berlin-Göttingen-Heidelberg: Springer-Verlag 1959. — SMITH, H. W.: The kidney. Structure and function in health and disease. New York: Oxford University Press 1951. — SMITH, H. W.: Amer. J. Med. 23, 623 (1957).

TALBOT, H. B., E. H. SOBEL, J. W. McARTHUR and J. D. CRAWFORD: Functional endocrinology from birth through adolescence. Cambridge (Mass.): Harvard University Press 1952.

Der Salz-Wasserhaushalt

Von

H. Weber

Mit 8 Abbildungen

1. Einleitung

Wasser ist das Milieu, in dem sich die Lebensvorgänge des lebendigen Organismus abspielen; es ist die Voraussetzung dessen, was wir schlechthin unter „Leben" verstehen.

Jedes Lebewesen besteht daher zu einem mehr oder weniger großen Anteil aus Wasser. Einer ständigen Ausscheidung muß eine entsprechende Zufuhr die Waage halten, Wasserentzug über ein bestimmtes Maß hinaus führt, abgesehen von einigen niederen Lebewesen, die in Trockenstarre verharren können, zum Tode.

Alle Körperflüssigkeiten sind wäßrige Lösungen anorganischer oder organischer Stoffe. Wasser ist eng mit dem Stoffwechsel organischer Substanzen verbunden, bei deren Verbrennung es als Ergänzungswasser notwendig ist oder als Oxydationswasser frei wird. Als Hydratationswasser ist es in Makromoleküle eingelagert. Seine große Wärmekapazität und die hohe Verdampfungswärme spielen eine erhebliche Rolle bei der Konstanterhaltung der Körpertemperatur.

Wassergehalt, Wasserverteilung und Regulation des Wasserhaushaltes sind daher von größter Bedeutung für das Leben des Organismus.

Nach dem Vorstehenden ist es klar, daß die Betrachtung des Wasserhaushaltes wie etwas Selbständiges nur als eine vereinfachende, aber didaktisch zu rechtfertigende Fiktion angesehen werden kann.

2. Der Wassergehalt des Organismus

Das Wasser ist im Organismus auf verschiedene Räume verteilt, die sich anatomisch und physiologisch voneinander trennen lassen: 1. das Zellwasser (intracelluläre Flüssigkeit) und 2. das außerhalb der Zellen gelegene Wasser (extracelluläre Flüssigkeit). Die 2. Gruppe umfaßt eine Vielzahl sehr verschieden zusammengesetzter Flüssigkeiten; einmal das pericellulär gelegene Wasser, die „physiologische" extracelluläre Flüssigkeit; das Blut, die interstitielle und Cerebrospinal-Flüssigkeit, die sich in ihrer Zusammensetzung sehr ähnlich sind und die Claude Bernard als «milieu intérieur» bezeichnete; zum anderen die Flüssigkeiten, die lediglich „anatomisch" außerhalb der Zelle liegen: die Sekrete, der Darminhalt, der Blaseninhalt und die quantitativ unbedeutenden Synovialflüssigkeiten. Unterstellt man, daß diese Flüssigkeiten sich großenteils außerhalb der inneren oder äußeren Oberfläche des Organismus befinden, also sich bereits „außerhalb" des eigentlichen Organismus befinden, so könnte man sie als „Körperflüssigkeiten" vernachlässigen.

Im folgenden wird unter „extracellulärer Flüssigkeit" lediglich der „physiologische" pericelluläre Anteil verstanden. Verschiedene Methoden stehen zur Messung des Gesamtwassergehaltes und des intra- und extracellulär gelegenen Anteiles zur Verfügung.

a) Die Austrocknung der Leiche bis zur Gewichtskonstanz,

b) die „Verdünnungsmethode", bei welcher eine organische Substanz (Harnstoff oder Antipyrin) oder markiertes Wasser (Deuteriumoxyd oder Tritiumoxyd) injiziert und deren Konzentration nach einer gewissen Zeit bestimmt wird, während der eine annähernd gleichmäßige Verteilung über den gesamten Organismus erfolgt ist.

c) Die Bestimmung des spezifischen Gewichtes des Körpers, welche von der Voraussetzung ausgeht, daß das spezifische Gewicht der fettfreien Körpersubstanz konstant ist.

Während die Verfahren der Austrocknung und der Bestimmung des spezifischen Gewichtes keine große Bedeutung erlangt haben, brachten die Untersuchungen mit der Verdünnungstechnik zahlreiche Ergebnisse.

Die Bestimmung der Größe des intra- und extracellulär gelegenen Anteils am Gesamtwasser stößt auf Schwierigkeiten. Es gibt bislang keine Möglichkeit, die Menge des intracellulären Wassers direkt zu messen, während man mit einiger Genauigkeit die Menge der extracellulären Flüssigkeit messen und als Differenz zwischen Gesamt-Wassergehalt und extracellulärer Flüssigkeit den intracellulären Flüssigkeitsraum bestimmen kann.

Auch zur Bestimmung des Extracellulär-Raumes bedient man sich der Verdünnungsmethode, indem man den Verteilungsraum anorganischer oder organischer Stoffe bestimmt (Sulfat, Thiosulfat, Thiocyanat, Chlorid, Natrium, Mannitol oder Inulin). All diese Stoffe verteilen sich aber nicht exakt und ausschließlich im extracellulären Raum; z. T. verlassen sie ihn in mehr oder weniger großem Umfang, indem sie in die Zelle eindringen oder in den Magen-Darm-Inhalt abwandern, z. T. verteilen sie sich nicht gleichmäßig über den ganzen Extracellulärraum. Es ist daher besser, lediglich vom „Verteilungsraum" ("space") des zur Untersuchung benutzten Stoffes zu sprechen. Wenn auch keine sicheren Absolut-Werte zu erhalten sind, so geben doch die einzelnen Methoden gute Vergleichswerte.

Zur Bestimmung der Blut- bzw. Plasmamenge werden praktisch auch nur Verdünnungsmethoden verwendet, sei es mittels Farbstoffen oder markierten (radioaktiven) Substanzen, welche die Blutbahn nicht verlassen. Die Schwierigkeit und Unsicherheit dieser Methoden beruht darauf, daß sich wahrscheinlich nicht die gesamte Blutmenge erfassen läßt, indem ein unbestimmbarer Teil des Blutes nicht am Kreislauf teilnimmt.

Der Anteil des Wassers am Körpergewicht ist im Beginn der Entwicklung sehr hoch. Vor über 100 Jahren bestimmte v. Bezold mittels der Exsikkation bei einem 5 Monate alten Fetus einen Wassergehalt von 88% des Körpergewichtes, Fehling (*10*) fand bei einem 4 Monate alten Fetus einen Wert von 91%, bei einem 7 Monate alten einen solchen von 84%. Dieser hohe Wassergehalt nimmt allmählich ab und verringert sich bis zur Geburt auf etwa 70—80% (*8, 12, 24*) (Tab. 1). Auch nach der

Tabelle 1. *Verhalten der Körperflüssigkeit in der Embryonalzeit.* [Nach V. Job and W. W. Swanson, Amer. J. Dis. Child. **47**, 302 (1934)]

Länge des Fetus in cm	3,0	8,0	17,5	23,5	30,5	36,1	41,3	51,8
Lunarmonat............	2,6	3,0	4,3	5,1	6,2	7,2	8,2	10,0
% H_2O des Organismus ...	95,4	94,3	88,7	87,3	85,5	85,5	79,6	75,5

Geburt vermindert er sich noch rasch, um im 6. Lebensmonat einen Wert um etwa 60% zu erreichen, der im weiteren Leben zwar erheblich schwanken kann, im Durchschnitt aber annähernd konstant bleibt (*14*). Der relative Wasserverlust im Verlaufe der Fetalzeit und der ersten Lebensmonate und die im späteren Leben zu beobachtenden Schwankungen um den Wert von 60% sind zumindest z. T. dadurch bedingt, daß das Körpergewicht (als die Bezugseinheit) die Summe von

Substraten sehr verschiedenen Wassergehaltes darstellt. So kann der Anteil des Fettgewebes als einer wasserarmen Substanz erhebliche Veränderungen des relativen Wassergehaltes (bezogen auf das Körpergewicht) verursachen. Tatsächlich ist der Fetus außerordentlich arm an Fett, erst in den letzten Schwangerschaftsmonaten wird ein merkliches Unterhautfettgewebe ausgebildet.

Weitere Gründe für den unterschiedlichen Wasserreichtum von Neugeborenen und Erwachsenen mögen darin zu suchen sein, daß verschiedene Organe oder

Tabelle 2. *Prozentualer Wassergehalt verschiedener Organe des Neugeborenen und des Erwachsenen*

	Neu-geborener (A)	Er-wachsener (B)	A—B	Abnahme in % des Neuge-borenenwertes
Muskel . .	82	74	8	9,7
Herz . .	88	80	8	9,1
Gehirn . .	89	78	11	12,3
Lungen .	83	79	4	4,8
Leber . .	81	74	7	8,6

Gewebe (z. B. Haut, Gehirn) einen unterschiedlichen Anteil am Körpergewicht haben und daß überdies der Wassergehalt dieser Organe sich im Verlaufe des Wachstums ändert (Tab. 2).

Die Haut, die bei der relativ größeren Körperoberfläche des Säuglings einen größeren Anteil am Körpergewicht hat als beim Erwachsenen, nimmt (nach KERPEL-FRONIUS) beim Neugeborenen 20,8% des Körperwassers in Anspruch,

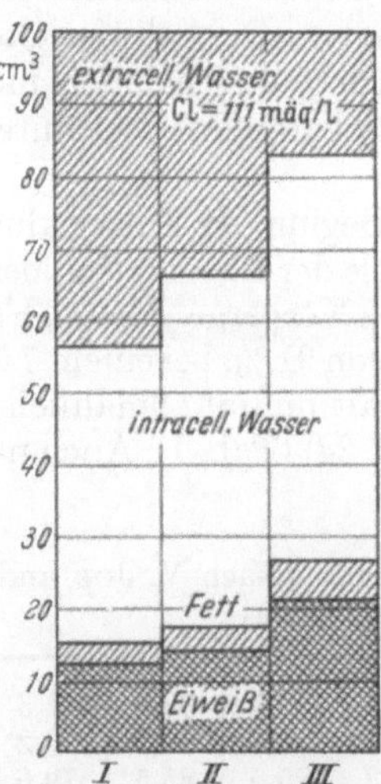

Abb. 1. Vorgänge im wachsenden Muskel. Jede Säule stellt die Zusammensetzung von 100 g Muskelgewebe dar. I = Frühgeburt; II = 10 Tage altes Neugeborenes; III = Erwachsener. [Nach KERPEL-FRONIUS (*19*)]

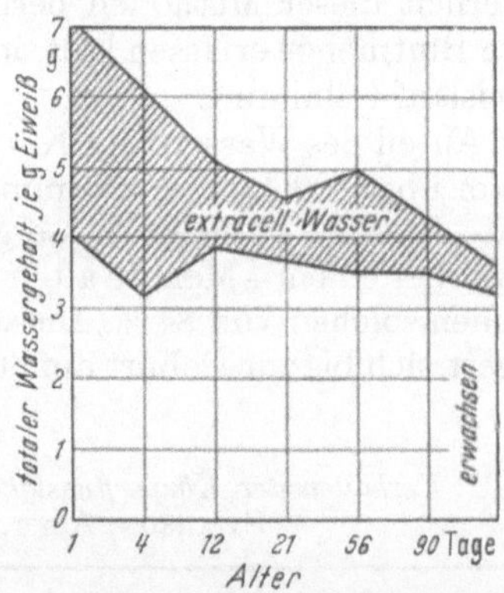

Abb. 2. Verhalten der intra- und extracellulären Flüssigkeit pro Gramm Eiweiß während des Wachstums beim Kaninchen. Der Gesamt-Wassergehalt pro Gramm Eiweiß nimmt erheblich ab, während die intracelluläre Flüssigkeit („Quellungswasser des Eiweißes") praktisch pro Gramm Eiweiß konstant bleibt. ////// = extracelluläres Wasser; ☐ = intracelluläres Wasser. [Nach KERPEL-FRONIUS (*19*)]

beim Erwachsenen nur 8,9%. Ähnlich liegen die Verhältnisse beim Gehirn: Der Anteil am Gesamt-Wasser beträgt beim Neugeborenen 11,2%, beim Erwachsenen nur 2,2%.

Wir sehen also, daß sich das Wasser im Verlaufe des Wachstums auch anders verteilt, aber nicht allein durch veränderte Relationen der einzelnen Organe zueinander, vielmehr findet auch innerhalb der Organe eine Änderung im Verhältnis fester zu flüssiger Substanz und eine „Umlagerung" von Wasser aus dem pericellulären in den intracellulären Raum statt (Tab. 3, Abb. 1 u. 2). Mit diesen Vorgängen sind natürlich Verschiebungen im Eiweiß-(N-)Bestand und im Bestand verschiedener Elektrolyte, des vorwiegend extracellulär gelegenen Na und Cl und des vorwiegend intracellulär gelegenen K verbunden, Vorgänge also, welche ihrerseits Rückschlüsse auf die Wasserverteilung zulassen.

Tabelle 3. *Wasser- und Elektrolytverteilung im wachsenden Muskel*

Alter	H_2O g	Na	K	Cl	e. c. Fl. g	i. c. Fl. g	i. c. Na	i. c. K
		mäq					mäq/l Zellwasser	
2— 4 Tage .	425	36,7	30,4	23,9	221	204	27,4	145,0
1— 4 Monate	392	23,4	38,0	17,8	146	246	15,7	151,5
10—40 Jahre .	339	17,9	37,9	9,8	86	253	21,4	148,3

Werte/100 g fettfreier Trockensubstanz

Auf solchen Untersuchungen beruht die Berechnung der Wasserverteilung im Fetus, bei dem eine in-vivo-Bestimmung unmöglich ist. Wenn in eine solche Berechnung auch gewisse Unsicherheitsfaktoren eingehen (die Tatsache z. B., daß die „extracellulären" Elektrolyte Na und Cl zu einem wenn auch kleinen Teil in der Zelle vorkommen), so ergeben sich doch gute Annäherungswerte. HARRISON u. Mitarb. und STEAVES bestimmen nach diesem Prinzip die Menge der extracellulären Flüssigkeit beim 5 Mon. alten Fetus mit 62% und absinkend über 59% im 6., 52% im 8. Monat auf 43% am Ende der Schwangerschaft.

Am lebenden Säugling wurden zahlreiche Untersuchungen mit der Verdünnungsmethode durchgeführt (Thiocyanat oder Thiosulfat). Die Ergebnisse variieren etwas, da die Thiocyanat-Methode höhere Werte ergibt als die Thiosulfat-Methode. Grundsätzlich geben alle Methoden den gleichen Befund: eine zunächst, d. h. im 1. Lebensjahr rasche Verminderung der extracellulären Flüssigkeit, die, wenn auch sehr viel langsamer, über das ganze Kindesalter anhält. Die Zahlenwerte liegen größenordnungsmäßig bei 45% des Körpergewichtes bei der Geburt, 30% bis 25% am Ende des 1. Lebensjahres, 20—25% im späteren Kindes- und Erwachsenenalter.

Einen auffallenden Befund haben aber FELLER u. Mitarb. bei der Anwendung verschiedener Stoffe zur Bestimmung der extracellulären Räume erhoben: Während beim Erwachsenen der „^{34}Na-Raum" deutlich größer ist als der „Thiocyanat-Raum", sind diese Räume beim Säugling etwa gleich groß (Tab. 4). Zur Erklärung

Tabelle 4. *Thiocyanat- und ^{24}Na-Räume in % des Körpergewichtes*

Gewicht kg	NaCNS-Raum			^{24}NA-Raum		
	Zahl der Beobachtungen	Mittel	Grenzwerte	Zahl der Beobachtungen	Mittel	Grenzwerte
2,1— 4,8	16	41,2	36,6—45,9	15	42,6	31,0—51,8
5,2—10,7	14	35,0	27,3—39,8	13	33,0	29,6—42,7
19,8—23,3	4	32,0	28,3—34,6	4	35,6	31,9—39,0
Erwachsene	4	23,1	21,9—23,8	5	27,1	25,3—27,9

dieser Erscheinung kann man die Ansichten von COTLOVE u. Mitarb. und SINGER u. Mitarb. heranziehen. Auf Grund der verschieden raschen und verschieden großen Verteilung von injiziertem Inulin, Thiosulfat, Na oder Cl postulieren sie eine Unterteilung des extravasalen Anteils der extracellulären Flüssigkeit in 1. die interstitielle Flüssigkeit, die ein Ultrafiltrat des Plasma darstellt, und 2. das Bindegewebe. In diese 2. Phase tritt Na und Cl rasch über, während Inulin und Thiosulfat auf die 1. Phase beschränkt bleiben. Wenn nun beim Säugling dieser Unterschied in der Penetrierbarkeit nicht besteht, so muß man schließen, daß die Struktur des Bindegewebes beim Säugling eine andere ist als beim Erwachsenen, daß möglicherweise die Wasserbindung eine andere ist. KERPEL-FRONIUS schließt weiter, daß mit dieser größeren „Mobilität" des extracellulären Wassers vielleicht die bekannte „Hydrolabilität" des Säuglings in Beziehung gebracht werden kann.

Man kann die Veränderungen in der Wasserverteilung im Verlauf der Kindheit etwa so charakterisieren: Die Zellmasse mit einem konstanten Wassergehalt der einzelnen Zelle nimmt zu, während gleichzeitig die sie umgebende Flüssigkeit vermindert wird. Darüber hinaus verändern sich die Relationen der wasserreichen und wasserarmen Gewebe am Gesamtkörpergewicht. Es entstehen so Verhältnisse, wie sie FRIIS-HANSEN in seinem Diagramm sehr anschaulich dargestellt hat (*14*) (Abb. 3).

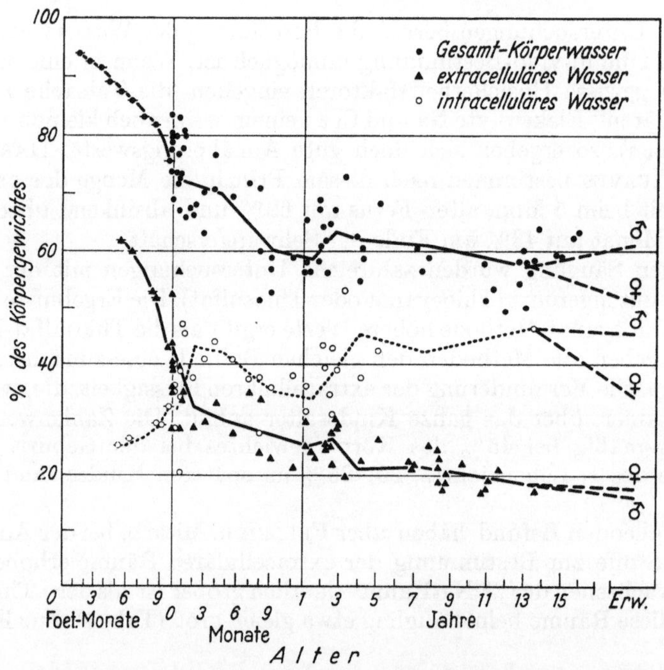

Abb. 3. Der Anteil des Gesamt-Wassers, der extracellulären und intracellulären Flüssigkeit am Körpergewicht im Verlaufe des Wachstums [nach FRIJS-HANSEN (*14*)]

3. Das Blutvolumen

Zur Bestimmung des Blutvolumens haben verschiedene Methoden Anwendung gefunden; Untersuchungen mit radioaktiv markierten Substanzen, mit Kohlenmonoxyd und als einfachste Methode die Farbstoff-Verdünnungsmethode mit T-1824 (Evans blue), mit welcher das Plasmavolumen und mit Hilfe des Hämatokrit auch das Blutvolumen gemessen werden kann. Es soll hier nicht auf das Problem eingegangen werden, ob mit dieser Methode das „wahre" Blutvolumen erfaßt wird, es ist aber wahrscheinlich, daß die erheblichen Größenunterschiede, die von den verschiedenen Untersuchern beobachtet wurden, dadurch zustande kommen, daß bei der Messung verschieden große Anteile der gesamten Strombahn erfaßt wurden.

Die Meßwerte schwanken in der Tat ganz erheblich: Sisson u. Mitarb. geben folgende Zahlen: Am 1. Lebenstag 69,8—137 ml/kg Körpergewicht, Mittelwert 98,2 ml/kg Körpergewicht, am 6. Lebenstag ist das Blutvolumen höher (89,3 bis 140,2, Mittelwert 110 ml/kg Körpergewicht). Unter erheblichen Schwankungen sowohl innerhalb des untersuchten Kollektivs als auch beim einzelnen Individuum im Verlauf des 1. Lebensjahres liegt das Blutvolumen beim einjährigen Kind zwischen 69,0—112,2 (Mittelwert 85,6) ml/kg Körpergewicht.

4. Der Wasserwechsel

Die Wasserbilanz ist beim Erwachsenen unter bestimmten Voraussetzungen (Gewichtskonstanz, normaler Stoffwechsel) ausgeglichen. Beim wachsenden Organismus ist sie notwendigerweise positiv, denn eine Vermehrung der Körpersubstanz in ihrer Gesamtheit geht mit einer entsprechenden Wasserretention einher.

Der Erwachsene nimmt täglich etwa 1,5—3,0 l Wasser per os auf, außerdem entstehen beim Abbau der normalerweise aufgenommenen Nährstoffe (Kohlenhydrate, Fett, Eiweiß) etwa 250—500 ml Oxydationswasser, die in die Bilanz einzubeziehen sind. Diese Wassermenge wird bei ausgeglichener Bilanz durch Harn, Stuhl und Perspiratio insensibilis ausgeschieden. Dies entspricht einem täglichen Wasseraustausch von 30—40 ml/kg Körpergewicht. Bei einem Gesamtwasser-

Tabelle 5. *Durchschnittlicher Wasserbedarf normaler Kinder*

Alter	Körpergewicht in kg	Gesamt-H_2O-Menge in 24 Std in cm³	Wassermenge je kg Körpergewicht in 24 Std in cm³
10 Tage . . .	3,2	400— 500	125—150
3 Monate . .	5,4	750— 850	140—160
6 Monate . .	7,3	950—1100	130—155
9 Monate . .	8,6	1100—1250	125—145
1 Jahr . . .	9,5	1150—1300	120—135
2 Jahre. . .	11,8	1350—1500	115—125
4 Jahre. . .	16,2	1600—1800	100—110
6 Jahre. . .	20,0	1800—2000	90—100
10 Jahre. . .	28,7	2000—2700	70— 85
14 Jahre. . .	45,0	2200—2700	50— 60
18 Jahre. . .	54,0	2200—2700	40— 50

gehalt eines 70 kg schweren Erwachsenen von etwa 42 l würden mithin 3—6% seines Wasserbestandes täglich bewegt. Setzt man die Menge der extracellulären Flüssigkeit mit 25% des Körpergewichtes = 17,5 l an, so würden täglich 12—20% (etwa $^1/_8$ bis $^1/_5$) der extracellulär gelegenen Flüssigkeit bewegt.

Vergleichen wir mit diesen Zahlen diejenigen, die für den Säugling oder das Kind gelten, so ergibt sich folgendes Bild: (Tab. 5).

Der junge Säugling mit einem Gewicht von 5 kg nimmt täglich 750 ml auf, außerdem bildet er etwa 100 ml Oxydationswasser. Bis auf eine Retention von etwa 20 ml wird diese Menge durch Stuhl, Harn und Perspiratio insensibilis ausgeschieden. Auf das Körpergewicht bezogen werden 165 ml pro kg bewegt. Bei

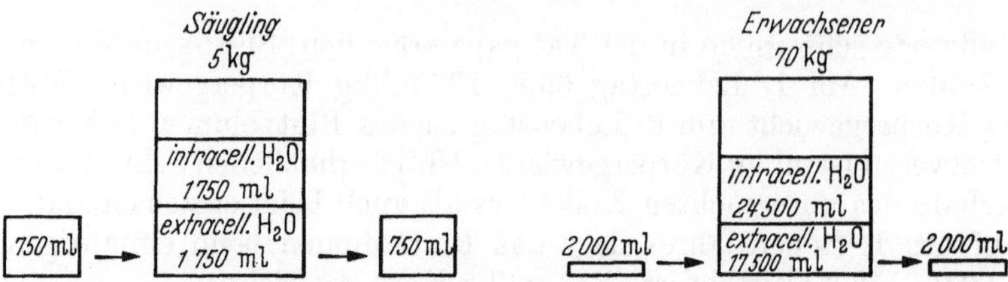

Abb. 4. Die Beziehung der täglich aufgenommenen und abgegebenen Flüssigkeitsmenge zum Wasserbestand des Organismus beim Säugling und beim Erwachsenen

einem Gesamtwasserbestand von 3,5 l entspricht dies etwa 25% des Gesamtwassers; auf das Volumen der extracellulären Flüssigkeit (= 35% des Körpergewichtes = 1750 ml) bezogen, werden etwa 50% dieses Flüssigkeitsraumes täglich bewegt. Das heißt also, daß der Säugling seinen Gesamtwasserbestand 4—5mal schneller austauscht als der Erwachsene, oder daß der Säugling täglich die Hälfte seines extracellulären Wassers „wechselt", während beim Erwachsenen nur $^1/_8$ bis $^1/_5$ dieses Raumes bewegt wird (Abb. 4).

Wählt man als Bezugseinheit die Körperoberfläche, so steht einem Wasserwechsel des Erwachsenen von 2000 ml/1,73 m³ ein solcher von 5600/1,73 m² eines 6 kg schweren Säuglings gegenüber, was einer Relation von 1:2,8 entspricht.

Dieser erheblich höhere Wasserbedarf des Säuglings hat mehrere Gründe: Die Größe des Wasserwechsels ist die Resultante aus mehreren physiologischen und anatomischen Gegebenheiten: Energieumsatz, Muskeltätigkeit, Wärmeproduktion, Körperoberfläche, Umgebungstemperatur, Nahrungsbedarf und -aufnahme, deren Eiweiß- und Mineralgehalt, Nierenleistung.

Zweifellos ist die Nierenleistung des Säuglings geringer als die des Erwachsenen, die Konzentrationsfähigkeit ist kleiner, die Clearance-Werte sind niedriger. Der junge Säugling erreicht im Durstzustand eine maximale Harnkonzentration von 400—700 m osmol/l, während der Erwachsene den Harn bis zu 1400 mosmol/l konzentrieren kann. Umgekehrt heißt das, daß ein Säugling mindestens die doppelte Flüssigkeitsmenge braucht, um die gleiche „Molenlast" durch die Niere auszuscheiden.

Darüber hinaus ist die aus dem Eiweißstoffwechsel herrührende tatsächlich auszuscheidende Molenlast größer als beim Erwachsenen.

Der Minimalumsatz an N pro Tag beträgt nach Edelstein und Langstein etwa 0,1 g/kg Körpergewicht, ist also deutlich höher als bei älteren Kindern und Erwachsenen (0,08 bzw. 0,05 g/kg Körpergewicht).

Die in praxi täglich umgesetzten Eiweißmengen liegen wesentlich höher, sie betragen beim brustmilchernährten Säugling etwa 2,5 g = 0,4 g N/kg Körpergewicht, wovon etwa die Hälfte durch die Nieren ausgeschieden wird. Beim kuhmilchernährten Säugling liegen die Werte etwa 2—3mal höher.

Ein Erwachsener setzt bei einer Zufuhr von 1 g Eiweiß pro kg Körpergewicht etwa nur 0,15 g N pro Tag und kg Körpergewicht um, so daß die unter dieser Bedingung durch die Nieren auszuscheidende Menge der Eiweißabbauprodukte geringer ist als beim frauenmilchernährten Säugling. Diese Verhältnisse verändern sich noch ganz erheblich zu ungunsten des Säuglings, wenn er mit Kuhmilch, d. h. eiweiß- und salzreich ernährt wird; die Wasserbilanz wird unter solchen Umständen ganz erheblich belastet.

Als weitere Ursache des hohen Wasserwechsels des Säuglings ist die extrarenale Wasserabgabe anzusehen.

Die Wasserausscheidung durch Lungen und Haut („perspiratio insensibilis") ist eng mit der Regulation der Körperwärme verbunden und damit vom Energie-stoffwechsel abhängig. Es besteht allerdings keine einfache Beziehung der perspiratio insensibilis zum Grundumsatz, da zahlreiche Faktoren die unsichtbare Wasserabgabe bestimmen können, z. B. Calorienzufuhr, die Größe der Wasseraufnahme, die Umgebungstemperatur und -feuchtigkeit.

Der sehr viel größere Energieumsatz des Säuglings gegenüber dem des Erwachsenen bedingt gleichzeitig eine Erhöhung der perspiratio insensibilis.

Die vorhandenen Zahlenangaben sind sehr different, sie schwanken zwischen 15—115 g unsichtbarer Wasserabgabe pro Kg Körpergewicht und Tag. Sie ist bei Flaschenkindern größer als bei Brustkindern, sie nimmt mit steigender Flüssigkeitszufuhr zu und ist natürlich bei körperlicher Bewegung größer als im Ruhezustand. Allerdings wird anscheinend ein bestimmter Minimalwert nur unter den pathologischen Bedingungen einer schweren Exsiccose unterschritten.

Trotz der großen Schwankungen ist aber die perspiratio insensibilis deutlich größer als beim Erwachsenen, der etwa 10—20 g Wasser pro kg Körpergewicht und Tag extrarenal ausscheidet.

5. Der Bestand und die Verteilung der Elektrolyte im wachsenden Organismus

Der Mineralstoffwechsel des gesunden Erwachsenen befindet sich im Stoffwechselgleichgewicht. Über längere Zeit gemessen entspricht die Mineralzufuhr der Mineralausscheidung, vorausgesetzt, daß nicht erhebliche Umweltsveränderungen (Hunger, Durst, Unterernährung) größere Störungen im Stoffwechsel hervorrufen.

Die Menge der aufgenommenen Mineralien entspricht allerdings nur quantitativ der ausgeschiedenen. Der Mineralbestand des Organismus, in seiner Menge praktisch unverändert, unterliegt einem fortwährenden raschen Austausch, in dem „alte" Bestände laufend durch „neue" ersetzt werden. Der Organismus befindet sich im Zustand des Fließgleichgewichtes („steady state").

Anders ist es im wachsenden Organismus, der ständig seinen Mineralbestand vergrößern muß. Hier ist die Bilanz zwangsläufig positiv; es findet eine Retention von Mineralien statt, die Ausscheidung ist geringer als die Aufnahme.

Die Einlagerung von Mineralien erfolgt nicht gleichmäßig; sie ändert sich mit der Geschwindigkeit des Wachstums und scheint auch von der Größe der Zufuhr abhängig zu sein.

Aber nicht nur in der Bilanz besteht ein Unterschied zwischen wachsendem und erwachsenem Organismus; es bestehen auch deutliche Unterschiede in der Verteilung der Mineralien im wachsenden und ausgewachsenen Körper, wenn auch prinzipiell natürlich große Ähnlichkeiten bestehen.

Diese Unterschiede sind durch viele Faktoren bedingt. So ändert sich in erheblichem Ausmaß die Größe der extra- und intracellulären Flüssigkeitsräume mit ihrer so unterschiedlichen chemischen Zusammensetzung. Der extracelluläre Raum mit den Hauptelektrolyten Na und Cl wird relativ kleiner, der intracelluläre mit den Hauptelektrolyten K und Phosphat weitet sich aus, die Menge der festen Bestandteile des Körpers nimmt zu.

Der Na-Cl-Gehalt des Feten mit seinem relativ großen extracellulären Flüssigkeitsraum ist sehr groß und sinkt bis zur Geburt und während der ersten Lebensjahre stark ab. Hugounencq (16) fand bei einem 4 Monate alten Feten einen Cl-Gehalt von 67,8 mäq/kg Körpergewicht; beim Neugeborenen geben Camerer, Cheek, Aron-Gralka (1, 2) Werte um 50 mäq/kg Körpergewicht an; beim Erwachsenen betragen die Werte etwa 32 mäq/kg Körpergewicht. Setzt man die Menge der extracellulären Flüssigkeit für die obengenannten Individuen mit 600, 450 und 250 ml pro kg Körpergewicht an, und setzt man einen Cl-Gehalt der extracellulären Flüssigkeit von 110 mäq/l voraus, so ergeben sich folgende Zahlen: der 4 Monate alte Fetus hat einen Cl-Bestand von 66 mäq/kg, der Neugeborene von 50 mäq/kg und der Erwachsene von 27 mäq/kg. Diese Zahlen entsprechen in der Größenordnung den tatsächlich beobachteten Werten, d. h. also, daß die relative Verminderung des Cl-Gehaltes des Organismus während des Wachstums weitgehend mit der Verminderung des extracellulären Raumes zusammenhängt. Ähnliches gilt für den Na-Bestand des Organismus. Camerer, Widdowson, Forbes und Corsa (1, 27, 13, 4) geben für den Neugeborenen Werte um 70—80 mäq/kg an, die im Laufe des Wachstums auf Werte um 40 mäq/kg absinken. Hier muß allerdings eingeworfen werden, daß zwar der bei weitem größte Anteil der im Organismus vorhandenen Na- und Cl-Menge auf die extracelluläre Flüssigkeit entfällt, ein gewisser Anteil aber auch auf den intracellulären Raum. Darüber hinaus wird eine unbestimmbare Menge an Na und Cl „trocken" im Organismus abgelagert, wahrscheinlich vorwiegend im Skelet oder in einer Bindung an Proteine.

Sehr viel schwieriger ist die Deutung des Verhaltens des K-Bestandes des Organismus.

Eigentümlicherweise bleibt der K-Bestand des Organismus, bezogen auf das Körpergewicht, ziemlich konstant. Corsa u. Mitarb., Camerer, Widdowson (4, 1, 27) geben ihn mit etwa 40 mäq/kg an, der sich praktisch nicht ändert. Dies ist zunächst erstaunlich, denn man sollte annehmen, daß einer relativen Abnahme der extracellulären Flüssigkeit und damit des Na-Bestandes und einer relativen Zunahme des intracellulären Raumes auch eine Zunahme des K-Bestandes entspräche. Dies ist tatsächlich nicht der Fall. Da der K-Gehalt der Zelle nicht meßbar ist, bleiben alle Erklärungsversuche letzlich unbewiesen. Darrow und Yannet (7) und Rodeck (23, 24) fanden eine allmähliche K-Vermehrung in frischem Muskelgewebe im Laufe des Wachstums, was dem Schwund der extracellulären Flüssigkeit und der Zunahme der Zellmasse durchaus analog wäre. In der Trockensubstanz nahm aber der K-Gehalt ab. Rodeck (23, 24) schließt daraus, daß „unabhängig von ihrem Wassergehalt die junge Zelle einen relativ größeren K-Bestand hat als die Zelle der Gewebe ausgewachsener Tiere". Diese Ansicht ist nicht unwidersprochen geblieben. Kerpel-Fronius (19) wirft ein, daß die Zusammensetzung der Trockensubstanz sich im Laufe des Wachstums durchaus ändert, daß nicht nur eine einfache Zellvermehrung stattfindet, daß vielmehr auch andere Substanzen, z. B. Fett oder Bindegewebe, zunehmen, und damit die Relation Trockensubstanz:K zuungunsten des letzteren verschieben.

Ähnliche Schwierigkeiten der Deutung treten auf, wenn man den K-Bestand mit dem Stickstoffbestand des Organismus in Beziehung bringt. Er beträgt nach McCance (27) bei Rattenfeten 1 g N: 0,8 mäq K, bei erwachsenen Ratten dagegen 1 g N: 0,3 mäq K; bei Kaninchen stieg das Verhältnis ähnlich zugunsten des N an. Dies könnte seinen Grund einerseits in einer relativen Verminderung des

K-Bestandes der Zelle haben, andererseits aber nimmt der N-Gehalt des Organismus auch außerhalb der Zelle zu, so daß dadurch — und das erscheint am wahrscheinlichsten — die beschriebene Verschiebung der N:K-Relation zustande kommt.

6. Der Elektrolytbestand der Zelle

Der Gehalt der Zelle an anorganischen Stoffen ist direkt nicht meßbar. Es gelingt nur unter gewissen Voraussetzungen, Annäherungswerte zu erhalten.

Der Gehalt der gesamten Zellflüssigkeit an Elektrolyten läßt sich durch eine Differenzrechnung ermitteln: Man bestimmt den Gesamtbestand des Organismus an Elektrolyten und subtrahiert davon den Bestand der extracellulären Flüssigkeit. In diese Rechnung gehen zwei Unsicherheiten ein: 1. läßt sich, wie früher gesagt, die Größe des extracellulären Raumes nicht sicher bestimmen, 2. bleiben die „trocken" retinierten Substanzen dabei unberücksichtigt.

Der Gehalt bestimmter Zellgruppen, z. B. der Muskulatur, an Elektrolyten ist wiederholt untersucht worden. Führt man diese Bestimmungen vergleichenderweise an wachsendem Gewebe durch, so stößt man auf die Schwierigkeit, daß mehrere veränderliche Substanzen zu gleicher Zeit auftreten, die bereits oben erwähnt wurden. Setzt man voraus, daß der Eiweißbestand der Zelle konstant bleibt, und bezieht man die Meßergebnisse auf den Eiweiß- bzw. N-Gehalt des untersuchten Gewebes, so ist zu berücksichtigen, daß sich in einem wachsenden Gewebe der Eiweißgehalt nicht nur durch Vermehrung der Zellsubstanz, sondern auch durch Zunahme des Bindegewebes und des Rest-Stickstoffs vergrößert. Dabei können sich die Relationen dieser einzelnen Komponenten durchaus verändern. Gleichzeitig verändert sich aber auch das Verhältnis von N-haltiger zu N-freier Substanz (z. B. Fett). Schließlich führt auch noch die relative Verkleinerung des extracellulären Raumes mit seiner ganz anderen chemischen Komposition zu einer Erschwerung der Interpretation von Meßergebnissen.

Lediglich die Untersuchung des Elektrolytgehaltes der roten Blutzellen entgeht diesen Schwierigkeiten, da sich die umgebende Substanz leicht analysieren läßt. Doch stellen die Erythrocyten eine Sonderform an Zellen dar, die keineswegs zu Rückschlüssen auf die übrigen Körperzellen berechtigen.

Der Elektrolytgehalt der Erythrocyten unterliegt einer erheblichen Variationsbreite. Der Na-Gehalt liegt bei 15—25—43 mäq/l, der K-Gehalt zwischen 77 und 110 mäq/l, der Cl-Gehalt zwischen 40 und 60 mäq/l.

Diese Werte lassen sich aber keineswegs auf die übrigen Zellen des Körpers übertragen; auch besonders auffallende Veränderungen der Elektrolytkonzentrationen in den Erythrocyten unter pathologischen Bedingungen lassen nur sehr beschränkt Rückschlüsse auf ähnliche Veränderungen in den übrigen Körperzellen zu. Beim Säugling liegen die Elektrolyt-Konzentrationen der Erythrocyten in den Bereichen, die auch beim Erwachsenen gefunden wurden. Wahrscheinlich gilt ein gleiches auch für den Elektrolytgehalt der übrigen Körperzellen.

7. Der Elektrolytbestand der Körperflüssigkeiten

Die extracelluläre Flüssigkeit ist der Raum, von dem die Zellen, die eigentlichen Träger des „Lebens", umgeben sind.

Sie entspricht im Prinzip der Flüssigkeit, die „ursprünglich" die Zelle umgab, dem Meerwasser, und sie ist tatsächlich von einer ähnlichen Zusammensetzung des Elektrolytgehaltes wie das Meerwasser: das Hauptkation ist das Natrium, das Hauptanion das Cl. Die Kationen K, Ca und Mg und die Anionen HPO_4, SO_4 sind in nur geringen Mengen vorhanden.

Dagegen ist die intracelluläre Flüssigkeit grundsätzlich anders in ihrem Elektrolytbestand. Hier ist das Hauptkation das K und das Mg, während Na in nur geringen Mengen vorhanden ist, bei den Anionen finden sich vorwiegend Phosphate, Sulfate und Proteine, wohingegen die Konzentration des Cl nur sehr gering ist.

Die erheblichen Konzentrationsunterschiede innerhalb und außerhalb der Zelle werden durch energetische Prozesse aufrechterhalten; die Aufnahme und die Abgabe von Elektrolyten und Wasser in die Zelle und aus ihr hinaus geschieht mit Hilfe aktiver Transportmechanismen.

Die Verteilung der Elektrolyte in den Körperflüssigkeiten ist prinzipiell bei allen Entwicklungsstufen die gleiche; man findet im Verlauf des Wachstums nur verhältnismäßig geringe Veränderungen in den Konzentrationen der einzelnen Elektrolyte.

Zahlreiche Untersuchungen haben zu folgenden Ergebnissen geführt: Die Na-Konzentration im Blutserum verändert sich im Verlauf des extrauterinen Wachstums praktisch nicht. Vergleiche zwischen Neugeborenen, Kindern und Erwachsenen zeigen praktisch identische Werte zwischen 135 und 140 mäq/l. Bei jungen, nicht lebensfähigen Feten ergaben sich allerdings Na-Konzentrationen, welche deutlich über dem Normalwert lagen. Man kann annehmen, daß hierbei durch Kristalloide der geringe kolloidosmotische Druck ausgeglichen wird (bei diesen Feten lag der Proteingehalt des Serums mit etwa 2—3 g-% außerordentlich niedrig).

Die K-Konzentration des Blutserums ist eindeutig vom Wachstum abhängig. Während der Embryonalzeit ist der K-Gehalt des Serums auffallend hoch, z. B. fanden Widdowson und McCance (27) einen Mittelwert von 10,2 mäq/l. Bei der Geburt hat sich die K-Konzentration des Serums weitgehend der des mütterlichen Blutes angeglichen, wenngleich auch von einigen Autoren noch erhöhte Werte beobachtet wurden; z. B. sah Danowski (9) Konzentrationen bis zu 9 mäq/l; im allgemeinen aber lagen die Werte um 5 mäq/l. Möglicherweise ist die Ursache des hohen Serum-K-Gehaltes in einer zur Fetalzeit noch mangelhaften Funktion der aktiven Transportmechanismen an der Zellmembran zu erblicken. Ob eine Hypoxie dabei eine Rolle spielt, ist zumindest sehr fraglich. Der Ca-Gehalt des Blutserums ist während der Fetalzeit und nach der Geburt praktisch unverändert.

Das extracelluläre Hauptanion Cl ist bei ausgetragenen Kindern bei der Geburt gegenüber dem späteren Alter nicht signifikant verändert. Bei frühgeborenen Kindern ist dagegen der Cl-Gehalt um wenige mäq höher als bei rechtzeitig Geborenen.

Der Bicarbonatgehalt des Blutserums ist beim Neugeborenen leicht, beim Frühgeborenen deutlicher gegenüber Erwachsenen erniedrigt.

8. Die Bilanz der Elektrolyte

Beim gedeihenden Säugling ist die Mineralbilanz stets positiv, die Ausscheidung ist geringer als die Zufuhr. Das Ausmaß der Mineralretention kann aber sehr unterschiedlich sein, wie zahlreiche Untersuchungen zeigen, bei denen die Elektrolytzufuhr mit der Nahrung und die Ausscheidung mit Stuhl und Harn bestimmt wurden. (Im allgemeinen blieb die Ausscheidung durch die Haut unberücksichtigt.)

Die Mineralzufuhr kann — je nach Art und Menge der Nahrung — ganz erheblich variieren. Die Tab. 6 gibt einen Überblick über den Mineralgehalt einiger gebräuchlicher Säuglingsnahrungen.

Die angegebenen Werte stellen Durchschnittszahlen dar, die Variationsbreite ist verhältnismäßig groß. Besonders auffallend ist der Unterschied zwischen Frauenmilch und Kuhmilch und deren Zubereitungen. Die Mineralzufuhr ist also beim kuhmilchernährten Säugling wesentlich größer als beim Brustkind.

Tabelle 6. *Elektrolyt-Gehalt verschiedener Säuglingsnahrungen*

	Na mäq/l	K mäq/l	Ca mäq/l	HPO₄ mäq/l	Cl mäq/l	N g/l	pH	Titrations-acidität mäq/l
1. Frauenmilch	9,2	12,1	12,3	14,1	10,1	1,9	7,0	1—2
2. Kuhmilch	21,2	39,2	54,8	56,3	33,0	4,9	6,65	9,3
3. gesäuerte ²/₃-Milch I . . .	16,6	30,3	44,8	44,5	22,5	4,3	5,29	36,7
4. gesäuerte ²/₃-Milch II . .	11,5	20,3	30,0	39,2	8,0	4,2	5,15	32,3
5. „Frauenmilch-adaptierte" Milch I	21,0	19,6	20,9	29,0	15,0	3,1	6,87	3,2
6. „Frauenmilch-adaptierte" Milch II	19,6	19,6	27,0	27,8	19,0	3,3	6,88	2,9
7. „Salzarme" Vollmilch . .	7,2	18,8	52,0	51,0	5,0	4,2	6,83	4,8
8. Buttermilch	15,0	35,3	50,3	51,2	26,0	4,7	5,08	46,6

CZERNY und KELLER geben in einer Übersicht über zahlreiche Untersuchungen für das gestillte Kind folgende Zahlen an:

	Zufuhr pro 24 Std	Retention
Na	4— 7 mäq	1—6 mäq
K	6—12 mäq	2—4 mäq
Cl	1— 7 mäq	1—3 mäq

Spätere Untersuchungen haben zu ähnlichen Ergebnissen geführt. Bei Flaschenkindern ist die Zufuhr entsprechend dem höheren Mineralgehalt der Kuhmilch größer.

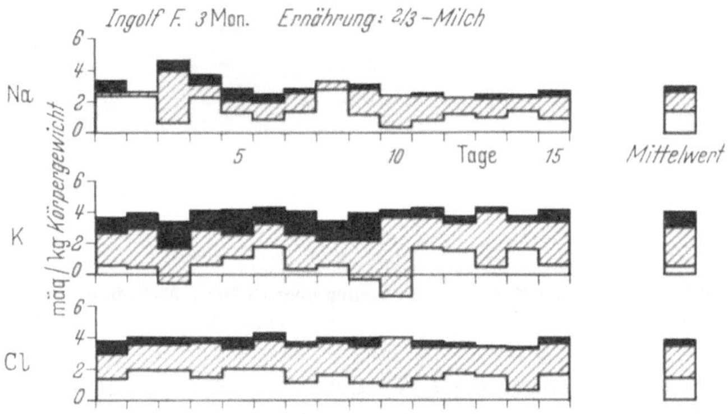

Abb. 5. Elektrolytbilanz bei einem 3 Monate alten Säugling. Werte in mäq/kg Körpergewicht
(Legende siehe Abb. 6)

In den Abb. 5 u. 6 werden die Elektrolytbilanzen bei zwei Säuglingen gezeigt, die mit verschiedenen Kuhmilch-Zubereitungen (²/₃-Milch und „Frauenmilch-adaptierter" Milch) ernährt wurden. Die Bilanzen sind folgendermaßen dargestellt:

Auf der Ordinate ist die Größe der Zufuhr in mäq/kg Körpergewicht pro Tag abgetragen, auf der Abszisse die Zahl der Tage.

Von der Zufuhr ist nach unten additiv die Ausscheidung mit dem Stuhl und dem Harn gezeichnet. Erreicht die Ausscheidung die Null-Linie nicht, so heißt das, daß retiniert wird, überschreitet sie sie, so ist die Ausscheidung größer als die Zufuhr; die Bilanz ist somit negativ.

Die Untersuchungen wurden unter folgenden Bedingungen durchgeführt: Die Säuglinge erhielten eine altersentsprechende Nahrungsmenge. Stuhl und Harn wurden getrennt über 24 Std gesammelt. Nahrung und Ausscheidungen wurden täglich analysiert.

Bei den Säuglingen ist die täglich aufgenommene Nahrungsmenge sehr konstant und damit ist die Mineralzufuhr sehr regelmäßig.

Die Ausscheidung ist dagegen ganz erheblichen Schwankungen unterworfen, wobei an manchen Tagen stark retiniert, an anderen Tagen überschießend ausgeschieden wird. Eine Stoffwechseluntersuchung ist daher nur sinnvoll, wenn sie

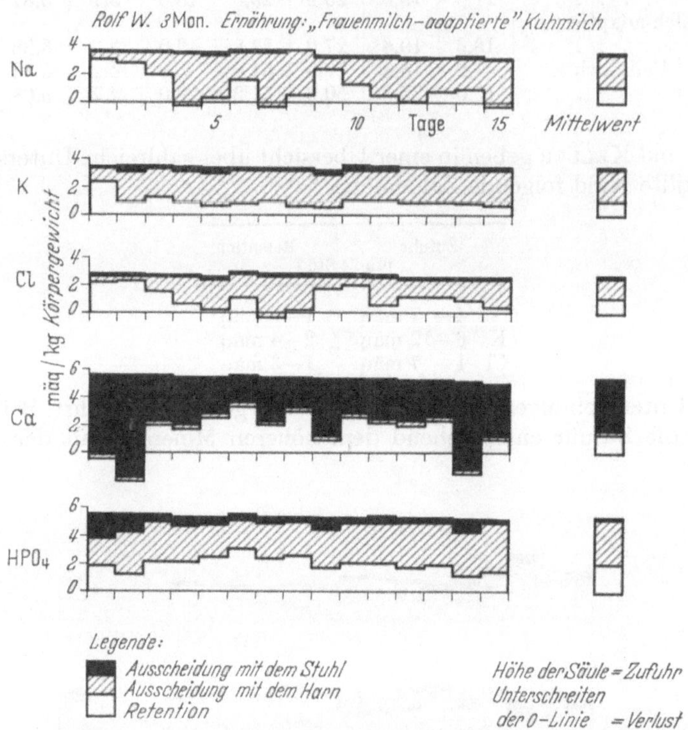

Abb. 6. Elektrolytbilanz bei einem 3 Monate alten Säugling über 15 Tage, Werte in mäq/kg Körpergewicht

über längere Zeit durchgeführt wird. Vergleicht man die Elektrolyt-Zufuhr und Retention der Flaschenkinder mit den für Brustkinder angegebenen Zahlen, so ergibt sich folgende Gegenüberstellung (Werte in mäq pro kg Körpergewicht pro Tag):

	Brustkind	Flaschenkind
Na-Zufuhr	1,5	3
Na-Retention	1	1,4
K-Zufuhr	2	3 —4
K-Retention	0,5—0,8	0,5—1
Cl-Zufuhr	1,5	3 —4
Cl-Retention	0,5	1 —1,5

Berechnet man überschlagsweise die Menge an Elektrolyten, welche pro kg Gewichtszunahme retiniert werden (unter der Voraussetzung, daß der tägliche

Gewichtsansatz 25 g betrage), so ergeben sich Zahlen, die in folgenden Größenordnungen liegen (mäq pro kg Gewichtszunahme):

	Brustkind	Flaschenkind
Na ~	120	~ 160
K ~	100	~ 120
Cl ~	60	~ 120

Für den Säugling W. ergeben sich folgende von uns bestimmten Werte: Bei einer durchschnittlichen Gewichtszunahme von 30 g pro Tag beträgt die Mineralretention pro kg Körpergewichtszunahme für Na: 92 mäq, für K: 83 mäq, für Cl: 100 mäq.

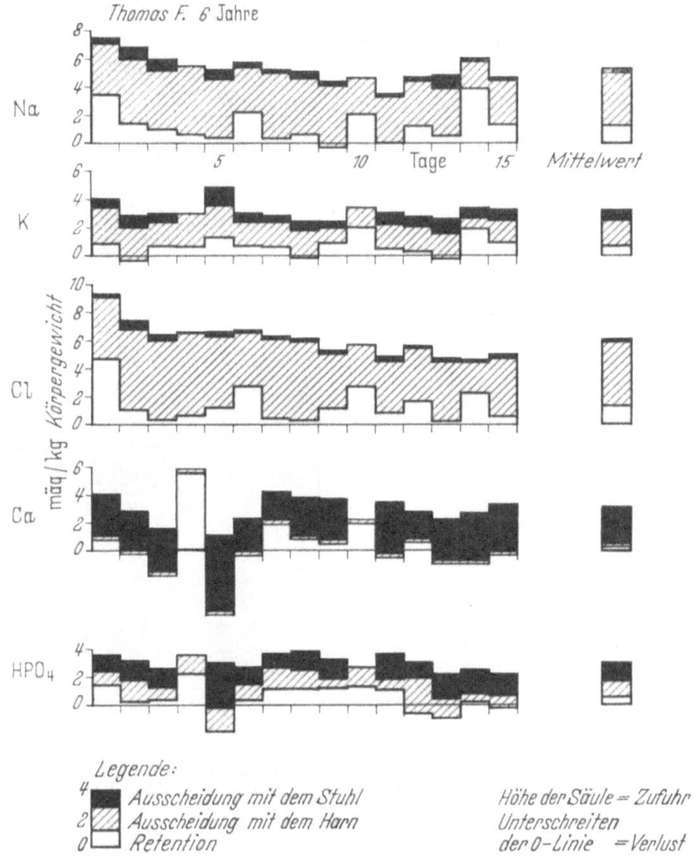

Abb. 7. Elektrolytbilanz bei einem 6 Jahre alten Knaben. Werte in mäq/kg Körpergewicht

Bei dem Säugling F. sind diese Werte deutlich höher: pro kg Gewichtszunahme werden hier 181 mäq Na, 73 mäq K und 203 mäq Cl retiniert. Vergleicht man diese Zahlen mit denen, die für den Bestand des Neugeborenenkörpers an Mineralien angegeben werden, z. B. denen von CAMERER, welcher den Na-Bestand mit 78 mäq/kg Körpergewicht, den K-Bestand mit 40 mäq/kg und den Cl-Bestand mit 50 mäq/kg angibt, so zeigt sich, daß pro kg Gewichtszuwachs weit mehr Mineralien retiniert werden, als der normalen Körperzusammensetzung entspricht.

Bei Flaschenkindern ist mit der höheren Zufuhr auch eine größere Retention verbunden. Es ist unklar, wie die vermehrt retinierten Elektrolyte im Organismus abgelagert werden, wahrscheinlich werden sie „trocken" retiniert, d. h. es wird sicherlich nicht eine dem Na (und Cl) adäquate Flüssigkeitsmenge gleichzeitig zurückgehalten. Zusammenfassend kann gesagt werden:

Beim Säugling kann die Bilanz der Elektrolyte Na, K und Cl in sehr weiten Grenzen variieren; die Retention ist in gewisser Weise von der Zufuhr abhängig, jedenfalls findet eine „Transmineralisation" und eine „Hypermineralisation" statt.

Auch beim größeren Kind ist die Mineralbilanz positiv.

Als Beispiel ist die Elektrolyt-Bilanz eines 6jährigen Knaben in der Abb. 7 dargestellt.

Die tägliche Zufuhr mit der Nahrung ist hier sehr viel unregelmäßiger als beim Säugling. Es wurde dem Kind absichtlich keine Standard-Nahrung gegeben, es konnte vielmehr ad libitum essen, wobei für die Mineral-Analyse die Nahrung in gleicher Menge und Zusammensetzung gesammelt wurde.

Während der Beobachtungszeit waren alle Bilanzen deutlich positiv, d. h. es wurden erhebliche Mengen an Na, K und Cl retiniert.

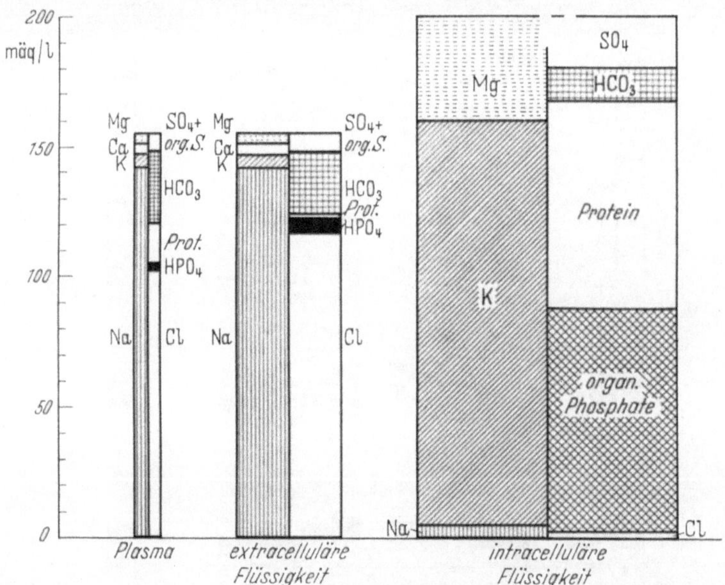

Abb. 8. Ionogramm des Blutserums, der interstitiellen Flüssigkeit und der intracellulären Flüssigkeit. Auf der Ordinate sind die Konzentrationen in mäq/l abgetragen; die Breite der Säulen deutet den Umfang der Flüssigkeitskurve an

Abschließend gibt die Abb. 8 einen Überblick über die Größenordnungen des Elektrolytbestandes und ihrer Verteilung im Organismus. Es sind Ionogramme des Blutserums, der interstitiellen Flüssigkeit und (in einiger Annäherung) der Zellflüssigkeit dargestellt, wobei die Breite der Säulen den jeweiligen Umfang der Flüssigkeitsräume andeutet.

Literatur

1. CAMERER, W. jr., u. D. SÖLDNER: Z. Biol. 39, 173 (1900); 40, 529 (1900); 43, 1 (1902). — 2. CHEEK, D. B.: Pediatrics 14, 5 (1954). — 3. CHRISTIAN, J. R., and P. J. TALSO: Pediatrics 23, 63 (1959). — 4. CORSA, L., D. GRIBETZ, C. D. COOK and N. TALBOT: Pediatrics 17, 184 (1956). — 5. COTLOVE, E., M. A. HOLLIDAY, R. SCHWARTZ and W. M. WALLACE: Amer. J.

Physiol. **167**, 665 (1951). — 6. Czerny, A., u. A. Keller: Des Kindes Ernährung. Leipzig u. Wien: Verlag Franz Denticke 1928.

7. Darrow, D. C., and H. Yannet: J. clin. Invest. **14**, 266 (1935).

8. Edelman, E. S., H. B. Haley, P. R. Schloerb, D. B. Sheldon, B. Friis-Hansen, G. Stoll and F. D. Moore: Surg. Gynec. Obstet. **95**, 1 (1952). — 9. Elkinton, J. R., and T. S. Danowski: The body fluids. Baltimore: The Williams and Wilkins Company 1955.

10. Fehling, H.: Beiträge zur Physiologie des placentaren Stoffverkehrs. Arch. f. Gynecol. **11**, 523 (1877). (Zit. nach Kerpel-Fronius (19)). — 11. Fellers, F. X., H. L. Barrett, K. Hare and H. McNamara: Pediatrics **3**, 622 (1949). — 12. Flexner, L. B., W. S. Wilde, N. K. Procter, D. B. Cowie, G. J. Vosburgh and L. M. Hellmann: J. Pediatrics **30**, 413 (1947). — 13. Forbes, G. B.: Pediatrics **9**, 58 (1952). — 14. Friis-Hansen, B.: Acta paediat. (Uppsala), Suppl. 110 (1958).

15. Harrison, H. E., D. C. Darrow and H. Yannet: J. biol. Chem. **113**, 515 (1956). — 16. Hugounencq, L.: J. Physiol. Path. gén. **2**, 509 (1900). — 17. Hungerland, H.: Der Wasserhaushalt. In: Biologische Daten für den Kinderarzt. Herausgegeben von J. Brock. Berlin-Göttingen-Heidelberg: Springer-Verlag 1954.

18. Job, V., and W. W. Swanson: Amer. J. Dis. Child. **47**, 302 (1934).

19. Kerpel-Fronius, E.: Pathologie und Klinik des Salz- u. Wasserhaushaltes. Budapest: Verlag der ungarischen Akademie der Wissenschaften 1959. — 20. Klinke, K.: Der Mineralstoffwechsel. In: Biologische Daten für den Kinderarzt. Herausgegeben von I. Brock. Berlin-Göttingen-Heidelberg: Springer-Verlag 1954. — 21. Kühns, K., u. H. Weber: Ergebn. inn. Med. Kinderheilk. **10**, 185 (1958).

22. Metcoff, J., J. Martner, J. Antonowicz and W. Richardson: Bol. Méd. Hosp. infant. **13**, 233 (1956).

23. Rodeck, H.: Klin. Wschr. **1957**, 725. — 24. Rodeck, H.: Z. Kinderheilk. **80**, 421 (1957).

25. Smith, A.: The Physiology of the newborn infant. Springfield (Ill.): Charles G. Thomas Publisher 1959.

26. Westin, B., J. H. Kaiser, J. Lind, R. Nyberg and Teger-Nilsson: Acta paediat. (Uppsala) **48**, 609 (1959). — 27. Widdowson, E. M., R. A. McCance and C. M. Spray: Clin. Sci. **10**, 113 (1951).

Endokrinologie

Von

J. R. Bierich

Mit 13 Abbildungen

Die Adenohypophyse

(Neurohypophyse und Wasserhaushalt s. Kapitel Rodeck)

Die Adenohypophyse entstammt der ektodermalen Mundbucht und ist ein rein epitheliales Organ, dessen Zellen in enger Beziehung zu einem reich entwickelten Capillarnetz stehen. Mit Hilfe moderner cytologischer Technik ist eine Reihe verschiedener Zelltypen dargestellt worden, deren homonale Funktionen weitgehend geklärt wurden. Die acidophilen Zellen sind wahrscheinlich als die Produktionsstätte des Wachstumshormons und des Prolaktins zu betrachten. Die Bildung von Thyreotropin (TSH), follikelstimulierendem Hormon (FSH) und Luteinisierungshormon (LH) wird in bestimmte Anteile der basophilen Zellgruppe lokalisiert (β- bzw. δ-Zellen nach Romeis). Der Ursprungsort des adrenocorticotropen Hormons (ACTH) ist noch umstritten; wahrscheinlich ist er in den Crooke-Russellschen γ-Zellen bzw. den amphophilen und hypertrophen amphophilen Zellen Mellgrens zu suchen.

Das melanocytenstimulierende Hormon (MSH), das bei der Ratte und vielen anderen Tieren im Zwischenlappen nachzuweisen ist, wird in der menschlichen Hypophyse wahrscheinlich von denselben Zellen wie das ACTH gebildet (*34, 57*).

Hormonale Regulation

Aus Abb. 1, die einen Überblick über die endokrinen Funktionen der Adenohypophyse vermittelt, geht die zentrale Stellung der Drüse im hormonalen Geschehen hervor. Durch die Abgabe glandotroper Hormone steuert die Hypophyse die Tätigkeit von Schilddrüse, Nebennierenrinde und Keimdrüsen, während sie durch das Wachstumshormon die Wachstumsvorgänge des Organismus direkt beeinflußt. Unmittelbare periphere Angriffspunkte haben das Melanophorenhormon (MSH) sowie zu einem Teil das Prolaktin oder luteotrophe Hormon (LTH).

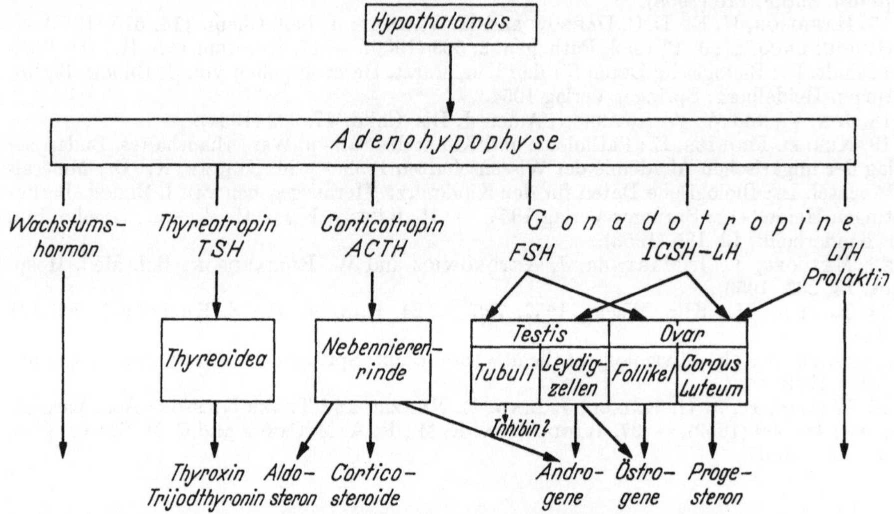

Abb. 1. Endokrine Korrelationen

Die Regulation von Bildung und Abgabe der Vorderlappenhormone spielt sich nur zum kleineren Teil auf der Ebene der Hypophyse selbst ab. Das übergeordnete Relais ist der Hypothalamus, mit dem zusammen die Hypophyse eine funktionelle Einheit bildet. Die Übertragung der vom Hypothalamus ausgehenden nervalen Reize erfolgt durch von den Neuronen gebildete Neurosekrete, die durch das hypophysäre Portalgefäßsystem zu dem nervenfreien Hypophysenvorderlappen transportiert werden.

Mit den Vorgängen in der Peripherie des Organismus steht das Hypothalamus-Hypophysen-System in mannigfacher Beziehung. Nervale, hormonale und metabolische Veränderungen beeinflussen seine Tätigkeit. Die Sekretion der glandotropen Hormone erfolgt z. T. nach dem Feed-back- oder Rückkopplungsprinzip; der Plasmaspiegel der Hormone der peripheren Inkretdrüsen bestimmt die Sekretionsgröße der übergeordneten glandotropen Hormone.

Die einzelnen Hormone des Hypophysenvorderlappens

I. Wachstumshormon

Das menschliche Wachstumshormon (WH), früher häufig als somatotropes Hormon (STH) bezeichnet, ist ein Proteohormon mit einem Molekulargewicht von 27000. Während die aus tierischen Hypophysen extrahierten glandotropen Hormone bei Tier und Mensch in gleicher Weise voll aktiv sind, wirken WH-Präparate beim Menschen nur, sofern sie aus Hypophysen von Menschen oder Primaten stammen. — Zur Bestimmung des WH dient in der Regel der Tibiatest an der hypophysektomierten jungen Ratte, der aber für die im Plasma zirkulierenden Hormonmengen nicht empfindlich genug ist. Die Entwicklung der immunhämatologischen Bestimmungsmethode von READ, bei der in wenigen ml Plasma γ-Mengen WH nachgewiesen werden können, ist daher außerordentlich zu begrüßen (*43*).

Wirkungen auf den Gesamtorganismus

Im Vordergrund der anabolisch gerichteten Wirkungen des Wachstumshormons steht sein Einfluß auf das wachsende *Skelet*. Das Hormon stimuliert die enchondrale Ossifikation. Im Gegensatz zum Längenwachstum wird die Differenzierung und Reifung des Knochens durch das Hormon nicht gefördert. Ähnliches gilt für das *Gebiß*; WH fördert die Größenzunahme der Zähne und Alveolen, ohne den Zahndurchbruch zu beschleunigen.

Die *biochemischen Wirkungen* des WH, die gleichzeitig den Kohlenhydrat-, Eiweiß- und Fettstoffwechsel betreffen, sind außerordentlich komplex und in ihren Zusammenhängen noch unvollkommen geklärt. Die Wachstumssteigerung ist an eine Zunahme des *Eiweiß*bestandes des Organismus geknüpft und spiegelt sich biochemisch in einer erhöhten Stickstoffretention wider. Diese Wirkung ist weitgehend an die Gegenwart des Pankreas bzw. des Insulins gebunden. Auch Insulin selbst führt zur N-Retention. Ratten können mit Insulin auch bei Fehlen von WH zum Wachsen gebracht werden (*48*).

Im *Kohlenhydratstoffwechsel* besitzt das WH mehrere Ansatzpunkte. Einzelinjektionen führen zu einer Blutzuckersenkung, zu vermehrter Glykogenablagerung im Muskel und im Fettgewebe und, einzelnen Experimenten nach, zu einer verbesserten Glucoseutilisation. Einerseits bewirkt das Hormon selbst eine beschleunigte Glucoseaufnahme in die Zelle, andererseits ruft es eine vermehrte Insulinausschüttung hervor, als deren Folge die gesteigerte Glykogenablagerung zu betrachten ist. Bei längerer Verabreichung kann WH dagegen einen Diabetes mellitu auslösen. Die Störung ist anfangs reversibel; nach Absetzen des Hormons hört die Glykosurie auf. Dieser idiohypophysäre Diabetes ist verhältnismäßig insulins resistent. Später kommt es infolge Erschöpfung der B-Zellen des Pankreas zu einem permanenten Insulinmangeldiabetes, zum sog. metahypophysären Diabetes. Die insulinantagonistischen Wirkungen des WH haben in den letzten Jahren z. T. aufgeklärt werden können. Im Plasma von diabetischen Versuchstieren und von Diabetikern sind Faktoren mit insulinantagonistischen Wirkungen gefunden worden, die an das Vorhandensein einer intakten Hypophyse und Nebennierenrinde gebunden waren. Im Experiment führten Hypophysektomie oder Adrenalektomie zum Verschwinden dieser Substanzen; nach Substitution mit WH und/oder Cortison traten sie erneut auf. Exogen verabreichtes Insulin verlor unter dem Einfluß der Antagonisten einen Teil seiner Wirksamkeit (*12, 65*; Übersicht bei *67*).

Die Wirkungen des WH im *Fett*stoffwechsel sind denen des Insulins entgegengesetzt. Das Depot-Fett nimmt ab, die freien Fettsäuren im Plasma steigen an, der Fettgehalt der Leber wird erhöht. Der Abbau der Fettsäuren zu C_2-Bruchstücken überwiegt die gedrosselte Resynthese, was zu Ketonämie und Ketonurie führt.

Die Rolle des Wachstumshormons in der Entwicklung des Kindes

Fetalzeit. Im Hypophysenvorderlappen treten die α-Zellen, in denen wir die Produzenten des WH erblicken, von der 15. Woche an in Erscheinung (*45*). Von welchem Zeitpunkt an diese Zellen zu sezernieren beginnen ist unbekannt; WH-Bestimmungen in fetalen Hypophysen fehlen. Daß WH für das Wachstum des Fetus jedoch nicht erforderlich ist, geht daraus hervor, daß Neugeborene mit Anencephalie, bei denen Hypothalamus und Neurohypophyse meistens fehlen, während die Adenohypophyse unterentwickelt ist, normale Körpergröße aufweisen.

Dies steht in Übereinstimmung mit den Ergebnissen der Dekapitationsversuche von Jost an Kaninchenfeten, die bei Geburt ebenfalls normal groß waren. Über den Einfluß mütterlicher und placentärer Faktoren sind wir noch unzureichend unterrichtet (*27*).

Kindheit. Nächst der Fetalzeit ist das *erste Lebensjahr* die Zeitspanne, in der das Kind am schnellsten wächst. Die Körperlänge nimmt um 25 cm, d. h. um 50% der Länge bei der Geburt zu. In den folgenden Jahren wird das Wachstum langsamer; im Alter von 7—11 Jahren ist es auf dem Minimum angelangt. Klinische und experimentelle Beobachtungen sprechen dafür, daß die Wachstumsvorgänge während der ersten 1—2 Jahre, in der Periode des intensivsten Wachstums im extrauterinen Leben, ohne Vermittlung des WH ablaufen, — was zunächst überrascht. Die Erfahrung, daß Kinder mit hypophysärem Zwergwuchs während der ersten zwei Jahre meistens in normalem Tempo wachsen, kann jedoch nur so gedeutet werden, da der hypophysäre Defekt in diesen Fällen entweder genetisch bedingt oder bei der Geburt erworben ist, d. h. von Anfang an besteht. Auch diese Beobachtung stimmt mit dem Tierexperiment überein; postnatal hypophysektomierte Ratten zeigen während der ersten vier Lebenswochen ein normales Wachstumstempo (*22*). Zur Erklärung kann vielleicht die dem embryonalen Gewebe eigentümliche autochthone Wachstumspotenz herangezogen werden; es ist zu erwarten, daß diese Kräfte nicht mit dem Augenblick der Geburt aufhören, sondern erst allmählich abklingen.

Zwischen dem 2./3. Lebensjahr und dem Beginn der Pubertät wächst das Skelet unter dem Einfluß von Wachstums- und Schilddrüsenhormon. Von den beiden Hormonen hat nur das WH eine positive Wirkung auf die N-Bilanz und fördert das Wachstum auch beim gesunden Individuum. Schilddrüsenhormon wirkt dagegen eiweißkatabolisch und steigert das Wachstum allein beim hypothyreotischen Kind. Nach neueren Untersuchungen setzt die Synthese des WH in der Hypophyse die Gegenwart von Schilddrüsenhormon voraus; der bei Schilddrüseninsuffizienz bestehende Mangel an WH wird nach Verabreichung von Thyreoidin behoben (*21*). Die Differenzierung und Reifung des Skelets untersteht dagegen wahrscheinlich dem direkten Einfluß des Schilddrüsenhormons selbst.

Der *mit der Pubertät verbundene Wachstumsschub* ist das Resultat der in zunehmendem Maße von den Keimdrüsen und der Nebennierenrinde sezernierten Sexualhormone. Die Hormone fördern aber nicht nur das Längenwachstum, sondern in noch stärkerem Maße die Reifung des Knochens, was einige Jahre später zum Schluß der Epiphysenfugen führt. Während die Androgene einen kräftigen anabolen und wachstumsfördernden Effekt besitzen, ist die Wirkung der Oestrogene im wesentlichen auf die Reifungsvorgänge beschränkt.

Ob die von der Pubertät an gebildeten Sexualhormone die Sekretion des Wachstumshormons hemmen, wie man früher angenommen hat, ist zweifelhaft. Auch ohne Vorhandensein von Androgenen klingt das Wachstum des Skelets gegen Ende des zweiten Dezenniums ab; die Körpergröße von Eunuchen übersteigt diejenige gesunder Individuen nur wenig. Darüber hinaus hat sich die Oestrogentherapie der Akromegalie nicht bewährt.

Tabelle 1

	WH, μg/Liter
gesunde Kinder	300
gesunde Erwachsene . .	200
HVL-Insuffizienz . . .	30—90
Akromegalie	350—1140

In Tab. 1 sind einige der ersten vorläufigen Resultate von WH-Bestimmungen zusammengefaßt, die Read mit der von ihm inaugurierten Methode erhalten hat (*43*).

Wie aus den Zahlen hervorgeht, liegt der WH-Spiegel beim Erwachsenen nur um 30% niedriger als beim Kinde. Im Vergleich zu den Werten bei Hypophyseninsuffizienz weist der mittlere Hormonspiegel des Erwachsenen aber noch immer auf eine beträchtliche Hormonsekretion hin. Wahrscheinlich kommen dem WH auch noch nach der Pubertät bestimmte Aufgaben bei der Regulation des Stoffwechsels zu.

II. Thyreotropes Hormon (Thyreotropin, Thyreoidea stimulierendes Hormon = TSH)

TSH ist ein Proteohormon mit einem Molekulargewicht von ungefähr 10000. Die bisherigen Extraktionsverfahren haben zwar Präparate ergeben, die sich bei der Elektrophorese und der Ultrazentrifugierung als einheitliche Proteine verhalten, doch sind auch die reinsten Extrakte noch nicht frei von Eigenschaften anderer glandotroper Hormone. TSH entfaltet an der Schilddrüse mehrere Wirkungen, es steigert die Jodidaufnahme aus dem Blut, fördert die Oxydation des Jodids zu freiem Jod und stimuliert die Synthese des Thyroxins. Außerdem bewirkt es die Ausschwemmung des gespeicherten Hormons aus den Follikeln und paßt auf diese Weise den Plasmahormonspiegel dem aktuellen Bedarf des Organismus an. Darüber hinaus stimuliert es das Wachstum der Schilddrüse. Der Einfluß des TSH auf so verschiedene Vorgänge legt den Gedanken nahe, daß nicht eines, sondern mehrere Thyreotropine existieren. Tatsächlich sind mehrere Substanzen gewonnen worden, die im Tierexperiment isolierte Eigenschaften des TSH aufweisen, so u. a. ein Wachstumsfaktor (Proliferin), ein Stoffwechselfaktor (Metabolin) und die „Exophthalmus produzierende Substanz" (EPS). Während der Nachweis der erstgenannten zwei Faktoren noch der Bestätigung bedarf, erscheint die Existenz des EPS weitgehend gesichert. Die Exophthalmus bedingende Wirkung verläuft nicht über die Schilddrüse — eine Feststellung, die mit Beobachtungen an BasedowPatienten in Einklang steht; der klinischen Besserung nach Resektion oder J^{131}-Behandlung der Basedowstruma braucht kein Rückgang des Exophthalmus zu entsprechen.

Hinsichtlich der Produktion und Sekretion des TSH in der *Fetalzeit* und *Kindheit* sind wir im wesentlichen auf Rückschlüsse angewiesen, die sich aus der biologischen Aktivität der Schilddrüse ergeben. Näheres hierüber findet sich im Kapitel Schilddrüse, S. 305.

In der fetalen Hypophyse sind die β-Zellen, die als Bildungsort des TSH angesprochen werden, die ersten differenzierten Zellelemente des Hypophysenvorderlappens; sie sind bereits bei 30 mm langen Embryonen, d. h. in der 10. Fetalwoche, erkennbar (*45*). Da die Schilddrüse schon in der 12. Woche J^{131} speichert, kann angenommen werden, daß die Thyreotropinsekretion schon sehr früh beginnt. Die normale Entwicklung der fetalen Schilddrüse setzt bis zu einem gewissen Grade das Vorhandensein des intakten Vorderlappens und seines Zusammenhangs mit dem Hypothalamus voraus, — wenngleich die Auswirkungen der Anencephalie auf die Entwicklung der Schilddrüse eigentümlicherweise nicht so stark sind wie auf die der Nebennieren und Keimdrüsen. Da die Placenta für Thyroxin durchgängig ist, reagieren Vorderlappen und Schilddrüse des Feten auf pathologische Veränderungen des Thyroxinplasmaspiegels der Mutter unter Umständen mit entsprechenden Kompensationsbestrebungen, was als weiterer Hinweis auf die schon beim Fetus bestehenden Wechselbeziehungen zwischen Hypophyse und Schilddrüse anzusehen ist. Die Beobachtung temporärer Hyperthyreosen bei Neugeborenen hyperthyreotischer Mütter spricht aber dafür, daß auch das TSH selbst die Placenta passieren kann (*30, 42*).

III. Das adrenocorticotrope Hormon

Das adrenocorticotrope Hormon (ACTH) oder Corticotropin ist ein Polypeptid mit einem Molekulargewicht von etwa 4000, das sich aus 39 geradlinig angeordneten Aminosäuren zusammensetzt. Die Struktur des Moleküls zeigt bei den bisher analysierten Säugetierspecies geringe Unterschiede, welche die Aminosäuren 25 bis 33 betreffen. Auch das menschliche ACTH, bei dem die Reihenfolge der Aminosäuren 25—29 noch nicht festliegt, hat im übrigen den gleichen Bauplan (*51, 65, 66*). Die funktionelle Wirkung des Hormons ist an die Aminosäurenkette 1—24 geknüpft, die bei allen bisher untersuchten Species die gleiche ist.

Die *Wirkungen* des ACTH betreffen fast ausschließlich die Nebennierenrinde (NNR) selbst. Das Hormon bewirkt beim intakten Versuchstier eine Hyperplasie und Gewichtszunahme der Nebennieren. Nach der Hypophysektomie zugeführt, verhindert ACTH die Atrophie der NNR. Biochemisch führt ACTH zu einer raschen Abnahme des Cholesterin- und des Ascorbinsäuregehaltes der NNR.

Cholesterin dient als Ausgangsmaterial der Steroidsynthese; ACTH bewirkt die Abspaltung der an C_{20} anhängenden Seitenkette, wodurch als unmittelbare Vorstufe des Progesterons Δ_5-Pregnenolon entsteht. Nach Hypophysektomie erlischt die Steroidproduktion bis auf die sog. Basalsekretion, die im wesentlichen die bestehenbleibende Aldosteronsekretion repräsentiert und eine vita minima ohne stärkere Belastungen ermöglicht. Das rasche Verschwinden der Ascorbinsäure aus der NNR nach ACTH-Gabe, das die Grundlage des Sayers-Tests, der gebräuchlichsten Bestimmungsmethode für ACTH, bildet, ist in seiner Bedeutung noch unklar.

Der wichtigste Effekt des ACTH ist die Steigerung der Bildung und Abgabe der Corticosteroide, beim Menschen vor allem des Cortisols, in geringerem Umfang des Corticosterons. Da in der NNR nur sehr kleine Steroidmengen gespeichert werden können, sind Produktion und Sekretion nahezu identische Vorgänge. Die unter ACTH pro min gebildete Menge an Cortisol ist größer als der Gehalt der NN selbst. Wie Perfusionsversuche an isolierten NN ergeben haben, wird die Steroidsynthese durch ACTH auf das 5—10fache erhöht (*33*).

Außer dem klassischen ACTH sind aus Hypophysenrohextrakten noch mehrere andere Proteine isoliert worden, die einen wachstumsfördernden Einfluß auf die NNR ausüben. STACK-DUNNE und YOUNG haben einen "adrenal weight factor", RINFRET u. Mitarb. einen "adrenal growth factor" dargestellt (*54b, 44*). Ob es sich bei diesen chemisch bisher ungenügend charakterisierten Stoffen um Hormone sui generis handelt, ist zweifelhaft. — Im Tierexperiment haben auch Wachstumshormon und gonadotropinhaltige Extrakte Wachstumssteigerungen an den NN ergeben (*36, 54*). Über die umstrittene physiologische Bedeutung der Gonadotropine in dieser Hinsicht siehe weiter unten.

Die corticotrope Funktion des HVL im Kindesalter

Fetalzeit. Histologische Untersuchungen an Hypophysen menschlicher Feten sprechen für eine sekretorische Aktivität der ACTH-bildenden Zellen etwa von der 11. Fetalwoche an (*15, 45, 50*). Biologische ACTH-Bestimmungen in Hypophysen von Früchten dieses Alters liegen bisher nicht vor; die jüngsten Feten, in deren Hypophysen ACTH gesucht und gefunden worden ist, waren 16 Wochen alt (*61*). Für das Ingangkommen der corticotropen Funktion des HVL um die 11. Schwangerschaftswoche sprechen ferner die histologischen Befunde an der fetalen NNR sowie schließlich die Tatsache, daß die Entstehung der ersten durch NN-Androgene induzierten Veränderungen, die man an den Genitalorganen weiblicher Neugeborener mit kongenitalem adrenogenitalen Syndrom feststellen kann, auf die 11. Fetalwoche datiert werden kann (*6*).

Ungeklärt ist bis jetzt noch die Frage, ob und in welcher Weise neben dem ACTH noch andere trope Hormone für die Entwicklung der fetalen NNR, vor allem der so markanten Innenzone von Bedeutung sind. Außer beim Menschen, ist eine deutliche Innenzone nur bei einigen anthropoiden Affen vorgefunden worden, die sich von den übrigen Mammalia auch durch die Bildung großer Mengen placentärer Gonadotropine unterscheiden (*35*). Im Choriongonadotropin sieht denn auch eine Reihe von Autoren dasjenigen Hormon, das für den Aufbau der fetalen NNR, vor allem der Innenzone, in der ersten Hälfte der Gravidität verantwortlich ist (*4, 7, 11, 26, 40, 47, 52*). Diese Hypothese gründet sich unter anderem auf anatomische Beobachtungen an Anencephalen. Ausgetragene Kinder und Feten aus der 2. Graviditätshälfte weisen unterentwickelte NN mit atrophischer Innenzone auf, was mit der mangelhaften Ausbildung der dem HVL übergeordneten Zentren des Hypothalamus in Zusammenhang steht. Anencephale Früchte aus der 1. Hälfte der Schwangerschaft besitzen hingegen normal große NN mit gut ausgeprägter Innenzone (*1, 4, 40*). Als Stimulator der NNR in den ersten Monaten wird von den genannten Autoren das Choriongonadotropin betrachtet, das besonders im ersten Drittel der Gravidität in reichlichen Mengen gebildet wird.

Kindheit. Ausgehend von der Außenzone der fetalen NNR erfolgt nach der Geburt der rasche Aufbau der Zona fasciculata. Ihre Entwicklung erfolgt höchstwahrscheinlich unter dem Einfluß einer gegenüber der Fetalzeit vermehrten ACTH-Sekretion. Die von Taylor u. Mitarb. aus menschlichen Hypophysen extrahierten ACTH-Mengen waren, berechnet pro g Hypophyse, bei Säuglingen um mehr als das Zehnfache höher als bei Feten aus der zweiten Schwangerschaftshälfte (*56*). Diese Steigerung der corticotropen Aktivität des HVL scheint sich nach der Geburt sehr schnell zu vollziehen (s. S. 318). Nur in den allerersten Lebenstagen sind die Plasmacorticosteroide erniedrigt, vermutlich infolge einer relativen Ruhigstellung der NN in utero. Während der späteren Kindheit unterscheidet sich die corticotrope Funktion des HVL nicht von der des Erwachsenenalters.

Pubertät. Mit der sog. Adrenarche beginnt die NNR erneut, Steroide mit Sexualhormoncharakter zu sezernieren (s. S. 319). Die Frage, welches übergeordnete Hormon den Anstoß dazu gibt, ist noch nicht endgültig geklärt. Der gleichzeitige Beginn der Reifungsvorgänge in den Keimdrüsen und der NNR macht das LH bzw. ICSH als gemeinsamen Stimulator der Steroidneusynthese in beiden Organsystemen wahrscheinlich. Tatsächlich ist es verschiedenen Autoren gelungen, mit Choriongonadotropin, das biologisch vornehmlich LH-Eigenschaften besitzt, bei Mädchen vor der Menarche und Frauen ohne Ovarialfunktion eine Steigerung der 17-Ketosteroidausscheidung im Harn zu erzielen (*9, 13, 14*). Für die Sicherung der Rolle des LH als Initiator der Adrenarche sind indessen noch weitere Untersuchungen erforderlich.

Die Steuerung der Aldosteronsekretion

Die Sekretion des Aldosterons ist im Gegensatz zu der der Glucocorticoide, Androgene und Oestrogene nur in geringem Umfang von der Hypophyse abhängig. Nach Hypophysektomie nimmt das relative Volumen der Z. glomerulosa, der Produktionsstätte des Aldosterons, zu, und die Aldosteronausscheidung bleibt weitgehend erhalten. ACTH hat zwar einen gewissen Einfluß auf die Sekretionsgröße, wahrscheinlich über eine vermehrte Bereitstellung von Steroidvorläufern, stellt aber sicher nicht den eigentlichen Regulator der Aldosteronbildung dar. Auch dem Wachstumshormon kommen, wenn überhaupt (*63, 64*), nur beschränkte, möglicherweise indirekte Wirkungen zu. Stärkere Beachtung beansprucht dagegen eine von Farrell u. Mitarb. aus Epiphysen- und Zwischenhirngewebe extrahierte lipoidartige Substanz, das sog. Glomerulotropin, mit dem sich beim Hund eine kräftige Steigerung der Aldosteronausscheidung hat erzielen lassen, ohne daß andere NN-Steroide vermehrt im Harn auftraten (*24, 25*). Die Befunde bedürfen noch der Bestätigung durch andere Untersucher.

Anm. b. d. Korr.: Neuere Untersuchungen machen als Rezeptororgan dagegen die Niere wahrscheinlich. Repräsentativ für das Blutvolumen des Gesamtorganismus scheint die Nierendurchblutung in den afferenten Glomerulusarteriolen registriert zu werden, deren Epitheloidzellen das Renin bilden, das seinerseits die Produktion von Angiotensin in Gang setzt. Angiotensin stimuliert nachgewiesenermaßen die Sekretion von Aldosteron [s. u. a. A. F. Muller: Verh. Dtsch. Ges. Inn. Med. **68**, 599 (1962)].

IV. Das melanocyten-stimulierende Hormon (MSH, Intermedin)

Nachdem in den letzten Jahren mehrere melanocyten-stimulierende Hormone aus tierischen Hypophysen dargestellt worden waren, ist Dixon 1960 die Isolierung eines menschlichen MSH gelungen (23). Das Hormon ist ein Polypeptid, das aus 22 geradlinig angeordneten Aminosäuren zusammengesetzt ist. Wie erwähnt, ist das menschliche ACTH kürzlich als ein aus 39 Aminosäuren bestehendes Polypeptid identifiziert worden (s. S. 299). Die frühere Annahme, der melanocyten-stimulierende und der adrenocorticotrope Effekt menschlicher Hypophysen-extrakte beruhten auf verschiedenen Wirkungen desselben Hormons, hat sich also nicht bestätigt. Das ACTH-und das MSH-Molekül zeigen aber in bestimmten Abschnitten eine völlig übereinstimmende Aminosäurensequenz, die es erklärlich macht, daß auch reines ACTH eine melanocyten-stimulierende Wirkung ausübt (32). — Beim Frosch und bei anderen Amphibien fördert MSH die Melanophoren-ausbreitung und Melaninbildung in der Haut. Der Wirkungsmodus beim Säugetier und Mensch ist noch unklar; auch hier wird aber die Hautpigmentierung gefördert.

Bildung und Ausschüttung von MSH und ACTH sind in der Regel miteinander korreliert. Da die MSH-Ausscheidung im Harn leicht meßbar ist (61), hat man damit die Möglichkeit, sich über die corticotrope Aktivität des HVL mit relativ einfachen Mitteln ein Bild zu verschaffen.

Ausreichende Daten über die normale MSH-Ausscheidung des Menschen in den verschiedensten Lebensphasen liegen bis jetzt noch nicht vor.

Gonadotropine

In der Hypophyse des Menschen und der Säugetiere sind mehrere gonadotrope Wirkstoffe aufgefunden worden. Als Produktionsstätte des follikelstimulierenden Hormons (FSH) und des luteinisierenden Hormons (LH) werden die β-Zellen angesprochen, als Bildungsort des luteotrophen Hormons (LTH), das mit dem Prolaktin identisch ist, eine bestimmte Gruppe der acidophilen Zellen. Auf Grund der Fortschritte der Eiweißchemie ist es gelungen, hochgereinigte Gonadotropin-präparate mit starker biologischer Aktivität darzustellen. FSH und LH sind Glykoproteide, LTH ein einfaches Protein (38, 46, 55, 66).

Trotzdem steht bis heute nich nicht sicher fest, ob FSH und LH als individuelle Hormone nebeneinander existieren, da auch die reinsten bisher gewonnenen Präparate des einen Wirkstoffs stets Eigenschaften des anderen aufwiesen. Eine Reihe von Autoren vertritt daher die Auffassung, daß die Hypophyse nur ein einziges gonadotropes Hormon hervorbringt, das sowohl FSH- als auch LH-Aktivität besitzt. Kürzlich von Gemzell, Diczfalusy und Tillinger publizierte Befunde sprechen indessen für die Existenz zweier Hormone (34). Die Autoren haben aus menschlichen Hypophysen einen Wirkstoff extrahiert, der bei amenorrhoischen Frauen isolierte FSH-Wirkungen, nämlich Follikelwachstum, Ausbildung von Graafschen Follikeln und Oestrogenproduktion hervorbrachte. Ovulation, Corpus-luteum-Bildung und vermehrte Pregnandiolausscheidung traten nur dann auf, wenn zusätzlich menschliches Choriongonadotropin (Human chorion gonadotro-phin, HCG), ein Hormon mit ausgesprochener LH-Wirkung verabreicht wurde.

Im allgemeinen nimmt man an, daß FSH und LH während des Cyclus rhythmisch alternierend sezerniert werden. Die unter FSH-Einfluß ansteigende Oestrogenproduktion soll die Abgabe des FSH allmählich zurückdrängen, während die LH-Sekretion zunimmt und erst mit der Ausreifung des Corpus luteum nachläßt. Untersuchungen der im Laufe des Cyclus ausgeschiedenen Gonadotropine haben bisher noch keine Bestätigung dieser Vorstellung erbracht. Die Relation der aus dem Urin isolierten Gesamtgonadotropine und des LH zeigten im Laufe der Periode keine Veränderungen (*17*). Eine exakte Auftrennung der Harngonadotropine in FSH und LH ist bisher nicht möglich gewesen.

Beim männlichen Individuum fördert FSH die Reifung des Samenepithels des Testis, während LH = ICSH (Interstitial cell stimulating hormone) die Entwicklung und Reifung der interstitiellen Zellen stimuliert.

Als drittes gonadotropes Hormon der Hypophyse gilt das luteotrophe Hormon (LTH), das mit dem Prolactin identisch ist. Während seine Bedeutung für die Lactation außer Zweifel steht, ist seine gonadotrope Wirkung zumindest beim Menschen umstritten.

Die gonadotrope Funktion des HVL des Kindes

Fetalzeit. In der fetalen Hypophyse werden die β-Zellen, die Produktionsstätte des FSH und LH, in der 10. Woche erkennbar (*58*). Zur gleichen Zeit beginnt die Entwicklung der Hodenzwischenzellen, die um die 16. Woche das histologische Bild des Testis beherrschen. In zeitlicher Übereinstimmung damit geht auch die Differenzierung der äußeren Genitalorgane vor sich. Es liegt nahe, hier kausale Zusammenhänge anzunehmen. Wie auf S. 327 näher ausgeführt wird, sind solche Beziehungen für das Kaninchen von JOST und seinem Arbeitskreis bewiesen worden. Nicht nur die Kastration, sondern auch die Hypophysektomie bzw. Dekapitation bewirkt beim männlichen Kaninchenfetus, daß die Hodenentwicklung sistiert, daß die Ausbildung der Genitalorgane in männlicher Richtung unterbleibt und weibliche Strukturen entstehen. Die normale Hodenentwicklung erfordert beim Kaninchen also eine intakte HVL-Funktion.

Beim menschlichen Embryo liegen die Verhältnisse anders, wie aus Beobachtungen an Neugeborenen und Feten mit Anencephalie hervorgeht. Bei dieser Mißbildung ist der HVL zwar in der Regel vorhanden, ist aber hypoplastisch und ohne Verbindung mit dem Hypothalamus. Meistens fehlt der Hypophysenhinterlappen. Trotz dieses Defektes sind bei den männlichen Fällen die Testes und auch die Zwischenzellen meist annähernd normal entwickelt (*1, 4, 40*). Als Induktor der Hodenentwicklung tritt hier wahrscheinlich das Choriongonadotropin an die Stelle des hypophysären LH. Der Unterschied gegenüber dem Befund beim Kaninchen läßt sich damit erklären, daß nur die Placenta des Menschen und der Primaten Choriongonadotropin produziert, die der anderen Säugetiere dagegen nicht (*35*). Über die möglichen Beziehungen des Choriongonadotropins zur fetalen Nebenniere s. S. 301).

In der zweiten Hälfte der Gravidität fällt die Choriongonadotropinbildung auf so niedrige Werte ab, daß ein hormonaler Einfluß der Placenta auf die Keimdrüsen unwahrscheinlich ist. Der Organismus ist auf die Gonadotropine der eigenen Hypophyse angewiesen. Schon aus Hypophysen von Feten aus dem 2. Monat konnten kürzlich von BETTENDORF Gonadotropine extrahiert werden (*5*).

Kindheit und Pubertät. Nach der Geburt sistiert die gonadotrope Aktivität des HVL. Aus Hypophysen von Säuglingen und Kleinkindern hat man kein Gonadotropin extrahieren können (*2*). Zwischen Geburt und Pubertät sind die Keimdrüsen funktionell ruhende Organe. Ihre Reifung beginnt, wenn die Gonadotropinsekretion ein gewisses Ausmaß erreicht hat, beim Mädchen im Mittel mit 11, beim Jungen mit $12^{1}/_{2}$ Jahren. Bei Kindern in diesem Alter läßt sich Gonadotropin in rund 50% der Harnproben nachweisen (*49*). Der eigentliche Beginn der Gonadotropinbildung in der Hypophyse liegt jedoch früher. Genaue Zeitangaben können hierüber nicht gemacht werden, weil größere Untersuchungsreihen, die mit zuverlässigen Methoden durchgeführt sind, für diese Altersstufen fehlen. Immerhin ist es bemerkenswert, daß CATCHPOLE und GREULICH schon bei 4—8jährigen Mädchen gelegentlich Gonadotropin im Harn gefunden haben, und daß BAHN u. Mitarb. aus der Hypophyse eines 4jährigen Jungen Gonadotropin haben extrahieren können (*2, 18, 19*). Relativ häufig ist eine positive Gonadotropinausscheidung auch bei jungen Kindern mit Gonadendysgenesie nachgewiesen worden (*52, 53*).

Wahrscheinlich gibt der HVL anfangs vorwiegend FSH und erst später LH ab. Hierfür spricht die Reihenfolge der Reifungsvorgänge in den Keimdrüsen; im Hoden geht die Entwicklung des Tubulusapparates dem der Zwischenzellen voraus; im Ovar reifen zunächst nur die oestrogenproduzierenden Follikel heran, während Ovulation und Progesteronbildung erst später folgen. Kürzlich von BROWN veröffentlichte qualitative Untersuchungen der Harngonadotropine sprechen im gleichen Sinne (*16*). Daß das LH möglicherweise auch für die Adrenarche, im Beginn der Androgensynthese der NNR verantwortlich ist, wurde auf S. 301 erörtert.

Der eigentliche Anstoß zur Pubertätsentwicklung geht nicht von der Hypophyse selbst, sondern von dem ihr übergeordneten *Sexualzentrum* im Tuber cinereum aus. Transplantiert man die Hypophyse einer infantilen Ratte unter das Tuber cinereum einer erwachsenen hypophysektomierten Ratte, so beginnt sie, Gonadotropine zu bilden. Störungen im Bereich des Tuber cinereum können entweder Frühreife oder Infantilismus zur Folge haben.

Der Zeitpunkt, zu dem Sexualzentrum und Hypophyse ihre Tätigkeit aufnehmen, ist von der Gesamtentwicklung des Organismus abhängig. Enge Korrelationen bestehen vor allem zwischen Pubertätsbeginn und Skeletreife. Unabhängig vom chronologischen Alter beginnt die Geschlechtsreifung beim Mädchen ungefähr bei einem Knochenalter von 11, beim Jungen von $12^{1}/_{2}$ Jahren. Bestimmte bei Endokrinopathien gemachte Beobachtungen veranschaulichen diese Beziehungen. Werden Mädchen mit kongenitalem adrenogenitalen Syndrom, bei denen die Knochenreifung stets acceleriert ist, mit Cortison behandelt, so erfolgen Geschlechtsreifung und Menarche entsprechend der prämaturen Ossifikation u. U. schon mit 9 Jahren. Hypophysäre Zwerge erreichen dagegen ohne Therapie kaum je das kritische Knochenalter von 11—13 Jahren; dementsprechend tritt die Pubertät nicht ein. Stimuliert man aber die Größen- und Skeletentwicklung mit anabolischen Steroiden, so kann eine echte Geschlechtsreifung und nachweisbare Gonadotropinsekretion auftreten (*8, 59*). Auf welche Weise dem Sexualzentrum die Informationen über den Stand der Skeletentwicklung zugehen, ist vorläufig noch unklar.

Literatur
Adenohypophyse

1. ANGEVINE, D. M.: Arch. Path. **26**, 507 (1938).
2. BAHN, R. C., N. LORENZ, W. A. BENNETT and A. ALBERT: Endocrinology **52**, 605 (1953). — 3. BECK, J. C., E. E. MC GARRY, I. DYRENFURTH, R. O. MORGEN, E. D. BIRD and E. H. VENNING: Metabolism 9, 699 (1960). — 4. BENIRSCHKE, K.: Obstet. and Gynec. 8, 412 (1956). — 5. BETTENDORF, G. M.: Habil.schrift Hamburg 1961. — 6. BIERICH, J. R.: Ergebn. inn. Med. Kinderheilk., N. F. 9, 510 (1958). — 7. BIERICH, J. R.: Die Funktion der Nebennierenrinde im Kindesalter unter besonderer Berücksichtigung der ersten Lebenszeit und der Pubertät. Habil.schrift, Hamburg 1956. — 8. BIERICH, J. R.: Die Nebennierenrinde. In: F. LINNEWEH, Die physiologische Entwicklung des Kindes. Berlin-Göttingen-Heidelberg: Springer 1959. — 9. BIERICH, J. R.: Mschr. Kinderheilk. **109**, 140 (1961). — 10. BIERICH, J. R., u. D. KLEIMINGER: Die Stimulation der adrenalen Androgenproduktion beim Mädchen durch Choriongonadotropin. Publ. in Vorbereitung; Ergebnisse zit. in BIERICH 1959. — 11. BIERICH, J. R., G. VOSS u. E. OTTO: Mschr. Kinderheilk. **107**, 112 (1959). — 12. BORNSTEIN, J., and P. TREWHELLA: J. Endocr. 7, 33 (1951). — 13. BORRELL, K.: Acta endocr. (Kbh.) **17**, 13 (1954). — 14. BOTELLA-LUSIA, J.: Gynaecologia (Basel) **133**, 79 (1952). — 15. BRANDER, J.: Persönliche Mitteilungen an N.R.W. TAYLOR, s. dort. — 16. BROWN, P. S.: Acta endocr. (Kbh.) **32**, 272 (1959). — 17. BUCHHOLZ, R.: Z. ges. exp. Med. **128**, 219 (1956/57); Cancer 8, 523 (1955).
18. CATCHPOLE, H. R., and W. W. GREULICH: Amer. J. Physiol. **129**, 331 (1940); J. clin. Invest. **22**, 799 (1943). — 20. CONTOPOULOS, A. N., M. E. SIMPSON and A. A. KONEFF: Endocrinology **63**, 642 (1958). — 21. CROOKE, A. C.: Schweiz. med. Wschr. **1953**, 194.

22. Dahlberg, B.: First Internat. Congress of Endocrinol., Copenhagen 1960, Adv. Abstracts 29 p. 331. — 23. Dixon, H. B. F.: Biochim. biophys. Acta (Amst.) 37, 38 (1960). 24. Farrell, G.: Endocrinology 65, 29 (1959). — 25. Farrell, G.: Endocrinology 65, 239 (1959).

26. Gardner, L. J., and R. L. Walton: Helv. paediat. Acta 9, 311 (1954). — 27. Gemzell, C. A.: Das Wachstumshormon im retroplacentären Blut und im Nabelschnurblut. In: Probleme der fetalen Endokrinologie. III. Symposion d. Dtsch. Ges. f. Endokrinol. Berlin-Göttingen-Heidelberg: Springer 1956. — 28. Gemzell, C. A., E. Diczfalusy and K.-G. Tillinger: J. clin. Endocr. 18, 1333 (1958). — 29. Grossman, E. R.: Pediatrics 25, 298 (1960).

30. Harnack, G. A. von: Dtsch. med. Wschr. 82, 650 (1957). — 31. Harris, J.: Ciba Found. Coll. on Endocrinol. 13, 266 (1960). — 32. Harris, J.: Brit. med. Bull. 16, 189 (1960). — 33. Hechter, O., and G. Pincus: Physiol. Rev. 34, 459 (1954).

34. Kracht, J.: Dtsch. med. Wschr. 81, 537 (1957).

35. Lanman, J. T.: Endocrinology 61, 684 (1957). — 36. Lanman, J. T., and J. Dinerstein: Endocrinology 64, 494 (1959). — 37. Lee, T. H., A. B. Lerner and V. Buettner-Janusch: Ciba Found. Coll. on Endocrinol. 13, 251 (1960). — 38. Li, Ch. H.: Ciba Found. Coll. on Endocrinol. 13, 46 (1960). — 39. Loraine, J. A.: Ciba Found. Coll. on Endocrinol 13, 217 (1960).

40. Moeri, E.: Acta endocr. (Kbh.) 8, 259 (1951). — 41. Müller, A., et A. Gautier: Helv. paediat. Acta 13, 1 (1958).

42. Nagle, W. W., J. W. Hope and A. M. Bongiovanni: Radiology 68, 526 (1957).

43. Read, Ch. H., and G. T. Bryan: Recent Prog. Hormone Res. 16, 187 (1960). — 44. Rinfret, A. P., A. C. Griffin and B. C. Wexler: Fed. Proc. 12, 259 (1953). — 45. Romeis, B.: Innersekretorische Drüsen II; Hypophyse. Handb. d. mikrosk. Anat. VI/3. Berlin-Göttingen-Heidelberg: Springer 1940. — 46. Roos, O., and C. A. Gemzell: Ciba Found. Coll. on Endocrinol. 13, 209 (1960). — 47. Rotter, W.: Virchows Arch. path. Anat. 316, 590 (1949).

48. Salter, J., and Ch. Best: Brit. med. J. 1953 II, 353. — 49. Schwenk, A., u. H. Ohndorf: Z. Kinderheilk. 79, 645 (1957). — 50. Schönenberg, H., K. Hollstein u. W. Kosenow: Z. Kinderheilk. 79, 383 (1957). — 51. Shepherd, R. G., S. D. Willson, K. S. Howard, K. S. Bell, P. H. Davies, S. B. Davies, E. A. Eigner and N. E. Shakespeare: J. Amer. chem. Soc. 78, 5067 (1956). — 52. Silver, H. K., and C. H. Kempe: Amer. J. Dis. Child. 85, 523 (1953). — 53. Silver, H. K., and S. G. Dodd: J. Dis. Child. 94, 702 (1957). — 54a. Stack-Dunne, M. P.: Ciba Found. Coll. on Endocrinol. 5, 133 (1953). — 54b. Stack-Dunne, M. P., and F. G. Young: Ann. Rev. Biochem. 23, 405 (1954). 55. Steelman, S. L., A. Segaloff and R. N. Andersen: Proc. Soc. exp. Biol. N. Y. 10, 452 (1959).

56. Taylor, N. R. W., J. A. Loraine and H. A. Robertson: J. Endocr. 9, 334 (1953). — 57. Thing, E.: Acta endocr. (Kbh.) 16, 160 (1954). — 58. Tonutti, E., u. S. Fetzer: In: Probleme der fetalen Endokrinologie. III. Symposion d. Dtsch. Ges. f. Endokrinologie. Berlin-Göttingen-Heidelberg: Springer 1956. — 59. Tonutti, E., u. O. Weller: In: Tonutti u. Mitarb., Die männliche Keimdrüse. Stuttgart: Georg Thieme 1960. — 60. Tuerkischer, E., and E. Wertheimer: Biochem. J. 42, 603 (1948).

61. Vallance-Owen, J.: Brit. med. Bull. 16, 214 (1960). — 62. Venning, E. H., and O. J. Lucis: Ciba Found. Coll. on Endocrinol. 13, 174 (1960). — 63. Venning, E. H., B. Singer, A. Carballeira, J. Dyrenfurth, J. C. Beck and C. P. Giroud: Ciba Found. Coll. on Endocrinol. 8, 190 (1955).

64. Waller, J. P., and J. Harris: Unveröffentlichte Resultate 1959; zit. bei J. Harris 1960. — 65. White, W. F., and W. A. Landmann: J. Amer. chem. Soc. 77, 1711 (1955). — 66. Wilhelmi, A. E.: Ciba Found. Coll. on Endocrinol. 13, 25 (1960).

Die Schilddrüse

Aus Tyrosin und Jod synthetisiert die Schilddrüse die Hormone Thyroxin und Trijodthyronin. Ob letzteres allerdings in der Thyreoidea selbst oder evtl. außerhalb derselben durch Jodabspaltung entsteht, ist noch ungewiß. Ungeklärt ist auch, ob der Trijodessigsäure und anderen Derivaten dieser Hormone eine physiologische Bedeutung zukommt.

Der *Hormonaufbau* wird stufenweise vollzogen. Soweit die einzelnen Schritte enzymatisch erfolgen, können sie durch bestimmte Inhibitoren gehemmt werden, wobei es durch Unterbrechung des Rückkoppelungsmechanismus, der die Schilddrüse mit der Hypophyse verbindet, zu einer vermehrten Ausschüttung von thyreotropem Hormon und u. U. zur Strumabildung kommt. Ganz entsprechende Störungen werden auf Grund genetisch bedingter Enzymdefekte angetroffen.

Abb. 2 veranschaulicht die Hormonsynthese. Zunächst wird das im Blut kreisende Jodid von der Schilddrüse abgefangen und hier gegenüber dem Blutspiegel auf ein Mehrhundertfaches konzentriert. In einem zweiten Schritt wird das Jodid zu freiem Jod oxydiert. Beide Vorgänge sind enzymabhängig, werden durch thyreotropes Hormon gefördert und durch bestimmte Thyreostatica gehemmt; beispielsweise wird die Oxydation durch Thiouracile verhindert. Ohne Beteiligung von

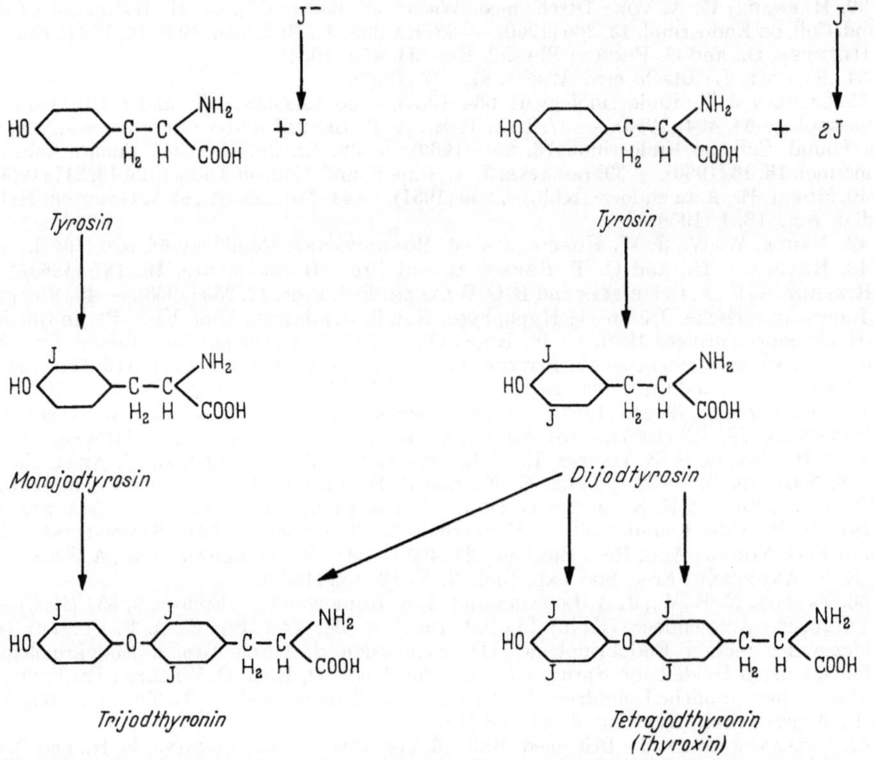

Abb. 2. Die Synthese der Schilddrüsenhormone

Enzymen entstehen in der Folge aus Tyrosin und freiem Jod Mono- und Dijodtyrosin. 2 Moleküle Dijodtyrosin bzw. ein Molekül Mono- und ein Molekül Dijodtyrosin kondensieren schließlich zu Thyroxin (= Tetrajodthyronin) bzw. Trijodthyronin.

Speicherung

Im Gegensatz zu anderen inkretorischen Organen ist die Schilddrüse in hohem Maße fähig, die von ihr synthetisierten Hormone zu speichern. Die Speicherung erfolgt durch Anlagerung an Thyreoglobulin, einen Eiweißkörper mit einem Molekulargewicht von rund 675000, der den wesentlichsten Bestandteil des Schilddrüsenkolloids ausmacht. Auf Grund seiner Molekülgröße geht das Thyreoglobulin nicht in die die Follikel umgebenden Capillaren über. Besteht für den Organismus ein aktueller Bedarf an Schilddrüsenhormon, so werden unter dem Einfluß von Thyreotropin proteolytische Enzyme im Follikel aktiviert, die eine Abspaltung des Thyroxins und Trijodthyroxins bewirken. Histologisch äußert sich der Vorgang in der Verflüssigung des Kolloids.

Im *Plasma* werden die Hormone vorwiegend an bestimmte Globuline angelagert transportiert; elektrophoretisch handelt es sich um eine Fraktion zwischen den α_1- und α_2-Globulinen.

Wirkungen der Schilddrüsenhormone

A. Stoffwechsel. Unter den Einflüssen, die die Schilddrüsenhormone auf den Stoffwechsel ausüben, steht die Erhöhung des Basalstoffwechsels im Vordergrund. Beim Fortfall der Schilddrüse sinkt der Grundumsatz um etwa 40%. Die Hormone fachen die oxydativen Prozesse innerhalb der Zelle an und steigern so die Wärmeerzeugung des gesamten Organismus. Klinisch resultieren Temperatur- und Pulsfrequenzsteigerung, Schweißneigung, Gewichtsabnahme und Appetitsteigerung. Im Kohlenhydratstoffwechsel verhindern die Hormone bei exzessiver Verabreichung die Glykogenassimilation in der Leber nach Glucosezufuhr; der Zucker wird nicht gespeichert, sondern verbrannt. Zwischen Thyroxin und Insulin besteht in dieser Beziehung ein Antagonismus. Eine Hyperthyreose kann dementsprechend einen latenten Diabetes zur Manifestation bringen. Auch im Eiweißhaushalt wirkt Thyroxin katabolisch; beim hungernden Tier steigt die N-Ausscheidung unter Thyroxin an. Im Wasserhaushalt wirkt Thyroxin diuretisch. Bei Schilddrüsenmangel ist vor allem die extracelluläre Flüssigkeit vermehrt.

B. Wachstum und Reifung. Für das normale Wachstum sind Schilddrüsenhormone erforderlich. Bei Schilddrüsenmangel sind Längenwachstum, Skelet- und Gebißentwicklung sowie das Wachstum von Haaren und Nägeln verzögert. Die Ossifikation der Knochenkerne ist nicht nur zeitlich retardiert, sondern auch qualitativ gestört; Epiphysendysgenesien lassen sich bei Hypothyreose in rund 90% der Fälle nachweisen. Trotz dieser Wirkung zählen die Schilddrüsenhormone nicht zu den Wachstumshormonen im engeren Sinne. Nur beim hypothyreotischen Kind läßt sich mit Thyroxin eine Steigerung des Wachstums erzielen, nicht dagegen beim gesunden Kind oder bei Kleinwuchs aus anderweitigen Ursachen. Ferner bewirkt die Zufuhr von Schilddrüsensubstanz eine negative N-Bilanz, während die Wachstumshormone sensu strictori — Wachstumhormon und Androgene — eine positive N-Bilanz verursachen. Für die Prozesse des Wachstums sind jedoch nicht nur vermehrte Aufbau — sondern auch verstärkte Umbauvorgänge erforderlich; an diesen dürften die Schilddrüsenhormone wesentlich beteiligt sein. Ein Beispiel solcher gekoppelten Einschmelzungs- und Neubildungsprozesse ist die Metamorphose der Amphibien, die durch Schilddrüsenhormone in Gang gesetzt wird. Offenbar sind zwischen Wachstums- und Schilddrüsenhormon synergistische Wirkungen anzunehmen. Im einzelnen sind diese Beziehungen aber heute noch ungeklärt. Gesichert ist dagegen die Tatsache, daß die Schilddrüsenhormone die Bildung des Wachstumshormons fördern (*5, 6*). Bei thyreoidektomierten Tieren atrophieren die acidophilen Zellen des Hypophysenvorderlappens, die das Wachstumhormon hervorbringen; Applikation von Thyroxin behebt diesen Defekt. Der Minderwuchs bei Hypothyreose scheint zu einem wesentlichen Teil durch einen sekundären Mangel an Wachstumshormon bedingt zu sein.

C. Wirkungsmodus. Über den Wirkungsmechanismus der Schilddrüsenhormone sind wir heute noch unzureichend orientiert, doch haben die Forschungsergebnisse von MARTIUS und seiner Schule wichtige Ansatzpunkte zur Klärung ergeben (*16*). Diese Autoren haben festgestellt, daß der Aufbau energiereicher Phosphate in den Lebermitochondrien und im Zwerchfell verschiedener Versuchstiere durch Thyroxin gehemmt wird. Normalerweise wird die bei der Verbrennung der Nährstoffe freiwerdende Energie in Form von Adenosintriphosphat und Kreatinphosphat gespeichert und dem Stoffwechsel der Zelle zur Verfügung gestellt. Atmung und oxydative Phosphorylierung sind miteinander gekoppelt. Thyroxin bewirkt die Entkoppelung der beiden Vorgänge; die in den Nährstoffen enthaltene Energie erscheint großenteils als Wärme, der Nutzeffekt des Energieumsatzes sinkt. Diese Beobachtungen erklären möglicherweise die Steigerung des Grundumsatzes, die Luxuskonsumption der Nährstoffe und die Störungen im Kohlenhydrathaushalt bei der Hyperthyreose. Die Veränderungen im Kreatin/Kreatinin-Haushalt beim Morbus Basedow sind wohl in analoger Weise durch eine mangelhafte Phosphagensynthese zu interpretieren. Die Resultate von MARTIUS sind inzwischen von mehreren Autoren bestätigt worden. Die Diskussion darüber, wie weit die Tierexperimente der physiologischen Situation beim Menschen entsprechen, und wieweit die vielfältigen Wirkungen des Thyroxins allein durch die Entkoppelungsreaktion bedingt sind, ist jedoch noch keineswegs abgeschlossen.

Anatomische Entwicklung

Die Schilddrüse entwickelt sich aus dem Entoderm der Mundbucht, wo ihre Anlage schon bei 3 mm langen Embryonen gefunden wird. Die charakteristische Form des Organs ist bei 10—12 mm langen Embryonen erkennbar. Bei einer Länge von 25 mm bilden sich die Primärfollikel. Aus ihnen gehen im 4. Lunarmonat die Sekundärfollikel hervor, die nach kurzer Zeit eine Einlagerung von Kolloid zeigen; damit ist das definitive funktionelle Strukturelement der Schilddrüse fertig ausgebildet. Zur gleichen Zeit läßt sich eine selektive Jodspeicherung sowie die Produktion von Thyroxin nachweisen. — Zur Zeit der Geburt finden sich histologisch die Anzeichen verstärkter Organfunktion. Kurz vor, besonders aber einige Tage nach der Geburt wird das Kolloid aus den Follikeln ausgeschwemmt und das Epithel nimmt an Höhe zu. In der Folgezeit bilden sich diese Veränderungen zurück. Das Gewicht der Schilddrüse nimmt in den ersten Lebensmonaten ab.

Vom zweiten Lebenshalbjahr an vergrößert sich die Schilddrüse erneut. Die Kurve der weiteren Gewichtszunahme geht aus Abb. 3 hervor. Die *absoluten* Zahlen für das Schilddrüsengewicht variieren landschaftlich beträchtlich; sie sind in jodarmen Gegenden z. T. mehr als doppelt so hoch wie in jodreichen Regionen. Die allgemeine Form der Gewichtskurve ist jedoch überall annähernd gleich; sie ergibt ein starkes Wachstum, vor allem in den ersten 4 Lebensjahren und in der Pubertät. Histologisch ist der Anteil des Epithels während der gesamten Wachstumsperiode hoch, der des Kolloids gering, verglichen mit dem Bilde beim Erwachsenen.

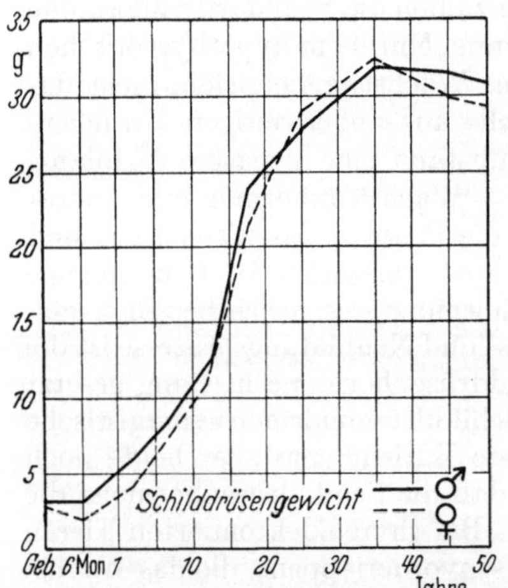

Abb. 3. Lebenskurve der Schilddrüse in mittlerer Meereshöhe (Jena und Basel) (nach ROESSLE und ROULET)

Funktionelle Entwicklung

Für die Beurteilung der biologischen Leistung der Schilddrüse stehen indirekte und direkte Verfahren zur Verfügung. Zur ersten Gruppe zählen die Messung des Grundumsatzes, die Bestimmung des Serumcholesterins und die Prüfung der Kreatin- und Kreatinin-Ausscheidung. In den so erhaltenen Befunden spiegeln sich Stoffwechselfunktionen, die zwar wesentlich, doch nicht ausschließlich durch die Aktivität der Schilddrüse bestimmt werden. Unmittelbare Einblicke in den

Hormonstoffwechsel erlauben die Bestimmung von eiweißgebundenem bzw. butanolextrahierbarem Jod im Serum, die Prüfung der Radiojodaufnahme der Schilddrüse und die Messung von im Plasma erscheinenden eiweißgebundenem Radiojod nach I^{131}-Gabe. Hinsichtlich der diagnostischen Treffsicherheit der verschiedenen Methoden haben JAFFÉ und OTTOMAN für den Erwachsenen 1950 folgende Werte angegeben: Grundumsatz: 67%, eiweißgebundenes Jod: 76,2%, I^{131}-Aufnahme: 91% (12). Die Trefferquote für die Radiojodmethoden hat sich in den letzten 10 Jahren sicher erhöht. Die Möglichkeit, die Schilddrüsenfunktion nach dem Grundumsatz zu beurteilen, ist beim Kind wesentlich geringer als beim Erwachsenen, eine einzelne Grundumsatzbestimmung ist für die Diagnose einer Schilddrüsenerkrankung von fraglichem Wert. Für das Verständnis der Schilddrüsenphysiologie und des Energiewechsels sind dagegen die Grundumsatzmessungen unentbehrlich, die vor allem BENEDIKT und TALBOT an großen Reihen gesunder Kinder durchgeführt haben (2).

Cholesterin

Thyroxin beschleunigt den Cholesterinumsatz; der Einfluß auf den Abbau ist größer als auf die Synthese. Eine Überfunktion der Schilddrüse führt daher zu erniedrigten, eine Unterfunktion zu erhöhten Cholesterinwerten im Serum. Einzelheiten sind im Kapitel *Fettstoffwechsel* behandelt.

Kreatinstoffwechsel

Bei Hyperthyreose ist die Kreatinausscheidung erhöht, die Ausscheidung von Kreatinin vermindert. Die Ursache dieser Veränderungen ist wahrscheinlich eine Störung der Resynthese von Kreatin und Phosphat, die nach der Spaltung des Phosphagens bei der Muskelkontraktion erfolgt; ein Teil des freigewordenen Kreatins geht zu Verlust. Umgekehrt ist bei Hypothyreose die Resynthese des Phosphagens anscheinend so vollständig, daß die im Kindesalter normale Kreatinausscheidung ausbleibt. Der Umfang der Resynthese ist von dem Gehalt der Muskelzellen an Adenosintriphosphat abhängig, dieser wiederum von der oxydativen Phosphorylierung. Der Einfluß der Schilddrüse auf die oxydative Phosphorylierung wurde auf S. 308 besprochen.

Eiweißgebundenes und butanolextrahierbares Jod im Serum

Die Werte für das organisch gebundene Jod im Blut entsprechen in gewissen Grenzen dem Blutgehalt an Hormonjod. Vor allem die butanolextrahierbare Fraktion erfaßt ziemlich ausschließlich das als Thyroxin und Trijodthyronin vorliegende Jod. Die Bestimmungen sagen naturgemäß nichts über die Relation der beiden Hormone aus, deren physiologische Wertigkeit ja erheblich differiert. Trotzdem haben sich die Werte als besonders zuverlässiges Indiz für die Funktion der Schilddrüse bewährt.

Für das eiweißgebundene Jod (protein bound iodine, PBI) gelten beim Erwachsenen Werte zwischen 3,5—8,0 μg-%, im Mittel 5,4 μg-% als normal, für das butanolextrahierbare Jod (BEI) Werte zwischen 3,3—7,3 μg-%, im Mittel 4,9 μg-%. Die Werte im Kindesalter unterscheiden sich hiervon besonders in den ersten Lebenswochen. Der Spiegel des eiweißgebundenen Jods im Nabelschnurblut entspricht mit durchschnittlich 8,3 μg-% den erhöhten Werten, die bei Schwangeren im letzten Trimenon gefunden werden (7a). In den ersten Lebenstagen steigt der Spiegel steil an, nach der ersten Woche fällt er auf einen Mittelwert von 7 μg-% ab, um in der Folge bis zum Alter von 6 Jahren langsam auf die Normwerte des Erwachsenenalters herunterzugehen. Analoge Veränderungen hat die Bestimmung von butanolextrahierbarem Jod ergeben (*8, 20*). — Während die Untersuchungen der verschiedenen Autoren für die ersten fünf Lebensjahre übereinstimmend eine Erhöhung des Hormonjodspiegels ergeben, differieren die Angaben für die Adoleszenz. Umfangreiche und genaue Untersuchungen von Danowski u. Mitarb. sprechen aber dafür, daß der Spiegel von eiweißgebundenem Jod in der Pubertät abnimmt. Die Autoren fanden bei Knaben im Alter von 12,10—14,9 Jahren ein Minimum von 4,0 μg-%, bei Mädchen zwischen 11,0 und 14,9 Jahren ein solches von 3,5 μg-%. In den folgenden Jahren stieg der Spiegel wieder auf die Normwerte des Erwachsenenalters an (*7b*).

Untersuchungen mit J^{131}

Ähnlich wie die absolute Größe und das Gewicht der Schilddrüse ist auch ihre Avidität für anorganisches Jod abhängig von der durchschnittlichen Jodzufuhr mit der Nahrung und ist daher regional verschieden. Die Retention von J^{131} ist in jodarmen Gegenden wesentlich größer als in jodreichen Regionen, wie z. B. Küstengebieten. Allgemeingültige Normen für den Radiojodtest aufzustellen ist daher unmöglich. Angaben über die Veränderungen der Werte mit dem Alter können nur durch Vergleiche innerhalb homogener Kollektive gewonnen werden.

Dem erhöhten Spiegel für organisch gebundenes Jod in der Neugeborenenperiode entspricht eine stark gesteigerte Radiojodaufnahme; 24 Std nach Zufuhr der Testdosis werden 60—70% bzw. 45—97% Retention gemessen (*17, 20*). Werte von dieser Höhe sind sonst nur bei Hyperthyreosen zu finden. Zwischen dem zweiten Lebensmonat und dem zehnten Lebensjahr ist dann die Radiojodaufnahme bei Kindern und Erwachsenen gleich. Für die Jahre der Pubertät differieren die Resultate der verschiedenen Autoren. Die umfangreichsten Untersuchungen sind von Brante u. Mitarb. publiziert worden (*4*); sie ergeben eine Zunahme der Radiojodaufnahme zwischen 10. und 16. Jahr.

Während mit dem ebengenannten Test die Jodavidität der Schilddrüse geprüft wird, gibt die Messung des Blutspiegels des eiweißgebundenen J^{131} nach Verabreichung von Radiojod Anhaltspunkte für die Sekretionsleistung der Schilddrüse. Bei Kindern und Jugendlichen sind solche Untersuchungen systematisch von Oliner u. Mitarb. und Della Maggiore u. Pardelli durchgeführt worden (*15, 19*). Die höchsten Werte wurden bei Säuglingen und Kleinkindern gefunden; mit zunehmendem Alter sanken die Werte ab. Etwa mit dem 10. Lebensjahr waren die Normwerte des Erwachsenenalters erreicht.

Die Umsatzrate von injiziertem radioaktiv markiertem Thyroxin und Trijodthyronin wurde von Haddad nach Blockade der körpereigenen Schilddrüse untersucht (*10*). Die biologische Halbwertszeit der beiden Hormone war bei Kindern gegenüber Erwachsenen deutlich verkürzt. Pro kg Körpergewicht berechnet, war der Hormonumsatz gesteigert; bei Bezug auf m² Körperoberfläche glichen sich die Werte aus.

Synopsis

Bereits um die Mitte der Fetalzeit übt die Schilddrüse aktive biologische Funktionen aus. Zur Zeit der Geburt erfährt die Aktivität des Organs eine erhebliche Steigerung. Gemessen am Serumspiegel für eiweißgebundenes Jod und an der Radiojodaufnahme der Schilddrüse entwickelt sich nach der Geburt eine physiologische Hyperthyreose, die etwa eine Woche andauert.

Differenzen gegenüber der Schilddrüsenfunktion des Erwachsenen bestehen, wie die im vorigen Abschnitt zitierten Befunde ergeben, aber auch jenseits der Neugeborenenperiode, besonders während des Kleinkindesalters. Die Größe des Umsatzes und demzufolge der Sekretion der Schilddrüsenhormone wird durch den Bedarf des Organismus bestimmt, der mit dem Grundumsatz korreliert. Dieser ist wieder von Körperoberfläche und Alter des Individuums abhängig. Auf die Gewichtseinheit bezogen weist das junge Kind den größten Basalstoffwechsel auf. Hiermit stimmen die Befunde von OLINER u. Mitarb. und DELLA MAGGIORE u. PARDELLI überein, die den Jodumsatz der Schilddrüse, berechnet pro kg Gewicht bei Kleinkindern am höchsten fanden (*15, 19*). Die Beziehungen zwischen Hormonjodsekretion und Grundumsatz gehen aus Abb. 4 hervor.

In einem gewissen Gegensatz stehen die erwähnten Ergebnisse von HADDAD (*10*). Der Autor fand zwar die biologische Halbwertszeit von injiziertem J^{131}-Thyroxin bei Kindern gegenüber Erwachsenen verkürzt, die Abbaurate des Thyroxins war aber lediglich unter Bezug auf das Körpergewicht, nicht auf die Körperoberfläche, erhöht, was gegen eine Korrelation von peripherem Hormonverbrauch und Grundumsatz sprechen würde. Für die Klärung dieser Verhältnisse sind sicher noch weitere Untersuchungen erforderlich.

Die gesteigerte Hormonsekretion macht ohne weiteres die relative Größe der Schilddrüse in den ersten Lebensjahren verständlich. Der Quotient

$$\frac{\text{Schilddrüsengewicht}}{\text{Körpergewicht}}$$

ist beim Kleinkind zwei- bis dreimal so groß wie beim Erwachsenen. — Welche Bedeutung dem leicht erhöhten Mittelwert für eiweißgebundenes und butanol-extrahierbares Jod bei jüngeren Kindern zukommt, ist noch unklar.

In den Jahren der Pubertät nehmen Wachstum und relative Größe der Schilddrüse erneut beträchtlich zu, vor allem beim weiblichen Geschlecht. Eine extreme Variante dieser Entwicklung stellt der Pubertätskropf dar, eine diffuse parenchymatöse Struma ohne hyper-

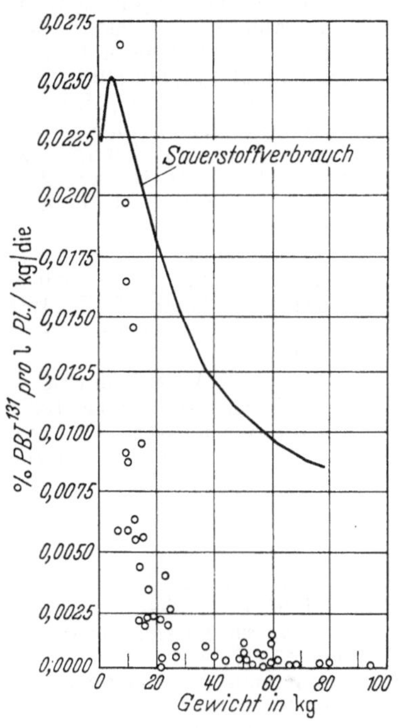

Abb. 4. Korrelation von Hormonjodsekretion und Grundumsatz, berechnet pro kg Körpergewicht [nach OLINER u. Mitarb. (*19*)]

threotische Erscheinungen, die fast ausschließlich bei Mädchen vorkommt. Nach BRANTE u. Mitarb. steigt in der Pubertät die Jodavidität der Schilddrüse (*4*); der intrathyreoidale Jodumsatz ist dagegen nicht erhöht und der Plasmaspiegel von eiweißgebundenem Jod zeigt ein Minimum. Die gleiche Dissoziation zwischen Jodaufnahme und Hormonsekretion findet man bei der Pubertätsstruma.

Erinnern wir uns daran, daß in Verbindung mit dem Wachstumsschub der Pubertät der Grundumsatz ansteigt, so liegt es nahe, die Vergrößerung und die erhöhte Jodavidität der Schilddrüse mit dem erhöhten Hormonbedarf zu interpretieren. Einer Erklärung allein hierdurch steht entgegen, daß der Wachstumsschub beim männlichen Geschlecht, die Schilddrüsenhyperplasie aber beim weiblichen Geschlecht wesentlich stärker ausgeprägt ist.

Unmittelbare Einflüsse der androgenen Hormone, die den Wachstumsschub herbeiführen, auf die Tätigkeit der Schilddrüse oder die Wirkung ihrer Hormone sind auch kaum bekannt. Auch die Oestrogene scheinen keinen unmittelbaren Einfluß auf die TSH-Sekretion und Schilddrüsenfunktion auszuüben; doch wirken sie in der Peripherie dem Thyroxin gegenüber antagonistisch (*21, 22*). Es ist daher möglich, daß die Vergrößerung und u. U. Kropfbildung sowie die erhöhte Jodavidität der Schilddrüse kompensatorische Folgen dieser, mit der Ovarialtätigkeit einsetzenden, peripheren Hemmung darstellen. Allerdings müßte man dann eigentlich auch einen erhöhten intrathyreoidalen Jodumsatz erwarten, was nur für die Minderzahl der Fälle zutrifft (22).

Literatur
Schilddrüse

1. Bansi, H. W.: Krankheiten der Schilddrüse. Handb. d. Inn. Med., Bd. VII, 1. Berlin. Göttingen-Heidelberg: Springer 1955. — 2. Benedikt, F. G., and F. B. Talbot: Carnegie Inst-of Wash. Publ. 1915, Nr. 233. — 3. Du Bois, E. F.: Basal metabolism in health and disease. Philadelphia: Lea & Febiger 1936. — 4. Brante, G., K. Kaijser and E. Ottoson: Acta paediat. (Uppsala) 44, 501 (1955). — 5. Burt Russfield, A.: J. clin. Endocr. 15, 1393 (1955).
6. Contopoulos, A. N., M. E. Simpson and A. A. Koneff: Endocrinology 63, 642 (1958).
7a. Danowski, T. S., S. Y. Johnston, W. C. Price, M. Mc Kelvy, S. S. Stevenson and E. R. Mc Clushey: Pediatrics 7, 240 (1951). — 7b. Danowski, T. S., S. J. Huff, L. H. Erhard, M. Price, M. Brown, P. Wirth and S. S. Stevenson: Amer. J. Dis. Child. 84, 5 (1952). — 8. Durham, J. R., R. E. Cooke, J. W. Lancaster and E. B. Man: Amer. J. Dis. Child. 87, 468 (1954).
9. Fleisch, A.: Helv. med. Acta 18, 23 (1951). — 10. Haddad, H. M.: J. Pediat. 57, 319 (1960). — 11. Harnack, G. A. von: Arch. Kinderheilk. 164, 1 (1961).
12. Jaffé, H. L., and R. E. Ottoman: J. Amer. med. Ass. 6, 515 (1960).
13. Klein, E.: Der endogene Jodhaushalt des Menschen und seine Störungen. Stuttgart: Thieme 1960.
14. Labhart, A.: Schilddrüse. In: A. Labhart, Klinik der inneren Sekretion. Berlin-Göttingen-Heidelberg: Springer 1957.
15. Maggiore, K. della, e L. Pardelli: Zit. in (13). — 16. Martius, C.: Die Wirkungsweise des Schilddrüsenhormons. In: Hormone und ihre Wirkungen. Berlin-Göttingen-Heidelberg: Springer 1955. — 17. Middlesworth, L. van: Amer. J. Dis. Child. 88, 439 (1954).
18. Nataf, B., M. Sfez, R. Michel et J. Roche: C. R. Soc. Biol. (Paris) 151, 908 (1957).
19. Oliner, L., R. M. Kohlenbrenner, Th. Fields and R. H. Kunstadter: J. clin. Endocr. 17, 61 (1957).
20. Pickering, D. E., N. E. Kontaxis, R. C. Benson and R. J. Meechan: Amer. J. Dis. Child. 95, 616 (1958).
21. Vanotti, A.: Helv. med. Acta 21, 313 (1954). — 22. Vanotti, A.: Helv. med. Acta 24, Suppl. 37 (1957).
23. Wegelin, C.: Schilddrüse. Handb. d. spez. path. Anat. u. Histol., Bd. VIII. Berlin-Göttingen-Heidelberg: Springer 1926. — 24. Wespi-Eggenberger, H. J.: Ergebn. inn. Med. Kinderheilk. 61, 489 (1942).

Die Nebenschilddrüsen

Parathormon

In der Erforschung des Calcium-Phosphor-Stoffwechsels und der Funktion der Nebenschilddrüsen sind in den letzten Jahren entscheidende Fortschritte gemacht worden. Lange Zeit heftig umstrittene Fragen sind heute der endgültigen Aufklärung nahegebracht.

Bislang wurde von einer Reihe von Autoren angenommen, daß die Nebenschilddrüsen zwei verschiedene, voneinander unabhängige Inkrete produzieren, einerseits den am Knochen angreifenden Hypercalcämiefaktor, andererseits den Phosphaturiefaktor mit Wirkung auf die Nierentubuli. In den letzten Jahren hat sich nun gezeigt, daß die früher geübten Verfahren zur Extraktion der Nebenschilddrüsen zu Inaktivierungen des Hormons und zur Bildung von Artefakten mit wechselnden Eigenschaften führten. Ausgehend von einer schonenden Extraktion mit Phenolwasser, der eine Reihe von Reinigungsprozeduren folgten, sind Rasmussen u. Mitarb. kürzlich zur Isolierung eines Polypeptids mit einem Molekulargewicht von rund 8600 gelangt, das sowohl die calciummobilisierenden als auch die phosphaturischen Aktivitäten in bislang unerreichter Konzentration aufweist. Die

Wirkung auf das Skelet, die auch in Abwesenheit der Nieren eintritt, verläuft wahrscheinlich über Veränderungen in der Produktion organischer Säuren; nach Parathormongabe steigt die Konzentration von Milchsäure und Citronensäure im Knochen an. Möglicherweise entzieht die Citronensäure dem Knochen Calcium durch Überführung des Minerals aus dem ionisierten in einen komplexgebundenen Zustand.

Die Funktion der Nebenschilddrüse während der Kindheit

Der Funktionszustand der Nebenschilddrüsen wird durch die Höhe des Calcium- und Phosphorspiegels im Plasma reflektiert. Der Calciumspiegel verhält sich während des ganzen Lebens weitgehend konstant. Nach DANOWSKI gelten folgende Werte. Neugeborene: 9,8 ± 0,7; Kinder: 9,8 ± 0,4; Erwachsene: 10,0 ± 0,6; Greise: 10,3 ± 0,7 mg-% (*9*). Werte über 11,0 und unter 8,0 mg-% werden als pathologisch betrachtet (*2, 5, 13, 24*). Demgegenüber zeigt der Phosphatspiegel, der außer vom Parathormon durch eine Reihe anderer Faktoren beeinflußt wird, besonders im Laufe der ersten beiden Dezennien deutlich abfallende Werte: Neugeborene: 6,9 ± 1,6 mg-%; Kinder bis zum 12. Lebensjahr 4,8 ± 0,4; Erwachsene: 4,0 ± 0,4; Greise: 3,5 ± 0,6 mg-% (*9*). Die Verminderung des anorganischen Phosphats im Plasma entspricht der Abnahme der Intensität des Skeletwachstums. Auf Grund der großen Kapazität der Regulationsmechanismen im Calcium-Phosporhaushalt sind die Nebenschilddrüsen in der Regel in der Lage, einen normalen Spiegel an ionisiertem Calcium und damit eine normale neuromuskuläre Erregbarkeit aufrechtzuerhalten. Eine Ausnahme macht nur die Neugeburtsperiode.

Die Verhältnisse beim Neugeborenen

Der Calciumspiegel im Nabelschnurblut bzw. genauer im Nabelvenenblut liegt mit Mittelwerten zwischen 11,3—11,9 um 1—2 mg-% höher als der der Mutter unter der Geburt (*1, 15, 23*). Der diaplacentare Austausch zwischen mütterlichem und fetalen Calcium kann demzufolge nicht einfach auf dem Wege der Diffusion vor sich gehen, sondern setzt einen aktiven Transport des Minerals voraus. Daß die regulative Potenz dieses Mechanismus begrenzt ist, geht aus der Beobachtung von Neugeborenentetanie bei Kindern von Frauen mit Hyperparathyreoidismus hervor. Sicher ist in diesen Fällen nicht das großmolekuläre Parathormon, sondern das Calcium das verbindende Glied zwischen mütterlichem und kindlichem Organismus. Der Calciumspiegel des Nabelarterienblutes liegt im Mittel um 1 mg-% niedriger als der des Nabelvenenblutes (*15*). Die Differenz spiegelt den intensiv anabolisch gerichteten Skeletstoffwechsel des Neugeborenen wider. In den ersten 3 Tagen nach der Geburt sinkt der Calciumspiegel geringfügig ab. TODD u. Mitarb. fanden in den ersten 3 Tagen Werte zwischen 7,2—12,3, im Mittel 9,9 mg-% (*23*). GITTLEMAN u. Mitarb. stellten am ersten Lebenstag bei 824 spontangeborenen ausgetragenen Kindern einen mittleren Calciumspiegel von 9,2 ± 0,6 mg-% fest (*13*). Der Abfall hängt u. a. von der Zeit der Nahrungskarenz ab. Er ist bei Frühgeborenen ausgesprochener als bei ausgetragenen Kindern (*4*). Gegen Ende der ersten Lebenswoche erfolgt ein leichter Wiederanstieg des Plasmacalciums. TODD u. Mitarb. fanden Werte zwischen 7,5—13,9, im Mittel 10,45 mg-% (*23*).

Umgekehrt wie das Plasmacalcium verhält sich das anorganische Phosphat in der Neugeburtsperiode. Auch hier liegt der Spiegel im Nabelschnurblut höher als im mütterlichen Blut. TODD u. Mitarb. fanden Werte von 4,2—8,0; im Mittel 5,5 mg-%, GITTLEMAN u. Mitarb. im Venenblut 4,0—7,4; im Mittel 5,7 mg-% (*13, 23*). BRUCK u. WEINTRAUB bestimmten etwas höhere Werte, vor allem bei

Frühgeborenen (*4*). In den ersten Lebenstagen erfolgt ein mäßiger Anstieg, bei Frühgeborenen ausgeprägter als bei ausgetragenen Kindern, darauf bis zum Ende der ersten Lebenswoche ein leichter Abfall.

Die antagonistischen Veränderungen des Calcium- und des Phosphatspiegels in den ersten Lebenstagen verlaufen in Richtung auf die Stoffwechsellage, die für Hypoparathyreoidismus charakteristisch ist. Zu Senkungen des Calciumspiegels unter 8 mg-% kommt es bei normalen Neugeborenen jedoch nur selten. Unter 824 ausgetragenen, spontangeborenen Kindern beobachten GITTLEMAN u. Mitarb. nur zehnmal, d. h. in 1,2% der Fälle, eine derartige Hypocalcämie. Wesentlich öfter sahen die Autoren eine Hypocalcämie bei Kindern, die nach komplizierten Graviditäten und/oder schweren Geburten zur Welt kamen. Am häufigsten trat die Hypocalcämie bei Frühgeborenen auf, was auch andere Autoren beobachtet haben (*5*).

Ausschlaggebend für die Manifestation einer Tetanie ist aber bekanntlich nicht der absolute Calciumwert, sondern der Anteil des ionisierten Calciums. Da Frühgeborene einen verminderten Plasmaeiweißgehalt aufweisen, könnte erwartet werden, daß der Gehalt an diffusiblem Calcium trotz absolut erniedrigter Calciumwerte in vielen Fällen normal ist. Tatsächlich hat HERLITZ bei frühgeborenen und ausgetragenen Kindern keine signifikante Differenz des ionisierten Calciums feststellen können (*16*). Demgegenüber bestimmten GITTLEMAN u. Mitarb. bei 85 Frühgeborenen jedoch den Mittelwert an diffusiblem Calcium mit 4,0 mg-%, — einem Wert, der deutlich unter dem Spiegel von 5,3—5,9 mg-% liegt, der bei reifen Kindern gefunden wird. Eine ähnliche Diskrepanz besteht auch in Hinsicht auf die Beobachtung von klinischen Tetaniezeichen bei Frühgeborenen. Während BRUCK u. WEINTRAUB tetanische Symptome nur bei einem kleinen Teil der Frühgeborenen mit Calciumwerten unter 7 mg-% sahen, registrierten CRAIG u. BUCHANAN in wenig mehr als einem Jahr bei 22 Frühgeborenen mit Calciumwerten unter 8 mg-% klinische Tetaniezeichen (*4, 5*).

Die von den letzgenannten Autoren ausführlich beschriebenen Krankheitserscheinungen entsprechen freilich nicht der klassischen Symptomatik der Säuglingstetanie bzw. Spamophilie. Nur 4 von insgesamt 26 Neugeborenen hatten Krämpfe, und die Zeichen von Trousseau und Chrostek waren negativ. Im wesentlichen manifestierte sich die Störung in einer allgemeinen neuromuskulären Übererregbarkeit, wobei Zustände von unruhiger Hyperaktivität der Glieder, von Händezittern und Fingertremor mit Phasen erschöpfter Bewegungslosigkeit abwechselten. Während der Anfälle von gesteigerter Irritabilität kam es bei allen Kindern zu Apnoe und Cyanose. Ähnliche Symptome hat auch GARDNER beschrieben (*11*). Das klinische Bild der Neugeborenentetanie ist mithin weniger charakteristisch als das der rachitischen Spasmophilie. Die Beobachtung der geschilderten Symptome legt auch ohne Vorhandensein der klassischen Zeichen von CHVOSTEK und TROUSSEAU eine Tetanie nahe, die durch den Nachweis einer Hypocalcämie zu erhärten ist.

Die *Pathogenese* der Neugeborenentetanie ist noch nicht eindeutig geklärt. Diskutiert werden vor allem folgende Entstehungsmechanismen:

1. Temporärer Hypoparathyreoidismus.

2. Unfähigkeit der Nieren, Phosphat genügend auszuscheiden; in der Folge Hyperphosphatämie und Hypocalcämie.

3. Phosphatüberlastung des Neugeborenenorganismus durch Kuhmilchernährung, die zu Hyperphosphatämie und Hypocalcämie führt.

Die tetanigene Wirkung von Kuhmilch oder Molke bei rachitischen Säuglingen ist schon seit 60 Jahren bekannt (*10*). Daß es der hohe Phosphatgehalt und der niedrige Calciumphosphor-Quotient von Kuhmilchmischungen ist, der zu erhöhtem Serumphosphatspiegel und zu Hypocalcämie führt, ist seither verschiedentlich nachgewiesen worden (*14, 17*). Daß die Phosphatclearance des Neugeborenen und besonders des Frühgeborenen — auch unter Bezug auf die relativ niedrige Glomerulumfiltration — gegenüber später vermindert ist, haben GARDNER u. Mitarb. und RICHMOND u. Mitarb. gezeigt (*12, 21*).

Ungenügend geklärt ist aber die Frage, ob die insuffiziente Phosphatauscheidung durch eine Unterfunktion der Nebenschilddrüsen oder der Niere verursacht wird. Die Beobachtung, daß Neugeborene mit und ohne Tetanie auf Parathormon mit gesteigerter Phosphaturie reagieren (*6, 7*), spricht gegen eine primär renale Störung und für eine insuffiziente Parathormonsekretion. Die Nebenschilddrüsenhyperplasie, die von verschiedenen Untersuchern bei tetanischen oder kuhmilchgefütterten Säuglingen nachgewiesen worden ist (*11, 18, 19*), dürfte als ein Kompensationsversuch zu deuten sein, welcher im Fall einer manifesten Tetanie unzureichend bleibt (*8*). Auf der anderen Seite hat man jedoch bei Kindern mit erhöhtem Phosphatspiegel auch eine erniedrigte Inulinclearance, d. h. eine mangelhafte glomeruläre Ausscheidungsfunktion festgestellt (*7*). Diese Befunde scheinen uns darauf hinzuweisen, daß die Pathogenese der Neugeborenentetanie uneinheitlich ist. Hormonale, renale und diätetische Ursachen treten zusammen und können von Fall zu Fall wohl verschiedenes Gewicht erlangen. Abgesehen von den Werten des Serumcalcium und -phosphor spielt möglicherweise noch der Kaliumspiegel eine Rolle. Zwar ist das Vorkommen einer hyperkaliämischen Tetanie zweifelhaft; das *Nicht*auftreten einer Tetanie trotz Vorliegens einer Hypocalcämie ist dagegen möglicherweise darauf zurückzuführen, daß Hypocalcämie und Hypokaliämie beim Neugeborenen häufig gleichzeitig auftreten; die Hypokaliämie bewirkt nach der Loebschen Formel für die neuromuskuläre Erregbarkeit

$$\frac{Na + K}{Ca + Mg}$$

eine Senkung der Erregbarkeit und verhindert auf diese Weise die Manifestation der Tetanie (*11*).

Literatur

Nebenschilddrüsen

1. ANDERSON, M., and F. W. OBERST: J. clin. Invest. **15**, 131 (1936).
2. BAKWIN, H.: Amer. J. Dis. Child. **54**, 1211 (1937). — 3. BAKWIN, H.: J. Pediat. **14**, 1 (1939). — 4. BRUCK, E., and D. H. WEINTRAUB: Amer. J. Dis. Child. **90**, 653 (1955).
5. CRAIG, W. S., and M. F. G. BUCHANAN: Arch. Dis. Child. **33**, 205 (1958). — 6. CRAWFORD, J. D., M. M. OSBORNE, N. B. TALBOT and M. C. TERRY: J. clin. Invest. **29**, 1448 (1950). — 7. MCCRORY, W. W., C. W. FORMAN, H. MCNAMARA and H. C. BARNETT: Amer. J. Dis. Child. **80**, 512 (1950). — 8. MCCRORY, W. W., and H. C. BARNETT: Persönliche Mitteilung an L. J. GARDNER (19).
9. DANOWSKI, T. S.: Zit. nach C. E. RÄIHÄ u. G. FANCONI, in FANCONI-WALLGREN: Lehrbuch der Pädiatrie. 5. Aufl. Basel: B. Schwabe 1958.
10. FINKELSTEIN, H.: Fortschr. Med. **20**, 665 (1902).
11. GARDNER, L. J.: Pediatrics **9**, 534 (1952). — 12. GARDNER, L. J., E. MAC LACHLAN, W. PICK, M. L. TERRY and A. M. BUTLER: Pediatrics **5**, 228 (1950). — 13. GITTLEMAN, J. F., J. B. PINCUS, E. SCHMERZLER and M. SAITO: Pediatrics **18**, 721 (1956). — 14. GRULEE, C. G.: Amer. J. Dis. Child. **5**, 202 (1913).
15. HALLMAN, N., and J. SALMI: Acta paediat. (Uppsala) **42**, 126 (1953). — 16. HERLITZ, G.: Acta paediat. (Uppsala) **30**, 153 (1942).
17. JEPPSON, K., u. O. KLERCKER: Z. Kinderheilk. **28**, 71 (1921).
18. KAPLAN, E.: Arch. Path. **34**, 1042 (1942).
19. MOSCA, L.: Parathyroid morphology in human newborns. Ist Internat. Congr. of Endocrinol., Copenhagen 1960. Advance abstracts.

20. RASMUSSEN, H.: The nature and properties of the parathyroid hormone. First Internat. Congr. of Endocrinol., Copenhagen 1960. Adv. Abstracts, p. 105. — 21. RICHMOND, J. B., H. KRAVITZ, W. SEGAR and H. A. WAISMAN: Proc. Soc. exp. Biol. (N. Y.) 77, 83 (1951). 22. SALMI, J.: Ann. Paediat. Fenn. Suppl. 2 (1954/55), 1. 23. TODD, W. R., E. G. CHUINARD and M. T. WOOD: Amer. J. Dis. Child. 57, 1278 (1939). 24. WILLI, H.: Mschr. Kinderheilk. 80, 309 (1939).

Die Nebennierenrinde

Die Nebenniere (NN) der Säugetiere und des Menschen setzt sich aus der Rinde und dem Mark zusammen; der Anteil der Rinde beträgt rund vier Fünftel, der des Marks ein Fünftel. Während das Mark ein Derivat des Neuroektoderms ist, entstammt die Rinde dem Cölomepithel und ist damit mesodermaler Herkunft. Strukturell und cytologisch lassen sich an der Rinde drei verschiedene Schichten unterscheiden, die beim Erwachsenen etwa gleich breit sind.

Unter der bindegewebigen Kapsel liegt die Zona glomerulosa, darunter die Zona fasciculata, zuinnerst die Zona reticularis. Nach früherer Auffassung sollten den drei Schichten verschiedene physiologische Funktionen zukommen, — der Z. glomerulosa die Bildung der Mineralocorticosteroide, der Z. fasciculata die Synthese von Glucocorticosteroiden und der Z. reticularis die der Androgene und Oestrogene. Neuere Untersuchungen haben wohl die Z. glomerulosa als Produktionsstätte des Aldosterons bestätigt (1, 8). Fasciculata und Reticularis stellen jedoch höchstwahrscheinlich eine funktionelle Einheit dar und produzieren sowohl Glucocorticosteroide als auch Androgene.

Während TONUTTI die Z. fasciculata als den Hauptort der synthetischen Leistungen, die Z. reticularis und glomerulosa dagegen als „Reservefelder" angesehen hat, die bei Bedarf in Arbeitsparenchym umgewandelt werden (22—24), betrachten SYMINGTON u. Mitarb. auf Grund umfangreicher neuer Studien die an Enzymen reiche Z. reticularis als die Bildungsstätte der Steroide (21). Die Z. fasciculata, die reichlich Lipoide, vor allem Cholesterin enthält, sehen die Autoren als Stapelplatz für das Aufbaumaterial der Steroide an; unter Stressbedingungen und nach ACTH-Applikation wird die Z. fasciculata infolge Anreicherung mit Enzymen cytologisch der Z. reticularis ähnlich.

Die physiologischen Wirkungen der NNR-Hormone

Die *Glucocorticosteroide* Cortisol und Corticosteron und das Aldosteron sind lebenswichtige Hormone. Ihre biochemischen Wirkungen betreffen in komplexer Weise vor allem den Kohlenhydrat- und Eiweißstoffwechsel. Cortisol fördert die Gluconeogenese, d. h. die Kohlenhydratbildung aus Eiweiß bzw. Aminosäuren; die Energiereserven für den Verbrennungsstoffwechsel werden auf Kosten der Proteine erhöht. Im Eiweißstoffwechsel entfalten die Corticosteroide sowohl direkte katabolische wie antianabolische Wirkungen. Das klinische Paradigma extrem gesteigerter Glucocorticosteroidwirkungen ist das Cushing-Syndrom, bei dem die Störung des Eiweißstoffwechsels zu Wachstumshemmung, Osteoporose, Atrophie und Schwäche der Muskulatur und durch Zerreißungen der verdünnten Cutis zum Auftreten der violetten Striae führt.

Im *Mineralhaushalt* bewirken Aldosteron, Cortisol und Corticosteron eine vermehrte Rückresorption von Natriumionen in den distalen Nierentubuli und eine vermehrte Ausscheidung von Kalium- und Wasserstoffionen im Austausch dagegen. Bei Nebenniereninsuffizienz geht dem Organismus Natrium in großen Mengen verloren, gleichzeitig Chlor und Wasser; es resultieren Exsiccose, Hyponatriämie, Hyperkaliämie und Acidose. Aldosteron wirkt ungefähr 500mal stärker als Cortisol und 170mal stärker als Corticosteron. Nichtsdestoweniger kommt den beiden Glucocorticosteroiden auf Grund ihrer rund 100—200fachen Tagesproduktion durchaus eine physiologische Wirkung zu.

Für die normale *Wasserausscheidung* ist das Cortisol unentbehrlich. Seine Wirkung hängt nicht mit den eben besprochenen Effekten der NN-Hormone auf die Elektrolyte zusammen; auch bei intakter Aldosteronproduktion vermögen Patienten mit gestörter Cortisolsekretion größere Mengen von Wasser nicht in normaler Geschwindigkeit auszuscheiden. Gesichert ist die Tatsache, daß die Verteilung des Wassers zwischen intra- und extracellulärem Raum beeinflußt wird; Cortisol bewirkt eine Verschiebung zugunsten des extracellulären Raumes. Dadurch wird der Niere eine größere Flüssigkeitsmenge zur Ausscheidung angeboten; ein unmittelbarer Einfluß der Corticoide auf die glomeruläre Filtrationsleistung hat sich dagegen nicht nachweisen lassen. Die Frage, ob Cortisol einen peripheren Antagonismus gegenüber dem Adiuretin ausübt und/oder seinen Abbau in der Leber beschleunigt, ist noch umstritten.

Die Wirkungen der *Androgene* betreffen vornehmlich den Eiweißhaushalt und sind im Gegensatz zu denen der Glucocorticosteroide anabolisch gerichtet. Die Stickstoffbilanz wird positiv. Da die Eiweißsynthese mit einem gesteigerten Aufbau von Protoplasma verbunden ist, werden gleichzeitig vermehrt Kalium, Chlorid und Phosphat retiniert. Gesteigerter Eiweißaufbau wird vor allem in drei Geweben beobachtet, in Nieren, Muskulatur und Knochenmatrix. Nieren und Muskeln hypertrophieren. Im Muskel wird nicht allein Eiweiß, sondern auch Kreatin vermehrt eingelagert, das unter dem Einfluß der Androgene vermehrt synthetisiert wird. Im Knochen wird der Aufbau der eiweißartigen Grundsubstanz gefördert; Androgenmangel führt zur Osteoporose. Infolge Stimulation der enchondralen Ossifikation wird das Längenwachstum der Röhrenknochen gesteigert (Pubertätswachstumsschub); noch rascher schreitet aber die Knochenreifung voran. Langfristige Verabreichung von Androgenen an ältere Kinder führt daher zu vorzeitigem Epiphysenfugenschluß und damit zu Minderwuchs.

Die Funktion der kindlichen Nebennierenrinde

Struktur und Funktion der NNR machen im Laufe des Lebens mehrmals tiefgreifende Veränderungen durch. Die morphologischen und biochemischen Kriterien können wir in folgende Phasen unterscheiden: die fetale Periode, die Neugeburtsperiode, die Periode der Kindheit bis zur Pubertät, die Zeit der Geschlechtsreife und die des Greisenalters.

Fetale Periode. Verglichen mit der NNR des erwachsenen Menschen ist diejenige des Fetus überaus mächtig entwickelt. Die Verhältnisse gehen aus Tab. 2 hervor, in der die Relationen von Nebennieren- und Nierengewicht für die verschiedenen Lebensalter einander gegenübergestellt sind.

Histologisch zeigt die fetale NNR ein sehr charakteristisches Bild. Um die 5. Fetalwoche wird die Innenzone (oder transitorische oder fetale Rinde i.e.S.) erkennbar, eine reticulär angeordnete Schicht großer, polyhedrischer, lipoidarmer Zellen mit großen Kernen. Viel später tritt

Tabelle 2

	NN N
12. Woche	3:1
6. Monat	1:1
Geburt	1:3
Erwachsenenalter . .	1:28

die Außenzone (oder permanente Rinde) in Erscheinung, welche vor allem in den letzten 10 Wochen des fetalen Daseins heranwächst, die aber auch bei der Geburt noch nicht mehr als ein Fünftel der gesamten Rinde ausmacht. Die transitorische Rinde ist während der ganzen Fetalzeit das beherrschende Element.

Nach dem histologischen Bild kann kein Zweifel darüber sein, daß die fetale NNR ein endokrin aktives Organ ist. Unsere Kenntnisse über die Art der Hormonproduktion sind indessen noch lückenhaft. Gesichert ist nur, daß C_{19}-*17-Ketosteroide mit schwach androgener Wirkung* in beträchtlichen Mengen im fetalen

Cortex synthetisiert werden. In den ersten Tagen nach der Geburt — vor der vollständigen Involution der transitorischen Zone — werden 17-Ketosteroide (17-KS) in Mengen ausgeschieden, die ein Mehrfaches der Ausscheidung des späteren Säuglingsalters betragen. Im Nabelschnurblut neugeborener Kinder liegen die 17-KS rund 2—3mal so hoch wie im mütterlichen Blut; besonders hohe Werte sind bei stärker unreifen Frühgeborenen gefunden worden (6, 14). Bloch u Mitarb. haben aus fetalen NN Dehydroepiandrosteron, Androstendion und 11 β-Hydroxy-androstendion isoliert; die Konzentration der Steroide nahm von der 10. bis zur 20. Woche um etwa 75% ab. Das Maximum der Androgensynthese scheint nach diesen Untersuchungen gegen Ende des ersten fetalen Trimenon zu liegen (4).

Die Synthese der *Corticosteroide* scheint gegenüber der der Androgene später in Gang zu kommen. In den NN 9—15 Wochen alter Feten konnten keine Corticosteroide nachgewiesen werden; erst in denjenigen 16—20 Wochen alter Früchte wurden Spuren von Cortisol und Corticosteron gefunden (4). In der 2. Hälfte der Fetalzeit nehmen die reduzierenden Corticosteroide in der NN allmählich zu (20). Nicht nur der permanente, sondern auch der transitorische Cortex ist zur Umwandlung von Progesteron in 17-Hydroxyprogesteron und Corticosteroide fähig (19).

Wieweit die Corticosteroide in der Fetalzeit nicht nur synthetisiert, sondern auch *sezerniert* werden, ist noch umstritten. Bei Neugeborenen sind in den ersten Lebenstagen (abgesehen von der Periode unmittelbar nach der Geburt) niedrige Plasma-Corticosteroide gefunden worden (3, 10). Man hat hierin die Folge einer während der Fetalzeit bestehenden Inaktivität der NNR bzw. der Außenzone der Rinde — hervorgerufen durch den vermehrten Übertritt mütterlicher oder placentärer Corticosteroide — gesehen; erhöhte Corticosteroidspiegel im Plasma der Schwangeren sind von mehreren Untersuchern festgestellt worden (7, 14, 15). Neueren Untersuchungen zufolge liegen diese Hormone aber größtenteils nicht in freier Form vor, sondern sind an das Protein Transcortin gebunden und nicht diffusibel (13, 17). Nach den auf S. 300 besprochenen Beobachtungen beim kongenitalen adrenogenitalen Syndrom müssen wir annehmen, daß der fetale Organismus mindestens zum Teil auf eine eigene Corticosteroidproduktion angewiesen ist. Auch die fetale NNR sezerniert offenbar schon cortisolartige Hormone.

Neugeburtsperiode. Das morphologische Bild der NNR des Neugeborenen ist einerseits durch die Involution gekennzeichnet, der die transitorische Innenzone nach der Geburt in kurzer Zeit anheimfällt, andererseits durch die rasch einsetzende Proliferation der Außenzone.

Mit der Atrophie der Innenzone hört die Produktion von C_{19}-Steroiden bzw. Androgenen in der NNR auf. Die 17-KS in Blut und Urin sinken in den ersten postnatalen Tagen auf kaum meßbare Werte ab. — Die Plasma-Corticosteroide zeigen bestimmte phasenhafte Bewegungen, die aus Abb. 5 hervorgehen. *Unmittelbar post partum* werden in der Regel normale oder mäßig erhöhte, bei schweren Geburten stark erhöhte Werte gefunden. Die post partum im kindlichen Organismus nachweisbaren Corticosteroide stammen im wesentlichen von der Mutter (3, 10, 14, 15).

Zwischen 2. und 5. Tag findet man mäßig erniedrigte Plasma-Corticoidspiegel. Auch die relativ hohen Eosinophilenzahlen im Blut und der geringe Eosinophilensturz nach ACTH-Gabe sprechen für eine verminderte NNR-Aktivität. Auf große ACTH-Dosen steigen die Plasma-Corticosteroide jedoch in annähernd normaler Weise an (11). *Von der zweiten Lebenswoche an* zeigen die Plasmacorticosteroide keine Unterschiede mehr gegenüber den Werten gesunder Erwachsener und älterer Kinder.

Hinsichtlich des Abbaus der Corticosteroide bestehen beim Neugeborenen und vor allem beim Frühgeborenen gegenüber dem späteren Leben deutliche Unterschiede. Verschiedene Enzymsysteme, die für die normale Inaktivierung und Umwandlung der Hormone erforderlich sind, darunter die Glucuronyltransferase der Leber, sind beim Neugeborenen unvollständig ausgebildet. Physiologisch bedeutet das unter anderem, daß das einmal synthetisierte Corticosteroidmolekül und ebenso exogen verabreichte Corticoide länger als gewöhnlich in wirksamer Form im Organismus zirkulieren.

Natriumretinierende Steroide sind schon in den NN 9—12 Wochen alter Feten nachgewiesen worden (*4*). Auf Grund der beim Neugeborenen erhöhten Natriumausscheidung im Speichel und, nach ACTH-Stimulation, auch im Urin ist von verschiedenen Untersuchern außerdem die Existenz eines natriumdiuretischen, ACTH-abhängigen Faktors in der NNR postuliert worden (*2, 9, 12, 16, 26*), der aber bisher nicht hat isoliert werden können.

Säugling- und Kindesalter. Nach dem Abschluß der Involution des fetalen Cortex ist die Zona fasciculata bis zur Pubertät das vorherrschende Element der kindlichen NNR. Die Zona glomerulosa, die Bildungsstätte des Aldosterons, wird gegen Ende des ersten Trimenon deutlich erkennbar, nimmt aber erst in der Pubertät die vom Erwachsenen her bekannte Breite ein. Auch die Zona reticularis entwickelt sich vor allem in der Pubertät. Die NNR produziert so gut wie ausschließlich Cortisol, Corticosteron und Aldosteron. Steroide mit Wirkung auf die Sexualsphäre fehlen. Plasmaspiegel und Harnausscheidung der 17-KS sind außerordentlich niedrig.

Hinsichtlich der Glucocorticosteroide zeigt die Aktivität der kindlichen NNR keine Unterschiede gegenüber der des Erwachsenenalters. Die Plasma-Corticosteroide haben die gleichen Werte und steigen unter Stimulation

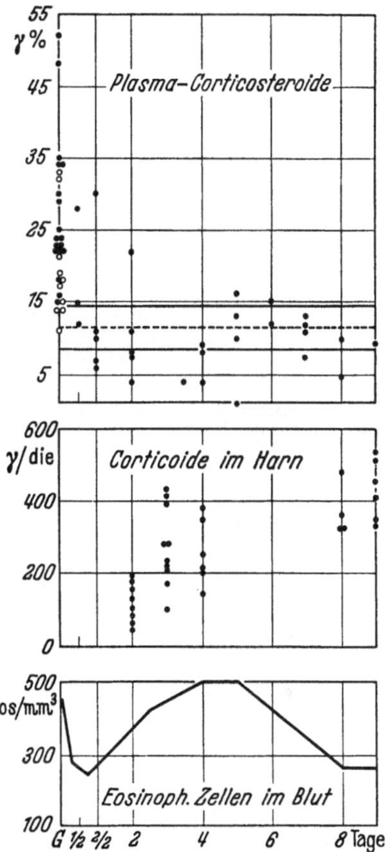

Abb. 5. Corticosteroide in Blut und Harn des Neugeborenen; darunter die Bluteosinophilen [nach BIERICH u. Mitarb. (*3b*)]

mit ACTH schon beim Säugling in gleicher Weise an wie beim Erwachsenen (*11, 18*).

Pubertät. Der in der Pubertät einsetzende Funktionswandel der NNR, die sog. Adrenarche (ALBRIGHT), führt zur Bildung von Steroiden mit Sexualhormoncharakter. Das morphologische Korrelat des Vorgangs ist eine starke Verbreiterung der Z. reticularis, verbunden mit einer beträchtlichen Volumenzunahme der NN. Biochemisch finden wir als Sekretionsprodukte wie schon beim Fetus Dehydroepiandrosteron, Androstendion und 11β-Hydroxyandrostendion. Dementsprechend ändert sich das Spektrum der Harn-17-KS; hatten bisher die Derivate des Cortisols dominiert, so werden jetzt überwiegend die Androgenmetaboliten Androsteron und Ätiocholanolon ausgeschieden (Abb. 6). Insgesamt steigen die Harn-17-KS steil an (Abb. 7). Beim erwachsenen Mann stammen etwa zwei Drittel der Harn-17-KS aus den NN, ein Drittel aus den Testes. Bei der Frau bilden die NN, abgesehen von geringen ovariellen Hormonmengen, die einzige Quelle der Androgene.

Die physiologische Bedeutung der adrenalen Androgene liegt weniger in ihren sexuell prägenden Eigenschaften als in ihren anabolischen Wirkungen, die sie vor allem bei der Frau zu unentbehrlichen Faktoren im Stoffwechsel machen. Ihre

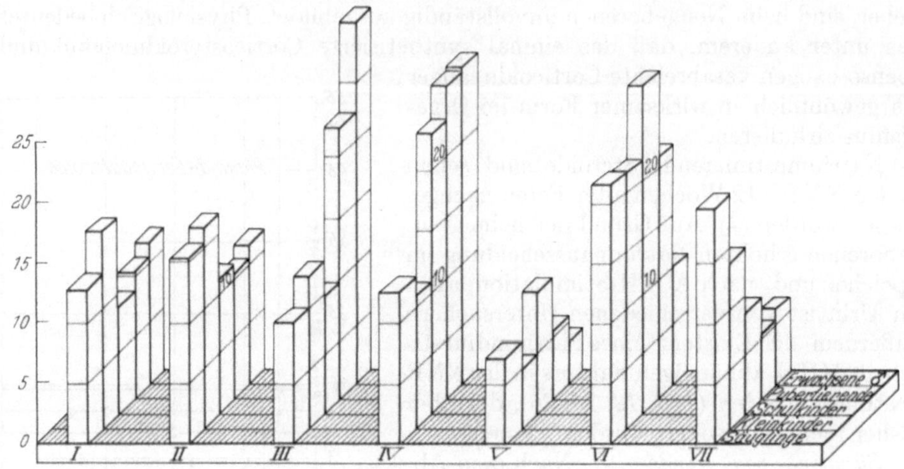

Abb. 6. Chromatographische Verteilung der Harn-17-Ketosteroide in verschiedenen Altersstufen. In der Pubertät werden zunehmende Mengen Androsteron (Fraktion III) und Ätiocholanolon (Fraktion IV) ausgeschieden [nach BIERICH u. Mitarb. (*3a* u. *b*)]·

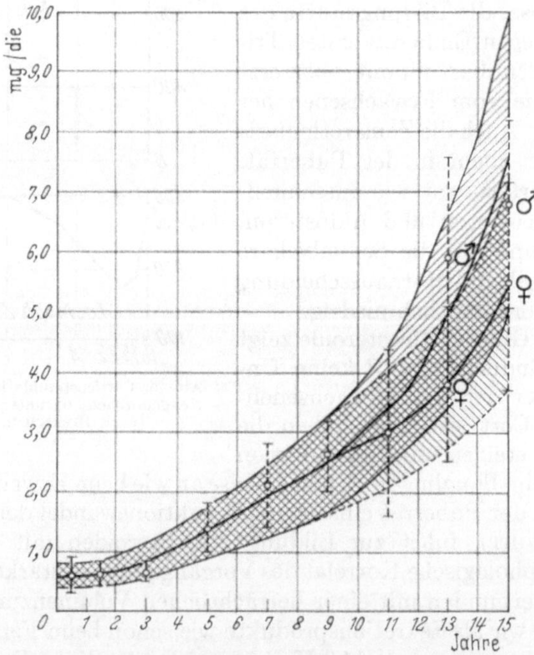

Abb. 7. 17-Ketosteroidausscheidung bei Knaben und Mädchen; Mittelwerte $m \pm 1\,\sigma$ [aus BIERICH (*3a*)]

allgemeine Wirkung auf das Skelet wurde schon oben besprochen. In der Pubertät stimulieren sie das Längenwachstum (Pubertätswachstumsschub) und die Reifung der Knochen. Auch die stärkere Entwicklung der Muskulatur ist z. T. durch den fördernden Einfluß der Androgene auf Synthese und Ansatz von Eiweiß und

Kreatin zu erklären. Ein extremes Beispiel stark gesteigerter adrenaler Androgenproduktion sehen wir im sog. kindlichen Herkules beim adrenogenitalen Syndrom vor uns.

Welcher zentrale Impuls es ist, der die Adrenarche auslöst, wissen wir noch nicht genau; möglicherweise ist es das luteinisierende Hormon (s. S. 301). Der entscheidende Vorgang besteht in der Neubildung adrenaler Enzyme, welche dem Ablauf der Steroidsynthesen eine neue Richtung, nämlich zu den C 19-Steroiden hin, geben.

Literatur

Nebennierenrinde

1. AYRES, P. J., R. P. GOULD, J. D. SIMPSON and J. F. TAIT: Biochem. J. 63, 19 (1956). — 2. BIERICH, J. R., u. R. GRÜTTNER: Mschr. Kinderheilk. 106, 101 (1958). — 3a: BIERICH, J. R.: Habil. Schrift Hamburg 1956 — 3b: BIERICH, J. R., G. VOSS u. E. OTTO: Mschr. Kinderheilk. 107, 112 (1959). — 4. BLOCH, E., K. BENIRSCHKE and E. ROSEMBERG: Endocrinology 58, 626 (1956). — 5. BULBROCK, R. D., and F. C. R. GREENWOOD: Brit. med. J. 1957 I, 662.

6. GARDNER, L. J., and R. L. WALTON: J. clin. Invest. 33, 1642 (1954). — 7. GEMZELL, G. A.: Acta endocr. (Kbh.) 17, 100 (1954). — 8. GIROUD, C. P. J., J. STACHENKO and E. H. VENNING: Proc. Soc. exp. Biol. (N. Y.) 92, 154 (1956).

9. KLEIN, R.: J. clin. Invest. 30, 318 (1951). — 10. KLEIN, R.: Pediat. Clin. N. Amer. 1, 321 (1954). — 11. KLEIN, R., and A. ROVNANEK: ACTH response in newborn infants. In: Adrenal Function in Infants and Children, ed. by L. J. GARDNER. New York: Grune & Stratton 1956.

12. LANMAN, J.: Pediatrics 11, 120 (1953); 12, 62 (1953).

13. MIGEON, C. J., J. BERTRAND and P. E. WALL: J. clin. Invest. 36, 1350 (1957). — 14. MIGEON, C. J., A. R. KELLER and E. G. HOLMSTROM: Bull. Johns Hopk. Hosp. 97, 415 (1955). — 15. MIGEON, C. J., H. PRYOTOWSKY, M. M. GRUMBACH and M. C. BYRON: J. clin. Invest. 35, 488 (1956). — 16. MULLER, A., et A. GAUTIER: Helv. paediat. Acta 13, 1 (1958).

17. SANDBERG, A. A., and W. R. SLAUNWHITE: J. clin. Endocr. 19, 496 (1959). — 18. SCHMIDT, V., u. J. R. BIERICH: Uveröffentlichte Ergebnisse. — 19. SOLOMON, S., J. T. LANMAN, J. LIND and S. C. LIEBERMANN: J. biol. Chem. 233, 1084 (1958). — 20. STÄMMLER, H. J.: Arch. Gynäk. 182, 521 (1953). — 21. SYMINGTON, T., A. R. CURRIE, V. J. O'DONNELL, J. K. GRANT, E. G. OASTLER and W. G. WHYTE: Ciba Found. Coll. on Endocrinol. 12, 102 (1958).

22. TONUTTI, E.: Z. mikr.-anat. Forsch. 51, 346 (1942). — 23. TONUTTI, E.: Z. mikr.-anat. Forsch. 52, 32 (1942). — 24. TONUTTI, E.: Z. Zellforsch. 33, 336 (1944).

25. WEST, C. D., B. DAMAST and O. H. PEARSON: J. clin. Invest. 37, 341 (1958).

26. ZEISEL, H.: Die Funktion der Nebennierenrinde bei Frühgeburten. 3. Symposion d. Dtsch. Ges. Endokrinologie. Berlin-Göttingen-Heidelberg: Springer-Verlag 1955.

Das Nebennierenmark

Das Nebennierenmark stellt ein besonders großes sympathisches Paraganglion dar und gehört als solches in den Funktionskreis des peripheren vegetativen Nervensystems. Gegenüber den übrigen chromierbaren Paraganglien unterscheidet es sich einerseits durch seinen Umfang, andererseits durch seine endokrine Funktion. Es bildet nicht nur Noradrenalin, sondern auch Adrenalin.

Biochemische Daten. Adrenalin und Noradrenalin gehören zusammen mit Histamin und Serotonin (5-Hydroxytryptamin) zur Gruppe der biogenen Amine. Die Vorläufer der beiden Katecholamine sind die Aminosäuren Phenylalanin und Tyrosin (= Oxyphenylalanin). Tyrosin wird zu Dioxyphenylalanin (Dopa) oxydiert, aus dem durch Decarboxylierung der Seitenkette Dopamin entsteht. Der nächste Schritt der Synthese ergibt Noradrenalin, dessen Methylierung zum Adrenalin führt (Abb. 8).

Das Mark der Nebennieren des Erwachsenen enthält 2,4—4,0 mg aktive Katecholamine pro Gramm Gewebe; 10—30% davon entfallen auf Noradrenalin, der Rest auf Adrenalin. Die Blutspiegel der beiden Hormone verhalten sich umgekehrt. Vollblut enthält 1,0—1,5 mg/l Adrenalin und rund 5,2 mg/l Nor-

adrenalin. Diese Verschiebung ist dadurch erklärt, daß die Hauptmenge des Noradrenalins nicht in den Nebennieren, sondern in den sympathischen Paraganglien
und den postganglionären Nervenfasern gebildet wird. Doppelseitige Adrenalektomie bewirkt das Verschwinden des Adrenalins aus dem Harn, während Noradrenalin in annähernd unveränderten Mengen weiter ausgeschieden wird.

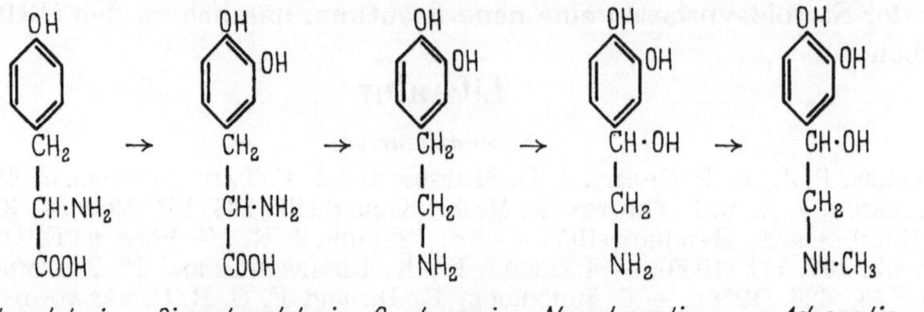

Oxyphenylalanin   Dioxyphenylalanin   Oxytyramin   Noradrenalin   Adrenalin
(Tyrosin)   (Dopa)   (Dopamin)

Abb. 8. Die Synthese der Katecholamine

Etwa 1—4% der vom sympathico-adrenalen System produzierten Hormone
erscheinen unverändert in freier Form im Harn, etwa die gleiche Menge gebunden
an Schwefelsäure und Glucuronsäure (5, 8). Durch Oxydation zu fluorescierenden
Lutinen lassen sich die freien Katecholamine heute in einfacher Weise im Harn
bestimmen (7).

Die Hauptmenge der sympathico-adrenalen Hormone wird vor der Eliminierung aus dem Körper jedoch inaktiviert und abgebaut. Werden die Hormone
intravenös appliziert, so erscheinen 30—40% davon in Form der 3-Methoxy,
4-hydroxymandelsäure. Ein weiterer Teil, mengenmäßig etwa ein Fünftel der
letztgenannten Verbindung, wird als Meta-Adrenalin und Meta-Noradrenalin ausgeschieden. Als Normalbereich der Ausscheidung von 3-Methoxy, 4-hydroxy-
mandelsäure geben Armstrong u. McMillan 2—4 mg, von Studnitz mit verbesserter Methodik 3,2 bis 6,4 mg in 24 Std an (1, 24). Interessant und klinisch bedeutsam ist die Tatsache, daß die Substanz nicht nur bei Patienten mit Phaeochromocytomen, sondern auch mit Sympathicogoniomen und Ganglioneuromen vermehrt im Harn auftritt (10, 23, 24).

Tabelle 3

	Adrenalin	Noradrenalin
Puls	+	—
Minutenvol.	+++	—
Systol. Blutdruck	+++	+++
Diastol. Blutdruck	(+)	++
Peripherer Widerstand	—	+++
O$_2$-Verbrauch	++	(+)
Blutzucker	+++	(+)
ZNS-Wirkung	+	—
Eosinopenie	+	—

Physiologie. Die physiologischen Wirkungen der beiden Katecholamine sind in Tab. 3 zusammengestellt. Beide Hormone beeinflussen den Kreislauf, doch in verschiedener Weise. Adrenalin ist darüber hinaus ein wichtiges
Stoffwechselhormon.

Noradrenalin bewirkt eine Konstriktion der peripheren Gefäße und damit
einen Anstieg des systolischen und diastolischen Blutdrucks. Sein Einfluß auf das
Herz ist gering. Pulsfrequenz und Minutenvolumen werden kaum verändert; bis-
weilen tritt eine geringe Pulsverlangsamung ein. Adrenalin übt dagegen am Herzen
positive chronotrope, dromotrope, bathmotrope und inotrope Wirkungen aus, die
zusammen zu einer intensiven Erhöhung des Minutenvolumens führen. Der

systolische Blutdruck steigt an, nicht aber der diastolische Druck, da sich der periphere Widerstand bei physiologischen Dosen nicht ändert.

Im Stoffwechsel fördert Adrenalin den Sauerstoffverbrauch und erhöht damit den Grundumsatz und unter Umständen die Temperatur. Im Kohlenhydratstoffwechsel wirkt es hyperglykämisch, indem es durch Überführung der Leberphosphorylase aus der inaktiven in die aktive Form eine schnelleintretende, kräftige Glykogenolyse herbeiführt. Bei raschem Blutzuckerabfall ist es zusammen mit dem Glucagon das wirksamste kontrainsulinäre Hormon. Bei der intravenösen Insulinbelastung steigt die pro Zeiteinheit sezernierte Adrenalinmenge um mehr als 300% an (6). — In Gegenwart kleinster Mengen von Corticosteroiden wirkt Adrenalin eosinopenisch, was wahrscheinlich auf einem direkten Einfluß des Hormons auf die Eosinophilen und nicht auf einer Aktivierung des Hypophysen-Nebennierenrinden-Systems beruht; Adrenalin erzeugt keinen Anstieg der Plasmacorticosteroide. Auch am Kreislauf entfalten die Rinden- und Markhormone synergistische Wirkungen. Bei Rindeninsuffizienz wirkt Noradrenalin erst in Gegenwart von Corticosteroiden. Die Rindenhormone scheinen die Ansprechbarkeit auf Noradrenalin auch unter physiologischen Bedingungen zu erhöhen (19—21).

Das Nebennierenmark im Kindesalter

Fetalzeit. Sympathicoblasten werden in der fetalen Nebennierenanlage zuerst um die 5. bis 7. Woche sichtbar. Während es sich anfangs nur um einzelne Zellen handelt, die aus dem Gebiet des Bauchsympathicus eingewandert sind, bilden sich in der Folge größere Zellnester und solide Stränge (25). Phächromie läßt sich zuerst bei Feten von 100 mm Länge nachweisen (4). Die Entwicklung ist zur Zeit der Geburt aber noch keineswegs abgeschlossen; die Medulla bildet gegenüber später nur einen sehr geringen Anteil der gesamten Nebenniere. Die Rinden-Mark-Relation entspricht erst mit 2 Jahren annähernd der des Erwachsenen. Demgegenüber entwickeln sich die extraadrenalen Paraganglien in der Fetalzeit weit stärker (27).

Kindheit. Wie bei vielen Tierarten ist auch beim Menschen die Relation von Noradrenalin- zu Adrenalin-produzierenden Zellen zur Zeit der Geburt noch weitgehend zugunsten der ersteren verschoben. Im Laufe des ersten Lebensjahres treten die Adrenalin-bildenden Phäochromocyten zunehmend in den Vordergrund. Extraktionen von Nebennieren neugeborener Kinder haben eine Relation von Noradrenalin: Adrenalin von 70:30 ergeben. Im Alter von 2 Jahren betrug der Anteil des Adrenalins rund 60%, beim Erwachsenen 80% (15).

Analysen der Katecholaminausscheidung im Kindesalter sind in den letzten Jahren von KÄRKI, VON ZEISEL u. KUSCHKE und GREENBERG u. GARDNER veröffentlicht worden (11, 16, 28). Die Resultate der ausgedehnten Untersuchungen von ZEISEL u. KUSCHKE sind in Tab. 4 dargestellt (28). Die ursprünglich auf das Körpergewicht bezogenen Relativwerte wurden auf die Körperoberfläche als physiologischen Parameter umgerechnet. Dies Vorgehen ergab eine wesentlich bessere Übereinstimmung der Werte der einzelnen Altersgruppen.

Noradrenalin wird schon vom 3. Lebenstag an in Mengen ausgeschieden, die unter Bezug auf die Körperoberfläche denen des Erwachsenen entsprechen. Ähnliche Werte haben auch GREENBERG u. GARDNER angegeben. Diese Feststellung steht gut in Einklang mit der reichlichen Ausbildung Noradrenalin-produzierender Zellen in Nebennierenmark und Paraganglien. Die Adrenalin-Ausscheidung ist in den ersten 2 Lebenswochen dagegen gering; bei 18 von 31 Kindern im Alter von 1—6 Tagen haben die Untersucher sogar überhaupt kein Adrenalin im Harn gefunden. Erst bei 2 Monate alten Kindern werden die für das spätere Leben

Tabelle 4. *Katecholaminausscheidung im Kindesalter*

Alter der Kinder	Noradrenalin in μg		Adrenalin in μg		Adrenalin in % der gesamten Katecholamine
	absolut	pro m² Körperoberfläche	absolut	pro m² Körperoberfläche	
1—2 Tg.	0,9 ± 0,5	4,5	0,05	0,25	5
3—4 Tg.	1,8 ± 0,8	8,8	0,08	0,40	4
5—6 Tg.	2,2 ± 1,0	11,0	0,17	0,85	7
2 Wo.	2,4 ± 1,2	12,0	0,13 ± 0,07	0,65	5
3—4 Wo.	1,7 ± 0,9	8,0	0,2 ± 0,1	1,67	11
2 Mo.	2,6 ± 1,2	10,8	0,4 ± 0,2	2,4	12,5
3—5 Mo.	5,4 ± 2,5	18,6	0,7 ± 0,3	2,4	11
6—12 Mo.	6,2 ± 2,8	17,7	0,8 ± 0,3	2,4	11,5
2—3 J.	8,0 ± 4,0	14,5	1,2 ± 0,5	2,2	13
5—10 J.	11,0 ± 5,0	11,6	2,7 ± 1,0	2,8	19,5
11—16 J.	12,8 ± 5,3	9,1	2,9 ± 1,2	2,0	18
20—30 J.	17,1 ± 8,0	9,7	4,0 ± 1,9	2,3	20
31—50 J.	16,4 ± 8,0	8,7	3,9 ± 1,4	2,0	19,3

normalen Werte erreicht. Die für den Erwachsenen typische Relation von Adrenalin und Noradrenalin im Harn wird sogar erst im Schulalter angetroffen. Auch diese Befunde stimmen mit der oben erwähnten geringen Ausbildung Adrenalin-bildender Phäochromocyten überein, wie sie nicht nur bei neugeborenen Menschen, sondern auch bei vielen Tieren in der ersten Lebenszeit beobachtet wird. Die Methylierung des Noradrenalins zum Adrenalin ist eine enzymatische Leistung, die erst nach der Geburt in stärkerem Umfang erworben wird.

Untersuchungsergebnisse über die Ausscheidung der Katecholaminmetaboliten liegen bei Kindern bisher noch kaum vor, da die Bestimmungsmethode erst in jüngster Zeit erarbeitet worden sind. VON STUDNITZ, der die Ausscheidung von 3-Methoxy, 4-Hydroxymandelsäure bei 10 Kindern im Alter von 4 bis 10 Jahren prüfte, fand Werte von 1,2—2,4 mg, im Mittel 2,3 mg täglich (*24*). Da keine Berechnungen auf das Körpergewicht oder die Oberfläche vorgenommen wurden, können Vergleiche mit den Werten des Erwachsenenalters nicht gezogen werden. Bezogen auf das Harnkreatinin fand VON STUDNITZ etwas höhere Werte als bei Erwachsenen, was aber vermutlich mit der relativ geringen Ausscheidung von Kreatinin beim Kinde zu erklären ist. — Analysen der Tagesausscheidung im Neugeborenen- und Säuglingsalter liegen noch nicht vor.

Zusammenfassend läßt sich sagen, daß die Noradrenalinsekretion, gemessen an der Ausscheidung des Hormons im Urin, schon sehr früh, nämlich vom 3. Lebenstag an, unter Bezug auf die Körperoberfläche derjenigen des Erwachsenen entspricht. Da das Markorgan noch relativ wenig entwickelt ist, kann man an-nehmen, daß das Hormon größtenteils extraadrenalen Quellen entstammt.

Die Adrenalinsekretion erreicht hingegen erst mit 3—4 Wochen Werte, die der Größenordnung der späteren Kindheit und des Erwachsenenalters vergleichbar ist, — was in Übereinstimmung mit dem histologischen Befund am Nebennieren-mark steht. Welche physiologische Bedeutung kommt nun diesem Befund zu? Läßt sich daraus eine Erklärung der Hypoglykämieneigung der Neugeborenen-periode ableiten? DESMOND und CORNBLATH u. Mitarb. haben festgestellt, daß Neugeborene die Injektion von Adrenalin mit einer Blutzuckersteigerung beant-worten, die der des Erwachsenen durchaus entspricht; der Blutzuckergipfel wird in den ersten Lebenswochen allerdings statt normalerweise nach einer Stunde erst nach zwei Stunden erreicht (*2, 3*). Hiernach könnte man annehmen, daß die Hypo-glykämie der ersten Lebenszeit durch den Mangel an Adrenalin erklärt wäre.

Wahrscheinlich liegen die Verhältnisse jedoch komplizierter. Als weitere ursächliche Faktoren müssen unter anderem Unterschiede im Aufbau des Glykogens und ein Mangel bestimmter Leberenzyme diskutiert werden. Die Leber des Neugeborenen enthält zwar genügend Glykogen, um eine Hyperglykämie produzieren zu können, doch unterscheidet sich das Glykogen strukturell von dem der späteren Lebenszeit und ist gegen eine postmortale Glykogenolyse resistenter (*22*). Die für die Freisetzung der Glucose aus ihrem Phosphatester notwendige Glucose-6-Phosphatase fehlt beim Fetus und tritt erst mit der Geburt erstmalig in der Leber in Erscheinung (*26*). Insgesamt ist die fetale Leber offenbar mehr auf die Assimilation von Glykogen eingestellt; die Notwendigkeit, Glykogen zu dissimilieren, ergibt sich in größerem Umfang erst nach der Trennung von der Mutter.

Was jedoch weitgehend auf eine verminderte Abgabe von Adrenalin zurückgeführt werden muß, ist das Ausbleiben aller typischen klinischen Hypoglykämiezeichen. Tachykardie, Blässe und Schwitzen werden auch bei Blutzuckerwerten unter 50 mg-% in der Regel vermißt. Die Cannonsche Notfallsreaktion des Nebennierenmarks unterbleibt.

Literatur

Nebennierenmark

1. ARMSTRONG, M. D., A. McMILLAN and K. SHAW: Biochim. biophys. Acta (Amst.) **25**, 422 (1957).
2. CORNBLATH, M., E. Y. LEVIN and H. H. GORDON: Pediatrics 18, 167 (1956).
3. DESMOND, M. M.: J. Pediat. **43**, 253 (1953). — 4. DIETRICH, A., u. H. SIEGMUND: In: Handbuch d. spez. path. Anatomie u. Histologie, Bd. 8. Berlin: Springer 1926.
5. ELMADJIAN, F., J. M. HOPE and E. T. LAMSON: Recent Progr. Hormone Res. **14**, 513 (1958). — 6. ELMADJIAN, F., E. T. LAMSON, H. FREEMAN, R. NERI and L. VARJABEDIAN: J. clin. Endocr. **16**, 876 (1956). — 7. EULER, U. S. VON, and F. LISHAJKO: Acta physiol. scand. **45**, 122 (1959). — 8. EULER, U. S. VON, and R. LUFT: Brit. J. Pharmacol. **6**, 286 (1951).
9. GOLDENBERG, M., H. ARANOW JR., H. SMITH and M. HABER: Arch. internat. Med. **86**, 823 (1950). — 10. GREENBERG, R. E., and L. J. GARDNER: Pediatrics **24**, 683 (1959). — 11. GREENBERG, R. E., and L. J. GARDNER: J. clin. Endocr. **20**, 1207 (1960).
12. HAGEN, P., and A. D. WELCH: Recent Progr. Hormone Res. **12**, 27 (1956). — 13. HILLARP, N. A., and B. HÖKFELT: Acta physiol. scand. **30**, 55 (1953). — 14. HILLARP, N. A., B. HÖKFELT and B. NILSON: Acta anat. Basel **21**, 155 (1954). — 15. HÖKFELT, B.: Acta physiol. scand. **25**, Suppl. 92 (1951).
16. KÄRKI, N. T.: Acta physiol. scand. **39**, Suppl. 132 (1956). — 17. KLEIN, U., u. J. KRACHT: Endokrinologie **35**, 259 (1958). — 18. KRACHT, J., u. U. KLEIN: Verh. Dtsch. Ges. Path. **1958**, 171. — 19. KURLAND, G. S., and A. S. FREEDBERG: Proc. Soc. exp. Biol. Med. (N. Y.) **78**, 28 (1951).
20. RAMAY, E. R., M. S. GOLDSTEIN and R. LEVINE: Amer. J. Physiol. **165**, 450 (1951). — 21. REIS, D. J.: J. clin. Endocr. **20**, 446 (1960).
22. SEIFERT, G.: Das Leberglykogen. In: Die physiologische Entwicklung des Kindes. Hrsg. LINNEWEH. Berlin-Göttingen-Heidelberg: Springer 1959. — 23. STICKLER, G. B., G. A. HALLENBECK and E. V. FLOCK: Proc. Mayo Clin. **34**, 548 (1959). — 24. STUDNITZ, W. VON: Scand. J. clin. Lab. Invest. **12**, Suppl. 48 (1960).
25. THOMAS, E.: In: J. BROCK, Biologische Daten für den Kinderarzt. Berlin-Göttingen-Heidelberg: Springer 1954.
26. VILLEE, C. A.: J. appl. Physiol. **45**, 437 (1953).
27. WEST, G. B., D. M. SHEPHERD and R. B. HUNTER: Lancet **1951**, 966.
28. ZEISEL, H., u. H. J. KUSCHKE: Klin. Wschr. **37**, 1168 (1959).

Die Keimdrüsen

Die Gonaden sind Drüsen mit exkretorischen und inkretorischen Funktionen; die exkretorischen Produkte sind die Samen- und Eizellen, die Inkrete die Sexualhormone. Während der Kindheit sind die Gonaden ruhende Organe. Im Verlauf der Geschlechtsreifung treten die exkretorischen bzw. generativen Funktionen erstmalig in Erscheinung. Inkretorische Einflüsse spielen dagegen schon im Fetalleben eine wichtige Rolle; die morphologische Ausprägung der Genitalorgane und damit das somatische Geschlecht des Fetus werden vom Vorhandensein oder Fehlen hormonal funktionierender Testes bestimmt.

Die von den Leydigschen Zwischenzellen gebildeten androgenen Hormone der Testes sind das Testosteron und das Androstendion; darüber hinaus wird auch Oestron hervorgebracht.

Das wichtigste Oestrogen des Ovars ist das 17-β-Oestradiol, dessen biologische Wirksamkeit zehnfach stärker als die des zweiten Hormons des Follikels, des Oestrons ist. Die natürlichen Gestagene sind das Progesteron und sein Reduktionsprodukt 4-Pregnen, 20-α-ol, 3-on.

Die Gonadenfunktion beim Fetus

Indifferente Gonade. Die erste Anlage der Gonaden wird in der 5. Embryonalwoche erkennbar. Als Wucherung des Cölomepithels entsteht medial von der Urnierenfalte die sog. Keimleiste; zugleich proliferiert das darunterliegende Mesenchym und bildet den Mesenchymkern bzw. das Mark der Organanlage, in dem kurz darauf epitheloide Zellen die sog. Keimstränge formieren. Induziert wird die Bildung der Gonadenanlage durch die Urgeschlechtszellen, die Vorläufer der Spermatogonien und Oogonien, welche anfangs im Epithel des Hinterdarms liegen und später in das Gebiet der Keimdrüse einwandern.

Die Differenzierung der sexuell neutralen Gonadenanlage beginnt im Fall des Hodens bei einer Scheitelsteißlänge von 15—22 mm, im Fall des Ovars später, mit 20—25 mm. Der Testis entsteht unter Zurückdrängung des corticalen Keimepithels vorwiegend aus medullären Elementen, wobei sich die Keimstränge zu radiär angeordneten Hodensträngen, den Matrizen der späteren Samenkanälchen umwandeln. Das Ovar wird unter Schwund der Markelemente vorwiegend aus dem Material des Cortex aufgebaut. Aus sekundären Keimsträngen schnüren sich die Eiballen ab, aus denen Anfang des 5. Fetalmonats die Primordialfollikel hervorgehen.

An sich liegen in jedem Organismus zwei Induktionssysteme bereit, die die indifferente Gonadenanlage durch Stimulation des Markanteils zu Hoden oder durch Stimulation des Rindenanteils zum Ovar zu differenzieren vermögen. Experimentell ist es an verschiedenen Tierspecies gelungen, durch Aktivierung des einen oder Inaktivierung des anderen Systems willkürlich Hoden oder Ovarien bei genetisch gegengeschlechtlichen Tieren zu erzeugen. Normalerweise stehen die Induktoren bei höheren Tieren und beim Menschen jedoch unter der Kontrolle der Geschlechtschromosomen. Die Konstellation XY führt zum Aufbau eines Hodens, XX zu dem eines Ovars. Das Vorhandensein eines einzigen X-Chromosoms genügt nicht für die Ausbildung einer Keimdrüse, wie das Ullrich-Turner-Syndrom zeigt, bei dem die Konstellation der Geschlechtschromosomen X0 lautet. Bei der Konstellation XXY beim Klinefelter-Syndrom entwickeln sich sterile Hoden mit defektem Samenepithel. — Auf welchem Wege die genetischen Potenzen die Induktionsmechanismen zur Realisation bringen, ist heute noch unklar.

Über die *Entwicklung der Gonodukte* sind wir heute ausreichend unterrichtet. Die Wolffschen und Müllerschen Gänge werden bei beiden Geschlechtern angelegt. Beim männlichen Fetus entstehen aus den Wolffschen Gängen Nebenhoden und Samenstrang; die Müllerschen Gänge werden zurückgebildet. Beim weiblichen Fetus führt die Proliferation der Müllerschen Gänge zum Aufbau von Tuben, Uterus und Vagina, während die Wolffschen Gänge der Resorption anheimfallen.

Die weibliche Entwicklung erfolgt ohne Einflußnahme des Ovars, das eine aktive endokrine Gewebsformation, die Sekundärfollikel erst im 7. Fetalmonat aufweist, d. h. lange nach Formierung der inneren Genitalorgane. In ihren klassischen Experimenten haben JOST, WELLS und RAYNAUD und ihre Mitarbeiter fetale Nagetiere kastriert und festgestellt, daß *die Ausbildung des Gangsystems beim keimdrüsenlosen Säugerfetus stets dem weiblichen Muster folgt (3—5, 12, 16).* Ob es sich ursprünglich um männliche oder weibliche Tiere handelte, war dabei gleichgültig. Aus diesen Befunden kann abgeleitet werden, daß 1. das Ovar beim Säugetierfeten keine morphogenetischen Einflüsse ausübt und daß 2. der feminine Bauplan der Genitalorgane eigentlich als eine neutrale Form zu betrachten ist. In der menschlichen Pathologie ist ein praktisch keimdrüsenloser Zustand beim Ullrich-Turner-Syndrom realisiert, bei dem die Genitalorgane stets weiblich geprägt sind.

Beim männlichen Fetus läuft die maskuline Ausprägung der Gonodukte, des Sinus urogenitalis und Tuberculum genitale dagegen in engem zeitlichen und ursächlichem Zusammenhang mit der Proliferation der androgenbildenden Hodenzwischenzellen. *Die Morphogenese der männlichen Sexualorgane wird durch die Testishormone induziert.* In gleicher Weise lassen sich die Genitalorgane genetisch weiblicher Früchte durch Verabreichung von Androgenen virilisieren.

Die hormonale Beeinflußbarkeit der Gonodukte und des Sinus urogenitalis ist jedoch auf einen eng begrenzten Zeitraum beschränkt. Ein Beispiel dafür ist das kongenitale adrenogenitale Syndrom beim Mädchen, bei dem die Virilisierung infolge Überschwemmung des Organismus mit Nebennierenandrogenen in der 11. Fetalwoche beginnt. Zu dieser Zeit ist die Differenzierung der Gonodukte abgeschlossen und wird durch die Androgene nicht mehr beeinträchtigt. Die Differenzierung des Sinus urogenitalis wird dagegen in männliche Richtung gedrängt. Kommt der Fetus jedoch erst in der zweiten Hälfte der Gravidität unter den Einfluß androgener Hormone, so wird die fertig ausgebildete Vulva nicht mehr verändert, und es resultiert lediglich eine Clitorishypertrophie.

Umgekehrt führt beim männlichen Fetus eine frühzeitige Zerstörung oder Dysgenesie der Hoden wie erwähnt zum Persistieren der Müllerschen und zur Rückbildung der Wolffschen Gänge und damit zum Pseudohermaphroditismus masculinus. Eine Zerstörung des Testis in der zweiten Graviditätshälfte, z. B. bei der kongenitalen Anorchie, bleibt dagegen ohne morphogenetischen Einfluß auf die Sexualsphäre.

Die Veränderungen, die die Sexualorgane in der zweiten Hälfte der Fetalzeit durchmachen, sind vergleichsweise gering. In den Hoden nehmen die Zwischenzellen an Zahl fortlaufend ab, und die Tubuli treten in den Vordergrund. In den zwei letzten Fetalmonaten vollzieht sich der Descensus testiculorum. — In den Ovarien schreitet die Entstehung von Primärfollikeln aus Eiballen fort, um kurz nach der Geburt für immer zum Stillstand zu gelangen. Bei neugeborenen Mädchen finden sich 400000—500000 Eizellen in den Ovarien.

Die hormonellen Schwangerschaftsreaktionen des Neugeborenen

Die Schwangerschaftsreaktionen des Neugeborenen (2) sind ein Teil der umfassenderen „synkainogenetischen Vorgänge". Mit diesem Ausdruck bezeichnet man nach A. KOHN die Veränderungen, welche beim Fetus und Neugeborenen auf Grund der Beziehungen zum mütterlichen Organismus und zur Placenta zustande kommen (6).

Die gegen Ende der Gravidität vermehrt gebildeten placentären *Oestrogene* manifestieren ihre Wirkungen beim Mädchen in folgender Weise. Die Größe des Uterus nimmt in den beiden letzten Fetalmonaten erheblich zu. Nach der Geburt, nach dem Fortfall der Placenta hört das Wachstum auf und der Uterus wird zurückgebildet. Die Uterusschleimhaut des Neugeborenen entspricht in ihrem Aufbau der Follikelphase der erwachsenen Frau. Als Folge des plötzlichen Versiegens der Oestrogenzufuhr beobachtet man einige Tage post partum zuweilen eine Entzugsblutung. Ferner sind die Labia minora vergrößert und turgeszent, die Vaginaschleimhaut zeigt ein mehrschichtiges Epithel mit oberflächlicher Verhornung und es besteht ein Fluor albus. Bei beiden Geschlechtern tritt eine Schwellung, unter Umständen sogar eine Sekretion der Brustdrüsen auf.

Bis zur Geburt steht der Fetus auch unter dem Einfluß vermehrt gebildeter Androgene. Diese stammen nicht von der Mutter oder aus der Placenta, sondern aus den fetalen Nebennieren, die nach der Geburt rasch der Involution anheimfallen (s. S. 318). Klinische Manifestationen der Androgenwirkung sind beim Mädchen eine mäßige Vergrößerung und Schwellung von Clitoris und großen Labien, bei Knaben eine gewisse Prostatavergrößerung, bei beiden Geschlechtern die häufig angetroffenen Milien und die sich in einzelnen Fällen daraus entwickelnde Acne. Entsprechend dem Rückgang der 17-Ketosteroidausscheidung im Harn klingen die Erscheinungen nach 1—2 Wochen ab.

Die Pubertät

Die Übersetzung des lateinischen Wortes *pubertas* lautet Geschlechts*reife*. Der vorangehenden Periode der *Reifung* entspricht sprachlich korrekt der Ausdruck Pubescenz (pubescere = mannbar werden, reifen), der von BENNHOLDT-THOMSEN, SCHONFELD, SCHMIDT-VOIGT und anderen auch in diesem Sinne verwendet worden ist. Im allgemeinen Sprachgebrauch bezeichnet man heute jedoch die gesamte Reifungszeit als Pubertät, was auch im folgenden geschehen soll. Zeitlich erstreckt sich diese Periode vom Anfang bis zum Ende der sexuellen Entwicklung, d. h. bis zur Fertilität.

Tabelle 5 demonstriert die Reihenfolge und das durchschnittliche Alter, in dem die Geschlechtsmerkmale bei Knaben und Mädchen in Erscheinung treten.

Tabelle 5. *Reihenfolge des Auftretens der Reifezeichen bei Knaben und Mädchen*
[mod. nach SECKEL (*14*)]

Reifezeichen bei Knaben	Alter	Reifezeichen bei Mädchen
	8— 9	Beginnendes Uteruswachstum
Beginnendes Wachstum von Testes und Penis	10—11	Brustknospen (Thelarche), Verbreiterung des Beckens
Prostatawachstum	11—12	Beginnende Schambehaarung (Pubarche)
		Beginn des Längenwachstumsschubes
		Erstes Daumensesambein, Knospenbrust
		Wachstum der inneren und äußeren Genitalorgane
		Reifung der Vaginalschleimhaut
Beginnende Schambehaarung (Pubarche)	12—13	Rundung der Brüste
Beginn des Längenwachstumsschubes		Pigmentierung der Mamillen
Erstes Daumensesambein		Axillarbehaarung
Starkes Wachstum von Penis und Testes	13—14	Menarche, zunächst anovulatorische Blutungen
Brustdrüsenvergrößerung		
Stimmbruch	14—15	cyclische ovulatorische Menses, Fertilität
Axillarbehaarung		
Bartflaum der Oberlippe		
Reife Spermien	15—16	Acne
Stärkere Behaarung des Gesichts und Körpers	16—17	Epiphysenfugenschluß, Wachstumsstillstand
Männliche Pubesanordnung, Acne		
Epiphysenfugenschluß	18—20	
Wachstumsstillstand		

Beim *Knaben* steht die Vergrößerung der Testes am Anfang der Entwicklung. Zwischen Geburt und 10./11. Lebensjahr nehmen die Hoden nur wenig an Größe zu (s. Abb. 9); nach Messungen von PETER (*11*) beträgt das mittlere Hodengewicht bei einjährigen Knaben 0,71 g, bei 8—10jährigen 0,81 g.

Es widerspricht diesem Sachverhalt, wenn bei Kindern vor dem 11. Lebensjahr von einer mangelhaften oder rückständigen Hodenentwicklung gesprochen wird, wie das bei minderwüchsigen und adipösen Kindern nicht selten geschieht. Histologisch zeichnet sich allerdings der Beginn der Hodenreifung nach neueren Untersuchungen schon im 7. oder 8. Jahr ab; im 11.—12. Jahr sind die Unterschiede gegenüber dem 1. Lebensjahr deutlich ausgeprägt (Abb. 10b).

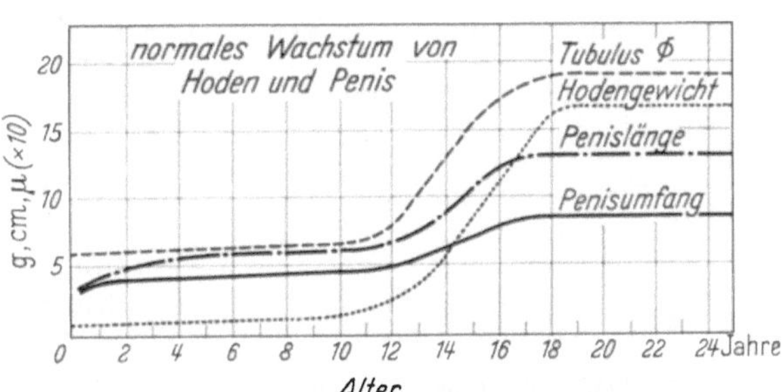

Abb. 9. Die Entwicklung der männlichen Geschlechtsorgane [nach NOWAKOWSKI: Ergebn. inn. Med. Kinderheilk., N.F. **12**, 219 (1959)]

Da die Reifung des Testis nur bei der gegenüber dem Bauchraum kühleren Temperatur des Scrotums vor sich gehen kann, ist die Behandlung der verschiedenen Formen des Hodenhochstands daher spätestens im 10. Lebensjahr angezeigt. Die Volumenzunahme der Testes beruht auf einer Proliferation des Samenepithels. Der Durchmesser der Tubuli vergrößert sich, die Spermatogonien nehmen zu, das Epithel wird allmählich mehrschichtig (Abb. 10c.). Im Testis des Erwachsenen machen die Tubuli zwei Drittel des Volumens aus, das restliche Drittel wird von Bindegewebe und Leydigzellen gebildet.

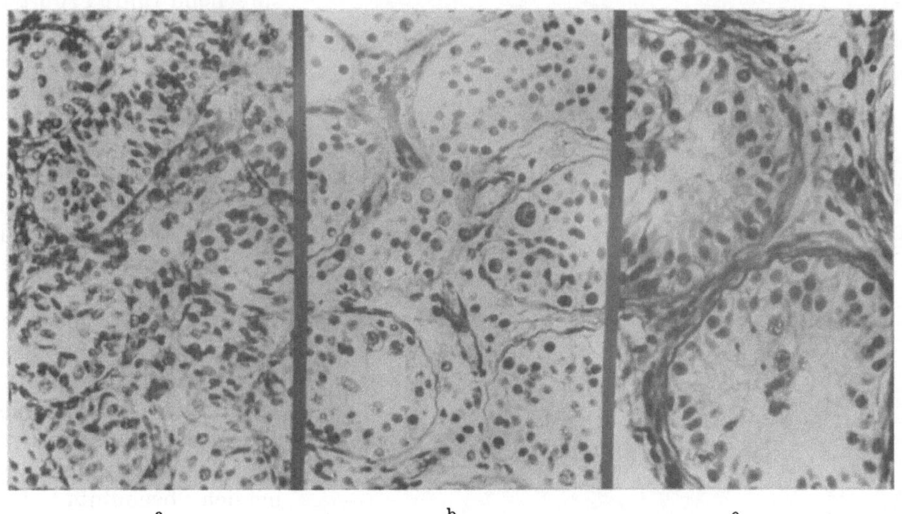

Abb. 10. Das histologische Bild des Hodens: a beim Neugeborenen, b im Anfang der Pubertät, etwa bei einem 12jährigen, c bei 13- bis 17jährigen Jungen [aus TONUTTI u. Mitarb. (*64*)]

Die Ausreifung des inkretorischen Hodenparenchyms [,,Leydig-Arche" nach WILKINS (*18*)], beginnt zeitlich in deutlichem Abstand nach dem Einsetzen der Tubulusentfaltung. Biochemisch ist der Funktionsbeginn der Leydig-Zellen an dem Anstieg der 17-Ketosteroid- und Oestrogenausscheidung im Harn erkennbar.

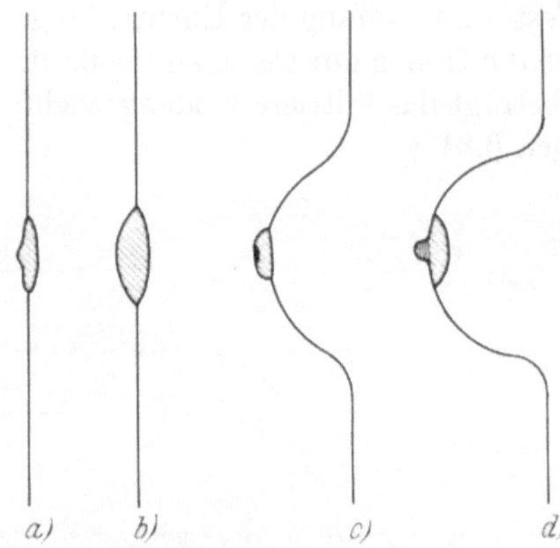

Abb. 11. Stadien der Brustentwicklung: a Brustwarze, b Brustknospe, c Knospenbrust, d reife Brust [nach Stratz (15)]

Physiologisch führt das Einsetzen der Androgenproduktion zur Entwicklung der sekundären Geschlechtsmerkmale und zur männlichen Prägung des Körpers. Penis und Prostata vergrößern sich; wenig später treten die ersten Pubes auf [Pubarche nach Wilkins (18)]. Etwa zur gleichen Zeit wird im Röntgenbild der Hand das erste Sesambein des Daumens erkennbar. Durchschnittlich knapp 2 Jahre nach der Schambehaarung tritt die Achselbehaarung und der erste Bartflaum auf und die Stimme mutiert.

Die Skeletentwicklung wird von den Androgenen in zweifacher Weise beeinflußt. Im Anfang der Pubertät kommt es infolge einer Stimulation des Längenwachstums der Röhrenknochen zum Pubertätswachstumsschub. Am Ende der Reifungszeit bewirkt die zunehmende Knochenreifung schrittweise den Schluß der Epiphysenfugen und damit den Stillstand des Wachstums (s. S. 298). Dementsprechend führt Frühreife und vor allem das adrenogenitale Syndrom mit seiner stark vermehrten Androgenproduktion anfangs zu einer Wachstumsbeschleunigung, schließlich jedoch zu einem frühzeitigen Wachstumsstillstand und zu Kleinwuchs, während eine verzögerte Reifung — bei sonst normalem Wachstumstempo — zu Hochwuchs führt. Auch die Proportionierung des Körpers wird von den Sexualhormonen erheblich beeinflußt. Der Rumpfbreitenindex, d. h. die Beckenbreite in Prozent der Schulterbreite beträgt beim erwachsenen Manne 77, bei der Frau dagegen 84. Die Fertilität wird bei Jungen durch-

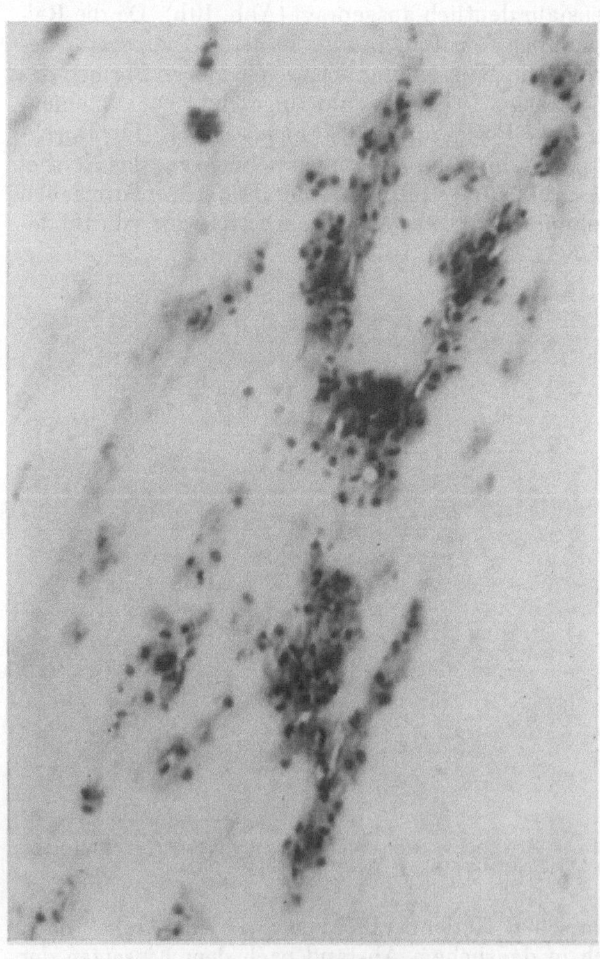

Abb. 12. Scheidenabstriche
Abb. 12a. 7jähriges Mädchen, Basal- und Parabasalzellen mit großen Kernen; kein Oestrogeneffekt

schnittlich im 16. Jahr erreicht, doch variiert der Zeitpunkt beträchtlich. Erektionen und der Erguß samenzellfreien Sekrets werden bereits 2—3 Jahre vorher beobachtet.

Beim *Mädchen* beginnt die Pubertät mit der Entwicklung der Mammae, deren verschiedene Stadien in Abb. 11 demonstriert sind.

Zunächst wird der Warzenhof durch Wuchern des darunter gelegenen Milchdrüsengewebes halbkugelig vorgewölbt; die Brustwarze verschwindet in dieser Wölbung, die nach STRATZ als *Brustknospe* bezeichnet wird (*15*). In der Folge entwickelt sich das tiefer gelegene Drüsengewebe und der Fettkörper der Mamma; die Brust gewinnt eine konische, später eine mehr halbkugelige Form, der die Knospe aufsitzt *(Knospenbrust)*. Die *reife Brust* ist dadurch gekennzeichnet, daß sich die stärker entwickelte Mamille aus der zurücktretenden Areola hervorhebt (Mamma papillata). Meistens sind Mamillen und Warzenhöfe pigmentiert.

Zugleich mit der Brustentwicklung beginnt die weibliche Ausprägung der Körperformen, an denen das „formgebende Fett" [WETZEL (*17*)], und das Skelet in gleicher Weise Anteil nehmen. Schon bei 7jährigen Mädchen sind die Fettpolster an Brust und Bauch dicker als bei gleichaltrigen Knaben.

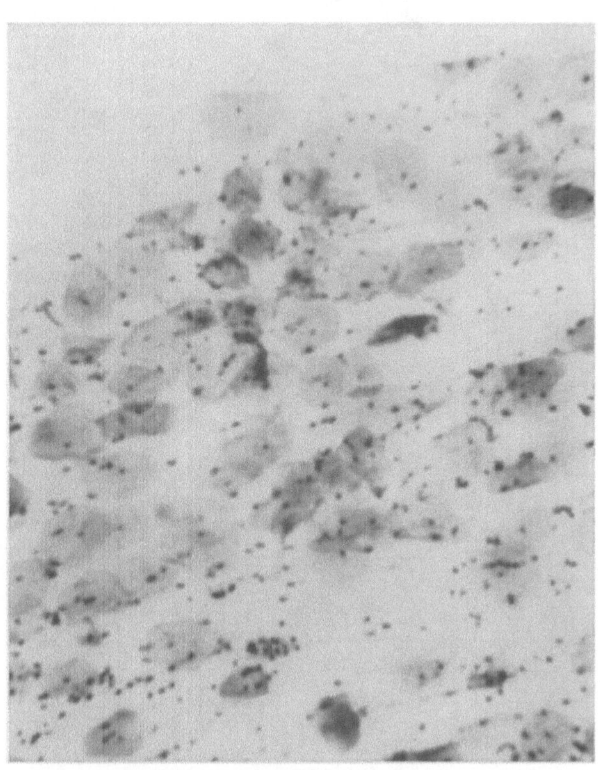

Abb. 12b. Erwachsene Frau in der Follikelphase, Oberflächenzellen mit kleinen pyknotischen Kernen, denen ein ausgereiftes, mehrschichtiges Plattenepithel zugrunde liegt. Typischer Oestrogeneffekt

Um das 11. bis 12. Lebensjahr nimmt das Unterhautfett außer in der Brustregion besonders an Hüften, Oberschenkeln und Mons pubis zu und das knöcherne Becken verbreitert sich. Alle diese Veränderungen sind Manifestationen der in Gang kommenden ovariellen Oestrogensekretion und pflegen den Manifestationen der Androgenbildung — Pubertätswachstumsschub und Pubesentwicklung — vorauszugehen. Doch gibt es disharmonisch reifende Mädchen mit viriler Statur, kräftigem Muskelansatz und früher Pubesentwicklung, bei denen die „Adrenarche", d. h. die Bildung der adrenalen Androgene früher und stärker als gewöhnlich erfolgt (*13*). Wie die gesamte Pubertät tritt die Pubarche beim Mädchen im allgemeinen 1—2 Jahre eher ein als beim Jungen.

Unter dem zunehmenden Einfluß der Oestrogene reifen in der Folgezeit die inneren und äußeren Genitalorgane weiter aus. Die Entwicklung der Labia minora und Vagina, des Uterus und der Tuben vollzieht sich unter der Wirkung der Oestrogene, die der Labia majora und der Clitoris unter dem Einfluß der Androgene.

Anhaltspunkte für den Grad der Oestrogensekretion lassen sich aus dem Vaginalabstrich gewinnen. Abb. 12 zeigt Abstriche von Mädchen verschiedener Reifestufen. Eine orientierende Beurteilung der Progesteronbildung läßt die Messung der Aufwachtemperaturen zu; für genaue Analysen ist die Bestimmung des Pregnandiols, des Hauptausscheidungsproduktes des Progesterons, erforderlich.

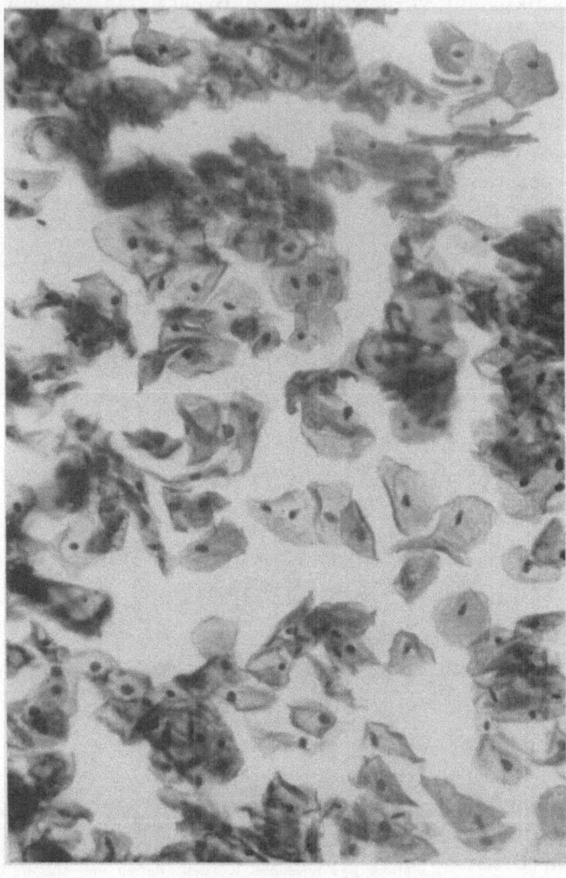

Abb. 12c. Erwachsene Frau in der Corpus luteum-Phase. Polygonale Oberflächen- und Intermediärzellen, z. T. am Rand gefältelt. Die Zellen liegen nicht einzeln, sondern in Haufen

Derartige Untersuchungen haben ergeben, daß im Verlauf der ersten Menses im allgemeinen kein Progesteron abgegeben wird. Eireifung und Follikelsprung finden noch nicht statt; die ersten Menses sind meistens anovulatorisch. Die Bildung eines Corpus luteum bleibt daher aus. Die Folge ist eine „physiologische Sterilität", die etwa 1—2 Jahre nach Eintritt der Menarche dauert. Komplikationen dieses physiologischen Verhaltens stellen die sog. juvenilen Blutungen dar, bei denen die Follikelpersistenz zu einer vermehrten Proliferation des Endometriums führt, oft in Form der cystisch-glandulären Hyperplasie.

Abb. 13, aus der die typische Reihenfolge des Auftretens der weiblichen Reifezeichen hervorgeht, veranschaulicht gleichzeitig die starke zeitliche Streuung, die diese Termine in einem größeren Kollektiv aufweisen. Nach Erhebungen, die E. H.

MAIER (*9*) an einem großen Beobachtungsgut in Hannover durchführte, fiel 1952 bis 1954 der Mittelwert des Menarchetermins auf das Alter von 14 Jahre. Die mittlere quadratische Abweichung des Termins betrug 1,3 Jahre; die als normal anzusehende Vertrauengrenzen (m $\pm$ 2 σ = 94% des Kollektivs) lagen dementsprechend bei $11^1/_2$ und $16^1/_2$ Jahren (*9*).

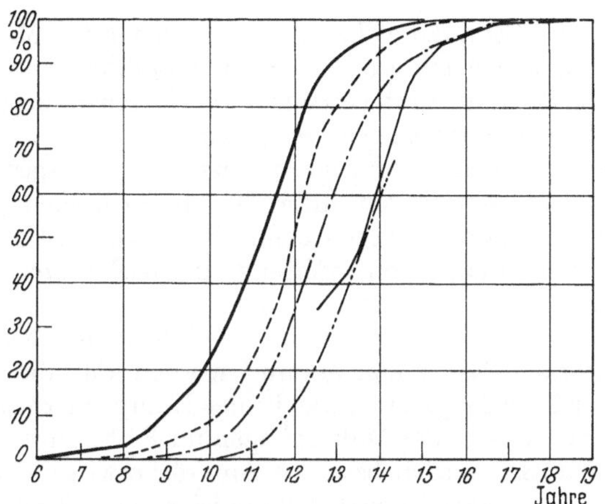

Abb. 13. Reihenfolge und Variation des Auftretens der weiblichen Reifezeichen. ——— Thelarche - - - - Pubarche — · — · — beginnende axilläre Behaarung ——— 1952 Mädchen menstruiert — · · — · · — 1936 Mädchen menstruiert (nach OSTER)

Literatur

Keimdrüsen

1. BRINCK-JOHNSEN, T., K. B. EIK-NES: Fed. Proc. **16**, 285 (1957).

2. HALBAN, J.: Z. Geburtsh. Gynäk. **53**, 191 (1904).

3. JOST, A.: Recent Progr. Hormone Res. 8, 379 (1953). — 4. JOST, A.: C. R. Soc. Biol. (Paris) **140**, 774 (1946). — 5. JOST, A.: C. R. Soc. Biol. (Paris) **140**, 938 (1946).

6. KOHN, A.: Wilhelm Roux' Arch. Entwickl.-Mech. Org. **39**, 112 (1914).

7. LUCAS, W. M., W. F. WHITMORE JR. and C. D. WEST: J. clin. Endocr. **17**, 465 (1957).

8. MADDOCK, W. O., and W. O. G. NELSON: J. clin. Endocr. **12**, 985 (1952). — 9. MAIER, E. H., u. E. ROERIG: Geburtsh. u. Frauenheilk. **16**, 129 (1956).

10. OSTER, H.: Die Reifeentwicklung unserer Jugend in: Deutsche Nachkriegskinder. Stuttgart: Georg Thieme-Verlag 1954.

11. PETER, K.: In: PETER, K., G. WETZEL u. F. HEIDERICH. Handb. d. Anatomie des Kindesalters. München 1928.

12. RAYNAUD, A., et M. FRILLEY: Ann. Endocr. (Paris) **8**, 400 (1947).

13. SCHWENK, A., u. E. SCHWENK: Zschr. Kinderheilk. **71**, 580 (1952). — 14. SECKEL, H. P. G.: Med. clin. N. Amer. **30**, 183 (1946). — 15. STRATZ, C. H.: Der Körper des Kindes und seine Pflege. 12. Aufl. Stuttgart: Enke 1941.

16. WELLS, L. J.: Proc. Soc. exp. Biol. (N. Y.) **63**, 417 (1946). — 17. WETZEL, G.: Äußere Körperformen, in: Hdb. der Anatomie des Kindes. Bd. 1. München 1928. — 18. WILKINS, L.: The diagnosis and treatment of endocrine disorders in childhood and adolesce. IInd Ed. Springfield: Ch. C. Thomas Publ. 1957.

Infektionsabwehr

Von

L. Ballowitz

1. Einleitung

Die unterschiedliche Empfänglichkeit verschieden alter Menschen für viele
Infektionskrankheiten sowie ein abweichender Krankheitsverlauf in einzelnen
Lebensabschnitten sind jedem Arzt vertraut. Die Ursachen hierfür sind vielfältig
und im Einzelfall nicht immer sogleich erkennbar.

In der Immunitätslehre hat man sog. unspezifische von spezifischen Abwehrreaktionen abgegrenzt und getrennt studiert. Die unspezifischen Abwehrmechanismen befähigen den Organismus, bereits beim ersten Kontakt mit einem Krankheitserreger gegen diesen anzugehen, während spezifische Abwehrreaktionen gewissermaßen erst erlernt oder erworben werden.

Durch die Forschungsergebnisse der letzten Jahre sind diese Abgrenzungen
stärker verwischt worden. Es ist klar erkannt worden, daß die Wirkungen zahlreicher unspezifischer Abwehrsysteme, wie die des Komplementes und Properdins,
die der weißen Blutzellen oder der Makrophagen im RES, durch spezifische Antikörper erheblich verstärkt werden bzw. die Antikörperwirkung durch die Beteiligung der unspezifischen Faktoren erst voll realisiert wird. Trotzdem erscheint es
für die Beschreibung der Entwicklung von Vorgängen der Infektionsabwehr im
individuellen Leben unerläßlich, die Einzelfaktoren zunächst gesondert zu analysieren. Erst dann wird der Versuch einer Synthese und des Vergleichs der Gesamt-
abwehrlage in verschiedenen Entwicklungsstufen möglich sein.

2. Möglichkeiten des Kontaktes mit Mikroorganismen in verschiedenen Lebensabschnitten

Eine Infektion befruchtungs- und entwicklungsfähiger Eizellen mit Bakterien,
Pilzen oder Virusarten ist bei Vögeln und Arthropoden bekannt. Der Aufbau der
Eier dieser Arten weicht erheblich von dem bei Menschen und Säugetieren ab.
Sichere Beobachtungen über germinative Infektionen menschlicher Keimzellen
mit anschließender Befruchtung und Entwicklung eines Keimlings liegen nicht
vor. Für Bakterien oder Protozoen wird eine derartige Möglichkeit abgelehnt. Eine
latente Virusinfektion erscheint vorstellbar, ohne daß jedoch konkrete Beispiele
nachweisbar sind (*116*).

Im intrauterinen Leben kann der Embryo oder Fetus mit verschiedenartigen
Krankheitserregern in Berührung kommen. Als Ausgangspunkte kommen Infektionen des mütterlichen Organismus oder von außen einwirkende Traumen in
Betracht. Die Eihäute und die Placenta schirmen den Keimling gegen mütterliche
Infektionsprozesse bis zu einem gewissen Grade ab. Allerdings können vorwiegend
von der Vagina, selten von den Tuben oder dem Endometrium aus ins Uteruslumen
vordringende Entzündungsprozesse die Eihäute mit ergreifen und eine Infektion
des Fruchtwassers hervorrufen. Hierdurch gelangen Mikroorganismen an die
Haut, in die Atem- oder Verdauungswege des Feten. Lungen- und Darminfek-
tionen breiten sich nicht selten nach Ulcerationen von der Schleimhaut her aus
(*28, 116*). Bei Toxoplasmainfektionen können echte Pseudocysten im Endometrium vorhanden sein. Bei Mäusen ist es gelungen, den Weg der Parasiten zu
verfolgen, nachdem die Pseudocysten bei der Auflösung des Endometriums durch
den wachsenden Trophoblasten aufgesprengt wurden (*370*). Toxoplasmen sind

u. a. in Trophoblastenzellen eingedrungen. Die Zellen sind nicht zugrunde gegangen, sondern haben sich weiter am Aufbau der Zotten beteiligt. Den Parasiten stand später sowohl der Weg in die Zottengefäße als auch ins Fruchtwasser offen.

Befinden sich Keime im mütterlichen Blut, so kommen sie im intervillösen Raum in Kontakt mit den Chorionzotten. Es muß angenommen werden, daß einige eigenbewegliche Mikroorganismen, z. B. Spirochäten oder Listerien, das intakte Zottensyncytium durchwandern und besonders nach der Rückbildung der Langhansschen Zellschicht in der zweiten Hälfte der Gravidität in den kindlichen Kreislauf gelangen können. Ob Viren infolge ihrer Kleinheit die intakte Placenta passieren können, ist noch umstritten. In der Regel dürften Teile des Zottenepithels primär von den Viren geschädigt werden und die Frucht sekundär von diesen Herden aus infiziert werden. Möglicherweise bestehen Differenzen in den verschiedenen Abschnitten der Schwangerschaft. So sind auffallenderweise bei Neugeborenen angeborene Erkrankungen an Masern, Windpocken, Mumps, Poliomyelitis und Coxsackie-Virusinfektionen beschrieben worden, wenn die Mutter in den letzten Wochen der Schwangerschaft gleichartig erkrankt war, nicht dagegen solche an Röteln (*317*). Es erscheint überraschend, da die besonders große Rate an Embryopathien nach einer Rötelninfektion der Mutter in der frühen Gravidität bekannt ist.

Nicht eigenbewegliche Bakterien können an der Oberfläche der Zotten, an der Chorionplatte und der Decidua marginalis von dem Randsinus aus haften und Anlaß zur Bildung von zunächst herdförmigen Infektionsprozessen geben. Durch Fortschreiten in der Kontinuität von den Zotten aus ist ein Eindringen in den kindlichen Kreislauf möglich, während von den übrigen Ansiedlungsstellen infiltrierend die Eihäute und schließlich wieder das Fruchtwasser infiziert werden.

Das Fruchtwasser wird bei länger dauernden Geburten schon vor dem Blasensprung regelmäßig infiziert (*273*). Bei vorzeitigem Blasensprung kann die Infektion schon vor Beginn der Wehen eintreten. Während des Durchtrittes durch den Geburtskanal kommt das Kind in enge Berührung mit den Keimen der mütterlichen Vagina und des Darmtraktes. Es sei an die Bedeutung einer Augenbindehautinfektion mit Gonokokken erinnert. Die in den Geburtswegen vorhandenen Keime haben einen deutlichen Einfluß auf die Besiedlung des kindlichen Nasenrachenraumes und Darmes.

Beim Neugeborenen besteht in der physiologischen Nabelwunde ein locus minoris resistentiae. Mikroorganismen können von hier aus entlang den Gefäßen in den Organismus eindringen, oder sie sondern, wie z. B. die Diphtheriebakterien oder die Tetanusbazillen, nach lokaler Ansiedlung Giftstoffe in den Wirtsorganismus ab. Im späteren Leben differieren die Kontaktmöglichkeiten nicht mehr prinzipiell durch das verschiedene Alter der Menschen, sondern vorwiegend durch unterschiedliche Umwelteinflüsse.

3. Natürliche Resistenz — unspezifische Abwehrvorgänge

Nur wenig ist über die eigentlichen Ursachen der natürlichen *Resistenz einzelner Arten* bekannt. Man weiß schon lange, daß das Infektionsspektrum einzelner Mikroorganismen recht verschieden ist, daß z. B. die Empfänglichkeit für Lyssa in der Tierreihe groß und für Poliomyelitis klein ist. Die Lepra, die Gonorrhoe oder die Schweineviruspest treten sogar nur bei einer Art auf (*300*). Jede Species ist unempfänglich für eine große Anzahl von Mikroorganismen, die andere Species infizieren. Offensichtlich haften die Keime in dem betreffenden Organismus nicht, da Bedingungen, die sie zum Leben benötigen, nicht erfüllt werden.

Aber auch innerhalb einer Art lassen sich Abweichungen hinsichtlich der Empfänglichkeit *einzelner Individuen* gegen gleichartige Infektionen vermuten. Derartige, wahrscheinlich genetisch bedingte Unterschiede werden beim Menschen schon seit längerer Zeit auf Grund klinischer Beobachtungen für die Lepra, die Tuberkulose, den Rheumatismus und die Poliomyelitis erwogen (*381*). Auf den möglichen Einfluß von Blutgruppenantigenen auf die Infektionsabwehr kann hier nicht näher eingegangen werden. Bei Versuchstieren gelang es, durch besondere Züchtungsauswahl von einem gleichen Ausgangsstamm Tiergruppen abzusondern, die gegen bestimmte Infekte besonders resistent oder besonders anfällig waren, ohne daß die Tiere mit den verwendeten Testkeimen in Kontakt kamen. Die verantwortlichen Faktoren wirkten unspezifisch und umfaßten größere Gruppen von Bakterien und Virusarten. Aber nicht gegen alle Keime verhielten die Tiere sich gleichsinnig. Gelegentlich war eine gewisse Abhängigkeit vom Ort der Keiminvasion zu erkennen. In einzelnen Fällen waren hormonale, in anderen mehr zelluläre Besonderheiten als Ursache der unterschiedlichen Anfälligkeit zu ermitteln (*381*). Weitere umfassende Untersuchungen werden nötig sein, ehe die genauen Mechanismen erkennbar sind, die eine unterschiedliche Disposition zum Auftreten einer Erkrankung nach erfolgter Infektion bei verschiedenen Menschenrassen und Konstitutionstypen bedingen.

Bei der Betrachtung der *Infektionsresistenz in verschiedenen Altersstufen* ist vor allem mit Abweichungen hinsichtlich der Krankheitsmanifestation nach dem Kontakt mit Mikroorganismen, weniger mit einer unterschiedlichen Infizierbarkeit der einzelnen Individuen zu rechnen. Die Ursachen der abweichenden Krankheitsanfälligkeit bei verschieden alten Menschen sind vielfältig. Zunächst müssen rein *anatomische Differenzen* berücksichtigt werden. Allein durch die differente Dicke der Haut und der Schleimhäute verschieden alter Menschen (*371*) werden Krankheitserreger unterschiedlich oft diese Barriere überwinden. Bei Säuglingen erschwert die verhältnismäßige Enge aller Röhrensysteme des Körpers den Transport von eingedrungenen Fremdstoffen. In den Atemwegen besteht bei ihnen außerdem eine relative Trockenheit der Schleimhäute (*151*) als Folge einer noch ungenügenden Entwicklung der Schleimdrüsen. In diese Wege gelangte Keime werden, zumal auch die Kraft der Hustenstöße noch gering ist, schlechter durch natürliche Reinigungsvorgänge wieder aus dem Organismus herausgeschafft als bei älteren Menschen. Der veränderte primäre Wirkungsbereich eines in den Organismus eines Embryo, eines Feten, eines Säuglings oder eines erwachsenen Menschen eingedrungenen Mikroorganismus ist sofort verständlich. Er ist um so größer, je kleiner der infizierte Mensch ist. Die Ausbreitung der Erreger oder ihrer Toxine wird zudem noch durch den prozentual erheblich größeren Wassergehalt der Gewebe der jungen unreifen Menschen gefördert. Sekundär mechanische Folgen werden z. B. bei primärer Ansiedlung von Mikroorganismen in einem bei jungen Säuglingen sehr engen Röhrensystem der Atem-, Verdauungs- oder Harnwege eher eintreten und erheblicher sein als an entsprechender Stelle bei Erwachsenen.

Weitere wesentliche Faktoren für die Abwehr von Krankheitserregern dürften in *physikalisch-chemischen Bedingungen* an Körperoberflächen und in verschiedenen Sekreten zu suchen sein. Diese erfahren Abwandlungen in einzelnen Altersstufen durch unterschiedliche Sekretionsleistungen verschiedener Drüsen und durch eine differente Besiedlung mit einer sog. natürlichen Keimflora.

Die aktuelle Reaktion an der *Haut* soll bei Neugeborenen in der Nähe des Neutralpunktes liegen, im Gegensatz zu einer durch den Gehalt an Milchsäure bedingten sauren, bactericid wirksamen Reaktion bei Erwachsenen (*339*). Ferner werden an der Hautoberfläche antibiotisch wirkende Stoffe vermutet — wahrscheinlich lange Fettsäureketten neben Lysozym —, da auf die gesunde Haut gebrachte Bakterien, die nicht zur normalen Flora gehören, aber auch verschiedene Virusarten rasch abgetötet werden (*73a, 381*). Die wirksamen Stoffe werden möglicherweise von den physiologischen Hautkeimen gebildet. Hellat (*169a*) wies nach, daß Bakterien, die an verschiedenen Körperregionen auf die Haut gebracht wurden, unterschiedlich lange ihre Vitalität behielten. Die höhere Feuchtigkeit einzelner Hautpartien schien das Überleben der aufgetragenen Mikroorganismen zu begünstigen. Bei Erwachsenen und älteren Kindern konnte S. marcescens von der Fußsohle wesentlich länger abgeimpft werden als von der Handfläche und dem Unterarm. Entsprechende Differenzen fanden sich bei einem Kleinkind und einem Säugling im 2. Lebenshalbjahr nicht. In der Achselhöhle des Erwachsenen lebten die genannten Keime besonders lange Zeit, während sich diese Region bei Kindern bis etwa zur Pubertät nicht von den meisten anderen Hautpartien unterschied.

Die aktuelle Reaktion des *Speichels* unterscheidet sich nicht sicher bei Säuglingen und Erwachsenen (*80, 179*). Die sezernierte Menge ist bei Säuglingen, ohne Stimulation auf das Kilogramm Körpergewicht berechnet, eher vermehrt (*177*). Fermente — vor allem Diastase — werden aber bei Neugeborenen in wesentlich geringerer Menge als bei Kleinkindern oder gar Erwachsenen gebildet (*80, 171*). Im Speichel Erwachsener finden sich in Spuren Rhodankalium und Rhodannatrium. Die bactericide Wirkung dieser Rhodanverbindungen wird im Magen durch den Kontakt mit Salzsäure stark vermehrt. Die Stoffe fehlen bei jungen Säuglingen, kommen bei Kleinkindern in verminderter Menge vor (*282*). Die Höchstwerte werden zwischen dem 5. und 10. Jahr gefunden (*284*). Im Speichel, in den Tränen und zahlreichen anderen Körpersäften und Zellen findet sich ferner das stark bactericid wirkende Ferment Lysozym. Wegen seiner weiten Verbreitung im Organismus wird auf dieses Ferment näher bei der Besprechung der humoralen Abwehrstoffe eingegangen.

Die bakterien- und auch virusfeindliche Wirkung des Speichels wird durch die Anwesenheit der *natürlichen Mundflora* erheblich vermehrt. Ortsfremde Keime werden an der Ansiedlung auf der Schleimhaut gehemmt. Die von der Mundflora bei Anwesenheit von Enzymen des Speichels gebildeten bakteriostatischen Substanzen entwickeln sich bei gesunden Neugeborenen kurz nach der Geburt parallel zur Bakterienbesiedlung. Ihre Entwicklung kann bei Frühgeborenen, die in einem Inkubator leben, erheblich verzögert sein (*249a*). Die Mundflora des Neugeborenen wird von der Vaginalflora der Mutter (*292, 383*) und von der Keimflora an den Händen (*292*) und der Mundflora (*150*) der Pflegerinnen beeinflußt. Relativ bald überwiegen aber, unabhängig von den zuerst eingedrungenen Keimen, vergrünende Streptokokken der Salivariusgruppe ähnlich wie in der Mundhöhle des Erwachsenen (*88*).

Auch die erste *Keimbesiedlung des Nasen-Rachen-Raumes* kann von Mikroorganismen aus der mütterlichen Vagina und dem Rectum (*71*) herstammen. Entscheidender soll in Entbindungskliniken jedoch der Kontakt mit dem Pflegepersonal die Flora der Atemwege bestimmen (*372, 381*).

Der *Magensaft* zeigt bei jungen Säuglingen einen verminderten Säuregehalt, freie Salzsäure fehlt häufig noch. Die eiweißspaltenden Fermente im Magen werden bei Feten in allmählich steigenden Mengen vom 3. Schwangerschaftsmonat an vorwiegend im Magenfundus gebildet. Nach der Geburt steigt die Aktivität rasch an (*365*). Die eiweißspaltende Fähigkeit des *Duodenalsaftes* besitzt im 1. Trimenon etwa 60%, im 2. bis 4. Trimenon annähernd 70% der Erwachsenenwerte und später gleiche Stärke wie bei Erwachsenen (*197*). Von Frühgeborenen wird während einer Testmahlzeit weniger Trypsin abgesondert als von Reifgeborenen (*38*). Im *Meconium* wird tryptische Aktivität bei Neugeborenen in den ersten 4 Tagen häufig vermißt (*114*). Es wird angenommen, daß das Ferment durch Stagnationen im Darm zerstört wird. In der *Galle* ist bei Säuglingen und Kleinkindern der Gehalt an gallensauren Salzen niedriger als bei Erwachsenen (*1*). Der Mangel aller genannten Stoffe bewirkt, daß bei jungen Kindern oral aufgenommene Bakterien oder Virusarten deutlich weniger gut inaktiviert — verdaut — werden als bei Erwachsenen (*15*). Kurze Zeit nach der Geburt wird der *Dickdarm* von oral und anal her durch zahlreiche Mikroorganismen besiedelt. Einzelne Keime können schon in ganz kurz nach der Geburt entnommenen Proben nachweisbar sein (*322*).

Ähnlich wie bei der Mundflora überwiegen auch hier bald die ortsüblichen Keime. Etwa nach 15—20 Tagen soll die Bifidusflora maximal entwickelt sein (*127, 174, 259*). Auf Grund von Beobachtungen an nach Gram gefärbten Nativpräparaten war man lange Zeit der Meinung, daß Bifidusbakterien fast ausschließlich bei Brustkindern vorherrschen, wohingegen bei künstlich ernährten Säuglingen, größeren Kindern und Erwachsenen Colibakterien als hauptsächlichste Darmkeime angesehen wurden. Erst in den letzten Jahren konnte nachgewiesen werden (*44, 127, 158, 159, 259*), daß in allen Altersstufen Bifiduskeime als sog. „Grundbesiedlung" (*124*) vorherrschen. „Die Begleitbewohner" — Proteolyten, Colibakterien, solche der Bacteroidesgruppe, Enterokokken, Staphylokokken, Hefen und andere — finden sich in wechselnder Häufigkeit. Unter anderem werden sie von der Nahrung beeinflußt. Ihre Verteilung variiert in den einzelnen Darmabschnitten. Mit steigendem Lebensalter nimmt die Gesamtzahl der Darmkeime, berechnet je Gramm Faeces, erheblich ab (*44, 127, 259*). Künstlich ernährte Säuglinge zeigen auch beim Vergleich mit Kleinkindern und Erwachsenen prozentual am wenigsten Bifidus- und am meisten Coli- und Proteolytenanteile. Es kann hier nicht auf die z. T. recht differenten Stellungnahmen zur Frage der Nützlichkeit der Darmflora für den Menschen eingegangen werden. Wechselwirkungen zwischen den Makro- und Mikroorganismen sind sicher erkennbar. Der wachsende Organismus setzt sich zweifellos immunologisch vor allem mit den Keimen der Coligruppe auseinander. Verschiedenste serologische Befunde bieten Hinweise hierfür (*44*). Obligat pathogene Darmkeime werden durch die physiologische Flora wahrscheinlich in allen Lebensperioden nur wenig im Sinne eines Antagonismus beeinflußt. Allerdings konnte Mayer (*231*) neuerdings zeigen, daß in flüssigen Kulturmedien, nachdem Bacterium bifidum darin gewachsen war, Substanzen vorhanden waren, die das Wachstum von Dyspepsiecoli, Salmonella- und Shigella-Keimen sowie von Staphylokokken deutlich hemmten. Einer Reihe anderer Untersucher war der Nachweis einer antibiotischen Wirkung dieser Bakterien nicht gelungen (*231*).

Krankheitserreger können in die *Vagina* junger Mädchen vor der Pubertät leichter eindringen als später, da die Labien noch wenig entwickelt sind. Das Epithel ist bei ihnen sowohl in der Vulva als auch in der Vagina dünnschichtig und nicht verhornt. Bei Feten und Neugeborenen ist Glykogen in der Vaginalschleimhaut auf Grund mütterlicher Hormoneinwirkungen nachweisbar. Es verschwindet im Säuglings- und Kindesalter und tritt in der Pubertätszeit erneut auf. Die aktuelle Reaktion des Scheidensekretes ist beim Vorhandensein von Glykogen sauer, da dieses teils durch die Wirkung natürlicher Enzyme, teils durch Lactobacillen zu Milchsäure abgebaut wird. Die leicht bactericide Wirkung des Vaginalsekretes dürfte überwiegend auf dem Milchsäuregehalt beruhen (*207*). Die Vagina neugeborener Mädchen ist steril. 12—24 Std nach der Geburt lassen sich erste Keime, und zwar vorwiegend Staphylokokken, Enterokokken und Corynebakterien, nachweisen. Nach 2—3 Tagen werden sie durch Döderleinsche Milchsäurebakterien ersetzt, die nur beim Vorhandensein von Glykogen in der Vagina seßhaft werden. Sind die mütterlichen Hormone ausgeschieden, verschwinden sowohl Glykogen als Döderleinsche Stäbchen. Die vorher saure Reaktion des Vaginalsekrets verschiebt sich in alkalische Bereiche. Eine Mischflora, vorwiegend aus Staphylokokken, Streptokokken, coliformen und diphtheroiden Bakterien, bleibt jetzt bis zur Pubertät bestehen. Nach Einsetzen des menstruellen Cyclus reichert sich wieder Glykogen im Epithel an. Döderleinsche Stäbchen treten erneut, jedoch meistens nicht mehr in einer Reinkultur, auf. Nach dem Klimakterium verschwinden sowohl das Glykogen als die Döderleinschen Milchsäurestäbchen wieder (*341, 381*).

In der *Urethra* siedeln sich bei gesunden Menschen keine Mirkoorganismen längere Zeit an. Dringen sie vom Orificium her ein, so werden sie bald durch den Urinstrom mechanisch wieder herausgespült. Daneben unterliegen sie den im Harn enthaltenen keimwidrigen Substanzen, die außer dem auch hier vorhandenen Lysozym allerdings noch nicht ganz sicher charakterisiert und in ihrer Struktur und Herkunft bekannt sind (*35, 87*).

Die bisher geschilderten Mechanismen besitzen einen primären Einfluß auf das Haften oder Nichthaften von Mikroorganismen, die in Kontakt mit dem menschlichen Organismus geraten. Im folgenden wird mehr auf die Vorgänge einzugehen sein, die als direkte Reaktionen des Makroorganismus auf die bereits vordringenden Mikroorganismen anzusehen sind.

Die Entwicklung der *Abwehrfunktionen weißer Blutzellen* ist bereits in einem eigenen Kapitel abgehandelt worden (S. 105). Hier sollen nur noch einzelne Beobachtungen hinsichtlich altersbedingter Abweichungen bezüglich der Zahlenverschiebungen und Funktionsänderungen dieser Zellen bei infektiösen Prozessen angeführt werden. Bei noch saugenden jungen Ratten entsteht nach der Infektion mit Trypanosoma lewisi keine Leukocytose, auch die Monocyten steigen im peripheren Blut im Gegensatz zu dem Verhalten ausgewachsener Tiere nicht an. Die jungen Ratten erliegen der Infektion äußerst rasch (*92*).

Die Häufigkeit angeborener Malaria eines Kindes bei Malaria der Mutter ist geringer bei infizierter Placenta als bei nichtinfizierter (*180*). Die infizierte Placenta bildet wahrscheinlich wegen ihres Reichtums an Phagocyten (*267*) eine bessere Barriere für die Plasmodien als die nicht entzündlich veränderte.

BREITBACH (*47*) verglich die Leukocytose und den Kernverschiebungsindex (Verhältnis: Stabkernige/Segmentkernige) während Pneumonien bei verschieden alten Menschen. Er kommt zu dem Ergebnis, daß das erreichte Leukocytenmaximum in der Pubertätszeit und im Greisenalter besonders groß ist. Im jugendlichen Alter liegt überwiegend eine Produktionsleukocytose bei intensiver Knochenmarktätigkeit vor. Nach dem 30. Jahr nimmt die Geschwindigkeit der Knochenmarktätigkeit ab. Es stehen aber dem Erwachsenen mehr Leukocyten zur Verfügung. Wahrscheinlich haben die einzelnen weißen Blutzellen im höheren Lebensalter eine längere Lebenszeit. Junge Säuglinge zeigen eine verhältnismäßig hohe Leukocytose bei reichlicher Zellneubildung, während ältere Säuglinge und Kleinkinder im Verlaufe einer Pneumonie nur eine mäßige Leukocytose aufweisen. Da BREITBACH die einzelnen Pneumonieformen — lobäre und Bronchopneumonien oder bakteriell- und virusbedingte — nicht differenziert, wird allerdings der Wert der mitgeteilten Befunde verringert, denn die einzelnen Formen haben abweichende Auswirkungen auf das Blutbild und treten unterschiedlich häufig in den verschiedenen Altersstufen auf.

Werden Cantharidenpflaster bei Patienten in verschiedenen Stadien von Infektionskrankheiten auf die Haut geklebt, so ergeben sich in dem Inhalt der entstehenden Blasen Unterschiede hinsichtlich des Fibrin- und Leukocytengehaltes. Die Menge der Zellen nimmt bei Pneumonien mit dem Fortschreiten der Erkrankung allmählich zu, erreicht kurz nach der Krise rasch einen Höhepunkt und fällt in der Rekonvaleszenz allmählich wieder ab. Prinzipielle Unterschiede dieses Reaktionsablaufes sind bei Säuglingen, Kleinkindern und Erwachsenen nicht erkennbar (*24, 181, 244*), jedoch sollen bei den Kindern, am eindrucksvollsten bei Säuglingen, höhere Gesamtzellzahlen mit besonderer Beteiligung lymphohistiocytärer Elemente erreicht werden.

Verschiedene Leukocytenfunktionen, wie die Motilität, ihre Haftfähigkeit an Oberflächen oder das Phagocytosevermögen, zeigen Variationen im Laufe einzelner Infektionskrankheiten. Nur einige vergleichende Befunde zwischen Erwachsenen und Kindern liegen vor. Bei bakteriellen Pneumonien zeigen die Blutleukocyten Erwachsener im akuten Stadium eine verminderte Phagocytosefähigkeit (*347* bis *350*). Ein entsprechendes Verhalten ergab sich bei Säuglingen und Kleinkindern (*9, 113*). Die Geschwindigkeit der amöboiden Bewegungen war bei ihnen erhöht. Viruspneumonien beeinträchtigten bei Säuglingen und Kleinkindern die Phagocytose nicht, die Leukocytenbewegungen entsprachen der Norm. Die Haftfähigkeit verzögerte sich in der Rekonvaleszenz etwas (*9*). Bei schweren Streptokokkeninfektionen ist im Beginn sowohl bei Erwachsenen als im Kleinkindes- und Schulalter (*9*) die Phagocytoseleistung herabgesetzt. Die Motilität und das Klebevermögen erscheinen erhöht. Ähnliche Befunde sind während schwer verlaufender Infektionen mit Staphylokokken, Pneumokokken und Colibakterien und bei akut fortschreitenden Tuberkuloseerkrankungen junger Kinder erhoben worden. Hingegen beeinflussen Erkrankungen an Keuchhusten oder an chronischer Tuberkulose sowie an exanthematischen Virusinfektionen die genannten Funktionen der weißen Blutzellen nicht (*9*).

Weitere *celluläre Abwehrmechanismen* betreffen vor allem das reticuloendotheliale System. Nur wenige Untersuchungen befassen sich mit den Verhältnissen beim Menschen, so daß Befunde von Tierversuchen zum Vergleich herangezogen werden müssen. Derartige Vergleiche erscheinen besonders aufschlußreich, da es sich herausgestellt hat, daß bei verschiedenen Tierarten (Mäuse, Ratten, Kaninchen, Meerschweinchen) die Aktivität der Phagocytose im RES, wenn man sie auf eine Organgewichtseinheit bezieht, sehr gleichartig erscheint (*27, 163*).

Fixe reticuloendotheliale Zellelemente in der Leber und gelegentlich auch in der Milz wurden bei menschlichen Feten (*81, 254*) und bei solchen von Ratten (*73, 74, 336*), Hühnern (*21, 169, 258, 304*), Schweinen (*100*) und Hunden (*17*) auf ihr Phagocytosevermögen für Farbstoffe und colloidale Stoffe (Gold, Quecksilbersulfat, Thorotrast, Carmin, Trypanblau, Tusche) geprüft. Bei Rattenfeten fand Suzuki (*336*) erst am 17. Tag, in der letzten Gestationswoche, eine geringe Phagocytose von Thorotrast in den *reticuloendothelialen Zellen der Leber*. Der Autor verabreichte die Testsubstanz i.p., das Mittel blieb bei jüngeren Feten lange im Peritonealraum, wurde nicht in die Lymphbahn aufgenommen. Aber auch nach i.v. Applikationen von Tusche an 14—16 Tage alte Rattenembryonen konnte keine Speicherung in den Kupfferschen Sternzellen ermittelt werden. Die Tusche wurde von diesen Zellen jedoch nach Histaminvorbehandlung aufgenommen (*74*). In den Endothelien der Leber von Hühnerembryonen wurden schon vom 2. bis 14. Tag der Bebrütung der Eier an Tuschepartikel (*169, 258, 304*) phagocytiert. Am 2. Tag ist die Leberanlage bei den Hühnchen gerade erkennbar. In früheren Entwicklungsstadien zeigt das Endothel generell eine geringere Phagocytoseaktivität (*21, 169*). Diese Fähigkeit nimmt in den typischen Organen des RES, der Leber und der Milz progressiv zu, während sie an anderen Stellen des Körpers verlorengeht. Beim Menschen gelang der Nachweis aufgenommener kolloidaler Fremdstoffe ins RES der Leber am Ende des ersten Schwangerschaftsdrittels (*81, 254*).

Die weitere Entwicklung wurde besonders genau an der Ratte studiert (*336*). Die Phagocytose von Thorotrast in der Leber nahm mit fortschreitender Gestationszeit und auch post partum bis zum 20. Tag zunächst mengenmäßig zu. Später waren die aufgenommenen Substanzen nicht mehr gleichmäßig in der Leber verteilt. Sie ließen sich jetzt vorwiegend marginal in den Läppchen erkennen. Trypanblau wurde in den Kupfferschen Sternzellen der Leber neugeborener Ratten deutlich schlechter gespeichert als bei mehr als 18 Tage alten Tieren (*73*). Benacerraf (*27*) und Mitarbeiter verglichen die Phagocytose von Kohlepartikeln von jungen Ratten wenige Tage nach der Geburt mit der bei älteren Tieren. Sie fanden, daß mit zunehmendem Alter bei jungen Tieren die i.v. applizierten Teilchen rascher aus dem Blut verschwanden. Die Geschwindigkeit verlangsamte sich bei alten Ratten wieder. Wurde die von einer bestimmten Gewichtseinheit Lebergewebe aufgenommene Partikelmenge verglichen, so zeigte sich dagegen die höchste Aktivität wenige Tage nach der Geburt. Leber und Milz sind bei Ratten kurz nach der Geburt verhältnismäßig klein. Ihr Anteil am Körpergewicht vermehrt sich dann bei den jugendlichen Tieren, um sich bei alten prozentual wieder zu verringern. Die von einer Gewichtseinheit Leber aufgenommenen Kohleteilchen sind bei jungen, ausgewachsenen und alten Tieren etwa gleich groß, wenn eine auf das Gramm Körpergewicht bezogene gleichartige Menge verabreicht wird. Bei niedrigen Dosen überwiegt die Speicherung im RES der Leber. Bei hohen Dosen ist auch die Milz beteiligt, bei sehr hohen kann die

Speicherung in der Milz die in der Leber um ein Mehrfaches übertreffen. Die Verfasser vermuten, daß eine nennenswerte Speicherung in der Milz erst dann einsetzt, wenn in den Kupfferschen Sternzellen der Leber bereits eine Sättigung eingetreten ist.

In der *Milz* entwickelte sich die Phagocytosefähigkeit der fixen Zellen für Thorotrast während der Fetalentwicklung bei Ratten später als in der Leber. Sie wurde von der Phagocytose durch Wanderzellen auch bei ausgewachsenen Tieren übertroffen. Bei Hühnerembryonen zeigten sich Phagocytosevorgänge von Tusche in den Endothelien der Milz vom 6. Tag an, zwischen dem 9. und 13. Tag übertraf die Intensität die der Leber (*21*). In einer anderen Versuchsreihe wurden i.v. applizierte Tuschepartikel in der Milz von Hühnerembryonen erst sehr spät — am 14. Tag —, und zwar in den Reticulumzellen gespeichert (*304*). Die Endothelzellen in den Glomeruli der Niere waren neben den Leberendothelien frühzeitiger an der Tuschespeicherung beteiligt. Etwa gleichzeitig nachweisbar sind die Vorgänge beim menschlichen Feten in Leber und Milz. In der Leber ist die Phagocytose ausgeprägter (*254*).

Fixe reticuloendotheliale Zellen wurden bei Ratten noch in den *Lymphknoten* und in der *Nebenniere* untersucht (*336*). Sie zeigten in mesenterialen und mediastinalen Lymphknoten eine spärliche Phagocytosefähigkeit erst kurz vor der Geburt, intensiver etwa eine Woche danach. Die Zelltypen veränderten sich mit zunehmendem Alter entsprechend der fortschreitenden Differenzierung im histologischen Aufbau der Lymphknoten. In der Nebenniere fanden sich phagocytierende Zellen erst am Ende der Tragzeit. Ihre Aktivität erreichte zwischen dem 15. und 40. Lebenstag einen Höhepunkt. Bei 50 bis 70 Tage alten Tieren speicherten die Zellen weniger zahlreich. *Freie Wanderzellen*, Makrophagen, konnten schon etwas eher als die fixen Zellen bei den Rattenfeten phagocytieren.

BECKER (*22*) untersuchte bei neugeborenen Hunden die Speicherung von Tusche, Pyrrol-Körnchen und Hämoglobin. Er fand die Substanzen außer in den Kupfferschen Sternzellen der Leber auch in perivasculären reticulären Zellen, ferner in den Reticulumzellen der Milz, im Reticulum des Knochenmarks und der Lymphknoten.

Bei neugeborenen, jungen und alten Kaninchen ergaben sich Unterschiede hinsichtlich der Speicherung von i.v. applizierten Kohlepartikelchen im *Knochenmark*. Die Kohleteilchen wurden in Endothelzellen der Gefäße und in Reticulumzellen abgelagert, und zwar bei neugeborenen Tieren vorwiegend in den Knochen, in denen die Ossifikation bereits eingesetzt hatte. Einzelne Kohlepartikel fanden sich bei ihnen auch außerhalb eigentlicher Markbezirke in Osteoblasten in der Nähe der Epiphysenlinien. Bei 3 Wochen alten Kaninchen fand sich eine besonders intensive Speicherung in den langen Röhrenknochen der Extremitäten und in den Fuß- und Handwurzelknochen, während bei ausgewachsenen Tieren die Schädelknochen, die Wirbel sowie andere platte Knochen wesentlich stärker beteiligt waren (*382*). Es ließ sich eine gewisse Parallele zur Anordnung des blutbildenden Markes in den verschiedenen Altersstufen erkennen. Bei anderen Tieren konnten gleichartige Versuche nicht durchgeführt werden, da das Knochenmark weniger intensiv an der Kohlespeicherung nach i.v. Injektionen beteiligt war. Die Fremdstoffe wurden vielmehr in Leber, Milz und Lunge zurückgehalten.

In Körperflüssigkeiten und Gewebsextrakten sind eine erhebliche Anzahl gegen Mikroorganismen wirksame Substanzen nachgewiesen worden. Die *Bactericidie* des Serums bzw. des Vollbluts setzt sich aus mehreren Komponenten zusammen. Bei orientierenden Studien werden die einzelnen Wirkungsfaktoren oft nicht differenziert. Vergleicht man die so gewonnenen Werte der keimwidrigen Wirkung des Serums in verschiedenen Altersstufen, so ergibt sich eine deutliche Verminderung im Nabelschnurblut (*5, 157*). Nach DANCIS und KUNZ (*77*) soll die Bactericidie zum Zeitpunkt der Geburt bei voll ausgetragenen Kindern regelmäßig, bei Frühgeborenen jedoch nur in $^2/_3$ der Seren vorhanden sein. Der Effekt vermindert sich in den folgenden Wochen bei Frühgeborenen rascher als bei Reifgeborenen. Nach dem 4. Monat soll die Fähigkeit allmählich wieder zunehmen. Erwachsenenwerte können am Ende des 2. Jahres erreicht werden. Hinsichtlich des Erreichens des Gipfelpunktes bestehen sicherlich Differenzen bei einzelnen Keimarten. Influenzabakterien werden beispielsweise von Seren Erwachsener und von Nabelschnurseren rasch abgetötet, nicht dagegen von denen älterer Säuglinge und Kleinkinder. Erst nach dem 5. Jahr steigt die bactericide Wirkung des Serums auch gegenüber diesem Keim deutlich an (*121, 301*).

In vielfachen Untersuchungen hat man versucht, Einzelkomponenten dieser antimikrobiellen Wirkungen des Blutes und der Gewebsflüssigkeiten darzustellen. Durch unterschiedliche Versuchsbedingungen haben möglicherweise einige identische Stoffe verschiedene Namen erhalten. Es können Stoffe mit hauptsächlicher Wirksamkeit *gegen gramnegative* und solche, die vorwiegend gegen grampositive *Keime* wirken, unterschieden werden. In der ersten Gruppe sind das Komplement und das Properdin anzuführen, ferner Phagocytin aus Extrakten neutrophiler Leukocyten, bestimmte Hämoglobinanteile, nicht mit Eisen voll gesättigtes Transferrin und Lysozym. Lysozyme sind keine eigentlichen Antikörper sondern bactericid wirkende Fermente, die Mucopolysaccharide in der Wand von Bakterien depolymerisieren. Properdin entfaltet seine nicht nur gegen gramnegative Bakterien sondern auch gegen Protozoen und verschiedene Virusarten gerichtete Wirkung lediglich bei gleichzeitigem Vorhandensein von Komplement und Magnesium-Ionen. Mit dem Komplement eng verbunden oder auch mit ihm identisch erscheinen Alexine und Opsonine (*315, 381*).

Untersuchungen über den *Komplementgehalt* des Serums in verschiedenen Lebensaltern ergaben einen verminderten Gehalt im Nabelschnurserum (*5, 223, 241, 343*). In den ersten Lebenstagen bzw. -wochen nimmt die Menge zu. Unter Umständen werden Erwachsenenwerte schon am 3. bis 5. Lebenstag erreicht (*241*). Seren von Frühgeborenen hatten nach der Neugeborenenzeit Titer im Bereich der bei Erwachsenen gefundenen Werte (*77*). Sichere Unterschiede zwischen Brust- und Flaschenkindern zeigten sich bei Untersuchungen von Bassi u. Cortesi (*16*) nicht, während Moro (*241*) 1908 bei Flaschenkindern häufiger niedrigere Titer als bei Brustkindern bestimmte.

In neueren Untersuchungen (*198*) wurden die einzelnen Komplementkomponenten getrennt untersucht. C'_1 erschien nur im Nabelvenenserum vermindert, im Blut wenige Tage alter Neugeborener und einiger Säuglinge im ersten Trimenon fanden sich gleich hohe Werte wie bei Erwachsenen. Es wird vermutet, daß die Verminderung im Nabelschnurserum durch eine Inaktivierung durch Plasmin infolge einer „Stress"-Situation zustande kommt.

C'_2, C'_3 und C'_4 waren im allgemeinen etwa gleichartig verringert, sowohl im Nabelschnurserum als im Serum von Säuglingen bis zum Alter von 4 Monaten. Einzelbefunde lagen im Bereich der Norm Erwachsener, das war bei C'_3 und C'_4 etwas häufiger der Fall als bei C'_2. Der Opsoninspiegel ist bei Neugeborenen deutlich vermindert (*157*). Er folgt im Säuglingsalter der für die Bactericidie beschriebenen Kurve (*61, 369*).

Properdin ist im Serum von Neugeborenen zum Zeitpunkt der Geburt vermindert (*58, 198, 218*). Bei Feten und Frühgeborenen fehlt es meistens oder findet sich in ganz niedrigen Titern (*129*). Die Werte im Serum von Wöchnerinnen sollen im Bereich der Norm liegen (*218*) oder auch mäßig vermindert sein (*58*). Im Blut von Säuglingen bleibt der Properdinspiegel bis zum 4. Monat niedrig, danach steigt er an, so daß im zweiten Halbjahr (*198*), nach anderen Untersuchungen (*295*) jedoch erst im dritten Lebenshalbjahr, Erwachsenenwerte erreicht werden. Die Properdintiter verschiedener Normalpersonen zeigen erhebliche Abweichungen. Hingegen ist der Titer bei der gleichen Person zu verschiedenen Zeiten recht konstant (*91*). Im Greisenalter sinkt die Menge erheblich ab (*130*).

Das Properdin und die einzelnen Komplementfaktoren verhalten sich in den Einzelfällen nicht immer gleichsinnig, es besteht keine direkte Abhängigkeit zwischen den bactericiden Serumstoffen und dem Eiweiß-, besonders dem γ-Globulingehalt des entsprechenden Serums. Koch u. Mitarb. (*198*) meinen, daß das Properdin und auch das Komplement im Blut der Neugeborenen nicht überwiegend passiv von der Mutter übertragen seien. Der während der ersten Lebensmonate verminderte Gehalt des Blutes wird mit der Unreife der Leber, in der das Komplement und wahrscheinlich auch das Properdin gebildet werden, in Verbindung gebracht.

Mit dem menschlichen Komplement weitgehend identische Serumstoffe finden sich bei Säugetieren, aber auch bei Kaltblüter-Wirbeltieren. Bei Fröschen, Karpfen und Meerschweinschen ließen sich beispielsweise die gleichen 4 Komponenten darstellen wie beim Menschen. Die Komplementanteile der 3 genannten Tierarten konnten bei Hämolysetests kombiniert und ausgetauscht werden. Es zeigten sich nur geringfügige Differenzen. CUSHING (73a) spricht dem Komplement deshalb eine sehr konservative Entwicklungstendenz "highly conservative evolutionary character" zu. Allerdings lassen sich nicht alle Komplementkomponenten verschiedener Arten wirksam miteinander kombinieren. Möglicherweise weisen einzelne funktionell gleichartige Bestandteile Abweichungen hinsichtlich ihrer physikalisch-chemischen Eigenschaften auf (302). Bei Wirbellosen ist Komplement nicht sicher nachweisbar. Sie besitzen dem C'_3 ähnliche Serumstoffe.

Gegen grampositive Keime wirken die Lysozyme ebenfalls, ferner β-Lysine, Histone, Protamine, Gewebspolypeptide, Leukine, Plakine, Hematin, Spermin und Lactenin (115, 315). Nur wenige Studien liegen über die ontogenetische Entwicklung dieser Stoffe vor.

Die *β-Lysine* werden auch als Anthrakozidine bezeichnet. Sie wirken gegen Milzbrandbacillen. Im Blut gesunder Menschen kommen sie nicht vor, sie treten vorübergehend während der Menstruation und auch im Nabelschnurblut auf (90). Bei Infektionskrankheiten und schweren internen Leiden werden sie vermehrt gebildet.

Das bakteriolytische und auch gegen Virusarten wirksame Ferment *Lysozym* — ein basisches Polypeptid — findet sich in allen Körperzellen und in den Säften. In Leukocyten, Speichel und Tränen (306) ist es besonders reichlich vorhanden. Die Konzentration läßt sich durch aktive Immunisierungen nicht steigern. Der Lysozymgehalt ist in den Tränen von Tieren deutlich niedriger als in denen von Menschen. Bei Menschen steigt der Gehalt in den ersten Lebenstagen etwas an. Frühgeborene weisen in den Tränen eine niedrigere Konzentration auf als Reifgeborene (249). Bei mehr als 24 Jahre alten Erwachsenen soll die Menge wieder etwas geringer sein als bei Jugendlichen (184). Vermehrter Tränenfluß mindert die Konzentration, Eiterbildung erhöht sie (306). Studien über das Vorkommen von Lysozym wurden auch mit Stuhl verschieden alter Menschen vorgenommen. Meconium sowie der Stuhl gesunder künstlich ernährter Säuglinge, gesunder Kinder und Erwachsener enthalten den Wirkstoff nicht. Bei Brustkindern ist er vom 3. bis 4. Lebenstag an nachweisbar (62). Er kann, wenn er in größerer Menge mit der Nahrung aufgenommen wird, unverändert den Magen passieren (117). Im Stuhl der Brustkinder stammt er aus der Frauenmilch (36, 63, 272, 286). In Kuhmilch ist er nicht enthalten. Bei künstlicher Ernährung wird Lysozym im Stuhl von Säuglingen nur bei Darmerkrankungen mit Epithelalterationen (42) oder bei der Verabfolgung von milchzuckerhaltigen Nahrungsgemischen, die das p_H im Duodenum auf Werte unter 6 verschieben, gefunden. Die lysozymspaltenden Fermente sind in saurem Milieu unwirksam. Bei diesen Ernährungen stammt das Ferment in den Faeces wahrscheinlich aus verschlucktem Speichel (43). Ähnliche Voraussetzungen lassen es auch im Stuhl Erwachsener gelegentlich nachweisbar werden. BRAUN (45) konnte Beziehungen zwischen dem Erscheinen von Lysozym im Stuhl und der Zusammensetzung der Darmflora bei Säuglingen ermitteln. Fäulniserreger und Streptokokken verringern sich bei Anwesenheit von Lysozym zugunsten anaerober Lactobacillen.

4. Ablauf der Entzündung in verschiedenen Altersstufen

Im Blastenstadium und in der Embryonalperiode ist die menschliche Frucht nicht in der Lage, gegenüber eindringenden Mikroorganismen aktiv zu reagieren. Infektionen führen entweder zum Absterben von mehr oder weniger großen Zellgruppen oder beeinflussen, wenn sie noch mit dem Leben vereinbar sind, den Stoffwechsel und die Entwicklung der Zellen. Bei Embryopathien bestehen demzufolge keine Anzeichen für eine „Ausheilung". Nach bakteriellen Infektionen kommt es wegen einer schrankenlosen Ausbreitung der Erreger wohl immer zum Absterben der Frucht, während Virusinfekte häufig auf einzelne Zellgruppen lokalisiert bleiben.

Erste Entzündungserscheinungen lassen sich *bei* infektiösen Erkrankungen von *Feten* etwa vom 4. bis 5. Schwangerschaftsmonat an nachweisen (*273*). Neben den eigenen zunächst nur spärlich vorhandenen Leukocyten sind meistens mütterliche weiße Blutzellen, die über das Fruchtwasser z. B. in die kindliche Lunge oder den Darm gelangen, mit beteiligt. Von Seiten des Kindes herrschen bei banalen bakteriellen Infekten jüngerer Feten rundzellige Infiltrate oft mit Beteiligung des Interstitiums vor. Bei älteren Feten treten lokal zahlreicher Granulocyten auf. Intrauterin erworbene Pneumonien können bei fast reifen Feten mit entzündlichen Prozessen in den Alveolen einhergehen, die mit Bronchopneumonien älterer Kinder vergleichbar sind (*116*). Spezifische Infektionen wie die Tbc oder die Lues lassen schon in der Fetalzeit ihre charakteristischen Entzündungsformen erkennen.

Obgleich die Haut Neugeborener gegen mechanische Schädigungen empfindlicher ist als die älterer Kinder, bewirken auf die Haut gebrachtes Terpentinöl und andere Ekzemreizmittel wie Jodoform, Arnikatinktur, Mentholöl bei älteren Säuglingen, Kleinkindern und Erwachsenen wesentlich häufiger *lokalentzündliche Veränderungen* bis zur Blasenbildung als bei Neugeborenen (*2*). Senföl wird von Neugeborenen reaktionslos an *der Haut* vertragen. Intracutan injiziertes Aalserum führt bei älteren Kindern und Erwachsenen zu starken Reizsymptomen, nicht dagegen bei Neugeborenen (*126*). Bei jungen Säuglingen rufen Injektionen von Diphtherie- oder Scharlachtoxinen bei Schick- bzw. Dicktests öfter, selbst beim Fehlen von Antitoxinen, keine Hautreaktionen hervor. Die Haut erscheint gegenüber dem Toxin unempfindlich (*69, 146, 266, 346*). Ähnliche Deutungen dürften auch für die fehlenden Hautreaktionen junger Säuglinge nach der Injektion von Pneumokokkentoxinen (*154*), Typhusbakterienautolysaten (*345*) und solchen aus Coli-, Ruhr- und Prodigiosusbakterien (*309*) zutreffen. Sie sind unabhängig von spezifischen Immunisierungen.

Auch bei neugeborenen Tieren rufen Terpentinölinjektionen (*205*) oder solche artfremden Eiweißes (*239*) kaum eine Reaktion an der Injektionsstelle hervor. Pneumokokken und andere Bakterien breiten sich bei ihnen nach Hautinfektionen, ohne daß typische Lokalreaktionen auftreten, viel rascher im Organismus aus als gleichartige Erreger bei älteren Tieren (*125*).

Aus diesen Beobachtungen geht hervor, daß die Entzündungsreaktionen bei Neugeborenen, im Vergleich zu älteren Individuen, als noch unvollkommen bezeichnet werden müssen. Offensichtlich ist die Fähigkeit zur *lokalen Begrenzung eines Infektionsprozesses*, zur örtlichen Fixierung von Fremdstoffen, noch nicht voll ausgeprägt. Die neugeborenen Menschen und Säugetiere verhalten sich ähnlich wie Kaltblüter, bei denen auch rasche Disseminierungen von Krankheitserregern, aber kaum regionale Entzündungen beobachtet werden (*34*). Die hierfür verantwortlichen pathologisch-anatomischen Abweichungen sind nicht eingehend studiert worden. Bei Untersuchungen an verschieden alten Menschen bezüglich des Einwanderns von Zellen in das Gebiet einer kleinen künstlich gesetzten Hauterosion zeigten sich in den ersten Stunden hinsichtlich der Granulocyten keine sicheren Differenzen zwischen Neugeborenen und älteren Vergleichspersonen. Jedoch erschien die nach etwa 4 Std beginnende Einwanderung von Monocyten bei den Neugeborenen verzögert und weniger intensiv als bei älteren Menschen (*99*). Wünschenswert wären ontogenetische Studien an den sog. *Menkinfaktoren* (*236*), die bei entzündlichen Vorgängen auftreten. Sie werden vom befallenen Organismus gebildet, erhöhen z. B. die Capillardurchlässigkeit, rufen eine Ausfällung von Fibrin, das Einwandern von weißen Blutzellen und Stoffwechseländerungen an alterierten Zellen hervor.

Mikroorganismen sondern beim Eindringen in einen Wirtorganismus neben den eigentlichen Toxinen primär nicht giftige Wirkstoffe ab, die aber mit Substanzen in dem Gewebe oder den Körpersäften des befallenen Organismus in Reaktion treten. Hierdurch können Veränderungen hervorgerufen werden, die den Ablauf der Infektion beeinflussen. Verschiedene Spezies verhalten sich unterschiedlich, je nachdem, ob die in die Reaktion einbezogenen körpereigenen Substanzen bei den betreffenden Arten vorhanden sind oder fehlen. Coagulase aus Staphylokokken vermag beispielsweise das Plasma von Menschen und Kaninchen zu coagulieren, während das von Meerschweinchen nicht zur Gerinnung gebracht wird. Fibrinolysin aus Streptokokken löst geronnenes Fibrin von Menschen, aber nicht das verschiedener Versuchstiere (*381*). Es kann erwartet werden, daß durch derartige Mechanismen auch Unterschiede im Ablauf von Infektionen bei verschieden alten Individuen einer Art auftreten, falls sich die Menge der an der Reaktion teilnehmenden körpereigenen Stoffe während der Entwicklung verändert.

Die von coagulasepositiven Staphylokokkenstämmen gebildete Coagulase wird im Säugetierorganismus durch einen bei empfindlichen Arten im Blutplasma vorhandenen Faktor (reacting bzw. accessory factor) aktiviert, dabei entsteht ein Stoff mit Thrombinwirkung. Ist der Realisationsfaktor reichlich vorhanden, so soll die Krankheit schwerer verlaufen als bei geringen Titern, da antibakterielle Serumfaktoren gehemmt werden. Dieser *"reacting factor"* ist im Nabelschnurblut reichlich nachweisbar (*224*). Bei älteren Säuglingen und Kleinkindern bis zu 2 Jahren ist er im Vergleich zu älteren Kindern und Erwachsenen vermindert (*278*). Eine erhebliche Gefährdung durch Staphylokokkeninfekte kurz nach der Geburt wird aus diesen Befunden abgeleitet (*224*).

Fibrinolysin aus Streptokokken aktiviert das bei den empfänglichen Species vorhandene Plasminogen (Profibrinolysin). Es wandelt sich in die fibrinolytisch wirksame Serumprotease Plasmin um (*64*). Vergleichende *Plasminogenbestimmungen* im Serum von Säuglingen, Kindern und Erwachsenen sind nicht bekannt.

Die von einer großen Anzahl von Bakterien gebildeten Diffusionsfaktoren *(spreading factors)* bestehen vor allem aus Hyaluronidase, einem Ferment, welches die in der intracellulären Grundsubstanz mesodermalen Gewebes enthaltene Hyaluronsäure und Chondroitinschwefelsäure depolymerisiert. Die Viscosität wird hierdurch in den intracellulären Spalträumen herabgesetzt. Im Serum von graviden Frauen ist die Fermentaktivität erhöht. Bei Neugeborenen liegt sie im Nabelvenenblut im Bereich normaler Erwachsenenwerte, fällt am 2. bis 3. Tag praktisch auf Null ab, um in den folgenden Wochen langsam wieder anzusteigen (*30a*). Anregend erscheinen Beobachtungen über die Applikation von Hyaluronidase in den Allantoissack von Hühnerembryonen. Das Ferment haftet nicht an dem embryonalen Gewebe. Die Allantoisflüssigkeit zeigt noch 30 Std nach der Injektion eine Hyaluronidase-Wirkung. Eine gleichzeitig erfolgte Infektion mit Influenzavirus läuft unbeeinflußt ab (*110, 170*). Andere Untersucher beobachteten allerdings eine beschleunigte Ausbreitung von Schweine-Influenzavirus in Hühnerembryonen nach Zugabe von Hyaluronidase (*10*).

Es sei darauf hingewiesen, daß besonders bei älteren Individuen die Beurteilung derartiger Vorgänge dadurch weiter kompliziert wird, daß die Bakterienwirkstoffe zum Teil antigen sind. Der Wirtsorganismus kann spezifische Antikörper gegen sie bilden, von denen die Fermentwirkung inaktiviert wird. Möglicherweise muß auch mit unspezifischen Hemmstoffen gerechnet werden. Anti-Fibrinolysin ist bei Neugeborenen, offensichtlich diaplacentar von der Mutter vermittelt, gefunden worden (*212, 214*), ebenso Anti-Hyaluronidase (*106*). Die Anti-Hyaluronidasetiter sinken im frühen Säuglingsalter ab und steigen etwa nach dem 5. Monat langsam wieder an. 6- bis 17jährige weisen in besonders großem Prozentsatz hohe Titer auf. Nach dem 50. Jahr sinkt der Titer wieder ab.

Es müssen noch einige im Serum nachweisbare Substanzen erwähnt werden, die bei infektiösen Prozessen als Folge akutentzündlicher Vorgänge auftreten *(acute phase reactants)*. Sie sind nicht als spezifische oder unspezifische Abwehrstoffe, sondern eher als Reaktionsprodukte anzusehen. Bei gesunden Neugeborenen und Säuglingen fehlt C-reaktives Protein, es tritt jedoch in allen Altersstufen bei infektiösen Prozessen auf *(187, 270, 288)*. Bei Frühgeborenen wird es mit Ausnahme der ersten Tage, auch wenn keine Krankheitszeichen erkennbar sind, häufiger positiv gefunden. Vor allem dann, wenn ein vorzeitiger Blasensprung eingetreten war oder eine Schwangerschafts-Nephropathie bei der Mutter vorlag *(4)*. Unerkennbare Infektionen werden als auslösend angesehen, da das Protein nach antibiotischer Behandlung wieder verschwindet *(112)*.

5. Erworbene spezifische Immunität

Für immunologische Auseinandersetzungen stehen dem Organismus 2 verschiedene Möglichkeiten in Form des durch Serumantikörper verifizierten *Frühreaktionstypes* und des *Spätreaktionstypes* (delayed type reaction) offen. Bei letzterem haben freie Serumantikörper keine Bedeutung. Besondere Zellen, die spezifisch Kontakt mit dem Erreger bzw. dem betreffenden Antigen erlangen, sind hierfür verantwortlich (s. S. 359). Die bei Menschen und verschiedenen Versuchstieren gewonnenen Ergebnisse über die für passive Übertragungen erforderliche Zellmenge und die Form der Applikation sowie über die Dauer der Sensibilisierung beim Empfänger zeigen einige noch nicht aufgeklärte Differenzen *(210)*. Der *zellgebundene Spätreaktionstyp* ist vielleicht als phylogenetisch ältere Reaktionsform, die vom System der humoralen Antikörperbildung weitgehend unabhängig ist, anzusehen *(237)*. Bei Sensibilisierungen mit komplexen Antigenen, z. B. haptenconjugierten Proteinen, können gleichzeitig Serumantikörper und Spättypreaktionen mit unterschiedlicher Teilspezifität auftreten *(132)*. Serumantikörper haben eine große Bedeutung für die Abwehr von Keimen, die sich extracellulär im Organismus befinden, während Erreger, die sich in Körperzellen aufhalten und vermehren (Virusarten, Brucellen, Mykobakterien, verschiedene Pilzarten), wahrscheinlich eher von Reaktionen des Spättyps erfaßt werden.

Diese Verhältnisse sind durch das Studium bei Agammaglobulinämien etwas erhellt worden, während man lange Zeit im unklaren war, ob Spättypreaktionen den Organismus bei Infektionen schützen könnten. Auch Einzelbeobachtungen wie die von Kempe und Morris *(189)* über die Heilung einer progressiven postvaccinalen Nekrose durch die Übertragung von weißen Blutzellen sensibilisierter Spender brachten weitere Aufschlüsse. Bei dem erkrankten einjährigen Kind war die vorangegangene massive Zufuhr von entsprechenden Serumantikörpern ohne Einfluß geblieben.

Es bestehen ferner enge Beziehungen zwischen einzelnen allergischen Vorgängen und Spättypreaktionen. Möglicherweise fehlt die Fähigkeit zur Spättypreaktion beim Morbus Boeck und beim Morbus Hodgkin *(237)*. Der negative Ausfall der Tuberkulinproben, das Fehlen von Verkäsungen, die als allergische Phänomene angesehen werden, die verhältnismäßig geringen lokalen Veränderungen an der Eintrittspforte und der extrem chronische Verlauf des Morbus Boeck könnten so erklärt werden *(108)*.

Gewisse Verbindungen zwischen beiden Immunsystemen dürften bestehen. So ist beim Antikörpermangelsyndrom beispielsweise die Entwicklung einer Tuberkulinallergie nach natürlichen Infektionen oder nach BCG-Impfungen herabgesetzt, auch andere Spättypreaktionen können verzögert eintreten *(11)*. Über den näheren Mechanismus von Spättypreaktionen sind bisher nur wenige Einzelheiten bekannt, während über die Bildung und die Wirkungsweise von *humoralen Antikörpern* klarere Vorstellungen herrschen. *Frühtypreaktionen* sollen deshalb zunächst abgehandelt werden. Auf die Spättypreaktionen wird bei der Besprechung der allergischen Phänomene näher eingegangen.

In dem besonderen Abschnitt über die weißen Blutkörperchen ist bereits darauf hingewiesen worden, daß die *Plasmazellen* als *Bildungsort* der γ-Globuline und damit eines großen Teils der humoralen Antikörper angesehen werden. Diese Antikörper bestehen aus verhältnismäßig gleichartigen Proteinen und besitzen eine Sedimentationskonstante von 7 s. Ein nicht unbeträchtlicher Teil der Antikörper befindet sich ferner in der sog. β_2A- und β_2M-Fraktion. Sie stellen Makroglobuline mit Sedimentationskonstanten von 19 s beim Ultrazentrifugieren dar. Ihre Bildung in anderen lymphoiden Zellen wird erwogen, die Existenz weiterer Antikörperglobuline und ihre mögliche Bildung in monocytären Zellen wird diskutiert *(25, 237)*.

Die *Wirkungsweise* antitoxischer *Antikörper* ist verhältnismäßig gut durchschaubar. Die Neutralisierung der Giftstoffe kommt durch die Toxinantitoxinreaktion zustande. Auch Virusarten können allein durch die Wirkung spezifischer Antikörper abgetötet werden. Allerdings werden das Ausmaß und die Geschwindigkeit wahrscheinlich sowohl durch die Anwesenheit von Komplement als durch Kontakt mit dem Makrophagen des RES erhöht *(237)*.

Eine gute Abwehr von Bakterien wird durch humorale Antikörper allein nicht erreicht. Erst das Zusammenspiel mit sog. unspezifischen Faktoren wie dem Komplement, das möglicherweise eine Enzymreaktion auslöst, den Leukocyten und den Makrophagen führt zu optimalen Wirkungen. Es kann im Einzelfall schwierig abzugrenzen sein, wieweit verschiedene Vorgänge parallel ablaufen, wobei ihre Wirkungen sich summieren, oder inwiefern sich zwei oder mehrere Faktoren tatsächlich ergänzen und komplettieren.

a) Passiv übertragene humorale Antikörper

Neugeborene weisen in ihrem Serum eine große Zahl spezifischer und unspezifischer *Immunantikörper* auf, die *intrauterin passiv* von der Mutter *übertragen* worden sind. Die Menge und die Art der vermittelten Antikörper variiert in einzelnen Bevölkerungsgruppen, je nach den regionär herrschenden Infektionskrankheiten, und bei einzelnen Individuen entsprechend der jeweiligen Disposition und unterschiedlichen Fähigkeit zur Antikörperbildung. Leidet z. B. eine Mutter an einer Agammaglobulinämie, so fehlen auch ihrem neugeborenen Kind γ-Globuline und damit ein großer Teil der Antikörper (*48, 139*). Findet sich bei einer Mutter ein übermäßig hoher γ-Globulingehalt, so ist auch der des kindlichen Serums erhöht (*316*).

Die Antikörperübertragung erfolgt mit großer Wahrscheinlichkeit *diaplacentar*. BRAMBELL u. Mitarb. (*39, 40*) haben bei verschiedenen Säugetieren (Kaninchen, Ratten) einen Übertritt von mütterlichen Antikörpern und anderen Proteinen aus den Uterusdrüsen über die Eihäute und das Fruchtwasser durch den kindlichen Darm in den fetalen Kreislauf wahrscheinlich gemacht. Für den Menschen kann ein derartiger Mechanismus keine entscheidende Bedeutung haben (*245, 318, 353*). Diphtherie-Antitoxine werden beispielsweise beim Vorhandensein im mütterlichen und kindlichen Serum in der Mehrzahl der Fälle im Fruchtwasser nicht gefunden (*56*). Auch sonst ist das Fruchtwasser arm an Proteinen und Antikörpern (*164, 305, 331*). Der Diphtherie-Antitoxintiter von Neugeborenen mit Oesophagusatresien — hierbei fällt eine enterale Aufnahme von Antikörpern fort — war im Vergleich mit gesunden Neugeborenen nicht verringert (*366*). Kurze Zeit post partum oral zugeführte Antikörper werden auch von Frühgeborenen in der Regel nicht resorbiert (*256*).

Es muß eine gewisse *Auswahl bei dem Übertritt der mütterlichen Antikörper* auf den Feten einsetzen. Die Menge der übergetretenen Antikörper variiert bei den einzelnen Antikörperarten. Etwa gleich hoch im mütterlichen und im kindlichen Serum oder sogar im kindlichen höher liegen die Titer für Diphtherie-Antitoxin (*5, 13, 53, 213, 260, 355, 358*), für Tetanus-Antitoxin (*53, 340*) und Scharlach-Antitoxin (*69, 265*).

Außer bei den genannten Antitoxinen findet sich ein solches Verhalten bei Antihämolysinen, z. B. beim Antistreptolysin (*30, 54, 247, 250, 288, 332, 357*), oder Antistaphylolysin (*85, 192, 248, 357, 358*). Auffallend übereinstimmend verhalten sich die Virusantikörper. Sowohl neutralisierende als hämagglutinationshemmende oder komplementbindende Formen von Mumpsantikörpern (*120*) und japanischen Encephalitis B-Virus-Antikörpern (*160*), Influenzavirus-Antikörpern (*53, 123, 142, 175, 283*), Vaccinevirus-Antikörpern (*68, 188, 337, 338*), Herpes simplex-Antikörpern (*50, 162, 361*) zeigen im allgemeinen im mütterlichen und kindlichen Blut etwa gleichhohe Titer. Neutralisierende Antikörper gegen Poliomyelitisviren werden besonders beim Typ III in Nabelschnurseren, gelegentlich in niedrigeren Titern als bei der Mutter gefunden (*217, 228, 307*), meistens stimmen aber auch hier mütterliche und kindliche Titer überein (*6, 234*). Titerbestimmungen bezüglich diaplacentar übertragener Masernschutzstoffe liegen nicht vor. Die von der Mutter stammende gute Masernimmunität junger Säuglinge ist klinisch hinreichend bekannt. Komplementbindende Antikörper gegen Rickettsien (R. burneti beim Q-Fieber) sollen nicht regelmäßig vom mütterlichen ins kindliche Blut gelangen (*142*). Toxoplasmose-Antikörper (*52, 133, 291*) und komplementbindende Antikörper gegen Histoplasmose (*387*) und Cocidiomykose (*319*) passieren die Placenta ungehindert.

Antibakterielle Stoffe weichen stärker voneinander ab. Leicht vermittelt werden Pneumokokken-Antikörper (*53*), Pertussis-Antikörper (*67, 190, 367*), Typhus-H-Agglutinine (*305, 342*) und Staphylokokken-Antikörper gegen das Rantz-Antigen (*252*). Antikörper gegen andere Staphylokokken-Antigene finden sich dagegen in Nabelschnurseren nur vereinzelt (*119, 287*). Baktericid und agglutinierend wirkende spezifische Antikörper gegen Coli O 111, O 55 und Shigella sonnei wurden nur in 17—33% von der Mutter auf das Kind übertragen und die im Nabelschnurblut gefundenen Titer waren wesentlich niedriger als die im Blut der Mutter (*5, 385*). In einzelnen Untersuchungsreihen konnten bei Verwendung der üblichen Widaltechnik keine Übertragungen von Coli O-Antikörpern nachgewiesen werden. Bei indirekten Hämagglutinationsproben fanden sich Antikörper in den Nabelschnurseren unterschiedlich oft, je nach dem verwendeten Antigen (*59, 253, 333*). Die Zahl positiver Befunde und die Höhe der Titer vermehrte sich bei Antiglobulinhämagglutinationstests, die besonders gut monovalente Antikörper anzeigen, und zwar in den Nabelschnurseren deutlich mehr als in den gleichzeitig kontrollierten mütterlichen Seren (*251*). Ein Vergleich zwischen Hämagglutinationstests mit Staphylokokken-(Rantz-Antigen) und E. Coli-(Antigen aus O 55 B5) Antikörpern ergab, daß die Staphylokokken-Antikörper wesentlich regelmäßiger und in größerer Menge diaplacentar auf den Feten übertragen wurden als die Coli-Antikörper (*252*). Gegen Shigella- (*111*) und Salmonella O-Antigen (*251*) gerichtete Antikörper verhalten sich etwa wie Coli-Antikörper. Im Serum der Mutter nachweisbare Tbc-Antikörper (Middlebrook-Dubos-Form) konnten im Serum ihrer neugeborenen Kinder nicht gefunden werden (*134, 285*).

Komplementbindende Luesantikörper sollen die Placenta leichter passieren als diejenigen Antikörper, die positive Flockungstests hervorrufen (*128, 240, 257, 281, 363, 375*). Bei empfindlichen Komplementbindungstests sind die Titer im mütterlichen und kindlichen Blut gleich hoch oder liegen nahe beieinander, während bei Flockungstests die Titer im Nabelschnurserum deutlich niedriger gefunden werden als im mütterlichen Serum. Letztere Beobachtung wird allerdings von Putkonen u. Mitarb. (*275*) für die Kahnreaktion bestritten, auch die Kardiolipinmikroflockungsprobe fällt öfter in beiden Seren gleich stark aus (*128*).

C-reaktives Protein (*250, 270, 288*) und hautsensibilisierende allergische Antikörper (*26, 310*) werden nicht diaplacentar übertragen. Dagegen gelangen die nach Pollenextraktinjektionen bei Heufieberkranken auftretenden blockierenden Antikörper vom mütterlichen ins kindliche Plasma (*310*).

In den letzten Schwangerschaftstagen und -wochen einer Mutter passiv verabreichtes Diphtherie-Antitoxin, in der Form eines Tierserums, gelangt nicht in nennenswerter Menge diaplacentar zum Kind, im Gegensatz zu dem von der Mutter selbst gebildeten Antitoxin (*265*). Ähnliche Verhältnisse zeigten sich bei Meerschweinchen- (*167*) und bei Kaninchenversuchen (*66*). Auch hier wurde heterologes Antitoxin bzw. γ-Globulin wesentlich langsamer und in geringerer Menge auf den Feten übertragen als homologes.

Zur Erklärung dieser selektiven diaplacentaren Antikörpervermittlung werden unterschiedliche Molekulargrößen der verschiedenen Antikörper angeführt (*375*). Verhältnismäßig kleinmolekulare monovalente Antikörper sollen bevorzugt diffundieren, während bivalente Typen eher zurückgehalten würden. Diese ursprünglich für die Rh-Antikörper entwickelten Vorstellungen lassen sich nicht ohne weiteres auf alle eben angeführten Antikörper ausdehnen. Die Vergleiche ein-

facher Hämagglutinationstests mit solchen in Kombination mit Antiglobulinseren
oder Enzymvorbehandlung der Testerythrocyten könnten z. B. bei Staphylo-
kokken- oder Coli-Antikörpern hierfür sprechen (*252*), aber es besteht kein Anhalt
dafür, daß z. B. Coliantikörper generell besonders große Moleküle besitzen. Setzt
man Diphtherie-Antitoxine peptischen Fermenten aus und verkleinert dadurch
ihr Molekül, so passieren sie die Placentaschranke nicht leichter, sondern schlechter
als unbehandelte (*168*). Die Geschwindigkeit des Überganges von Aminosäuren
(Histidin) differiert bei abweichender isomerer Konfiguration (*264*). Die natürliche
l-Form reichert sich nach Injektion in eine Vene der Mutter wesentlich rascher im
Blut des Kindes an als die d-Form.

Auch eine von Calman und Murray (*55*) entwickelte Hypothese über einen
partiellen Abbau der mütterlichen Serumeiweißmoleküle in der Placenta und anschließende neue Synthese vielleicht unter Zuhilfenahme von Bausteinen, die vom
Kind selbst produziert sind, wird für γ-Globuline und Antikörper nicht allgemein
anerkannt. Zwar hat Zapp (*386*) nachgewiesen, daß bei immunelektrophoretischen
Untersuchungen die Eiweißzusammensetzung des kindlichen Blutes weit größere
Ähnlichkeiten zu der von Placentaextrakten als zu der des mütterlichen Serums
aufweist. Der Autor nimmt an, daß wenigstens Teile der kindlichen γ-Globuline
aus der Placenta stammen und lokal in Plasmazellen ähnlichen Zellen gebildet
werden. In Versuchen mit radioaktiv markiertem Glycin (*76*) konnte jedoch gezeigt werden, daß diese Aminosäure in der Placenta nur in α- oder β-Globuline,
nicht in γ-Globuline oder Albumine eingebaut wurde. Untersuchungen mit fluorescierenden Antikörpern, die gegen menschliches Albumin bzw. γ-Globulin gerichtet
waren, ergaben ebenfalls keinen Anhalt für eine Synthese dieser Proteine in der
Placenta (*12*). Diese Stoffe fanden sich vorwiegend in den Interstitien, in manchen
Regionen auch in geringerer Menge im Cytoplasma, sie zeigten aber keine Beziehungen zu Zellkernen. Die Verteilung sprach für eine freie Diffusion in der extracellulären Flüssigkeit.

Wahrscheinlich helfen elektrophoretisch gewonnene Befunde weiter (Einzelheiten s. S. 176). Während γ-Globuline im Serum von Neugeborenen reichlich vorhanden sind, fehlen β_2A- und β_2M-Globuline fast vollständig. Letztere Globuline
werden offensichtlich von der Placenta im mütterlichen Blut zurückgehalten. Eine
Reihe von Immunantikörpern wandert überwiegend in diesen Fraktionen — sie
werden nicht oder nur in geringem Maße diaplacentar übertragen. Die diaplacentar
vermittelten Immunkörper werden dagegen in der Regel zu den γ-Globulinen
gehören. Mit dem Verhalten der γ-Globuline stimmt auch überein, daß bei den
Kindern häufiger höhere Antikörpertiter als bei den Müttern beobachtet werden.
Sie müssen im kindlichen Organismus eine Konzentration erfahren.

Der *Übergang der Antikörper* erfolgt in verstärktem Maße in den letzten Wochen
vor der Entbindung. In der Placenta vermehrt sich die Zahl der Zotten und gleichzeitig auch die der Capillaren *im Laufe der Schwangerschaft*, während sich die
Trennschichten zwischen mütterlichem und kindlichem Blut verringern. Die
Durchlässigkeit der Placenta nimmt dadurch sowohl für Elektrolyte (*118*) als für
Proteine mit fortschreitender Schwangerschaftsdauer zu. Vahlquist (*353*) betont,
daß sich gegen Ende der Gravidität in variabler Menge Fibrin an den Zotten ab-
scheidet, wodurch die Permeabilität kurz vor der Entbindung wieder etwas vermindert werden kann. Wird Schick-negativen Müttern 1—2 Wochen vor der
Entbindung eine Auffrischungsimpfung mit Diphtherietoxin gegeben, so sind
während der Geburt hohe Antitoxintiter wohl im Serum der Mutter, aber nicht im
Nabelschnurblut nachweisbar. Erhalten die Mütter die gleiche Impfung 11 Wochen
vor der Entbindung, so sind die Titer im Nabelschnurblut gleich hoch oder noch
etwas höher als im mütterlichen Blut. Impft man 2—3 Monate vor der Entbindung

Schick-positive Mütter, bei denen noch keinerlei Diphtherieimmunität besteht und die Antikörperproduktion dadurch langsamer in Gang kommt, so findet sich im Nabelschnurblut kein Antitoxin, während es im Blut der Mutter zur Zeit der Entbindung vorhanden ist (*208*).

Bei Frühgeborenen ist eine Korrelation zwischen der Menge der übertragenen Diphtherieantitoxine und dem Geburtsgewicht ermittelt worden (*260*). Unreife Frühgeborene mit einem Gewicht unter 1200 g haben deutlich weniger mütterliches Antitoxin erhalten als größere. Im letzten Schwangerschaftstrimester nehmen die von der Mutter vermittelten Antikörper im kindlichen Serum progressiv zu. Analoge Verhältnisse finden sich für den Antistreptolysintiter (*200, 331, 357*) und etwas weniger regelmäßig für Antistaphylolysin (*192, 357*) und für hämagglutinationshemmende Grippe- und Mumpsvirusantikörper (*175*).

Der *Abbau der passiv erworbenen Antikörper* erfolgt bei Reifgeborenen und Frühgeborenen in gleichartiger Rate (*260*). Halbwertszeiten zwischen 20 und 37 Tagen wurden ermittelt (*14, 228, 243, 245, 331, 376*). Wahrscheinlich werden Virusantikörper und Antitoxine (Diphtherie-Antitoxin) etwas langsamer eliminiert als andere antibakterielle Stoffe, wie z. B. Antistreptolysin und Antistaphylolysin (*318*). Der Abbau von Antistreptolysin, das bei Austauschtransfusionen mit dem Spenderblut auf Neugeborene übertragen wurde, erfolgte gleich schnell wie der diaplacentar vermittelten Antistreptolysins (*331*). Durch Bluttransfusionen passiv erworbene Typhus-H-Agglutinine sollen aus dem Blut von Säuglingen dagegen rascher verschwinden als die diaplacentar übernommenen gleichartigen mütterlichen Agglutinine (*305*).

Die durch radioaktive Markierung ermittelten Halbwertszeiten für γ-Globuline stimmen etwa mit den durch immunologische Verfahren gewonnenen überein, allerdings müssen erhebliche methodische Schwankungen bei den Markierungsversuchen berücksichtigt werden. Die Zeit des Verbleibens von γ-Globulinen im Organismus variiert bei den einzelnen Arten erheblich in gewisser Parallele zum Metabolismus je Gewichtseinheit. Es bestehen aber auch Unterschiede in verschiedenen Lebensaltern, die nicht unmittelbar auf Stoffwechselgrößen zu beziehen sind. γ-Globuline werden bei menschlichen Neugeborenen und jungen Säuglingen langsamer (durchschnittliche Halbwertszeit 30—33 Tage) abgebaut als bei älteren Säuglingen und Kleinkindern (durchschnittliche Halbwertszeit 20—22 Tage). Noch kürzer verbleiben sie im Organismus von Erwachsenen (durchschnittliche Halbwertszeit 13—17 Tage) (*11, 84*). Diaplacentar passiv übertragene Immunkörper sind bei jungen Säuglingen länger wirksam als im späteren Leben parental zugeführte homologe Immunseren. Für letztere sind Halbwertszeiten von etwa 15 Tagen festgestellt worden, während heterologe Antitoxine schon nach 5—6 Tagen zur Hälfte eliminiert sind (*89*).

Weder beim Menschen noch bei Nagern, die auch eine verhältnismäßig dünne Placentascheidewand besitzen, bestehen Anhaltspunkte dafür, daß Antikörper, die nicht frei im Plasma zirkulieren, sondern an Zellen (Lymphocyten) gebunden sind, von der Mutter zum Feten gelangen (*66*). So werden z. B. bei einer Erkrankung einer Mutter an aktiver Tbc mit Hämagglutinationstests nachweisbar Serumantikörper dem Kind vermittelt, die dem *Spätreaktionstyp* entsprechende Tuberkulinallergie, die sich nur mit Lymphocyten von einem Individuum auf ein anderes übertragen läßt, wird *dem Kind nicht übergeben*.

Bei zahlreichen *Säugetieren* wird zur Vermittlung von Antikörpern zwischen der Mutter und dem Feten bzw. dem Neugeborenen ein anderer Weg beschritten als beim Menschen. Hierfür ist wohl in erster Linie ein unterschiedlicher Aufbau der Placenta verantwortlich. *Haemochoriale Placenten*, bei denen in den letzten Abschnitten der Gravidität nur 2 Gewebsschichten mütterliches und kindliches Blut voneinander trennen, finden sich außer beim Menschen nur noch bei den Nagern. Bei den übrigen Säugern bleiben mehrere, bis zu 6 Trennschichten erhalten. Die Durchlässigkeit für große Proteinmoleküle ist dann stark vermindert. Die neugeborenen Tiere weisen in ihrem Serum deshalb kaum γ-Globuline auf. Diese Proteine und dabei auch die Immunglobuline werden von den Neugeborenen Tieren in größerer Menge unverändert vom Darm aus resorbiert. Es muß angenommen werden, daß in den ersten Lebenstagen die Schleimhäute des Magen- und Darmkanals durchlässiger sind als später. Eine verminderte Fermentabsonderung oder Fermenthemmungen durch die im *Colostrum* vorhandenen Trypsininhibitoren (*256a*) reichen als Erklärung allein nicht aus, da die Zufuhr der Inhibitoren nach den ersten Lebenstagen keine Antikörperresorption mehr herbeiführt. Haben die Globuline die Darmschleimhaut durchwandert, so gelangen sie hauptsächlich auf dem Lymphwege über den Ductus thoracicus ins Blut. Der Pfortaderkreislauf wird kaum benutzt (*68a*). Innerhalb weniger Stunden ändert sich bei den mit Colostrum gesäugten Jungen die Zusammensetzung des Serumeiweißes. Die vorher kaum vorhandenen *γ-Globuline* steigen sprunghaft an, verschiedenartige Immunantikörper werden nachweisbar. Die mit dem Colostrum passiv übernommenen Antikörper verschwinden bei den Tieren entsprechend einer Exponentialfunktion in etwa gleicher Rate wie diaplacentar erworbene Antikörper beim Menschen (*84, 353, 354*).

Für das *menschliche Neugeborene* ist ein Übertritt unverdauter größerer Eiweißmoleküle durch die Darmwand nicht sicher bewiesen. Weder die *orale Zufuhr* antikörperhaltigen Serums noch die homologen oder heterologen *antikörperhaltigen Colostrums* (*255, 256, 356*) führten zu einem deutlichen Anstieg der Antikörper im Serum bei Neu- und Frühgeborenen[1]. Die von einer Wöchnerin gebildete Colostrummenge ist klein im Vergleich zu der von Tieren gebildeten. VAHLQUIST (*353*) errechnete, daß der Säugling in den ersten 3 Tagen eine Menge von etwa 30 g/kg trinkt, während ein Kalb in dem gleichen Zeitraum 1000 g/kg erhält. Außerdem ist die Antikörperkonzentration im Colostrum der Kühe im allgemeinen wesentlich höher als in dem der Menschen. Allerdings können Agglutinine gegen Enterobakterien und Blutgruppenantigene auch im menschlichen Colostrum hoch konzentriert sein (*255*).

Eine große Zahl von *Antikörpern* sind in mäßiger Menge *im menschlichen Colostrum* zum Teil auch in der reifen Frauenmilch nachgewiesen worden. Ihre Konzentration vermindert sich nach den ersten Tagen der Lactation (*335*). Eine gewisse Schutzwirkung im Darmlumen durch die im Colostrum enthaltenen Antikörper gegen Enterobakterien und sonstige Krankheitserreger, die vom Magen-Darm-Kanal aus in den Organismus eindringen, ist möglich. Einzelne Beobachtungen über das Auftreten derartiger Antikörper in der Milch seien deshalb angeführt: Bakterielle Antikörper gegen Escherichia Coli O 111 und O 55 sowie gegen Shigella sonnei ließen sich in den ersten Colostrumproben in etwa gleicher Häufigkeit nachweisen wie im Serum der Mutter. Die durchschnittlichen Titer waren in der Milch etwas niedriger als im Serum (*5*). Typhus H- und O-Agglutinine wurden im Colostrum teilweise sogar in größerer Menge als im Blutserum der entsprechenden Frauen gefunden (*305*). Nach zehntägiger Lactation waren sie nur noch in einzelnen Milchproben in niedrigen Titern vorhanden (*342*). Poliomyelitisvirus neutralisierende Substanzen zeigten sich in der Kuhmilch nur unregelmäßig und wesentlich seltener als in der Frauenmilch (*289*). Neutralisierende Antikörper gegen japanisches Encephalitis-B-Virus und gegen Influenzavirus (*176, 314*) ließen sich auch noch in der reifen Frauenmilch nachweisen. Lysine gegen Leptospiren fanden sich in der Milch (*193*).

Die Immunglobuline des Colostrum gehören überwiegend zu den β_2A- und β_2M-Globulinen, nur ein geringer Prozentsatz zu den schnell wandernden

---

[1] Während der Drucklegung wurden Untersuchungen von J. C. LEISSRING, J. W. ANDERSON und D. W. SMITH [Am. J. Dis. Child. **103** 160 (1962)] veröffentlicht, nach denen ein selektiver Übertritt von oral aufgenommenen, bakteriellen Antikörpern durch die Darmwand ins Blut von Neugeborenen bis wenigstens zum 5. Lebenstag angenommen werden kann. Zum Nachweis der Antikörper im Blut der Neugeborenen wurden besonders empfindliche serologische Tests (indirekte Hämagglutination) angewandt.

γ-Globulinen. In der reifen Frauenmilch ist regelmäßig nur β_2A-Globulin nachweisbar (*149, 186*). Die Zufuhr von Colostrum hat keinen Einfluß auf den bald nach der Geburt erfolgenden Anstieg der β_2M-Fraktion im Serum der jungen Säuglinge. Hingegen sollen bei natürlich ernährten Säuglingen etwas rascher β_2A-Globuline nachweisbar sein als bei künstlich ernährten (*148, 246*). Sollte sich hier eine Resorption nativer Frauenmilchproteine vom Darm des Neugeborenen ergeben, so käme jedoch nur eine geringe Menge in Betracht.

Die *von der Mutter auf das Kind übertragenen Antikörper* haben eine erhebliche *Bedeutung für die Krankheitsabwehr* junger Säuglinge. Die Schutzwirkung gegenüber einer Reihe von Virusinfekten, wie vor allem den Masern, aber auch der Poliomyelitis, den Rubeolen, der Hepatitis, ist gut bekannt. Für andere, wie die Parotitis epidemica, das Exanthema subitum, die Coxsackie-, Adeno- und Herpes-Virus-Erkrankungen, werden Einzelfälle angeführt (*353*). Schutzstoffe gegen Diphterietoxine und solche gegen den Haemophilus pertussis dürften ebenfalls, wenn sie in genügender Menge zum Kind gelangen, den Ausbruch einer derartigen Krankheit verhindern. Da die Antikörpertiter im mütterlichen Serum erheblichen Schwankungen unterworfen sind, variiert die Dauer der passiv erworbenen Immunität des jungen Säuglings. Für die Masern kann, wenn die Mutter selbst Masern durchgemacht hat, ein vollständiger Schutz bis zum 4. Monat und für die folgenden 2 Monate noch ein partieller Schutz erwartet werden. Da die Häufigkeit von Diphtherieerkrankungen in Europa in den letzten Jahrzehnten erheblich zurückgegangen ist, liegen die Antitoxintiter in der Bevölkerung wesentlich niedriger als zu Beginn des Jahrhunderts. Die den Neugeborenen vermittelten Antitoxine reichen deshalb nur selten für eine wirksame Infektionsprophylaxe aus. Prozentual nimmt dadurch der Anteil der Neugeborenen und jungen Säuglinge an den Diphtherieerkrankungsfällen zu (*328*). Außerdem verschiebt sich in dieser Altersklasse das Krankheitsbild von der blande verlaufenden Nasendiphtherie zu schweren Formen mit ausgedehnten Membranbildungen. Beim Keuchhusten dürften neben den zirkulierenden, komplementbindenden Antikörpern noch andere Mechanismen einen Schutz für die Mutter bedingen, da bei gleich hohen Titern im mütterlichen und kindlichen Blut die Kinder leichter als die Mütter an Pertussis erkranken (*317*).

Diaplacentar vermittelte Antikörper können für den Feten und Säugling auch *schädigende Wirkungen* haben, wenn die Antikörper mit Antigenen, die an den Zellen des Kindes vorhanden sind, reagieren. Überwiegend handelt es sich in solchen Fällen um Antikörper, die gegen Blutzellen gerichtet sind. Hämolytische, thrombo- und leukopenische Krankheitsbilder können so bei den Neugeborenen entstehen.

b) Aktive Immunisierungen

Die *Möglichkeit, aktiv Antikörper zu bilden*, wird menschlichen und tierischen *Feten* im allgemeinen abgesprochen (*116, 354*). Es sei hier jedoch eine Mitteilung von Jordal (*182*) angeführt, die es wahrscheinlich macht, daß sich ein Fet des Blutfaktorentyps Le(a- b-) X- gegen ein Le^X der Mutter sensibilisiert hat. Für bakterielle, Virus- oder unbelebte Proteinantigene sind bisher keine sicheren diesbezüglichen Beobachtungen gemacht worden. Die Beurteilung ist durch die passiv erworbenen mütterlichen Antikörper erschwert. Es bestehen aber Anhaltspunkte dafür, daß gegen bakterielle Antigene, die intrauterin vom Kind aufgenommen worden sind, kurze Zeit nach der Geburt aktiv von ihm Antikörper gebildet werden können (s. S. 358). Auch die Differenzierung einzelner Plasmazellen in einer unreifen Placenta eines 420 g schweren Fetus, in der Umgebung eines intravillösen Thrombus, bei einer möglichen Pilzinfektion (*29*) erscheint bemerkenswert.

In den letzten Jahren wird die Frage diskutiert, wie weit die von gewissen Tierversuchen bekannte Entwicklung einer erworbenen *Immuntoleranz* auch für den
Menschen Gültigkeit hat. Es handelt sich bei diesem Phänomen um eine fehlende
oder herabgesetzte Immunisierungsbereitschaft gegen spezielle antigene Substanzen bei einem Individuum, welches gegen andere antigene Reize der Norm entsprechend reagiert. Die Toleranz kommt dadurch zustande, daß das betreffende
Individuum im fetalen Leben oder kurz nach der Geburt — in einer Zeit, in der es
nicht zur Antikörperbildung fähig ist — mit dem speziellen Antigen Kontakt hat.
Es verhält sich diesem Antigen gegenüber im späteren Leben inaktiv, so wie
in der embryonalen Zeit. Möglicherweise entsteht eine ähnliche Situation bei ausgewachsenen Individuen kurze Zeit nach einer Ganzkörperbestrahlung mit Röntgenstrahlen (*83*).

Bei Tieren ist Immuntoleranz vorwiegend bezüglich der Verträglichkeit von
Zelltransplantationen beobachtet worden (*94, 263*), in Einzelfällen auch gegenüber
Virusarten (*344*) und unbelebten Allergenen, vor allem Proteinen (*7, 65, 83, 320*).
Gleichartige Untersuchungen mit verschiedenen Bakterienantigenen verliefen bei
mäßigen Dosen negativ (*320*). Lediglich nach der Verabreichung sehr großer
Antigenmengen konnte eine spätere Toleranz erzielt werden (*329*). Sichere dies-
bezügliche Beobachtungen beim Menschen betreffen Blutgruppenchimären (*276*).
Bei zweieiigen Zwillingen konnten bis ins Erwachsenenalter zwei hinsichtlich der
Blutgruppen verschiedene Erythrocytenarten nachgewiesen werden. Im embryonalen Leben muß blutbildendes Gewebe zwischen den Zwillingskindern, die verschiedenen Blutgruppen angehören, ausgewechselt worden sein. Gegen die Blut-
gruppe der implantierten Erythrocyten trat kein Isoagglutinin auf.

Interessant erscheinen Untersuchungen von FOWLER, SCHUBERT und WEST
(*122*) über eine lange Verträglichkeit von homologen Hauttransplantaten bei Neugeborenen, die wegen einer Hyperbilirubinämie eine Austauschtransfusion mit
besonders präpariertem Frischblut, mit dem möglichst viele vitale Leukocyten
übertragen wurden, erhalten hatten. Die transplantierten Hautstückchen stamm-
ten von den Blutspendern. Sie waren nicht mit den Kindern verwandt. Ein entsprechender Mechanismus — Übertragung von Leukocyten auf Feten oder Neugeborene mit anschließender Entwicklung einer Toleranz für Homotransplan-
tate — war bereits aus Tierversuchen bekannt.

Noch bevor die passiv von der Mutter übernommenen *γ-Globuline* vollständig
abgebaut sind, setzt *beim Säugling* und auch bei jungen Säugetieren die *eigene
Produktion* ein. Die vorher vermißten Plasmazellen und lymphoiden Reticulumzellen werden im lymphatischen Gewebe und im Knochenmark nachweisbar (*48,
245*) (s. S. 110). Möglicherweise bilden sich die ersten Plasmazellen in den Lymphfollikeln des Darmes (*138*). γ-Globuline finden sich frühzeitig in den Faeces (*216*).

Die eigene γ-Globulinproduktion beginnt beim Menschen nach dem ersten
Lebensmonat. Die genaue Beobachtung des ersten Auftretens ist durch die von der
Mutter diaplacentar übertragenen γ-Globuline in der Regel nicht möglich. In einer
umfangreichen Studie (*48*) über das immunologische Verhalten des Kindes einer
Mutter, die an einer erworbenen Agammaglobulinämie litt, konnte nach wöchent-
lich regelmäßig wiederholter, schon am 2. Lebenstag begonnener parenteraler Zufuhr von TAB-Vaccine erst am 42. Lebenstag ein Anstieg der γ-Globuline bei
besonders empfindlicher Nachweismethode beobachtet werden. In der Papier-
elektrophorese waren γ-Globuline erst am 67. Tag erkennbar. Gleichzeitig zeigten
sich bei der üblichen Widaltechnik Antikörper gegen Typhus H-Antigene. Blut-
gruppenisoagglutinine traten im Alter von 3 Monaten erstmals auf. Plasmazellen
waren ebenfalls vom 3. Monat an im Knochenmark und in den Lymphknoten nach-

weisbar. Die Lymphknotenstruktur ähnelte jetzt der von Erwachsenen. Keimzentren hatten sich entwickelt.

In seltenen Fällen setzt die Eigenproduktion von Antikörpern und auch von γ-Globulinen verspätet ein, dadurch können passagere frühkindliche Formen des Antikörpermangelsyndroms entstehen (*380, 201*). Die Struktur der γ-Globuline junger Säuglinge unterscheidet sich in der Immunelektrophorese durch das Auftreten von Doppellinien von der Erwachsener.

$\beta_2 A$- und $\beta_2 M$-*Globuline* wurden im Blute von Neugeborenen zunächst nicht gefunden (*149, 173, 186, 227*). In eingeengtem Nabelschnurserum gelang jedoch Vivell u. Mitarb. (*362*) später der Nachweis fast regelmäßig. Mit der üblichen Immunelektrophorese waren diese Immunglobuline etwa von der 4. Woche an auffindbar. Die β_2-Globuline werden vom Neugeborenen selbst wahrscheinlich noch vor den γ-Globulinen gebildet (*321*).

Es erhebt sich die Frage, inwieweit die *Produktion* der γ-Globuline und der übrigen Immunglobuline *autochthon oder als Antwort auf exogene Reize* hin erfolgt. Werden neugeborene Tiere unter sterilen Bedingungen frei von Bakterien, aber wohl nicht ganz frei von Viren aufgezogen, so treten selbst nach längerer Beobachtungszeit nur ganz geringe Mengen von γ-Globulinen auf (*152*) und auch sog. natürliche Antikörper (*325, 326, 327*) werden neben den Immunantikörpern vermißt. Bei Ratten, die mehrere Generationen lang bakterienfrei gehalten wurden, waren während des ganzen Lebens beim Vergleich mit Kontrolltieren der gleichen Ausgangszucht (*153*) die γ-Globuline stark und die β-Globuline mäßig vermindert. Es ist denkbar, daß der bei allen Arten, auch beim Menschen gewisse Zeit nach der Geburt einsetzende γ-Globulinanstieg seine Ursache in dem kurz nach der Geburt eintretenden massiven Kontakt mit exogenen Antigenen hat. Die Beobachtung, daß Frühgeborene, wenn sie ein normales Geburtsgewicht erreicht haben, bei künstlichen Immunisierungen besser Antikörper bilden als gleich schwere Reifgeborene kurz nach der Geburt (*79, 220*), spricht für einen Einfluß der Antigenreize auf die Reifung des Antikörperbildungsvermögens, ebenso die Tatsache, daß kranke Säuglinge, vor allem solche, die an bakteriellen Infektionen leiden, im 1. Trimenon deutlich höhere γ-Globulin-Konzentrationen in ihrem Serum aufweisen als gesunde (*299*). Auch bei Vergleichen immunelektrophoretisch gewonnener Serumeiweißbefunde von verschieden alten Frühgeborenen und Reifgeborenen gleichen Konzeptionsalters zeigte sich vor allem bei den β_1- und β_2-Globulinen eine „raschere Reifung des Bluteiweißbildes" während des extrauterinen Lebens bei den Frühgeborenen (*82*).

Bei *Greisen*, die sich in gutem Ernährungszustand befinden, läßt sich eine leichte Vermehrung der γ-Globuline im Serum (*136, 277*) und oft auch morphologisch im Knochenmark eine Vermehrung von Plasmazellen und lymphoiden Reticulumzellen (*135*) nachweisen. Reizformen der genannten Zellen werden häufiger gefunden. Trotzdem ist das Antikörperbildungsvermögen bei alten Menschen nach aktiven Immunisierungen verringert (*379*). Die Titer verschiedener Immunantikörper sinken bei gesunden Erwachsenen mit zunehmendem Alter langsam ab (*242*). Es wird daraus gefolgert, daß die Plasmazellen im Senium nicht mehr optimal zur Antikörperbildung fähig sind, sondern teilweise Paraproteine produzieren (*135, 242*).

Aussagen über die aktive *Bildung von Antikörpern in verschiedenen Lebensaltern* sind durch Beobachtungen im Verlaufe von Infektionskrankheiten und durch solche bei künstlichen Immunisierungen möglich. *Bei künstlichen Immunisierungen* erscheinen die Verhältnisse durch den willkürlich zu wählenden Zeitpunkt der Verabreichung und die genau dosierten Antigenmengen übersichtlicher. Deshalb seien die bei Impfungen gewonnenen Erkenntnisse vorangestellt: Es lassen sich deutliche Beziehungen zwischen dem Lebensalter und der Größe der aktiven Antikörperproduktion feststellen. Neugeborene sind prinzipiell zur Bildung spezifischer Antikörper fähig, aber doch in deutlich geringerem Ausmaß als ältere Menschen, und die Reaktion tritt verzögert ein. Möglicherweise gehören die von den ganz jungen Säuglingen gebildeten Antikörper vorwiegend zu den β_2-Makroglobulinen, wie es SMITH u. Mitarb. (321) für Typhus H-Antikörper nach aktiven Immunisierungen nachgewiesen haben. Die von den Kindern gebildeten Antikörper ließen sich deutlich von den diaplacentar übernommenen, mit gleicher Spezifität durch die unterschiedliche Sedimentationskonstante, trennen. HALLIDAY (161) machte entsprechende Beobachtungen bei neugeborenen Ratten nach Immunisierungen mit S. pullorum.

In den ersten 2 Lebensmonaten erhöht sich das Bildungsvermögen nach einmaliger Injektion von Toxoiden bis zum 4. Monat rasch, dann langsamer (261). Einzelne Antigene können unterschiedlich stark wirken. So stieg z. B. in einer Untersuchungsreihe von OSBORN u. Mitarb. (261) der Tetanus-Antitoxingehalt bei gleichartiger Immunisierung junger Säuglinge rascher an als der Diphtherie-Antitoxingehalt.

Impfungen mit abgetöteten Poliomyelitis-Viren (Salktyp) führen schon bei 1 bis 2 Monate alten Säuglingen in etwa 30—75% zur Bildung nachweisbarer neutralisierender Antikörper, bei 3—4 Monate alten und bei 5—6 Monate alten steigt der Prozentsatz graduell an, und es werden zunehmend höhere Titer erreicht. Nach späterer Auffrischimpfung (Boosterinjektionen) unterscheiden sich die primär in verschiedenen Altersklassen geimpften Säuglinge nicht mehr. Damit ist ein immunisierender Effekt der primären Impfserie auch bei den Kindern der jungen Altersklassen, die zunächst keine Antikörperreaktion erkennen ließen, gesichert (324). Auch nach oraler Applikation von abgeschwächten lebenden Poliomyelitisviren zeigten Säuglinge, die weniger als 2 Monate alt waren, weniger regelmäßig (nur in 76%) einen Antikörperanstieg als ältere, bei denen eine Reaktion in 95% nachweisbar war (271).

Die aktive Immunisierung kann im frühen Säuglingsalter *durch passiv* von der Mutter *übertragene Antikörper* gehemmt werden (143, 144, 294, 378). Es zeigt sich, daß die Hemmung der Antitoxinbildung von der Höhe der vorhandenen passiv erworbenen Antikörper und wohl auch von der Aktivität des Antigens abhängt (14, 262). Bei nur niedrigen Titern — weniger als 0,04 E/ml — war kein Unterschied zu Kindern ohne von der Mutter erhaltene Antikörper bei der Diphtherie-Impfung feststellbar. Wird der Effekt der Immunisierungen gegen die Diphtherietoxoide mit dem Alter der Säuglinge und der Menge der passiv übertragenen Antikörper verglichen, so beeinflußt die zur Zeit der Applikation vorhandene Antikörpermenge die erreichte Schutzwirkung stärker als das geringere Alter (269).

Von der Mutter übernommene neutralisierende Poliomyelitisvirus-Antikörper in Titern von 1:4 und mehr verringern die Antikörperbildung nach der Salkimpfung (268, 324) und wohl auch bei oraler Impfung mit abgeschwächten lebenden Poliomyelitisviren (271, 282a) bei jungen Säuglingen.

KEMPE und BENENSON (188) impften am 5. Lebenstag Neugeborene, die reichlich diaplacentar erworbene Vaccineantikörper (Hämagglutinationshemmtiter 1: 2500) und solche, die nur geringere Mengen (Titer 1: 5) besaßen, mit Vaccinevirus. Die Kinder mit den hohen Titern zeigten keinerlei Hautreaktionen, während bei denen mit niedrigen Antikörpertitern eine typische Impfreaktion mit maximalen Hautveränderungen am 10. Tag auftrat. Im Alter von 6 Monaten kam es bei einer Nachimpfung der Kinder mit reichlich passiv übertragenen Antikörpern am 5. bzw. 6. Tag zu Hautreaktionen entsprechend einer Erstimpfung, obgleich im Serum noch Antikörper (Titer 1: 40 bzw. 1: 60) nachweisbar waren. Die

eigene immunologische Auseinandersetzung mit dem Vaccinevirus erfolgte erst
jetzt. Die Antikörpertiter stiegen wieder an. Bei einer Impfung im Alter von
einem Jahr reagierten die Kinder mit frühzeitigen Hautreaktionen wie Wieder-
impflinge (*221, 338*).

Nach Pertussisimpfungen bei Säuglingen, die zur Zeit der Applikation noch
reichlich diaplacentar erworbene Antikörper besaßen, nahmen die Impftiter rascher
ab und stiegen nach Auffrischinjektionen auch weniger gut an als bei solchen ohne
mütterliche Antikörper (*165, 269*). Wurde die Impfung erst nach dem 3. Monat vorgenommen, so machte sich das Vorhandensein passiv übertragener Antikörper —
ihre Menge unterschied sich in den 2 Versuchsgruppen nicht wesentlich — hinsichtlich des rascheren Abfalls des Impftiters nicht mehr so stark bemerkbar,
während der Effekt der Auffrischinjektion gesenkt blieb (*269*).

Aktive Immunisierungen *bei Greisen* gegen TAB-Vaccine und Diphtherie-
toxoid führten nicht zu gleich hohen Antikörpertitern wie die bei jugendlichen
Erwachsenen (*51, 379*).

Die Antikörperproduktion ist nur bei schwerer *Unterernährung* im Final-
stadium konsumierender Erkrankungen bei Erwachsenen vermindert (*8*). Differenzen in der Eiweißzufuhr, die im Rahmen der verwendeten verschiedenartigen Säuglingsnahrungen liegen, zwischen 3—5$^{1}/_{2}$ g Eiweiß/kg und Tag, hatten keinen Einfluß auf die Bildung von Diphtherieantitoxinen nach Immunisierungen bei 1 bis
3 Monate alten Säuglingen (*78*). Unterschiedliche Dauer der Ernährung mit
Frauenmilch beeinflußte die Antikörperbildung bei Immunisierungen gegen
Diphtherie, Pertussis und Influenza nicht (*235*).

Für das Studium der *natürlichen aktiven Immunisierung in verschiedenen
Lebensaltern* erscheinen generalisierte Virusinfektionen besonders geeignet, da
nach ihrem Überwinden im allgemeinen mit anhaltender Immunität zu rechnen
ist. Leider liegen keine umfassenden statistischen Erhebungen vor, so daß Einzel-
berichte herangezogen werden müssen.

Sowohl neugeborene Menschen wie neugeborene Tiere (*271, 290, 373*) reagieren
bei bestimmten Virusinfektionen anders als ältere Individuen. *Bei neugeborenen*
Menschen rufen z. B. Coxsackie-B-Virusarten *schwere* generalisierte Erkrankungen
hervor, während die Krankheit sich bei älteren Kindern viel leichter manifestiert.
Ähnliche Verhältnisse lassen sich bei der Cytomegalie oder bei Infektionen mit dem
Herpes simplex-Virus erkennen.

Umgekehrt erscheinen die Krankheitsverläufe von Enteritiden nach einer Infektion mit Echovirus Typ 18 (*97*) *bei Frühgeborenen* leichter als bei Reifgeborenen.
Eine Infektion mit Echoviren vom Typ 20 bewirkte bei 5—14 Monate alten Säuglingen Rhinitis, Pharyngitis, Conjunctivitis und Enteritis sowie Erytheme bei
mäßigem Fieber (*72*), während *Neugeborene* bei einer gleichartigen Infektion
symptomlos blieben (*98*). Abgeschwächte Poliomyelitisviren haften bei Neugeborenen und jungen Säuglingen schlechter als bei älteren (*204*). Sie werden nach oraler
Aufnahme weniger lange Zeit mit dem Stuhl ausgeschieden. Eine Korrelation zur
Menge der diaplacentar übernommenen entsprechenden spezifischen Antikörper
konnte zunächst nicht ermittelt werden, ist nach späteren Untersuchungen jedoch
wahrscheinlich (*203, 282a*). Diese Befunde können auf eine unterschiedliche
Empfänglichkeit reifen und unreifen Gewebes für verschiedene Virusarten hin-
deuten. Serologische Zusammenhänge sind aber noch nicht ausgeschlossen.

Da gegen Virusantigene gerichtete, von der Mutter gebildete Antikörper die
Placentaschranke leicht passieren, liegen bisher keine Untersuchungen über eine
eigene *Antikörperproduktion des Feten* bei intrauterinen Infektionen vor. Von
Interesse erscheinen katamnestische Erhebungen bei den allerdings selten vor-
kommenden angeborenen Viruskrankheiten, die in ihrem Erscheinungsbild den

Symptomen im späteren Leben gleichen, wie Masern oder Windpocken. Sollten derartige Kinder länger als andere junge Säuglinge, die nur passiv von der Mutter übertragene mütterliche Antikörper besitzen, neutralisierende Antikörper in ihrem Serum haben oder immun gegen die in der Fetal- oder Neugeborenenperiode durchgemachte Erkrankung sein, ließen sich wesentliche Schlüsse ziehen.

EICHENWALD und KOTSEVALOV (98) suchten bei klinisch gesunden und an nichtbakteriellen Enteritiden oder einer besonderen Rhinitis [dem "stuffy nose syndrome" (96)] kranken *Neugeborenen und Frühgeborenen* nach Adeno- und Echovirusstämmen. Während einer Infektion mit dem Echovirus Typ 18 erkrankten 12 Frühgeborene und 5 Reifgeborene im Alter von 5—56 Tagen an leichter Diarrhoe. Fünfzehnmal konnte das Virus in den ersten Krankheitstagen isoliert werden. Es verschwand dann rasch aus dem Stuhl. Alle Kinder zeigten einen deutlichen *Anstieg der neutralisierenden Antikörper* mit einem maximalen Titer in der 3. Woche. Die erreichte Titerhöhe zeigte keine Korrelation zum Alter oder Geburtsgewicht der Kinder.

Ähnliche Antikörperbefunde ergaben sich bei 5 Reifgeborenen, die sich in der 1. bis 2. Lebenswoche mit Echo Typ 9 infizierten und zum Teil an schweren Durchfällen und einmal zusätzlich an einer aseptischen Meningitis erkrankten. Die erreichten Titer lagen nur wenig niedriger als bei älteren gleichartig infizierten Kindern (274). Bei 2 Kindern waren bereits vor der Infektion diaplacentar übertragene Antikörper gegen das Echovirus vorhanden. Beide Kinder litten trotzdem an Durchfällen: Der nach der Erkrankung einsetzende Antikörperanstieg wurde von den passiv erworbenen Antikörpern nicht beeinflußt. Ein ähnliches Ergebnis teilte KIBRICK (191) mit. Er beobachtete eine Echo 9-Infektion gleichzeitig bei einer gerade entbundenen Mutter und ihrem neugeborenen Kind. Mutter und Kind bildeten neutralisierende Antikörper gegen das Virus. Im kindlichen Blut wurden schließlich höhere Titer als bei der Mutter bestimmt.

Bei 4 Reifgeborenen ohne auffällige Krankheitszeichen wurde zwischen dem 5. und 7. Lebenstag erstmals Echovirus Typ 20 isoliert (98). Auch bei diesen Kindern stiegen die neutralisierenden Antikörper innerhalb von etwa 2 Wochen auf Werte an, wie sie bei den mit dem gleichen Virus infizierten 5—14 Monate alten Säuglingen (72) erreicht wurden.

Adenovirus Typ 3 wurde bei 6 Frühgeborenen erstmals zwischen dem 12. und 37. Tag aus dem Stuhl isoliert. Vier Kinder hatten leichte Durchfälle, 2 erschienen gesund. Zu Beginn der Beobachtung fehlten bei allen Kindern sowohl neutralisierende als komplementbindende Antikörper. Bei 2 Kindern, einem kranken und einem gesunden, waren auch etwa 2 Wochen später keine neutralisierenden Antikörper nachweisbar. Die übrigen 4 zeigten einen deutlichen Titeranstieg, der aber etwas geringer erschien als sonst in der Literatur (183) berichtete Werte bei älteren Kindern. Komplementbindende Antikörper waren auch nach der Erkrankung in drei Fällen nicht nachweisbar und in den übrigen nur geringfügig angestiegen.

Bei 5 Frühgeborenen trat zwischen dem 6. und 22. Lebenstag ein "Stuffy nose syndrome") auf, welches durch einen gleichzeitigen Befall mit Adenovirus Typ 1 und Staphylokokken hervorgerufen wird. Zwischen dem 6. und 29. Tag wurde bei den Kindern erstmals Adenovirus Typ 1 isoliert. Neutralisierende Antikörper stiegen bei 4 Kindern, komplementbindende gleichzeitig aber nur bei einem Kind im Laufe der Krankheit an. Das Kind, welches gar keinen Antikörperanstieg hatte, schied das Virus auffallend lange aus. EICHENWALD und KOTZEVALOV (98) schließen aus ihren Untersuchungen, daß schon im frühen Säuglingsalter und auch bei jungen Frühgeborenen Antikörper gegen Virusantigene zum Teil in gleicher Menge wie bei älteren Individuen gebildet werden können.

Zwillinge, die am 5. Lebenstag wahrscheinlich infolge intrauterin erworbener Infektion an westlicher Schweineencephalitis erkrankten, hatten bereits am 19. Lebenstag reichlich komplementbindende Antikörper gegen dieses Virus in ihrem Blut. Diaplacentar waren keine derartigen Antikörper übertragen worden (*312*).

Im Gegensatz zu dem bisher geschilderten verhältnismäßig guten Antikörperbildungsvermögen junger Säuglinge gegen verschiedene Virusantigene stehen Befunde über die Antikörperbildung bei der *infektiösen Mononucleose*. Die bei dieser Erkrankung auftretenden, mit der Paul-Bunnell-Reaktion nachweisbaren Hammelblutagglutinine lassen sich bei Säuglingen und Kleinkindern nur sehr unregelmäßig nachweisen (*178, 384*).

Auch über die Bildung von *bakteriellen Antikörpern* im Laufe natürlicher Infektionen in verschiedenen Lebensabschnitten liegen keine größeren statistisch verwertbaren Berichte vor, so daß wieder Einzelbeobachtungen angeführt werden müssen. Die Antikörperproduktion gegen bakterielle Antigene erfolgt auch im Organismus Erwachsener nicht mit der gleichen Regelmäßigkeit, wie die gegen Virus- oder unbelebte Proteinantigene. Nach Tierversuchen ist es wahrscheinlich, daß die Fähigkeit zur Bildung von Antikörpern gegen bakterielle Antigene bei Neugeborenen etwas eher auftritt als die zur Produktion von Antikörpern gegen Proteinantigene (*94*).

Von im 8. Gestationsmonat geborenen *Frühgeborenen* wurden im Alter zwischen 10 und 71 Tagen bei Staphylokokkeninfekten etwa gleichartig Antistaphylolysine gebildet wie von Reifgeborenen, während im 6. oder 7. Monat frühgeborene Kinder praktisch keine Staphylokokkenantikörper bildeten (*3*).

Während einer Typhuserkrankung einer graviden Mutter wurde das Kind in der 3. Krankheitswoche vorzeitig geboren. Die Widalprobe war zu dieser Zeit bei der Mutter positiv mit einem Titer von 1:2560, im Nabelschnurblut negativ. Typhusbakterien konnten im Nabelschnurblut nicht nachgewiesen werden. Das Kind wurde künstlich ernährt und von der Mutter isoliert. Nach einem Monat fand sich in seinem Blut eine stark positive Widalreaktion mit einem Titer von 1:20480. Eine diaplacentare Vermittlung des Typhusantigens und eine eigene Antikörperproduktion des Kindes wurden angenommen (*233*).

Die verbreitete Ansicht, daß die Widalprobe zur Typhusdiagnostik bei *Säuglingserkrankungen* wegen einer schlechten Agglutininbildung kaum verwertet werden könne, kann generell nicht aufrechterhalten werden (*298*). Erstaunlich hohe Titer sind für Einzelfälle bei verschiedenen Salmonella-Infektionen mitgeteilt worden (*41, 172, 308*). Allerdings wurde die Probe häufig erst verhältnismäßig spät positiv.

Diese Einzelbeobachtungen werden ergänzt durch zum Teil recht große Untersuchungsreihen über das Vorkommen von verschiedenartigen Antikörpern — besonders von Diphtherie- und Scharlach-Antitoxinen oder Typhus-Agglutininen (*381*), aber auch von Dyspepsiecoli-Agglutininen (*253*) oder Antistreptolysin (*199*) — in verschiedenen Bevölkerungsgruppen mit Berücksichtigung des Lebensalters. Je nach der Seuchenlage findet sich hierbei im allgemeinen ein mehr oder weniger rascher Antikörperanstieg etwa vom 6. Lebensmonat an. Die Gipfelpunkte werden meistens im Schulalter, teilweise auch noch im frühen Erwachsenenalter gefunden. Im späteren Erwachsenenalter vermindert sich die Häufigkeit des Antikörpernachweises wieder.

Obgleich die Natur ihres Erregers (Pneumocystis carinii) noch nicht eindeutig bekannt ist, soll kurz auf die *interstitielle plasmacelluläre Pneumonie* der Frühgeborenen eingegangen werden. Bei dieser Krankheit findet sich ein ausgesprochener Altersgipfel mit einem Maximum am Ende des 2. und im 3. bis 4. Lebensmonat (*31, 360, 368*). Immunologisch erscheinen die bei pathologisch-anatomischen Untersuchungen nachweisbaren Anhäufungen von Plasmazellen in den Alveolarsepten besonders bemerkenswert, da vorwiegend Frühgeborene von dieser Erkrankung befallen werden. Einzelfälle mit sicherem Nachweis von Plasmazellen sind schon in den ersten Lebenswochen aufgetreten. BIRD und THOMSON (*33*) beobachteten eine derartige Erkrankung bei einem verhältnismäßig alten Säugling (11 Monate). Bei ihm bestand eine Agammaglobulinämie. Die Lungenveränderungen wichen infolge Fehlens von Plasmazellen von den üblichen Befunden ab. Typische Strukturen von Pneumocystis carinii waren erkennbar.

Im Serum kann eine γ-Globulinvermehrung deutlich erkennbar sein (*202, 303* u. a.). Komplementbindende Antikörper gegen ein aus den Lungen kranker Kinder hergestelltes Antigen (*359*) werden mit großer Regelmäßigkeit gebildet. Maximale Titer werden etwa einen Monat nach Krankheitsbeginn erreicht (*360*).

6. Allergie

Als allergische Vorgänge werden in der modernen Literatur etwas abweichend von der ursprünglichen Definition PIRQUETs (*270 a*) Antigenantikörperreaktionen mit pathogenen Folgen für den Makroorganismus bezeichnet. Mit derartigen Folgen ist vor allem dann zu rechnen, wenn Antikörper, Antigene oder die Antigenantikörperkomplexe in direkten *Kontakt mit Körperzellen* geraten. Eine im Serum oder in den Körpersäften ablaufende Antigenantikörperreaktion, z. B. die Toxinneutralisierung durch Antitoxine, läuft unmerkbar ab.

Bei besonders klassischen Beispielen allergischer Situationen *vermitteln die Antikörper den Kontakt* mit den Körperzellen. Sie sind entweder fest mit bestimmten Zellen verhaftet — erscheinen niemals in der freien Flüssigkeit und sind passiv nur mit den Zellen zu übertragen (*Spättypreaktionen* — Beachte S. 346) —, oder sie besitzen neben der spezifischen Reaktions- und Verbindungsgruppe zu ihrem Antigen eine besondere Haftfähigkeit für bestimmte Körperzellen (Reagine).

Reagine sind, wenn sie in erheblicher Menge gebildet werden und eine gewisse Sättigung an den Körperzellen eingetreten ist, auch in den Körperflüssigkeiten vorhanden. Diese Antikörper können mit dem Serum passiv übertragen werden und treten im Empfängerorganismus in der Nähe der Injektionsstelle in Kontakt mit den ihnen affinen Zellen (*Prausnitz-Küstnerscher Versuch*). Die Reagine bewirken die allergischen Sofortreaktionen, welche eintreten, sobald das Antigen in den Bereich der mit Reagin beladenen Zellen gerät. Die verzögerte Wirkung bei Spättypreaktionen läßt sich dadurch erklären, daß die antikörpertragenden Zellen selbst — u. a. durch Eigenbewegungen — erst an den Ort der Antigenapplikation gelangen müssen.

Bei der *Serumkrankheit* und dem *Arthusphänomen* als entsprechende Lokalreaktion finden sich im Serum zirkulierende präcipitierende Antikörper. Sie verbinden sich mit dem Antigen zu *Antigenantikörperkomplexen*. Beim Auftreten allergischer Phänomene werden solche Komplexe im Bereich der entzündlichen Läsionen gefunden. Die Frage, ob ein Niederschlag solcher Komplexe an der Wand von Gefäßen den auslösenden entzündlichen Reiz darstellt, ist noch nicht sicher beantwortet. Vor allem bei Kindern soll möglicherweise noch ein den Reaginen ähnlicher Antikörper mit Zellaffinität eine Rolle bei der Auslösung der Serumkrankheit und anderer Reaktionen nach Sensibilisierungen gegen Eiweißstoffe spielen. Diese Antikörperform ist im Gegensatz zu den eigentlichen Reaginen hitzestabil und kommt in ähnlicher Form bei Tieren vor (*70 a*).

Auch die *Antigene* (Allergene) können die Verbindung zu den Körperzellen herstellen. Die Reaktionen laufen dann bevorzugt in der Nähe der Antigenapplikation ab. Ob man Situationen, bei denen das Antigen, z. B. ein Blutgruppenmerkmal, von vornherein an Körperzellen verankert ist, und in denen es nach dem Hinzutreten eines spezifischen Antikörpers zu pathologischen Reaktionen kommt, ebenfalls als allergisch bezeichnen soll, muß der jeweiligen Betrachtung überlassen bleiben. Erleiden Körperzellen, z. B. durch Virusinfekte oder durch andere äußere Einwirkungen, Veränderungen der Art, daß sie vom Körper als fremd — als antigen — empfunden werden, und kommt es zu einer Bildung von sog. *Autoantikörpern* und zum Ablauf zellgebundener Antigenantikörperreaktionen, so stimmen diese Vorgänge weitgehend mit den oben geschilderten überein. Die zuletzt genannten Reaktionen werden meistens als immunpathologische, weniger als allergische Abläufe gekennzeichnet.

Bei schadenbringenden, pathogenen Antigenantikörperreaktionen entstehen möglicherweise durch die begleitende Zellirritation sog. *H-Substanzen*, die zum Teil histaminartige

Wirkungen haben und ihrerseits Anlaß zu biochemischen Reaktionen mit neuerlichen Zellalterationen und Kreislaufwirkungen geben.

Die Entwicklung einer Allergie hängt oft von einer konstitutionellen erblichen Bereitschaft ab. Daneben hat die Natur einzelner Allergene eine Bedeutung. So können nahezu alle Menschen gegen Primelextrakte sensibilisiert werden, während viele andere Stoffe nur äußerst selten zu Überempfindlichkeitsreaktionen führen. Aber auch die Menge und die Applikationsart der Antigene haben einen Einfluß darauf, ob der Organismus mit der Bildung freizirkulierender, zellgebundener oder zellhaftender Antikörper reagiert.

Im intrauterinen Leben ist die menschliche Frucht durch die Eihäute und die Placenta weitgehend vor dem *Eindringen von Allergenen* mit Vollantigencharakter, wie nativen Fremdeiweißstoffen, geschützt. Haptene, unter anderem bestimmte Medikamente, die erst durch körpereigene Eiweißstoffe zu Vollantigenen komplettiert werden, mögen den *Fetus* hingegen erreichen (*104, 105*). Bei einzelnen Nagern ist auch der Nachweis eines diaplacentaren Überganges heterologer Eiweißstoffe gelungen (*280*). Für den Menschen liegen bisher keine experimentellen Befunde über die Möglichkeit einer derartigen Sensibilisierung von Feten vor. Eher scheint eine passive Sensibilisierung nach der Vermittlung mütterlicher allergischer Antikörper möglich. Antikörperstudien führten jedoch auch hier zu negativen Ergebnissen (s. S. 348). Hingegen könnten einzelne klinische Beobachtungen, wie die des Singultus fetalis nach der Zufuhr bestimmter Nahrungsmittel bei allergischen Müttern (*232*), hierfür sprechen.

Es erhebt sich die Frage, ob bei neugeborenen und jungen *Säuglingen* unaufgespaltene Proteine, die als Allergene wirken könnten, *vom Darmkanal* aus häufiger resorbiert werden als bei älteren Individuen. Man war lange Zeit der Meinung, daß ein derartiger Vorgang ausschließlich in den ersten Lebenstagen (*131, 352*), später nur nach übermäßiger Eiweißaufnahme oder bei Erkrankungen des Magen-Darm-Kanals (*131, 296*) möglich sei. In späteren Studien zeigte sich jedoch auch eine enterale Resorption genuiner Proteine bzw. noch antigen wirksamer Proteinbruchstücke bei gesunden älteren Kindern und Erwachsenen (*147, 215, 229, 279*). Eine besondere Anfälligkeit junger Säuglinge für allergische Sensibilisierungen durch enteral aufgenommene Allergene ließ sich nicht ermitteln.

Das Auftreten und der Ablauf der Serumkrankheit in verschiedenen Lebensaltern vermitteln einen Einblick in die *Reaktionsfähigkeit gegenüber parenteraler Zufuhr artfremden Eiweißes*. Die hierbei gemachten Beobachtungen stimmen weitgehend mit denen bei aktiven Immunisierungen gegen bakterielle oder Virusantigene überein. Das erscheint von vornherein wegen der Ähnlichkeit der in beiden Situationen gebildeten Antikörper einleuchtend. Injektionen eines antitoxischen Pferdeserums rufen bei jungen Säuglingen nur ganz selten nach dem charakteristischen Intervall von 7—12 Tagen eine *Serumkrankheit* hervor (*297*). In erster Linie dürfte die schon häufiger erwähnte Verzögerung der Antikörperproduktion bei jungen Säuglingen hierfür verantwortlich sein. Junge Kaninchen bilden nach der Injektion heterologen Serums nur mangelhaft oder überhaupt keine präcipitierenden Antikörper (*104, 239*). Das seltenere Auftreten der Serumkrankheit bei Säuglingen kann teilweise auch auf die ebenfalls schon mehrfach angeführte verminderte Reaktionsfähigkeit der Haut bezogen werden. Sofortreaktionen auf die erste Applikation eines Fremdserums im Sinne einer Serumidiosynkrasie sind in allen Altersstufen beschrieben worden (*32*). Brusa (*49*) fand sie prozentual häufiger bei Kindern unter 2 Jahren als bei älteren. Es konnte in einem Teil der Fälle nachgewiesen werden, daß die Mutter der betroffenen Kinder mit Serum entsprechender Tiere vorbehandelt war. Ein diaplacentarer Übergang von Antikörpern wird vermutet.

Beobachtungen über die Bildung von typischen *Reaginen* bei Feten fehlen. Heufieber ist bei sehr hohem Pollengehalt in der Luft in Einzelfällen schon bei

Neugeborenen und jungen Säuglingen beschrieben worden (*185, 293, 313*). Die Auslösung durch diaplacentar übernommene mütterliche Antikörper konnte ausgeschlossen werden. Echte Reagine lassen sich bei mit Ekzem behafteten Säuglingen nachweisen. Überwiegend handelt es sich um eine Überempfindlichkeit gegen Eiklar (*155*). Vollmer u. Mitarb. (*364*) injizierten Milch- und Eibestandteile sowie Placentaextrakte in die Haut zahlreicher Säuglinge, auch solcher aus Familien mit gehäuftem Vorkommen von Allergien. Im Alter von 12 Std war keinerlei Reaktion nachweisbar. Hingegen zeigte ein Teil der Kinder im Alter von 2—24 Monaten auf gleichartige Substanzen deutliche Reaktionen.

Wird reaginhaltiges Serum vergleichsweise in die Haut normaler Säuglinge und normaler Erwachsener injiziert und Antigen entsprechend der Prausnitz-Küstnerschen Anordnung zugeführt, so verläuft die Reaktion auf der Haut der Säuglinge wesentlich blander (*57*). Bei Frühgeborenen treten im Vergleich zu Neugeborenen noch geringere Quaddelbildungen auf (*229*). Werden Erwachsene mit dem Serum allergischer Kleinkinder sensibilisiert und wird danach das Antigen bei ihnen und gleichzeitig bei den Kindern intradermal zugeführt, so fällt die Reaktion an der Haut der passiv sensibilisierten Erwachsenen intensiver aus als bei den serumspendenden Kindern. Ein umgekehrtes Verhalten läßt sich beobachten, wenn das zur Sensibilisierung benutzte Serum von älteren Kindern stammt. In diesem Fall findet sich die stärkere Reaktion an der Haut des allergischen Patienten (*311*).

Es ist schon lange bekannt, daß *erbliche Faktoren* eine erhebliche Bedeutung für den Zeitpunkt des Manifestwerdens von allergischen Symptomen haben. Zu Allergien neigende Menschen bilden Reagine leichter und regelmäßiger, unter Umständen ausschließlich, normergische Menschen dagegen nur in geringem Maße. Heufieber, Bronchialasthma, Nahrungsmittelallergien und andere allergische Erkrankungen manifestieren sich, wenn beide Eltern befallen sind, bei den Kindern meistens innerhalb der ersten 5 Jahre. Ist nur ein Elternteil betroffen, treten die Erscheinungen in der Mehrzahl der Fälle erstmals mit 10—15 Jahren, und wenn keine familiäre Belastung vorliegt, mit 20—25 Jahren auf (*70, 377*).

Von normergischen Menschen werden nach anhaltendem Kontakt mit verschiedenen Antigenen monovalente, blockierende Antikörper gebildet, die keine Hafttendenz an Körperzellen besitzen. Die mit diesen Antikörpern ablaufende Antigenantikörperreaktion ist klinisch stumm. Bei sog. *Desensibilisierungen* allergischer Patienten wird die reichliche Bildung derartiger Antikörper angestrebt. Sie sollen das Antigen vor dem Kontakt mit den zellhaftenden Reaginen neutralisieren. Andere Untersucher (*60, 374*) bezweifeln allerdings die Existenz derartiger monovalenter Antikörper. Sie vermuten einen zweistufigen Ablauf. Die Desensibilisierung soll durch einen 2. Antikörper, der gegen das Produkt Antigen + Antikörper gerichtet ist, zustandekommen. Ob Unterschiede hinsichtlich des Erfolges derartiger Desensibilisierungen bei Allergikern verschiedenen Alters bestehen, ist nicht bekannt.

Die Altersabhängigkeit von *Spättypreaktionen* ist am häufigsten hinsichtlich der Tuberkulinallergie bewertet worden. Werden Meerschweinchen in den ersten Lebenstagen und vergleichsweise ältere Tiere mit Tuberkelbakterien infiziert, so tritt die Tuberkulinallergie bei den jungen Tieren später und weniger intensiv auf als bei den älteren (*194*). Ähnliche Verhältnisse sind auch beim Menschen beschrieben worden (*195*). Die präallergische Phase — der Zeitraum zwischen dem Infektionstermin mit Tuberkelbakterien und dem Auftreten der Tuberkulinallergie — kann im Säuglingsalter erheblich verlängert sein (*156*). Möglicherweise beeinträchtigen passiv von der Mutter übertragene Tbc-Antikörper die frühzeitige Entwicklung der Allergie. Es zeigte sich, daß nach BCG-Impfung Neugeborener von tuberkulosekranken Müttern besonders starke Verzögerungen und Abschwächungen der Reaktion eintraten (*285*). Bei den Neugeborenen gesunder Mütter entwickelte sich nach der Impfung annähernd regelmäßig eine Tuberkulinallergie (*18, 19*), wenn auch etwas langsamer als bei älteren Kindern (*354*). Selbst Frühgeborene mit Gewichten von 1500—2000 g wiesen nach einer Impfung in der 4. bis 8. Woche zu 90% positive Tuberkulinproben auf (*93*). Die in Frage stehenden passiv übertragenen Antikörper der tuberkulösen Mütter sind noch nicht sicher bestimmt. Solche, die mit dem Middlebroock-Dubos-Test nachweisbar sind, kommen, da sie nicht diaplacentar übertragen werden (*134, 285*) hierfür nicht in Betracht.

Nach intrauterinen Tbc-Infektionen kann schon in den ersten Lebenstagen eine positive Tuberkulinprobe bei den Neugeborenen auftreten. Bei den in Lübeck versehentlich mit virulenten Tuberkelbakterien infizierten Säuglingen zeigte sich teilweise schon verhältnismäßig früh — 23 bis 34 Tage nach der Keimaufnahme — eine hohe Tuberkulinempfindlichkeit (*37*). Im Gegensatz hierzu stehen Mitteilungen über Todesfälle an Tuberkulose bei Säuglingen, ohne daß vorher jemals eine positive Tuberkulinhautreaktion eintrat (*137, 195*), und die Beobachtung von positiven Tuberkulintests erst im 8. Lebensmonat bei konnataler Tuberkulose (*141*). So verzögert positive Tuberkulinproben werden vor allem bei Frühgeborenen beobachtet. Aber auch bei Erwachsenen sind derartige Entwicklungen bei maligne verlaufenden späten Erstinfektionen bekannt (*351*).

Größere Erfahrungen über die Geschwindigkeit und Stärke der Entwicklung der Tuberkulinallergie im späteren Kindesalter konnten nach BCG-Impfungen gesammelt werden. Die nach der Impfung eintretende Hautallergie fällt gelegentlich schwächer aus als die bei spontan infizierten gleichaltrigen Personen (*18, 19*). Die Stärke nimmt mit zunehmendem Abstand von der Impfung allmählich ab. Etwa vom 10. Lebensjahr an verringert sich die Intensität der Allergie auch bei frisch Vaccinierten. Die Pflasterprobe mit tuberkulinhaltigen Salben reicht zur Erkennung nicht mehr aus (*219, 222*). Im Alter von 16—17 Jahren reagierten in einer Schweizer Untersuchungsreihe nur 76% der tuberkulinpositiven Menschen auf diese Probe. Nach dem 18. Jahr nahm die Häufigkeit wieder zu, noch im Alter von 50 und mehr Jahren reagierten 88% der tuberkulinpositiven Personen auf diese gering dosierte Antigenanwendung (*20*). Kinder, die im Neugeborenen- oder Säuglingsalter geimpft wurden, wiesen etwa 1 Jahr nach der Impfung übereinstimmend mit 7—11jährigen in 93 bzw. 95% positive Reaktionen nach der Moroschen Pflasterprobe auf.

Histamin kann von Neugeborenen ausreichend gebildet werden. An der Haut von Neugeborenen zeigt sich nach der Applikation von Histamin wohl eine Rötung, aber nicht in gleichem Umfang wie bei älteren Kindern eine Quaddelbildung. Wenn früh- und reifgeborene Kinder kurz nach der Geburt mit dem Serum von allergischen Erwachsenen sensibilisiert werden, so entstehen nach lokaler Antigeninjektion (*334*) oder nach oraler Aufnahme des nicht erhitzten Proteinallergens (Hühnerei) (*229*) neben Erythemen typische Quaddeln. Ein gleicher Effekt war auch bei Schulkindern nach oraler Antigenaufnahme vorhanden. Die *Fähigkeit zur Quaddelbildung* unterscheidet sich demnach bei Neugeborenen und älteren Menschen nur gering.

5-Hydroxytryptamin *(Serotonin)* gehört bei einzelnen Tieren sicher, beim Menschen möglicherweise (*86*) zu den sog. H-Substanzen und hat eine Bedeutung bei anaphylaktischen und allergischen Phänomenen. Nach parenteraler Applikaton entwickeln sich unter Umständen wesentlich stärkere Ödeme als nach Histaminanwendung. Im Blut erscheint der Stoff an Thrombocyten gebunden. Bei Neugeborenen und jungen Säuglingen läßt sich sehr wenig Serotonin im Blut nachweisen (*238*). Wahrscheinlich sind die Blutplättchen in diesem Alter noch nicht fähig, größere Mengen dieses Stoffes zu fixieren. Vom 4. Monat an steigt der Serotoninspiegel im Blut rasch an.

Eine Anhäufung von *eosinophilen Leukocyten* im Entzündungsgebiet und ihre Vermehrung im strömenden Blut weisen bei Erwachsenen im allgemeinen auf allergische Vorgänge hin. Bei jungen Säuglingen finden sich auch nach unspezifischen Reizen an der Haut (*99*) und ohne erkennbare Ursachen in den Schleimhäuten (*230*) Eosinophilien ohne deutliche Parallele zur Zahl der eosinophilen Zellen im strömenden Blut. EITZMAN und SMITH (*99*) beobachteten reichlich derartige Zellen in kleineren Hauterosionen bei 2—21 Tage alten Säuglingen. Am ersten Lebenstag fanden sie sich nicht. MATHESON u. Mitarb. (*230*) geben einen Höhepunkt in der 3. Woche an. In der Regel halten Schleimhauteosinophilien 7—10 Wochen, gelegentlich bis zu 3 Monaten an. Nach diesen Beobachtungen scheint es nicht angängig, z. B. allein aus den Infiltrationen der Haut mit eosinophilen Zellen auf die allergische Natur des Erythema toxicum neonatorum zu schließen (*317*).

Auf die altersbedingte Entwicklung einiger infektionsallergischer *Prozesse* muß noch gesondert eingegangen werden. Allergische Phänomene bei akuten exanthematischen Erkrankungen wie den *Masern* brauchen nicht hervorgehoben zu werden, da hier die sonst für allergische Abläufe typische individuelle Disposition kaum eine Rolle spielt. Das Exanthem ist als Folge der Reaktion zwischen Virusantigenen und den vom Körper gebildeten Antikörpern anzusehen. Eine Anfälligkeit für Masern besteht praktisch während des ganzen Lebens. In der Neugeborenenperiode liegt in der Regel ein Schutz durch diaplacentar vermittelte mütterliche Antikörper vor. Bei jüngeren Kindern und Säuglingen ist das Exanthem häufiger unvollständig als bei älteren Individuen (*145*).

Sowohl der akuten *Polyarthritis rheumatica* als auch der *Glomerulonephritis* geht gewöhnlich eine Auseinandersetzung mit β-hämolysierenden Streptokokken der Gruppe A voraus. In den sekundär erkrankten Organen lassen sich keine Krankheitserreger nachweisen. Aber auch die Reaktionen zwischen Streptokokkenantigenen und verschiedenen gegen sie gerichteten Antikörpern stellen nicht das eigentlich auslösende Prinzip dar. Wahrscheinlich wird durch die Auseinandersetzung mit den Kokken eine neue, selbständig ablaufende, bisher im einzelnen noch nicht übersehbare Reaktion ausgelöst. Womöglich handelt es sich um autoallergische Vorgänge. Erkrankungen an akuter rheumatischer Polyarthritis, Endocarditis und Chorea minor sowie an Glomerulonephritis sind bis zum 3. Lebensjahr äußerst selten (*101, 102, 103, 109, 211*). Als Ursachen werden neben der sich erst allmählich voll entwickelnden Fähigkeit zur Antikörperbildung besondere Gewebssituationen an dem Ort, an welchem die Antigenantikörperreaktionen ablaufen, angenommen. Ähnlich wie die schon früher erwähnte mangelhafte Reizbeantwortung an der Haut, wie die schwächere Reaktion nach passiven Reagininjektionen bei Prausnitz-Küstnerschen Versuchen, wird eine für typische allergische Manifestationen fehlende Gewebsreife angenommen. Kleinkinder sollen nicht zur Bildung typischer rheumatischer Knötchen fähig sein (*196*). In Tierversuchen konnten an der Niere von jungen Kaninchen entsprechende Hinweise gewonnen werden (*102, 103*). Eine Masuginephritis ließ sich bei ihnen nur unregelmäßig und wenn, mit sehr hohen Dosen nephrotoxischen Entenserums erzielen. Die histologischen Veränderungen waren trotz der überhöhten Serumdosen geringfügiger als bei älteren Tieren.

Auch bei der *primär chronischen Polyarthritis* (rheumatoid arthritis) werden wegen des schubweisen Verlaufes und wegen der engen Beziehungen zur Subsepsis allergica Wissler und zum visceralen Erythematodes autoallergische Abläufe vermutet. Im Serum lassen sich verschiedene antikörperähnliche Stoffe nachweisen, deren pathogenetische Bedeutung jedoch unklar ist. Bei Kindern fallen diese bei Erwachsenen diagnostisch verläßlichen Rheumareaktionen — wie der Waaler-Rose-Test und die Variationen mit Latex oder Betonitpartikeln — unsicher aus. Nur mit empfindlichster Technik sind derartige Faktoren in ihrem Serum in geringer Menge nachweisbar, und zwar bei jüngeren Kindern noch unsicherer als bei älteren (*75, 388*).

Neuroallergische Spätreaktionen (*107, 108*) werden in Form von *Encephalo-myelitiden* mit einem bestimmten Intervall nach verschiedenen Infektionskrankheiten, vor allem nach Virusinfekten, beobachtet. Ähnliche Krankheitsbilder können nach der Applikation heterologen Serums in Analogie zur Serumkrankheit als serogenetische Encephalomyelitiden und womöglich auch nach Anwendung von Quecksilberpräparaten als Calomelkrankheit (Feersche Neurose) auftreten. Möglicherweise spielen auch hier autoallergische Vorgänge eine Rolle. Eine familiäre bzw. konstitutionelle Bereitschaft ist deutlich vorhanden, allerdings bleiben Säuglinge und Kleinkinder nicht mit der gleichen Regelmäßigkeit von derartigen Encephalomyelitiden verschont wie vom Rheumatismus und der Nephritis.

7. Zusammenfassung

Die Mechanismen der sog. unspezifischen Infektionsabwehr ließen sich in 2 Gruppen aufteilen. Die erste Gruppe umfaßte anatomisch-mechanische und physikalisch-chemische Bedingungen an den Orten, an welchen Mikroorganismen in Kontakt mit dem menschlichen Organismus geraten. Sie sind für das primäre Haften der Keime sowie für die Möglichkeit oder Unmöglichkeit ihrer lokalen Vermehrung verantwortlich. In der 2. Gruppe waren celluläre und humorale Reaktionen zu erörtern, die bei beginnender Expansion der Krankheitserreger wirksam werden. Bei beiden Abläufen zeigten sich deutliche altersbedingte Unterschiede vorwiegend in der Art, daß Mikroorganismen sich bei jungen Individuen leichter ansiedeln können als bei Erwachsenen. Wegen der dünnen Epitheldecken, des größeren Wasserreichtums der Gewebe, der noch nicht maximal entwickelten Fermentproduktion und der zunächst fehlenden Stabilität in der Zusammensetzung der physiologischen Bakterienflora können sich Keime an der Kontaktstelle bei jungen Säuglingen leichter vermehren. Das Eindringen und die Verbreitung im Organismus wird durch die in den ersten Lebensabschnitten noch unvollständig wirksamen Abwehrzellen und die quantitativ noch nicht maximal vorhandenen bactericiden Serumstoffe erleichtert. Letztere Funktionen sind auch bei Greisen im Vergleich zu jugendlichen Erwachsenen wieder verringert.

Echte reaktive Entzündungserscheinungen können bei Feten in der zweiten Hälfte der Schwangerschaft auftreten. Die Fähigkeit zur lokalen Begrenzung von Infektionsprozessen ist noch bei Neugeborenen und Säuglingen deutlich verringert.

Eine Reihe spezifischer humoraler Antikörper wird dem menschlichen Feten diaplacentar aus dem mütterlichen Blut vermittelt. Es handelt sich hierbei vorwiegend um Immunkörper, die zu den γ-Globulinen gehören. Sie können dem Neugeborenen einen wirksamen Schutz gegen verschiedenartige Infektionen verleihen. Wie bei allen passiv übertragenen Immunstoffen ist die Wirkung zeitlich begrenzt. Die Antikörper werden allmählich abgebaut. Wahrscheinlich erfolgt die Elimination passiv zugeführter γ-Globuline bei Neugeborenen langsamer als bei älteren Säuglingen und Kleinkindern und bei letzteren wiederum langsamer als bei Erwachsenen. β_2A- und β_2M-Globuline werden nicht in nennenswerten Mengen diaplacentar vom Kind übernommen. Der Antikörpergehalt des Serums eines Neugeborenen stimmt deshalb nur teilweise mit dem mütterlichen überein.

Die Fähigkeit zur Bildung von Antikörpern scheint auf das postnatale Leben beschränkt. Sie beginnt kurz nach der Geburt und ist immunologisch etwas eher als biochemisch zu erfassen. Sie wird durch antigene Reize stimuliert. Die Geschwindigkeit der Antikörperproduktion ist in den ersten Lebenswochen gegenüber den meisten Antigenen noch verringert, und auch die produzierten Mengen erreichen erst im 3. Trimenon Werte, die mit denen Erwachsener vergleichbar sind. Frühgeborene unterscheiden sich nur wenig von Reifgeborenen. Manche Virusantigene bilden eine Ausnahme, indem die Reaktion Neugeborener nicht deutlich von der Erwachsener abweicht. Andere Antikörpertypen werden auch von Kleinkindern und Schulkindern noch deutlich schlechter gebildet als von Erwachsenen. Im Greisenalter werden Antikörper wieder in geringerem Umfang neu produziert.

Allergische Reaktionen werden bei jungen Individuen — Neugeborenen, Säuglingen und Kleinkindern — seltener beobachtet als bei Erwachsenen. Das ist rein zeitlich zu erwarten, da im allgemeinen ein längerer Kontakt mit einem Antigen notwendig ist, bevor allergische Vorgänge einsetzen. Als weitere Ursache ist die geringere und verzögerte Fähigkeit zur Antikörperbildung bei sehr jungen Menschen anzuführen. Schließlich muß noch eine besondere „Gewebsreife" für die volle Ausprägung des typischen klinischen Bildes postuliert werden, da passive Übertragungstests mit dem gleichen Material bei Säuglingen deutlich schwächere Reaktionen erkennen lassen als bei älteren Kindern und Erwachsenen.

Literatur

1. ADAM, A.: in J. BROCK, Biologische Daten für den Kinderarzt. Berlin-Göttingen-Heidelberg: Springer 1954. — 2. ADELSBERGER, L.: Z. Kinderheilk. **43**, 373 (1927). — 3. ARDITI, E., e N. NIGRO: Minerva pediat. **10**, 457 (1958). — 4. ARDITI, E., e F. PICCOTTI: Minerva pediat. **11**, 1207 (1959). — 5. ARNON, H., M. SALZBERGER and A. L. OLITZKI: Pediatrics **23**, 86 (1959). — 6. AYCOCK, W. L., and S. D. KRAMER: J. exp. Med. **52**, 457 (1930). 7. BAER, R. L., ST. A. ROSENTHAL and B. HAGEL: J. Immunol. **80**, 429 (1958). — 8. BALCH, H. H.: J. Immunol. **64**, 397 (1950). — 9. BALLOWITZ, L.: Zbl. Bakt. I. Abt. Orig. **167**, 530 (1957); **167**, 548 (1957); **168**, 95 (1957). — 10. BANG, F. B.: J. exp. Med. **78**, 9 (1943). — 11. BARANDUN, S., K. STAMPFLI, G. A. SPENGLER, G. RIVA et al: In BARANDUN, S., H. COTTIER, A. HÄSSIG u. G. RIVA. Das Antikörpermangelsyndrom. Basel/Stuttgart: Benno Schwabe 1959. — 12. BARDAWIL, W. A., B. L. TOY and A. T. HERTIG: Amer. J. Obstet. Gynec. **75**, 708 (1958). — 13. BARR, M., A. T. GLENNY and K. J. RANDALL: Lancet **1949 II**, 324. — 14. BARR, M., A. T. GLENNY and K. J. RANDALL: Lancet **1950 I**, 6. — 15. BARSKI, G., A. MAC-DONALD, P. SLIZEWICZ et J. DE HERDT: Ann. Inst. Pasteur **86**, 579 (1954). — 16. BASSI, L., e M. CORTESI: Boll. Soc. med.-chir. Pavia **69**, 1803 (1955); Ref. Zbl. ges. Kinderheilk. **60**, 12 (1957). — 17. BATTAGLIA, F.: Riv. Pat. sper. **6**, 208 (1931); zit. SUZUKI. — 18. BAUMANN, TH.: Schweiz. med. Wschr. **86**, 1167 (1956). — 19. BAUMANN, TH.: Schweiz. Z. Tuberk. **12**, 304 (1955). — 20. BAUMANN, TH.: Z. Kinderheilk. **76**, 392 (1955). — 21. BEARD, J. W., and L. A. BEARD: Amer. J. Anat. **40**, 295 (1927). — 22. BECKER, J.: Z. ges. exp. Med. **61**, 728 (1928). — 23. BECKER, J.: In J. BROCK, Biologische Daten für den Kinderarzt. Berlin-Göttingen-Heidelberg: Springer 1954. — 24. BECKER, J.: Z. ges. exp. Med. **71**, 621, 647, 655 (1930). — 25. BEGEMANN, H.: Dtsch. med. Wschr. **30**, 436 (1952). — 26. BELL, S. D., and Z. ERIKSON: J. Immunol. **20**, 447 (1931). — 27. BENACERRAF, B., G. BIOZZI, B. N. HALPERN and C. STIFFEL: Physiopathology of the reticulo-endothelial system. Oxford: Blackwell Scientific Publications 1957. — 28. BENIRSCHKE, K.: IX. internat. Pädiat. Kongr. Montreal 1959. — 29. BENIRSCHKE, K., and G. L. BOURNE: Obstet. and Gynec. **12**, 495 (1958). — 30. BERARDI, G. F., P. CAGINI e C. GIORNELLI: Pediatria (Napoli) **66**, 346 (1958). — 30a. BERLEPSCH, K. V.: Gynaecologia **148**, 404 (1959); Ann. paediat. **196**, 212 (1961). — 31. BERLIN-HEIMENDAHL, S. V., u. O. GOETZ: Z. Kinderheilk. **79**, 680 (1957). — 32. BESSAU, G.: Serumkrankheit. In PFAUNDLER, M., u. A. SCHLOSSMANN: Handbuch der Kinderheilkunde. Bd. II. Leipzig: F. C. Vogel 1931. — 33. BIRD, T., and J. THOMSON: Lancet **1957 I**, 59. — 34. BISSET, K. A.: J. Hyg. (Lond.) **45**, 128 (1947). — 35. BJÖRNESJÖ, K. B.: Acta tuberc. scand. **25**, 425, 447, 457 (1951); zit. WILSON u. MILES. — 36. BLATT, M. L., and H. KESSLER: Amer. J. Dis. Child. **53**, 768 (1937). — 37. BÖCKER, M.: Arb. Reichsgesundh.-Amte **69**, 306 (1935). — 38. BORGSTRÖM, B., B. LUNDQUIST and G. LUNDH: Amer. J. Dis. Child. **99**, 338 (1960). — 39.

Brambell, F. W. R.: Symp. quant. Biol. 19, 71 (1954). — 40. Brambell, F. W. R., W. A. Hemmings and M. Henderson: Antibodies and Embryos. London: Athlone Press 1951. — 41. Brandis, H., u. L. Funk: Z. Kinderheilk. 65, 368 (1948). — 42. Braun, O. H.: Z. Kinderheilk. 81, 742 (1958). — 43. Braun, O. H.: Z. Kinderheilk. 83, 690 (1960). — 44. Braun, O. H.: In Linneweh, F., Physiologische Entwicklung des Kindes. Berlin-Göttingen-Heidelberg: Springer 1959. — 45. Braun, O. H.: 59. Kongr. Dtsch. Ges. Kinderheilk. Kassel 1960. — 46. Braunsteiner, H.: Physiologie und Physiopathologie der weißen Blutzellen. Stuttgart: Georg Thieme 1959. — 47. Breitbach, A.: Z. Alternsforsch. 12, 305 (1959). — 48. Bridges, R. A., R. M. Condie, S. J. Zak and R. A. Good: J. Lab. clin. Med. 53, 331 (1959). — 49. Brusa, P.: Boll. Ist. sieroter. milan. 5, 69 (1926); ref. Zbl. ges. Kinderheilk. 19, 779 (1926). — 50. Budingh, G. J., D. J. Schrum, J. C. Lanier and D. J. Guidry: Pediatrics 11, 595 (1953). — 51. Bürger, M.: Med. Welt 1960, 2343. — 52. Buhn, H. W., O. Vivell u. H. Richarz: Mschr. Kinderheilk. 100, 400 (1952). — 53. Burnet, F. M., and F. Fenner: The production of antibodies. 2nd Ed. Melbourne: Macmillan 1949; zit. Arnon et al. — 54. Bywaters, E. G. L., E. J. Holborow, G. D. Johnson and R. J. Kelly: J. Hyg. (Lond.) 55, 276 (1957).

55. Calman, R. M., and J. Murray: Endeavour 10, 27 (1951); zit. Vahlquist (353). — 56. Candiani, G. B.: Attual. Ostet. Ginec. 3, 1111 (1957). — 57. Carey, P. N., and L. N. Gay: J. Allergy 5, 488 (1934); zit. Erdmann (104). — 58. Carletti, B.: Minerva pediat. 9, 1320 (1957). — 59. Cascio, G., e A. Priolisi: Pediatria (Napoli) 67, 779 (1959). — 60. Catel, W.: Klin. Wschr. 31, 1009 (1953). — 61. Cathala u. Lequeux: Zit. Tunnicliff (347). — 62. Cattaneo, P., e T. Maggiora-Vergano: R. C. Ist. sup. Sanità 11, 994 (1948); zit. Braun (42). — 63. Cavaleri, M.: Minerva nipiol. 7, 5 (1957); — Ter. Antibiot. Chemioter. 8, 3 (1958); zit. Braun (42). — 64. Christensen, L. R.: J. gen. Physiol. 28, 363 (1945); 30, 149 (1946); zit. Wilson u. Miles. — 65. Cinader, B., and J. M. Duber: Brit. J. exp. Path. 36, 515 (1955); zit. Smith u. Bridges. — 66. Cohen, S. G.: J. infect. Dis. 87, 291 (1950). — 67. Cohen, P., and S. J. Scadron: J. Amer. med. Ass. 121, 656 (1943); zit. Vahlquist (353). — 68. Collier, W. A.: Zbl. Bakt., I. Abt. Orig. 157, 119 (1951). — 68a. Comline, R. S., H. E. Roberts und D. A. Titchen: Nature (Lond.) 167, 561 (1951). — 69. Cooke, J. V.: Amer. J. Dis. Child. 34, 969 (1927). — 70. Cooke, R. A.: J. Immunol. 1, 201 (1916). — 70a. Coombs, R. R. A.: In: P. Grabar u. P. Miescher, Immunopathologie. Basel-Stuttgart: Benno Schwabe 1959. — 71. Cornelison, J. L., E. A. Johnson and W. M. Fisher: Amer. J. Obstet. Gynec. 52, 797 (1946). — 72. Cramblett, H. G., L. Rosen, R. H. Parrott, J. A. Bell, R. J. Huebner and N. B. McCullough: Pediatrics 21, 168 (1958). — 73. Culbertson, J. T.: Arch. Path. 27, 212 (1939). — 73a. Cushing, J. E., and D. H. Campbell: Principles of Immunology. New York-Toronto-London: Mc Graw-Hill Book Comp. 1957. — 74. Czefko, I.: Paediatr. Danubiana II, 10 (1947).

75. Dahl, M.: Kinderärztl. Prax. 28, 289 (1960). — 76. Dancis, J., N. Bravermann and J. Lind: J. clin. Invest. 36, 398 (1957). — 77. Dancis, J., and H. W. Kunz: Pediatrics 13, 339 (1954). — 78. Dancis, J., J. J. Osborn and J. F. Julia: Pediatrics 12, 395 (1953). — 79. Dancis, J., J. J. Osborn and H. W. Kunz: Pediatrics 12, 151 (1953). — 80. Davidsohn, H., u. A. Hymanson: Z. Kinderheilk. 35, 10 (1923). — 81. Dellepiane, G.: Riv. Pat. sper. 5, 200 (1930). — 82. Dietel, V., u. D. Lohmann: Z. Kinderheilk. 84, 560 (1960). — 83. Dixon, F. J., and P. H. Maurer: J. exp. Med. 101, 245 (1955). — 84. Dixon, F. J., D. W. Talmage, P. H. Maurer and M. Deichmiller: J. exp. Med. 96, 313 (1952). — 85. Dobias, G., T. Ballo u. J. Kemenyvari: Z. Immunforsch. 114, 105 (1957). — 86. Doepfner, W., and A. Cerletti: Int. Arch. Allergy. 12, 89 (1958). — 87. Dold, H.: Z. Hyg. Infekt.-Kr. 127, 304 (1948). — 88. Dold, H., G. Reimold u. R. Damminger: Zbl. Bakt. I. Abt. Orig. 173, 69 (1958). — 89. Dost, F. H.: Klin. Wschr. 1949, 257. — 90. Dresel, E. G., u. W. Keller: Z. Hyg. Infekt.-Kr. 97, 151 (1922). — 91. Dressler, O.: Klin. Wschr. 36, 779 (1958). — 92. Duca, C. J.: zit. Culbertson.

93. Eckardt, F.: Tuberk.-Arzt 14, 333 (1960). — 94. Egdahl, R. H.: Int. Arch. Allergy 12, 305 (1958). — 95. Ehrich, E.: In: F. Büchner, E. Letterer u. F. Roulet, Handbuch der allg. Pathologie, Bd. VII, 1. Berlin-Göttingen-Heidelberg: Springer 1956. — 96. Eichenwald, H.: Amer. J. Dis. Child. 96, 438 (1958). — 97. Eichenwald, H. F., A. Ababio, A. M. Arky and A. P. Hartman: J. Amer. med. Ass. 166, 1563 (1958). — 98. Eichenwald, H. F., and O. Kotsevalov: Pediatrics 25, 829 (1960). — 99. Eitzman, D. V., and P. T. Smith: Amer. J. Dis. Child. 94, 484 (1957); 97, 326 (1959). — 100. Emmel, V. E.: Anat. Rec. 14, 35 (1918). — 101. Erdmann, G.: Dtsch. med. Wschr. 81, 587 (1956). — 102. Erdmann, G.: In: Immunpathologie, I. Internat. Symp. Basel/Seelisberg 1958. Basel: Benno Schwabe 1959. — 103. Erdmann, G.: Mschr. Kinderheilk. 106, 151 (1958). — 104. Erdmann, G.: In: F. Linneweh, Die physiologische Entwicklung des Kindes. Berlin-Göttingen-Heidelberg: Springer 1959. — 105. Erdmann, G., u. F. Thoenes: Münch. med. Wschr. 102, 12, 75 (1960).

106. Faber, V.: Acta med. scand. 145, 458 (1953). — 107. Fanconi, G.: In: G. Fanconi u. A. Wallgren, Lehrbuch der Pädiatrie. 5. Aufl. Basel-Stuttgart: Benno Schwabe 1958. — 108. Fanconi, G., u. H. Wissler: Helv. paediat. Acta 14, 319 (1959). — 109. Fanconi, G., u. H. Wissler: Der Rheumatismus im Kindesalter. Dresden-Leipzig: Th. Steinkopf 1943. —

110. Fastier, L. B.: J. Immunol. **66**, 1 (1951). — 111. Felsen, J., and A. G. Osofsky: Amer. J. Dis. Child. **53**, 975 (1937); zit. Stück u. Silomon. — 112. Ferola, R., e N. Pontorieri: Pediatria (Napoli) **66**, 426 (1958). — 113. Filia: Biochim. Terap. sper. **6** (1910); zit. A. Böhme: Ergebn. inn. Med. Kinderheilk. **12**, 1 (1913). — 114. de Filippi, F., A. A. Ginssam and L. Rivelis: Pediatrics **14**, 114 (1954). — 115. Fishman, M., and S. Silverman: J. exp. Med. **105**, 521 (1957). — 116. Flamm, H.: Die pränatalen Infektionen des Menschen. Stuttgart: Georg Thieme 1959. — 117. Fleming, A., and V. D. Allison: Lancet **1924**, 1303; zit. Braun (*43*). — 118. Flexner, L. B., D. B. Cowie, L. M. Hellman, W. S. Wilde and G. R. Vasburgh: Amer. J. Obstet. Gynec. **55**, 469 (1948). — 119. Florman, A. L., J. L. Scoma, H. Zepp and E. Ainbender: Amer. J. Dis. Child. **98**, 583 (1960). — 120. Florman, A. L., B. Shick and E. Scalettar: Proc. Soc. exp. Biol. (N. Y.) **78**, 126 (1951); zit. Lipton u. Steigman. — 121. Fothergill, L. D., and J. Wright: J. Immunol. **24**, 273 (1933). — 122. Fowler, R., W. K. Schubert and C. D. West: Amer. J. Dis. Child. **98**, 585 (1959). — 123. Francis, T., and T. P. Magill: J. exp. Med. **63**, 655 (1936). — 124. Freerksen, E.: Verh. dtsch. Ges. inn. Med. **63**, 108 (1957). — 125. Freund, J.: J. exp. Med. **54**, 171 (1931). — 126. Friedberger, E., u. F. Heim: Dtsch. med. Wschr. **55**, 132 (1929). — 127. Frisell, E.: Acta paediat. (Uppsala) **40**, Suppl. 80 (1951). — 128. Fuhrmann, W.: Mschr. Kinderheilk. **104**, 295 (1956). — 129. Fumarola, D.: Boll. Ist. sieroter. milan. **37**, 87 (1958). — 130. Fumarola, D.: Z. Immun-Forsch. **118**, 302 (1959).

131. Ganghofner u. J. Langer: Münch. med. Wschr. **51**, 1497 (1904). — 132. Gell, P. G. H., u. B. Benacerraf: In: P. Grabar u. P. Miescher, Immunopathologie. Basel-Stuttgart: Benno Schwabe 1959. — 133. Genz, H.: Die sozialhygienische Bedeutung der Toxoplasmose. Stuttgart: Georg Thieme 1960. — 134. Gernez-Rieux, C., u. J. Tacquet: Fortschr. Tuberk.-Forsch. **5**, 66 (1952); zit. Rollof, Lagercrantz u. Lind. — 135. Gingold, N.: Sang **29**, 327 (1958). — 136. Gingold, N., S. Campeano et A. Podhorschi: Sang **29**, 318 (1958). — 137. Görgenyi-Göttche, O.: Tuberkulose im Kindesalter. Wien: Springer 1951. — 138. Good, R. A.: Conference in resistance to infection and immunity in early infancy. 1958. Columbus Ohio; zit. Plotkin, Koprowski u. Stokes. — 139. Good, R. A., and S. J. Zak: Pediatrics 18, 109 (1956). — 140. Grabar, P.: In: P. Miescher u. K. O. Vorlaender, Immunopathologie in Klinik und Forschung. Stuttgart: Georg Thieme 1957. — 141. Grady, R. C., and W. W. Zuelzer: Amer. J. Dis. Child. **90**, 381 (1955). — 142. Grasset, E., H. Watteville u. J. Wirth: Schweiz. Z. allg. Path. **15**, 484 (1952). — 143. Greenberg, L., and D. S. Fleming: J. Pediat. **36**, 143 (1950). — 144. Greengard, J., and H. Bernstein: J. Amer. med. Ass. **105**, 341 (1935). — 145. Gröer, F. v.: In: Pfaundler, M. v., u. A. Schlossmann, Handbuch der Kinderheilkunde Bd. II. Leipzig: F. Vogel 1931. — 146. Gröer, F. v., u. K. Kassowitz: Z. Immun.-Forsch. **23**, 108 (1914). — 147. Gruskay, F. L., and R. E. Cooke: Pediatrics **16**, 763 (1955). — 148. Gugler, E., u. G. v. Muralt: Schweiz. med. Wschr. **89**, 925 (1959). — 149. Gugler, E., G. v. Muralt u. R. Bütler: Schweiz. med. Wschr. **89**, 703 (1959). — 150. Gundel, M., u. F. K. Th. Schwarz: Z. Hyg. Infekt.-Kr. **113**, 411 (1932). — 151. Gundobin, N. P.: Die Besonderheiten des Kindesalters. Berlin: Allg. Medizin. Verlagsanst. 1912. — 152. Gustafson, B.: VII. Internat. Congreß f. Mikrobiol. Stockholm 1958; zit. Vahlquist (*354*). — 153. Gustafson, B., and C. B. Laurell: J. exp. Med. **108**, 251 (1958). — 154. Gutfeld, F. v., u. E. Nassau: Jb. Kinderheilk. **112**, 135 (1926). — 155. György, P., E. Moro u. E. Witebsky: Klin. Wschr. **9**, 1012 (1930).

156. Haase, K. E.: Ergebn. inn. Med. Kinderheilk. 8, 367 (1957). — 157. Hadnagy, Cs., K. Kinda, A. Kovács, J. Szántay, L. Rott u. Sz. Adorjan: Z. Immun.-Forsch. **116**, 203 (1958). — 158. Haenel, H., W. Müller-Beuthow u. A. Scheunert: Zbl. Bakt., I. Abt. Orig. **168**, 37 (1957); **169**, 45 (1957). — 159. Haenel, H., u. G. Feldheim: Arch. Kinderheilk. **157**, 226 (1958). — 160. Hale, J. H., and L. H. Lee: J. Path. Bact. **68**, 631 (1954); zit. Lipton u. Steigman. — 161. Halliday, R.: Proc. roy. Soc. B **147**, 140 (1957); zit. Egdahl. — 162. Halonen, P.: Ann. Med. exp. Fenn. 33. Suppl.; zit. Vivell, Hitzig u. Cremer. — 163. Halpern, B. N., B. Benacerraf, G. Biozzi e. C. Stiffel: Rev. Hémat. **9**, 621 (1954). — 164. Hanon, F., M. Coquoin-Carnot et P. Piguard: Le liquide amniotique. Paris: Masson et Cie 1955. — 165. Hansen, F.: In: H. Spiess, Schutzimpfungen. Stuttgart: Georg Thieme 1958. — 166. Hansen, K.: Allergie. Stuttgart: Georg Thieme 1957. — 167. Hartley, P.: Mth. Bull. Minist. Hlth. Lab. Serv. 7, 45 (1948); zit. Parish. — 168. Hartley, P.: Proc. roy. Soc. B **138**, 499 (1951); zit. Vahlquist (*353*). — 169. Heine, F.: Wilhelm Roux' Arch. Entwickl.-Mechan. Org. **134**, 283 (1936). — 169a. Hellat, A.: Ann. Med. exp. Fenn. **26**, (1948) Suppl. 8. — 170. Henneberg, G., u. A. Ortmann: Arch. ges. Virusforsch. **4**, 256 (1951). — 171. Hensel, O.: Z. Kinderheilk. **54**, 367 (1933). — 172. Hillenberg, S.: Z. ges. inn. Med. **2**, 301 (1947). — 173. Hitzig, W. H.: Helv. paediat. Acta: **12**, 596 (1957). — 174. Hoffmann, K., u. H. U. Sauerbrei: Z. Kinderheilk. **81**, 367 (1958). — 175. Holy, J.: Zbl. Bakt., I. Abt. Orig. 177, 1 (1960). — 176. Hummeler, K., et al: Science 118, 781 (1953); zit. Silver, Braun et al. — 177. Hungerland, H., J. Quenzlein u. H. Weber: Z. Kinderheilk. 80, 178 (1957).

178. Imahorn, W.: Ann. paediat. (Basel) **194**, 331 (1960).

179. Jacobi, W., u. F. Demuth: Z. Kinderheilk. **34**, 293 (1923). — 180. Jones, B. S.: Brit. med. J. **1950 II**, 439. — 181. Joppich, G.: Mschr. Kinderheilk. **68**, 47 (1937). — 182. Jordal, K.: Acta path. microbiol. scand. **39**, 399 (1956). — 183. Jordan, W. S., G. F. Badger, C. Curtiss, J. H. Dingle, H. S. Ginsberg and E. Gold: Amer. J. Hyg. **64**, 336 (1956). — 184. Junnola, K.: Ann. Med. exp. Fenn. **31**, 1 (1953) Suppl. 1; zit. H. Schuhmacher.

185. Kahn, I. S., and E. M. Grothaus: Med. J. Rec. **121**, 664 (1925); zit. Erdmann (*104*). — 186. Karte, H.: Mschr. Kinderheilk. **107**, 108 u. 265 (1959). — 187. Kelley, V. C., R. A. Good and I. Mc Quarrie: Pediatrics **5**, 824 (1950). — 188. Kempe, C. H., and A. S. Benenson: J. Pediat. **42**, 525 (1953). — 189. Kempe, C. H., and A. J. Morris: Amer. J. Dis. Child. **98**, 608 (1959). — 190. Kendrick, P., M. Thomson and G. Eldering: Amer. J. Dis. Child. **70**, 25 (1945); zit. Vahlquist (*353*). — 191. Kibrick, S.: IX. internat. Pädiat. Kongr. Montreal 1959. — 192. Kienitz, M., u. J. Kümmel: Z. Immun.-Forsch. **120**, 53 (1960). — 193. Kirschner, L., and T. Maguine: Proc. Univ. Otago med. Sch. **33**, 4 (1955); zit. Arnon et al. — 194. Kleinschmidt, H.: Dtsch. med. Wschr. **40**, 1120 (1914). — 195. Kleinschmidt, H.: In: J. Hein, H. Kleinschmidt, E. Uehlinger, Handbuch der Tuberkulose. Stuttgart: Georg Thieme 1958. — 196. Klinge, F.: Der Rheumatismus. Ergeb. allg. Pathol. Bd. 27. München: J. F. Bergmann 1933. — 197. Klumpp, Th. G., and A. V. Neale: Amer. J. Dis. Child. **40**, 1215 (1930). — 198. Koch, Fr., H. E. Schultze u. G. Schwick: Klin. Wschr. **36**, 17 (1958). — 199. Köhler, W.: Die Serologie des Rheumatismus und der Streptokokkeninfektionen. Leipzig: Johann Ambrosius Barth 1959. — 200. Köhler, W., u. W. Schmidt: Z. Immun.-Forsch. **114**, 253 (1957). — 201. Körver, G.: Klin. Wschr. **31**, 1036 (1953). — 202. Körver, G.: Mschr. Kinderheilk. **108**, 346 (1960). — 203. Koprowski, H.: Ross Laboratories 1959, S. 87; zit. Eichenwald u. Kotsevalov. — 204. Koprowski, H., Th. W. Norton, P. River, K. Hummeler, J. Jr. Stokes, A. D. Jr. Hunt, N. J. Flemington, A. Flack, N. J. Clinton and G. A. Jervis: J. Amer. med. Ass. **162**, 1281 (1956). — 205. Korsch, L.: Virchows Arch. path. Anat. **274**, 230 (1930). — 206. Krüpe, M.: In: F. Linneweh, Die physiologische Entwicklung des Kindes. Berlin-Göttingen-Heidelberg: Springer 1959. — 207. Küster, E.: In: W. Kolle u. A. Wassermann, Handbuch der pathogenen Mikroorganismen. Jena: Gustav Fischer 1913. — 208. Kuhns, W. J.: Proc. 6. Congr. Europ. Soc. Haematol. Copenhagen 1957, S. 750. Basel-New York: Karger.

210. Lawrence, H. S.: Amer. J. Med. **20**, 428 (1956). — 211. Leiber, B.: Altersbiologie des akuten Rheumatismus. Dresden-Leipzig: Th. Steinkopf 1952. — 212. Lichty, J. A., and G. K. Anderson: Amer. J. Dis. Child. **65**, 60 (1943). — 213. Liebling, J., and H. E. Schmitz: J. Pediat. **23**, 430 (1943). — 214. Lippard, V. W., and P. Johnson: Amer. J. Dis. Child. **49**, 1430 (1935). — 215. Lippard, V. W., O. M. Schloss and P. A. Johnson: Amer. J. Dis. Child. **51**, 562 (1936). — 216. Lipton, M.: Conference on resistance to infection and immunity in early infancy 1958 Columbus; zit. Plotkin, Koprowski u. Stokes. — 217. Lipton, M., and A. J. Steigman: Proc. Soc. exp. Biol. (N. Y.) **96**, 348 (1957). — 218. de Luca, R., e P. Caruso: Aggiorn. pediat. **8**, 623 (1957); ref. Zbl. Kinderheilk. **64**, 269 (1958). — 219. Lütgerath, F.: Tuberk.-Arzt **3**, 333 (1949). — 220. Lukács, J. v.: Acta med. Acad. Sci. hung. **15**, 267 (1960); ref. Zbl. ges. Kinderheilk. **75**, 101 (1960). — 221. Lukács, J. v., u. D. v. Moritz: Arch. Kinderheilk. **105**, 1 (1935).

222. Mande, R.: Manuel pratique de Vaccination par le BCG. Paris: Masson et Cie. 1954; zit. Kleinschmidt (*195*). — 223. Mandelbaum, M.: Münch. med. Wschr. **63**, 1038 (1916). — 224. Marget, W., u. L. Tratnik: Z. Kinderheilk. **84**, 244 (1960). — 227. Martin du Pan, R., J. J. Scheidegger, E. Pongratz et H. Roulet: Arch. franç. Pédiat. **12**, 243 (1955). — 228. Martins da Silva, M., K. A. Prem, E. A. Johnson, J. L. McKelvey and J. T. Syverton: J. Amer. med. Ass. **168**, 1 (1958). — 229. Matheson, A., M. Nierenberg and J. Greengard: Pediatrics **10**, 181 (1952). — 230. Matheson, A., A. Rosenblum, R. Glazer and E. Dacanay: J. Pediat. **51**, 502 (1957). — 231. Mayer, J. B.: Mschr. Kinderheilk. **108**, 393 (1960). — 232. McGee, W. A.: Sth. med. J. (Bgham, Ala.) **36**, 508 (1943). — 233. McKhann, C. F., and I. Kapnick: J. Pediat. **13**, 907 (1938). — 234. Melnick, J. L., and N. Ledinko: Amer. J. Hyg. **54**, 354 (1951). — 235. Mellander, O., B. Vahlquist och T. Mellbin: Acta Paed. (Uppsala) Vol. 48, Suppl. 116 (1959). — 236. Menkin, V.: Inf. Arch. Allergy **4**, 131 (1953). — 237. Miescher, P.: Helv. med. Acta **26**, 620 (1959). — 238. Mitchell, R. G., and R. Cass: J. clin. Invest. **38**, 595 (1959). — 239. Moll, L.: Jb. Kinderheilk. **68**, 1 (1908). — 240. Moore, J. E.: The modern treatment of syphilis. Springfield: Ch. C. Thomas 1944; zit. Putkonen et al. — 241. Moro, E.: Über das Verhalten hämolytischer Serumstoffe beim gesunden und kranken Kind. Wien: J. F. Bergmann 1908. — 242. Müller, F.: Z. Alternsforsch. **10**, 2 (1956). — 243. Müller, F., u. H. Lennartz: Dtsch. med. Wschr. **83**, 966 (1958). — 244. Müller, H.: Z. Kinderheilk. **65**, 60 (1948). — 245. Muralt, G. v., H. Cottier, E. Gugler u. A. Hässig: In: F. Linneweh, Die physiologische Entwicklung des Kindes. Berlin-Göttingen-Heidelberg: Springer 1959. — 246. Muralt, G. v., u. E. Gugler: Schweiz. Ges. Pädiat. Schaffhausen Juni 1959. Ann. paediat. (Basel) **194**, 172 (1960). — 247. Murray,

J., and R. M. Calman: Brit. med. J. 1, 13 (1953). — 248. Murray, J., R. M. Calman and A. Lepine: Lancet 1950 II, 14.

249. Narducci, U.: Minerva ginec. 6, 117 (1954); zit. H. Schuhmacher. — 249a. Nassau, E., u. M. Iman: Ann. paediat. 197, 85 (1961). — 250. Nemir, R. L., P. H. Roberts and S. Barry-Le Deaux: J. Pediat. 51, 493 (1957). — 251. Neter, E.: Proc. Soc. exp. Biol. (N. Y.) 96, 488 (1957). — 252. Neter, E., E. Rajnovich and E. A. Gorzynski: Pediatrics 25, 21 (1960). — 253. Neter, E., O. Westphal, O. Lüderitz, R. M. Gino and E. A. Gorzynski: Pediatrics 16, 801 (1955). — 254. Nizza, M.: Ginecologia (Torino) 1, 1129 (1935); zit. Suzuki. — 255. Nordbring, F.: Studies on antibodies and immune globulins in colostrum from different species. Uppsala: Almquist Wiksells, Boktryckeri AB 1958. — 256. Nordbring, F.: Acta paediat. (Uppsala) 46, 569 (1957). — 256a. Nordbring, F., and B. Olsson: Acta Soc. med. upsal. 62, 193 (1957); Acta Soc. med. upsal. 63, 25 (1958); zit. Vahlquist (353). — 257. Nórgaard, O.: Acta derm.-venereol. (Stockh.) 31, 153 (1951); zit. Putkonen et al.

258. Okkels: Arch. exp. Zellforsch. 8, 432 (1929); 10, 73 (1930); zit. Czefko. — 259. Olsen, E.: Studies on the intestinal flora of infants. Diss. Kopenhagen: Einar Munksgaard. 1949; zit. Frisell. — 260. Osborn, J. J., J. Dancis and B. V. Rosenberg: Pediatrics 10, 450 (1952). — 261. Osborn, J. J., J. Dancis and J. F. Julia: Pediatrics 9, 736 (1952). — 262. Osborn, J. J., J. Dancis and J. F. Julia: Pediatrics 10, 328 (1952). — 263. Owen, R. D.: Fed. Proc. 16, 581 (1957); zit. Krüpe.

264. Page, E. W., M. B. Glendening, A. Margolis and H. A. Harper: Amer. J. Obstet. Gynec. 73, 589 (1957). — 265. Parish, H. J.: Brit. med. J. 1951, 1164. — 266. Paunz, J., u. E. Csoma: Klin. Wschr. 7, 498 (1928). — 267. Peel, E., et L. van Hoof: Ann. Soc. belge Méd. trop. 28, 413 (1948); zit. Parish. — 268. Perkins, F. T., R. Yetts and W. Gaisford: Brit. med. J. 1, 1083 (1959); 2, 530 (1959). — 269. Petersen, J. C., and A. Christie: Amer. J. Dis. Child. 81, 483, 501, 518 (1951). — 270. Philipson, L., och E. Tveteras: Acta paediat. (Uppsala) 46, 1 (1957). — 270a. Pirquet, Cl. v.: Ergebn. inn. Med. 1, 420 (1908); Ergebn. inn. Med. 5, 459 (1910). — 271. Plotkin, S. A., H. Koprowski and J. Stokes: Pediatrics 23, 1041 (1959). — 272. Poli, P. e E. Holzknecht: Minerva pediat. 3, 386 (1951); zit. Braun (42, 43). — 273. Potter, E. L.: Pathology of the fetus and the newborn. Chicago: Year Book Publ. 1957. — 274. Prince, J. T., J. W. jr. St. Geme and W. F. Scherer: J. Amer. med. Ass. 167, 691 (1958). — 275. Putkonen, T., A. Muroma ja A. Vehmas: Ann. Med. exp. Fenn. 35, 324 (1957).

276. Race, R. R., u. R. Sanger: Dtsch. Übersetzung von O. Prokop: Die Blutgruppen des Menschen. Stuttgart: Georg Thieme 1958. — 277. Rafsky, H. A., A. A. Brill, K. G. Stern and H. Corey: Amer. J. med. Sci. 224, 522 (1952); zit. F. Müller. — 278. Rammelkamp jr., C. H., and J. L. Lebovitz: Ann. N. Y. Acad. Sci. 65, 144 (1957). — 279. Ratner, B., and H. L. Gruehl: J. clin. Invest. 13, 517 (1934); zit. C. A. Smith. — 280. Ratner, B., H. C. Jackson and H. L. Gruehl: J. Immunol. 14, 249 (1927). — 281. Rein, C. R., and G. H. Konstant: Arch. Derm. 60, 217 (1949). — 282. Reissner: Erg. Zahnheilk. 6, 297 (1922); zit. A. Adam. — 282a. Rentsch, M., E. Rossi, G. v. Muralt u. E. Wiesmann: Helvet. paed. Acta 16, 821 (1961). — 283. Richard, E. R., and F. D. Horsfall: J. Immunol. 42, 267 (1941). — 284. Riecke, E.: Z. Kinderheilk. 54, 408 (1933). — 285. Rollof, S. I., R. Lagercrantz och J. Lind: Acta paediat. (Uppsala) 43 Suppl. 100, 179 (1954). — 286. Rosenthal, L., and H. Lieberman: J. infect. Dis. 48, 226 (1931). — 287. Rountree, P. M., and R. G. H. Barbour: Aust. Ann. Med. 1, 80 (1952); zit. Neter, Rajnovich, Gorzynski. — 288. Rozansky, R., u. R. Bercovici: Proc. Soc. exp. Biol. (N. Y.) 92, 4 (1956); zit. Arnon et al.

289. Sabin, A. B.: Amer. J. Dis. Child. 80, 866 (1950). — 290. Sabin, A. B.: Proc. Soc. exp. Biol. (N. Y.) 73, 394 (1950). — 291. Sabin, A. B., and H. A. Feldman: Pediatrics 4, 660 (1949). — 292. Salomon, R.: Z. Geburtsh. Gynäk. 85, 306 (1923). — 293. Samter, M., and O. C. Durham: Regional allergy. Springfield (Ill.): C. G. Thomas 1955; zit. Erdmann (104). — 294. di Sant'Agnese, P. A.: Pediatrics 3, 181 (1949). — 295. Schettini, F., e L. die Francesco: Pediatria (Napoli) 67, 792 (1959). — 296. Schloss, O. M., u. T. W. Worthen: Amer. J. Dis. Child. 11, 342 (1916). — 297. Schlossmann, A.: Mschr. Kinderheilk. 4, 207 (1905). — 298. Schmidt, E. F.: In: A. Adam, Säuglings-Enteritis. Stuttgart: Georg Thieme 1956. — 299. Schmidt, G. W.: Mschr. Kinderheilk. 108, 499 (1960). — 300. Schmidt, H.: In: M. Gundel, Die ansteckenden Krankheiten. Stuttgart: Georg Thieme 1950. — 301. Schmidt, H.: Fortschritte der Serologie. Darmstadt: Dietrich Steinkopf 1955. — 302. Schmidt, H.: Das Properdin. Fortschr. der Immun.-Forsch. Darmstadt: Dietrich Steinkopf 1959. — 302a. Schmidt, H.: In K. Hansen, Allergie. Stuttgart: Georg Thieme 1957. — 303. Schmöger, R.: Z. Kinderheilk. 79, 522 (1957). — 304. Schneider, B.: Wilhelm Roux' Arch. Entwickl.-Mech. Org. 140, 463 (1940). — 305. Schubert, J., u. A. Grünberg: Schweiz. med. Wschr. 79, 1007 (1949). — 306. Schumacher, H.: Fortschr. Augenheilk. 8, 142 (1958). — 307. Segagni, E., A. Ansaldi, N. Nigro, A. Bocci e L. Cagliero: Minerva pediat. 11, 1385 (1959); ref. Zbl. Kinderheilk. 74, 175 (1960). — 308. Seitz, L.: Jb. Kinderheilk. 145, 31 (1935). — 309. Selter,

H.: Z. Immun.-Forsch. **69**, 517 (1931). — 310. Sherman, W. B., S. F. Hampton and R. A. Cooke: J. exp. Med. **72**, 611 (1940). — 311. Sherman, W. B., and W. R. Kessler: Allergy in pediatric practice. St. Louis: Mosby & Co. 1957. — 312. Shinefield, H. R., and T. E. Townsend: J. Pediat. **43**, 21 (1953). — 313. Shuller, T.: J. Okla. med. Ass. **43**, 9 (1950); zit. Erdmann (*104*). — 314. Silver, R. K., G. Braun, F. Zilliken, G. H. Werner and P. György: Science **123**, 932 (1956). — 315. Skarnes, R. C., and D. W. Watson: Bact. Rev. **21**, 271 (1957). — 316. Slater, R. J.: Pediatrics **13**, 308 (1954). — 317. Smith, C. A.: The Physiology of the newborn infant. Oxford: Blackwell 1951. — 318. Smith, C. A.: Symp. quant. Biol. **19**, 81 (1954). — 319. Smith, Ch. E., and S. A. Simons: J. Amer. med. Ass. **160**, 546 (1956). — 320. Smith, R. T., and R. A. Bridges: J. exp. Med. **108**, 227 (1958). — 321. Smith, R. T., J. James, D. V. Eitzman and B. Miller: Amer. J. Dis. Child. **98**, 644 (1959). — 322. Snyder, M. L.: J. Pediat. **9**, 624 (1936). — 323. Spiess, H.: Schutzimpfungen. Stuttgart: Georg Thieme 1958. — 324. Spigland, I., and N. Goldblum: Pediatrics **25**, 812 (1960). — 325. Springer, G. F., H. E. Horton and M. Forbes: Fed. Proc. **17**, 535 (1958). — 326. Springer, G. F., H. E. Horton and M. Forbes: J. exp. Med. **110**, 221 (1959). — 327. Sterzl, J., J. Kostka, I. Riha a L. Mandel: Folia microbiol. (Praha) **5**, 29 (1960). — 328. Stammler, A.: Ärztl. Wschr. **4**, 42 (1949). — 329. Sterzl, J., and Z. Trnka: Nature (Lond.) **179**, 918 (1957). — 330. Stück, B.: Kinderärztl. Abend Berlin 4. 12. 57. — 331. Stück, B., J. Natzschka u. H. Wiesener: Klin. Wschr. **35**, 924 (1957). — 332. Stück, B., u. R. Silomon: Mschr. Kinderheilk. **108**, 8 (1960). — 333. Stulberg, C. S., W. W. Zuelzer and R. H. Page: J. Immunol. **76**, 281 (1956). — 334. Sulzberger, M. B., u. R. L. Bache: Arch. Derm. Syph. (Chic.) **41**, 1029 (1940); zit. C. A. Smith. — 335. Sugg, J. Y.: Amer. Hyg. **22**, 227 (1935); zit. Arnon et al. — 336. Suzuki, H. K.: Yale J. Biol. Med. **29**, 504 (1957). — 337. Szathmary, J., u. P. Baranyai: Zbl. Bakt., I. Abt. Orig. **169**, 307 (1957). — 338. Szathmary, J., u. S. Holik: Z. Immun.-Forsch. **113**, 411 (1956).

339. Taddei, A.: Riv. ital. Ginec. 18, 496 (1935); zit. Becker (*23*). — 340. Ten Broeck, C., and J. H. Bauer: Proc. Soc. exper. Biol. (N. Y.) **20**, 399 (1923). — 341. Thomas, E.: In: J. Brock, Biologische Daten für den Kinderarzt. Berlin-Göttingen-Heidelberg: Springer 1954. — 342. Timmermann, W. A.: Z. Immun.-Forsch. **70**, 388 (1931). — 343. Traub, B.: J. Path. Bact. **55**, 447 (1943); zit. Dancis u. Kunz (*77*). — 344. Traub, E.: J. exp. Med. **68**, 229 (1938); **69**, 801 (1939). — 345. Tschertkow, L.: Z. Immun.-Forsch. **64**, 407 (1929). — 346. Tschertkow, L., u. E. Belgowskaja: Z. Immun.-Forsch. **67**, 475 (1930). — 347. Tunnicliff, R.: J. infect. Dis. **7**, 698 (1910). — 348. Tunnicliff, R.: J. infect. Dis. **8**, 302 (1911). — 349. Tunnicliff, R.: J. infect. Dis. **11**, 474 (1912). — 350. Tunnicliff, R.: J. infect. Dis. **48**, 161 (1931).

351. Uehlinger, E.: zit. Kleinschmidt (*195*). — 352. Uffenheimer, A.: zit. Schkarin, A., Arch. Kinderheilk. **46**, 357 (1907).

353. Vahlquist, B.: Advanc. Pediat. **10**, 305 (1958). — 354. Vahlquist, B.: In: F. Linneweh, Die physiologische Entwicklung des Kindes. Berlin-Göttingen-Heidelberg: Springer 1959. — 355. Vahlquist, B.: Acta paediat. (Uppsala) **35**, 117 (1948). — 356. Vahlquist, B., and C. Högstedt: Pediatrics **4**, 401 (1949). — 357. Vahlquist, B., R. Lagercrantz and F. Nordbring: Lancet **1950 II**, 851. — 358. Vignes, H., R. Richou et P. Ramon: Rev. Immunol. (Paris) **12**, 1 (1948); zit. Vahlquist (*353*). — 359. Vivell, O.: Dtsch. med. Wschr. **79**, 358 (1954). — 360. Vivell, O.: Mschr. Kinderheilk. **108**, 146 (1960). — 361. Vivell, O, H. Hitzig u. H. J. Cremer: Helv. paediat. Acta: **12**, 127 (1957). — 362. Vivell, O., T. Sick u. G. Lips: Klin. Wschr. **38**, 721 (1960). — 363. Vogt, E.: Acta paed. (Uppsala) **43**, 247 (1954). — 364. Vollmer, E. S., H. B. Wilmer and M. M. Miller: Int. Clin. **4**, 63 (1940).

365. Wagner, H.: Z. Kinderheilk. **81**, 580 (1958). — 366. Wasz-Höckert, O., O. Wager, T. Hautala ja O. Widholm: Ann. Med. exp. Fenn. **34**, 444 (1956). — 367. Weichsel, M., and H. S. Douglas: J. clin. Invest. **16**, 15 (1937); zit. C. A. Smith. — 368. Weisse, K.: Erg. inn. Med. Kinderheilk. **2**, 610 (1951). — 369. Wells: Practitioner **80**, 635 (1908); zit. Tunnicliff (*347*). — 370. Werner, H.: Zbl. Bakt. I. Abt. Orig. **180**, 118 (1960). — 371. Wetzel, G., u. K. Peter: In: K. Peter, G. Wetzel, F. Heiderich, Handbuch der Anatomie des Kindes, Bd. 2. München: J. F. Bergmann 1938. — 372. Wheeler, W. E.: IX. Internat. Paediater-Kongreß Montreal 1959. — 373. Whitney, E.: Proc. Soc. exp. Biol. (N. Y.) **78**, 247 (1951). — 374. Wiedemann, G.: Dtsch. med. Wschr. **81**, 583 (1956). — 375. Wiener, A. S.: Ann. Allergy **10**, 535 (1952). — 376. Wiener, A. S.: J. exp. Med. **94**, 213 (1951). — 377. Wiener, A. S., et al: Ann. Eugen. (Lond.) **7**, 142 (1936); zit. Erdmann (*104*). — 378. Wiesener, H.: Int. J. prophyl. Med. **2**, 58 (1958). — 379. Wildführ, G.: IV. Congr. Gérontol. 1957; zit. N. Gingold. — 380. Willenbockel, U.: Z. Kinderheilk. **84**, 477 (1960). — 381. Wilson, G. S., and A. A. Miles: Topley and Wilsons principles of bacteriology and immunity. London: Edward Arnold Publishers LTD. 1955. — 382. Wislocki, G. B.: Johns Hopk. Hosp. Bull. **32**, 132 (1921). — 383. Witkowski, R.: Zbl. Bakt. I. Abt. Orig. **133**, 334 (1935). — 384. Wöllner, D.: Z. Immun.-Forsch. **113**, 301 (1956).

385. Yeivin, R., M. Salzberger and A. L. Olitzki: Pediatrics **18**, 19 (1956).

386. Zapp, E.: Mschr. Kinderheilk. **108**, 120 (1960). — 387. Zeidberg, L. D., R. S. Goss and R. H. Hutcheson: Amer. J. Dis. Child. **94**, 179 (1957). — 388. Ziff, M., P. Brown, J. Lospalluto, J. Badin and C. McEwen: Amer. J. Med. **20**, 500 (1956).

Neurophysiologie des Kindesalters
mit psychologischen Ausblicken

Von

G. Kujath

Einleitung

Über das Problem der Lokalisation psychischer Funktionen im cerebralen Bauschema hinaus hat die moderne Neurophysiologie mit fortschreitender Kenntnis der Koordinations- und Assoziationssysteme den Standort einer mechanischen Reflex- und Zentrenlehre zugunsten einer ganzheitsbezogenen, strukturellen Vorstellungsweise verlassen. Daher stoßen heute mehrschichtige Zuordnungen von psychischen und cerebralen Grundfunktionen bei weitem nicht mehr auf die gleichen erkenntniskritischen Bedenken wie früher. Die Auffassung, daß sich Neurologie und Psychologie in der Entwicklungslehre ausschließen müssen, haben Jackson, Hebb (50), Rohracher (108) u. a. durch eine korrelative Betrachtung ersetzt. Das schlichte Verstehen einerseits, die Massen-Aktionsidee andererseits bilden Schwerpunkte des heutigen neurophysiologischen Denkens. Die Rinde, das Substrat der höheren psychischen Funktionen, und der Hirnstamm als Organisationszentrum der Spontaneität sind fundamentale Ordnungsstrukturen. Nur auf den unteren Entwicklungsstufen gilt die psychophysische Parallelität annähernd vollständig. Die fortschreitende seelische Differenzierung macht den Zusammenhang mit dem physiologischen Substrat immer problematischer, es steigt die Komplexität der cerebralen Integrationsorte.

In Anbetracht der Vielzahl an ungeordneten Einzeltatsachen, aus denen sich das heutige Bild der zentralnervösen Entwicklung zusammenfügt, können wir unsere Darstellung nur dadurch systematisieren, daß wir Längsschnitte durch einzelne Funktionsverläufe mit ihren hirnphysiologischen Korrelaten nach klinischen Gesichtspunkten legen. Vorangestellt seien allgemeine Probleme der Reifung.

I. Allgemeine Neurophysiologie der Reifung

Wenn es auch eine lückenlose Entwicklungsreihe auf rein anatomischer Grundlage noch nicht gibt, so ist es doch schon heute ein dringendes Gebot, die kinderpsychologischen Entwicklungsstadien mit den Ergebnissen der anatomischen und physiologischen Forschung zu konfrontieren. Flechsig (32) hat sensorische und motorische Primordialgebiete der Hirnrinde sowie später reifende Assoziationsfelder unterschieden. Die primordialen Systeme beginnen schon vor der Geburt zu reifen. Die Intermediärzonen zwischen den Primordialgebieten und Assoziationsfeldern erlangen ihre Markreife im 1. postnatalen Monat. Die Reifung der Terminalgebiete oder der Assoziationsfelder beginnt im 2. Lebensmonat, die Phase ihrer Vollendung erstreckt sich jedoch bis ins hohe Alter hinein. Eine weitere Gesetzmäßigkeit der cerebralen Myelinisierung besteht in der früheren Reifung der corticopetalen Systeme gegenüber den corticofugalen Systemen. Danach gehen postnatal der Reihe nach die Balken- und Rindentangentialfasern, die fibrae arcuatae, zuletzt die langen Assoziationsbahnen ihrer Reifung entgegen (26). Die myelogenetische Lehre von Flechsig, die besagt, daß die Markhaltigkeit einer Leitungsbahn ein morphologisches Kriterium der Funktionsreife ist und daß die Myelinbildung in bestimmten Systemen einheitlich und chronologisch geordnet

24*

aufeinander folgt, hat trotz Kritik von Peiper (*96*), C. und O. Voigt und Bechterew (*10*) ihre grundsätzliche Bedeutung nicht verloren. Zu ihren Befürwortern gehört Monakow (nach *119*).

Flechsig und Monakow haben versucht, den myelogenetischen Phasen bestimmte klinische Bilder der Hirnentwicklung zuzuordnen (*98*), wobei es etwas einseitig um die Vervollkommnung der motorischen Koordination und die Anpassung an die Dingwelt geht, angefangen bei der unfertigen Markbildung des Neugeborenen-Gehirns, fortschreitend bis zur Vollendung der markscheidenführenden weißen Substanz. Das nachfolgende Schema ist in abgeänderter Form der Arbeit von Peritz (*98*) entnommen.

1. Primordialphase (1. bis 14. Tag): Entwickelt sind die für die Existenz notwendigen Organisationen: Schlucken, Drehen, Beugereflexe der Hand.

2. Erste Intermediärphase (14. bis 30. Tag): Kombination von Haltungsreflexen und unkoordinierten Bewegungen des ganzen Körpers, Lokomotionsbewegungen ohne lokale Anpassung.

3. Zweite Intermediärphase (2. bis 4. Monat): Anpassung an die äußeren Objekte. Phase der beginnenden Orientierung.

4. Erste Spätphase (4. bis 8. Monat): Prinzipalbewegungen, Koordination von isolierten Sinnessphären mit den Körperbewegungen.

5. Zweite Spätphase (9. Monat bis 2. Jahr): Lokomotion. Objektgerichtete Greifbewegungen. Gebrauch der Glieder und Sinne. Elementarkomponenten des Sehens. Enge Beziehungen von Augenbewegung und Lage des Gegenstandes.

6. Präterminale Phase (3. bis 5. Jahr): Primitivstes Unterscheidungsvermögen, Protodiakrise. Bildung von Lauten und Klängen. Elemente der Praxie und Gnosie.

7. Terminalphase (5. bis 10. Jahr): Feinere Koordination. Anpassung der Handlungen an Raum und Zeit. Leichtigkeit, Sicherheit und Reichtum der Bewegungen und der Orientierung.

Myelin wird synchron mit der Reife und der Funktion angebildet. Nicht myelinisierte Fasern können jedoch schon leitfähig sein. Beim Neugeborenen vermittelt der Opticus bereits Lichteindrücke, obwohl die peripheren Anteile der Markhaltigkeit entbehren (*119*). Im fetalen Stadium der Marklosigkeit sind Bewegungen beobachtet worden (*96*). Ein nervöses System kann aber erst dann als voll funktionstüchtig angesprochen werden, wenn es Erwachsenenstruktur besitzt und mit dem Ganzen gefügehaft korreliert. Dazu gehören scharfkonturierte, feingranulierte und mit zahllosen feinsten Fibrillen erfüllte Nervenzellen, welche die Erregungen der Umgebung aufnehmen und in den reich verästelten Plasmafortsätzen (Dendriten) modellieren. Der stets in der Einzahl vorhandene, weite Strecken durchmessende Neurit ist in eine komplette Myelinhülle eingescheidet (Markscheide) und stellt den effectorischen Apparat des Neurons dar (*59*). DieMyelinanlagerung schreitet in sinnfälliger Analogie zu der Entwicklungs- und Stammesgeschichte fort (*32, 96*).

Die Zellunreife gibt sich in einem wenig gegliederten, runden oder ovalen, von der Umgebung kaum abgesetzten Zelleib mit dürftiger Granulierung und Fibrillenbildung zu erkennen. Die spärlichen Ausläufer sind schlecht differenziert. Der kurze Neurit, nur schwer von den Dendriten zu unterscheiden, ist marklos. Die unreife Rinde ist breit, faserarm und dicht mit Zellen besiedelt.

Neuropsychologisch stimmen hiermit eine eingeengte Reizperzeption mit unvollkommener Reizverarbeitung und eine ungegliederte Erlebnisweise überein. Es fehlen Lokalzeichen und Zuordnungen. Weitere Ausdrucksformen der Primitivität sind automatische, unkoordinierte Massenbewegungen und Beziehungslosigkeit zur Umgebung oder vollkommene Milieuabhängigkeit. Führend ist die Reizirradiation. Gleichzeitig ist die noch nicht spezialisierte Struktur zu außerordentlicher Plastizität befähigt: Projektions- und Assoziationsfunktionen können stellvertretend durch die Nachbargebiete übernommen werden. Ein Beispiel für die zentralnervöse Reizdiffusion beim Neugeborenen ist die Reaktion der kontralateralen Adductoren bei der Auslösung des Patellarsehnenreflexes oder die Kontraktion des Pectoralis major, noch begleitet von einer Hüftkrümmung nach der gleichen Seite, bei der Auslösung des Abdominalmuskelreflexes (*109*).

Physiologisch-chemisch ist die cerebrale Unreife mit einer Armut an Lipoiden und einem erheblichen Wasserreichtum des Parenchyms verbunden, womit auch die Hirnschwellungstendenz bei Infekten und die Krampfbereitschaft des kindlichen Gehirns zusammenhängen. Im Verlauf der Reifung geht der Wassergehalt des Gehirns, parallel mit der Zunahme der Protein- und Lipoidkonzentration, erheblich zurück. Ebenso ist mit der cerebralen Reifung ein stärkerer Energieverbrauch und ein Anwachsen der Enzymaktivität verbunden (*105*).

Während des cerebralen Reifungsprozesses bildet sich, hinausgehend über die rein quantitative Zunahme von Funktionen, eine innere Ordnung heraus, in der es befehlsgebende und ausführende Instanzen sowie Zuordnungen, Strukturen und Systeme gibt. Höher gegliederte Verbindungen verschiedener Systeme stellen sich als Kommunikationen und Organisationen (*30*) dar. Das durchgehende kybernetische Ordnungsprinzip beruht auf Steuerung und Regelung (*30*). Im ersten Fall unterstehen die ausführenden Systeme einer autonomen Zentrale. Im Regelkreis sind befehlsgebende und ausführende Instanzen durch Rückmeldung miteinander gleichgeschaltet. Jeweilige Differenzen zwischen der effektiven und der geplanten Leistung werden durch die Reafferenzen von der Peripherie zum Zentrum kompensiert. Die Entwicklung beruht, von hier aus betrachtet, auf einer zunehmenden Zahl der Nachrichtenverbindungen und der Regelkreise, deren Einfluß schließlich auch engere, bisher als rein physiologisch geltende Grenzen überspringt. Diese Differenzierung entspricht einer allmählichen Überschichtung der spinalen, met- und mesencephalen sowie der neencephalen Regelkreise (*116*). Psychologisch schreitet die Entwicklung im gleichen Zeitraum von der Stufe des rein vegetativen Seins über die detaillierte Wirklichkeitserfassung zur Stufe der vernunftgelenkten Persönlichkeit fort. Nach MONAKOW (*84*) besteht die zunehmende cerebrale Differenzierung in der Überlagerung primitiver Instinktformen, wie Selbsterhaltung, Angriff und Verteidigung, Sexualität, durch eine kausalitätsgelenkte und in die Zukunft planende Handlungsbereitschaft. Damit spezialisieren und präzisieren sich die Umweltbeziehungen, im motorischen Bereich steigt die Sicherheit der Koordination in der Periphere (*52*), das sensorische Erlebnisfeld erweitert sich bis zur Objekterkenntnis und zur räumlichen Lokalisation.

v. ECONOMO (*31*) hat fünf Rindenzelltypen des Erwachsenengehirns mit den psychischen Elementarfunktionen der Motorik, Sensorik und Assoziation konfrontiert. Neurophysiologisch wird heute der cerebrale Differenzierungsgrad weniger nach der Beschaffenheit der Zellen beurteilt als nach der Mannigfaltigkeit der interneuronalen Verbindungen, die bei 14 Milliarden Großhirnrindenzellen (*31*) praktisch unbegrenzt ist. Sie entstammen vor allem den Körner- und Sternzellen, den Horizontalzellen und den Martinotschen Zellen. Mit der Zunahme von Zellverbindungen in der Zwischensubstanz geht der Entwicklungsfortschritt unmittelbar parallel. Bei der Geburt am wenigsten entwickelt sind nach SIVE (*119*) Stirnpol, Zentralwindungen, Sehrinde.

Die morphologische Differenzierung der Rinde beginnt in den tiefen Schichten und schreitet oberflächenwärts fort. Die *Radiärfasern*, die als Endstrecken der Projektionssysteme in die Rinde einstrahlen (*32*), erreichen mit 11 Lebensmonaten die 3. bis 4. Rindenschicht. Hier beginnt die Myelinisierung gemeinsam mit den primitiven Rindenstrukturen früher als bei den tangentialen Assoziationsfasern (*32*). Die *Tangentialfasern* nehmen zuerst in der Hippocampusformation die Markscheidenbildung auf, hier vollends ausgebildet bereits in der 3. Woche. Die Reifung der übrigen Assoziationsfasern vollzieht sich weit langsamer. Im Laufe des 1. Lebensjahres beginnen sich die beiden, der 3. und 4. Rindenzellschicht entsprechenden tangentialen Baillargerschen Streifen abzuzeichnen, in der hinteren Zentralwindung bereits im 3. Monat, in anderen Rindengebieten erst vom 6. bis

8. Lebensmonat ab. Deutlich sichtbar sind sie mit $4^1/_2$ Jahren (*119*). Sie stellen wichtige intracorticale Verbindungswege dar. Ihre langsame Entwicklung ist ein Zeichen der feinen, strukturellen Reifung, während die groben Verbindungen, z. B. die Meynertschen Bogenfasern zwischen Nachbarwindungen, früher funktionstüchtig sind (ab 1. Lebensmonat). Die inneren Rindenschichten, die man als Träger des niederen Sinnes- und Geisteslebens vermuten darf, beginnen mit der Myelinisierung in den ersten Lebensmonaten und erreichen ihre Vollendung mit dem 19. Lebensjahr (*119*). Die äußere corticale Hauptschicht, außerhalb der Baillargerschen Streifen gelegen, hat als Repräsentanz des höheren geistigen Lebens ihre Faserbildung mit 38—45 Jahren noch nicht beendet [Kaes (*32, 119*)].

Auf der Altersstufe von 5—6 Jahren findet man nach Sive (*119*), Helmreich (*52*) u. a. hinsichtlich der äußeren Form kaum noch Unterschiede zur Hirnrinde des Erwachsenen. Roback und Scherer (*106*) stellen schon Ende des 1. Lebenshalbjahres eine vollständige Differenzierung der grauen Massen fest. Nach Peiper (*96*) ist die neurologische Stufe des Erwachsenen bereits Ende des 1. Lebensjahres annähernd erreicht. Histologisch unterscheidet sich die kindliche Hirnrinde aber noch weiterhin vom Erwachsenen durch größeren Zellreichtum und geringere Zwischensubstanz (*2*). Mit $5^1/_2$ Jahren haben die Rindenzellen beinahe die definitive Form, aber noch nicht die definitive Größe erreicht. Unvollkommen ist zu dieser Zeit noch die Entwicklung der großen Pyramidenzellen, was nach Aldama (*2*) mit der mangelhaften Koordination von Teilbewegungen zu willkürlichen Bewegungskomplexen zu interpretieren ist. Von den sensorischen Bezirken hat das optische Rindenfeld und die Tastsphäre mit 6 Jahren schon den hohen Differenzierungsgrad des Erwachsenengehirns erreicht, während die Hörsphäre in ihrem Reifegrad noch erheblich zurückbleibt. Die feinere cerebrale Morphologie ist also auch auf der Altersstufe von 5—6 Jahren noch weit von der vollendeten Rindenstruktur entfernt.

Die an die Polarität von Hirnstamm und Rinde gebundene psychische Entwicklung schreitet vom dranghaften zum zielbewußten Handeln fort. Die Faserassoziationen ermöglichen auf Bewußtseinsebene die klare, kritische Auffassung und die Wahrnehmungsgliederung. Die Raumgestalt des Körpers in ihren Umweltbeziehungen und ihrer Abgehobenheit von der Umwelt ist ein Effekt der integrativen Funktionen.

Mit der intracorticalen Konstellation lassen sich komplexe sensomotorische Qualitäten, Erkenntnisvorgänge, Abstraktionen, Planung und Vorwegnahme, sachliche Distanz zwischen Trieb und Geist, Anpassung in Parallele setzen. Von dieser Warte aus steht das Kleinkind auf rein subcorticaler Organisationsstufe, an die Gegenwart fixiert und umweltabhängig. Gemäß einer fortgeschrittenen Corticalisierung vermag das Schulkind Erfahrungen zu ordnen und eine allgemeine Werthierarchie aufzubauen, besitzt der Adoleszent mit der fast vollendeten cerebralen Organisation die Fähigkeit der Umweltgestaltung und der bewußten Entfaltung aus der Gegenwart in die Zukunft.

Von der Hirnreifung abhängig ist die Bildung der *bedingten Reflexe* (*95*). Es sind temporäre Verknüpfungen einer durch einen bestimmten Sinnesreiz bedingungslos ausgelösten Reaktion mit zufälligen Reizen aus anderen Sinnesfeldern. Das Wesen der bedingten Reflexe besteht in der Assoziationsbildung und gedächtnismäßigen Fixierung. Nach älteren Vorstellungen nimmt die Erregung der Rinde durch einen schwachen (bedingten) Reiz ihren Weg zu dem effectorischen Zentrum, das sich bereits infolge eines starken unbedingten Reizes in einem stärkeren Erregungszustand befindet (*95*). Neuere Anschauungen sehen das Wesen der Bedingungsreflexe in einer festen Konstellationsbildung zwischen corticalen Erregungsprozessen und subcorticalen Mechanismen (*108*). Die Funktionen vegetativ gesteuerter Organe, z. B. Schweißsekretion, Pupillenreaktion, können beim Menschen durch bedingte Reflexe modifiziert werden. Die Reflexe des Neugeborenen haben nach Peiper (*96*) unbedingten Charakter. Bei cerebraler Unreife (im 1. und 2. Lebensmonat) ist die Bildung bedingter Reflexe durch erhebliche Labilität, Erschöpfbarkeit und lange Übungszeit gekennzeichnet (*96*).

Bedingte Speichelreflexe konnte KRASNOGORSKI (*68*) erst nach dem 3. Lebensmonat auslösen. Analog wurden bei großhirnlosen Tieren in den subcorticalen Zentren nur einfache Reaktionen erzielt (*41*). Zur Bildung stabiler, differenzierter Bedingungsreflexe bedarf es bei höheren Wirbeltieren und beim Menschen der Hirnrinde. Beim 5—6jährigen Kinde sind die bedingten Reflexe im Vergleich zum Lebensalter von 10—11 Jahren noch immer relativ labil. Nach KURZIN (*73*) wird die Rindendynamik der Erwachsenen mit einem Alter von 8—14 Jahren erreicht. Saug- und Schluckbewegungen bei der Vorbereitung zur Mahlzeit im 1. Lebensmonat deutet PEIPER (*96*) als bedingte Reflexe. Vom 10. Lebensmonat an bilden sich bedingte Reflexe höherer Ordnung, wenn das Kind sprachliche Aufforderungen sinngemäß beantwortet (*66*) oder einen Werkzeugzusammenhang zur Erreichung eines Gegenstandes erfaßt und darauf sein Handeln aufbaut (*114*). Auf der bedingten Reaktion beruht nach PEIPER (*96*) und CZERNY (*27*) im frühen Kindesalter die Erziehung, z. B. bei der Sauberkeitsgewöhnung. Die Fixierung pathologischer, d. h. aus dem Rahmen des biologisch Zweckmäßigen herausfallender Reaktionen, setzt immer eine besondere Eigenart der Energieanhäufung im Substrat (Bahnung) sowie eine besondere, der Reaktionsweise des Substrats unangepaßte äußere Reizkonstellation voraus. So können sich aus Pflegefehlern Verhaltensstörungen entwickeln.

Ein eindeutiges Bild von den cerebralen Reifungsvorgängen ermöglichst heute das *Elektroencephalogramm*. Je jünger das Kind, desto langsamer sind die Potentialschwankungen. Die δ-Wellen (1—3,5/sec), im frühen Säuglingsalter vorherrschend, werden vom 5. Lebensjahr an durch die α-Wellen-Aktivität (8—13/sec) überlagert. Diese beiden Wellenfolgen lassen sich bestimmten Hirnregionen zuordnen. Das Thalamogramm des erwachsenen Menschen zeigt eindeutige δ-, das Corticogramm der Zentralregion α- und β-Frequenzen (8—13/sec und 14 bis 30/sec). Bei einem 5jährigen, hochbegabten und frühreifen Mädchen fand GANGELBERGER(*38*) ein der Erwachsenenphase weitgehend gleichendes Hirnstrombild. Die affektive und vegetative Labilität des frühen Kindesalters findet ihren Niederschlag in der Labilität des EEG. Die Potentialschwankungen sind noch unregelmäßig, weitgehend abhängig von interkurrierenden Sinnesreizen und von der Hyperventilation (*3, 36, 43*). Ebenso sind Seitenasymmetrien im frühen Kindesalter physiologisch. Regressive Phänomene zeigen sich im cerebralen Aktionsstrombild in der Form des Wiederauflebens vorangegangener Entwicklungsphasen, wobei die α-Aktivität durch labilde ϑ-Wellen (4—7/sec) abgelöst sein kann. Mit zunehmendem Alter erfährt das Hirnstrombild eine fortschreitende Stabilisierung und Frequenzerhöhung.

II. Intrauterine Entwicklung

Daß das Neugeborenengehirn bereits eine lange Entwicklung zurückgelegt hat, ist bei einem Vergleich mit den vorangegangenen embryonalen und fetalen Entwicklungsstadien um so überzeugender.

Die Gliederung des Zentralnervensystems in Paläencephalon (bestehend aus Hirnstamm, Ganglienhügel, Zwischenhirn, aus dem Boden des primären Vorderhirns mit Riechhirnrinde und Hippocampus) und in das, Striatum und Rinde umfassende, Neencephalon ist schon im 3. Embryonalmonat angelegt. Die Markbildung beginnt in den onto- und phylogenetisch ältesten Hirnteilen als den Trägern der vitalen Funktionen früher als im endgültigen Vorderhirn, das später zum letzten Integrationsort der Sinneserfahrungen und zum Substrat des persönlichen Bedeutungsbewußtsein wird.

Einige morphologische und klinische Daten der intrauterinen Reifung seien hier hervorgehoben (*30, 82, 96*). In den paläencephalen Hirngebieten beginnt die *Myelinisierung* mit dem 4. bis 5. Fetalmonat und ist im 9. bis 10. Fetalmonat beendet. Der Beginn der Myelinisierung im neencephalen Vorderhirn fällt in die letzten Fetalmonate. Das erste, im Rautenhirn Ende des 5. Fetalmonats gebildete System dient der Respiration, Mit dem 6. bis 7. Fetalmonat nimmt das Pallidum die Myelinisierung auf, zur gleichen Zeit reifen N. vestibularis, die laterale Schleife zum unteren Vierhügel, die Systeme der hinteren Wurzeln zum Thalamus und zur Parietalrinde. Die Pyramidenbahn beginnt, sich im 9. bis 10. Fetalmonat mit Markscheiden zu versehen. Die Reifung der primären Sinnessphären nimmt ihren Anfang im 6. bis 7. Fetalmonat, beginnend mit dem Geruch- und Geschmackssinn und der Körpersensibilität, es folgen Hörstrahlung im 8. Fetalmonat, primäre Sehstrahlung mit 9 bis 10 Fetalmonaten.

In der 3. Embryonalwoche beginnt der Herzschlag. Atembewegungen können schon im 4. Fetalmonat einsetzen. Schluckreflexe im 5. Monat, erkennbar am Trinken des Fruchtwassers. Die frühesten Bewegungen wurden mit 6 Wochen des Konzeptionsalters beobachtet. Vom 2. Monat an sind Kopf, Rumpf und Extremitäten zu athetoiden Bewegungen befähigt, ausgelöst durch innere humorale und viscerale Reize (*82*). Handgreif- und Saugreflexe nehmen im 2.—3. Fetalmonat erstmals ihre Funktion auf.

Die Reifestadien des Paläencephalon lassen sich in klinischen Bildern von Hemmungsmißbildungen, Früh- und Normalgeburten veranschaulichen.

Die primitivste, noch lebensfähige Organisationsstufe stellt das *Rautenhirnwesen* dar (*25, 85, 140*). Die motorischen Leistungen eines menschlichen bulbospinalen Anencephalen entsprechen denen eines Fetus von 3—4 Monaten. Die Lebensdauer ist auf höchstens 3 Tage befristet. Körpertemperatur und kardiovasculärer Tonus unterliegen infolge des Fehlens diencephaler Steuerung erheblichen Schwankungen. Klinische Leitsymptome sind: Schnappatmung mit apnoischen Perioden, Fehlen einer Schlaf-Wach-Periodizität, Fehlen von Spontanbewegungen, Beschränkung der Sinnesperzeption auf Gehör-, Geschmacks- und Hautreize. Die Schutzreflexe, gut auslösbar in allen Segmenten, sind gesteigert und haben die Tendenz zur diffusen Irradiation [Massenreflexe (*33*, zit. nach *85*)]. So können Berührungen des Kopfes ein Anziehen der Beine, Berührungen der Fußsohle Reaktionen beider oberer Extremitäten und des Kopfes zur Folge haben. Die Sehnenreflexe sind infolge des gesteigerten Beugetonus nur erschwert oder überhaupt nicht auslösbar. Die Morosche Reaktion hat als Schutzreflex beim bulbo-spinalen Anencephalen einen Massenbewegungscharakter, insofern bei intensiven Sinnesreizen die Abduktionsphase der Arme von einer Hebung des Rumpfes und einer Ventralflexion des Kopfes begleitet wird unter Beugung und Adduktion der Beine. Haltungs- und Stellreflexe fehlen beim Rautenhirnwesen oder sind nur rudimentär entwickelt, weil die für die Körperstellung erforderliche zentralnervöse Integrationsstufe, die vom obersten Halsmark bis zum Mittelhirn reicht (*25*), noch nicht ausgebildet ist.

Der bulbospinalen Organisation liegen die Systeme der Formatio reticularis der medulla oblongata zugrunde mit einer reticulo-spinalen und vestibulo-spinalen Efferenz und einer spino-reticulären Afferenz. Intakt ist ein großer Teil der extrapyramidal-motorischen Apparate. Die segmentalen Schutzreflexe werden durch die Spinalnerven und den 6. bis 12. Hinnerven vermittelt. Im Vergleich zum Neugeborenen fehlt neben der Konstanz der vegetativen Regulationen die spontane Ausdrucksmotorik. Die Bewegungen sind weitgehend unkoordiniert. Neugeborenen- und Rautenhirnorganisation gleichen sich in der Präzision der oralen und manuellen Reflexe. Die mimischen Ausdrucksbewegungen sind nur reflektorisch und unvollkommen auslösbar durch Geschmacksreize. Der bulbospinale Anencephale ist ein Reflexwesen, das gleichwohl eine Tendenz zur Reizbewältigung, Abwehr und Flucht erkennen läßt und die primitivere Rückenmarksorganisation durch einfache assoziative Systeme überragt.

Die *meso-rhombencephale Organisation* (*37, 140*) zeigt eine Funktionstüchtigkeit des Mittelhirns bis zum nu. ruber und zur Vierhügelplatte, z. T. auch des Kleinhirns. Es fehlen die dem Mittelhirn rostral vorgelagerten Hirnteile vom Pallidum bis zu den neencephalen Bahnen. Die Reaktionsformen entsprechen weitgehend der Neugeborenenphase. Funktionsfähig sind alle Sehnen- und Fremdkörperreflexe einschließlich Husten und Niesen, Saugen und Schlucken, auslösbar alle tonischen Halsreflexe, Labyrinthstellreflexe und Drehreaktionen. Die Morosche Umklammerungsreaktion hat den gleichen Ablauf wie bei der Rautenhirnorganisation. Die Spontanbewegungen der thalamusnahen Mittelhirnorganisation haben den Charakter von Synergien und Athetosen. Abheben des Kopfes von der Unterlage und Sitzreaktion bei Druck auf beide Unterschenkel sind eine Schutzreflexkette, keine Willkürhandlung (Gamperscher Verbeugungsreflex) (*96*). Der Einstellungsautomatismus des Mundes und Kopfes bei der Nahrungssuche ist differenzierter als bei der bulbospinalen Organisation. Mit dieser verbinden das Mittelhirnwesen die Perzeptionsfähigkeit für Geschmacks- und Gehörreize, die Reaktionslosigkeit gegen optische- und Geruchsreize. Die reflektorische Pupillenreaktion auf der Mittelhirnstufe durch Lichteinfall auslösbar, fehlt beim bulbospinalen Anencephalen. Die vegetativen Funktionen, wie Herztätigkeit, Atmung und Nahrungsaufnahme, zeichnen sich auf der meso-bulbo-spinalen Stufe durch größere Stabilität aus. Die mimischen Reaktionen sind bereits weitgehend spezialisiert, Schreien und Weinen werden nicht beobachtet. Ferner wechseln schon eindeutige Wach- und Schlafperioden mit den für das Erwachen charakteristischen Instinktbewegungen des Gähnens und Rekelns, deren biologisches Ziel die bessere Hirndurchblutung auf sympathicotanem Wege ist (*116*).

Die Lebensdauer der Mittelhirnwesen übersteigt die der Rautenhirnorganisation um mehrere Wochen. Die Thermolabilität ist der fehlenden Zwischenhirnsteuerung zur Last zu legen. Im Vergleich zur bulbospinalen Organisation haben die mimischen Ausdrucksbewegungen an Spontaneität gewonnen, vor allem im Hinblick auf 2 einheitliche Lust- und Unlustzustände. Die motorischen Reaktionen haben noch weiterhin eine Tendenz zur Irradiation und Automatisation. Ein Fortschritt ist der Erwerb der Körperstellmechanismen, die später in die Willkürmotorik eingebaut werden. Der überwiegende Beugetonus entstammt der spezifischen Integrationsstufe des roten Kerns und der reticulären Zentren. Die meso-bulbo-spinalen Bewegungs- und Reaktionsmöglichkeiten stehen der pallido-diencephalen Funktionsstufe des Neugeborenen kaum nach.

Das *Frühgeborene* im *8. Schwangerschaftsmonat* übertrifft die Mittelhirnstufe und unterscheidet sich kaum von dem Neugeborenen. Der Thalamus wird zum Integrationszentrum der sensorischen Sphäre und des Rautenhirns. Die beginnende Myelinisierung in den vorderen und hinteren Zentralwindungen, ferner in der Taststrahlung sowie in der primären Sehstrahlung und in der Riechstrahlung (*32*) sind markante Vorzeichen der kommenden Rindenorganisation. Die Entwicklung der paläencephalen Systeme in Medulla Oblongata und Kleinhirn ist weitgehend abgeschlossen. Von den 3 Kleinhirnstilen erscheinen corpus restiforme und Bindearme vollständig myelinisiert. Mit Leitfasern versehen sind Pallidum, Putamen und die großen Oliven. Die Rindenorganisation des Neugeborenen ist jedoch im 8. Schwangerschaftsmonat noch nicht erreicht. Im *10. Schwangerschaftsmonat* zeigen Pyramidenbahn und Hörstrahlung sowie die Markleisten der Zentralwindungen ein fortgeschritteneres Entwicklungsniveau, auch der Thalamus zeichnet sich durch größeren Markreichtum aus als beim Frühgeborenen im 8. Schwangerschaftsmonat.

Der cerebrale Reifegrad geht dem Geburtsgewicht parallel. Die unterste Grenze der Lebensfähigkeit beträgt 500 g. Nach ROSENBAUM (*109*) ist die Zahl der positiven Reflexe im allgemeinen direkt proportional dem Geburtsgewicht, erlaubt aber keinen Rückschluß auf die Lebensfähigkeit. Die vegetative Labilität kann das Zeichen einer Unfertigkeit des Zwischen- und Mittelhirns sein. Neben apnoischen Anfällen kommt es zu großen Schwankungen der Körpertemperatur. Bedrohliche Saugschwäche als Ausdruck einer oberen rhombencephalen Insuffizienz gibt stets Anlaß zur Sondenernährung. Übererregbarkeit und spontane Hyperkinese sind bei niederen Geburtsgewichten ausgesprochener als bei höheren. Aus seinem habituellen, mit periodischem Atemrhythmus einhergehenden Tiefschlaf ist der Frühgeborene schwer erweckbar.

Die vergleichende Betrachtung zwischen einem *Frühgeborenen von 1000 g* und einem Reifgeborenen trifft auf die gröbsten Abweichungen im Bereich der Saug-, Schluck- und Greifreflexe, die als Ausdruck der mangelnden Reife im Falle der Frühgeburt fehlen können oder unzulänglich sind. Auch die Erhöhung der Reizschwellen für Geschmacksreize wird von KULAKOWSKAJA (zitiert nach *96*) als Zeichen der Unreife gewertet. Leicht erschöpfbar ist die Vestibularreaktion. Die tonischen Halsreflexe sind infolge der Mittelhirnenthemmung bei Frühgeborenen leichter auszulösen als bei Reifgeborenen. Bei Früh- und Neugeborenen unterscheiden sich Bauchdeckenreflexe, Sehnenreflexe der oberen Extremitäten, Schreckreflexe hinsichtlich ihrer Stärke nicht.

Die neurologischen Differenzen zwischen *Frühgeborenen mit 2500 g* und Reifgeborenen sind unwesentlich (*109*). Geringe Abweichungen zu Ungunsten der Frühgeborenen finden sich wiederum lediglich im Bereich der Greif-, Saug- und Schluckreflexe als Ausdruck der Koordinationsschwäche. Das Kniephänomen nimmt mit der Höhe des Geburtsgewichts zu. Der Achillesreflex ist negativ. Das Bewegungsbild der reifen Frühgeborenen wird beherrscht von unkoordinierten Massenbewegungen bei muskulärer Hypertonie.

Der Sinn der fetalen Entwicklungsperiode ist die Koordination aller lebenswichtigen paläencephalen Leistungen, wie die Beispiele der intrauterinen Entwicklung zeigen. Die niederen cerebralen Organisationen sind sehr oft zu Funktionen befähigt, die ihnen im Wirkungszusammenhang mit höheren Zentren fehlen können. Das Prinzip der progressiven Cerebration mahnt daher gegenüber allen theoretischen Hirnlokalisationen auf Grund von Ausfallserscheinungen bei cerebralen Erkrankungen und chirurgischen Tierexperimenten zur Skepsis (*41*). Grundlage einer Entwicklungsphysiologie des Zentralnervensystems bleibt daher immer die genaue klinische Beobachtung aller Reaktionen und ihre kritische Konfrontierung mit den neuropathologischen Befunden der Hirnentwicklungsstörungen des Menschen (*41*).

III. Die Neugeborenenphase

Bei der Geburt im 10. Schwangerschaftsmonat hat das Urhirn, das alle Lebens- und Gleichgewichtsfunktionen steuert, volle Reife erlangt. Markhaltig sind nach FLECHSIG (*32*) Rückenmark, Medulla oblongata, Brücke, Mittelhirn. Fortgeschrittene Myelinisierung zeigen auch Thalamus und Hypothalamus. Von den grauen Kernen des Endhirns ist das Pallidum mit seinen Verbindungen zum Thalamus, zur vorderen und hinteren Zentralwindung sowie zur Substantia perforata ant. (Riechhirn) vollständig mit Mark versehen. Die Reifung der corticalen Sinnessphären hat zum Zeitpunkt der Geburt allenthalben begonnen. Die Geruchs- und Geschmackssphäre (trigonum olfactorium, gyrus subcallosus, area parolfactoria mit den Leitungsbahnen durch den fornix longus zum gyrus hippocampi) ist weit entwickelt, ebenso die Körperfühlsphäre, erkennbar an der Markhaltigkeit der Rückenmarkhinterstränge, der Schleifenbahn von den sensiblen Endkernen in der medulla oblongata zum Thalamus und zur hinteren Zentralwindung. Am frühesten von allen Sinnesnerven dürfte der Vestibularis seine Tätigkeit aufnehmen, dessen Zentrum in der formatio reticularis zwischen oberem Halsmark und Mittelhirn seine Afferenzen von den Proprioreceptoren der Haut,

Muskeln und Gelenke erhält (*32, 80*). Von den höheren Sinnen ist die Sehbahn mit der primären Sehstrahlung vom corpus geniculatum laterale und Pulvinar zur fissura calcarina bei der Geburt fast vollständig myelinisiert. Reizleitungsfähig ist beim Neugeborenen auch die Hörbahn von der medulla oblongata zum Hörzentrum in den gyri transversi des Schläfenlappens. Die Perzeptionsfähigkeit für Seh- und Hörreize zur Zeit der Geburt bleibt aber problematisch, solange die radiäre Markfaserstrahlung noch nicht die letzten, oberflächennahen Rindenschichten erreicht hat. In den zentrifugalen Systemen (Pyramidenbahn) beginnt die Myelinisierung kurz vor der Geburt, wobei die spinalen Vorderstränge die Seitenstränge an Reife weit übertreffen (*32*).

Im Vergleich zu den vorangegangenen fetalen Entwicklungsstadien prägt sich die *cerebrale Organisation des Neugeborenen* zuerst in der Stabilität der vegetativen Regulationen aus, vor allem von Atmung, Kreislauf und Körpertemperatur. Die Atmung beginnt mit schnappenden Atemzügen (*96*), bedingt durch die Sauerstoffverarmung und die Kohlensäureanhäufung nach Einstellung des Placentarkreislaufs. Gut koordiniert ist die Funktion der Nahrungsaufnahme mit allen Saug- und Schluckreflexen. Die Schlaf-Wach-Folge ist rhythmisiert. Alle Schutz- und Fremdreflexe sind vorhanden. Die Ausscheidung von Darm und Harnblase untersteht der subcorticalen Schaltung, ist daher noch rein parasympathisch-autonom und periodisch. Haltungs- und Stellreflexe steuern die Tonusverteilung in der Muskulatur und die Raumorientierung noch unzulänglich.

Pallidärer Herkunft sind die Hyperkinese und die überwiegende Hypotonie des Neugeborenen, die aber von unterschiedlicher Topik ist, insofern sie vorwiegend die Strecker der Nacken- und Rückenmuskulatur betrifft, so daß das Kind beim passiven Aufrichten in sich zusammensinkt, während sich Adductoren und Flexoren durch den gleichzeitigen Einfluß von Pallidum, Thalamus und nucleus ruber im Zustande der Hypertonie befinden. Der Schwäche der pyramidalen und cerebellaren Einflüsse entspricht die Dysmetrie der Bewegungen. Auch die synergistischen Massenbewegungen, denen jede Ermüdbarkeit fehlt, und die zahlreichen choreiformen und athetoiden Züge des Bewegungsbildes gehen auf das Konto der striären Insuffizienz. Bereits auf der subcorticalen Organisationsstufe des Neugeborenen lassen sich die impulsiven von den ausdruckshaften Bewegungen und von den Reflexautomatismen sondern. Die Reaktionen auf komplexe Situationen, z. B. das Saugen, sind Instinkthandlungen, die sich allgemein beim Tier im Vergleich zum menschlichen Neugeborenen durch größere Präzision und Objektgerichtetheit auszeichnen.

Von den *Reflexen des Rückenmarks* fehlen beim Neugeborenen infolge der Hypotonie der Extensoren die Achilles- und Tricepssehnenreflexe. Prompt ansprechbar sind die Patellar-, Biceps- und Bauchmuskelreflexe, ferner der Corneal- und Cunjunctivreflex. Als physiologisches Zeichen der pyramidalen Funktionsschwäche werden die Zehenphänomene von Babinski, Rossolimo und Mendel-Bechterew gewertet. Von den Reflexen der oberen Extremitäten bleibt neben dem Tricepsreflex der Radiusperiostreflex stumm. Auch der Meyersche Fingerreflex fehlt.

Von den *Hirnstamm- und Mittelhirnreaktionen* sind beim Neugeborenen Greifreflexe an Händen und Füßen, Saug- und Schluckreflexe, die Morosche Umklammerungsreaktion auslösbar; die letzte beschränkt sich auf die 1. Phase, das Auseinanderwerfen der Arme; ferner sind vorhanden: die tonischen Halsreflexe, Halsstellreflexe auf den Kopf und den Körper, der tonische Rückgratreflex von Galant und Veraguth, der Handdruck-Mundöffnungsreflex von Babkin, schließlich Stützreaktionen und Schreitbewegungen beim passiven Aufsetzen der Füße auf den Boden. Nur in den ersten beiden Tagen nach der Geburt ist der tonische Halsreflex auf die Augen nachweisbar. Labyrinthstellreflexe auf den Kopf finden sich nach Peiper (*96*) in 50% der Neugeborenen in der Form eines flüchtigen, ruckartigen Kopfhebens aus Bauchlage. Diese Reaktionen sind Merkmale einer relativen Autonomie der subcorticalen Zentren und verschwinden gesetzmäßig mit fortschreitender Rindenreifung.

Eine Rindenbeteiligung an den *Sinnesreaktionen der Neugeborenen* nimmt Peiper (*96*) nicht an. Bei beginnender Rindenreifung wäre es jedoch denkbar, daß der Neugeborene mehr erlebt, als seine Reaktionen zu erkennen geben. Den vermutlich schon funktionsfähigen tieferen Rindenschichten in den primordialen Sinnessphären ist eine diffuse Reizperzeption nicht abzusprechen, während eine distinkte Reizapperzeption, die stets eine corticale Lernfähigkeit, Konstellationsbildung und Erlebniskoordination voraussetzt, beim Neugeborenen noch nicht angenommen werden kann. Von den Sinnessphären sind beim Neugeborenen am weitesten entwickelt: die Gleichgewichtsregulation, der Geschmack, der Hautsinn. Die Bogengänge sind voll erregbar, wie calorische und rotatorische Reizung sowie die Reagibilität auf Progressivbewegungen zeigen (*96*). In der endgültigen Form des Erwachsenenalters beantwortet das Labyrinth thermische Reize aber erst vom 3. Lebensjahr ab (*116*). Die Feinheit der Reizschwellen für Geschmacksstoffe ist beim Neugeborenen ein sicheres Reifezeichen (*96*). Süße Geschmacksreize rufen Behaglichkeitsäußerungen, Saug- und Schluckbewegungen hervor. Schlecht schmeckende Stoffe (sauer, salzig, bitter) werden mit mimischen Ausdrucksreaktionen der Reizabwendung beantwortet, wie Zusammenkneifen der Augen, Gesichtsverziehungen, Ausspeien und Erbrechen.

Zu einer Lokalisation von Hautreizen ist der Neugeborene nicht befähigt, weil die letzten corticalen Instanzen der Erlebnisgliederung noch nicht funktionieren. Lediglich in der oralen Zone, ferner an Händen und Fußsohlen (*96*) ist die Reizregistrierung zufolge der stärkeren Besiedlung mit sensiblen Nervenendigungen intensiver als in anderen Körperbezirken. Hautreize der Nase werden mit Abwehrbewegungen beantwortet. Berührung der Lippen führt zu Kopfdrehung und Saugbewegungen, die nach 11 Tagen (*66*) infolge der fortschreitenden Einengung der reflexogenen Zonen jedoch unterbleiben. Schmerzreize (Nadelstiche) in den übrigen Körpergebieten lösen Schreckreaktionen und diffuse Massenbewegungen aus, schwache Reize rufen lediglich ungezielte Bewegungen der Gliedmaßen, der Gesichtsmuskulatur und der Augen hervor. Wärmeentzug beantwortet schon der Neugeborene mit starkem Kältezittern.

Mit der Reaktionsfähigkeit auf Schallreize stimmt morphologisch die Myelinisierung des Hörnerven bis zum primären Hörzentrum überein. Die Feinheit des Gehörs kann jedoch rein peripher infolge Verstopfung aller zuleitenden Gehörwege mit Fruchtwasser herabgesetzt sein. Auch zu einer Sehreaktion ist das Neugeborene bereits ertüchtigt. Die Pupillen reagieren auf Lichteinfall. Diffuse Lichtquellen ziehen den Blick an, während ein plötzlicher grober Lichtreiz eine Schreckbewegung zur Folge hat.

Die Bewußtseinsstufe, die unter der Hülle von Untätigkeit und Erlebnisarmut einer knospenhaft vegetierenden Innenwendung entspricht, ist der Dämmerzustand oder der Schlaf. So verschläft das Neugeborene 80% der Tages- und Nachtzeit (*18, 96*). Aus dem Wechsel eindeutig abzugrenzender Wach- und Schlafzustände muß man aber folgern, daß es bereits beim Neugeborenen verschiedene Klarheitsgrade psychischen Lebens gibt, zumal nach dem Ergebnis der anatomischen Forschung ein großer Teil des reticulo-thalamocorticalen Systems markreif ist, das als Substrat des Bewußtseins gilt (*103*). Die körpereigne Sphäre (Körpersensibilität, Tasten, Schmecken, Riechen) übertönt in ihrem Empfindungsgehalt alle peristatischen Reizzufuhren an Intensität, die höheren Sinne (Sehen und Hören) sprechen erst auf gröbere Reize an. Als eine leib-seelische Ganzheit gibt der Neugeborene nicht nur reizgebundene Reaktionen, sondern auch spontane Antriebe und spezifische Gemeingefühle von Lust- und Unlustcharakter zu erkennen. Wenn auch noch alle Voraussetzungen für ein Erlebniskontinuum fehlen, so ist doch schon ein dumpfes Beziehungszentrum für alle körperlichen Funktionen anzunehmen, das sich bereits in den letzten Fetalmonaten herausbildet, dem man ein Luststreben und die Tendenz zum sozialen Appell nicht absprechen kann. Die Erlebnisse des Neugeborenen müssen nach REMPLEIN (*104*) ungegliedert, stark gefühlsbetont, in hohem Grade diskontinuierlich sein. Hiermit stimmt der cerebrale Organisationsplan überein, in dem ein Substrat für eine Erlebnissphäre in Gestalt intracorticaler Verbindungswege nirgendwo ersichtlich ist. Es fehlen Ordnungsqualitäten und Lokalisationen. Eindringliche Reize finden der Irradiation zufolge lebhaften Widerhall in allen

Funktionsschichten des Nervensystems, erkennbar an tiefgreifenden vegetativen und motorischen Reaktionen (Bewegungsunruhe, Veränderungen von Atmung und Pulsfrequenz). Die Generalisierungstendenz der Reaktionen ist bei Unlust, Hunger und Müdigkeit größer, geringer im Lustzustande, etwa bei Sättigung. Das Existenzgefühl des Neugeborenen ist lustbetont beim Saugen, bei Ausscheidung, Wärme, körperlichem Wohlbehagen, reizarmer, ruhiger Umgebung. Unlustreaktionen, oft schon mit dem Charakter von Wut und Angst oder von heftigem Schreck, werden ausgelöst durch Kälte, unvermittelte Lageänderung, Störung des Saugens, körperliches Mißbehagen, plötzliche grelle optische und akustische Reize, Hemmung der Bewegungsimpulse (*134*). Der lustvolle Sinnesreiz führt zur Öffnung der Augen, des Mundes und zum Fingerspreizen (*96*). Ausdruck der reizbedingten Unlust sind das Schließen des Mundes und der Augenlider sowie Adduktion aller Extremitäten im Sinne des reizsperrenden Zusammenfahrens.

IV. Motorik

1. Spontanmotilität und extrapyramidales System

Wir haben bisher Reifeprobleme hirnphysiologisch erörtert und die Hirnentwicklung bis zur Stufe der Normalgeburt verfolgt. Isolierte Funktionen scheinen theoretische Abstraktionen zu sein, um so mehr, als „im Leben" alle Wahrnehmungen und Bewegungen untrennbare, gefügehaft gegliederte Aktionsgemeinschaften (Gestaltkreise nach Weizsäcker) (*136*) sind. Dies schließt aber die Notwendigkeit der Untersuchung von Funktionen als konstituierenden Elementen der Ganzheit keineswegs aus. Ihre Diagnose setzt sogar eine differenzierte, d. h. gleichzeitig analysierende und synthetisierende Verhaltensbeobachtung voraus. Über die Nachprüfung des regelmäßigen Auftretens und Verschwindens von Einzelfunktionen hinaus, wie Lage- und Stellreflexe, Sinnesperzeptionen, Sprache, pyramidale und extrapyramidale Systeme, gilt es, den neurologischen Status mit der Ganzheit zu konfrontieren, wozu u. a. die Affektivität sowie die sozialen Beziehungen gehören.

Im Gesamtaufbau der *Motorik* sind die niederorganisierten Reflexbewegungen von den sich im Entwicklungsgang überlagernden, ichnäheren und zielgestalteten Bewegungskomplexen zu sondern. Die reflektorische Motorik steht der spontanen Motilität gegenüber. Die *Reflexmotorik* umfaßt Haut- und Sehnenreflexe, Lage-, Stellungs- und Gleichgewichtsreaktionen. Ihr „Haushaltszentrum" ist nach Schaltenbrandt (*112*) die substantia reticularis. Sie wird bedingungslos durch Körper- und Umweltreize ausgelöst. Die Reflexmotorik ist rein reaktiv, die Spontanmotilität reaktiv und aktiv zugleich, sie strukturiert sich zu den Instinkt-, Trieb- und Willenshandlungen heraus. Die niedere Motorik kann nach Schaltenbrand (*112*) auf höheren Organisationsstufen willkürlich außer Funktion gesetzt werden. Umgekehrt korreliert auch die Spontanmotilität mit den Mechanismen der niederen Motorik im Interesse der Präzision und Zielsicherheit des motorischen Ablaufs.

Im frühen Kindesalter zeichnet sich die *spontane Motilität* durch den inneren Zusammenhang mit den aktuellen Bedürfnisspannungen aus. Der Bewegungstrieb entspringt der vitalen Funktionslust (*18*), Bewegungsarmut des Säuglings ist meist krankheitsbedingt. Mit fortschreitender Rindenreifung wird die motorische Steuerung zum Indicator der Willensfähigkeit. Corticale Insuffizienz führt zur Enthemmung der *extrapyramidalen Bewegungsformen*. Sie vollziehen sich in den großen, rumpfnahen Gelenken als Massenbewegungen in der Form von Strampeln, Stoßen, Rumpfwälzen, ausfahrenden Exkursionen der Arme und Beine. Der

Bewegungsablauf ist heftig, ungeordnet, z. T. rhythmisch und synergistisch oder choreatisch, athetotisch, z. T. enthält er Fragmente von Kletterbewegungen (*33*). Die Synkinesien kommen durch abnorme Mitinnervation der Antagonisten zustande und treten auf der Gegenseite sowie in den verschiedensten, abseits des Hauptaktionsfeldes gelegene Körperregionen auf. Die stereotypen, nicht anpassungsfähigen und nur bedingt ausdruckshaften *Hyperkinesen* sind Funktionen des autonomen Pallidums, entstanden aus rein energetischen Entladungen, sie stellen *Automatosen* im eigentlichen Sinne dar. Die davon zu unterscheidenden *Instinkthandlungen* sind zweckmäßige Bewegungsgestalten, auslösbar durch bestimmte äußere Situationen, aber noch nicht notwendig mit einem klaren Zielbewußtsein verbunden, z. B. Saugen und Lutschen. Den *Triebhandlungen* liegt demgegenüber ein mehr oder minder bewußtes Zielstreben zugrunde, das heftigen somatischen Bedürfnissen im Sinne der Selbst- und Arterhaltung oder der Vergesellschaftung entstammt.

Allmählich wird die früh reifende, pallidäre Motorik von striären und corticalen Einflüssen überlagert. Die *Willkürbewegungen*, die gegen Ende des 1. Lebensjahres, frühestens um die Halbjahrswende mit der fortgeschrittenen Myelinisierung des Striatums und der Pyramidenbahn beginnen, sind bei vollendeter Differenzierung gut koordiniert und spezialisiert. Der Schwerpunkt der Aktionen liegt in den distalen Gliedabschnitten.

Kommen die Greifbewegungen ganz junger Säuglinge nach PEIPER (*96*) durch tonische Hautreflexe zustande, ausgelöst durch Berührung der Handflächen und Zehen, so besteht das *willkürliche Greifen* in einer spontanen, objektstrebigen Bewegung, an der sich subcortical-grobe und corticalisierte, feine Bewegungselemente unterscheiden lassen. Im Lauf der Greifentwicklung verschiebt sich die Kontaktstelle zwischen Hand und Objekt von der Handwurzel nach den Fingerspitzen (*96*), von der einfachen Berührung in den ersten Monaten über das Greifen mit den Handflächen im 8. Monat und das scherenartige Festhalten mit Daumen und Zeigefinger im 11. Monat bis zum zangenartigen Greifen mit den Spitzen des gebeugten Daumens und Zeigefingers im 13. Monat. Die psychologischen Stadien der Greifentwicklung sind nach BARUK, LEROY, LAUNAY und VALLANCIEN (*7*) die ungezielte psychomotorische Entäußerung eines Lustaffekts beim Anblick eines Gegenstandes mit 3 Monaten, eine Zwischenphase schwacher, diffuser Annäherungsversuche an das Objekt, schließlich der willkürliche Greifakt mit 7—8 Monaten als Ausdruck der Synthese von Affektivität, Motorik und Intelligenz.

Die subcortical-corticale Polarität begleitet die motorische Entwicklung bis in die Endphasen hinein. Die Bewegungen eines Kleinkindes von 2—3 Jahren mit der Unmittelbarkeit seiner Erlebnisweisen sind als Ausdruck der guten Koordination einer vollendeten subcorticalen mit einer noch ungesteuerten corticalen Orginationsstufe weich, anmutig und fließend (*56*). Das jüngere Kleinkind von 11—15 Monaten ist bei seinen ersten Gehversuchen infolge der noch ungenügend mechanisierten Zusammenarbeit zwischen pyramidalen und extrapyramidalen Systemen hilflos und ungelenk. Der Entwicklungsgang zur zweckhaft automatisierten und intellektualisierten Motorik des Erwachsenen wird im Pubertätsalter unterbrochen durch den Abbau der kindlichen Bewegungsharmonie. In die Spontanmotilität sind niedere Bewegungsformen eingesprengt, begünstigt durch den biologischen Antriebsüberschuß oder durch die desintegrierende Selbstreflexion. Die Bewegungen sind eckig, schlaksig, schlaff, z. T. aber auch verkrampft und impulsiv (Verlust der kindlichen Grazie (*56*). Auf höheren Entwicklungsstufen kann die Persistenz niederer Bewegungsformen das Zeichen eines *motorischen Infantilismus* sein (*56*), erkennbar an gleichsinnigen Mitbewegungen der Hände beim Greifen, athetoiden Begleitreaktionen in Händen und Füßen bei Willkür-

bewegungen, Heben der großen Zehe bei Fußsohlenreizung über das Alter von
6—18 Monaten hinaus, Beibehalten des Moroschen Umklammerungsreflexes oder
des gekreuzten Beinbeugereflexes (*96*) nach dem 1. Lebensjahr.

Die cerebrale Reife setzt bei jeder Willkürbewegung das feinste Zusammenspiel der pyramidalen und extrapyramidalen Systeme voraus.

Zur Zeit der Geburt ist das *Pallidum* bereits markfaserhaltig. Schon im 7. bis 8. Fetalmonat
bestehen Verbindungen zu den Zentralwindungen und zur prämotorischen Frontalrinde. Frühzeitig ist das Pallidum an die Geruchssphäre angeschlossen. Später reifen die Kommunikationswege zwischen Pallidum und Kleinhirn, Vestibularis, Oliven, Thalamus und Rückenmark. Das
Pallidum hemmt den Tonus der Mittelhirnzentren (nu. ruber, subst. nigra, nu. motorius
tegmenti) mit den primitiven Lage- und Bewegungsreaktionen. Es selbst unterliegt der Zügelung übergeordneter Zentren (Neostriatum, Thalamus und Stirnhirn), deren Ausfall zum Bilde
der Pallidumautomatosen führt: Massenbewegungen ohne Ziel und Gestalt, Hyperkinesen,
Chorea, Athetose, Tic, Tremor, Torsionsdystonie. Enthemmte Pallidumautomatosen beobachtet man bei Feten des 4. bis 5. Schwangerschaftsmonats, bei Frühgeborenen und Neugeborenen (*16*). Das Pallidum befähigt zum Saugen, Schlucken, Gähnen, zu Flucht- und Zuwendungsreaktionen, zur Lautgabe. Auch die periodischen Ausscheidungsmechanismen unterliegen seiner Steuerung. Unreife oder Ausfall des Pallidum bedeutet Verselbständigung der
Mittelhirnmechanismen mit den klinischen Erscheinungen von: tonischen Haltungsreflexen,
Rigor, Hypokinese, Hypertonie (Parkinsonismus) und Mittelhirnstarre im Sinne SHERINGTONS (*118*).

Das *Striatum* weist eine somatotopische Gliederung auf. Am weitesten caudal liegen Funktionszentren des Beins und der Ausscheidung. Es gleicht einem in die Tiefe versenkten Großhirnteil. Reifezeichen im Striatum sind erst mit dem 5. Lebensmonat ersichtlich. Sein Einfluß
bildet sich im Laufe des 1. Lebensjahres weiter aus, kommt aber in seiner Entwicklung während des gesamten Lebens nicht zum Stillstand (*119*). Das Striatum beherrscht in der extrapyramidalen Funktionsgemeinschaft alle Reaktionen. An der Integration der motorischen
Mittelhirnapparate sind Pallidum und Striatum gemeinsam beteiligt. Die dominierenden
Funktionen des *Strio-Pallidums*, in die sich jeder Zeit die Rinde einschalten kann, sind Statik
und Lokomotion, Sitzen, Gehen, Stehen und Laut-Expression.

Über die Einzelinnervation der primären motorischen Rinde hinaus ermöglichen nach den
Ergebnissen der heutigen Neurophysiologie (*33, 124*) die an der Basis der 1., 2. und 3. Stirnwindung gelegenen *prämotorischen frontalen Felder* eine corticale Modifikation der extrapyramidalen Funktionen: der komplexen Synergien, Muskeltonusverschiebungen bei Willkürinnervation, der impulshemmenden Einflüsse auf andere Rindenfelder im Sinne der Eupraxie
und Eutaxie (*41*). Die therapeutischen Erfolge der Hirnchirurgie deuten auf eine Repräsentanz
der autonomen Funktionen in der frontalen Rinde (*47*), was mit CLARA und BRUN (*26, 16*) dem
bewußten Willen Ansätze einer Steuerung und Modifikation der automatischen Reaktionen
bietet. Die Selbständigkeit der striopallidären Motorik auf den unteren cerebralen Entwicklungsstufen ist durch Tierversuche (*41*) erwiesen. Elektrische Reizung des nucleus caudatus
löst bei Hunden mimische Bewegungen, Öffnen und Schließen des Mundes, Kopfdrehungen
aus. Von den primitiven extrapyramidalen Strukturen bleiben auf den höchsten Integrationsstufen die unbewußten Ausdrucksbewegungen erhalten, ferner Mitbewegungen, Abwehrbewegungen, unwillkürliche Schreck- und Schmerzreaktionen, Gähnen und Rekeln.

Die Myelinisierung des *Kleinhirns* beginnt im Paläocerebellum (d. i. nodulus, flocculus,
lobus caudalis und rostralis, nu. fastigii, emboliformis und globosus, ein Teil des nucleus
dentatus) und hat bei der Geburt schon weite Fortschritte erreicht (*119*). Nach der Geburt reift
das Neocerebellum (Vorder- und Hinterteil des Wurms, Kleinhirnhemisphären). Die Markfaserbildung des Kleinhirns ist mit dem 6. Lebensmonat, zu Beginn des Greifens und Sitzens,
fast abgeschlossen. Das supra- und infraganglionäre Tangentialfasernetz in der Kleinhirnrinde
beendet seine Myelinisierung erst in der 2. Hälfte des 1. Lebensjahres und im Verlauf des
2. Lebensjahres. Das Paläocerebellum steuert die symmetrische Körperseitenmotorik und
greift durch Wurm und Flocken mittels der labyrinthären Stellreflexe in die Gleichgewichtsregelung ein, während Vorderlappen und Wurm durch Haltungsreflexe den Muskeltonus regeln (*116*). Ebenso beteiligt sich das Paläocerebellum an der Zügelung der tonischen Mittelhirnapparate in der motorischen Haube (*16, 47*). Das *Neukleinhirn* übt mit einer bestimmten
somatotopischen Gliederung (*47*) steuernde Einflüsse auf die Rindenmotorik aus, indem es
z. B. die antagonistischen, fixierenden und synergistischen Muskelfunktionen der Extremitäten sowie die sensorischen Kontrollen an die willkürliche Gesamtaktion angleicht, womit
es an der Koordination der Ziel- und Fertigkeitsbewegungen integrierenden Anteil nimmt. Zu
Eigenbewegungen ist das Kleinhirn selbst nicht fähig.

Die *motorische Entwicklung im Kleinkindalter* legt bestimmte Etappen zurück.
Sehr langsam vollzieht sich die Erlernung des Kopf- und Schulterhebens aus der
Rückenlage im Laufe des 1. bis 6. Monats. Aus der Bauchlage wird der Kopf

bereits im 4. Monat angehoben. Das freie Sitzen vervollkommnet sich in der Zeit vom 5. bis 9. Monat. Nach rein reflektorischer Vorphase in den ersten Monaten wird das Spontangreifen vom 4. bis 6. Monat an zu komplexen corticalen Bewegungsgestalten ausgebaut. Das Kriechen in Bauchlage ist bis zum 4. Monat durch Druck auf die Fußsohlen reflektorisch auslösbar, um nach vorübergehendem Verschwinden als spontane Willkürhandlung mit 7—8 Monaten erneut aufgenommen zu werden (*96*). Im 1. Halbjahr kann sich das Kind durch Krabbeln mit gestreckten Armen in Bauchlage fortbewegen. Die ersten Stehversuche mit Unterstützung macht das Kind schon im 10. Monat. Das willkürliche Stehen und Gehen setzt Ende des 1. Lebensjahres ein. Individuelle Schwankungen dieses Termins vom 7. bis 16. Monat liegen nach PEIPER (*96*) noch in physiologischen Grenzen. Nach SELBACH (*116*) schwankt der Beginn des Stehens vom 13. bis 15. Monat, des Gehens vom 14. bis 17. Monat. Das Aufstehen aus der Horizontalen geht nach SCHALTENBRAND (*112*) und PEIPER (*96*) in der Zeit vom 7. bis 12. Monat in primitiver Form vor sich, wobei das Kind aus der Bauchlage nach Einnehmen der Hockstellung mit den Armen an seinen Beinen emporklettert. Die Übergangsform im 3. Lebensjahr vollzieht sich in seitlicher Kopf- und Rumpfhaltung. Die reife, symmetrische Form des Aufstehens im 4. bis 5. Lebensjahr läuft schwunghaft aus dem Sitzen ab, unter Abstoßen mit den Armen von der Unterfläche.

Der *aufrechte Gang* ist die Vollendung der statischen Entwicklung. PEIPER (*96*) sieht in der Statik und Lokomotion die Wirkung symmetrischer Kettenstellreflexe, ausgehend vom Labyrinth. Darüber hinaus wird dem Betrachter aber schon auf den untersten Stufen der motorischen Entwicklung eine zentrale Spontanität evident, die sich in Dranghaftigkeit zu erkennen gibt und ein Vorläufer späteren Zielstrebens ist. Mit der Entwicklungsphase wechseln die Bedürfnisse. Das motorische Begehren eines Krabbelkindes z. B. unterscheidet sich wesentlich von dem eines sitzenden oder stehenden „Greiflings". Die rein horizontale Körperhaltung besitzt größere Nähe zum Kreis des Vegetativen, der Nahrungsaufnahme und der Ausscheidung. Mit der Loslösung vom rein Naturhaften ist die Freiheit des spontanen Bewegens und Verhaltens (*113*) in anthropologischem Sinne der Ausdrucksgehalt des Stehens und Gehens. Der liegende und krabbelnde Säugling ist noch vorwiegend empfangendes Attribut einer ungestalteten Umwelt. Das greifende Kind in Vertikalstellung ist ein viel beweglicheres, objektbemächtigendes Aktivitätszentrum, für das die Umwelt einen mannigfaltigeren Aufforderungscharakter gewonnen hat. Nach Erreichen einer gewissen sozialen und praktischen Selbständigkeit entgleitet die spontane Motilität mehr und mehr der rein neurophysiologischen Kompetenz. Außerhalb der elementaren motorischen Werkzeugfunktionen wird die handelnde, d. h. bedürfnisgetriebene und situationsbezogene Ganzheit letztlich nur psychologisch faßbar.

Die normalen entwicklungsspezifischen Phasen der besprochenen Einzelfunktionen sollen am Schluß jedes Kapitels als Richtlinien für die hirnphysiologische und psychologische Untersuchung in Tabellenform genauer dargestellt werden, wobei wir uns auf Arbeiten von PEIPER (*96*), SCHALTENBRAND (*112*), BÜHLER und HETZER (*18*), NORDEN (*67*), J. KRAMER (*67*), TERMAN (*130*), BURT (*19*) stützen, ferner auf G. SCHWAB, O. HEUBNER, KUHLMANN, zitiert nach F. DUBITSCHER (*29*); L. FRANKL und I. WOLF, I. GINDL und L. KOLLER, M. MAUDRY, L. DANZIGER, zitiert nach BÜHLER und HETZER (*18*). Die motorische Entwicklung ist bis zum 4. Lebensjahr beschrieben. Weitere Testmittel zur Prüfung der motorischen Koordination auf höheren Altersstufen sind: Geduldspiele, Nachzeichnen und Vervollständigen von Modellen, Basteln. Eine exakte Prüfung der Motorik vom 4. Lebensjahr ab ermöglicht die metrische Stufenleiter von OSERETZKI (*93*), modifiziert von GÖLLNITZ (*42*).

Entwicklungsskala der Spontanmotilität

Neugeborenenphase: Ungeordnete Massenbewegungen. Strampeln und Stoßen.

1. Monat. Kopf in Bauchlage kurz angehoben und seitwärts gedreht. Reflektorische Auslösung kriechender Bewegungen in Bauchlage bei Berührung der Fußsohlen durch flächenhaften Widerstand. Greifreflex. Die Koordination der Augenbewegungen beginnt.

2. Monat. Spontanes Kofheben in Bauchlage. In Rückenlage wird der Kopf nur mit Unterstützung des Oberkörpers in der Schulterregion gehoben.

3. Monat. Vervollkommnung der Kopfbewegungen. Spontanes Rumpfwälzen von Rücken- in Seitenlage. In der Hand befindliche Gegenstände werden zum Munde geführt. Das Kind tastet sich mit den Händen ohne Blickfixierung zu dem gleichen Objekt zurück.

4. Monat. Kopfheben in Bauchlage unter Abstützen des Oberkörpers mit den Armen. Auch in Rückenlage werden Kopf und Schultern gehoben. Sitzen mit Unterstützung. Ergreifen von Gegenständen mit beiden Händen ohne Benutzung der Finger. Rumpfwälzen von der Rücken- in die Bauchlage.

5. Monat. Rumpfwälzen mühelos aus allen Ausgangslagen. Ein erblickter Gegenstand wird mit einer Hand ergriffen. Die ausgestreckten Arme werden in Bauchlage als Stützen angewandt. Krabbeln als spontaner Bewegungskomplex der Ortsveränderung mit gestreckten Beinen.

6. Monat. Vollendetes Heben von Kopf und Schultern in Rückenlage. An beiden Händen ergriffen, richtet sich das Kind für einige Augenblicke zum freien Sitzen auf. Festhalten eines dargereichten Gegenstandes mit Daumen und Zeigefinger. In jeder Hand wird ein Gegenstand gehalten.

7. Monat. Rumpfdrehen im Sitzen. Ungehindertes ein- und beidhändiges Hantieren mit 2 Dingen. Bemächtigen eines außerhalb der Reichweite befindlichen Gegenstandes mittels Ortsveränderung.

8. Monat. Das Kind greift nach einem Ding außerhalb des Bettes. Spontansitzen unter Anklammern. Lokomotionen in Form von Krabbeln, Rollen oder Schieben, womit auch Gegenstände angestrebt und herangeholt werden. Erste Kriechversuche im Vierfüßlergang mit gestreckten Armen und im Knie gebeugten Beinen. (6.—13. Monat nach *116*).

9. Monat. Spontansitzen. Greifen mit opponiertem Daumen. Das Kind bevorzugt die rechte Hand, kriecht, kniet aufrecht, rutscht auf dem Gesäß in sitzender Körperhaltung.

10. Monat. Differenzierung der Greiffunktion, Öffnen einer Schachtel. Das Kind zieht sich zum Stehen hoch, steht mit Unterstützung, wirft mit Gegenständen.

11. Monat. Gehen und Stehen mit Unterstützung.

12. Monat. Das Kind sitzt aufrecht, kann frei stehen und gehen, eignet sich spontan eßbare Dinge vom Tisch an, trinkt aus dem hingehaltenen Gefäß.

15. Monat. Freies Stehen und Gehen mechanisieren sich. Kompliziertere Bewegungen (Ball mit Stock heranholen, Schubladen öffnen, Festhalten eines Objektes im Gehen) werden ausgeführt.

18. bis 24. Monat. Erklettern eines Stuhles. Rückwärtsgehen. Kind trinkt aus einem Glas, ißt mit Löffel und Schieber. Übereinanderstellen von Würfeln.

2. Jahr. Das Kind läuft schnell, geht rückwärts und balanziert. Selbständige und reinliche Nahrungsaufnahme. Auspacken und Aufessen eines in Papier eingewickelten Bonbons. Klettern auf Stühle und Bänke sowie Herabspringen.

3. Jahr. Ausreichende Fingereupraxie. Kind beherrscht den Mechanismus des Knöpfelns, zeichnet senkrechten und waagrechten Strich ab. Stehen auf einem Bein. Selbständiges Besteigen einer Treppe.

4. Jahr. Fortschritt der manuellen Geschicklichkeit. Inhalt eines mit Wasser gefüllten Gefäßes wird beim Tragen nicht verschüttet. Abzeichnen eines Kreises. Spitzen der Lippen zu einem O, Aufblasen der Wangen.

2. Reflexmotorik
a) Lage- und Stellreaktionen

Nach dem Reafferenzprinzip der Selbststeuerung wirken auf die motorische Vorderhornzelle des Rückenmarks mehrere Regelkreise ein: 1. der periphere spinale Reflexbogen aus den sensiblen Receptoren der Muskeln und Sehnen und aus dem Muskelspindelsystem, 2. der extrapyramidal-motorische Stellungs- und Haltungsbogen, 3. der übergeordnete pyramidale Bogen (*127*). Das Muskelspindelsystem, das den Körpertonus reguliert, wird nach Schaltenbrand (*112*) bald angeregt, bald gebremst durch das übergeordnete Purkinjezellsystem des Kleinhirns, das mit der substantia reticularis in Verbindung steht. Unter dem Begriff der *Reflexmotorik* fassen wir die durch Eigen- und Fremdreize ausgelösten motorischen Abläufe im 1. und 2. Regelkreis zusammen. Eine Trennung zwischen Reflexmotorik, deren zentrale Repräsentanten im wesentlichen Rückenmark und Hirnstamm darstellen, und einer an Rinde, Striatum und extrapyramidales System gebundenen Spontanmotilität ist schon deshalb eine Hypothese, weil zum unbehinderten Ablauf der feinsten Spontanbewegungen stets der gesamte reflektorische

Tonusapparat aufgeboten werden muß. Dieser Einwand wird noch gestützt durch das Prinzip der gemeinsamen Endstrecke (*118*), wonach die Erfolgsorgane für die hier unterschiedenen motorischen Kreise die gleichen sind. Gleichwohl drängt sich die Aufgliederung der Gesamtmotorik in 2 verschiedene Strukturen entwicklungsphysiologisch auf. Die reflexmotorischen Funktionen des somatischen Eigenraums reifen zuerst. Die Raumbeherrschung beginnt bei den primitiven vestibularen, cerebellaren, muskulär-propriozeptiven Reaktionen unter Einsatz des extrapyramidalen Systems und wird durch die Rinde mit den höheren Sinnessphären vervollkommnet (*116*).

Die Zentren der Bewegungs- und Lagereaktionen befinden sich in der Formatio reticularis, im engeren und weiteren Einstrahlungsgebiet des Vestibularis mit seinen 4 Kernen, der die Impulse aus den Bogengängen und von der Utriculusmacula dem Bewegungsapparat zuleitet. Die Efferenzen dieses Reflexapparates verlaufen in den tractus vestibulospinalis, rubrospinals, vestibulocerebrellaris, im hinteren Längsbündel und haben die primären Zentren der Hals- und Schultermuskulatur im Halsmark, das Kleinhirn und die Augenmuskelkerne zum Ziel.

Die Impulse des Vestibularis, die sich im Bogengangslabyrinth des Innenohrs bei plötzlichen Drehungen bilden, — weil die Emdolymphe infolge der Massenträgheit gegenüber der Wand des häutigen Labyrinths zurückbleibt und einen Zugreiz auf die Haarfortsätze der Sinneszellen ausübt —, sammeln sich in den motorischen Haubenkernen des Mittelhirns (nu. ruber, nu. motorius tegmenti). Von hier werden die Tonusreaktionen auf die Lage- und Stellungsänderungen durch Vermittlung des Paläocerebellum eingeleitet. Die reizaufnehmenden Sinnesapparate befinden sich im Vorhof des Labyrinths, im sacculus und utriculus sowie in der Muskulatur, in den Sehnen und der Haut. Der Nystagmus als Kompensationserscheinung kommt durch Überspringen der Vestibulariserregung auf die Augenmuskelnervenkerne zustande. Übelkeit und andere vegetative Reaktionen auf die Verschiebung des Gleichgewichts haben ihre Ursache in den Ausstrahlungen der Vestibulariserregung auf die effektorischen Vagusbahnen mittels der Kollateralverbindung zum Hypothalamus. Die tonischen Halsreflexe der Haltungsreaktionen werden bereits in den Cervicalsegmenten kurzschlüssig auf die zentrifugale Bahn umgeschaltet und bewirken bei passiver Kopfdrehung zusätzlich zu der Labyrinthreaktion eine tonische Dauerspannung in der Extremitäten- und Rumpfmuskulatur.

Die Bezeichnung *Lagereaktion* bezieht sich auf langsame Bewegungen einzelner Körperteile bei ruhender, meist vertikaler, aber auch horizontaler Körperachse *(Haltungsreaktion):* z. B. tonische Reflexe. Die *Stellreflexe* der Lagereaktionen gleichen Änderungen der Körperachse oder der Kopfstellung im Raum aus und haben das Ziel, die natürliche Ausgangsposition wiederherzustellen: z. B. Labyrinthstellreflexe auf den Kopf in Schwebelage. Gegenüber den langsamen tonischen Lagereflexen werden die rascheren *Bewegungsreaktionen* durch Dreh- und Progressivreize von den Bogengängen ausgelöst. Nach MAGNUS (*80*) steht in der Reflexbezeichnung (z. B. tonischer Halsreflex auf die Glieder) an erster Stelle der Ort der Reizeinwirkung, an zweiter Stelle die reagierende Körperzone. In voller Reinheit lassen sich die Hirnstammreflexe nur tierexperimentell auslösen und sind verschieden nach der Schnitthöhe. Oblongatatiere zeigen nur Haltungsreflexe, Mittelhirn- und Thalamustiere außerdem Stellreflexe (*80*). Der Sinn dieser Reaktionen ist eine Kompensation im Raum gegenüber der Schwerkraft (*96*) bei Gleichgewichtsveränderungen: z. B. Festklammern im Pelz des Muttertieres durch den Hand- und Fußgreifreflex. Die Fixierung des Kopfes entgegen der Schwerkraft stets am höchsten Ort des Raumes ist die Vorstufe des aufrechten Ganges. Im Laufe des 1. bis 3. Lebensjahres werden die reflektorischen Gleichgewichtsreaktionen von höher organisierten Bewegungsformen überlagert, so daß hier eine gesetzmäßige Entwicklungsskala entsteht. Den Abschluß dieser Entwicklung bilden Kettenreflexe (*96*), deren elementare Bewegungsgestalt zur Grundlage von Willenshandlungen wird.

Wir skizzieren die *wichtigsten Bewegungsreaktionen, Haltungs- und Stellreflexe* und ihre Auslösungstechnik nach PEIPER (*96*) und SCHALTENBRAND (*112*).

Festes Umschließen eines in die Hand gegebenen länglichen Gegenstandes mit den lateralen Fingern wird als *tonischer Handgreifreflex* bezeichnet. Der analoge *tonische Fußgreifreflex* besteht in einer Zehenbeugung durch Druck gegen die Zehengrundphalangen oder die vordere Fußsohlenfläche. Nur in den ersten beiden Tagen nach der Geburt nachzuweisen ist der *tonische Halsreflex auf die Augen*, der bei liegendem oder sitzendem Kinde unter Fixierung des Kopfes und Drehung des Körpers um die Längsachse eine gleichsinnige Augendrehung bewirkt. Passives Seitwärtsdrehen des Kopfes bei sitzendem Kinde mit fixiertem Brustkorb löst durch den *tonischen Halsreflex auf die Glieder* eine Streckung der kieferwärts befindlichen, eine Beugung der schädelseitigen Extremitäten aus. Beim decerebrierten Tier verursacht Streckung des Kopfes nach hinten eine Streckung der vorderen, Erschlaffung der hinteren Extremitäten. Beugung des Kopfes nach vorn ist gefolgt von einer Beugung der Vorder- und Streckung der Hinterextremitäten *(41)*. Die *Fechterstellung* der oberen Extremitäten des Säuglings, ein unsymmetrischer tonischer Halsreflex auf die Glieder, tritt bei cerebralen Schädigungen und bei Toxikose oft reiner hervor als beim wachen, das reflektorische Bewegungsbild durch willkürliche Abwehr störenden Kind. Ein dem tonischen Halsreflex auf die Augen gleichender Reflex ist als *Puppenaugenbewegung (96)* beschrieben worden: Durch reflektorische Kontraktion des m. frontalis öffnen sich die Lider bei Vorwärtsbeugung des Kopfes. Ein tonischer Haltungsreflex ist auch der *Rückgratreflex* von Galant und Veraguth. Eine Streichbewegung über den Rücken entlang der Wirbelsäule ist gefolgt von einer Wirbelsäulenkrümmung mit der Konvexität in entgegengesetzter Richtung, auslösbar nach Peiper *(96)* auch von der Haut der Brust, der Achselhöhle und des Bauches, wobei sich der Kopf nach der gleichen Seite dreht, das Becken nach rückwärts gebogen unter Streckung des gleichseitigen, Beugung des gegenseitigen Beins. Den tonischen Haltungsreaktionen müssen auch die *Streckreflexe* zugeordnet werden, die schon in den ersten Tagen nach der Geburt auftreten und die bei passivem Aufsetzen der Fußsohle auf eine glatte Fläche eine Streckung des belasteten Beins hervorrufen, verbunden mit einer Krümmung des gegenseitigen Beins in Hüfte und Knie. Bei passiver Progression wird das gekrümmte Bein spontan auf die Unterfläche gesetzt und dem Körper durch Streckung dieses Beins eine Bewegung nach vorn gegeben *(96)*.

Von den tonischen Haltungs- und Stellreflexen haben die *Labyrinthstellreflexe auf den Kopf* die größte Bedeutung. Ein mit verbundenen Augen, am Thorax oder Becken fixiertes, in Rücken-, Bauch- oder Seitenlage schwebendes Kind reagiert auf Lageänderung mit einer Kopfhebung, so daß sich der Scheitel stets nach oben, die Mundspalte waagrecht einstellt. In horizontaler Bauch-Schwebelage folgt der Kopfhebung nach dorsal eine tonische Streckung der Wirbelsäule und der Beine. Bei passiver Ventralbeugung in dieser Stellung erschlafft der Strecktonus, so daß das Kind einem Taschenmesser gleich zusammenklappt *(Landauscher Reflex)*. In *Kopfhängelage* unter Fixierung an den Fußgelenken fällt der Kopf beim Säugling der Schwere nach herab. Im 2. Vierteljahr erfährt der Kopf in Auswirkung des Labyrinthstellreflexes eine maximale Rückwärtsbeugung. Der Reflex wird beim älteren Kind durch willkürliche Abwehr- und Beugebewegungen überlagert. Die passive Seitendrehung des Kopfes bei einem in Rücklage befindlichem Kinde geht in eine gleichsinnige Drehung des gesamten Körpers über *(Halsstellreflex auf den Körper)*. Bei Fixierung des Brustkorbs wird die entstandene tonische Spannung durch eine Schwenkung des Beckens in entgegengesetzte Richtung ausgeglichen. Der *Körperstellreflex auf den Kopf* besteht in einer gleichsinnigen Drehung von Kopf und Oberkörper bei passiver Drehung des Unterkörpers an den Beinen um die Längsachse. Das Aufstehen aus der Horizontalen ist nach Peiper *(96)* ein Körperstellreflex auf den Körper.

Ein kombinierter tonischer Haltungs- und labyrinthärer Stellreflex ist die *Morosche Umklammerungsreaktion*, nach Willi *(140)* ein Schreckreflex, nach Peiper *(96)* ein reiner tonischer Bogengangseffekt, hervorgerufen durch plötzlichen Lage- und Niveauwechsel, wie Kippen, Erschütterung der Unterlage, aber auch durch plötzliche, die Receptoren des Vestibularis nicht berührende sensible und sensorische Reize: greller Lichteinfall, laute Geräusche, Kälteeinwirkungen. Nach Streckung und Abduktion werden die Arme in einer Adduktionsbewegung dem Leibe angelegt. Hierbei kann es gleichzeitig zu einer vorübergehenden Greifbewegung kommen. Dem reflektorischen Handschluß durch Fremdreiz und dem pyramidalen, zielgerichteten Spontangreifen wäre mithin eine *extrapyramidale proprioceptive tonische Greifreaktion (138)* auf Lageveränderungen im Zuge einer irradiierenden Bewegungsreaktion beizuordnen. Die tonische Greifreaktion beschränkt sich auf Beugesynergien. Das corticale Greifen kommt erst durch die Verschmelzung optischer, taktischer und kinetischer Komponenten zustande und zeichnet sich durch größere Variabilität aus *(138)*. Dem reflektorischen Greifen als tonischer Reaktion ist der *Hirnstammechanismus von Babkin* verwandt; Druck auf beide Hände des Säuglings hat Mundöffnung, Augenschluß und Kopfbeugung zur Folge. Dieser bei reifen Neugeborenen stets nachweisbare Reflex ist Ausdruck der stammes- und entwicklungsgeschichtlich alten Beziehungen zwischen der manuellen und oralen Sphäre *(77)*, die der Einverleibung und Umwelterkennung dienen.

Bogengangsreizung durch *Progressivbewegung* führt zu rascher Abwehrreaktion ebenfalls tonischen Charakters. Beim Drehen in vertikaler Haltung werden Arme und Beine gestreckt und abduziert unter Wendung des Kopfes in die Drehrichtung. Rückwärtskippen des Rumpfes wird sofort mit einem Auseinanderfahren der Arme beantwortet (labyrinthärer Moro). Rasche

Bewegung des in Hockstellung fixierten Kindes in vertikaler Richtung nach oben oder unten bewirkt eine Streckreaktion des Kopfes und der Arme am Ende der Bewegung *(Liftreaktion)*. Das am Leib fixierte, frei in den Raum nach unten gestürzte Kind streckt die Arme weit vor sich *(Sprungbereitschaft)*.

Entwicklung und Rückbildung der Haltungs- und Stellreflexe schreiten stufenweise fort. Bei der Geburt sind die Perzeptoren und die Zentren der Hirnstammmechanismen voll ausgebildet. Das Neugeborene (S. 378) ist zu Reaktionen auf Progressiv- und Rotationsbewegungen befähigt, bei ihm lassen sich tonische Greifreflexe und Halsreflexe, Halsstellreflexe auf den Körper und die Morosche Umklammerungsreaktion auslösen. Die Gruppe der tonischen Haltungsreflexe klingt mit dem 3. Vierteljahr allmählich ab und wird, beginnend mit dem 2. Monat, von den Labyrinth- und Körperstellreflexen überschichtet. Die Halsstellreflexe auf den Körper sind bis zum 3.—5. Lebensjahr nachweisbar. Von den Labyrinthstellreflexen beginnt der Landau am spätesten: im 5. (4.—6.) Monat, er persistiert nach PEIPER (*96*) physiologisch bis zum 2. Lebensjahr. Die Bewegungsreaktionen der Glieder, die bereits der Neugeborene zeigt, klingen mit 2—3 Jahren ab. Die Labyrinthstellreflexe werden allmählich von den Kettenreflexen des Aufstehens und Gehens abgelöst, die mit dem 3. Vierteljahr beginnen. Nach dem 3. bis 4. Lebensjahr findet man die Stellreflexe nur noch vereinzelt. Die Rindenreifung führt zur Hemmung der vestibulären Reflexerregbarkeit und zur Assoziation mit andern motorischen Reaktionen. Die Persistenz primärer Lage- und Bewegungsreaktionen über die physiologische Breite hinaus ist das Zeichen einer cerebralen Entwicklungshemmung. Alle unwillkürlichen Lage- und Bewegungsreaktionen sind Vorstufen des bewußten Körperschemas, insofern es um die Aufrechterhaltung der phänomenologischen Mitte des Kopfes als eines räumlichen Empfindungs- und Wahrnehmungszentrums geht.

Abschließend versuchen wir die chronologische Aufeinanderfolge der komplexen Bewegungs- und Lagereaktionen genauer zu ordnen und dürfen im Hinblick auf die häufigen Schwankungen der zeitlichen Angaben die Resultante aus den Bestimmungen von PEIPER (*96*), SCHALTENBRAND (*112*), SELBACH (*116*) und SIVE (*119*) ziehen.

Entwicklungsskala der Lage- und Stellreaktionen

Nur in den ersten Tagen nach der Geburt sind die Puppenaugenbewegungen und der tonische Halsreflex auf die Augen auszulösen.

1. bis 4. Woche: vorwiegend tonische Haltungsreflexe: Hand- und Fußgreifreflex, Halsreflex auf die Glieder. Von den Stellreflexen sind nur die Hals- und Körperstellreflexe auslösbar. Moroscher Umklammerungsreflex eindeutig. Reflektorische Beinstützreaktion und Kriechbereitschaft.

2. bis 3. Monat. Den Reaktionen des 1. Monats gesellen sich Labyrinthstellreflexe auf den Kopf (mit verbundenen Augen) hinzu. Liftreaktion als Modifikation des Moroschen Reflexes. Der Babkinsche Hand-Mund-Reflex des Neugeborenen bildet sich mit 3—4 Monaten zurück.

4. bis 6. Monat. Seltenerwerden des Moroschen Reflexes und der tonischen Greifreflexe, die mit dem willkürlichen Greifen gänzlich verschwinden. Der tonische Fußgreifreflex kann bis zum 12. Monat persistieren (*116*). Ebenso verschwinden die tonischen Halsreflexe auf die Glieder, während die zum gleichen Reaktionsmodus gehörige Fechterstellung als Schlafhaltung noch beibehalten wird. Starke Ausprägung der Labyrinthstellreflexe. Beginn des tonischen Labyrinthstellreflexes auf die Glieder von Landau. Kopfhängelage mit maximaler Dorsalflexion des Kopfes. Der Armstützreflex bedingt Abhebung des Oberkörpers von der Unterfläche. Reflektorisches Schreiten verschwindet spätestens im 7. Monat.

7. bis 12. Monat. Der Morosche Reflex wird abgebaut, bleibt über das 3. Vierteljahr hinaus nur bei cerebral geschädigten Kindern erhalten. Ebenso wird die Säuglingsschlafhaltung aufgegeben. Die asymmetrischen tonischen Halsreflexe sind nicht mehr auslösbar. Beginn des spontanen Kriechens im 3. Vierteljahr, primitive Form des Aufstehens aus der Horizontalen.

In voller Höhe zeigen sich: die Labyrinthstellreflexe auf dem Kopf, der Landau, die Extremitätenreaktionen auf Seitwärtsverschiebung im Raum (Streckung und Abduktion der Extremitäten in die Bewegungsrichtung). Am Ende des 1. Lebensjahres verschwinden: die

Körperstellreflexe auf dem Kopf, der Rückgratreflex von Galant (*96*), die Reaktionen auf Progressivbewegungen (*112*), die reflektorischen Arm- und Beinstützreaktionen. Beginn der spontanen Gehbewegungen mit 10 Monaten.

2. Lebensjahr. Der Körperstellreflex auf dem Kopf und die Bewegungsreaktion auf die Extremitäten bei Progression sind nicht mehr auslösbar. Spätestens im 2. Lebensjahr verschwinden nach Sive (*119*) die tonischen Halsreflexe und der Moro. Zunehmende Hemmung des Labyrinthstellreflexes auf den Kopf. Der Landau wird von Spontanbewegungen überlagert. Klares Hervortreten der Sprungbereitschaft.

3. Lebensjahr. Übergangsform des Aufstehens aus der Horizontalen. Nach dem 2. Lebensjahr (3. Lebensjahr nach *116*) verschwindet der Landau endgültig. Weiteres Zurückgehen der Labyrinthstellreflexe auf den Kopf. Der Halsstellreflex auf den Körper ist noch bis zum 3. bis 5. Lebensjahr nachweisbar.

4. bis 5. Lebensjahr. Lage- und Bewegungsreaktionen nur noch vereinzelt feststellbar. Symmetrisches Aufstehen in Erwachsenenform spätestens nach dem 5. Lebensjahr.

b) Rückenmarksreflexe

Weitere spontane und reflektorische Bewegungsformen sollen im Zusammenhang mit der Sinnesperzeption, der vegetativen Steuerung und der Sprache abgehandelt werden. Die komplexen Lagereaktionen sind den primitiven bulbären und spinalen Reflexen übergeordnet. Die Trennung von Motorik und Sensibilität ist im spinalen Bereich nicht mehr durchführbar. Vielmehr stellt der Reflex hier eine elementare sensu-motorische Reaktion dar. Stufenweise wird die unbedingte Reizbeantwortung und Reflexsynergie von Hirnstamm, Kleinhirn, Zwischenhirn und Rinde überlagert, so daß der Reflex gehemmt und in seiner biologischen Bedeutung modifiziert werden kann, je nach der aktuellen motorischen Funktionsgestalt, in die er von den integrierenden Instanzen eingeordnet wird. Als Fremd- und Fluchtreaktionen sind die Rückenmarksreflexe von der Haut und den Schleimhäuten, als Eigenreaktionen durch plötzliche Dehnung der Muskel- und Sehnenspindeln auslösbar. Diese Mechanismen sind schon bei der Geburt entwickelt, entsprechend dem Reifegrad von Rückenmark und Hirnstamm. Gleichwohl setzen die Rückenmarksreflexe im Kindesalter zu verschiedenen Zeiten ein, was mit der verzögerten Markbildung in der Pyramidenbahn, die kurz vor der Geburt beginnt und erst annähernd mit dem 4. Lebensjahr abgeschlossen ist, und mit dem sich phasenweise ändernden Tonus der Gesamtmuskulatur zusammenhängt. Die jeweilige Tonuslage spielt auch bei der *Reflexbahnung* eine Rolle. Die zeitliche Reflexsteigerung kommt durch eine besondere gleichzeitige Erregungskonstellation zustande. Zum Beispiel besteht die Wirkung des Jendrassikschen Handgriffs (Zug mit den Armen an den durch Fingerbeugung ineinander verschränkten Händen) bei der erschwerten Auslösbarkeit des Patellarsehnenreflexes in einer Mitinnervation der motorischen Rückenmarkssegmente der Quadricepsmuskulatur (*103*). Die Bauchdeckenreflexe bedürfen einer Bahnung durch die Rinde.

Von den Eigenreflexen des Rückenmarks sind die *Patellar-* und *Bicepssehnenreflexe* schon bei der Geburt in voller Höhe vorhanden. Eine Steigerung des Patellarsehnenreflexes bis zum 9. Monat kann nach Sive (*119*) noch physiologisch sein. Beim Neugeborenen sind *Triceps- und Achillessehnenreflex* infolge des gesteigerten Beugertonus schwer auszulösen. Konstant ist der Achillesreflex nach Bychowski (*119*) erst im 2. Lebensjahr, nach Selbach (*116*) bereits im Laufe des 1. Vierteljahres. Ein Ausdruck der pallidären Synergie in den ersten Lebensmonaten ist der *gekreuzte Adductorenreflex*. Bei Auslösung des Patellarreflexes irradiiert der Reiz auf die Adductorengruppe des andern Beins. Der Reflex ist physiologisch bis zum 8. bis 12. Monat (7. Monat nach *116*).

Die Fremdreflexe stellen meist Bewegungssynergien im Sinne der Abwehr dar. Sie treten zu verschiedenen Zeiten auf. Der *Radiusperiostreflex* beginnt im Zeitraum vom 7. Monat bis zum 3. Lebensjahr. Die *Bauchdeckenreflexe* sind beim jungen Säugling infolge der Abwehrspannung nicht mit voller Sicherheit zu beurteilen. Sie treten frühestens im 12. Monat, spätestens im 2. Lebensjahr auf. Der *Cremasterreflex* ist im 1. Lebensjahr selten, erscheint nie vor dem 3. Monat. Am spätesten treten der *Meyersche Fingerreflex* und der *Lerische Unterarmreflex* in Funktion: nach dem 3. bis 4. Lebensjahr. Die *Zehenreflexe von* Mendel-Bechterew und

Rossolimo sind bis zum Ende des 2. Lebensjahres als physiologisch, später als Zeichen der Pyramidenbahnläsion zu bewerten.

Der klassische Babinski, eine isolierte Dorsalflexion der Großzehe mit gleichzeitiger Plantarbewegung der lateralen Zehen, ist ein Enthemmungsphänomen infolge Pyramidenbahnausfalls (*4*). Im pallidären Organisationsstadium wird das Bestreichen des lateralen Fußrandes mit einer ungleichmäßigen, schwankenden athetotischen Bewegungsbereitschaft beantwortet (6. bis 18. Monat). Die reflektorische Zehenbewegung beschränkt sich im weiteren Verlauf auf spärlicher werdende Extensionen und Flexionen, bis vom 4. bis 5. Lebensjahr ab die Fußsohle bei Reizung stumm bleibt (*96*). Die Bezeichnung „physiologischer Babinski", der im Lauf des 1. Jahres seltener wird und bis zum 2. bis 4. Jahr verschwindet, ist insofern unzutreffend, als es sich bei der physiologischen Zehenreaktion nicht um ein Abbauphänomen handelt (*96*). Nach Roedenbeck (*107*) ist der Babinski bei reinen Pyramidenbahnläsionen in allen Lebensphasen ausnahmslos, bei gesunden Kindern bis zum 18. Monat nur ausnahmsweise infolge cerebraler Unreife positiv; ein positiver Babinski sollte auch bei jungen Kindern als unbedingt pathologisch bewertet werden. Brain und Wilkinson (*14*) dagegen halten den Plantarreflex mit Dorsalflexion nicht für unbedingt pathologisch. Bei 35 gesunden Säuglingen überwog in den ersten 20 Lebenswochen die gleichseitige Dorsalflexion. Infolge der fortschreitenden Myelinisation der Pyramidenbahn wurde die Reflexantwort unbestimmt und wandelte sich vom 9. bis 24. Monat von der Dorsalflexion zur Plantarflexion.

Der *mittlere Gesichtsreflex von Babkin*, hier anhangsweise erwähnt, führt auf der Basis einer Trigeminus-Halsmark-Verbindung bei Beklopfen der mittleren Gesichtslinie zum Kopfheben. Er ist bei Neugeborenen immer nachzuweisen und verschwindet mit dem 4. bis 5. Lebensmonat.

V. Periphere Nerven

Die *Myelinisierung* in den peripheren Nervenbahnen geht nach Sive (*119*) erheblich langsamer vonstatten als im Zentrum. Noch im 1. Lebensjahr finden sich zahlreiche Merkmale der Unreife, wie Anschwellungen und Varicositäten der Achsencylinder. Erst nach dem 3. Lebensjahr hält die Entwicklung der peripheren Spinalnerven einem Vergleich mit dem Erwachsenalter stand. Ein Zeichen der verspäteten Myelinisierung ist klinisch die Erhöhung der elektrischen Reizschwelle. Indessen scheint der Myelingehalt der peripheren Leitungsbahnen für die Funktionstüchtigkeit der Sinnesorgane und den Reflexablauf nicht von Belang zu sein. Die motorischen Hirnnerven myelinisieren früher als die sensorischen (*32*, *119*), ohne daß die Leitungsfähigkeit in beiden Fällen wesentlich differieren soll.

Die *Erregungsvorgänge* am Nerven entstehen durch Potentialunterschiede an den Membranen der Nervenzellen, Nerven- und Muskelfasern, ausgelöst durch Ionenwanderungen. Die Erregbarkeit eines Nerven hängt weitgehend von der Reizschwelle ab, d. i. die Stärke des Minimalreizes, der die Membran in den Zustand der Ionen-Permeabilität versetzt. Mitbestimmend dürften hierbei der Koordinationsgrad aller Glieder des angeschlossenen Regelkreises, die Intensität der Engramme, die Bereitschaft zur Reizaufnahme sein. Häufig ist mit hoher Erregbarkeit die Tendenz zur Reizdirradiation verknüpft. Eine eingehendere Darstellung der Vorgänge im Nerven bei der Signalübermittlung findet man bei Muralt (*87*). Die *mechanische und elektrische Erregbarkeit der peripheren Nerven und Muskeln* hat entwicklungsphysiologische Bedeutung. Die Reizschwelle für galvanische und faradische Ströme liegt beim Neugeborenen wesentlich höher als beim Erwachsenen. Nach Holmes (zit. nach *96*) sinkt die Kathodenschließungszuckung im n. peronaeus im Laufe des 1. Lebensjahres um die Hälfte und erreicht mit 8—9 Jahren ihren endgültigen Wert. Ähnlich haben Chronaxiemessungen von Bourguignon (zit. nach *41*) und Banu (zit. nach *96*) beim Neugeborenen 10fach höhere Werte im Muskelbereich ergeben als bei älteren Kindern. Die Chronaxie der Nerven liegt beim Neugeborenen unter der Muskelchronaxie (*96*). Bis zum 15. Lebensmonat, dem Zeitpunkt der fortgeschrittenen Spontaneität und Automatisierung des freien Gehens, besteht zwischen Nerv und Muskel eine erhebliche Differenz der Chronaxie (Lapicque, zit. nach *41*), so daß in diesem Zeitraum eine präzise Erregungsübertragung nicht denkbar ist. Das Grundgesetz der Myelinisierung, wonach die Funktion einer Nervenbahn mit ihrer morphologischen Reife wächst, gilt auch hier. Die peripheren Achsenzylinder erhalten ihre komplette Markscheide erst im 2. bis 3. Lebensjahr (*106*). Peiper (*96*) macht bei der Zunahme der elektrischen Nerv-Muskelerregbarkeit im Lauf der Entwicklung auch den Gewebswiderstand geltend, der beim gleichen Individuum verschieden groß sein kann.

Die gesteigerte mechanische Übererregbarkeit beim Beklopfen der Muskeln und peripheren Nervenstämme ist im Säuglingsalter Zeichen der Tetanie. Ein positives Facialisphänomen bei normalen Kindern im Spiel- und Schulalter findet sich in 5—25%, seltener oder überhaupt nicht im Säuglingsalter- und Kleinkindalter (Holmes, zit. nach *96*). Die periphere mechanische Nerv-Muskelerregbarkeit kann sich auf ein isoliertes Gebiet beschränken.

VI. Allgemeine Körpersensibilität

Das Bild des Handelns, das wir bisher einseitig auf die effectorische Endphase eingeschränkt haben, verlangt eine Vervollständigung durch den Aspekt der Reizaufnahme, Reizverarbeitung und zentralen Impulsbildung. Die Sinnesorgane und ihre zentralnervösen Repräsentanzen bilden die Umwelt ab. Aber diese Registrierung ist höchst unvollkommen. Die meisten Erfahrungen des Alltags beruhen auf der Aktualisierung früherer Gefühlskonstellationen. Jede Wahrnehmung hat eine selektive Tendenz, die auf einem speziellen Gedächtnis, zu einem wesentlichen Anteil aber auch auf der begrenzten Leistungsfähigkeit der Receptoren und ihrer zentralen Koordinationen beruht. Der emotionale Faktor jeder Erfahrung ist besonders im Bereich der Körpersensibilität, des Geschmacks und Geruchs ausgeprägt. Auch die Sinne des objektiven Fernraums (Sehen und Hören) haben nur ein spezielles Erregungsspektrum und ihre Reizperzeption unterliegt ebenfalls einer Umgestaltung durch die cerebrale Organisation. Die von Affekt und Antrieb weitgehend modifizierte Wahrnehmung (physiognomisches Weltbild) ist kennzeichnend für die frühe und mittlere Kindheit. Die Ordnung der Sinneseindrücke zu einem Bedeutungsbewußtsein und zu einer Dingkonstanz ist indessen auch auf einem fortgeschrittenen Reifestadium der spezialisierten Erfahrung vom Niveau der idealen Objektivität weit entfernt.

Die Receptoren sind in die Peripherie verlagerte nervöse Strukturelemente, die alle Veränderungen ihrer Umgebung in spezifische Erregung transformieren. Der Reiz ist jeweils nur indifferentes Signal. Die *3 Gesetze der Erregungsbildung in den Receptoren* (Spezifität der Sinneserregung, Gesetz der Reizschwelle und der Adaptation) haben für die Entwicklungsphysiologie des Nervensystems übergeordnete Bedeutung. Erhöhung der Reizschwellen und der Gewöhnung sind Kennzeichen der primitiven cerebralen Organisation. Hinzu kommt das Fehlen der corticalen Ordnungskategorien der Sinneserfahrung, womit die mangelnde Lokalisierbarkeit der Reize im Raum und die mangelnde Gegenständlichkeit des Erlebens zusammenhängen. Der Ausschluß vieler Reizformen von der Wahrnehmung infolge Schwellenerhöhung und die Sperrung der Reizperzeption durch Gewöhnung sind wesentliche Schutzmechanismen des werdenden Nervensystems gegenüber einer schädigenden „Reizüberflutung" aus der Umwelt.

Der *Thalamus* ist innerhalb des gesamten sensiblen und sensorischen Systems das führende Aufnahme- und Schaltzentrum, das die Empfindungen affektiv tönt und mit Hilfe des Stabkranzes an die Rinde zur bewußten Ordnung und Gliederung weitergibt. Er kontrolliert die reizperzipierenden Unterinstanzen des Rückenmarks und Hirnstammes, um sie mit den impressiven und expressiven Kommandostellen der Rinde zu koordinieren. Weitere thalamische Funktionen bestehen in der Vermittlung der Organ- und Allgemeinempfindungen, die der Gesamtstimmung zu einem bestimmten Zeitpunkt die Grundlage geben, schließlich in der Organisation der Flucht- und Abwehrbewegungen. So stellt der Thalamus das Haupteinfallstor ins Bewußtsein dar.

Bei der Geburt sind die meisten Thalamuskerne markfaserhaltig. Die kaudale Gruppe der ventralen Schicht hat Beziehungen zur Hör- und Sehbahn. Die rostrale Kerngruppe der ventralen Schicht ist Sammelstation für Geruchs- und Geschmacksreize. Die starke mittlere Gruppe der ventralen Thalamusschicht koordiniert alle sensiblen Erregungen der Körperperipherie, projiziert sie zur hinteren Zentralwindung und zum Parietallappen. Sie bildet die höchste subcorticale Integrationsstufe der Gesamtsensibilität: der Berührungs- und Tiefenempfindung, des Schmerz- und Temperatursinnes. Die medialen Thalamuskerne der Dorsalschicht nehmen Erregungen aus dem Hypothalamus auf und projizieren sie in Stirnhirn. Sie integrieren das primitive Trieb- und Affektleben (*26*). Die cerebellaren Systeme des Gleichgewichts- und Kraftsinnes unterstehen der Direktion der lateralen und medialen Kerne der Dorsalschicht und des vorderen Ventralkerns. Auch diese Funktionsgruppe wird vom Stirnhirn cortical gesteuert.

Die Körpersensibilität läßt sich funktionell und anatomisch in die *protopathische, epikritische Sensibilität* und den *Kraftsinn* aufgliedern (*26*).

Die ungeformten, stark von Gefühlsqualitäten überlagerten Haut-, Muskel- und Organempfindungen, vor allem der diffuse Druck-, Berührungs-, Schmerz- und Temperatursinn, werden seit Monakow (*84*) und Head (*49*) der phylogenetisch älteren, protopathischen Sensibilität zugeordnet. Sie wird durch das spinale Vorderseitenstrangsystem vertreten. Ihr Zentrum ist das Mittelhirn, wo der Reflexbogen mit den motorischen Instanzen des Hirnstamms und Rückenmarks kurzgeschlossen wird und Reaktionen der Abwehr, Flucht und des Lageausgleiches im Raum vermittelt.

Die gestalteten, in einem raum-zeitlichen Vorstellungssystem lokalisierbaren Wahrnehmungen (Berührungs- und Druckempfindungen, genau quantifizierbare Temperatur-, Schmerz- und Tiefensensationen, quantitative Schwereunterschiede) haben Monakow (*84*) und Head (*49*) im Begriff der stammesgeschichtlich jüngeren, epikritischen [gnostischen nach Clara (*26*)] Sensibilität zusammengefaßt. Sie ist an das spinale Hinterstrangsystem gebunden, das von den hinteren Wurzeln des Rückenmarks über die mediale Schleife des verlängerten Marks zum Thalamus zieht und in den Zentralwindungen, vor allem im Parietallappen endet. Die Körpersensibilität benutzt also zwei Leitungsbahnen: den gegenseitigen Vorderseitenstrang und den gleichseitigen Hinterstrang (*116*). Die Bahn des Kraftsinns ist der Kleinhirnseitenstrang, der im Kleinhirnwurm zum Thalamus und zur Rinde umgeschaltet wird. Die obersten Instanzen der Stereognosie und Praxie befinden sich nach Flechsig (*32*) und Lippmann (*77*) im linken oberen Parietallappen. Hier erhält die Wahrnehmung durch die Koordination verschiedener Empfindungskategorien ihr „Ortszeichen". Hier werden schließlich alle Eindrücke der Körperfühl- und Bewegungssphäre zur Integrationsstufe des Körperbewußtseins zusammengeschmolzen.

Der *Berührungssinn* ist schon bei der Geburt entwickelt. Lippenberührung löst Saugbewegungen aus. Unangenehme Hautreize führen zu Fluchtreaktionen und Lidschluß. Bestimmte Körperzonen des Säuglings zeichnen sich schon frühzeitig durch besondere Empfindlichkeit aus: Mund, Gesicht, Hände, Fußsohlen, während die Rumpfzone und die proximalen Gliedabschnitte für Reize weniger empfänglich sind. Beim *Tasten* assoziieren sich mehrere Empfindungsqualitäten (Berührung, Druck, Bewegung) zu einem spezifischen, hinsichtlich Härte, Oberflächenbeschaffenheit und Schwere genau charakterisierten Sinneseindruck. Durch rasch an- und abschwellende Reize von geringer Stärke auf die Druck- und Berührungsreceptoren kommt die *Kitzelempfindung* zustande, besonders intensiv an den Orten gesteigerter Hautempfindlichkeit. Sie ist klinisch erst vom 2. Lebensmonat erkennbar und erreicht nach dem 9. Monat volle Höhe (*96*).

Die *Schmerzempfindungen* sind an bestimmte, punktförmig über die Haut verteilte Receptoren gebunden. Ihre Adaptationsfähigkeit ist nach Rein und Schneider (*103*) viel geringer als die der Berührungsreceptoren. Die Schmerzbahnen der protopathischen Sensibilität strahlen auf dem Wege zum Thalamus in die vegetativen Zentren des Hypothalamus aus, so daß Schmerz stets von einer ergotropen Organinnervation begleitet ist, z. B. von einer Steigerung der Herzfrequenz und des Blutdrucks. Die Erregungen der Organschmerzreceptoren verlaufen in den Bahnen des Vagus und Sympathicus.

Zu Schmerzempfindungen ist bereits der Neugeborene nach Peiper (*96*) in vollem Umfange befähigt, wie aus den prompten Abwehrreaktionen: Schreien, ungezielten Bewegungen des gesamten Körpers, später Rumpfwälzen, Entfernung der beteiligten Extremität aus der Reizzone, zu ersehen ist. Das Ausmaß einer solchen Reaktion hängt nach dem Wilderschen Ausgangsgesetz biologischer Rhythmen von der bestehenden Gesamtstimmung ab. Bei Hunger, Müdigkeit und Krankheit steigt die Reizbarkeit. Im Zustande der Sättigung ist der Säugling weniger empfindlich (*96*).

Auch die *Temperaturempfindung* besitzt eigne Receptoren und Leitungsbahnen. Die Kälteempfangsorgane sind ihrer größeren biologischen Bedeutung entsprechend im Integument oberflächlicher gelagert als die Wärmereceptoren, die mit den Druckempfängern in gleicher Tiefe des Coriums liegen (*103*). Ihre besondere Dichte in der Lippenhaut und im Gesicht entspricht der Anhäufung von taktilen Receptoren in derselben Zone, die in der frühen Säuglingszeit das wichtigste Orientierungs- und Kontaktorgan darstellt. Wie die übrigen Sinne, ist auch die Thermoreception bereits beim Neugeborenen zu voller Funktionshöhe entwickelt. Wärmeentzug bewirkt Kältezittern, erhöhte Atmung und Unlustäußerungen, die Antwort auf Wärmezufuhr besteht in Behaglichkeitsreaktionen. Plötzliche starke Kältereize haben schockartige Schreckaffekte zur Folge, geringere Reizintensitäten werden lediglich mit Augenöffnen und Pupillenerweiterung quittiert (*96*).

Die *Tiefensensibilität* nimmt durch ihre Receptoren in den Muskeln, Sehnen, Fascien, tieferen Hautschichten und den Aufbau ihrer Leitungsapparate Einfluß auf Tonus, Kraftaufwand, Lage- und Stellungsreaktionen der Glieder und hat damit wesentlichen Anteil an der Konstituierung des Körper- und Raumbewußtseins.

Das *Raumerleben* differenziert sich mit der Reifung der sensiblen und sensorischen Projektionsbahnen in struktureller Verbindung mit den motorischen Systemen. Der Mund- und Nah- oder Greifraum entsteht allmählich durch ein festgefügtes Koordinationssystem aus Tast- und Bewegungsempfindungen der Oral- und Handzone vom 1. bis 2. Lebensmonat an. Mit dem Fortschreiten der Statik und Lokomotion einerseits, der höheren Sinne andrerseits, erschließt sich der Fernraum. In den primären Zentren vermitteln die Sinnesorgane ungegliederte, affektbetonte Empfindungen, aus denen sich in den höheren Zentren durch Konstellationsbildung mit früheren Erlebnisspuren und andern Sinnesfeldern, durch Gestaltqualitäten und Lokalzeichen die Wahrnehmungen (Apperzeptionen) aufbauen. *Raum- und Zeitwahrnehmungen* sind Ordnungsprinzipien, die von der obersten Integrationsstufe der Ichverknüpfung in die Erfahrungsinhalte hineinprojiziert werden. Ausgangsort der Raumauffassung ist das dreidimensionale Körper-Ich im Zentrum seines eignen optischen und kinästhetischen Wahrnehmungsfeldes. Das Zeitbewußtsein besteht in dem gedächtnismäßig fixierten Kontinuum psychischen Erlebens, das wiederum im Ich seine Mitte findet, sich punktförmig aus der Gegenwart in die Zukunft hinein entfaltet und seine physiologische Grundlage in den zu Bewußtsein gelangenden vegetativen Rhythmen hat, besonders in den zeitgebundenen Potentialschwankungen der Ganglienzelltätigkeit. An der Apperzeption der physiologischen Zeitfaktoren dürften die temporo-parietooccipitale Region und die sensorisch-sensiblen Schaltzentren im Thalamus beteiligt sein. Bei Thalamotomie wegen zentraler, therapieresistenter Schmerzen beobachteten Spiegel, Wycis, Orchinik und Fred (*122*) eine Dissoziation zwischen Zeitbegriff und Gemeingefühl mit zeitlicher Desorientierung. Die höchste Bewußtseinsstufe der Raum-Zeitauffassung ist vollends erst mit der Beherrschung der speziellen sprachlichen Ordnungsbegriffe erreicht.

Das erste Zeichen eines corticalen Raumfaktors im Bereich des Hautsinnes ist das Auftreten der *Stereognosie*. Bei jungen Säuglingen ist die Lokalisation von Berührungs- und Schmerzreizen abzulehnen (*119*). Später ist sie an den gezielten Bewegungen zu erkennen. Mit dem Beginn des Greifens wird ab 5. Monat ein naßkalter Flächenreiz erstmals aus dem Gesicht entfernt (epikritische Sensibilität), während die gleiche Reizapplikation vor diesem Zeitpunkt lediglich mit einer diffusen Moroschen Reaktion beantwortet wird (protopathische Sensibilität). Bis zum 8. bis 9. Monat führt die naßkalte, flächenhafte Reizkonstellation nur im Gesicht zu gezielten Reaktionen, erst ab 11. Monat auch in den übrigen Körperregionen. Hiermit stimmen anatomische Untersuchungen überein, wonach im 11. Monat die sensible Tastsphäre (area postzentralis oralis granulosa) bereits voll entwickelt ist, während die motorische Sphäre (area praezentralis) bei der unzulänglichen Differenzierung der Betzschen Riesenzellen ihre Entwicklung noch längst nicht abgeschlossen hat (*2*). Infolge der ungleichmäßigen Reifung der sensiblen und motorischen Komponenten der Stereognosie und der Sprache gelingt die genaue Lokalisation affektiv neutraler Tast- und Berührungsreize auf der Körperoberfläche erst nach dem 2. bis 3. Lebensjahr.

Die gipfelnden Körperteile zeichnen sich von Anbeginn an durch stärkere Affektbetonung aus. Schon früh bildet sich z. B. eine funktionelle Kooperation zwischen Hand und Mund [Hand-Mundöffnungsphänomen von BABKIN (5)]. An den Acren beginnt die Abhebung von Gestalten aus dem Urnebel der rein vegetativen Befindlichkeit zuerst. Diese Orte einer Konzentration psychischen Lebens sind Kristallisationszentren des entstehenden Körperbewußtseins, wie die Persistenz der frühinfantilen Empfindungs-Strukturen auch für eine affektive Retardierung sprechen kann. Die urtümliche Zusammengehörigkeit der Hand- und Mundzone nach Abklingen der Babkinschen Reaktion ist später an dem Mundöffnungs-Fingerspreiz-Phänomen (reflektorische Fingerspreizung bei Aufforderung, den Mund zu öffnen) erkennbar, das RENNERT in 85% bei 4jährigen, zu 25% bei 14jährigen, bei Erwachsenen kaum noch nachweisen konnte. Die im Hirnstamm zentrierte Hand-Mund-Beziehung ist eine Instinktbewegung, von RENNERT als Ausdruck der Überraschung, Angst oder Aggression interpretiert. Hiernach zeichnet sich die Mund-Hand-Beziehung auch auf höheren Stadien der Bewußtseinsentwicklung durch ihre besondere Ichnähe aus im Sinne einer eindeutigen Schutzfunktion. Das häufigere Vorkommen der Reaktion bei unruhigen Kindern im Vergleich zu ruhigeren — 35,06% gegenüber 17,89% nach M. ALBERTS (1) — läßt an mangelnde Corticalisierung denken.

Die Daten der Entwicklung des Hautsinns seien als Rekapitulation und Ergänzung nochmals tabellarisch zusammengestellt.

Entwicklungsskala der Körpersensibilität

Neugeborener und Säugling von 1 Monat: Ausweich- und Abwendungsreaktionen auf Berührungsreize. Unspezifische Fluchttendenz gegenüber Behinderung durch Windel und Pappdeckel. Differenzierung der taktilen und calorischen Perzeption Ende der 2.Lebenswoche. Anziehen der Beine durch Nadelstich. Reflektorischer Lidschluß bei Berührung der Augen und durch Anblasen. Berührung der Lippen, der Umgebung des Mundes und der Augen bewirkt Kopfdrehen und Saugbewegungen. Saugreflex nach dem 9. bis 11. Lebenstage nur von der Lippenschleimhaut auslösbar.

2. Monat: Der Kratzreflex beginnt, gelingt in vollendeter Koordination erst ab 18. Monat (96).

3. und 4. Monat: Betasten aller, die Hand berührenden Gegenstände mit langsamen, prüfenden Bewegungen.

5. Monat: Ein ergriffenes Objekt wird festgehalten und in der Hand bewegt.

Bis zum 5. Monat herrscht diffuse Abwehr bei mangelnder Lokalisation vor. Ein auf Kopf oder Rumpf applizierter naßkalter Flächenreiz löst nach Abklingen der Moroschen Schreckreaktion Äußerungen der Unlust, zwecklose Bewegungen des Rumpfes, Kopfes und der Gliedmaßen aus.

Mit dem 5. bis 11. Monat vervollkommnet sich die gezielte Abwehr. Unangenehme Flächenreize werden zuerst aus dem Gesicht, allmählich von den übrigen Körperzonen durch Ergreifen entfernt.

Nach dem 9. Monat Kitzelreaktionen bei Berührung von Hals, Fußsohle und Achselhöhle (96).

11. bis 12. Monat: Behindernde Objekte können in Bauchlage aus allen Körperregionen durch gezielte Abwehr entfernt werden. Eröffnen einer geschlossenen Schachtel beim Spiel.

Ende des 1. Jahres beantwortet das Kind Fragen nach Körperteilen, die der Berührung zugänglich sind, durch hinweisende Gebärden.

Mit 3 Jahren besitzt das Kind ausreichende Fingereupraxie, erkennbar am Knöpfeln. Zeigen und Benennen einzelner Körperteile.

4. Jahr: Gegenstandserkennung durch Betasten ohne optische Kontrolle. Vergleich zweier verschieden schwerer Objekte. Das Kind trägt einen mit Wasser gefüllten Topf, ohne etwas zu verschütten.

5. Jahr: Der Entwicklungsstand der Sensibilität zeigt sich durch Nachzeichnen und beim Betätigen eines Geduldspiels.

6. Jahr: Prüfung der Geschicklichkeit durch Papierfalten, Nachzeichnen von Randverzierungen und komplizierteres Geduldspiel.

7. bis 9. Jahr: Vervollkommnung des Körperbewußtseins. Beschreibung der Empfindungen beim Abreißen eines auf den Nacken geklebten Leukoplaststreifens. Ordnen von 5 Gewichten nach Schweregrad.

VII. Geruchs- und Geschmackssinn

Der Thalamus knüpft engste Beziehungen zwischen Sinneserlebnissen, Motorik und Affektivität. Das vordere Thalamusgebiet ist in die Assoziationswege des

Geruchs- und Geschmackssinnes eingeschaltet, der neben der Körpersensibilität als phylogenetisch ältester Sinn auch in der menschlichen Ontogenese am frühesten heranreift.

Der Geruchs- und Geschmackssinn ist bei der Geburt von allen Sinnen am weitesten entwickelt, unentbehrlich zur Prüfung der Nahrung. Der Neugeborene verweigert schlecht schmeckende Milch und wendet im Hungerzustand den Kopf nach der Nahrungsquelle, welche bestimmte Geruchsqualitäten verbreitet. Myelinisiert sind bei der Geburt nach Flechsig (*32*) und Sive (*119*) der tractus olfactorius, die subst. perforata ant., die Geruchsbahnen im septum pellucidum, der fornix longus, die striae longitudinalis Lancisii des Balkens, der gyrus hippocampi. Wie auf anderen Sinnesgebieten, so geht beim Neugeborenen auch im Bereich der Geschmackssphäre die Lebhaftigkeit aller mimischen Reaktionen auf den Sinnesreiz der cerebralen Reife unmittelbar parallel. Die Geschmacksreaktion des Neugeborenen sind differenzierter als die Geruchsreaktionen, die nach Peiper (*96*) nur bei starkem begleitenden Trigeminusreiz klinisch erkennbar sind. Diese Unempfindlichkeit des Geruchsvermögens erklärt Peiper (*96*) mit der fehlenden Technik des Schnüffelns beim Neugeborenen, wodurch normalerweise erst eine intensivere Berührung des Luftstroms mit dem Riechepithel der oberen Nase gewährleistet ist. Von allen Sinnen besitzt das Geruchsvermögen des Neugeborenen in Anbetracht der raschen Abstumpfung gegenüber fortdauernden oder sich wiederholenden Geruchsreizen die größte Adaptationsfähigkeit.

VIII. Gesichtssinn

Neben der Motorik und der Beantwortung von Haut- und Geschmacksreizen ist der Gesichtssinn im frühen Kindesalter ein wichtiger Indicator der cerebralen Reife. Ein Säugling, bei dem die Blickfixierung nicht rechtzeitig einsetzt, ist antriebsgemindert aus Krankheitsgründen oder cerebralgeschädigt. Ausfälle der optischen Wahrnehmung können die Entwicklung durch das Fehlen der gegenständlichen Beziehungen und durch die mangelnde Bildkraft der Vorstellungen erheblich stören.

Zur Zeit der Geburt ist die Myelinisierung der Sehbahn im Bereich der Endstrecke und in den Sehzentren am weitesten fortgeschritten. Als Reifezeichen beginnt die Myelinisationsgliose im tractus opticus mit dem 7. Schwangerschaftsmonat und erreicht im 2. bis 3. Lebensmonat den Höhepunkt (*106*). Die Pupillen reagieren beim Neugeborenen bereits auf Lichteinfall trotz unvollständiger Myelisierung der Sehbahn bis zum Mittelhirn. Aber erst die vollständige Reifung dieser Strecke garantiert am Ende des 1. Vierteljahres die Blickfixierung. Die Trägheit der Pupillenreaktion beim Neugeborenen ist durch die verminderte Zahl der Zapfen in der Sehgrube mitbedingt (*96*).

In den ersten beiden Lebensmonaten zieht plötzlicher, greller Lichtreiz eine überschießende motorische Reaktion nach sich, deren Ausdrucksgehalt eine Reizabwendung ist: Lidschluß, Moroscher Schreckreflex, Zurückwerfen des Kopfes (Peipersche Reaktion). Mangelhaft koordiniert ist anfangs das Zusammenspiel der Augenmuskeln. Die Lidreaktion auf rasche Annäherung setzt oft erst nach einigen Monaten ein. Im 3.—5. Monat bildet sich allmählich die Augenkonvergenz bei Blickfixierung heraus (*96*). Die Aufmerksamkeit heftet sich optisch an Einzelobjekte erstmals im 3. Monat, nach einer bereits im 1.—3. Monat Gewohnheit gewordenen Kopfwendung in die Richtung diffuser Lichtquellen. Blickfixierung und gezielte Blickwendung, Zeichen der beginnenden corticalen Steuerung, haben gleiche Bedeutung mit der Ortung der Hautreize durch die epikritische Sensibilität. Eine gegliederte optische Wahrnehmung im Sinne der Apperzeption ist frühestens mit den ersten Wiedererkennungsakten etwa in der 2. Hälfte des 1. Halbjahrs denkbar. Ein klares Bedeutungsbewußtsein kann man der optischen Wahrnehmung erst mit der Abstraktionsfähigkeit und der vollendeten Sprachbeherrschung in der mittleren und späteren Kindheit unterstellen. Beim jungen Säugling ist neben der adäquaten Reaktion auf Lichteinfall schon der Farbensinn ausgebildet. Er bevorzugt im optischen Zuwendungsfelde vor grau bunte Farben in der Reihenfolge: gelb, blau, rot, grün (Staples nach *96*). Krasnogorski (zitiert nach *96*) stellte bei Säuglingen des 5.—6. Monats schon Farbunterscheidungen fest.

Die *optische Raumwahrnehmung* geht von der Verschiedenheit der beiden Netzhautbilder beim binocularen Sehen aus. Die Doppelbilder erhalten teils durch die psychische Verarbeitung der Fusionsreflexe, teils durch Assimilation der optischen Wahrnehmungen mit anderen Sinneseindrücken Tiefenwirkung. Das Raumsehen im frühen Kindesalter ist das Ergebnis einer fortschreitenden Koordination von Sehreizen, Tast- und Bewegungsimpulsen. Indem sich die Sehdinge mit gleichzeitigen kinästhetischen Empfindungen assoziieren, entsteht ein Bewußtsein der Fläche, der Tiefe, Richtung und Ausdehnung. Der Gesichtssinn schaltet sich im 2. Halbjahr durch die Akkomodations- und Bewegungsempfindungen des Auges, ferner durch die Perspektive, d. h. das Gesamt der Wechselbeziehungen zwischen dem eigenen Standort und den gesehenen Objekten, in das entstehende Raumbewußtsein ein und übernimmt unter den sich an der Raumwahrnehmung koordinierenden Faktoren die Führung. Die treibenden Kräfte dieser Gliederung des Wahrnehmungsfeldes sind ursprünglich Bemächtigungsimpulse.

Skala der optischen Sinnesentwicklung

Geburt und 1. Monat: Deutliche Pupillenreaktion auf Lichteinfall. Diffuse Lichtquellen und Schatten ziehen den Blick an. Augenbewegungen unkoordiniert. Die Perzeption optischer Reize ist mit dem mimischen Ausdruck der Aufmerksamkeit verbunden.

2. Monat: Fortschreitende Koordination der Augenbewegungen. Akkomodationsbewegungen der Pupillen auf Nähe und Ferne. Reflektorische Blickwendung auf diffuse Lichtquellen und bewegte Wolle, auf Personen in Bewegung.

3. Monat: Beginnende Blickfixierung. Der Blick wendet sich willkürlich der Umgebung zu, verfolgt bewegte Dinge in die Ferne.

4. Monat: Aktive Beobachtung. Dinge werden mit dem Blick abgetastet.

5. Monat: Der Blick folgt sich bewegenden Personen. Kind streckt die Arme nach ihnen aus, greift nach einem Ding. Farbtafel wird länger betrachtet als eine farblose Tafel.

6. Monat: Blickwechsel zwischen Ding und Umgebung deutet beginnende Gestaltwahrnehmung an. Ergreifen eines Dinges mit einer Hand. Äußerungen der Freude über Wiedererkennen von Personen. Stuporreaktion auf unbekannte Situationen.

7. Monat: Greifen nach leuchtender Taschenlampe. Dinge werden von allen Seiten betrachtet.

8. Monat: Die Eroberung des Fernraums beginnt unter optischer Führung. Das Kind greift nach einem Gegenstand außerhalb des Bettes.

9. Monat: Herabgefallenes Spielzeug wird mit den Augen gesucht (3. Vierteljahr). Gewöhnung an unbekannte Erwachsene. Kritzeleien des Untersuchers auf dem Papier werden beachtet.

9. bis 10. Monat: Fortentwicklung der Raumwahrnehmung. Verdecktes Spielzeug wird aufgedeckt.

11. bis 12. Monat: Das Kind ahmt optisch wahrgenommene, einfache Vorgänge nach (z. B. Glocke läuten), vervollständigt seine Raumauffassung durch Untersuchen der Dinge (z. B. Bestandteile einer Glocke). Lebhafte Freude an gelben und roten Dingen.

2. Lebensjahr, 2. Hälfte: Distanzierte Betrachtung eines tanzenden Kreisels und eines fertigen Bauwerks. Das Kind erkennt Dinge auf Bildern wieder und benennt sie (Hund, Mensch, Katze). Verschiedene Reaktionen auf ein sinnloses und ein sinnvolles Bild. Bevorzugung einer Figurentafel vor einer leeren Farbtafel als Ausdruck zunehmender Detaillierung der optischen Wahrnehmung.

3. Lebensjahr: Zuordnung der Grundfarben. Erkennen einfacher Handlungen auf Bildern. Das Kind erfaßt die Zusammenhänge von Figur zu Hohlform am Figurenbrett als Zeichen einer intracorticalen Integration verschiedener Sinnessphären.

4. Jahr: Fortgeschrittenes optisches Verständnis und Gedächtnis. Interpretation einfacher Situationsbilder. Wiedererkennung und Unterscheidung einfacher geometrischer Figuren.

5. Jahr: Fortschritt der Gestalterfassung: Abzeichnen eines Quadrates, Zusammensetzen eines Hampelmanns. Benennung der 4 Hauptfarben.

Je älter das Kind wird, um so weitgehender verganzheitlicht sich die optische Wahrnehmung mit den Tendenzen der Erkennung und Umgestaltung der Umwelt im Vollzuge von Intelligenzakten (Ordnen, Zusammensetzen, Erfassen von Sinnwidrigkeiten).

IX. Gehörsinn

Das Hören ist mit PEIPER (*96*), REIN und SCHNEIDER (*103*) in weit höherem Maße als der Sehvorgang abhängig von der Relation aller Reize zueinander und weniger von der absoluten Schwingungsfrequenz des Einzelreizes. Besonders gilt dies für das Entfernungs- und Richtungshören, wobei räumliche Beziehungen nach der Höhe und Tiefe der sich ständig ändernden Schallfrequenzen oder nach der Differenz zwischen zwei verschiedenen Schallempfängern beurteilt werden. Infolge ihrer Relativität sind die akustischen Erlebnisse sehr viel ichnäher als die optischen Wahrnehmungen. Mit dem Hörvorgang assimilieren sich emotinonale und soziale Qualitäten in größerem Umfang als mit dem gegenstandsnäheren, sachlicheren Sehen.

Bei der Geburt hat die Myelinisierung der Hörbahn im peripheren Teil begonnen. Ein Fetus von 42 cm Länge (8.—9. Schwangerschaftsmonat) besitzt nach FLECHSIG (*32*) eine voll ausgebildete Cochlearisbahn. Hiermit stimmen die Beobachtungen PEIPERS (*96*) überein, wonach Feten intrauterin plötzliche sehr laute Geräusche der Außenwelt mit Zusammenfahren beantworten. Dies beweist die Leitungsfähigkeit der Hörbahn bis zu den primären Hörzentren im Mittelhirn. Die zentralen Anteile der Hörbahn reifen nach SIVE (*119*) vollständig jedoch erst nach der Geburt aus. Den andern Sinnessphären steht die Hörrinde bei der Geburt sogar an Reife beträchtlich nach (*32*). Der Rückstand wird über lange Phasen des nachgeburtlichen Lebens beibehalten. Nach ALDAMA (*2*) hat die Heschlsche Windung des Temporallappens mit 1 Jahr das später hoch differenzierte Entwicklungsniveau noch längst nicht erreicht. Auch mit 6 Jahren ist der vor der Heschlschen Windung gelegene Bezirk im Vergleich zum Erwachsenen noch wenig entwickelt. Die Entwicklungsverspätung der mnestisch-akustischen Funktionen im Vergleich zu der optischen und taktilen Sphäre dürfte mit der noch wenig differenzierten Sprachbegriffsbildung zusammenhängen.

Auf der Neugeborenenstufe geben sich Gehörseindrücke durch Veränderungen des Atemrhythmus, Bewegungsunruhe, Zucken der Augenlider oder Schreckreaktionen zu erkennen (*96*). Das akustische Unterscheidungsvermögen ist in den ersten 3 Monaten noch sehr grob. Lauschen und Kopfwenden nach der Schallquelle im 2. Monat sind subcorticale akustico-motorische Reaktionen, deren zentrale Bahn durch den caudalen Vierhügel in motorischer Richtung umgeschaltet wird. Rindeneinflüsse sind erst bei willkürlichem Suchen nach der Schallquelle, Beobachten, Wiedererkennen mit dem 3.—4. Monat anzunehmen. Die *Entwicklung des Gehörsinns* im 1. Lebensjahr soll abschließend in Stichworten umrissen werden.

Entwicklungsdaten

Geburtsphase: Verlangsamung der Hörreaktionen. Morosche Schreckreaktion bei lauten Geräuschen und schrillen Tönen.

1. Monat: Das Kind bekundet Aufmerksamkeit bei akustischen Reizen und beruhigt sich bei kontinuierlichen leisen Geräuschen.

2. Monat: Der Kopf dreht sich in die Richtung der Schallquelle. Unterschiedliche Reaktionen auf verschiedene Geräusche. Kind lauscht der Glocke und achtet auf die sprechende Stimme.

3. Monat: Den diffusen schallperzipierenden Ausdrucksformen (Lauschen, Blickwenden, Augenblinzeln) gesellen sich schallsuchende Bewegungen des Kopfes und der Augen hinzu. Beruhigung durch sprechende Stimme und Musik.

4. Monat: Die Stimme der Eltern wird erkannt.

4. bis 6. Monat: Vervollkommnung der Suchbewegungen nach der Schallquelle.

7. bis 8. Monat: Nachahmen von Geräuschen: Klopfen, Quietschen einer Gummipuppe.

9. Monat: Das Kind achtet auf bekannte Worte.

6. bis 9. Monat: Mit dem Verständnis für einzelne Worte beginnt das Kind Laute nachzusprechen, setzt sich durch Lallaute und Gebärden spontan mit seiner Umwelt in Beziehung.

11. und 12. Monat: Einfache Verbote werden befolgt. Das Kind befleißigt sich weiterer Nachahmung von Lauten, setzt eine Glocke nachahmend in Tätigkeit.

12. bis 15. Monat: Befolgen einfacher Gebote, Nachsingen von Tönen, Wiederholen vorgesprochener Lallsilben.

Da die weitere Entwicklung des Gehörsinnes am Ende des 1. Lebensjahres eng mit der Sprache verbunden ist, bietet sich jetzt die Erörterung der Sprachentwicklung als notwendig an.

X. Die Sprache

Der zweckbewußten Sprache liegen komplexe cerebrale Vorgänge zugrunde, die sich nicht nur auf die primären Sprachzentren beschränken, sondern weit verzweigte Beziehungen zur Sinnes-, Verstandes-, Trieb-, Bewegungs- und Willenssphäre haben. Am Sprachvorgang beteiligen sich subcorticale und corticale Strukturelemente. Die rein motorische, unartikulierte Lautproduktion ist in einer urtümlichen Einheit mit der primitiven Körpermotorik an das Strio-Pallidum gebunden. Subcorticaler Natur sind auch die emotionalen Elemente der reifen Sprache: das Ausdrucksbedürfnis, die Interjektionen, die Stärke, die abfallende und aufsteigende Tonlinie, die Sprachpausen, der Rhythmus. Die corticalen, intellektuellen Elemente der Sprache sind immer mit wortgestaltenden Denktendenzen verknüpft. Vom 9.—12. Monat ab erhält die Lautproduktion, die im 2. Lebenshalbjahr von der rein mechanischen zur gefühlsganzheitlichen Phase fortgeschritten ist, den Charakter der gewollten Mitteilung. Sobald die Erfahrung mit Hilfe anschaulicher, abbreviierender Lautsymbole einem wertenden und prüfenden Vergleichen, einem Ordnen, zugänglich geworden ist, kann sich die zur Erkenntnis der Realitätsfülle unerläßliche Intelligenz schöpferisch entfalten. Sprechen ist ein Handeln auf geistiger Ebene, wobei sich Denkantriebe, soziale Kontaktstrebungen und psychomotorische Ausdrucksphänomene zu einer zielgerichteten Ganzheit assoziieren.

Bei der Betrachtung des physiologischen Sprachaufbaus folgen wir im wesentlichen BRUN (16). Die Impulse einer affektiven Lautgabe aus dem Thalamus und dem Strio-Pallidum werden in den Rindenzentren der Lippen-, Zungen-, Kau-, Gaumen-, Kehlkopf- und Atemmuskulatur des Operkulum geformt und den motorischen Kernen der Medulla oblongata als den Exekutivorganen zugeleitet. So kommt es der Gliederung der Lautkomplexe, d. h. zur Silben- und Wortbildung, zur Artikulation. Unabhängig hiervon hat das motorische Sprachzentrum (BROCA) am Fuß der unteren Stirnwindung links die Aufgabe einer Koordination und Integration aller für die Sprachmotorik verantwortlichen Rindenzentren. Den darstellenden, expressiven stehen die impressiven, bedeutungserfassenden Sprachfunktionen zur Seite, die eine Erkennung der Wortklangbilder ermöglichen. Das Sprachverstehen ist ein apperzeptiver Vorgang mit zahlreichen Assoziationsbögen, zusammengefaßt im sensorischen Sprachzentrum (WERNICKE), das an der Basis der oberen Temporalwindung in enger Nachbarschaft mit dem primären Hörzentrum seinen Sitz hat. Die von dem sensorischen Sprachbezirk festgehaltenen Funktionsreste bilden Wortschatz und Sprachgedächtnis. In diesem „Inventar" an prägenden Tendenzen spielen nicht nur akustische Wahrnehmungen eine besondere Rolle, sondern auch kinästhetische Funktionsgestalten der Lautformung und Erlebnisspuren aus allen Sinnessphären. Durch die Verbindung der akustischen und motorischen Sprachfunktionen auf hoher integrativer Ebene eines Denkaktes mit allen Bedeutungszusammenhängen entsteht die innere Sprache.

In das System der inneren Sprache sind optische und motorische Komponenten der Schriftwahrnehmung und -gestaltung eingeflochten. Die Zentren des Sehens am Occipitalpol und der Schrifterkennung (Lesezentrum) im gyrus angularis, ferner der Schreibbewegungen (Arm-Handzentrum) in der vorderen Zentralwindung und der Augenbewegungen an der Basis der oberen Stirnhirnwindung haben enge Verbindungen zur inneren Sprache. Schreiben und Lesen setzen Beziehungen zur Sehrinde voraus. Die kinästhetischen Funktionsreste der Handbewegungen bei der Einübung der Schrift bilden feste Zuordnungen zu der mnestischen Zone der Lautsymbolik (sensorisches Sprachzentrum).

Die gesetzmäßig aufeinanderfolgenden Sprachphasen stimmen mit der allgemeinen motorischen und geistigen Entwicklung überein. Das Schreien und

Lallen zu Beginn des 1. Lebensjahres gehört zum Gesamtbild der pallidären Massenbewegungen. Bald wird die Ursprache über die elementare Funktionslust hinaus zu einem Mittel der Selbsterhaltung (*84*) und des affektiven Kontakts zwischen Kind und Mutter. Die aktive soziale Kontaktsuche durch Lallen beginnt bereits mit 2—3 Monaten (*63*). Um die Mitte des 1. Lebensjahres trifft man auf einen inneren, nicht nur zeitgebundenen Zusammenhang zwischen Spontangreifen und Nachahmen einerseits, Freude am rhythmischen Wiederholen von Lauten andrerseits als primitivste Ausdrucksform einer manuellen und sprachlichen Besitzergreifung von der Umwelt. Andere Triebkräfte der ersten Lautbildungen sind: Nachahmung von Geräuschen (Tierlaute), expansive Erweiterung mimischer Ausdrucksbewegungen (*125*): z. B. „ei“ als Zeichen der Freude ist stets durch Hebung der Mundwinkel mit einem mimischen Ausdrucksgehalt von Lust bei Nahrungsaufnahme verbunden, „mama“ vergröbert eine Bewegung des Schnappens und Begehrens und hat Beziehungen zur oralen Bedürfnisbefriedigung.

Spätestens mit 10—11 Monaten regt sich das Sprachverständnis. Geraume Zeit begreift das Kind mehr als es zu sprechen vermag. Die optisch und akustisch aufgenommenen Klangreize werden durch ein primitives Koordinations- und Gedächtnissystem mit einem unklaren Bedeutungsbewußtsein verschmolzen und zuerst vorwiegend mimisch oder pantomimisch, etwa durch hinweisende Gebärden, nachgestaltet. Die Namensbezeichnung als folgerichtige und notwendige Zuordnung von Sprachsymbol und Gegenstand beginnt in der 2. Hälfte des 2. Lebensjahres (*125*).

Der Einwortsatz mit 1—$1^1/_2$ Jahren ist ein Ausdruck der noch mangelnden Erlebnisgliederung im Sinne der Subjekt-Objekt-Einheit. In der 2. Hälfte des 2. Lebensjahres wird die Nennfunktion bewußter und zweckbestimmter. Das Kind fragt nach dem Namen der Dinge aus einem Ordnungsbedürfnis gegenüber der verwirrenden Fülle neuer Sinneseindrücke oder auch aus einem sozialen Kontakt- und Spielbedürfnis heraus. Mit dieser Frageperiode beginnt der Zwei- und Mehrwortsatzgebrauch.

Die Satzform, anfangs eine einfache Reihung von Worten, wird mit 2—$2^1/_2$ Jahren durch das beginnende Verständnis für syntaktische Ordnungen beweglicher. Die Nebensatzbildung mit der Unter- und Überordnung der Gedanken beginnt nach W. Stern (*125*) mit $2^1/_2$—$3^1/_2$ Jahren. Die Intellektualisierung des Wortes (*89*) und die grammatisch einwandfreie Satzgliederung leiten das Denken in Kausalzusammenhängen ein, das sich aber erst im Schul- und Erwachsenenalter vom 14. Lebensjahr an durch die sprachlogische Begriffs-, Urteils- und Schlußbildung vollendet. Erst dem sprachfähigen, sich mit den Mitteln der Logik und Dialektik in der geistig-sozialen Ausdruckssphäre verwirklichenden Ich kann man die volle Reife zusprechen. Ein erster Schritt auf diesem Wege ist die Frage nach den Kausalbeziehungen (Warum-Fragealter ab 2,6 Jahren).

Wenn die Entwicklung der Sprachmotorik nach W. Stern (*125*) mit 4—5 Jahren auch als abgeschlossen gelten kann, so ist eine Vervollkommnung der Sprache erst mit der Entwicklung der abstrakten Intelligenz und der Erlernung der Schrift zu erwarten. Sprache und Schrift gehen lange Zeit unabhängig nebeneinander her. Ein richtiges Verhältnis zur Schrift gewinnt das Kind erst aus einer kritisch distanzierten Werkhaltung heraus.

Beim kombinierten Schreiben und inneren Sprechen werden die engen Beziehungen zwischen *Rechtshändigkeit* und sprachlicher Differenzierung evident. Die oberen Extremitäten spezialisieren sich in der Richtung auf eine rechtshändige, dynamisch-vorausgreifende und insofern zukunftsgerichtete Funktion einerseits und in Richtung auf eine linkshändig-statische, verharrende Funktion andererseits. Das vorausgreifende und vorwegnehmende Denksprechen und die beweglichere rechte Hand sind (beim Rechtshänder zumal) expansiver als die „introversivere“ Linke. So ist das Schreibenlernen mehr als die Angewöhnung einer kulturellen

Fertigkeit. Das Kind übt mit der motorischen Koordination die psychisch ordnende Willenshaltung, Zielausrichtung und Zukunftsorientierung.

Weitere Einzelheiten der physiologischen und psychologischen Sprachentwicklung können bei Fr. Kainz (60a) eingesehen werden.

In der abschließenden Übersicht soll die Entwicklung der Sprache nach Altersstufen weiter detailliert werden.

Entwicklungsskala der Sprache

1. Monat: Das Kind beginnt auf die Stimme zu achten, von der es angesprochen wird [nach Gesell (39), erst ab 2. Monat nach Nadoleczny (89)]. Verschiedene, stets wiederkehrende Laute bei Unlustzuständen erscheinen als Ausdrucksphänomene.

2. Monat: Beruhigung auf Zuspruch.

3. Monat: Lustzustände durch Konsonanten und Vokalverbindungen zum Ausdruck gebracht. Beginn des Lallens nach Gesell (39) im 3., nach Heubner und Hetzer schon im 2. Monat. Erwiderung des aufgefangenen Blicks mit Lallen (lala, örö, arä).

4. Monat: Offenes Lachen. Produktion verschiedener Laute aus eigner Initiative. Kind beantwortet Anregungen mit Lauten.

5. Monat: Analog der akustisch bedingten Kopfwendung dreht das Kind auch seinen Kopf in die Richtung einer Stimme. Unlustlaute bei Wegnahme von Spielzeug.

6. Monat: Begleitung von Lustzuständen und Wiedererkennen mit ausdruckshaftem Lallen. Lallmonologe aus gut verständlichen Silben.

7. Monat: Die bisherigen Lautreaktionen werden beim Ergreifen von Gegenständen um Zufriedenheitslaute erweitert. Beantwortung von Fragen nach bekannten Gegenständen durch hinweisende Gebärden.

8. Monat: Personen werden durch Laute begrüßt. Lautwiederholungen beginnen.

9. Monat: Wiedererkennen von bekannten Worten, sichtbar am Ausdruck der Freude und Aufmerksamkeit. Lautwiederholungen, z. B. „papa". Kind versucht durch Laute die Aufmerksamkeit der Umgebung zu erwecken, zeigt auf Frage bekannte Gegenstände, ahmt oft gehörte Laute nach. Noch kein exaktes Nachsprechen.

10. Monat: Fortsetzung der Nachahmungsversuche. Beabsichtigte Nachbildung von Worten macht Schwierigkeiten. Aufforderungen zum Nachsprechen stoßen auf Widerstand.

11. und 12. Monat: Gesprochene Silben: ba, dada, nana, mama, papa. Einige Gebote und Anweisungen werden befolgt (39). Nach Bühler-Hetzer (18) kommt das Kind einer Aufforderung erstmals mit 15 Monaten nach. Individuelle, rassen- und milieubedingte Schwankungsbreite der Termine des Sprachbeginns. Nachmachen konventioneller Gesten (Hand-, Kußgeben, Bitte-Bitte, Winke-Winke machen) auf Aufforderung, Zeigen von Körperteilen auf Wunsch.

1 Jahr 3 Monate: Einwortsatz. Wortschatz umfaßt 4 (39) oder 6—8 Wörter. Kind nennt Vor- und Zunamen, führt komplizierte Aufforderungen aus: Händefalten, Lichtausblasen, Schrank aufschließen.

1 Jahr 6 Monate: Zeigen von Körperteilen auf Aufforderung beginnt nach Binet-Bobertag spätestens mit 3 Jahren. Kind befolgt Verbote, spricht 5 Wörter.

2 Jahre: Zwei- und Mehrwortsatz. Das Kind nennt 3 von 5 vorgezeigten Gegenständen, stellt spontan Fragen, erledigt 2 Aufträge nacheinander, versteht kompliziertere Verbote, spricht kurz von Dingen oder Vorgängen aus dem Gedächtnis, spricht einsilbige Wörter nach.

$2^{1}/_{2}$ Jahre: Nachsprechen von 2 Silben. Abgebildete Gegenstände werden bezeichnet. Ausführung von kleineren Aufträgen. Auf einem Bild werden 7 Gegenstände gezeigt. Zum Nennen des Namens ist das Kind mit $2^{1}/_{2}$ Jahren imstande (39), nach Schwab schon mit 12—15 Monaten.

3 Jahre: Das Wortverständnis hat fast den vollen Umfang erreicht. Kompliziertere Gebote, Verbote und Instruktionen werden befolgt. Die Spontansprache zeigt Beugung der Zeitworte und Nebensatzbildung. Beim Betrachten von Bilderbüchern spricht das Kind in Sätzen. Kleine Erzählungen handeln von abwesenden Dingen. Das Kind benennt bekannte Gegenstände, wiederholt dreisilbige Wörter und Sätze (nach Schwab, sechssilbige Sätze und 2 Zahlen nach Kuhlmann), kennt die Bezeichnung von 3 Farben (rot, grün, gelb) und den Gebrauch verschiedener Gegenstände.

4. Jahr: Beantwortung von Fragen nach dem zweckmäßigen Verhalten in kindgemäßen Bedürfnissituationen: bei Hunger, Müdigkeit, Durst, Kälte. Interpretation einfacher Abbildungen von guten und bösen Handlungen. Benennen eines selbst hergestellten Bauwerks. Nachsprechen von 8 Silben und 3 Zahlen.

5. Jahr: Ausführen eines 3teiligen Auftrags. Nachsprechen von 12 Silben und 4 Zahlen. Benennen einer selbst angefertigten Zeichnung.

6. Jahr: Nachsprechen von 16 Silben. Befolgen komplizierter Anweisungen (Randverzierung fortführen, Spielregeln eines Wettspiels beachten).

Auf den höheren Entwicklungsstufen sind an allen Sprachleistungen weit mehr als in den unteren Altersklassen zielbestimmte Willenshaltungen, Intelligenz und Wissen beteiligt. Beim Nachsprechen vielsilbiger Sätze kommt es auf die analysierende Gliederung des Wahrnehmungsfeldes an und auf den gleichzeitigen synthetischen Einsatz der Aufmerksamkeit. Die sprachliche Formvollendung ist leicht ersichtlich beim Definieren von Begriffen, Finden von Gegensätzen oder Reimen, bei der Erfassung der verbindenden Leitidee eines Textes.

XI. Gedächtnis

Ein Eingehen auf die im Kapitel über die Sprache wiederholt berührten komplexeren Probleme der Hirnphysiologie: Gedächtnis, Denken, Intelligenz, als steuernde Instanzen, erscheint nunmehr geboten. Das Gedächtnis ist die Grundlage der Kontinuität des Selbstes und des Bedeutungsbewußtseins bei der Wahrnehmung. Mit Hilfe der koordinierenden und integrierenden Instanzen verschmilzt das Mosaik von gedächtnismäßig fixierten Empfindungsresten zu Sinngehalten und ganzheitlichen Erlebnisgefügen. Das Gedächtnis ist eine komplexe erlebnisbewahrende und erlebnisformende Funktion, deren Substrat durchaus nicht einheitlich ist. Ob der bei doppelseitiger Abtragung der medialen Gebiete des Temporallappens [subtotale temporale Lobektomie nach M. Baldwin (6) u. a.] beobachtete Merkfähigkeitsverlust zu der Annahme eines lokalisierbaren „Gedächtniszentrums", eines zentralen Intentionsorts für die Einprägung von Erlebnissen berechtigt, ist strittig. Es gibt viele Gedächtnis- und Erinnerungsfelder, die den Sinneszentren benachbart sind. Eine physiologische Grundlage des Gedächtnisses bilden auch die Bedingungsreflexe.

Die Spuren früherer Erlebnisse als Grundlage des Gedächtnisses denkt man sich als Strukturveränderungen von Ganglienzellen, als Funktionsreste, „ausgeschliffene Assoziationalbahnen", erworbene Zuordnungen von Leitungsverzweigungen durch morphologische Veränderungen in den Synapsen (59). Man bedient sich der elektrophysiologischen Vorstellung von mnestischen, d. h. zurückbleibenden Energieanhäufungen in bestimmten Bahnen und Zellgruppen der Rinde und der korrespondierenden Hirnstammzonen, wohin die „Disposition" zu späteren Erinnerungen verlegt wird. Nach der Theorie der „spezifischen Erregungskonstellation" Rohrachers (108) schließt sich die spontane Erregungsbildung der „Gedächtniszellen" mit den primären, aktuellen Sinneserregungen zu einer von tieferen, subcorticalen Einflüssen beherrschten Gesamtsituation zusammen, in der andere frühere Zellverbände der gleichen Sphäre mitschwingen, auch die an der Namengebung beteiligten Zellen der Sprachfunktion. Bei der Bildung und Reproduktion der „Spuren" sind die vegetativen und affektiven Reaktionsbereitschaften, die Interessen und Willenshaltungen determinierend. In erster Linie die „hirnstammaffine", emotionale Sphäre eines Erlebnisses führt zur Kopplung der verschiedenen Neuronenkreise. Die geprägten neuronalen Muster (54) stimmen in ihrer Tiefe mit der subjektiven Wertung überein und werden durch ähnliche Reizgestalten aktualisiert. Die Beständigkeit des Gedächtnisbesitzes ist aber ebensosehr erlebnis- wie anlagebedingt. Es gibt eine erbliche Spezifität des Gedächtnisses.

Nach den ersten Sinneserlebnissen beginnt auch die Gedächtnisfunktion. Die frühesten Erinnerungsakte haben nur diffusen Bekanntheitscharakter [Höffding nach (125)]. Weitere Differenzierungsstadien des Gedächtnisses, die mit der fortschreitenden Rindenreifung in der Umgebung der primordialen Sinneszentren zusammenhängen, sind: die bewußten Erlebnisvorstellungen, einsetzend nach W. Stern (125) mit dem 2. Lebensjahre — das beabsichtige Lernen und Behalten vom

3. Lebensjahre an —, das praktische, reihende Gedächtnis für rein äußere, isolierte Einzelheiten —, das Behalten von gestalteten Wahrnehmungskomplexen —, das logische Gedächtnis, das die abstrakten, gegliederten Zusammenhänge festhält. Nach GOLDSCHEIDER und PILEK (zitiert nach *108*) ist das mechanische Gedächtnis vor der Pubertät maximal entwickelt. Die Höchstentwicklung des Gestaltgedächtnisses fällt in die Zeit nach dem 18., des logischen erst nach dem 20. Lebensjahr. Die beginnende Umstellung vom mechanischen auf das Sinngedächtnis läßt sich bis zum 12.—14. Lebensjahr zurückverfolgen. Übereinstimmend mit der späten Myelinisierung der obersten Rindenschichten besitzt das Gedächtnis auf den frühen Entwicklungsstufen die geringste Treue. Bis zum 6. Lebensjahr unterliegen alle Gedächtnisinhalte der affektiven Modifikation, Gedächtnislücken werden durch Phantasien ausgefüllt. Die Zeit bis zum völligen Vergessen eines Eindrucks (Latenzzeit) steigt mit zunehmendem Alter. Im 1. Jahr lebt das Kind ganz in der Gegenwart, das Wiedererkennen beschränkt sich nach W. STERN (*125*) auf wenige Personen und Gegenstände, die zum gewohnten Lebensumkreis gehören. Im 2. Jahr dehnt sich die Latenzzeit auf wenige Wochen aus. Im 3. Jahr können Erlebnisse nach mehreren Monaten ins Gedächtnis zurückgerufen werden, im 4. nach 1 Jahr. Vom 5. Lebensjahr an lassen sich nach W. STERN (*125*) die ersten „Jugenderinnerungen" zu Bewußtsein bringen, die sich auf affektbetonte, mehrere Jahre zurückliegende Erlebnisse beziehen.

Das *Lernen* ist Einprägen und Behalten von Gedächtnisinhalten. Eine erworbene Reaktion oder Gedankenverbindung besitzt um so größere Dauerhaftigkeit, je umfangreicher die Konstellationen zwischen den mnestischen und subcorticalen Systemen sind (z. B. bei einer motorischen Antriebs- und Bedürfnisbefriedigung durch den Vorstellungsinhalt), je häufiger der Lernstoff durch Wiederholung mit vollem Bewußtsein aufgenommen wurde, je größer schließlich die Zahl der an der Einprägung beteiligten Sinnesfelder ist. Die Mechanisierung von Bewegungen und Vorstellungsverbindungen durch Lernen und Üben ist die Folge kurzschlüssiger Assoziationsbögen von Rinde zur subcorticalen Organisation. Auf den frühesten Entwicklungsstufen vollzieht sich das Lernen mit Hilfe der *Nachahmung*. Die Erlebnisbasis bildet hier die In-Besitznahme durch Nachgestaltung und Gesellung bei vollendeter Extraversion (S. 413). Lernen und Nachahmen sind die Vorstufen der Anpassung. Die intendierte Nachahmung, die im 2.—3. Lebensmonat beginnt, geht der Willkürhandlung voraus.

Entwicklungsskala der Gedächtnisfunktionen

1. Monat: Das Kind öffnet den Mund nach Verlust der Nahrungsquelle.

2. Monat: Spezifische Reaktion auf die gewohnte Trinklage, auf die Vorbereitungen zur Mahlzeit. Das Kind hält die Nachtruhe ein.

3. Monat: Öffnen des Mundes in Erwartung der Mahlzeit. Nachblicken und Unlustäußerung bei Verschwinden des Spieldings (Blickperseveration).

5. Monat: Reaktion von Mißvergnügen oder Abwehr auf den Verlust eines begehrten Gegenstandes.

6. Monat: Lebhafter Erwartungsaffekt gegenüber einem mehrmals beobachteten, wiederholt unterbrochenen Vorgang. Das Kind ahmt Laute nach.

Im 2. Vierteljahr entwickelt sich das Gedächtnis soweit, daß das Kind die Personen der täglichen Umgebung (Mutter, Vater, Geschwister) wiedererkennt und mit Freudenäußerungen begrüßt.

7. Monat: Suchen nach verlorenen Gegenständen. Spontane Nachahmung beobachteter Bewegungen (z. B. Schlagen, Klopfen).

8. Monat: Beim Versteckspielen quittiert das Kind das Wiedererscheinen des Partners mit Freude. Spontanes Zurückholen eines weggenommenen und in die Tasche gesteckten Spielzeugs.

9. bis 10. Monat: Aufdecken des verdeckten Spielzeugs. Spontanes Nachahmen von Geräuschen (Trommeln mit 1 Schlegel, Glocke läuten).

11. und 12. Monat: Festhalten neuer, einmalig dargebotener Eindrücke in der Erinnerung. Wiederfinden des verschwundenen Inhalts einer Schachtel nach kurzer Latenzzeit (1 min.)

$1—1^1/_4$ Jahr: Erinnerung an den verschwundenen Schachtelinhalt nach einer Latenzzeit von 3 min. Spontanes Nachahmen: Drücken eines Balls mit springendem Hühnchen, Öffnen und Schließen der Hände, Achselzucken, Finger ineinanderstecken.

$1—1^1/_2$ Jahr: Erinnerung an den verschwundenen Schachtelinhalt nach 8 min. Nachahmendes Trommeln mit 2 Schlegeln.

$1^1/_2—2$ Jahre: Die Latenzzeit der Erinnerung (verschwundener Schachtelinhalt) beträgt 17 min.

Ende des 2. Lebensjahres: Spontanes Nachahmen einfacher Kinderspiele (wie Hände klatschen, Arme ausstrecken, Hand an den Kopf legen) und eines einsilbigen Wortes.

3. Lebensjahr: Praktisches Gedächtnis mit Latenzzeit von 20 min (Wiederfinden zweier von 3 vor den Augen des Kindes in einem Kästchensystem versteckten Dingen). Nachsprechen von 4 Silben, 2 Zahlen, sechssilbigen Sätzen. Nachbauen (Kreuz, Treppe).

4. Lebensjahr: Erweiterung des praktischen Gedächtnisses (3 von 4 versteckten Dingen werden nach 20 min wiedergefunden). Nachsprechen von 8 Silben und 3 Zahlen. Abzeichnen eines Kreises.

5. Jahr: Von 5 versteckten Dingen findet das Kind nach 20 min 4 wieder. Es spricht 4 Zahlen und einen Vers mit 12 Silben oder einen Satz aus 10 Silben nach. 3 kleine Aufträge (Schlüssel an einen bestimmten Ort legen, Tür öffnen und schließen, Buch von einem Stuhl herbeibringen) werden behalten und sachlich einwandfrei ausgeführt. Abzeichnen schematischer Darstellungen: Haus, Tanne, Tisch, Quadrat.

Die Zahl der wiederzugebenden Ziffern und Satzsilben beträgt: im 6. Jahr 5 Ziffern und 16—18 Silben, im 8. Jahr 6 Ziffern, im 10. Jahr 26 Silben.

Die Gedächtnisqualitäten werden weiterhin durch Wiedererkennen geometrischer Figuren und durch freies Assoziieren von beliebigen Worten geprüft. Im 12. Lebensjahr werden in der Zeit von 3 min 60 Worte aus der Erinnerung reproduziert. Die Tests für das Wortgedächtnis sind zum Teil in der Sprachprüfung vorweggenommen. Beide Untersuchungen (der Sprache und des Gedächtnisses) haben aber verschiedene Ziele.

XII. Denken und Intelligenz

Dem Denken als einer der höchsten Rindenfunktionen fällt als Aufgabe die Sinnerfüllung der Erlebnisse zu. Die Anwendung der logischen Ordnungen auf die Lebenssituation pflegt Intelligenz genannt zu werden. Es geht um die Fähigkeit, Ursachen und Wirkungen zu erfassen, Situationen in ihrer Problematik, d. h. in ihren Beziehungsganzheiten zu erkennen und neu zu gestalten. W. Stern (*125*) fand die Definition der Intelligenz als einer allgemeinen Fähigkeit, sein Denken bewußt auf neue Forderungen einzustellen und sich an neue Aufgaben und Bedingungen anzupassen. Das höhere Denken ist gleichbedeutend mit einem „Verstehen", das zur Scheidung zwischen strukturell äußerlichen von wesentlichen Komponenten eines Ganzen befähigt (*137*). Die sprachliche geformte Intelligenz, die hier anklingt, hat es mit der Eingliederung eines Wahrnehmungs- und Vorstellungsinhalts in ein allgemeingültiges Begriffssystem zu tun, das der Darstellung und Mitteilung dient.

Erst im 5. Lebensjahr sind die Baillargerschen Tangentialstreifen deutlich markhaltig, welche die Rinde in 2 physiologisch differente Hauptschichten gliedern (S. 374). Die innere Rindenhauptschicht läßt sich schon aus Gründen der früheren Reifung und der Nähe zu den komplexen Instinkthandlungen zwanglos mit der praktischen Intelligenz konfrontieren, soweit es sich hier wie dort um die zweckmäßige Verhaltenssteuerung in einer augenblicklichen Bedürfnissituation handelt. Die Abstraktion scheint innere Beziehungen zu der spät reifenden äußeren Rindenhauptschicht zu haben.

Das „aktive" abstrakte Denken, das Einzelerlebnisse im Sinne allgemeingültiger logischer oder kausaler Ordnungen „verarbeitet", setzt weiträumige Zusammenfassungen voraus, wie man sie außer den Komissuren- und Assoziationssystemen des Großhirnmarks in den Markstrahlen und Tangentialfasern der Rinde vermuten darf. Als höchste Bewußtseinsstufe ist das, durch fortschreitende

Erlebnisdistanz schließlich auch verhaltensbestimmende Begriffsdenken mit der Sprache und dem unmittelbaren Willenseinsatz verknüpft. Keineswegs arbeitet aber die corticale Führungsschicht autonom. Sie empfängt nach dem Regelkreisprinzip ständig neue Antriebe aus dem Hirnstamm. Die Bahnen für die Verganzheitlichung der Bewußtseinsschichten sehen REIN und SCHNEIDER (103) in dem reticulo-thalamo-corticalen System, in das alle sensorischen Instanzen (ohne Riechhirn) ihre Kollateralen entsenden. Umgekehrt ist die Rinde Zügler der Hirnstamm-funktionen.

Das primitive, komplexe Denken (vorherrschend bis zum 5.—6. Lebensjahr) ist rein diffus-ganzheitlich, einseitig, egomorph. Korrelierend mit der mangelnden Rindenreife erfaßt es Identitäten und Beziehungen nur durch die in die affektive und physiognomische Gesamtsituation eingebetteten Sinneserlebnisse. Es beschränkt sich auf Analogien, spärliche Relationen, anschauliche Zusammenhänge. Man muß diese Strukturen und ihre allmähliche Überschichtung durch praktische Intelligenz und abstraktes, nach den Kategorien der Allgemeinheit, Notwendigkeit und Kausalität ausgerichtetes höheres Denken berücksichtigen, wenn man die kindliche Gesamtintelligenz richtig beurteilen will. Durch die Verallgemeinerung von Einzelmerkmalen unter dem Aspekt des Gemeinsamen, Wesentlichen bilden sich Begriffe. Erste Abstraktionen werden mit dem Vergleich und der richtigen Zuordnung von Merkmalen vollzogen (3. bis 5. Jahr). Die Erfassungsmodi bei der Wahrnehmung, die W. STERN (125) als Merkmals-, Aktions- und Relationsstadien beschrieben hat, bilden eine genetische Reihe, die mit dem fortschreitenden Gehalt der Rinde an koordinierenden Nervenbahnen übereinstimmt. Bei der Situationsbeschreibung reiht der 3jährige Einzelbeobachtungen diskontinuierlich auf, der 6jährige erkennt Tätigkeiten als Ursachen von Wirkungen, das Denken des 9—12jährigen wirft erstmals die Frage nach dem Sinn, nach dem, was „gemeint" ist, auf und erfaßt auf diesem Wege wesentliche Eigenschaften und Beziehungen.

Während die praktische Intelligenz mit der zunehmenden Detailbeachtung in der mittleren bis späten Kindheit bis zum technisch-konstruktiven Denken der Pubertät fortschreitet, vervollständigen sich die höheren Intelligenzfunktionen im Zuge der sprachbegrifflichen Differenzierung. Der Entwicklungsgang der theoretischen Intelligenz wird während der puberalen Enthemmung der hypothalamischen und hirnstammaffinen Regelkreise z. T. abgelenkt, wobei die kritisch-sachliche, realistische Geisteshaltung zeitweilig von subjektiven, intuitiven Denkformen übertönt werden kann.

Die physiologische Grundlage des Denkens als einer begrifflichen Verallgemeinerung aller direkten Erfahrungen sehen PAWLOW, SETSCHENOW (zitiert nach 66) in der bedingt-reflektorischen Tätigkeit, die an die Rinde gebunden ist. Mit dem 9.—10. Monat löst das Wort als Reizkomplex reflektorische Reaktionen aus. Nach dem 2. Lebensjahr lassen sich bedingte Reflexe mit verbaler Komponente „ausarbeiten" (66). Je größer die Anschauungsfülle des Wortes ist, um so größer ist auch seine Bedeutung als abstraktes, d. i. verallgemeinerndes Zeichen der Realität. Die fortschreitende Differenzierung der Abstraktion beruht auf der Einschränkung und Trennung der Erregungsbahnen, ebenso erreichbar durch Hemmung wie durch Bestätigung und Konzentration (66).

Entwicklungsskala des logischen Denkens und der Intelligenz

Aktive und passive Aufmerksamkeit als Grundfunktionen der Intelligenz entwickeln sich schon in den ersten 4 Monaten. Im 4. Monat ist das Kind zur Beobachtung befähigt. Es sucht die Reizquelle mit den Augen, begegnet neuen Situationen mit Erstaunen.

26*

6. Monat: Beginn der Situationsgestaltung. Zum Greifen ermächtigt, befreit sich das Kind von der behindernden Windel in Rückenlage. Entfernung einer auf dem Gesicht liegenden Windel.

7. Monat: Befreiung von behindernder Windel in Bauchlage.

8. Monat: Die Veränderung und Gestaltung des Fernraums beginnt. Das Kind eignet sich ein außerhalb des Bettes befindliches Spielobjekt an. Befreiung von behindernder Windel im Sitzen. Zurückholen des weggenommenen und in die Tasche gesteckten Spielzeugs.

11. und 12. Monat: Die praktische Intelligenz schreitet zur Erfassung von Werkzeugzusammenhängen fort: Öffnen einer Schachtel, Heranziehen eines Objekts an einer Schnur, Untersuchung der Bestandteile einer Glocke, Hervorholen eines hinter einem Schirm versteckten Gegenstandes.

15. Monat: Entdeckung einfacher Beziehungen: Zusammenschlagen zweier Stöcke, Aneignen von Spielsachen durch Öffnen einer Schublade.

15. bis 18. Monat: Einfache Situationsänderungen werden erfaßt: z. B. den Lokalisationswechsel zweier Schachteln. Verneinung als Urteilsfunktion (*123*).

18. bis 24. Monat: Erstes technisches Verständnis: das Kind steckt einen kompakten Stab in einen Hohlstab, holt ein außer Greifweite liegendes Objekt mit einem Stock heran.

2. bis 3. Lebensjahr: Erledigung zweier Aufträge zugleich setzt Sprach- und Situationsverständnis, Gedächtnis, Dispositionsfähigkeit und Willensdetermination voraus.

3. Jahr: Die praktische Intelligenz bewährt sich beim Herunterholen eines begehrten Objekts von der Kommode mit Hilfe eines Stuhls oder beim Einpassen von 4 Figuren in das Formenbrett. Bei der Beschreibung von Situationsbildern nach Binet-Bobertag werden Einzelheiten ohne Zusammenhang aufgereiht (Substanzstadium).

4. Jahr: Ablösung eines hängenden Objekts von der an ihren Enden anscheinend unlösbar befestigten Schnur, deren Verknüpfung mit dem Fixpunkt nur bei planmäßigem Beobachten zu erkennen ist. Zuordnung einer geometrischen Figur zu einer Gruppe ähnlicher Figuren erfordert anschauliche vergleichende Intelligenz, ebenso die Formbeachtung beim Perlenaufreihen. Einfaches Kausaldenken wird geprüft durch Zuordnen von Tätigkeiten zu dem jeweils zu erratenden Subjekt (was kann schneiden, stechen, fliegen?) (*67*).

5. Jahr: Ein in der Lochbohrung eines Matadorklotzes verschwundenes Stäbchen läßt sich mit einem selbst gewählten Instrument herausschieben (einfaches Werkzeugdenken). Die Zusammensetzung eines Hampelmanns aus 5 Teilen oder von durchschnittenen Tierbildern beweist die kombinierende optische Gestalterfassung. Testfragen nach dem zweckmäßigen Verhalten in täglichen Bedürfnissituationen (bei Müdigkeit, Hunger, Durst) und nach dem Zweck vom Gebrauchsgegenständen verlangen praktisches Kausaldenken. Der Fortschritt des synthetischen Denkens ist erkennbar an der Erfassung von Tätigkeiten und Teilzusammenhängen auf den Situationsbildern von Binet-Simon. Einsatz des schlußfolgernden Analogiedenkens beim Finden der 4. Proportionale (Der Vogel fliegt, der Fisch?) (*67*).

7. Jahr: Der innere Zusammenhang einer Bildgeschichte aus 4, in ungeordneter Reihenfolge vorgelegten Teilen wird folgerichtig aufgefaßt. (Ein Junge und ein Mädchen fallen beim Birnendiebstahl ins Wasser; ein Mädchen stürzt beim Herunterholen eines Holzpferds vom Spind zu Boden.) Die Herrichtung eines Drahts zu einem Haken beim Herausholen eines Gegenstandes aus einem glattwandigen Topf beweist manuelle Geschicklichkeit, Finden und Gestalten zweckmäßiger Beziehungen.

9. Jahr: Die totale Sinnerfassung der Situationsbilder von Binet-Simon als Ausdruck eines sich einheitlich ergänzenden logisch-anschaulichen, analysierenden und kombinierenden Denkens (Relationsstadium) beginnt. Gegensätzliche wesentliche Eigenschaften bei begrifflichen Unterscheidungen werden ausgesondert (z. B. Unterschied zwischen Fahrrad und Auto). Die Unterordnung anschaulicher Begriffe unter den zuständigen Gattungsbegriff (Tauben, Schwalben, Amseln sind?) wird vollzogen durch die Zusammenfassung der gemeinsamen Merkmale. Die Urteilsfähigkeit und das kritische Vergegenwärtigen der Norm zeigt sich beim Erkennen von Sinnwidrigkeiten auf Bildern und Sätzen.

Wir brechen hier die Entwicklungsreihe der praktischen Intelligenz und des logisch-begrifflichen Denkens ab, um uns nicht allzuweit in den Einzelheiten der gestaffelten Intelligenzprüfung zu verlieren. Es ist aber klar geworden, daß das Intelligenzniveau und die Förderung der augenblicklichen Leistung durch außerintellektuelle Antriebs- und Willensqualitäten, ferner die Beteiligung spezieller Rindenfunktionen, wie Gedächtnis, Sprache, Phantasie, auf allen Entwicklungsstadien hervorragende Indicatoren der Persönlichkeitsdifferenzierung sind.

XIII. Vegetative Funktionen

Hier ist der Ort, den Gegenstand der bisherigen Betrachtung: das animale Nervensystem, durch das System der vegetativen Regulationen zu ergänzen, das die Zusammenarbeit der Organe zum Zwecke der Anpassung, aber auch die unbewußten vasomotorischen Begleitphänomene des Erlebens und Handelns steuert. Im Kindesalter ist diese Funktionsgruppe durch besondere Labilität ausgezeichnet.

Die vegetativen motorischen Zentren haben ihren Sitz in den Wandungen des gesamten Neuralrohrs. Die caudalen ventrikulären Anteile des vegetativen Koordinationszentrums im Hypothalamus unmittelbar unterhalb des 3. Ventrikels und in den Wänden des Mittelhirnaquädukts zeigen bei Reizung sympathische Effekte, das rostrale und laterale Territorium ist parasympathische Zentrale (53). Alle vegetativen und hormonalen Mechanismen werden zu einem Zweckverbande im Sinne der Homoiostase [CANNON (24)] zusammengeschlossen durch das Zwischenhirn. Es beherrscht Kreislauf- und Wärmeregulation, Atmung, Nahrungsaufnahme, Verdauung und Ausscheidung, ferner Schweißsekretion, Stoffwechsel-, Wasser- und Kohlenhydratregulation, glatte Muskulatur, es integriert nicht zuletzt die extrapyramidalen Impulse. Die einzelnen Funktionen sind z. T. im Hypothalamus genauer lokalisierbar. Die Wärmeregulation hat man im tuber cinereum zentriert, den Wasser- und Salzhaushalt im nu. supraopticus, den Kohlenhydratstoffwechsel im nu. paraventricularis (nu. mamillo-infundibularis). Das corpus subthalamicum Luysii, rostral von der subst. nigra über dem Hirnschenkel bis zum corpus mamillare reichend, gehört nach CLARA (26) zum extrapyramidal-motorischen System und soll auch Beziehungen zu den Instinkthandlungen haben (131). Eine corticale Integrationsstufe der vegetativen Steuerung muß im Stirnhirn angenommen werden (120).

Die Afferenzen des Hypothalamus stammen nach CLARA (26) und GOTTSCHICK (41) aus Hippocampusformation, vegetativen Reflexzentren der Mittelhirnhaube, tractus opticus, Pallidum, sensorischen Thalamuskernen, Rückenmark, ferner auch der aus Großhirnrinde, besonders dem Stirnhirn. Die efferente Impulsabfuhr hat in Hypophyse, Vagus sowie im Rauten- und Mittelhirn, Thalamus und Rückenmark ihre Ziele. Die Efferenzen des zentralen Höhlengraus können Einflüsse auf die Hirnrinde ausüben. In den engen Beziehungen zwischen Dienecphalon und Rinde muß man wohl die physiologischen Korrelate der Ich-Befindlichkeit und des Selbstbewußtseins suchen.

Mit dem 3. Lebensmonat ist der Thalamus größtenteils markhaltig (KÖRNYEY nach 131). Volle Funktionshöhe hat bei der Geburt bereits der Hypothalamus erlangt. Die vegetativen und animalen Systeme reifen in einer von der vitalen Notwendigkeit vorgezeichneten Reihenfolge (52): zuerst die Zentren für Ernährung, Herz- und Atemtätigkeit, gleichzeitig die Saug- und Schluckreflexe, später gehen die Sinneszentren, die Bewegungsmechanismen zur Erhaltung des Körpergleichgewichts, zuletzt die Ausdrucksbewegungen und die seelischen Funktionen ihrer Reife entgegen.

Wir dürfen die endokrinen Drüsen als Teil der hier zu behandelnden vegetativen Funktionen übergehen, weil sie an andrer Stelle des Buches ihre Besprechung finden, und fragen nach dem Sinn des Antagonismus zwischen Sympathicus und Parasympathicus.

a) Sympathicus und Parasympathicus

Ursprungsstätte des Sympathicus sind die kleinen Ganglienzellen in den Seitenhörnern des Rückenmarks. Die Grenzstrangganglien stellen Relaisstationen dar, in denen jeder Impuls der präganglionären Phase von vielen Zellverbänden übernommen werden kann, so daß durch Irradiation eine Vielzahl von Erfolgsorganen versorgt wird. Die Seitenhornzellen unterstehen der Steuerung des verlängerten Marks und des Zwischenhirns. — Der Parasympathicus faßt die autonomen Hirnnervenfunktionen des Mittelhirns und verlängerten Marks im System des n. III, VI, IX und X, ferner den aus dem Intermedio-Lateralgebiet des Sacralmarks entspringenden plexus pelvicus zu einem Funktionsgefüge zusammen.

Der Sympathicus schaltet das Bewußtsein im Sinne der Ergotropie auf Kampf-stellung. Er lenkt den Kräfteeinsatz im Zustand der Zuwendung zur Umwelt und der Anpassung. Voran steht die Ausschüttung von Thyroxin und adrenocortico-tropem Hypophysenhormon mit nachfolgender Glykogenmobilisierung. Die Herz-tätigkeit ist beschleunigt. Infolge der Arteriolenverengung steigt der Blutdruck. Der Blutzustrom zum Splanchnicusgebiet ist weitgehend gedrosselt. Die Haupt-blutmenge verschiebt sich in die Gebiete des maximalen Einsatzes: Gehirn und Muskulatur. Während auch die Atemfrequenz mit der Erweiterung des Bronchial-baums steigt, um den vermehrten Sauerstoffbedarf zu decken, wird die weniger dringliche Verdauungs- und Ausscheidungstätigkeit aus Gründen der Kraft-ersparnis eingeschränkt. Die erweiterten Lidspalten und Pupillen spiegeln die erhöhte Bereitschaft zur Reizaufnahme wider.

Der dissimulatorischen vegetativen Phase steht die der subcorticalen Organi-sationsstufe entsprechende Ruhe- und Sparschaltung des Parasympathicus gegen-über. Trophotrop sind die Herabsetzung des Energieumsatzes, die Auffüllung der Depots durch Insulinaktivierung und Glykogenspeicherung. Während die Hoch-spannung auf den Kampfstationen sinkt, erkennbar an der Verlangsamung des Pulses und Verengung der Herzkranzgefäße, an der Blutdrucksenkung, Vertiefung und Verlangsamung der Atmung mit Verengung der Bronchien, — auch die Ver-langsamung der Hirnpotentialschwankungen als Zeichen der herabgesetzten Hirn-rindenfunktion sei hier erwähnt —, steigt die Tätigkeit der an der Kräfte-regeneration beteiligten Organe. Es nehmen zu: die Drüsentätigkeit, die Peristaltik im Magen-Darm-Bereich, die Ausscheidung der Stoffwechselschlacken. Das Bild der Erschlaffung des vegetativen Tonus wird vervollständigt durch die Ent-spannung des Blasensphincters (Miktion) und die Zunahme der Blutfülle in den Beckenorganen (Erektion). Den verengten Pupillen und Lidspalten entspricht die Reizabkehr der Sinnesreceptoren.

Ist die Ergotropie an der Bewußtseinswachheit und der Extravension der Aufmerksam-keit beteiligt, so entspricht der trophotropen Reizabkehr die Introversion. Bestimmte Um-weltreize und Affekte erhöhen den ergotropen Tonus: Licht, Musik, Freude, Angst- und Schreckerlebnisse. Trophotrope Wirkung haben: Dunkelheit, gedämpftes Licht, monotone akustische Reize, leichte vestibuläre Reize (Wiegen), Ermüdung, körperliche Lusterlebnisse, Nahrungsaufnahme, Verdauung, Ausscheidung (*12*).

Die beiden vegetativen Tonusphasen haben zentrale Bedeutung für alle Lei-stungen der biopsychischen Person. Der ungesteuerte, zur Erschöpfung führende ergotrope Kräfteeinsatz bei Sport und Arbeit wird durch fortschreitendes Training gehemmt. Weiterhin hängt der endgültige Leistungserfolg wesentlich von der initialen Tonuslage des vegetativen Systems ab [Wilder (*139*), Birkmayer (*12*)]. Ein und dieselbe Unlustsituation z. B. löst verschiedene emotionale Reaktionen aus, je nachdem sie von einer depressiven oder von einer heiteren Grundstimmung ausgeht. Unerbittliche Forderung aktualisiert das Wollen des bestätigten Kindes. Das unbestätigte, in chronischer Unlustphase befindliche Kind beantwortet die gleiche pädagogische Maßnahme mit Abwehr und Trotz.

Der vegetative Tonus hat Beziehungen zum Lebensalter [(*12, 53, 131*), Eppinger]. Adoles-zenz und mittleres Erwachsenenalter sind sympathicoton. Dem frühen Säuglingsalter spricht Thomas (*131*) auf Grund der vermehrten Atem- und Pulsfrequenz ebenfalls ein sympathi-cotones Übergewicht zu, das mit fortschreitendem Alter einem Vagustonus Raum gibt. Die Ausreifung der Anlagen erfordert nach Birkmayer und Winkler (*12*) eine kraftsparende parasympathische Reaktionslage. Die Phasen gesteigerten Wachstums (bis zum 6. bis 8. Le-bensjahr und 12. bis 17. Lebensjahr) sind parasympathicoton, erkennbar an der Allergiebereit-schaft, dem erhöhten Schlafbedürfnis und der Pulsfrequenzverlangsamung Die ergotrope Erwachsenenphase klingt im höheren Alter in einen protrahierten Parasympathicotonus aus. Jede Altersstufe hat ihre eigene sympathico-parasympathicotone Gleichgewichtslage, die nicht allein anlage- und entwicklungsbedingt ist, sondern auch von den Lebensgewohnheiten abhängt. Die wohldosierte, der jeweiligen vegetativen Spannung angemessene Arbeitsforderung ist zur Entfaltung der Anlagen unerläßlich.

Übergehend zu den einzelnen vegetativen Funktionen, die gerade in der frühen Kindheit zentrale Bedeutung haben, wenden wir uns zuerst der Defäkation und Miktion zu.

b) Defäkation und Miktion

Die periodische Entleerung der Blase und des Mastdarms im frühen Säuglingsalter ist eine reflektorische Funktion von Rückenmark, Mittelhirn und Pallidum. Die diencephal-corticale Steuerung der Ausscheidungen wird in der Zeit vom 15. Monat bis 3. Lebensjahr erlernt. Indem das Kind von der Pflegerin durch die stets gleiche äußere Situation (Auf-den-Topf-setzen) und durch die gleichen Wortsignale vorbereitet wird, bildet sich ein bedingter Reflex. Die Hemmung der primitiven spinal-mesencephalen Reflexvorgänge durch den gewohnheitsmäßig gebildeten striär-diencephalen Leitungsbogen verschwindet auch im Schlaf niemals vollständig, kann durch den willkürlichen corticalen Einfluß aufgehoben oder verstärkt werden. Die Beherrschung der Blasen- und Darmentleerung ist ein Zeichen zunehmender Koordination von Hirnstamm und Rinde. Beim Bettnässen kommt es durch die Ausschaltung der corticalen und diencephalen Steuerung der ergotropen Sphincterfunktionen zu einer zeitweiligen Autonomie des Parasympathicus, dem die Tonisierung der glatten Entleerungsmuskulatur (m. detrusor vesicae) untersteht. Auch depressive Daueraffekte können sich bei Neuropathen in einer Regression auf die tieferen vegetativen Reflexschichten äußern.

c) Sexualreflexe

Das parasympathische *Erektionszentrum* im 2. bis 5. Sacralsegment beantwortet die über die sensiblen Spinalbahnen von der Peripherie, der Hirnrinde oder vom Endocrinium heranflutenden Reize mit motorischen Impulsen, die über ggl. pelvicum und nn. erigentes eine Erschlaffung der Gefäßmuskulatur mit nachfolgender Füllung der Schwellkörper bewirken. Das *Zentrum* des *Ejakulations*reflexes im oberen Lendenmark untersteht der Regie des Sympathicus. Mit dem Orgasmus bricht die volle Ergotropie in die anfänglich parasympatische Tonuslage ein.

Der auf den genitalen Grundfunktionen beruhende sexuelle Detumeszenztrieb (*83*) entwickelt sich mit fortschreitender Reifung in sozialer Richtung. Die autosexuellen Handlungen (Onanie), die nur bei den fehlerzogenen und anlagegeschädigten Kindern Suchtcharakter erlangen, sind durch ziellose Dranghaftigkeit gekennzeichnet. Von der Vorpubertät an (12. bis 13. Lebensjahr) sind sie in stetiger Zunahme begriffen, oft mit dem Ziel einer ventilartigen Entladung überschießender Wachstumsenergien. Relativ spät mit fortgeschrittener Corticalisierung wird die elementare Detumeszenz in die Persönlichkeit eingegliedert und von dem Kontrektationstrieb (*83*) überlagert, der zu einem integrierenden Bestandteil des Gattungs- und Sozialbewußtseins wird. Das Interesse des Kindes an den Geschlechtsunterschieden erwacht durchschnittlich mit 3—6 Jahren. Bald treten Fragen nach der Herkunft der Kinder, in den ersten Schuljahren nach der Vereinigung der Geschlechter hinzu, zunächst aus einem Wißbegehren heraus und ohne Beteiligung sexueller Bedürfnisse. Die endgültige Objektwahl pflegt sich mit der Reife des Persönlichkeitsbewußtseins und unter Ansteigen der sexuellen Aktivität von der Pubertät an aufzubauen. Die individuelle Schwankungsbreite der einzelnen Entwicklungsphasen ist auf keinem Antriebsgebiet größer und unbestimmter als im Bereich der Sexualität.

Den Daten der psychischen Sexualentwicklung liegen nach neueren Untersuchungen folgende physiologische Tatsachen zugrunde. Ein den Keimdrüsen übergeordnetes Zentrum befindet sich im medioventralen Teil des zum Diencephalon gehörigen Tuber cinereum, wie aus der Keimdrüsenatrophie nach Zerstörung dieser Region oder deren Hyperplasie bei pubertas praecox zu folgern ist. Das Tuber cinereum leitet die Pubertät ein [Bustamente, Diepen, Gaupp, Laruelle, Krücke nach (69, 121, 131)]. Es steht in Verbindung mit dem spinalen Sexualzentrum durch lange Bahnen entlang dem Aquädukt (Schützsches Bündel) und dem Zentralkanal (Laruelle-Krückesches Bündel). Das letzte wird erst mit 11 Jahren markreif. Die neurale und hormonale Koordination der verschiedenen Sexualzentren ist nach der heutigen angloamerikanischen Auffassung (u. a. Harris nach 121) so geregelt, daß der Hypothalamus die Gonadotropinbildung der Adenohypophyse neurohumoral in Gang setzt. Nach Spatz (121) führen umgekehrt die infundibulären Spezialgefäße adenohypophysäres Blut mit sich. Dadurch werden die chemoreceptorischen Bahnen (tractus hypophyseo-tuberalis) induziert, die das Tuber cinereum aktivieren. Dieses sensibilisiert die Keimdrüsen für die Gonadotropine durch nervöse Impulse auf der spinalen Bahn.

d) Saugen und Schlucken

Der Reflexbogen des *Saug-* und *Schluckvorgangs* reift vollständig im letzten Monat vor der Geburt (26, 102). Das Zentrum befindet sich im Oblongata-Pons-Bereich des Hirnstammes, an der Innenseite des corpus restiforme (96) oder in der formatio reticularis (26), mit zentripetaler Zuleitung von n. V, X, IX und der Efferenz von n. X, IX, VII, XII und n. masticatorius des n. V. Saugbewegungen vollbringen nach Lassrich (75) Feten bereits im 2. bis 3. Schwangerschaftsmonat.

Der *Saugreflex* ist durch Berührung der Lippen und der Zunge auslösbar in Form von Contractionen des m. orbicularis oris oder von Saug- und Suchbewegungen, bis zum 9. bis 11. Lebenstage auch durch Beklopfen des Lippenbereichs, des Kinns, der Wangen und der Nasenspitze (vgl. Kap. VI). Dem Suchen der Nahrungsquelle dient der *orale Einstellungsautomatismus* (Gamper): Auf Berührung der Wange folgt die Kopfdrehung in die Richtung des Hautreizes, begleitet von einer Mundöffnung mit anschließenden reflektorischen Saugbewegungen. Zur gleichen Reflexkategorie gehört das rüsselförmige Vorstülpen der Lippen bei Beklopfen des m. orbicularis oris *(Mundphänomen von Escherich)*.

Während der Schluckreflex die bereits bei der Geburt vorhandene Funktionshöhe beibehält oder sich noch vervollständigt, wird der Saugreflex mit fortschreitender Rindenreifung gehemmt. Er erlischt in der 2. Hälfte des 1. Lebensjahres. Nach Havelka (48) kann der Saug- und Schnauzreflex beim Beklopfen des m. orbicularis oris bis zur Pubertät persistieren. Hieran dürften neurotische Gewohnheiten, welche die orale Zuwendungsbereitschaft fixieren (z. B. Daumenlutschen, Nasebohren, Nägelkauen, Rauchen), wie auch Reifehemmungen und Myelinisationsschäden beteiligt sein.

e) Kreislaufregulation

Gleich der Atmung (s. dort) ist auch die Kreislaufregulation strukturell aufgebaut. Das Vasomotorenzentrum im Boden des 4. Ventrikels, das sowohl ergotrope als auch vagotrope Impulse an das kardiale Reizleitungssystem aussendet, untersteht übergeordneten Zentren im Zwischenhirn und in der Hirnrinde. Die Notfallfunktion der Gefäßverengung und Ausschwemmung der Blutreserven durch Adrenalin ist an das Vasoconstrictorenzentrum der medulla oblongata gebunden. Die höheren diencephalen Kreislaufregulationszentren sprechen auf hormonale Einflüsse und Sinnesreize wie auf psychische Erlebnisse an. Jede Bewußtseinsintensivierung ist von einer Erhöhung der sympathicotonen Gefäßinnervation begleitet. Affekte verändern die vegetative Tonuslage und die Schlagfolge des Herzens. Der biologische Sinn dieser vegetativen Begleitphänomene ist die Ableitung der in den corticalen Zentren angestauten Impulse auf den Hypothalamus mit dem Ziel der Entlastung. Die Erhöhung von Pulsamplitude und Pulsfrequenz bei starken Affektspannungen, Lust wie Unlust und Zorn, ist das Merkmal der sympathischen Dominanz. Starke Depressionen, Furcht, Sorge schwächen und verlangsamen die Pulstätigkeit auf parasympathischen Wegen. Bei schwachen Gefühlen gleicher Kategorie verflechten sich die beiden Antagonisten in komplexer Weise: Verstärkung und Verlangsamung des Pulses ist die Folge mäßiger Lust, Pulsbeschleunigung und -schwächung sind Begleitphänomene mäßiger Unlust (*142*).

Wesentlich an der Blutdruckregulierung beteiligt sind neben dem Herzdepressor des Vagus die Paraganglien am Aortenbogen und an der Teilungsstelle der Carotis. Die Reize des Carotissinus, dessen Pressoreceptoren durch alle Blutdruckschwankungen aktiviert werden, gelangen durch Vermittlung des n. IX zum Kreislaufzentrum der medulla oblongata, das hemmende und dilatatorische Impulse an das Herz-Gefäßsystem auf den efferenten Vagusbahnen, beschleunigende und vasoconstrictorische Impulse auf den Bahnen des Sympathicus ausstrahlt [HEYMANS und BERNTHAL nach (*41*)].

Die kardiovasculäre Begleitsymptomatik der Affektivität tritt um so stärker hervor, je jünger das Kind ist, entsprechend der Tendenz zur Reizirradiation auf dem Stadium der cerebralen Unreife. Die überschießenden Reaktionen werden mit zunehmender corticaler Hemmung und Spezialisierung der sympathischen und parasympathischen Systeme weitgehend gepuffert.

f) Schlaf

Die trophotrope Phase einer maximalen Kräfteassimilation ist der Schlaf. Nach THOMAS (*131*) handelt es sich hier um eine weitgehende Überlagerung von Sympathicus und Parasympathicus; z. B. ist die Magen-Darm-Bewegung entgegen einer reinen Vagotonie gehemmt. Der Schlaf beruht nach W. R. HESS (*53*) auf einer Dämpfung der animalen Leistungen durch die Verschiebung der Gleichgewichtslage zwischen Parasympathicus und Sympathicus zugunsten des ersten. W. R. HESS (*53*) nimmt besondere hypothalamische Zentren für die Schlaf-Wach-Steuerung in der Nachbarschaft des Aequadukts an. Von genetischer Warte sieht PEIPER (*96*) im Schlafe ein Zurückgleiten auf einen niederen Entwicklungsstand des Gehirns. PAWLOW (*95*) unterstellt dem Schlaf eine Rindenhemmung, die — wie auch die zu vollem Einsatz des Wachbewußtseins führende Rindenreizung — periphere Ursprünge hat. Nach BRISSET, GAULT und GASCHKEL (*15*) besteht (in Übereinstimmung mit einer Theorie von MAGOUN) der Schlaf in einer synchronen Elektroaktivität der substantia reticularis, während der Wachzustand infolge der Reizzufuhr aus corticalen und visceralen Gebieten mit einer Desynchronisierung der Potentialschwankungen in der substantia reticularis einhergeht. Das Wecksystem hat tiefere Beziehungen zum Hypothalamus und den Kernen des Infundibulum, deren Funktionen im Schlaf herabgesetzt sind (*131*). Die Vorherrschaft des Schlafsystems bedeutet Ausschaltung der sympathischen Zentren im Hypothalamus. Von den Beziehungen der formatio reticularis zum Thalamus und zur Rinde hängt der Grad der Bewußtseinsklarheit unmittelbar ab. Stärkere Weckwirkung haben neben den Sinnesreizen die sympathicotonen Muskelinnervationen, vor allem das Rekeln (*116*).

Die Frequenzen im EEG nehmen nach GARSCHE (*36*) während des Schlafes ab. Beim Neugeborenen und beim Säugling im 1. Lebensmonat gibt es nach GARSCHE (*36*) zwischen Schlafen und Wachen keine sicheren elektrobiologischen Unterschiede, während DREYFUSS-BRISAG und BLANC (*28*) bereits im 8. Monat des konzeptionellen Alters einen Wechsel der Hirnstromfrequenzen feststellten, den sie mit alternierenden Schlaf- und Wachzuständen identifizierten. Die Einschlafphase vor Beginn des Tiefschlafs wird bis zum 6. Lebensjahr durch flüchtige, unregelmäßige schnellere Potentialschwankungen von 14—30/sec angezeigt. Der Tiefschlaf kündigt sich durch das Auftreten von ϑ- und δ-Wellen an (*36*). Die vorübergehenden Beschleunigungen (Spindeln mit der Frequenz von 10—12—14/sec in Abständen von 10—20 sec) führt GARSCHE (*36*) auf spontane Entladungen der angespeicherten Impulse in den ihre Aktivität einstellenden Hirnschichten zurück.

Mit der Ausschaltung des Bewußtseins erlangen die das Splanchnicusgebiet steuernden Hirnstamm- und Hypothalamuszentren volle Befehlsgewalt. Herabgesetzt sind die Strömungsgeschwindigkeit des Blutes, der Blutdruck und die Atmungsfrequenz. Die Muskelatonie im tiefen Schlaf betrifft vor allem den Nacken und die Beinstrecker, während der Tonus der Armbeuger gesteigert ist. Die Patellar-, Achilles-, Bauchdecken- und Cremasterreflexe sind erloschen. Relativ gering ist die Wasserausscheidung durch die Nieren, die Schweißdrüsentätigkeit nimmt besonders im initialen Tiefschlaf zu, ebenso die Magensaft- und Fermentproduktion. Mit der Ausschaltung der Rinde geht in der Einschlafphase, die besonders bei Neuropathen und Cerebralgeschädigten protrahiert ist, die Enthemmung der pallidären Automatismen parallel, erkennbar an den rhythmischen Kopf- und Rumpfbewegungen sowie an den reflektorischen Abwehrbewegungen. Die charakteristische

Schlafhaltung der Säuglinge kommt durch Abduktion der Oberarme mit Beugung und Supination der Unterarme zustande und ist nach Foerster (*33*) der Ausdruck einer fehlenden striären Hemmung. Die Beine sind abduziert.

Das Schlafbedürfnis nimmt mit fortschreitender cerebraler Reife im Sinne der Sympathicotonie ab. Gesunde Säuglinge verschlafen den überwiegenden Teil des Tages (16—20 Std), erwachen nur zu den Mahlzeiten. Im Spielalter beträgt die tägliche Schlafzeit 12—16 Std, im Schulalter 9-11 Std. Der Erwachsene benötigt einen 7—8stündigen Schlaf (*60, 96*). Tag- und Nacht-Rhythmus des Schlafes bildet sich erst allmählich während des 1. Trimenons heraus (*51*). Beim Neugeborenen und jungen Säugling verteilt sich der Schlaf noch unperiodisch über Tag und Nacht. Im Schulalter verschiebt sich die Hauptschlafenszeit vom Abend zum Morgen. Das Schlafbedürfnis ist noch beim Jugendlichen physiologisch erhöht. Parallel mit dem Schlaf haben auch die an der Bewußtseinsaktivität beteiligten Stoffwechselvorgänge einen periodischen Tagesablauf. Nach Clara (*26*) liegt der Höhepunkt der vegetativen Prozesse beim Erwachsenen zwischen 17 und 20 Uhr, ihr Tiefstand zwischen 2 und 6 Uhr. Der Leistungsgipfel des physiologischen Arbeitsrhythmus fällt beim Kinde in die ersten Vormittagsstunden (*51*).

g) Liquor cerebrospinalis

Der Beschaffenheit des Liquor cerebrospinalis widmen wir an dieser Stelle eine kurze Beschreibung aus dem äußeren Grunde, weil seine Bildungsstätten anatomisch engste Beziehungen zum Zwischenhirn aufweisen. Der Liquorstrom ergießt sich von den plexus chorioidei und den Ventrikelwandungen durch die foramina Monroi, Magendi und Luschkae in die Cisternen der Hirnbasis und die Subarachnoidealräume, wo eine Rückresorption durch die Gefäße, besonders die Piavenen und Blutleiter des Gehirns, ferner auch durch die Lymph- und Gefäßspalten der Nervenscheiden (*52*) erfolgt. Monakow (*84*) nimmt außerdem eine innere Liquorzirkulation von den Ventrikeln nach der Oberfläche durch die feinen Gewebsspalten des Hirnparenchyms an.

Ein vermehrter Eiweißgehalt (40—80 mg-% und darüber) sowie eine Zellvermehrung auf $^{20}/_3$ bis $^{50}/_3$ beim Neugeborenen sind Ausdruck einer erhöhten Permeabilität der Blut-Liquor-Schranke. Bei Frühgeborenen ist die Proteinkonzentration im Liquor höher als bei Reifgeborenen. Der Liquorzucker schwankt in der Neugeborenenperiode zwischen 30 und 70 mg-%. Die Formol- und Goldsolreaktionen fallen pathologisch aus, ebenso die Mastix- und Benzoesol-Reaktionen. [Die Wertangaben stützen sich auf Sauer (**111**), Wyers und Bakker (**143**).] Der Eiweißgehalt erreicht nach 3—6 Monaten fast den Normalwert (16—35 mg-% bei $^4/_3$ bis $^{10}/_3$ Zellen). Jedoch ist mit der endgültigen Angleichung an den Liquorgehalt der Reifephase erst nach dem 1. Lebensjahr zu rechnen (**52**). Die Liquormenge beträgt beim Säugling 40—60 ml, beim älteren Kinde 100—140 ml (**116**).

Die erhöhte Durchlässigkeit der Blut-Liquor-Schranke persistiert bis zum 12. Lebensmonat (*144, 116*). Mit der Zunahme der Gewebsdichtigkeit des Capillarfilters geht die Proteinkonzentration im Liquor zurück. An der cerebralen Widerstandslosigkeit gegenüber allen Allgemeininfekten ist die erhöhte Permeabilität wesentlich beteiligt. In der Insuffizienz des hämo-encephalen Reizfilterapparates und der damit zusammenhängenden Erregbarkeitsteigerung der diencephalen Zentren sieht Monakow (*84*) Korrelate zu der vegetativen und affektiven Labilität. Auch für die sensitive Anlage mit den vegetativen Fehlregulationen (Desequilibrium der Instinktsphäre nach *84*) läßt sich ein Zusammenhang mit der Unfertigkeit der ekto-mesodermalen Barriere und einer hypothalamischen Insuffizienz nicht in Abrede stellen. Tierexperimentelle Untersuchungen (*72*) scheinen diese Theorie zu stützen. Faradische Reizung des ventromedialen hypothalamischen Kerns bewirken beim Kaninchen u. a. eine erhöhte Permeabilität der Blut-Liquorschranke.

Die Regulation des Fett- und Zuckerstoffwechsels und des Wasserhaushalts durch den Hypothalamus schalten wir als rein physiologisch-chemische Problemstellung aus unserer Betrachtung aus und wenden uns den physiologischen Grundlagen der Affektivität zu.

XIV. Affektivität

Als zentraler Integrationsort aller Gemütsbewegungen und Antriebe gilt das Zwischenhirn, d. i. die Funktionsgemeinschaft von Thalamus, Hypothalamus-Hypophysensystem und Stammganglien. Beteiligt ist auch als corticales Projektionsgebiet des Hypothalamus und des vorderen Thalamuskerns das limbische System, bestehend aus hinterer Orbital- und vorderer Temporalrinde, Insel, Uncus, nu. amygdalae, gyrus cinguli und hippocampi. Terminologisch sei vermerkt, daß wir hier von neurophysiologischer Warte die Stimmungen, Affekte, Instinkte, Triebe und Antriebe im Sinne von K. BLEULER als Affektivität oder Emotionen zusammenfassen. Gewisse Ausdrucks- und Reaktionsformen der Triebe, wie Abwehr, Flucht, Aggression, Nahrungsaufnahme, Sexualität, Wachen und Schlafen, sind auf Grund der Ausfälle bei Encephalitis oder der Reizversuche von WOODWORTH, SHERRINGTON, CANNON u. a. [zit. nach (41)] sowie von W. R. HESS (53) bestimmten Reizzonen des Hypothalamus zugeordnet. Die mittleren und ventrolateralen Kerngruppen des Thalamus innervieren nach GEREBTZOFF, BECHTEREW, E. SACHS [zit. nach (41)] die primitive Mimik. Parenchymzerstörungen des Hypothalamus verursachen nach FOERSTER und GAGEL (33) manische Bilder mit reizbaren Verstimmungen und Ideenflucht. Völlige Abtragung des hinteren Hypothalamus ist bei Hunden und Katzen Ursache kataleptischer Zustände.

Der Hypothalamus aktualisiert im Großhirn Triebhandlungen und speist die psychischen Grundleistungen mit Antriebsqualitäten. Umgekehrt sind die vegetativen Funktionen höheren corticalen Einflüssen zugänglich. Solche Zusammenhänge haben MURPHY und GELLHORN (88) experimentell nachgewiesen durch die Auslösung maximaler Bewegungsfolgen mit unterschwelligen corticalen Reizen bei gleichzeitiger Reizung des Hypothalamus. Die gegenwärtige emotionale Konstellation sowie alle Reaktionen der Tiefe auf die Vorgänge des bewußten Vordergrundes („diencephale Resonanz") haben zweckmäßige Zuordnungen zu den vegetativen Funktionen. Die konstanten Begleitphänomene der seelischen Emotionen sind es vor allem, welche mit JAMES (57) und LANGE (74) die Gefühle bewußt machen: Veränderungen des Gefäßsystems, der Atmung, der Gesichts- und Körpermotorik, ferner auch die Magen-Darm-Bewegungen, der Sekrete und Inkrete. Nicht nur die vegetativen Vorgänge der Peripherie, sondern auch die Hormone stehen mit dem Nervensystem in einem Regelkreisverhältnis. Die affektiven Impulse, welche die Hormonbildung aktivieren, werden reafferent von der hormonalen Peripherie her quantitativ verstärkt oder vermindert. Die Qualität der Affekte und Antriebe liegt fest durch die cerebrale Organisationsstufe und die Assimilation mit früheren Erlebnissen.

Die unwillkürlichen *Ausdrucksbewegungen der Gefühle* sind zentriert im Diencephalon und Striatum. Sie werden von der Rinde gesteuert und sind auch von der Peripherie auslösbar. Greifen wir die *Tränensekretion als* Ausdrucks- und Reflexphänomen heraus, so ist zunächst festzuhalten, daß sich die sensible Reizleitung der Bahnen des Trigeminus bedient. Der motorische Schenkel entspringt im oberen Speichelkern des n. VII (nu. originis salivatorius pontis) So antwortet das Auge auf Reizung der Conjunctiven mit Tränenabsonderung. Den Einfluß diencephaler und corticaler Zentren auf die Tränensekretion aber zeigt der Affektausdruck starker Trauer und Unlust. Das Hervorquellen der Tränen bei zentralen Affektstauungen führt zur maximalen Entlastung oder zur körperlichen Bestätigung des Ich. Nicht nur das Weinen, sondern alle extrapyramidalen und vegetativen Begleiterscheinungen der Gemütserregungen haben den biologischen Sinn der Ableitung und Projektion intracerebraler Spannungen ins Gegenständliche. So sind die Ausdrucksbewegungen der Affekte lebenserhaltende Instinkthandlungen.

Genaueren Einblick in die Dynamik der mimischen Ausdrucksbewegungen geben die Innervationsverhältnisse des n. facialis. Der mimische Reflexbogen wird durch Kollateralen zwischen dem Endkern des Trigeminus und den Wurzelzellen des Facialis kurzgeschlossen. Schon beim Neugeborenen ist das Kerngebiet des

Gesichtsnerven voll entwickelt. Der rostrale VII-Kern erhält Fasern aus den motorischen Rindenarealen beider Hemisphären, der caudale steht nur in Verbindung mit einer Hemisphäre, weshalb die zentrale Gesichtslähmung im Gegensatz zur peripheren totalen Parese nur das Innervationsgebiet des unteren Facialisasts befällt. Der physiologischen Polarität entsprechen bestimmte psychologische Strukturen der Ausdrucksmotorik. Die mimische Stirnregion dürfte der doppelseitig assoziierten, obersten, kritisch-distanzierenden Integrationsstufe näher stehen als die Mund-Kinnregion, die den animalischen Antrieben der Einverleibung und des Angriffs zur Entäußerung dient. Öffnung und Weite der Augenspalten verkörpern die Reizhingabe, ihr Verschluß drückt Sperrung und Ablehnung aus. Im Lustzustande sind Augen- und Mundspalten wie zur Reizaufnahme einem Freßakt gleich geöffnet. Unlust prägt unter krampfhaftem Verschluß der Sinnespforten ein mimisches Relief, das einer Brech- und Speibewegung des Mundes gleicht mit dem Ziel einer Entledigung des leidvollen Zustandes. Eine eindeutige Verziehung der Mundwinkel nach unten und oben zeigen erst ältere Säuglinge. Das erste Lächeln findet sich Ende des 1. Monats, nach O. Koehler (*64*) schon bei Neugeborenen und Frühgeborenen als Ausdruck vegetativen Behagens. Im 1. Lebenshalbjahr vervollständigen sich die mimischen Ausdrucksformen der Freude in einer aufsteigenden Entwicklung bis zum lauten Lachen. Hinzukommen später noch andere pantomimische Bewegungen mit dem Sinngehalt der Einverleibung und der Hingabe, z. B. in Form von Betasten und In-den-Mund-stecken.

Der Unlust- und Leidenszustand wird im Lauf des 1. und 2. Lebensvierteljahrs um weitere Ausdrucksmittel bereichert: z. B. das Weinen. Die Unlust kann in Wut übergehen, wobei der Mund unter lautem Schreien zum Beißen geformt ist mit betonter Kontraktion der nasalen Hälfte des m. orbicularis oris und mit horizontaler Zurückziehung der Mundwinkel bis zur Entblößung der Zähne, während die Augenspalten nahezu geschlossen sind. Das Kind, blaurot im Gesicht, schlägt und stößt mit den Extremitäten oder versteift sich in maximaler Streckung. Im Affekt des Begehrens formen sich beim Schreien Laute zu einem Ausdruck des Schnappens (hamham oder mamam, nach *125*).

Die Affektivität ist der zentrale Motor des Denkens und Handelns. Emotionale Fälschungen des sachlichen Erkennens bis zur völligen Aufhebung des Wirklichkeitsrapports gehören zu den Eigentümlichkeiten der kindlichen Affektivität. Das Wahrnehmen und Gestalten ist in der Frühzeit weitgehend diffus-ganzheitlich, von Bedürfnissen bestimmt. Affekte und Triebe ohne Rindensteuerung sind dranghaft, unklar, leicht in impulsive Kurzschlußhandlungen ausbrechend. Die Formung der Affektivität schreitet mit der Corticalisierung fort, wobei Gewöhnungen, selektive Wirkungen der emotionalen Gesamtkonstellation des Augenblicks mitspielen. Sinnesgefühle, körperliche Gemeingefühle sowie die urtümlichen, d. h. familiären sozialen Bindungen dominieren in der frühen Kindheit. Mit der corticalen Reifung entfalten sich die an bestimmte Wertgehalte gebundenen Gefühle.

Affekte sind Gefühle von besonderer Stärke und Spannung, verbunden mit eingreifenden körperlichen Begleitphänomenen und handlungsstimulierenden motorischen Tendenzen (z. B. Wut, Zorn, Schreck), die sich physiologisch als hypothalamische Reizzustände in der Form überschießender sympathicotoner Reaktionen darstellen. Die motorische Seite der emotionalen Reaktionen tritt am stärksten bei den *Instinkten und Trieben* hervor, die sich, begleitet von heftigen Dranggefühlen, auf lebenswichtige Ziele richten. Es handelt sich hierbei um komplexe, koordinierte Hirnstammautomatismen oder Kettenreflexe (*16*). Die hinter den zielgerichteten Trieben stehende Kraft wird als *Antrieb* bezeichnet, ein allgemeines dynamisches Element, das erst alle motorischen, sensorischen und assoziativen Leistungen ermöglicht (*62*). Physiologisches Substrat der Instinkte, Triebe und Antriebe sind die Regulationszentren des Zwischenhirns mit ihren Verbindungen zur Rinde, zu den pyramidalen und extrapyramidalen Zentren. Im cerebralen Reifungsprozeß bilden die Triebziele nach Monakow und Mourgue (*84*) eine aufsteigende Reihenfolge: Individuum, Mutter, unbeseelte Objekte, Tiere, Familie, soziale Gruppen und Gesellschaft, Menschheit, Universum.

Hirnphysiologisch lassen sich aus der Reihe der Gefühle und Triebe (*69, 104, 108, 125*) 2 Hauptgruppen eliminieren: als Emotionen des Hirnstamms die Organgefühle und Organtriebe und die Emotionen der Hirnstamm-Hirnrindenorganisation, aufgegliedert nach Objekt- und Persongerichtetheit. Die *Organgefühle* kommen durch körperliche Reizzustände des Integuments und der inneren Organe zustande, wie Füllungsgrad der Ausscheidungsorgane, Hungerperistaltik des Magens. Sie verbinden sich stets mit Trieb- und Drangerlebnissen. Gemeingefühle (*69*) aus allen Organen der Tiefe und der Oberfläche bilden die Grundlage des augenblicklichen Befindens: Hunger, Durst, Sättigung, Stuhl- und Harndrang, ferner Hautsensationen beim Baden, Naßliegen, Schaukeln, Schleimhautempfindungen (Lutschen, Saugen), Muskelgefühle bei Bewegungen, ergänzend noch Sinnesgefühle bei Geruchs-, Geschmacks- und Temperaturempfindungen. Auf der Antriebsseite können den organischen Emotionen zugeordnet werden: Triebe des Nahrungserwerbs, der Entleerung, Bemächtigung, Bewegung, des Angriffs, der Flucht, schließlich der Geschlechtstrieb. Unter den *objektgerichteten Emotionen* sollten ihren Platz der Spieltrieb, die Lust an jeder zweckbestimmten Tätigkeit (Werk- und Schaffensfreude) finden, ferner die Freude des Kleinkindes an taktilen, optischen und akustischen Erlebnissen, das Bekanntheits- und Fremdheitsgefühl sowie die Angst vor dem Unbekannten. Endlich geht die letzte Gruppe der *persongerichteten Emotionen* von den ethischen und ästhetischen Werten aus und bestimmt weitgehend das soziale Verhalten hinsichtlich Einfühlung, Mitgefühl, Gerechtigkeit, Takt.

Aus hirnphysiologisch-lokalisatorischer Sicht dürfen wir jetzt das Gebiet der organischen und objektgerichteten Emotionen eliminieren und ihre Entwicklung psychologisch umreißen. Diesen Funktionsbereich kann man auf das Diencephalon mit seinen Verbindungen zu den Sinnessphären und zur Motorik beziehen. Er ist das Teilgebiet der Gesamtpersönlichkeit, dem noch keine Bedeutung einer integrativen Höchststufe zukommt.

Entwicklungsskala der organ- und objektgebundenen Affektivität

1. Halbjahr. Die leiblichen Gefühle, die Selbsterhaltungs- und Bewegungstriebe herrschen vor. Die Lebensstimmung verschiebt sich allmählich von der zunächst vorwiegenden Unlust zur Lustseite. Die vitale Bedürfnisbefriedigung ist das Ziel aller Antriebe. Mit der Verfeinerung der Sinnesperzeption und der Häufung affektbetonter Erlebnisreaktionen vervollkommnet sich das Mienenspiel. Lachen und Weinen als allgemeine Ausdrucksformen sind um die Halbjahrswende erreicht.

Mit der oralen Bedürfnisbefriedigung schreitet die manuelle Gegenstandsaneignung fort, die sich bis zum 5. Monat innerhalb des Eigenraums (in Greifnähe) vervollkommnet. Gegenstände werden festgehalten, mechanisch betastet und betrachtet (5. Monat), nicht losgelassen (6. Monat).

2. Halbjahr. Die sachlich gerichteten Gefühle nehmen an Bedeutung zu, womit sich die affektiven Ausdrucksmöglichkeiten weiter differenzieren. Das Mienenspiel des älteren Säuglings erhält häufiger seine Prägung durch die Furcht vor dem Unbekannten, die Überraschung durch unerwartete Erlebnisse, die Freude über das Wiedererscheinen bekannter Gesichter und Situationen, ferner durch Widerwillen und Wut über verlorene Spieldinge, über vergebliche Bemühungen einer Objektbemächtigung. Die anfängliche gegenstandslose Bewegungsfreude (Funktionslust) geht in Tätigkeitstriebe der Nachahmung und des Spieles über.

Die primitive *Nachahmung* ist als Ausdruck einer diencephalen Reaktionsform eine komplexe, durch einen Reiz ausgelöste, instinktive Bewegungsfolge, deren biologischer Sinn die erlebte Subjekt-Objekt-Einheit ist. Die bewußte Nachahmung (*104*) auf einer fortgeschritteneren corticalen Reifungsstufe ist Ausdruck einer sozialen Identifikation und einer beginnenden spontanen Besitzergreifung von der Umwelt. Peritz (*98*) bringt den Beginn der primitiven Nachahmung mit dem Erwachen des Gedächtnisses und der Gestalterfassung (Objektabhebung) in Zusammenhang und legt ihr erstes Auftreten mit dem 4. Monat fest. Mit 9—10 Monaten setzt das Kind nachahmend 1 Trommelschlegel, mit 18 Monaten 2 Schlegel in Tätigkeit. Die weiteren Entwicklungsphasen der Nachahmung sind unter dem Titel „Gedächtnis" (S. 400) aufgeführt, weil es sich mehr und mehr um Lernfunktionen unter Willenseinsatz durch Aufforderung und Gebot handelt.

Wie die Nachahmung ist auch der *Spieltrieb* ursprünglich subcorticaler Herkunft. Die diencephale Struktur des primitiven Spiels dürfte im Sinne K. Bühlers (*18*) in einer unmittelbaren Überwindung der Daseinsleere durch lustvolle Betätigung liegen, die anfangs ein automatisches Bewegen und Wiederholen ist: Stoßen, Strampeln, Wiegen. Auf späteren Stadien wird das Spiel immer mehr zum Vehikel der Selbstentfaltung und der Affektprojektion. Auch diese Entwicklung gibt die zunehmende cerebrale Differenzierung wieder: Dem Spiel mit den eigenen Gliedmaßen folgt bei Beginn des corticalen Greifens vom 6. Monat an das Spiel mit den Objekten und das soziale Spiel als Ausdruck aktiven Kontaktsuchens.

Bis zum 3. Lebensjahr: Die Gefühle und Triebe beschränken sich in der frühen Kindheit auf die rein vitale Schicht und die Gegenständlichkeit. Im Spiel wächst die Einsicht in den Kausalzusammenhang der Dinge. Beziehungen zwischen 2 bewegten Spieldingen werden erstmals im 7. bis 10. Monat durch Aneinanderschlagen gesucht. Das Spontan-Spiel mit 1—1½ Jahren ist destruktiv (Zerreißen, Zerstören). Konstruktionsspiele beginnen mit 18—24 Monaten: Bauen, Organisieren, Turmbau aus 3 und mehr Klötzen, Reihung (Eisenbahnzug). Nachbauen nach Modell beginnt mit 2½ Jahren, zweidimensionales Bauen nach dem 3. Lebensjahr.

2. bis 4. Lebensjahr: Zeit des Spielalters. Rollenspiele und Fiktionsspiele, d. h. Nachahmung von Erlebtem und freie Phantasiegestaltung.

3. bis 8. Lebensjahr. Mittlere Kindheit (*104*). Führend ist anfangs die Freude an der ungehemmten Phantasiebetätigung und an der magisch-mythischen Denkform als Gegengewicht gegen die unverständliche und nicht zu bewältigende Wirklichkeit. Die Affektkrise der Trotzphase wechselt allmählich in ein größeres Gleichmaß der Stimmung hinüber, gleichlaufend mit sachlicher Werkhaltung und Leistungsehrgeiz. Einfache technische Konstruktionen (Leiterbau) mit 4—5 Jahren. Nachzeichnen einfacher schematischer Darstellungen im 5. Jahre. Nachbauen eines komplizierten 2—3 dimensionalen Bauwerks mit 6 Jahren. Im 5. bis 7. Jahre setzen die Sozialspiele ein. Mit dem Fortschreiten des Kausal- und Realitätsbewußtseins scheiden sich vom 6. bis 7. Lebensjahr ab Spiel und Arbeit.

Im 7. bis 13. Lebensjahr steigert sich das Lebensgefühl mit der Stabilität der cerebralen und vegetativen Funktionen zu sthenischer Reaktionsweise und extravertierter Bewußtseinshaltung. Durch den Wachstumsschub der 1. puberalen Phase (12. bis 14. Lebensjahr) erfahren die hypothalamischen Zentren eine vorübergehende Verselbständigung gegenüber der Rindensteuerung. Die affektiven Impulse können alle bisher vom Bewußtsein errichteten Ordnungen überfluten. Erlebnisdrang und Geschlechtstrieb gelangen in voller Heftigkeit zu Bewußtsein: aktiv-triebhaft bei den Jungen, auf mehr erotisch-geistiger Ebene bei den Mädchen.

Die emotionale Aufwühlbarkeit hält in der 2. Phase der Pubertät (14. bis 18. Lebensjahr) an. Unabhängig von dem empfindlichen Selbstgefühl beginnt sich die Welt der Wertgefühle zu entfalten.

XV. Die höchsten Integrationen

Integration (*118*) ist Verganzheitlichung. W. Wundt hat das gleiche Prinzip „schöpferische Resultante oder Synthese" genannt. Es ist ebenso dem Hirnstamm wie dem corticalen Bereich immanent und beherrscht auch die Beziehungen beider Hemisphären. Alle vegetativen Funktionen, Affekte und Antriebe fügen sich durch die progressive Cerebration zu einer hierarchisch gegliederten Ganzheit zusammen mit dem Ziel der Wirklichkeitsanpassung, der Selbsterweiterung und Umweltgestaltung.

Das physiologische Substrat dieses nunmehr abzugrenzenden Funktionsverbandes bilden die Fasermassen zwischen Thalamus, Hypothalamus einerseits, Stirnhirn, Temporalhirn, limbischem System andrerseits. Besonders die frontalen Assoziationen gelten als letzte integrierende Instanz der Selbststeuerung. Hieran sind vegetative, emotionale und mnestische Faktoren beteiligt, in deren Zusammenspiel ergotrope Schaltungen bis zum willkürlichen Einsatz der Aufmerksamkeit und der planenden Intelligenz eingreifen. Nach neueren Erkenntnissen

(*62, 69, 70*, KLEIST, K. HOFF, PÖTZL, SCHÖNBAUER, zit. nach *62*) werden im frontalen wie auch im limbischen Assoziationssystem engste Beziehungen zur bewußten Spontaneität vermutet. Die dem Hypothalamus entstammende expansive Antriebskraft wird durch 2 Regelkreise geformt. Die ersten Modifikationen hinsichtlich der formalen Ablaufsfunktion, der Ökonomie, Kontinuität und Quantität erfahren die vitalen Antriebe durch das striopallidäre System, während die Stirnhirnrinde ihnen Inhalt und Ziel gibt. Die Rinde „verteilt" (*62*) den Antrieb situationsgemäß auf die erforderlichen Funktionsgebiete, etwa Motilität, Wahrnehmung, Denken, Sprechen. Den Rindengebieten kommt nach heutigen Auffassungen (*70*) keine absolute Befehlsgewalt zu. Sie sind Teile des Ganzen und werden zu zielstrebenden Instanzen erst durch die cortico-diencephal-reticulären Kreisprozesse. Ebenso gehen vom Hypothalamus Reize der Rindenreifung und des psychophysischen Wachstums aus.

Mit seinen corticalen Projektionsbereichen ist der Hypothalamus auch das Substrat der Körper-Ich-Funktionen, die alle geistigen Schichten durchdringen. Das Selbst ist das durch fortgesetzte Integration zustandegekommene bewußte Beziehungszentrum (NATORP) des Erlebens. Auf Hirnstammniveau somatisch-emotional getönt, noch undifferenziert im Sinne der Subjekt-Objekt-Einheit, erreicht es durch die Rindeneinflüsse den Klarheitsgrad der bleibenden, von der Umwelt abgehobenen, umweltgestaltenden Person. Dem einen über dem Temporallappen befindlichen Assoziationszentrum werden enge Beziehungen zum Bedeutungsbewußtsein, zum Denken und zur Triebhemmung zugesprochen (*112, 53*). Reizung des Temporallappens führt auch zur Reaktivierung stark affektiv gefärbter Erlebnisse (*99*), weshalb hier wichtige Integrationsorte der Engrammbildung und der Ekphorie vermutet werden. Die frontalen Gebiete haben nach KLEIST und SCHALTENBRANDT (*112*), weitgehend bestätigt durch die frontale Leukotomie, grundlegende Beziehungen zum geistigen Selbst, besonders zum Willen und zur Sozialität. Das Stirnhirn, das durch die Projektionsbahnen zum Thalamus, zu den Stammganglien und zum Kleinhirn eine Kontrolle auf die extrapyramidalen und striären Automatismen ausübt und die Assoziationstätigkeit der Gesamtrinde regelt (BRUN), ist offenbar die höchste physiologisch faßbare Instanz der Synthese und Initiative. FREEMAN und WATTS (zit. nach *16*) verlegen mit KLEIST (*70*) die Beziehungen der Antriebe zum Selbstbewußtsein ins Orbitalhirn, wo sich lokalisatorisch in caudal-rostraler Richtung Substrate für ein Organ-, Persönlichkeits-, Sozial- und für ein höchstens geistiges Bewußtsein differenzieren ließen.

Das frontale und das temporale Integrationsgebiet stehen durch starke Fasermassen miteinander in Verbindung. Gegen die Hypostasierung so hoch komplexer Funktionen, die ausschließlich psychologisch faßbar sind, bestehen die gleichen Bedenken wie gegen die lokalisatorischen Versuche der Intelligenz und des Bewußtseins. Hirnphysiologisch handelt es sich aber nicht um die Vorstellung von umschriebenen und an bestimmte Zellgruppen gebundenen Zentren, sondern um hochdifferenzierte Regelkreise, welche Konstellationen bilden und dem Gesetz der Verganzheitlichung unterliegen. Für die Berechtigung, komplexe Funktionen relativ zu „orten", spricht auch die Tatsache der sich einheitlich im anatomischen wie im charakterologischen Gebiet spät vollendenden Reifung. Selbst in der Adoleszenz ist die Höchststufe der Reife in diesem Territorium noch nicht erreicht (*32*). Weit früher reifen die Funktionen des Körperichs, das als „Komplex von Gemeingefühlen" (*32*) Beziehungen zum Hirnstamm, insbesondere zum Zwischenhirn und zum gyrus cinguli hat.

Die Organisationskreise des vegetativen Ich und des geistigen Selbstes stellen einen biologisch und psychisch sinnvollen Antagonsimus dar. Die subcorticalen

Ganglien, in denen Stimmungen, Affekte und Antriebe dunkel aufkeimen und Wahrnehmungen mit Schaltenbrand (*112*) ihre „Farbe" erhalten, in denen sich alle Körperfunktionen in vorwiegend trophotroper Phase zu einem noch ziellosen Streben nach vitaler Lust zusammenschließen, bilden die Grundlage des vitalen Ichs im Säuglings- und Kleinkindalter. Der Beginn des bewußten Selbstes, das an die ergotrope Höchstschaltung und die corticalen Regelkreise der letzten Integrationsstufe geknüpft ist, wird in die Altersstufe 2—4 verlegt [2^1/$_2$ Jahr nach Klinke (*63*), 2 nach R. A. Spitz (*123*), 3—4 Jahre nach Remplein (*104*)]. Seine eigentliche Handlungsform ist auf der höchsten Differenzierungsstufe des Wertstrebens und des vollendeten Wirklichkeitsbewußtseins der wahlfreie Willensakt. Ich und Selbst haben als Mittelpunktfunktionen die produktive, lebensfördernde Synthese zwischen Affektivität und realer Lebenssituation unter Einsatz von Denkmitteln und früheren Erfahrungen zum Ziel. Die Selbstfindung nimmt mit der fortschreitenden Corticalisierung und Assoziationsbildung an Variabilität und Freiheit im Sinne R. Jungs (*59*) zu. Die ersten Wahlhandlungen setzen Ende des 2. Lebensjahrs ein. Als Zeitraum der ersten bleibenden Motivbildung im Sinne einer Willensprägung und Selbststeuerung nimmt W. Stern (*125*) das 4. Lebensjahr an. Die Entwicklung der Ich-Organisation zum Selbst teilt R. A. Spitz in folgende Phasen auf. Das beginnende Ich (3. Lebensmonat) stellt ein rein körperliches Koordinationsorgan dar. Auf der gedächtnismäßigen Vereinheitlichung der Lust- und Unlustwahrnehmung beruht das „Ur-Selbst" (6.—9. Lebensmonat). Die „Ich-Instanz" steuert zwischen Wahrnehmung und Motilität, vermittelt zwischen innen und außen, existiert zuerst rein körperlich (Ende des 1. Lebensjahres). In der Zeit vom 15. Lebensmonat bis zum 2. Lebensjahr beginnt das spätere Selbst seine Tätigkeit aufzunehmen, es fußt das auf der Identität des Ich. Es steuert komplizierte soziale Beziehungen. Das Kind erlebt sich als handelnde, von der Objektwelt gelöste und in der Vorstellung repräsentierte Einheit.

An der Entwicklung des Ichgefühls zum Selbstbewußtsein ist die Reifung sowohl der Willensfunktionen wie der sozialen Verantwortung beteiligt. Über die Zentrierung und Verdichtung aller nervösen Funktionen in dem phsychophysischen Mittelpunkt des Ich hinaus drängt jeder Affekt durch seine spezifischen Ausdrucksformen zur Mitteilung und sozialen Beziehung. An den Widerständen der Objektwelt und in der sozialen Kommunikation bildet sich das bewußte Selbst. Die Ich-Person der subcorticalen Stufe ist egozentrisch, diffus, mit dem Familienverbande komplex verhaftet, unbestimmt, labil, reift durch zunehmende Willensformung und Sozialisierung zur spezialisierten Person, dem Selbst, heran. Bewußte Kontakte und Anpassungen sind Ausdruck fortgeschrittener Corticalisierung. Asoziale Tendenzen, Trotzreaktionen und Minderwertigkeitsgefühle stellen entwicklungsphysiologische Zwischenstadien auf diesem Wege dar. Die expansive, umweltverneinende Ich- und Selbstbehauptung in den Umbauphasen der Trotzalter (3.—4. und 12.—14. Lebensjahr) ist das Zeichen einer überwiegenden Hirnstammstruktur bei schwacher corticaler Führung. Der Egoismus als Suchtform ist auch die Folge unzweckmäßig verlaufender Korrelationen zwischen dem schwachen Selbst und seinem impulsiven Antrieben, wenn die synthetische Kraft des Selbstes durch Vernachlässigung, Verwöhnung oder fehlende Gemütspflege verkümmert.

Der hier hirnphysiologisch in seiner Reichweite und seinen Grenzen festgelegte integrative Funktionsverband des Selbstes als wollender und sozialer Instanz soll nunmehr in seiner Entwicklung mit psychologischen Beschreibungsbegriffen aufgegliedert werden (*39, 46, 104, 125*).

Entwicklungsskala der Willenshandlungen und der sozialen Funktionen

1. Lebensjahr. Ausdruck der Spontaneität ist das Tätigsein, das sich zuerst in der Bewegung äußert, mit der Differenzierung der höheren Sinne in Nachahmung und Spiel Gestalt gewinnt, stets verbunden mit dem Drang nach lustvoller Existenzerweiterung. Erleben und Handeln wird von der eigenen Affektivität bestimmt.

Es entwickeln sich die Urformen der sozialen Affektivität: Zuwendung, Abwendung, Freude über das Bekannte, Furcht vor dem Unbekannten, Schauen und Betasten des sozialen Partners, Blickerwiderung, Lächeln. Durch Lallen und Strampeln sucht das Kind aktiven Kontakt mit der Umgebung. Die Stärke der sozialen Antriebe ist schon im ersten Halbjahr erkennbar.

2. Monat. Kopfwenden nach der sprechenden Stimme, Beruhigung auf Zuspruch.

3. Monat. Soziale Spontaneität erwacht in Form der Blickerwiderung, Lächeln und Lallen, Beachtung der Umgebung, Verwunderungsreaktionen auf Situationsänderungen, Beruhigung durch Stimme und Musik, impulsive Versuche, aufgenommen zu werden, Unlustreaktion auf Kontaktabbruch.

5. Monat. Blick folgt einem sich bewegenden Menschen. Adäquate mimische Reaktionen auf freundlichen und erzürnten Blick des Betrachters.

7. Monat. Aktives Kontaktsuchen als Gegenreaktion auf Gefühl des Nicht-beachtetseins: Strampeln, suchender Blick, Greifen.

8. Monat. Wiedererscheinen des Untersuchers beim Versteckspiel wird mit Freude begrüßt, Angst- und Unlustreaktion auf Annäherung Fremder.

9. bis 10. Monat. Sinngemäße Beantwortung von Gebärden, spontane Erweckung der Aufmerksamkeit Erwachsener (z. B. Ziehen am Rock).

11. Monat. Befolgen einfacher Gebote. Kind wiederholt Vorgänge, über welche die Umgebung lacht.

12. Monat. Nachahmung einzelner Silben und einfacher Ausdrucks- und Zweckbewegungen. Bettreinheit beginnt, automatisiert sich mit 3 Jahren endgültig.

12. bis 15. Monat. Befolgen einfacher Gebote. Einfaches soziales Wechselspiel mit dem Ball. Sozial bedeutsame Gefühlsnuancen: Eitelkeit, Zärtlichkeit, Reue. Fortschreitende Blasen-Mastdarm-Regulation.

1. bis 3. Lebensjahr. Indem das Kind durch seine elementaren Antriebe wichtige Funktionen einübt, z. B. beobachtet, denkt, Erinnerungen bildet, geht, greift, erreicht es allmählich die Willensstufe einer Spontanwahl zwischen verschiedenen Bewegungs- und Betätigungsmöglichkeiten. Mit der fortschreitenden Rindenreifung wird der Trieb durch Wahl- und Entscheidungsakte überlagert, woran die Sprache hervorragenden Anteil hat. Beginnende sachliche Distanz. — Das dumpfe vegetative Ich erwacht mit der zunehmenden Myelinisation der Rinde spätestens im *Trotzalter (3. bis 4. Lebensjahr)* zur Bewußtheit. Hinter der trotzig erstarrten Willenshaltung tarnen sich die Labilität des Ichgefühls und das Bedürfnis nach der Konstanz des Selbstes, wobei die Zielverwirklichung hinter dem bloßen „Wollen" als Spiel und Laune zurücktritt. Das Verlangen nach Beachtung und die Abkehr von den bisherigen Autoritäten entstammen dem Geltungs- und Machtstreben.

15. bis 18. Monat. Verstehen und Befolgen von Verboten differenzieren sich. Das Kind beginnt eine unverstandene soziale Situation kritisch zu werten, erkennbar an dem fragenden, erstaunten Gesichtsausdruck.

18. bis 24. Monat. Zunehmende soziale Selbständigkeit. Essen mit Löffel und Gabel, völlige Beherrschung der Darm- und Blasenentleerung. Weitere soziale Wechselspiele (Hören der Uhr). Hinweisende Gebärde aus sozialem Mitteilungsdrang. Soziale Gefühlsskala um Ausdrucksformen der Eifersucht und des Schuldbewußtseins erweitert.

2. bis 3. Lebensjahr. Soziale Einfühlung zuerst in Familienangehörige, dann in anthropomorphisierte Spielobjekte (Puppen), Tiere und fremde Menschen. Tätiges Sozialgefühl in Form von Abgeben und Teilen schon mit 2 Jahren.

3. Lebensjahr. Das spontane Wollen ist noch wenig gefestigt. Eine Sortiertätigkeit wird nur unter mehrmaliger Aufforderung durchgehalten.

3. bis 4. Lebensjahr. Gefühle der Verlegenheit, Beschämung, Minderwertigkeitsgefühle, Streben nach Geltung, Anerkennung, Lob begleiten die eigne Stellung in der Gemeinschaft.

3. bis 10. Lebensjahr. Die erworbene Arbeitshaltung bedeutet völlige Versachlichung des Wollens. Anstrengungsbereitschaft, Sorgfalt, Realanpassung spielen sich ein. Objektive Zielsetzungen und Zielverwirklichungen geben dem fortschreitenden Selbstbewußtsein Form.

4. bis 6. Lebensjahr. Zunehmende Selbststeuerung. Das Kollektivbewußtsein festigt sich soweit, daß das Kind Verständnis gewinnt, Glied einer sozialen Ordnung zu sein, soziale Pflichten zu haben, nach W. STERN (*125*) beginnend mit 4 Jahren, nach W. HANSEN (*46*) mit 2 Jahren. Die Determinierbarkeit der Willensfunktionen schreitet fort (längeres Sortieren nach nur einmaliger Aufforderung, Unterordnung unter Spielregeln des Mosaik- und Wettrennenspiels, Ausführen eines dreiteiligen Auftrags).

Die sozialen Gefühle: Schadenfreude, Neid, Eifersucht, leidenschaftliche Zärtlichkeit, Mitgefühl entwickeln sich nach Remplein (*104*) erst mit 3—8 Jahren zu voller Höhe. Im gleichen Zeitraum erreicht die Rindensteuerung die Stufe der aktiven sozialen Anpassung.

7. bis 10. Lebensjahr. Relative Stabilität der vegetativen Funktionen und zunehmende Synthese des werdenden Selbstbewußtseins mit den sozialen Funktionen. Kameradschaftlichkeit und zunehmende Selbständigkeit bis zur Lockerung aus den kleinkindlichen familiären Bindungen.

10. bis 13. Lebensjahr (Vorpubertät). Die Egozentrizität drängt zu negativer Kritik an der Umwelt. Expansive Ausdrucksformen (Flegelalter) als Panzerung für innere Selbstunsicherheit. Ein starkes Icherweiterungsstreben bricht durch in der Freude an Kampfspielen, Renommier- und Geltungssucht oft zu Ungunsten der Gemütstiefe, Sammelleidenschaft. Die Mädchen entfalten sich zu dieser Zeit mehr nach innen und zeigen bei hoher Empfindsamkeit des Selbstes größeres Einfühlungsvermögen als die Jungen.

12. bis 14. Lebensjahr. Das vermehrte Längenwachstum in der 1. Pubertätsphase [2. Trotzphase, negative Phase Ch. Bühlers (*18*)] geht mit stärkerer Labilität des Selbstgefühls und mit Introversion einher, womit Gefühlserregbarkeit und Erlebnistiefe zunehmen. Ein starkes Selbständigkeitsstreben ist ein dynamischer Gegenpol gegenüber der inneren Labilität. Im ständigen Kampfe um die innere Harmonie wird das Selbst stets von neuem vor die Entscheidung zwischen Geist und Trieb (*104*) gestellt. Das unfertige Selbst versucht sich gegen soziale Widerstände durch Abwendung, Kritik, Spott zu behaupten. Bewußtes Streben zur Gruppe entspringt dem Wunsch nach Macht und Icherweiterung.

14. bis 18. Lebensjahr (2. Pubertätsphase). Die Labilität des Selbstgefühls kommt nur langsam zum Ausgleich. Die Willenshandlungen sind von einem starken Drang zur Selbstgestaltung bestimmt. Die Selbstbeherrschung wird im Suchen nach Idealen zur Lebensaufgabe. Mit der fortschreitenden Interessenspezialisierung zentriert sich auch die Persönlichkeit. Die ästhetischen Bedürfnisse finden reiche Möglichkeiten einer Befriedigung in Kunst, Geschichte, Literatur. Mit der Naturverbundenheit erwacht das Gefühl der Ehrfurcht. Auf der Basis gemeinsamer Interessen und echten Verstehens beginnen Freundschaften.

17. bis 22. Lebensjahr (3. Reifephase, Adoleszenz). Nach Einspielen eines neuen Gleichgewichts der cortical-subcorticalen Korrelationen stabilisiert sich das Gefühlsleben. Das Selbst gründet mit der erworbenen cerebralen und sozialen Reife seine Existenz auf eine eigene Wertwelt und Lebensform, es verwirklicht seine Ziele systematisch. Der Wille ist gesteuert und zu jeder Bewährungsprobe in Gemeinschaft, Beruf und Ehe bereit.

XVI. Elektrobiologische Entwicklungsphasen

Die Parallelisierung der psychischen und elektrobiologischen Reifung ist umstritten. Vergleiche beider Merkmalsreihen halten wir jedoch für durchaus statthaft, sobald sie über grobe Funktionsgruppen nicht hinausgehen und sich auf die äußere Analogie der zeitlichen Wandlungen beschränken. Die Tatsachen der bioelektrischen Hirnentwicklung entnehmen wir den Arbeiten von Garsche (*36*), Walter (*133*), Dreyfus (*28*) u. a.

Das *EEG des Erwachsenen:* ausgedehnte α-Wellentätigkeit im occipitalen und parietalen Bereich, die frontalwärts abnimmt und unregelmäßig wird, ist eine Funktionsäußerung von Rinde und Thalamus. Psychisch befähigt die vollendete Corticalisierung zur Erkennung objektiv und absolut gültiger Sinngehalte, zur Zentrierung der Willenssteuerung in einem festen Anschauungs- und Erfahrungskern. Rohracher nimmt an, daß die Hirnleistung auf der höchsten Integrationsstufe des Denkens und Wahrnehmens von einer β-Wellenfolge (14—30/sec) in den präzentralen und frontalen Regionen begleitet wird.

Die *Potentialschwankungen des Neugeborenen* sind nach Garsche (*36*) erheblich langsamer und irregulärer (δ-Aktivität von 0,5—3/sec), durchbrochen von eingesprengten, in Gruppen auftretenden, flüchtigen ϑ- und α-Wellen. Die primitivste Hirnstromtätigkeit im 4. bis 6. Fetalmonat ist nach Dreyfus-Brisac (*28*) durch das Fehlen einer regulären Periodizität und einer spezifischen Schlaf-Wach-Differenzierung gekennzeichnet. Aber bereits in der Zeit vom 8. Fetalmonat bis zum 3. Lebensmonat differenziert sich das EEG bis zu einer kontinuierlichen, rhythmischen und hinsichtlich Schlaf- und Wachaktivität periodischen Wellenfolge heraus. Ausdruck des Schlafzustandes und des Dahindämmerns sind beim

Neugeborenen kurze ϑ-Wellen über den präzentralen Regionen. Die Zugehörigkeit der δ- und ϑ-Aktivitäten zu den niederen und mittleren Hirnstrukturen (Mittel- und Zwischenhirn) wird damit begründet, daß sie in eine Zeit fallen, in der die Rindenformation noch völlig ausfällt (28). Diese Auffassung wird weiterhin durch das Absinken der elektrischen Hirntätigkeit beim Erwachsenen im Tiefschlaf auf die δ-Phase als Zeichen der ausgeschalteten Rinden- und Thalamusaktivität gestützt. Die langsamen Wellen beinhaltet W. G. WALTER (133) mit einer Be- wußtseins-Passivität oder unkritischen Hingabe an das Erlebnis. Für das Jugend- und Erwachsenenalter läßt sich die ausschließliche Lokalisation der kurzen Wellen in den subcorticalen Zonen allerdings bestreiten, weil auch Rindenprozesse zu einer Verlangsamung der Potentialschwankungen führen können, ohne die Bewußtseins- klarheit und Kritikfähigkeit zu beeinträchtigen (43).

Die cerebrale Reifung geht parallel mit der Zunahme des Grundrhythmus, der nach R. JUNG (59) in den ersten Lebensmonaten 3/sec, im 6. Lebensjahr 8/sec, im 12. 8—11/sec beträgt. Den psychischen Entwicklungsphasen entsprechen die strukturellen Änderungen des Mosaiks der Wellentätigkeit über den einzelnen Hirnregionen nur in groben Zügen und mit manchen Abweichungen.

Die δ-Aktivität dominiert *bis zur Mitte des 2. Lebensjahres*, bildet sich aber bereits im Lauf des 1. Halbjahrs an einzelnen Orten zurück, zunächst über der präzentralen und occipitalen Region. Zunehmend gewinnen die für das Kleinkind- und Spielalter kennzeichnenden ϑ-Wellen an Terrain, im 5. bis 6. Lebensmonat zuerst in Gruppen über dem mittleren und occipitalen Feld. Die Stabilisierung der cerebralen ϑ-Organisation geht zeitlich mit der Vereinheitlichung dervegetativen und emotionalen Person parallel. Das Zusammenspiel der ϑ- und beginnenden α-Strukturen entspricht morphologisch der fortschreitenden Myelinisierung der Projektions- bahnen vom Diencephalon zur Rinde. Im 12. bis 18. Monat zeichnen sich die ϑ-Wellen über den mittleren Hirnregionen durch weitgehende Kontinuität aus. Occipital kommen sie mit den δ- und α-Wellen gemeinsam vor. Frontal behaupten die δ-Wellen das Feld, über den mittleren und occipitalen Regionen sind sie subdominant. Psycho-physiologisch ist das Kind aus der Phase der reinen Sinnesperzeption in die Reizverarbeitung und Umweltbemächti- gung eingetreten (Gehen, Stehen, Greifen). Gegenständliche und subjektive Erlebnisreihen beginnen auseinanderzutreten.

Die δ-Tätigkeit beschränkt sich vom 18. Monat an auf die frontalen Bezirke, hier auch noch in späteren Lebensjahren nachweisbar. Vom 18. Monat bis zum 5. Lebensjahr dominiert die ϑ-Aktivität (36), besonders über den mittleren Hirnregionen. Die ϑ-Wellen bilden sich von occipital her zurück, und werden durch die sich occipito-frontalwärts ausbreitenden α-Wellen verdrängt. *Im 2. Lebensjahr* erreicht die α- und ϑ-Aktivität im occipitalen Bereich gleichen Umfang. Das *5. Lebensjahr* stellt in der Elektrobiogenese einen Wendepunkt dar, insofern die α-Tätigkeit schon in den occipitalen und mittleren Zonen über die ϑ-Wellenfolge dominiert.

Die dem Spielalter entsprechende elektrobiologische Phase zeigt mit der Zunahme der α-Wellen einen corticalen Reifungsfortschritt an, der sich klinisch in der Sprachverfeinerung und in den Ansätzen des Denkens und Wollens ankündigt. Mit der hohen rhythmischen Labi- lität kongruieren zeitlich die dominierende ϑ- und die unregelmäßige α-Tätigkeit, wobei darüber hinaus noch die Frontalregion durch die δ-Dominanz den übrigen Hirngebieten an Reife nachsteht.

Die erste cortical gelenkte Realitätsbewältigung ist in die Phase der *labilen α-Aktivität vom 6. bis 9. Lebensjahr* (36) zu verlegen. Die fortschreitende Intellektualisierung mit dem sach- lichen Aufgabenbewußtsein ist hirnphysiologisch als eine vorläufige Abgewogenheit der corti- calen Formkräfte und der subcorticalen Triebkräfte zu deuten, elektroencephalographisch ver- gleichbar mit dem weiteren Zurücktreten der ϑ-Aktivität und der Dominanz der α-Wellen, die anfänglich frequenzlabil und inkonstant sind.

Die Periode des 10. bis 14. Lebensjahres bezeichnet GARSCHE (36) als die *stabile Dominanz der α-Tätigkeit*. Die ϑ-Wellen sind occipital weitgehend von den α-Wellen abgelöst worden, erscheinen präzentral in Gemeinschaft mit den α-Wellen. Reste finden sich noch frontal und temporal. Die α-Tätigkeit beherrscht das occipitale Feld und ist hier völlig kontinuierlich. Präzentral und frontal sind die α-Wellen in Gruppen von ϑ-Wellen unterbrochen. Ihre Fre- quenz beträgt 8—13/sec. Was im psychologischem Bereich der Ausbreitung und Stabilisierung der α-Aktivität rein zeitlich und formal entspricht, ist: die objektive Distanz zum Erleben, die Entfaltung der Abstraktionsfähigkeit und des Kausaldenkens, der kritische Realismus (O. KROH). Die noch an vielen Orten durchscheinende ϑ-Struktur dürfte der Ausdruck der vegetativ-affektiven Erregbarkeit sein.

In der *Pubertätszeit um das 14. Lebensjahr* kann sich nach Garsche (*36*) die ϑ-Wellen-Tätigkeit vorübergehend erhöhen. Die der ϑ-Frequenz unterstellte Rolle einer vegetativ-emotionalen Integration legt ja den Vergleich mit der affektiven Labilität und den Antriebs-überschuß dieser Phase nahe. Die neurovegetative Labilität wirkt sich im EEG gleichzeitig durch erhebliche Dysrhythmien aus. W. G. Walter (*133*) beobachtete einen Ausbruch der ϑ-Aktivität bei experimenteller Beunruhigung und Frustration.

Vom 14. Lebensjahr an nähert sich die elektrische Hirntätigkeit der Erwachsenenstruktur. Der ϑ-Wellen-Einbruch der Pubertät wird abgebaut. Vereinzelte ϑ-Wellen präzentral und temporal sind nach Garsche (*36*) noch im Erwachsenenalter physiologisch. Das Maximum der α-Aktivität liegt parieto-occipital. Sie ist weitgehend konstant, zeigt aber viele individuelle Varianten, ebenso wie die im Frontalbereich erscheinenden β-Wellen.

Zusammenfassung

Wir gliederten, auf dem Boden funktionaler und struktureller Denkweisen der Klinik stehend, die Neurophysiologie des Kindesalters auf: in Motilität, Sensibilität, Sinnesfunktionen, Gedächtnis, Intelligenz, vegetative Reaktionen, Affektivität, höchste Integrationen. Die Entwicklung stellten wir unter den Aspekt der fortschreitenden Hierarchie von Hirnstamm und Rinde und der vielschichtigen Konstellationsbildung von Zellverbänden, die erst eine geplante Erlebnisauswahl und eine Spezialisierung der Handlungen im Interesse der Anpassung ermöglicht.

Bei der Konfrontierung psychologischer und anatomisch-physikalischer Merkmalsreihen ließen wir nur intuitiv-konstruktive Parallelen zwischen verschiedenen organischen und energetischen Kategorien gelten. In unserer Betrachtungsweise ist auch das organische Substrat nur Teil eines leib-seelischen, durch Regelkreise geordneten Ganzen. Die größte Gefahr bei solchen Versuchen einer „neurophysiologischen Psychologie" des Kindesalters liegt darin, das Analogieprinzip der Betrachtung in unkritischer Weise zu verallgemeinern. Bei dem heutigen Stande der Wissenschaft kann man nur elementarste Funktionen und physikalische Vorgänge sinnvoll aufeinander beziehen und ihr Zusammenwirken nur als ein gemeinsames, verschwindend kleines Segment zweier unendlich großer Kreise sehen, in denen sich verständliche Korrelationen schlußfolgernd ergeben, dadurch daß man die funktionellen Grundformen von der Anatomie wie von der Allgemeinpsychologie her auf dem Niveau einer weiträumigen, abstrahierenden Zusammenschau nach dem Prinzip der logischen Sachbeziehung und der gesetzmäßigen Steuerung gegensätzlicher, gleichwertiger und autonomer Partner mit Inhalten erfüllt. Je feiner die psychischen Nuancen sind (besonders im Bereich der Spontaneität, der Willenssteuerung und Sozialität), um so schwieriger wird der Sprung vom Physischen ins Psychische und umgekehrt, um so komplexer und unübersichtlicher wird allein schon die Zahl der Substrate und Zuordnungen. Höhere Erlebnisbereiche, Motivationen und Verhaltensweisen lassen sich nur rein psychologisch beschreiben. In diesem Bereich konstatieren wir lediglich äußere zeitliche Parallelen zwischen organischer und seelischer Entwicklung, ohne die wirklichen inneren Beziehungen zu kennen. Rein als vorläufige Arbeitshypothese haben wir versucht, psychische Phänomene von der cerebralen Organisation her zu gliedern. Die hierbei angewandten Wissenschaften, vornehmlich Anatomie, Physiologie und Psychologie, drängen auf dem Gebiet der cerebralen Entwicklung zur gegenseitigen Ergänzung und Vervollkommnung. Einige der heute bekannten Kontaktstellen aller beteiligten Fachgebiete auf diesem Sektor aufzuzeigen war unser Bemühen.

Literatur

1. ALBERTS, M.: Nervenarzt **26**, 228 (1955). — 2. ALDAMA, J.: Z. ges. Neurol., Psychiat. **130**, 532 (1930). — 3. ARNDT, TH., H. LOSSE u. G. HÜTWOHL: Medizinische **1956**, 622 u. 625. — 4. ARROYO, L. S.: Arch. mex. Neurol. Psiquiat. **2**, 35 (1954); Zbl. ges. Neurol. Psychiat. **132**, 33 (1955).

5. BABKIN, P. S.: Nevropat. **56**, 12 (1956); Zbl. ges. Neurol. Psychiat. **138**, 24 (1956/57); Nevropat. Psychiat. **57**, 30 (1957); Zbl. ges. Neurol. Psychiat. **143**, 24 (1957/58); Nevropat. Psychiat. **57**, 860 (1957); Zbl. ges. Neurol. Psychiat. **144**, 296 (1958). — 6. BALDWIN, M.: Neuro-chirurgie **2**, 152 (1956). — 7. BARUK, H., B. LEROY, J. LAUNAY et B. VALLANCIEN: Arch. franç. Pédiat. **10**, 425 (1955). — 8. BAY, E.: Dtsch. med. Wschr. **81**, 251 (1956). — 9. BECHER, H.: Auge und Zwischenhirn. Münster: Aschendorff 1956. Dtsch. Z. Nervenheilk. **175**, 145 (1956). — 10. BECHTEREW, W. v.: Z. ges. Neurol. Psychiat. **80** (1922); — BECHEREW, W. v.: Allgemeine Grundlagen der Reflexologie des Menschen. Leipzig und Wien 1925; — BECHTEREW, W. v.: Objektive Psychologie. Leipzig und Berlin 1913. — 11. BERNTHAL, T.: Amer. J. Physiol. **121**, 1 (1938). — 12. BIRKMAYER, W.: Klin. Med. Wien **5**, 441 (1950); — BIRKMAYER, W., u. W. WINKLER: Klinik und Therapie der vegetativen Funktionsstörungen. Wien: Springer 1951. — 13. BLEULER, K.: Affektivität, Suggestibilität. Paranoia 1906. — 14. BRAIN, R.: Brain **81**, 426 (1958); — BRAIN, R., and M. WILKINSON: Brain **82**, 297 (1959). — 15. BRISSET, CH., R. GAULT et V. GASCHKEL: Évolut. psychiat. **1956**, 51. — 16. BRUN, R.: Gehirn. In: Hdb. Inn. Med. Hrsg. BERGMANN, FREY, SCHWIEGK. Berlin-Göttingen-Heidelberg: Springer 1953. — 17. BUCY, P. C.: Areas 4 and 6 of the cerebral cortex and their projektion system. Arch. Neurol. Psychiat. (Chic.) **35**, 1396 (1956); — BUCY, P. C.: The prefrontal motor cortex. Urbana Illin: The univ. of Illinois. Press 1944. — 18. BÜHLER, CH.: Praktische Kinderpsychologie. 1937; — BÜHLER, CH., u.H. HETZER: Kleinkindertests. Leipzig 1932. — 19. BÜHLER, K.: Die geistige Entwicklung des Kindes. Jena 1922. — 20. BÜRCK, H.: Die Temperaturregulierung in den ersten Lebenstagen. In: Die physiol. Entwicklung des Kindes. Hrsg. F. LINNEWEH. Berlin-Göttingen-Heidelberg: Springer 1959. — 21. BURT, C.: Mental and scholastic tests. London 1922. — 22. BUSEMANN, A.: Die Sprache der Jugend als Ausdruck der Entwicklungsrhythmik. Jena 1925. — 23. BUSTAMENTE, M.: Arch. Psychiat. Nervenkr. **115**, 419 (1942); — BUSTAMENTE, M., H. SPATZ u. E. WEISSSCHEDEL: Dtsch. med. Wschr. **67**, 282 (1942).

CANNON, W. B.: Ergebn. Physiol. **27**, 380 (1928). — 25. CATEL, W., u. C. A. KRAUSPE: Jb. Kinderheilk. **129**, 1 (1930). — 26. CLARA, M.: Das Nervensystem des Menschen. Leipzig: J. A. Barth 1942; — Entwicklungsgeschichte des Menschen. Heidelberg: Quelle u. Mayer 1949. — 27. CZERNY, A.: Jb. Kinderheilk. **33**, 1 (1892); **41**, 337 (1896).

28. DREYFUS-BRISAC, C.: Zbl. ges. Neurol. Psychiat. **155**, 234 (1960); — Elektroencephalography in infancy. In: Die physiologische Entwicklung des Kindes, Hrsg. F. LINNEWEH. Berlin-Göttingen-Heidelberg: Springer 1959; — DREYFUS-BRISAC, C., et C. BLANC: Encéphale **45**, 205 (1956). — 29. DUBITSCHER, F.: Der Schwachsinn. Leipzig: Thieme 1937.

30. EBEL, H.: Berl. Med. **11**, 230 (1960); **11**, 349 (1960). — 31. ECONOMO, C. v.: Zellaufbau der Großhirnrinde des Menschen. Berlin: Springer 1927.

32. FLECHSIG, P.: Meine myelogenetische Hirnlehre. Berlin: Springer 1927; — Anatomie des menschlichen Gehirns und Rückenmarks auf myelogenetischer Grundlage. Leipzig: Thieme 1920. — 33. FOERSTER, O., u. O. GAGEL: Z. ges. Neurol. Psychiat. **149**, 312 (1934). — 34. FOLKOW, B.: Nord. med. **57**, 610 (1957). — 35. FULTON, J. F.: Physiologie des lobes frontaux et du cervelet. Etude expérimentale et clinique. Paris: Masson et Cie. 1953; — FULTON, J. F., and D. SHEEHAN: The uncrossed lateral pyramidal tract in higher primates. J. Anat. (Lond.) **69**, 181 (1935). — 35a. FRANKE, O. F., u. H. LULLIER: Gehör, Stimme, Sprache. Berlin-Göttingen-Heidelberg: Springer 1953.

36. GARSCHE, R.: Elektroencephalographie. Aus: J. BROCK, Biologische Daten für den Kinderarzt II. Berlin-Göttingen-Heidelberg: Springer 1954. — 37. GAMPER, E.: Z. ges. Neurol. Psychiat. **102**, 154 (1924); **104**, 49 (1926). — 38. GANGELBERGER, J. A.: Ausgereiftes Elektroencephalogramm bei einer hochbegabten 5jährigen. Wien. Z. Nervenheilk. **10**, 231 (1954). — 39. GESELL, A.: Körperseelische Entwicklung in der frühen Kindheit. Halle: Marhold 1931. — 40. GLESS, P.: Die Orginisation der motorischen Rinde. Dtsch. Z. Nervenheilk. **175**, 155 (1956/57). — 41. GOTTSCHICK, J.: Die Leistungen des Nervensystems. Jena: Fischer 1955. — 42. GÖLLNITZ, G.: Ergebnis einer Überprüfung der motometrischen Skala von OSERETZKI. Psychiat. Neurol. med. Psychol. (Lpz.) **4**, 119 (1952). — 43. GÖTZE, W.: Änderung des Hirnstrombildes von hirngesunden Kindern bei Hyperventilation. Zbl. Neurochir. **5/6**, 202 (1942). — 44. GUREWITSCH, W.: Motorik, Körperbau, Charakter. Arch. Psychiat. Nervenkr. **76**, 521 (1926).

45. HALLERVORDEN, J.: Entwicklungsstörungen und frühkindliche Erkrankungen des Zentralnervensystems. Hdb. Inn. Med. Hrsg. BERGMANN, FREY, SCHWIEGK. Berlin-Göttingen-Heidelberg: Springer 1953. — 46. HANSEN, W.: Die Entwicklung des kindlichen Weltbildes.

München 1949. — 47. Hassler, R.: Dtsch. Z. Nervenheilk. **175**, 233 (1956); — Extrapyramidal-motorische Syndrome und Erkrankungen. Hdb. Inn. Med. Hrsg. Bergmann, Frey, Schwiegk. Berlin-Göttingen-Heidelberg: Springer 1953. — 48. Havelka, St.: Zbl. ges. Neurol. **142**, 266 (1957). — 49. Head, H.: Brain **16**, 1 (1893); **17**, 339 (1894); **19**, 153 (1896); **41**, 57 (1918). — 50. Hebb, D. O.: Brain **82**, 260 (1959). — 51. Hellbrügge, Th., J. Lange u. J. Rutenfranz: Schlafen und Wachen in der kindlichen Entwicklung. Beih. Arch. Kinderheilk. Hrsg. Rominger. H. 39. Stuttgart: Enke 1959. — 52. Helmreich, E.: Physiologie des Kindesalters II. Nervensystem. Berlin-Göttingen-Heidelberg: Springer 1933. — 53. Hess, W. R.: Schweiz. Arch. Neurol. Psychiat. **15**, 26 (1924); **16**, 36, 285 (1924/25); Stud. gen. (Heidelberg) **10**, 327 (1957). — 54. Psychologie in biologischer Sicht. Stuttgart 1962. — 55. Hoffmann, P.: Fortschr. Neurol. Psychiat. **13**, 331 (1941). — 56. Homburger, A.: Vorlesungen über die Psychopathologie des Kindesalters. Berlin 1916.

57. James, W.: Psychologie. 1920. — 58. Janzen, Schroeder u. Heckel: Mschr. Kinderheilk. **100**, 216 (1952). — 59. Joppich, G.: Zentralnervensystem und Sinnesorgane. In: Lehrbuch der Kinderheilk., Hrsg. Feer und Kleinschmidt. Stuttgart 1955. — 60. Jung, R.: Mschr. Kinderheilk. **100**, 200 (1952); — Allgemeine Neurophysiologie. Hdb. Inn. Med. Hrsg. Bergmann, Frey, Schwiegk. Berlin-Göttingen-Heidelberg: Springer 1953.

60 a. Kainz, Fr.: Psychologie der Sprache. Stuttgart 1954, 1955. — 61. Kennard, M. A.: J. Neuropat. exp. Neurol. **3**, 289 (1944); — Autonomic functions. In: Bucy, The precentral motor cortex. Urbana, Illin: The univ. of Illinois Press 1944. — 62. Klages, W.: Fortschr. Neurol. Psychiat. **24**, 609 (1956). — 63. Klinke, K.: Kinderärztl. Prax. **23**, 32 (1955). — 64. Koehler, O.: Umschau **54**, 321 (1954); — Z. menschl. Vererb.- u. Konstit. Lehre **32**, 390 (1954). — 65. Kornmüller, A. E.: Klin. Wschr. **31**, 228 (1953). — 66. Kolzowa, M. M.: Die Bildung der höheren Nerventätigkeit des Kindes. Berlin: Volk u. Gesundheit 1960. — 67. Kramer, J.: Intelligenztest. Solothurn 1954. — 68. Krasnogorski, N. J.: Ergebn. inn. Med. **39**, 613 (1931); — Z. vyssej. Nerv. **3**, 169 (1953); Zbl. ges. Neurol. Psychiat. **131**, 348 (1955). — 69. Kretschmer, E.: Medizinische Psychologie. Leipzig 1945. — 70. Kleist, K.: Gehirnpathologie. Leipzig 1934. — 71. Kupalov, P. S.: Die physiologischen Mechanismen der Tätigkeit, der Hirnrinde und das Verhalten der Triebe. Institut exp. Med. Leningrad. Vortrag in Montreal 1953. Übers. von Martius, Berlin. — 72. Kurotsu, T., S. Fujita, M. Masuda, H. Masai and T. Ban: Zbl. ges. Neurol. Psychiat. **130**, 33 (1954). — 73. Kurzin, J. T.: Grundprinzipien der kortiko-viszeralen Pathologie. Pawlow-Institut für Physiol. d. Akademie d. Wiss. d. UdSSR Leningrad. 19. internat. physiol. Kongress, Montreal 1953. Übers. von Martius, Berlin.

74. Lange, C.: Die Gemütsbewegungen. 1910. — 75. Lassrich, M. A.: Zur Entwicklung der motorischen Funktionen des oberen Verdauungstrakts. In: Die physiol. Entwicklg. des Kindes. Hrsg. F. Linneweh. Berlin-Göttingen-Heidelberg: Springer 1959. — 76. Laubenthal, F.: Prüfung der Sprachfunktionen. Hdb. inn. Med. Hrsg. Bergmann, Frey, Schwiegk. Berlin-Göttingen-Heidelberg: Springer 1953. — 77. Lippmann, K.: Arch. Kinderheilk. **157**, 234 (1958). — 78. Litvay(Lederer), E.: Ann. paediat. (Basel) **174**, 252 (1950).

79. Madge, E., and A. Scheibel: Amer. J. Orthopsychiat. **30**, 10 (1960). — 80. Magnus, R.: Skand. Arch. Physiol. **43**, 1923; — Dtsch. med. Wschr. **1923**, 501; — Körperstellung. Berlin: Springer 1924. — 81. Meduna, L. J.: J. nerv. men. Dis. **110**, 438 (1949). — 82. Minkowski, M.: Rev. neurol. **93**, 247 (1955); — Schweiz. Arch. Neurol. Psychiat. **15**, 239 (1924); **16**, 133 (1925). — 83. Moll, A.: Das Sexualleben des Kindes. Berlin: H. Walter 1909. — 84. Monakow, C. V.: Lokalisation im Großhirn. Wiesbaden 1914; — Schweiz. Arch. Neurol. Psychiat. **1**, 100 (1925); — Monakow, C. V., u. Mourgue: Biolog. Einführung in das Studium der Neurologie und Psychopathologie. Stuttgart: Hippokrates-Verlag 1939. — 85. Monnier, M., u. H. Willi: Ann. paediat. (Basel); Jb. Kinderheilk. **169**, 289 (1947). — 86. Moruzzi, G.: Cerebellar and cerebral mechanism. Proc. XIX, Int. Phys. Congr. Montreal 1953. — 87. Muralt, A. v.: Neue Ergebnisse der Nervenphysiologie. Berlin-Göttingen-Heidelberg: Springer 1958; — Die Signalübermittlung im Nerven. Basel: Birkhäuser 1946. — 88. Murphy, J. P., and E. Gellhorn: J. Neurophysiol. **8**, 341 (1945); **8**, 431 (1945).

89. Nadoleszny, M. v.: Die Sprach- und Stimmstörungen im Kindesalter. In: Hdb. der Kinderheilk. Hrsg. Pfaundler u. Schlossmann, Bd. V. Leipzig: Vogel 1926. — 90. Nissl, F.: Allg. Z. Psychiat. **54**, 1 (1898). — 91. Norden, J.: Anleitung zur Int. Prüfung nach Binet-Bobertag. Göttingen-Stuttgart: Hogrefe 1952.

92. Okuma, T., Y. Shimazono, T. Fukuda and H. Narabayashi: Clin. Neurophysiol. **6**, 209 (1954). — 93. Oseretzky, N.: Mschr. Psychiatr. **58** (1925). — 94. Ostertag, B.: Grundzüge der Entwicklung und Fehlentwicklung. Hdb. der Speziellen pathol. Anatomie u. Histologie. Hrsg. Lubarsch, Henke, Rössle. Berlin-Göttingen-Heidelberg: Springer 1956; — Anencephalie. Berlin-Göttingen-Heidelberg 1956.

95. Pawlow, I. P.: Sämtl. Werke. Berlin 1953/54. — 96. Peiper, A.: Mschr. Kinderheilk. **87**, 179 (1941); — Das Nervensystem. In: Biol. Daten des Kinderarztes II. Hrsg. J. Brock. Berlin-Göttingen-Heidelberg: Springer 1954; — Der Schwerkraftreflex des Säuglings. Berlin:

Akademie-Verlag 1959; — PEIPER, A., H. C. HEMPEL u. W. WÜNSCHER: Mschr. Kinderheilk. **107**, 393 (1959). — 97. PENFIELD, W.: J. ment. Sci. **1955**, 451—465. — 98. PERITZ, G.: Die Nervenkrankheiten des Kindesalters. Leipzig: Fischer 1932. — 99. PENFIELD, W.: 1. Congr. Internat. Sci. Neurol. Nr. 2, 7—18, 1957; — Zbl. ges. Neurol. Psychiat. **144**, 177 (1958). — 100. PFEIFFER, R. A.: Das rote Kernsystem und die Haltungs- und Stellreflexe beim Menschen. Berlin: Akademie-Verlag 1954; — Pathologie der Hörstrahlung und der kortikalen Hörsphäre. In: Hdb. Neurol., Hrsg. BUMKE und FOERSTER. — 101. PRECHTL, H. F. R.: Klin. Wschr. **34**, 281 (1956).

102. RABL, R.: Virchows Arch. path. Anat. **326**, 44 (1955). — 103. REIN, H., u. M. SCHNEIDER: Physiologie des Großhirns. In: Physiologie des Menschen. Berlin-Göttingen-Heidelberg: Springer 1956. — 104. REMPLEIN, H.: Die seelische Entwicklung in der Kindheit und der Reife. München: Federmann 1949. — 105. RICHTER, D.: Metabolism and maturation in the developing brain. In: Die physiol. Entwickl. des Kindes. Hrsg. F. LINNEWEH. Berlin-Göttingen-Heidelberg: Springer 1959. — 106. ROBACK, H. N., u. H. J. SCHERER: Virchows Arch. path. Anat. **294**, 365 (1935). — 107. ROEDENBECK, S. D.: Zbl. ges. Neurol. Psychiat. **155**, 262 (1960). — 108. ROHRACHER, H.: Die Arbeitsweise des Gehirns und die psych. Vorgänge. München: J. A. Barth 1953; — Z. Psychol. **149**, 209 (1940). — 109. ROSENBAUM, S.: Acta med. orient. (Tel.-Aviv.) **13**, 119 (1954); Dtsch. med. Wschr. **1958**, 1128.

110. SAINT-ANNE-DARGASSIES, S.: Rev. neurol. **93**, 331 (1955). — 111. SAUER, L.: Der Liquor cerebrospinalis. Aus: Biol. Daten für den Kinderarzt. Hrsg. J. BROCK. Berlin-Göttingen-Heidelberg: Springer 1954. — 112. SCHALTENBRAND, G.: Dtsch. med. Wschr. **75**, 533 (1950); — Dtsch. Z. Nervenheilk. **87**, 1925; **175**, 118 (1956/57). — 113. SCHRENK, M.: Jb. Psychol. Psychother. **6**, 328 (1959); — Nervenarzt **31**, 186 (1960). — 114. SCHMIDT-KOLMER, E.: Z. ärztl. Fortbild. **50**, 1 (1956). — 115. SCHÜRMANN, K.: Dtsch. Z. Nervenheilk. **175**, 191 (1956). — 116. SELBACH, H.: Die cerebralen Anfallsleiden. Hdb. Inn. Med. Hrsg. BERGMANN, FREY, SCHWIEGK. Berlin-Göttingen-Heidelberg: Springer 1953; — Fortschr. Neurol. Psychiat. **17** (1949); — Neurologie. In: MÜLLER-SEIFERT: Taschenbuch der med.-klin. Diagnostik. Hrsg. FRH. V. KRESS. München: Bergmann 1962. — SELBACH, H., u. C.: Mschr. Psychiat. Neurol. **125**, 671 (1953). — 117. SETSCHENOW, I. M.: Ausgewählte Werke. Verlag der AW der UdSSR, 1952 Heft 1. Zit. nach M. M. KOLZOWA, s. oben. — 118. SHERRINGTON, C. S.: The integrative action of the nervous System. London 1906. — 119. SIVE, ST. A.: Das Nervensystem des Kindes. Hdb. Anatomie des Kindes. Bd. 2. München: Bergmann 1931. — 120. SOUPAULT, R.: Presse méd. **1954**, 828; — Thérapie **10**, 16 (1955). — 121. SPATZ, H.: Das Hypothalamus-System in seiner Bedeutung für die Fortpflanzung. Erg.-Heft zu Bd. 100 des Anatom. Anzeigers 1953/54; — Regensburg. Jb. ärztl. Fortbild. **2**, 311 (1952). — 122. SPIEGEL, E. A., H. T. WYCIS and C. W. ORCHINIK, H. FREED: Science **121**, 771 (1955). — 123. SPITZ, R. A.: Die Entstehung der ersten Objektbeziehungen. Stuttgart: Klett 1957. — 124. STENVERS, H. W.: Fol. psychiat. neerl. **56**, 943 (1953); — Zbl. ges. Neurol. Psychiat. **129**, 145 (1954). — 125. STERN, W.: Psychologie der frühen Kindheit. Leipzig: Quelle u. Meyer 1927. — 126. STIRNIMANN, F.: Psychologie des neugeborenen Kindes. Zürich u. Leipzig: Rascher 1940. — 127. STRUPPLER, A.: Dtsch. med. Wschr. **1957**, 653. — 128. STURM, A.: Medizinische **1956**, 1337, 1353.

129. TANG, P. CH.: J. Neurophysiol. **18**, 583 (1955); — TANG, P. CH., and T. C. RUCH: J. Comp. Neurol. **106**, 213 (1956). — 130. TERMAN, L. H.: Psychol. Clin. **5**, 199 (1911). — 131. THOMAS, E.: Hypothalamus und vegetatives System. Aus: Biol. Daten des Kinderarztes II. Hrsg. J. BROCK. Berlin-Göttingen-Heidelberg: Springer 1954.

132. VERHAART, W. J. C.: Fol. psychiat. neerl. **56**, 923 (1953); — Zbl. ges. Neurol. Psychiat. **129**, 132 (1954).

133. WALTER, G.: In: The Procedings of the First Meeting of the World Health Orginazation Study Group on the Psychobiological Development of the Child. Geneva. 1953. Tavistock, Publications LTD. 1956. — 134. WATSON, J. B.: Psychische Erziehung im frühen Kindesalter. Leipzig: Felix Meiner 1929. — 135. WECHSLER, D.: Acta psychol. (Amst.) **15**, 218 (1959). — 136. WEIZSÄCKER, V. V.: Der Gestaltkreis. Leipzig: Thieme 1940. — 137. WERTHEIMER, M.: Produktives Denken. Frankfurt: W. Kramer 1957. — 138. WIESER, ST., u. K. DOMANSKY: Dtsch. Z. Nervenheilk. **175**, 520 (1954); — WIESER, ST.: Fortschr. Neurol. Psychiat. **25**, 317 (1957). — 139. WILDER, J.: Klin. Wschr. **1931**, 1889; — Z. ges. Neurol. Psychiat. **137**, 317 (1931); — Wien. clin. Wschr. **1936**, 1360. — 140. WILLI, H.: Ann. paediat. (Basel) Jb. Kinderheilk. **178**, 297 (1952). — 141. WOISKI, J. R., J. B. DOS REIS and H. E. V. DE BARROS: Arch. Neuropsiquiat. (S. Paulo) **7**, 264 (1949); — Zbl. ges. Neurol. Psychiat. **110**, 293 (1950). — 142. WUNDT, W.: Vorlesungen über die Menschen- und Tierseele. Leipzig: Leopold Voss 1919. — 143. WYERS, H. J. G., u. J. C. W. BAKKER: Mschr. Kindergeneesk. **22**, 253 (1954); — Zbl. Kinderheilk. **51**, 146 (1954/55).

144. ZETTERSTRÖM, R.: The Blood-brain-Barrier-System. In: Die Physiol. Entwicklung des Kindes. Hrsg. F. LINNEWEH. Berlin-Göttingen-Heidelberg: Springer 1959. — 145. ZÜLCH, K. J.: Zbl. Neurochir. **14**, 48 (1954); — Diskussion zur Physiologie und Pathophysiologie der Motorik. Freiburger Symposion. Berlin-Göttingen-Heidelberg: Springer 1954.

Sachverzeichnis